엑셀 2003
EXCEL

이근수 | 홍마리아   공저

Microsoft Office Specialist EXCEL
ITQ, E-test, KIPS, PCT
Microsoft Office Specialist EXCEL
ITQ, E-test, KIPS, PCT
Microsoft Office Specialist EXCEL
ITQ, E-test, KIPS, PCT

ITC
INFO-TECH COREA

머 리 말

엑셀 프로그램은 세계적으로 가장 많이 사용하고 있는 응용 프로그램 중의 하나이다. 그만큼 엑셀을 사용하는 사람들이 많고 엑셀을 적용하는 분야도 다양하다.

엑셀은 스프레드시트 기능과 비주얼베이직이라는 프로그래밍언어의 결합으로 사용자가 원하는 작업을 용이하게 할 수 있는 탁월한 기능을 가지고 있다. 따라서 오피스 프로그램을 배우고자 하는 독자들이 날로 늘어가는 환경 속에서 좀 더 이해하기 쉽고 편리하게 프로그램을 배울 수 있도록 도움을 드리고자 엑셀을 집필하게 되었다.

또한 현대사회는 자격증의 시대라고 말할 수 있으며 취업의 문이 좁은 현대사회에서는 자격증 획득이 취업을 위한 중요한 요소라고 말할 수 있다.

본서의 특징은 다음과 같다.

1. 초보에서 활용에 이르기까지 독자들이 따라하기 방법으로 쉽게 익힐 수 있도록 구성하였다.

2. 반복 실습문제를 통해서 앞에서 배운 내용을 완벽하게 습득할 수 있도록 하여 자격증 시험에 충분히 대비할 수 있도록 구성하였다.

3. 각종 자격시험[(Microsoft Office Specialist EXCEL, POWERPOINT), ITQ, E-test, KIPS, PCT]에 대비할 수 있도록 100문제 이상의 실전대비문제를 수록하였다.

아무쪼록 엑셀을 배우고 시험을 대비하고자 하는 독자들에게 조금이나마 도움이 될 수 있기를 바란다. 이 책이 출판되기까지 힘써 주신 아이티씨 출판사의 임직원 여러분께 깊은 감사를 드린다.

연구실에서 공동저자

제3장　워크시트 문서 꾸미기와 활용

Contents

Chapter *1*

엑셀에 대하여

공부할 내용

본 장에서는 엑셀을 처음 사용하는 사용자들이 엑셀을 이해하고 보다 효율적으로 사용할 수 있도록 엑셀에 대한 기본적인 내용을 다룬다.

1.1 | 엑셀 2003의 특징

1 엑셀에 대하여

엑셀은 수치를 계산하는 프로그램이다. 엑셀은 일반 계산기에 비하면 훨씬 복잡하고 다양한 숫자를 계산하는 공학용 계산기보다도 훨씬 다양하고 복잡한 것을 계산할 수 있는 기능을 포함하고 있다. 엑셀은 처음에 사무용으로 개발되었으나 점차 개인 사용자들에게 엑셀의 우수성과 편리성이 널리 알려지면서 회사원이나 개인 사용자들 누구에게나 편리하고 용이하게 사용할 수 있는 프로그램으로 자리잡고 있다.

엑셀에서 사용되고 있는 [스프레드시트(spread sheet)]란 말은 용지(sheet)가 펼쳐져 있다(spread)라는 뜻이다. 원래 스프레드시트는 미국 사람들이 경리나 회계업무에서 사용하던 일정 형식의 계산용지였는데 이것을 컴퓨터상에서 사용하도록 한 것이다.

엑셀로 할 수 있는 작업은 숫자를 이용한 계산, 고객 관리, 표 만들기, 가계부 정리, 차트 만들기, 데이터 비교분석, 성적표 만들기, 데이터 정렬, 데이터 추출 등 일상생활에서 필요한 전반적인 업무를 대부분 처리할 수 있다.

2 엑셀 2003의 새로운 기능

(1) 스마트태그로 자동 변경 제어

워크시트에 자동으로 나타나는 버튼으로 자동고침옵션, 붙여넣기, 자동 채우기 옵션, 삽입 옵션, 수식 오류 검사 등의 작업을 용이하게 할 수 있는 기능이 추가되었다.

(2) 찾기 및 바꾸기 기능

기존의 데이터 찾기 및 바꾸기 기능에 특정한 서식이 지정되어 있는 셀을 찾아 원하는 서식으로 바꾸는 기능이 추가되었다. 또한 전체 통합문서나 워크시트에서 원하는 데이터를 검색할 수 있는 강력한 옵션이 추가되어 대량의 데이터베이스를 엑셀에서 관리하는 사용자들에게 매우 유용하게 사용할 수 있게 되었다.

(3) XML 열기 및 저장 기능

작업한 내용을 저장할 때 파일 형식을 [XML 스프레드시트]나 [XML 데이터]로 저장하면 엑셀 워크시트 문서를 XML 파일로 저장할 수 있다. 또한 전체 통합 문서를 XML 스프레드시트 형식으로 저장해 XML 원본 데이터에 대한 쿼리를 만들 수 있으며 XML 파일을 엑셀에서 열어 볼 수도 있다.

(4) 그림 및 그리기 개체의 품질 향상

새로운 그래픽 시스템(GDI+)을 통하여 도형 및 WordArt의 윤곽을 부드럽게 처리할 수 있으며 투명도의 수준도 조정할 수 있는 기능이 추가되었다.

(5) 한글/한자 변환기

한글/한자 변환기를 사용하면 2만 개가 넘는 새로운 문자를 한국어 문서에서 사용할 수 있으며, 새 문자에 맞는 상형문자를 포함하는 새 글꼴을 자동으로 사용할 수 있다. 또한 [한글/한자 변환] 대화상자에서 [옵션] 버튼을 누르면 조사 건너뛰기나 최근에 사용한 한자 먼저 보여주기, 유니코드 한자 등 표시할 한자를 지정할 수 있다.

(6) 보안과 네트워크 기능 강화

표준 도구 모음에 사용 권한 버튼이 추가되어 인증되지 않은 사용자가 문서나 e-mail을 열거나 수정 전달할 수 없게 만드는 보안기능이 추가되었다.

1.2 엑셀 2003 프로그램 설치확인

엑셀을 사용하려면 먼저 컴퓨터에 엑셀 2003이 설치되어 있는지를 확인하여야 한다. 엑셀이 설치되어 있는지 확인하는 방법은 두 가지가 있다.

1 바탕화면의 아이콘으로 확인하는 방법

아래 그림과 같이 바탕화면에 [Microsoft Office Excel 2003] 아이콘이 있는지를 확인한다.

☞ 〔바탕화면의 엑셀 바로가기 아이콘 확인〕

2 메뉴로 확인하는 방법

바탕화면에 이 아이콘이 없으면 다음 그림과 같이 [시작] → [모든 프로그램] →
[프로그램] → [Microsoft Office]를 선택하여 [Microsoft Office Excel 2003]이란 이름
이 있는지 확인하면 된다.

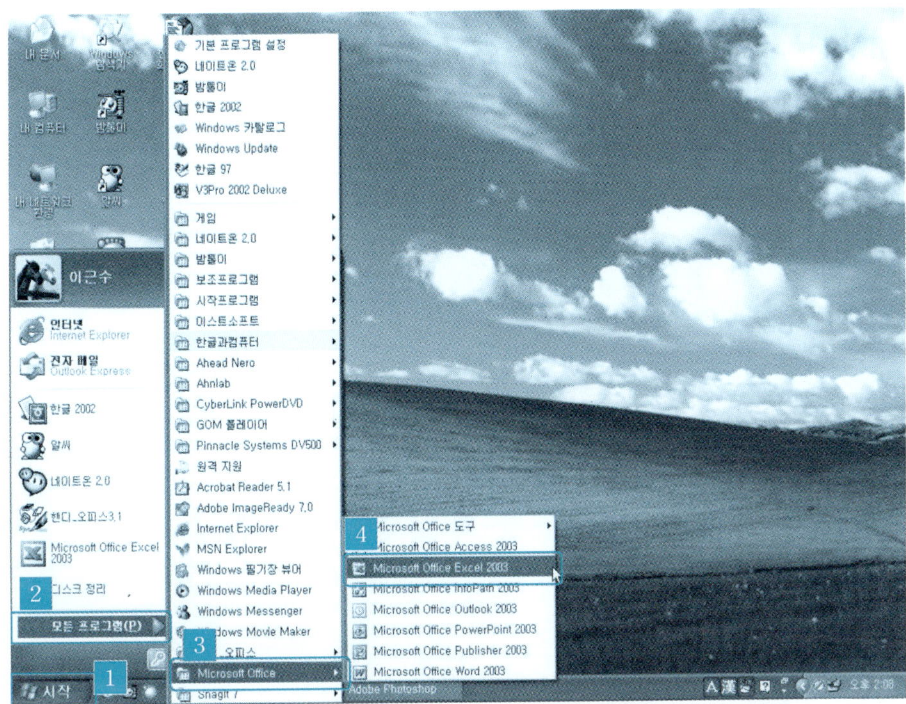

☞ 〔시작〕 → 〔모든 프로그램〕 → 〔Microsoft Office〕 → 〔Microsoft Office Excel 2003〕
을 선택하여 확인한 화면

1.3 | 엑셀 2003 시작과 종료

1 바탕화면의 엑셀 바로가기 아이콘 이용 방법

바탕화면의 엑셀 바로가기 아이콘을 [더블클릭]한다.

2 시작프로그램 이용 방법

[시작] → [모든 프로그램] → [Microsoft Office] → [Microsoft Office Excel 2003]
을 선택하는 방법

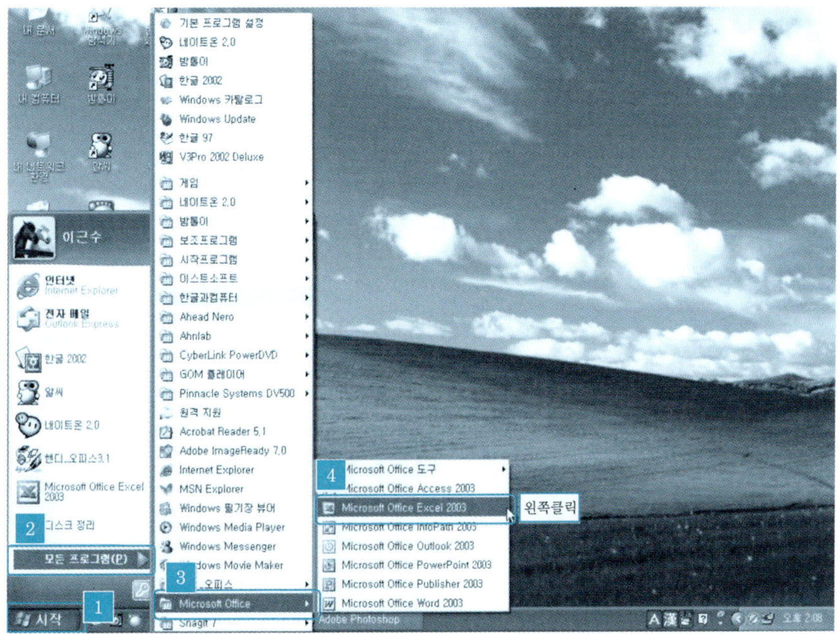

③ 엑셀 2003 실행 화면

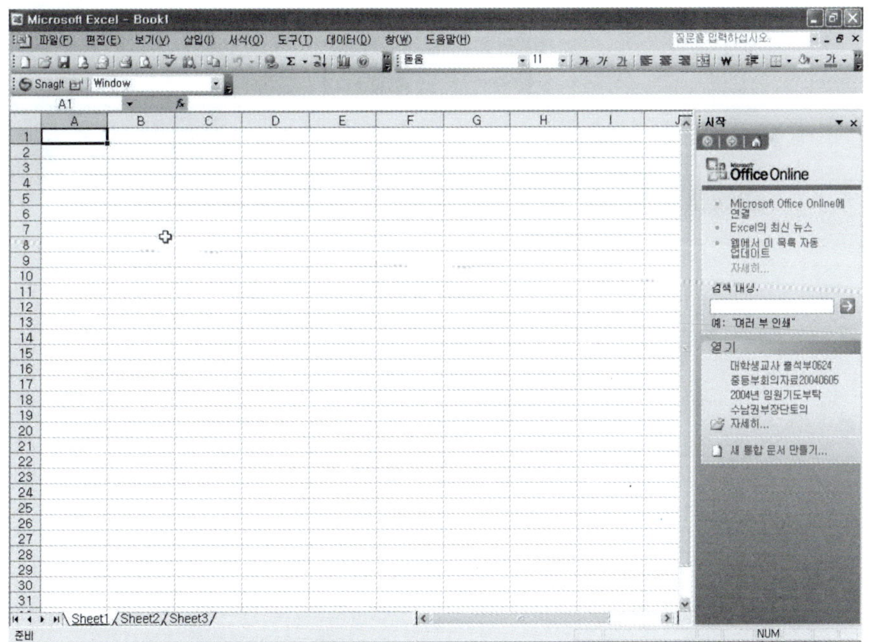

4 바탕화면에 엑셀 바로가기 아이콘 만들기

바탕화면에 엑셀 바로가기 아이콘을 만들기 위해서는 화면 하단의 [시작] →
[모든 프로그램] → [Microsoft Office] → [Microsoft Office Excel 2003]을 마우스 왼
쪽 버튼을 클릭한채 바탕화면으로 드래그한다.

5 엑셀 종료하기

(1) 메뉴를 이용한 엑셀 종료

엑셀 화면 메뉴에서 [파일] → [닫기] 메뉴를 클릭한다.

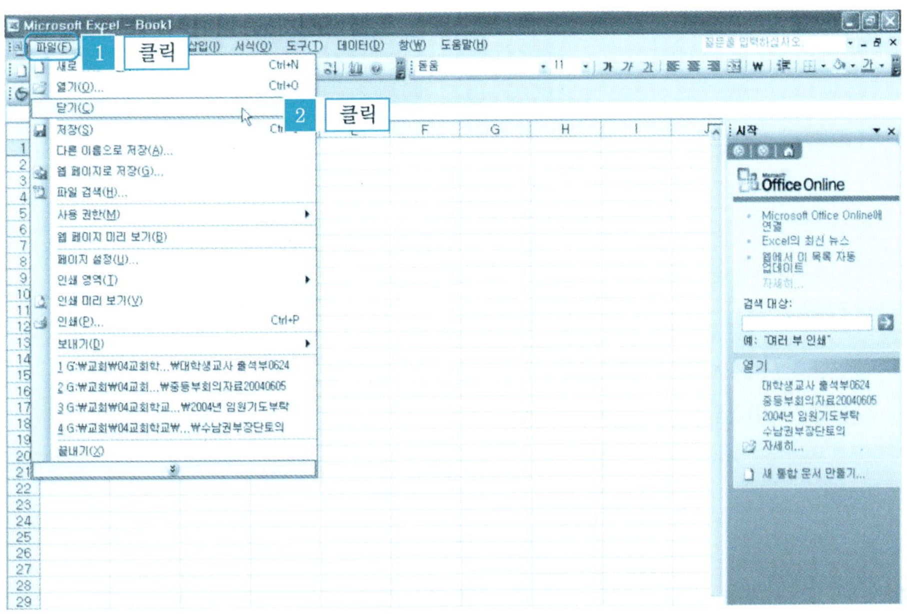

(2) 종료 버튼을 이용한 엑셀 종료

닫기 버튼 ✕ 를 마우스 왼쪽 버튼으로 클릭한다.

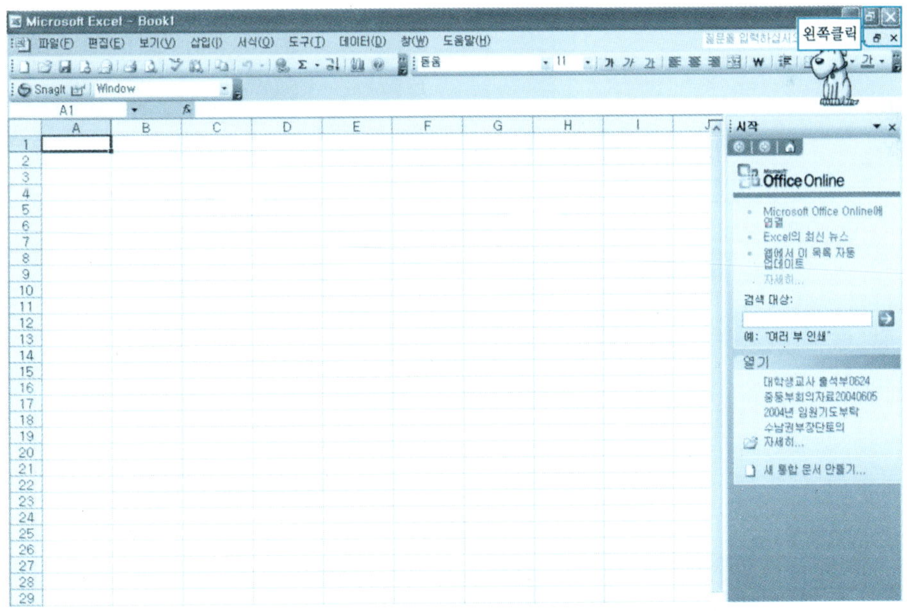

단 원 실 습 문 제

〈실습1〉 내 컴퓨터의 바탕화면에 엑셀 아이콘이 있는지 확인해 보자.

〈실습2〉 모든 프로그램 메뉴에서 엑셀이 설치되어 있는지 확인해 보자.

〈실습3〉 바탕화면의 엑셀 바로가기 아이콘을 이용하여 엑셀을 실행시켜 보자.

〈실습4〉 메뉴를 사용하여 엑셀을 종료해 보자.

〈실습5〉 메뉴를 사용하여 엑셀을 실행시켜 보자.

〈실습6〉 닫기 버튼을 사용하여 엑셀을 종료해 보자.

〈실습7〉 바탕화면에 바로가기 엑셀 아이콘을 만들어 보자.

1.4 | 엑셀의 화면 구성

1 명칭 및 기능

다음 그림은 엑셀의 메인화면에 있는 각 요소들을 나타내며, 이를 간단히 설명하면 다음과 같다.

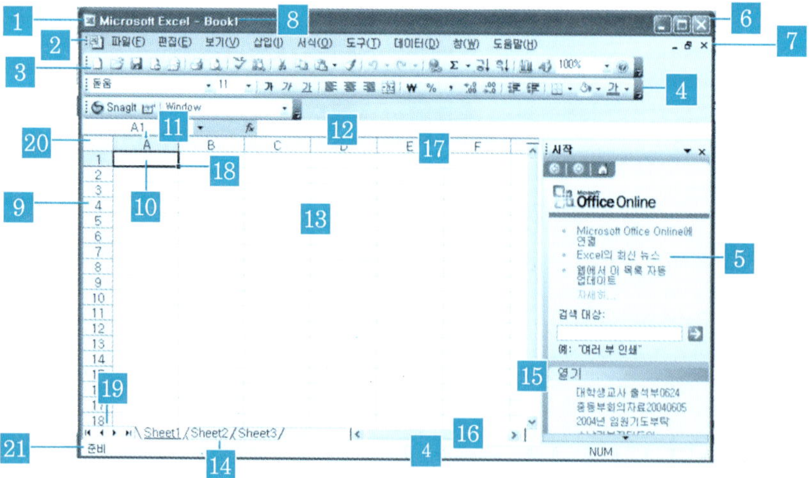

1 제목 표시줄 : 현재 작업 중인 문서의 제목(파일 이름)이 나타난다. 파일 이름을 저장하지 않은 상태에서는 'Book1', 'Book2' 등으로 표시된다.

2 메뉴 표시줄 : 엑셀에서 사용되는 모든 메뉴를 나타낸다.

3 표준 도구 모음 : 메뉴에 있는 명령 중에서 사용자가 자주 사용하는 명령을 간단하게 명령버튼을 클릭함으로써 쉽게 명령을 수행하도록 한다.

4 서식 도구 모음 : 워크시트에 입력된 내용의 글꼴 크기, 종류, 맞춤상태, 괘선, 셀색 등의 서식을 설정한다.

5 작업창 도구 모음 : 오피스 도구로 온라인으로 연결하여 최신 정보를 검색하거나 열기 또는 찾기 등을 할 때 파일을 보여주거나 작업상태를 보여준다.

6 윈도우 크기 조절 버튼 : 엑셀 화면 전체의 크기를 줄이거나 전체화면을 나타내거나 숨기기 등을 할 수 있는 3개의 버튼이 있다.

7 통합 문서 크기 조절 버튼 : 워크시트의 화면을 줄이거나 숨기거나 전체화면으로 나타낼 수 있는 3개의 버튼이 있다.

8 파일명(통합 문서 이름) : 현재 작성되는 문서의 이름을 나타낸다.

9 행 머리글 : 행의 위치를 1, 2, 3, ... 순서로 65536까지 표시한다.

10 셀 포인터 : 현재 선택한 셀의 위치를 쉽게 알 수 있도록 셀 주위에 굵게 경계선이 표시된다.

11 셀 주소(이름상자) : 워크시트의 셀 포인터가 있는 위치를 표시해 주는 창이다. 셀 주소는 셀 포인터가 있는 행과 열의 문자로 표시해 준다.

12 수식 입력줄 : 편집화면에 사용자가 입력한 셀의 내용이 나타나는 곳이다.

13 편집 영역 : 문서의 내용이 들어가는 영역으로 워크시트나 차트 등이 표시된다.

14 시트 이름 : 각 시트의 이름을 사용자가 부여할 수 있으며 256개의 시트를 사용할 수 있다.

15 수직 이동줄 : 입력된 문서를 위아래로 이동하면서 문서의 내용을 확인할 수 있도록 하는 막대이다.

16 수평 이동줄 : 입력된 문서를 좌우로 이동하면서 문서의 내용을 확인할 수 있도록 하는 막대이다.

17 열 이름 : 열의 이름을 A, B, C, ...로 시작하여 256개까지 사용할 수 있다.

18 채우기 핸들 : 셀 포인터의 오른쪽 아래에 있는 작은 사각형 점으로 채우기에 사용되는 버튼이다.

⑲ 시트 이동 버튼 : 많은 시트를 사용할 때 시트 이동 버튼을 이동하면서 시트 이름을 확인할 수 있다.

⑳ 모두 선택 버튼 : 시트 전체를 선택하는 버튼이다.

㉑ 상태 표시줄 : 편집 중인 문서의 해당 명령에 따른 정보를 표시해 준다.

2 워크시트 창 크기 조절

워크시트는 전체화면에 나타내거나 적당한 크기로 조절하거나 숨길 수가 있다.

(1) 윈도우 전체화면에 나타내기

엑셀 화면을 윈도우 전체에 나타내기 위해서는 그림과 같이 [최대화 버튼]을 클릭하면 화면 전체에 엑셀 프로그램이 나타난다.

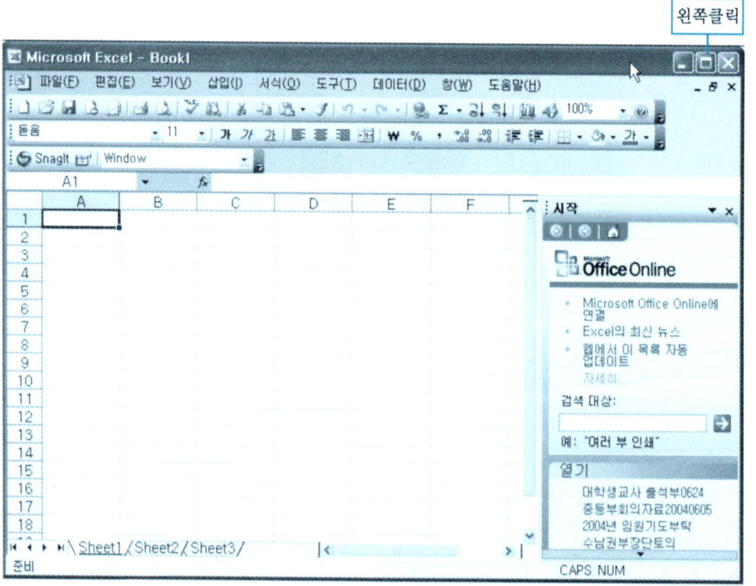

(2) 창 크기 조절 방법

창 크기가 전체화면으로 되어 있는 상태에서 그림과 같이 [창 복원] 버튼을 클릭하면 창 크기를 조절할 수 있는 상태가 된다.

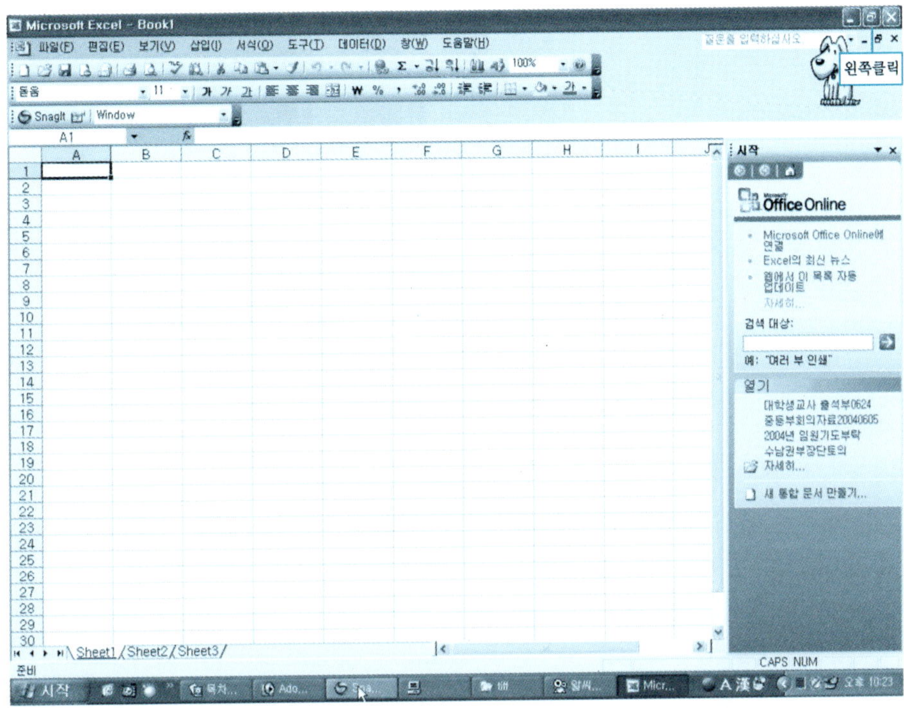

☞ [창복원] 버튼을 클릭할 수 있는 상태의 화면

(3) 창 크기 변경

창 크기의 변경은 다음 그림과 같이 마우스 포인터를 모서리 가까이 하면 크기 조절 상태가 된 상태에서 마우스를 대각선으로 이동하여 창의 크기를 크게 하거나 줄일 수 있다.

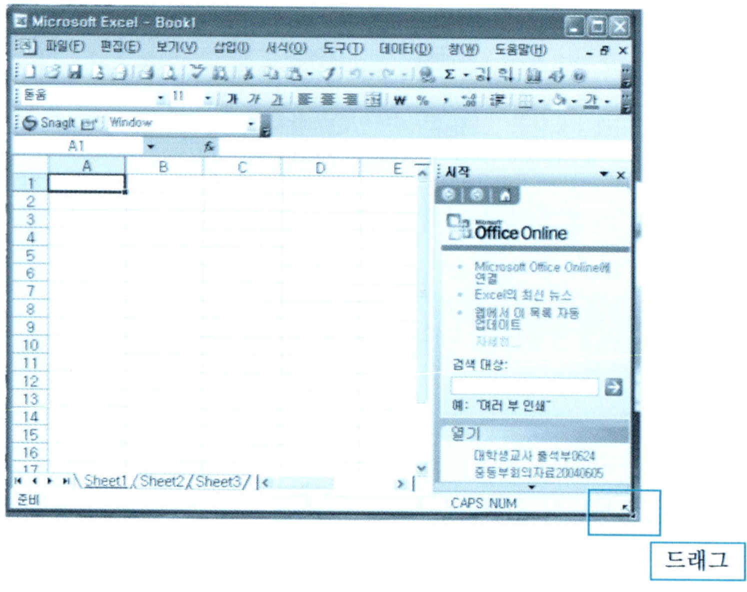

(4) 창 숨기기

　엑셀 화면을 윈도우 화면에서 숨기기 위해서는 다음 그림과 같이 [창 최소화 버튼]을 클릭하면 윈도우 화면에서 숨겨진다.

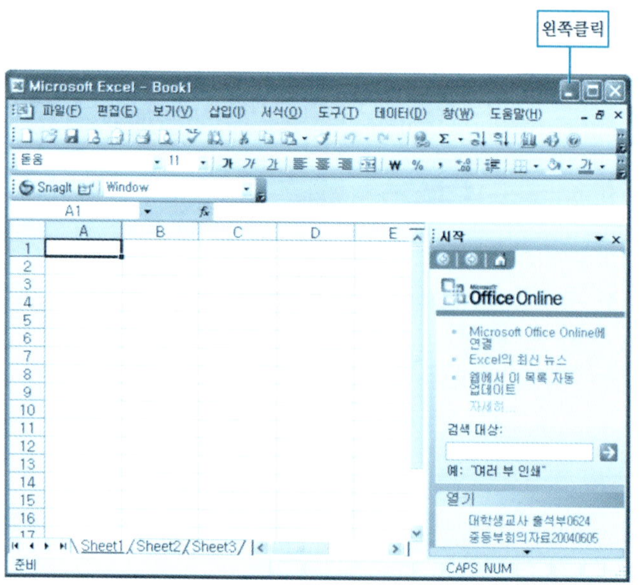

(5) 숨겨진 엑셀 화면 나타내기

 윈도우 화면에서 숨겨진 엑셀 화면을 다시 나타나게 하려면 다음 그림과 같이 윈도우 하단에 있는 엑셀 아이콘을 클릭하면 다시 윈도우 화면에 엑셀 창이 나타나게 된다.

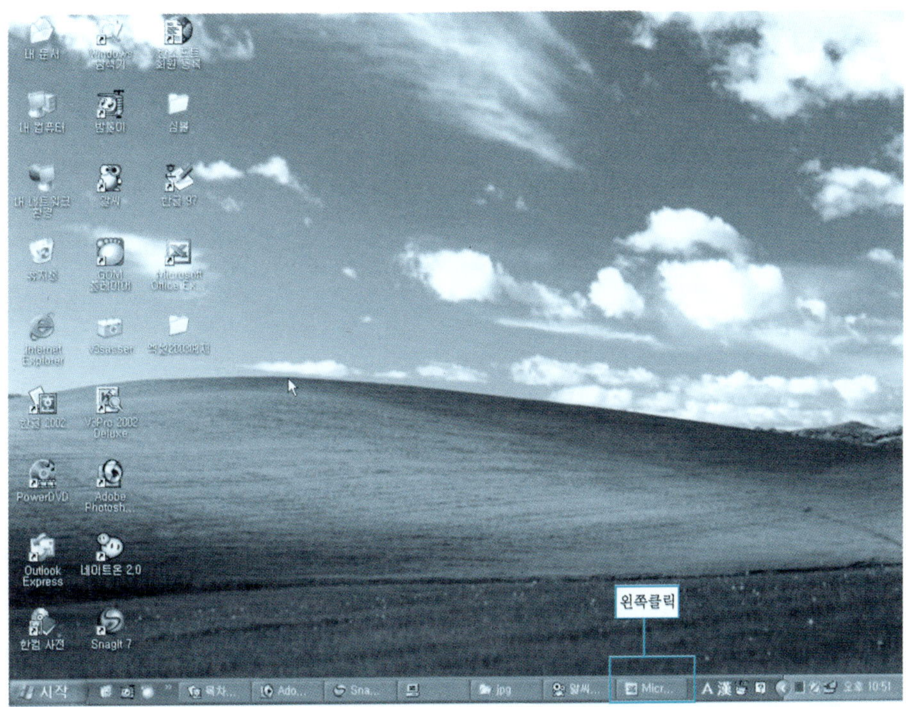

단 원 실 습 문 제

〈실습1〉 엑셀 화면을 윈도우 전체 크기로 확대해 보자.
〈실습2〉 엑셀 화면의 크기를 적절히 조절해 보자.
〈실습3〉 엑셀 화면을 윈도우 화면에서 숨겨보자.
〈실습4〉 숨겨진 엑셀 화면을 윈도우 화면에 나타내보자.

3 도구 모음

도구 모음은 엑셀 메뉴에서 많이 사용되는 명령을 아이콘으로 만들어 놓은 것으로 엑셀 문서를 편집할 때 쉽고 편리하며 빠르게 명령을 수행할 수 있다. 따라서 엑셀을 쉽고 편리하며 빠르게 사용하려면 도구 모음의 기능을 정확하게 알아야 한다. 엑셀을 설치하면 다음 그림과 같이 기본적으로 표준 도구 모음과 서식 도구 모음 그리고 작업창 도구 모음 3가지가 표시된다.

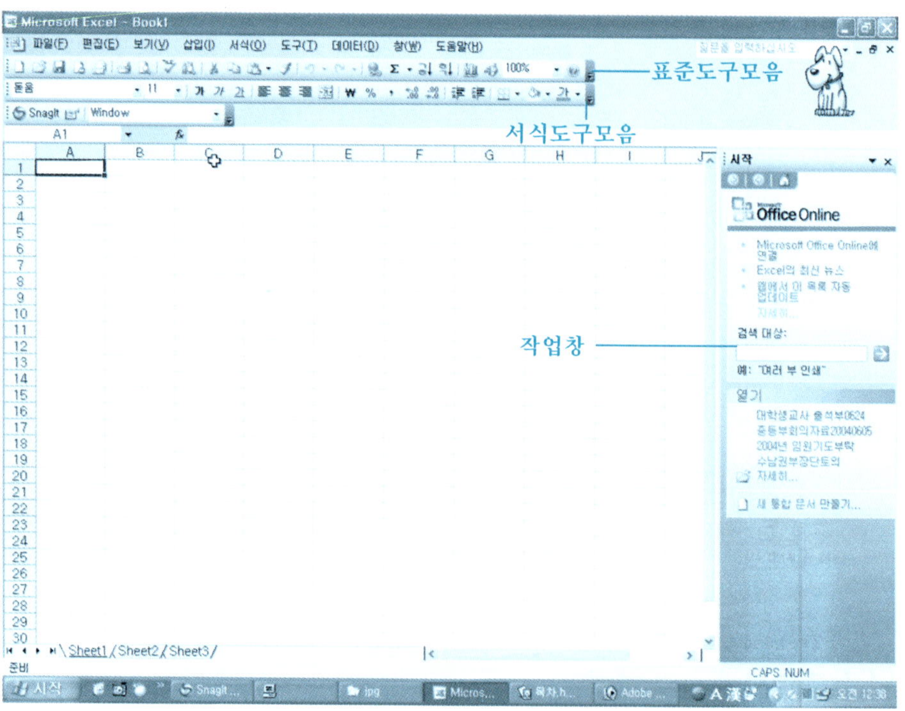

엑셀 메뉴에서 [보기] → [도구 모음]을 선택하여 나타나는 화면을 보면 체크가 되어 있는 메뉴가 있다. 체크가 되어 있는 것은 이미 화면의 도구 모음에 나타나 있는 것을 말하며 체크되어 있는 메뉴를 선택하면 체크가 해제되면서 엑셀 화면에서 해당 도구 모음이 사라진다.

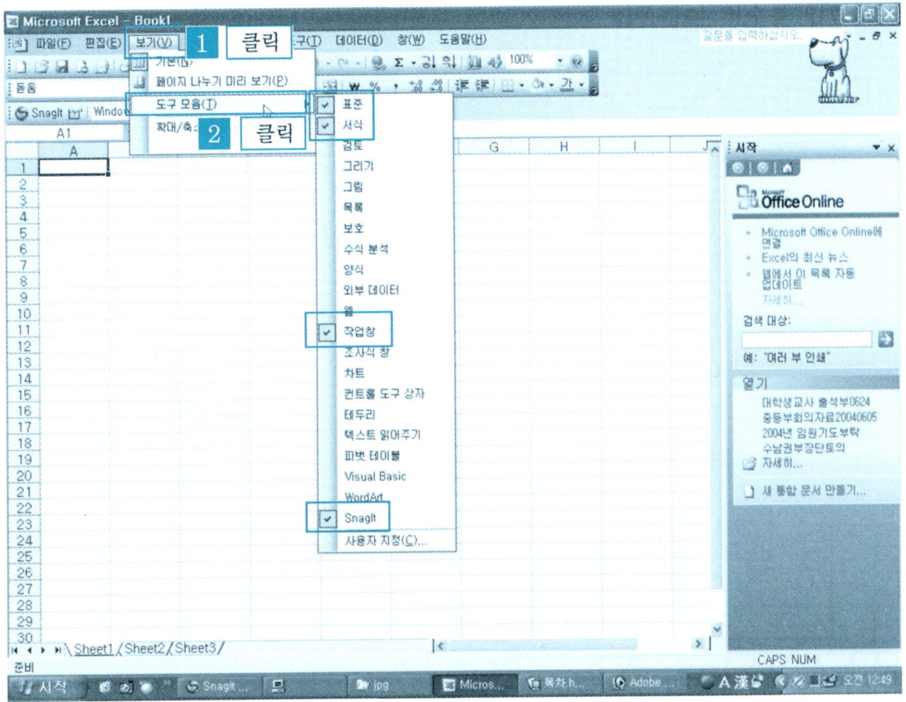

4 도구 모음 위치 조절

① 엑셀 화면에서 한줄로 붙어 있는 표준 도구 모음과 서식 도구 모음을 두 줄
로 분리해 보도록 하자. 아래 그림과 같이 마우스 포인터 위치를 바꾸려는
도구 모음에 위치시키면 이동 버튼 표시가 나타난다. 마우스 왼쪽 버튼을 누
른 상태에서 이동하려는 방향으로 드래그한다.

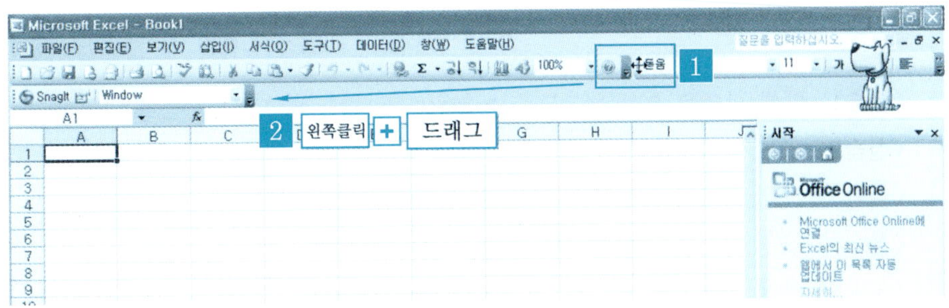

❷ 이동하기를 원하는 위치에서 마우스 왼쪽 버튼을 놓는다. 그러면 다음과 같이 도구 모음의 위치가 이동된다.

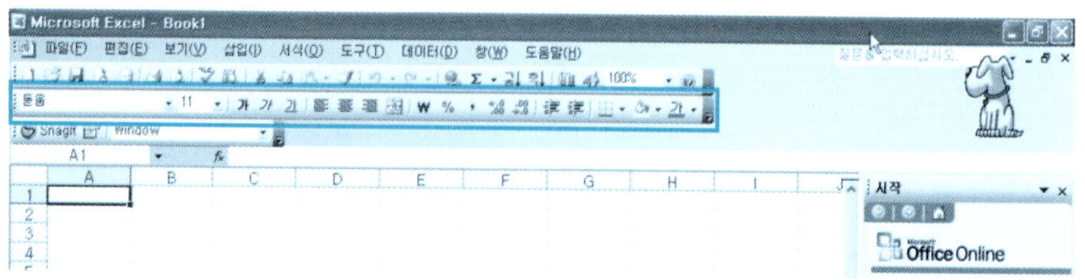

5 표준 도구 모음

엑셀에서 자주 사용되는 명령들을 마우스로 선택하여 사용하기 쉽도록 아이콘으로 만들어 모아 놓은 도구 모음이다.

6 서식 도구 모음

워크시트를 편집할 때 자주 사용되는 명령들을 마우스로 선택하여 사용하기 쉽도록 아이콘으로 만들어 모아 놓은 도구 모음이다.

단 원 실 습 문 제

〈**실습1**〉 엑셀 화면에 수식분석 도구 모음을 표시해 보자.
〈**실습2**〉 엑셀 화면에 컨트롤 도구상자 도구 모음을 표시해 보자.
〈**실습3**〉 엑셀 화면에 차트 도구 모음을 표시해 보자.
〈**실습4**〉 엑셀 화면에 그리기 도구 모음을 표시해 보자.
〈**실습5**〉 엑셀 화면에서 표준 도구 모음과 서식 도구 모음의 위치를 서로 바꾸어 보자.

1.5 | 엑셀 메뉴 구성 및 대화상자

1 메뉴 구성

엑셀의 기본 메뉴는 다음 그림과 같이 9개의 메뉴로 구성되어 있다.

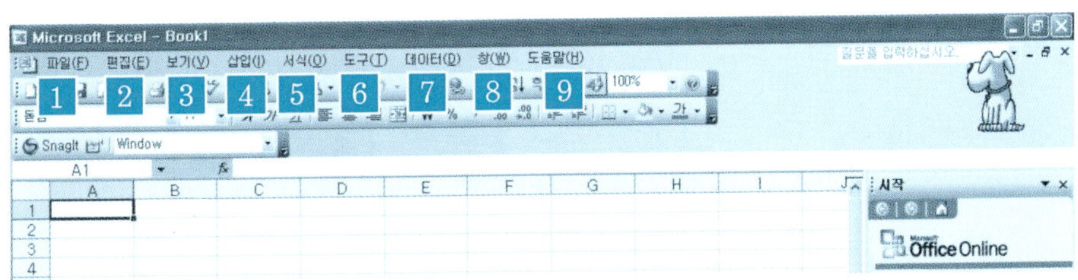

1 **파일 메뉴** : 파일의 열기, 저장, 인쇄 등 파일 관리에 관련된 기본 명령들이 들어 있는 메뉴이다.

2 **편집 메뉴** : 잘라내기, 복사, 붙여넣기 등 워크시트를 편집하는 데 사용되는 기본 명령들이 들어 있는 메뉴이다.

3 **보기 메뉴** : 엑셀 화면에 나타나는 화면의 상태를 조정하는 메뉴들이 들어 있다.

4 **삽입 메뉴** : 워크시트, 차트, 그림, 셀, 행, 열 등 삽입하거나 삭제하는 편집 명령들이 들어 있는 메뉴이다.

5 **서식 메뉴** : 입력되어 있는 내용들에 대한 다양한 모양을 만드는 데 사용되는 명령들이 들어 있는 메뉴이다.

6 **도구 메뉴** : 작성된 엑셀 문서에 맞춤법 검사, 오류 검사 등 고급 기능을 이용하거나 옵션을 사용하는 메뉴이다.

7 **데이터 메뉴** : 정렬 유효성 검사 등 데이터베이스 기능을 사용하는 메뉴이다.

8 **창 메뉴** : 엑셀 화면에서 워크시트 화면을 나타내는 메뉴이다.

9 **도움말 메뉴** : 엑셀을 사용하다가 의문이 생기거나 잘 모르는 사항에 대해서 도움말을 이용하여 엑셀 사용법을 설명해 주는 메뉴이다.

2 대화상자 사용 방법

엑셀 메뉴에서 [...]이 있는 메뉴는 대화상자가 나타나게 된다. 이 대화상자는 선택한 메뉴의 옵션을 지정하여 명령을 실행한다. 다음 그림은 [도구] → [옵션]을 선택하여 나타난 [옵션] 대화상자이다. 대화상자에서 명령의 선택과 취소는 체크 표시나 포인트 표시로서 나타낸다.

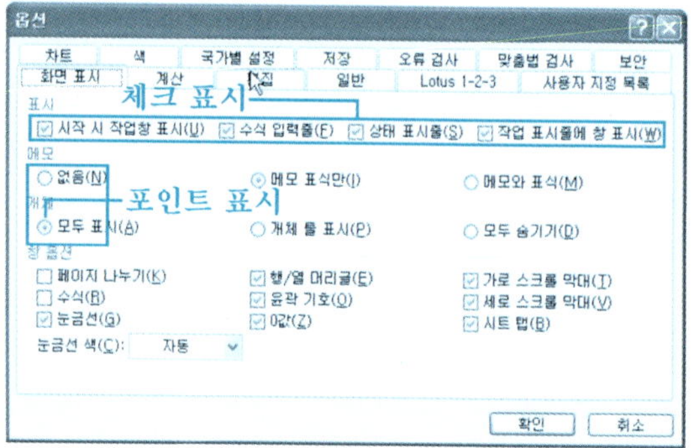

❶ 체크 표시 : 여러 개의 옵션을 선택하여 동시에 여러 가지를 사용할 수 있다.
❷ 포인트 표시 : 여러 개의 옵션 중에서 단 하나의 옵션만을 선택하여 사용할 수 있다.

3 워크시트의 눈금선 표시와 감추기

❶ 워크시트 화면에서 눈금선을 보이지 않도록 하기 위해서는 [도구] → [옵션...]을 클릭하여 [옵션] 대화상자를 표시한다.

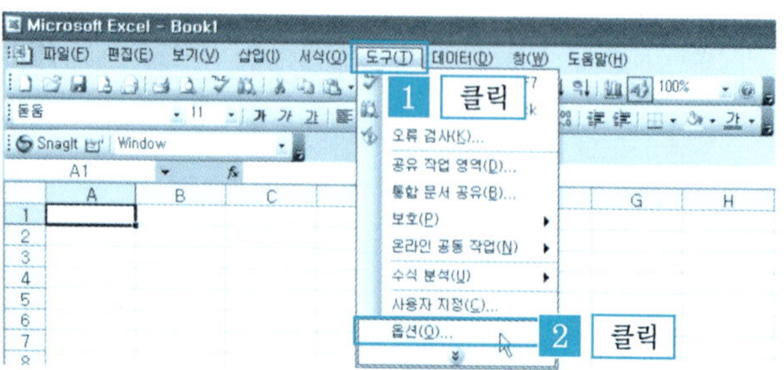

❷ [옵션] 대화상자 → [화면표시탭] → [창 옵션] → [눈금선] → [체크 표시 해
제] → [확인] 버튼을 누른다.

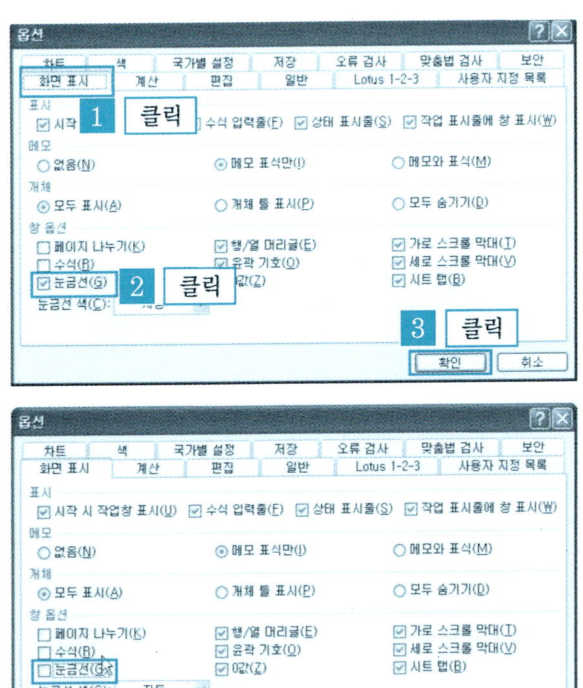

☞ 눈금선이 해제된 대화상자 화면

❸ 다음 그림은 워크시트 화면에서 눈금선이 사라진 화면이다.

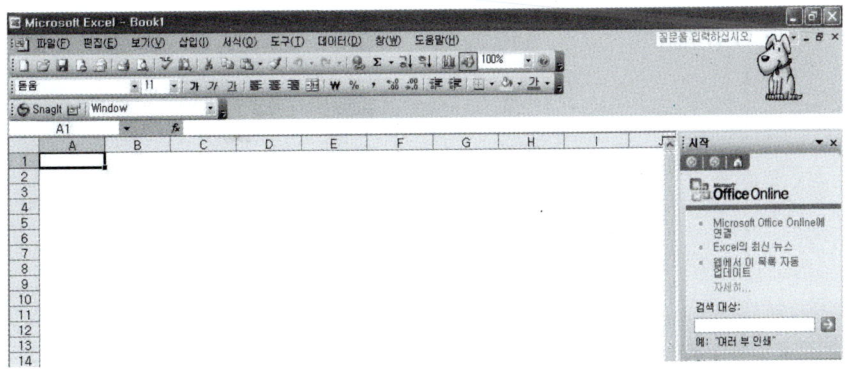

단 원 실 습 문 제

〈**실습1**〉 워크시트 화면에서 눈금선이 나타나도록 해보자.

〈**실습2**〉 [보기] 메뉴를 사용하여 워크시트의 화면을 200%로 확대해 보자.

〈**실습3**〉 [보기] 메뉴를 사용하여 워크시트의 화면을 80%로 축소해 보자.

1.6 | 기본 문서 입력 방법

1 문자 자료 입력

엑셀 시트에 문자를 입력하는 연습을 해보자.

❶ 엑셀을 실행한다. 엑셀을 실행하면 다음 그림과 같이 A1 셀에 셀포인터가 위치하게 된다. [셀 구분선]은 화면에만 표시되며 인쇄하면 나타나지 않는다.

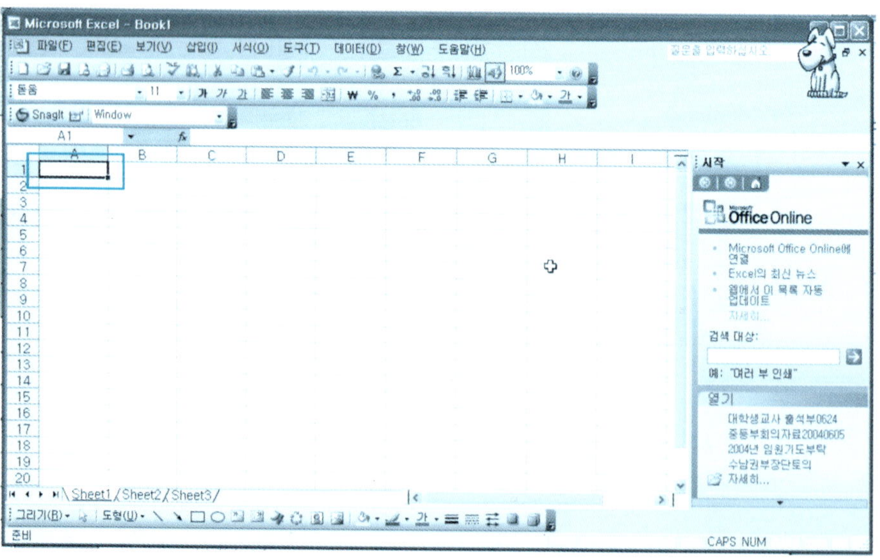

② 셀에서 [성적표]라고 입력하고 Enter↲ 를 누른다.

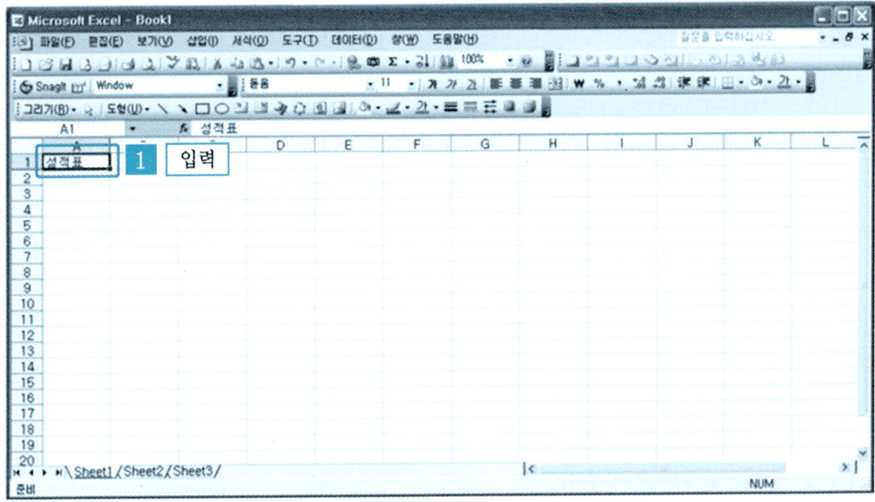

③ A2 셀에서 [이름]이라고 입력하고 Tab 을 누르고 B2 셀에서 [성별]을 입력하고 Tab 을 누른다.

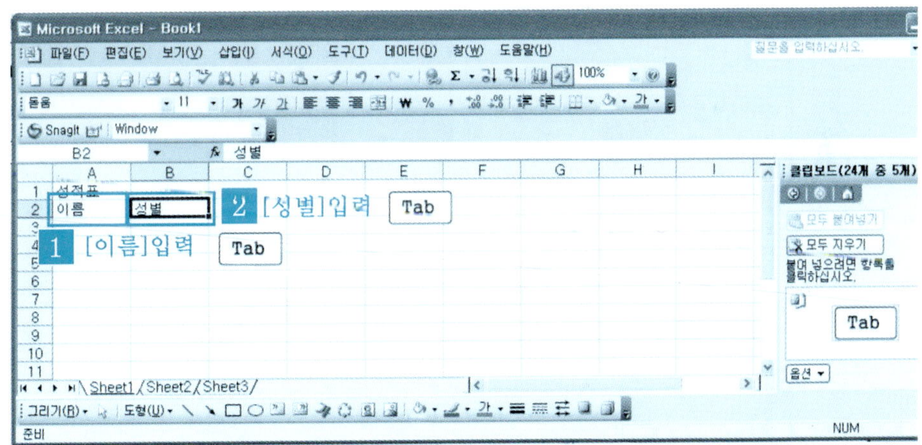

❹ C2 셀에 [국어]를 입력하고 Tab 을 눌러 D2 셀로 이동하여 과목명 [영어],
[수학], [물리], [화학], [체육], [미술]을 같은 방법으로 차례로 입력하고 이동
키를 이용하여 A3 셀로 이동한다.

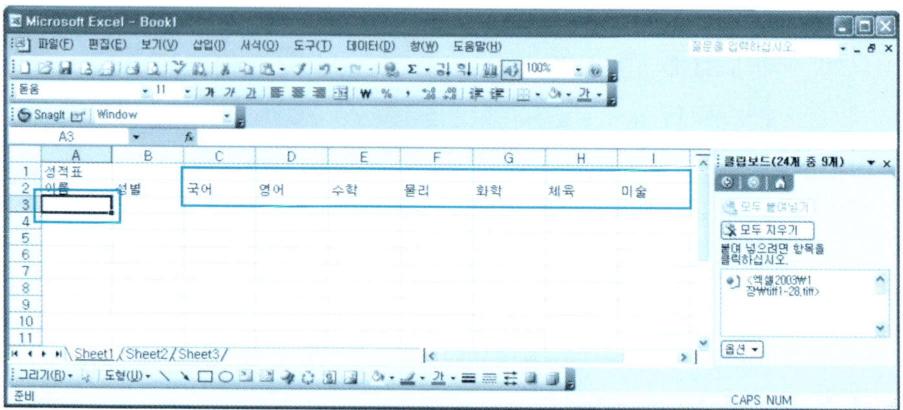

❺ A3 셀부터 이름을 입력하고 이동키로 A4에서 A10까지 이동하면서 그림과
같이 차례대로 입력한다.

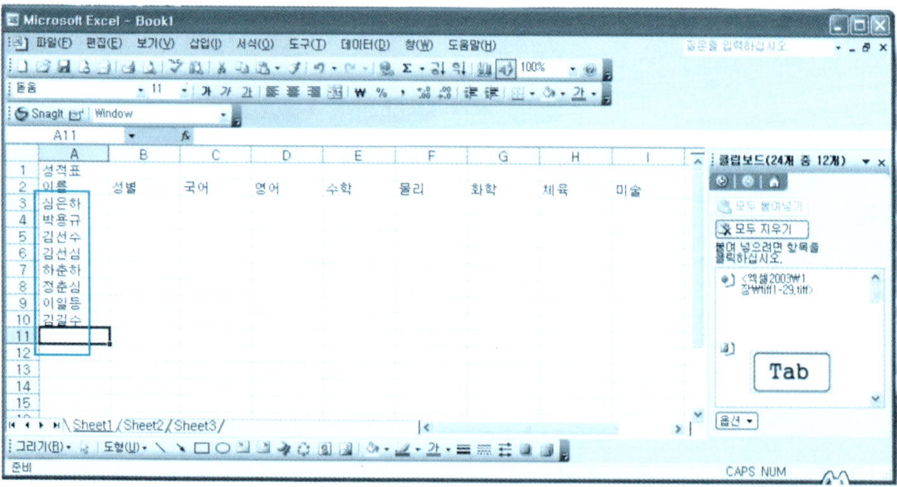

2 자동 완성 기능

엑셀 문서를 작성하다보면 같은 단어나 명칭을 계속해서 반복하여 입력해야할 경우가 있다. 이러한 경우에 자동 완성 기능을 이용하면 쉽게 입력할 수 있다.

❶ B3에서 [여자], B4에서 [남자]를 입력하고 B5에서 [남]자를 입력하면 자동으로 [남자]라고 표시되며 Enter↵ 를 누르면 [남자]라고 입력된다.

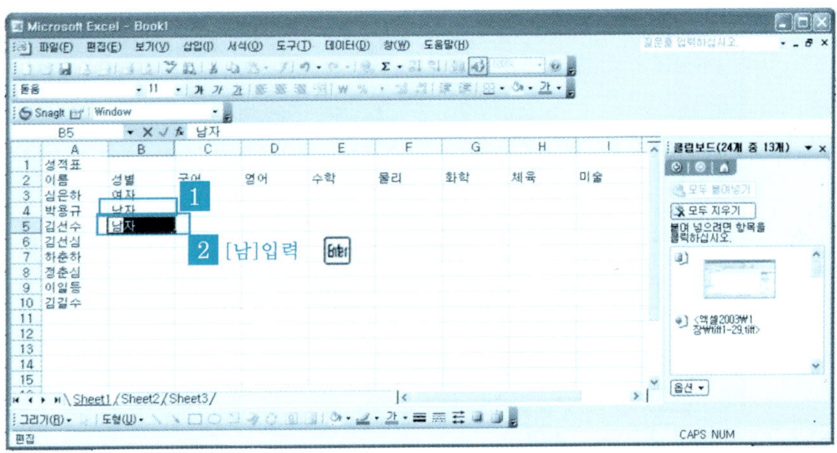

❷ 만일 [남자]가 아닌 다른 단어를 입력하고자 할 때는 표시된 것을 무시하고 입력하면 된다.

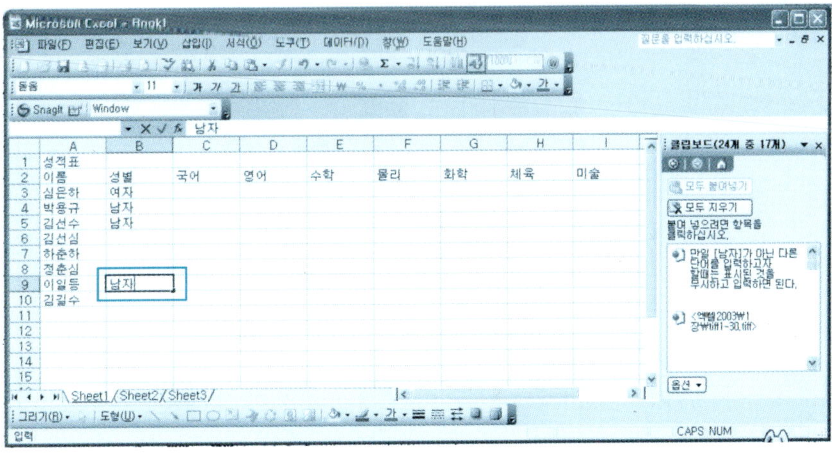

3 자동 완성 기능 활용

자동 완성 기능은 편리하게 이용되기도 하고 때로는 불편할 때도 있다. 사용자가 필요에 따라서 자동 완성 기능을 선택하여 활용하면 된다.

❶ [도구] → [옵션] 항목을 클릭한다.

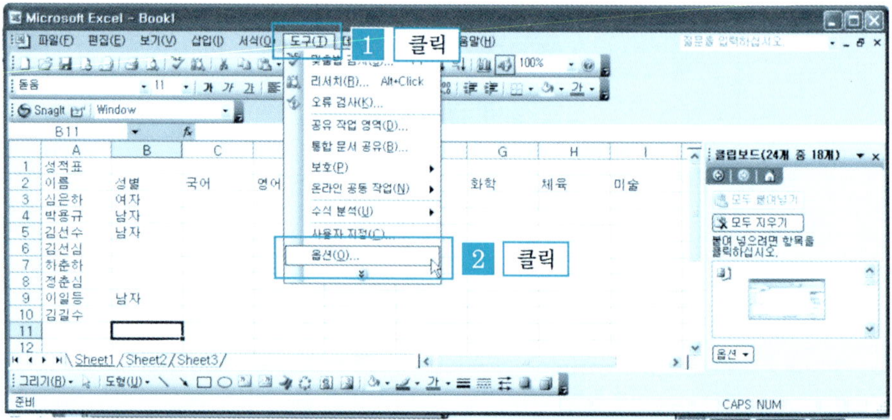

❷ [옵션 대화상자] → [편집 탭 클릭] → [셀 내용을 자동 완성] → [체크하거나 체크 해제] → [확인] 버튼을 클릭한다. [셀 내용을 자동 완성] 항목을 체크하면 자동 완성 기능을 사용할 수 있으며, 자동 완성 기능을 사용하지 않을 경우에는 [셀 내용을 자동 완성] 항목을 체크하고 해제하면 된다.

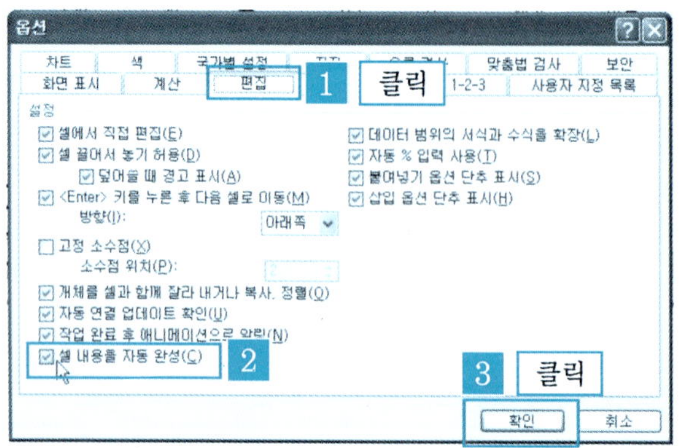

4 입력 목록에서 선택하여 입력하기

지금까지 입력된 목록에서 필요한 단어를 선택하여 입력하기 위해서는 입력하
고자 하는 셀에 셀 포인터를 위치시킨 다음 [Alt] + [↓]를 클릭하면 목록이 나타난다.
목록에서 필요한 단어를 선택하고 [Enter↵]를 누르면 선택한 단어가 입력된다.

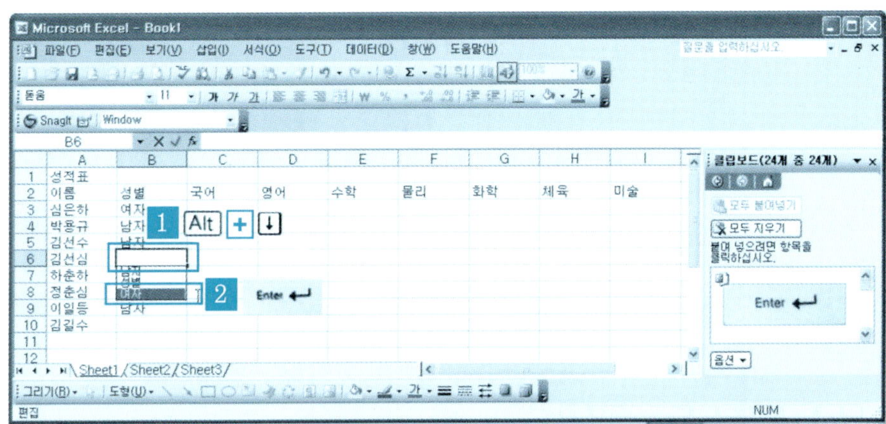

5 여러 셀을 선택하여 같은 내용 입력하기

① 여러 개의 셀에 같은 내용을 입력하려고 한다. 먼저 [B6 셀 선택] → [Ctrl]을
   누른 상태에서 B7, B8 셀을 클릭한다.

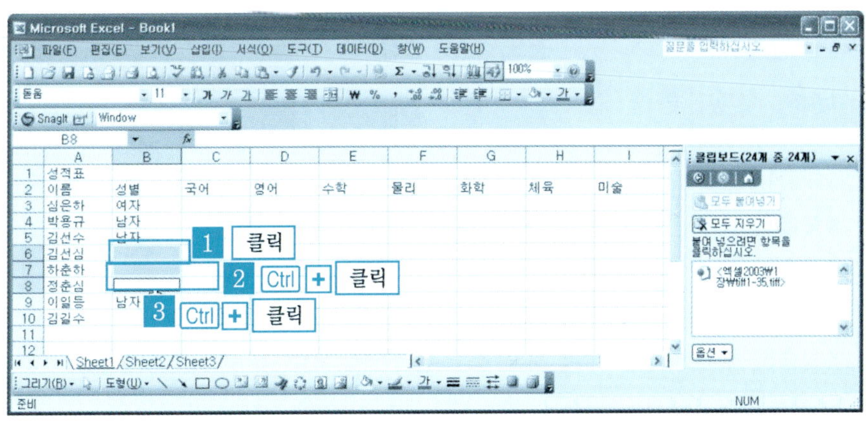

❷ 마지막 B8 셀에 [여자]를 입력하고 Ctrl + Enter↲ 를 누른다.

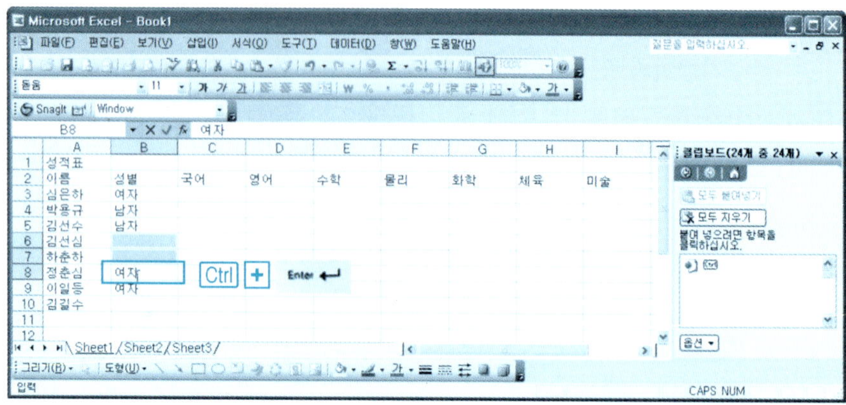

❸ B6, B7 셀에 [여자]라는 단어가 한꺼번에 자동으로 입력된다.

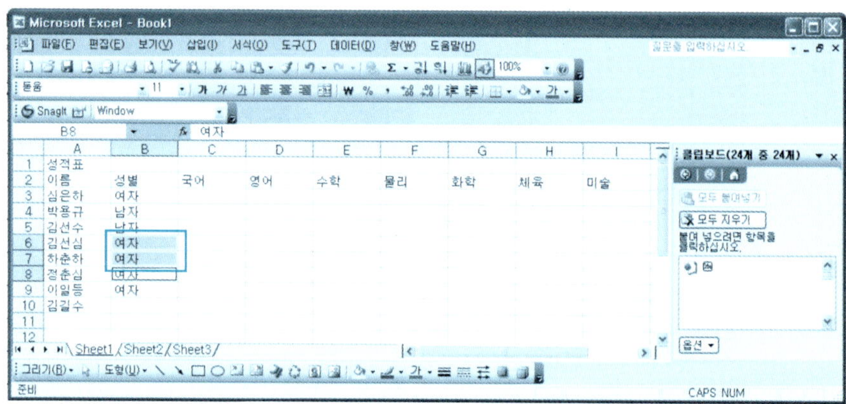

단 원 실 습 문 제

〈실습1〉 다른 친구들의 이름을 입력해 보자.

〈실습2〉 [자동 완성] 기능을 활성화해서 이름을 입력해 보자.

〈실습3〉 [자동 완성] 기능을 해제해 보자.

〈실습4〉 입력된 목록에서 [남자]를 선택하여 입력해 보자.

〈실습5〉 떨어져 있는 여러 개의 셀을 선택하여 같은 단어를 입력해 보자.

6 숫자 입력

① 입력하려는 셀에 셀 포인터를 위치시키고 점수를 입력한 다음 [Enter↵]를 친다.

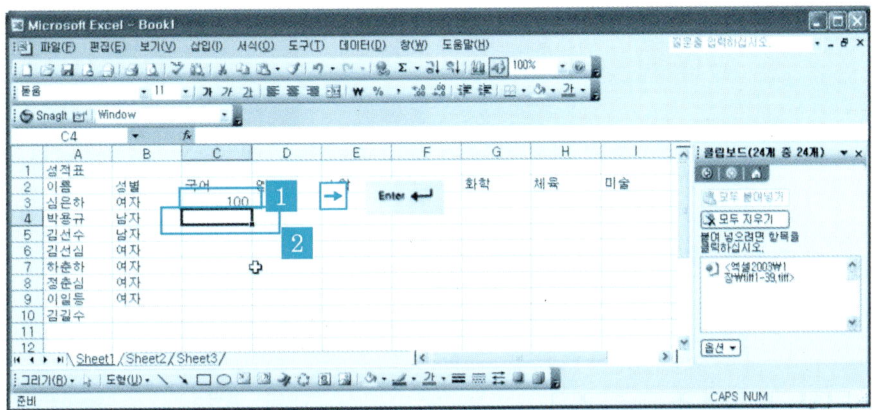

② 나머지 사람들의 국어 점수도 문자 입력과 같은 방법으로 모두 입력한다.

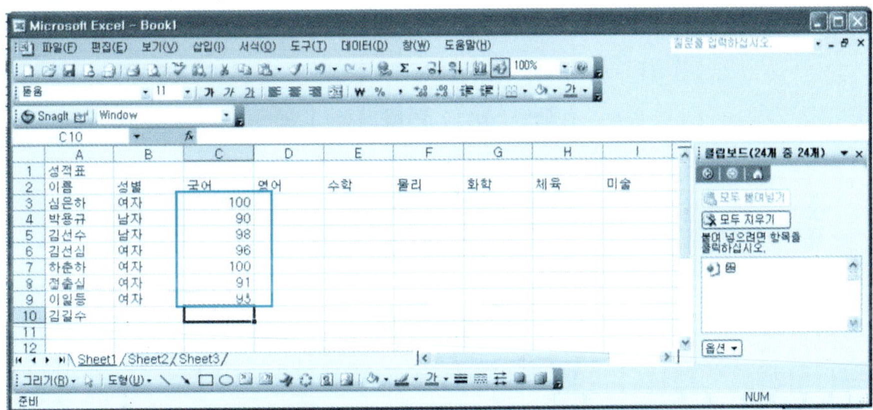

7 [Enter⏎] 키 방향설정

일반적으로 [Enter⏎] 키를 치면 아래 방향의 셀로 이동하게 된다. 그러나 필요에 따라서 다른 방향으로 이동할 수 있다. 오른쪽 방향으로 이동하도록 설정해 보자.

❶ [도구] → [옵션]을 클릭한다.

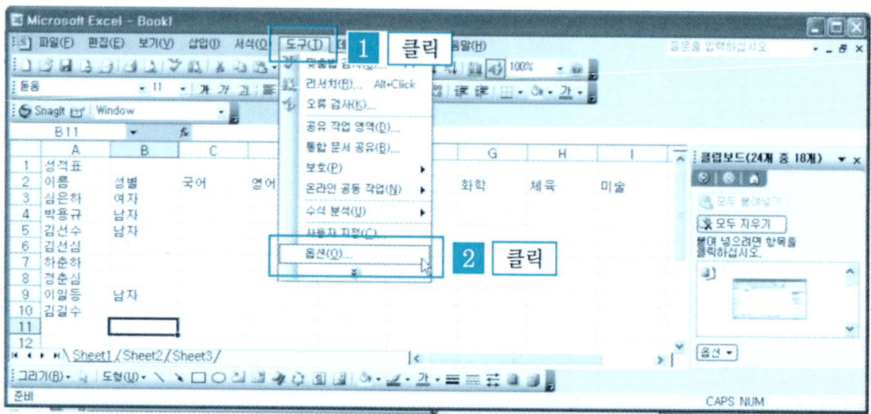

❷ [편집] → [<Enter> 키를 누른 후 다음 셀로 이동(M)] → [방향 드롭다운] → [오른쪽] → [확인] 버튼을 클릭한다.

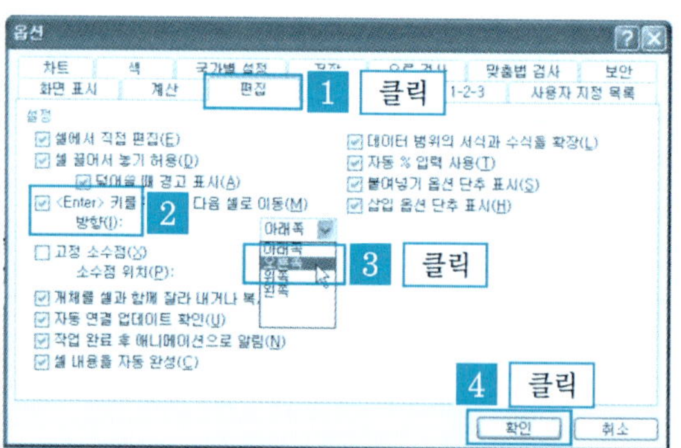

❸ D3에 점수를 입력한 후 Enter┘를 친다.

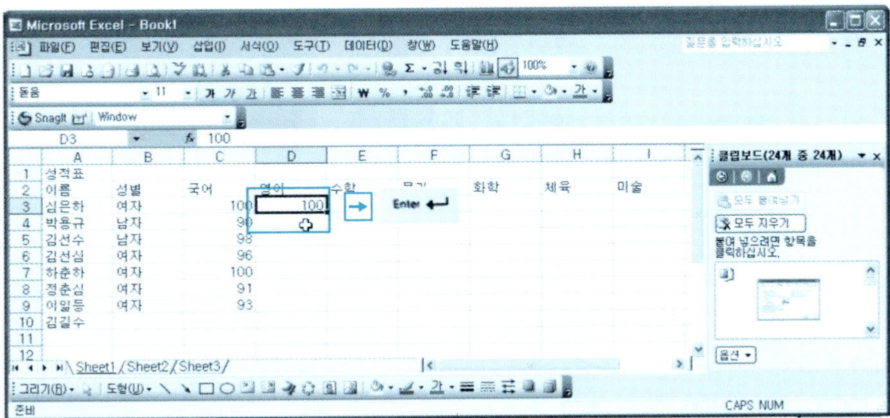

❹ 오른쪽의 E3 셀로 셀 포인터가 이동되었다.

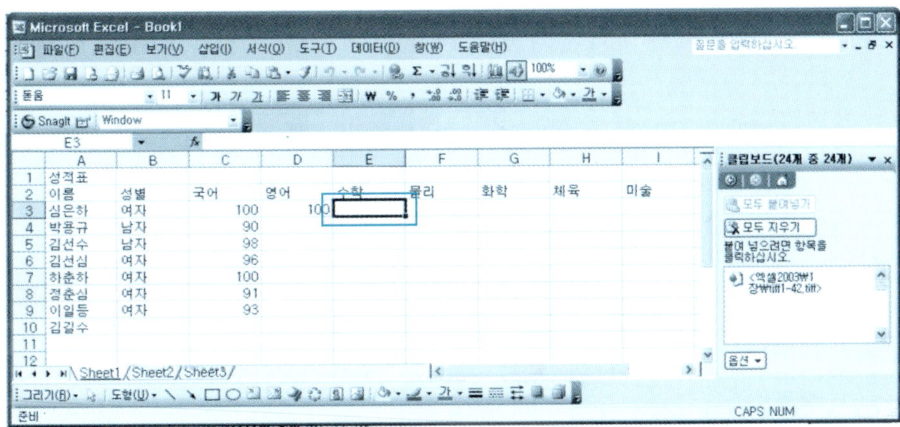

8 선택한 범위 설정하여 자료 입력

❶ 입력한 범위 중에서 맨 왼쪽 맨 위쪽 D4 셀에 셀 포인터를 위치시킨다.

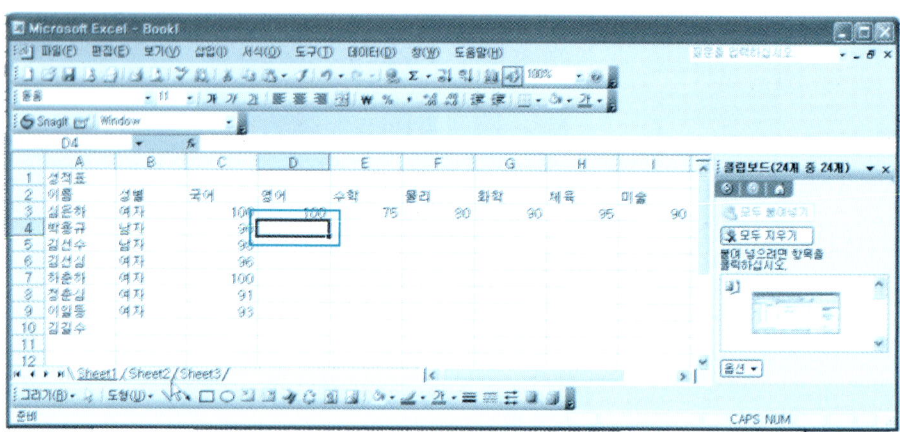

❷ D4에서 클릭한 다음 I10까지 드래그하여 입력할 범위를 지정한다.

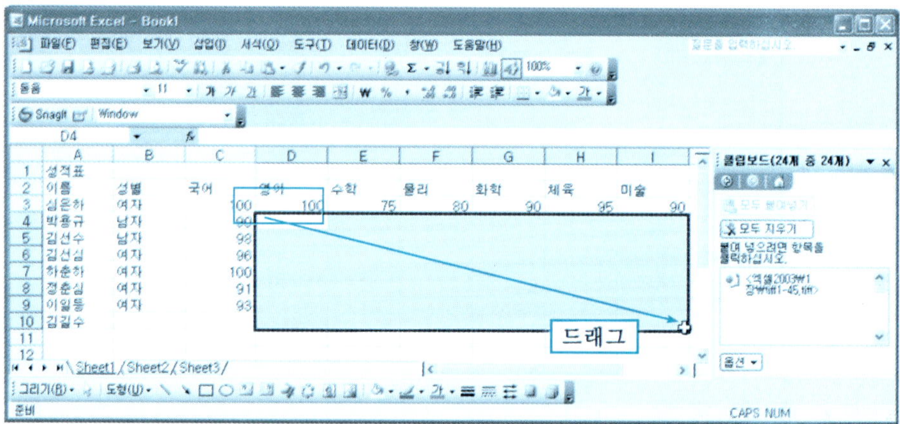

❸ D4를 입력하고 Enter↵ 를 치면 E4로 셀 포인터가 이동하여 점수를 입력하는 방법으로 미술점수(I4)까지 입력하고 Enter↵ 를 치면 다음 사람 영어점수 셀인 D5로 셀 포인터가 이동되어 다음 사람의 점수를 입력할 수 있다.

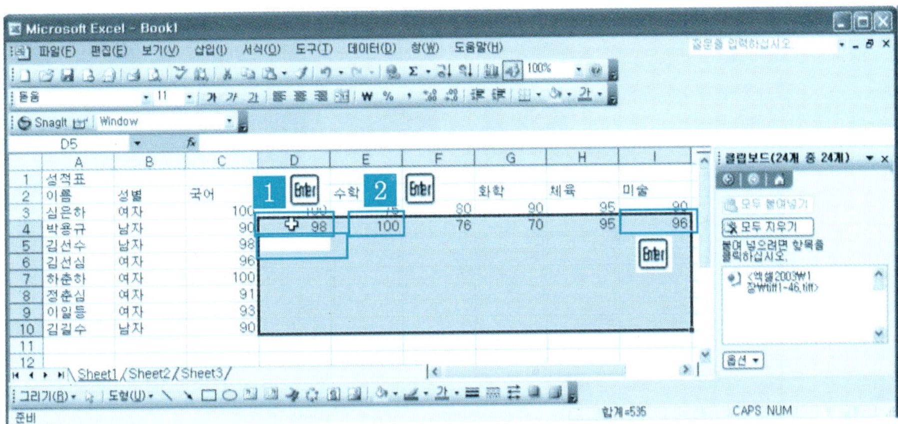

❹ 같은 방법으로 다른 학생들의 모든 점수를 입력한다. 마지막 학생의 미술점수(I10 셀)를 입력하고 Enter↵ 를 치면 커서가 D4로 이동한다.

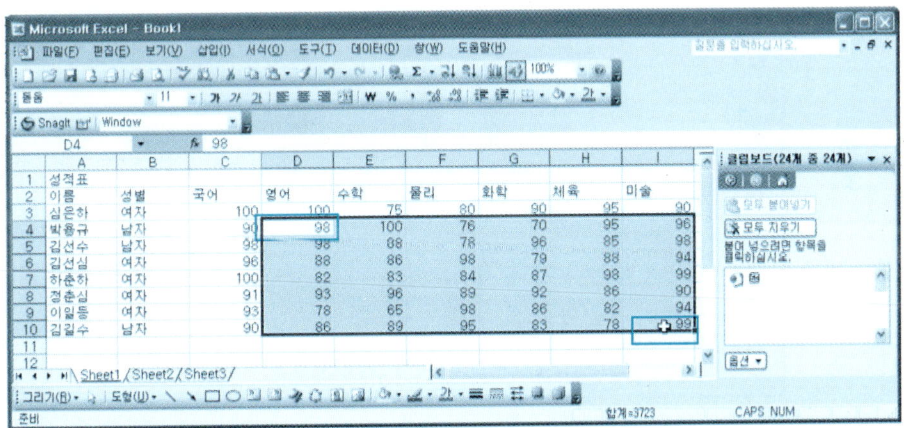

9 한 개의 셀에 두 줄 이상의 데이터 입력하기

❶ J2 셀에 [총점]을 입력하고 Alt + Enter↵ 를 친다.

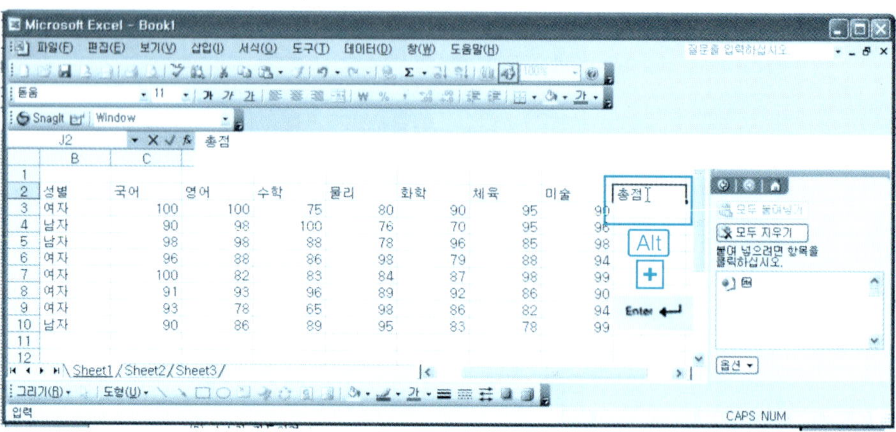

❷ [합계]를 입력하고 Enter↵ 를 친다. 한 개의 셀에 두 줄로 자료가 입력되었다.

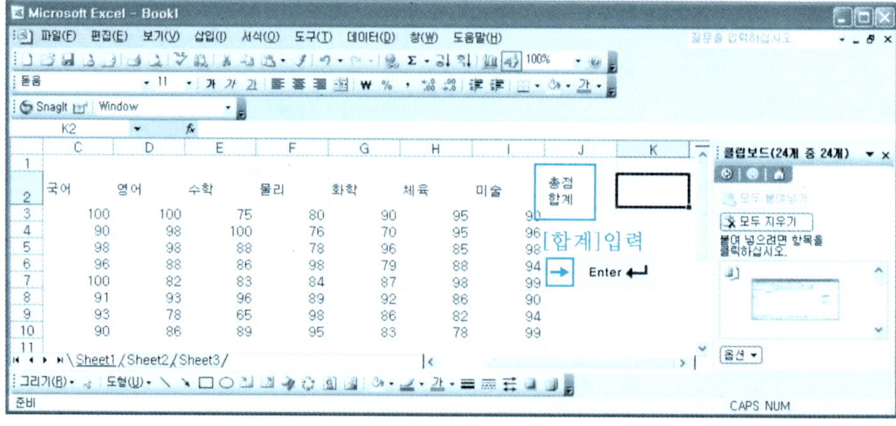

10 소수점 자동 입력

❶ [Sheet2] 시트 선택 → [도구] 메뉴의 [옵션] 항목을 클릭한다.

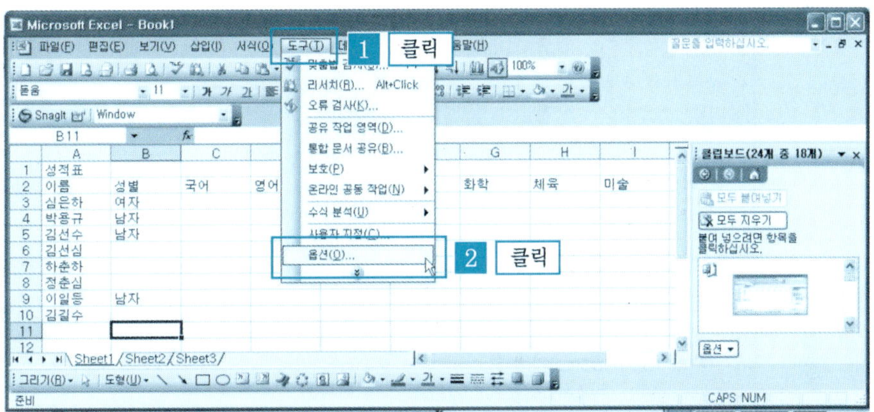

❷ [편집 탭] → [고정소수
점 체크] → [-2]값 설정
→ [확인] 버튼을 클릭한
다.

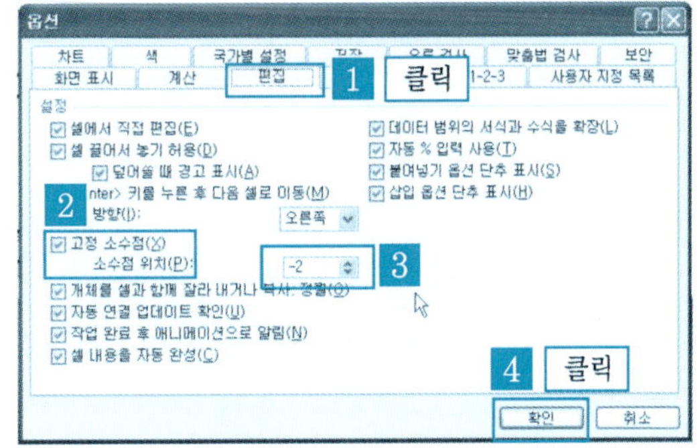

❸ A1 셀에 [123]을 입력하고 Enter↵ 를 친다.

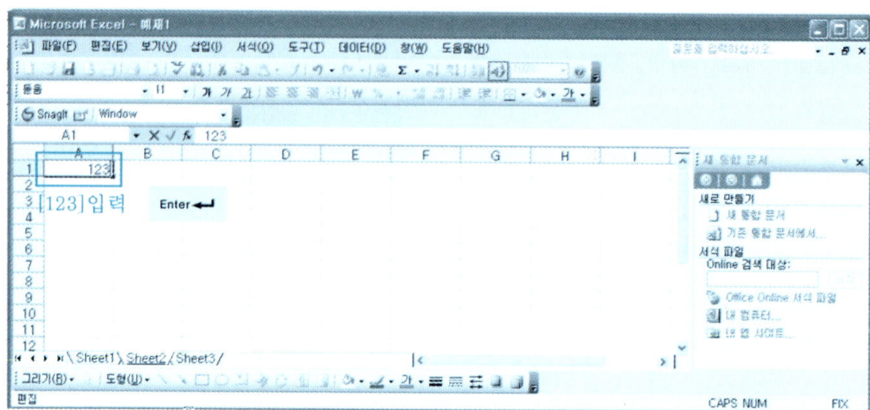

❹ 설정값이 마이너스[-2]값일 때 뒷자리에 0이 두 개가 붙는 숫자가 자동 입력된다.

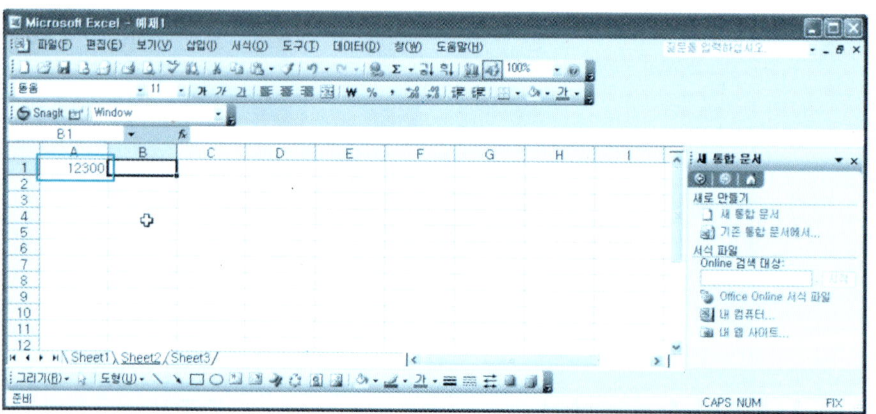

❺ [편집 탭] → [고정소수점
체크] → [2]값 설정 →
[확인] 버튼을 클릭한다.

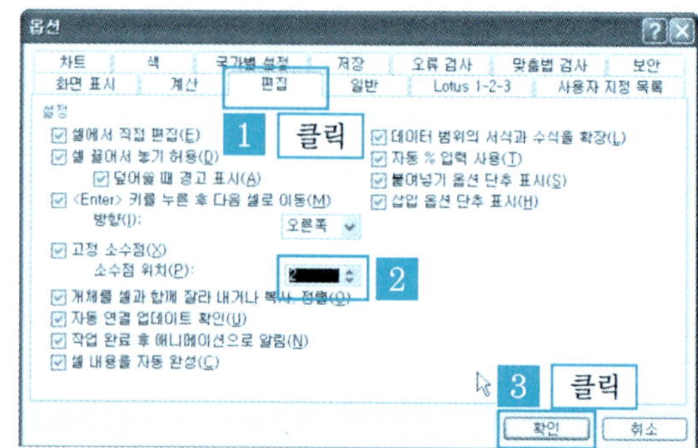

⑥ [12345]를 입력하고 [Enter┘] 를 친다.

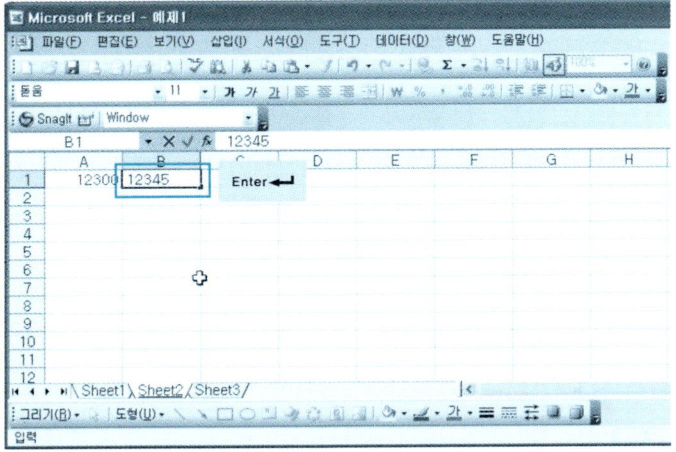

⑦ [123.45]라고 하는 소수점 이하 두 자리 숫자가 자동으로 입력된다.

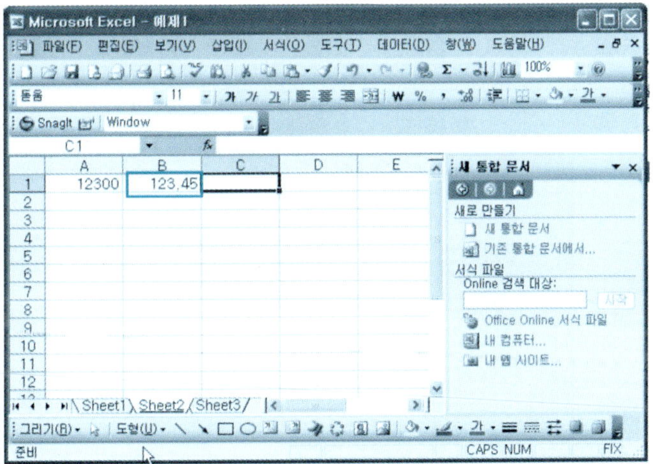

단원 실습 문제

〈실습1〉 소수점 이하 3자리가 자동으로 입력되도록 설정하여 다음과 같은 표를 만들어 보자.

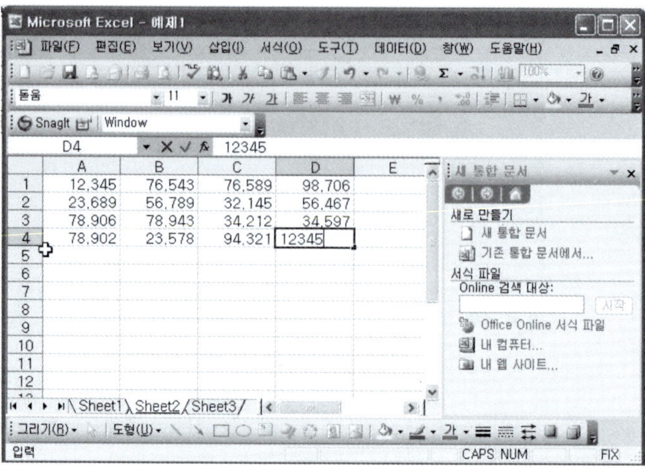

〈실습2〉 숫자 뒤에 [0]이 3자리가 자동으로 입력되도록 설정하여 다음과 같은 표를 만들어 보자.

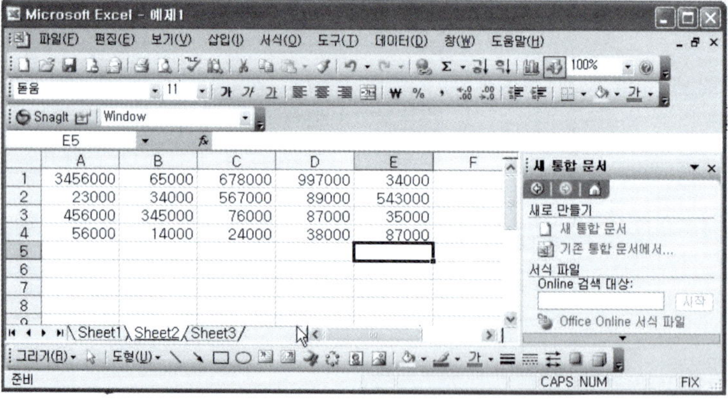

11 날짜와 시간 입력

❶ [도구] → [옵션]을 클릭한다.

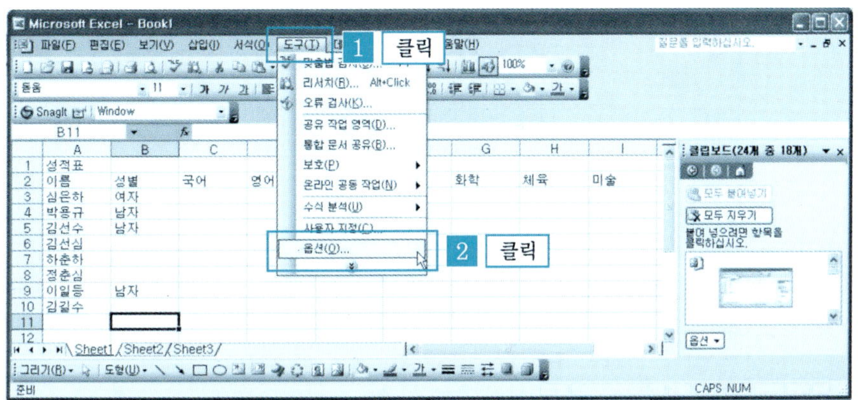

❷ [계산 탭] → [1904 날짜 체계 체크] → [확인]을 클릭한다.

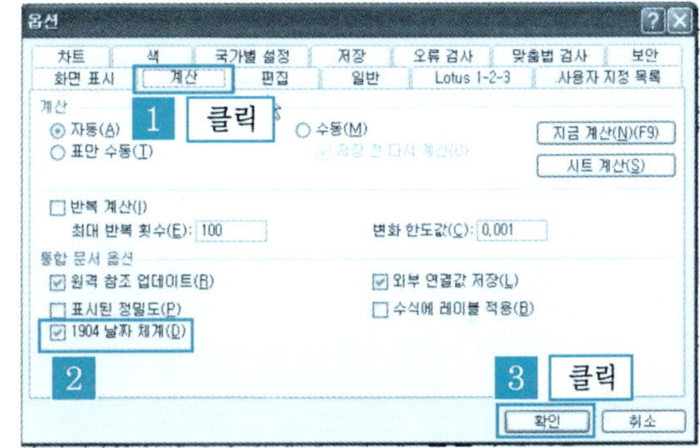

셀 입력 내용	셀 표시 형태
04/07/01 또는 04-7-1	2004-07-01
04년 7월 1일	2004년 07월 01일
7/1 또는 7-1	07월 01일
10:30 AM	10:30 AM
20:30	20:30
10시 50분	10시 50분

단 원 실 습 문 제

다음과 같은 문장을 작성해 보자.

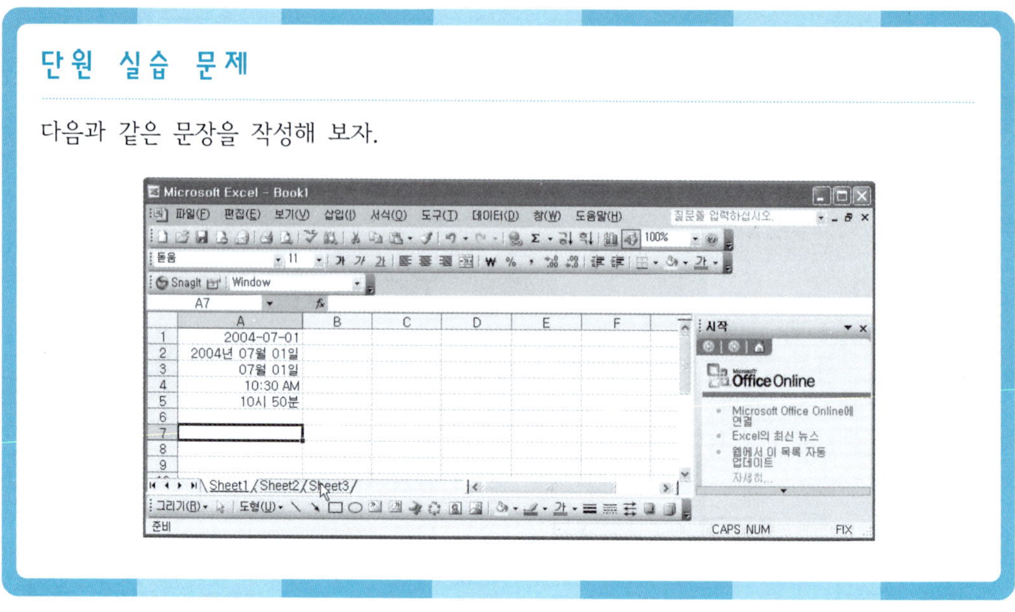

12 한자 입력

❶ [예제] 폴더에서 [예제1.xls] 파일을 불러온다. [평 자 입력] → [漢 버튼 클릭] → [1 평평할 평]을 클릭한다.

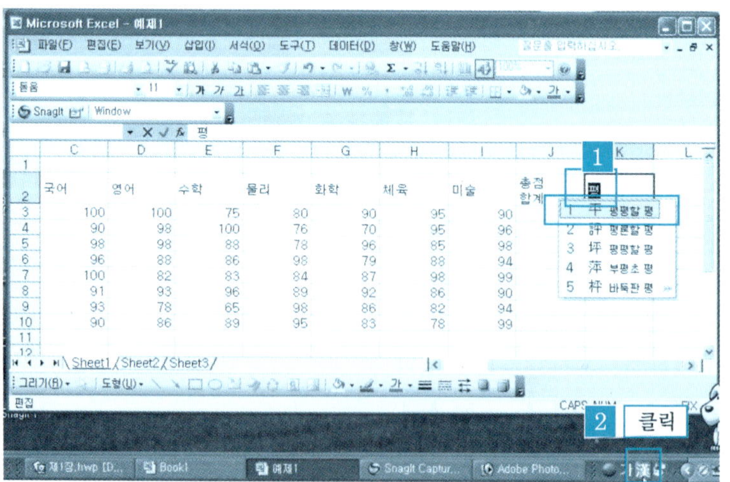

❷ 결과 화면이다. [균]자도 같은 과정으로 변환한다.

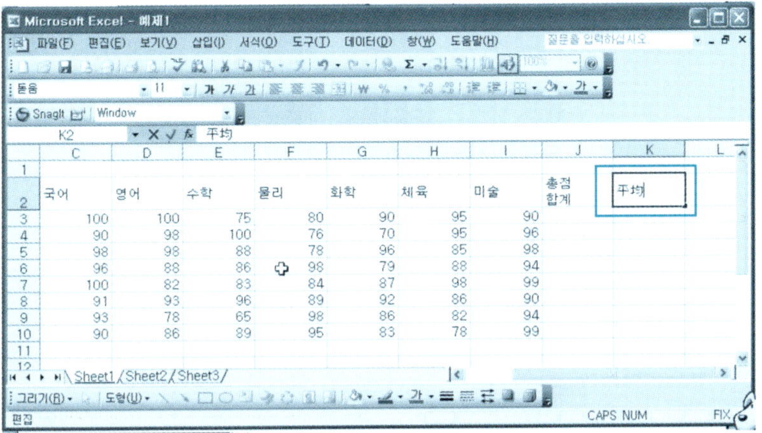

❸ 입력되어 있는 [수학] 글자를 한자로 변환해 보자.

[수학 더블클릭] → [수학] 드래그 → [漢 버튼 클릭] → [數學] → [변환] 버튼을 클릭한다.

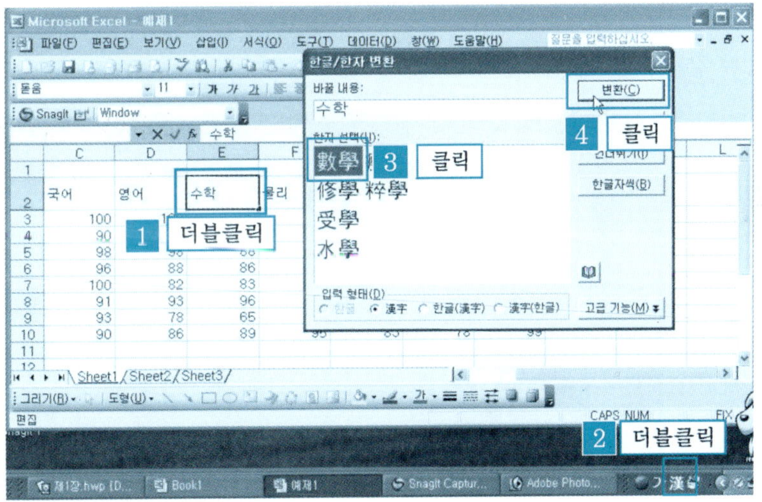

❹ [수학]을 [數學]으로 변환한 결과 화면이다.

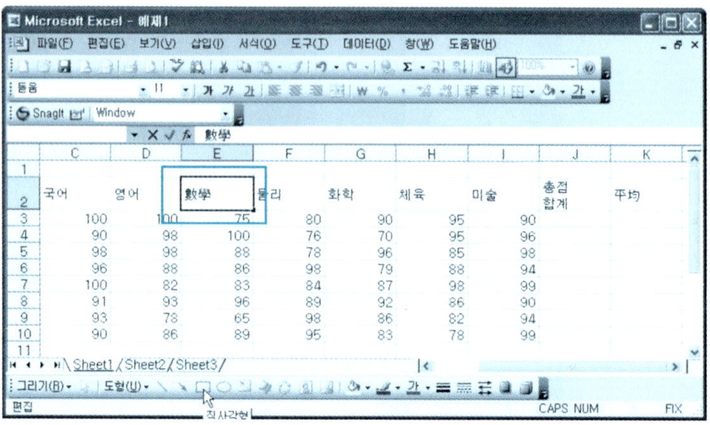

단원 실습 문제

다음과 같은 표를 작성해 보자.

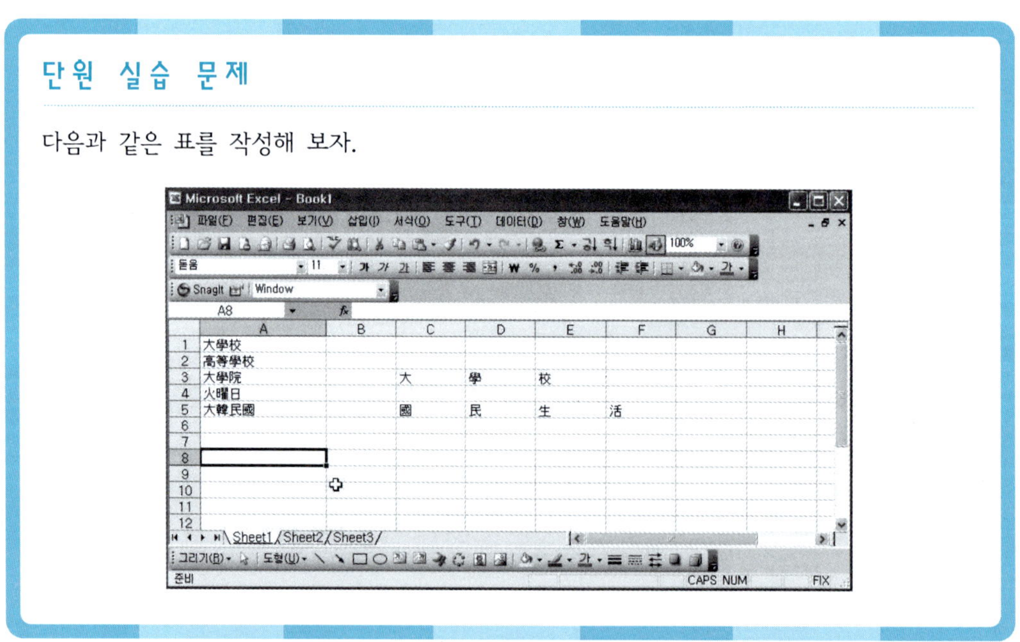

 특수문자 입력

❶ [입력 셀 셀 포인터] → [삽입] → [기호]를 클릭한다.

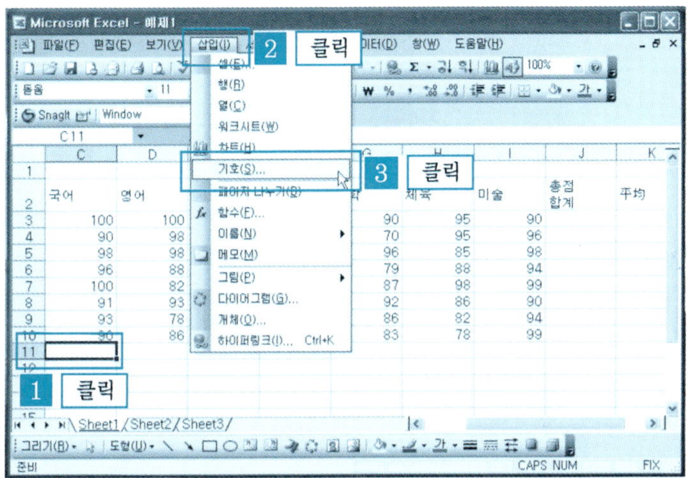

❷ [글꼴 : (현재 글꼴)] → [하위 집합 : 여러 가지 딩뱃 기호] → 원하는 [기호]
→ [삽입] 버튼을 클릭한다.

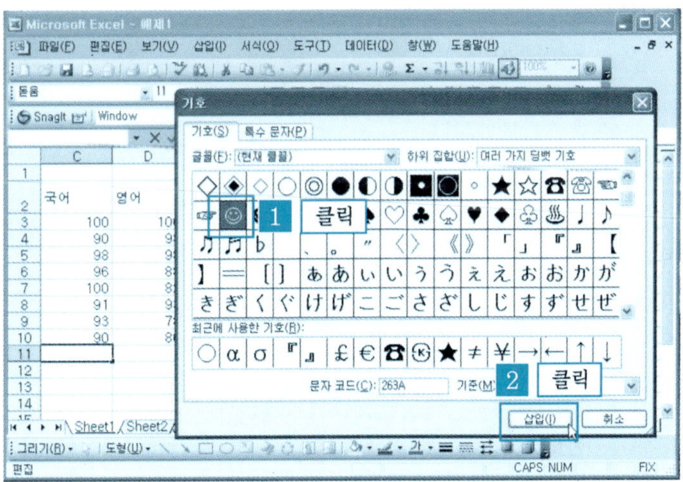

❸ 선택한 기호가 삽입된 결과 화면이며 기호 삽입이 완료되면 [닫기] 버튼을 클릭한다.

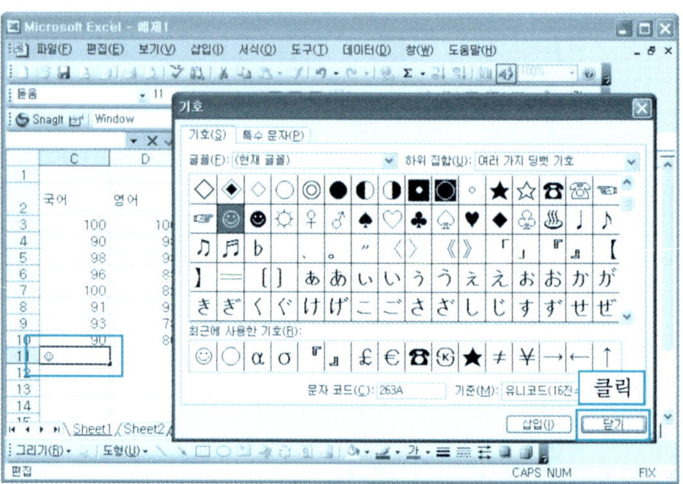

단 원 실 습 문 제

아래 표에서와 같이 특수문자를 입력해 보자.

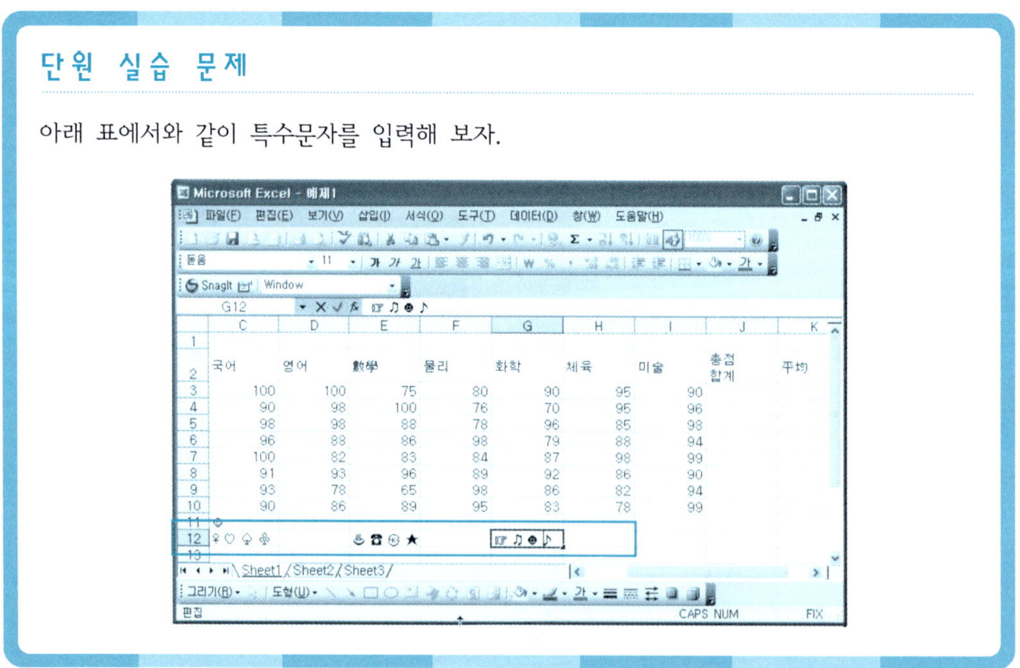

14 문자표를 이용한 특수문자 입력

❶ [시작] → [모든 프로그램] → [보조프로그램] → [시스템 도구] → [문자표]를
클릭한다.

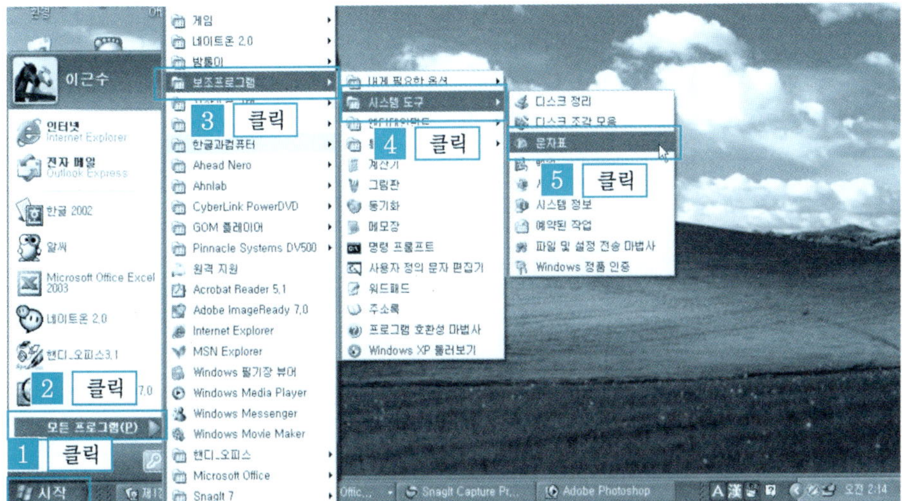

❷ 원하는 특수문자 선택 [@] → [선택] → [복사]를 클릭한다.

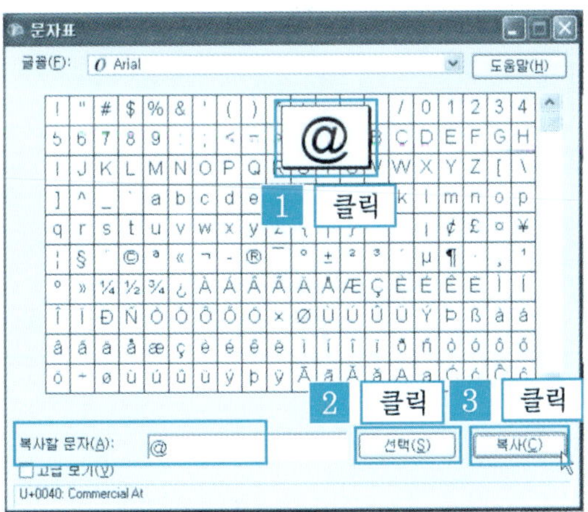

❸ 기호를 삽입하려는 셀에서 마우스 [오른쪽 버튼] → [붙여넣기]를 클릭한다.

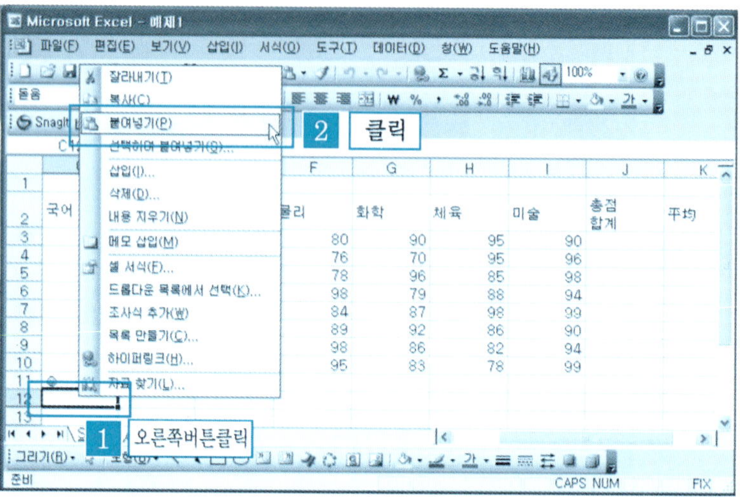

❹ 기호를 삽입한 결과 화면이다.

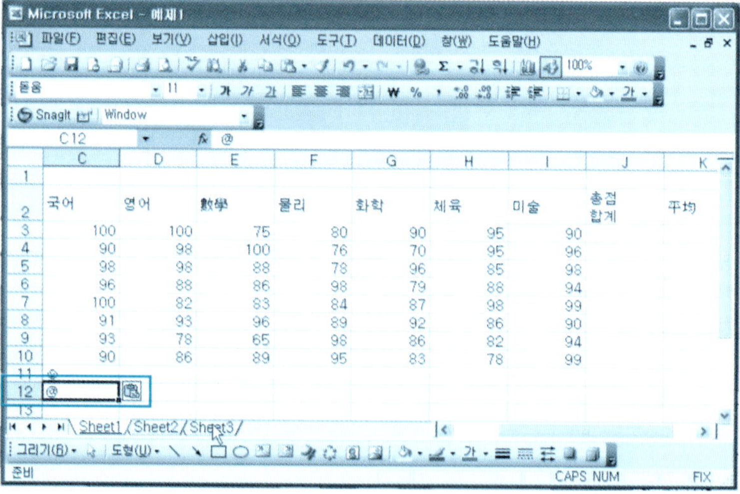

단원 실습 문제

아래 표에서와 같이 특수문자를 입력해 보자.

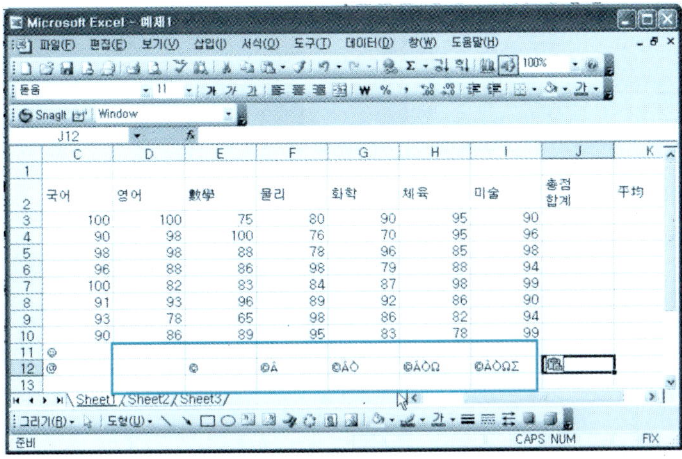

1.7 │ 기본 편집 기능

1 내용 삭제

(1) Back Space 로 한 셀 내용 지우기

[예제] 폴더에서 [Book1.xls] 파일을 불러온다. [지우려는 셀 클릭] → 키보드의 Back Space 를 클릭한다.

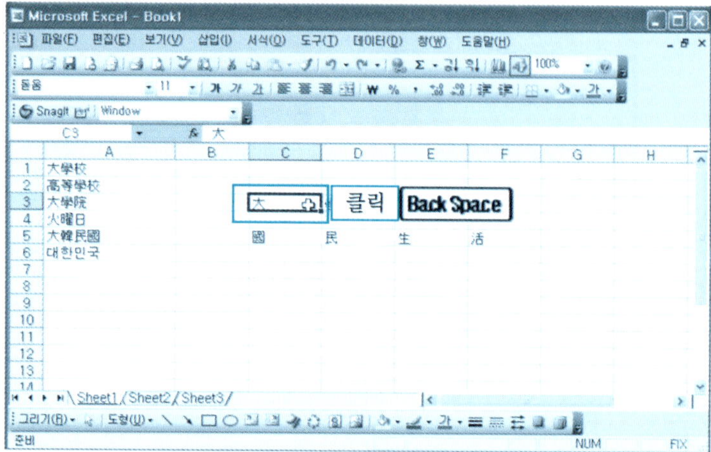

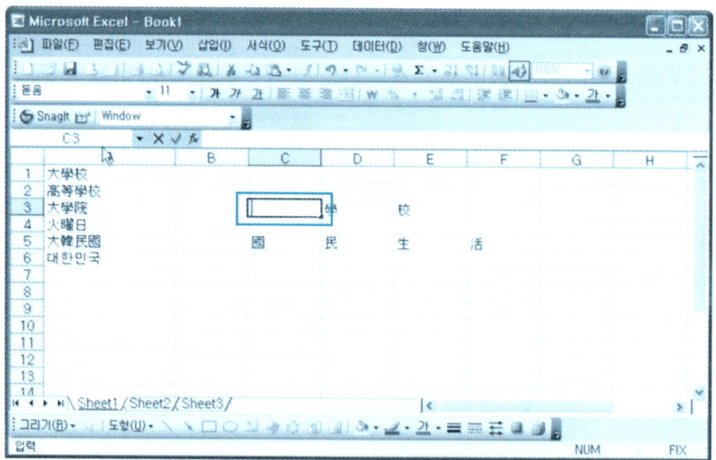

〔지정된 셀의 내용이 삭제된 결과 화면〕

(2) ◎로 한 셀 내용 지우기

지우려는 셀 [셀 포인터] → ◎를 클릭한다.

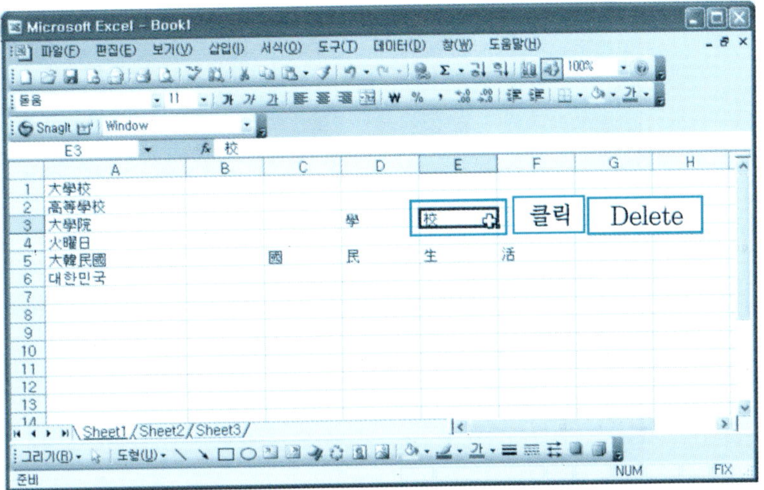

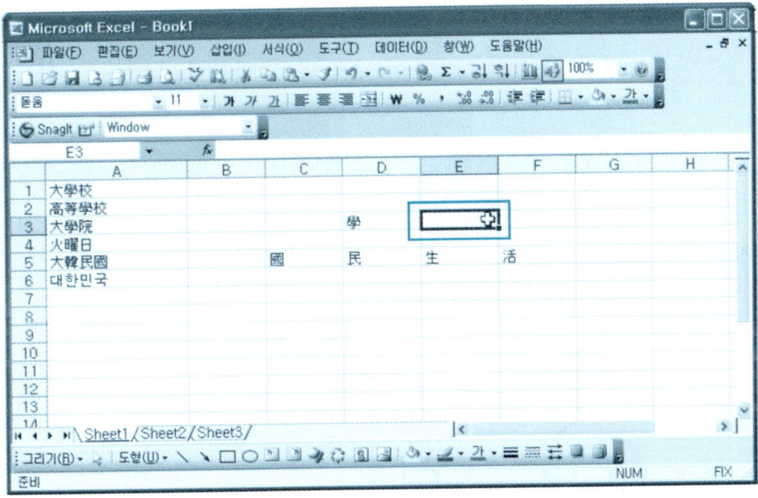

〔지정된 셀의 내용이 삭제된 결과 화면〕

(3) 여러 셀 내용을 한번에 지우기

▶ 지우려고 하는 여러 셀의 영역을 드래그하여 지정한다.

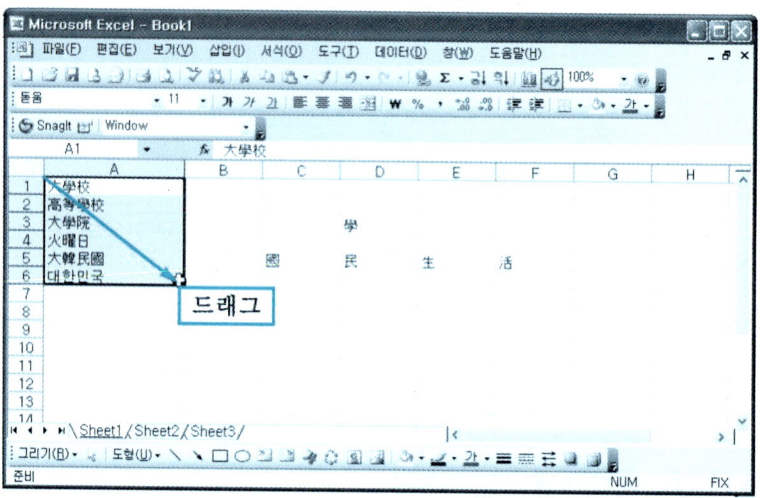

▶ [편집] → [지우기] → [내용]을 클릭한다.

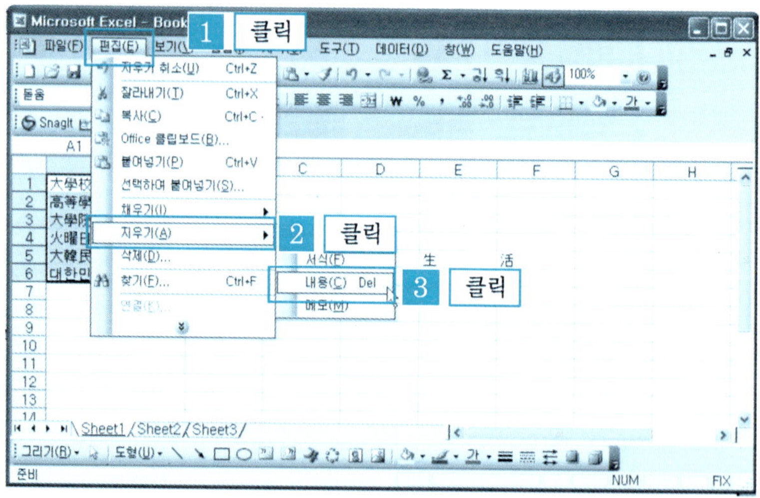

▶ 지정된 범위의 셀 내용이 삭제된 결과 화면이다.

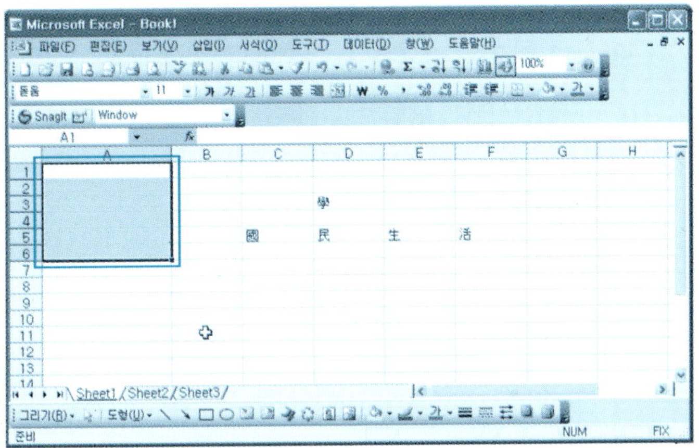

단원 실습 문제

〈**실습1**〉 다음과 같은 표를 작성해 보자.

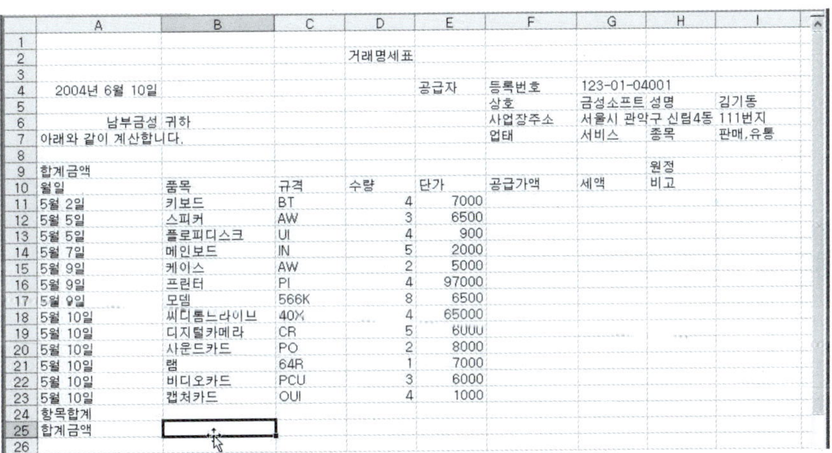

	A	B	C	D	E	F	G	H	I
1									
2				거래명세표					
3									
4	2004년 6월 10일				공급자	등록번호	123-01-04001		
5						상호	금성소프트	성명	김기동
6		남부금성 귀하				사업장주소	서울시 관악구 신림4동	111번지	
7	아래와 같이 계산합니다.					업태	서비스	종목	판매,유통
8									
9	합계금액							원정	
10	월일	품목	규격	수량	단가	공급가액	세액	비고	
11	5월 2일	키보드	BT	4	7000				
12	5월 5일	스피커	AW	3	6500				
13	5월 5일	플로피디스크	UI	4	900				
14	5월 7일	메인보드	IN	5	2000				
15	5월 9일	케이스	AW	2	5000				
16	5월 9일	프린터	PI	4	97000				
17	5월 9일	모뎀	566K	8	6500				
18	5월 10일	씨디롬느라이브	40X	4	65000				
19	5월 10일	디지털카메라	CR	5	6000				
20	5월 10일	사운드카드	PO	2	8000				
21	5월 10일	램	64R	1	7000				
22	5월 10일	비디오카드	PCU	3	6000				
23	5월 10일	캡처카드	OUI	4	1000				
24	항목합계								
25	합계금액								
26									

〈**실습2**〉 H10 셀의 내용을 삭제해 보자.

〈**실습3**〉 F7 셀과 H7 셀의 내용을 삭제해 보자.

〈**실습4**〉 23행의 내용을 전부 삭제해 보자.

〈**실습5**〉 19행부터 22행까지의 내용 전부를 한번에 삭제해 보자.

2 내용 수정

❶ [Sheet2] 시트를 선택한다. 삭제하려는 셀에 셀 포인터를 [더블클릭]한다.

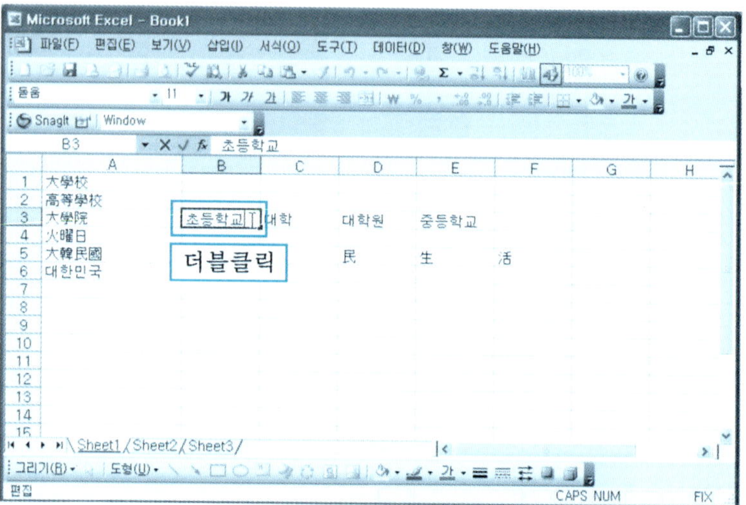

❷ [Back Space] 로 내용을 지운 다음 [초등학교]라고 입력한다.

단 원 실 습 문 제

〈**실습1**〉 다음과 같은 표를 작성해 보자.

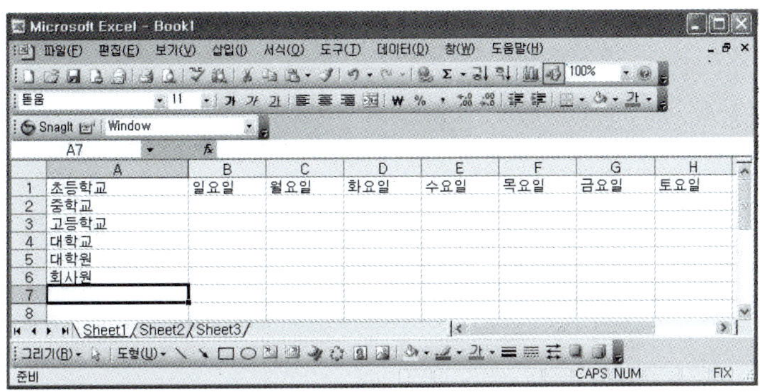

〈**실습2**〉 A1 셀의 내용을 [유치원]으로 수정해 보자.

〈**실습3**〉 A7 셀의 내용을 [남부금성]으로 수정해 보자.

3 실 행 취 소

엑셀을 이용하여 문서를 작성하는 중에 작업한 부분을 수정하거나 삭제한 내용을 다시 환원하고자 할 때 유용하게 사용되는 기능이다.

① [예제] 폴더에서 [실행취소.xls] 파일을 불러온다. [G1셀 : 토요일 입력] →
   [편집] → [입력 취소]를 클릭하거나 [실행 취소] 아이콘을 클릭한다.

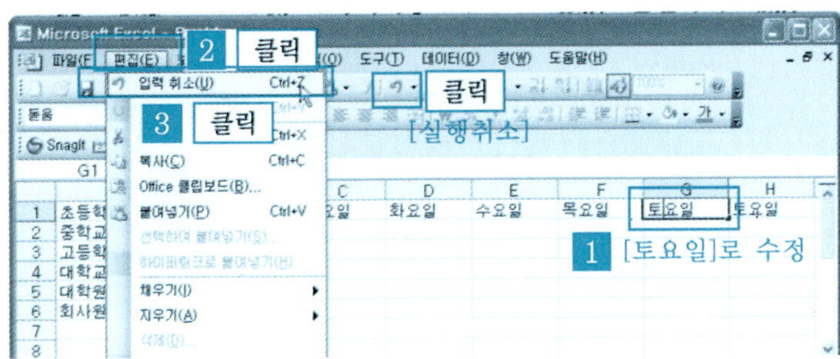

❷ 앞 단계 [입력]된 내용이 실행 취소된 결과 화면이다.

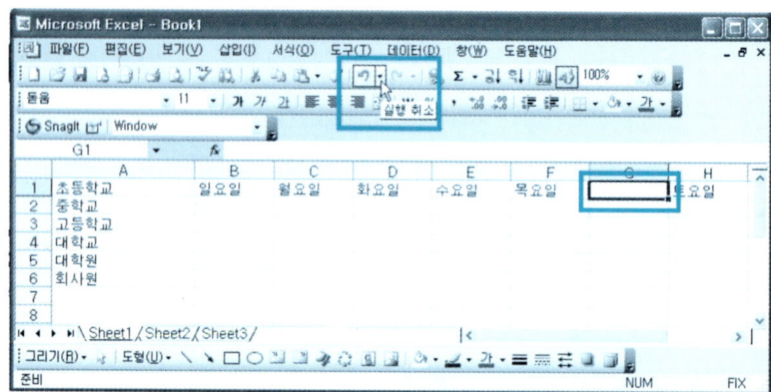

4 다시 실행

실행 취소한 작업을 다시 실행하는 기능이다.

❶ [다시 실행] → [입력]을 클릭한다.

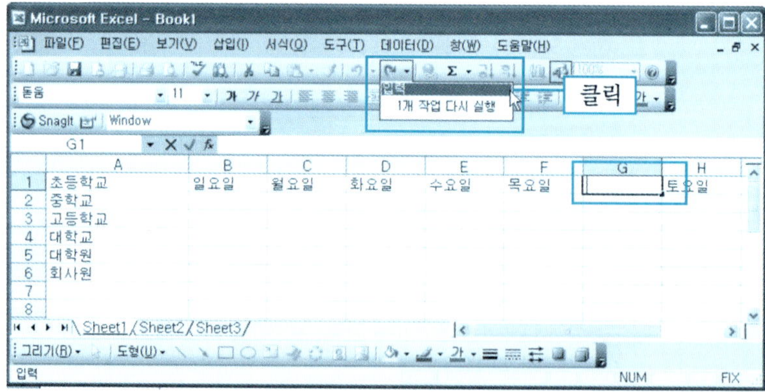

❷ [다시 실행] 아이콘을 클릭한 결과 화면이다.

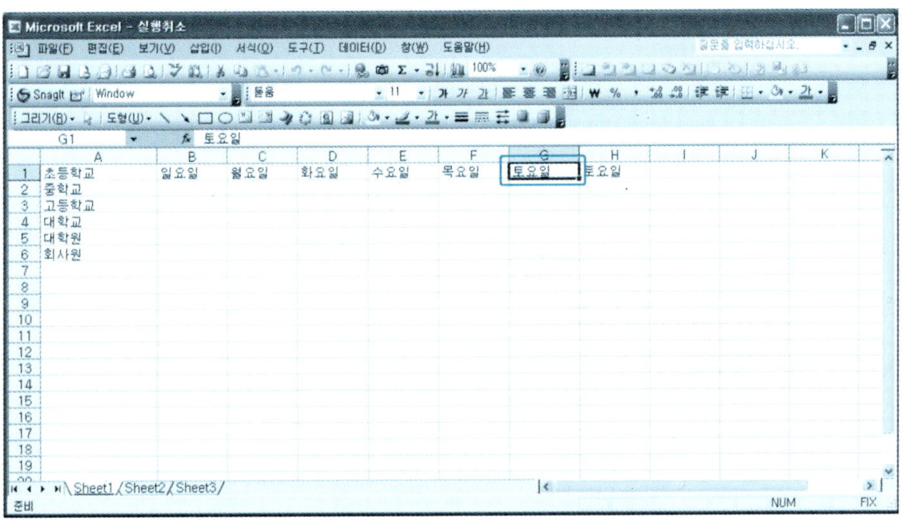

단원 실습 문제

〈**실습1**〉 아래 그림과 같은 문서를 작성해 보자.

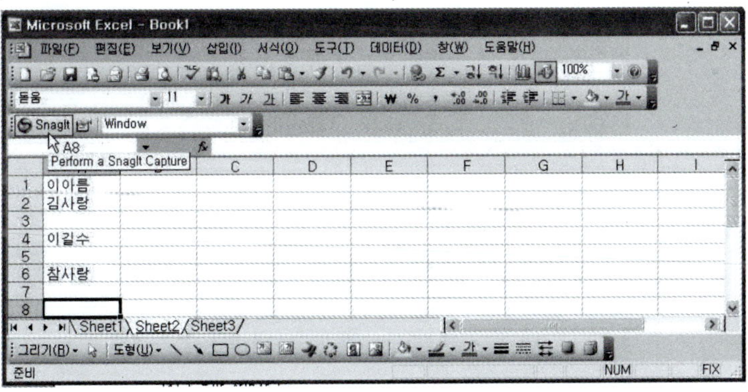

〈**실습2**〉 위의 문서를 작성한 작업 과정을 [실행 취소] 아이콘을 계속 눌러 실행 취소를 해 보자.

〈**실습3**〉 실행 취소한 과정을 [다시 실행] 아이콘을 계속 눌러 다시 실행해 보자.

1.8 | 도움말 활용

엑셀을 사용하다가 특수한 기능에 대한 사용법을 알고 싶을 때 도움말을 사용한다. 도움말에는 직접 도움말 시스템을 이용하거나 오피스 길잡이를 이용하여 궁금한 사항을 해결할 수 있다.

1 오피스 길잡이 표시와 숨기기

(1) 오피스 길잡이 표시하기

[도움말] → [Office 길잡이 표시]를 클릭한다.

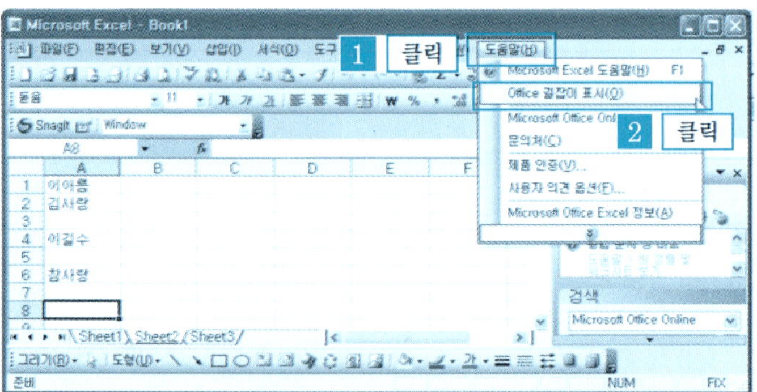

(2) 오피스 길잡이 숨기기

[도움말] → [Office 길잡이 숨기기]를 클릭한다.

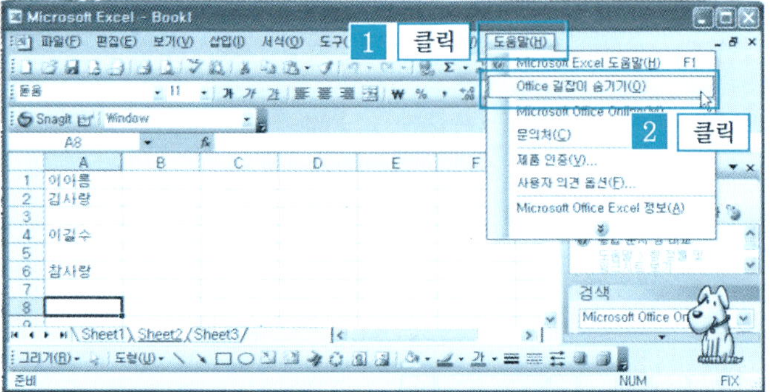

 ## 오피스 길잡이 사용법

오피스 길잡이는 엑셀을 사용할 때 여러 가지 도움말을 쉽게 얻을 수 있는 기능이다.

❶ 메뉴의 [도움말] → [office 길잡이 표시]를 클릭한다. [오피스 길잡이 아이콘] → [통합문서 공유 입력] → [검색] 버튼을 클릭한다.

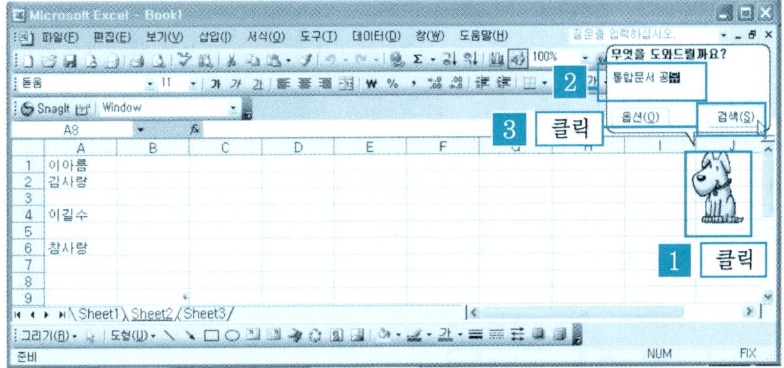

❷ [검색결과] → 필요한 항목 선택[공유통합문서편집] → [도움말 창]에서 각 항목에 대한 궁금한 사항에 대해서 알아볼 수 있다.

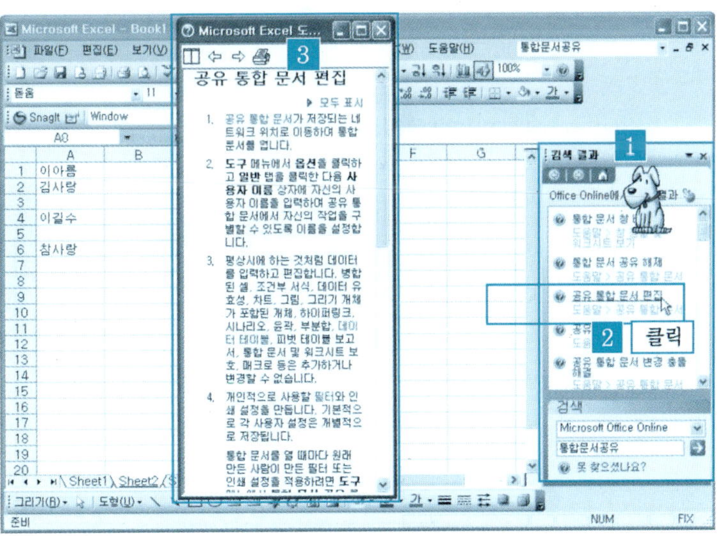

단 원 실 습 문 제

〈**실습1**〉 오피스 길잡이를 표시해 보자.

〈**실습2**〉 오피스 길잡이를 숨겨 보자.

3 오피스 길잡이 모양 바꾸기

❶ [오피스 길잡이 아이콘]에서 [마우스 오른쪽 버튼] → [길잡이 선택]을 클릭한다.

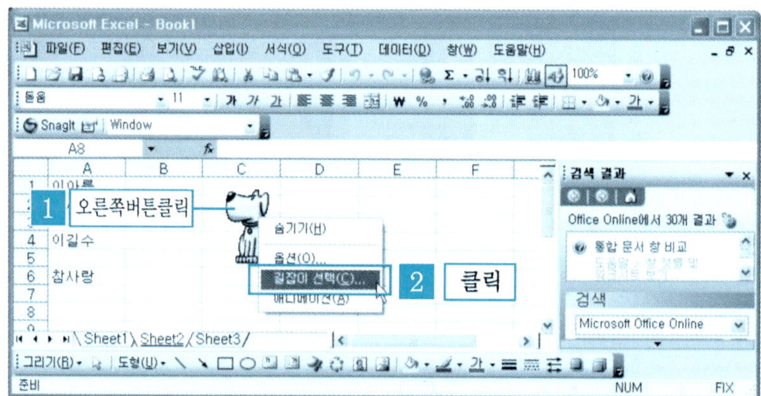

❷ [Office 길잡이] 창에서 [갤러리] → [다음] → [확인] 버튼을 클릭한다.

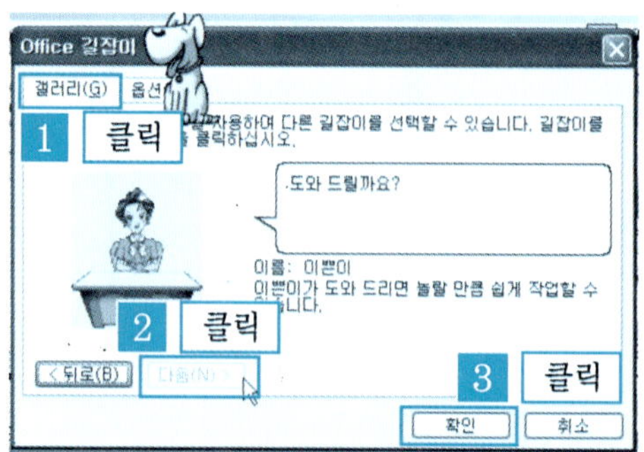

4 MicrosoftExcel 도움말 작업창

① [도움말] → [MicrosoftExcel 도움말]을 클릭한다.

② 문자입력 [특수문자] → [검색] 버튼을 클릭한다.

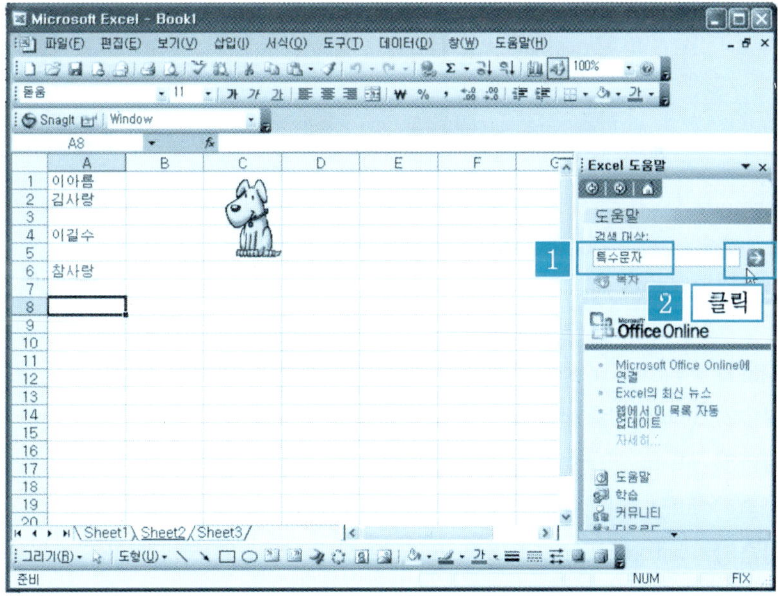

❸ [검색결과 창] → 알고자 하는 항목 [기호 삽입]을 클릭하면 [MicrosoftExcel 도움말] 작업창이 표시된다. 이 작업창에서 필요한 내용을 찾아서 사용한다.

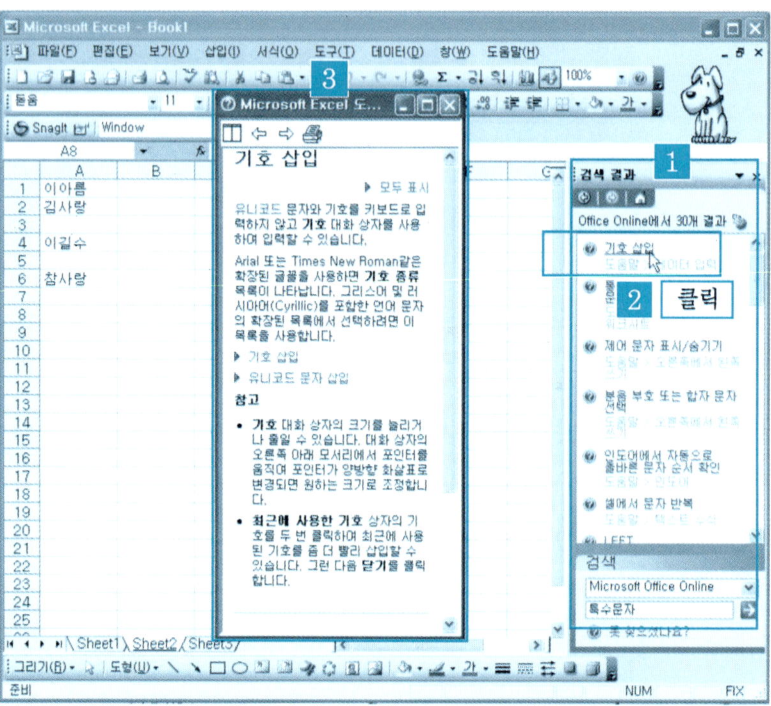

단 원 실 습 문 제

〈실습1〉 MicrosoftExcel 도움말 작업창에서 [태풍]을 검색해 보자.

〈실습2〉 MicrosoftExcel 도움말 작업창에서 [하나님]을 검색해 보자.

〈실습3〉 MicrosoftExcel 도움말 작업창에서 [노아]를 검색해 보자.

〈실습4〉 MicrosoftExcel 도움말 작업창에서 [스마트태그]를 검색해 보자.

〈실습5〉 MicrosoftExcel 도움말 작업창에서 [XML]을 검색해 보자.

5 리서치 작업창

인터넷에 연결하여 리서치 작업창의 기능을 사용하면 전자사전이나 동의어 사전 등 리서치 사이트를 엑셀로 불러와 유용하게 사용할 수 있다.

❶ [도구] → [리서치]를 클릭한다.

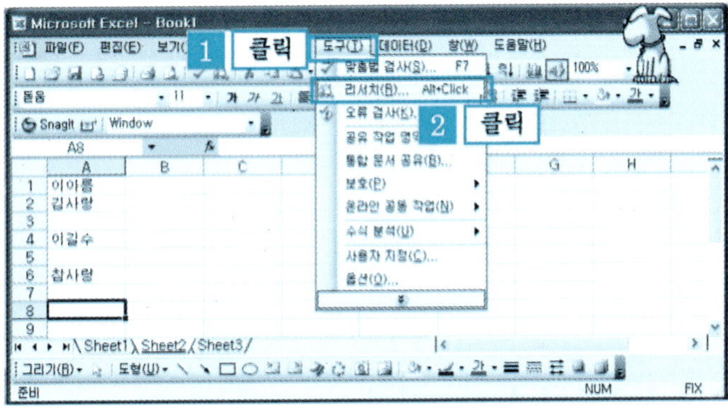

❷ 검색하고자 하는 입력문자 [스마트 문서]를 입력한 다음 → [검색] 버튼을 클릭한다.

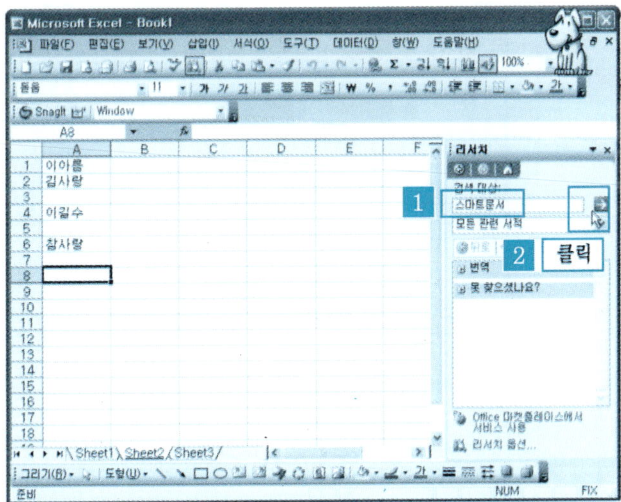

❸ [모든 관련 서적] → [모든 리서치 사이트]를 클릭한다.

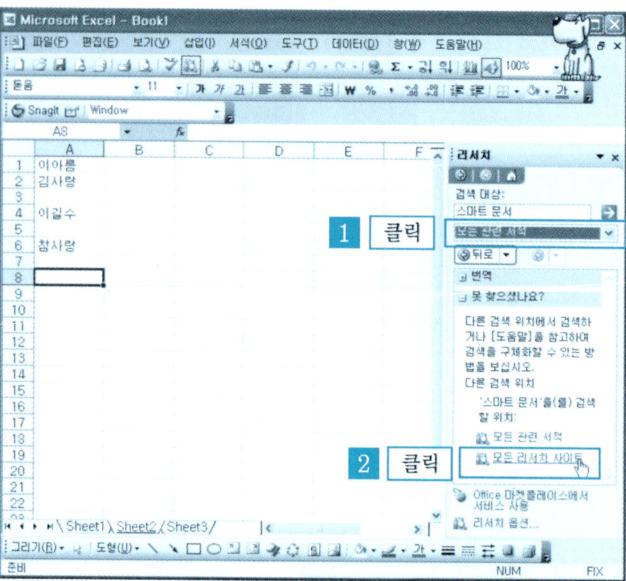

❹ [스마트 문서]에 관련된 사이트가 나타나면 해당 사이트를 클릭한다.

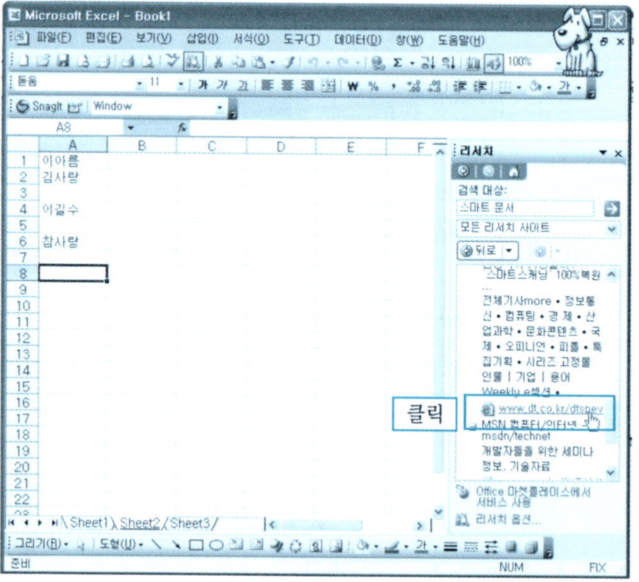

❺ 해당 사이트가 연결되어 그림과 같이 관련된 사이트가 자동으로 연결된다.

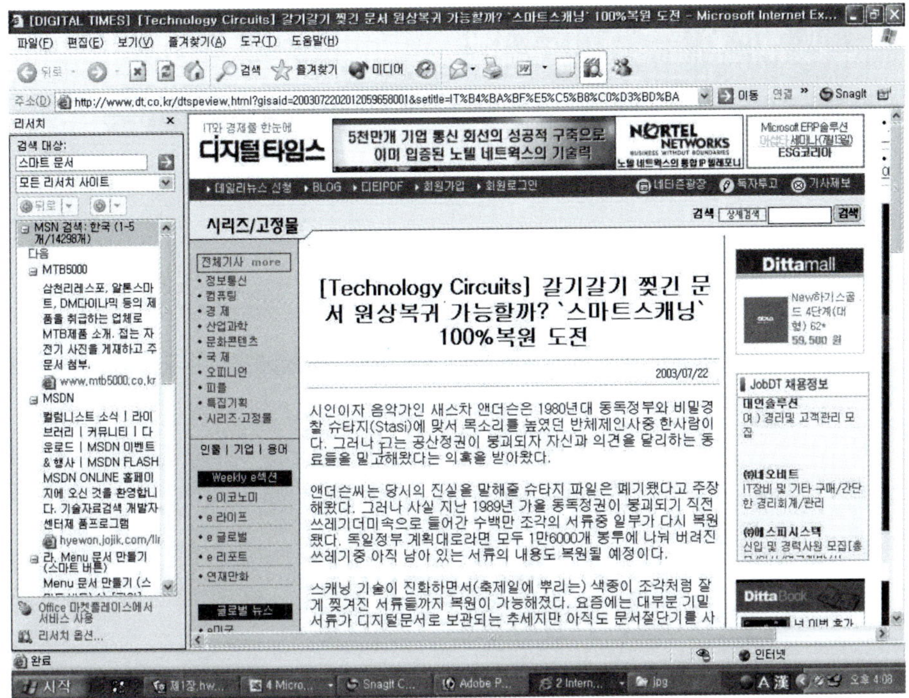

6 Microsoft Office Online

[Microsoft Office Online] 웹사이트의 Microsoft Office Online 도움말에 접근할 수 있으며 정기적으로 업데이트되는 각종 서식 파일, 오피스 업데이트 다운로드, 도움말, 미디어 및 클립아트 등의 서비스를 용이하게 제공받을 수 있다.

❶ [도움말] →
[Microsoft Office
Online]을
클릭한다.

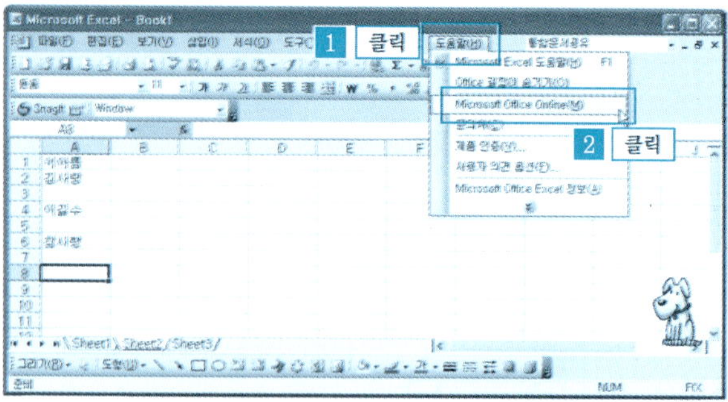

❷ 웹 브라우저가 열리면서 [Microsoft Office Online] 사이트에 자동으로 접속된다.

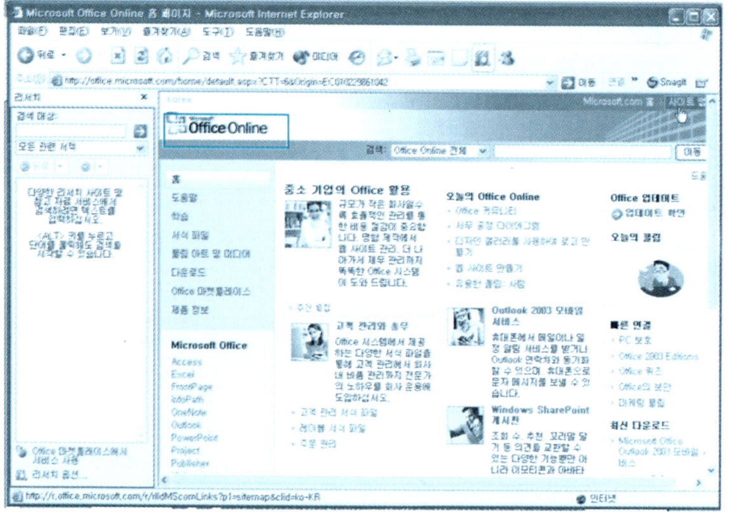

단 원 실 습 문 제

〈실습1〉 [Microsoft Office Online] 사이트에 접속해 보자.

〈실습2〉 [Microsoft Office Online] 홈페이지에서 [업데이트 확인]을 해 보자.

〈실습3〉 [Microsoft Office Online] 홈페이지에서 [Office 서비스 팩]에 대해서 알아보자.

〈실습4〉 [Microsoft Office Online] 홈페이지에서 [다운로드 파일]을 확인하여 필요한
파일을 다운로드받아 설치해 보자.

통합 문서 관리와 활용

공부할 내용

엑셀 문서는 하나의 파일에 255개의 워크시트, 차트시트, 모듈시트를 포함하고 있으므로 통합 문서라고 한다. 엑셀 문서는 워크시트로 관리되며 워크시트별로 새로운 문서를 작성할 수도 있다. 본 장에서는 워크시트의 추가, 복사, 이동, 삭제 등 문서를 관리하고 활용하는 것에 대해서 알아본다.

2.1 │ 통합 문서 시작과 닫기

엑셀에서 작성되는 파일을 [통합 문서]라고 하면 새로운 파일을 만드는 것을 [새 통합 문서 만들기]라고 한다. 처음 시작 화면에 나타나는 통합 문서의 이름은 [Book1]으로 표시된다.

[Book1], [Book2]... 으로 표기되는 것은 문서의 이름을 아직 만들지 않은 것을 나타낸다.

1 작업창을 이용하여 새로운 통합 문서 만들기

❶ [파일] → [새로 만들기] 항목을 클릭한다.

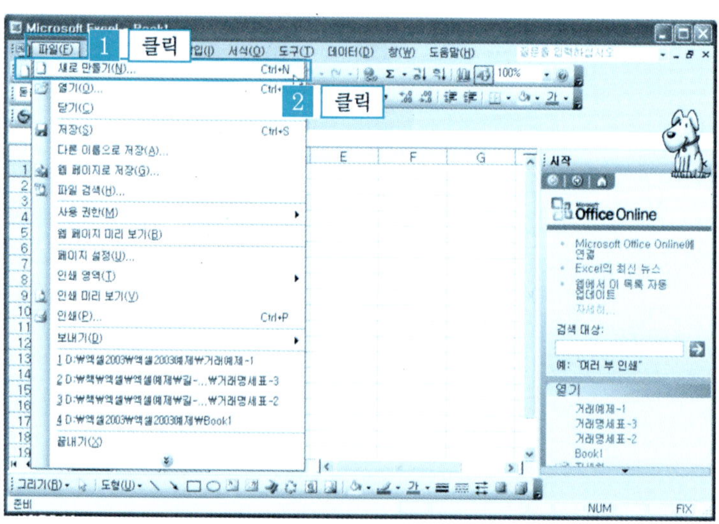

❷ [새 통합 문서]를 클릭한다.

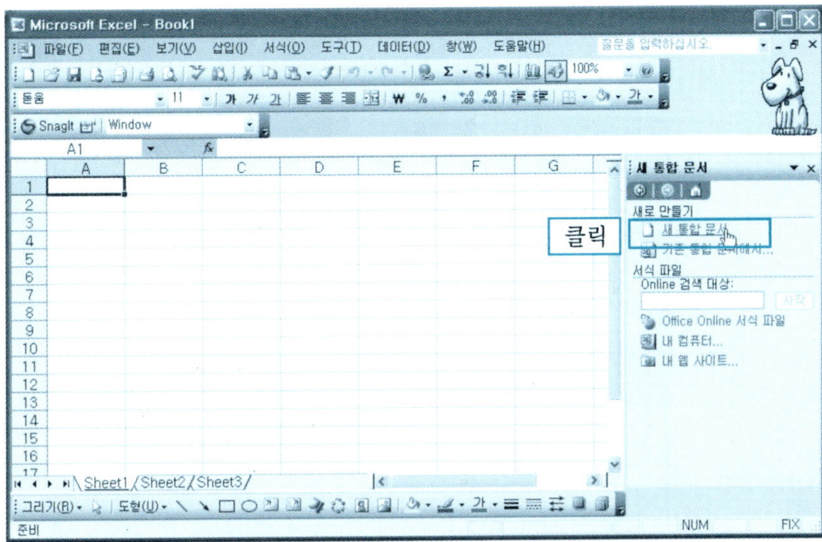

❸ [Book2]라고 하는 새 통합 문서가 만들어졌다.

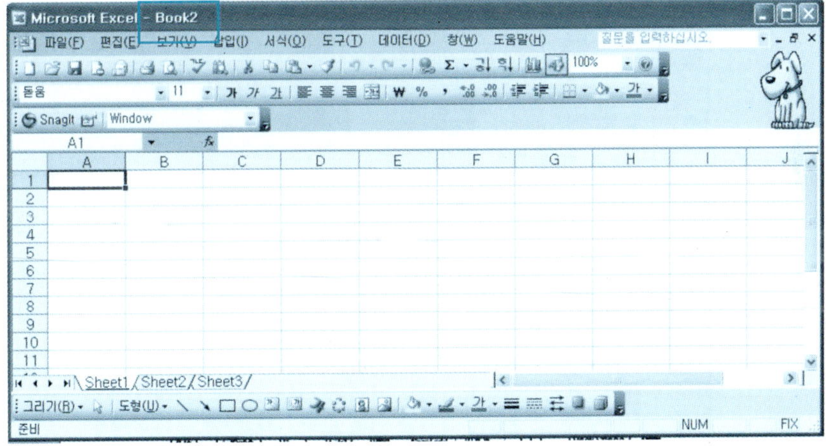

2 도구 모음을 이용하여 새로운 통합 문서 만들기

❶ 표준 도구 모음에 있는 [새로 만들기] 아이콘을 클릭한다.

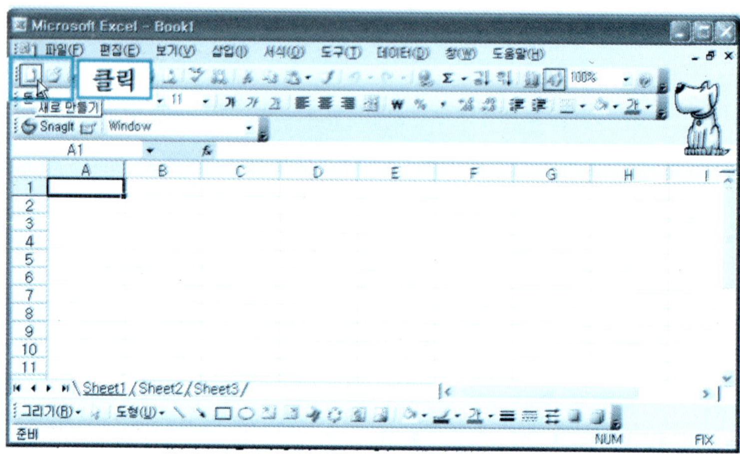

❷ [Book2]라고 하는 새 통합 문서가 만들어졌다.

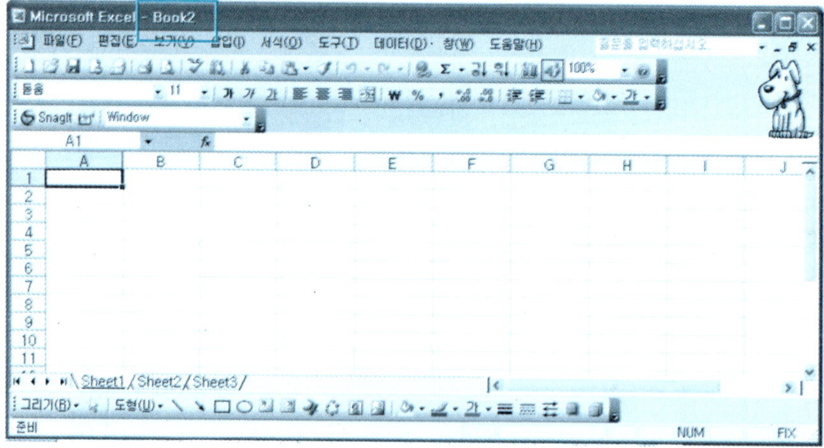

3 새 통합 문서 사용

❶ [다른 작업창] → [새 통합 문서]를 클릭한다.

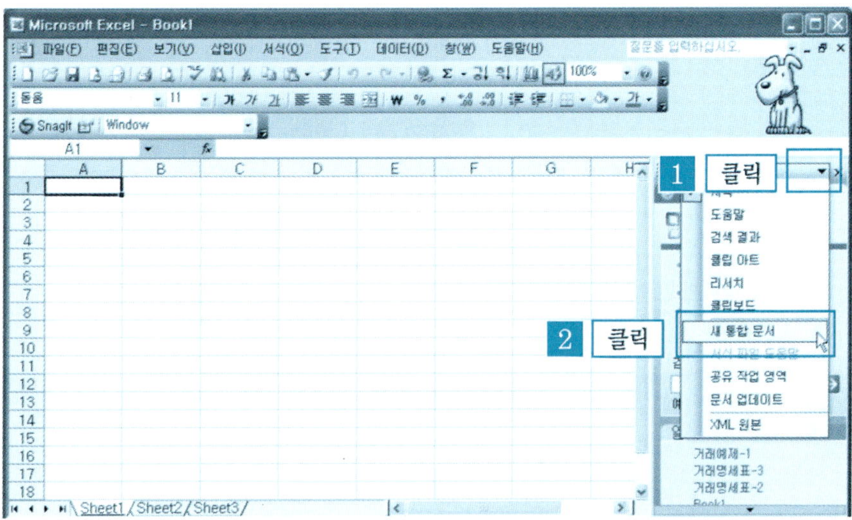

❷ [내 컴퓨터]를 클릭한다.

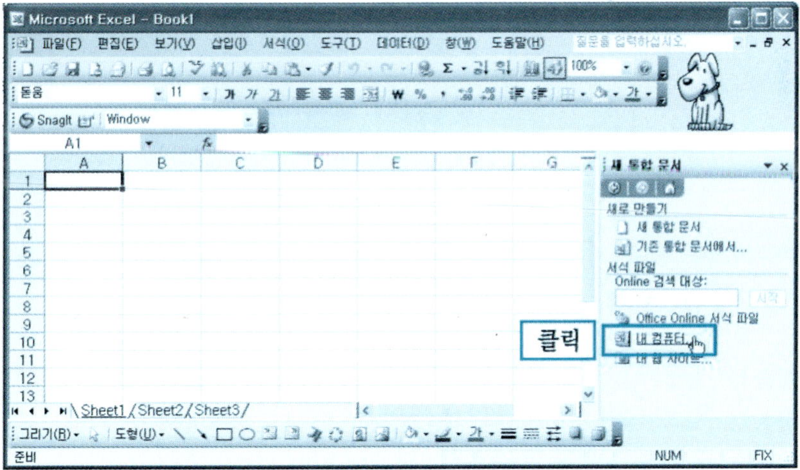

❸ 서식 파일 대화상
자의 [일반] 탭에
서 [통합 문서] →
[확인] 버튼을 클
릭한다.

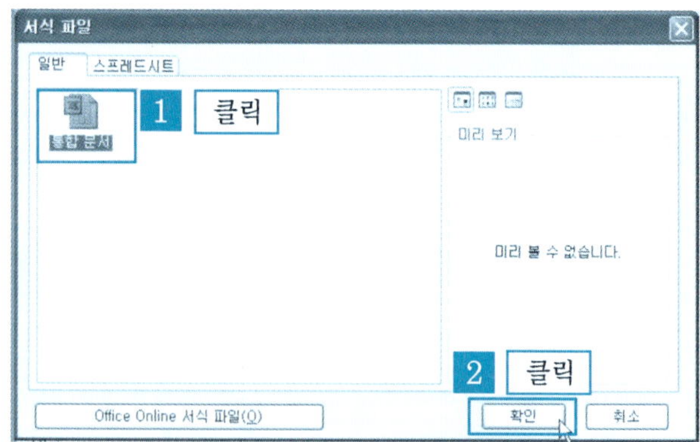

❹ 새로운 통합 문서창이 활성화된다.

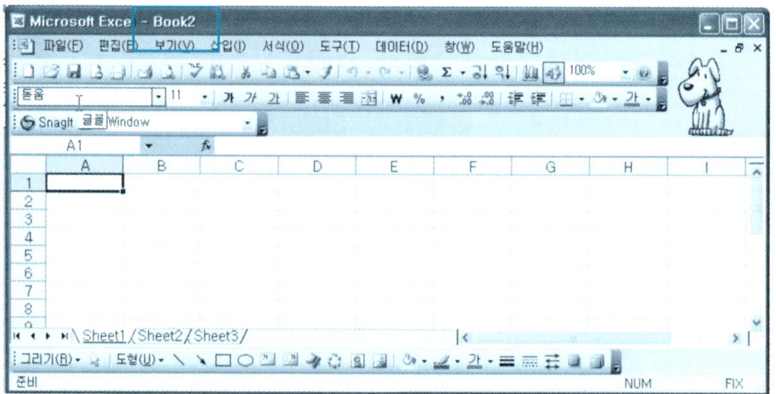

단 원 실 습 문 제

〈**실습1**〉 [작업창]을 이용하여 새로운 통합 문서를 만들어 보자.

〈**실습2**〉 [도구 모음]을 이용하여 새로운 통합 문서를 만들어 보자.

〈**실습3**〉 [다른 작업창]을 이용하여 새로운 통합 문서를 만들어 보자.

4 내 컴퓨터에서 서식 파일 사용

❶ [내 컴퓨터]를 클릭한다.

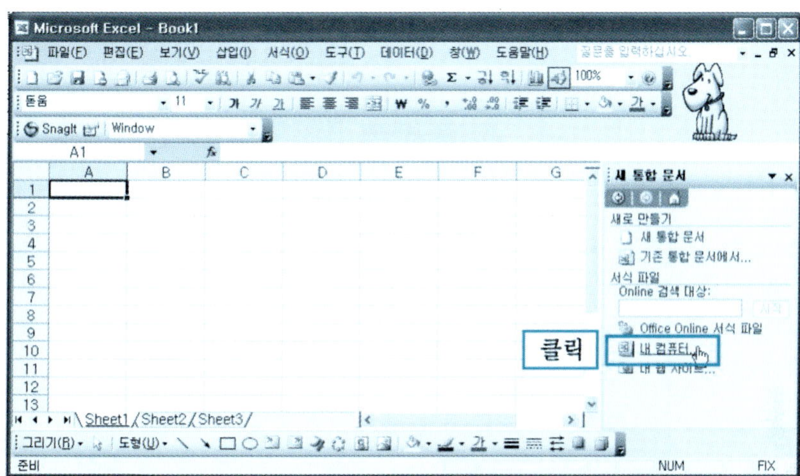

❷ [스프레드시트] → [교육과정] → [확인] 버튼을 클릭한다.

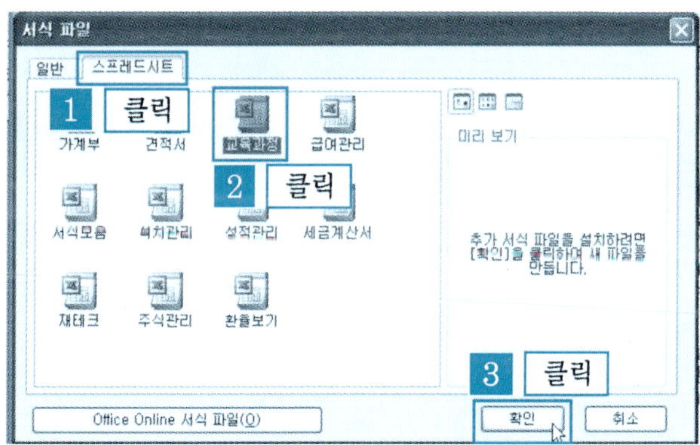

❸ [교육 과정] 서식이 워크시트에 표시된다.

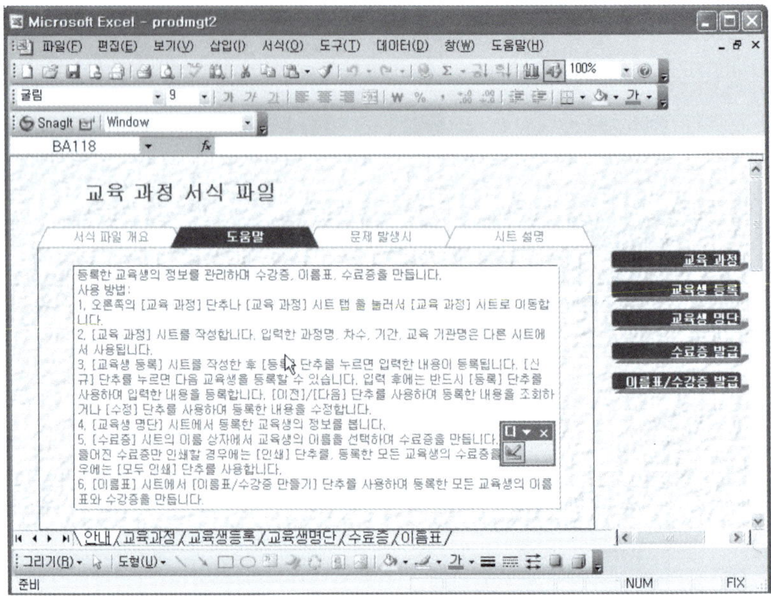

단 원 실 습 문 제

〈실습1〉 [스프레드시트] 탭에서 [가계부] 서식을 화면에 나타내 보자.

〈실습2〉 [스프레드시트] 탭에서 [견적서] 서식을 화면에 나타내 보자.

5 통합 문서 닫기

(1) 메뉴로 문서 닫기

[파일] → [닫기]를 클릭한다.

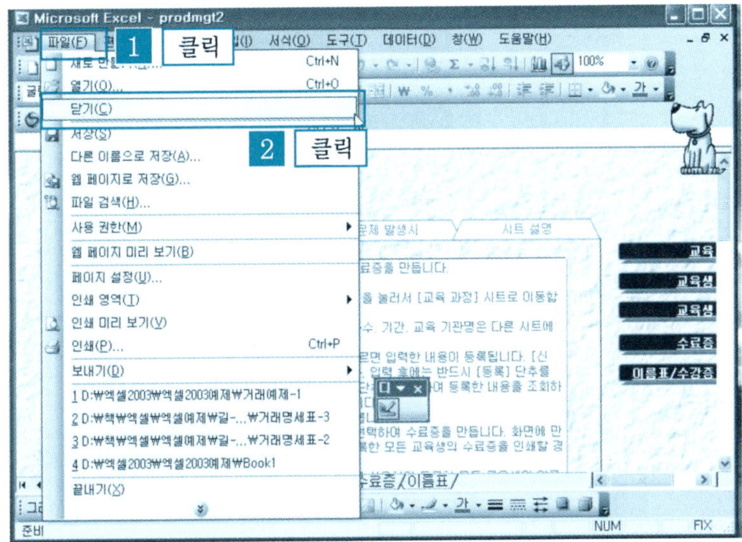

(2) [창닫기] 버튼으로 문서 닫기

[창닫기] 버튼을 클릭한다.

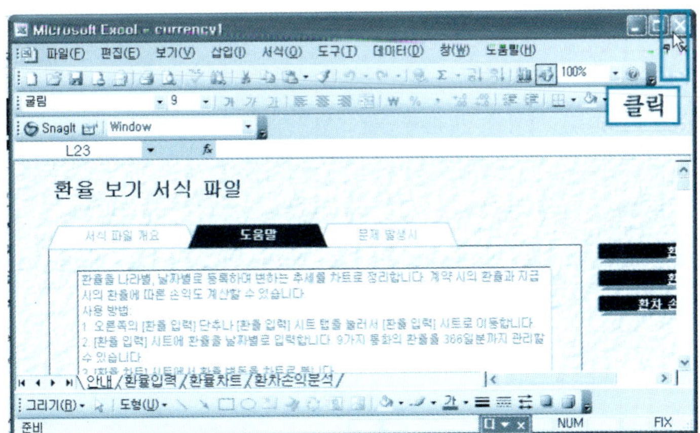

(3) 모든 통합 문서 닫기

[파일] → [끝내기]를 클릭한다.

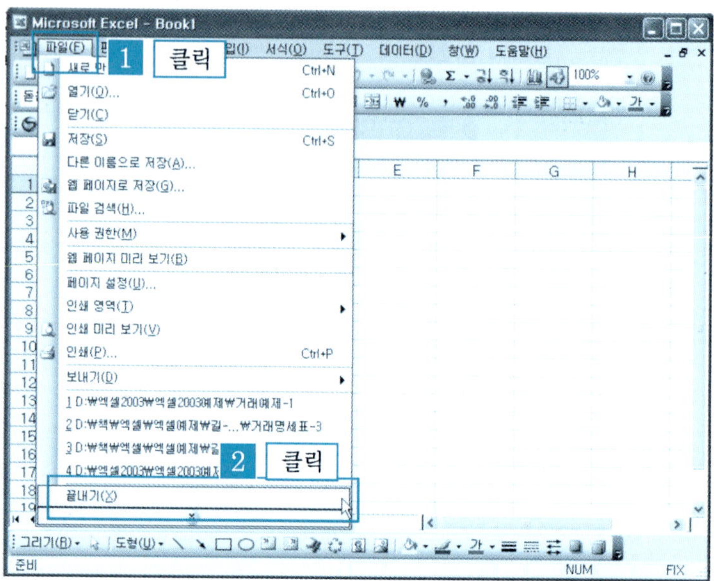

단 원 실 습 문 제

〈실습1〉 [스프레드시트] 탭에서 [석차관리] 서식을 화면에 나타내 보자.

〈실습2〉 [석차관리] 서식을 메뉴로 문서 닫기를 해보자.

〈실습3〉 [스프레드시트] 탭에서 [성적관리] 서식을 화면에 나타내 보자.

〈실습4〉 [석차관리] 서식을 [창닫기] 버튼으로 문서 닫기를 해보자.

2.2 | 통합 문서 열기와 저장

엑셀 통합 문서를 작성한 다음 보관하기 위해서는 다른 프로그램에서와 같이 저장해 두어야 한다. 윈도우에서 엑셀 파일을 확인해 보면 확장자명이 [xls]이라 부여되어 있다.

1 메뉴를 이용한 통합 문서 저장

❶ 다음과 같이 작성 된 문서를 저장해 보자.

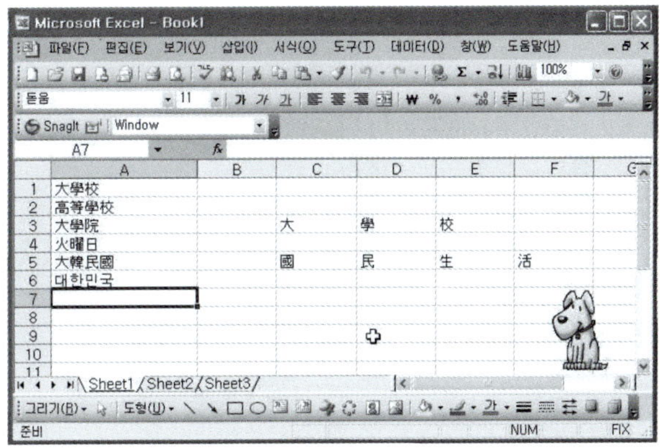

❷ [파일] → [저장]을 클릭하면 [Book1]에 저장된다. 처음 저장하는 경우에는 대화상자가 나타난다.

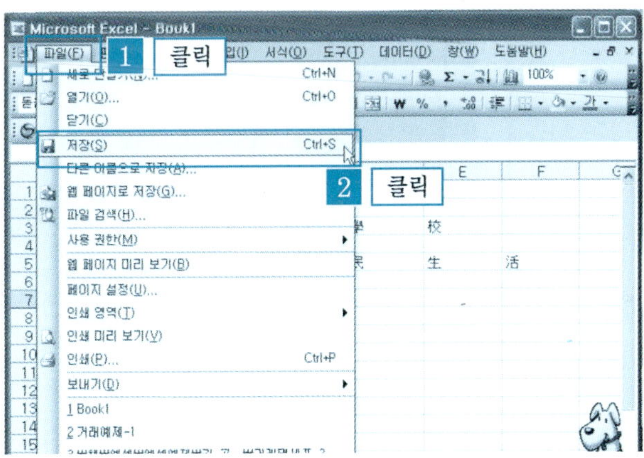

2 다른 이름으로 통합 문서 저장

❶ [파일] → [다른 이름으로 저장]을 클릭한다.

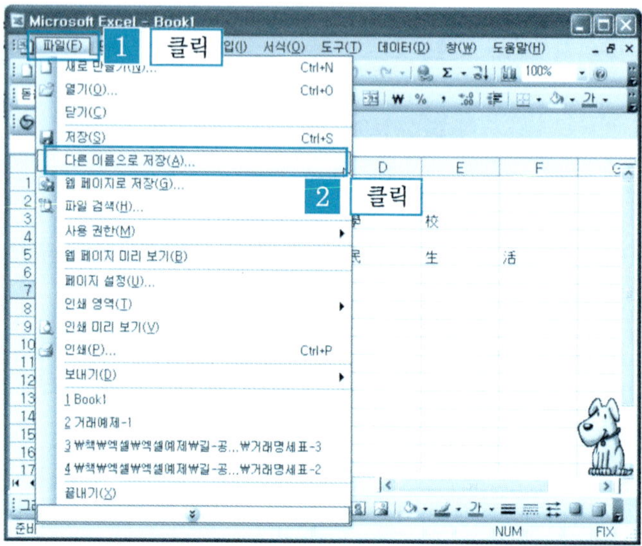

❷ [다른 이름으로 저장] → [파일 이름 입력] → [저장] 버튼을 클릭한다.

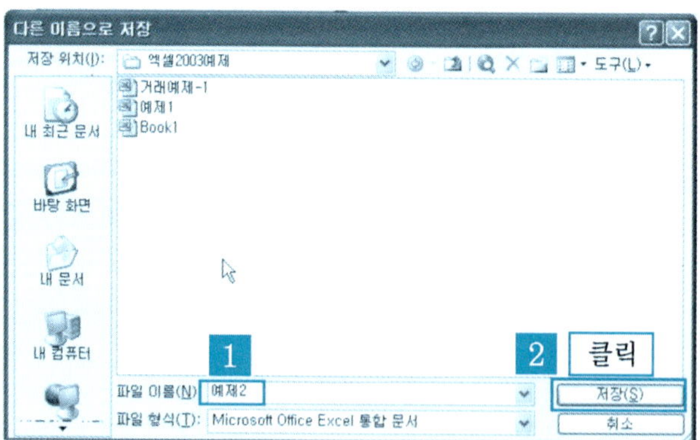

❸ 파일이름이 [예제2]로 저장되어 나타난다.

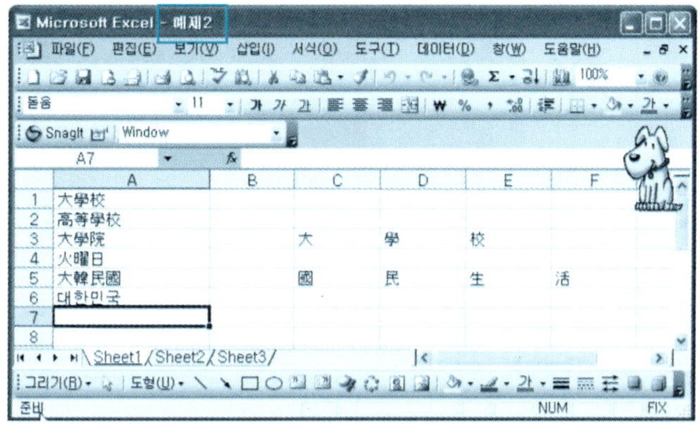

3 아이콘을 이용한 통합 문서 저장

표준 도구 모음의 아이콘을 클릭한다.

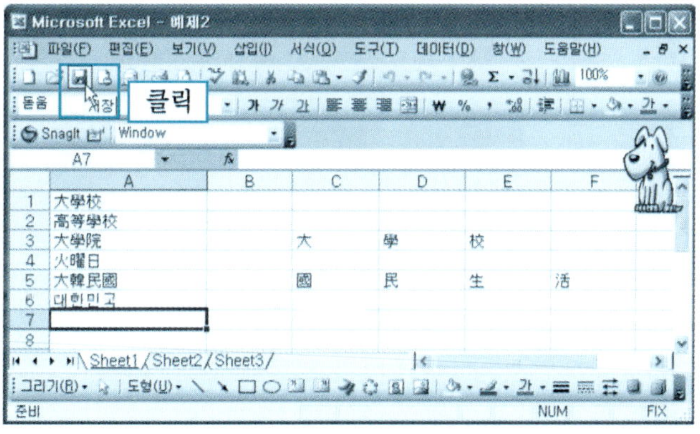

단 원 실 습 문 제

〈실습1〉 다음과 같은 문서를 작성해 보자.

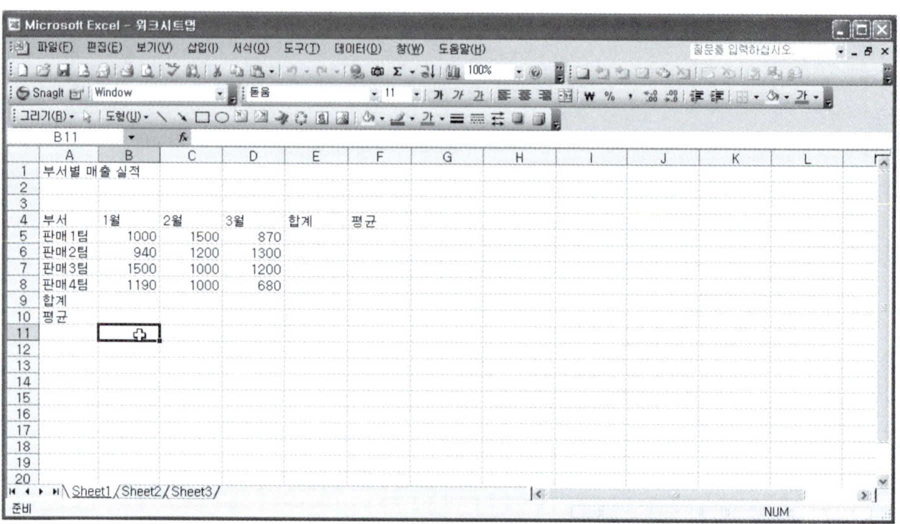

〈실습2〉 메뉴를 이용하여 파일명을 [매출 실적]이라고 저장해 보자.

〈실습3〉 [다른 이름으로 저장] 메뉴를 이용하여 파일명을 [1-3월 매출 실적]이라고 저장해
보자.

〈실습4〉 [표준 도구 모음의 아이콘]을 이용하여 파일명을 [춘계 매출 실적]이라고 저장해
보자.

4 저장 경로 바꾸어 통합 문서 저장

❶ [파일] → [다른 이름으로 저장]을 클릭한다.

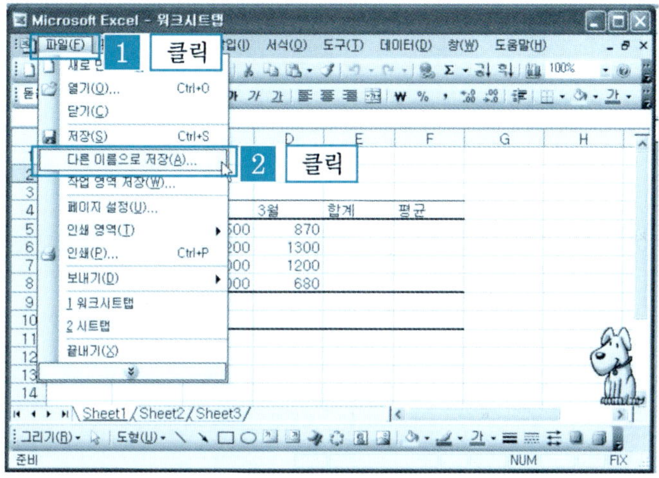

❷ [내 컴퓨터] → [저장 디스크 선택] → [더블클릭]을 한다.

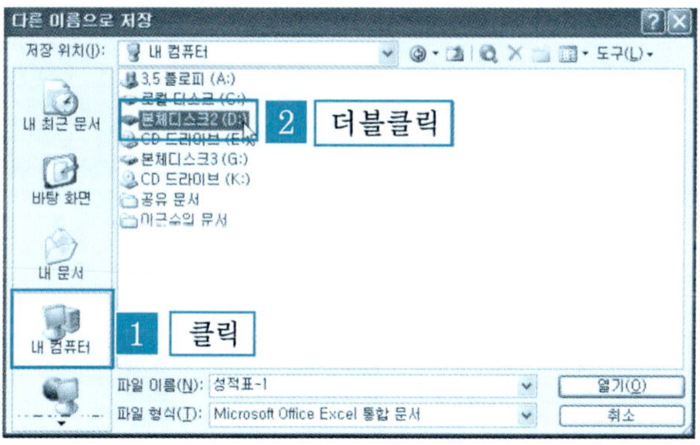

❸ 저장하려는 [폴더]
를 더블클릭하거
나, [폴더] → [열
기] 버튼을 클릭
한다.

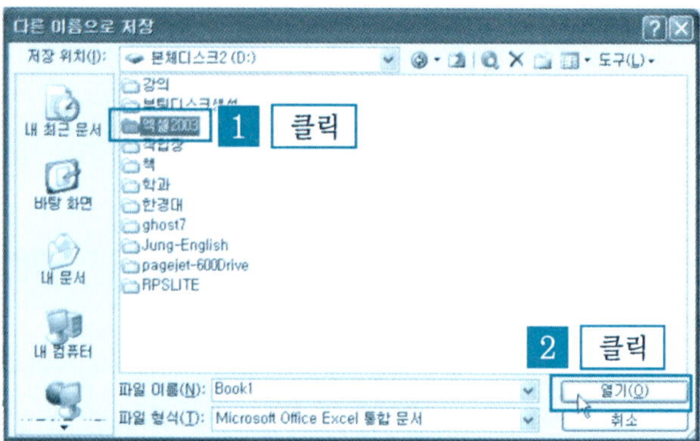

❹ [파일 이름 입력]
→ [저장] 버튼을
클릭한다.

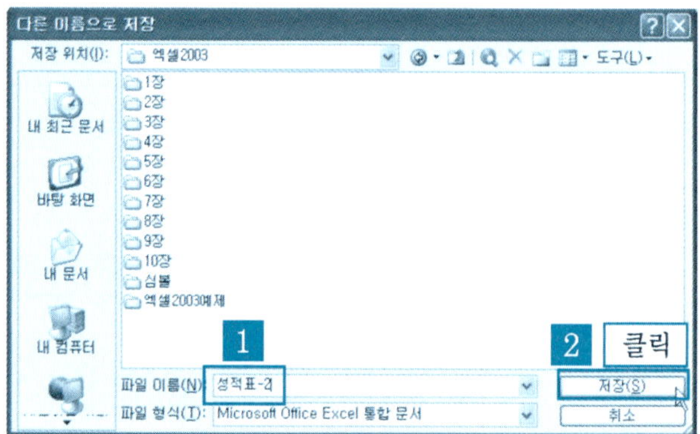

5 저장하기 대화상자에서 저장 폴더 만들어 저장하기

❶ [파일] → [다른 이
름으로 저장] →
[새 폴더 만들기]
→ [파일 이름 입
력] → [확인] 버튼
을 클릭한다.

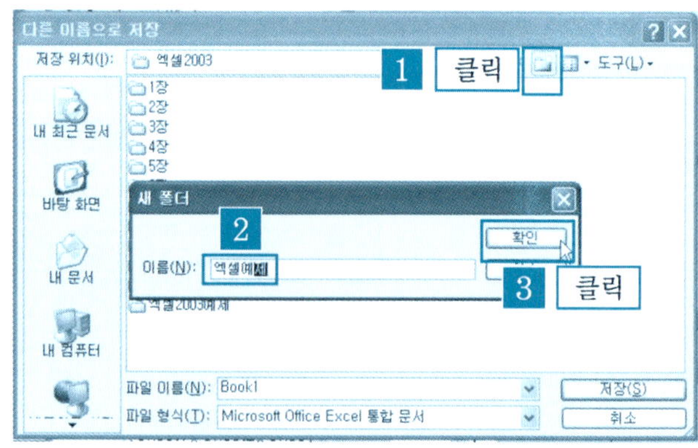

❷ [파일 이름 입력] → [저장] 버튼을 클릭한다.

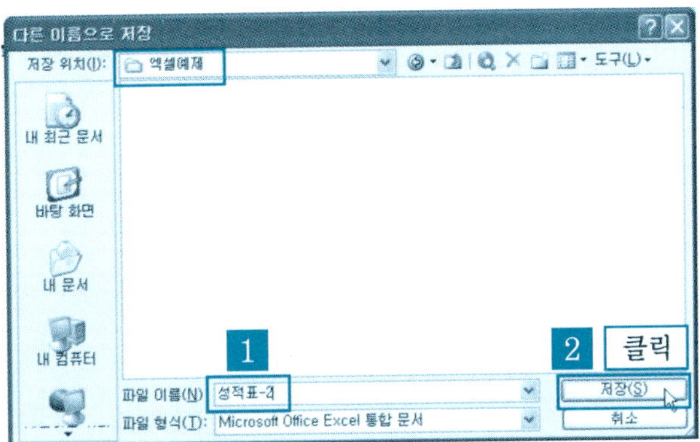

단 원 실 습 문 제

〈**실습1**〉 다음과 같은 문서를 작성해 보자.

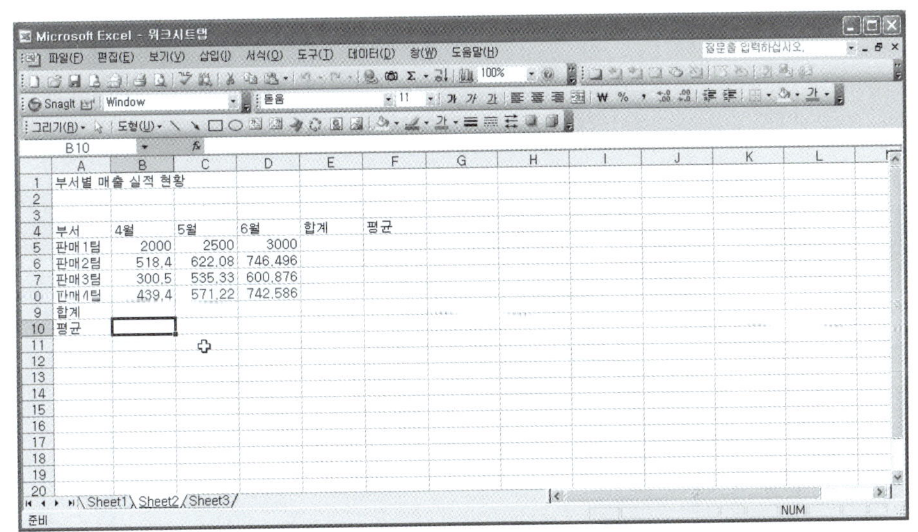

〈**실습2**〉 위에서 작성한 문서를 [C:]에 [엑셀실습] 새 폴더를 만들어 파일 이름을 [판매 실적]이라고 저장해 보자.

6 통합 문서 열기

이미 엑셀로 문서가 작성되어 있는 파일을 불러오는 것을 문서 열기라고 한다.

❶ [파일] → [열기]를 클릭한다.

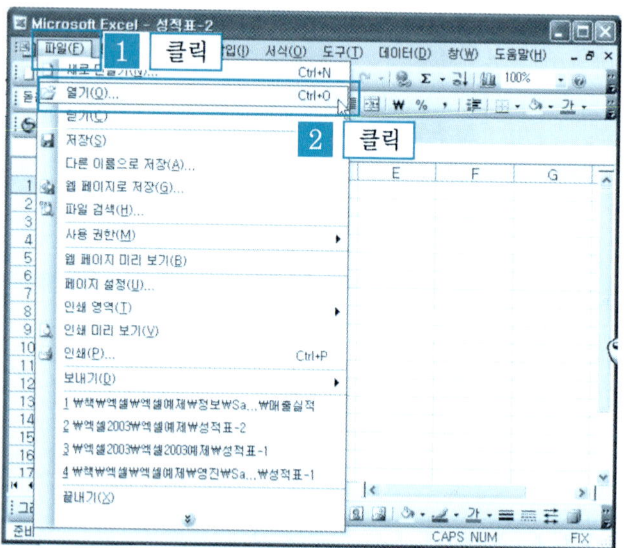

❷ [예제] 폴더 → [파일:예제1] → [열기] 버튼을 클릭한다.

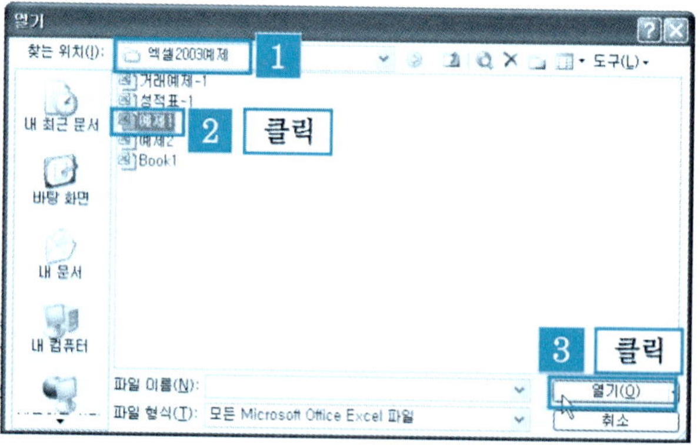

❸ 제목 표시줄에 선택한 파일 이름이 표시된다.

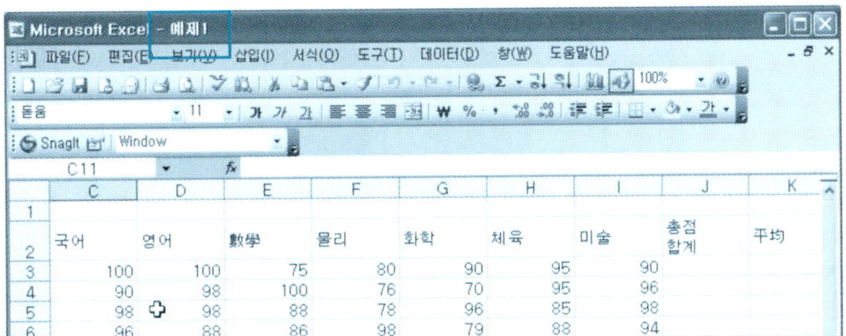

단 원 실 습 문 제

〈실습1〉 [C:] 디스크의 [엑셀 실습] 폴더에서 [판매 실적] 파일 열기를 해보자.

7 작업 영역 저장

❶ [파일] → [작업 영역 저장]을 클릭한다.

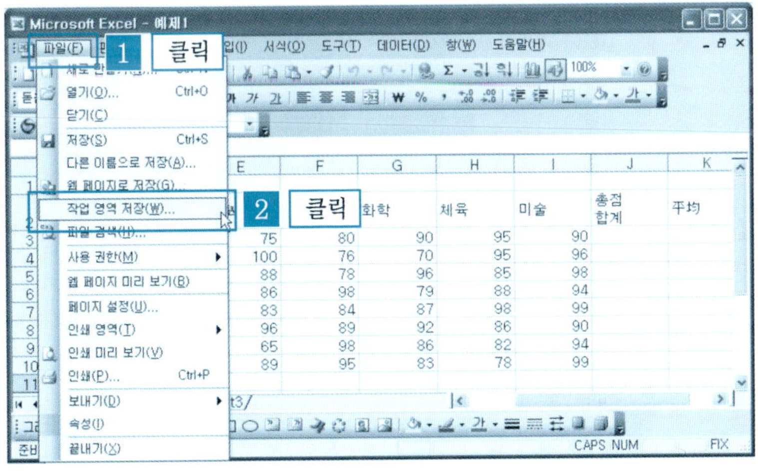

❷ [저장 폴더] →
[파일 입력] →
[저장] 버튼을
클릭한다.

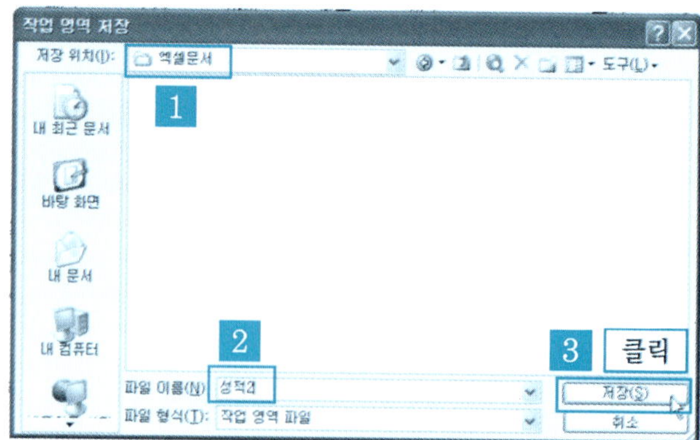

2.3 │ 통합 문서의 파일 관리 기능

1 최근 사용한 통합 문서 열기

[파일] 메뉴를 클릭하면 최근에 사용한 문서의 파일들이 나타난다. 원하는 파일
을 선택하면 문서가 열리게 된다.

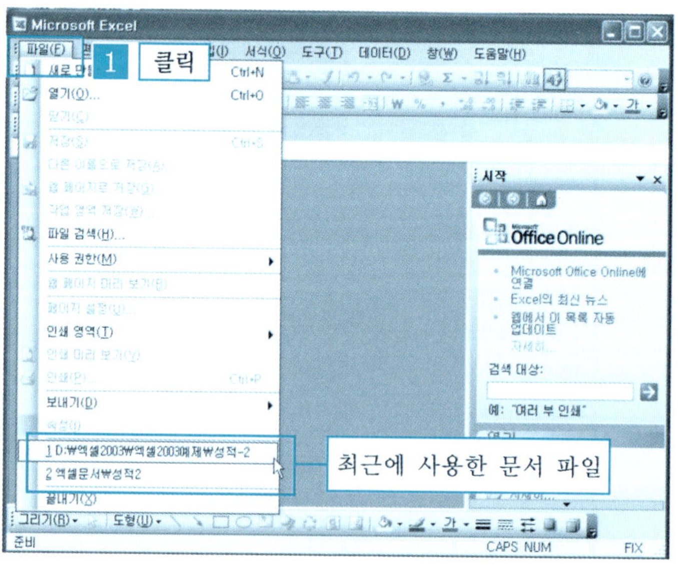

2 최근에 사용한 문서의 개수 설정

❶ [도구] → [옵션]을 클릭한다.

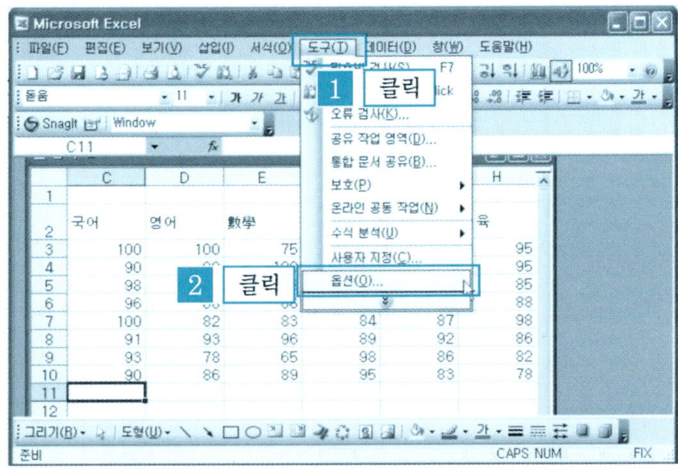

❷ [일반 탭] → [최근 사용
한 파일 목록 체크] →
[파일 개수 선택] → [확
인] 버튼을 클릭한다.
[최근 사용한 파일 목록
체크]를 해제하면 목록
이 나타나지 않는다.

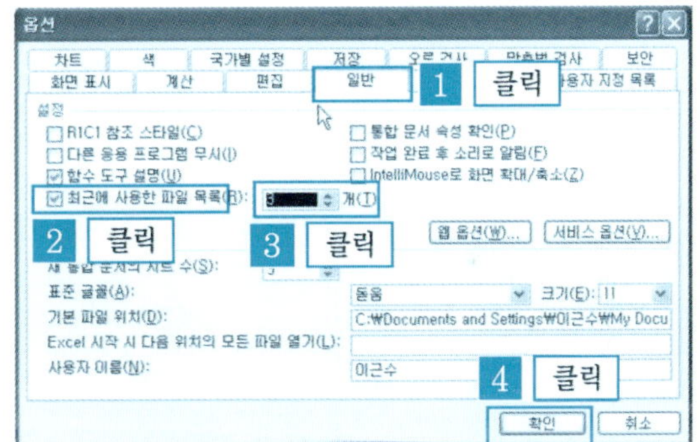

단 원 실 습 문 제

〈실습1〉 최근에 사용한 문서의 개수를 5개까지 나타나도록 설정해 보자.

〈실습2〉 최근에 사용한 문서가 나타나지 않도록 설정해 보자.

3 내 최근 문서 바로가기 모음의 사용

❶ [파일] → [열기]를 클릭한다.

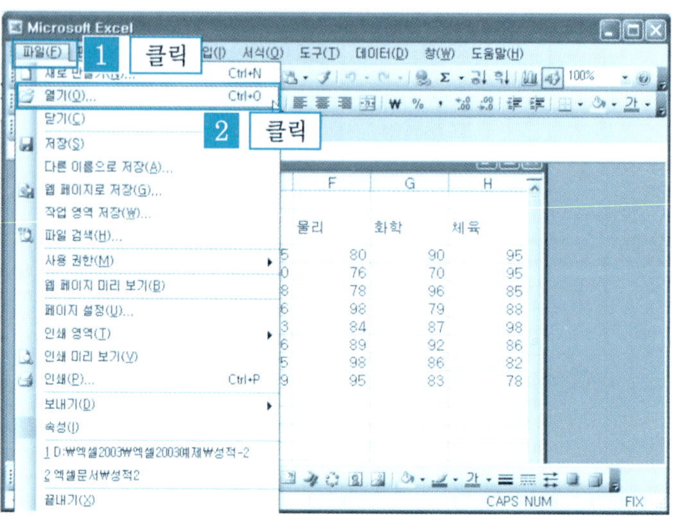

❷ [내 최근 문서] → [파일 선택] → [열기] 버튼을 클릭한다.

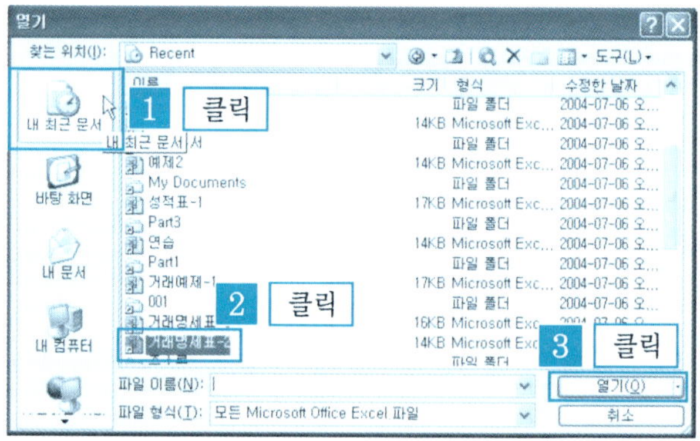

4 바탕화면 바로가기 모음의 사용

[바탕화면] → [내 문서]
→ [파일 선택] → [열기]
버튼을 클릭한다.

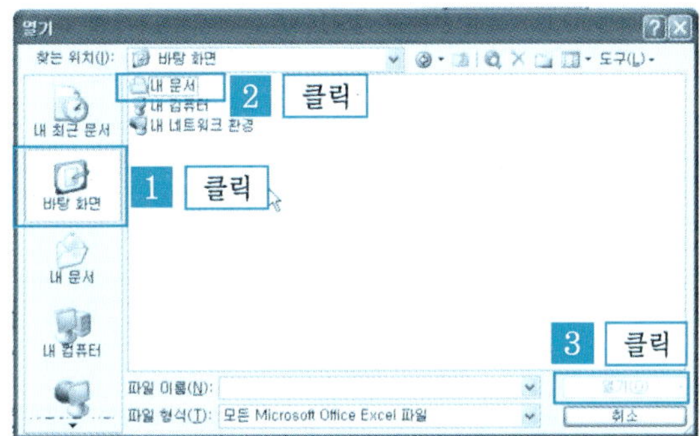

5 내문서 바로가기 모음의 사용

[내 문서] → [엑셀문서]
→ [파일 선택] → [열기] 버
튼을 클릭한다.

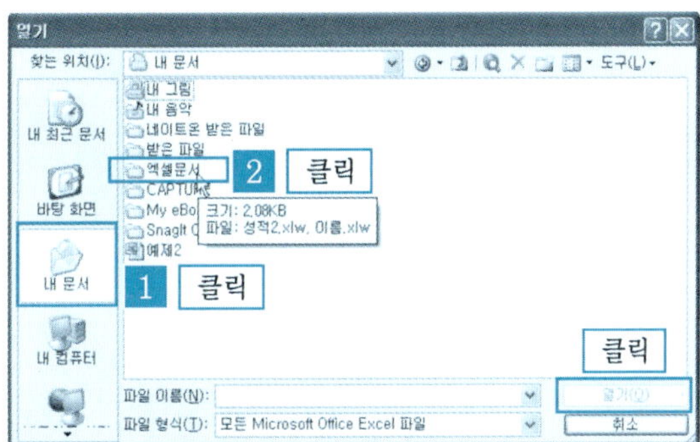

6 내컴퓨터 바로가기 모음의 사용

[내 컴퓨터] → [디스크]
→ [폴더나 파일 선택] →
[열기]버튼을 클릭한다.

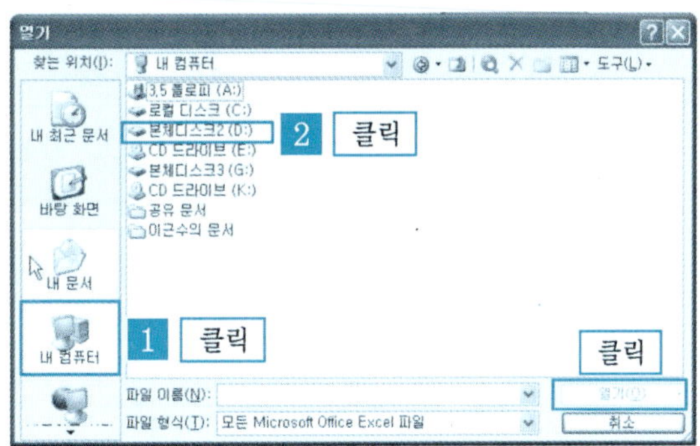

단 원 실 습 문 제

〈**실습1**〉 내 최근 문서 바로가기 아이콘을 이용하여 파일 열기를 해 보자.

〈**실습2**〉 바탕화면 바로가기 아이콘을 이용하여 파일 열기를 해 보자.

〈**실습3**〉 내 문서 바로가기 아이콘을 이용하여 파일 열기를 해 보자.

〈**실습4**〉 내 컴퓨터 바로가기 아이콘을 이용하여 파일 열기를 해 보자.

7 파일 이름 바꾸기

❶ [파일] → [열기]
를 클릭한다.

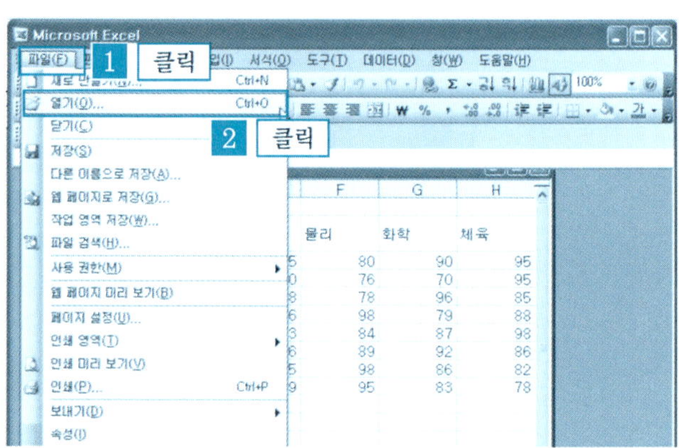

❷ [내 최근 문서] → 변경할 [파일이나 폴더] → [도구] → [이름 바꾸기]를 클릭
한다.

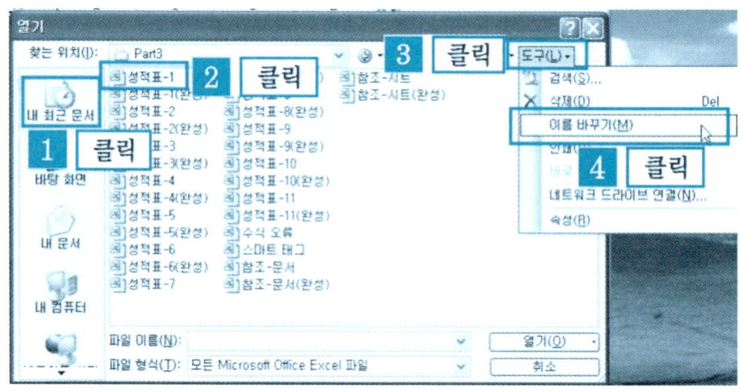

❸ 변경할 파일 이름을 입력하고 Enter↵ 를 친다.

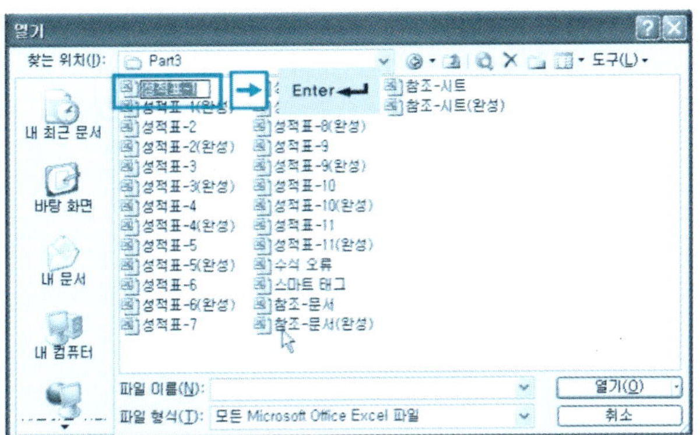

단 원 실 습 문 제

[C:] 디스크의 [엑셀 실습] 폴더에서 [판매실적] 파일 이름을 [판매실적-1]으로 이름을 바꾸
어 보자.

---

8 파일 삭제

❶ [파일] → [열기]
를 클릭한다.

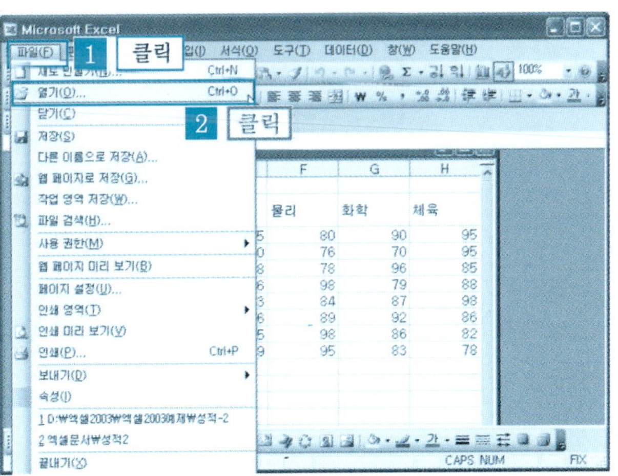

❷ 삭제할 파일이 포함된 [바로가기 아이콘] → 삭제할 [파일] 선택 → [도구] → [삭제]를 클릭한다.

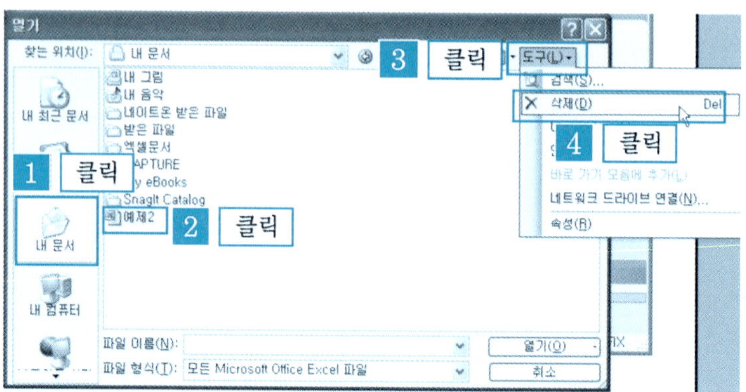

❸ 파일 삭제 확인 대화창에서 [예] 버튼을 클릭하면 삭제가 완료된다.

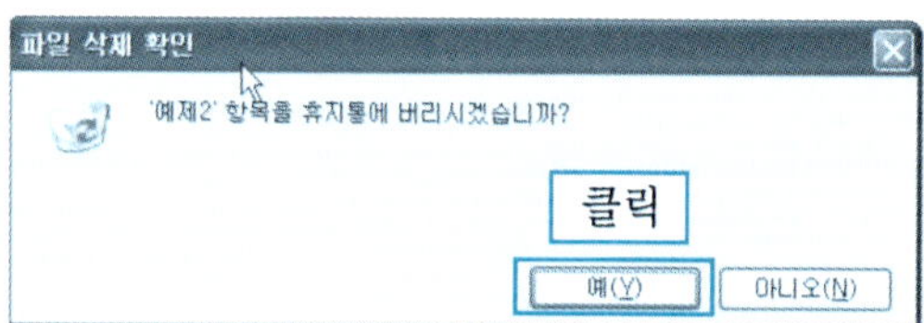

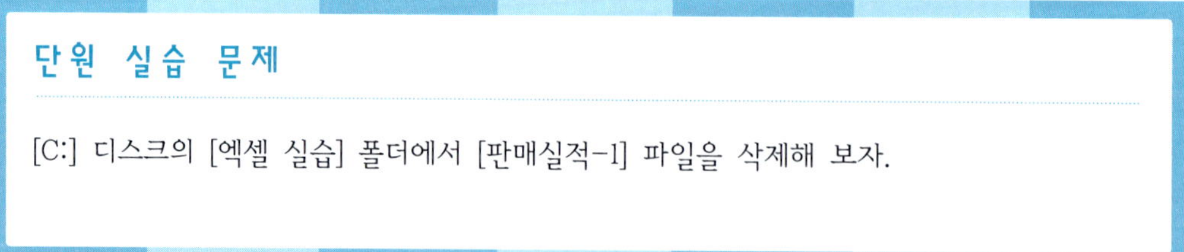

단 원 실 습 문 제

[C:] 디스크의 [엑셀 실습] 폴더에서 [판매실적-1] 파일을 삭제해 보자.

2.4 | 통합 문서 편집

워크시트에 작성된 내용이 어떤 것인지 의미를 갖도록 워크시트의 이름을 변경하는 것과 워크시트의 이름을 삭제, 이동, 복사 등의 기능을 살펴본다. 또한 워크시트에 작성된 내용들을 복사, 이동, 삭제하는 기능과 셀의 열의 너비와 행의 높낮이를 조절하는 기능들에 대해서 살펴본다.

1 셀 복사

① [예제] 폴더에서 [성적-2.xls] 파일을 불러온다. 복사하려고 하는 셀이나 범위를 아래 그림과 같이 지정한다.

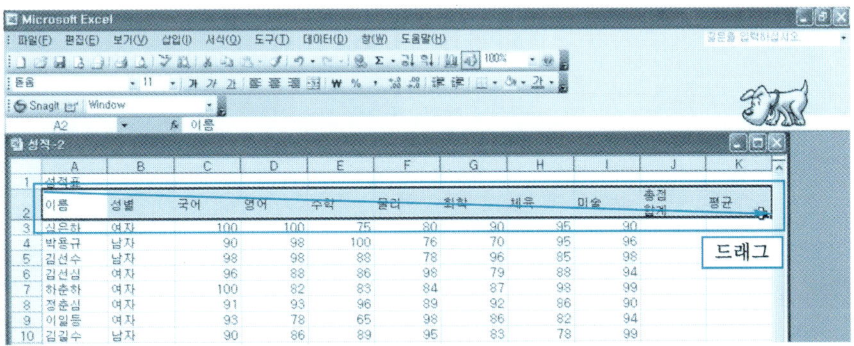

② [편집] → [복사]를 클릭한다. 또는 단축키(Ctrl + C)를 클릭한다.

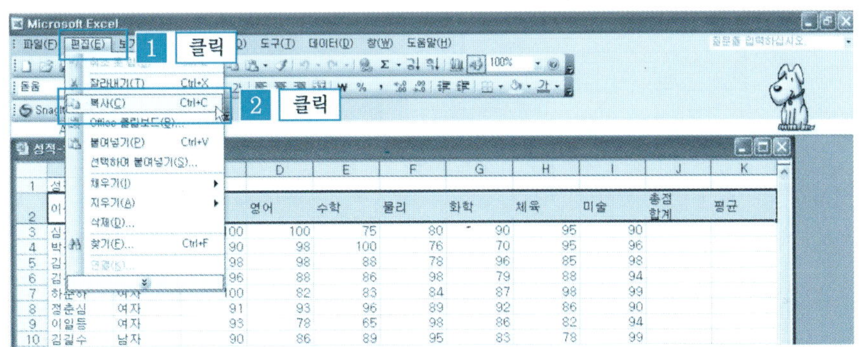

❸ 붙여넣기를 할 셀을 지정한 다음 [편집] → [붙여넣기]를 클릭한다. 또는 단축키(Ctrl + V)를 클릭한다.

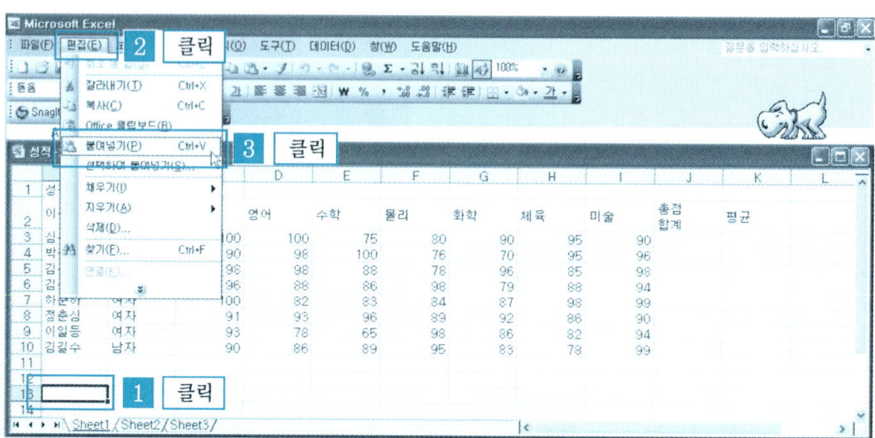

❹ 지정된 셀 영역을 복사하여 붙인 결과 화면이다.

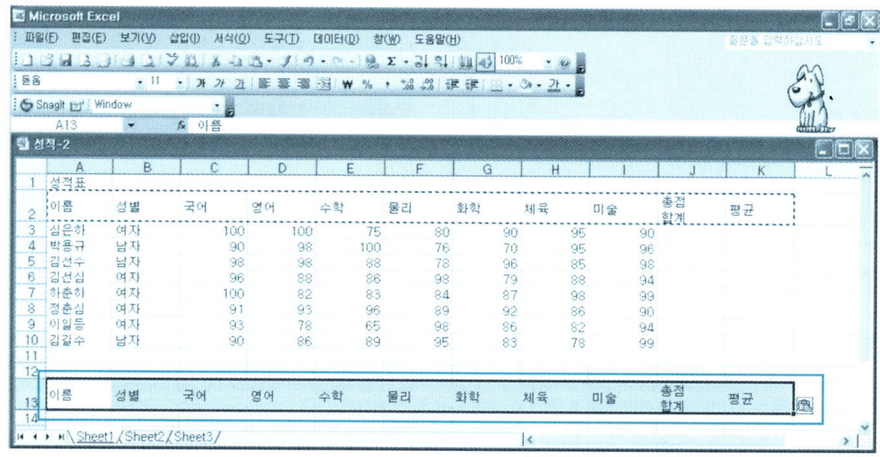

단원 실습 문제

〈**실습1**〉 다음과 같은 문서를 작성해 보자.

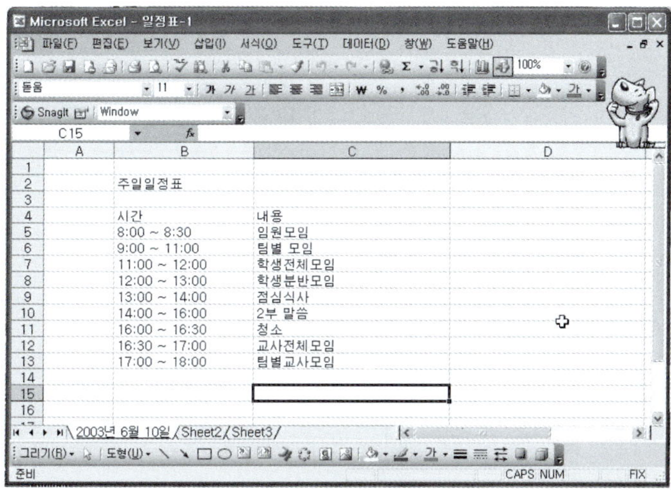

〈**실습2**〉 위의 문서를 아래와 같이 [복사]해서 작성해 보자.

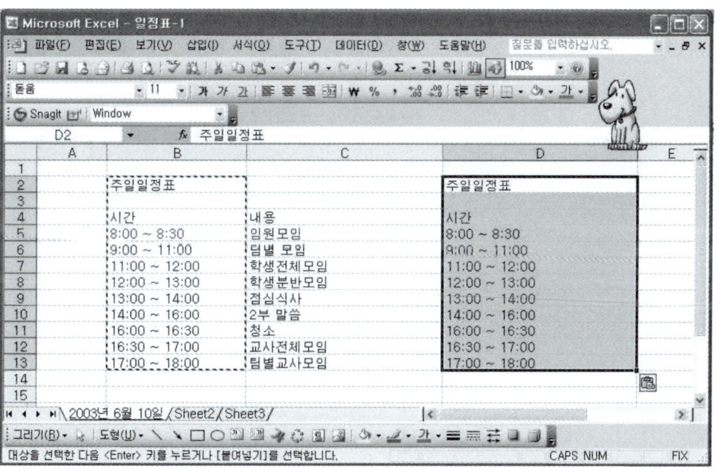

2 셀 이동

❶ [예제] 폴더에서 [일정표-1.xls] 파일을 불러온다. 이동하려고 하는 셀에 셀 포
인터를 선택하거나 범위를 아래 그림과 같이 지정한다.

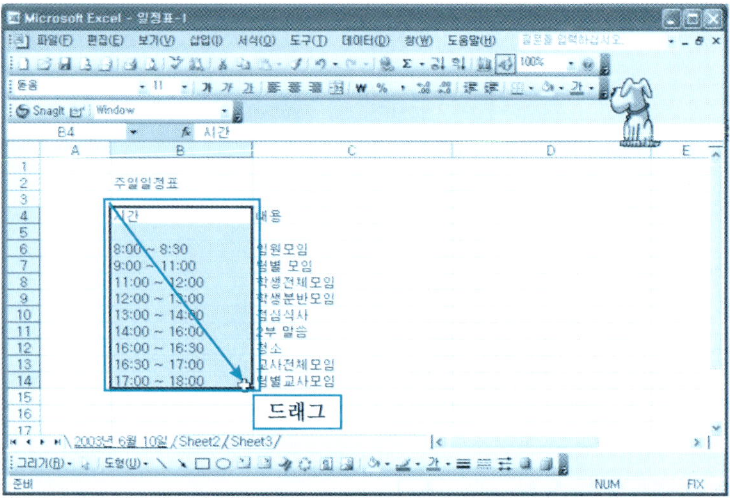

❷ [편집] → [잘라내기]를 클릭한다. 또는 단축키(Ctrl + X)를 클릭한다.

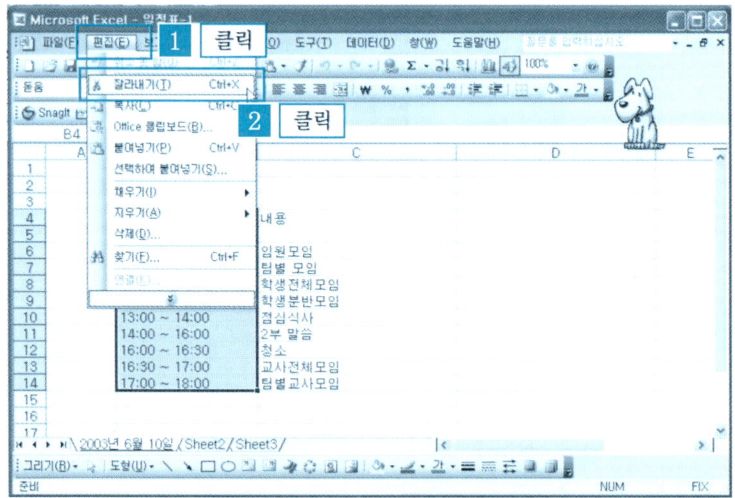

③ 이동할 셀 위치로 셀 포인터를 옮긴 다음 [편집] → [붙여넣기]를 클릭한다. 또는 단축키(Ctrl + V)를 클릭한다.

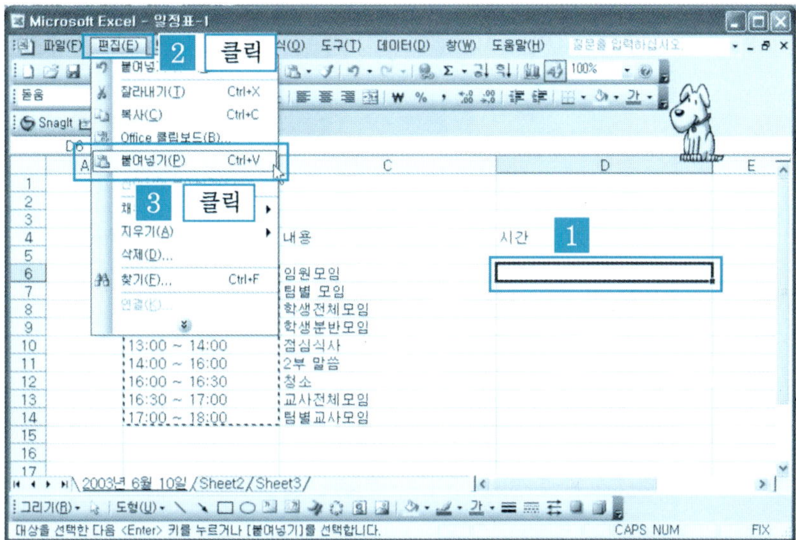

④ 붙여넣기를 한 결과 화면이다.

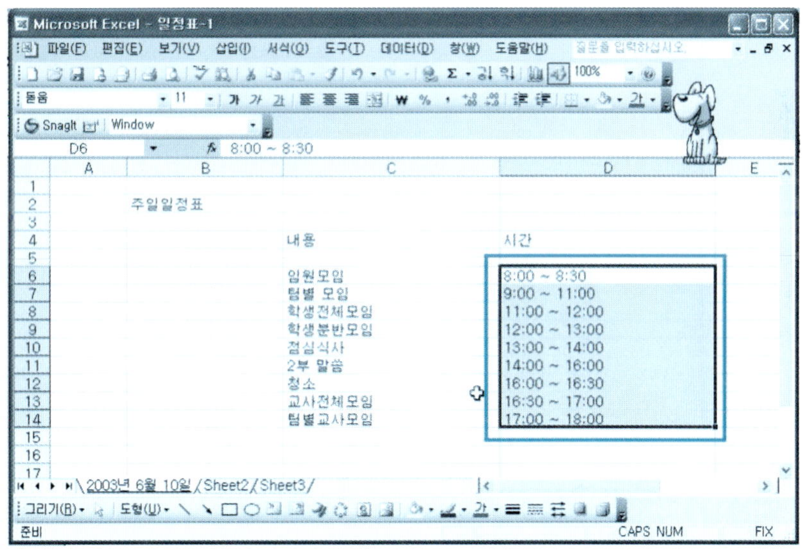

단 원 실 습 문 제

〈실습1〉 다음과 같은 문서를 작성해 보자.

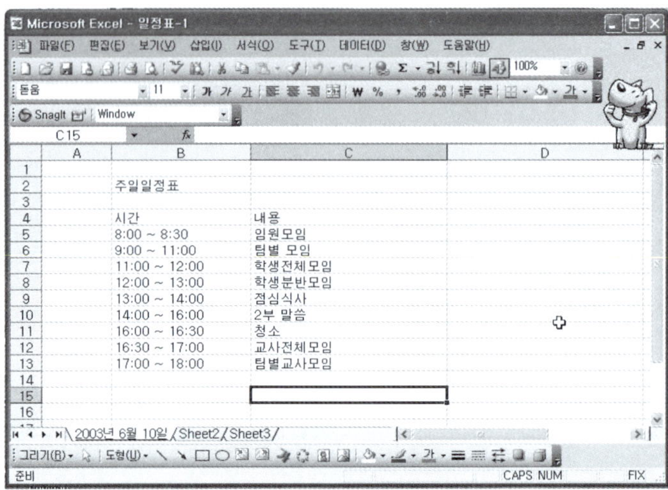

〈실습2〉 위의 문서를 [잘라내기]와 [붙여넣기]를 이용하여 아래와 같이 작성해 보자.

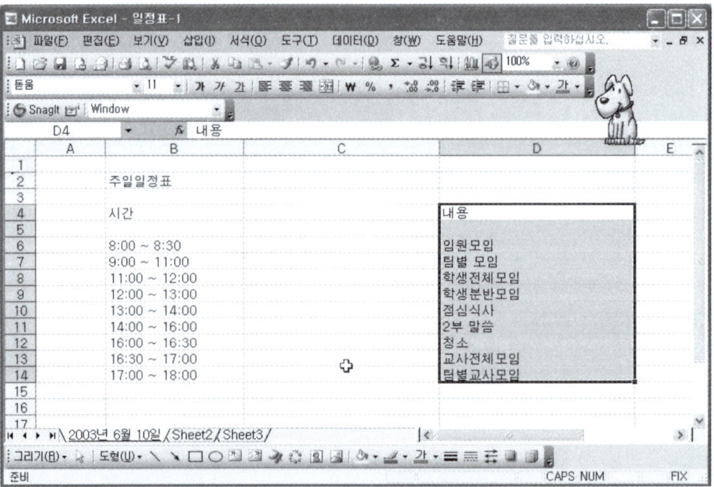

3 셀 삽입

❶ [예제] 폴더에서 [성적-3.xls] 파일을 불러온다. 셀 포인터를 삽입하려는 셀로
이동한다.

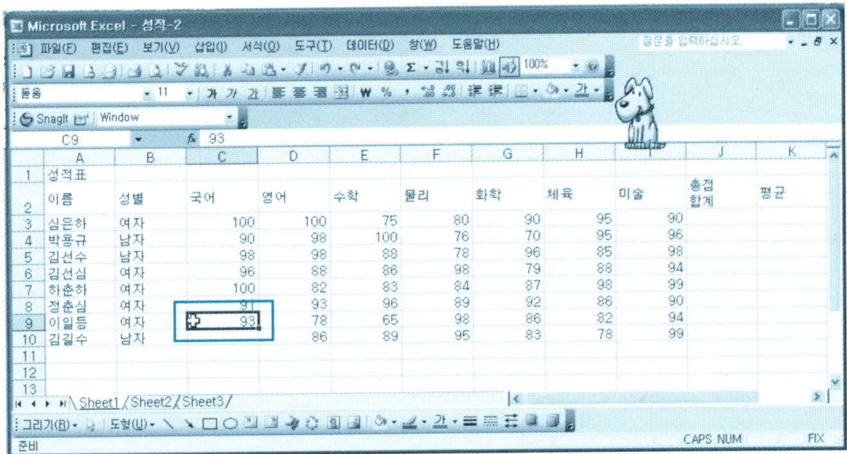

❷ [삽입] → [셀..]을 클릭한다. 또는 마우스 오른쪽 버튼을 누른다.

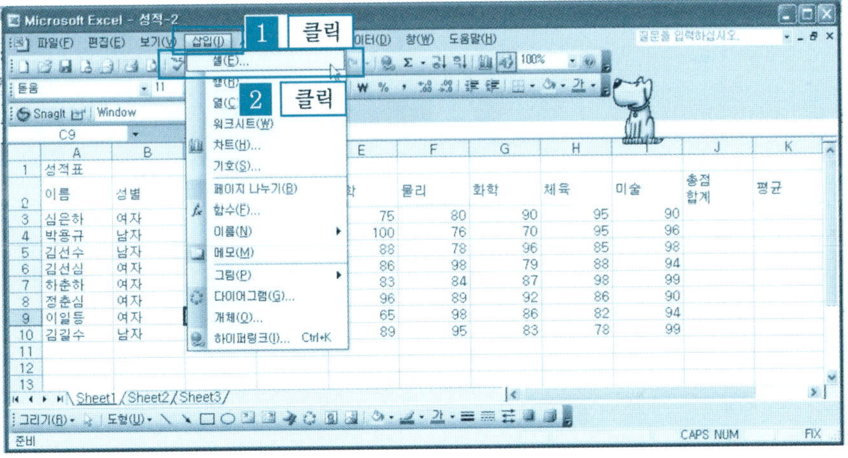

❸ [셀을 아래로 밀기] → [확인] 버튼을 클릭한다.

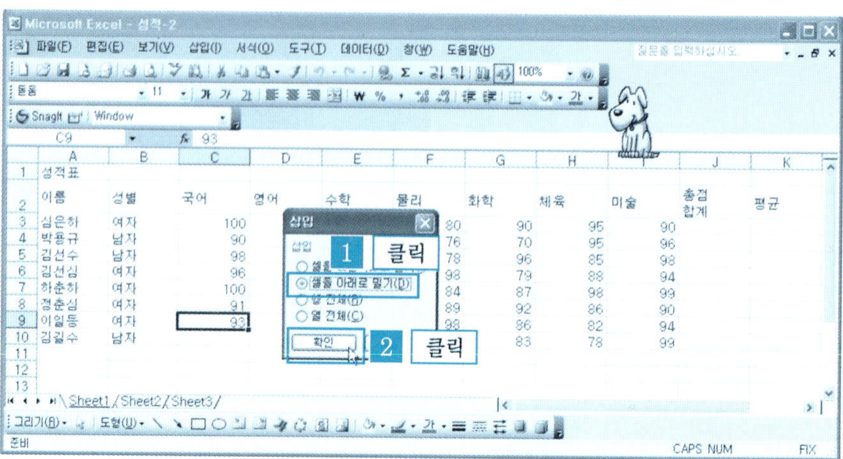

❹ 셀을 삽입한 결과 화면이다.

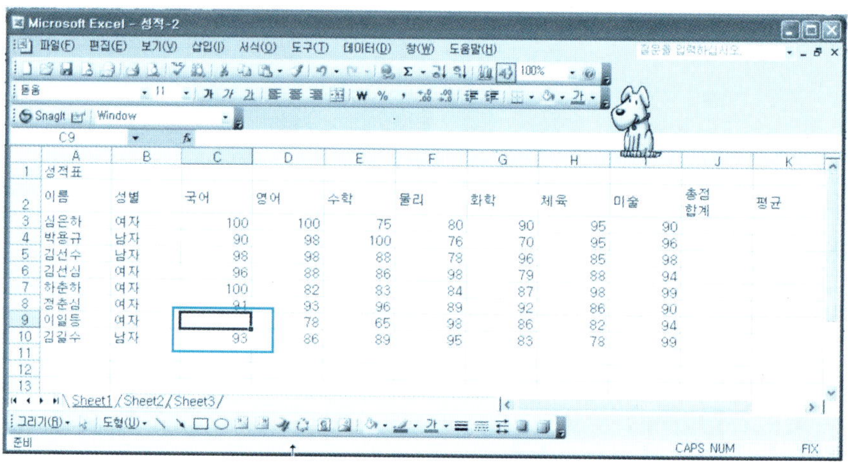

단 원 실 습 문 제

〈**실습1**〉 아래와 같은 문서를 작성해 보자.

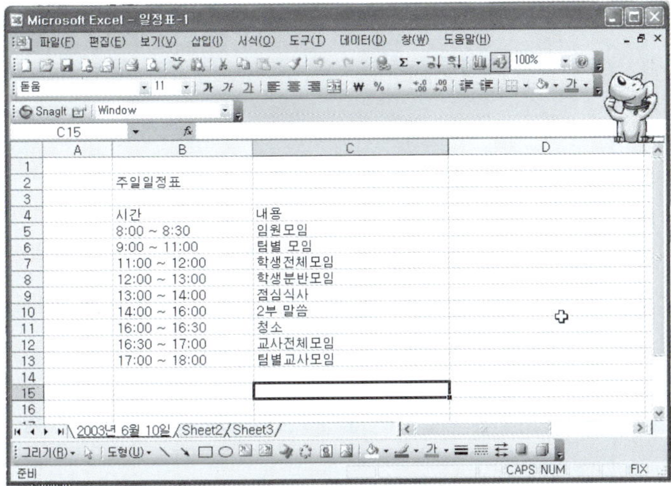

〈**실습2**〉 위의 문서를 셀 삽입 기능을 이용하여 아래와 같은 문서를 작성해 보자.

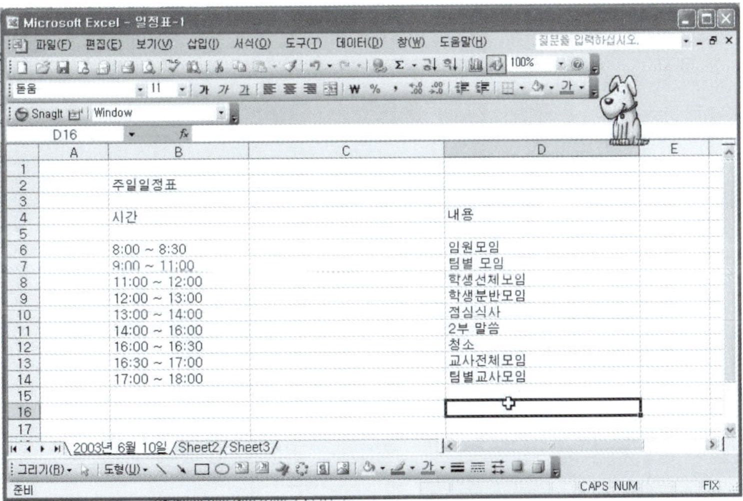

4 복사한 셀 삽입

❶ [예제] 폴더에서 [일정표-1.xls] 파일을 불러온다. 복사할 셀 범위를 지정한다.
[마우스 오른쪽 버튼 클릭] → [복사]를 클릭한다.

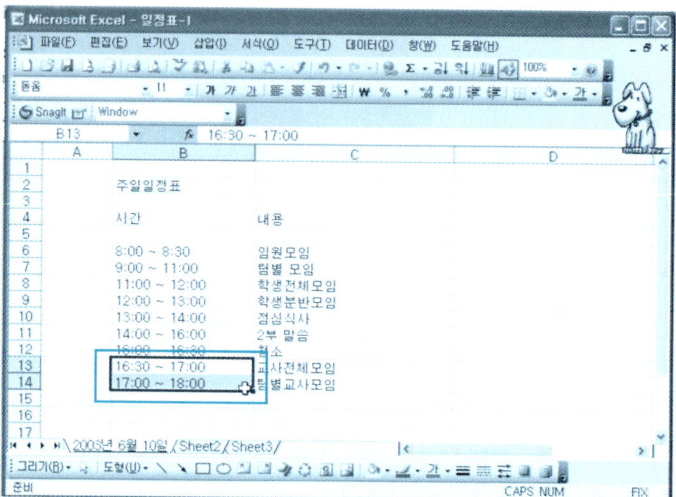

❷ 삽입할 [셀 포인터 지정] → [마우스 오른쪽 버튼 클릭] → [복사한 셀 삽입]
항목을 클릭한다.

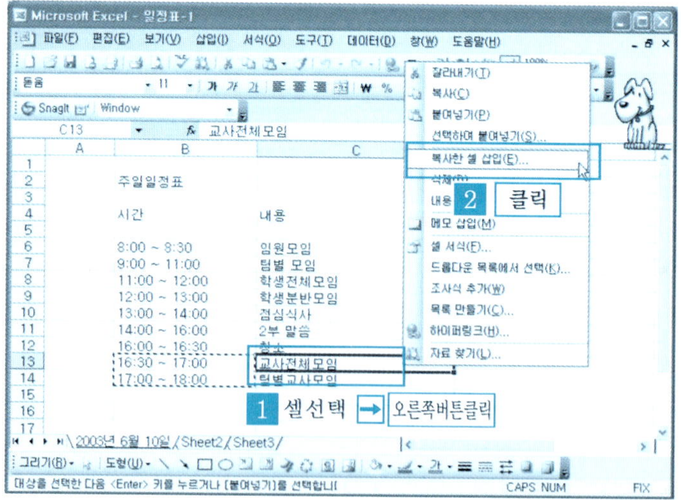

❸ 삽입하여 붙여넣기 대화상자에서 [셀을 오른쪽으로 밀기 체크] → [확인] 버튼을 클릭한다.

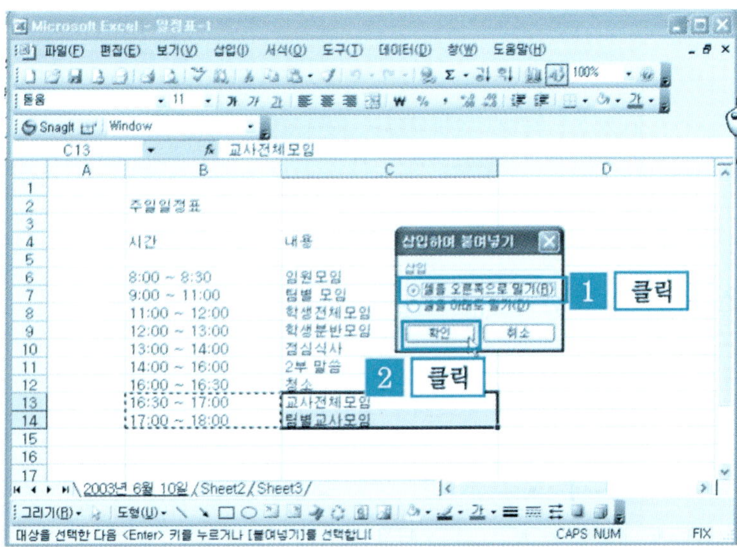

❹ 붙여넣기를 한 결과 화면이다.

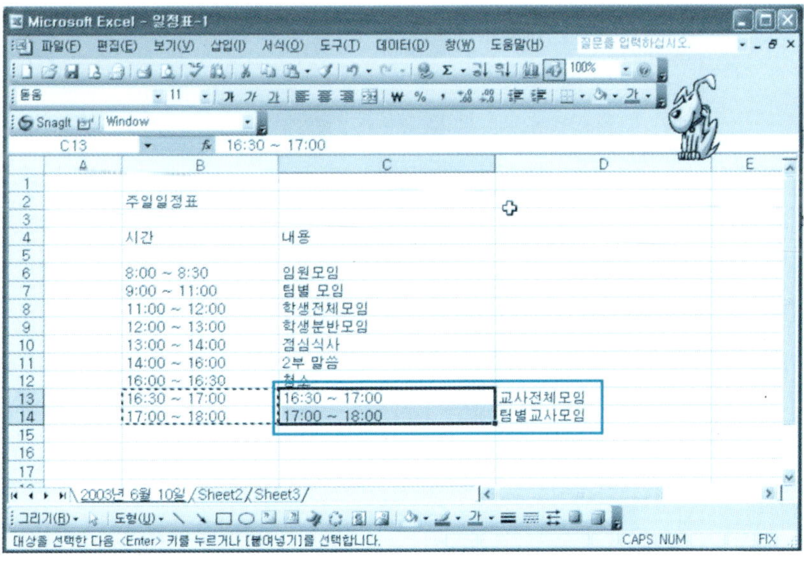

단 원 실 습 문 제

〈**실습1**〉 아래와 같은 문서를 작성해 보자.

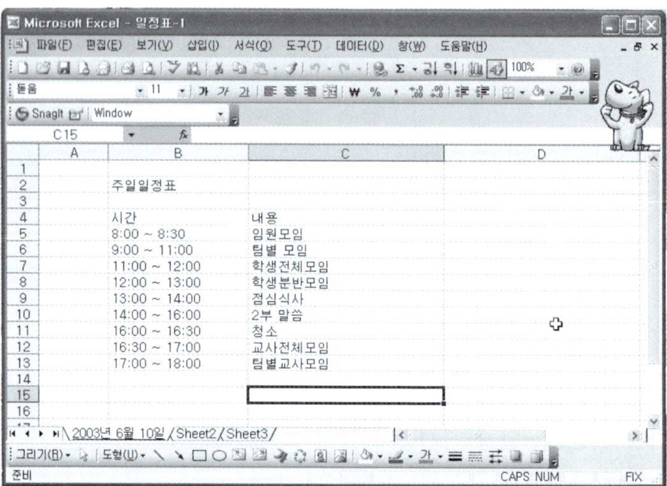

〈**실습2**〉 위의 문서를 셀 복사하여 붙여넣기 기능을 이용하여 아래와 같이 작성해 보자.

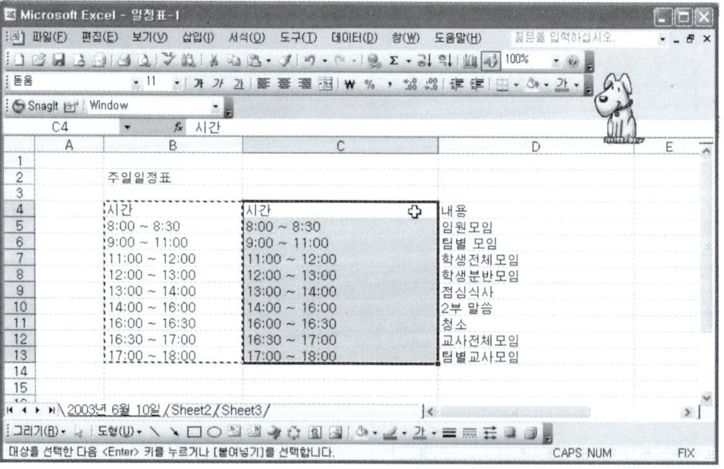

5 잘라낸 셀 삽입

❶ [예제] 폴더에서 [성적-1.xls] 파일을 불러온다. 잘라낼 셀 범위를 선택한 다음 [마우스 오른쪽 버튼 클릭] → [잘라내기] 항목을 클릭한다.

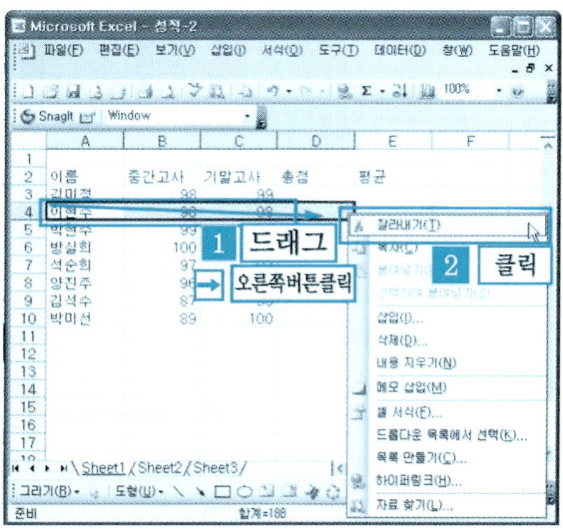

❷ 셀 포인터를 삽입하려는 셀로 이동하고 [마우스 오른쪽 버튼 클릭] → [잘라낸 셀 삽입] 항목을 클릭한다.

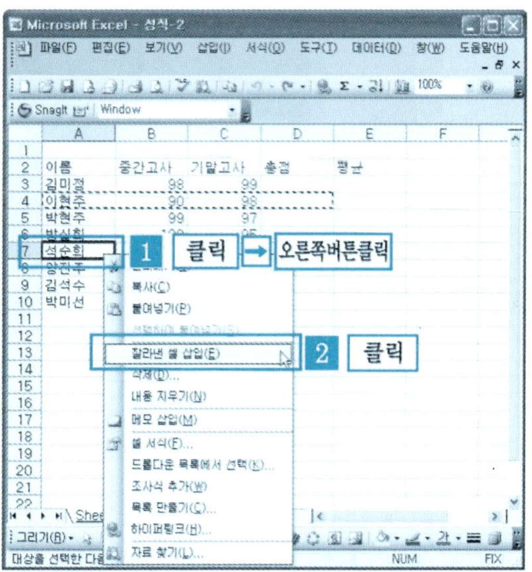

③ 잘라내어 삽입하여 붙여 넣은 결과 화면이다.

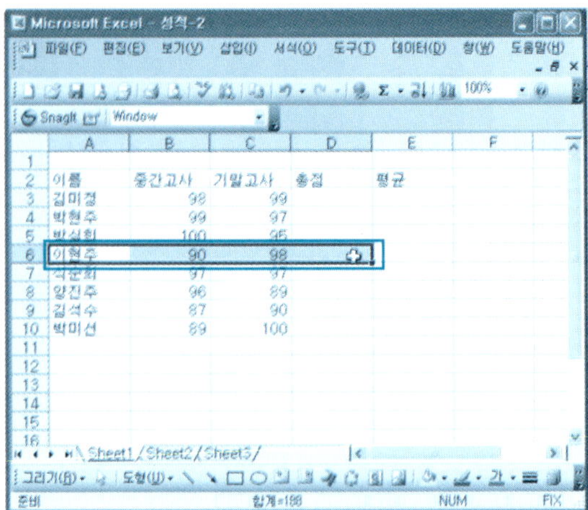

단 원 실 습 문 제

〈실습1〉 다음과 같은 문서를 작성해 보자.

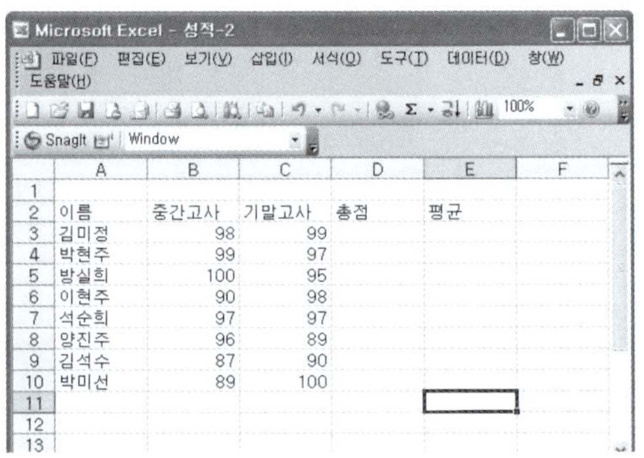

〈실습2〉 위의 문서를 [잘라내기] 기능을 활용하여 다음과 같은 문서로 작성해 보자.

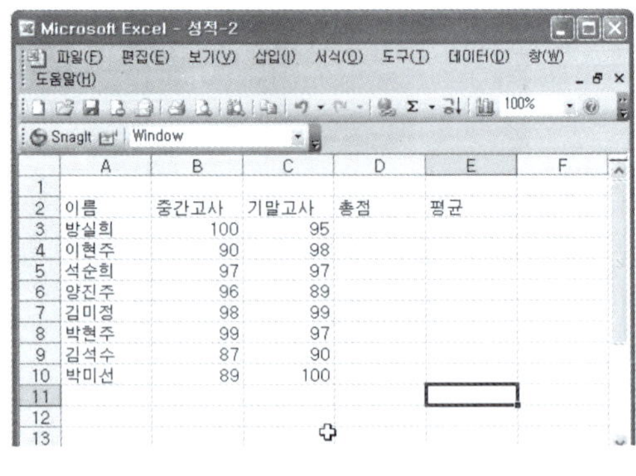

6 셀 삭제

❶ [예제] 폴더에서 [성적-1.xls] 파일을 불러온다. 삭제하려는 셀에 [셀 포인터 이동] → [마우스 오른쪽 버튼 클릭] → [삭제]를 클릭한다.

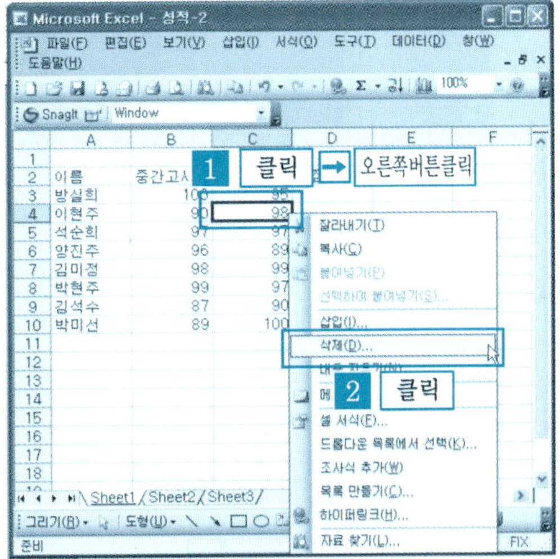

❷ [셀을 위로 밀기] → [확인 버튼]을 클릭한다.

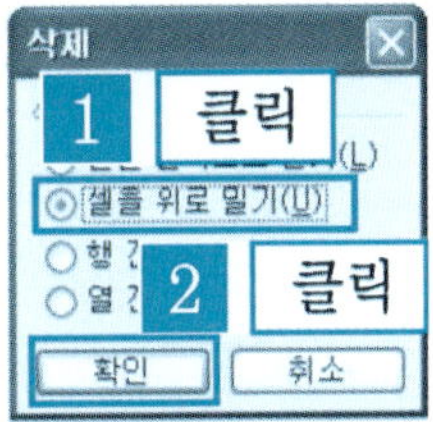

❸ 삭제된 셀 아래에 있는 셀의 내용들이 위로 밀기된 결과 화면이다.

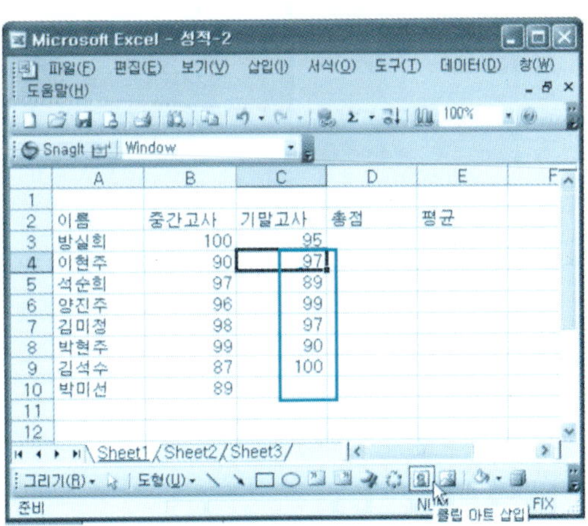

단원 실습 문제

〈실습1〉 다음과 같은 문서를 작성해 보자.

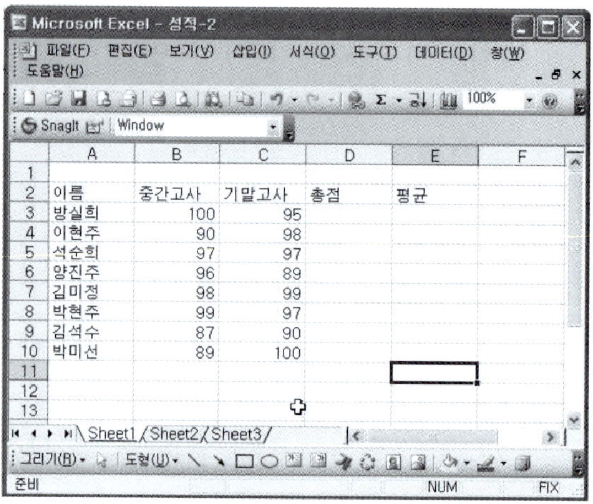

〈실습2〉 위의 문서를 [셀 삭제] 기능을 활용하여 다음과 같은 문서로 작성해 보자.

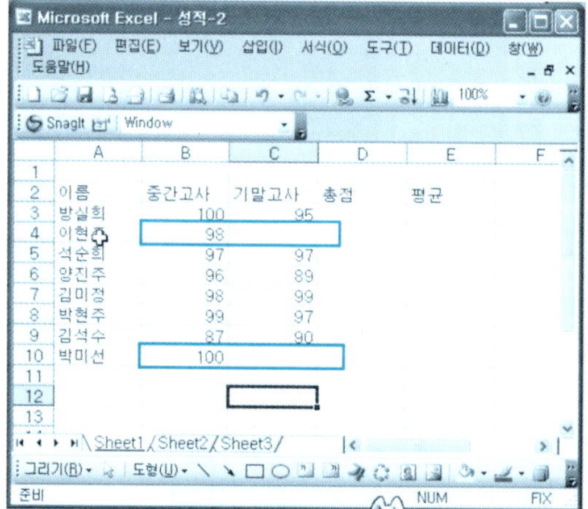

7 맞춤법 검사

워크시트에 작성된 문서에서 문장의 맞춤법을 검사하여 수정해 주는 기능이다.
아래와 같이 입력된 문서에서 맞춤법 기능을 활용하여 검사해 보자.

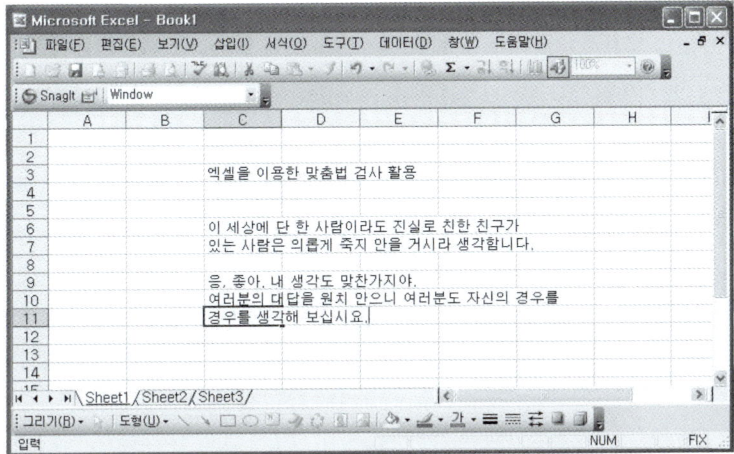

❶ [예제] 폴더에서 [Book1.xls]파일을 불러온다. [도구] → [맞춤법 검사]를 클
릭한다.

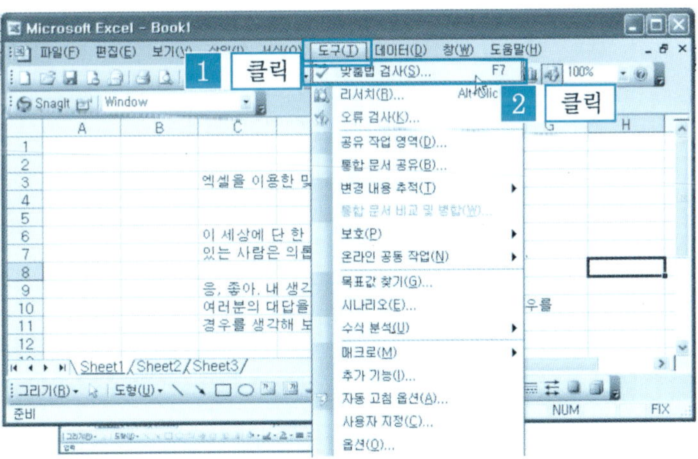

❷ 맞춤법이 틀린 단어나 문장
이 있으면 [맞춤법 검사 대
화상자]에 나타나며 [변경]
버튼을 클릭한다.

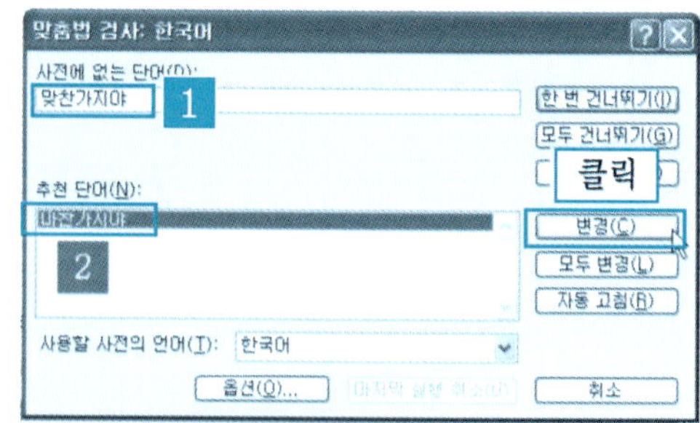

❸ 틀린 부분이 또 있으면 계속
해서 [맞춤법 대화상자]에
나타나면 [변경] 버튼을 클
릭한다.

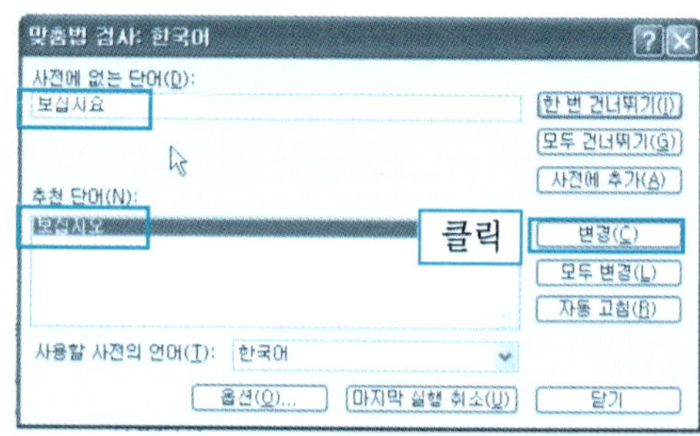

❹ 문서 전체의 맞춤법이 끝나면 다음과 같은 메시
지 창이 나타나며 [확인] 버튼을 클릭한다.

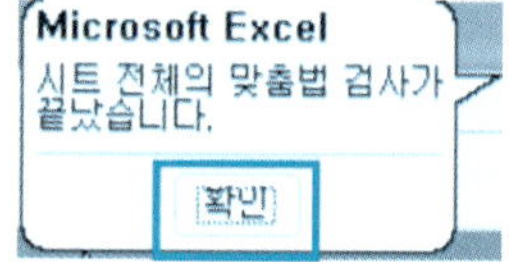

> **도움말** 문서의 틀린부분을 모두 변경하려면 [모두 변경] 버튼을 클릭한다. 작성된 문서를
> 자동으로 맞춤법이 고쳐지도록 하기 위해서는 [자동 고침] 버튼을 클릭한다.

단원 실습 문제

〈**실습1**〉 다음과 같은 문서를 작성하고 파일 이름을 [사랑의 교실]이라고 저장해 보자.

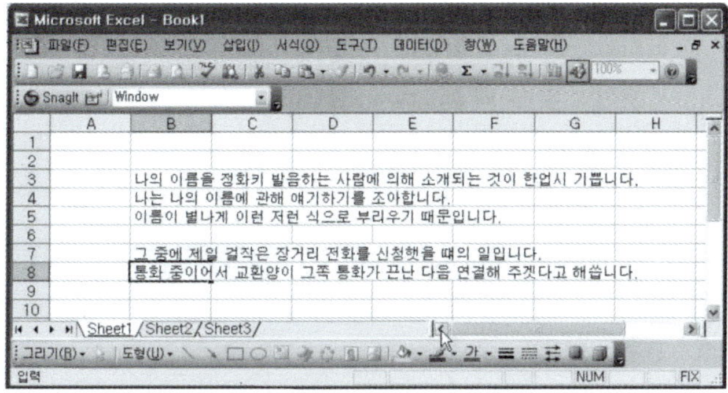

〈**실습2**〉 위의 파일에서 맞춤법 검사를 실행해 보자.

8 자동 고침 옵션 단어 추가

엑셀 문서를 작성할 때 단어를 잘못 입력하면 자동 목록에 들어 있는 단어로 자동으로 고쳐져 입력되는 기능으로, 필요에 따라서 유용하게 사용할 수 있다.

❶ [도구] → [자동 고침 옵션]을 클릭한다.

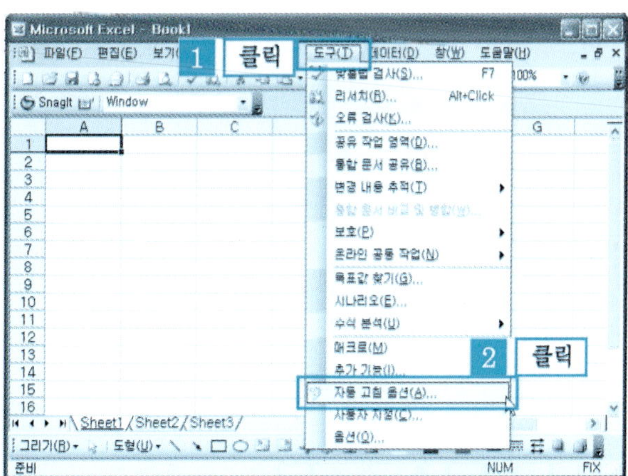

❷ [자동 고침 탭 클릭] → [입력:'혀
라'] → [결과: '해라'] → [추가]
버튼을 클릭한다.

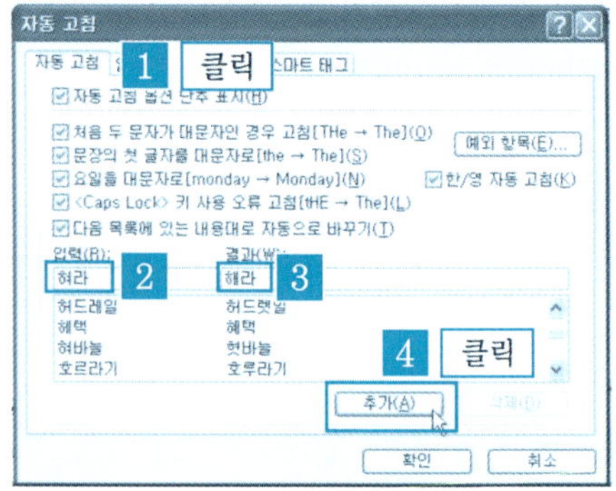

❸ [확인] 버튼을 누른다. 이후에 문
서를 작성할 때 [혀라]라고 입력
하면 [해라]로 자동으로 고쳐져
서 문서가 작성된다.

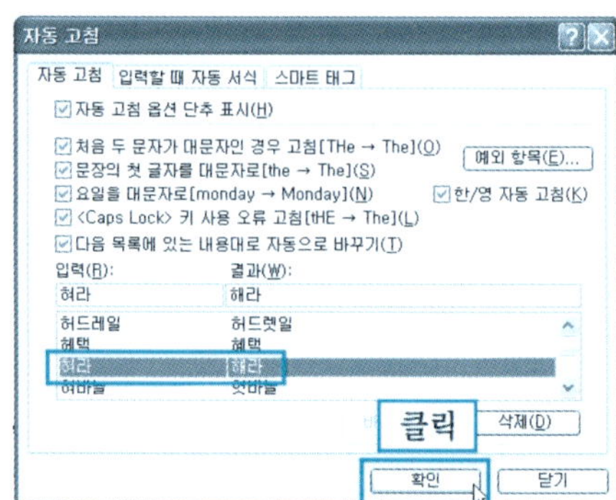

단 원 실 습 문 제

〈실습1〉 [깨사모]를 입력하면 [깨어 있는 사람들의 모임]으로 자동으로 고쳐지도록 [자동
고침 옵션]에 단어를 추가해 보자.

〈실습2〉 A5 셀에 [깨사모]를 입력하여 다음과 같은 문서를 작성해 보자.

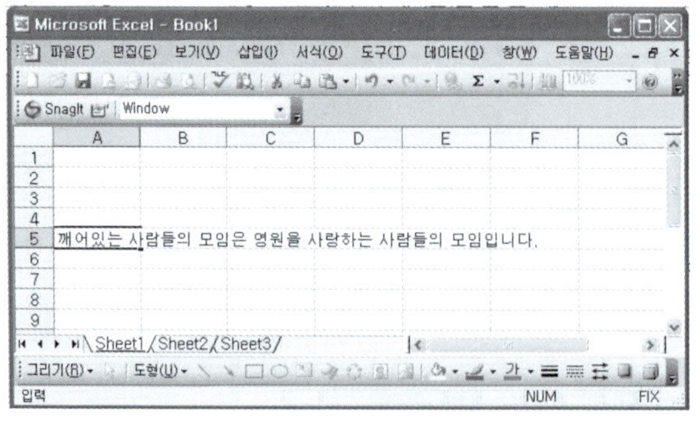

9 자동 고침 옵션에서 단어 삭제

자동 고침 옵션에서 단어를 삭제하면 문서에 단어를 입력해서 고쳐지지 않은 상태로 입력된다.

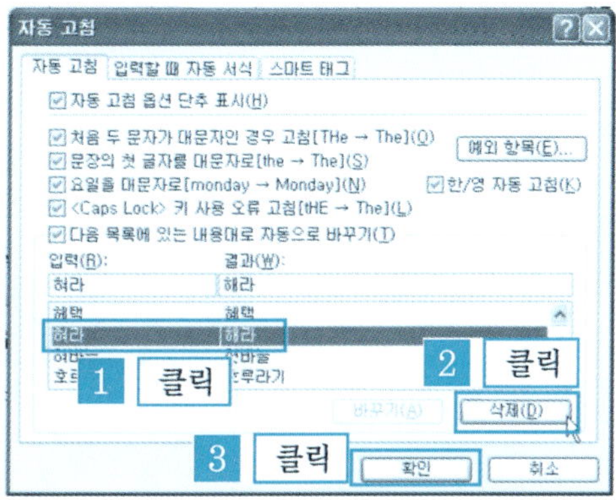

2.5 | 채우기 기능

1 마우스를 이용한 데이터 채우기

❶ [셀 내용 입력] → [채우기 핸들로 마우스 포인터]를 클릭한다.

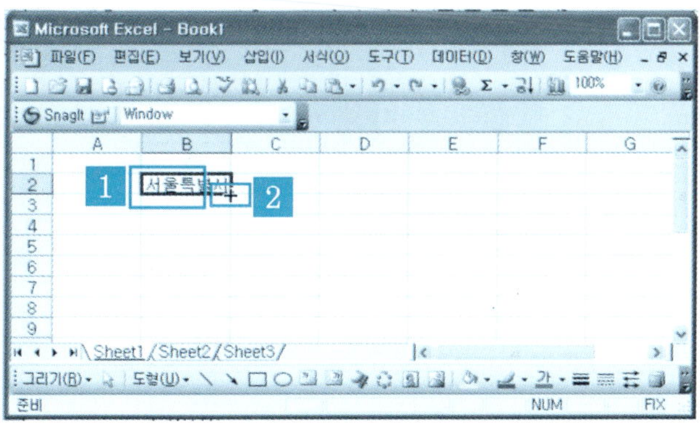

❷ 채우기 핸들을 이용하여 채우기를 할 셀의 방향을 드래그한 다음 마우스를 놓는다.

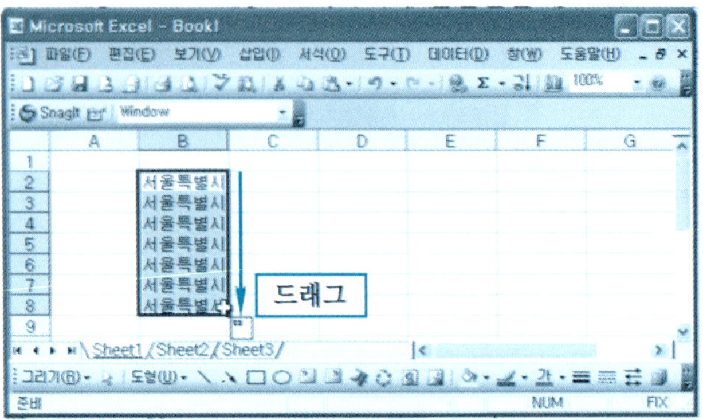

2 메뉴를 이용한 데이터 채우기

데이터 채우기는 현재의 셀 포인터가 있는 셀의 내용을 채우기를 원하는 범위의 셀에 복사해 주는 기능이다.

❶ 데이터를 채울 셀의 범위를 드래그하여 지정한다.

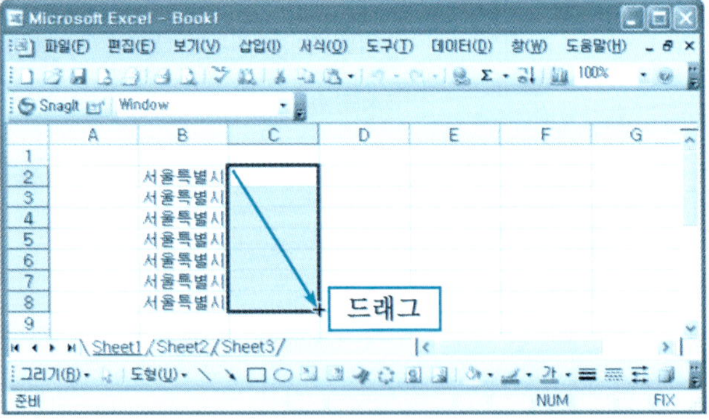

❷ 채우기를 할 데이터
를 입력한다.

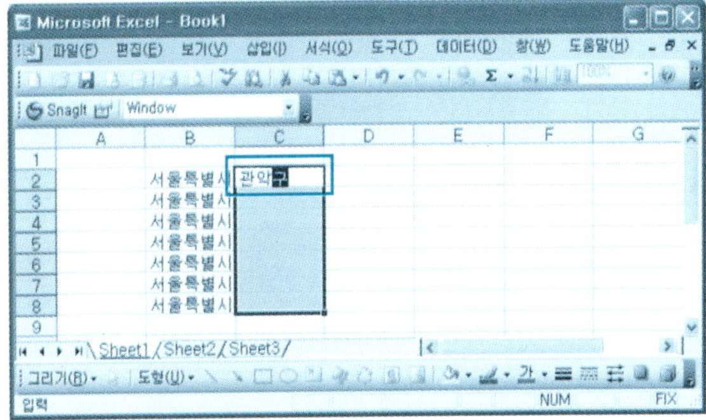

❸ [편집] → [채우기]
→ [아래쪽]을 클릭
한다.

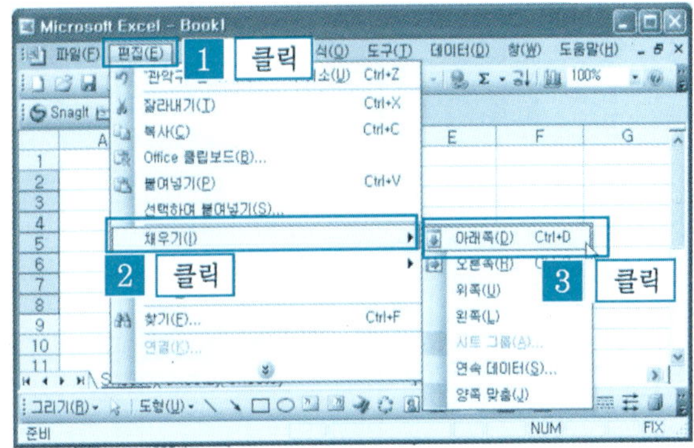

❹ 지정된 셀의 범위에
데이터가 채워진 결
과 화면이다.

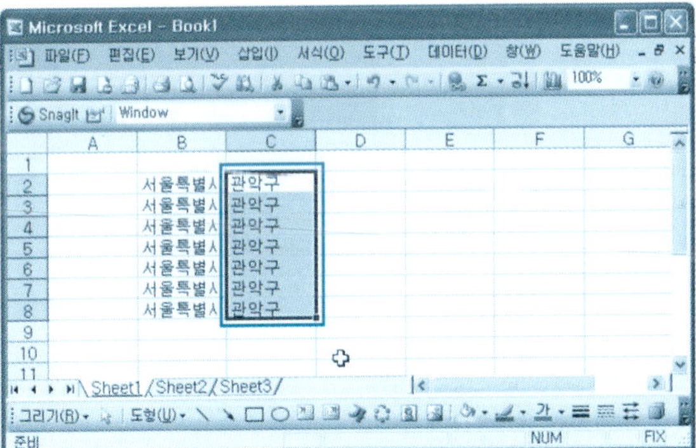

단 원 실 습 문 제

〈**실습1**〉 다음과 같은 문서를 작성해 보자.

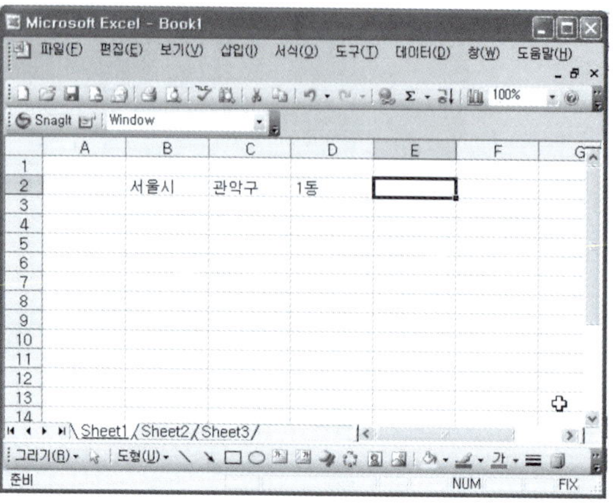

〈**실습2**〉 위의 문서에서 채우기 핸들 기능을 활용하여 아래 문서와 같이 작성해 보자.

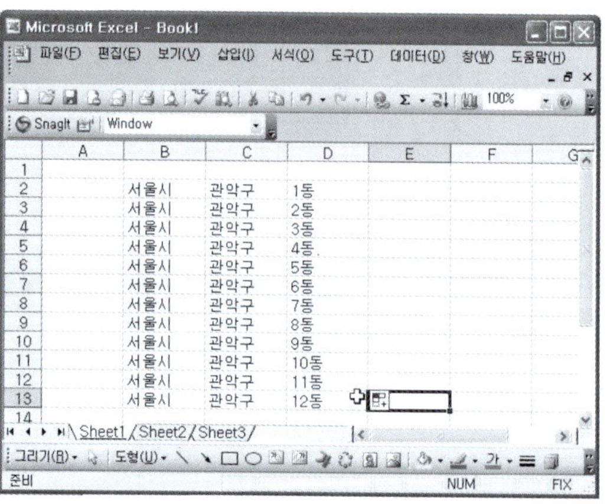

도움말　문자와 숫자가 함께 포함된 내용을 채우기 기능을 이용하여 채우기를 실행하면
숫자는 채우기 한 만큼 증가되어 채워진다.

3 연속 데이터 채우기

숫자 데이터가 포함되어 있는 문서를 복사하는 작업에 사용되는 기능이다. 첫 번째 숫자와 두 번째 숫자를 이용하여 증가한 값만큼 증가시키면서 복사해 준다.

❶ 첫 번째 숫자와 두 번째 숫자를 입력한다.

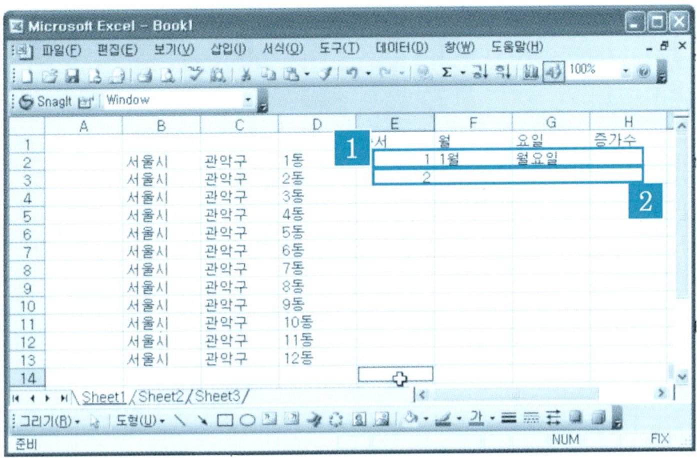

❷ 첫 번째 숫자와 두 번째 숫자를 증가범위로 지정한다.

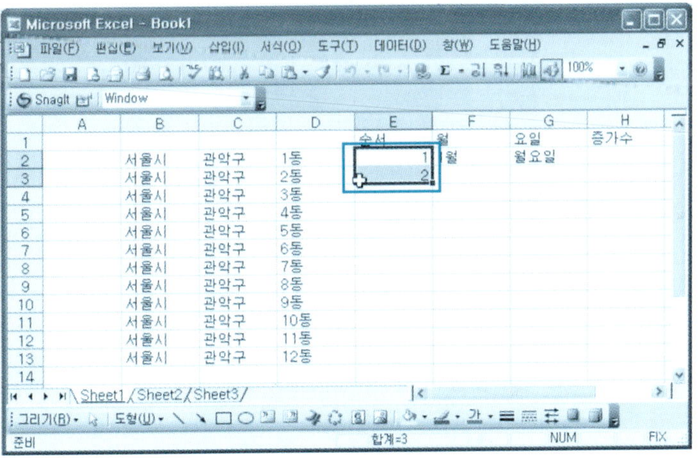

❸ 채우기 핸들을 이용하여 드래그하면 다음 그림과 같이 숫자가 증가되면서
입력된다.

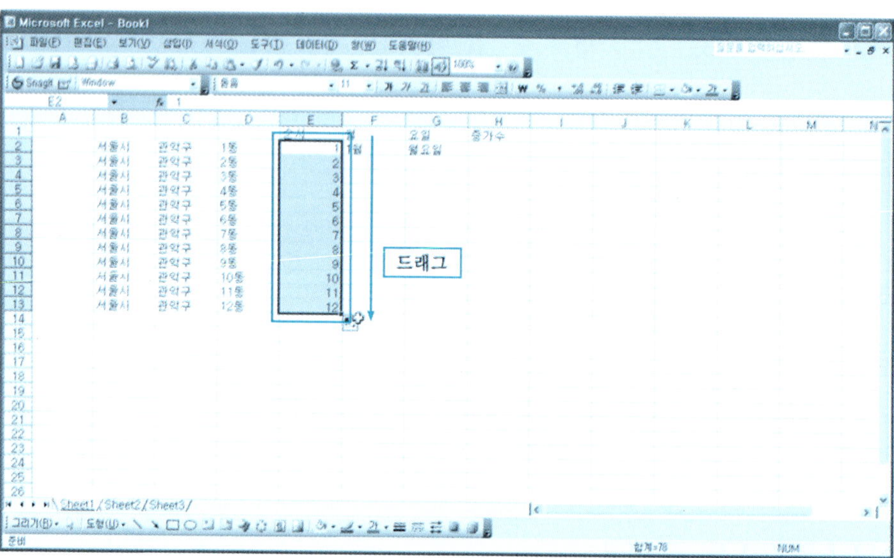

4 사용자 지정 목록 활용

❶ [도구] → [옵션]을 클릭한다.

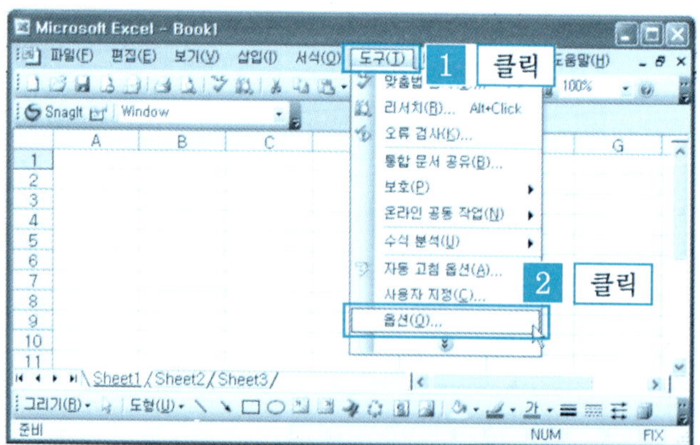

❷ [사용자 지정 목록]
→ [새 목록] → [목
록 항목 입력] →
[추가]버튼을 클릭
한다.

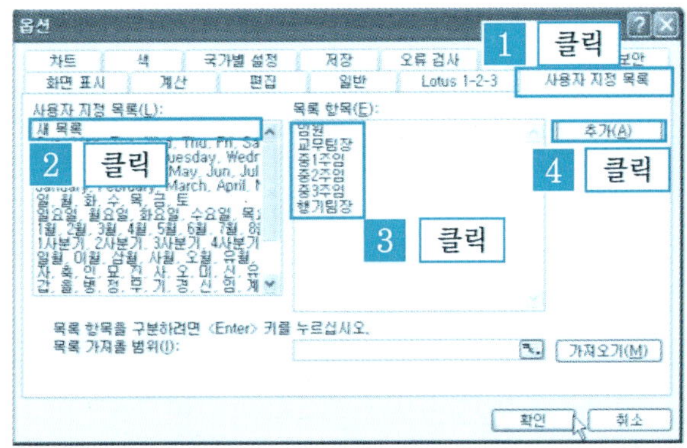

❸ 사용자 지정 목록에
추가되었으면
[확인] 버튼을
클릭한다.

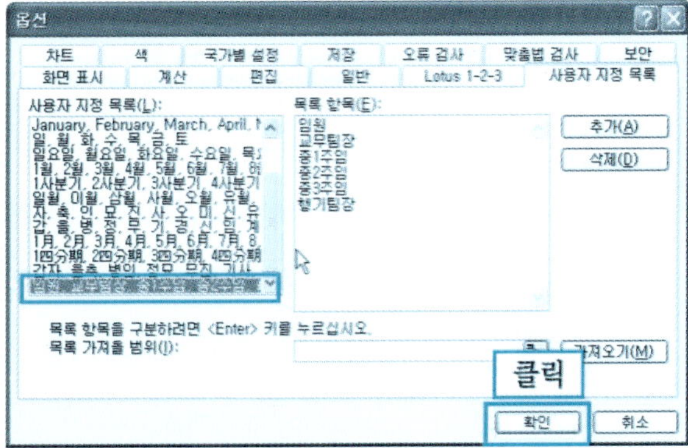

❹ [임원] 입력 → [채
우기 핸들러]를 드
래그한다.

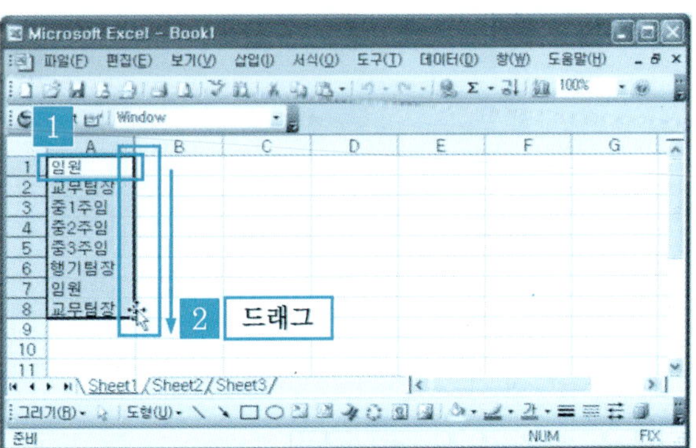

단 원 실 습 문 제

〈**실습 1**〉[사용자 지정 목록]에 [서울시구청] 목록을 추가해 보자.

〈**실습2**〉[사용자 지정 목록]에 있는 [서울시구청] 목록을 이용하여 다음과 같은 문서를 작
성해 보자.

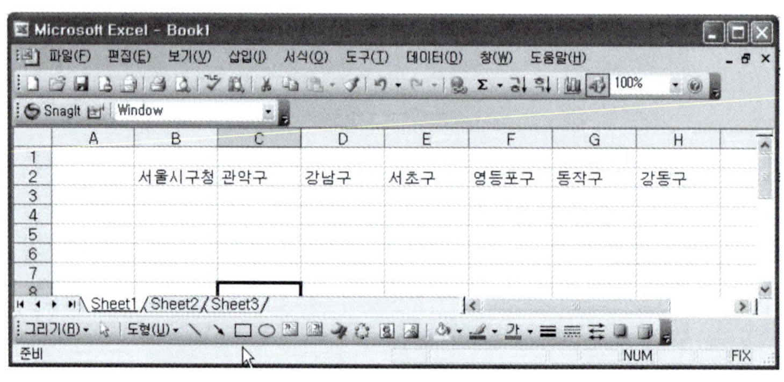

5 급수 채우기

복잡한 수의 급수를 계산하여 입력하지 않고 채우기 기능을 이용하여 데이터를
입력할 수 있다.

❶ [숫자 입력] → [범위
지정]한다.

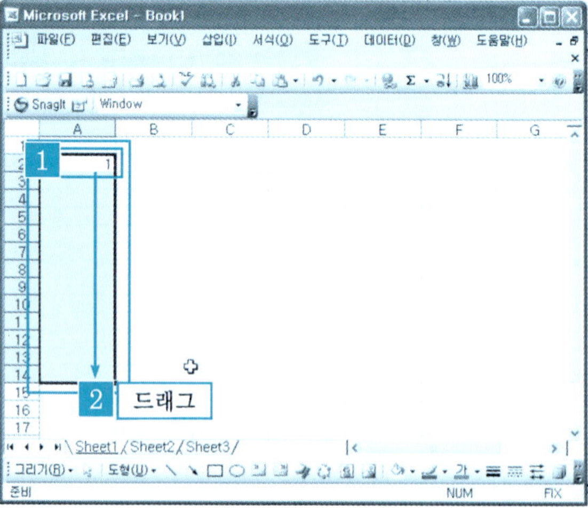

❷ [편집] → [채우기] → [연속 데이터]를 클릭한다.

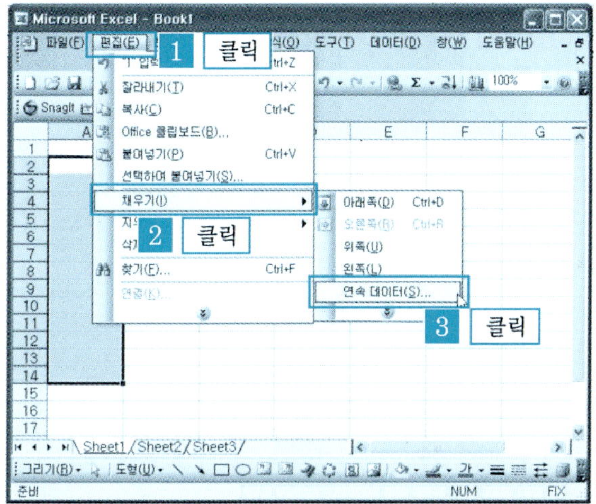

❸ [열 체크] → [급수 체크] → [단계 입력] → [확인 버튼]을 클릭한다.

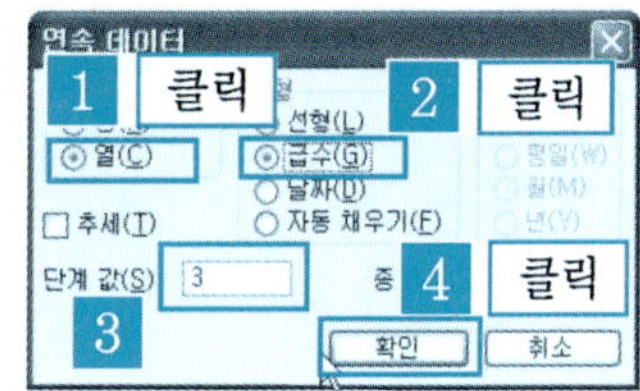

❹ 연속 데이터가 채워진 결과 화면이다.

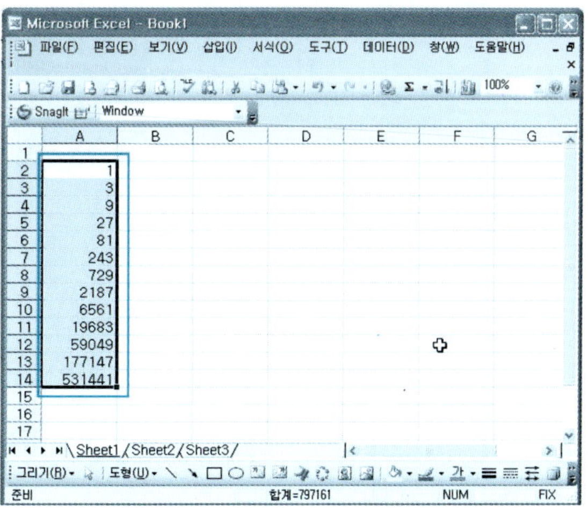

단원 실습 문제

채우기 기능을 이용하여 다음과 같은 데이터로 된 문서를 작성해 보자.

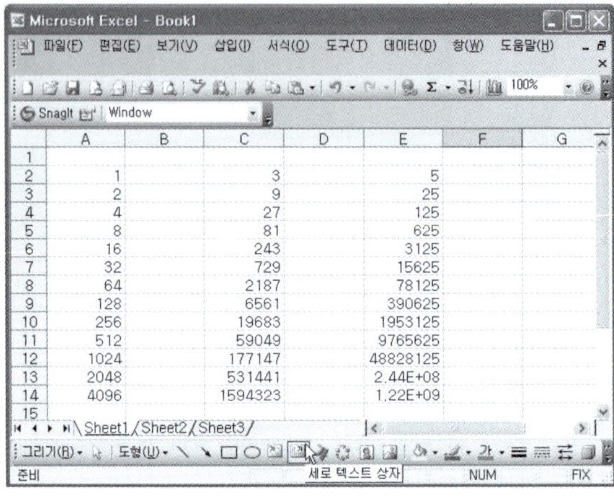

---

6 채우기 핸들로 셀 내용 지우기

➊ 지우려는 [셀 범위 지정] → [핸들러를 역방향]으로 드래그한다.

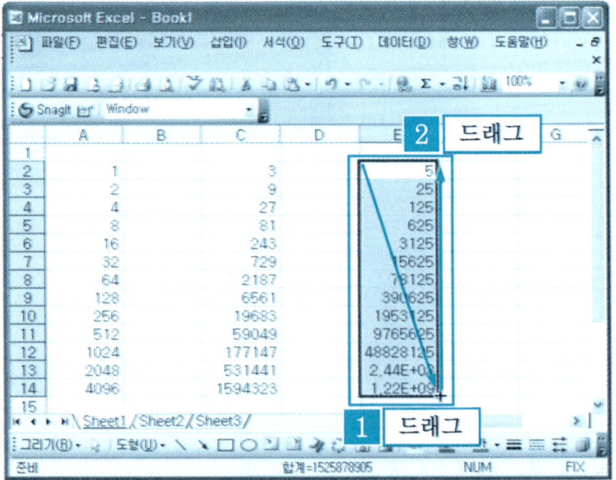

❷ 채우기 핸들러를 이용하여 지정한 범위가 삭제된 결과 화면이다.

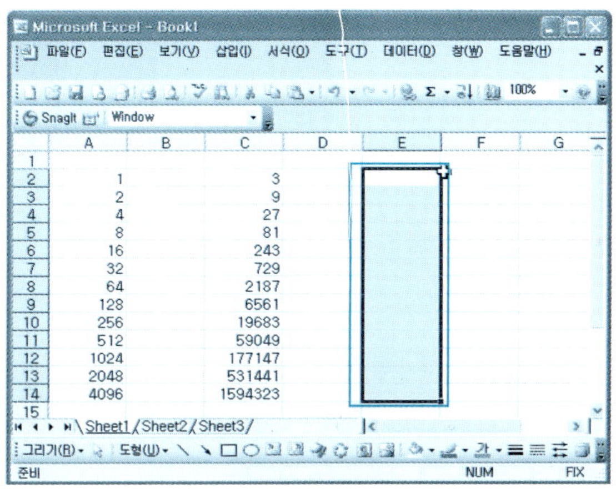

단원 실습 문제

〈실습1〉 채우기 기능을 이용하여 다음과 같은 데이터로 된 문서를 작성해 보자.

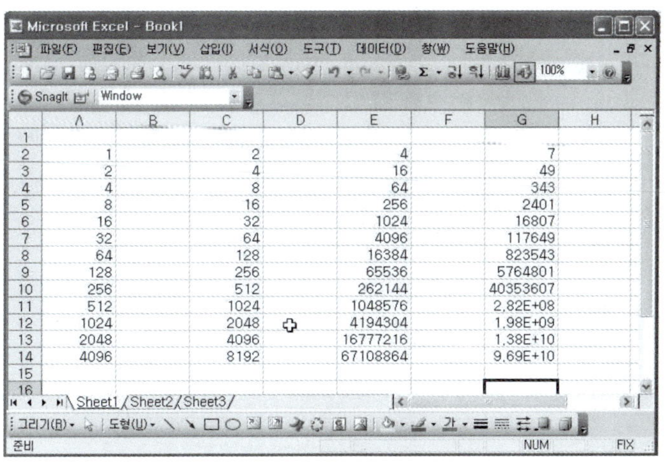

2.6 | 편집 화면 조절

엑셀 문서를 작성하는 과정에서 필요에 따라 편집화면의 크기를 적당히 조절하면 편리하게 작업을 할 수 있다.

1 전체 화면 표시

❶ [예제] 폴더에서 [성적표-1.xls] 파일을 불러온다. [보기] → [전체 화면]을 클릭한다.

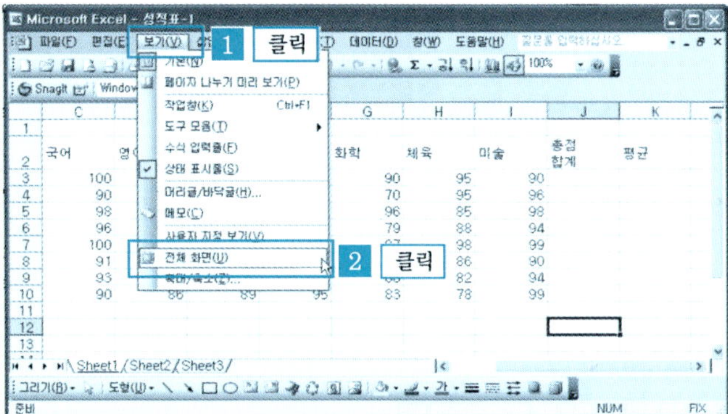

단 원 실 습 문 제

〈실습1〉 위의 문서를 채우기 핸들러를 이용하여 아래와 같이 지정된 범위의 데이터를 삭제해 보자.

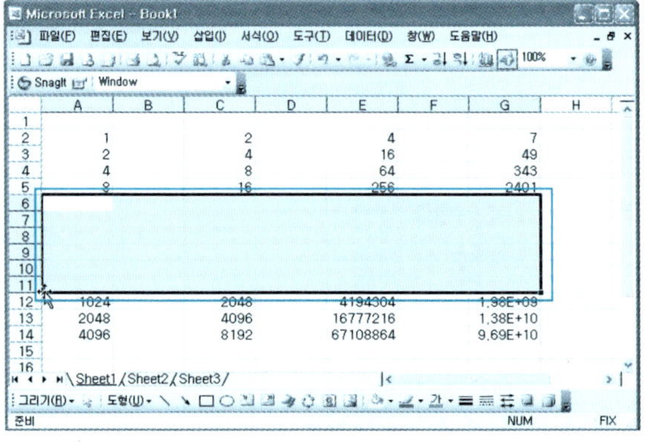

❷ 전체 화면이 나타난다. [전체 화면 닫기] 버튼을 클릭하면 원래의 화면 크기
로 되돌아간다.

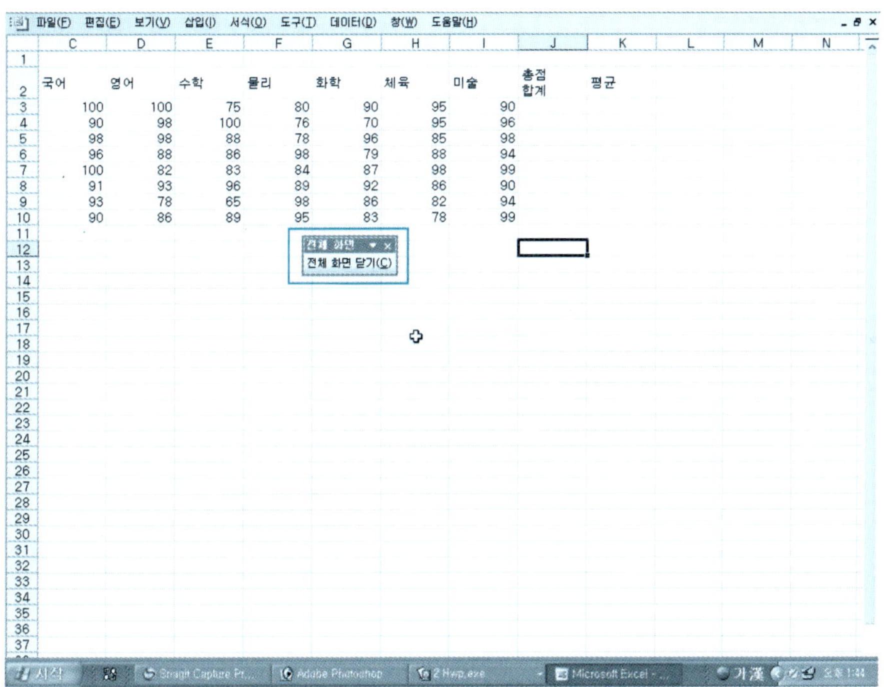

2 화면 확대와 축소

❶ [보기] → [확대/축소] 항목을 클릭한다.

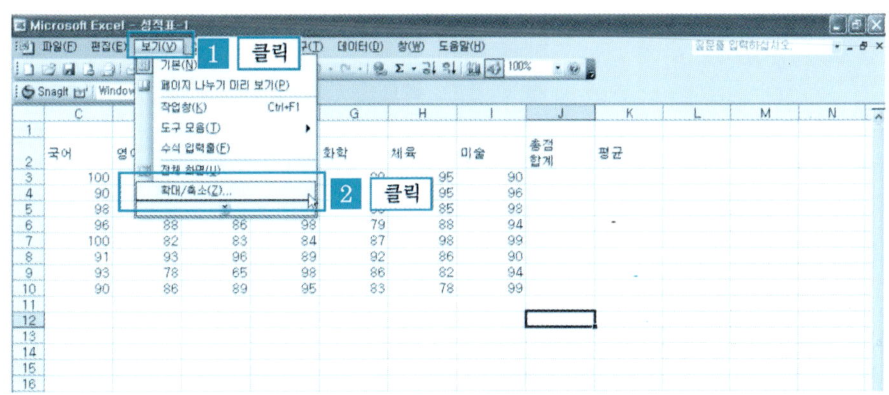

❷ 원하는 비율[75%]을 선택하여 클릭하고 [확인] 버튼을
클릭한다.

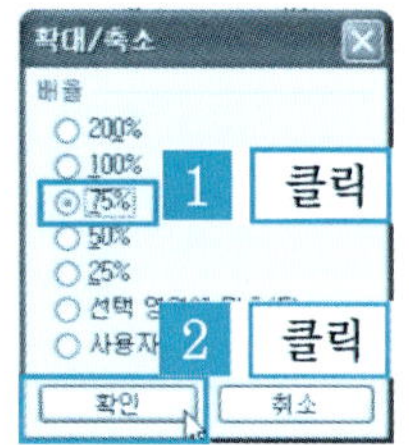

❸ 선택한 비율[75%]로 편집 화면이 축소된 결과 화면이다.

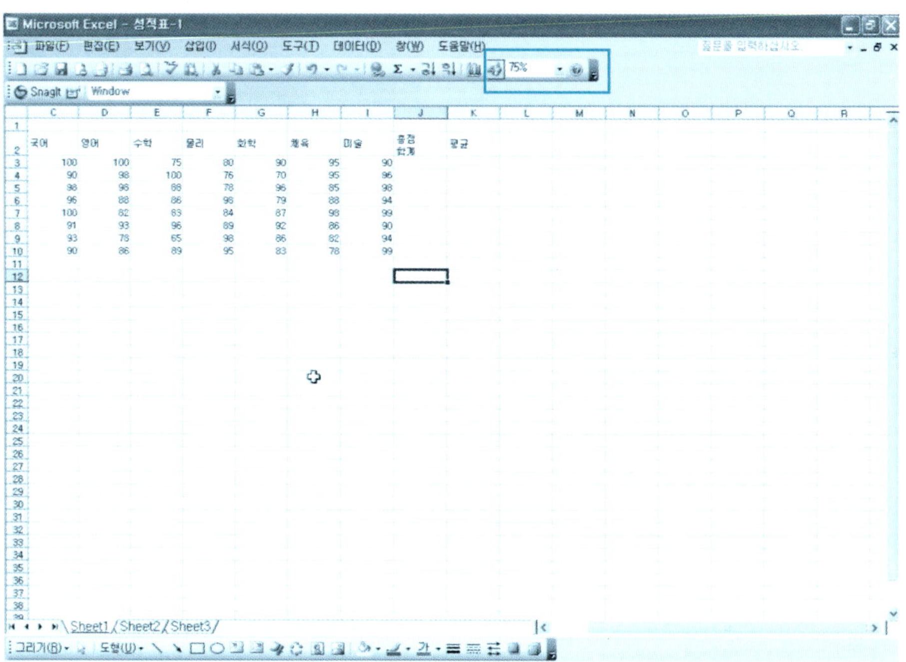

단 원 실 습 문 제

〈**실습1**〉 편집 화면을 250%로 확대해 보자.

〈**실습2**〉 편집 화면을 55%로 축소해 보자.

3 새 창

엑셀 문서를 작성하다보면 여러 개의 문서를 동시에 열어 놓고 작업을 해야 하는 경우가 생긴다. 이런 경우에 문서를 이동하면서 작업을 하면 번거로움이 있다. 새 창을 열어 놓으면 데이터 입력, 편집, 비교, 서식 설정 등을 용이하게 할 수 있다.

❶ [창] → [새 창]을 클릭한다.

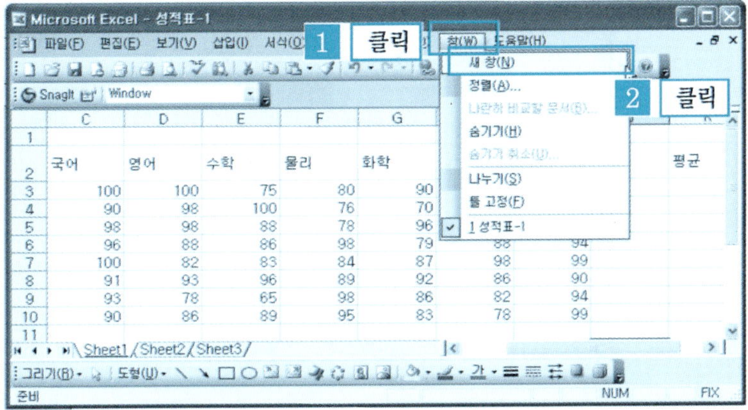

❷ 새로운 창이 열린 결과 화면이다.

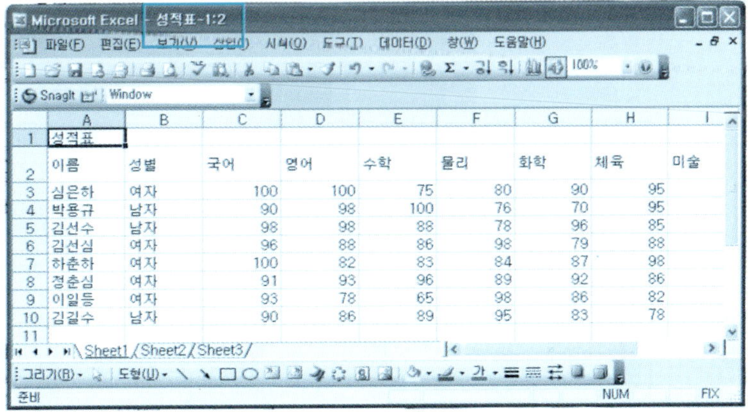

4 문서 정렬

여러 개의 파일이나 창을 화면에 나타내어 필요한 작업을 용이하게 할 수가 있다. 이러한 경우에 정렬 기능을 이용하여 화면에 여러 가지 형태로 나타낼 수 있다.

(1) 바둑판 정렬

❶ [창] → [정렬] 항목을 클릭한다.

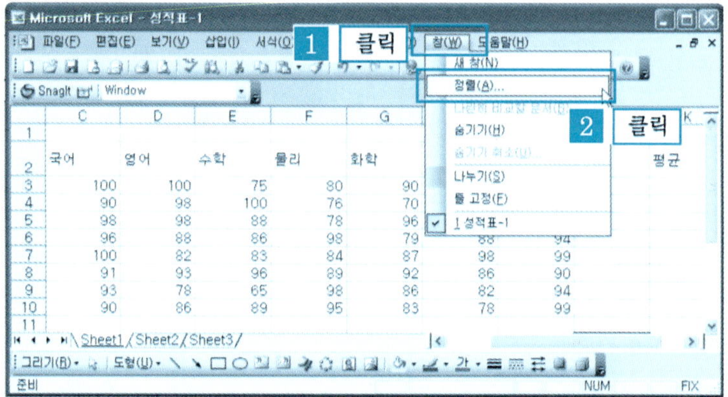

❷ [바둑판 체크] → [확인] 버튼을 클릭한다.

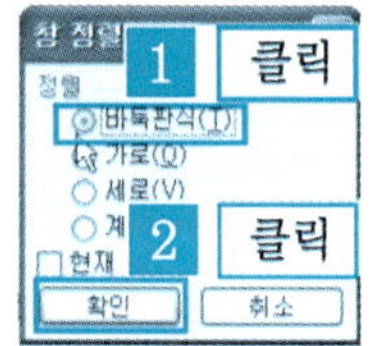

❸ 바둑판 정렬 형태가 표시된 결과 화면이다.

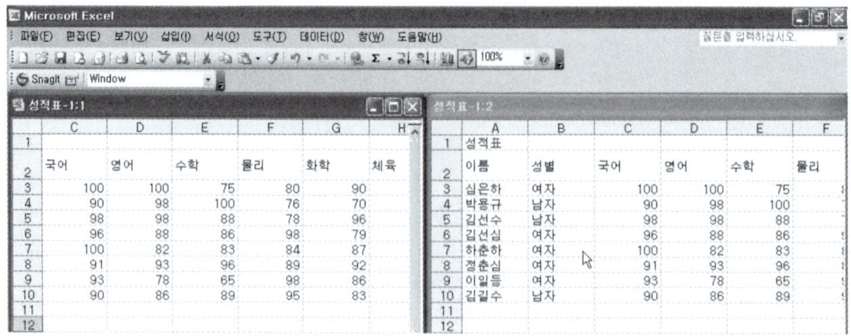

(2) 가로 정렬

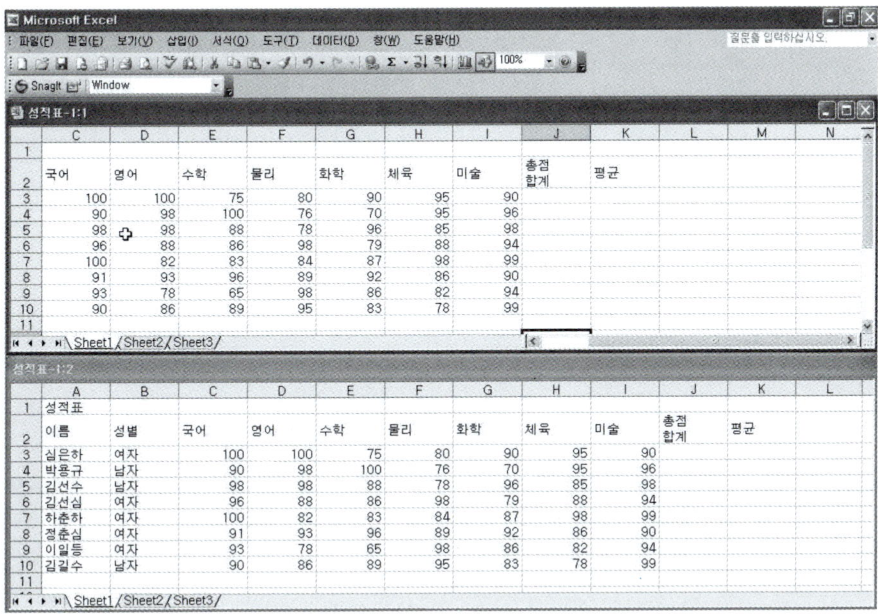

(3) 세로 정렬

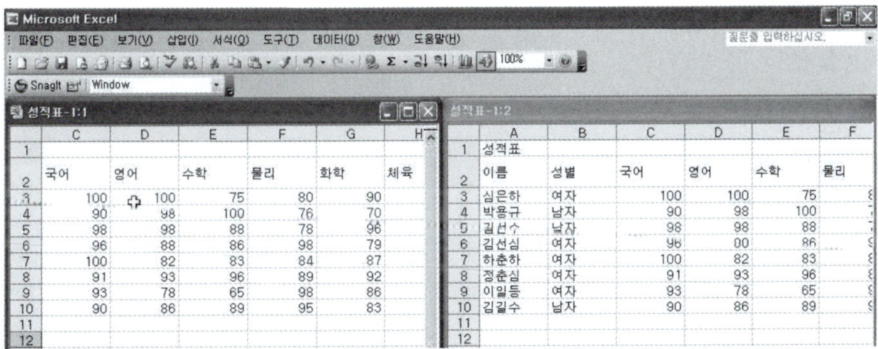

(4) 계단식 정렬

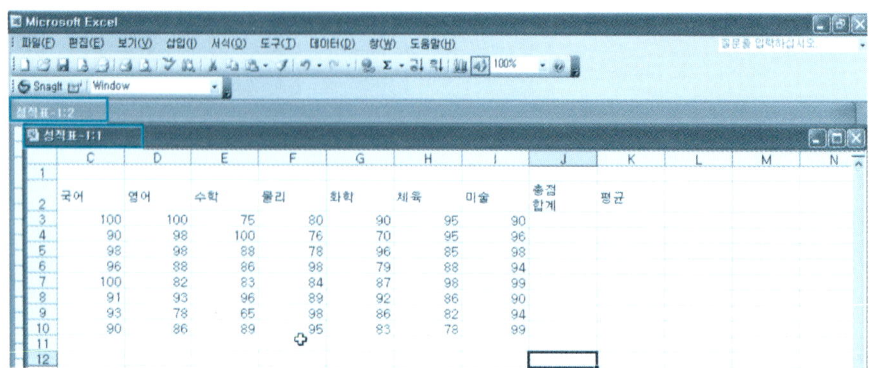

단 원 실 습 문 제

〈**실습 1**〉 [새 창] 기능을 이용하여 4개의 창을 만들어 보자.
〈**실습 2**〉 [정렬] 기능을 이용하여 4개의 창을 바둑판 정렬을 해보자.
〈**실습 3**〉 [정렬] 기능을 이용하여 4개의 창을 가로 정렬을 해보자.
〈**실습 4**〉 [정렬] 기능을 이용하여 4개의 창을 세로 정렬을 해보자.
〈**실습 5**〉 [정렬] 기능을 이용하여 4개의 창을 계단식 정렬을 해보자.

---

5 틀 고정

문서를 작업하다보면 100행, 200행 이상 입력 작업이 계속되는 경우에 어떤 항목을 입력하고 있는지 확인하는 것이 쉽지가 않다. 이런 경우에 틀 고정을 설정하고 입력 작업을 하면 어떤 항목을 입력하고 있는지 확인하면서 입력하기 때문에 용이하게 작업이 이루어진다.

❶ [셀 포인터 지정] → [창] → [틀고정] 항목을 클릭한다.

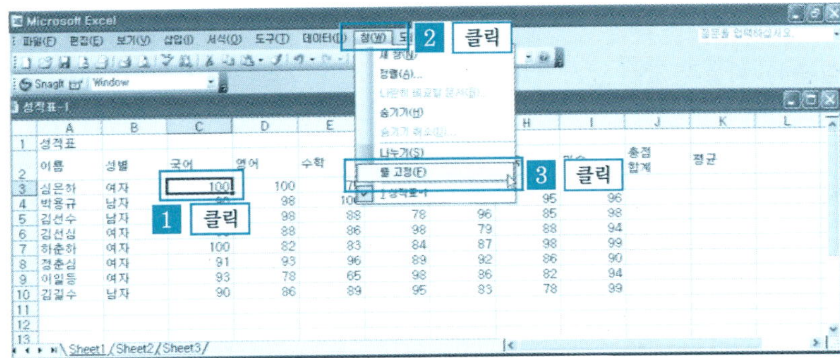

❷ 20행에서 학생의 과목을 확인하면서 성적을 입력할 수 있다.

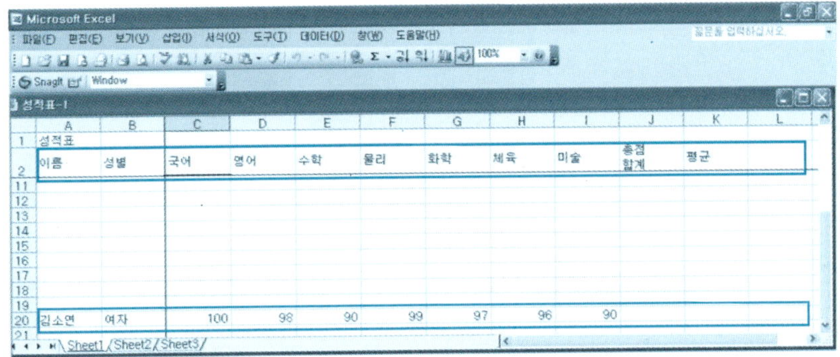

6 틀 고정 취소

[창] → [틀 고정 취소] 항목을 클릭한다.

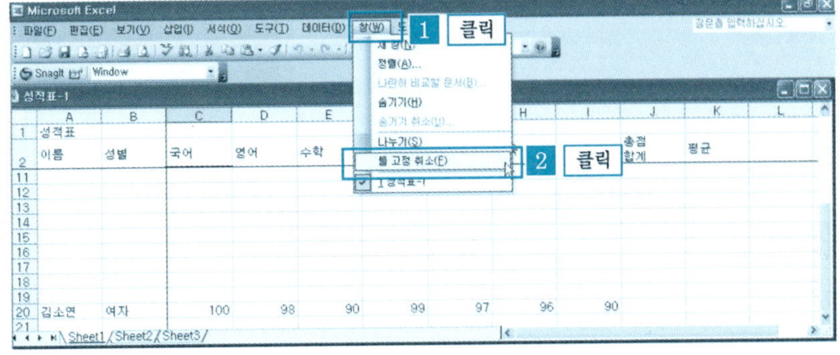

단원 실습 문제

〈**실습1**〉 다음과 같은 문서를 작성해 보자.

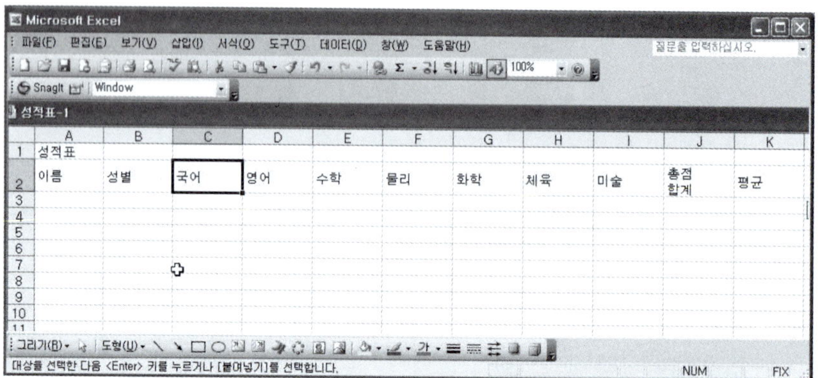

〈**실습2**〉 50행에 학생 이름, 성별, 국어부터 미술까지의 성적을 입력해 보자.

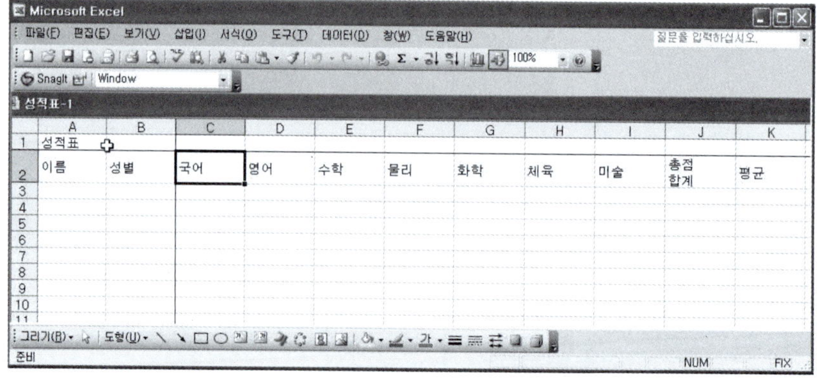

7 창 나누기

엑셀 문서를 작성하다보면 여러 개의 문서를 동시에 열어 놓고 작업을 해야 하는 경우가 생긴다. 이런 경우에 문서를 이동하면서 작업을 하면 번거로움이 있다. 이때에는 [나란히 비교할 문서] 기능을 사용하면 보다 용이하게 문서를 작성할 수 있다.

❶ [예제] 폴더에서 [두문서비교.xls] 파일을 불러온다.

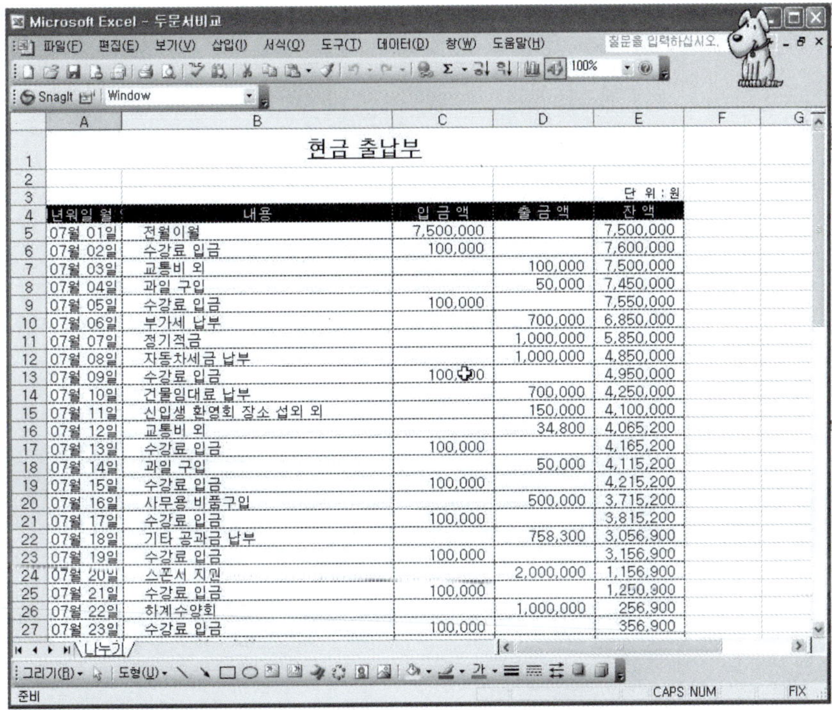

❷ 셀 포인터를 A36 셀에 위치시킨 후 [창] → [나누기] 항목을 클릭한다.

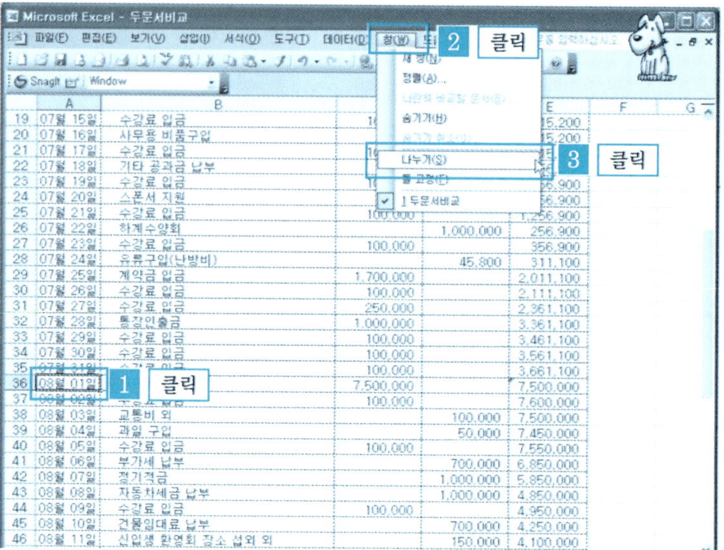

❸ 위 창에 7월의 현황이 나타나고 아래 창에는 8월의 현황이 나타나 동시에 비교할 수 있다. 하나의 창에서 원하는 부분의 내용을 작업하면 동시에 두 개의 창에 함께 작업이 이루어진다.

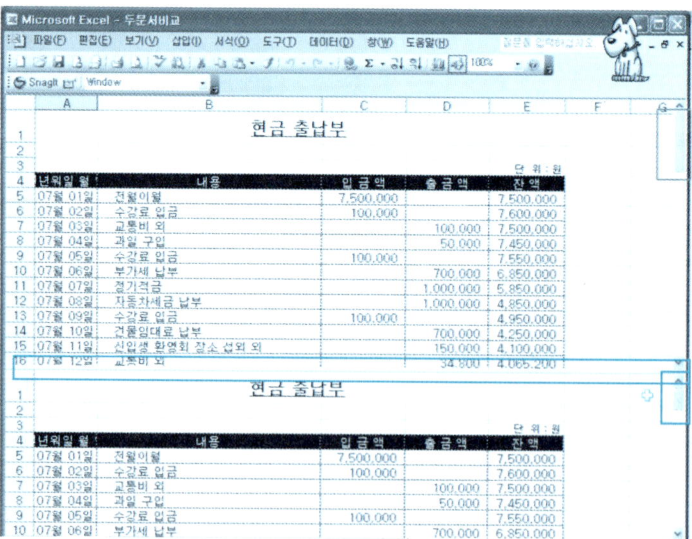

8 창 나누기 해제

[창] → [나누지 않음] 항목을 클릭한다.

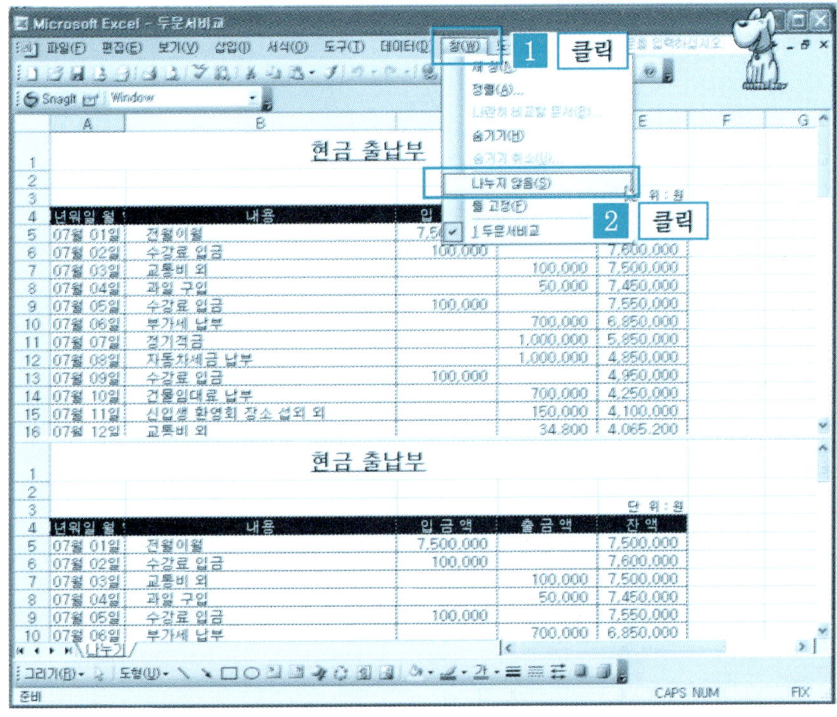

단원 실습 문제

〈**실습1**〉 다음과 같은 형태의 1월, 3월의 금전출납부를 작성해 보자.

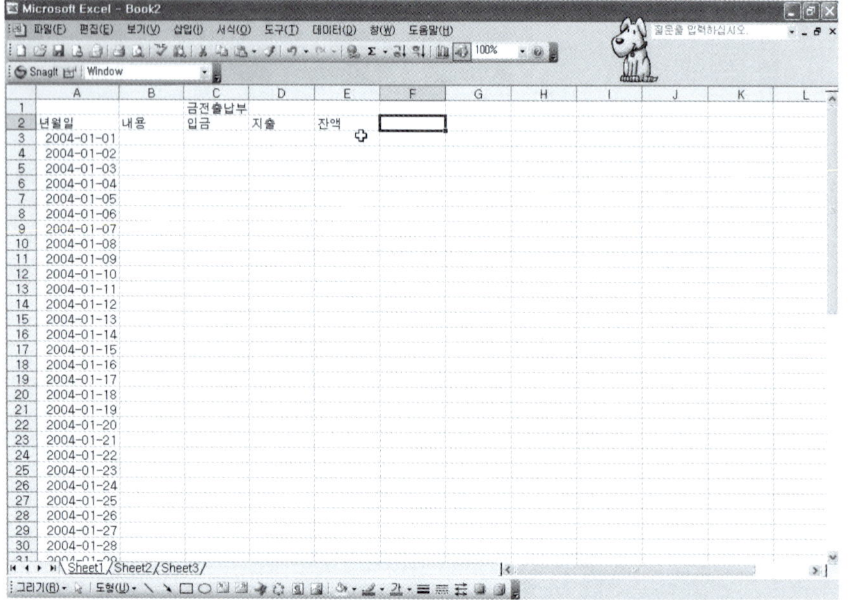

〈**실습2**〉 위의 문서를 다음 그림과 같이 창나누기 기능을 이용하여 작성해 보자.

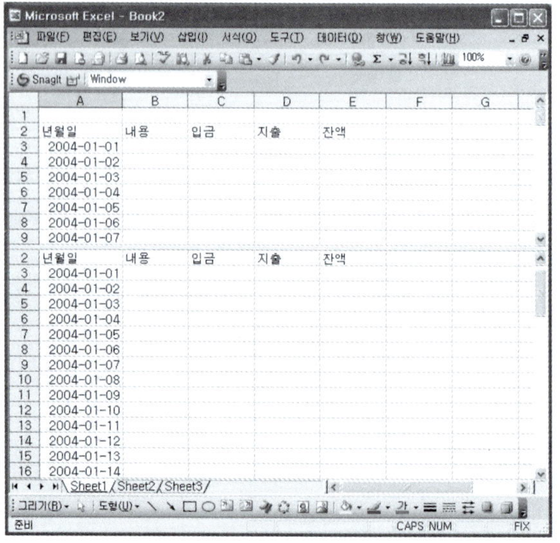

2.7 | 셀의 열과 행 조정 가능

1 열 너비 조정

입력된 문서에서 셀에 입력된 문자의 길이나 크기에 알맞도록 셀의 열 너비를 조정하는 기능이다.

(1) 마우스를 이용한 한 개 열의 너비 조정

❶ [예제] 폴더에서 [Book2.xls] 파일을 불러온다. 열의 너비를 조정하려는 A열과 B열 머리글 구분선에 마우스 포인터를 옮긴다.

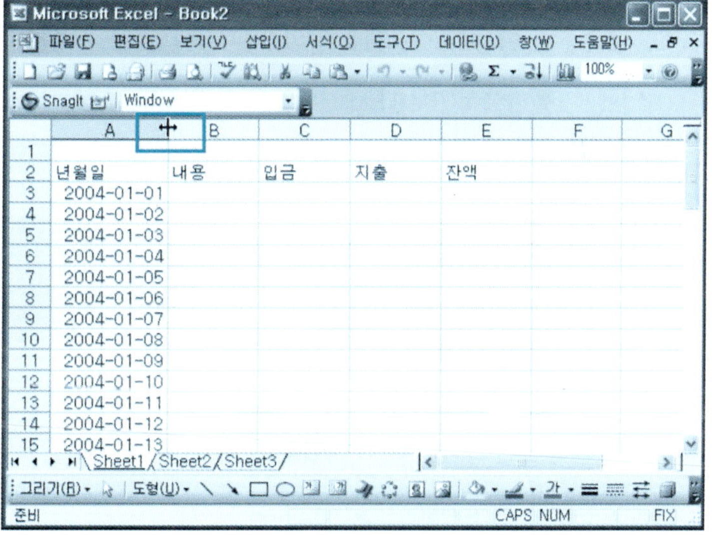

❷ 마우스 포인터가 ✛ 표시로 바뀌면 조정하려는 방향으로 드래그한다.

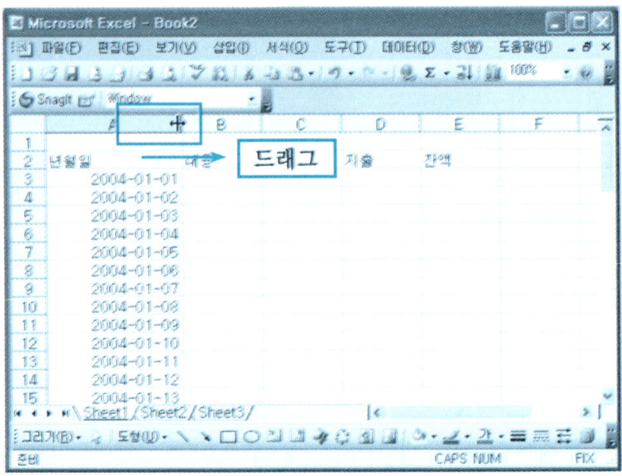

(2) 마우스를 이용한 여러 개 열의 너비 조정

❶ [예제] 폴더에서 [Book3.xls] 파일을 불러온다. 조정하고자 하는 A열에서 C열
　까지의 열 머리글을 마우스 포인터로 드래그하여 범위를 지정한다.

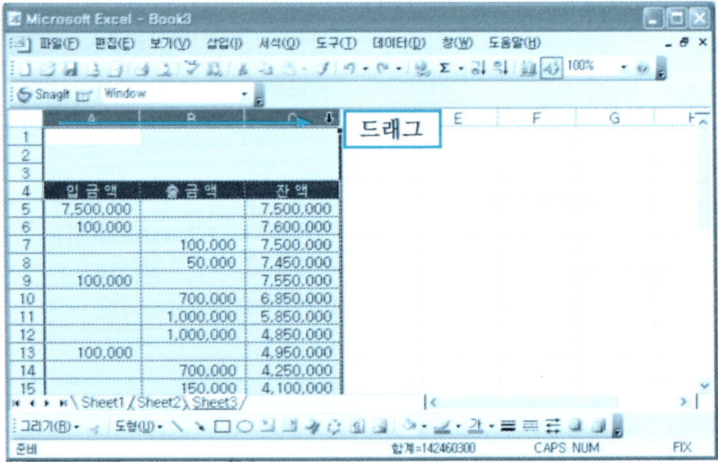

❷ B열과 C열 사이의 열 머리글 구분선에 마우스 포인터를 위치시켜 ┿ 표시가 나타나면 조정하려는 방향으로 드래그한 다음 마우스를 놓으면 지정된 영역의 열 너비가 조정된다.

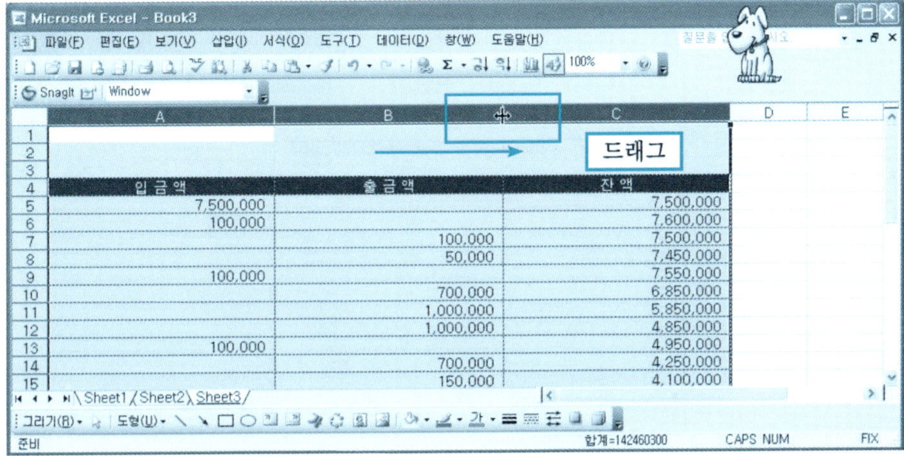

(3) 메뉴를 이용한 열 너비 조정

① [열 범위 지정] → [서식] → [열] → [너비]를 클릭한다.

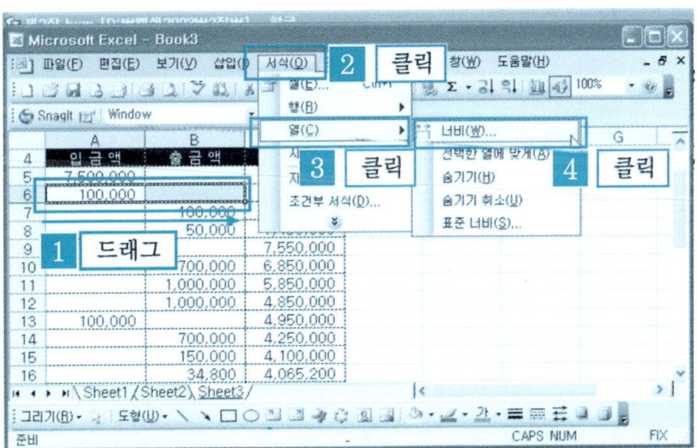

❷ [열 너비 입력] → [확인] 버튼을 클릭한다.

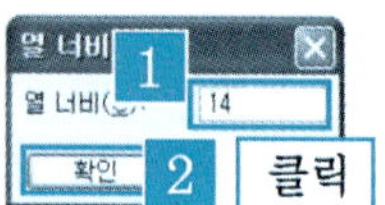

❸ 열 너비가 조정된 결과 화면이다.

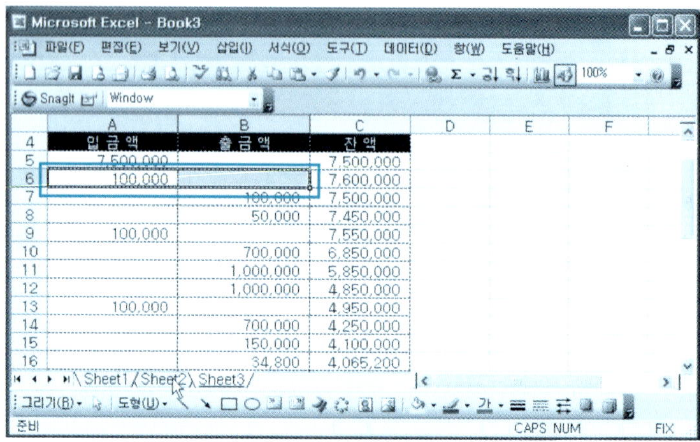

단 원 실 습 문 제

〈실습1〉 다음과 같은 문서를 작성해 보자.

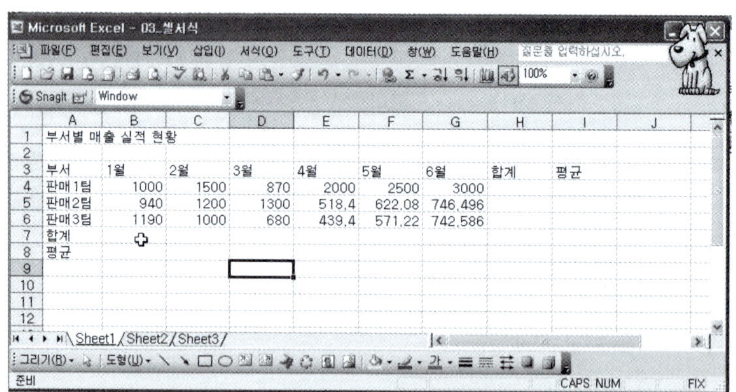

〈실습2〉 마우스를 이용하여 열 너비를 조정해 보자.

〈실습3〉 메뉴를 이용하여 열 너비를 조정해 보자.

2 행 높이 조정

(1) 마우스를 이용한 행 높이 조정

❶ [예제] 폴더에서 [성적표-1.xls] 파일을 불러온다. 한 셀에 두 줄의 글이 입력되어 보이지 않는다. 2행의 행 머리글에 마우스 포인터를 위치시켜 ✚ 로 표시되면 마우스를 아래 방향으로 드래그한다.

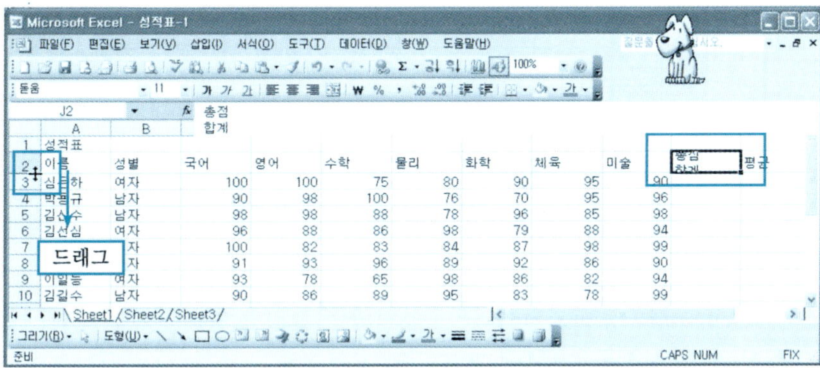

❷ 마우스를 놓으면 행의 높이가 높아져 보이지 않던 두 줄의 문자가 보인다.

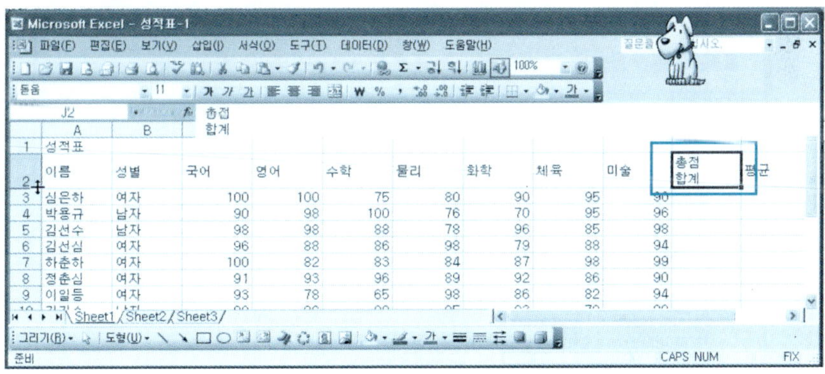

(2) 마우스를 이용한 여러 개 행의 높이 조정

❶ 조정하고자 하는 3행에서 6행까지의 행 머리글을 마우스 포인터로 드래그하여 범위를 지정한다.

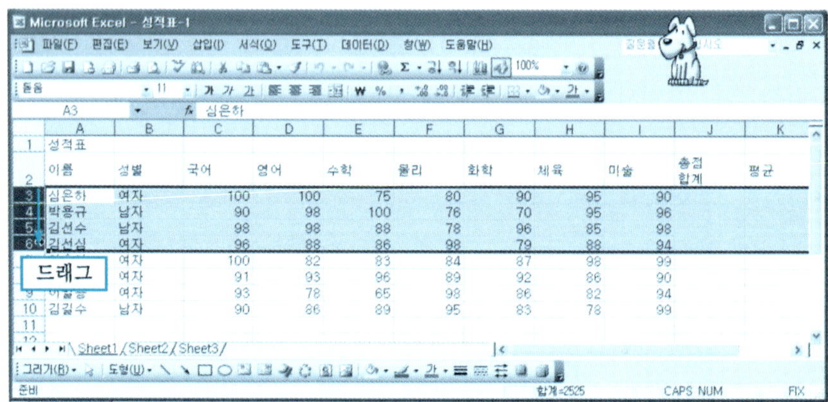

❷ 3행과 4행 행 머리글 구분선에 마우스 포인터를 위치시켜 ⬍ 표시가 나타나면 조정하려는 방향으로 드래그한 다음 마우스를 놓으면 지정된 영역의 행 높이가 조정된다.

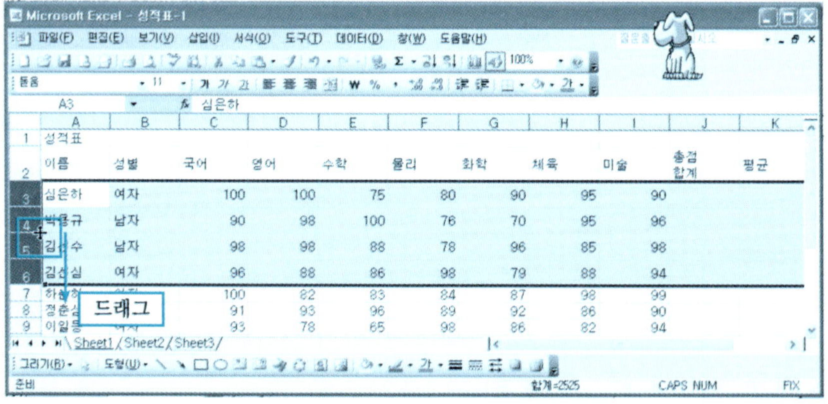

(3) 마우스를 이용한 한 행 높이 조정

🔵 행 높이를 조정하려는 [행 클릭] → [서식 메뉴] → [행] → [높이]를 클릭한다.

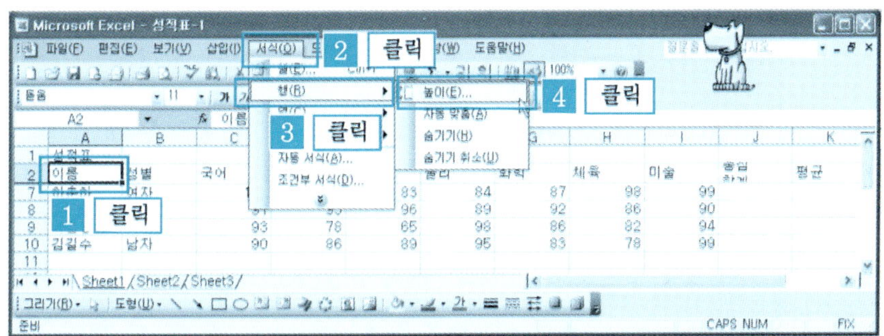

🔵 [행 높이 입력] → [확인] 버튼을 클릭한다.

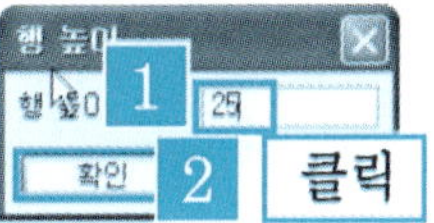

🔵 행 높이가 조정된 결과 화면이다.

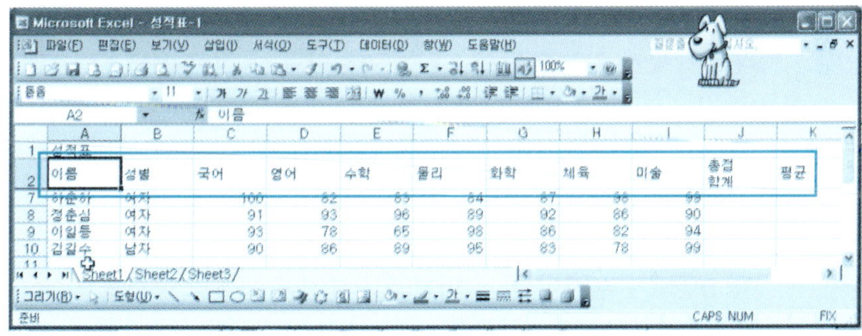

단원 실습 문제

〈**실습1**〉 다음과 같은 문서를 작성해 보자.

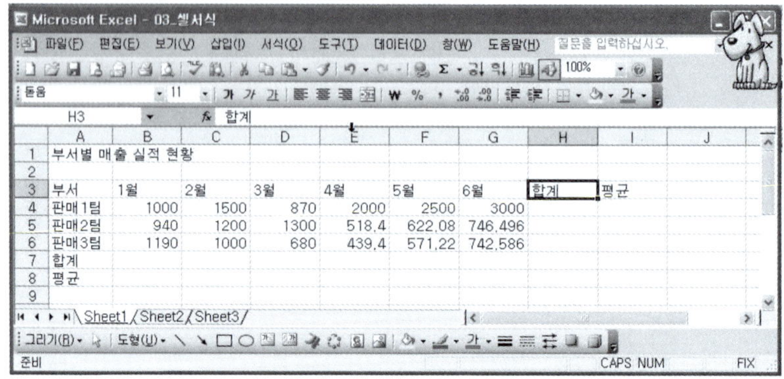

〈**실습2**〉 마우스를 이용하여 하나의 행 높이를 조정해 보자.

〈**실습3**〉 메뉴를 이용하여 여러 개의 행 높이를 조정해 보자.

3 열 너비와 행 높이 자동 조정

행 높이와 열 너비 자동 조정은 셀에 입력된 글자의 최대 크기나 최대 길이에 따라서 알맞게 자동으로 조정되는 기능이다. 특정한 셀만 크거나 길면 다른 셀들의 모양이 잘 어울리지 않기 때문에 유의해서 사용하는 것이 좋다.

(1) 마우스를 이용한 한 개 행 높이와 열 너비 자동 조정

❶ D열과 E열 사이의 열 머리글 구분선에 마우스 포인터를 위치시켜 ╬ 표시가 나타나면 [더블클릭]하면 열 너비가 자동으로 조정된다. (행 높이도 행 머리글 구분선에 마우스 포인터를 위치시켜 같은 방법으로 자동 조절한다.)

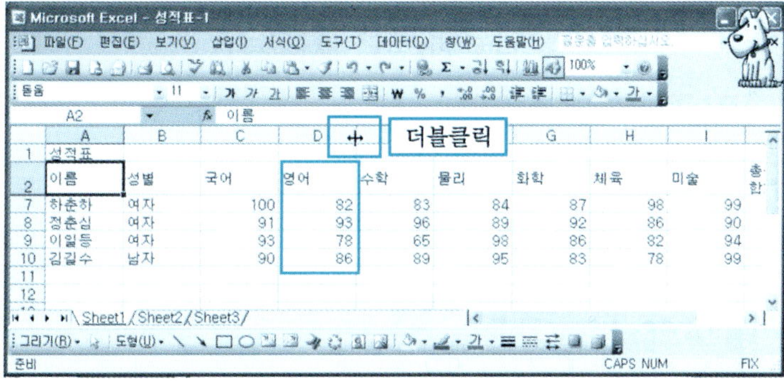

❷ 입력된 셀 문자에 알맞게 행 높이와 열 너비가 조정된 결과 화면이다.

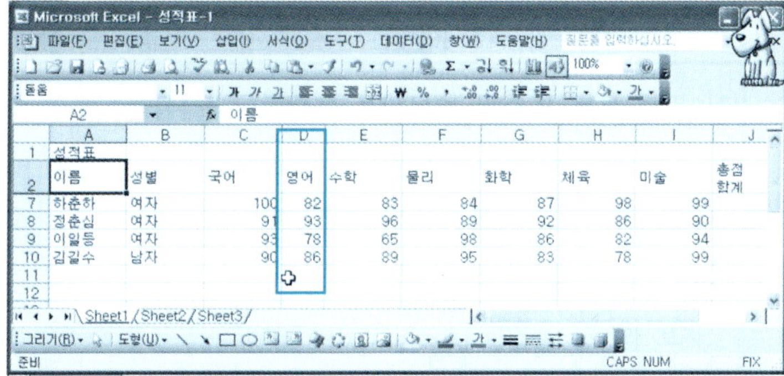

(2) 마우스를 이용한 여러 개 행 높이와 열 너비 자동조정

❶ [예제] 폴더에서 [03_셀서식.xls] 파일을 불러온다. 조정하고자 하는 4행에서 6행까지의 행 머리글을 마우스 포인터로 드래그하여 범위를 지정한다.

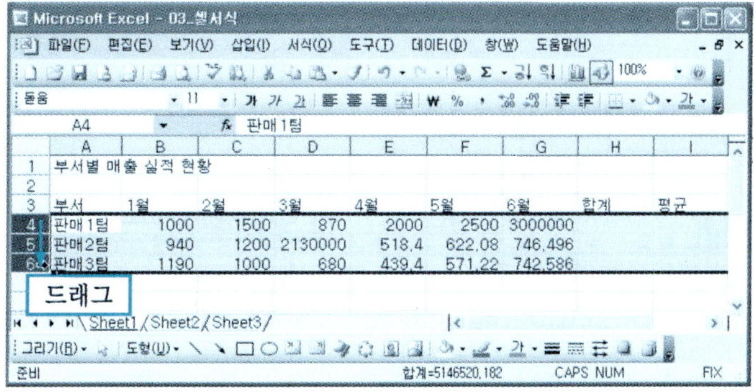

❷ 행과 행 사이의 행 머리글에 마우스 포인터를 위치시켜 ✛표시가 나타나
면 [더블클릭]하면 행 높이와 열 너비가 자동으로 조정된다.

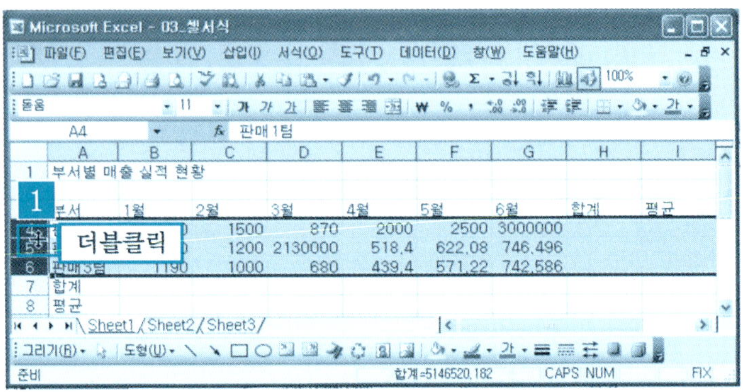

단 원 실 습 문 제

〈실습1〉 아래와 같은 문서를 작성해 보자.

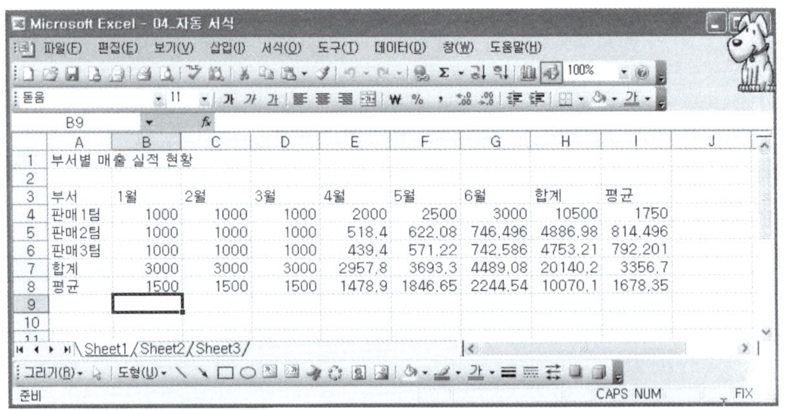

〈실습2〉 마우스로 D열과 E열 사이의 열 머리글 구분선에 마우스 포인터를 위치시켜 행
높이와 열 너비를 자동으로 조정해 보자.
〈실습3〉 4행, 5행, 6행의 행 머리글을 지정하여 행 높이와 열 너비를 자동으로 조정해 보자.

4 행 숨기기

❶ [예제] 폴더에서 [04_자동서식.xls] 파일을 불러온다. 숨기려는 [5행 클릭] →
[오른쪽 버튼 클릭] → [숨기기]를 클릭한다.

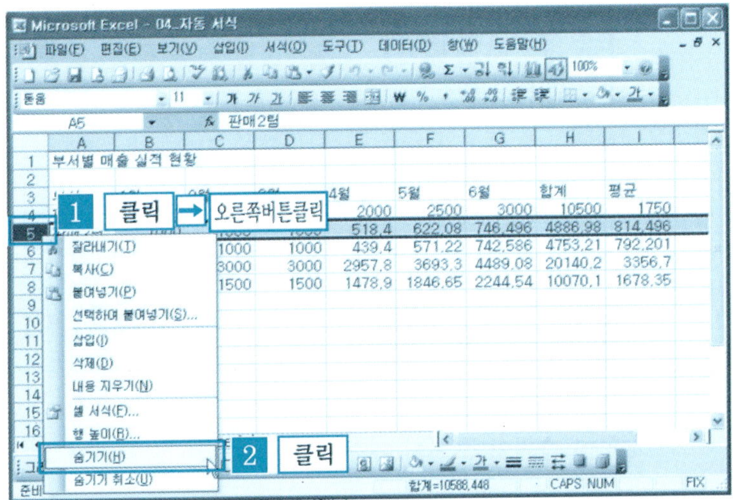

❷ 5행이 숨겨져 보이지 않는다.

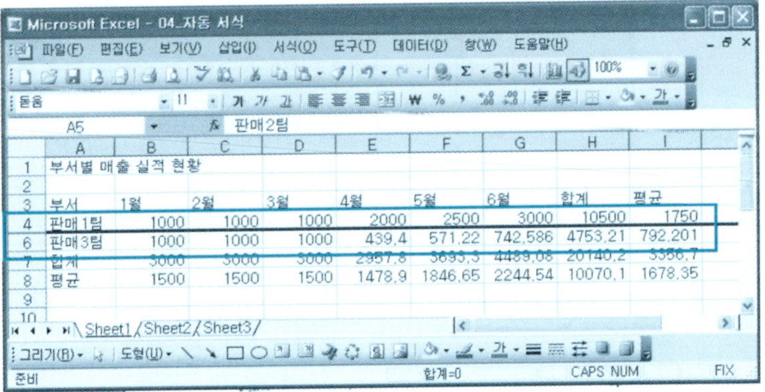

5 열 숨기기

❶ 숨기려는 [D열 클릭] → [오른쪽 버튼 클릭] → [숨기기]를 클릭한다.

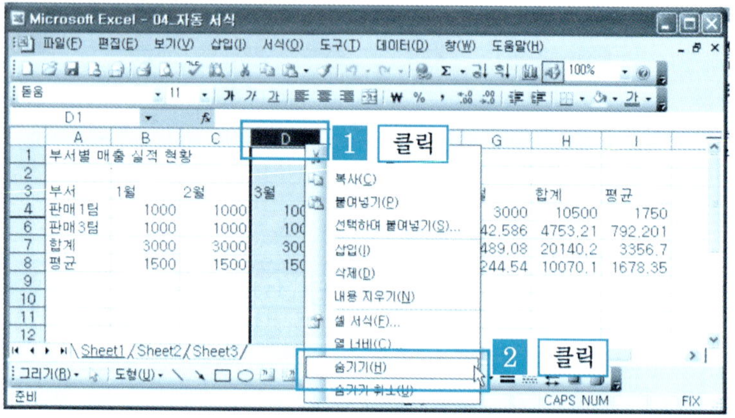

❷ D열이 숨겨져 보이지 않는다.

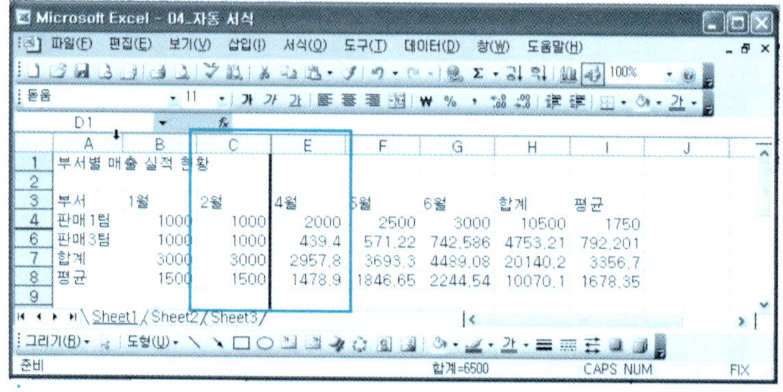

6 행 숨기기 취소

❶ 숨겨져 있는 행이 포함된 [행 범위] → [마우스 오른쪽 버튼] → [숨기기 취소]를 클릭한다.

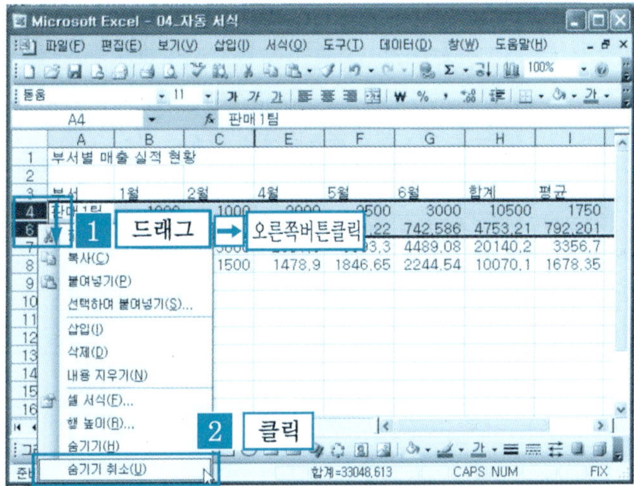

❷ 숨겨져 있는 5행이 다시 표시된다.

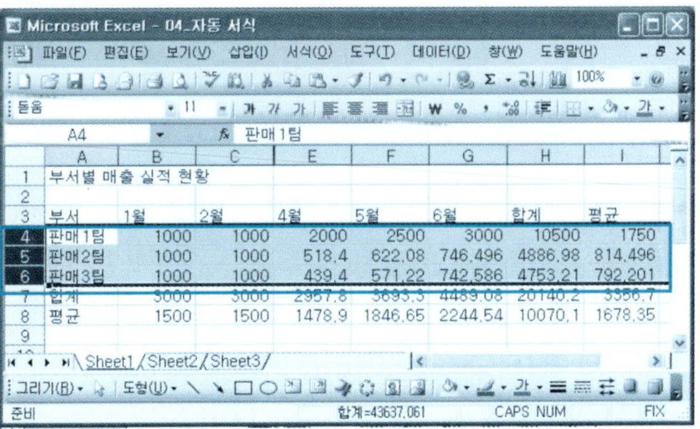

7 열 숨기기 취소

❶ 숨겨져 있는 열이 포함된 [열 범위] → [마우스 오른쪽 버튼] → [숨기기 취소]를 클릭한다.

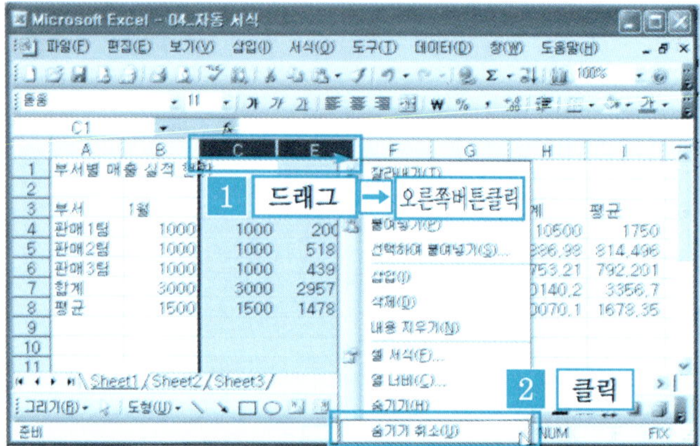

❷ 숨겨져 있는 D열이 다시 표시된다.

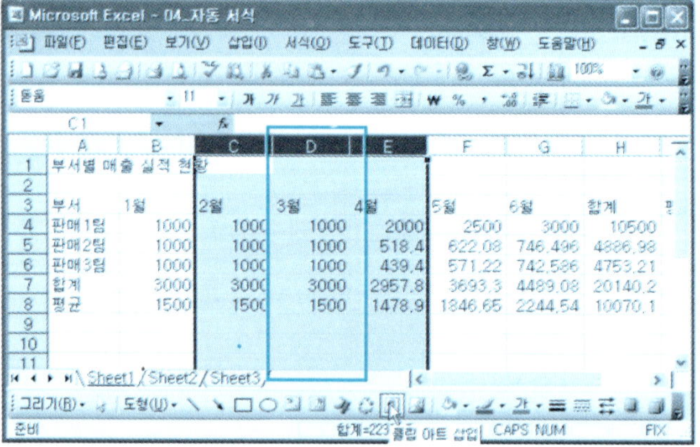

단 원 실 습 문 제

[예제] 폴더에서 [행열 숨기기] 파일을 불러온다.

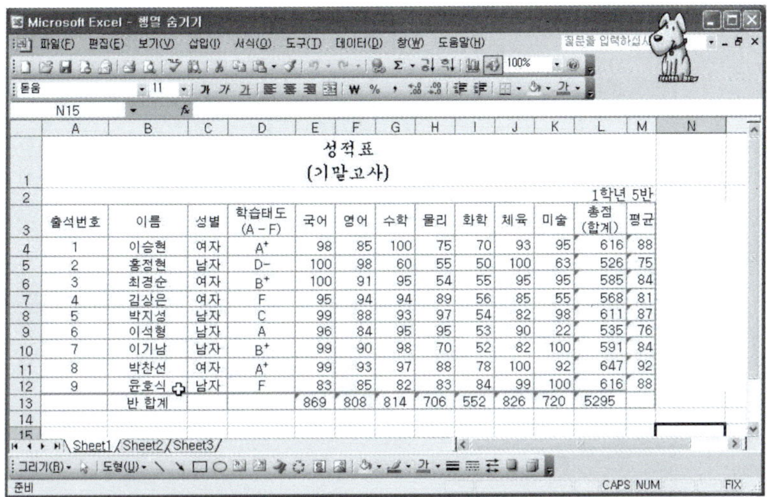

〈**실습1**〉 D열 숨기기를 실행해 보자.

〈**실습2**〉 13행 숨기기를 실행해 보자.

〈**실습3**〉 D열을 다시 나타나도록 실행해 보자.

〈**실습3**〉 13행을 다시 나타나도록 실행해 보자.

8 마우스를 이용한 행 삽입

❶ [예제] 폴더에서 [04_자동서식.xls] 파일을 불러온다. 삽입하려는 [행 클릭] →
[마우스 오른쪽 버튼] → [삽입]을 클릭한다.

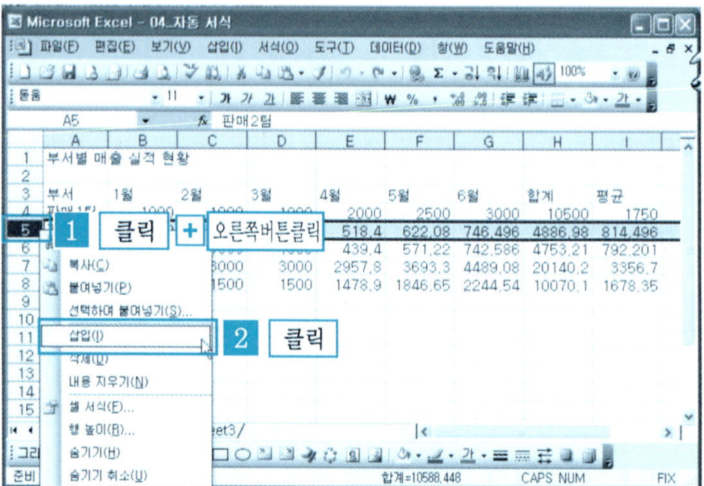

❷ 한 행이 새로 삽입되었다.

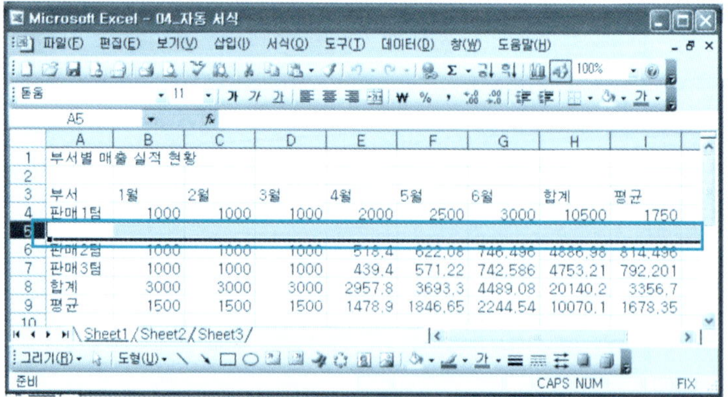

9 메뉴를 이용한 열 삽입

❶ 삽입하려는 [열 클릭] → [삽입] → [열]을 클릭한다.

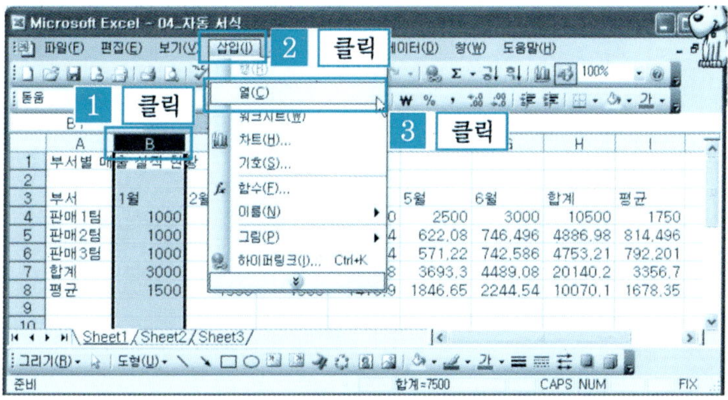

❷ 새로운 열이 삽입되었다.

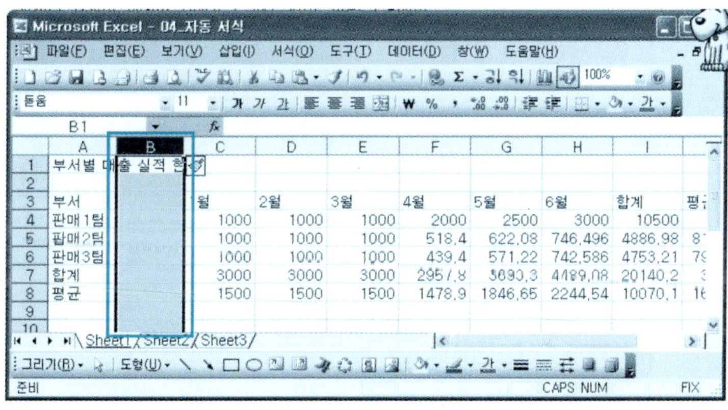

10 마우스를 이용한 행 삭제

❶ 삭제하려는 [행 클릭] → [마우스 오른쪽 버튼] → [삭제]를 클릭한다.

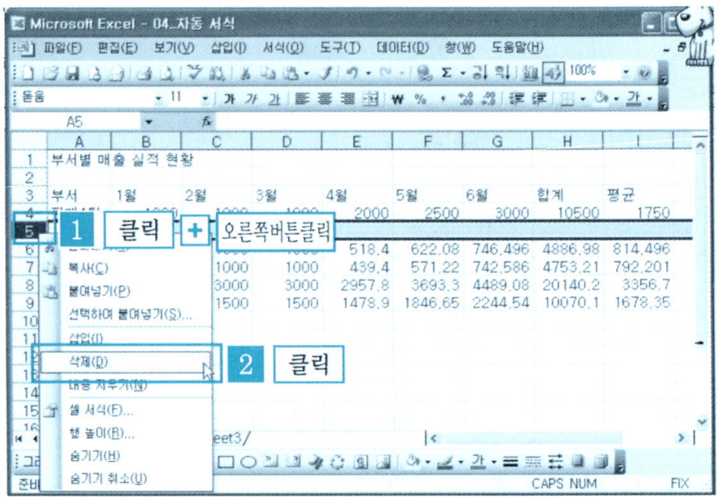

❷ 지정된 행이 삭제되었다.

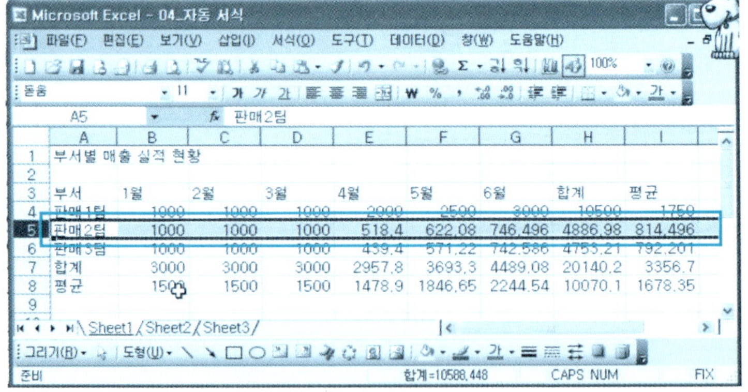

11 메뉴를 이용한 열 삭제

❶ 삭제할 [열 클릭] → [편집] → [삭제]를 클릭한다.

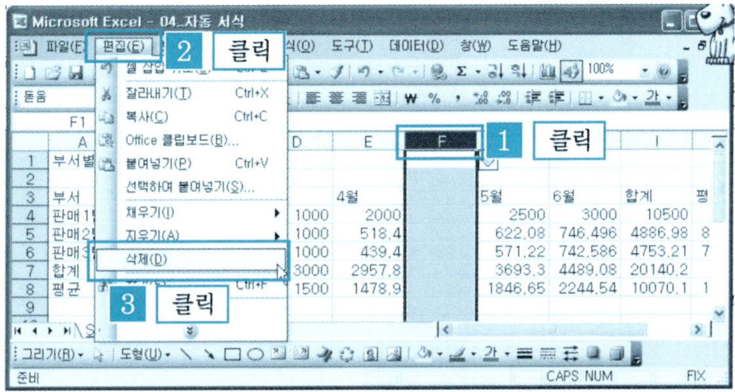

❷ 지정된 열이 삭제되었다.

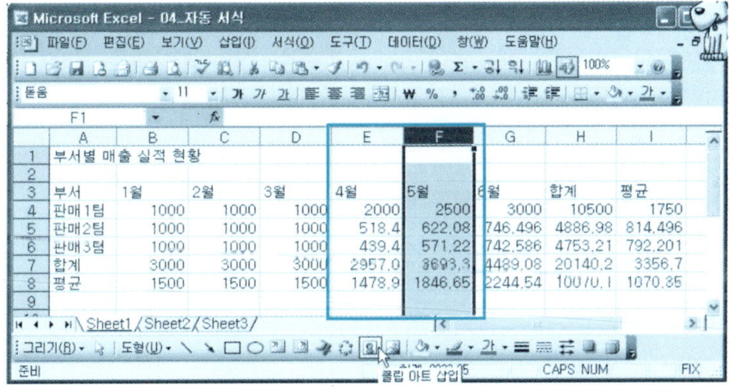

단 원 실 습 문 제

[예제] 폴더에서 [행열 삽입-삭제] 파일을 불러온다.

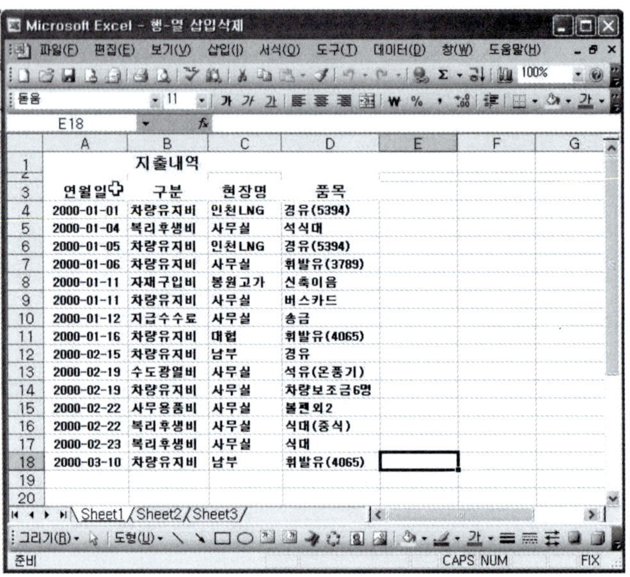

〈**실습1**〉 위의 문서에서 메뉴를 이용해서 10행에 삽입을 실행해 보자.

〈**실습2**〉 위의 문서에서 마우스를 이용해서 C열에 삽입을 실행해 보자.

〈**실습3**〉 마우스를 이용해서 삽입한 10행을 삭제해 보자.

〈**실습4**〉 메뉴를 이용해서 삽입한 C열을 삭제해 보자.

12 행과 열 바꾸기

❶ [예제] 폴더에서 [04_자동서식. xls] 파일을 불러온다. [범위 지정] → [편집 메뉴] → [복사]를 클릭한다.

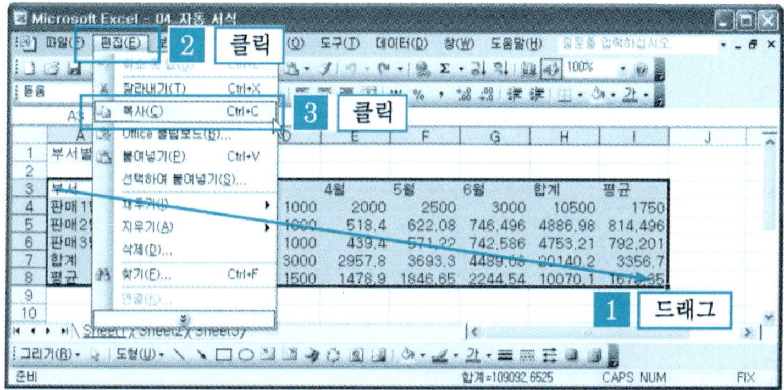

❷ 붙여넣기할 [위치 지정 클릭] → [마우스 오른쪽 버튼 클릭] → [선택하여 붙여넣기]를 클릭한다.

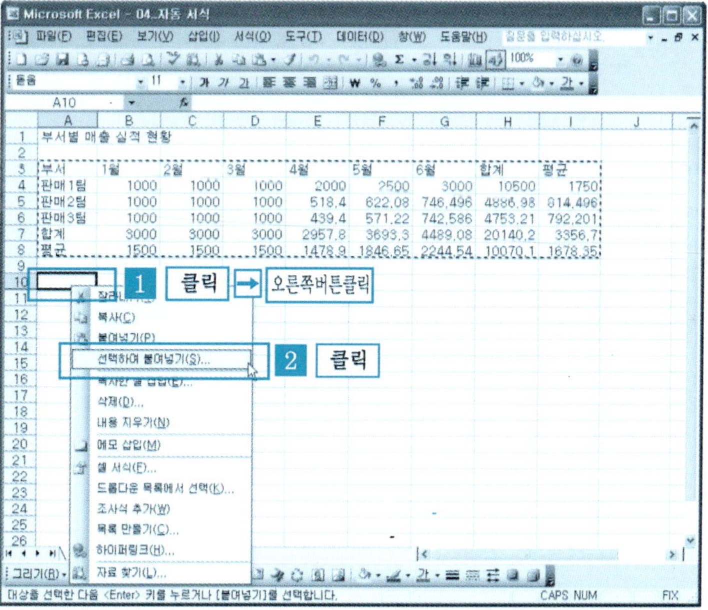

❸ [행/열 바꿈] → [확인] 버튼을 클릭한다.

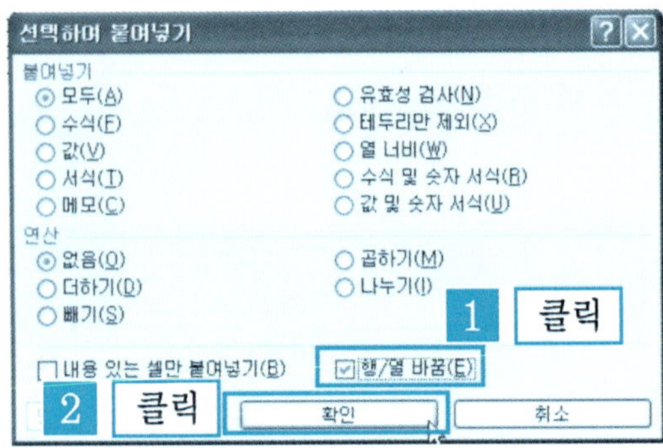

❹ 행/열이 바뀐 내용이 아래에 붙여져 나타난 결과 화면이다.

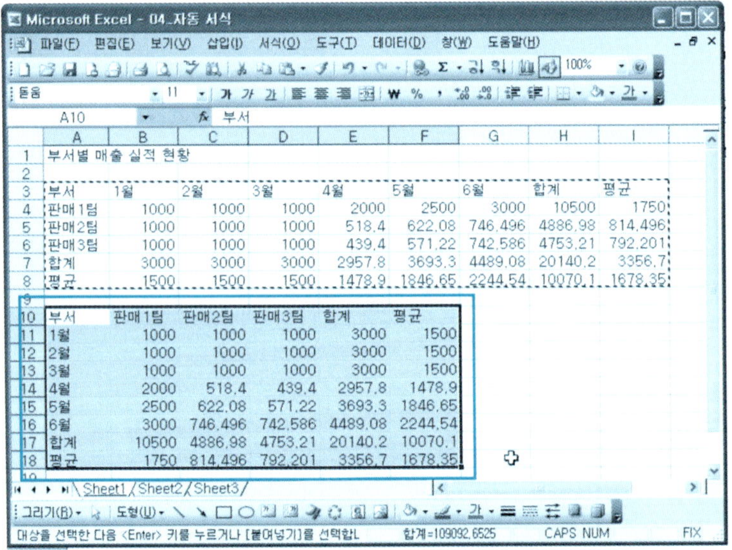

단원 실습 문제

[예제] 폴더에서 [행열 바꾸기.xls] 파일을 불러온다.

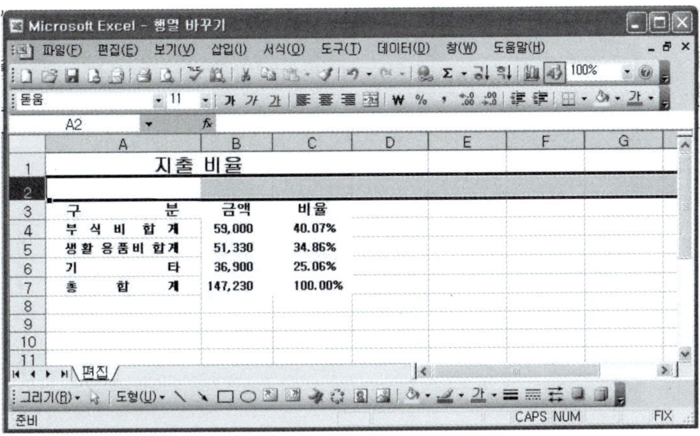

〈실습1〉 위의 문서에서 [복사] 명령을 이용하여 [행/열] 바꾸기를 A10열에 붙여넣기를 실행해 보자.

〈실습2〉 위의 문서에서 [잘라내기] 명령을 이용하여 [행/열] 바꾸기를 A10열에 붙여넣기를 실행해 보자.

2.8 | 워크시트 편집

엑셀 문서를 작성하다보면 작업의 형태에 따라서 기본 3개의 워크시트가 부족하여 추가를 하거나 이동, 복사, 또는 삭제를 하여야 할 필요가 생긴다. 이러한 기능을 알아본다.

1 워크시트 삽입

❶ [Sheet1]을 [마우스 오른쪽 버튼 클릭] → [삽입] 버튼을 클릭한다.

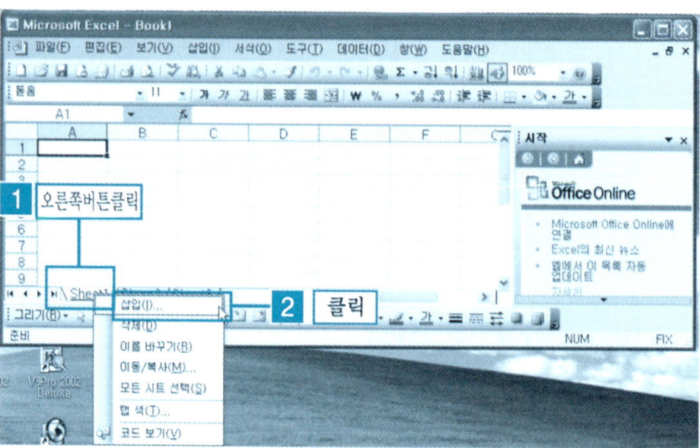

❷ 삽입창에서 [Worksheet] → [확인] 버튼을 클릭한다.

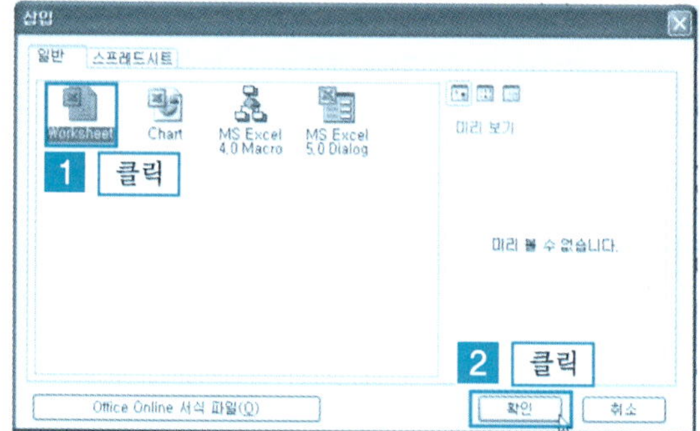

❸ [Sheet4]가 추가되었다.

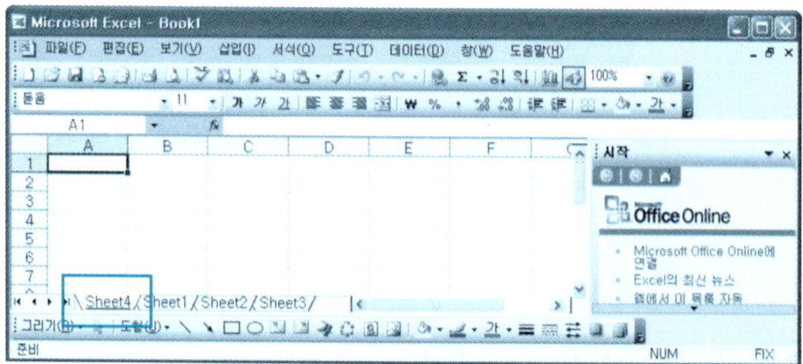

2 메뉴를 이용한 워크시트 삭제

❶ A1 셀에 셀 포인터를 위치시킨 후 [편집 메뉴] → [시트 삭제] 항목을 클릭한다.

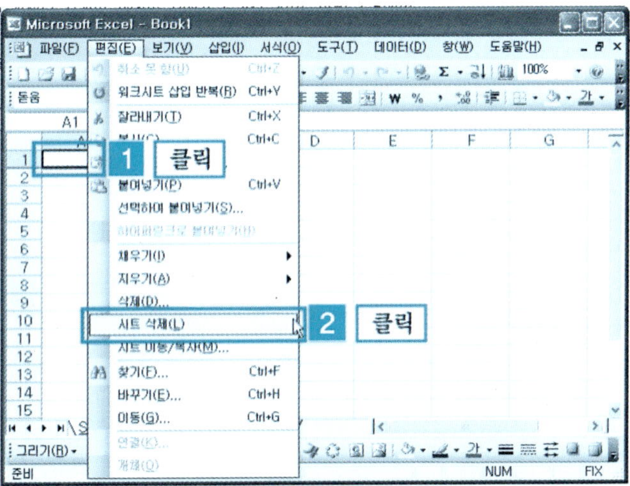

❷ [Sheet4]가 삭제된 결과 화면이다.

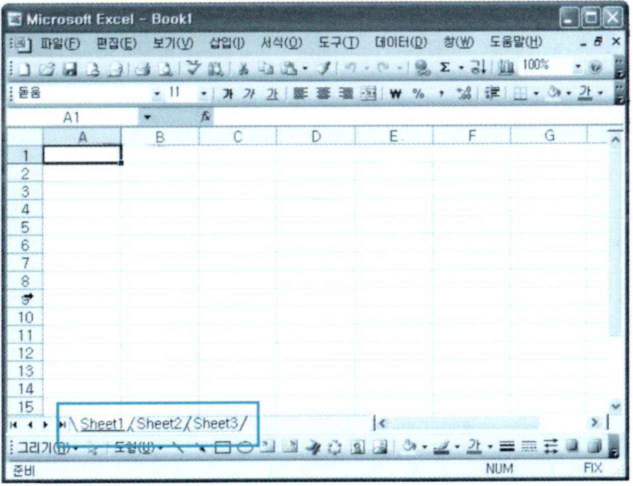

3 Sheet 탭을 이용한 워크시트 삭제

❶ [Sheet1] 탭에서 [마우스 오른쪽 버튼 클릭] → [삭제] 항목을 클릭한다.

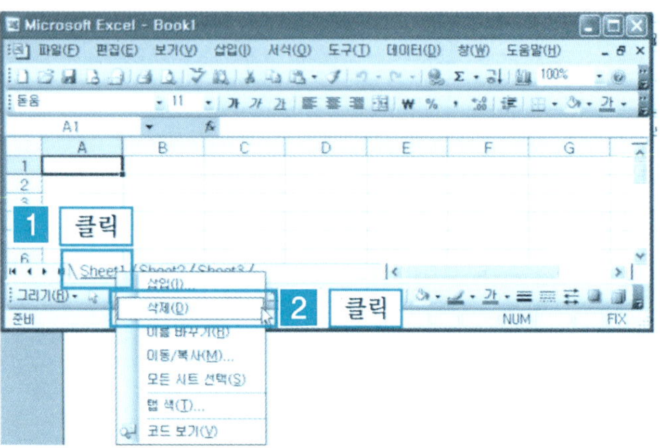

❷ [Sheet1]이 삭제된 결과 화면이다.

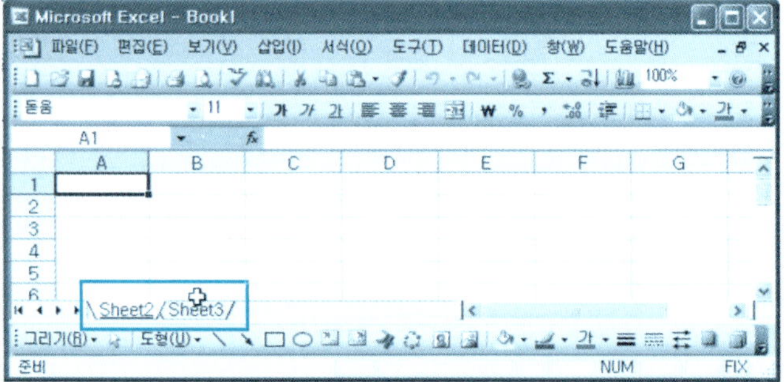

4 메뉴를 이용한 여러 시트 삭제

❶ [Sheet1] → [Shift + Sheet3] → [마우스 오른쪽 버튼 클릭] → [삭제]를 클릭한다.

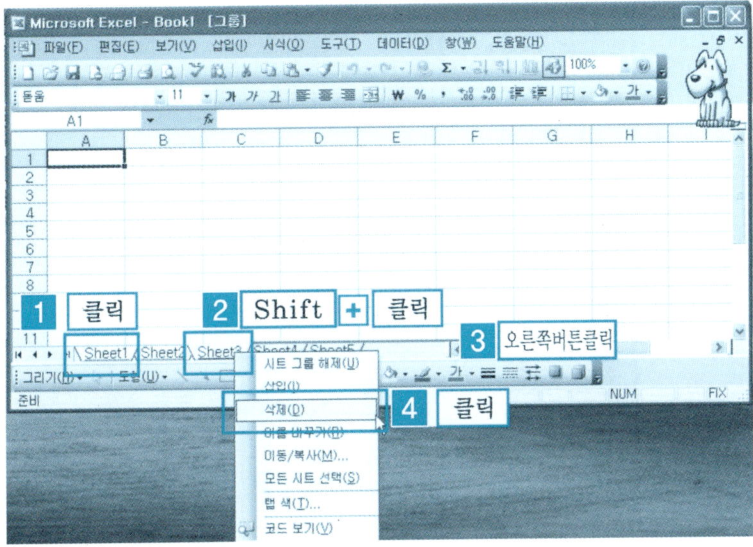

❷ [Sheet1] ~ [Sheet3]까지가 삭제된 결과 화면이다.

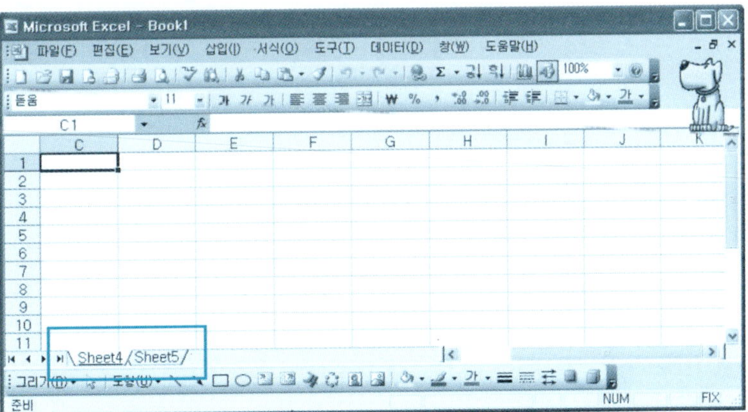

5 Sheet 탭을 이용한 여러 시트 삭제

❶ [Sheet6] → [Ctrl + Sheet8 + 마우스 오른쪽 버튼 클릭] → [삭제]를 클릭한다.

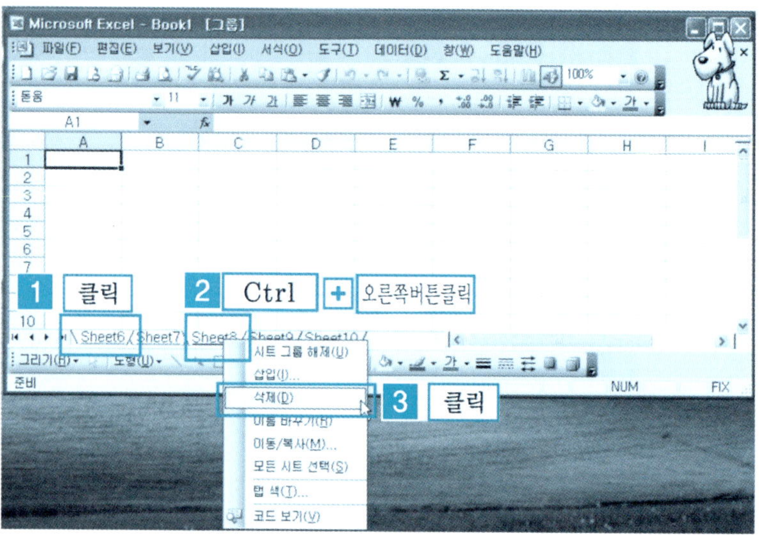

❷ [Sheet6] ~ [Sheet8]이 삭제된 결과 화면이다.

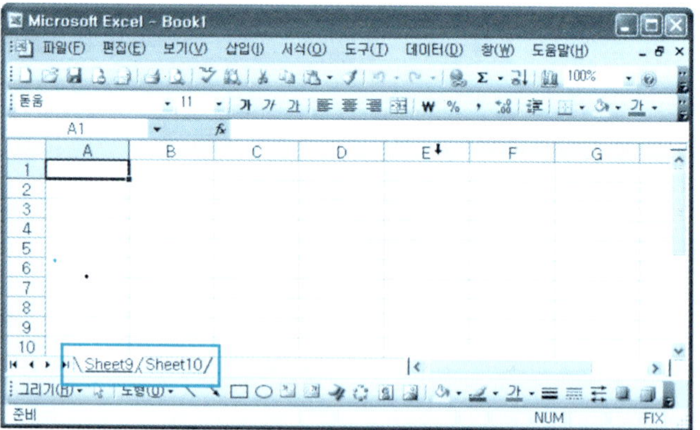

단원 실습 문제

〈**실습1**〉 워크시트 기본창을 새로 만들어 보자.

〈**실습2**〉 마우스를 이용하여 [Sheet4]–[Sheet12]까지를 만들어 보자.

〈**실습3**〉 메뉴를 이용하여 [Sheet4]를 삭제해 보자.

〈**실습4**〉 [Sheet] 탭을 이용하여 [Sheet5]를 삭제해 보자.

〈**실습5**〉 메뉴를 이용하여 [Sheet6]–[Sheet8]을 삭제해 보자.

〈**실습6**〉 [Sheet] 탭을 이용하여 [Sheet9–[Sheet11]을 삭제해 보자.

6 메뉴를 이용한 워크시트 이동

❶ [Sheet1]에서 [마우스 오른쪽 버튼 클릭] → [이동/복사]를 클릭한다.

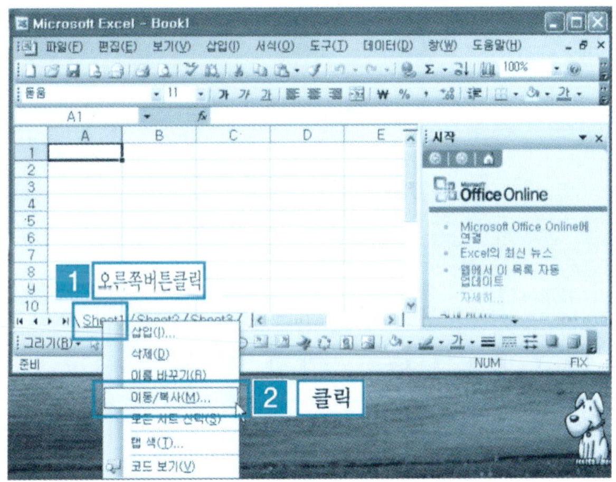

❷ [Sheet3] → [확인] 버튼을 클릭한다.

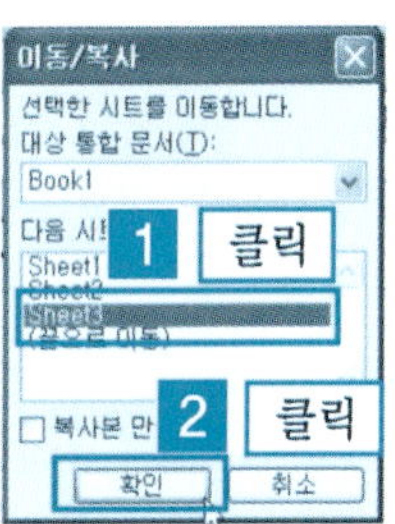

❸ [Sheet1]이 [Sheet3] 앞으로 이동하였다.

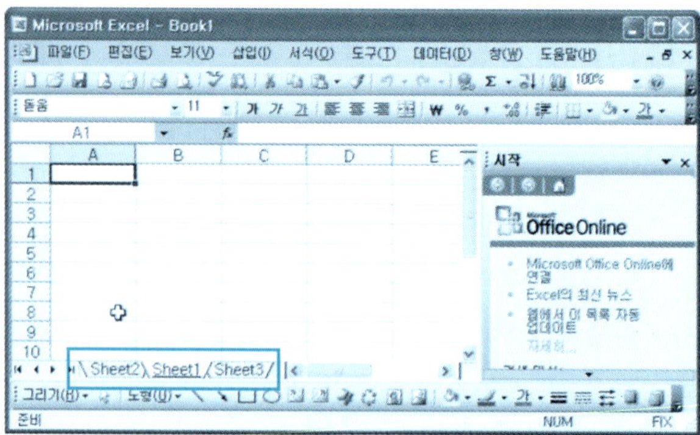

7 마우스를 이용한 워크시트 이동

❶ 마우스로 [Sheet1]을 클릭한 다음 드래 그하여 [Sheet2] 앞 으로 이동하여 드 롭다운한다.

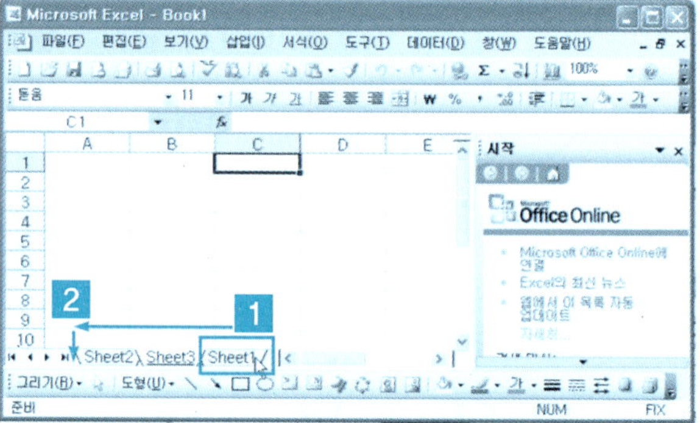

❷ [Sheet1]이 [Sheet2] 앞으로 이동한 결 과 화면이다.

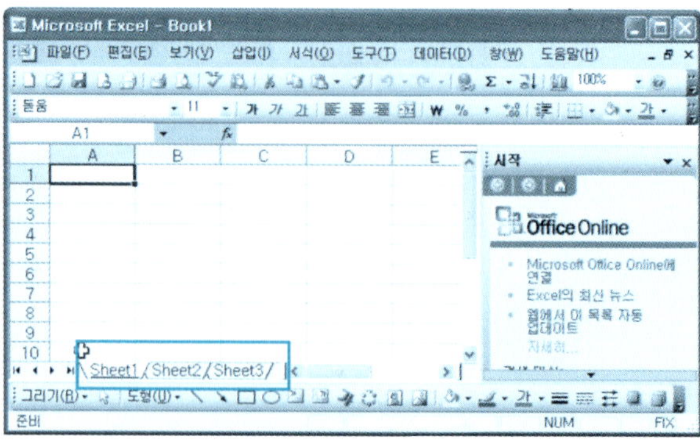

단 원 실 습 문 제

〈**실습1**〉워크시트 기본창을 새로 만들어 보자.

〈**실습2**〉메뉴를 이용하여 [Sheet4]-[Sheet7]까지를 만들어 보자.

〈**실습3**〉메뉴를 이용하여 [Sheet4]를 [Sheet2]의 앞으로 이동해 보자.

〈**실습4**〉[마우스를 이용하여 [Sheet7]을 [Sheet5]의 앞으로 이동해 보자.

8 워크시트 복사

❶ 도구 모음의 [새로 만들기]를 두번 클릭하여 두 개의 워크시트를 만들고 메뉴[창]의 [Book1]을 선택하여 [Sheet4, Sheet5]를 추가한다. [Sheet5] → [편집 메뉴] → [시트 이동/복사]를 클릭한다.

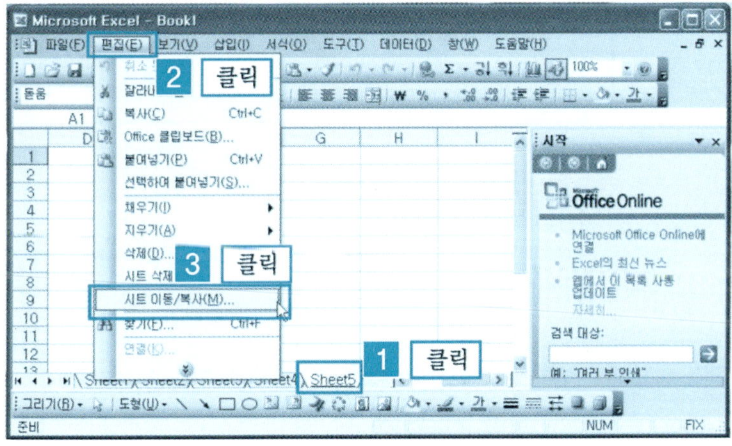

❷ [이동/복사] 창에서 [복사본 만들기 체크] → [대
상 통합 문서] → [Book2] → [확인] 버튼을 클릭
한다.

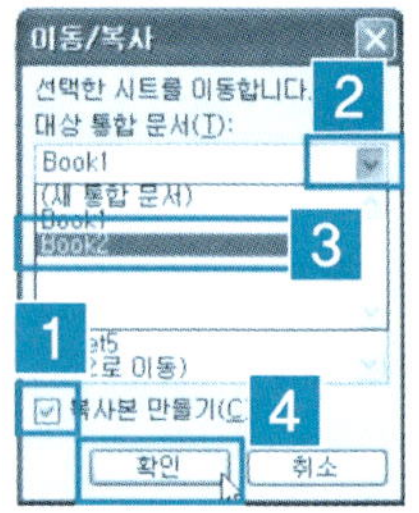

❸ [Book1] 문서의 [Sheet5]가 [Book2] 문서의 [Sheet1] 앞으로 이동되었다.

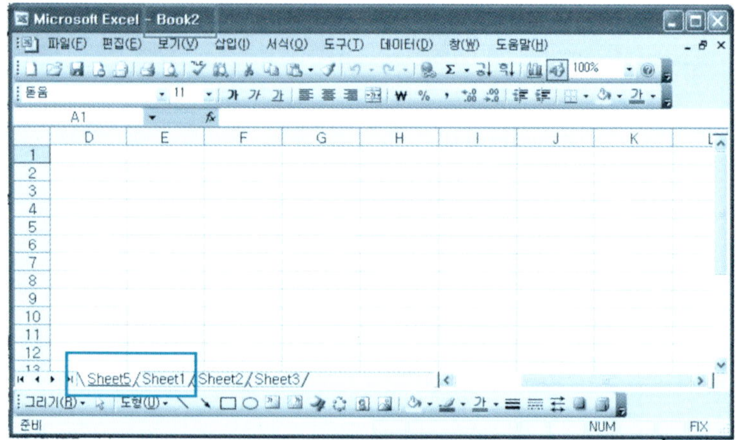

단 원 실 습 문 제

〈실습1〉 워크시트 기본창 [Book1]과 [Book2]를 새로 만들어 보자.

〈실습2〉 마우스를 이용하여 [Book1]에 [Sheet4]-[Sheet5]까지를 만들어 보자.

〈실습3〉 마우스를 이용하여 [Book2]에 [Sheet6]-[Sheet7]까지를 만들어 보자.

〈실습4〉 마우스를 이용하여 [Sheet7]을 [Sheet5]의 앞으로 이동해 보자.

〈실습5〉 [워크시트 복사] 기능을 이용하여 [Book2]의 [Sheet6]을 [Book1]의 [Sheet2] 앞
으로 복사하여 이동해 보자.

9 새 문서 시트수 늘리기

❶ 새 문서는 기본적으로 3개의 시트가 포함되어 있다. [도구] → [옵션]을 클릭한다.

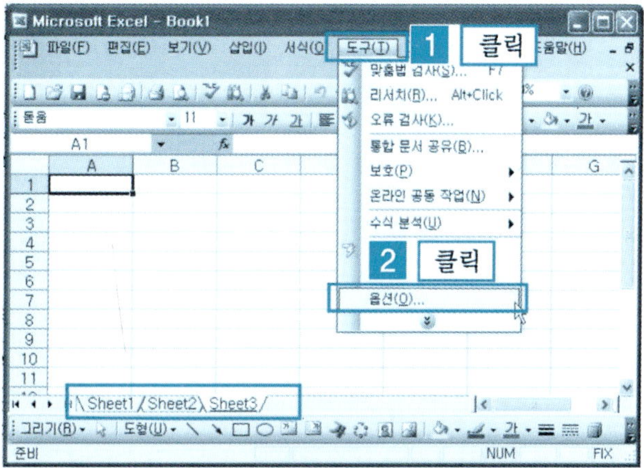

❷ [일반 탭 클릭] → [시트수 지정] → [확인] 버튼을 클릭한다.

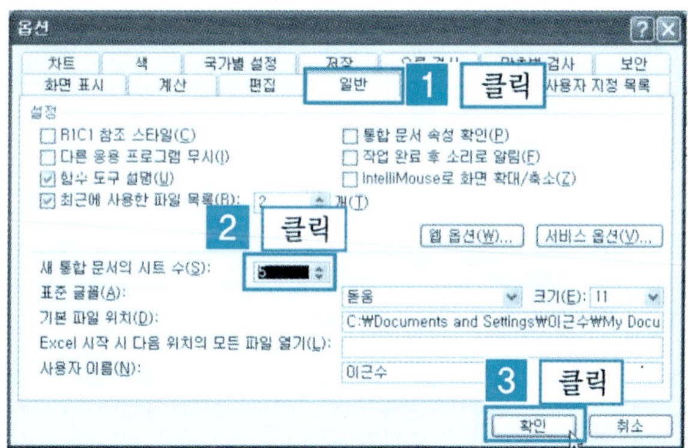

❸ [파일 메뉴] → [새로 만들기] 또는 [Ctrl + N]을 누른다.

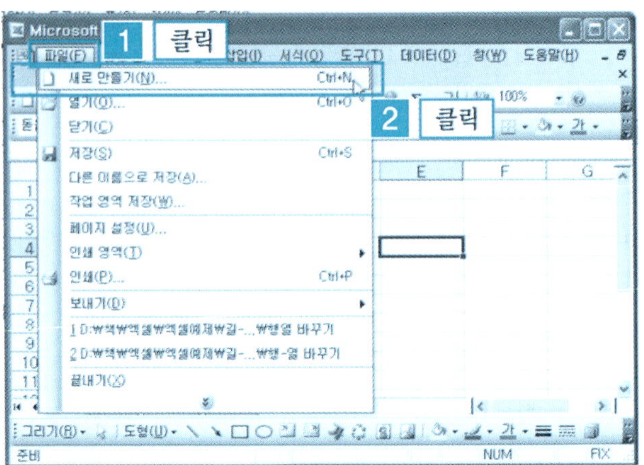

❹ 시트가 5개로 나타나는 결과 화면이다.

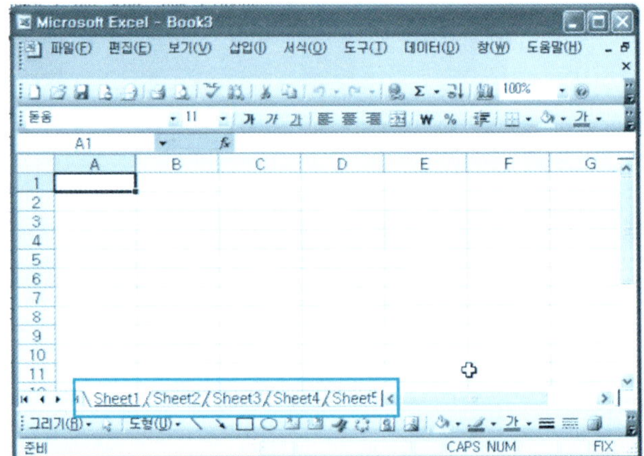

단 원 실 습 문 제

〈**실습1**〉 [도구 메뉴] → [옵션]에서 [일반 탭]에서 시트수를 10개로 지정하여 새로 만들기
문서에서 지정한 시트수를 확인해 보자.

〈**실습2**〉 마우스를 이용하여 [Sheet9]–[Sheet10]을 삭제해 보자.

10 워크시트 이름 바꾸기

❶ [예제] 폴더에서 [워크시트탭.xls] 파일을 불러온다.

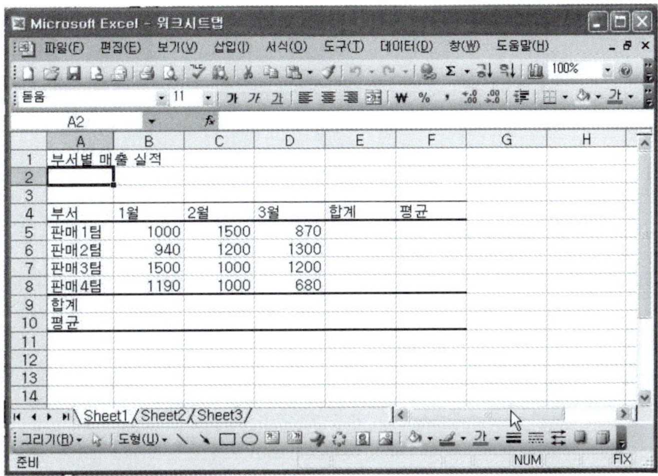

❷ [Sheet1] → [마우스 오른쪽 버튼 클릭] → [이름 바꾸기] 항목을 클릭한다.

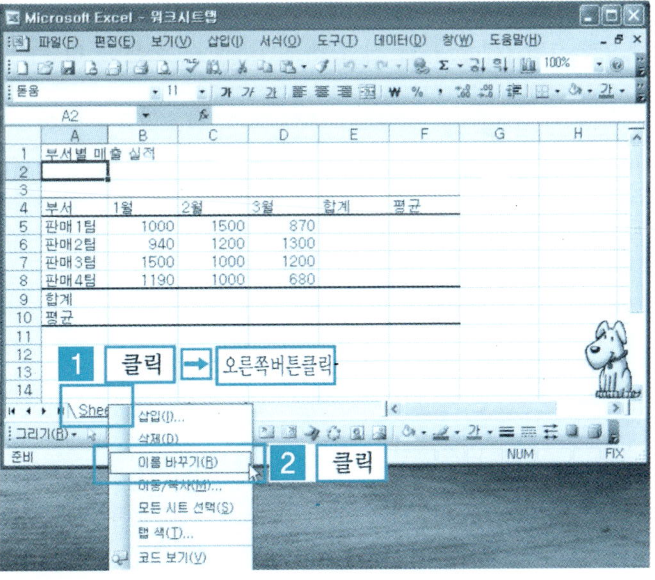

❸ [매출실적]이라고
입력하고 Enter↵ 를
친다. [Sheet1] 이
름이 [매출실적]
으로 바뀌었다.

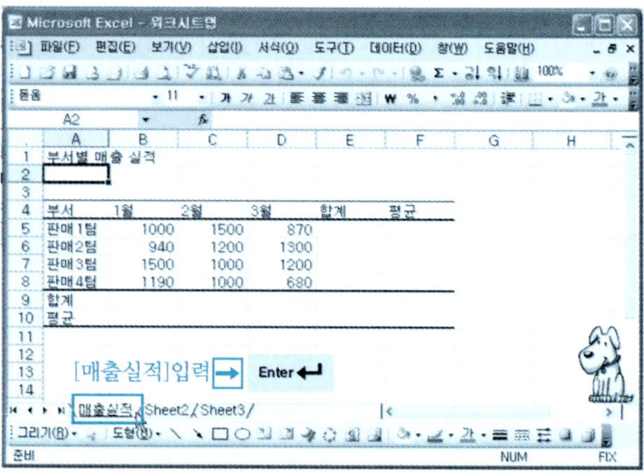

단 원 실 습 문 제

〈실습1〉 [예제] 폴더에서 [워크시트탭.xls] 파일을 불러와 보자.
〈실습2〉 [Sheet2]의 이름을 [판매실적]으로 바꾸어 보자.

---

11 시 트 탭 색깔 바꾸기

❶ 변경된 [매출실적] 시트 선택 [마우스 오른쪽 버튼] → [탭 색]을 클릭한다.

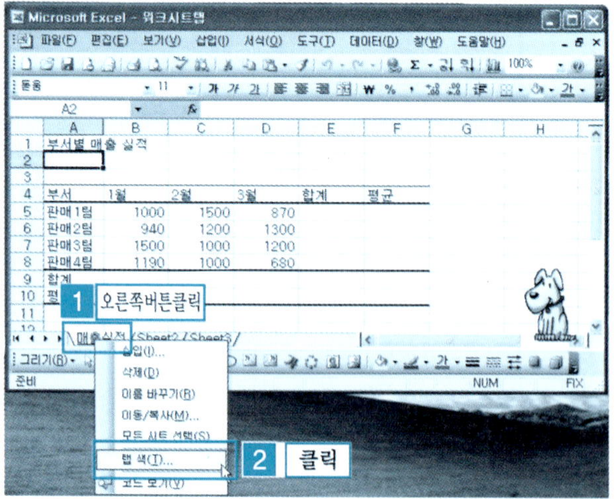

❷ 원하는 [색] → [확인] 버튼을 클릭한다.

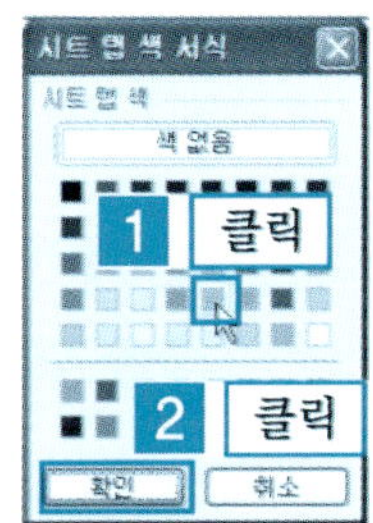

❸ [매출실적]이라는 시트 아래에 색상이 생겼다.

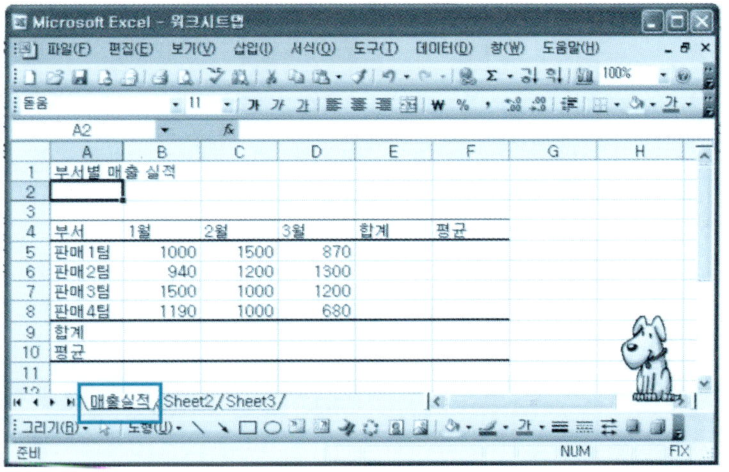

단 원 실 습 문 제

〈실습1〉 [예제] 폴더에서 [워크시트탭.xls] 파일을 불러와 보자.

〈실습2〉 [sheet2] 시트의 이름 아래에 있는 색상을 빨강으로 바꾸어 보자.

12 다른 엑셀 파일로 시트 이동

워크시트에 작성한 문서를 다른 엑셀 파일이나 문서에 이동하거나 복사하는 기능이다.

중간고사 파일의 중간고사 시트를 기말고사 파일의 기말고사 시트의 앞으로 이동해 보자.

❶ [예제] 폴더에서 [기말고사.xls], [중간고사.xls] 파일을 불러온다. 이동대상 시트 선택[중간고사] → [편집메뉴] → [시트 이동/복사]를 클릭한다.

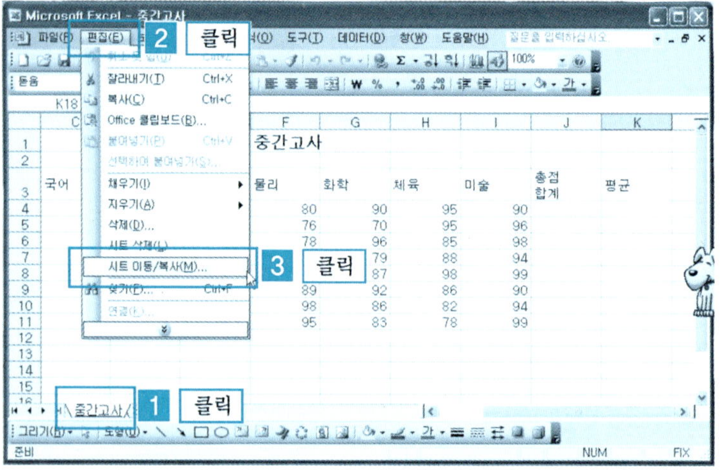

❷ 이동 목적지인 대상 통합 문서[기말고사] → 시트[기말고사] → [확인] 버튼을 클릭한다.

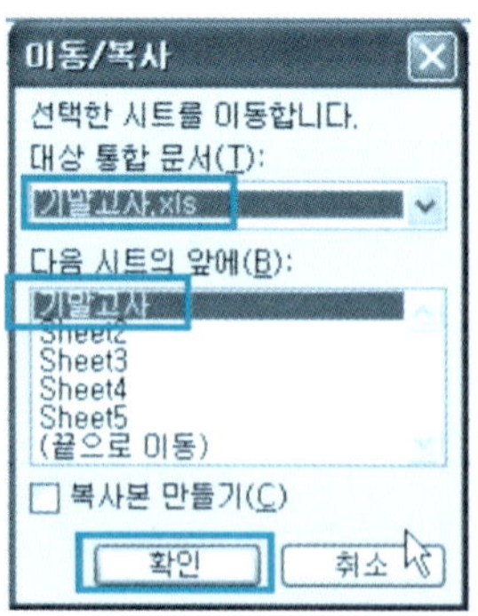

❸ 중가고사 파일의 중간고사 시트가 기말고사 파일의 기말고사 시트 앞으로 이동되었다.

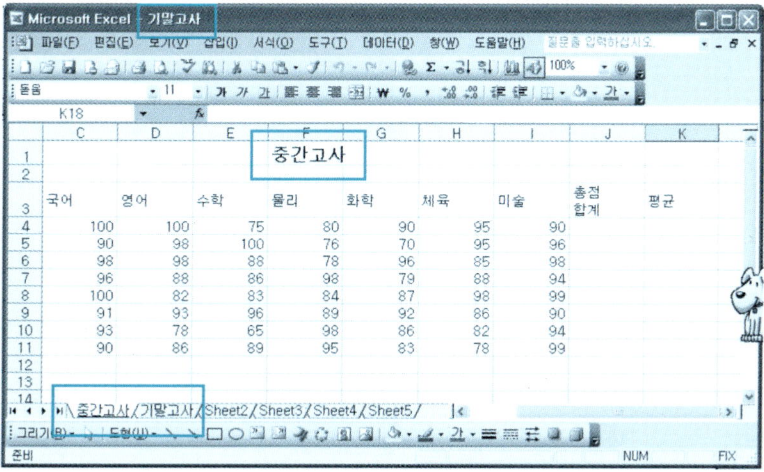

13 다른 엑셀 파일로 시트 복사

❶ 앞에서 이동한 기말고사 파일에 있는 중간고사 시트를 중간고사 파일로 복사해 보자.

기말고사 파일의 [중간고사 시트] → [편집 메뉴] → [시트 이동/복사]를 클릭한다.

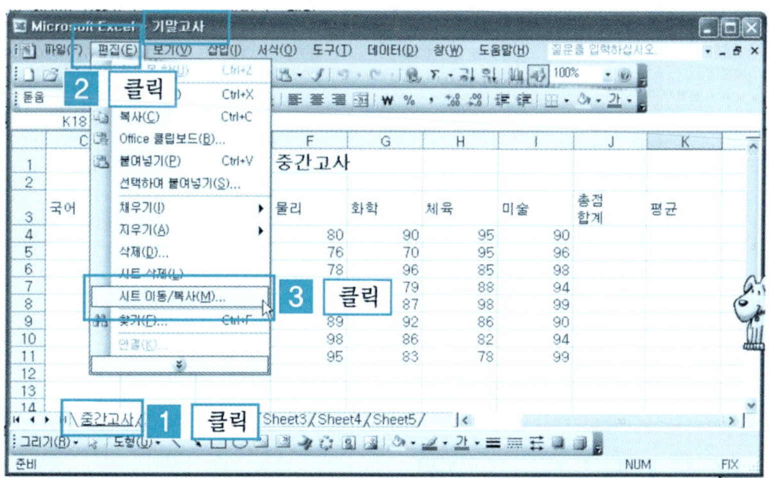

❷ 이동 목적지 대상 통합 문서[중간고사] → [Sheet2] → [복사본 만들기 선택]
→ [확인] 버튼을 클릭한다.

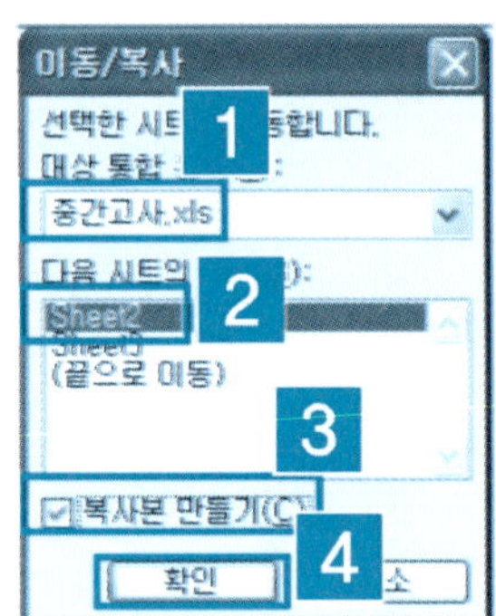

❸ 기말고사 파일에 있는 중간고사 시트가 중간고사 파일의 [Sheet2] 앞으로 복사되었다.

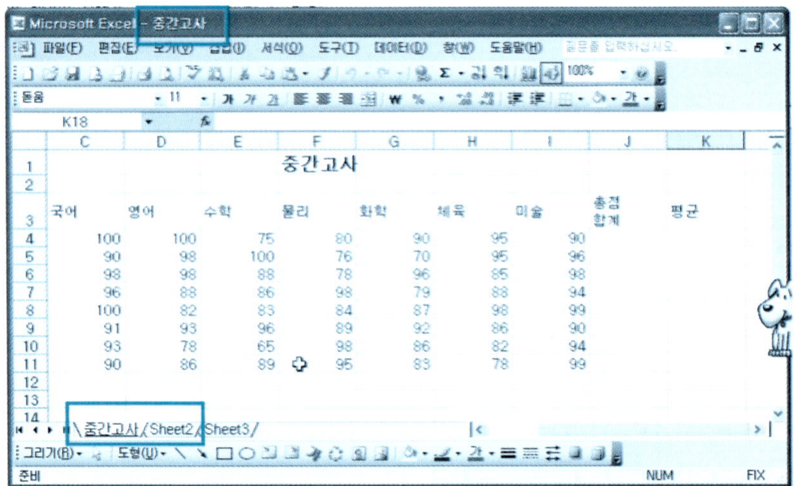

❹ 기말고사 문서에 중간고사 시트가 그대로 남아 있다.

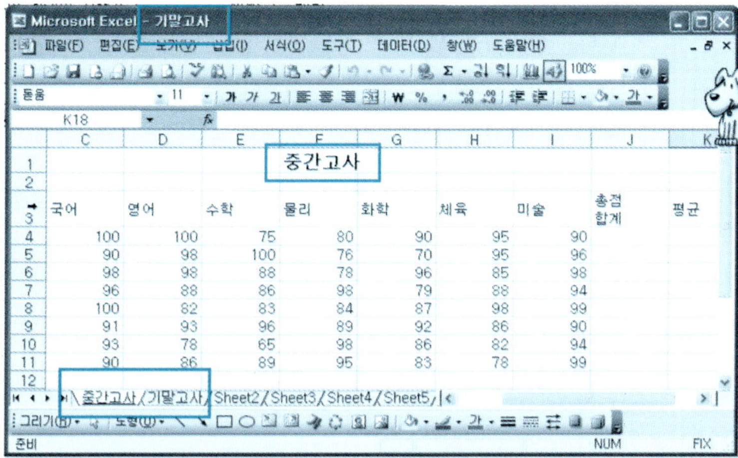

단 원 실 습 문 제

〈**실습1**〉 [예제] 폴더에서 [중간고사.xls]와 [기말고사.xls] 파일을 불러와 보자.

〈**실습2**〉 [중간고사] 파일의 [중간고사 시트]를 복사하여 [기말고사] 파일의 [Sheet3] 앞으로 복사해 붙여보자.

〈**실습3**〉 [기말고사] 파일의 [중간고사 시트]를 [중간고사] 파일의 [Sheet3] 앞으로 이동해 보자.

14 지정된 그룹 시트에 자료 동시 입력

❶ [예제] 폴더에서 [기말고사(그룹).xls] 파일을 불러온다. [Sheet2], [Sheet3], [Sheet4]를 그룹으로 지정한다. [Shift]를 누른 상태에서 [Sheet2], [Sheet3], [Sheet4]를 차례로 클릭한다.

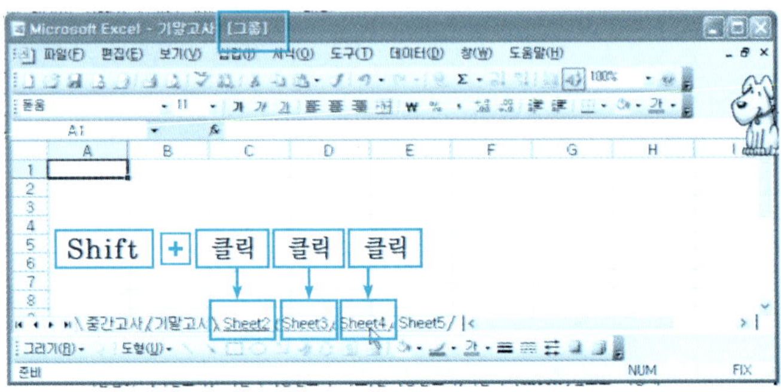

❷ [성적표]라고 입력하면 [Sheet2], [Sheet3], [Sheet4]에 모두 [성적표]라고 입력된다.

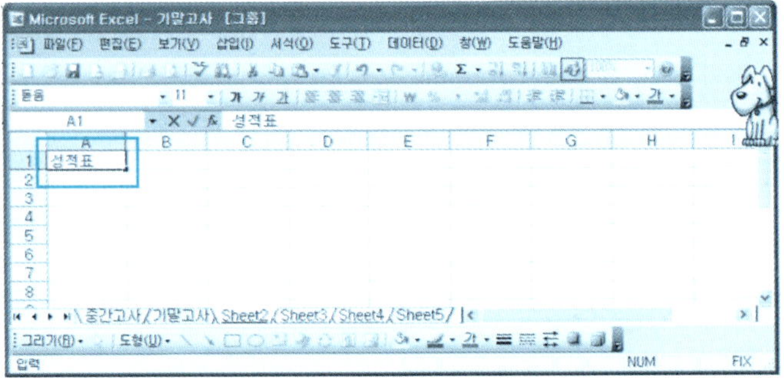

단 원 실 습 문 제

〈실습1〉 새로운 문서를 만들어서 [Sheet1]−[Sheet6]까지 만들어 보자.

〈실습2〉 [Sheet1], [Sheet3], [Sheet5]를 그룹으로 지정하고 [그룹지정 실습]이라고 입력하고 [Sheet1], [Sheet3], [Sheet5]에 모두 입력이 되어 있는지 확인해 보자.

워크시트 문서 꾸미기와 활용

공부할 내용

엑셀에서 작성된 문서를 좀더 보기 좋고 이해하기 쉬우며 또한 사용하기에도 편리한 문서로 만드는 것은 문서를 작성한 사람이나 보는 사람에게 기쁨을 주는 일일 것이다. 편리하고 보기 좋은 문서를 만들기 위해서는 셀 범위를 설정하여 글꼴, 테두리, 서식, 셀 모양, 색상 등을 사용하게 되는데 이러한 문서를 꾸미는데 사용되는 기능들에 대해서 알아본다.

3.1 워크시트 셀 서식

1 워크시트 셀 서식 사용법

① [예제] 폴더에서 [Book1.xls] 파일을 불러온다. 서식을 적용하고자 하는 [셀 선택] → [마우스 오른쪽 버튼 클릭] → [셀 서식]을 클릭한다.
또는 [서식 메뉴] → [셀...]을 클릭한다.

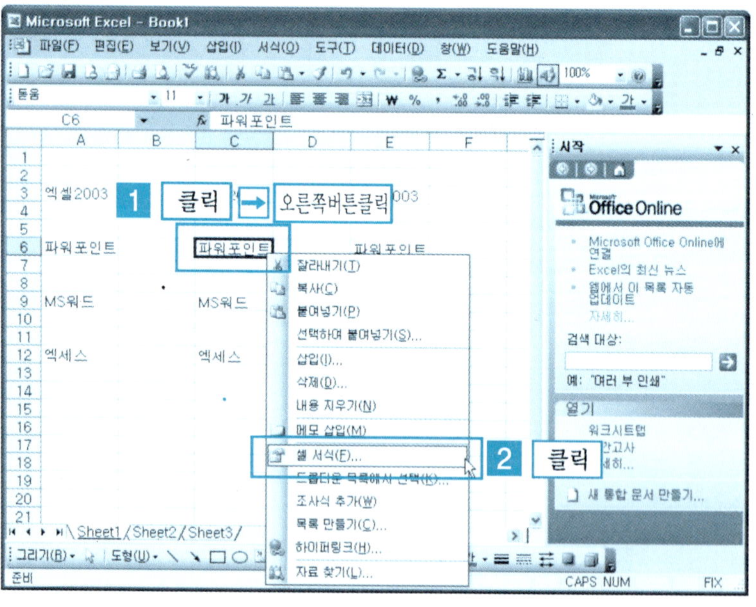

❷ [셀 서식] 대화상자에서 [표시 형식 탭] → [일반] → [확인] 버튼을 클릭한다. 필요에 따라서 [맞춤], [글꼴], [테두리], [무늬], [보호] 탭에 있는 기능을 사용하면 된다.

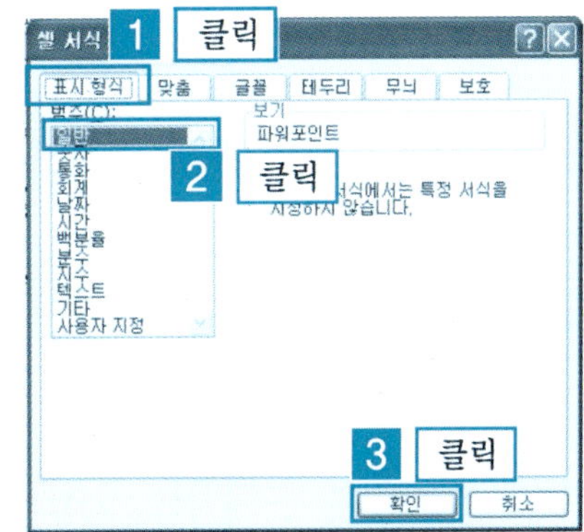

2 서식 도구 모음 사용법

서식 도구 모음의 아이콘은 사용자들이 셀 서식을 편리하게 사용하도록 각 기능들을 모아 놓은 것이다. 이 아이콘을 사용하면 보다 쉽게 서식을 적용할 수 있다.

3.2 | 데이터 맞춤

1 가로 맞춤

(1) 데이터 가운데 맞춤

❶ [예제] 폴더에서 [Book1.xls] 파일을 불러온다. 서식을 적용할 [셀 지정] → [마우스 오른쪽 버튼 클릭] → [셀 서식]을 클릭한다. 또는 메뉴에서 [서식 메뉴] → [셀...]을 클릭한다. 특히 [서식 도구 모음]의 [가운데 맞춤] 아이콘을 사용하는 것이 가장 편리하다.

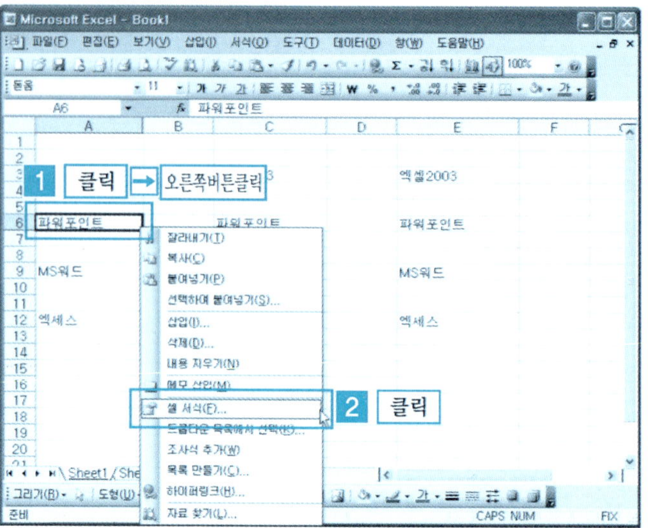

❷ [셀 서식] 대화상자에서 [맞춤 탭] → [가로] → [가운데] → [확인] 버튼을 클릭한다.

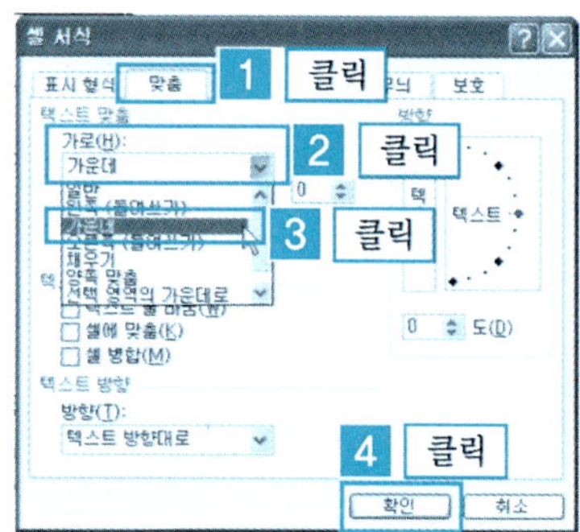

❸ 셀에 있는 데이터가 셀의 가운데로 맞춰진 결과 화면이다.

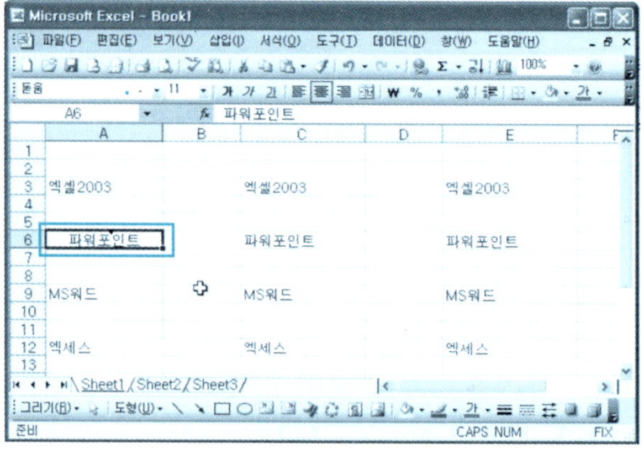

(2) 데이터 오른쪽 맞춤

❶ 서식을 적용할 [셀 지정] → [마우스 오른쪽 버튼 클릭] → [셀 서식]을 클릭
한다. 또는 메뉴에서 [서식 메뉴] → [셀...]을 클릭한다. 특히 [서식 도구 모
음]의 [오른쪽 맞춤] 아이콘 을 사용하는 것이 가장 편리하다.

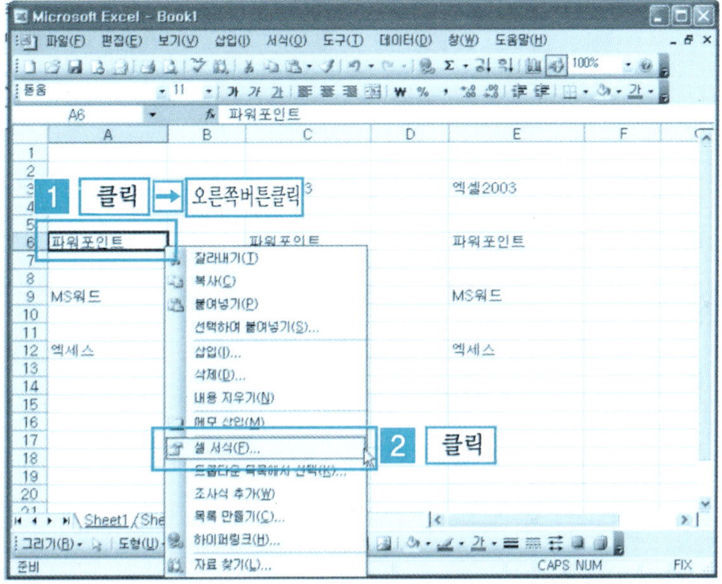

❷ [셀 서식] 대화상자에서 [맞춤 탭] → [가로] → [오른쪽] → [확인] 버튼을 클
릭한다.

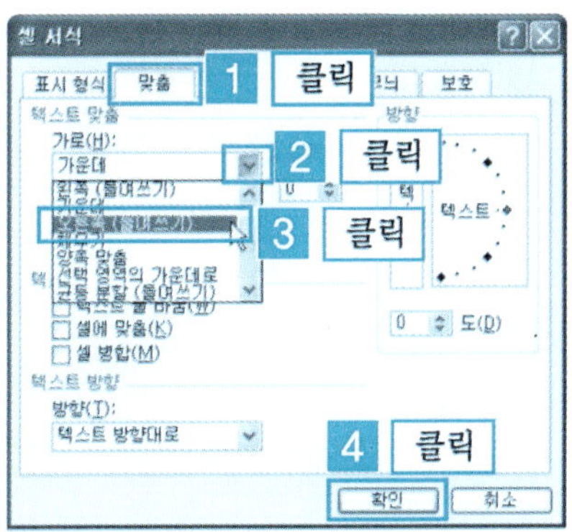

❸ 셀에 있는 데이터가 셀의 오른쪽으로 맞춰진 결과 화면이다.

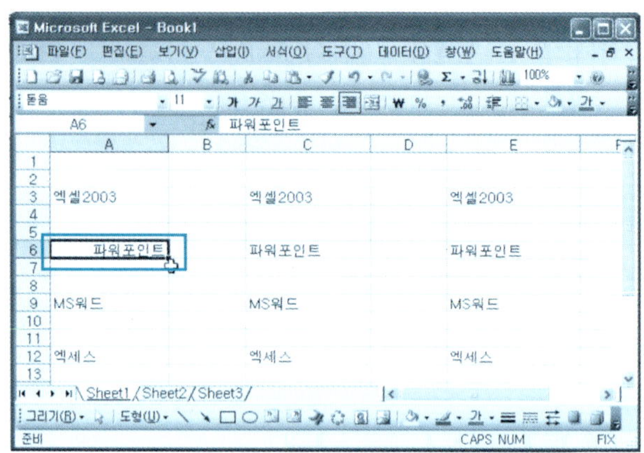

(3) 데이터 왼쪽 맞춤

❶ 서식을 적용할 [셀 범위 지정] → [마우스 오른쪽 버튼 클릭] → [셀 서식]을 클릭한다. 또는 메뉴에서 [서식 메뉴] → [셀...]을 클릭한다. 특히 [서식 도구 모음]의 [왼쪽 맞춤] 아이콘 을 사용하는 것이 가장 편리하다.

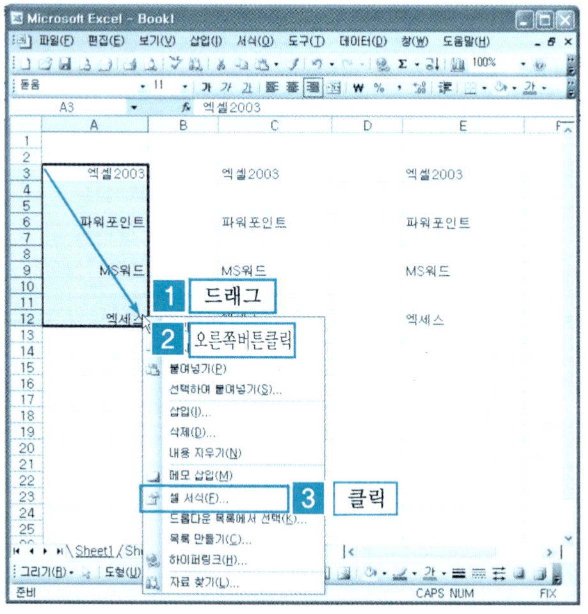

❷ [셀 서식] 대화상자에서 [맞춤 탭] → [가로] → [왼쪽] → [확인] 버튼을 클릭
한다.

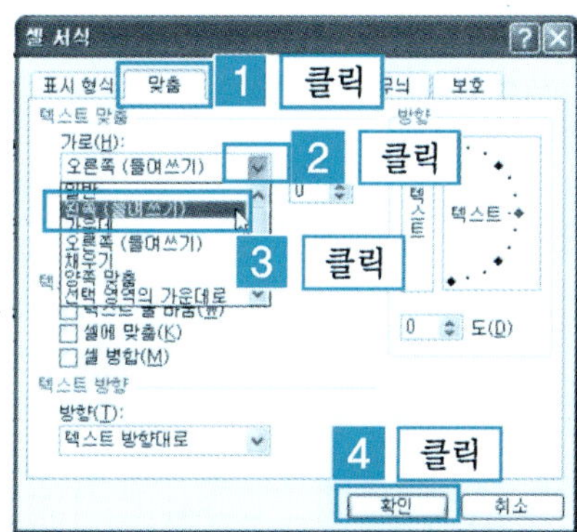

❸ 셀에 있는 데이터가 셀의 왼쪽으로 맞춰진 결과 화면이다.

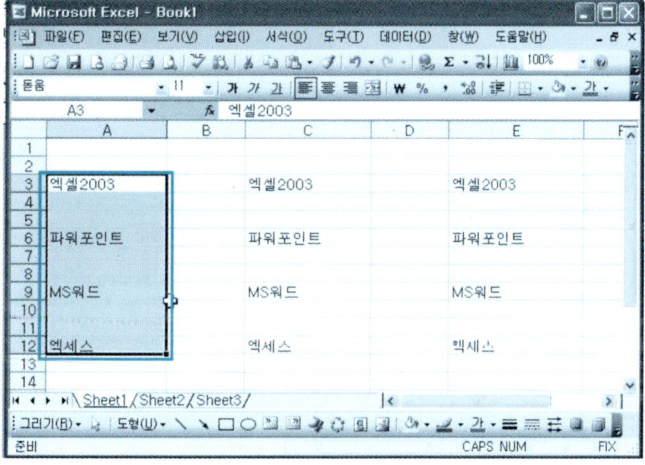

단 원 실 습 문 제

〈**실습1**〉 다음과 같은 문서를 작성해 보자.

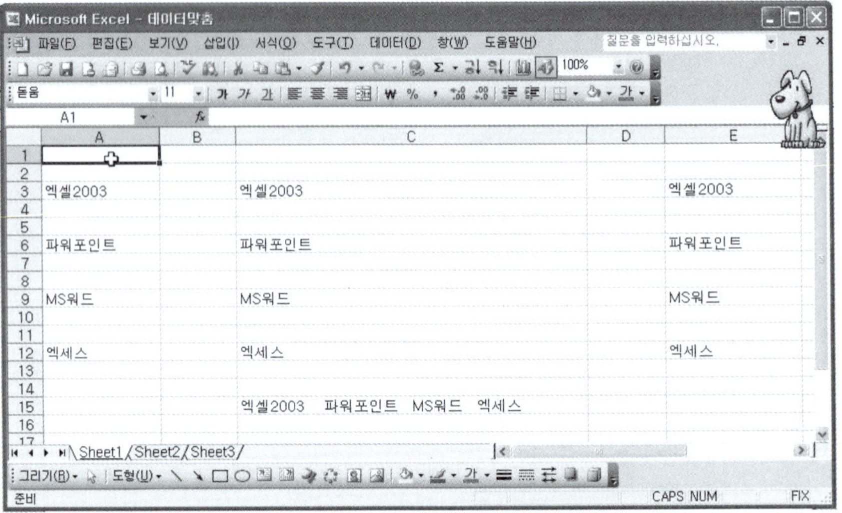

〈**실습2**〉 셀 범위를 지정하여 가운데로 맞춰 보자.

〈**실습3**〉 셀 범위를 지정하여 오른쪽으로 맞춰 보자.

〈**실습4**〉 셀 범위를 지정하여 양쪽으로 맞춰 보자.

〈**실습5**〉 셀 범위를 지정하여 균등분할하여 맞춰 보자.

2 세로 맞춤

(1) 데이터 위쪽 맞춤

❶ [예제] 폴더에서 [데이터맞춤.xls] 파일을 불러온다. 서식을 적용할 [셀 지정]
→ [마우스 오른쪽 버튼 클릭] → [셀 서식]을 클릭한다. 또는 메뉴에서 [서식
메뉴] → [셀...]을 클릭한다.

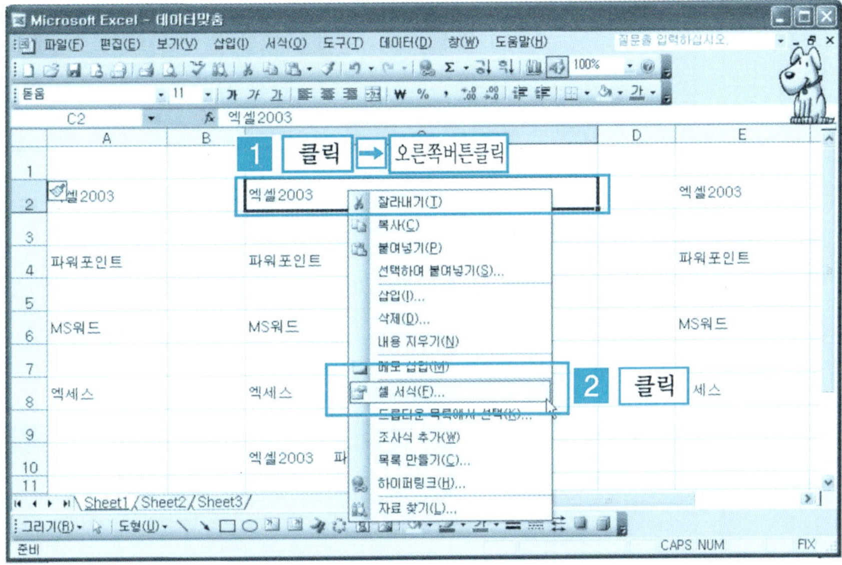

❷ [셀 서식] 대화상자에서 [맞춤 탭]
→ [세로] → [위쪽] → [확인] 버튼
을 클릭한다.

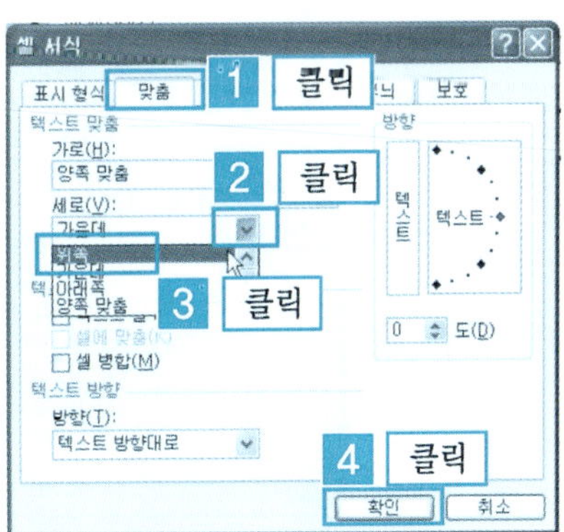

❸ 셀에 있는 데이터가 셀의 위쪽으로 맞춰진 결과 화면이다.

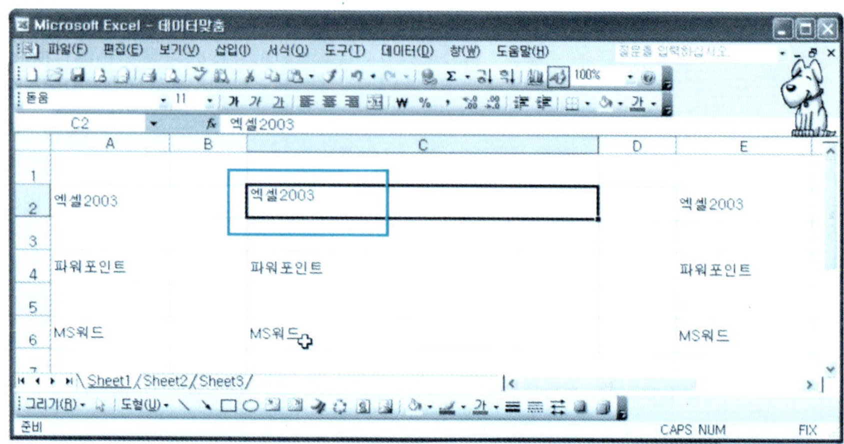

(2) 데이터 아래쪽 맞춤

❶ 서식을 적용할 [셀 범위 지정] → [마우스 오른쪽 버튼 클릭] → [셀 서식]을 클릭한다. 또는 메뉴에서 [서식 메뉴] → [셀...]을 클릭한다.

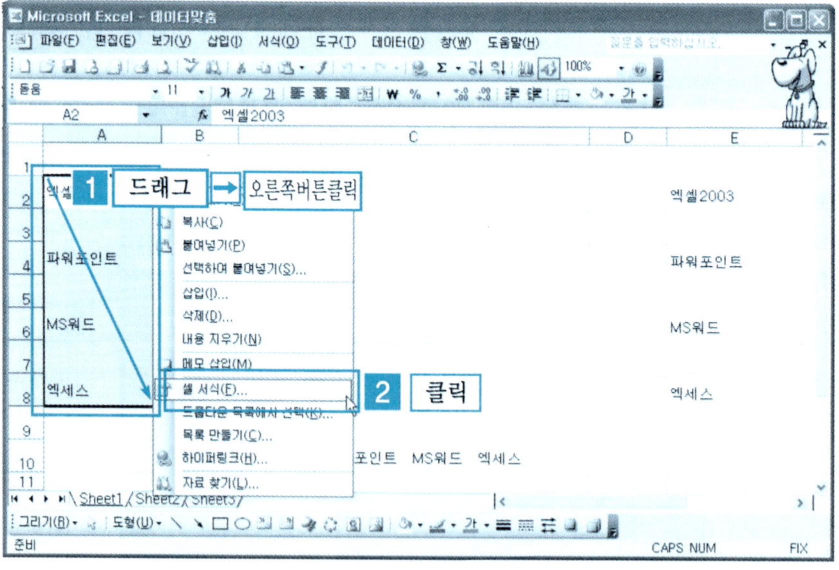

❷ [셀 서식] 대화상자에서 [맞춤 탭] → [세로] → [아래쪽] → [확인] 버튼을 클릭한다.

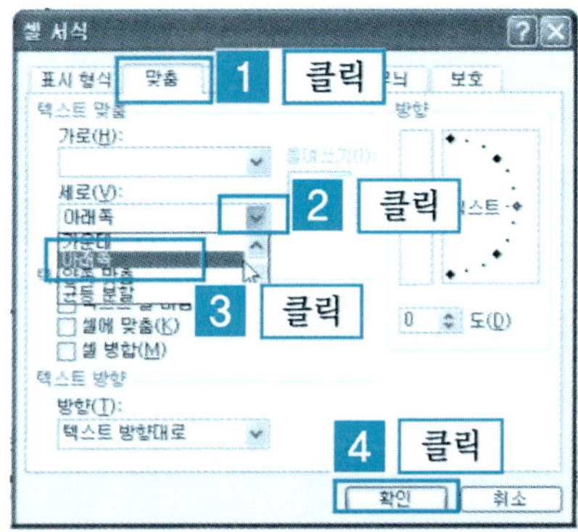

❸ 셀에 있는 데이터가 셀의 아래쪽으로 맞춰진 결과 화면이다.

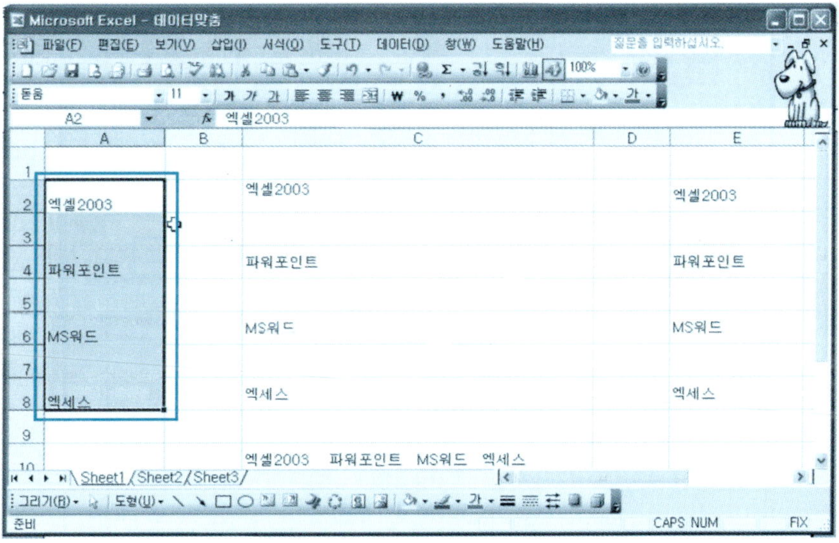

(3) 데이터 가운데 맞춤

❶ 서식을 적용할 [셀 범위 지정] → [마우스 오른쪽 버튼 클릭] → [셀 서식]을
클릭한다. 또는 메뉴에서 [서식 메뉴] → [셀...]을 클릭한다.

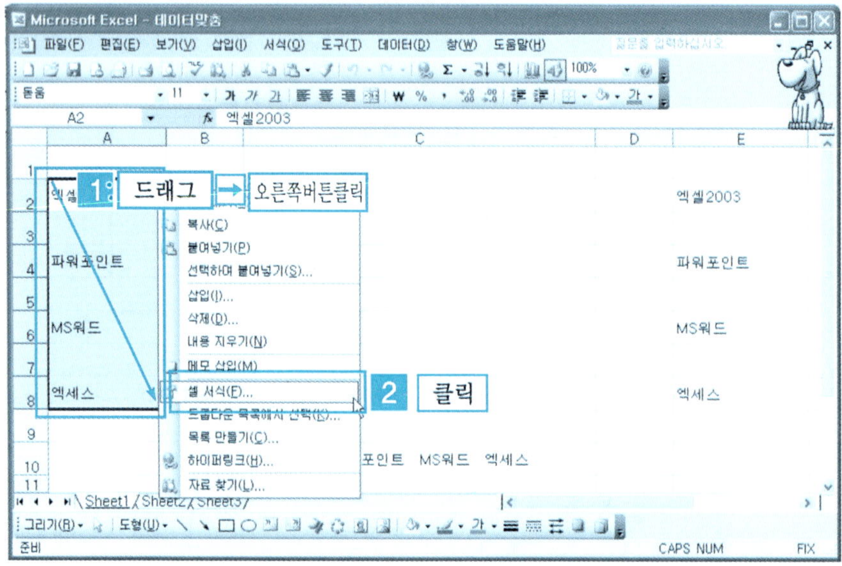

❷ [셀 서식] 대화상자에서 [맞춤 탭] → [세로] → [가운데] → [확인] 버튼을 클
릭한다.

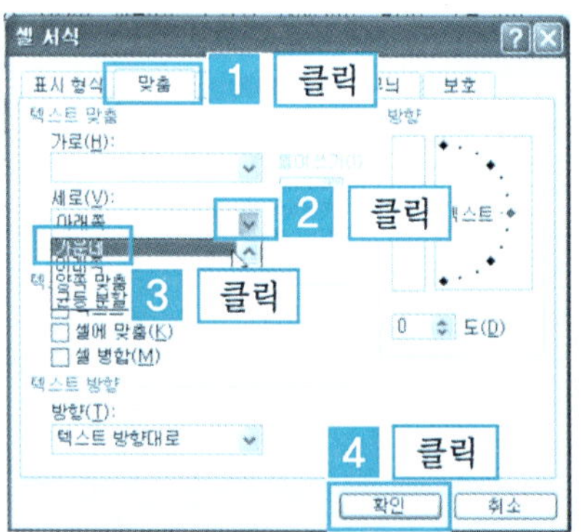

❸ 셀에 있는 데이터가 셀의 가운데로 맞춰진 결과 화면이다.

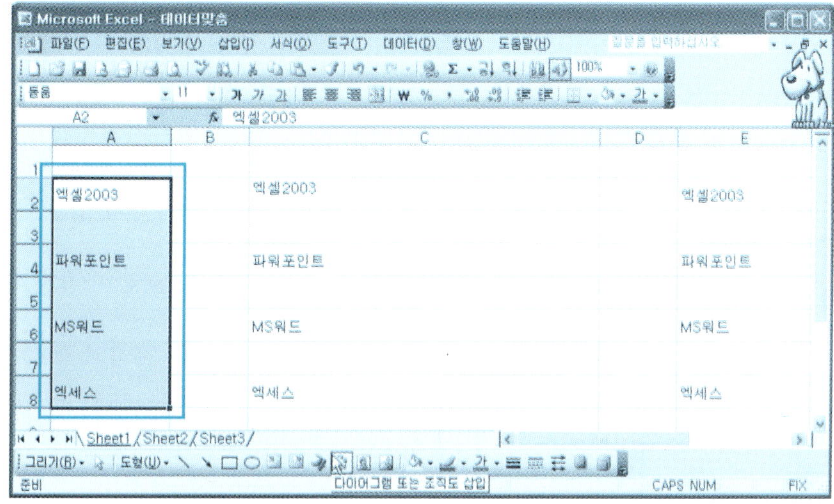

(4) 데이터 양쪽 맞춤

❶ 서식을 적용할 [셀 지정] → [마우스 오른쪽 버튼 클릭] → [셀 서식]을 클릭
한다. 또는 메뉴에서 [서식 메뉴] → [셀...]을 클릭한다.

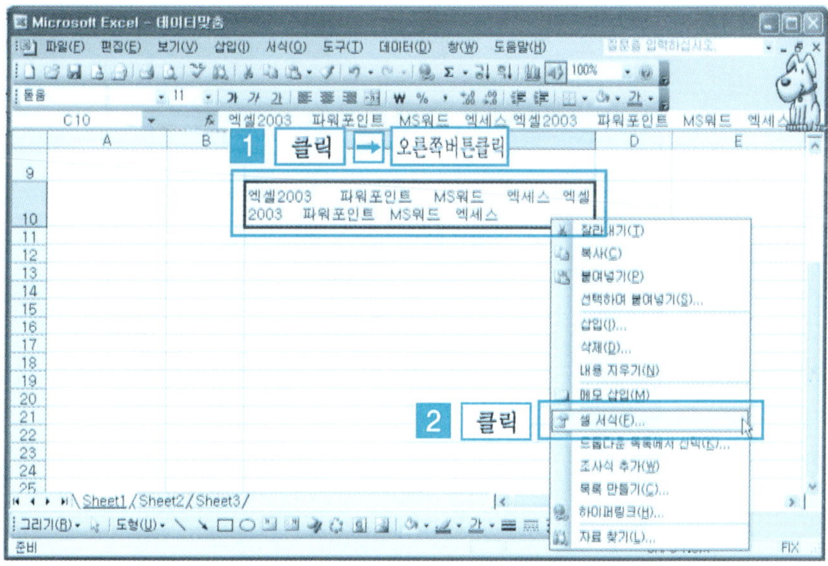

❷ [셀 서식] 대화상자에서 [맞춤 탭] → [세
로] → [양쪽 맞춤] → [확인] 버튼을 클
릭한다.

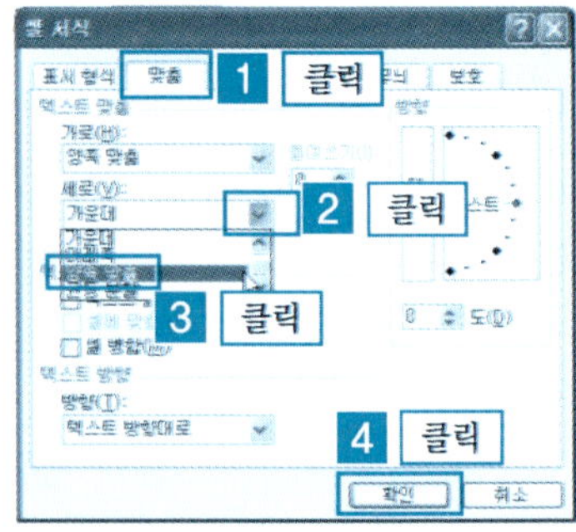

❸ 셀에 있는 데이터가 셀의 양쪽(세로 : 아래 위)으로 맞춰진 결과 화면이다.

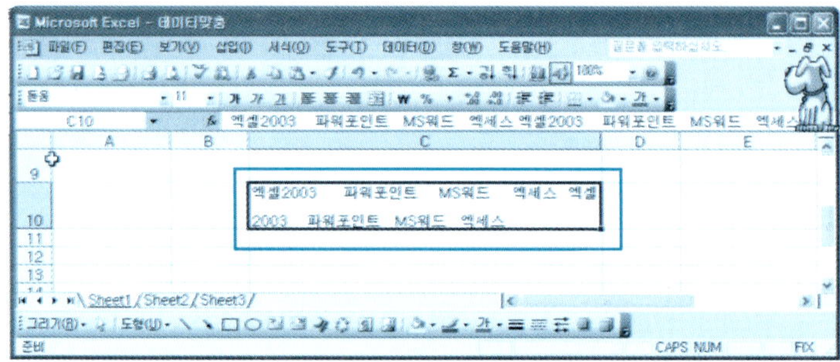

(5) 데이터 균등분할 맞춤

❶ 서식을 적용할 [셀 지정] → [마우스 오른쪽 버튼 클릭] → [셀 서식]을 클릭
한다. 또는 메뉴에서 [서식 메뉴] → [셀...]을 클릭한다.

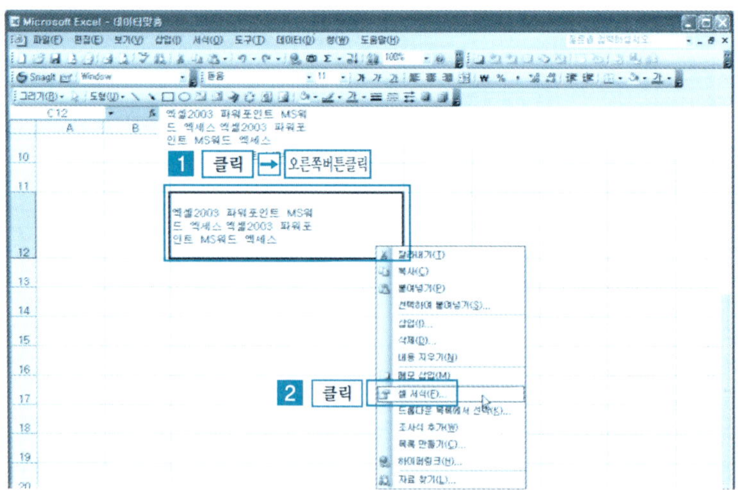

❷ [셀 서식] 대화상자에서 [맞춤 탭] → [세로] → [균등분할] → [확인] 버튼을
클릭한다.

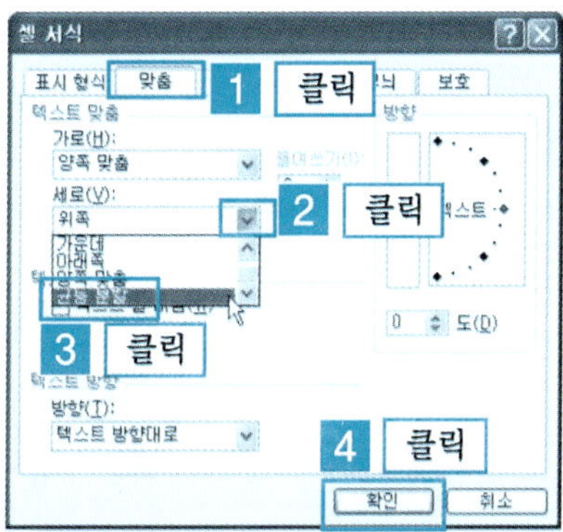

❸ 셀에 있는 데이터가 균등하게 분할되어 맞춰진 결과 화면이다.

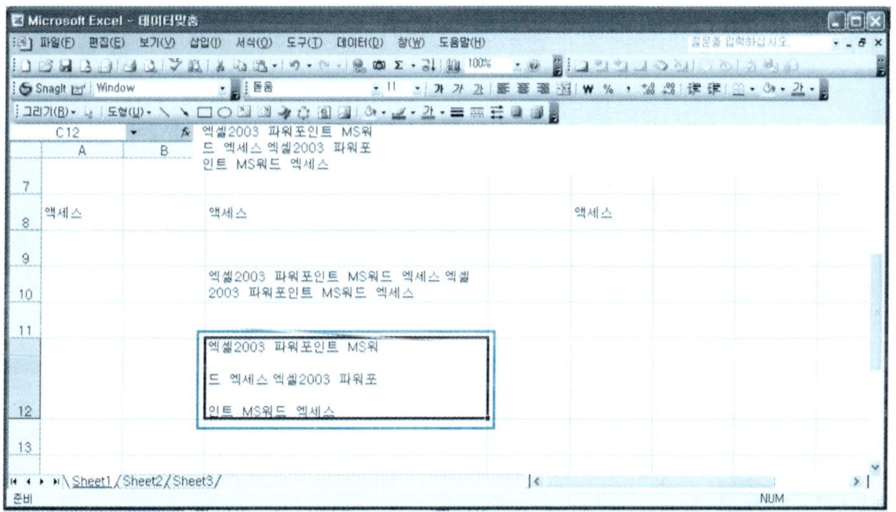

단원 실습 문제

⟨실습1⟩ [예제] 폴더에서 [데이터맞춤예제.xls] 파일을 불러온다.

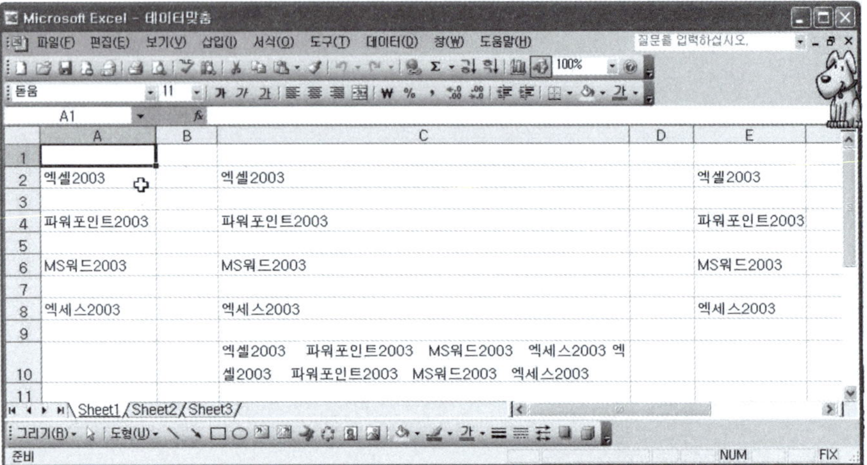

⟨실습2⟩ 셀 범위를 지정하여 위쪽 맞춤을 해보자.

⟨실습3⟩ 셀 범위를 지정하여 아래쪽 맞춤을 해보자.

⟨실습4⟩ 셀 범위를 지정하여 가운데 맞춤을 해보자.

⟨실습5⟩ 셀 범위를 지정하여 양쪽 맞춤을 해보자.

⟨실습6⟩ C10 셀을 지정하여 균등분할 맞춤을 해보자.

3 들여쓰기와 내어쓰기

❶ [예제] 폴더에서 [들여쓰기.xls] 파일을 불러온다. 서식을 적용할 [셀 지정] → [마우스 오른쪽 버튼 클릭] → [셀 서식]을 클릭한다. 또는 메뉴에서 [서식 메뉴] → [셀...]을 클릭한다.

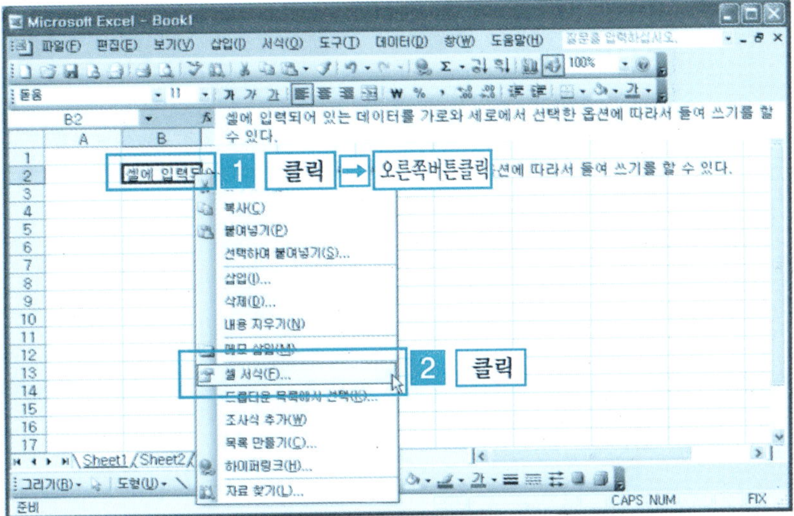

❷ [셀 서식] 대화상자에서 [맞춤 탭] → [가로] → [왼쪽들여쓰기] → [들여쓰기 값 지정] → [확인] 버튼을 클릭한다.

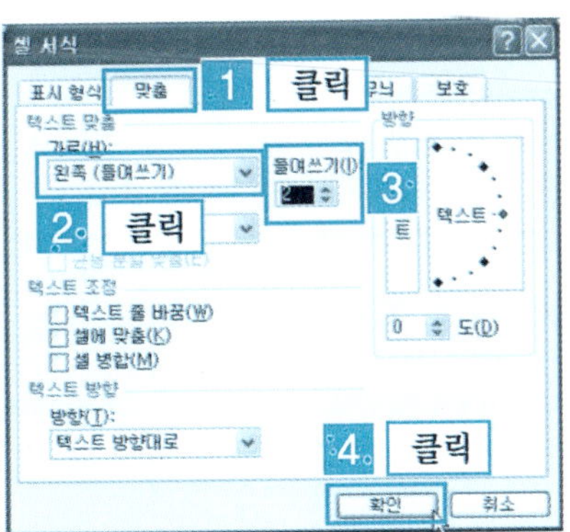

❸ 셀에 있는 데이터가 왼쪽에서 지정한 크기만큼 들여 쓰여진 결과 화면이다.

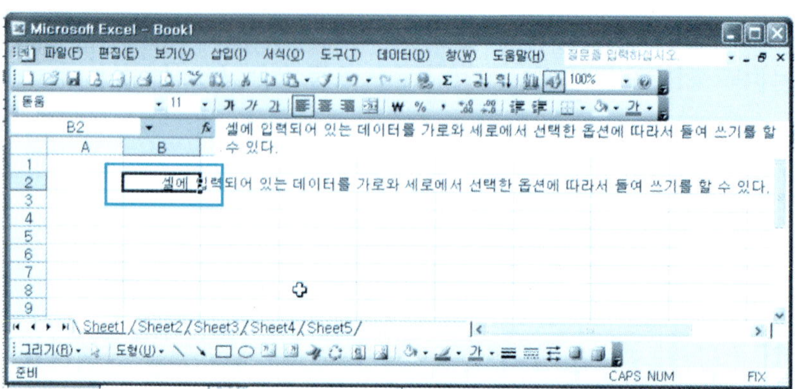

단 원 실 습 문 제

〈실습1〉 다음과 같은 문서를 작성해 보자.

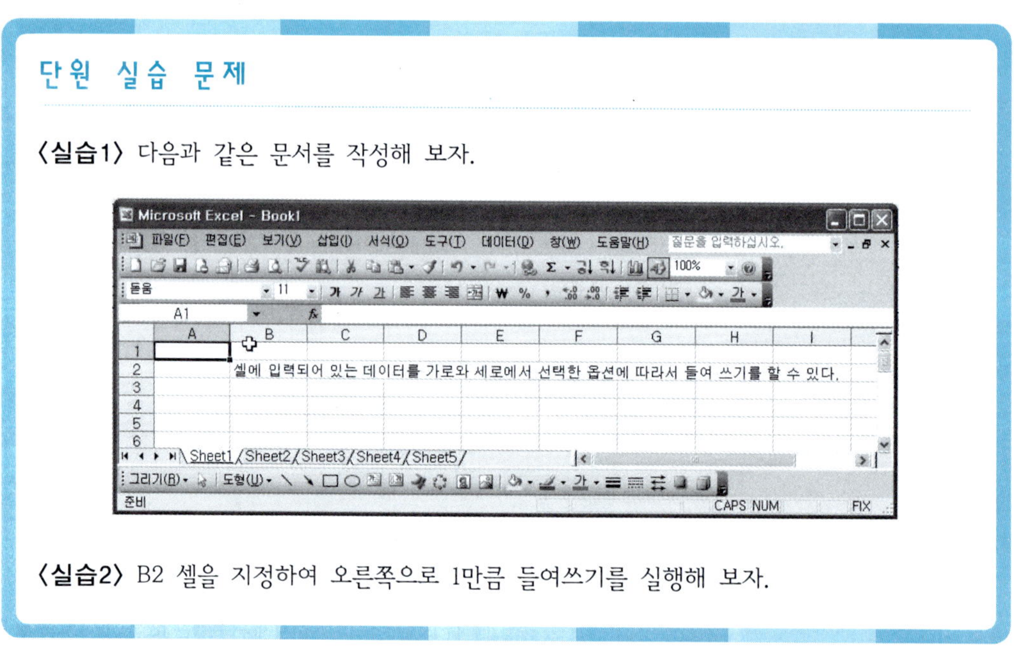

〈실습2〉 B2 셀을 지정하여 오른쪽으로 1만큼 들여쓰기를 실행해 보자.

4 텍스트 방향 지정

❶ 새 문서를 열고 [C3] 셀에 [텍스트 방향 지정하기]를 입력한다. [C3] 클릭 → [마우스 오른쪽 버튼 클릭] → [셀 서식]을 클릭한다. 또는 메뉴에서 [서식 메뉴] → [셀...]을 클릭한다.

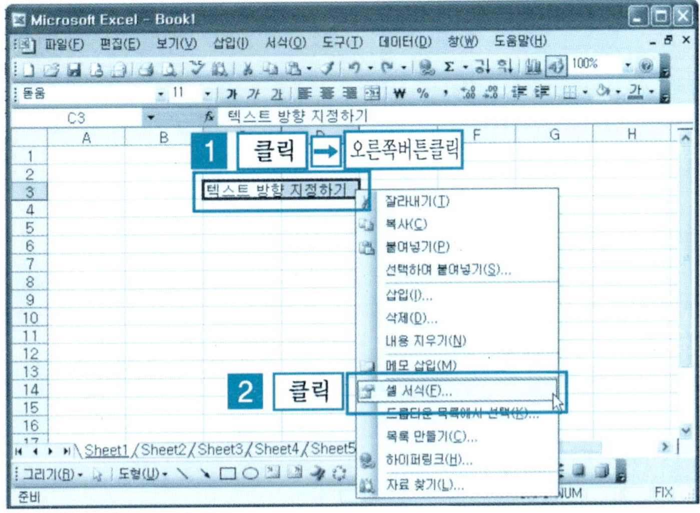

❷ [셀 서식] 대화상자에서 [맞춤 탭] → [방향:텍스트 방향대로] → [방향선택(90도)] → [확인] 버튼을 클릭한다.

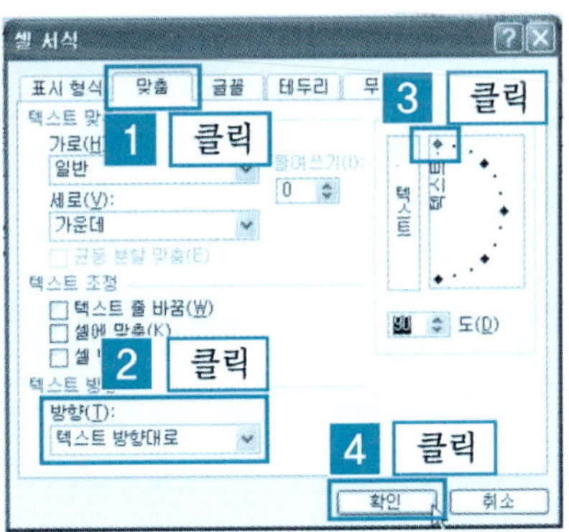

❸ 셀에 있는 데이터가 지정한 [90도] 방향으로 회전된 결과 화면이다.

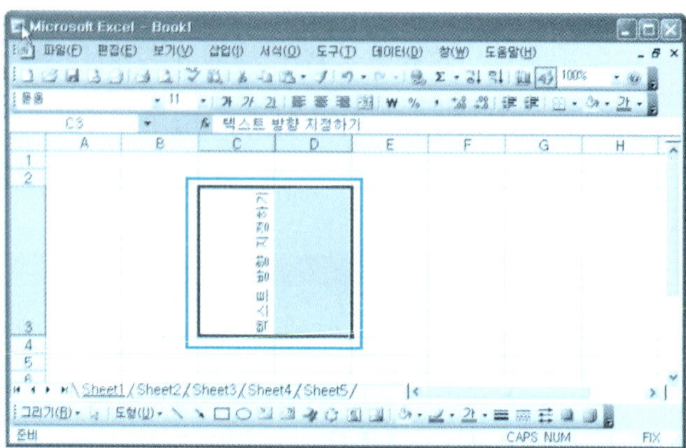

❹ 셀에 있는 데이터가 지정한 [45도] 방향으로 회전된 결과 화면이다.

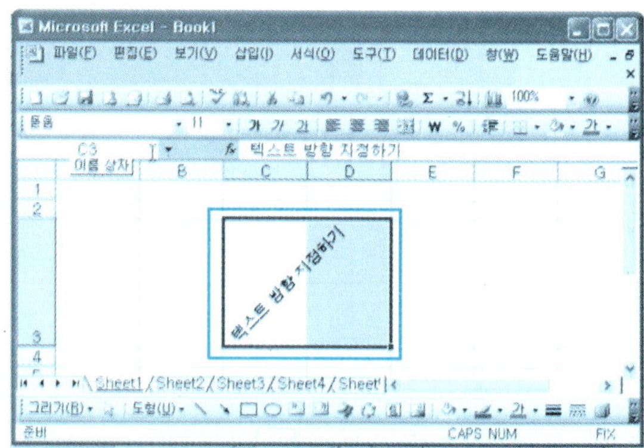

❺ 셀에 있는 데이터가 지정한 [-45도] 방향으로 회전된 결과 화면이다.

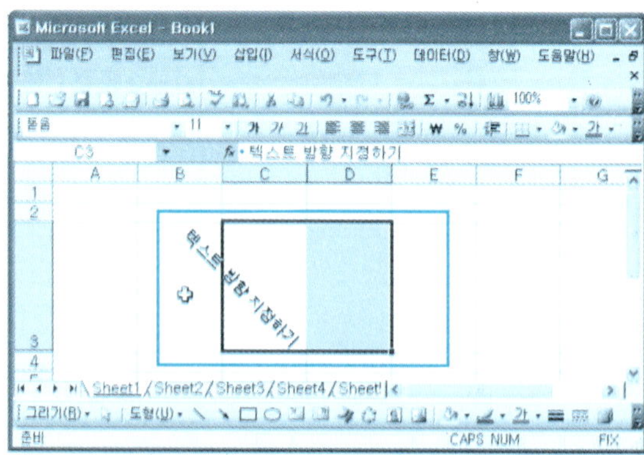

⑥ 셀에 있는 데이터가 지정한 [-90도] 방향으로 회전된 결과 화면이다.

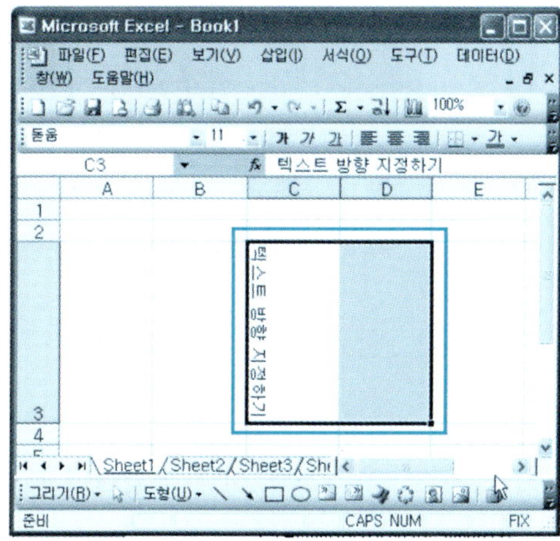

5 셀 병합

셀 병합은 2개 이상 선택한 셀을 하나의 셀로 결합하는 기능이다.

❶ 새 문서를 열고 [B2] 셀에 [셀 병합]을 입력한다. [B2 셀]에서 [E2 셀]까지 드래그한다. [마우스 오른쪽 버튼 클릭] → [셀 서식]을 클릭한다. 또는 메뉴에서 [서식 메뉴] → [셀...]을 클릭한다.

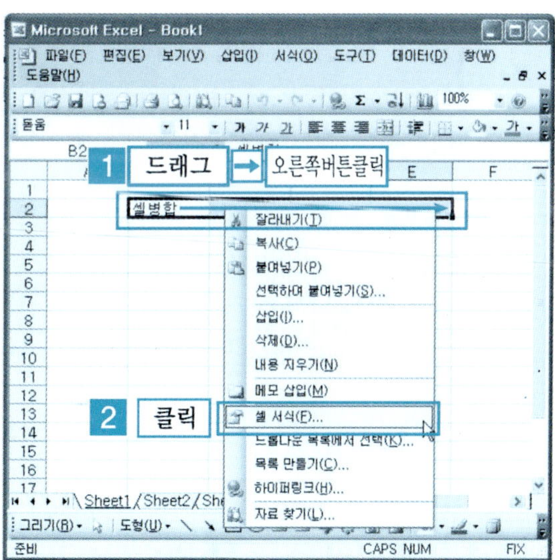

❷ [셀 서식] 대화상자에서 [맞춤 탭] →
[가로] → [가운데] → [셀 병합] → [확
인] 버튼을 클릭한다.

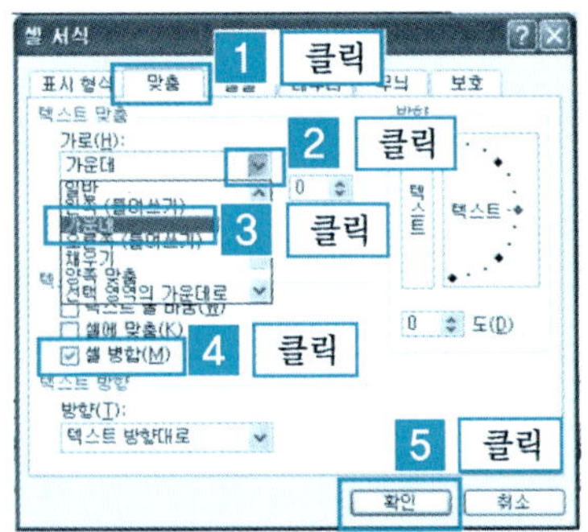

❸ 지정한 셀이 병합되어 데이
터가 셀의 가운데에 맞춰진
결과 화면이다.

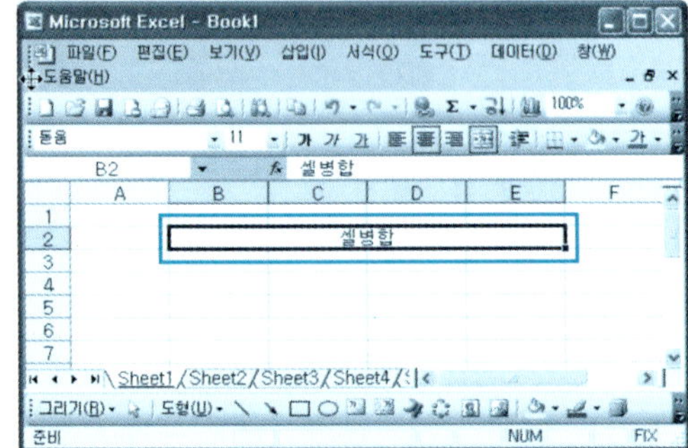

6 선택 영역 위치 지정

❶ 새 문서를 열고 [B2 셀 : 선택], [C2 셀 : 영역], [D2 셀 : 가운데로]를 입력한
다. [B2에서 G2까지 드래그] → [마우스 오른쪽 버튼 클릭] → [셀 서식]을 클
릭한다. 또는 메뉴에서 [서식 메뉴] → [셀...]을 클릭한다.

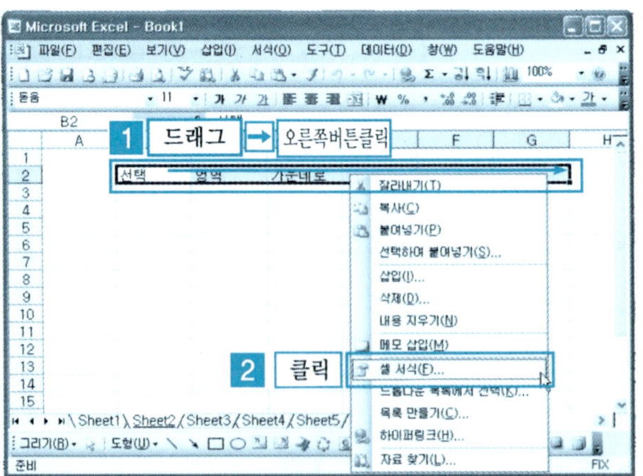

❷ [셀 서식] 대화상자에서 [맞춤 탭] → [가로] → [선택 영역의 가운데로] →
[확인] 버튼을 클릭한다.

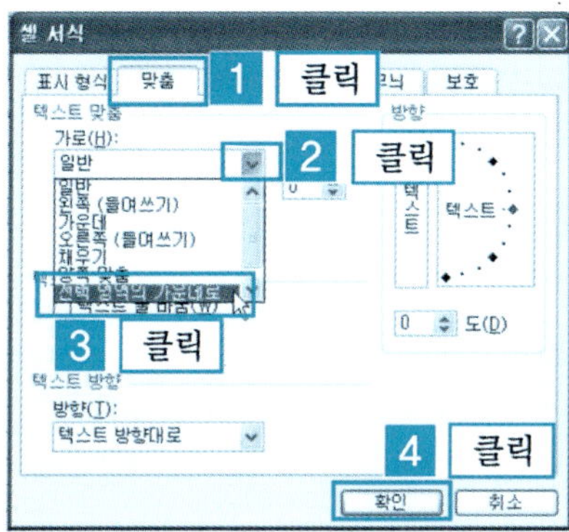

❸ 지정한 셀은 병합되지 않고 데이터만 셀의 가운데로 맞춰진 결과 화면이다.

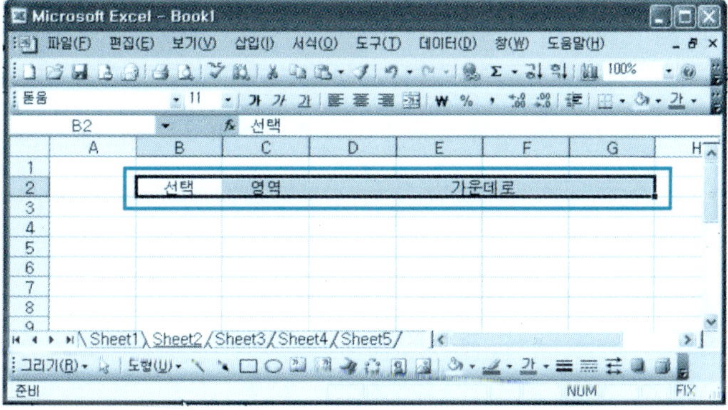

단원 실습 문제

〈실습1〉 [예제] 폴더에서 [셀병합.xls] 파일을 불러온다.

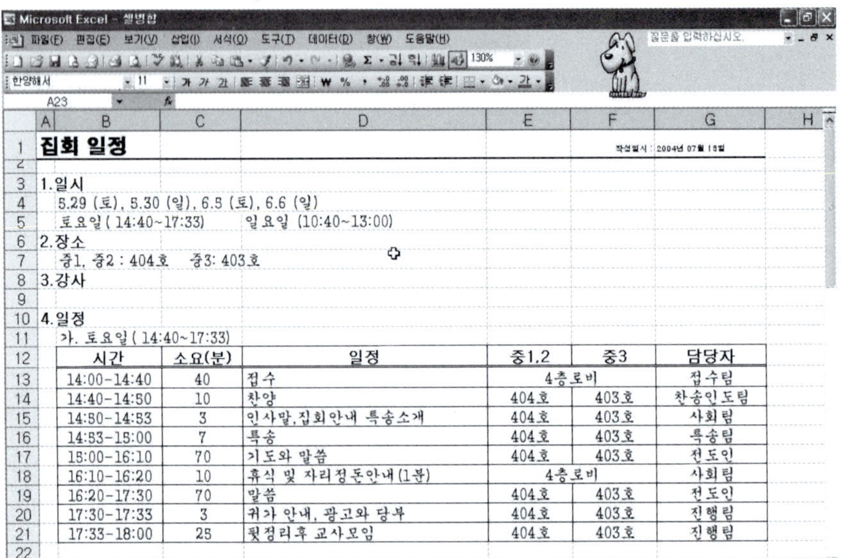

〈실습2〉 위의 문서를 셀 병합 기능을 활용하여 아래와 같이 재작성해 보자.

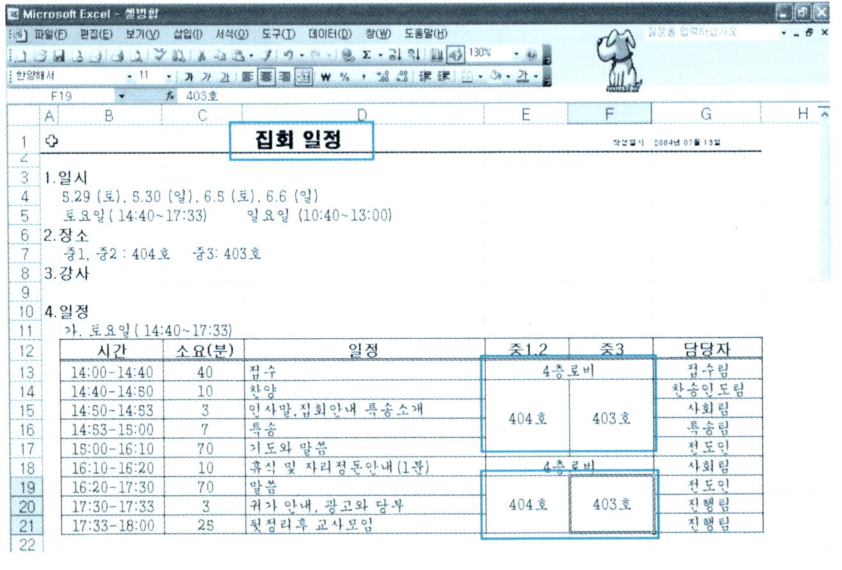

7 셀에 맞춤

셀에 입력된 모든 데이터를 셀의 열 너비에 맞도록 해주는 기능이다. 열 너비가 변경되면 자동으로 글꼴의 문자 크기가 변경되며 글꼴은 변경되지 않는다.

① [예제] 폴더에서 [셀맞춤.xls] 파일을 불러온다. [셀 범위 지정] → [마우스 오른쪽 버튼 클릭] → [셀 서식]을 클릭한다. 또는 메뉴에서 [서식 메뉴] → [셀...]을 클릭한다.

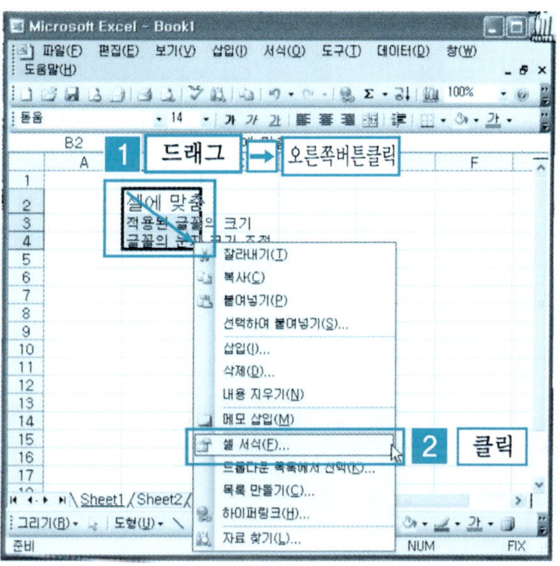

② [셀 서식] 대화상자에서 [맞춤 탭] → [셀에 맞춤] → [확인] 버튼을 클릭한다.

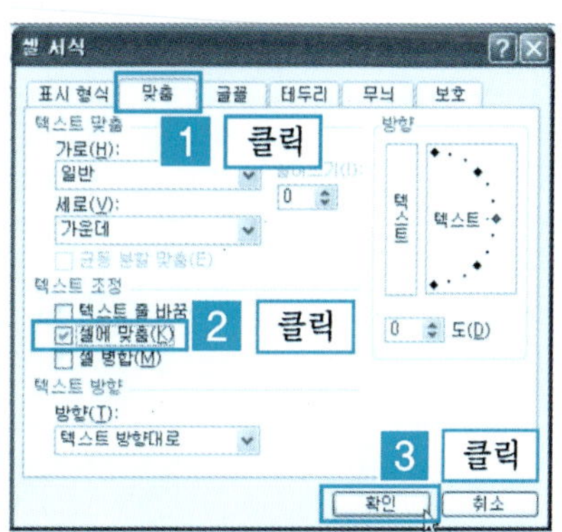

❸ 지정한 셀의 열 너비에 셀의 데이터가 맞춰진 결과 화면이다.

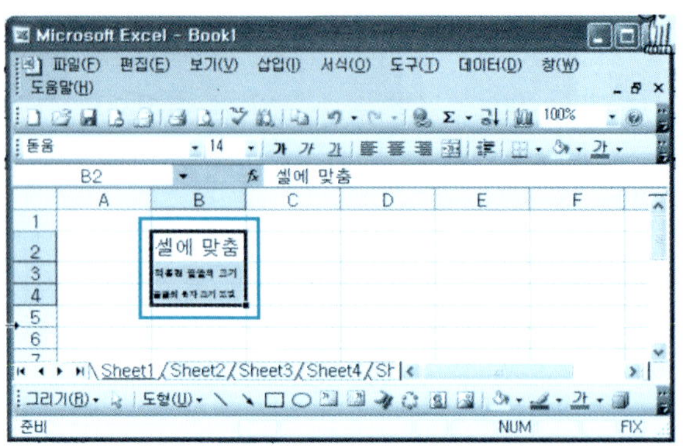

단 원 실 습 문 제

〈**실습1**〉 다음과 같은 문서를 작성해 보자.

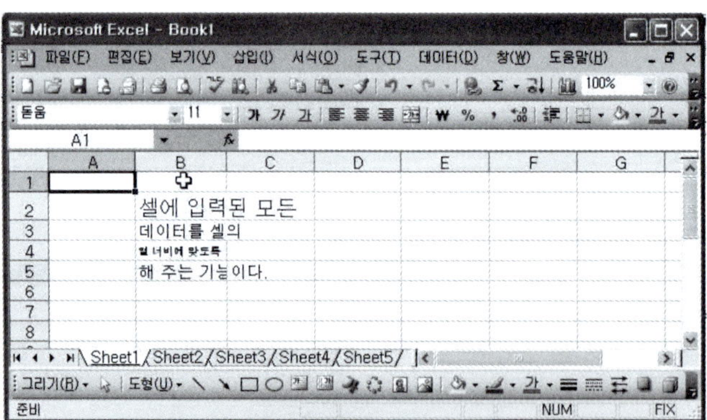

〈**실습2**〉 [셀 맞춤] 기능을 활용하여 데이터를 셀 너비에 맞도록 문서를 재작성해
보자.

8 텍스트 줄 바꿈

하나의 셀에 표시되지 않을 만큼 긴 내용이 셀에 입력되면 하나의 셀을 벗어나게
된다. 이러한 경우에 셀의 길이에 맞춰서 줄바꿈이 이루어지도록 하는 기능이다.

❶ [예제] 폴더에서 [텍스트줄바꿈.xls] 파일을 불러온다. [셀 범위 지정] → [마
  우스 오른쪽 버튼 클릭] → [셀 서식]을 클릭한다. 또는 메뉴에서 [서식 메뉴]
  → [셀...]을 클릭한다.

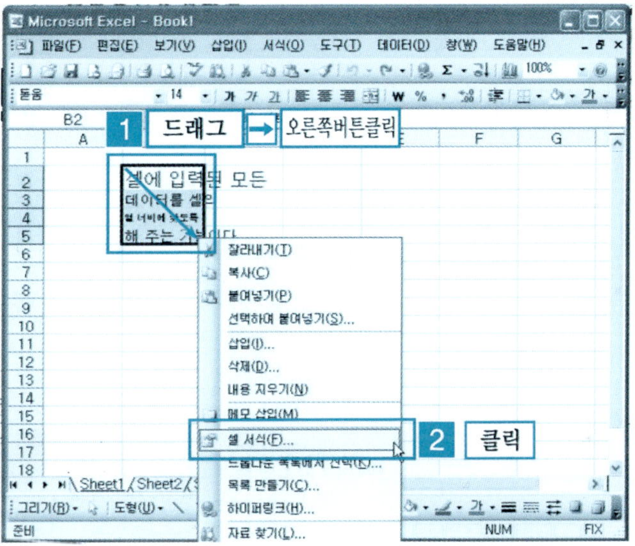

❷ [셀 서식] 대화상자에서 [맞춤 탭] →
  [텍스트 줄바꿈] → [확인] 버튼을 클
  릭한다.

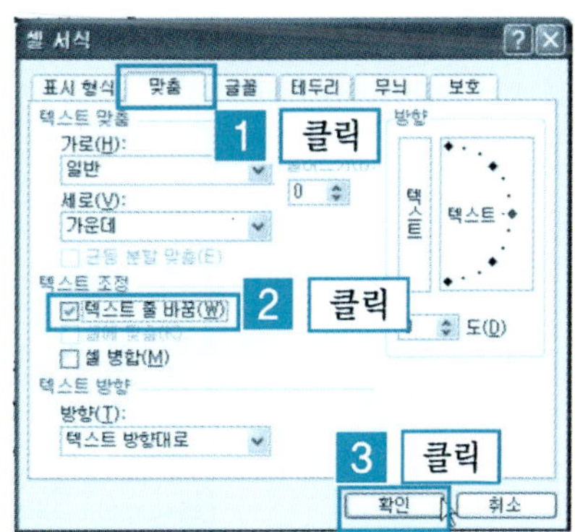

❸ 지정한 셀의 열 너비에 맞도록 셀의 데이터들이 줄바꿈이 이루어진 결과 화면이다.

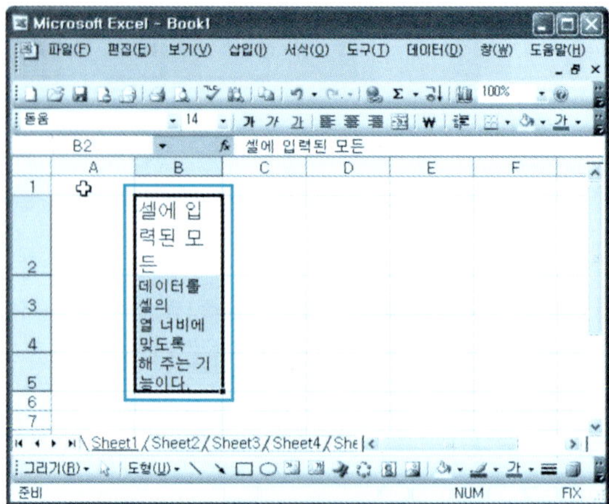

9 셀 채우기

셀에 입력된 데이터가 셀의 열 너비에 맞도록 셀에 반복적으로 채워지는 기능이다.

❶ [예제] 폴더에서 [셀채우기.xls] 파일을 불러온다. [셀 지정] → [마우스 오른쪽 버튼 클릭] → [셀 서식]을 클릭한다. 또는 메뉴에서 [서식 메뉴] → [셀...]을 클릭한다.

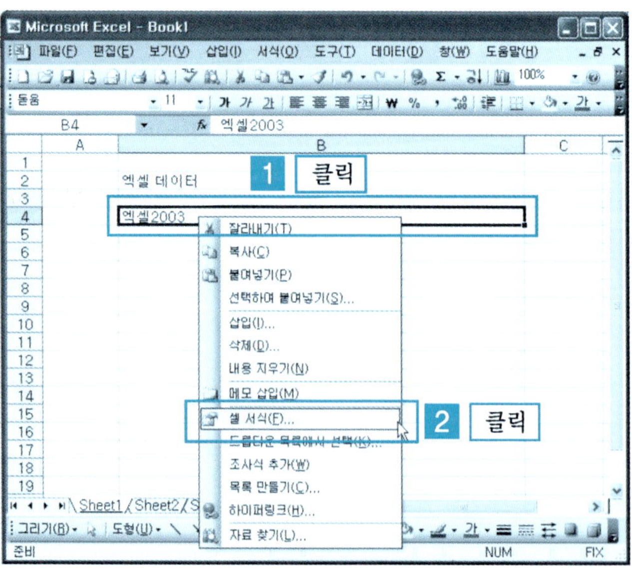

❷ [셀 서식] 대화상자에서 [맞춤 탭] → [가로] → [채우기] → [확인] 버튼을 클릭한다.

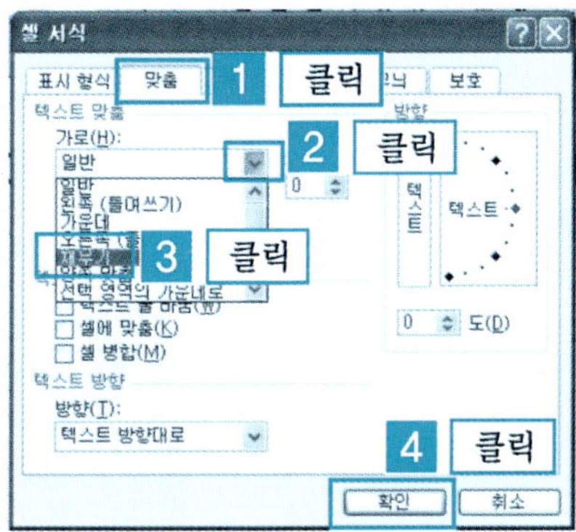

❸ 지정한 셀의 열 너비에 차도록 셀의 입력된 데이터들이 셀에 연속적으로 채워진 결과 화면이다.

단원 실습 문제

〈실습1〉 [예제] 폴더에서 [채우기.xls] 파일을 불러온다.

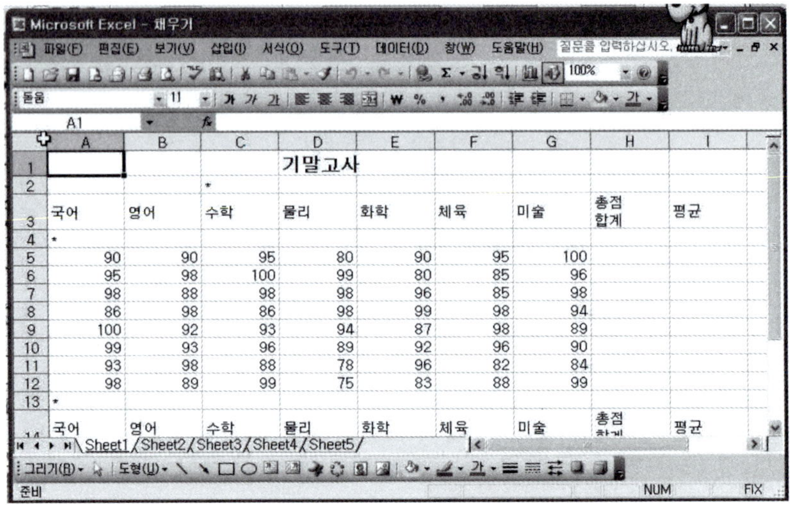

〈실습2〉 행 복사와 채우기 기능을 이용하여 아래와 같이 문서를 재작성하여 저장해 보자.

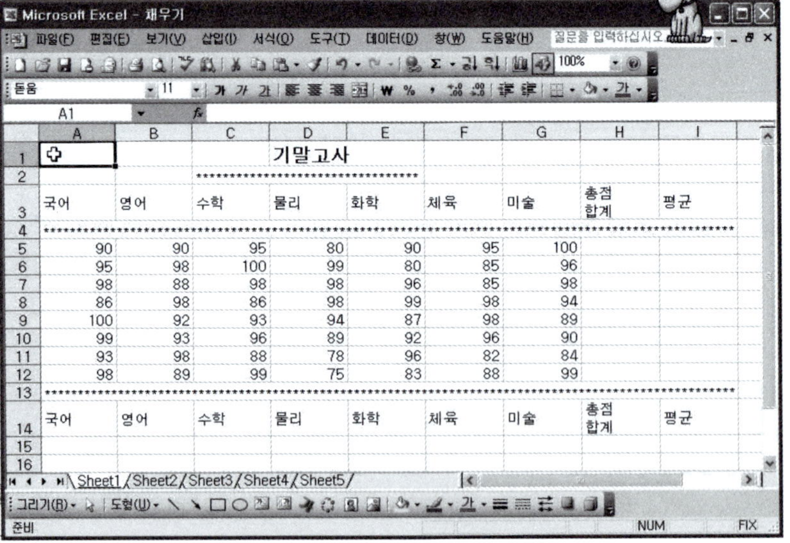

3.3 | 글자 모양 편집

셀에 입력되어 있는 숫자나 문자들의 모양을 서식 도구 모음이나 메뉴를 이용하여 바꾸는 기능이다. 서식 도구 모음에는 글꼴, 크기, 굵게, 기울임꼴, 밑줄, 글꼴색을 변경할 수 있는 아이콘이 있다.

1 기본글꼴

처음 엑셀을 실행할 때 적용되어지는 처음 입력되는 글꼴이 기본글꼴이다. 표시형식, 맞춤, 글꼴, 무늬, 보호는 표준 스타일에 의해서 엑셀을 처음 시작할 때 지정되어 적용된다.

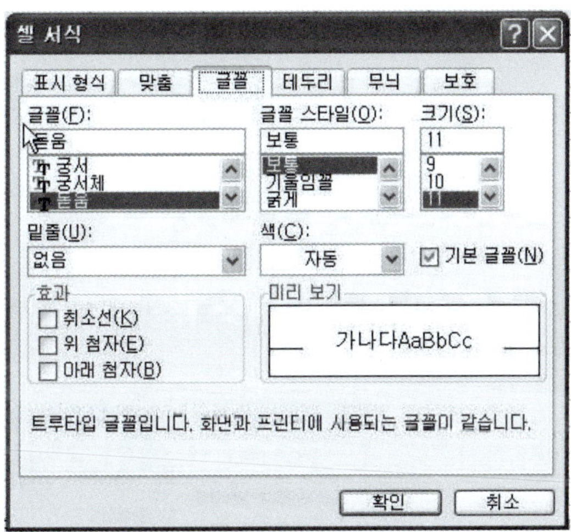

2 텍스트 방향 지정 글꼴 바꾸기

❶ 새 문서를 열고 [B3 : 기본글꼴], [B5 : 글자 모양], [B7 : 글꼴 바꾸기]를 입력한다. [셀 범위 지정] → [마우스 오른쪽 버튼 클릭] → [셀 서식]을 클릭한다. 또는 메뉴에서 [서식 메뉴] → [셀...]을 클릭한다.

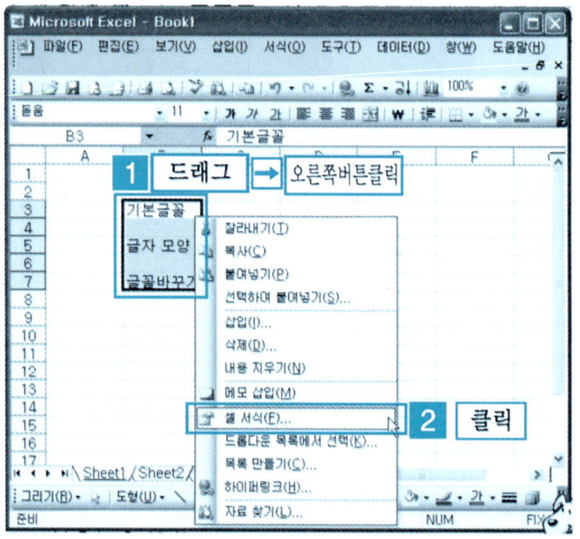

❷ [셀 서식] 대화상자에서 [글꼴 탭] → [글꼴 지정] → [확인] 버튼을 클릭한다.

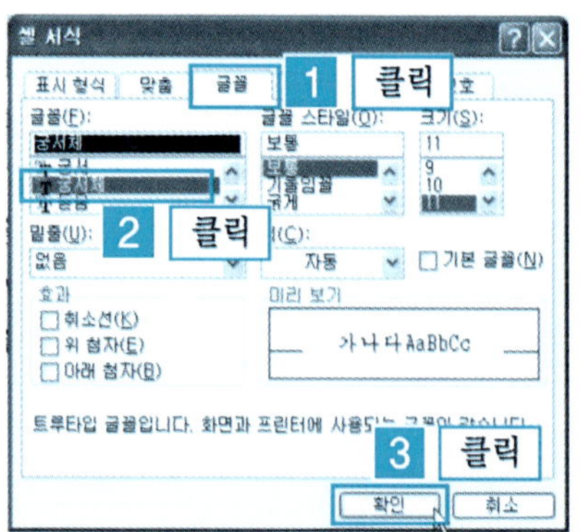

❸ 지정한 셀 안에 있는 글자
들이 지정한 글꼴[궁서체]
로 변경된 결과 화면이다.

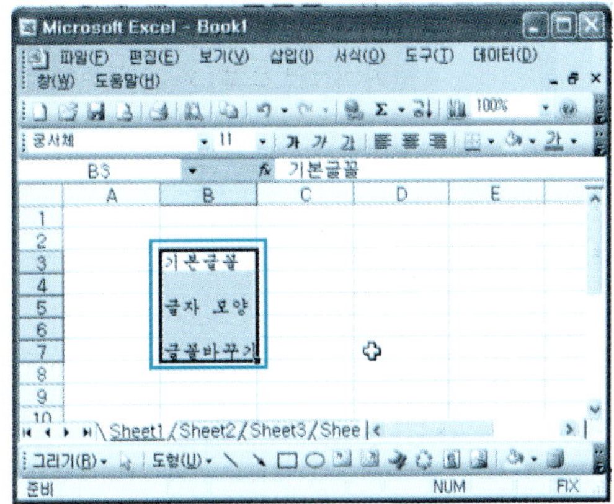

❹ [휴먼편지체] 글꼴로 변경
된 결과 화면이다.

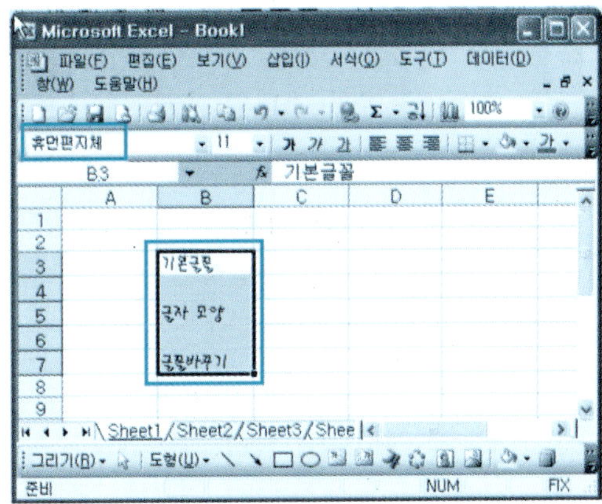

3 글자 크기 지정

❶ 새 문서를 열고 [A2 : 글자
크기], [A4 : 글자크기변경]
을 입력한다. [셀 범위 지
정] → [서식 도구 모음의
글꼴크기 아이콘 클릭] →
[크기]를 클릭한다.

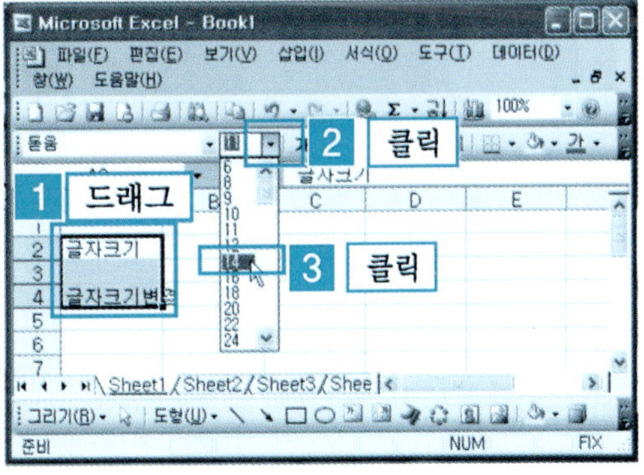

❷ 지정한 셀 범위의 글자 크기가 변경된 결과 화면이다.

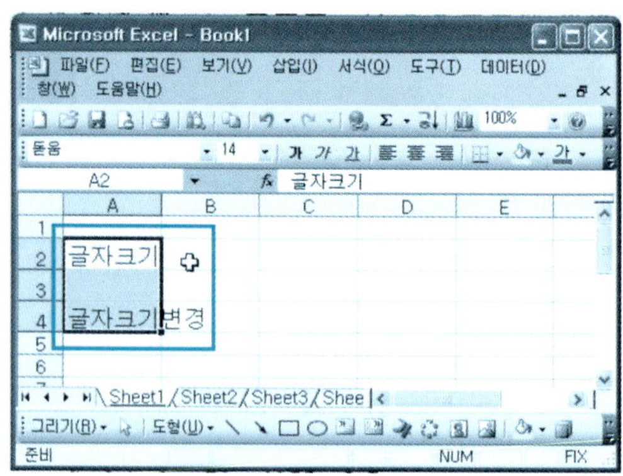

4 글꼴 스타일

❶ 글꼴 스타일(굵게)

새 문서를 열고 [A2 : 글꼴 스타일], [A4 : 글꼴스타일 변경]을 입력한다. [셀 범위 지정] → [서식 도구 모음의 글꼴 굵게 아이콘]을 클릭한 결과 화면이다.
([굵게] 아이콘을 다시 한번 클릭하면 [굵게] 기능이 해제된다.)

❷ [기울임꼴]을 지정한 결과 화면이다.

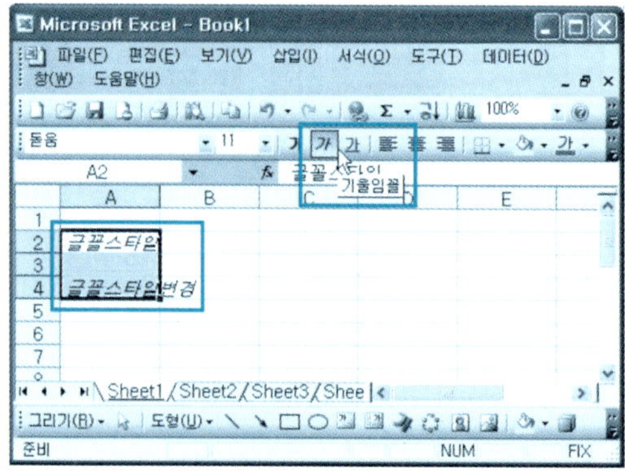

❸ [밑줄] 기능을 지정한 결과 화면이다.

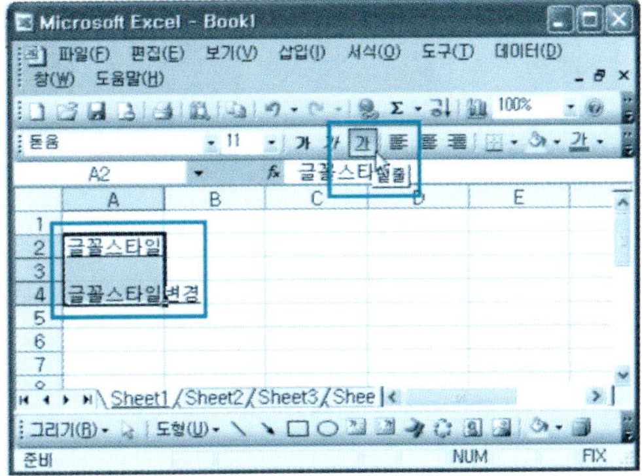

5 글자색 바꾸기

❶ 새 문서를 열고 [A2 : 글자색], [A4 : 글자색변경]을 입력한다. [셀 범위 지정] → [서식 도구 모음의 글꼴색 아이콘]을 클릭한다.

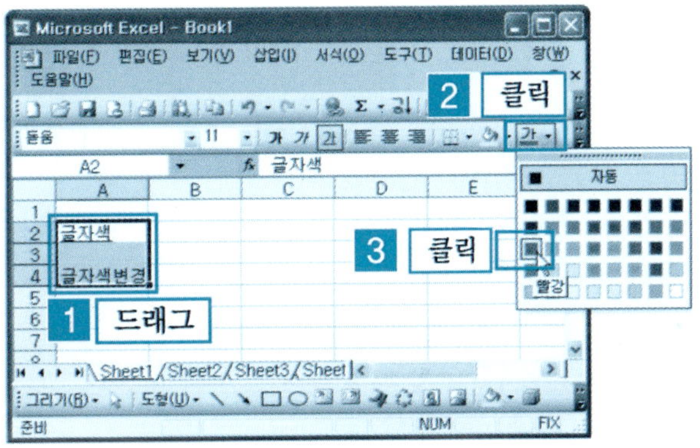

❷ 지정한 셀의 글자들이 선 택된 글꼴색[빨강]으로 변 경된 결과 화면이다.

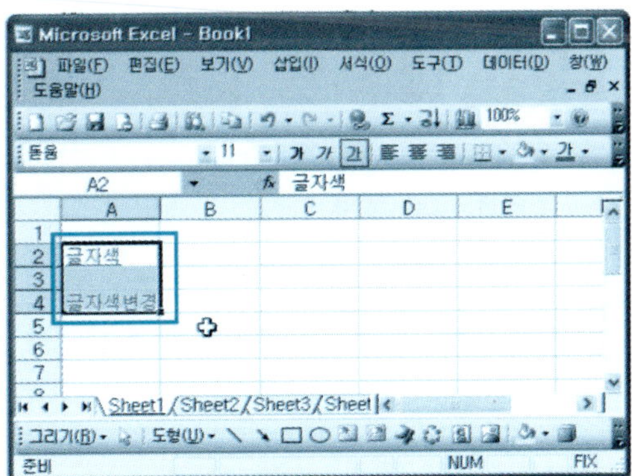

단원 실습 문제

〈**실습1**〉 다음과 같은 문서를 작성해 보자.

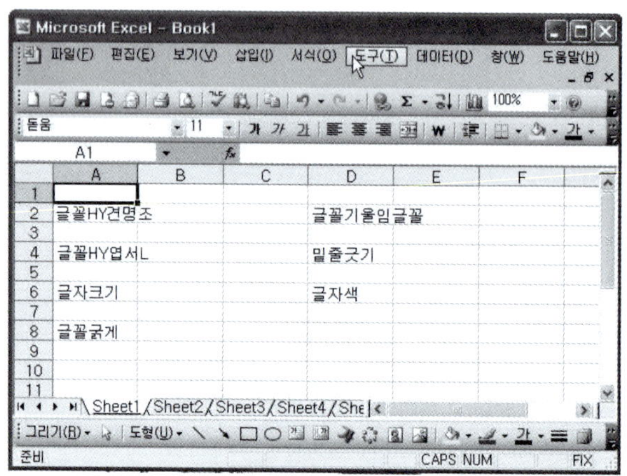

〈**실습2**〉 A2 셀의 글자를 [서식 도구 모음]의 [글꼴] 아이콘을 이용하여 [글꼴HY견명조] 글꼴로 바꾸어 보자.

〈**실습3**〉 A4 셀의 글자를 [서식 도구 모음]의 [글꼴] 아이콘을 이용하여 [글꼴HY엽서L] 글꼴로 바꾸어 보자.

〈**실습4**〉 A6 셀의 글자의 크기를 20으로 바꾸어 보자.

〈**실습5**〉 A8 셀의 글자를 [서식 도구 모음]의 [굵게] 아이콘을 이용하여 굵은 글자로 바꾸어 보자.

〈**실습6**〉 D2 셀의 글자를 [서식 도구 모음]의 [기울임글꼴] 아이콘을 이용하여 기울임 글 자로 바꾸어 보자.

〈**실습7**〉 D4 셀의 글자를 [서식 도구 모음]의 [밑줄] 아이콘을 이용하여 밑줄을 그은 글 자로 바꾸어 보자.

〈**실습8**〉 D6 셀의 글자들의 색을 [서식 도구 모음]의 [글꼴색] 아이콘을 이용하여 초록색 글자로 바꾸어 보자.

6 글꼴 효과

(1) 취소선

❶ 새 문서를 열고 [B2 : 취소선], [B4 : 위첨자], [B6 : 아래첨자], [C2 : 액세스2003]을 입력한다. [C2 셀] → [마우스 오른쪽 버튼 클릭] → [셀 서식]을 클릭한다. 또는 메뉴에서 [서식 메뉴] → [셀...]을 클릭한다.

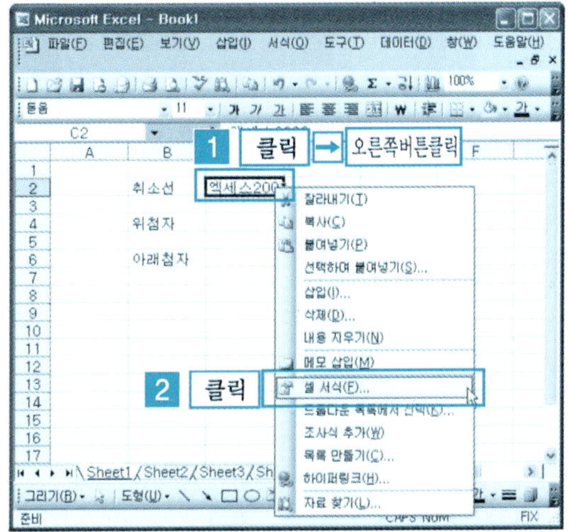

❷ [글꼴] → [취소선] → [확인] 버튼을 클릭한다.

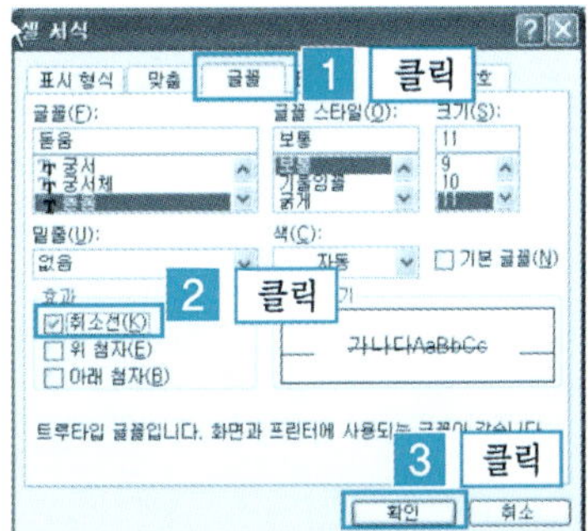

❸ 지정한 셀의 가운데에 취소의 의미로 줄이 하나 그어져 있는 결과 화면이다.

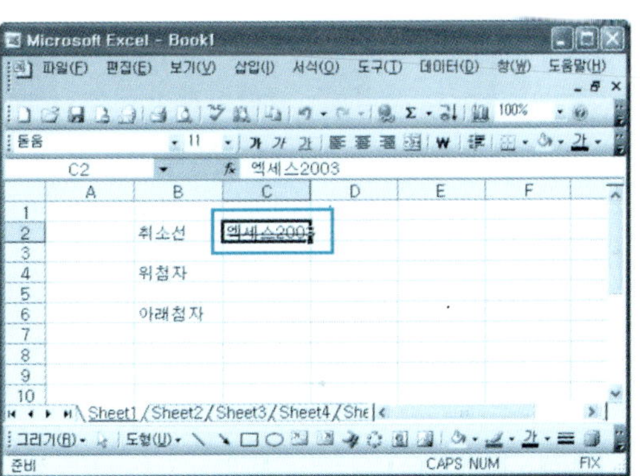

(2) 위첨자

❶ [D4 : 3] 입력 → [마우스
오른쪽 버튼 클릭] →
[셀 서식]을 클릭한다.

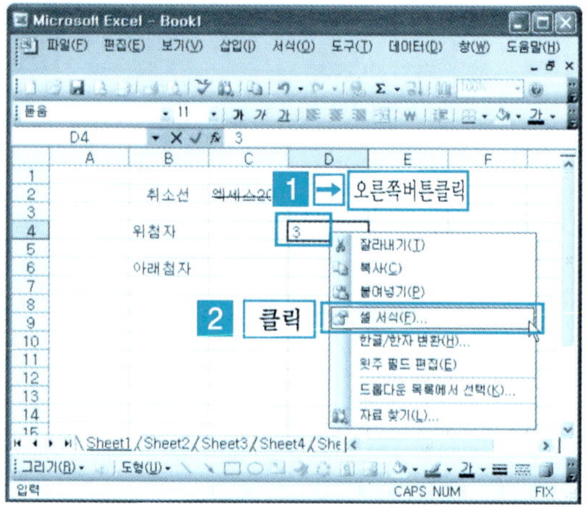

❷ [글꼴탭] → [위첨자 체크] → [확인]
버튼을 클릭한다.

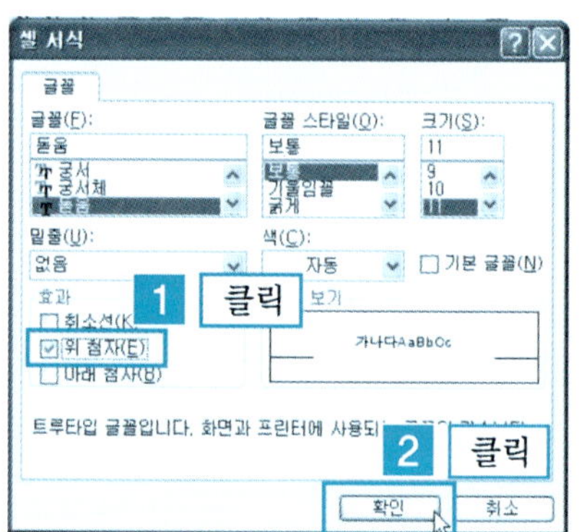

❸ [2]를 입력 → [마우스 오
른쪽 버튼 클릭] → [셀
서식]을 클릭한다.

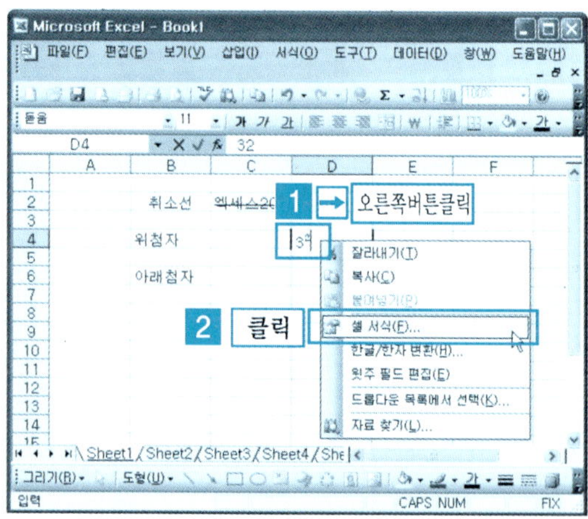

❹ [셀 서식] → [위첨자 해제] → [확인]
버튼을 클릭한다.

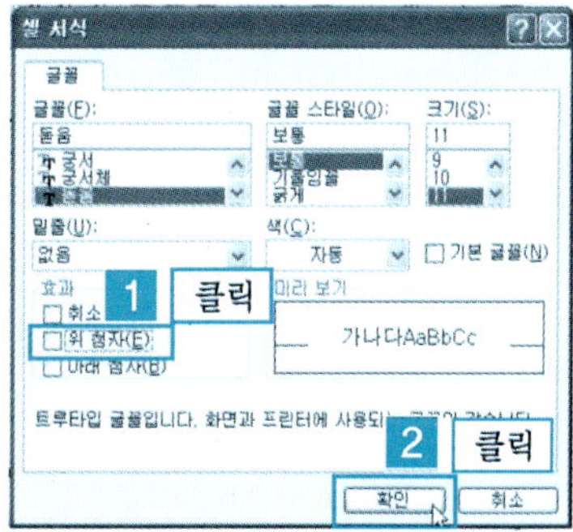

❺ [=9]를 입력한 결과 화면
이다.

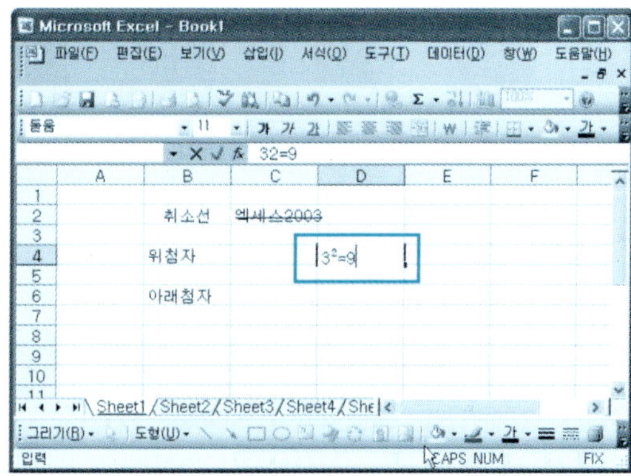

단 원 실 습 문 제

〈실습1〉 아래 문서와 같이 취소선 기능을 이용하여 D2 셀과 같은 글꼴을 만들어 보자.
〈실습2〉 아래 문서와 같이 위첨자 기능을 이용하여 D4 셀과 같은 글꼴을 만들어 보자.
〈실습3〉 아래 문서와 같이 아래첨자 기능을 이용하여 D6 셀과 같은 글꼴을 만들어 보자.

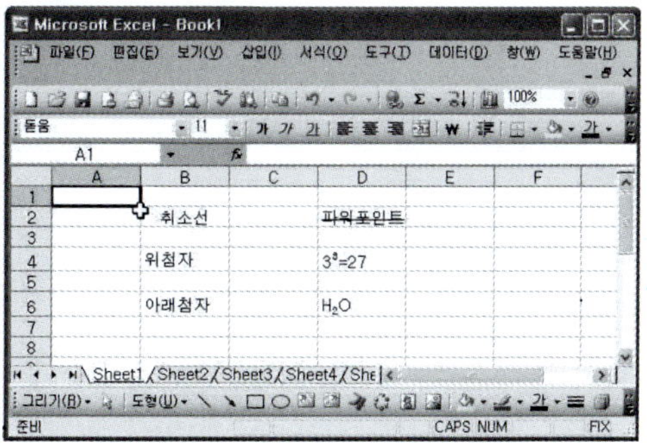

3.4 | 표 만들기

셀로 작성한 문서에 테두리를 설정하여 문서를 보다 더 깔끔하고 보기 좋게 만들 수 있다. 테두리선의 스타일, 색, 모양 등을 설정하여 문서를 아름답게 꾸밀 수 있는 기능들에 대해서 알아본다.

1 테두리 설정하기

① [예제] 폴더에서 [기말고사.xls] 파일을 불러온다. 셀 지정(A3:I11)] → [마우스 오른쪽 버튼 클릭] → [셀 서식]을 클릭한다. 또는 메뉴에서 [서식 메뉴] → [셀...]을 클릭한다.

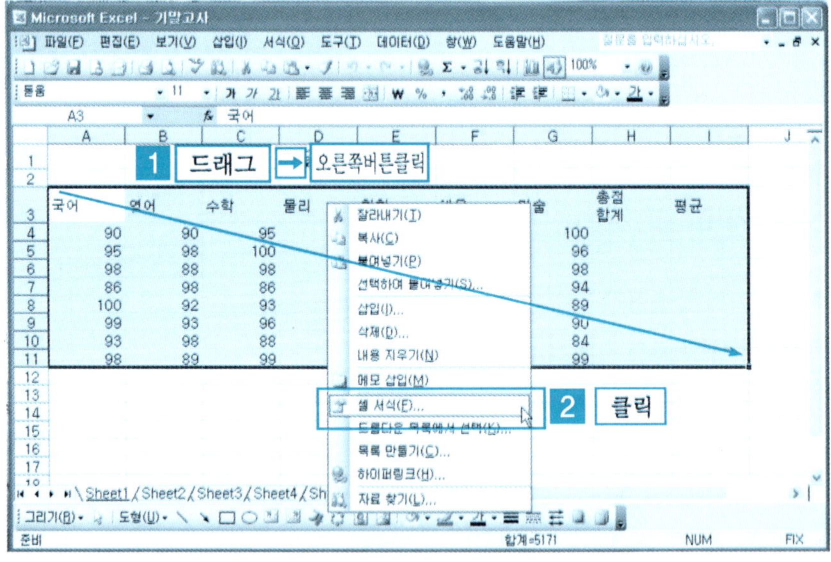

❷ [테두리 탭] → [윤곽선] → [안쪽] → [확인] 버튼을 클릭한다.

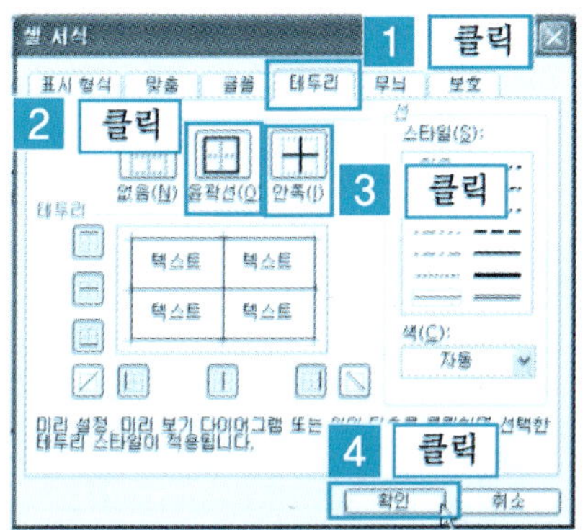

❸ 테두리 윤곽선과 안쪽의 선이 만들어진 결과 화면이다.

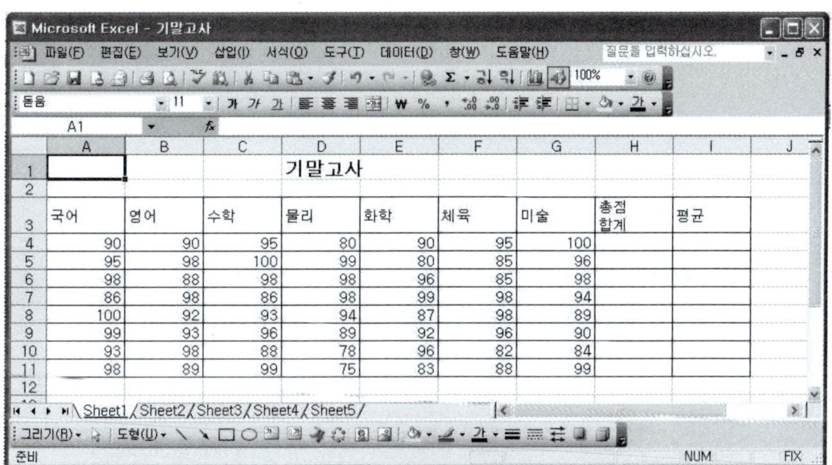

	A	B	C	D	E	F	G	H	I	J
1				기말고사						
2										
3	국어	영어	수학	물리	화학	체육	미술	총점 합계	평균	
4	90	90	95	80	90	95	100			
5	95	98	100	99	80	85	96			
6	98	88	98	98	96	85	98			
7	86	98	86	98	99	98	94			
8	100	92	93	94	87	98	89			
9	99	93	96	89	92	96	90			
10	93	98	88	78	96	82	84			
11	98	89	99	75	83	88	99			
12										

2 테두리 선 꾸미기

❶ [셀 범위 지정(A3:I11)] → [마우스 오른쪽 버튼 클릭] → [셀 서식]을 클릭한다. 또는 메뉴에서 [서식 메뉴] → [셀...]을 클릭한다.

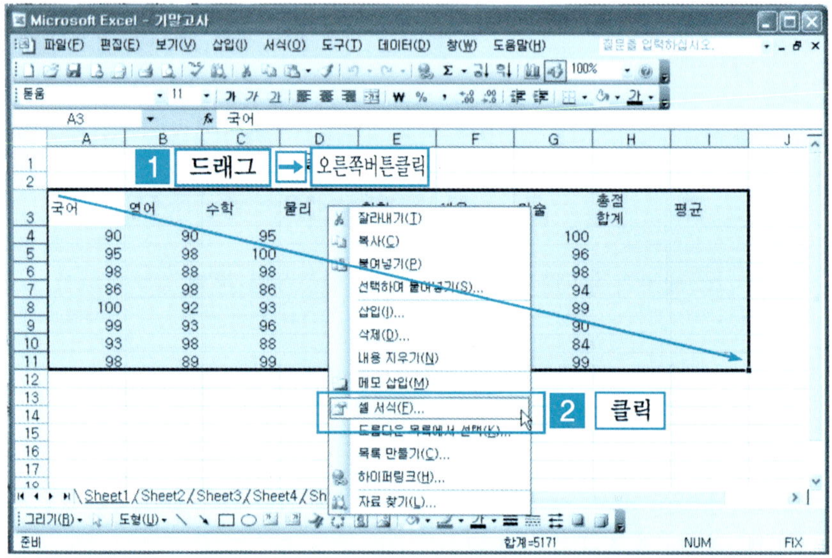

❷ [테두리 탭] → [선 스타일 지정] → [윤곽선] → [안쪽]을 클릭한다.

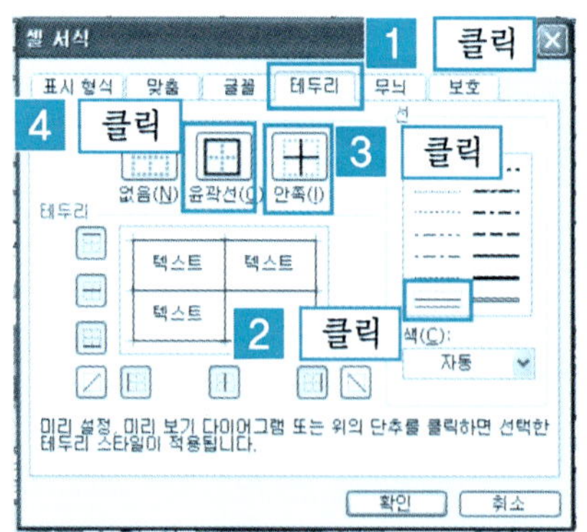

❸ [선 스타일 지정] → [오른쪽선] → [아래선] → [확인] 버튼을 클릭한다.

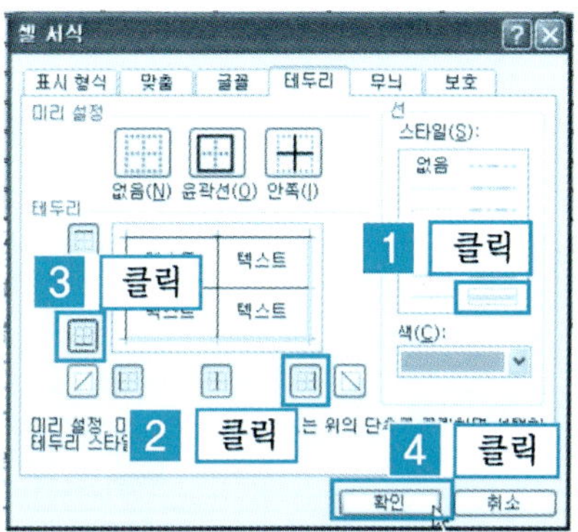

❹ 지정한 선으로 안쪽 테두리와 오른쪽과 아래쪽의 테두리 선이 꾸며졌다.

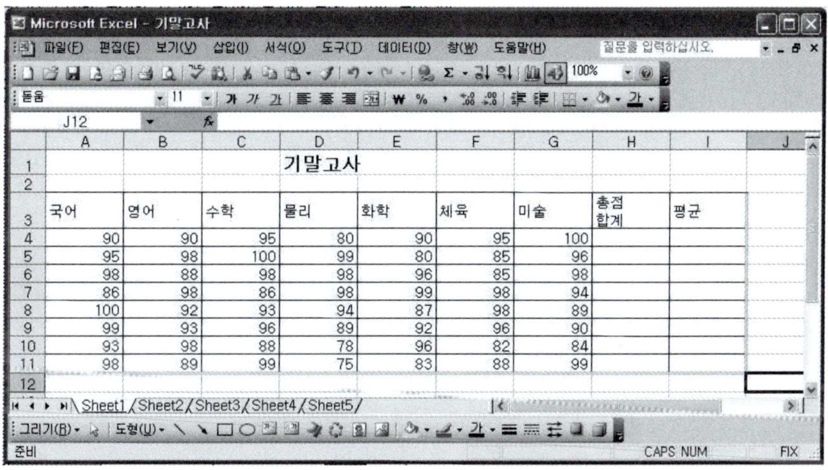

3 테두리 선 바꾸기

❶ [셀 범위 지정(A3:I3)] → [마우스 오른쪽 버튼 클릭] → [셀 서식]을 클릭한다. 또는 메뉴에서 [서식 메뉴] → [셀...]을 클릭한다.

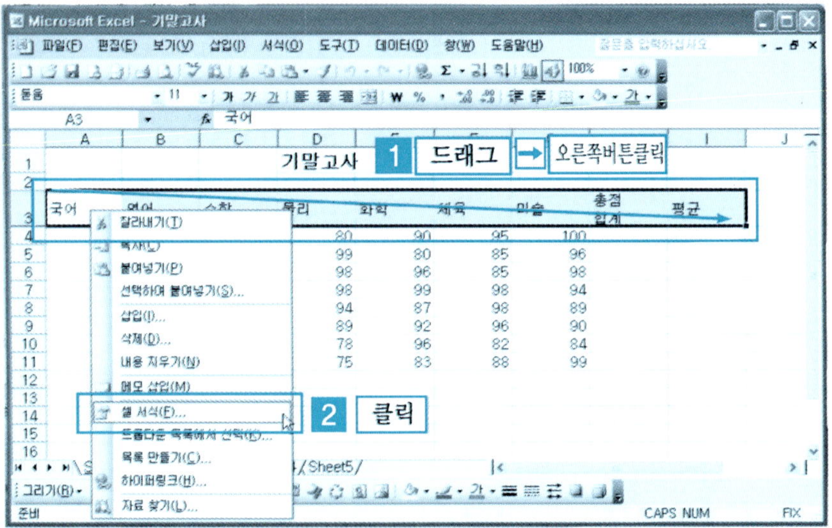

❷ [테두리 탭] → [색 상자] → [색 지정] → [선 스타일 지정] → [윤곽선] → [확인] 버튼을 클릭한다.

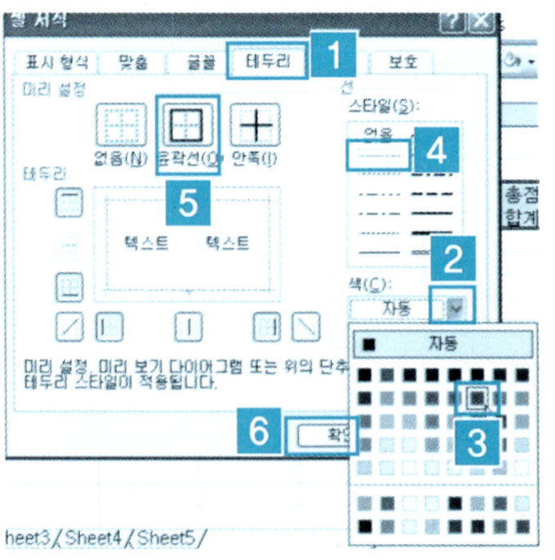

❸ 지정된 셀에 지정한 색과 테두리 선으로 테두리가 만들어졌다.

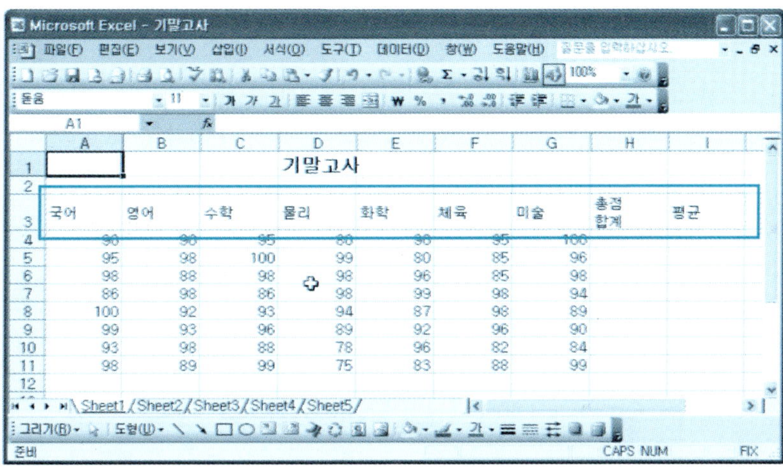

단 원 실 습 문 제

〈**실습1**〉 [예제] 폴더에서 [기말고사.xls] 파일을 불러온다.

〈**실습2**〉 아래와 같이 테두리의 모양과 색상을 바꾸어 보자.

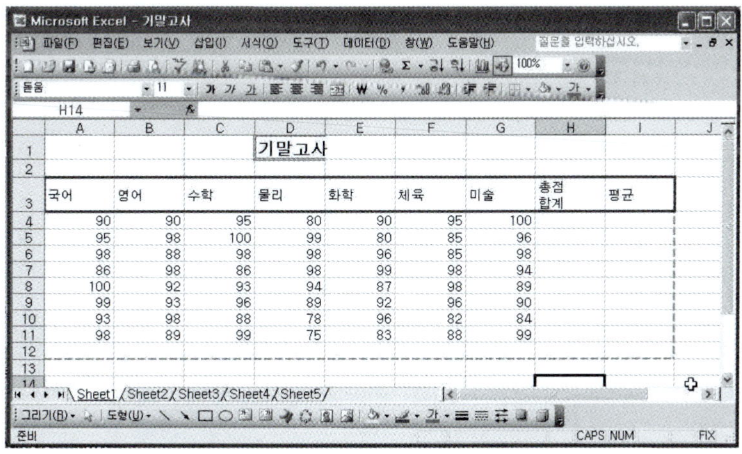

4 세부 테두리 지정

❶ 단원 실습 문제에서 변경한 [기말고사.xls] 파일의 세부 테두리를 지정해 보자. [셀 범위 지정(A4:I12)] → [마우스 오른쪽 버튼 클릭] → [셀 서식]을 클릭한다. 또는 메뉴에서 [서식 메뉴] → [셀...]을 클릭한다.

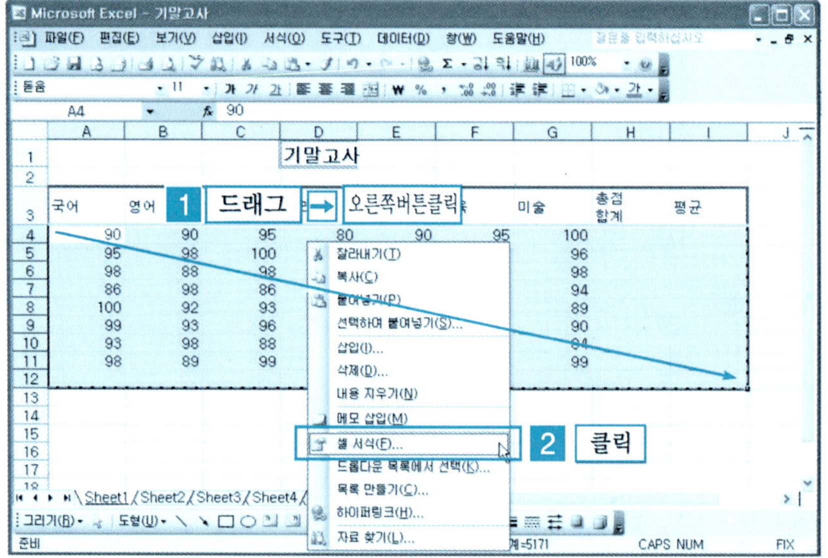

❷ [테두리 탭] → [색 상자] → [색 지정] → [선 스타일 지정] → [내부수직선] → [내부수평선] → [확인] 버튼을 클릭한다.

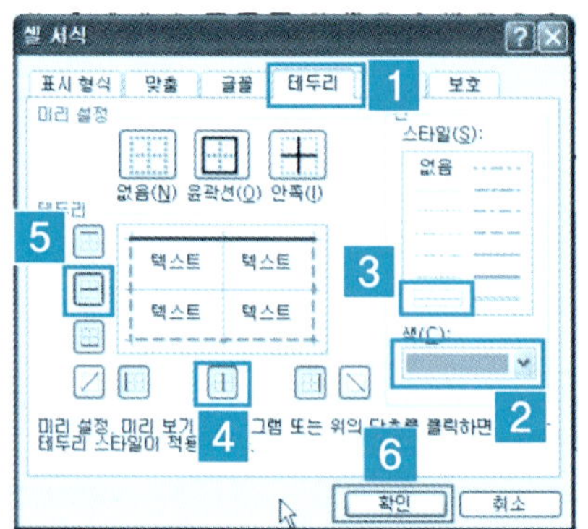

❸ 지정된 셀 범위의 내부 테두리가 지정된 선과 지정된 색상으로 만들어졌다.

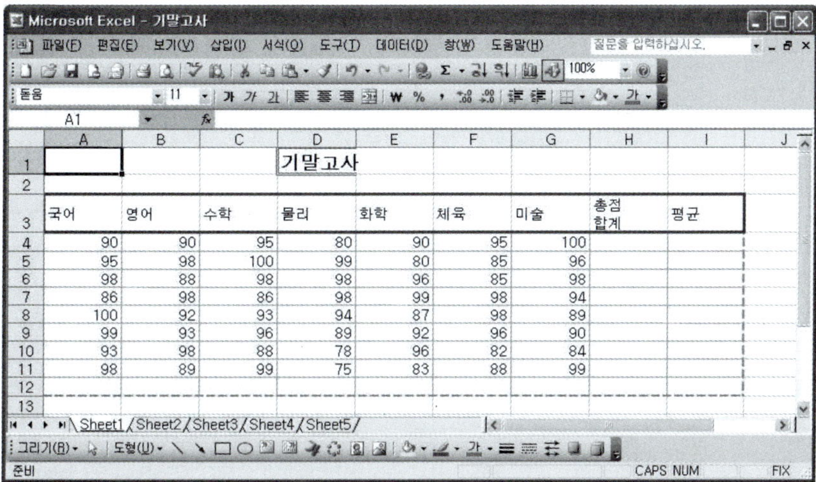

5 테두리 해제하기

❶ 테두리를 해제할 [셀 지정] → [마우스 오른쪽 버튼 클릭] → [셀 서식]을 클릭한다. 또는 메뉴에서 [서식 메뉴] → [셀...]을 클릭한다.

❷ [셀 서식 대화상자] → [테두리 탭] → [미리 설정 없음] → [확인] 버튼을 클릭한다.

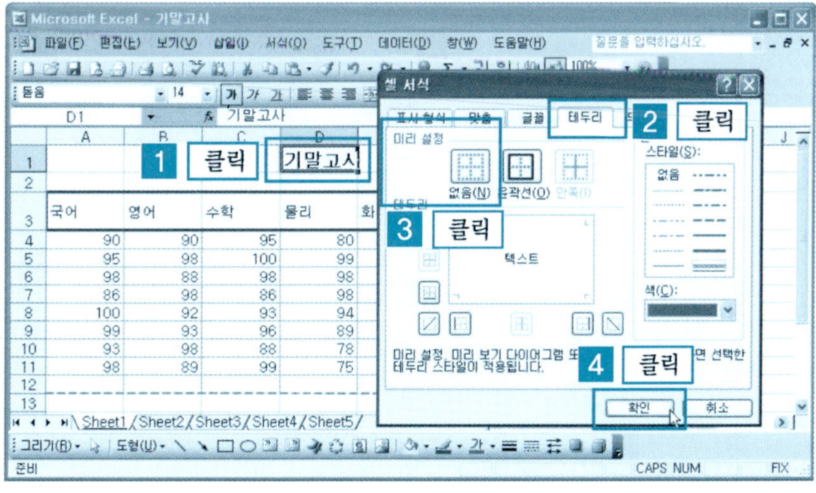

❸ 지정된 셀의 테두리가 사라졌다.

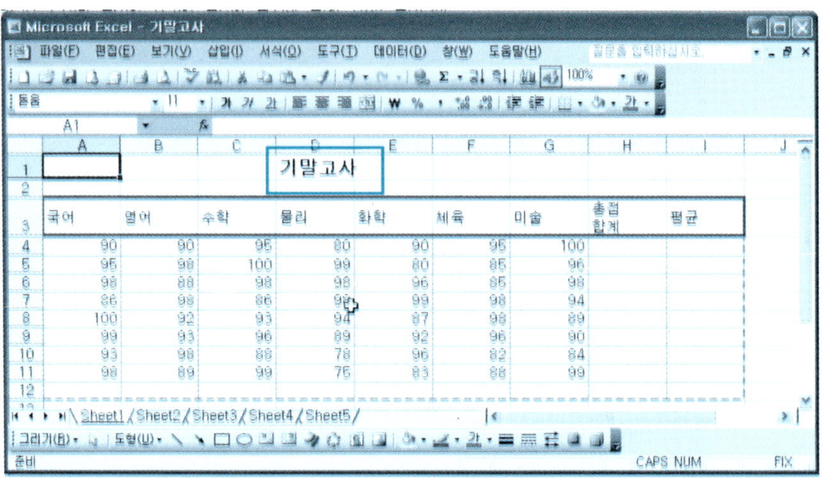

단 원 실 습 문 제

〈**실습1**〉 [예제] 폴더에서 [중간고사.xls] 파일을 불러온다.

〈**실습2**〉 아래와 같이 테두리의 모양과 색상을 바꾸어 문서를 새롭게 만들어 보자.

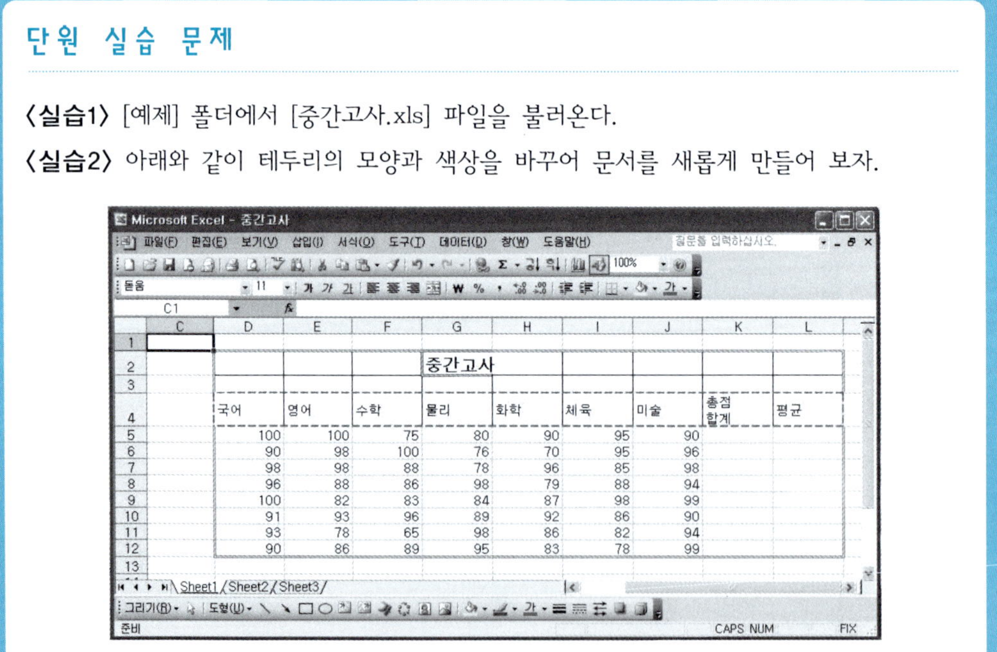

3.5 │ 셀 무늬 지정

엑셀로 작성한 문서에서 셀에 무늬를 넣거나 색깔을 넣어 보기 좋은 예쁜 문서를 작성할 수 있다. 이러한 셀에 무늬와 색깔을 넣는 기능에 대해서 알아본다.

1 셀 음영과 색 지정

❶ [예제] 폴더에서 [기말고사.xls] 파일을 불러온다. [A3:A11]까지 셀을 삽입한다. 음영과 색 변경을 위한 [셀 범위 지정] → [마우스 오른쪽 버튼 클릭] → [셀 서식]을 클릭한다. 또는 메뉴에서 [서식 메뉴] → [셀...]을 클릭한다.

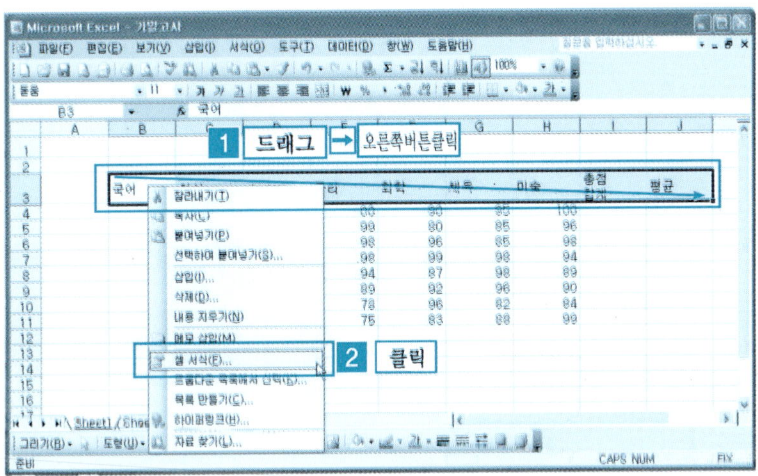

❷ [셀 서식 대화상자] → [무늬 탭] → [셀 음영] → [색 항목] → [색]을 클릭한다.

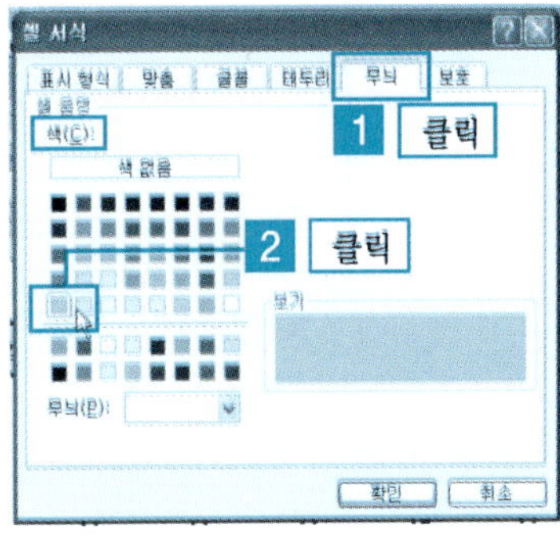

❸ [무늬 항목] → [무늬 지정] → [색 지정] → [확인]을 클릭한다.

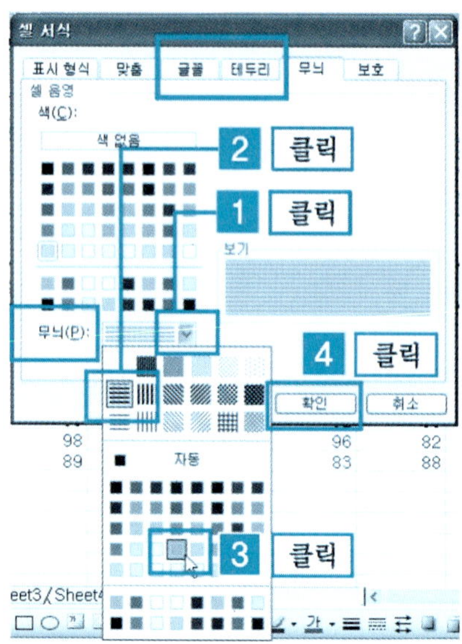

❹ 지정한 셀 범위의 셀 무늬와 색으로 변경된 결과 화면이다.

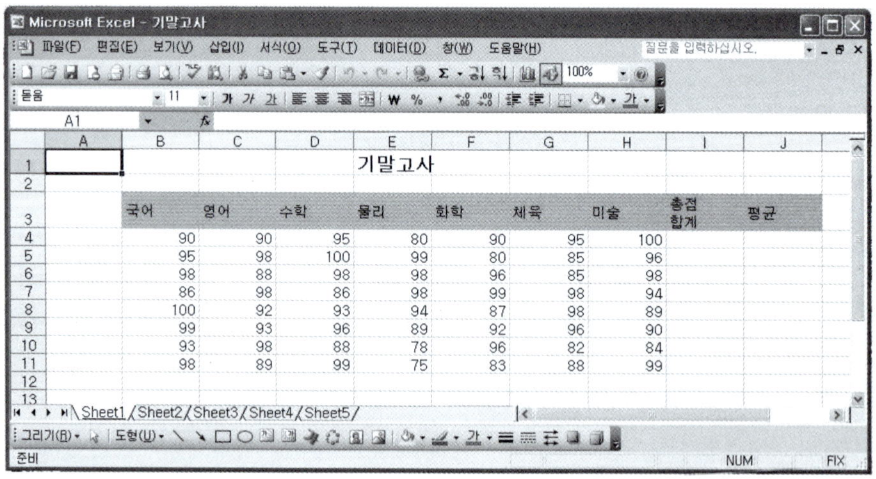

	A	B	C	D	E	F	G	H	I	J
1					기말고사					
2										
3		국어	영어	수학	물리	화학	체육	미술	총점 합계	평균
4		90	90	95	80	90	95	100		
5		95	98	100	99	80	85	96		
6		98	88	98	98	96	85	98		
7		86	98	86	98	99	98	94		
8		100	92	93	94	87	98	89		
9		99	93	96	89	92	96	90		
10		93	98	88	78	96	82	84		
11		98	89	99	75	83	88	99		
12										
13										

② 셀 색깔 지정

① [A3:A11 셀]에 그림과 같이 입력하고 [A3:A11]을 드래그한다. 색깔을 채우기 위한 [셀 범위 지정] → [서식 도구 모음 색채우기 아이콘] → [색]을 클릭한다.

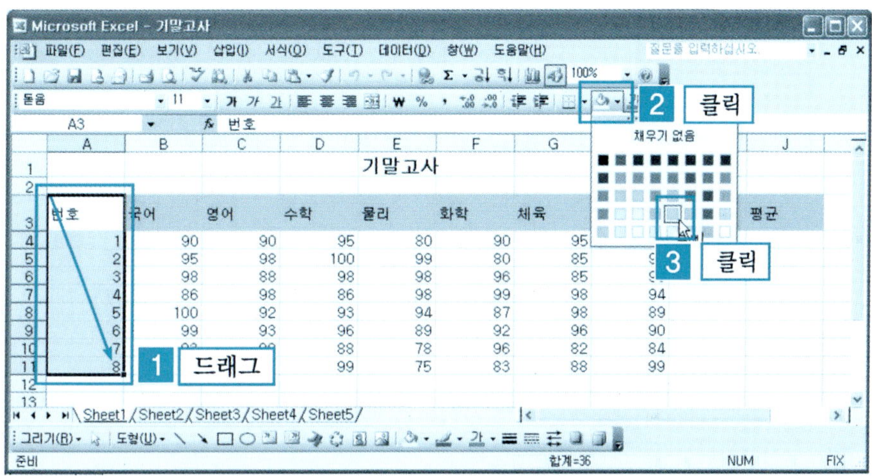

② 지정한 셀 범위의 셀에 지정한 색으로 채워진 결과 화면이다.

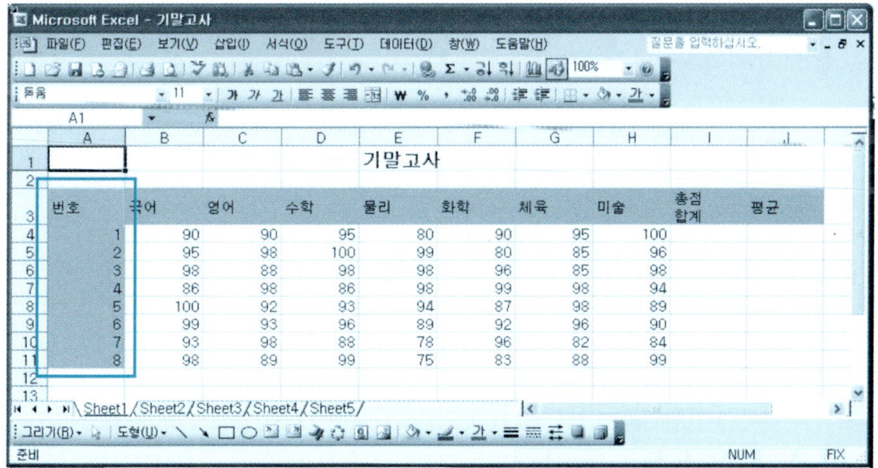

단 원 실 습 문 제

[예제] 폴더에서 [중간고사.xls] 파일을 불러와 셀에 무늬와 색 채우기 기능을 이용하여 다음과 같이 문서를 변경해 보자.

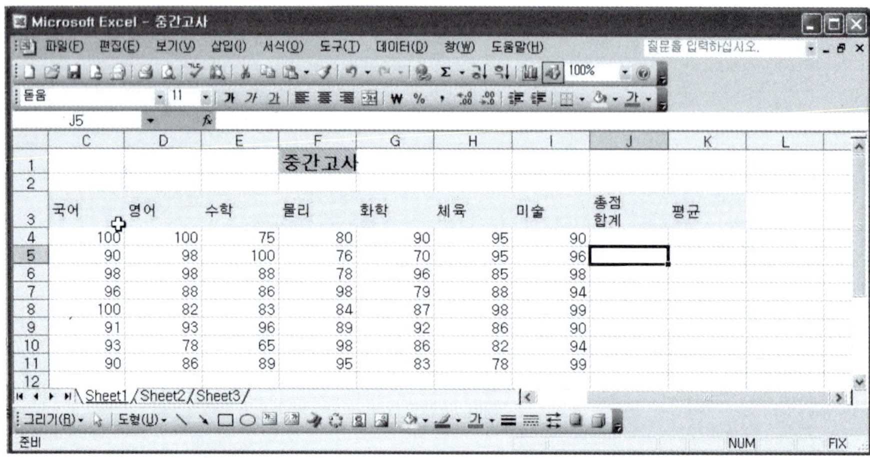

〈실습1〉 F1 셀을 셀 서식 메뉴를 이용하여 셀의 무늬와 색을 넣어보자.

〈실습2〉 C3:K3 셀 영역을 서식 도구 모음의 색채우기 아이콘을 이용하여 위와 같이 색을 채워보자.

3 셀 구분선 숨기기

워크시트의 셀을 구분하는 구분선을 보이지 않도록 숨기거나 보이도록 할 수 있다. 워크시트상에서 보이는 셀의 구분선은 프린트하면 나타나지는 않는다.

❶ [도구 메뉴] → [옵션]을 클릭한다.

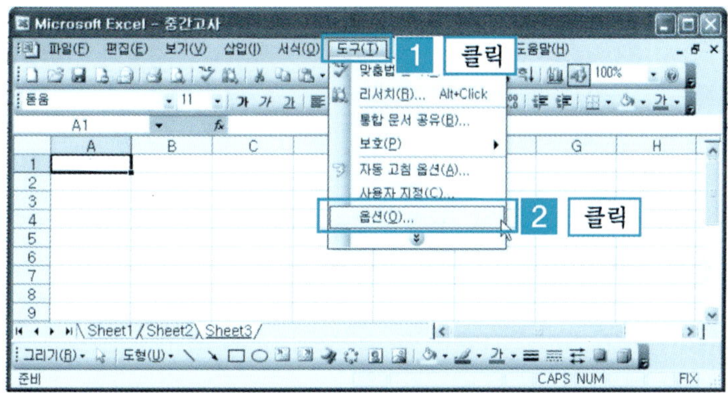

❷ 옵션 대화상자에서 [화면 표시 탭] → [눈금선 해제] → [확인] 버튼을 클릭한다.

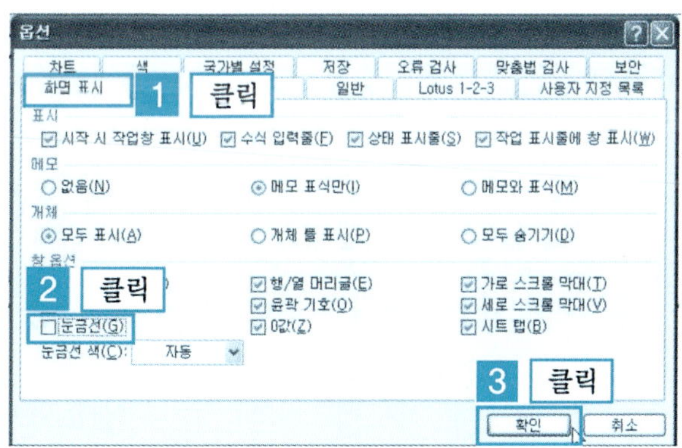

❸ 워크시트에 눈금
선이 사라진 결
과 화면이다.

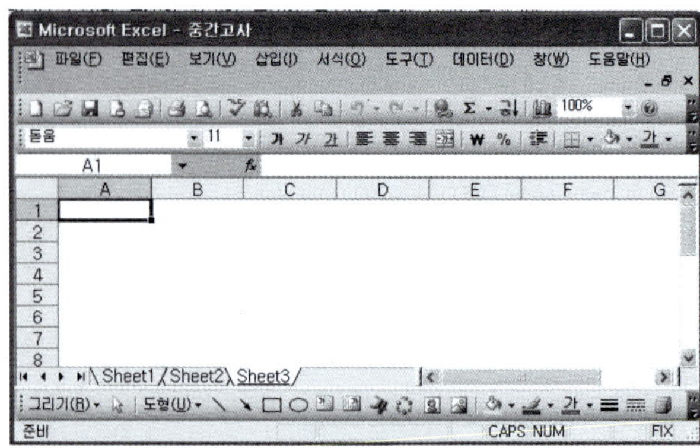

단 원 실 습 문 제

〈**실습1**〉 워크시트에 눈금선이 보이지 않도록 해보자.
〈**실습2**〉 워크시트에 눈금선이 보이도록 해보자.

3.6 | 숫자 표시 스타일 설정

엑셀에서 입력되는 숫자 데이터는 워크시트의 기본 표시 형식인 표준 서식이
적용되어 정수, 소수, 지수 등으로 표기된다. 표준 서식에서의 숫자는 11자리까지
나타낼 수 있으며 숫자가 길어서 하나의 셀 안에 들어갈 수 없으면 지수 형식으로
자동 표기된다. 표시 형식을 변경하려면 서식 도구 모음이나 메뉴를 이용하여 변
경할 수 있으며 서식 도구 모음의 통화, 백분율 스타일, 쉼표 스타일, 자릿수 늘림,
자릿수 줄임 아이콘을 사용하면 편리하게 숫자를 표기할 수 있다.

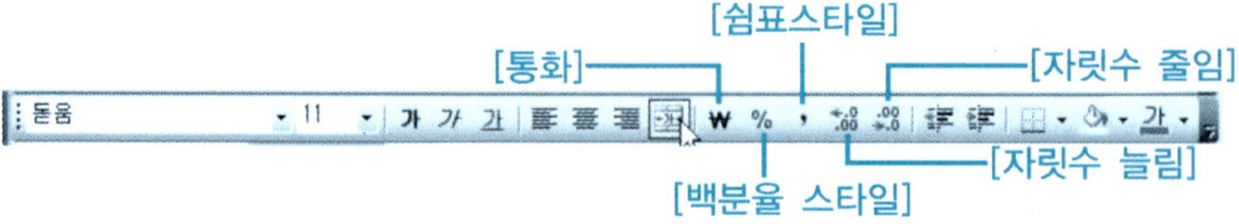

1 소수점 자릿수 스타일 설정

❶ [예제] 폴더에서 [표시형식.xls] 파일을 불러온다. [셀 범위 지정] → [마우스 오른쪽 버튼 클릭] → [셀 서식]을 클릭한다. 또는 메뉴에서 [서식 메뉴] → [셀...]을 클릭한다.

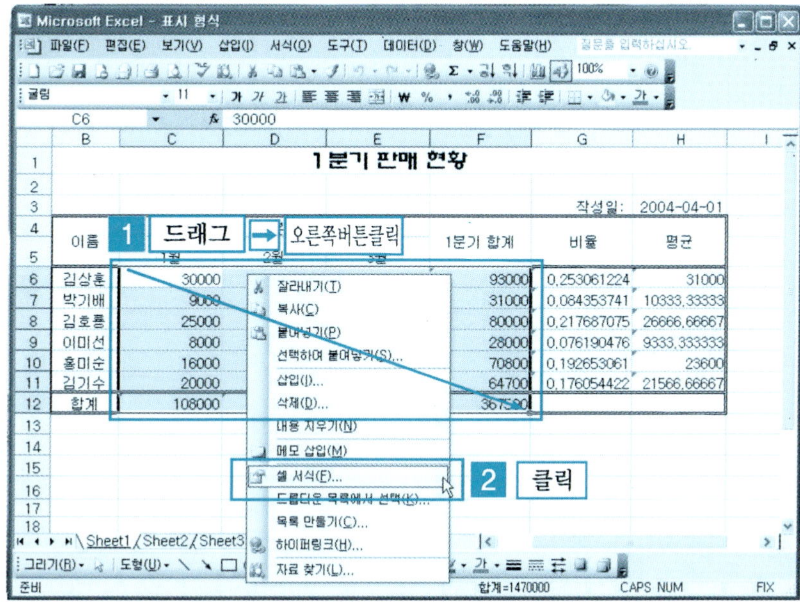

❷ [셀 서식 대화상자] → [표시 형식 탭] → [숫자] → [소수 자릿수 지정] → [확인] 버튼을 클릭한다.

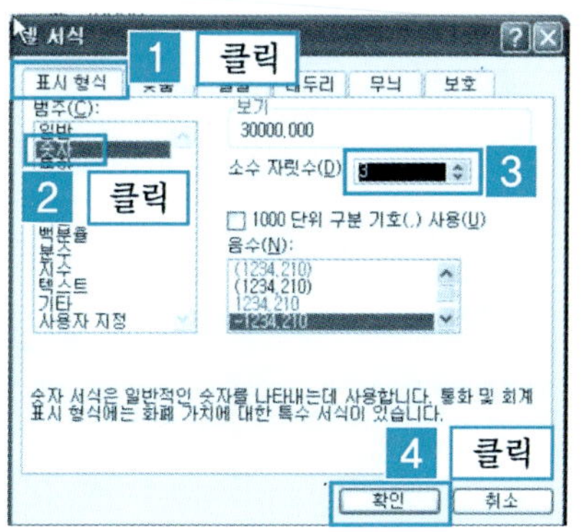

❸ 지정한 셀 범위의 숫자들이 소수점 이하 3자리까지 표기된 결과 화면이다.

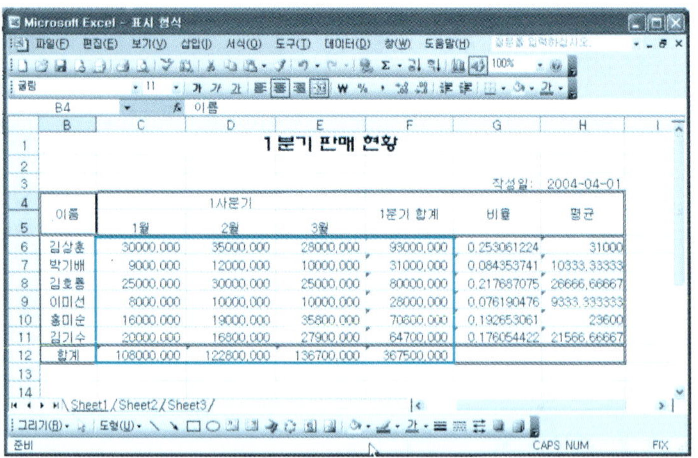

2 서식 도구 아이콘을 이용한 소수점 줄임

❶ [셀 범위 지정] → [서식 도구 모음 자릿수 줄임 아이콘]을 클릭한다.

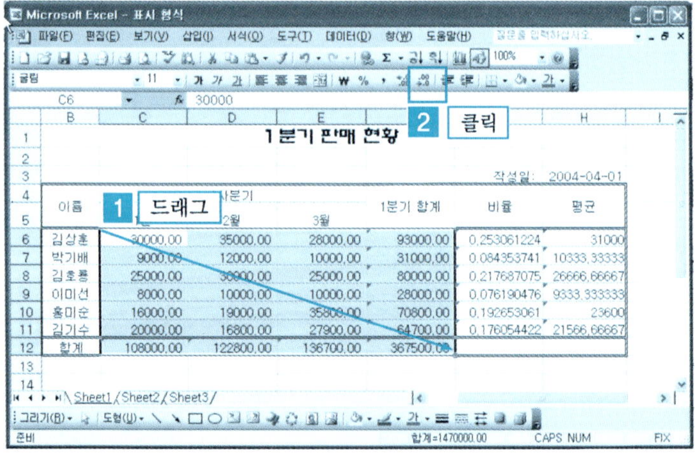

> **도움말** [자릿수 줄임] 아이콘을 한번 클릭할 때마다 소수점 이하 자릿수가 한 자리씩 줄어들게 된다.

❷ 지정한 셀 범위의 숫자들이 소수점 이하 3자리에서 2자리로 줄어든 결과 화면이다.

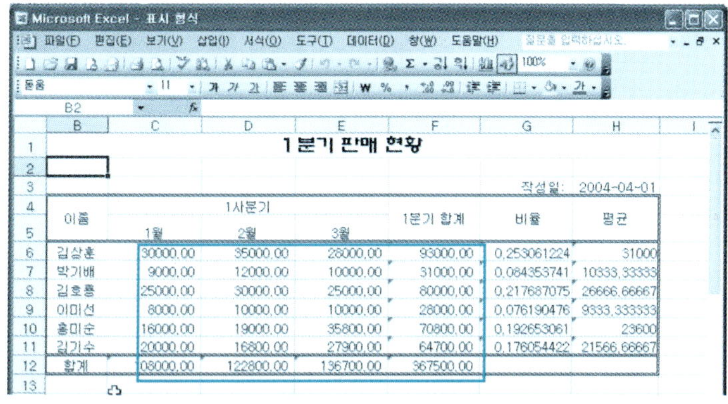

③ 천단위 구분기호 표시 스타일 설정

숫자 데이터는 세 자리마다 구분기호(,)를 사용한다. 서식 도구 모음에서 쉼표 스타일 아이콘을 사용하면 쉽게 천단위 구분을 할 수 있다.

❶ [셀 범위 지정] → [마우스 오른쪽 버튼 클릭] → [셀 서식]을 클릭한다. 또는 메뉴에서 [서식 메뉴] → [셀...]을 클릭한다.

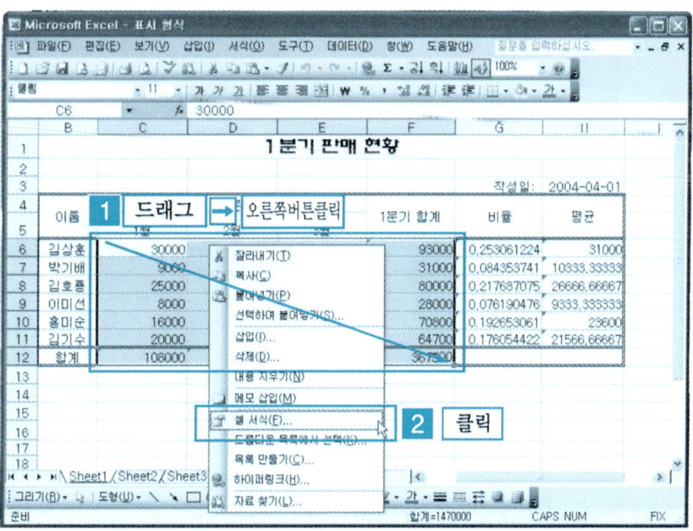

❷ [셀 서식 대화상자] → [표시 형식 탭] → [숫자] → [천단위 구분기호(,) 사용 체크] → [확인] 버튼을 클릭한다.

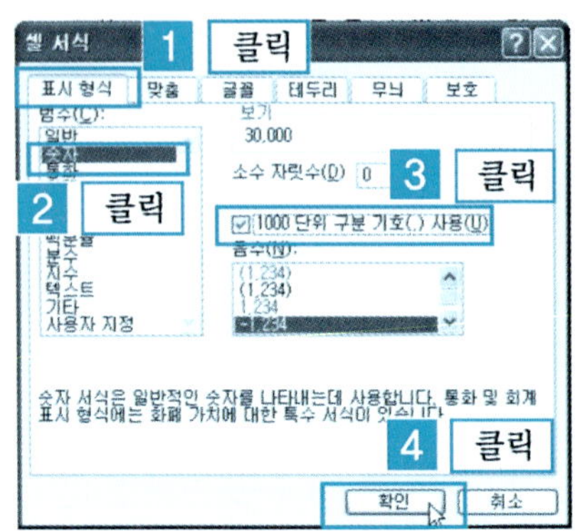

❸ 지정한 셀 범위의 숫자들이 천단위 구분기호(,)로 표기된 결과 화면이다.

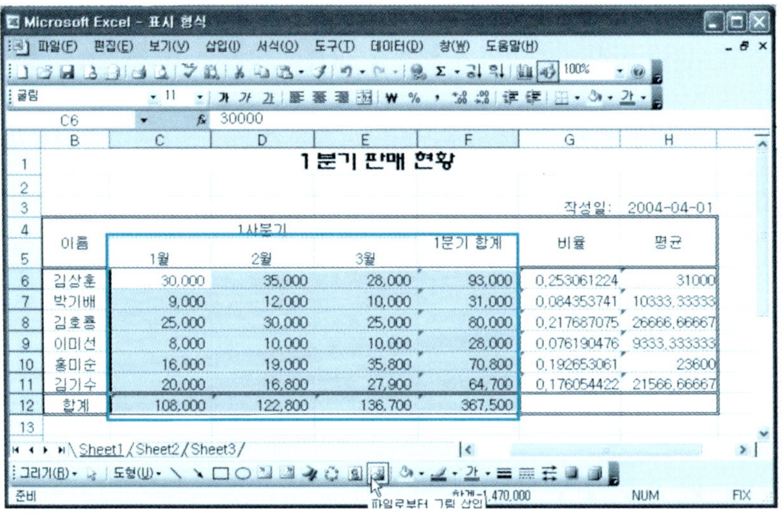

이름	1사분기			1분기 합계	비율	평균
	1월	2월	3월			
김상훈	30,000	35,000	28,000	93,000	0.253061224	31000
박기배	9,000	12,000	10,000	31,000	0.084353741	10333.33333
김호종	25,000	30,000	25,000	80,000	0.217687075	26666.66667
이미선	8,000	10,000	10,000	28,000	0.076190476	9333.333333
홍미순	16,000	19,000	35,800	70,800	0.192653061	23600
길기수	20,000	16,800	27,900	64,700	0.176054422	21566.66667
합계	108,000	122,800	136,700	367,500		

4 음수 스타일 설정

❶ [표시형식.xls] 파일의 [Sheet2]를 클릭한다. [셀 범위 지정] → [마우스 오른쪽 버튼 클릭] → [셀 서식]을 클릭한다. 또는 메뉴에서 [서식 메뉴] → [셀...]을 클릭한다.

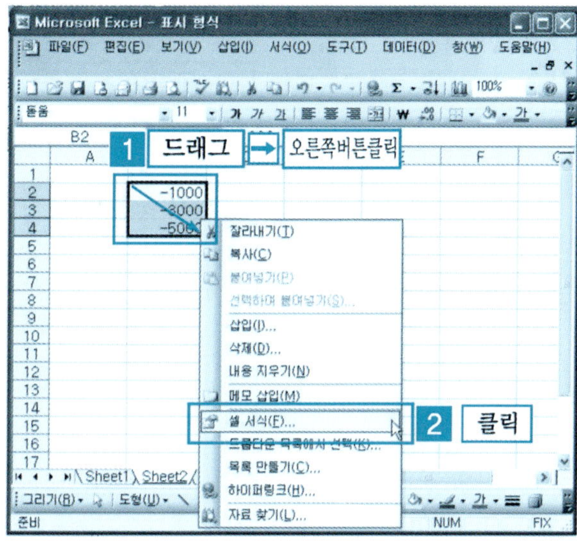

❷ [셀 서식 대화상자] → [표시 형식 탭] → [숫자] → [음수] → [빨간색 괄호] → [확인] 버튼을 클릭한다.

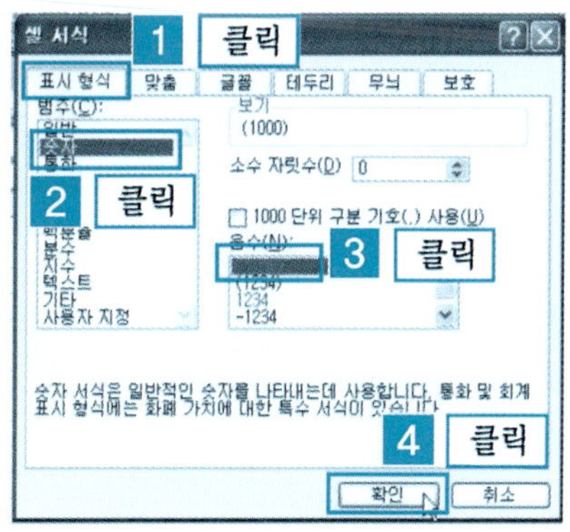

❸ 지정한 셀 범위의 음
수들이 빨간색으로 표
기된 결과 화면이다.

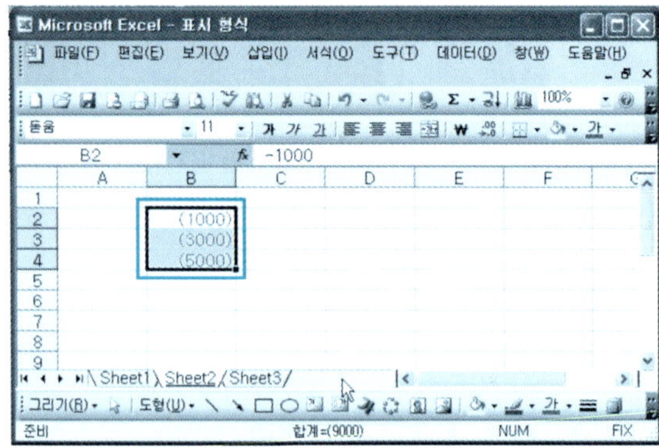

❹ 지정한 셀 범위의 음
수들이 괄호로 표기된
결과 화면이다.

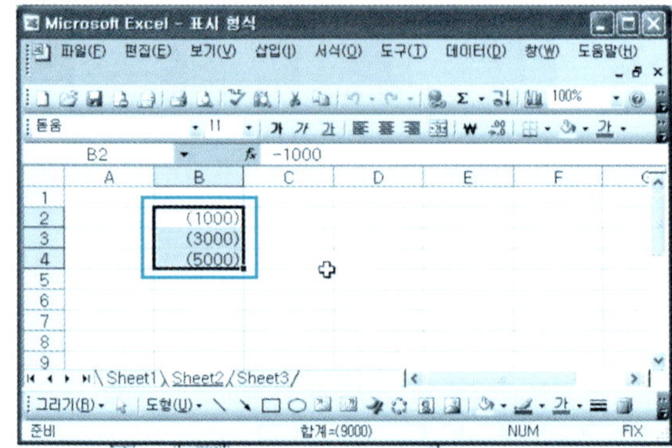

❺ 지정한 셀 범위의 음
수들이 빨간색으로 표
기된 결과 화면이다.

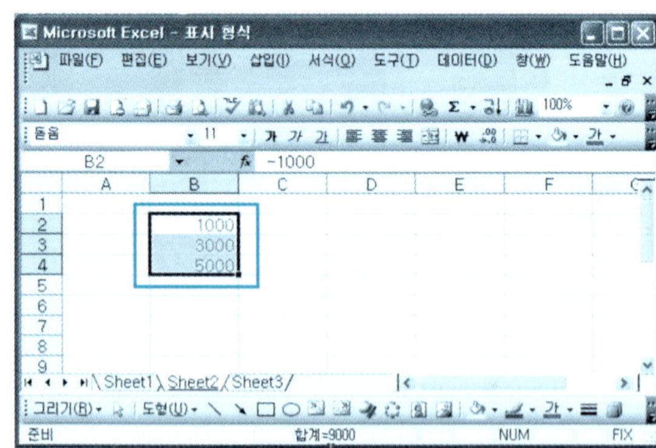

5 **화폐 스타일 설정**

① [B5 : 2000], [B6 : 4000], [B7 : 6000]을 입력한다. [셀 범위 지정] → [마우스 오른쪽 버튼 클릭] → [셀 서식]을 클릭한다. 또는 메뉴에서 [서식 메뉴] → [셀...]을 클릭한다.

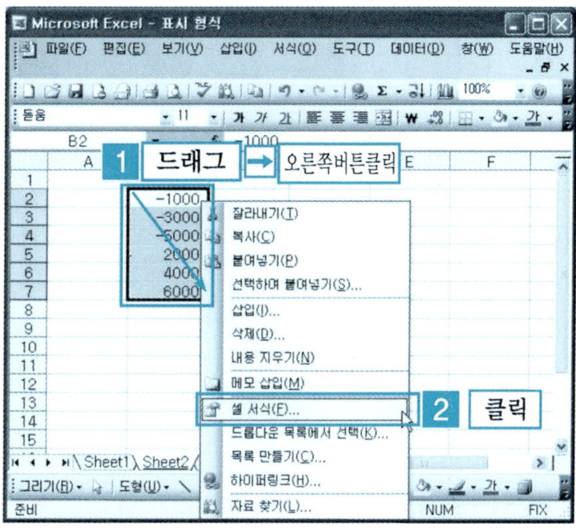

② [셀 서식 대화상자] → [표시 형식 탭] → [통화] → [기호] → [₩기호]를 클릭한다.

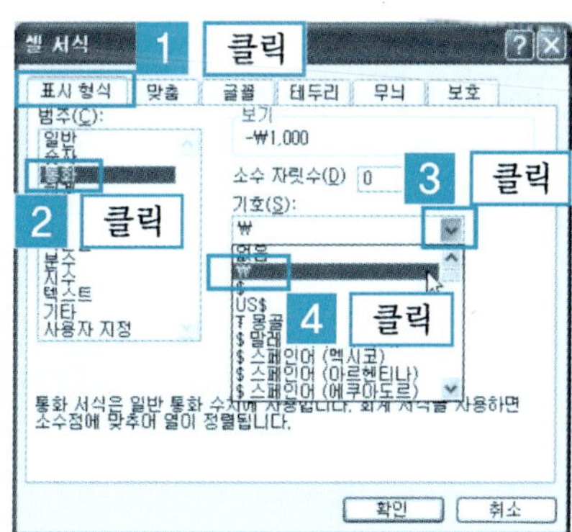

❸ [음수] → [빨간 괄호] → [확인] 버튼을 클릭한다.

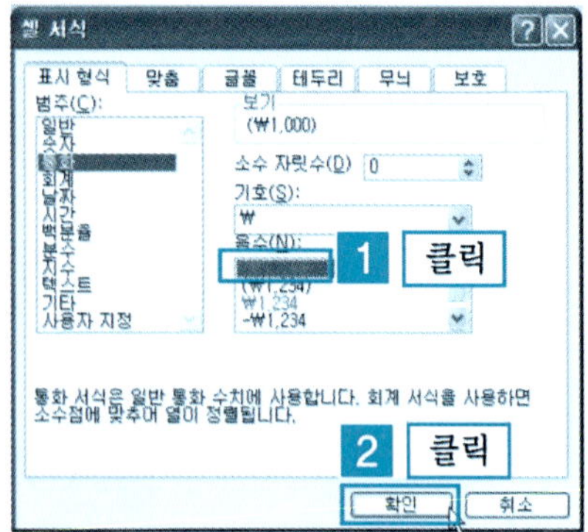

❹ 지정한 셀 범위의 숫자들이 화폐(₩)와 음수는 빨간색으로 표기된 결과 화면이다.

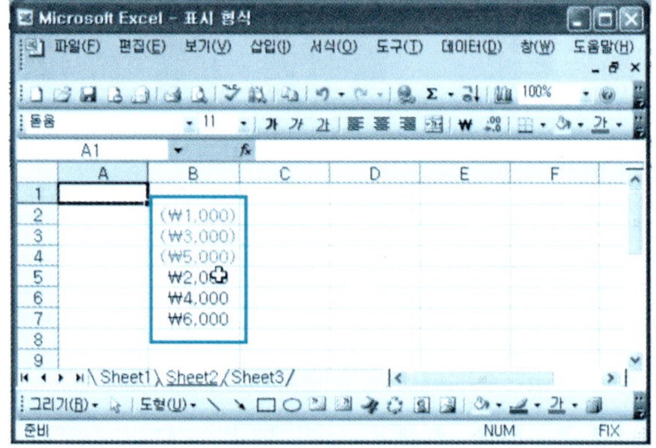

❺ [셀 서식 대화상자] → [표시 형식 탭] → [통화] → [기호] → [₩기호] → [음수] → [괄호 표현]으로 설정한 결과 화면이다.

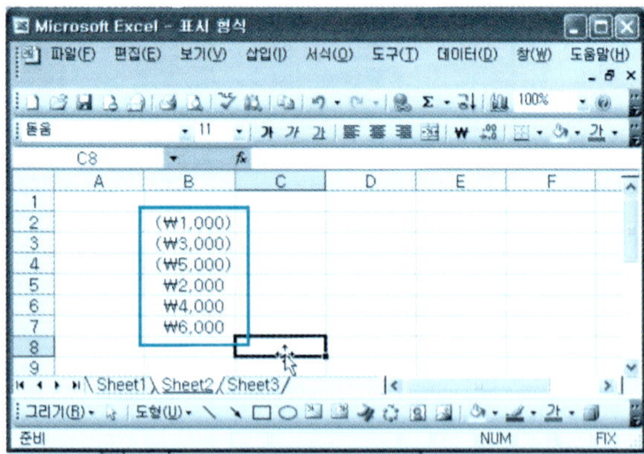

⑥ [셀 서식 대화상자] →
[표시 형식 탭] → [통화]
→ [기호] → [$기호] →
[음수] → [빨간색 표현]
으로 설정한 결과 화면
이다.

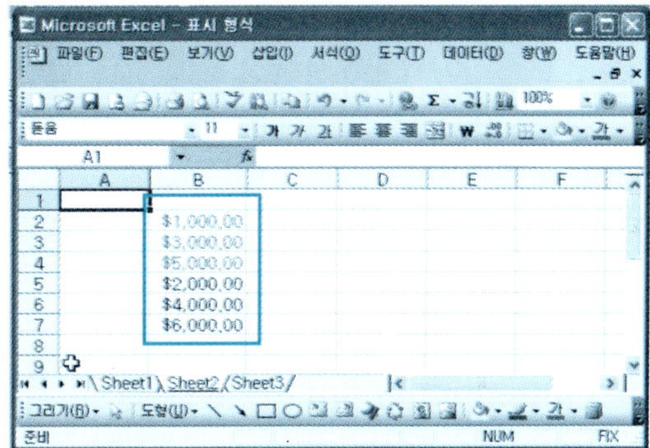

6 백분율 스타일 설정

숫자 데이터에서 백분율만을 나타내고자 할 경우에는 서식 도구 모음에서 [백분율 스타일 아이콘]을 사용하면 백분율[%] 표시만을 지정할 수 있으며, 소수 자릿수를 지정할 경우에는 메뉴를 사용해야 한다.

❶ [예제] 폴더에서 [표시형식.xls] 파일을 불러온다. [셀 범위 지정] → [마우스 오른쪽 버튼 클릭] → [셀 서식]을 클릭한다. 또는 메뉴에서 [서식 메뉴] → [셀...]을 클릭한다.

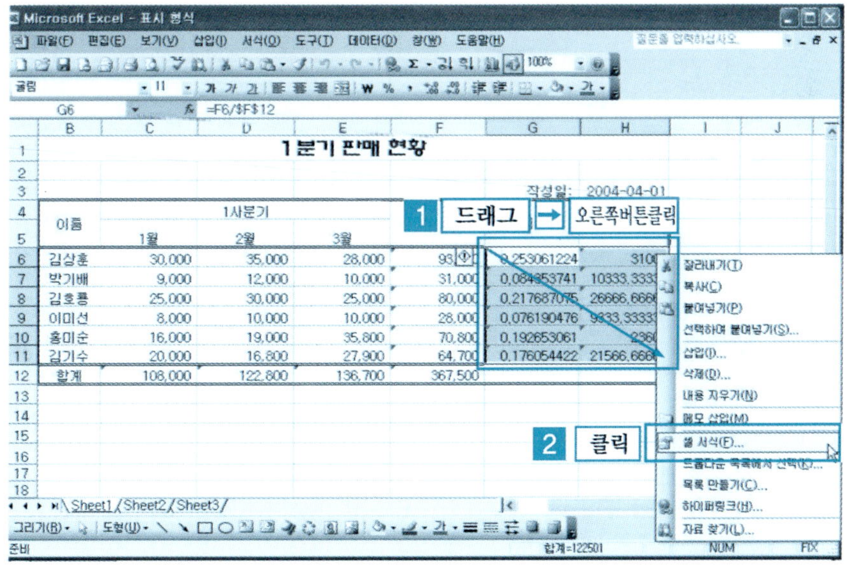

❷ [셀 서식 대화상자] → [표시 형식 탭] → [백분율] → [소수 자릿수 입력] →
[확인] 버튼을 클릭한다.

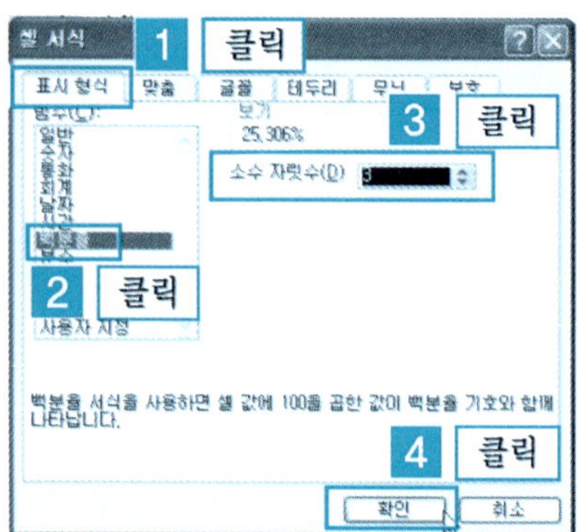

❸ 지정한 셀 범위의 숫자들이 소수점 이하 3자리까지 백분율로 표기된 결과 화
면이다.

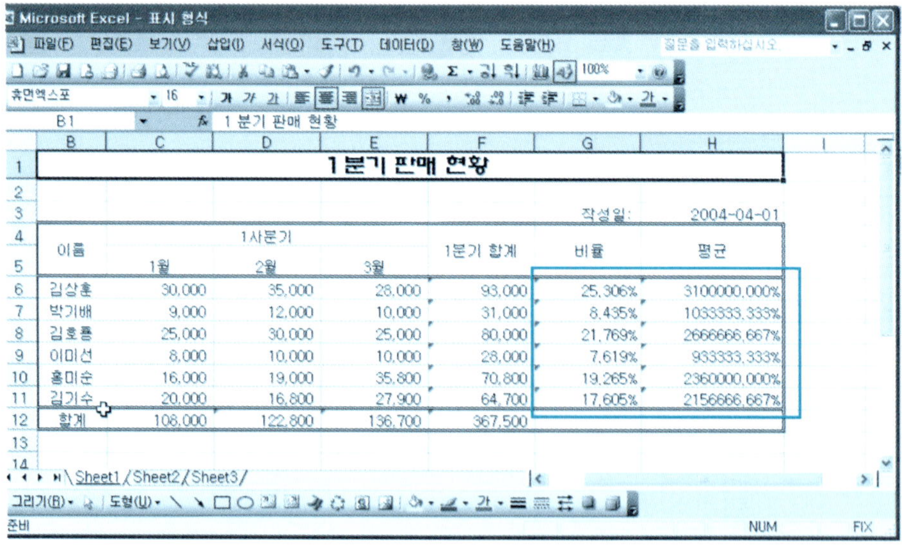

이름	1사분기			1분기 합계	비율	평균
	1월	2월	3월			
김상훈	30,000	35,000	28,000	93,000	25,306%	3100000,000%
박기배	9,000	12,000	10,000	31,000	8,435%	1033333,333%
김호풍	25,000	30,000	25,000	80,000	21,769%	2666666,667%
이미선	8,000	10,000	10,000	28,000	7,619%	933333,333%
홍미순	16,000	19,000	35,800	70,800	19,265%	2360000,000%
김기수	20,000	16,800	27,900	64,700	17,605%	2156666,667%
합계	108,000	122,800	136,700	367,500		

7 날짜 표시 스타일 설정

❶ [예제] 폴더에서 [날짜표시.xls] 파일을 불러온다. [셀 범위 지정] → [마우스 오른쪽 버튼 클릭] → [셀 서식]을 클릭한다. 또는 메뉴에서 [서식 메뉴] → [셀...]을 클릭한다.

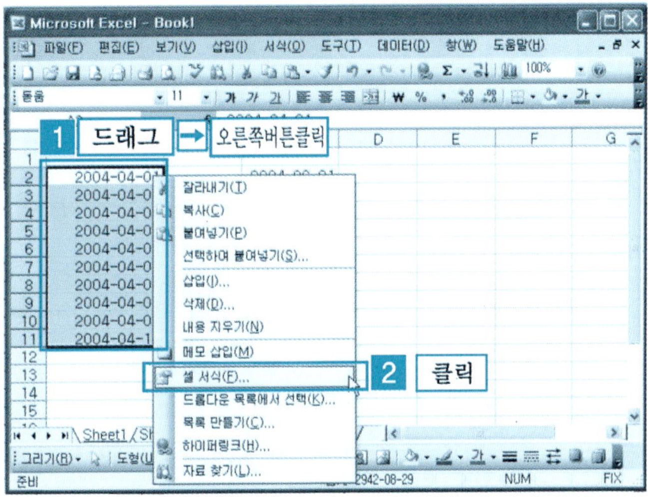

❷ [셀 서식 대화상자] → [표시 형식 탭] → [날짜] → [형식] → [확인] 버튼을 클릭한다.

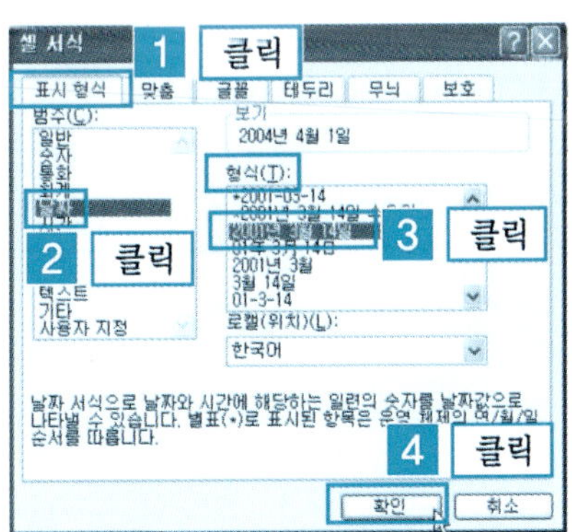

❸ 지정한 셀 범위의 날짜들이 지정한 날짜 형식으로 표기된 결과 화면이다.

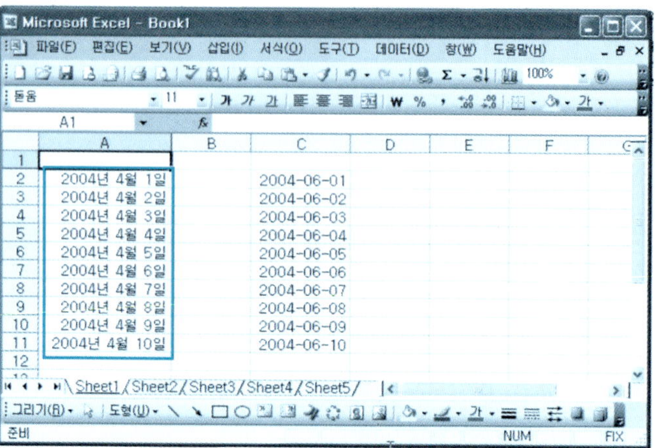

❹ 지정한 셀 범위의 날짜들이 요일까지 지정한 날짜 형식으로 표기된 결과 화면이다.

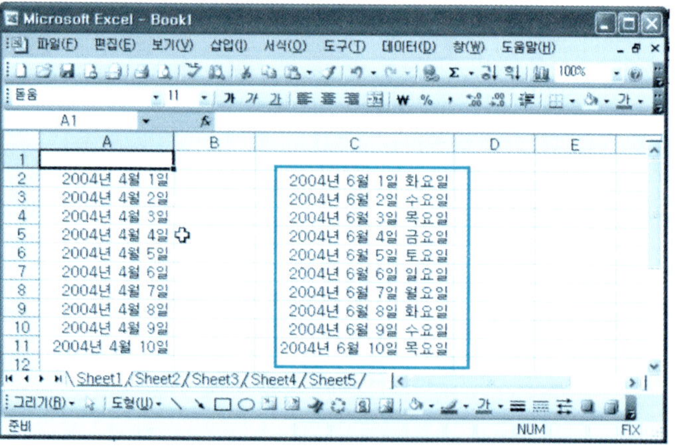

8 시간 표시 스타일 설정

❶ [Sheet2]를 클릭한다. [셀 범위 지정] → [마우스 오른쪽 버튼 클릭] → [셀 서식]을 클릭한다. 또는 메뉴에서 [서식 메뉴] → [셀...]을 클릭한다.

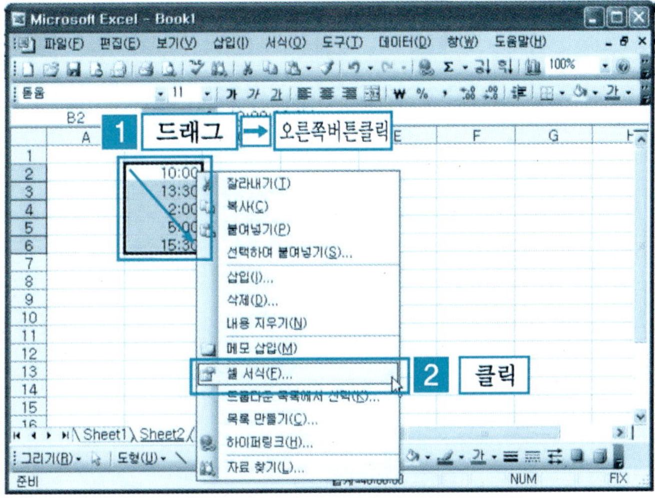

❷ [셀 서식 대화상자] → [표시 형식 탭] → [시간] → [형식] → [확인] 버튼을 클릭한다.

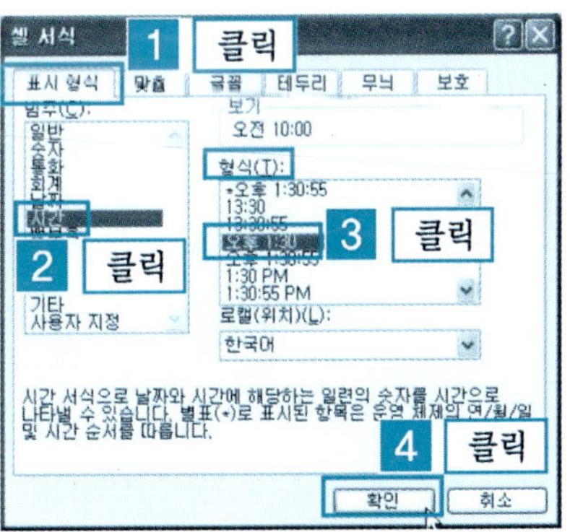

❸ 지정한 셀 범위의 시간들이 지정한 시간 형식으로 표기된 결과 화면이다.

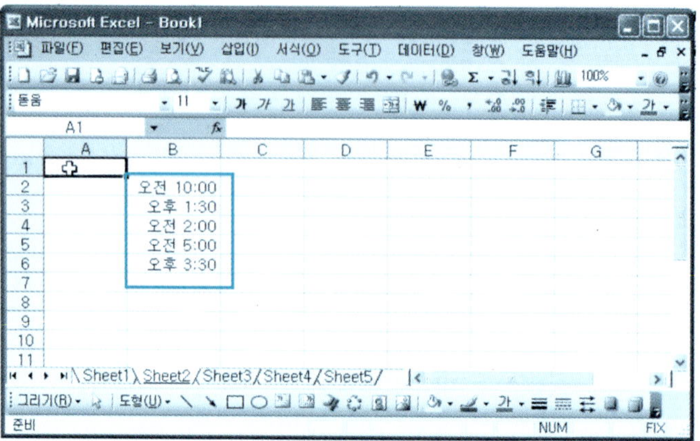

❹ 지정한 셀 범위의 시간들이 다르게 지정한 시간 형식으로 표기된 결과 화면
이다.

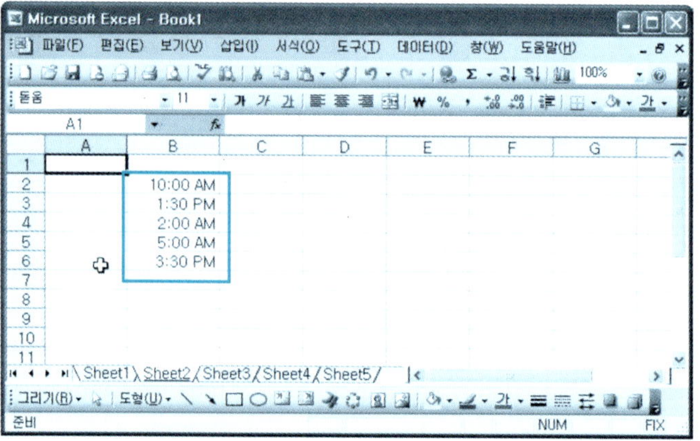

 기타 표시 스타일 설정

(1) 우편번호

❶ [예제] 폴더에서 [우편번호.xls] 파일을 불러온다. [셀 범위 지정] → [마우스 오른쪽 버튼 클릭] → [셀 서식]을 클릭한다. 또는 메뉴에서 [서식 메뉴] → [셀...]을 클릭한다.

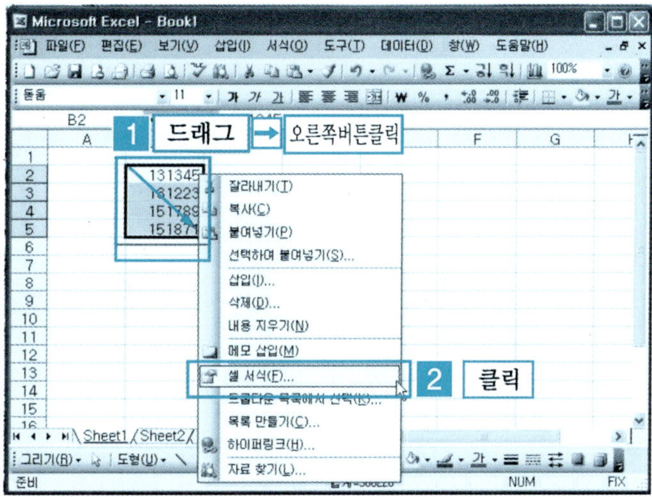

❷ [셀 서식 대화상자] → [표시 형식 탭] → [기타] → [형식] → [우편번호] → [확인] 버튼을 클릭한다.

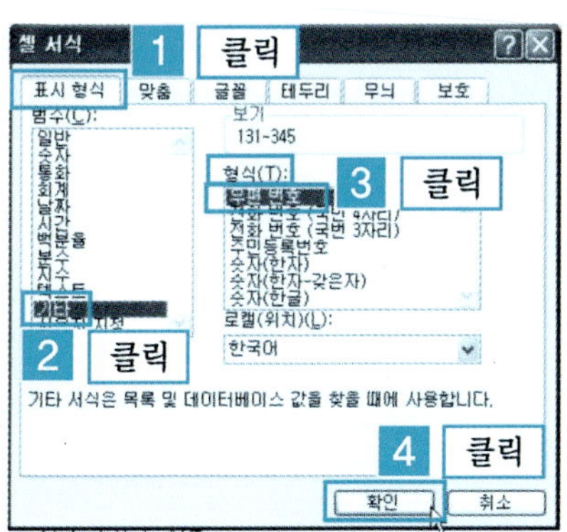

❸ 지정한 셀 범위의
데이터들이 지정
한 우편번호 형식
으로 표기된 결과
화면이다.

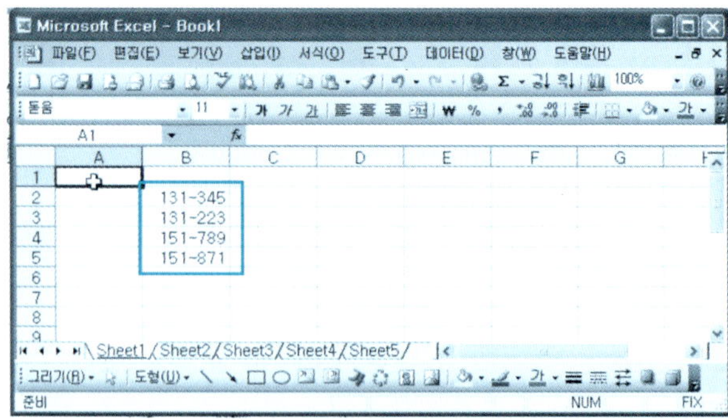

(2) 전화번호

❶ [예제] 폴더에서 [전화번
호.xls] 파일을 불러온다.
[셀 범위 지정] → [마우
스 오른쪽 버튼 클릭] →
[셀 서식]을 클릭한다. 또
는 메뉴에서 [서식 메뉴]
→ [셀...]을 클릭한다.

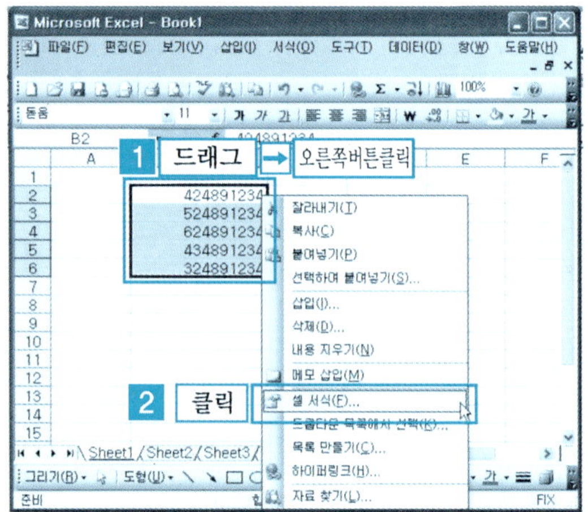

❷ [셀 서식 대화상자] → [표시 형식
탭] → [기타] → [형식] → [전화번
호] → [확인] 버튼을 클릭한다.

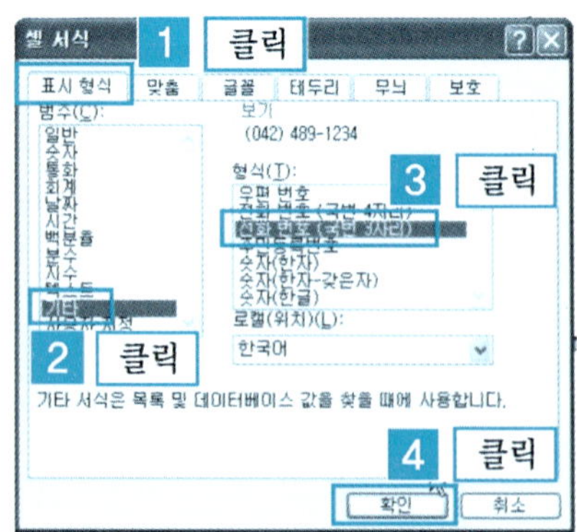

❸ 지정한 셀 범위의 데이터들이 지정한 전화번호 형식으로 표기된 결과 화면이다.

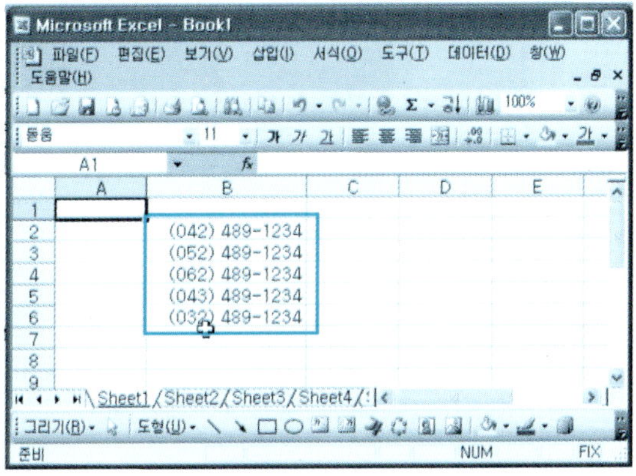

10 일반 표시 스타일 설정

❶ [예제] 폴더에서 [일반표시.xls] 파일을 불러온다. [셀 범위 지정] → [마우스 오른쪽 버튼 클릭] → [셀 서식]을 클릭한다. 또는 메뉴에서 [서식 메뉴] → [셀...]을 클릭한다.

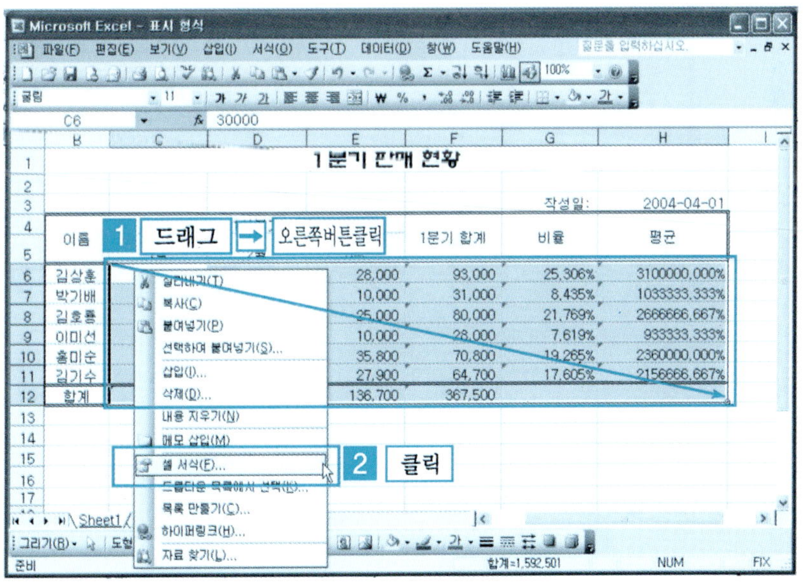

❷ [셀 서식 대화상자] → [표시 형식 탭] → [일반] → [확인] 버튼을 클릭한다.

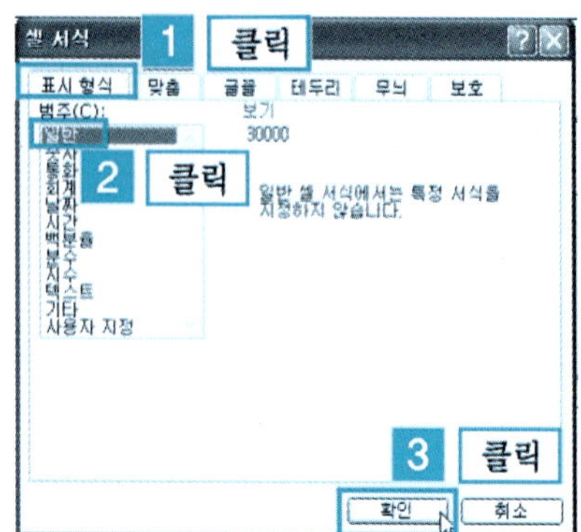

❸ 지정한 셀 범위의 데이터들이 지정한 일반 형식으로 표기된 결과 화면이다.

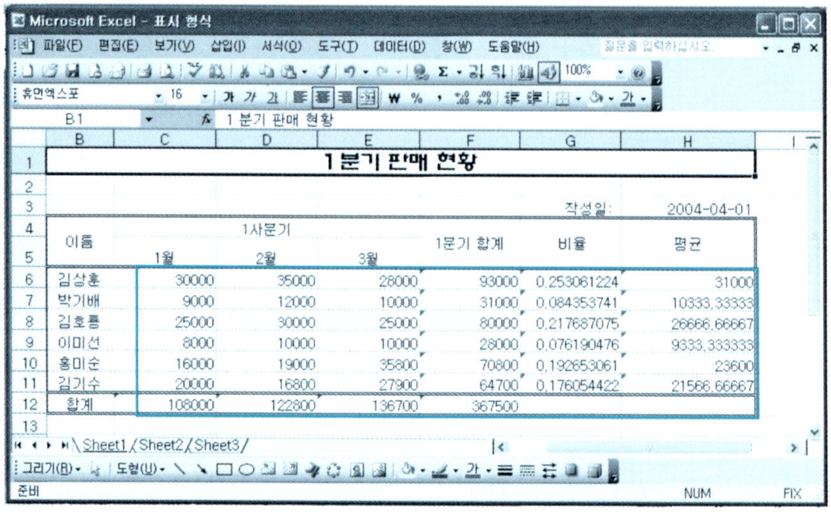

이름	1사분기			1분기 합계	비율	평균
	1월	2월	3월			
김상훈	30000	35000	28000	93000	0.253061224	31000
박기배	9000	12000	10000	31000	0.084353741	10333.33333
김호룡	25000	30000	25000	80000	0.217687075	26666.66667
이미선	8000	10000	10000	28000	0.076190476	9333.333333
홍미순	16000	19000	35800	70800	0.192653061	23600
김기수	20000	16800	27900	64700	0.176054422	21566.66667
합계	108000	122800	136700	367500		

단 원 실 습 문 제

〈**실습1**〉 다음과 같은 문서를 작성해 보자.

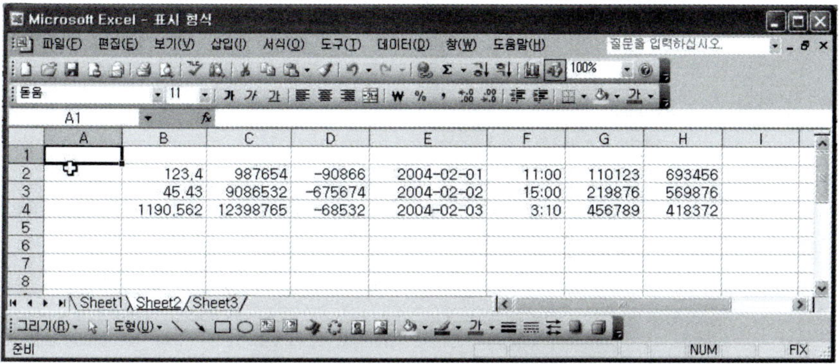

〈**실습2**〉 B2:B4의 데이터들을 소수점 이하 4자리까지 표시되도록 해보자.

〈**실습3**〉 C2:C4의 데이터들을 천단위 구분기호가 표시되도록 해보자.

〈**실습4**〉 D2:D4의 데이터들을 빨간괄호로 표시되도록 해보자.

〈**실습5**〉 D2:D4의 데이터들을 괄호로 표시되도록 해보자.

〈**실습6**〉 D2:D4의 데이터들을 화폐($)와 음수는 빨간괄호로 표시되도록 해보자.

〈**실습7**〉 B2:B4의 데이터들을 소수점 이하 두 자리까지의 백분율로 표시되도록 해보자.

〈**실습8**〉 E2:E4의 데이터들을 [04年 2月 1日] 형식으로 표시되도록 해보자.

〈**실습9**〉 F2:F4의 데이터들을 [11:00 AM] 형식으로 표시되도록 해보자.

〈**실습10**〉 G2:G4의 데이터들을 우편번호 형식으로 표시되도록 해보자.

〈**실습11**〉 H2:H4의 데이터들을 전화번호[041-123-3456] 형식으로 표시되도록 해보자.

3.7 | 워크시트와 문서 보호

엑셀에서 작업한 내용이나 데이터를 다른 사람에 의해서 실수로 지워지거나 변경되는 것을 방지하기 위해서 워크시트나 셀의 일부나 전부를 보호하는 기능이다.

1 시트 보호 설정

❶ [예제] 폴더에서 [시트보호.xls] 파일을 불러온다. [도구 메뉴] → [보호] → [시트 보호]를 클릭한다.

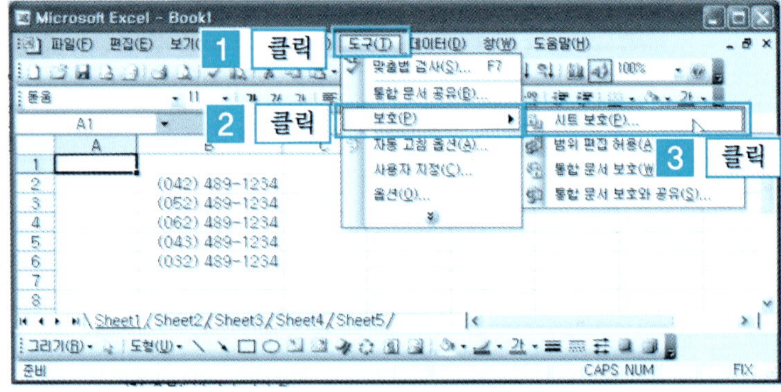

❷ [잠긴 셀 선택] → [확인] 버튼을 클릭한다. 암호를 사용하려면 [시트 보호 해제 암호]에 암호를 입력하고 해제할 때 암호를 잊지 않도록 유의해야 한다.

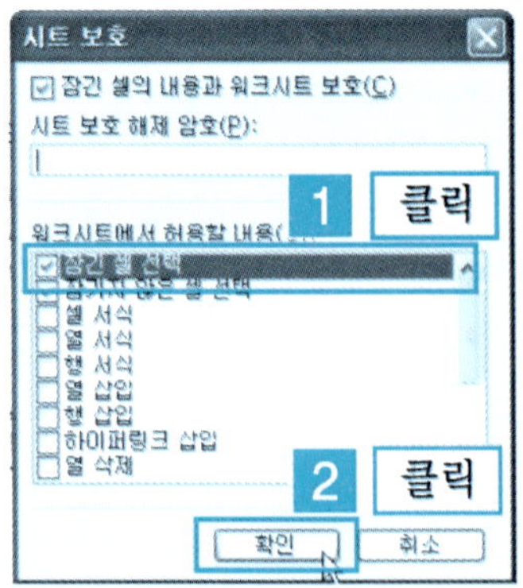

❸ 시트에 입력을 시도하면 다음과 같은 경고 메시지가 나타난다.

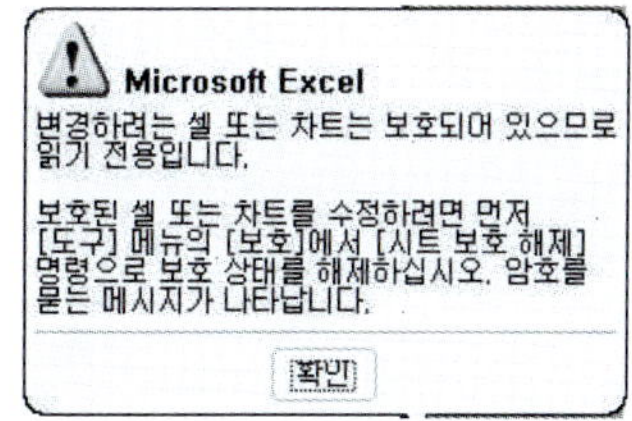

2 시트 보호 해제

[도구 메뉴] → [보호] → [시트 보호 해제]를 클릭한다.

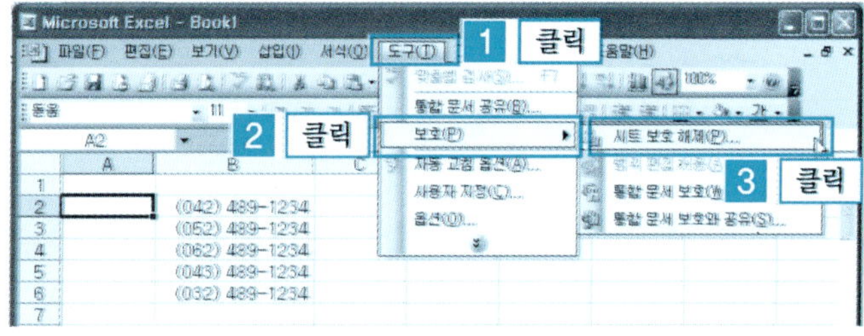

3 잠금 기능

❶ [예제] 폴더에서 [잠금기능.xls] 파일을 불러온다. [셀 범위 B4:B11 열 지정] → [마우스 오른쪽 버튼 클릭] → [셀 서식]을 클릭한다. 또는 메뉴에서 [서식 메뉴] → [셀...]을 클릭한다.

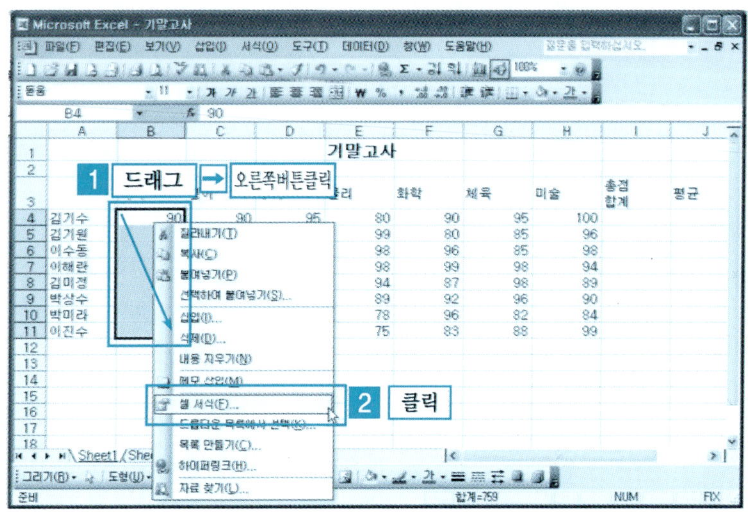

❷ [보호] → [잠금 해제] → [확인] 버튼을 클릭한다.

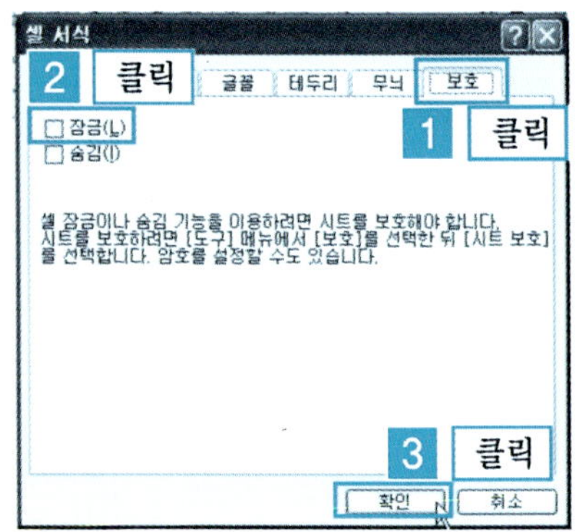

❸ [도구 메뉴] → [보호] → [시트 보호]를 클릭한다.

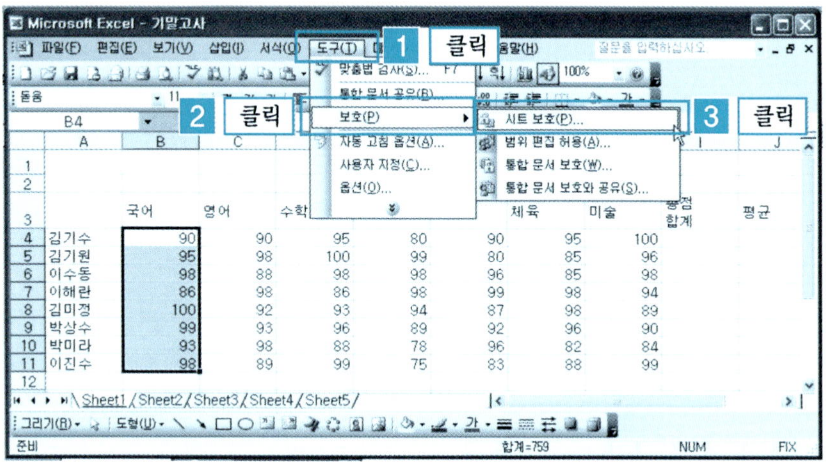

❹ [잠긴 셀 선택] → [확인] 버튼을 클릭한다.

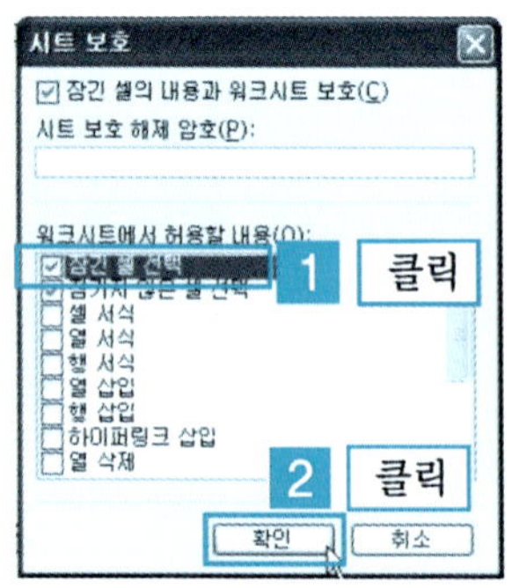

⑤ 지정된 셀 범위 B4 : B11 열에서만 수정, 삭제 등이 가능하다.

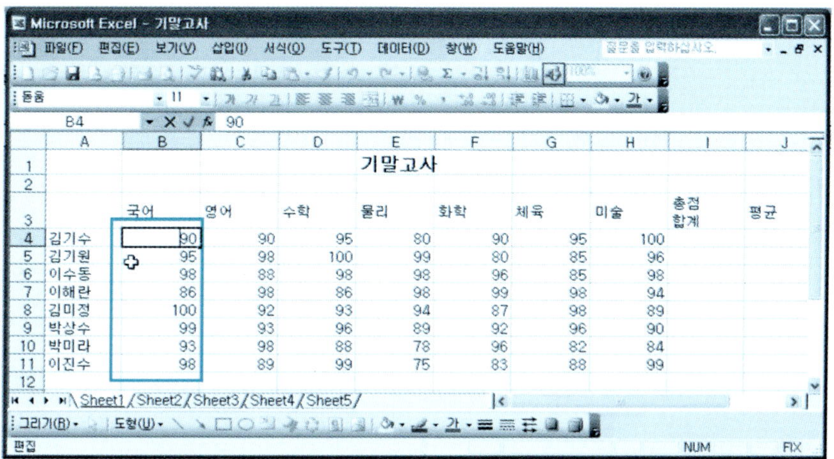

단원 실습 문제

〈**실습1**〉 [예제] 폴더에서 [잠금기능.xls]을 불러와 보자.

〈**실습2**〉 A4 행만을 수정할 수 있도록 하고 워크시트를 보호한 다음 김기수 학생의 전체
과목을 수정해 본다.

4 통합 문서 구조 보호 설정

통합 문서에 포함되어 있는 모든 시트의 구조를 한꺼번에 보호하는 방법을 알
아본다.

❶ [예제] 폴더에서 [보호.xls] 파일을 불러온다. [도구 메뉴] → [보호] → [통합
문서 보호]를 클릭한다.

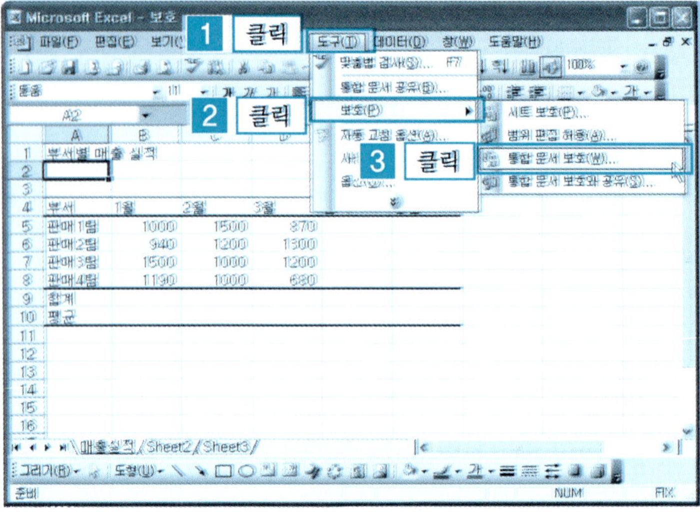

❷ [통합 문서 보호창] → [구조] → [암호 입력] → [확인] 버튼을 클릭한다.

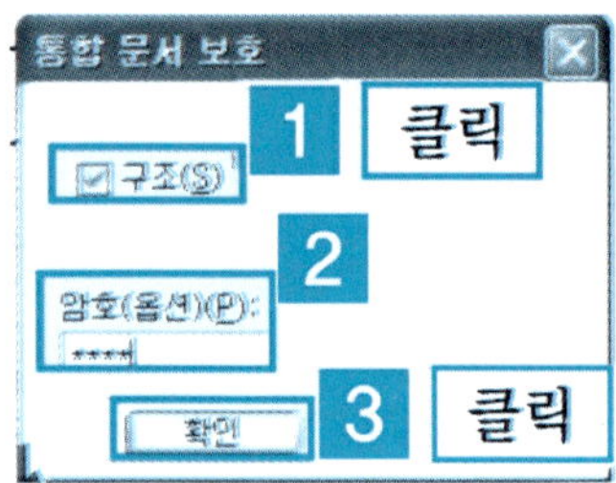

❸ [암호 확인] → [암호 입력] → [확인] 버튼을 클릭한다.

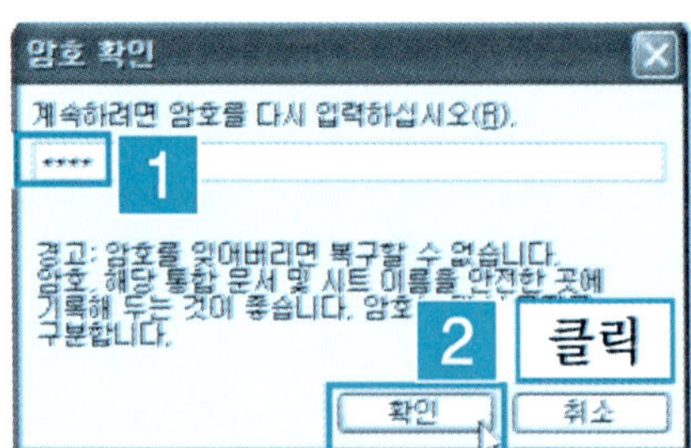

❹ 통합 문서에서 [시트] → [마우스 오른쪽 버튼 클릭]을 클릭하면 시트구조가
보호되어 있어 삽입, 삭제, 복사, 이동 등의 작업을 할 수 없다.

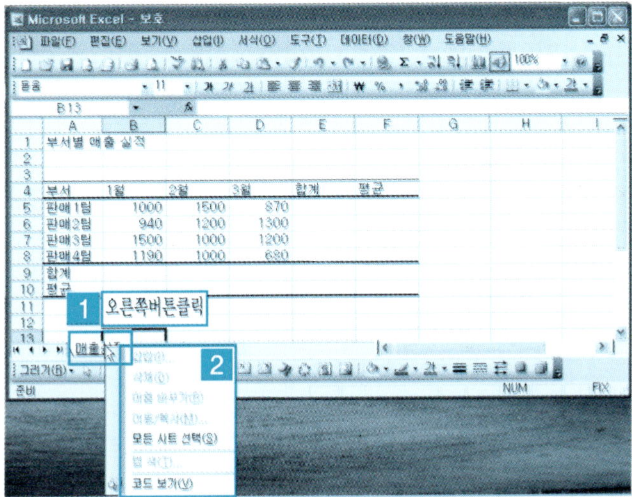

5 통합 문서 구조 보호 해제

[도구 메뉴] → [보호] → [통합 문서 보호 해제]를 클릭한다.

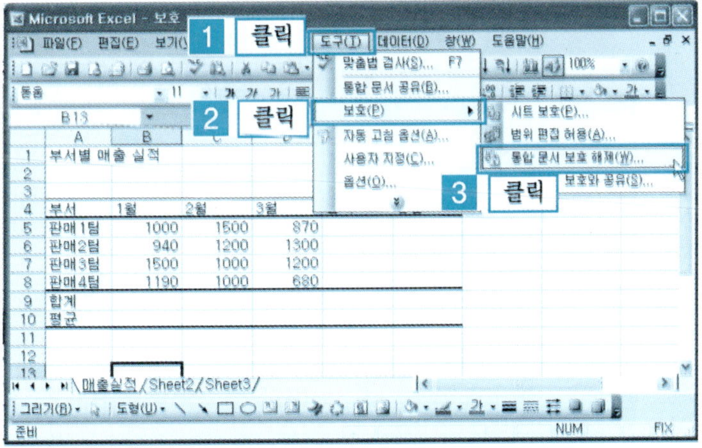

6 문서 암호 설정

비밀이 필요한 문서에 암호를 설정하는 방법에 대해서 알아본다.

① [예제] 폴더에서 [암호.xls] 파일을 불러온다. [파일 메뉴] → [다른 이름으로
저장]을 클릭한다.

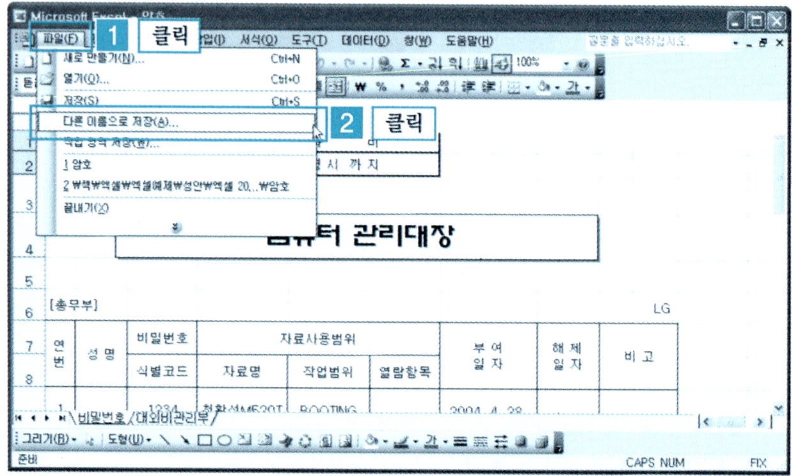

② [폴더 지정] → [파일 이름 입력] → [도구] → [저장 옵션]을 클릭한다.

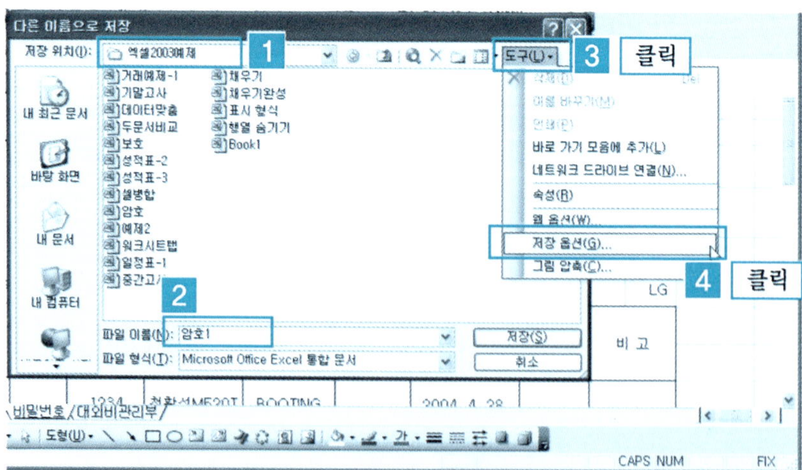

③ [열기 암호 입력] → [쓰기 암
호 입력] → [확인] 버튼을 클
릭한다.

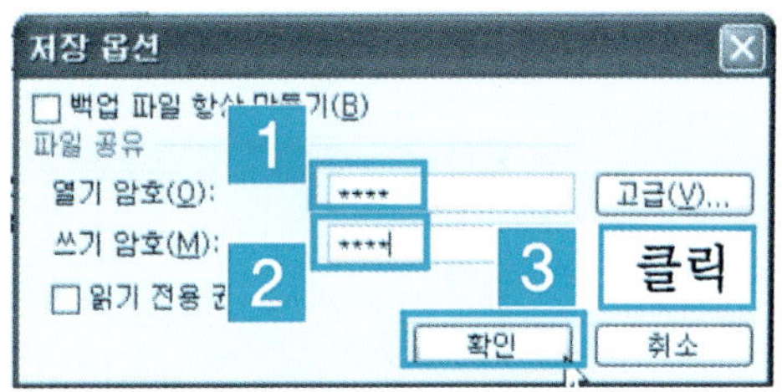

④ [암호 다시 입력]을 한다.

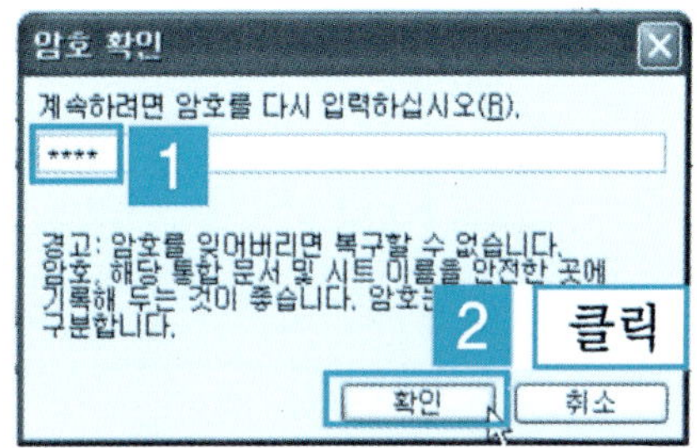

⑤ [수정시 암호 입력] → [확인] 버
튼을 클릭 한다.

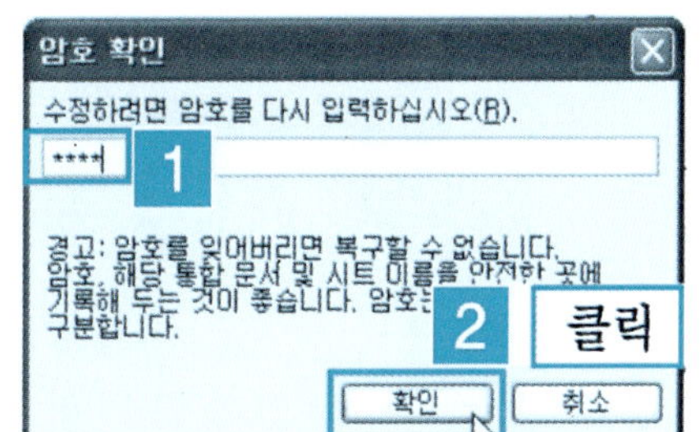

⑥ [저장] 버튼을 클릭한다.

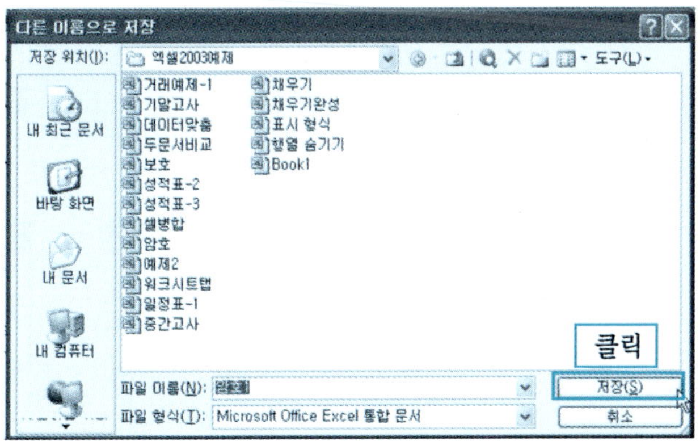

❼ [암호1.xls] 파일의 [닫기] 단추를 클릭하여 문서를 닫는다.

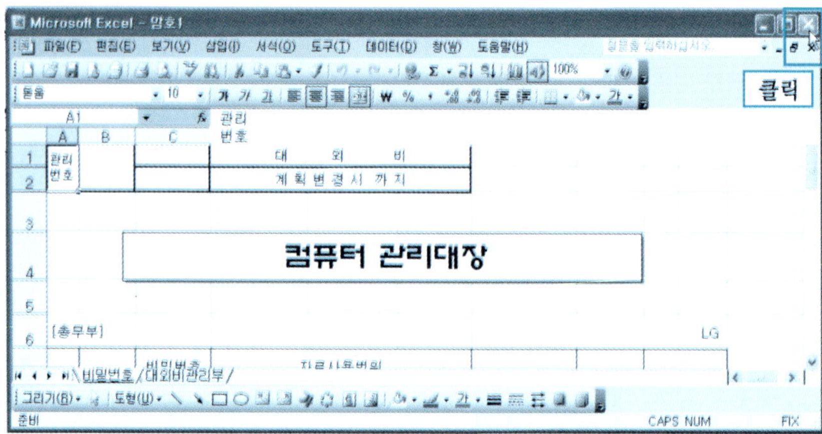

❽ [표준 도구 모음 열기 아이콘] → [암호1.xls] → [열기] 버튼을 클릭한다.

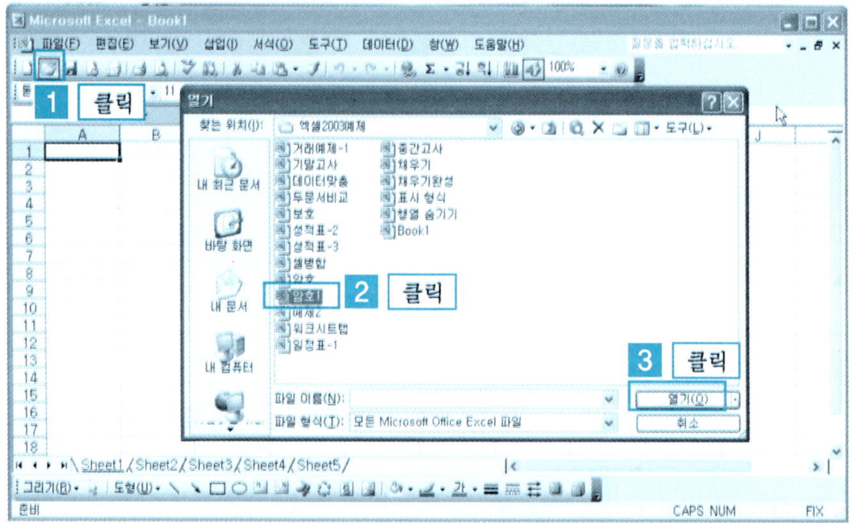

❾ 설정한 [암호 입력] → [확인] 버튼을 클릭한다.

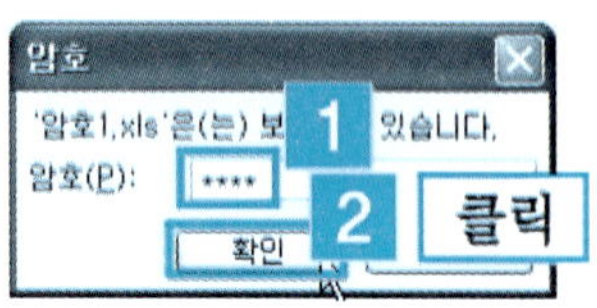

⑩ 설정한 [암호 입력] → [확
인] 버튼을 클릭한다.

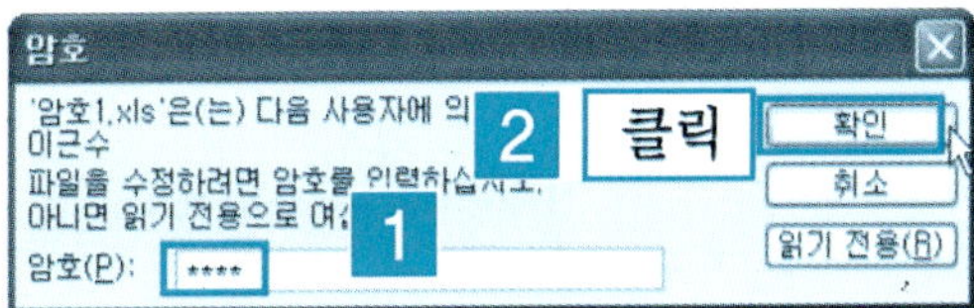

⑪ 암호를 설정했던 문서가 나타난다.

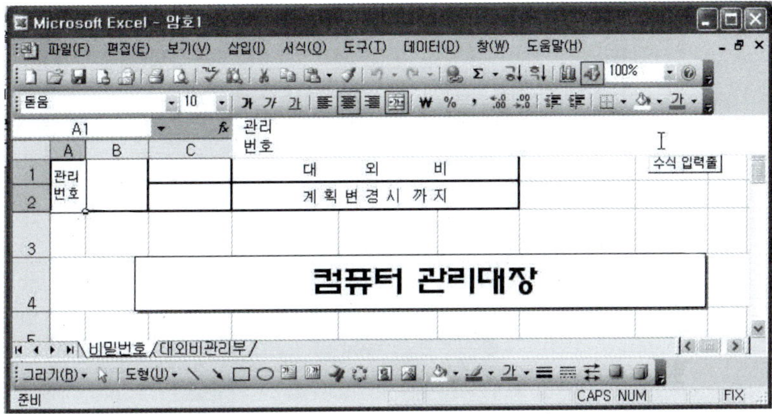

7 문서 암호 해제

❶ [파일 메뉴] → [다른 이름으로 저장]을 클릭한다.

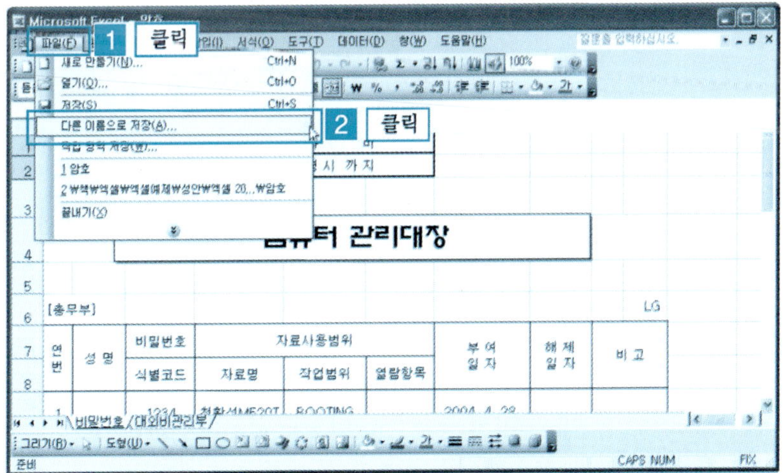

❷ [도구] → [저장 옵션]을 클릭한다.

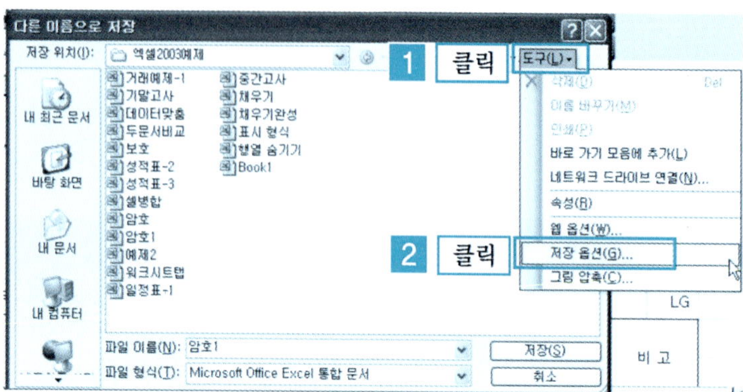

❸ 열기와 쓰기 [암호 삭제] → [확인] 버튼을 클릭한다.

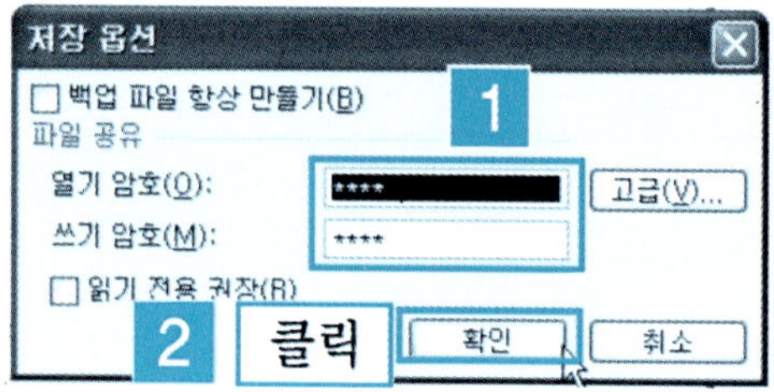

❹ [저장]을 클릭한다.

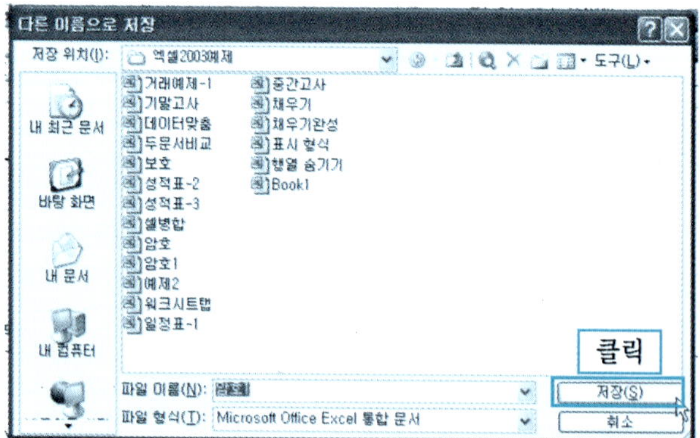

⑤ [예]를 클릭한다.

단 원 실 습 문 제

〈**실습1**〉 [예제] 폴더에서 [암호.xls]을 불러와 보자.
〈**실습2**〉 통합 문서 구조 보호를 설정해 보자.
〈**실습3**〉 통합 문서 구조 보호 설정을 해제해 보자.
〈**실습4**〉 문서 암호를 설정해 보자.
〈**실습5**〉 문서 암호를 해제해 보자.

3.8 | 서식 복사

1 서식 복사

① [예제] 폴더에서 [서식복사.xls] 파일을 불러온다. 서식 복사하려는 [셀 범위 지정] → [서식 복사 아이콘]을 클릭한다.

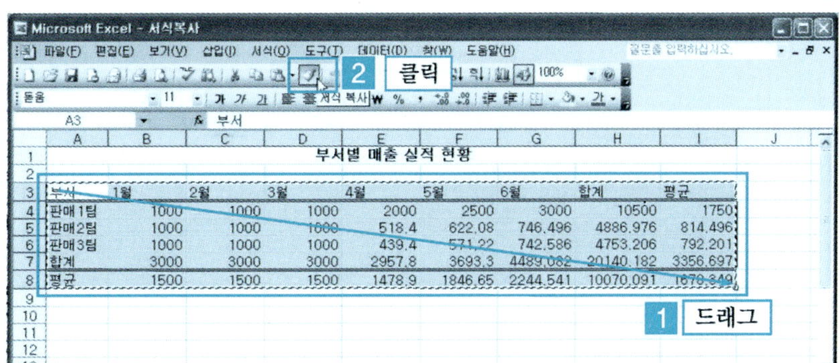

❷ 서식을 복사할 셀을 지정하여 클릭하면 서식이 복사된다.

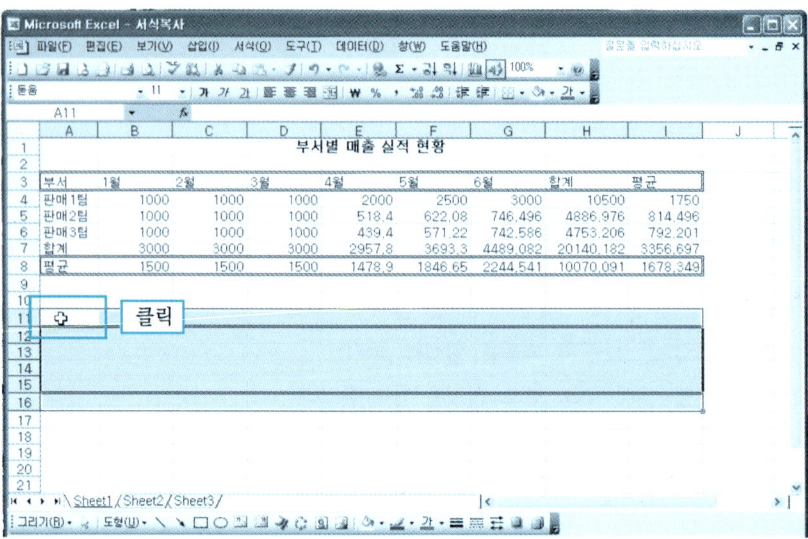

2 선택하여 붙여넣기

❶ 복사하려는 [셀 범위 지정] → [복사 아이콘]을 클릭한다.

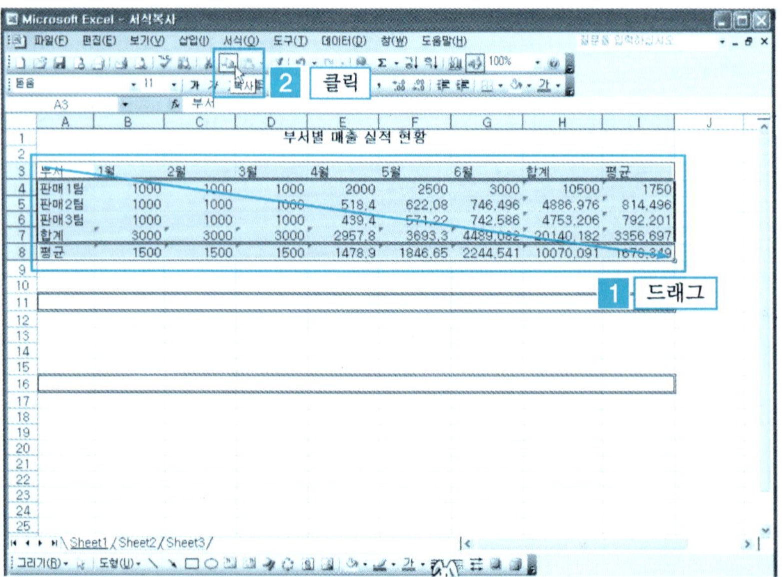

❷ 복사할 [셀 지정] → [마우스 오른쪽 버튼 클릭] → [선택하여 붙여넣기]를 클릭한다.

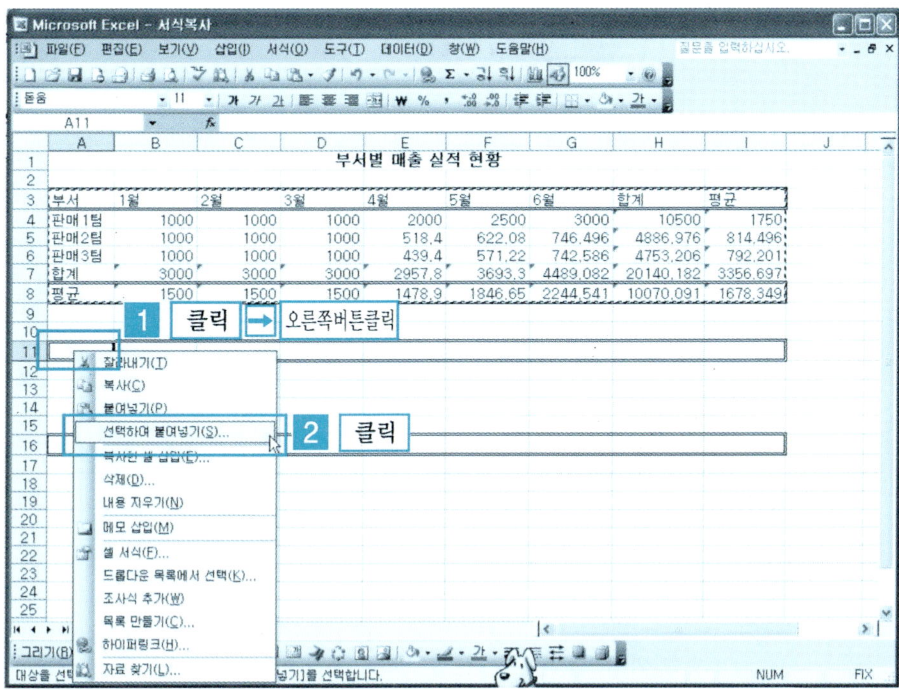

❸ [값 지정] → [확인] 버튼을 클릭한다.

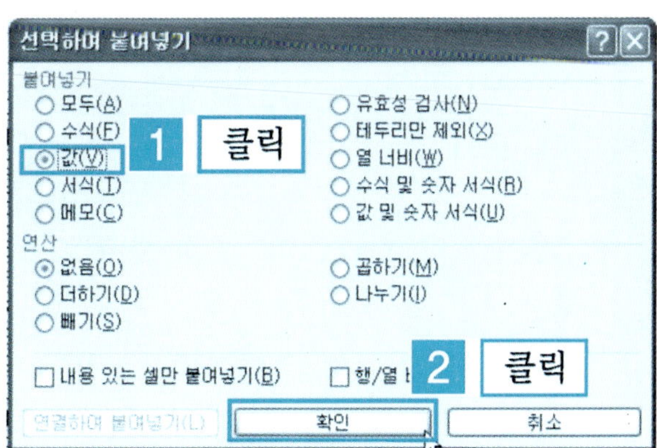

④ 지정된 셀의 값이 복사된 결과 화면이다.

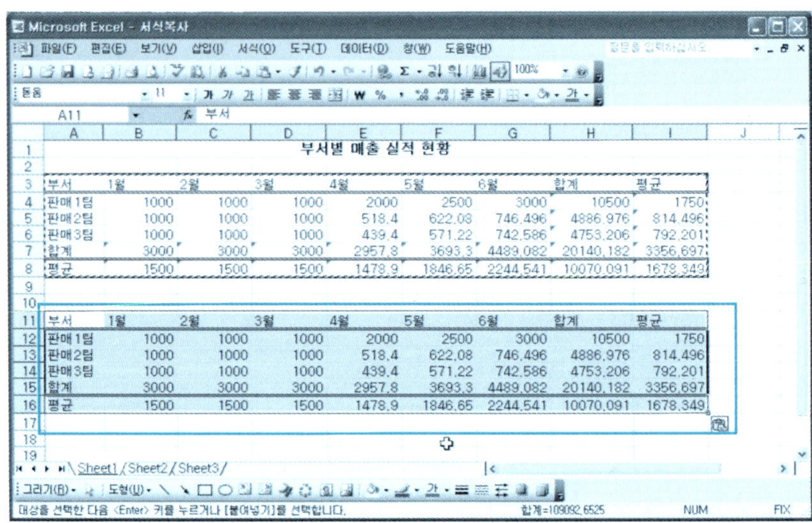

3 모든 서식 삭제

① [전체 범위 선택] → [편집 메뉴] → [지우기] → [서식 메뉴]를 클릭한다.

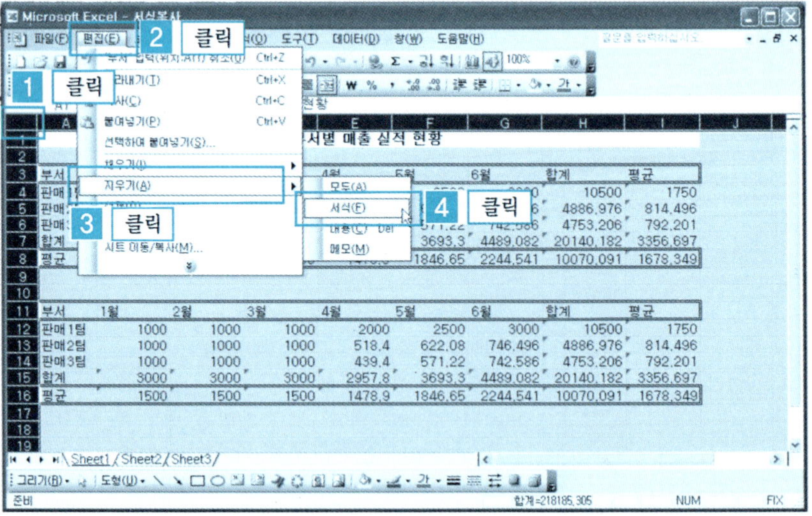

❷ 선택한 영역의 서식이 삭제된 결과 화면이다.

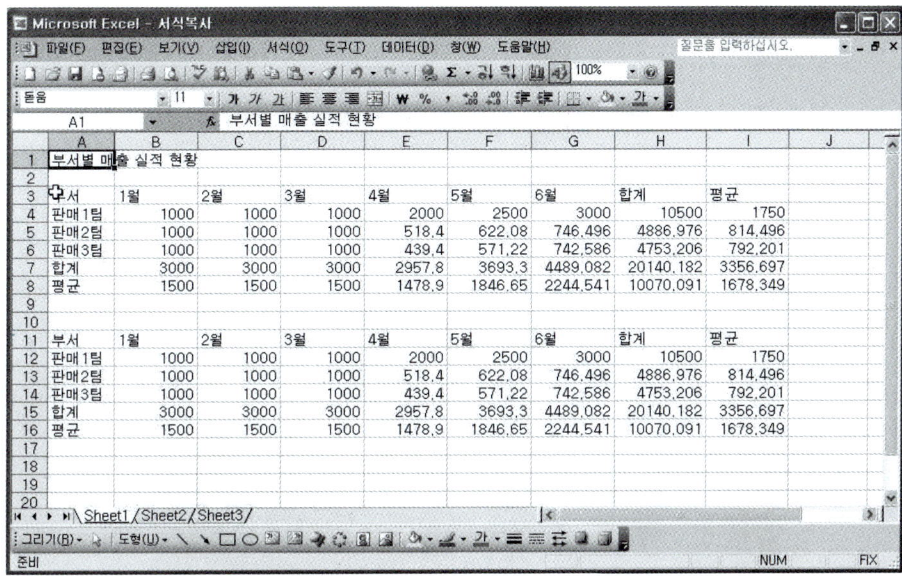

단 원 실 습 문 제

〈**실습1**〉 [예제] 폴더에서 [서식복사.xls]을 불러와 보자.

〈**실습2**〉 서식을 복사하여 A21 셀에 복사해 보자.

〈**실습3**〉 파일 모두를 선택하여 복사하여 A31 셀에서 [모두] 붙여넣기 기능을 사용하여 복사해 보자.

〈**실습4**〉 모든 서식을 지워보자.

3.9 ｜ 스타일 사용

여러 가지 서식이 혼합된 것을 [스타일]이라고 한다. 새 통합 문서에서는 표준스타일이 사용된다. 새로운 스타일을 만들거나 다른 통합 문서에서 사용하는 스타일을 복사하여 사용할 수 있다.

1 서식이 적용된 셀에서 스타일 만들기

❶ [예제] 폴더에서 [스타일.xls] 파일을 불러온다. 새 스타일에 적용시킬 서식이 적용될 [셀 선택] → [서식 메뉴] → [스타일]을 클릭한다.

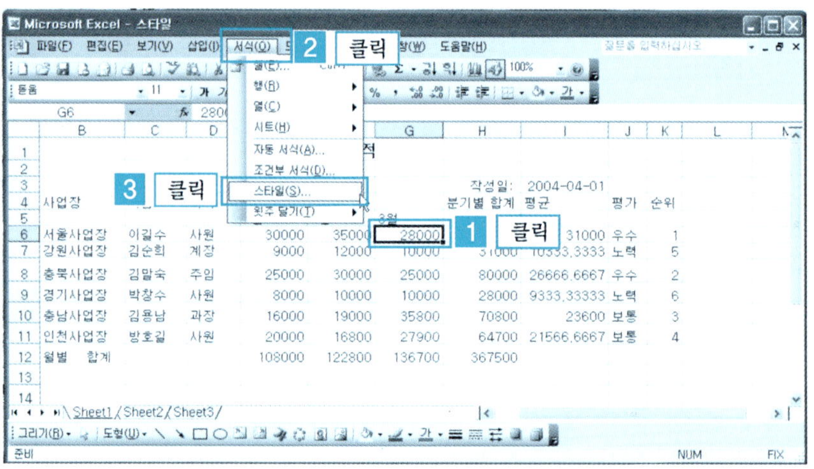

❷ [스타일 이름 상자] → [이름 입력] → [확인] 버튼을 클릭한다.

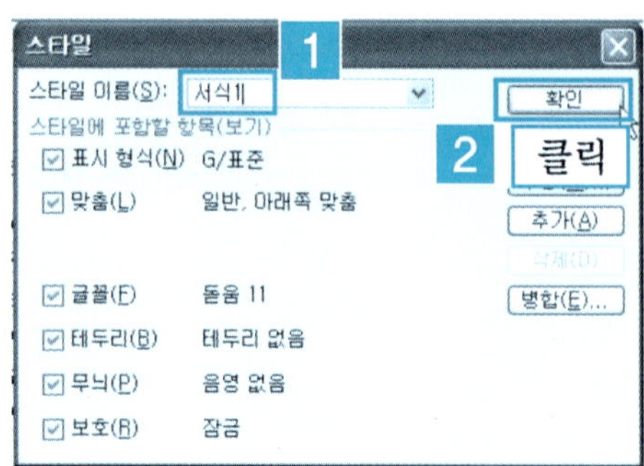

❸ 스타일이 적용된 결과 화면이다.

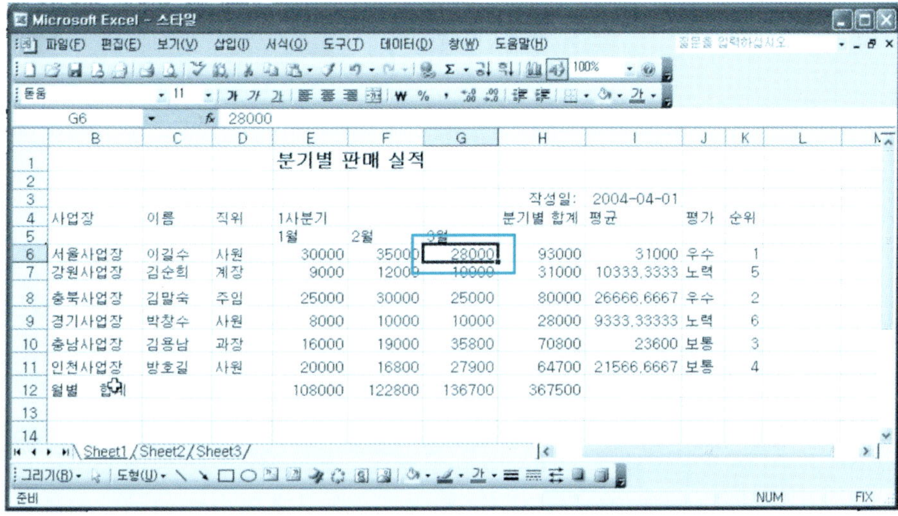

2 서식을 적용할 셀에서 스타일 만들기

❶ 서식을 적용할 [셀 범위 선택] → [서식 메뉴] → [스타일]을 클릭한다.

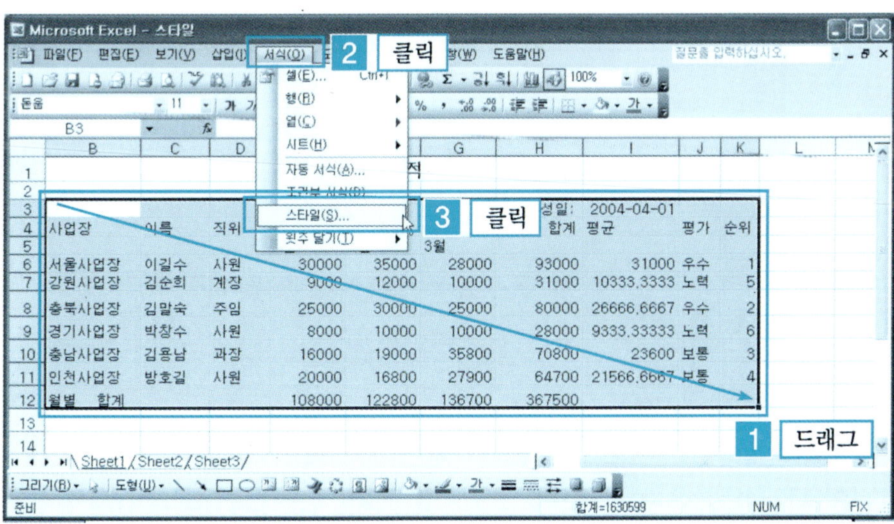

❷ [스타일 이름 상자] →
[이름 입력] → [확인]
버튼을 클릭한다.

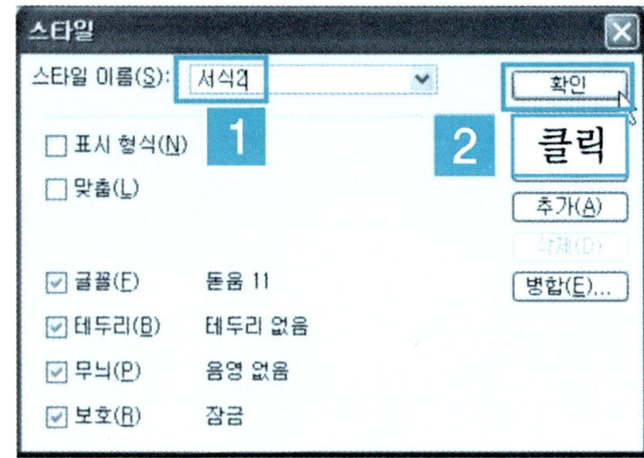

❸ 스타일이 만들어진 결과 화면이다.

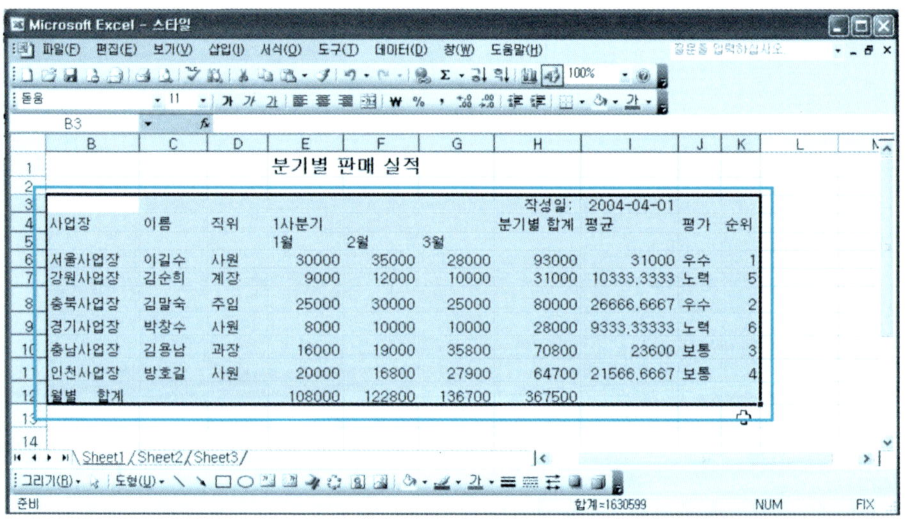

단 원 실 습 문 제

〈**실습1**〉 [예제] 폴더에서 [서식복사.xls]을 불러와 보자.

〈**실습2**〉 셀 E6 열의 서식을 적용하여 새로운 [서식5]를 만들어 저장해 보자.

〈**실습3**〉 [서식복사.xls] 서식에서 전체 셀을 지정하여 스타일[서식6]을 만들어 저장해 보자.

3 스타일 수정하기

❶ [서식 메뉴] → [스타일]을 클릭한다.

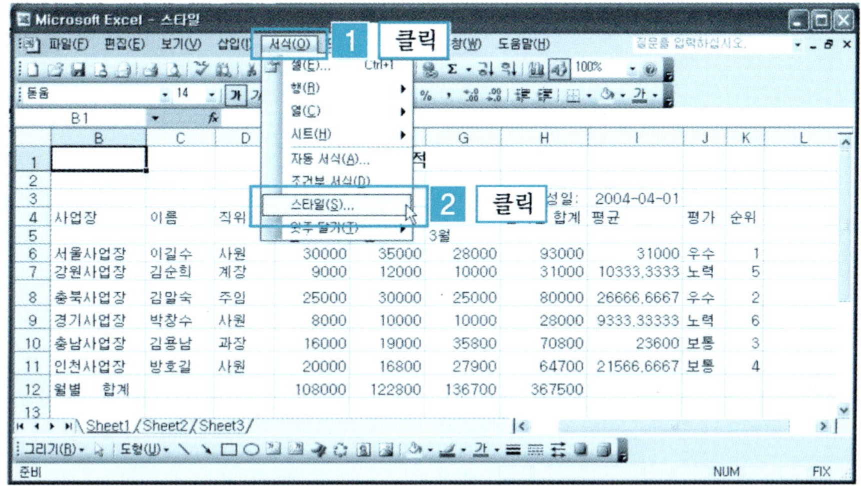

❷ [스타일 이름] → 수정할 [스타일 선택] → [수정] 버튼을 클릭한다.

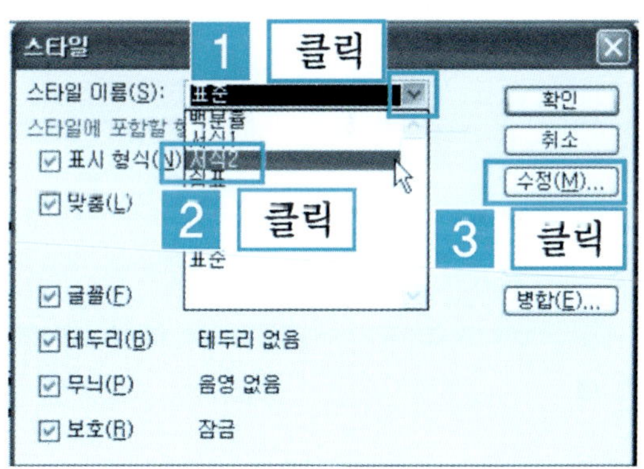

❸ 셀 서식 대화상자에서 수정할 [표시 형식, 맞춤, 글꼴, 테두리, 무늬, 보호 선택] → [수정] → [확인] 버튼을 클릭한다.

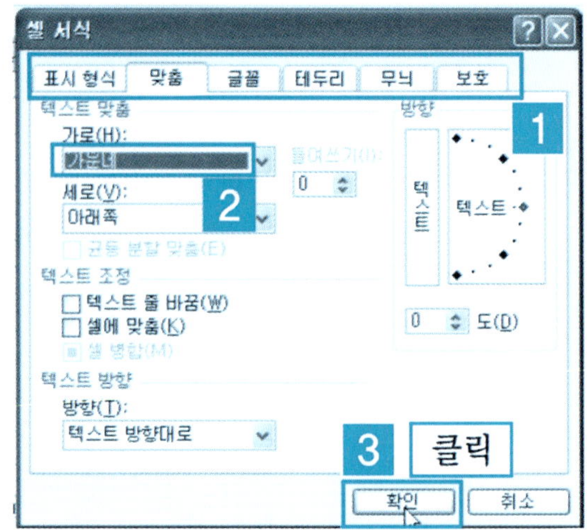

❹ 저장할 [스타일 선택] → [확인] 버튼을 클릭하면 지정된 스타일이 수정된다.

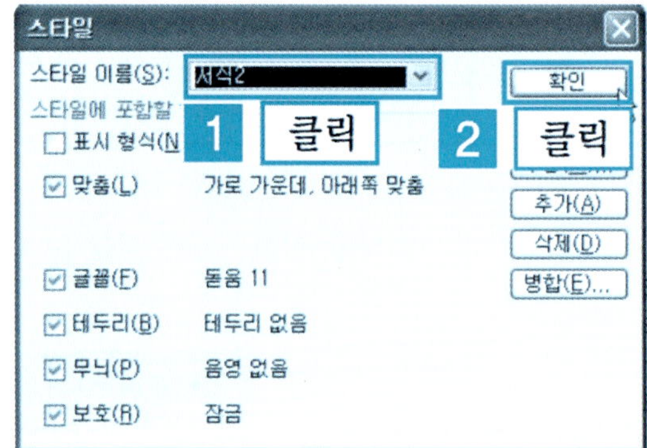

단 원 실 습 문 제

〈실습1〉 [서식5]에서 표시 형식을 수정해 보자.

〈실습2〉 [서식5]에서 글꼴을 수정해 보자.

〈실습3〉 [서식5]에서 테두리를 수정해 보자.

〈실습4〉 [서식5]에서 무늬를 수정해 보자.

4 스타일 삭제하기

❶ [서식 메뉴] → [스타일]을 클릭한다.

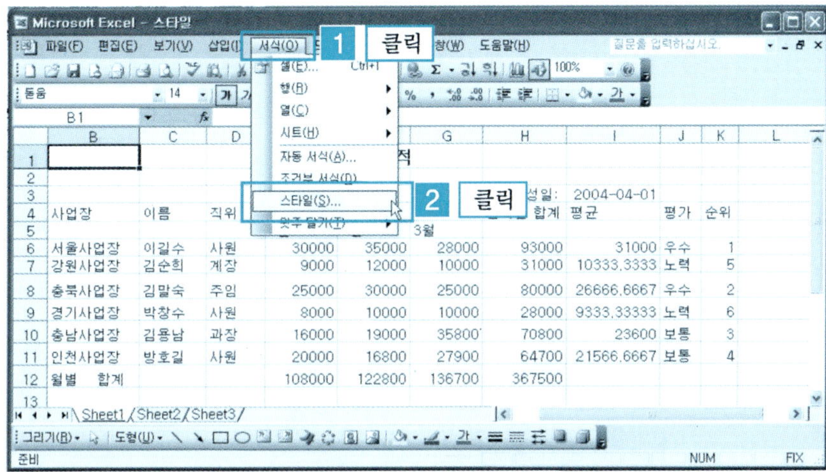

❷ [스타일 이름 항목] → [스타일 이름 선택] → [삭제] 버튼을 클릭한다.

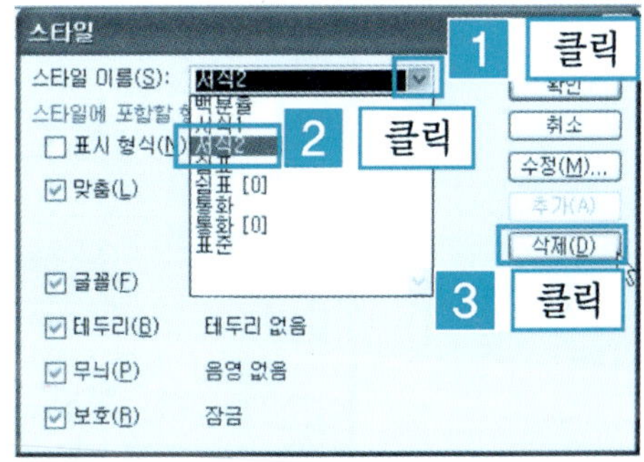

❸ 선택한 스타일이 삭제되어 사라졌다.

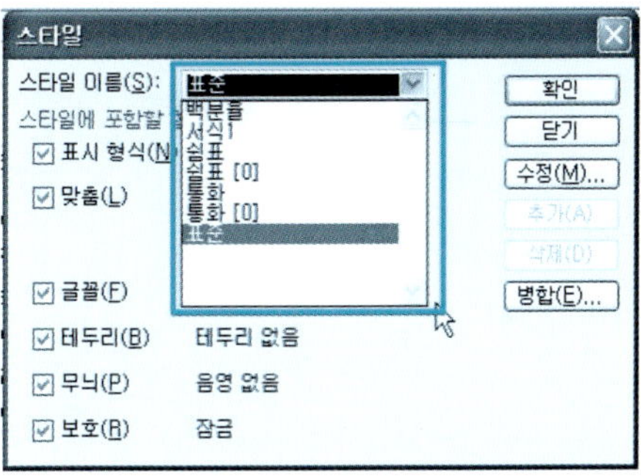

단 원 실 습 문 제

〈**실습1**〉 [서식5]를 삭제해 보자.

〈**실습2**〉 [서식6]을 삭제해 보자.

5 표준 스타일

새로운 통합 문서에는 표준 스타일로 서식이 설정되도록 되어 있다. 사용자가 필요에 따라서 표준 스타일을 변경하여 사용할 수 있다.

❶ 메뉴에서 [서식 메뉴] → [스타일]을 클릭한다.

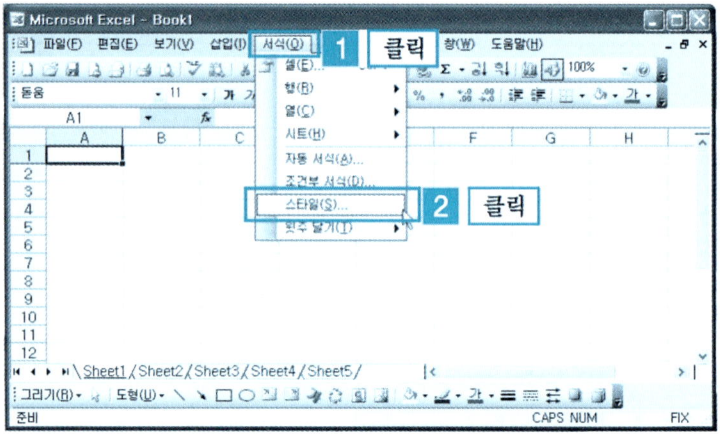

❷ [표준 스타일 선택] → [수정] 버튼을 클릭한다.

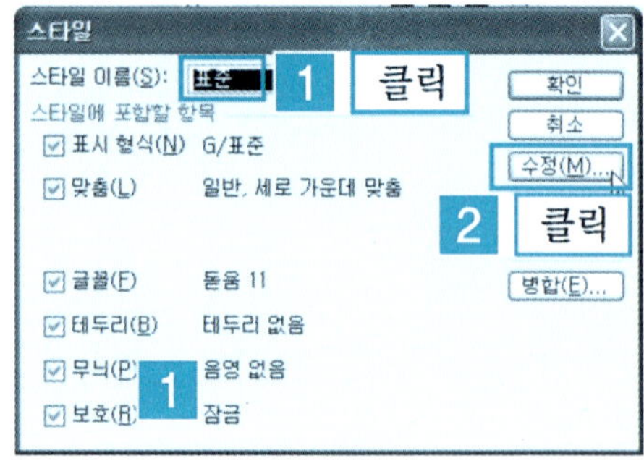

③ 셀 서식 대화상자에서 지정할 항목[표시 형식, 맞춤, 글꼴, 테두리, 무늬, 보호]을 선택하여 필요한 내용으로 지정한 다음 [확인] 버튼을 클릭한다.

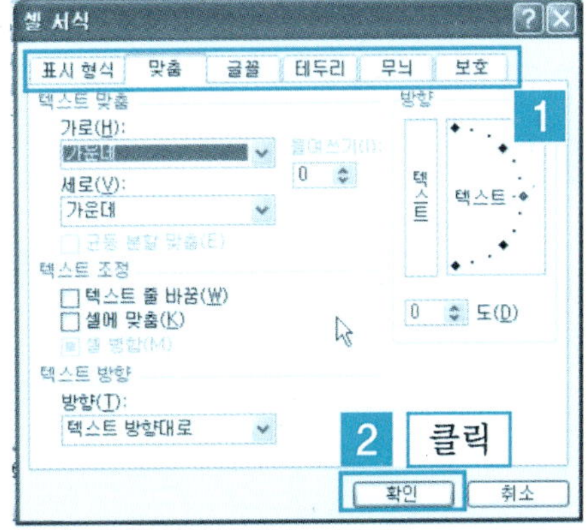

④ [스타일 이름] → [포함할 항목 지정] → [확인] 버튼을 클릭한다.

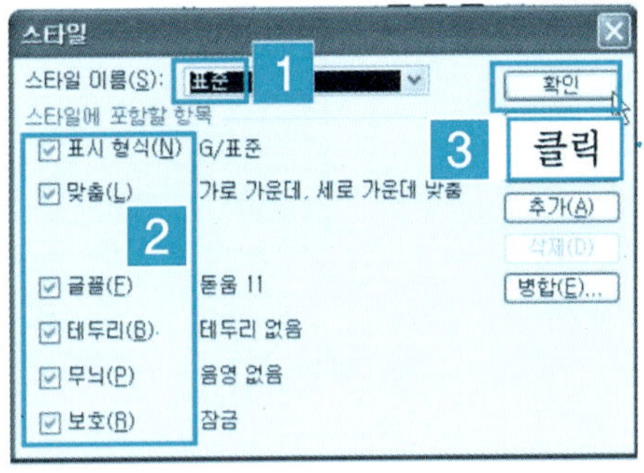

⑤ 사용자가 지정한 스타일의 표준 스타일 서식이 나타난다.

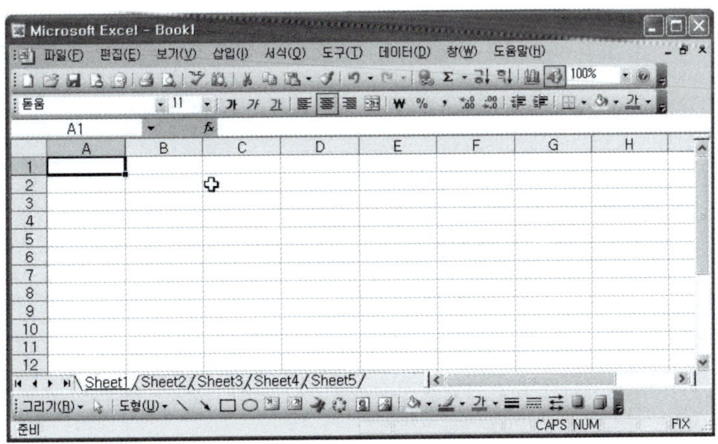

6 새 통합 문서에서 표준 글꼴 변경하기

❶ [도구 메뉴] → [옵션]을 클릭한다.

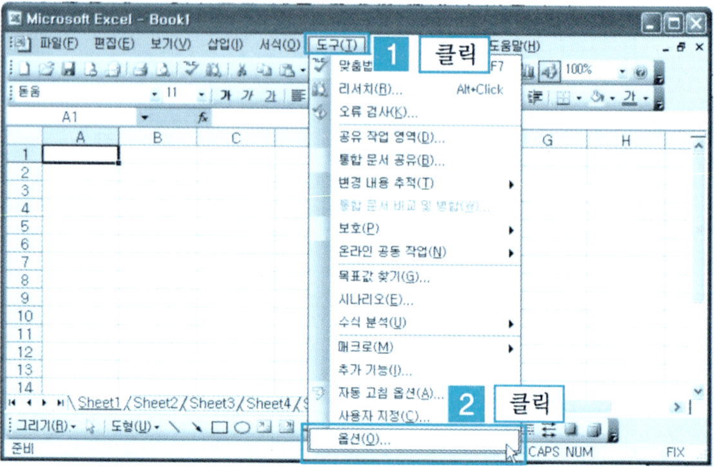

❷ [일반 탭] → [글꼴 지정] → [크기 지정] → [확인] 버튼을 클릭한다.

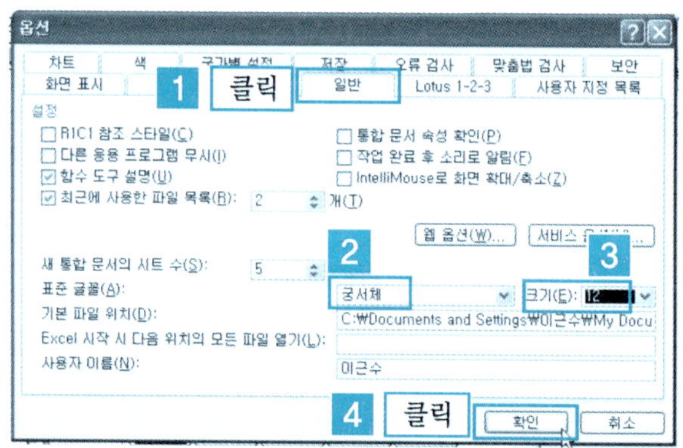

❸ [안내창] → [확인] 버튼을 클릭하면 변경된
표준 글꼴로 새 통합 문서에 적용된다.

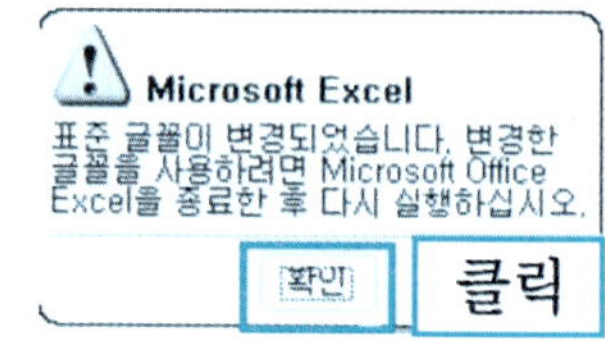

단원 실습 문제

〈**실습1**〉 새로운 통합 문서를 만들어 보자.

〈**실습2**〉 표준 스타일의 셀 서식에서 텍스트 맞춤 탭의 가로와 세로를 수정해 보자.

〈**실습3**〉 표준 스타일의 셀 서식에서 글꼴 탭의 글꼴, 글꼴 스타일, 크기, 밑줄, 색 항목을 수정해 보자.

〈**실습4**〉 표준 스타일의 셀 서식에서 테두리 탭의 테두리와 선 스타일 항목을 수정해 보자.

〈**실습5**〉 표준 스타일의 셀 서식에서 무늬 탭의 셀 음영과 무늬 항목을 수정해 보자.

7 통합 문서 스타일 복사하기

❶ [예제] 폴더에서 [book1.xls], [스타일.xls] 파일을 불러온다.

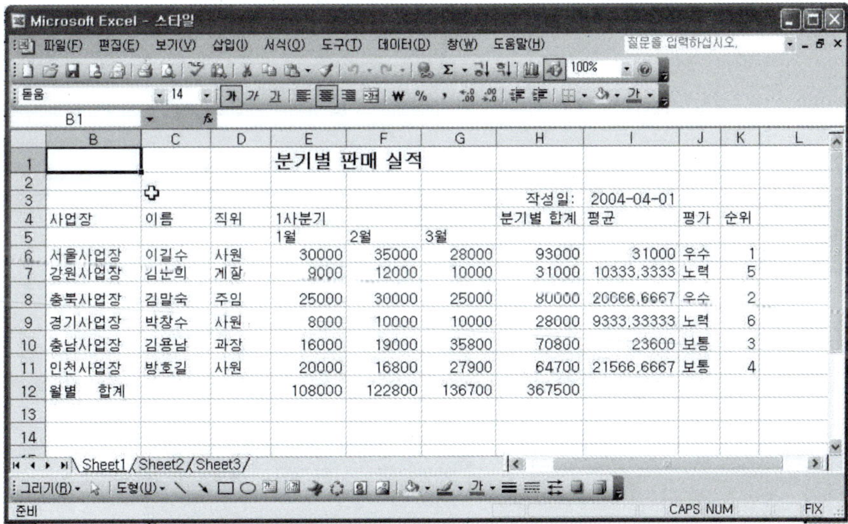

❷ 메뉴에서 [서식 메뉴] → [스타일] 항목을 클릭한다.

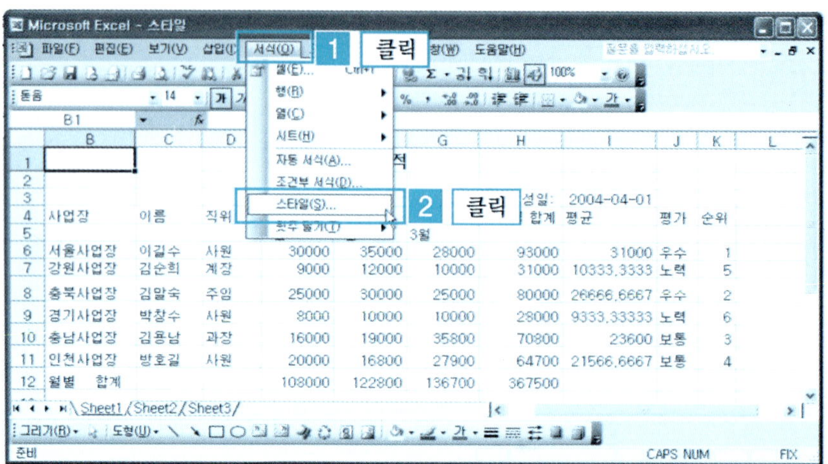

❸ [스타일 상자] → [병합] 버튼을 클릭한다.

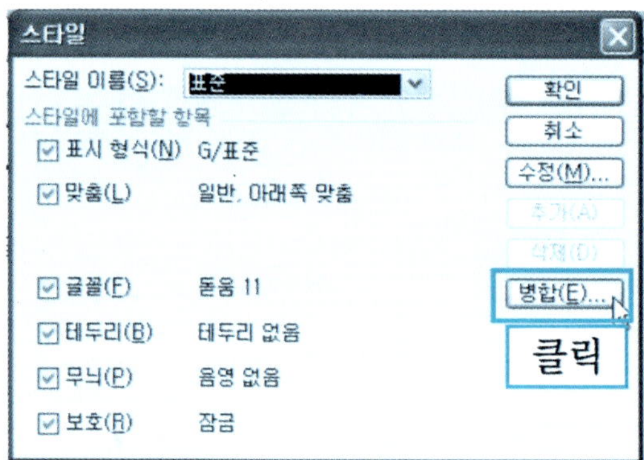

❹ [스타일 병합상자] → [병합할 통합 문서 선택] → [확인] 버튼을 클릭한다.

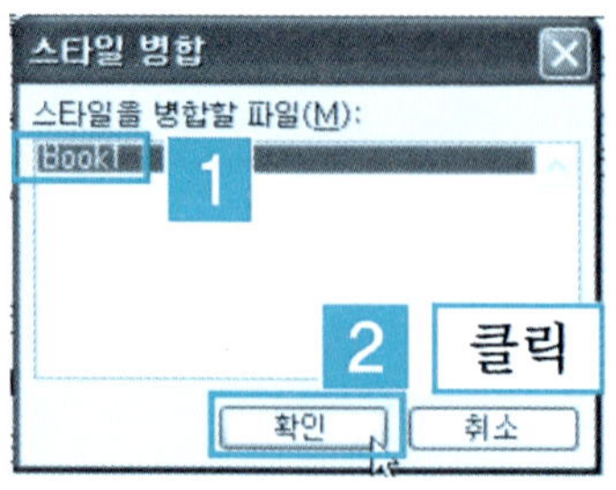

❺ 병합 여부를 묻는 메시지 상자에서 [예]를 클릭한다.

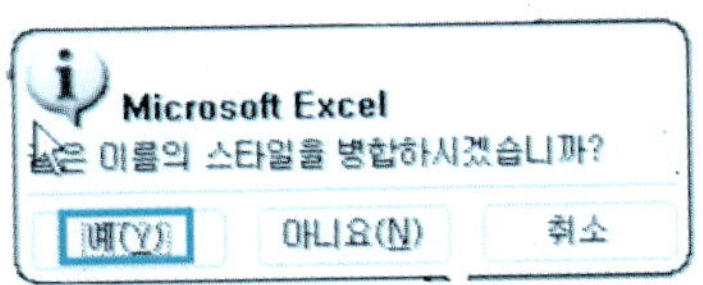

❻ [스타일 상자] → [확인] 버튼을 클릭하면 스타일 복사가 완료된다.

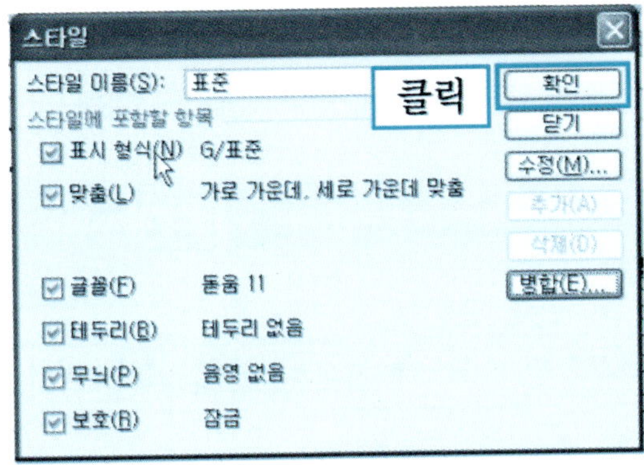

단 원 실 습 문 제

〈실습1〉 [예제] 폴더에서 [스타일.xls]을 불러와 보자.

〈실습2〉 [스타일.xls] 통합 문서에 [예제] 폴더에 있는 통합 문서 [서식복사.xls]를 병합
해 보자.

3.10 │ 자동 서식

자동 서식 기능을 사용하면 서식에서 필요한 글꼴, 괘선, 무늬 등 여러 가지 형식으로 지정된 서식을 적용하고자 하는 셀 범위에 편리하게 적용할 수 있다.

1 자동 서식 사용

❶ [예제] 폴더에서 [자동서식.xls] 파일을 불러온다. 자동 서식을 적용하고자 하는 [셀 범위 지정] → [서식 메뉴] → [자동 서식]을 클릭한다.

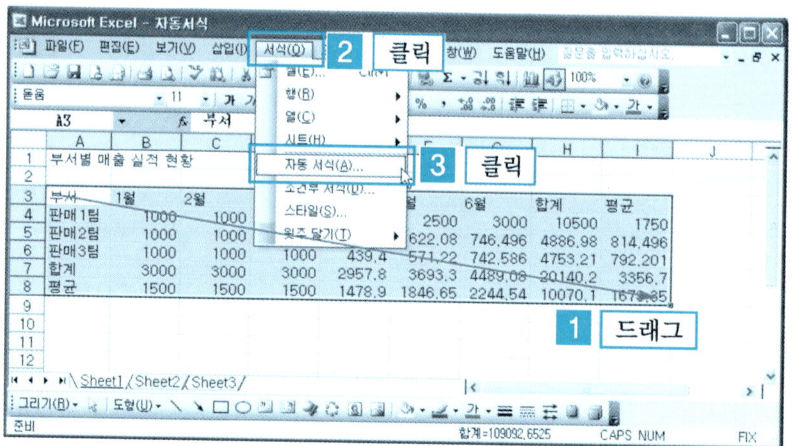

❷ [자동 서식] 대화상자 → [서식 선택] → [확인] 버튼을 클릭한다.

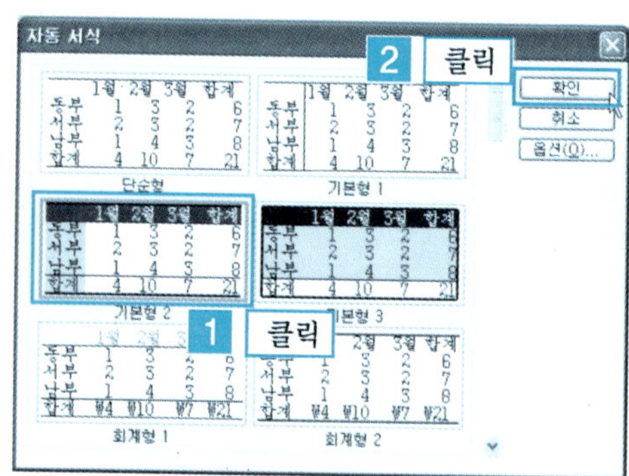

❸ 지정한 셀 영역이 선택한 자동 서식으로 적용되었다.

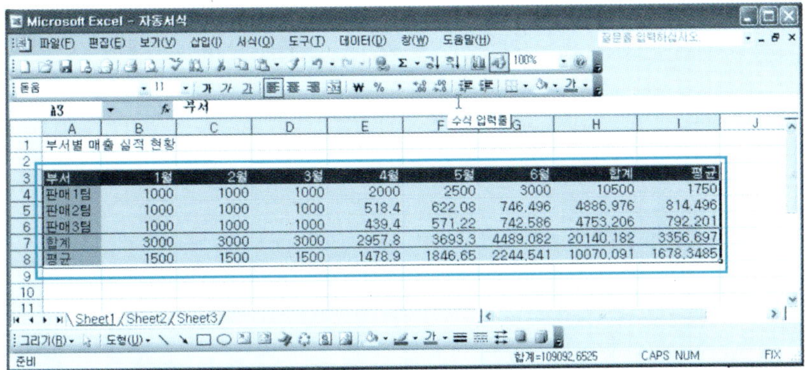

2 자동 서식 삭제

❶ 자동 서식을 삭제할 [셀 범위 지정] → [서식 메뉴] → [자동 서식]을 클릭한다.

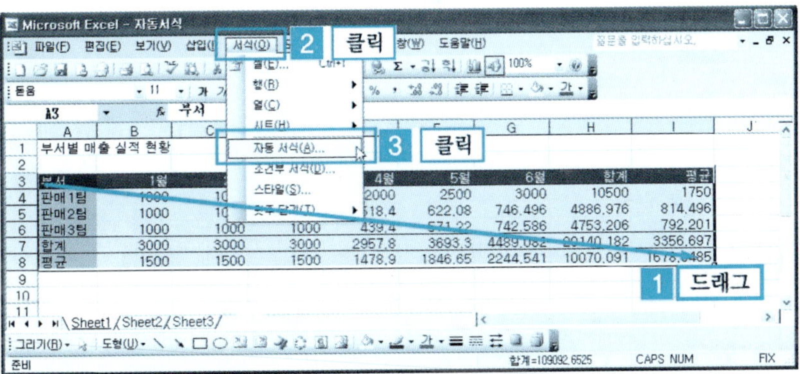

❷ [자동 서식 대화상자] → [세로 이동줄 아래로 이동] → [없음 서식] → [확인] 버튼을 클릭한다.

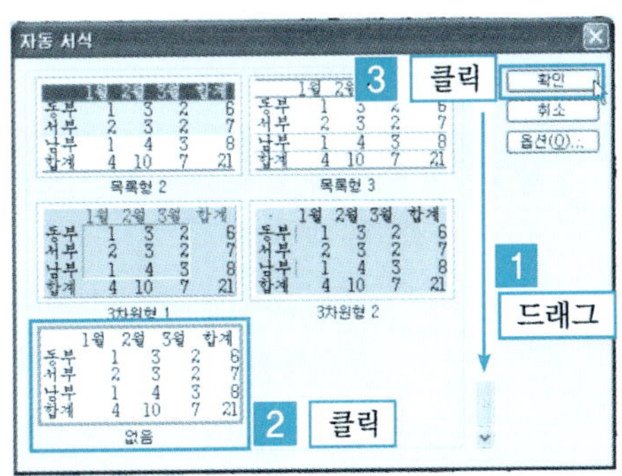

❸ 자동 서식이 삭제된 결과 화면이다.

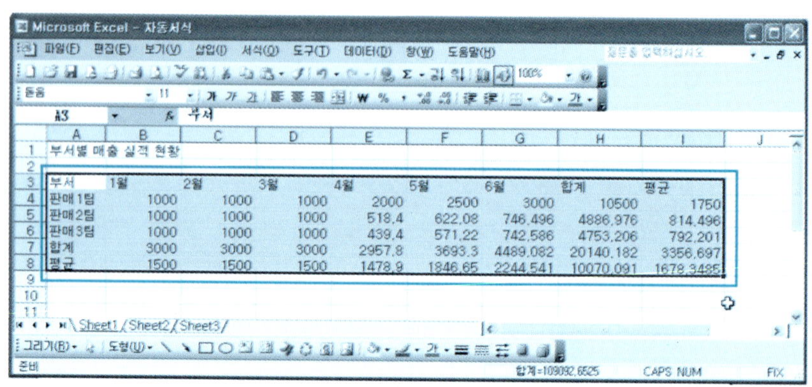

단 원 실 습 문 제

〈실습1〉 [예제] 폴더에서 [자동서식.xls]을 불러와 보자.

〈실습2〉 [자동 서식] 문서를 [기본형 3] 자동 서식 형식에 적용해 [자동서식1.xls]으로 저장해 보자.

〈실습3〉 [자동 서식] 문서를 [회계형 3] 자동 서식 형식에 적용해 [자동서식2.xls]으로 저장해 보자.

〈실습4〉 [자동 서식] 문서를 [색상형 3] 자동 서식 형식에 적용해 [자동서식3.xls]으로 저장해 보자.

〈실습5〉 [자동 서식] 문서를 [목록형 3] 자동 서식 형식에 적용해 [자동서식4.xls]으로 저장해 보자.

〈실습6〉 [자동 서식] 문서를 [삼차원형 2] 자동 서식 형식에 적용해 [자동서식5.xls]으로 저장해 보자.

〈실습7〉 [자동서식1.xls]-[자동서식5.xls]까지의 자동 서식을 삭제해 보자.

수식과 함수 활용

공부할 내용

계산 기능은 엑셀의 가장 중요한 기능 중 하나이다. 그래서 엑셀에서는 다양한 연산자를 사용하여 계산하거나, 계산식을 복사하여 편리하게 계산표를 만들 수 있다. 산술식을 사용하여 복잡한 결과를 산출하는 것은 매우 어려운 작업이다. 이러한 경우에 다양한 엑셀 함수를 사용하여 필요한 문서를 쉽게 작성하는 방법을 알아본다.

4.1 │ 수식 만들기

수식을 사용하여 덧셈, 뺄셈, 곱셈, 수치 비교, 함수 등의 연산 수행이 가능하며 계산된 값은 워크시트에 입력할 수 있다.

1 상수를 이용한 수식 계산

① [100-60]을 계산해 보자.

A1 셀에 [=100-60]이라고 입력한다. 입력줄에 입력되는 데이터가 나타난다. 엑셀에서 수식을 사용하기 위해서는 [=]을 먼저 사용하도록 되어 있다.

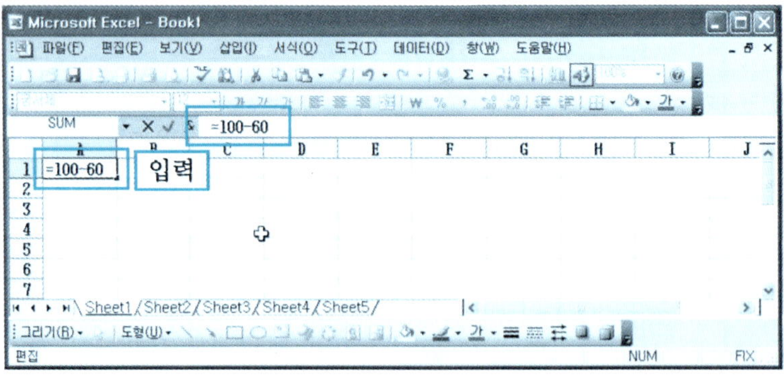

❷ A1 셀에서 [Enter↵] 를 치면 계산된 결과가 입력된다.

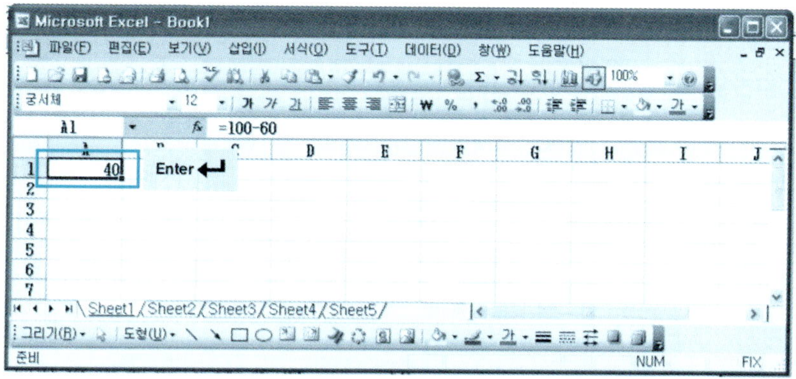

2 셀 주소와 상수를 이용한 수식 계산

A1 셀과 B1 셀에 있는 값과 상수값을 사용하여 계산할 수 있다.
A1/B1*10을 계산해 보자.

❶ [A1 셀에 10입력] → [B1 셀에 5 입력] → [C1 셀에 =A1/B1*10 입력]한다.

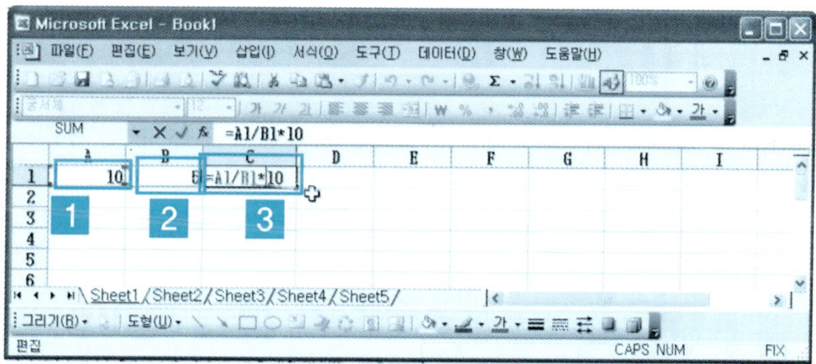

❷ C1 셀에서 [Enter↵] 를 치면 계산된 값이 입력된다.

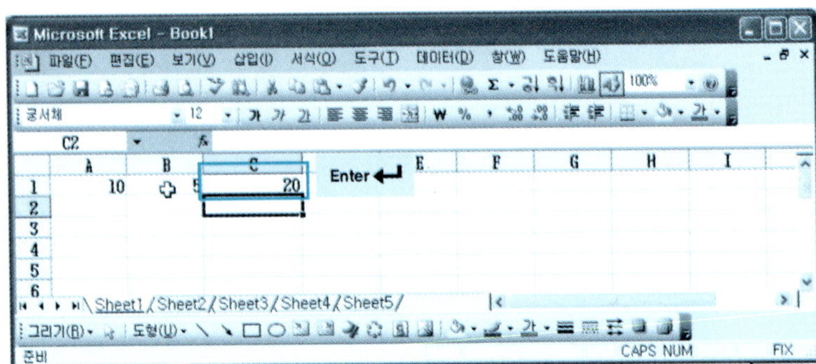

3 셀 주소를 이용한 수식 계산

A1과 C1 셀에 있는 값을 사용하여 계산할 수 있다. [A1*C1]을 계산해 보자.

❶ [A1 셀에 100 입력] → [C1 셀에 5 입력] → [E1 셀에 =A1*C1 입력]한다.

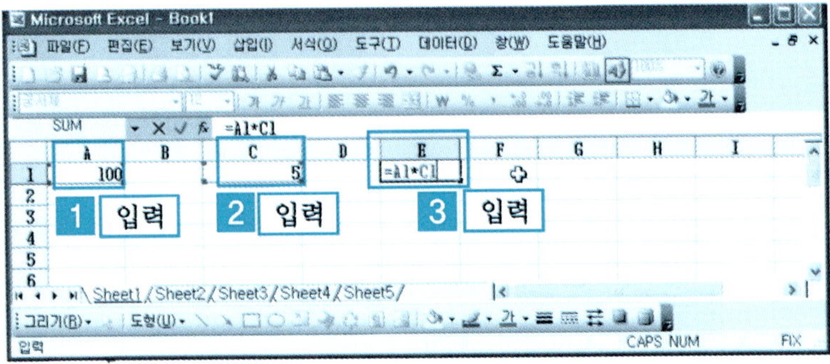

❷ E1 셀에서 [Enter↵] 를 치면 계산된 값이 입력된다.

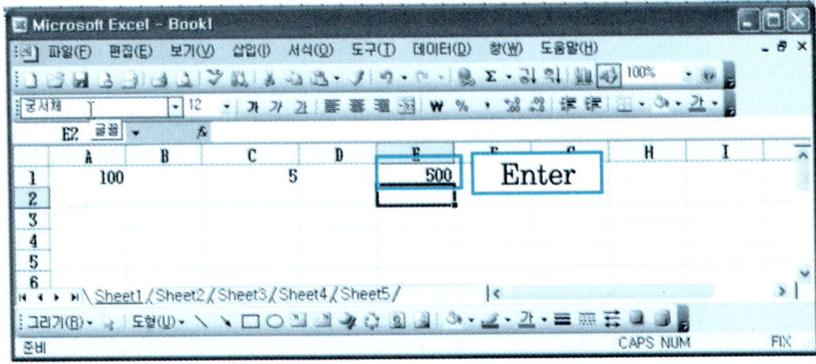

〈**실습1**〉 A1 셀에서 100+200을 입력하여 그 값을 계산해 보자.

〈**실습2**〉 A2 셀에 100을 입력, C2 셀에 200을 입력, E2 셀에 C2-A2를 입력하여 그 결과값을 계산해 보자.

〈**실습3**〉 A2 셀에 100을 입력, C2 셀에 200을 입력, F 셀에 A2*C2를 입력하여 그 결과값을 계산해 보자.

〈**실습4**〉 A2 셀에 100을 입력, C2 셀에 200을 입력, G2 셀에 C2/A2를 입력하여 그 결과값을 계산해 보자.

〈**실습5**〉 A4 셀에 400을 입력, C4 셀에 100을 입력, E4 셀에 A4/C4*2를 입력하여 그 결과값을 계산해 보자.

4 연산 순서

엑셀에서 사용하는 연산자는 산술 연산자, 비교 연산자, 문자열 연산자, 참조 연산자가 있다. 복잡한 수식에서는 여러 개의 연산자를 사용할 수 있다. 이러한 경우에 사용되는 우선순위는 다음과 같다. 같은 우선순위의 연산자는 왼쪽에서 오른쪽 순서로 적용된다.

① 참조 연산자

② 괄호

③ 음수(-)

④ 백분율(%)

⑤ 지수(^)

⑥ 곱하기와 나누기(*, /)

⑦ 더하기와 빼기(+, -)

⑧ 연결부호(&)

⑨ 비교 연산자(= < > <= >= <>)

5 셀 주소로 수식 만들기

판매1팀의 합계[E5 셀]를 구해 보자.

❶ [예제] 폴더에서 [수식작성.xls] 파일을 불러온다. 합계를 구할 E5 셀에 셀 포인터를 클릭한다.

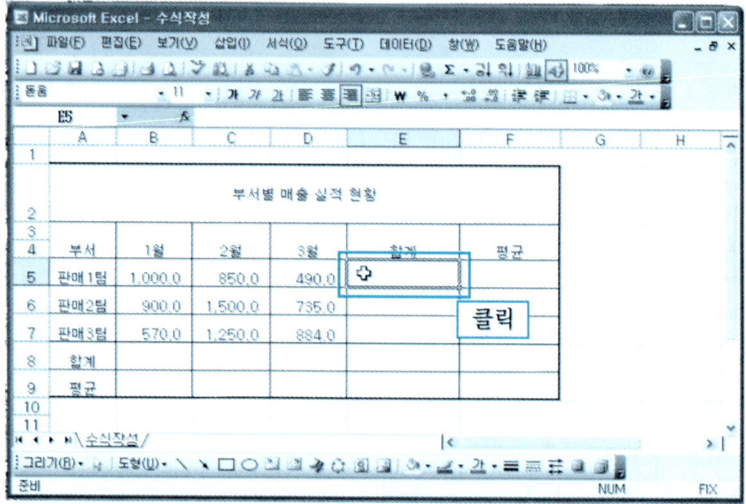

❷ E5 셀에 [=]를 입력한다.

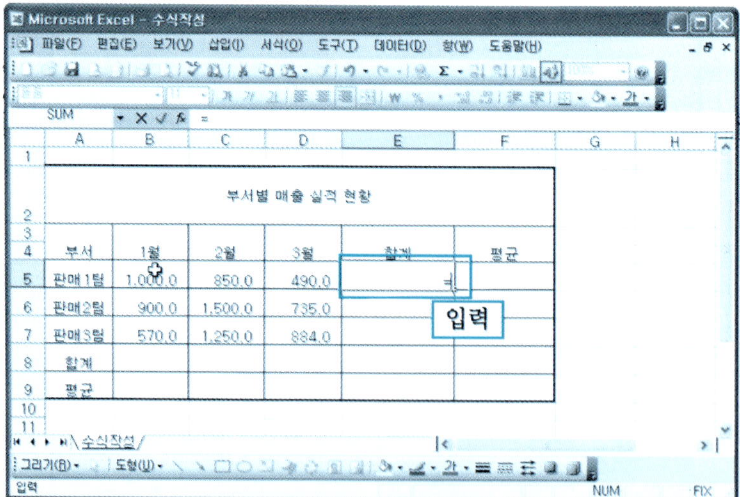

❸ B5 셀을 클릭한다.

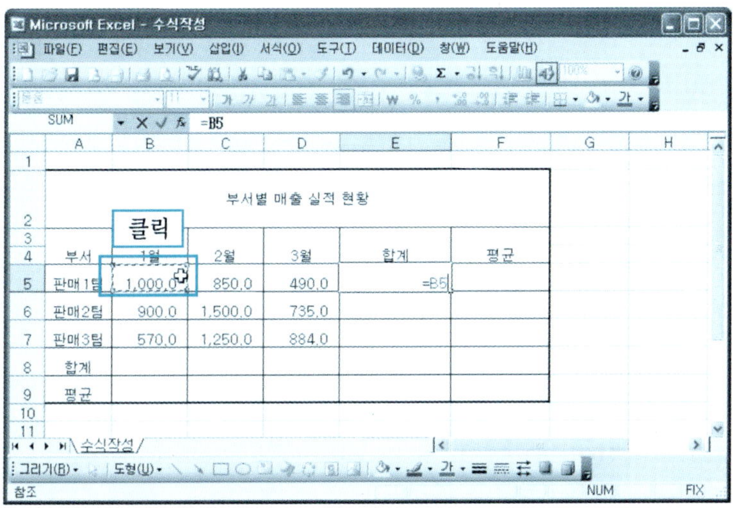

❹ E5 셀에 [+]를 입력한다.

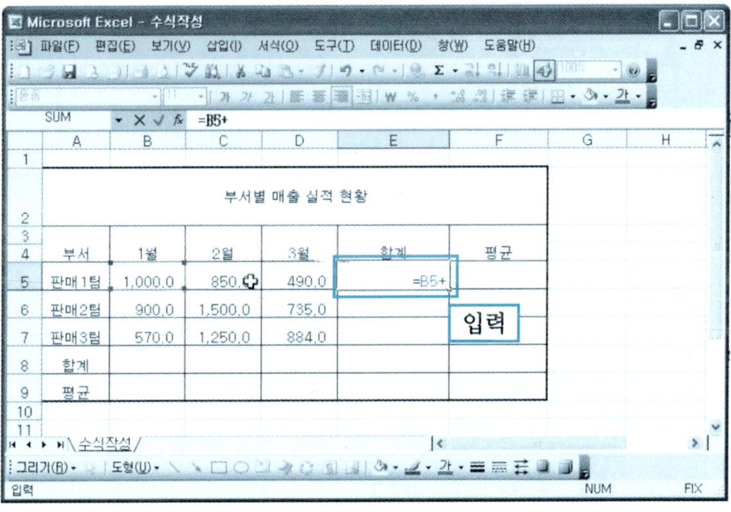

❺ C5 셀을 클릭한다.

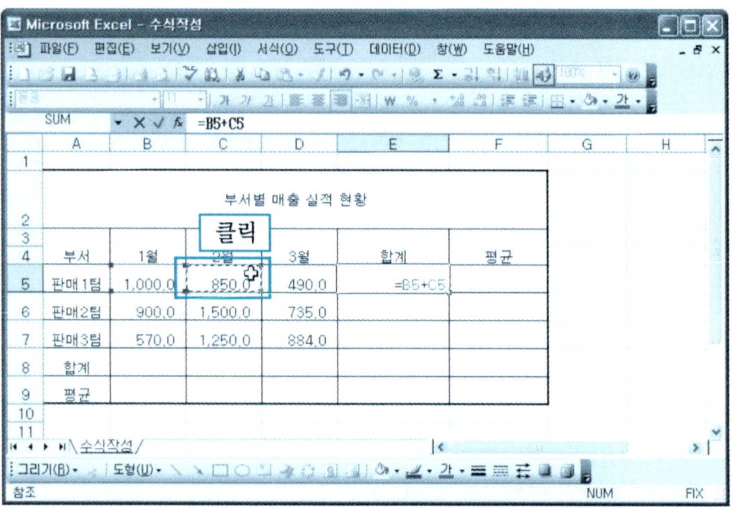

❻ E5 셀에 [+]를 입력한다.

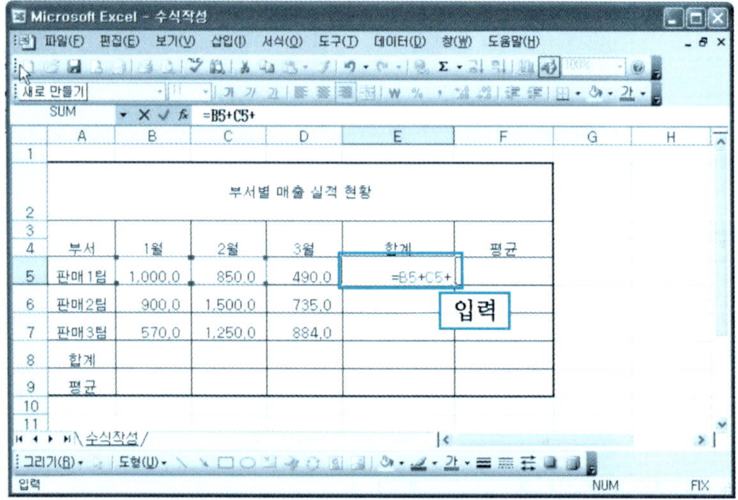

❼ D5 셀을 클릭한다.

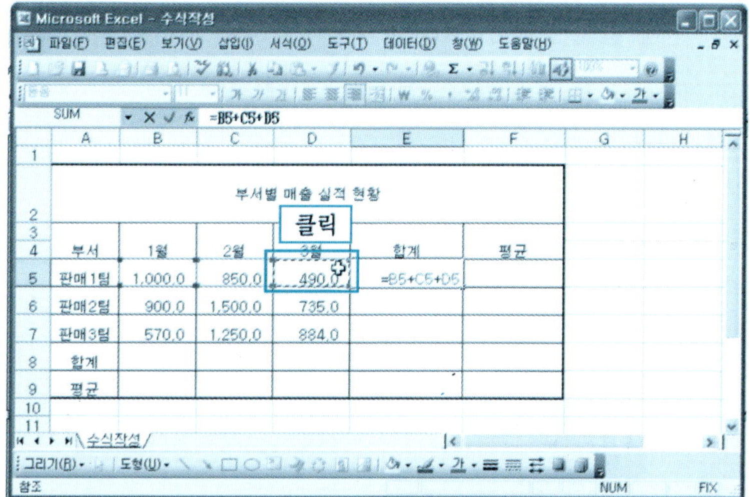

❽ E5 셀에서 [Enter↵] 를 치면 E5 셀에 합계가 나타난다.

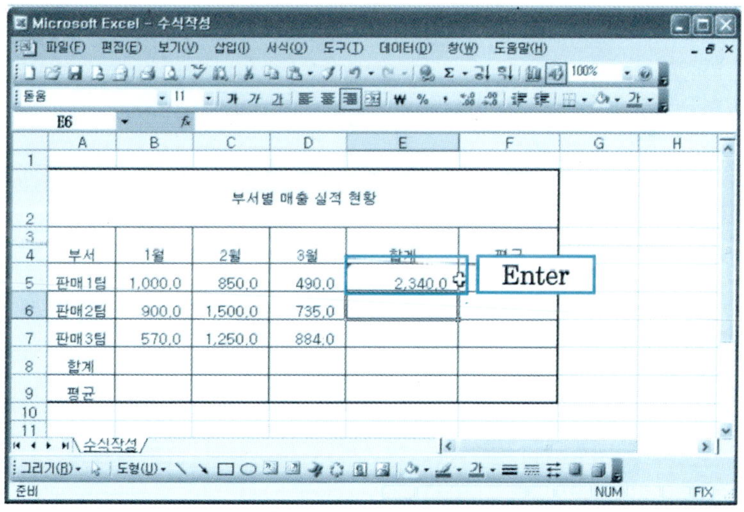

6 결과를 수식으로 표시하기

판매1팀의 합계 E5 셀의 결과를 수식으로 표시해 보자.

❶ [E5 셀] → [도구 메뉴] → [옵션]을 클릭한다.

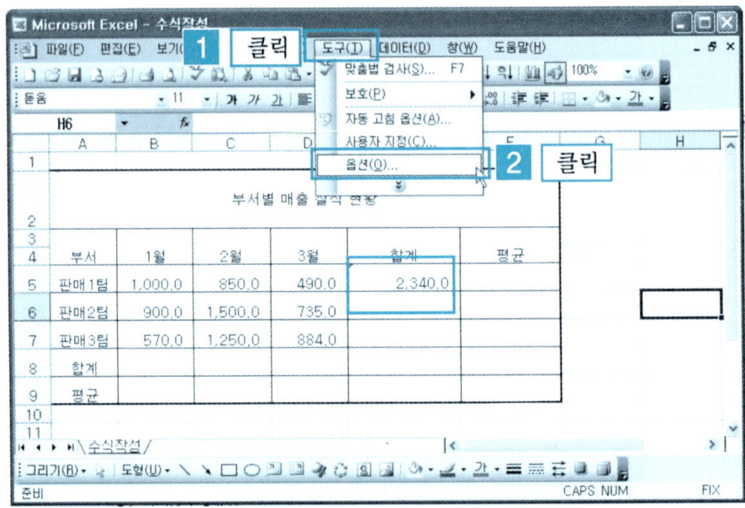

❷ [화면 표시 탭] → [수식 체크] → [확인] 버튼을 클릭한다.

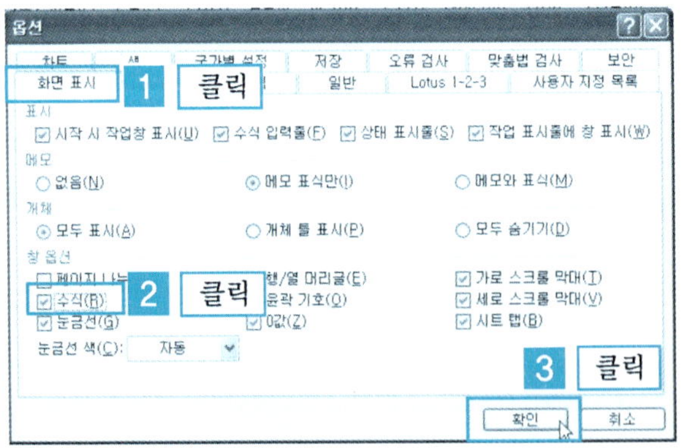

❸ 합계[E5 셀]에 결과 대신에 수식으로 표시된다.

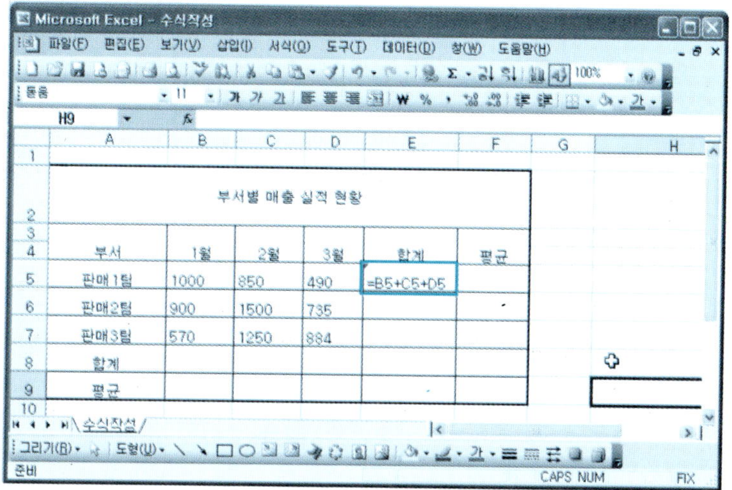

단 원 실 습 문 제

〈**실습1**〉 [예제] 폴더에서 [수식작성.xls]을 불러와 보자.

〈**실습2**〉 판매2팀의 합계를 구해보자.

〈**실습3**〉 판매3팀의 합계를 수식으로 나타내 보자.

〈**실습4**〉 판매1팀의 평균을 구해보자.

〈**실습5**〉 판매2팀의 평균을 구해보자.

〈**실습6**〉 판매3팀의 평균을 수식으로 나타내 보자.

〈**실습7**〉 1월의 합계를 구해보자.

〈**실습8**〉 2월의 합계를 구해보자.

〈**실습9**〉 3월의 합계를 수식으로 나타내 보자.

〈**실습10**〉 1월의 평균을 구해보자.

〈**실습11**〉 2월의 평균을 구해보자.

〈**실습12**〉 3월의 평균을 수식으로 나타내 보자.

4.2 | 연산자의 종류

1 산술 연산자

산술 연산자는 사칙연산(가감승제)에 사용되는 연산자로서 종류와 의미는 다음
과 같다.

연산자의 종류	의미	사용 예
+	더하기	=A1+B1
-	빼기	=A4-B2
*	곱하기	=A3*B2
/	나누기	=A3/B1
%	백분율	=B5%
^	지수	=A7^
( )	괄호	=(A2+B7)*C3

❶ [A2+C2]의 결과를 E2 셀에 표시해 보자.

A2 셀과 C2 셀에 값을 입력하고 E2 셀에 [=A2+C2]를 입력한 다음 Enter↵ 를
친다.

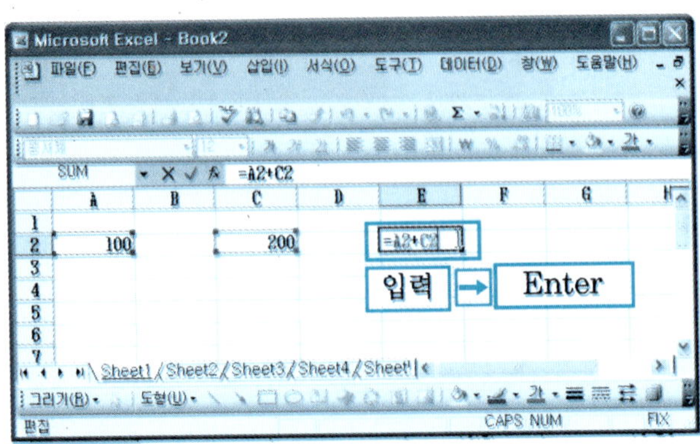

❷ E2 셀에 결과값이 나타난다.

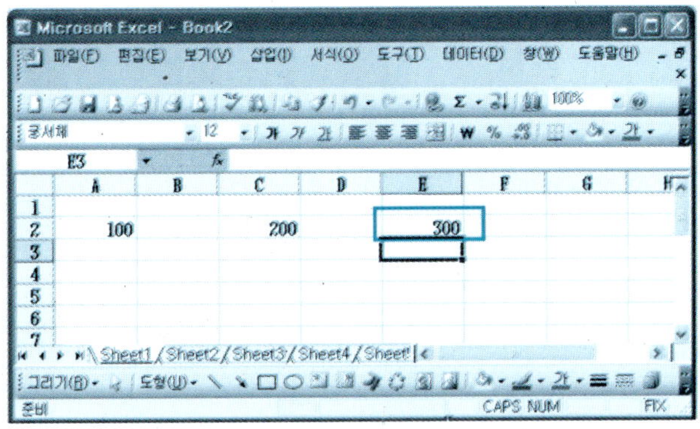

단 원 실 습 문 제

〈**실습1**〉 다음 표를 보고 아래의 계산을 해보자.

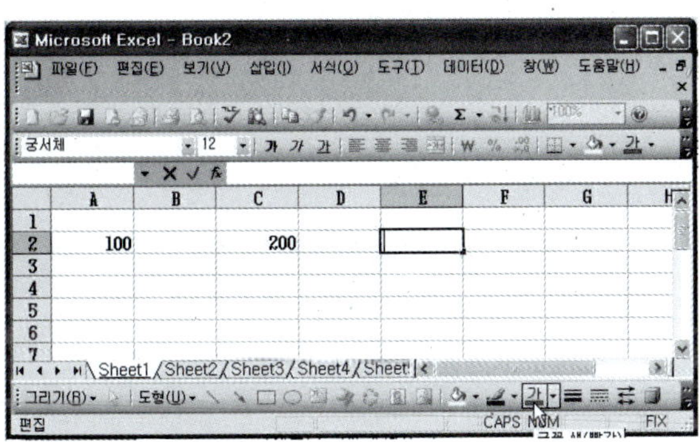

〈**실습1**〉 C2-A2의 값을 E2 셀에 나타내 보자.

〈**실습2**〉 A2*C2의 값을 E3 셀에 나타내 보자.

〈**실습3**〉 A2/C2의 값을 E4 셀에 나타내 보자.

〈**실습4**〉 A2%의 값을 E5 셀에 나타내 보자.

〈**실습5**〉 A2^의 값을 E6 셀에 나타내 보자.

〈**실습6**〉 (C2-A2)/A2의 값을 E7 셀에 나타내 보자.

2 비교 연산자

비교 연산자는 두 값을 비교하여 참(TRUE)과 거짓(FALSE)으로 나타내는 연산자이다. 연산자의 종류와 의미는 다음과 같다.

연산자의 종류	의미	사용 예
=	같다	=A1=B1
>	보다 크다	=A4>B2
<	보다 작다	=A3<B2
>=	크거나 같다	=A3>=B1
<=	작거나 같다	=B5<=A3
<>	같지 않다	=A7<>B3
( )	괄호	=(A2+B7)*C3

❶ [A2=C2]의 결과를 E2 셀에 표시해 보자.

A2 셀과 C2 셀에 값을 입력하고 E2 셀에 [=A2=C2]를 입력한 다음 Enter⏎ 를 친다.

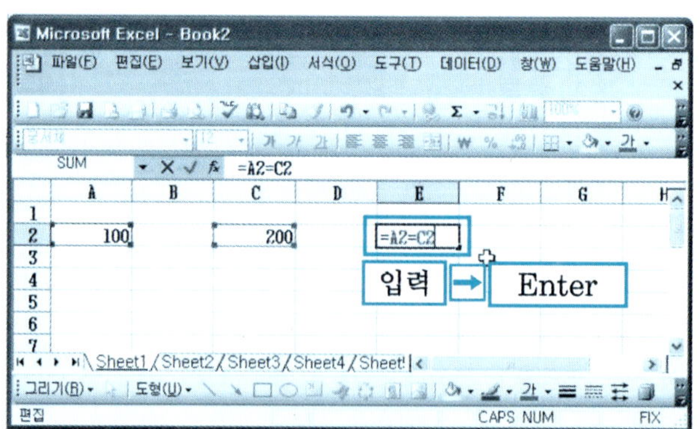

❷ E2 셀에 결과값[FALSE]이 나타난다.

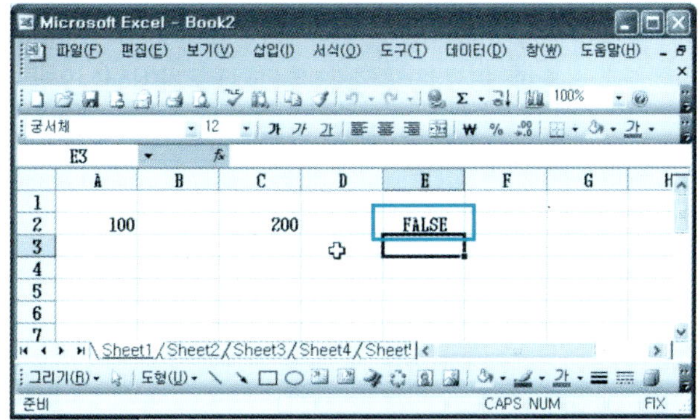

단 원 실 습 문 제

다음 표를 보고 아래의 계산을 해보자.

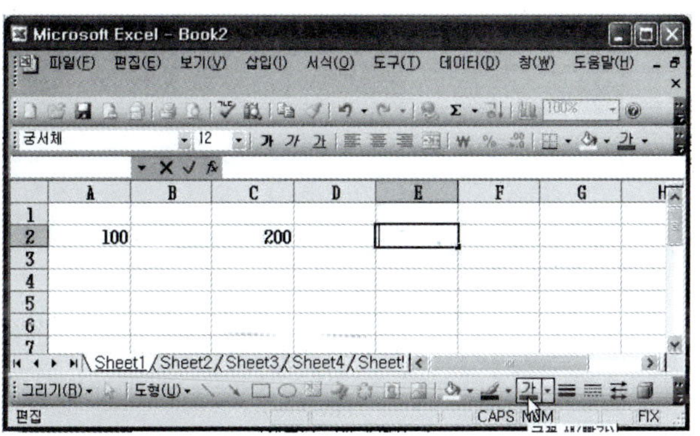

〈**실습1**〉 C2〉A2의 값을 E2 셀에 나타내 보자.

〈**실습2**〉 A2〈C2의 값을 E3 셀에 나타내 보자.

〈**실습3**〉 A2〉=C2의 값을 E4 셀에 나타내 보자.

〈**실습4**〉 A2〈=C2의 값을 E5 셀에 나타내 보자.

〈**실습5**〉 A2◇C2의 값을 E6 셀에 나타내 보자.

3 문자열 연산자

문자열 연산자는 문자와 문자를 결합하여 값을 구하는 연산자이다.

연산자의 종류	의미	사용 예
&	문자열 결합	=A1&B1

❶ [A2&C2]의 결과를 E2 셀에 표시해 보자.

A2 셀과 C2 셀에 값을 입력하고 E2 셀에 [=A2&C2]를 입력한 다음 Enter↲ 를 친다.

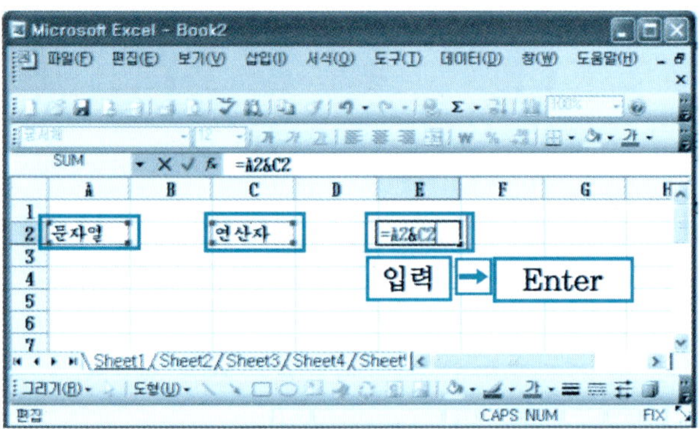

❷ E2 셀에 두 셀의 문자열이 결합된 값[문자열연산자]이 나타난다.

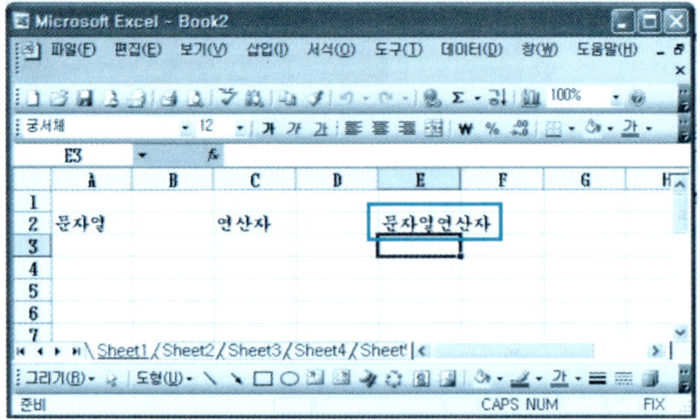

단원 실습 문제

다음 표를 보고 아래에 주어진 계산을 해보자.

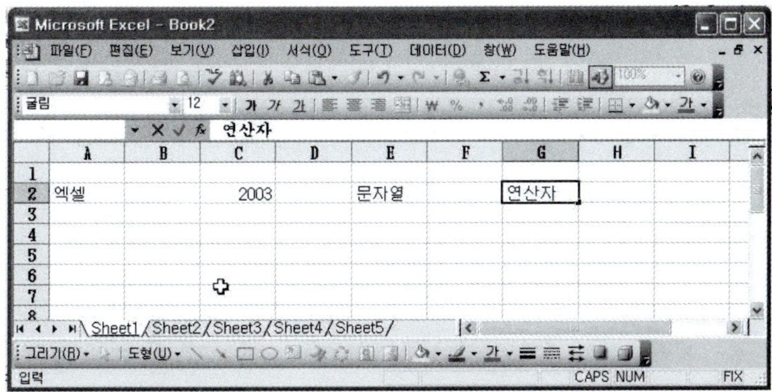

⟨**실습1**⟩ A2&C2의 값을 H2 셀에 나타내 보자.

⟨**실습2**⟩ E2&G2의 값을 I2 셀에 나타내 보자.

⟨**실습3**⟩ H3 셀에 [엑셀2003문자열]을 나타내 보자.

⟨**실습4**⟩ H4 셀에 [엑셀2003문자열연산자]를 나타내 보자.

⟨**실습5**⟩ H5 셀에 [2003문자열엑셀연산자]를 나타내 보자.

⟨**실습6**⟩ H6 셀에 [문자열연산자엑셀2003]을 나타내 보자.

4.3 | 참조 영역에 의한 수식 만들기

엑셀 문서의 수식에서 사용되는 셀 참조의 연산자의 종류는 상대 참조, 절대 참조, 혼합 참조가 있다. 셀 참조 연산자의 종류와 의미는 다음과 같다.

연산자의 종류	의미	사용 예
상대 참조	A2	열과 행이 모두 상대 참조
절대 참조	$A$2	열과 행이 모두 절대 참조
혼합 참조	A$1	열은 상대 참조 행은 절대 참조
	$A1	열은 절대 참조 행은 상대 참조

엑셀 작업에서 수식을 사용할 때 참조 지정은 F4 키를 눌러 셀 주소 참조를 변경한다.

F4키를 누를 때마다 [상대 참조] → [절대 참조] → [혼합 참조] → [혼합 참조]로 변경된다.

1 상대 참조

상대 참조는 일반적으로 엑셀 문서에서 계산식에 사용되는 셀 주소를 참조하는 방식이다. 상대 참조로 계산된 수식을 복사하면 복사하는 방향(행, 열)에 따라서 셀의 주소가 변경된다.

판매1팀의 합계를 상대 참조로 작성하여 계산된 식을 복사하여 판매2팀, 판매3팀의 합계를 구해보자.

❶ [예제] 폴더에서 [수식작성1.xls] 파일을 불러온다. E5 셀에 [=B5+C5+D5]를
입력하고 [Enter↵] 를 친다.

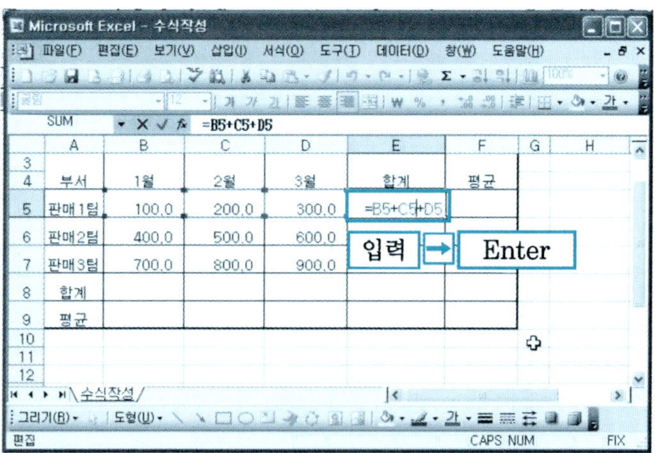

❷ E5 셀에 판매1팀의 합계가 나타난다.

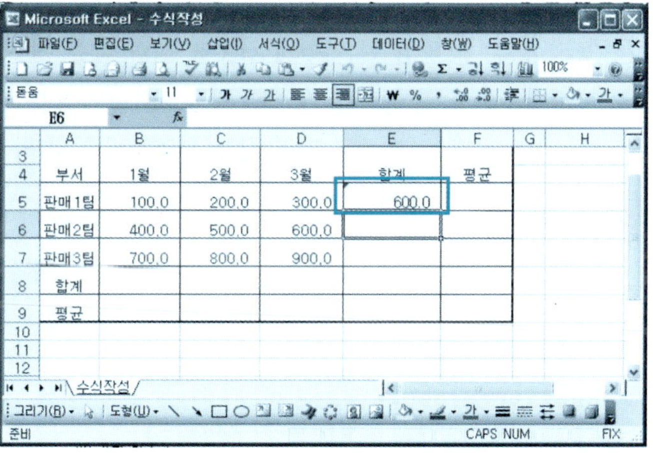

❸ 채우기 핸들로 셀 [E5:E7]까지 드래그하면 상대 참조에 의한 판매2팀, 판매3팀의 합계가 나타난다. 판매2팀 합계는 E6 셀에 [=B6+C6+D6]가 참조되어 계산되며, 판매3팀 합계는 E7 셀에 [=B7+C7+D7]가 참조되어 계산된 값이 나타난다.

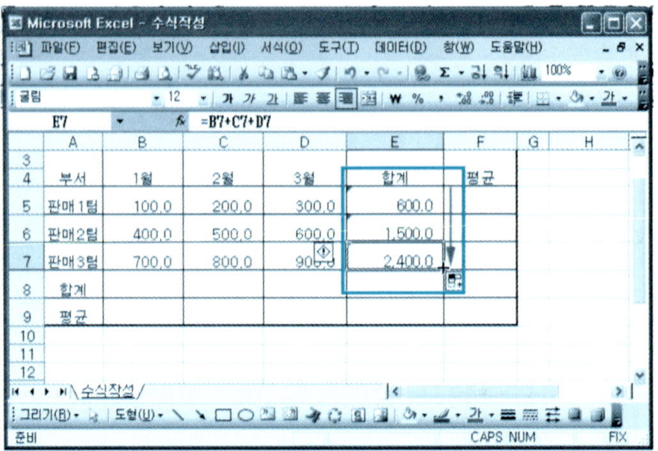

2 절대 참조

A 셀은 상대 참조, B 셀은 절대 참조에 의한 값을 계산해 보자.

❶ 1 행에 1-9, A 열에 1-9를 입력한 다음, B2 셀에서 [=A2*$B$1]을 입력한 다음 Enter↲ 를 친다. A는 행과 열을 상대 참조하도록 하며, B는 B1 셀값만을 참조하여 계산하게 된다.

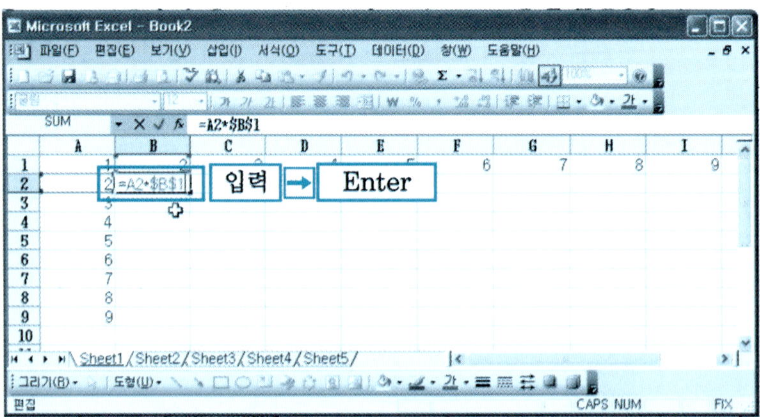

❷ B2 셀에 [=A2*$B$1] 식에 의한 값이 나타난다.

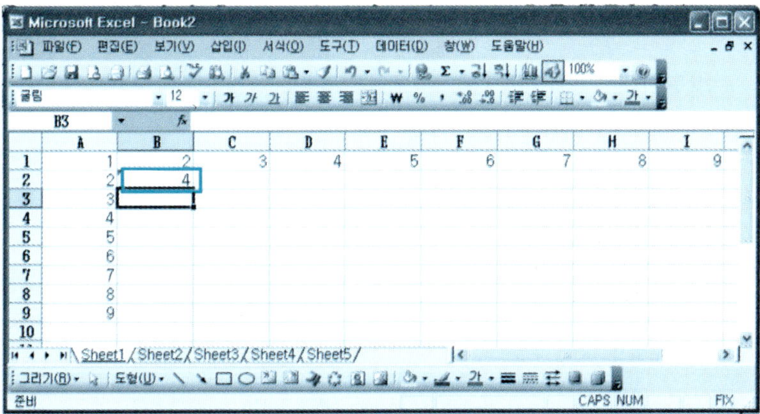

❸ 셀 [B2:B9]까지의 값을 나타내기 위해서 B2에서 B9까지 드래그하여 나타난
결과값이다.

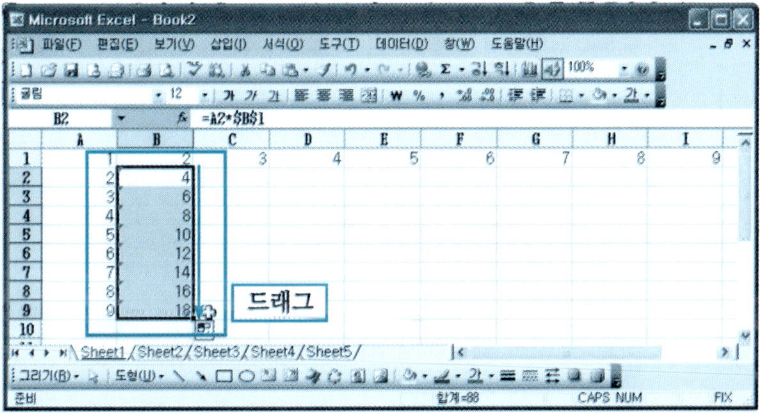

3 혼합 참조

혼합 참조는 열이나 행 중에 하나는 절대 참조, 하나는 상대 참조를 하는 연산 방법이다.

❶ C2 셀에 [=A2*C1]을 입력한다.

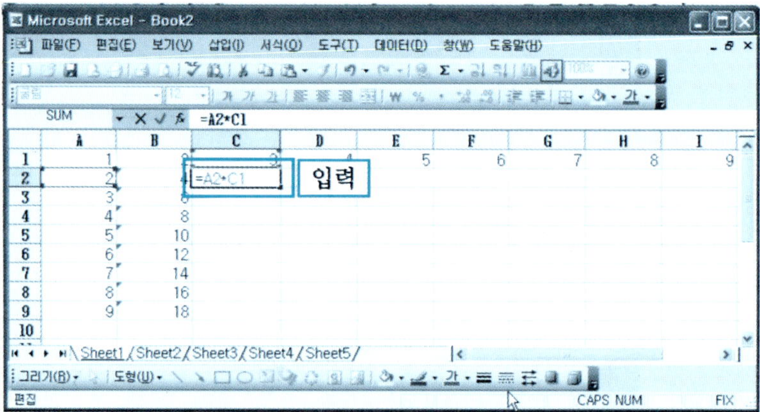

❷ [C1]을 블록으로 지정한 다음 F4 키를 누를때마다 C1 셀이 [상대 참조] → [절대 참조] → [혼합 참조] → [혼합 참조]로 변경된다. 원하는 참조 형태를 지정한다.

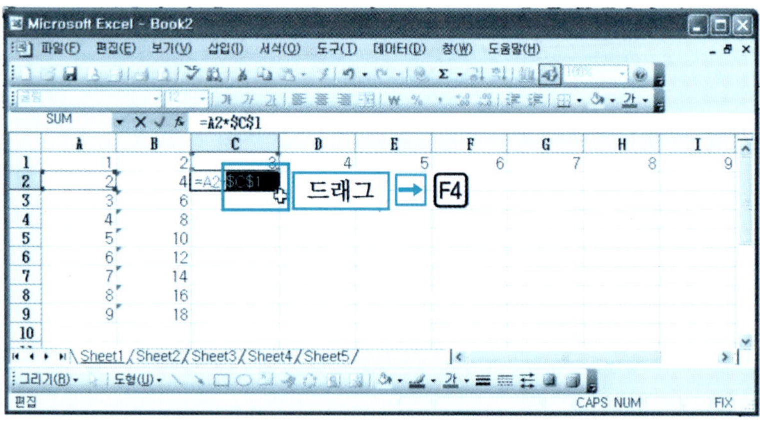

❸ [$C1]을 지정하고 Enter↵ 를 친다.

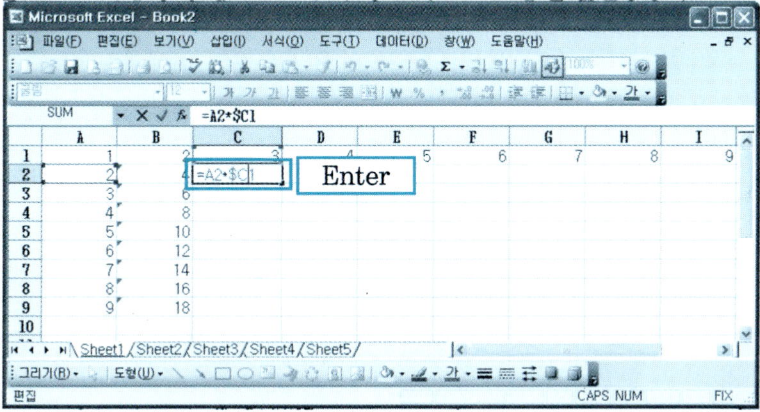

❹ 셀 [C2:C5]를 드래그하면 지정된 참조 형태에 의한 값이 복사된다. C 셀의
열값이 변하지 않고 행의 값이 계속해서 변한다.

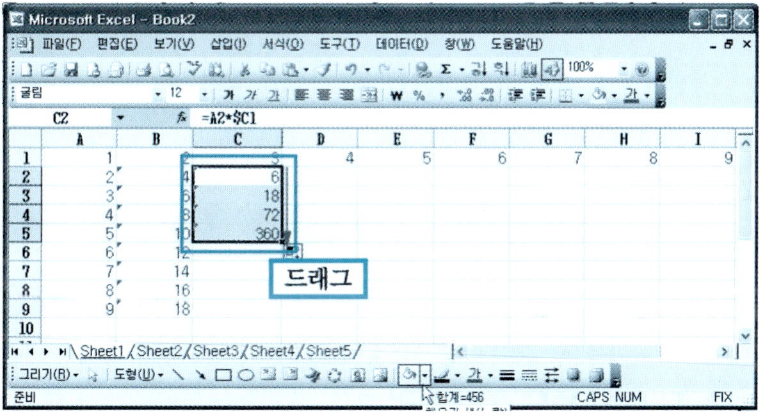

4.4 | 이름 정의에 의한 수식 만들기

복잡한 수식을 간단하고 편리하게 사용하기 위해서는 이름을 정의하여 사용할 수 있다. 이름으로 정의할 수 있는 것은 셀, 셀 범위, 숫자, 수식 등이다. 이름을 정의할 때 유의하여야 할 다음과 같은 규칙이 있다.

- 첫 문자는 문자나 밑줄 문자를 사용한다.
- 숫자, 문자, 마침표, 밑줄을 사용할 수 있다.
- 주소(A1, $A1, R2C2 등과 같은)를 사용할 수 없다.
- 공백은 사용할 수 없다.
- 255자까지 사용 가능하다.
- 대소문자는 사용 가능하나 구분하지 않는다.
- 하나의 통합 문서에서 같은 이름을 사용해서는 안 된다.

1 셀 이름 만들기

❶ [예제] 폴더에서 [셀이름.xls] 파일을 불러온다. 이름을 정의할 E5 셀을 클릭한다.

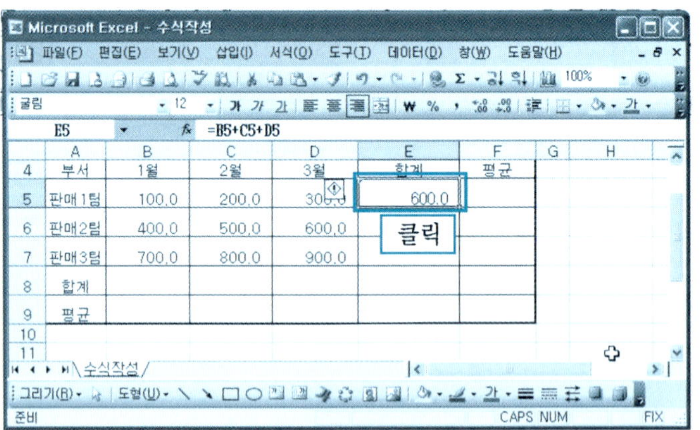

❷ [이름상자 클릭] → [이름 입력] → Enter↵ 를 친다.

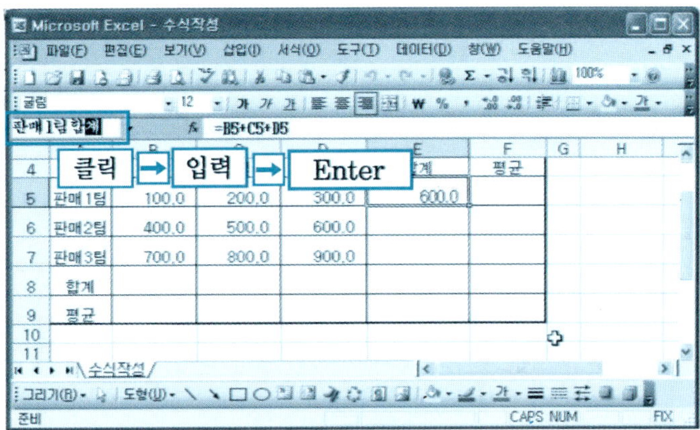

❸ 지정된 셀 주소가 [판매1팀합계] 이름으로 변경된 결과이다.

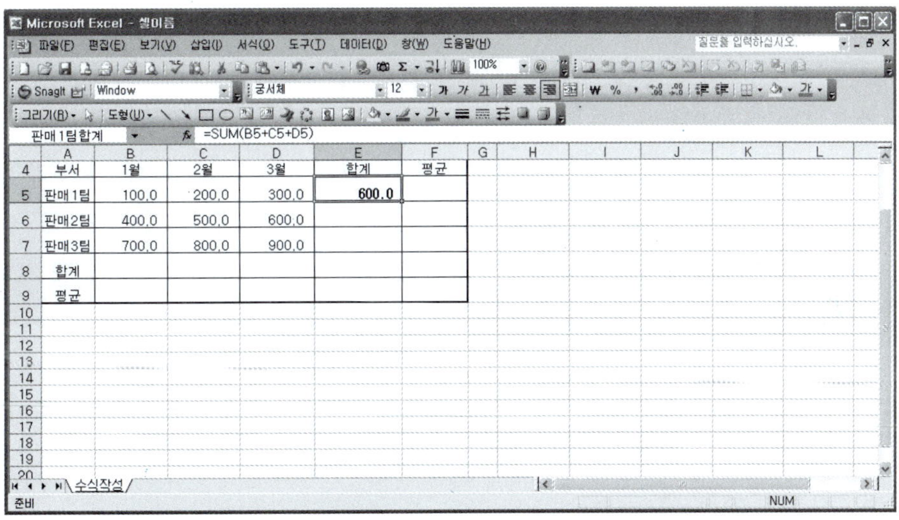

2 셀 범위 이름 만들기

❶ 이름을 정의할 셀 범위를 지정한다.

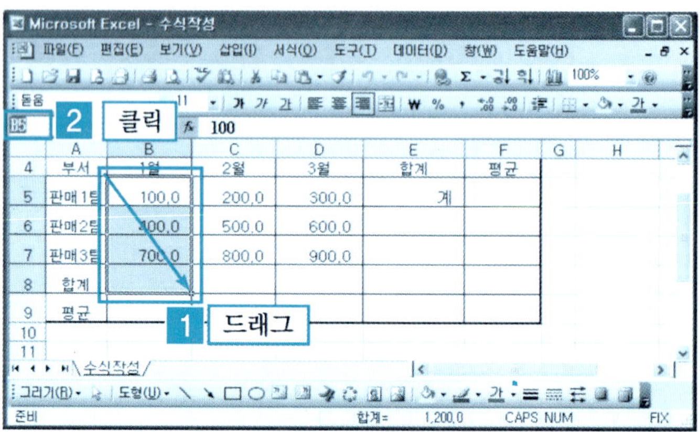

❷ [이름상자 클릭] → [_1월판매액] 입력 → Enter 를 친다. (행을 범위로 지정하여 이름을 정의할 때는 "_"를 앞에 붙여준다.)

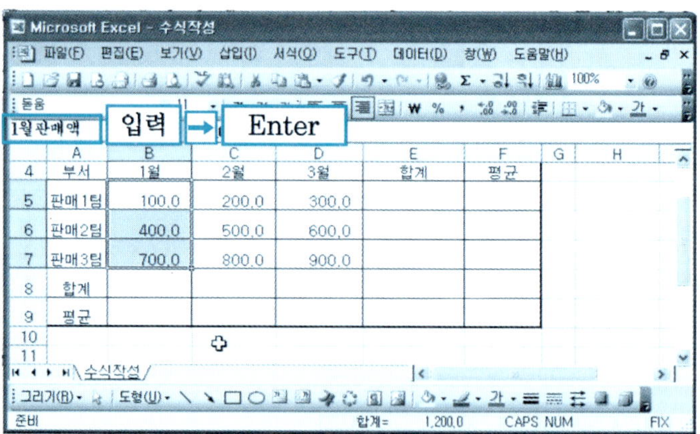

③ 메뉴를 이용한 이름 만들기

❶ 이름을 정의할 셀 범위를 지정한다.

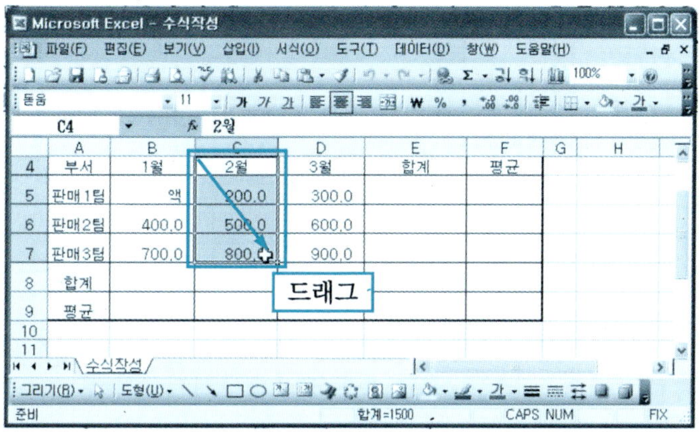

❷ [삽입 메뉴] → [이름] → [만들기]를 클릭한다.

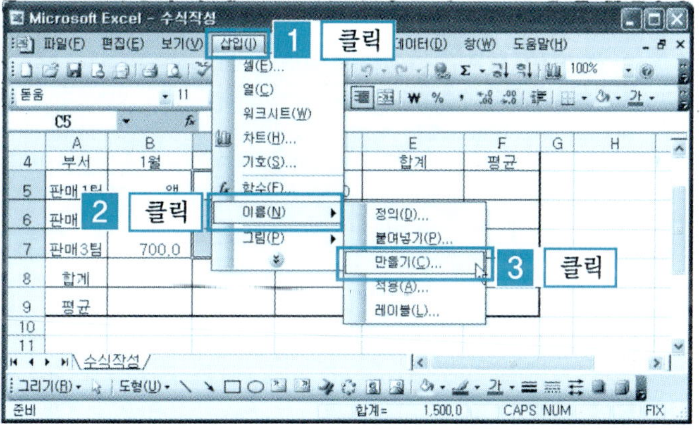

❸ [첫 행 체크] → [확인] 버튼을 클릭한다.

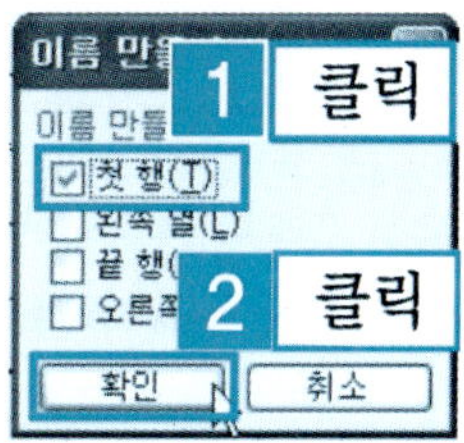

❹ [이름상자 버튼]을 클릭하면 첫 행의 이름[2월]이 확인된다. 첫 행으로 이름
이 만들어졌다.

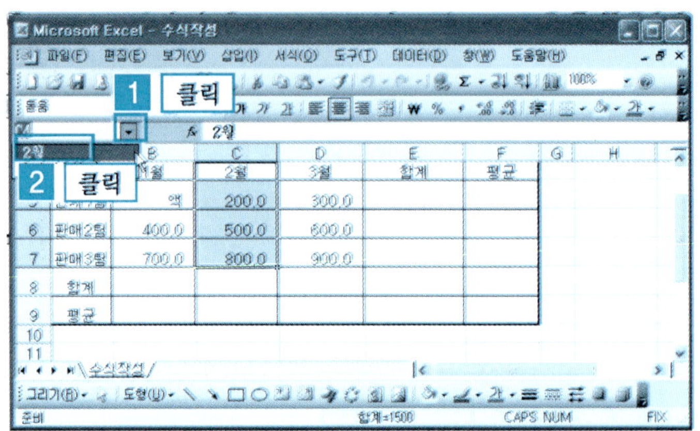

단원 실습 문제

〈**실습1**〉 다음과 같은 문서를 작성해 보자.

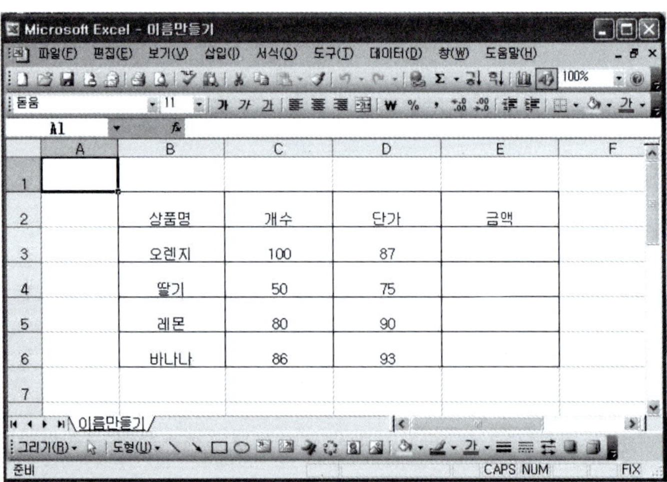

〈**실습2**〉 오렌지, 딸기, 레몬, 바나나 항목의 이름을 만들어 보자.

〈**실습3**〉 개수, 단가 항목의 이름을 만들어 보자.

4 수식 이름 만들기

복잡한 수식이나 상수를 이름으로 정의하여 사용할 수 있다.

❶ [새 문서 열기] → [삽입 메뉴] → [이름] → [정의]를 클릭한다.

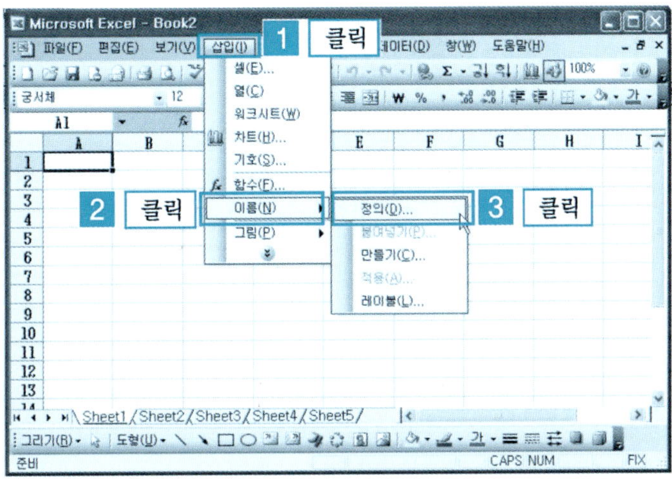

❷ [통합 문서에 있는 이름 항목] → [이름 입력] → [참조 대상] → [수식 입력] → [추가] 버튼을 클릭한다.

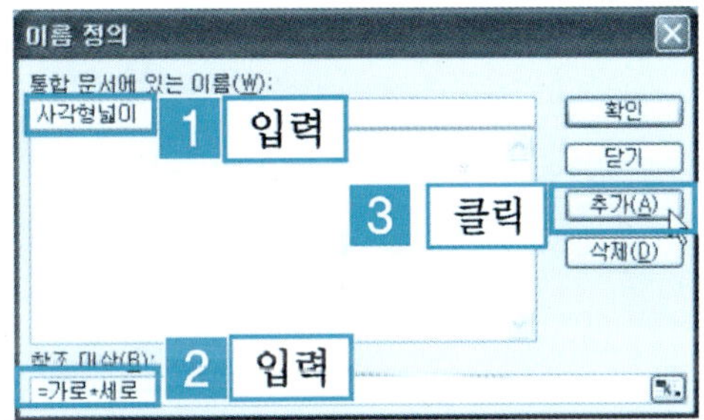

❸ 이름[사각형넓이]이 등록되었다. [이름정의] 대화상자를 마치려면 [확인] 버튼을 클릭한다.

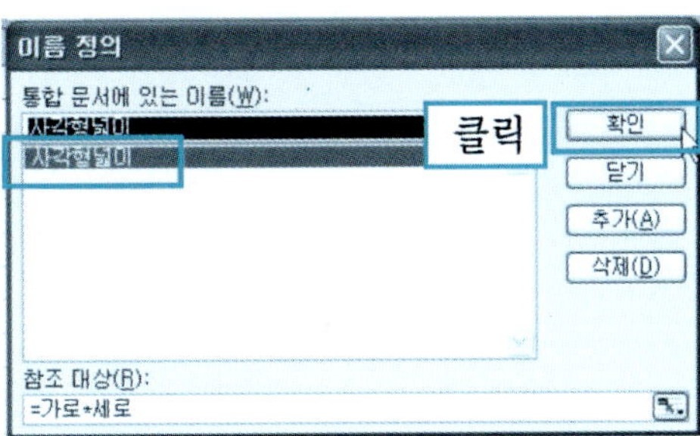

5 이름 삭제

❶ [삽입 메뉴] → [이름] → [정의]를 클릭한다.

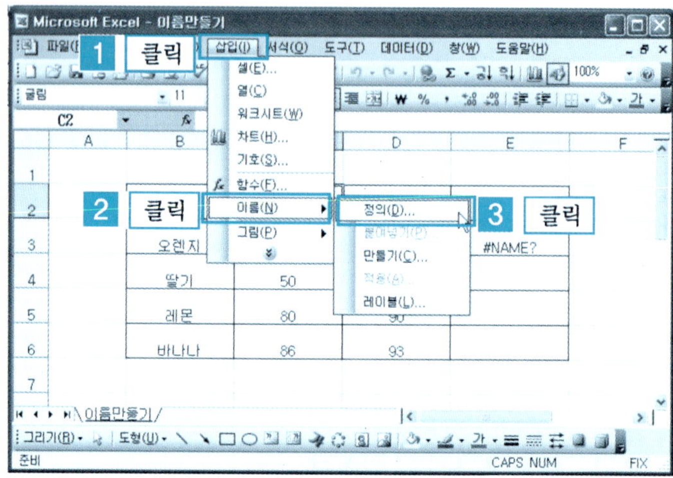

❷ [통합 문서에 있는 이름] → [삭제할 이름 지정] → [삭제] 항목을 클릭한다.

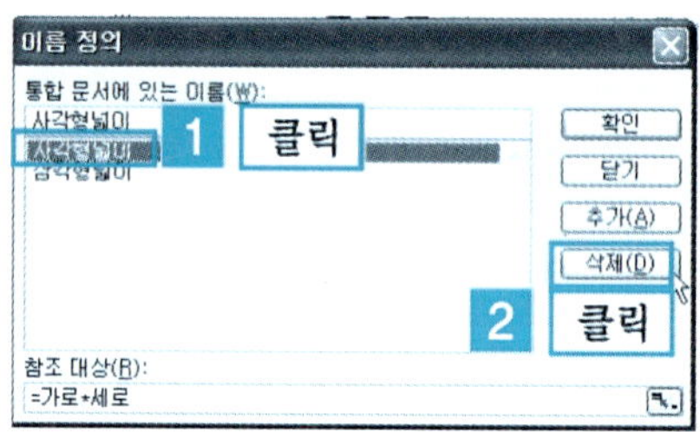

❸ 지정된 통합 문서에 있는 이름이 삭제되었다.

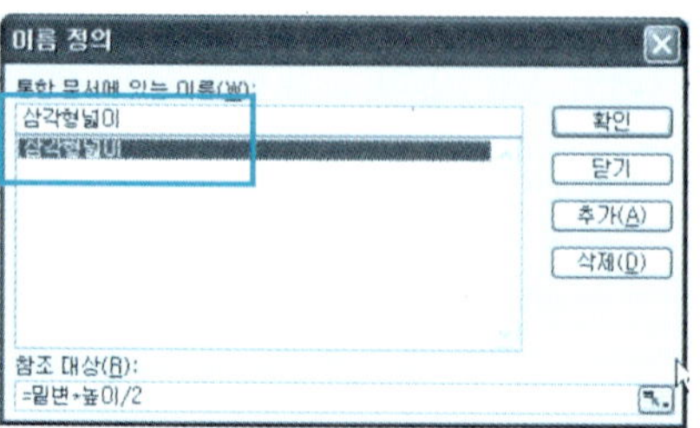

4.5 | 함수 마법사 활용

함수는 수치를 연산하여 복잡한 결과를 구하고자 할 때 복잡한 과정을 거쳐야 하므로 함수를 사용하여 쉽게 결과를 얻을 수 있다.

1 참조 연산자의 사용 방법

사용 방법	참조 대상
A10	A열 10행에 있는 셀
A1:A10	A열의 1행에서 10행에 있는 셀 범위
A10:C10	A열의 10행에서 C열의 10행에 있는 셀 범위
A1:A5, A10:A15	A1에서 A5까지, A10에서 A15까지의 셀 범위

2 기본 함수 종류

함수는 표준 도구 모음에 있는 함수 마법사 아이콘 f_x 을 눌러 사용하면 쉽게 함수 마법사 기능을 적용할 수 있다. 수식에서 많이 사용하는 함수는 기본적으로 다음과 같다.

함수 종류	사용 방법	사용 의미
=SUM(번지)	=SUM(A1:A10)	A1에서 A10 번지까지의 합
	=SUM(A3, B2, 100)	A3, B2 번지와 100의 합
=AVERAGE(번지)	=AVERAGE(A1:A10)	A1에서 A10까지의 평균
	=AVERAGE(B1, C2, 100)	B1,C2와 100의 평균
=MAX(번지)	=MAX(A1:A10)	A1에서 A10까지 중에서 최대값
=MIN(번지)	=MIN(A1:A10)	A1에서 A10까지 중에서 최소값

3 함수 마법사를 이용한 함수 만들기

❶ [예제] 폴더에서 [기말고사.xls] 파일을 불러온다. [계산 결과 입력 셀 클릭]
→ [함수 마법사 아이콘 f_x]을 클릭한다.

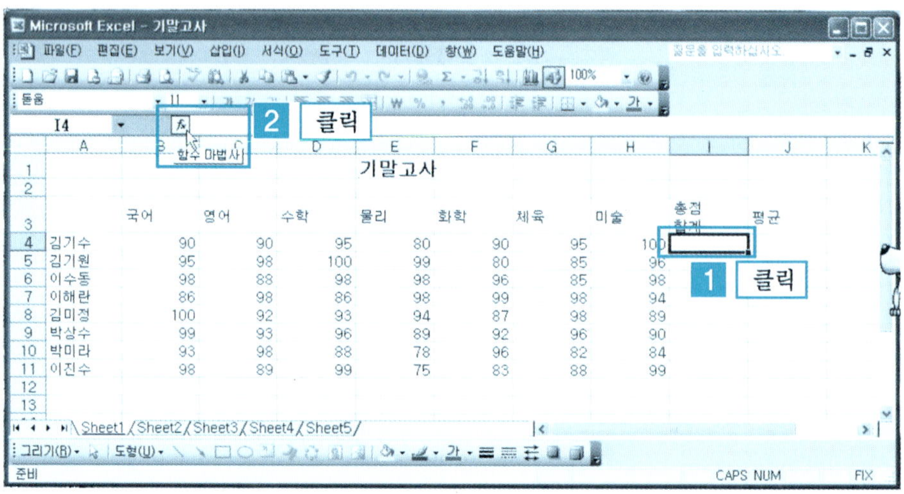

❷ 계산을 원하는 [범주 선택 : 수학/삼각] → [함수 선택 : SUM] → [확인] 버튼
을 클릭한다.

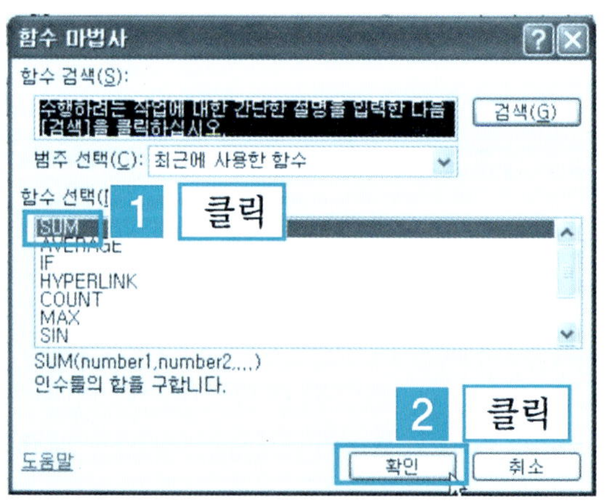

③ [함수 인수 대화상자]에 계산할 인수[참조 셀, 참조 범위]가 자동으로 나타난
다. 새로운 참조 범위가 필요하면 마우스로 드래그한다. [확인] 버튼을 클릭
한다.

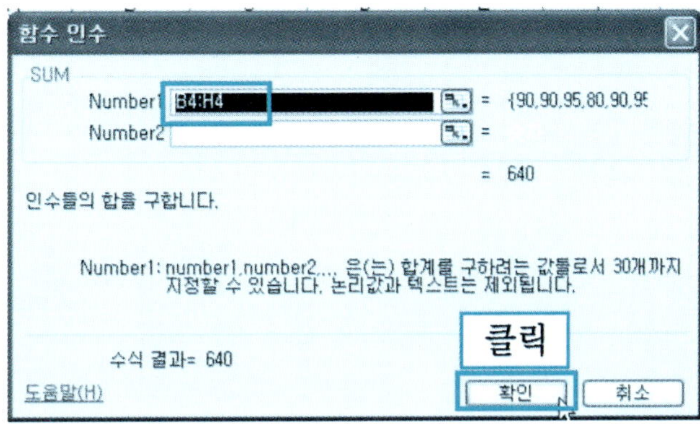

④ 지정한 셀에 계산 결과가 나타난다.

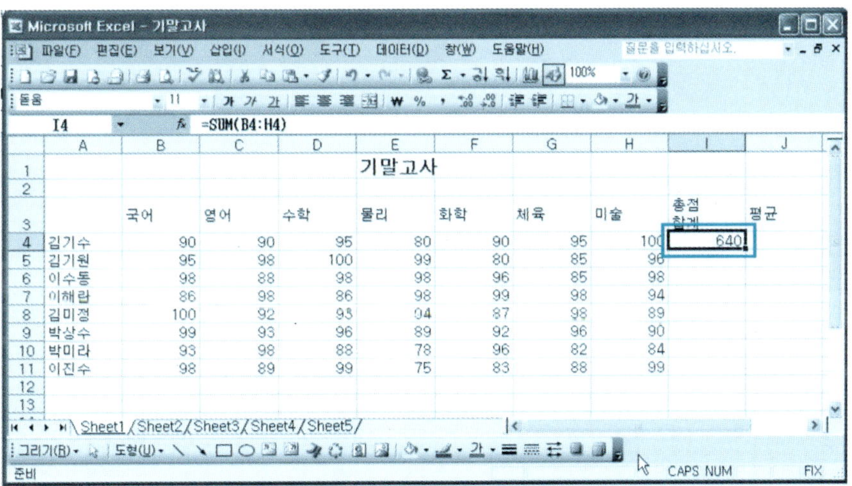

	A	B	C	D	E	F	G	H	I	J
1					기말고사					
2										
3		국어	영어	수학	물리	화학	체육	미술	총점합계	평균
4	김기수	90	90	95	80	90	95	100	640	
5	김기원	95	98	100	99	80	85	96		
6	이수동	98	88	98	98	96	85	98		
7	이해람	86	98	86	98	99	98	94		
8	김미정	100	92	93	94	87	98	89		
9	박상수	99	93	96	89	92	96	90		
10	박미라	93	98	88	78	96	82	84		
11	이진수	98	89	99	75	83	88	99		
12										
13										

4 함수를 직접 셀에 입력하기

❶ [결과 입력 셀 클릭] → [=SUM(]을 입력한다.

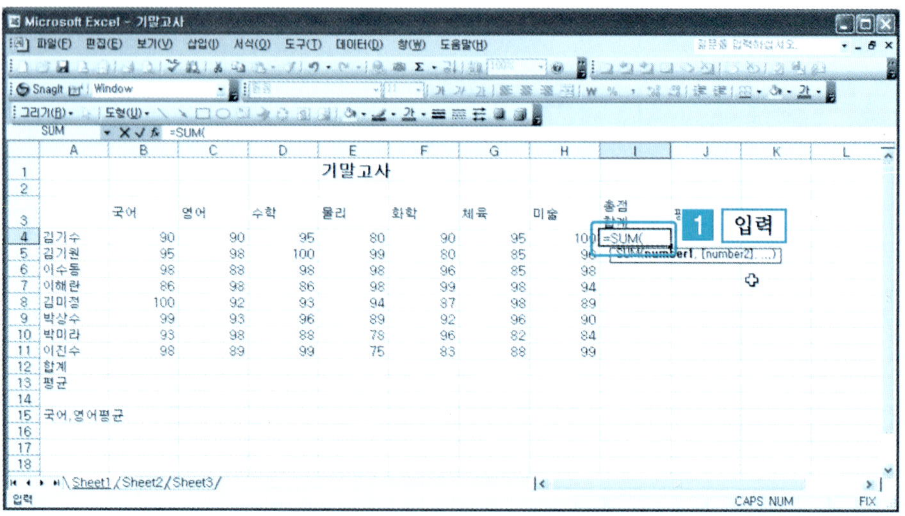

❷ 참조 셀 범위[B4:H4]를 드래그한다.

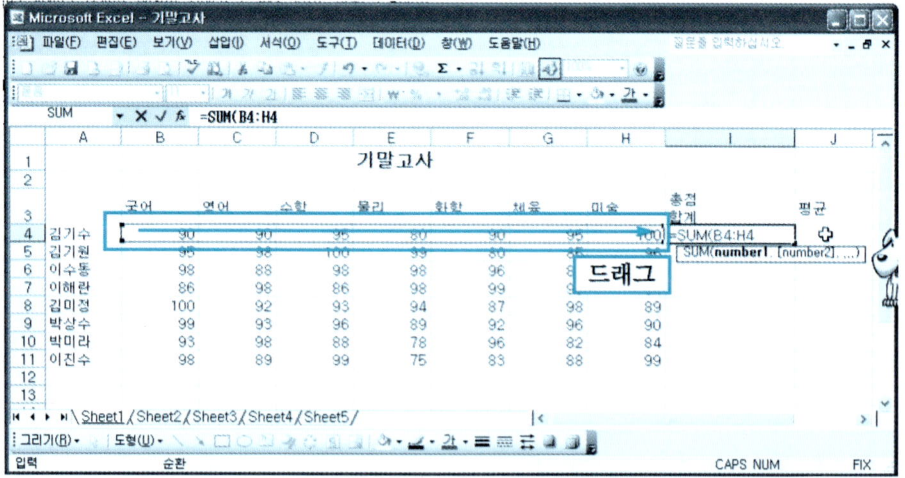

❸ [ )] 입력 → Enter↲ 를 친다.

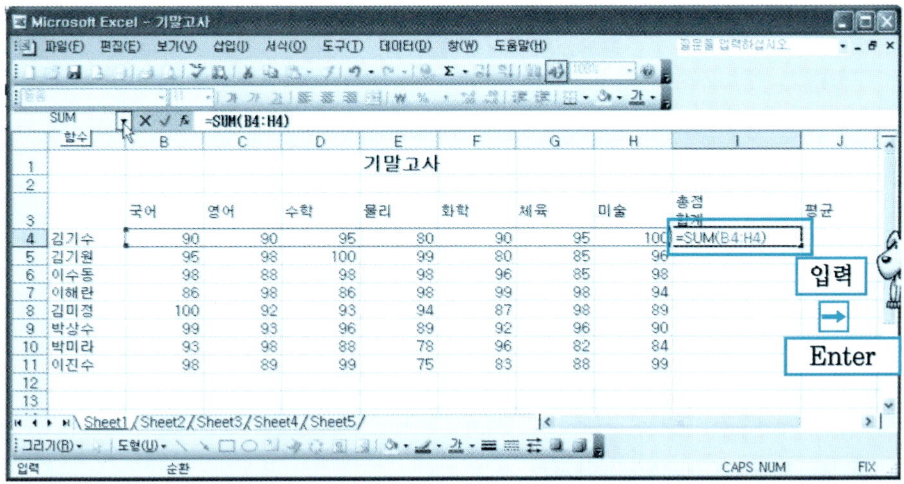

❹ 지정된 셀에 결과가 계산되어 나타난다.

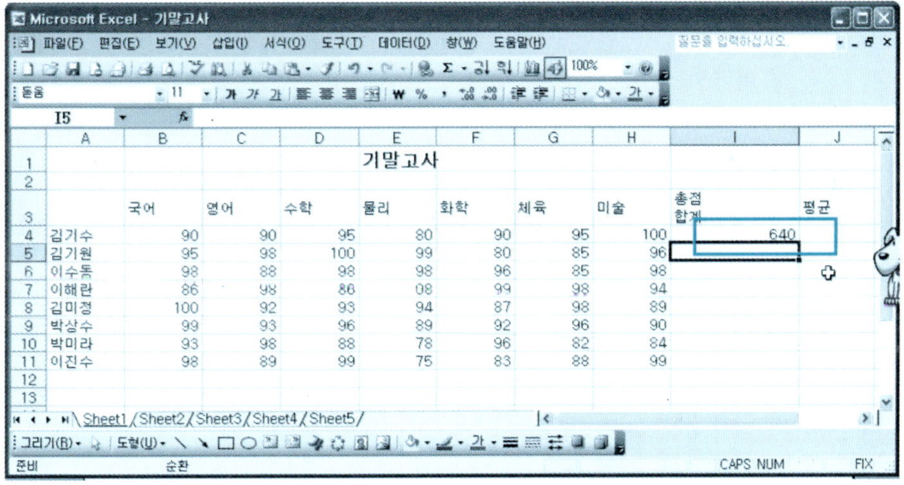

단원 실습 문제

〈**실습1**〉 [예제] 폴더에서 [기말고사.xls]를 불러와 보자.

〈**실습2**〉 함수 마법사를 이용하여 국어, 영어, 수학, 물리 점수의 합계를 계산해 보자.

〈**실습3**〉 함수를 직접 입력하여 화학, 체육, 미술 점수의 합계를 계산해 보자.

〈**실습4**〉 [기말고사 합계]라는 이름으로 저장해 보자.

5 함수를 직접 셀에 입력한 중첩 함수 사용

중첩 함수는 함수를 사용할 때 함수를 인수로 사용하는 함수를 말한다. 두 범위 (A1:A5), (B1:B5)의 합을 구한 다음 두 영역의 평균을 구하고자 할 때 다음과 같이 중첩 함수를 사용한다.

$$=AVERAGE(SUM(A1:A5),SUM(B1:B5))$$

아래의 예에서 국어와 영어의 학생 전체 평균을 중첩 함수를 이용하여 구해보자.

❶ [예제] 폴더에서 [기말고사.xls]를 불러온다. [결과 입력 셀]을 클릭한다.

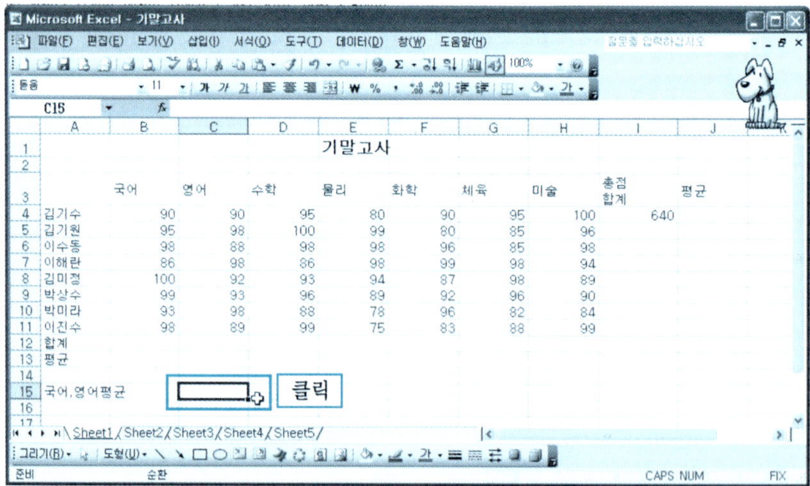

❷ 함수 [=AVERAGE(SUM(B4:B11),SUM(C4:C11))] 입력 → Enter⏎를 친다.

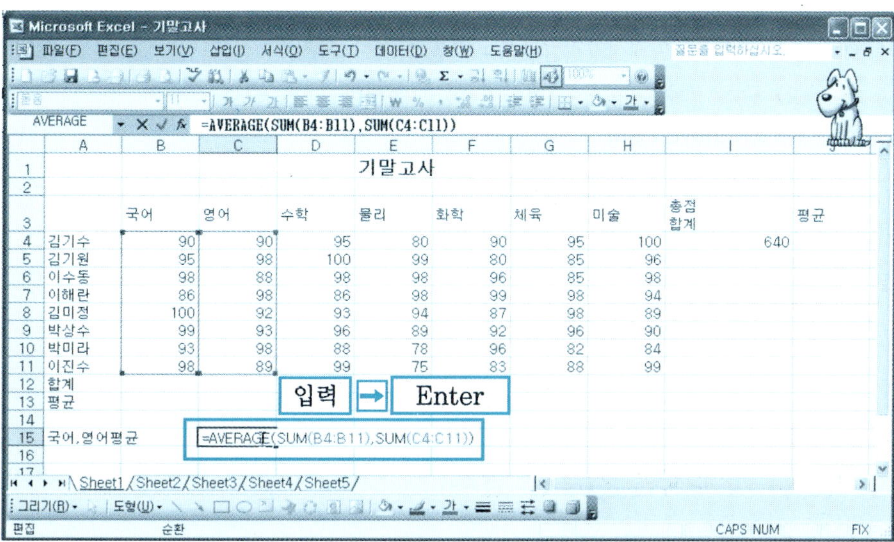

❸ 전체 학생의 국어와 영어의 평균점수가 계산되어 나타난다.

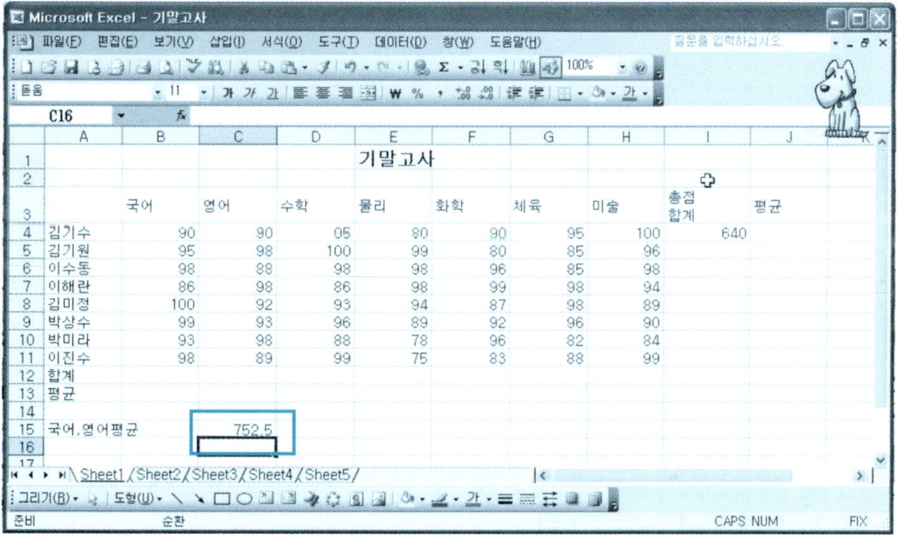

단 원 실 습 문 제

〈**실습1**〉 [예제] 폴더에서 [기말고사.xls]를 불러와 보자.

〈**실습2**〉 중첩 함수를 직접 입력하여 학생 전체의 수학, 물리 점수의 평균을 구해 C17 셀에 나타내 보자.

〈**실습3**〉 중첩 함수를 직접 입력하여 학생 전체의 체육, 미술 점수의 평균을 구해 C19 셀에 나타내 보자.

4.6 | 수식을 사용한 함수

1 자동 합계 아이콘 Σ 사용

❶ [예제] 폴더에서 [기말고사.xls]를 불러와 보자. [결과 입력 셀] 클릭 → 표준 도구 아이콘에서 [자동 합계 아이콘 Σ]을 클릭한다.

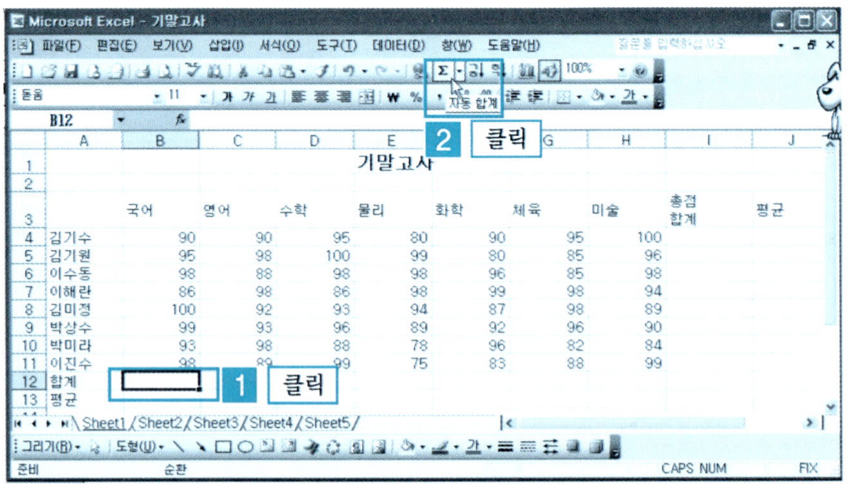

❷ 함수가 자동으로 입력되며 계산될 셀 범위가 점선으로 표시된다. 계산할 범위가 다르면 마우스로 드래그하여 수정한 다음 [Enter↵] 를 친다.

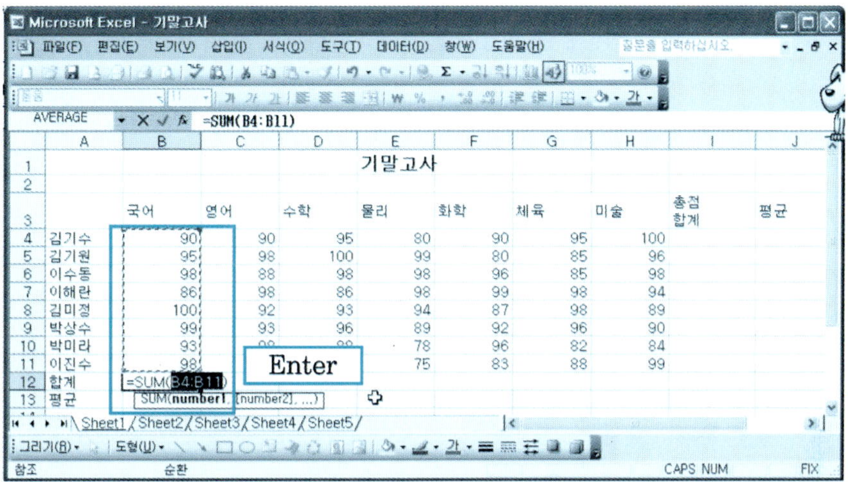

❸ 국어의 합계 결과가 나타난다.

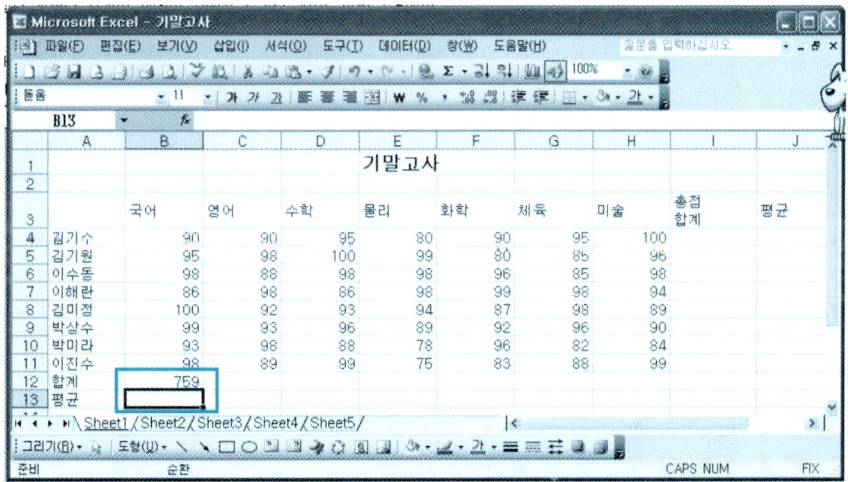

단원 실습 문제

〈실습1〉 [예제] 폴더에서 [기말고사.xls]를 불러와 보자.

〈실습2〉 자동 합계 아이콘을 사용하여 학생 전체의 영어 점수 합계를 구해 C13 셀에 나타내 보자.

〈실습3〉 자동 합계 아이콘을 사용하여 학생 전체의 수학 점수 합계를 구해 D3 셀에 나타내 보자.

2 범위 지정 자동 합계 구하기

❶ 합계를 계산하여 입력될 비어 있는 [셀 범위 지정]한다.

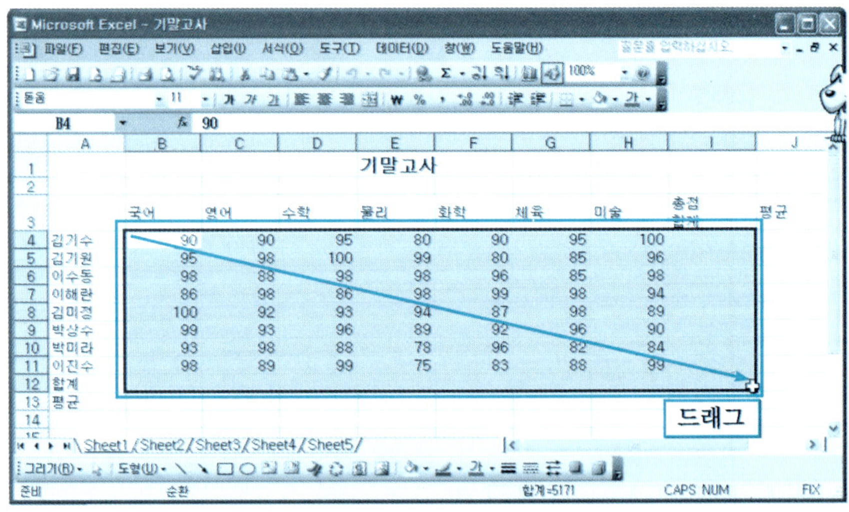

❷ 자동 합계 아이콘 $\boxed{\Sigma \cdot}$ 을 클릭하면 자동으로 합계가 계산되어 지정된 셀에 나타난다.

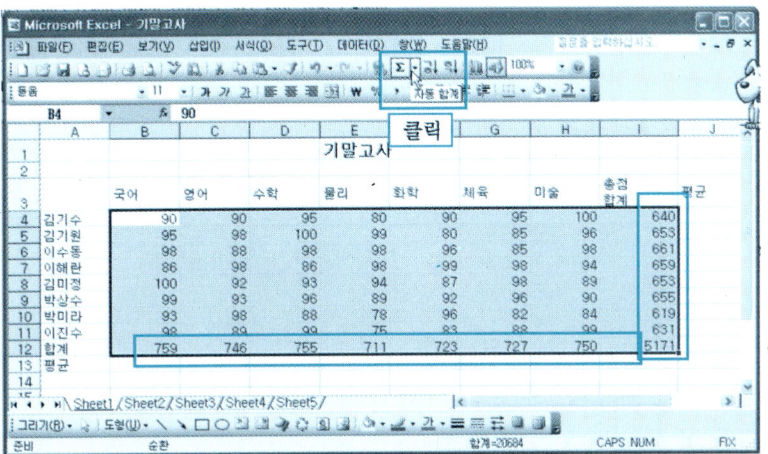

단원 실습 문제

〈**실습1**〉 [예제] 폴더에서 [수식작성.xls]를 불러와 보자.

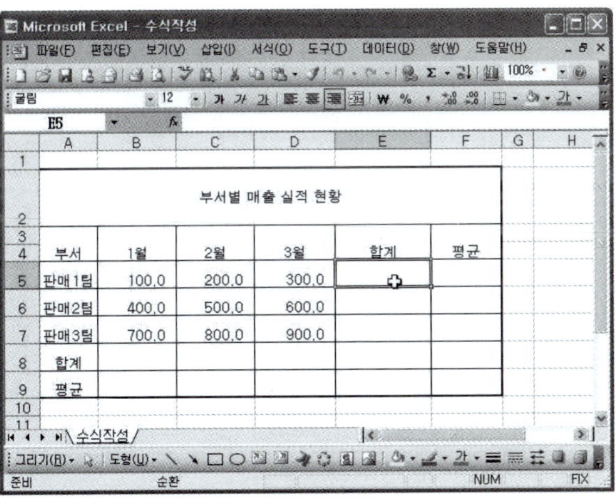

〈**실습2**〉 자동 합계 아이콘을 사용하여 월별 합계와 팀별 합계를 구해보자.

3 여러 범위 합계 구하기

❶ [예제] 폴더에서 [기말고사.xls]를 불러온다. [Sheet2]를 클릭한다. [결과 입력 셀] 클릭 → 표준 도구 아이콘에서 [자동 합계 아이콘 Σ]을 클릭한다.

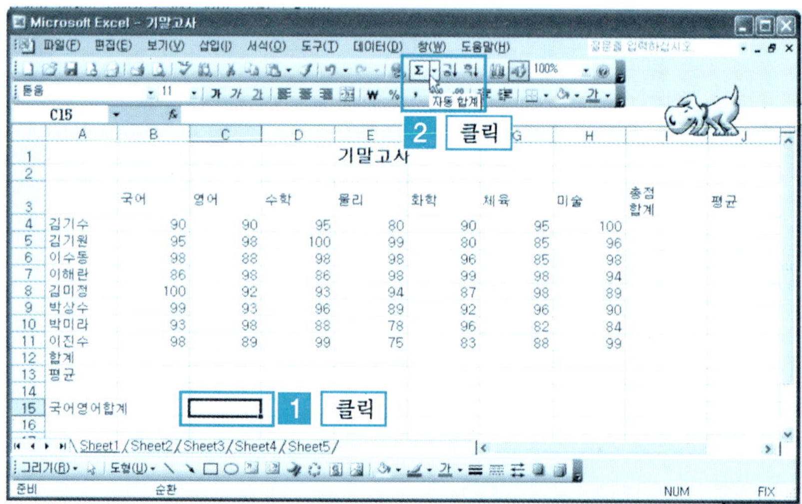

❷ [국어 범위 지정] → Ctrl + [영어 범위 지정] → Enter↵ 를 친다.

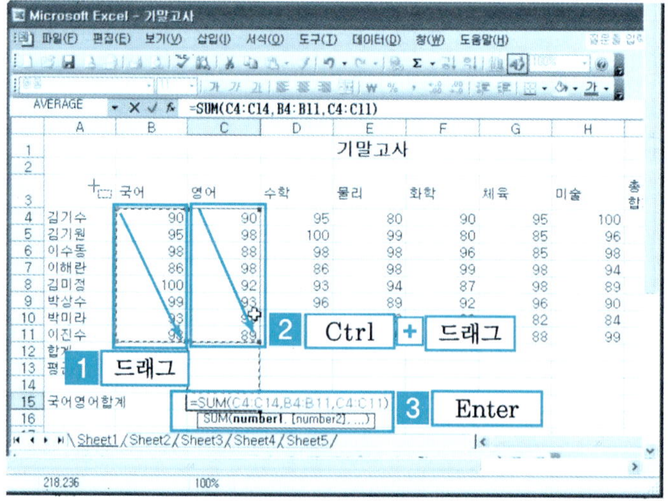

❸ 결과 셀에 국어와 영어 점수의 합계가 나타난다.

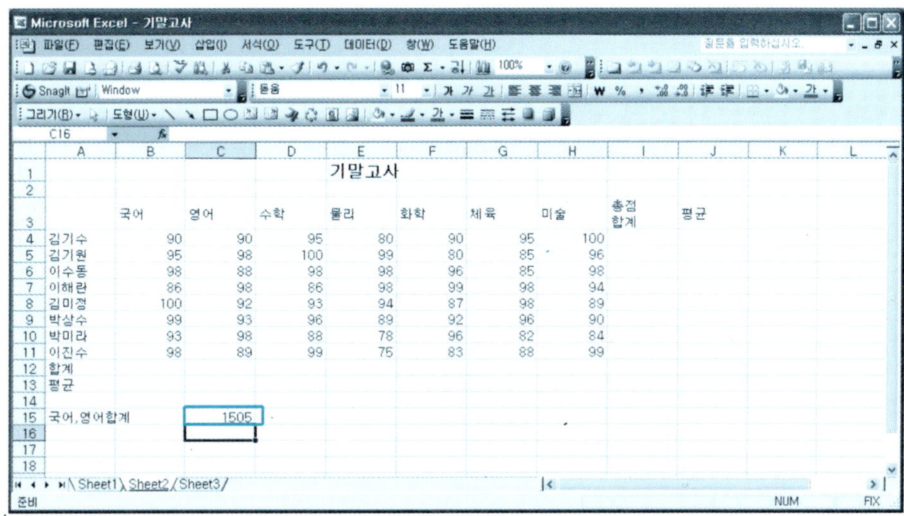

4 전체 합계 구하기

❶ [예제] 폴더에서 [수식작성.xls]를 불러온다. [전체 범위]를 지정한다.

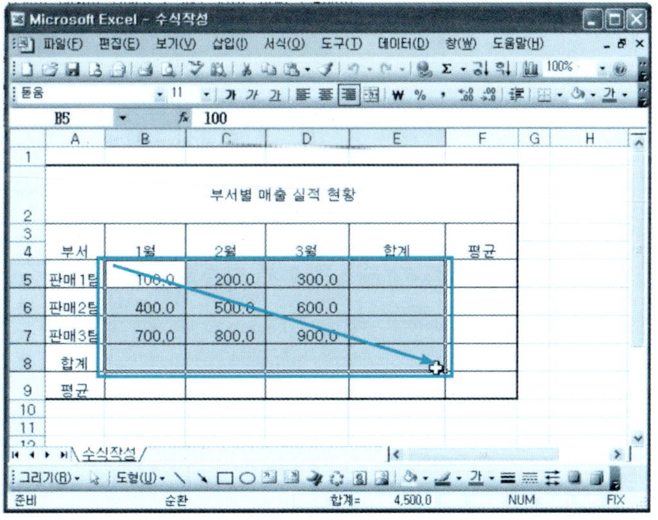

❷ 표준 도구 아이콘에서 [자동 합계 아이콘 $\boxed{\Sigma}$]을 클릭한다. 팀별 합계와 월별 합계, 그리고 전체 합계가 계산되어 나타난다.

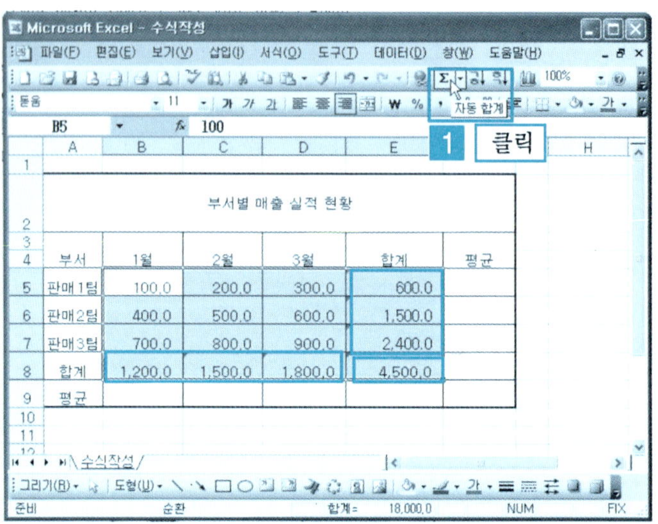

단 원 실 습 문 제

〈실습1〉 [예제] 폴더에서 [자동합계.xls]를 불러와 보자.

〈실습2〉 자동 합계 아이콘을 사용하여 1월~6월까지의 합계를 구해보자.

〈실습3〉 자동 합계 아이콘을 사용하여 판매팀별 합계를 구해보자.

〈실습4〉 자동 합계 아이콘을 사용하여 월별과 팀별 총합계를 구해보자.

4.7 | 기본 함수

1 평균(AVERAGE)

아래 표에서 판매1팀의 6개월간의 평균을 [자동 합계 아이콘 $\boxed{\Sigma \cdot}$]을 이용하여 구해보자.

❶ [예제] 폴더에서 [자동합계.xls]를 불러온다. [결과 입력 셀]을 클릭한다.

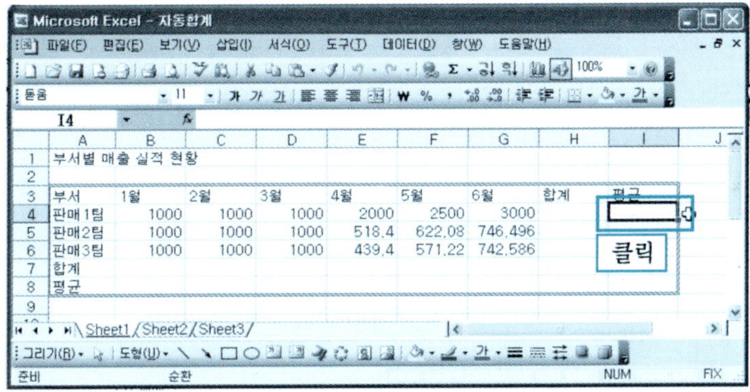

❷ 표준 도구 아이콘에서 [자동 합계 아이콘 $\boxed{\Sigma \cdot}$] 옆의 $\boxed{\cdot}$ 버튼을 클릭한 다음 [평균]을 클릭한다.

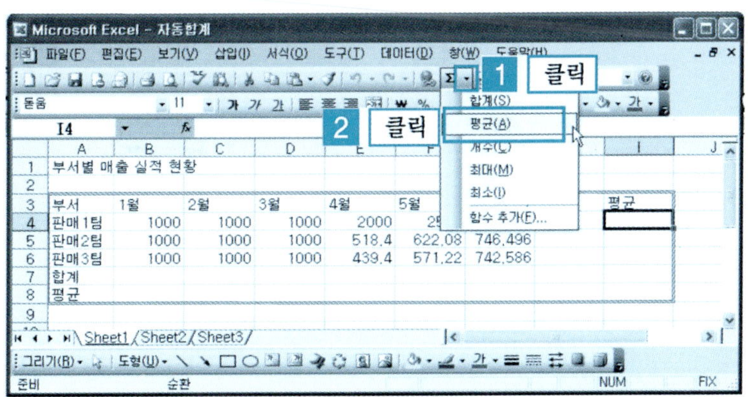

❸ 함수가 자동으로 입력되며 셀 범위가 점선으로 자동으로 나타난다. 범위가
다르면 마우스로 드래그하여 수정한 다음 [Enter↵] 를 친다.

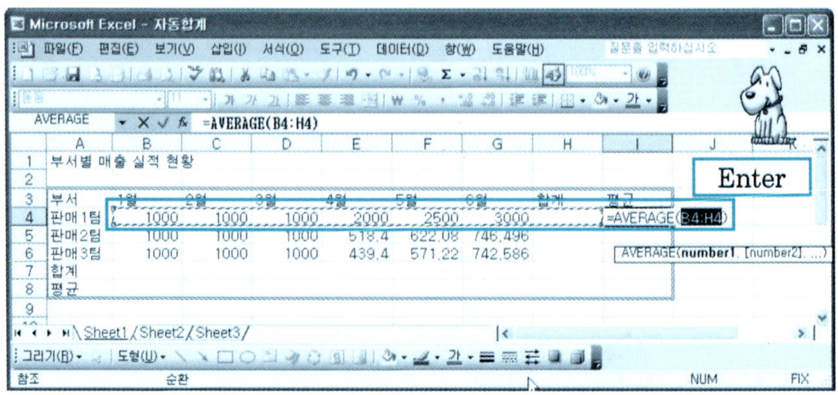

❹ 지정된 셀에 지정 범위의 평균이 나타난다.

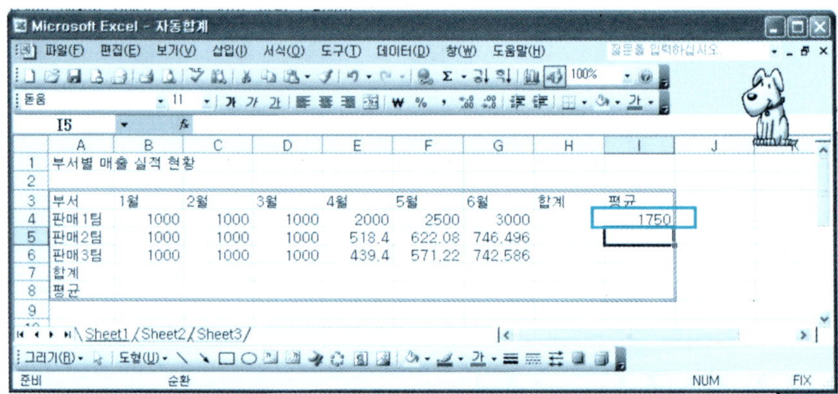

2 최대값(MAX)

아래 성적표에서 국어과목의 최대점수를 [자동 합계 아이콘 $\boxed{\Sigma \cdot}$]을 이용하여 구해보자.

❶ [예제] 폴더에서 [최대값.xls]를 불러온다. [결과 입력 셀]을 클릭한다.

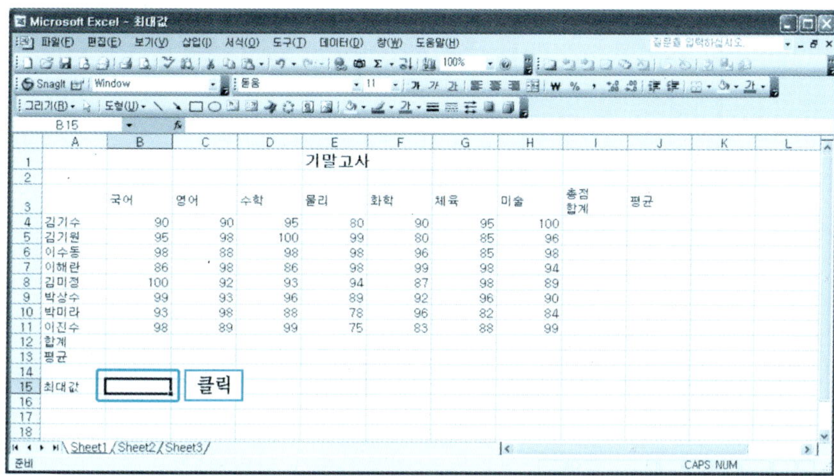

❷ 표준 도구 아이콘에서 [자동 합계 아이콘 $\boxed{\Sigma \cdot}$] 옆의 $\boxed{\cdot}$ 버튼을 클릭한 다음 [최대]를 클릭한다.

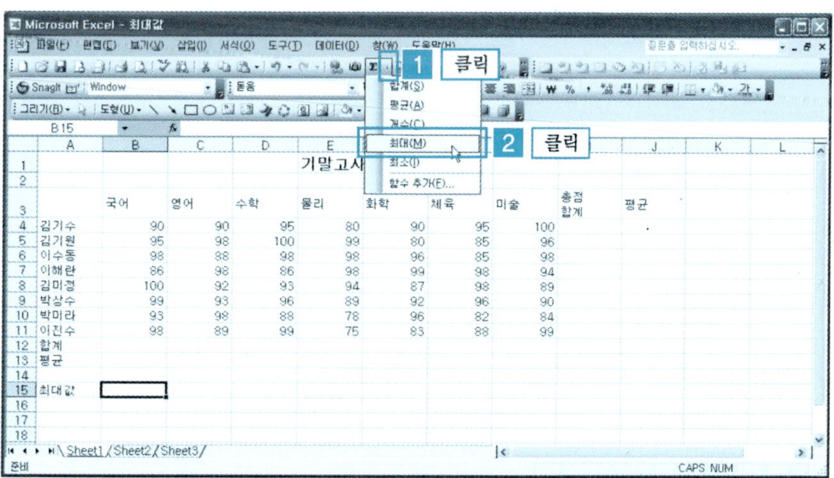

❸ 함수가 자동으로 입력되며 셀 범위가 점선으로 자동으로 나타난다. 범위가 다르면 마우스로 드래그하여 수정한 다음 Enter↲ 를 친다.

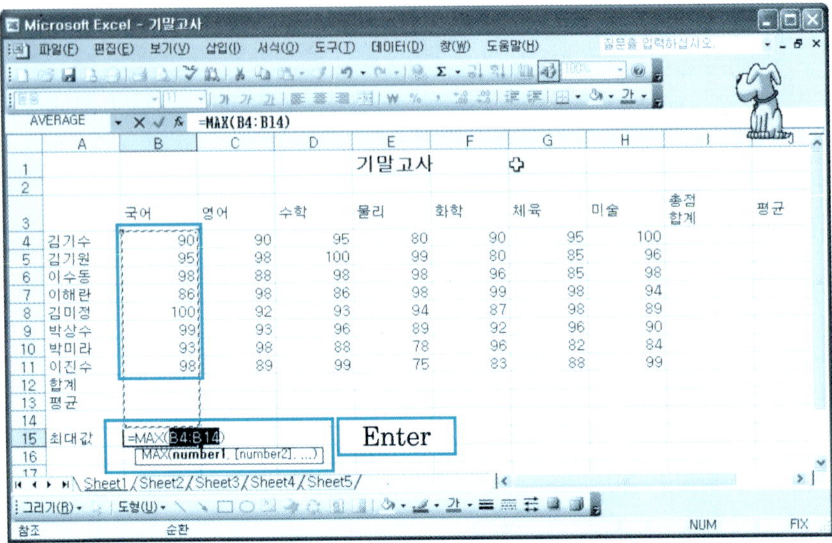

❹ 지정된 셀에 국어과목의 최고점수가 나타난다.

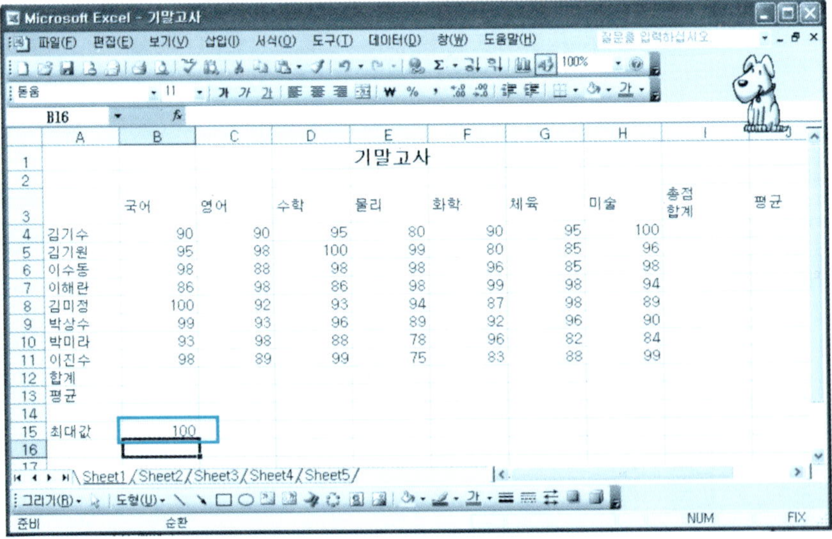

3 최소값(MIN)

아래 성적표에서 국어과목의 최소점수를 [자동 합계 아이콘 Σ]을 이용하여 구해보자.

❶ [예제] 폴더에서 [최소값.xls]를 불러온다. [결과 입력셀]을 클릭한다.

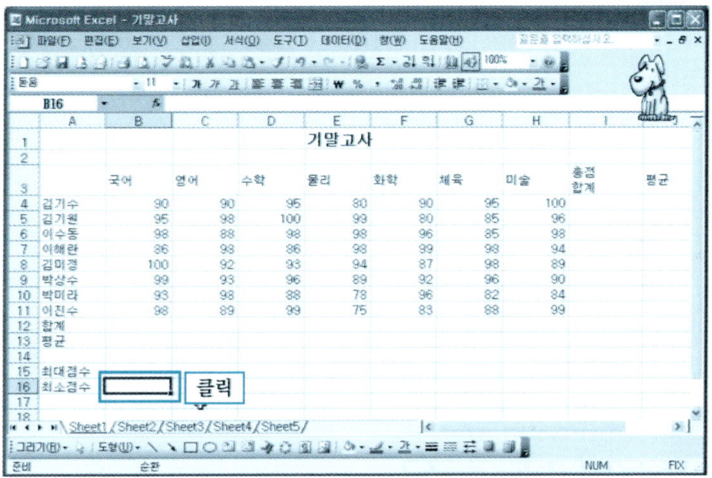

❷ 표준 도구 아이콘에서 [자동 합계 아이콘 Σ] 옆의 버튼을 클릭한 다음 [최소]를 클릭한다.

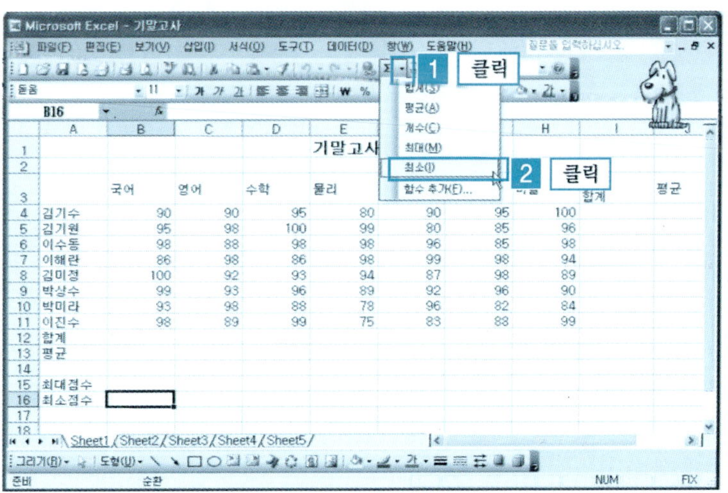

❸ 함수가 자동으로 입력되며 셀 범위가 점선으로 자동으로 나타난다. 범위가
다르면 마우스로 드래그하여 수정한 다음 Enter↵ 를 친다.

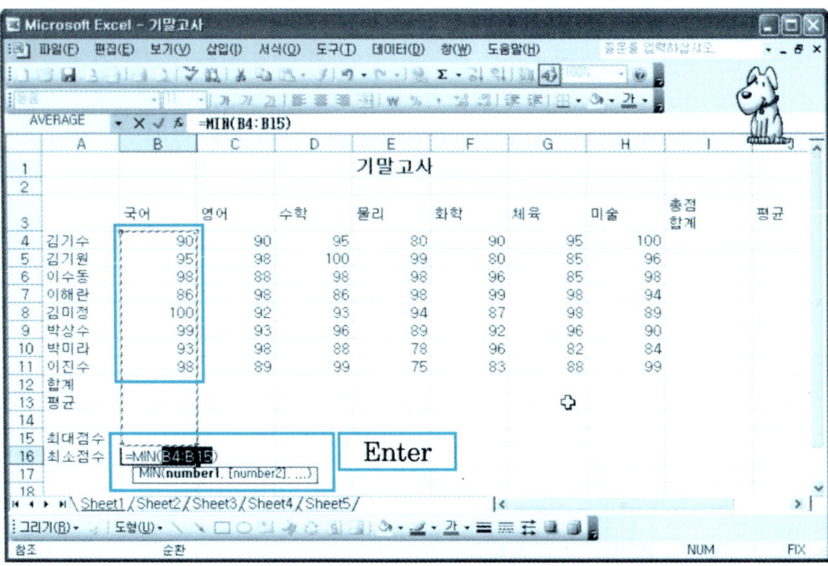

❹ 지정된 셀에 국어과목의 최소점수가 나타난다.

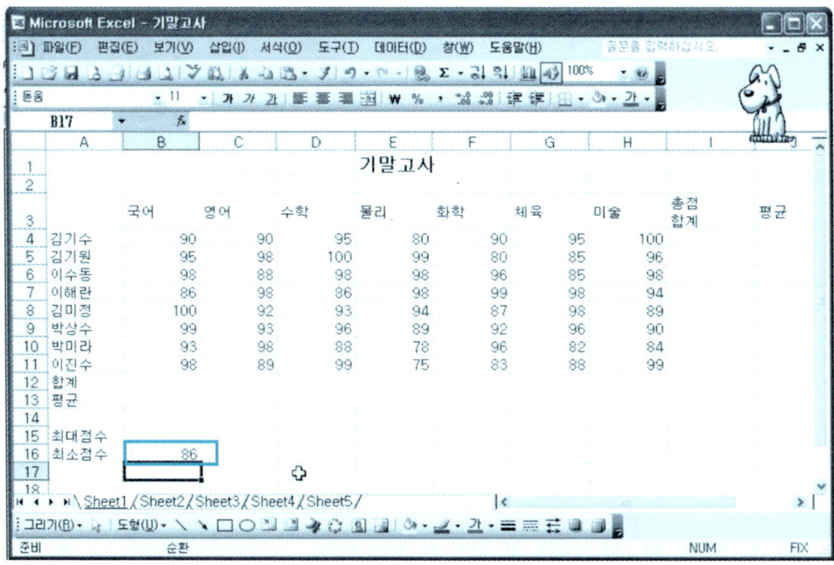

단원 실습 문제

〈**실습1**〉 [예제] 폴더에서 [최소값.xls]를 불러와 보자.

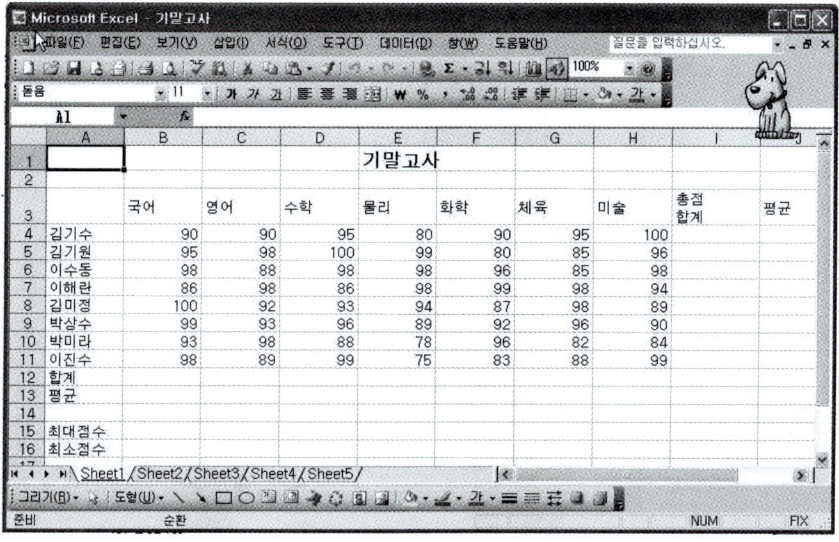

〈**실습2**〉 자동 합계 아이콘을 사용하여 영어과목의 최대점수를 구해보자.

〈**실습3**〉 자동 합계 아이콘을 사용하여 영어과목의 최소점수를 구해보자.

〈**실습4**〉 자동 합계 아이콘을 사용하여 김기수 학생의 최대점수를 구해 K4 셀에 나타내 보자.

〈**실습5**〉 자동 합계 아이콘을 사용하여 김기수 학생의 최소점수를 구해 L4 셀에 나타내 보자.

4 개수(COUNT)

빠른 수식을 이용하여 개수를 계산해 보자.

아래 성적표에서 수학과목에 입력된 점수의 개수를 [자동 합계 아이콘 Σ]을 이용하여 구해보자.

❶ [예제] 폴더에서 [개수.xls]를 불러온다. [결과 입력 셀]을 클릭한다.

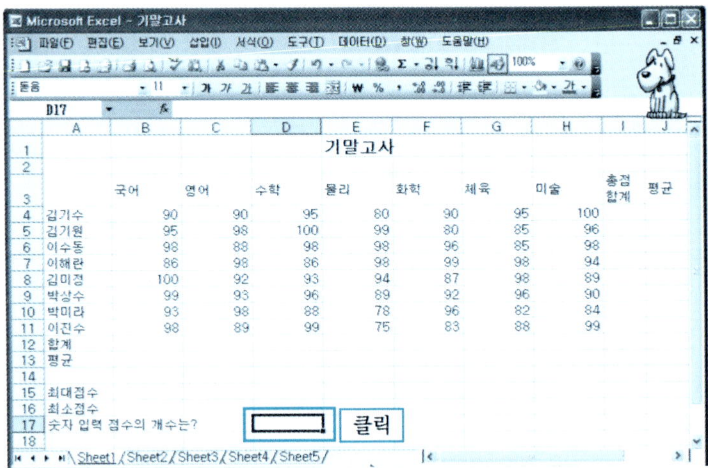

❷ 표준 도구 아이콘에서 [자동 합계 아이콘 Σ] 옆의 버튼을 클릭한 다음 [개수]를 클릭한다.

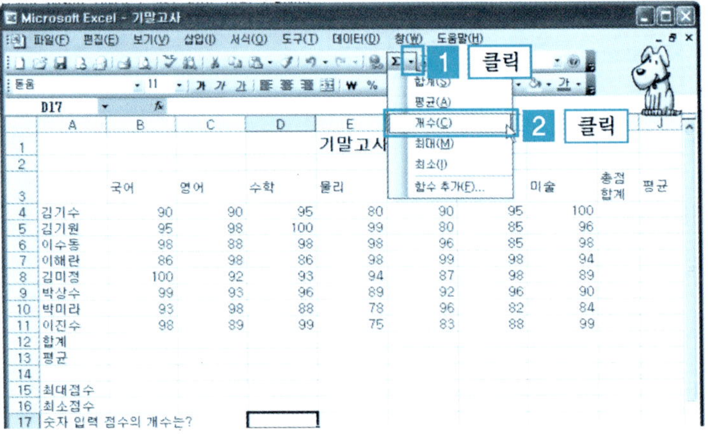

③ 함수가 자동으로 입력되며 셀 범위가 점선으로 자동으로 나타난다. 범위가 다르면 마우스로 드래그하여 수정한 다음 [Enter↵] 를 친다.

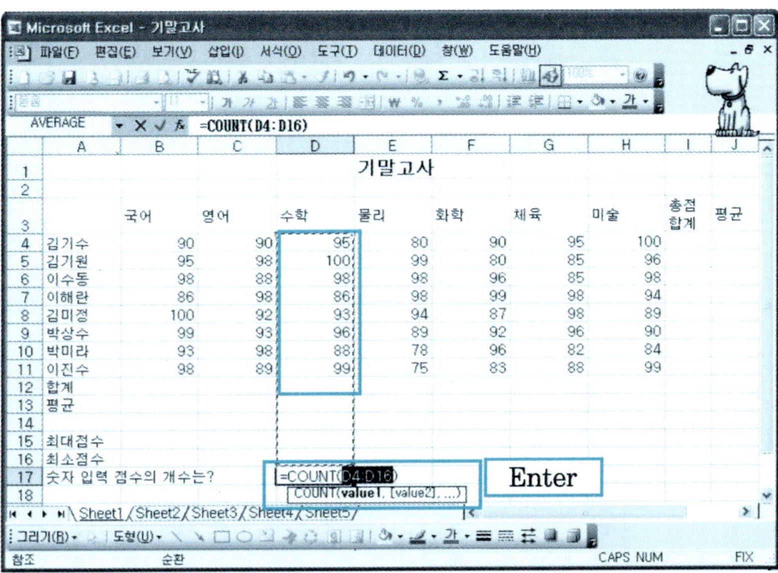

④ 지정된 셀에 입력된 수학점수의 총 개수가 나타난다.

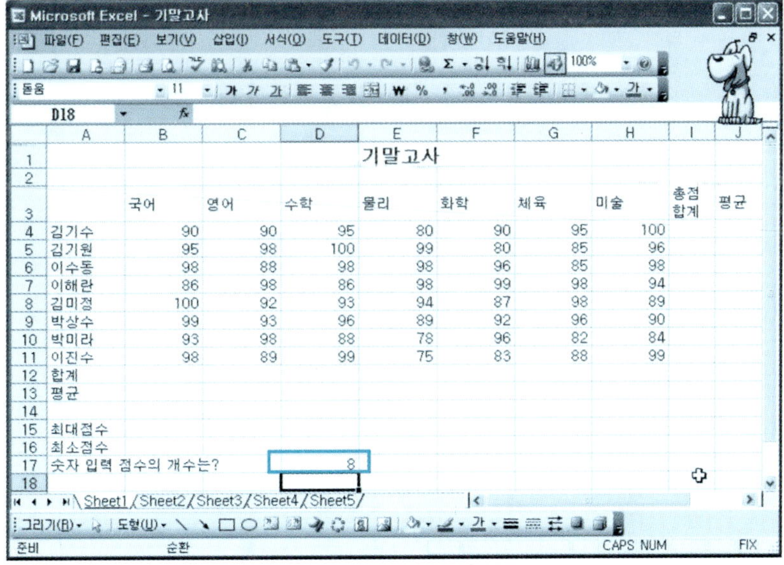

4.8 | 날짜 및 시간 함수

1 TODAY 함수로 오늘 날짜 입력하기

❶ [예제] 폴더에서 [날짜_시간.xls]를 불러온다. [TODAY] 시트를 선택한다. 날짜를 입력하고자 하는 [셀 E3 클릭] → [함수 마법사 아이콘 fx]을 클릭한다.

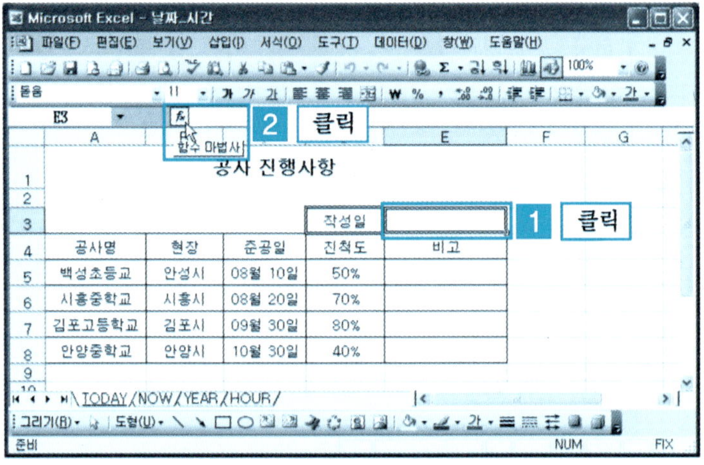

❷ [범주 선택] → [날짜/시간]을 클릭한다.

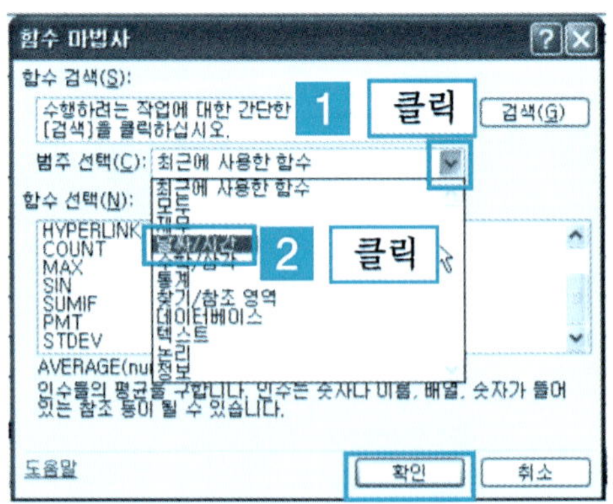

③ [TODAY] → [확인] 버튼을 클릭한다.

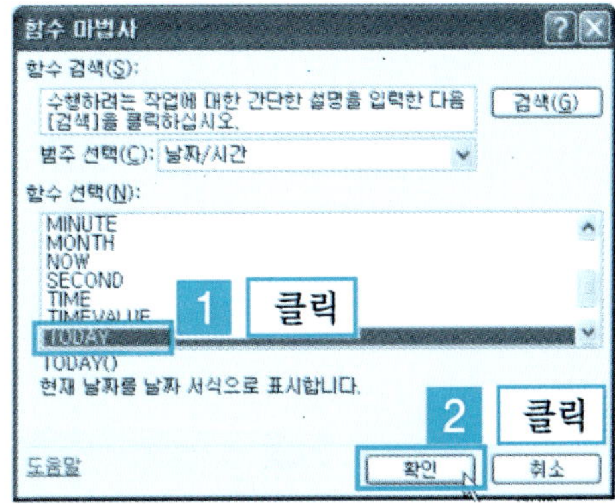

④ [함수 인수 대화상자] → [확인] 버튼을 클릭한다.

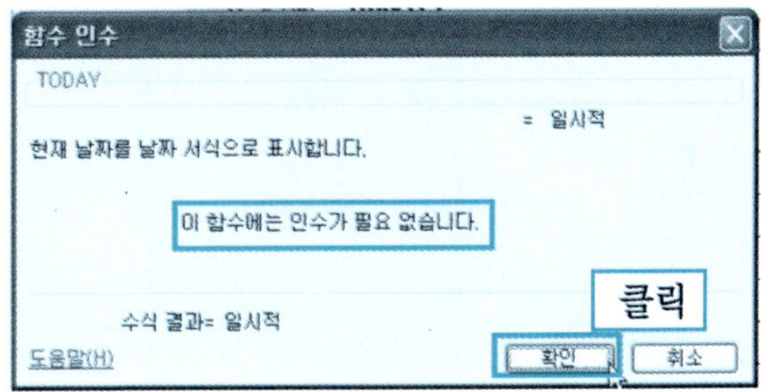

⑤ 지정된 셀에 날짜가 자동으로 입력되었다.

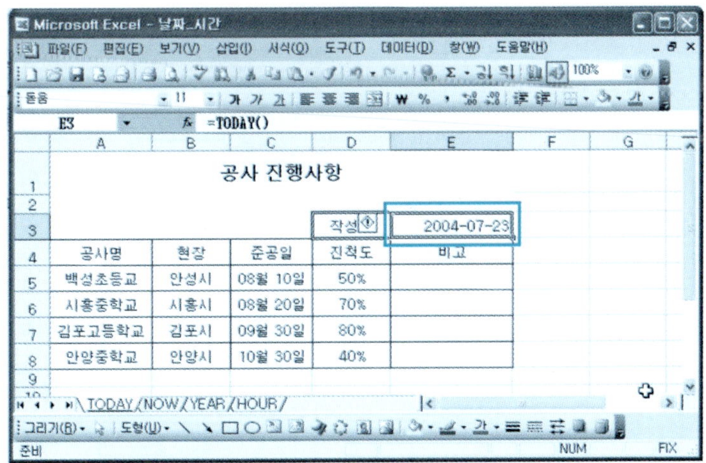

2 YEAR 함수로 연도만 표시하기

YEAR 함수는 날짜가 입력되어 있는 셀에서 연도만 추출하는 함수이다.

❶ [YEAR] 시트를 선택한다. 연도를 [입력할 셀 지정] → [함수 마법사 아이콘 f_x]을 클릭한다.

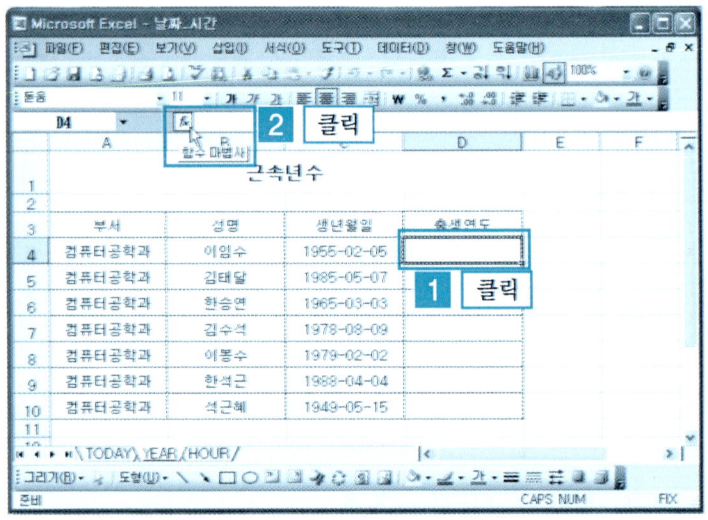

❷ [범주 선택] → [날짜/시간] → [YEAR] → [확인] 버튼을 클릭한다.

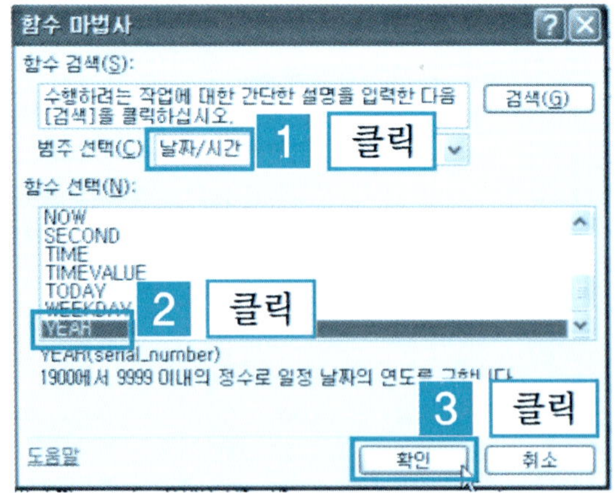

❸ 참조 셀 [C4 입력] → [확인] 버튼을 클릭한다.

❹ 지정된 셀에 연도가 출력된다.

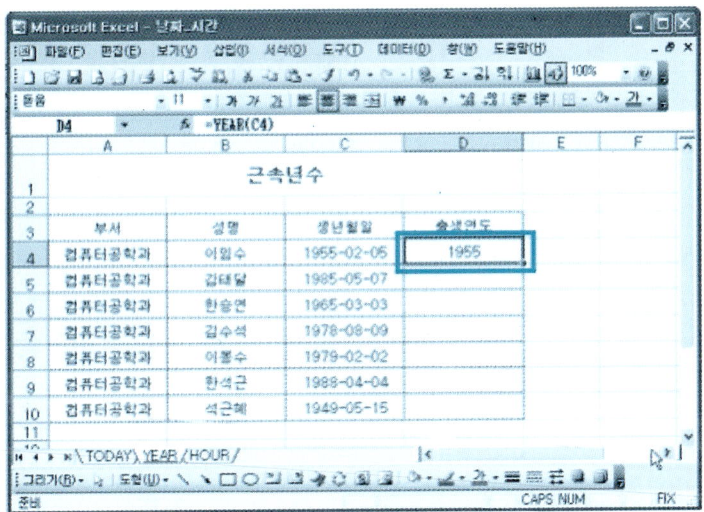

3 HOUR 함수로 시간만 표시하기

❶ [HOUR] 시트를 선택한다. 시간을 [입력할 셀 지정] → [함수 마법사 아이콘 *fx*]을 클릭한다.

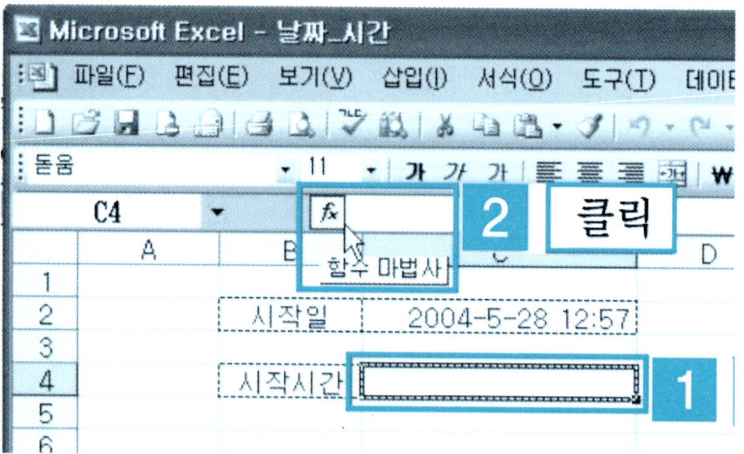

❷ [범주 선택] → [날짜/시간] → [HOUR] → [확인] 버튼을 클릭한다.

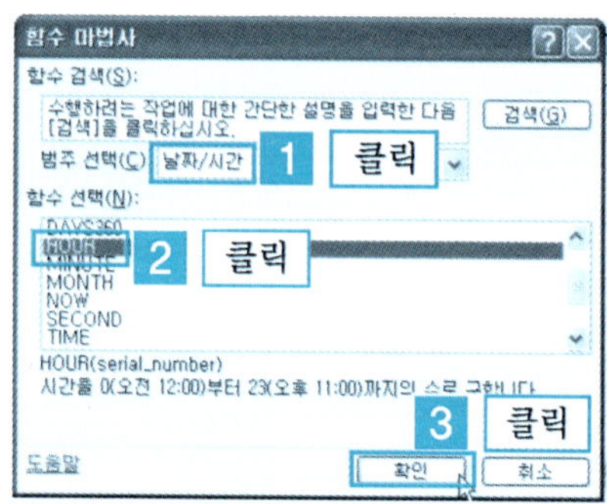

❸ 참조 셀 [C2 입력] → [확인] 버튼을 클릭한다.

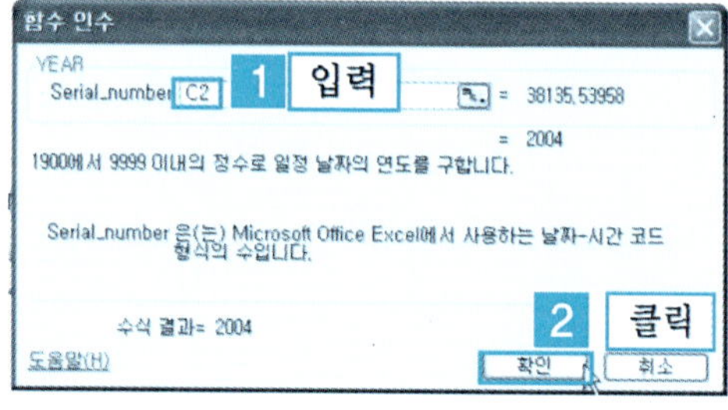

❹ 지정된 셀에 시간이 출력된다.

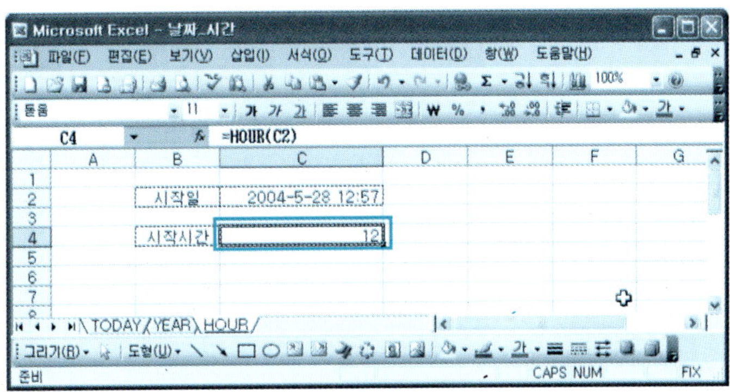

4 DATE 함수로 연월일을 표시하기

연, 월, 일로 각각 입력된 셀에서 날짜를 연월일로 결합하여 표시하는 함수이다.

❶ [DATE] 시트를 선택한다. 연월일을 [입력할 셀 지정] → [함수 마법사 아이콘 *fx*]을 클릭한다.

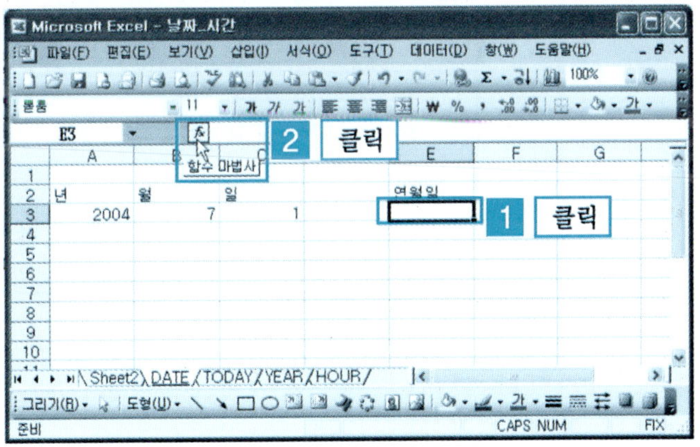

② [범주 선택] → [날짜/시간] → [DATE] → [확인] 버튼을 클릭한다.

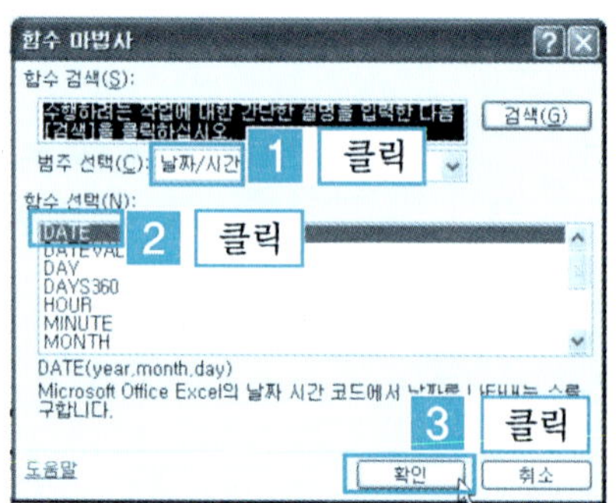

③ 함수 인수 대화상자에서 DATE 항목에서 [YEAR 클릭] → [A3 셀 클릭] → [Month 클릭] → [B3 셀 클릭] → [Day 클릭] → [C3 셀 클릭] → [확인] 버튼을 클릭한다.

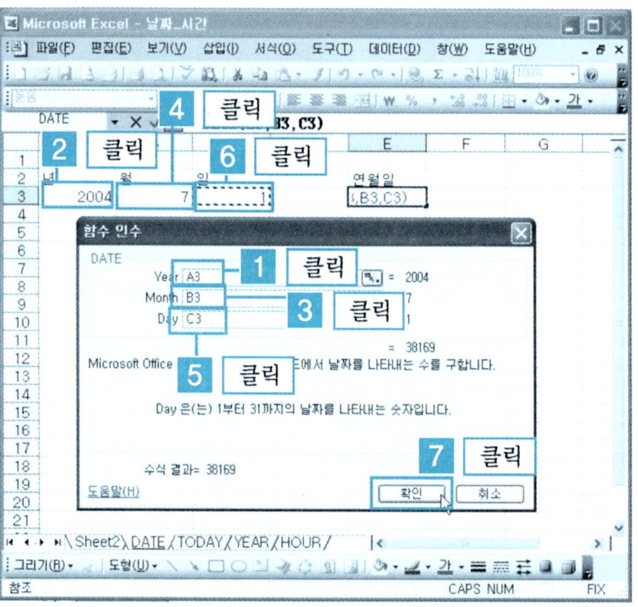

❹ 지정된 셀에 연월일이 결합되어 나타난다.

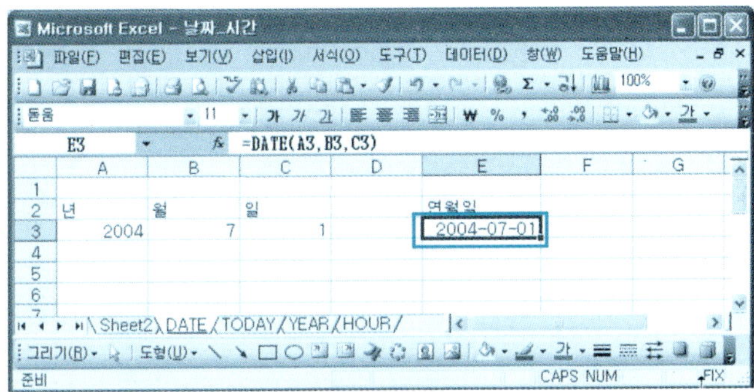

5 DAY 함수로 날짜만 표시하기

날짜가 들어 있는 셀 번지에서 날짜만을 나타내는 함수이다.

❶ [YEAR] 시트를 클릭한다. 날짜를 [입력할 셀 지정] → [함수 마법사 아이콘
  fx]을 클릭한다.

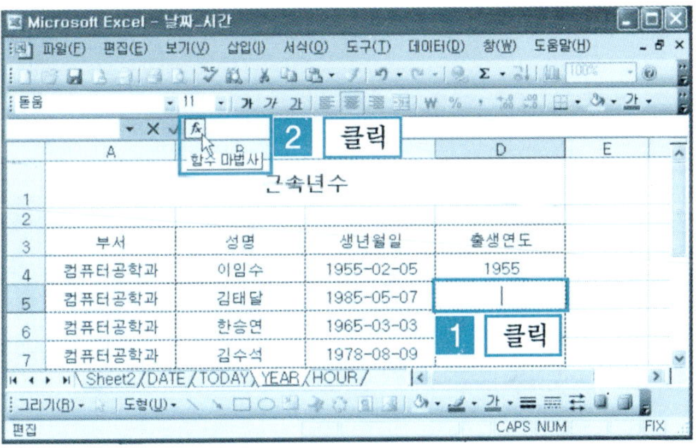

❷ [범주 선택] → [날짜/시간] → [DAY] → [확인] 버튼을 클릭한다.

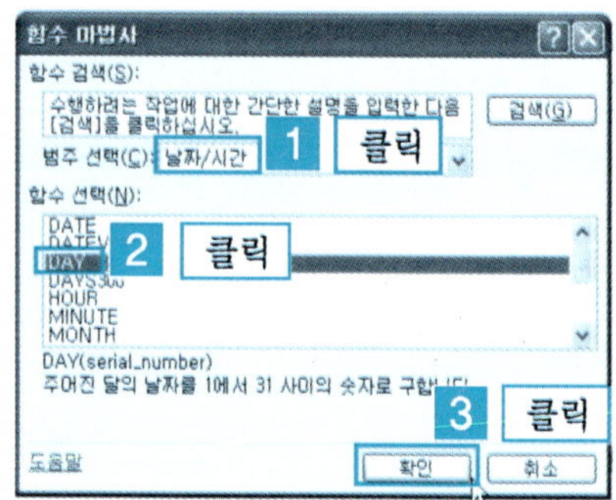

❸ 함수 인수 대화상자에서 DAY 항목에서 [참조 셀 입력] → [확인] 버튼을 클릭한다.

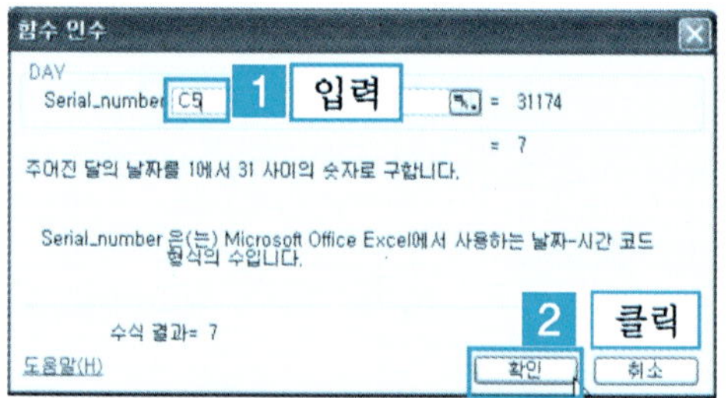

❹ 지정된 셀에 날짜만 표시되었다.

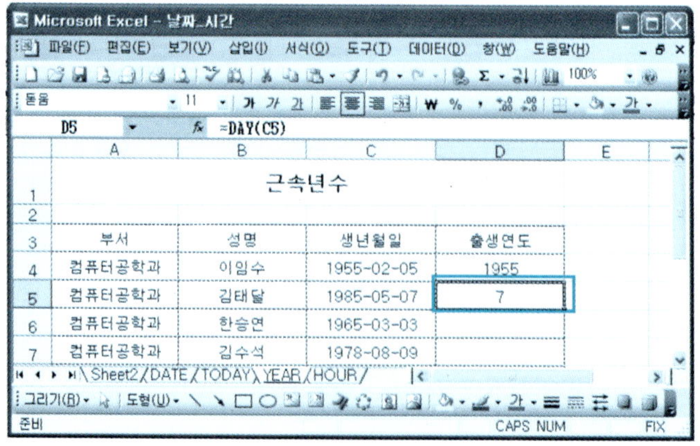

6 MONTH 함수로 월단위 표시하기

월이 들어 있는 셀 번지에서 월 단위만을 나타내는 함수이다.

① 월을 [입력할 셀 지정] → [함수 마법사 아이콘 *fx*]을 클릭한다.

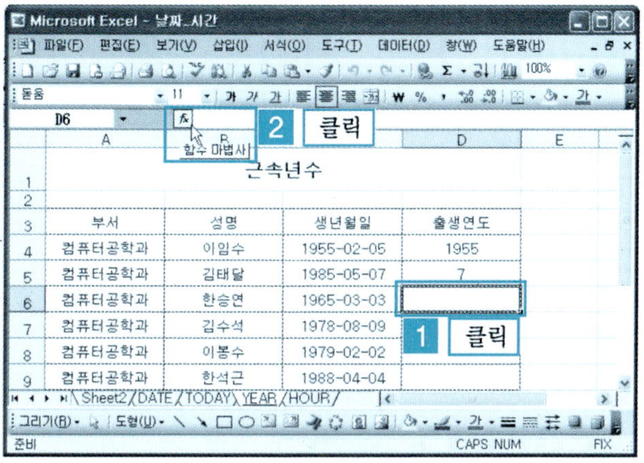

② [범주 선택] → [날짜/시간] →
[MONTH] → [확인] 버튼을
클릭한다.

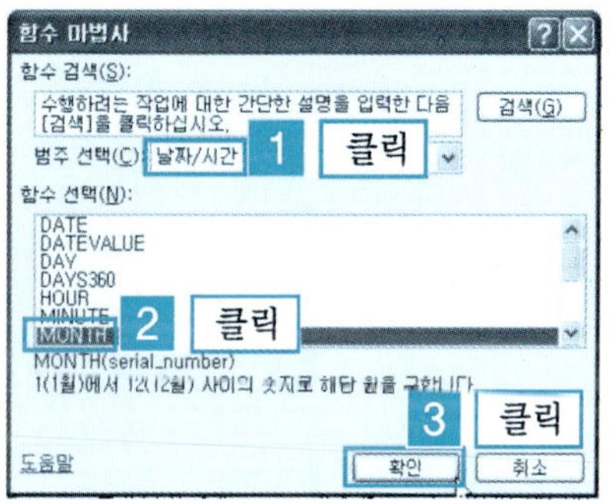

③ 함수 인수 대화상자의 MONTH
항목에서 [참조 셀 입력] →
[확인] 버튼을 클릭한다.

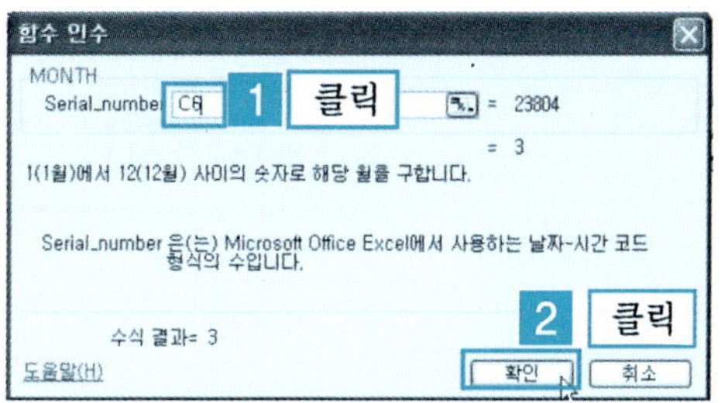

❹ 지정된 셀에 월만 표시되었다.

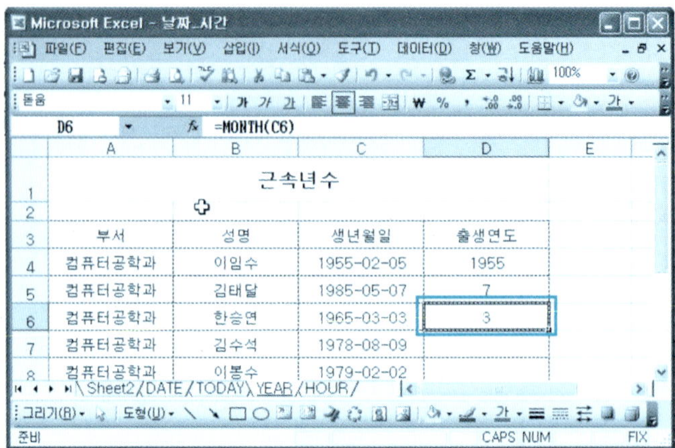

7 TIME 함수로 시간 단위 표시하기

시, 분, 초로 각각 입력된 셀에서 시분초를 참조하여 시간 단위로 표시하는 함수이다.

❶ [TIME] 시트를 선택한다. 시간 단위를 [입력할 셀 지정] → [함수 마법사 아이콘 f_x]을 클릭한다.

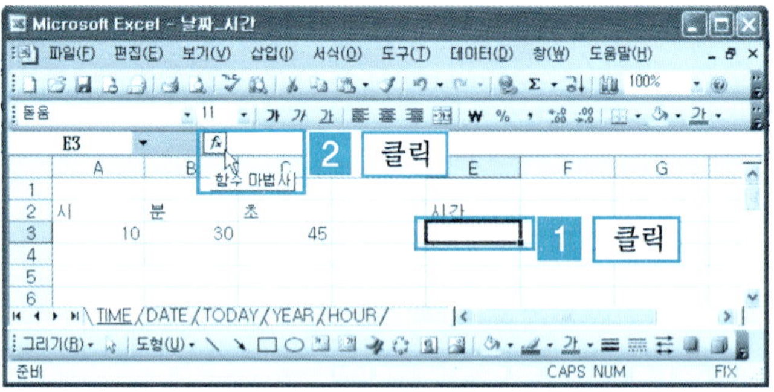

❷ [범주 선택] → [날짜/시간] → [TIME] → [확인] 버튼을 클릭한다.

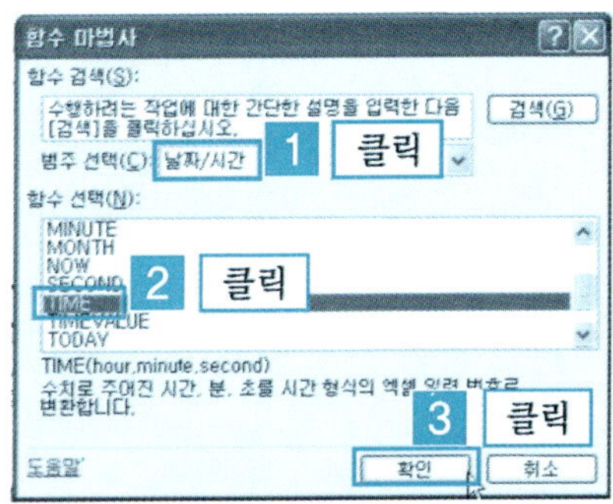

❸ 함수 인수 대화상자의 TIME 항목에서 [HOUR 클릭] → [A3 셀 클릭] → [Minute 클릭] → [B3 셀 클릭] → [Second 클릭] → [C3 셀 클릭] → [확인] 버튼을 클릭한다.

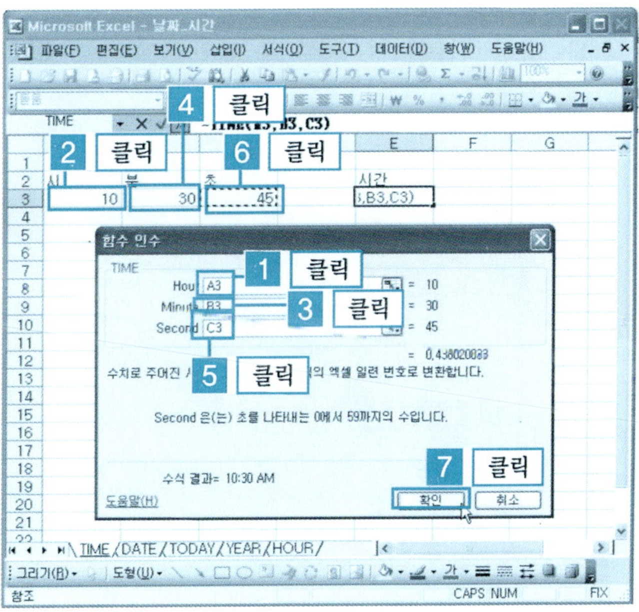

❹ 지정된 셀에 시간 단위가 표시되었다.

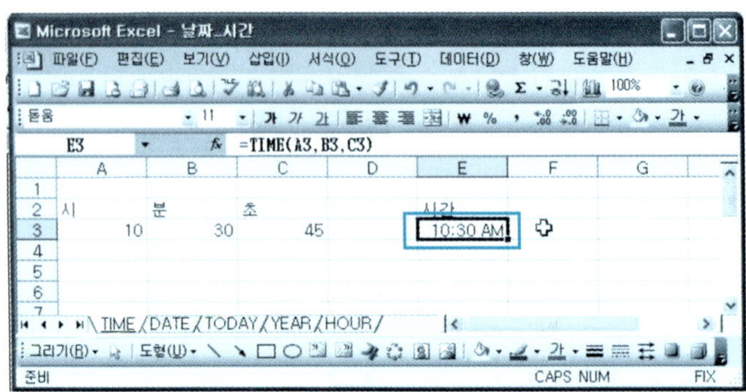

8 MINUTE 함수로 분 단위 표시하기

시분초로 표시된 시간 단위에서 분만을 참조하여 분 단위로 표시하는 함수이다.

❶ [SECOND] 시트를 선택한다. 분 단위를 [입력할 셀 지정] → [함수 마법사 아이콘 fx]을 클릭한다.

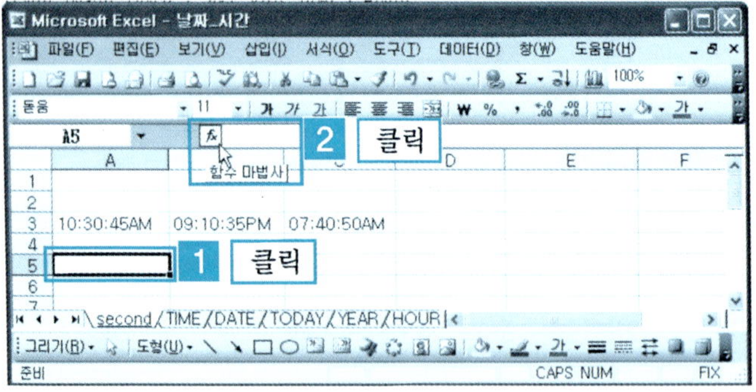

❷ [범주 선택] → [날짜/시간] → [MINUTE] → [확인] 버튼을 클릭한다.

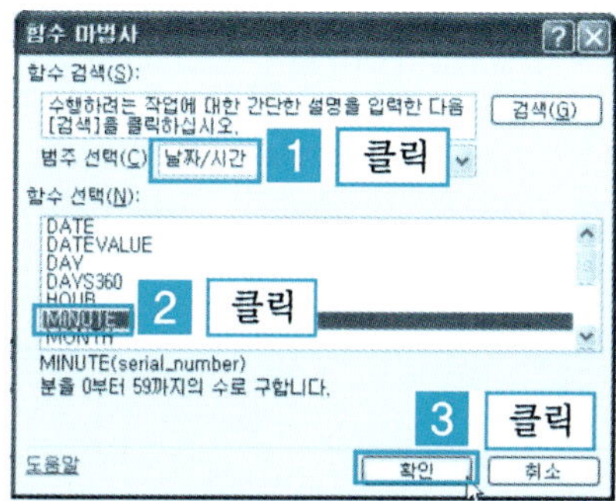

❸ 함수 인수 대화상자의 MINUTE 항목에서 [참조 셀 입력] → [확인] 버튼을 클릭한다.

❹ 지정된 셀에 분 단위만이 표시되었다.

9 SECOND 함수로 초 단위 나타내기

시분초로 표시된 시간 단위에서 초만을 참조하여 초 단위로 표시하는 함수이다.

❶ 초 단위를 [입력할 셀 지정] → [함수 마법사 아이콘 fx]을 클릭한다.

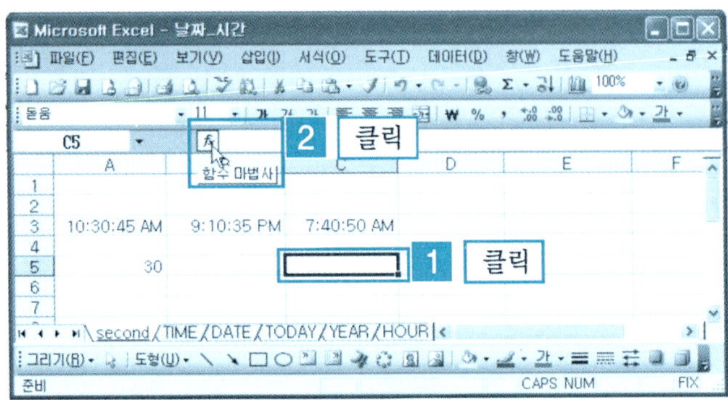

❷ [범주 선택] → [날짜/시간]
   → [SECOND] → [확인]
   버튼을 클릭한다.

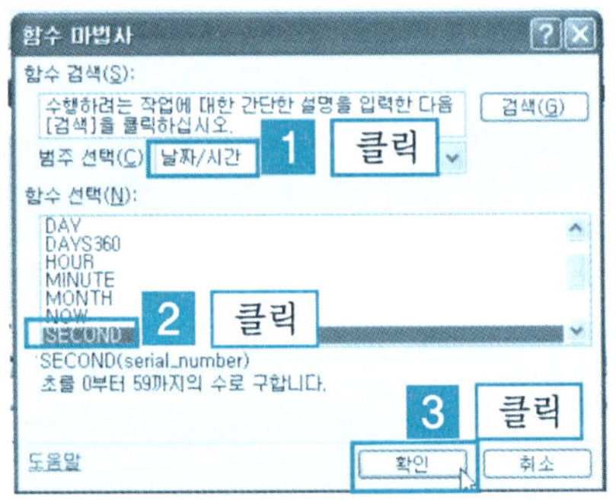

❸ 함수 인수 대화상자의
   MINUTE 항목에서 [참조
   셀 입력] → [확인] 버튼을
   클릭한다.

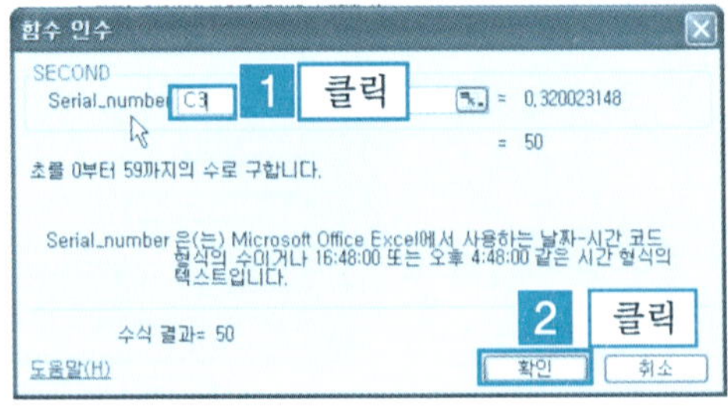

❹ 지정된 셀에 초 단위만이 표시되었다.

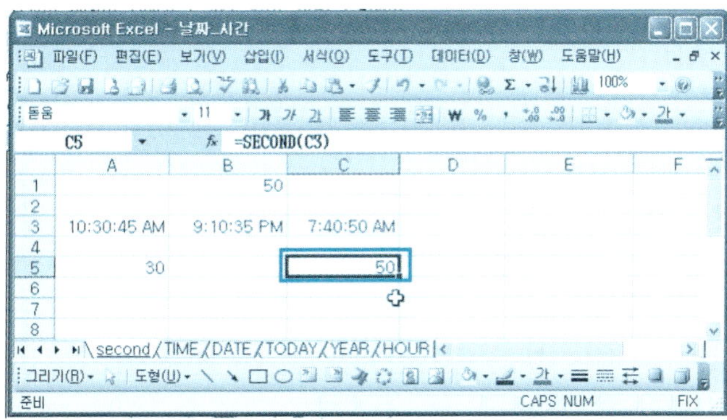

10 WEEKDAY 함수로 해당 요일 표시하기

일정 날짜의 요일을 구하여 1에서 7까지의 수로 나타내는 함수이다.

❶ [WEEK] 시트를 선택한다. 요일을 [입력할 셀 지정] → [함수 마법사 아이콘 _fx_]을 클릭한다.

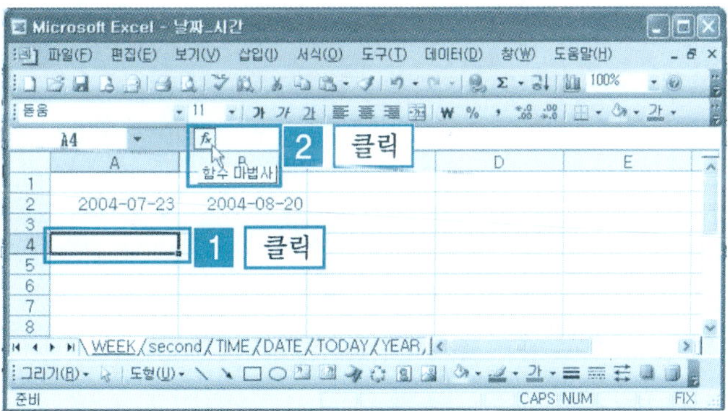

❷ [범주 선택] → [날짜/시간] → [WEEKDAY] → [확인] 버튼을 클릭한다.

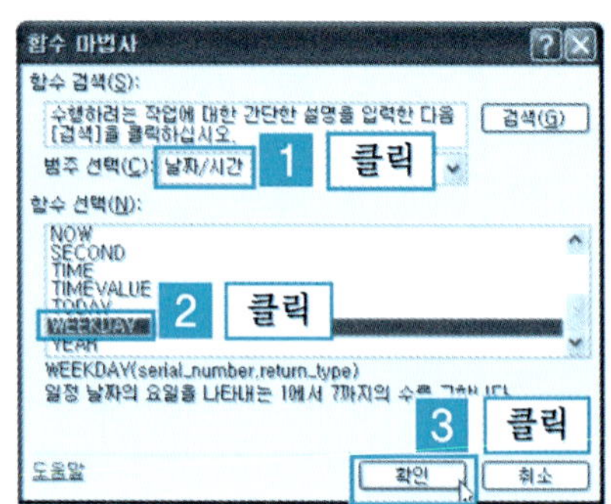

❸ 함수 인수 대화상자의 WEEKDAY 항목에서 [참조 셀 입력] → [확인] 버튼을 클릭한다.

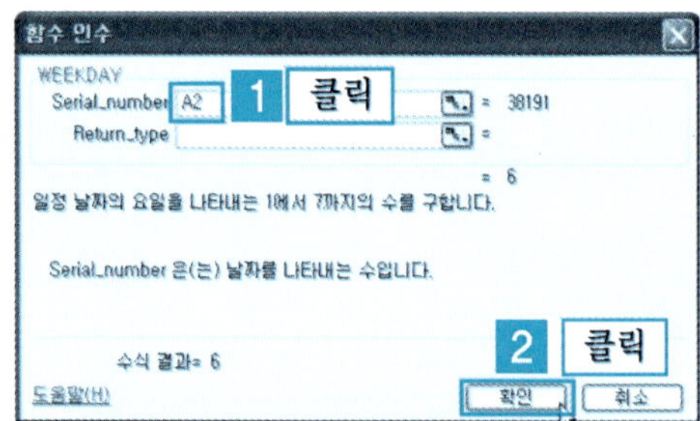

❹ 지정된 셀에 금요일을 나타내는 6이 표시되었다.

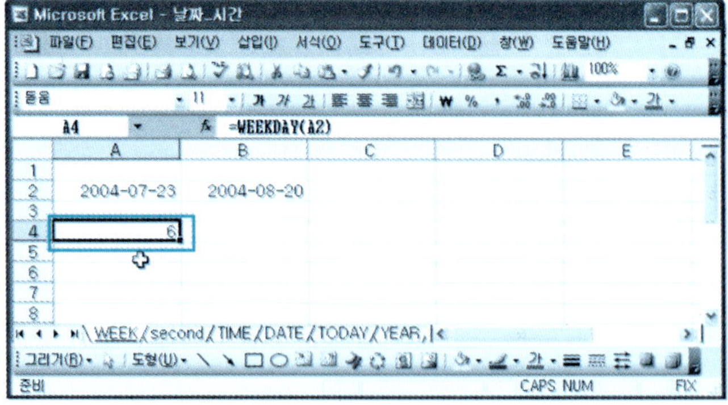

11 DAYS360 함수로 날짜수 표시하기

이 함수는 두 날짜 사이의 날짜수를 계산하는 기능이다. 1년을 12개월 기준으로
계산한다.

❶ 날짜수를 [입력할 셀 지정] → [함수 마법사 아이콘 fx]을 클릭한다.

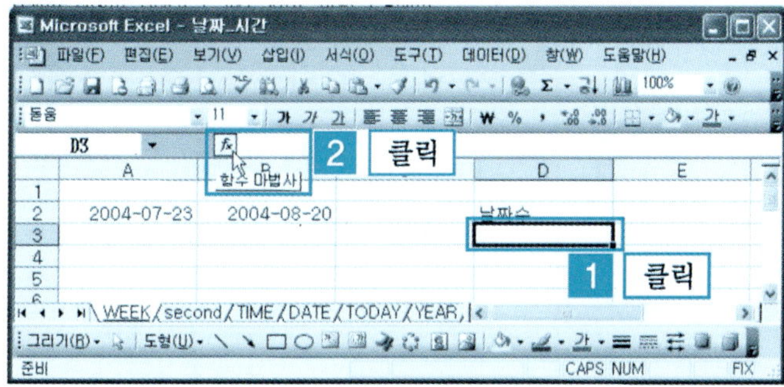

❷ [범주 선택] → [날짜/시간] → [DAYS360] → [확인] 버튼을 클릭한다.

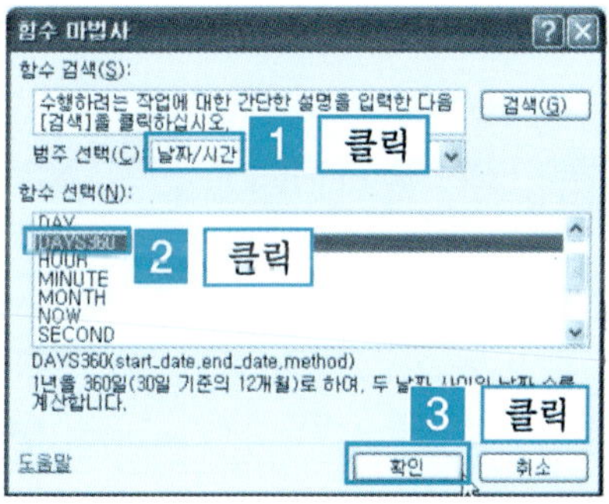

❸ 함수 인수 대화상자의 DAYS360 항목에서 [Start_date 클릭] → [A2 셀 클릭]
→ [End_date 클릭] → [B2 셀 클릭] → [Method 클릭 : 12 입력] → [확인] 버
튼을 클릭한다.

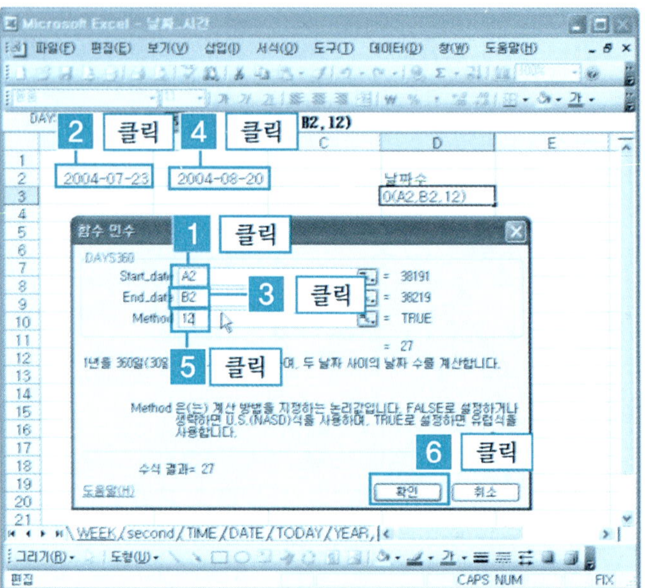

❹ 지정된 셀에 두 날짜 사이의 날짜수를 나타내고 있다.

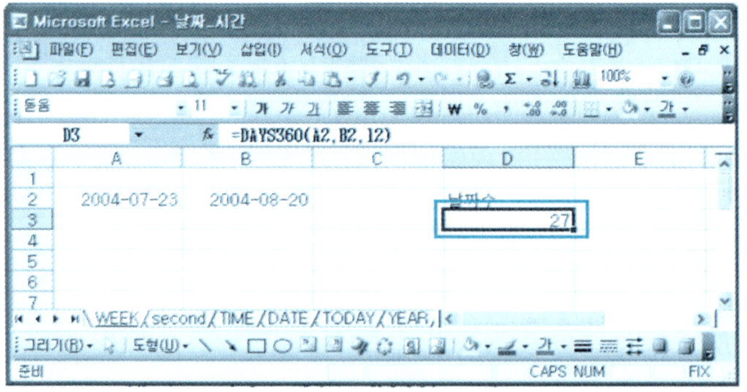

단 원 실 습 문 제

〈실습1〉 아래와 같은 문서를 작성해 보자.

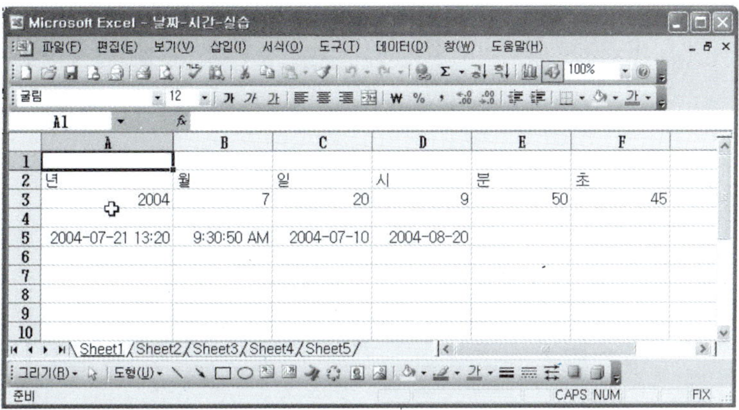

〈실습2〉 C5 셀의 데이터에서 YEAR 함수를 사용하여 연도만 표시해 보자.

〈실습3〉 A5 셀의 데이터에서 HOUR 함수를 사용하여 시간만 표시해 보자.

〈실습4〉 셀 (A3:C3)의 데이터에서 DATE 함수를 사용하여 연월일을 표시해 보자.

〈실습5〉 C5 셀의 데이터에서 DAY 함수를 사용하여 요일을 표시해 보자.

〈실습6〉 C5 셀의 데이터에서 MONTH 함수를 사용하여 월 단위만 표시해 보자.

〈실습7〉 셀 (D3:F3)의 데이터에서 TIME 함수를 사용하여 시간을 표시해 보자.

〈실습8〉 B5 셀의 데이터에서 MINUTE 함수를 사용하여 분 단위만 표시해 보자.

〈실습9〉 B5 셀의 데이터에서 SECOND 함수를 사용하여 초 단위만 표시해 보자.

〈실습10〉 D5 셀의 데이터에서 WEEKDAY 함수를 사용하여 요일을 표시해 보자.

〈실습11〉 셀 (C5:D5)의 데이터에서 DAYS360 함수를 이용하여 날짜수를 표시해 보자.

4.9 | 논리 함수

1 AND 함수

두 개의 조건이 TRUE인 경우에만 TRUE인 것을 표시해 주는 함수이다.

① 그림과 같이 입력한다. 결과를 나타낼 [셀 지정] → [함수 마법사 아이콘 f_x] 을 클릭한다.

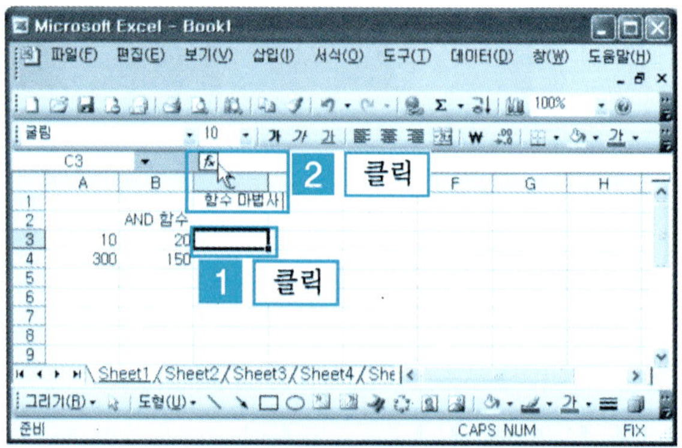

② [범주 선택 항목] → [논리]를 클릭한다.

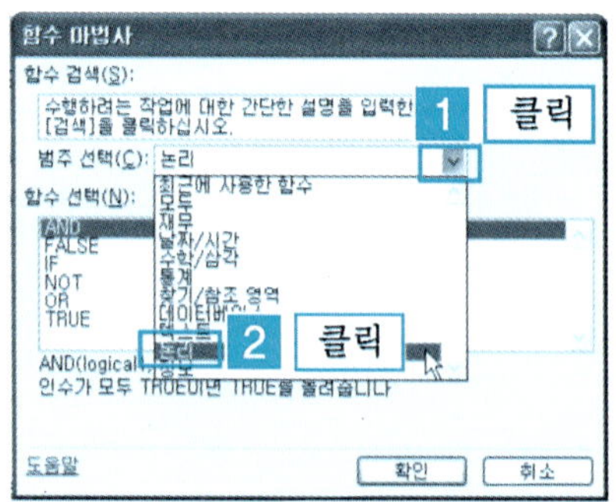

❸ 함수 선택 항목에서 [AND] → [확인] 버튼을 클릭한다.

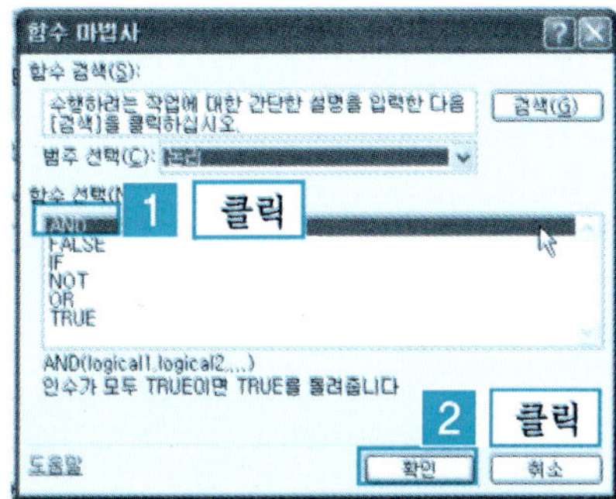

❹ Logical 1 입력[A3>5] → Logical 2 입력[B3<30] → [확인] 버튼을 클릭한다.

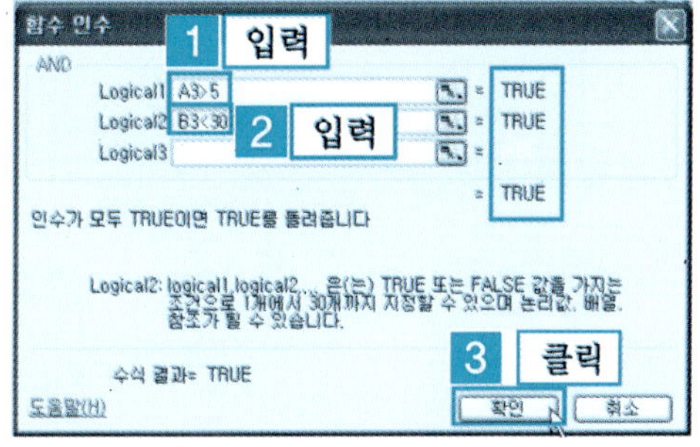

❺ 지정된 셀에 결과[TRUE]를 표시해 준다.

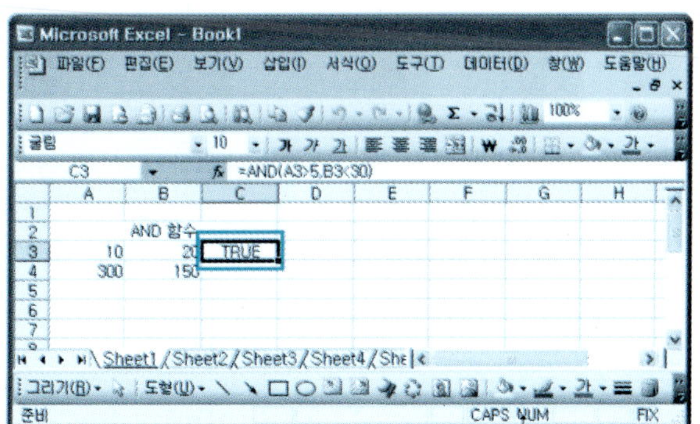

2 OR 함수

두 개의 조건 중 하나만 TRUE이면 TRUE인 것을 나타내는 함수이다.

❶ 그림과 같이 입력한다. 결과를 나타낼 [셀 지정] → [함수 마법사 아이콘 f_x] 을 클릭한다.

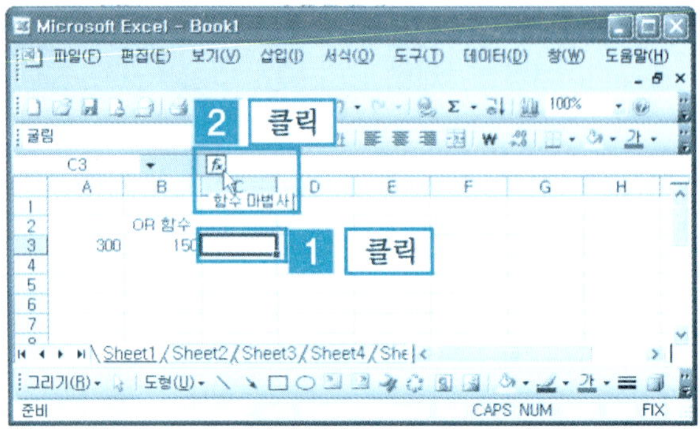

❷ 범주 선택 [논리] → [OR] → [확인] 버튼을 클릭한다.

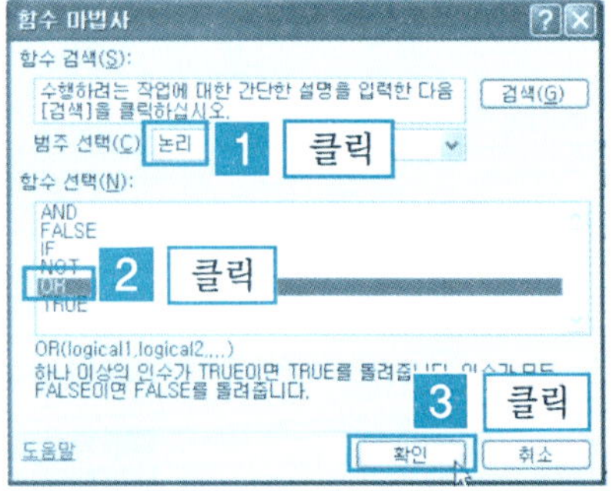

❸ Logical 1 입력[A3>200] → Logical 2 입력[B3<100] → [확인] 버튼을 클릭한다.

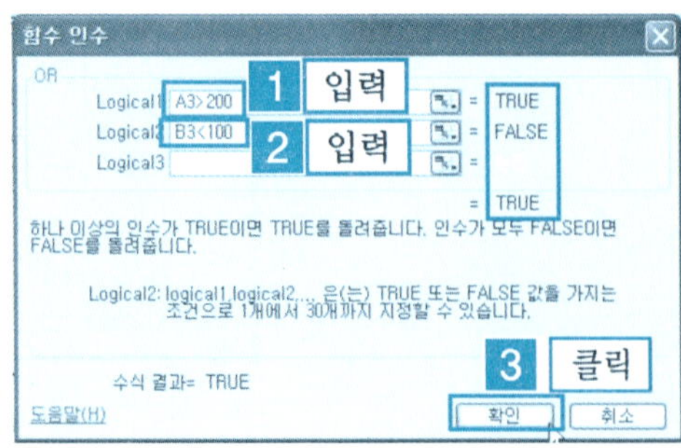

④ 지정된 셀에 결과[TRUE]를 표시해 준다.

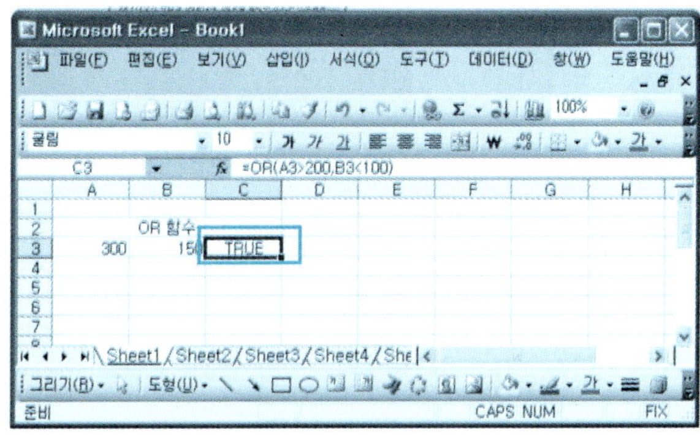

3 NOT 함수

조건이 TRUE이면 FALSE를 표시해 주며, 조건이 FALSE이면 TRUE를 나타내
주는 함수이다.

❶ 그림과 같이 입력한다. 결과를 나타낼 [셀 지정] → [함수 마법사 아이콘 *fx*]
을 클릭한다.

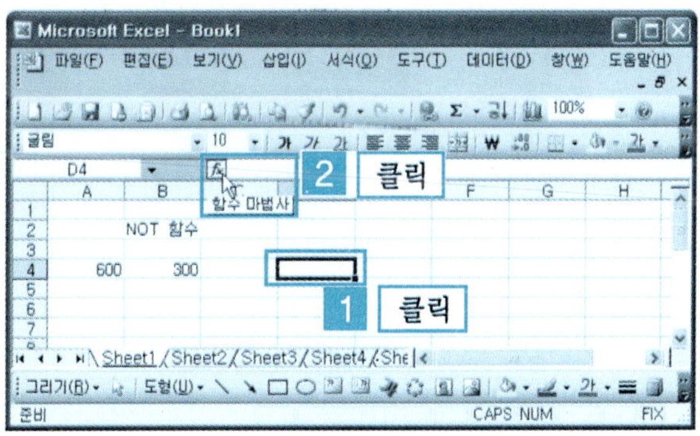

❷ 범주 선택 [논리] → [NOT] → [확인] 버튼을 클릭한다.

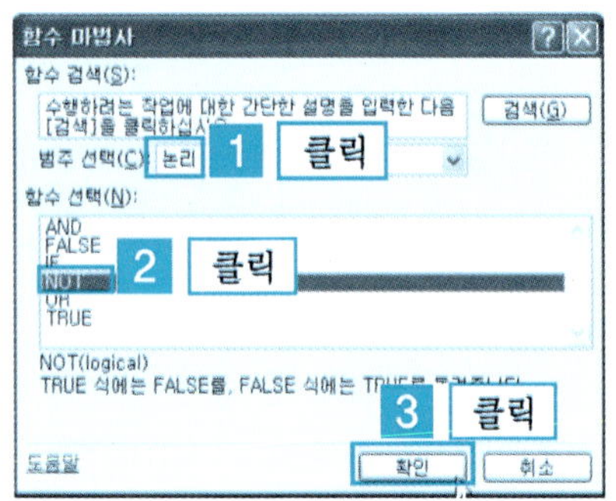

❸ Logical 입력[600<500] → [확인] 버튼을 클릭한다.

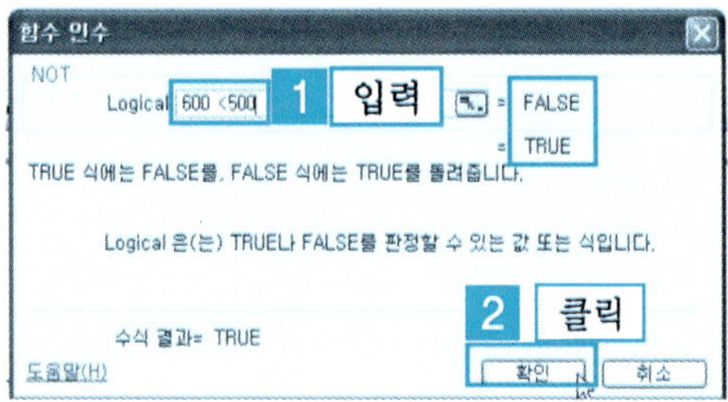

❹ 지정된 셀에 결과 [TRUE]를 표시해 준다.

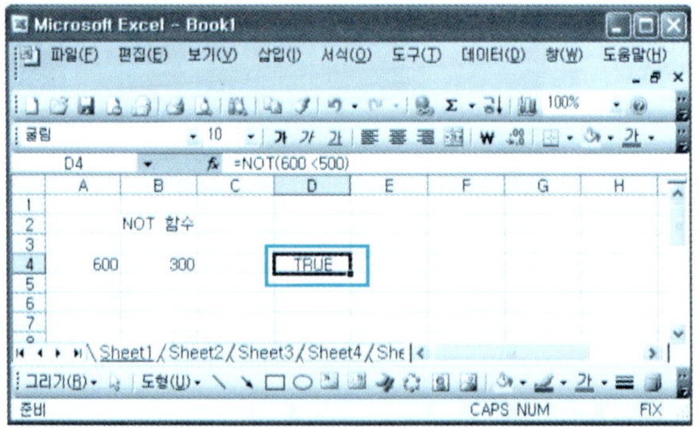

4 IF 함수

<IF 함수의 형식>

기본형식	=IF(조건식, 참값, 거짓값)
예 시	=IF(K1>10,1,2)

IF 문을 이용하여 평균점수 85점 이상은 [합격]을, 85점 미만인 경우는 [불합격]을 표시해 보자.

❶ [예제] 폴더에서 [IF함수.xls]를 불러온다. [TODAY] 시트를 선택한다. 결과를 나타낼 [셀 지정] → [함수 마법사 아이콘 fx]을 클릭한다.

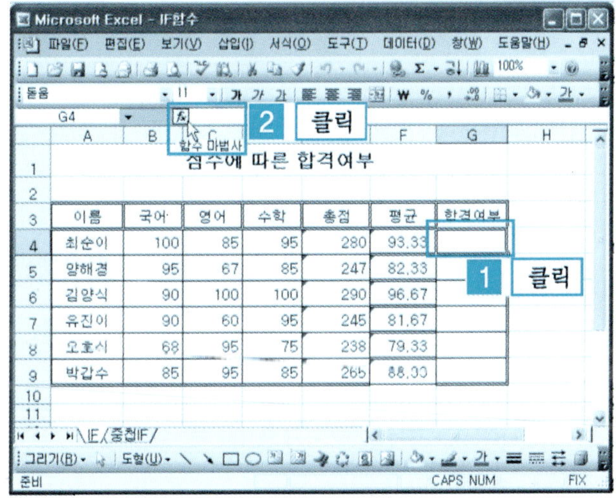

❷ 범주 선택 [논리] → [IF] → [확인]
버튼을 클릭한다.

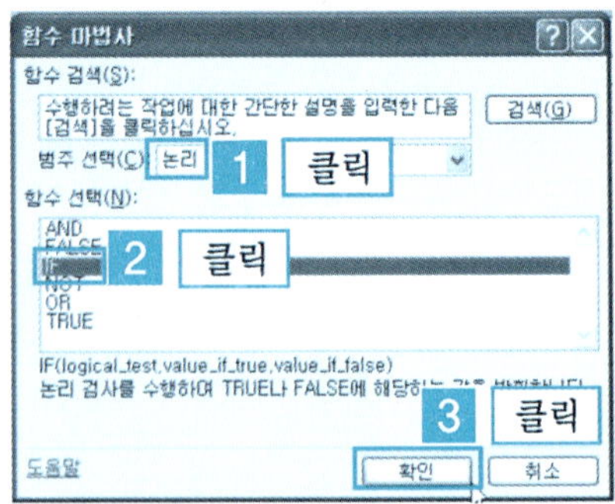

❸ 함수 인수 대화상자에서
[Logical_test] 인수 상자에
80점 이상이라는 의미로
[f4>=80]을 입력한다.

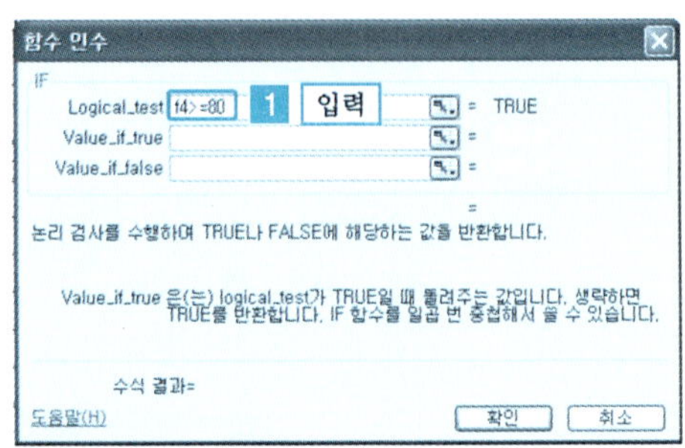

❹ [Value_if_true] 인수 상자에 80
점 이상의 조건에 만족할 경
우 표시할 [합격]을 입력한다.

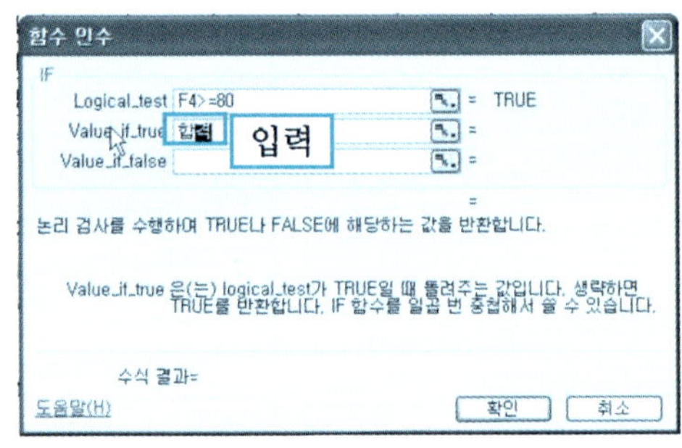

❺ [Value_if_false] 인수 상자에
조건을 만족하지 못할 경우
표시할 [불합격]을 입력한 다
음 [확인] 버튼을 클릭한다.

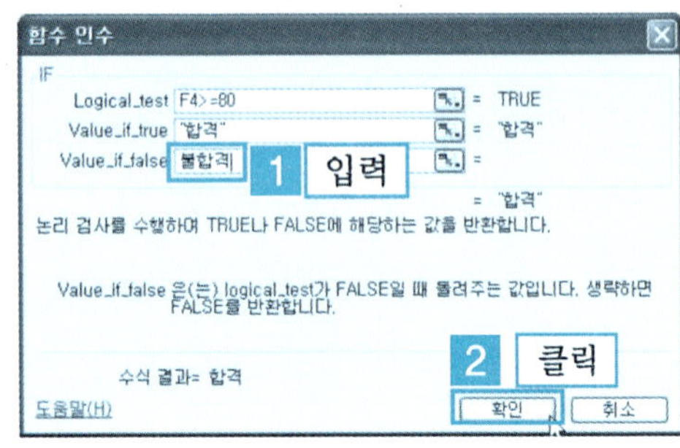

⑥ 지정된 셀에 결과[합격]를 표시해 준다.

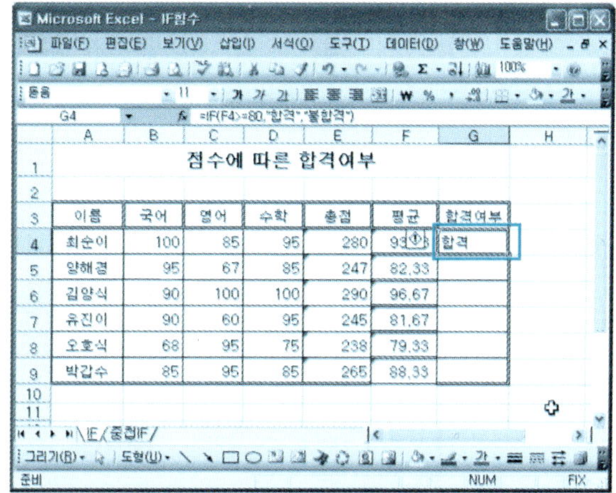

5 중첩 IF 문

조건이 두 개 이상일 경우에 하나의 IF 함수로는 원하는 결과를 얻을 수 없다. 이런 경우에 여러 개의 IF 함수를 사용하여 원하는 결과를 얻을 수 있는데 이와 같이 두 개 이상의 IF 함수를 사용하는 것을 중첩 IF 문이라고 한다.

중첩 IF 문을 사용하여 평균이 90점 이상인 경우에 [우수], 90점 미만이고 80점 이상인 경우에는 [보통], 80점 미만인 경우는 [노력요망]이라는 평가를 하도록 해보자.

❶ 결과를 입력할 [셀 더블클릭] → 90점 이상이라면 [우수]의 뜻을 나타내는 [IF(F5>=90]을 입력한다.

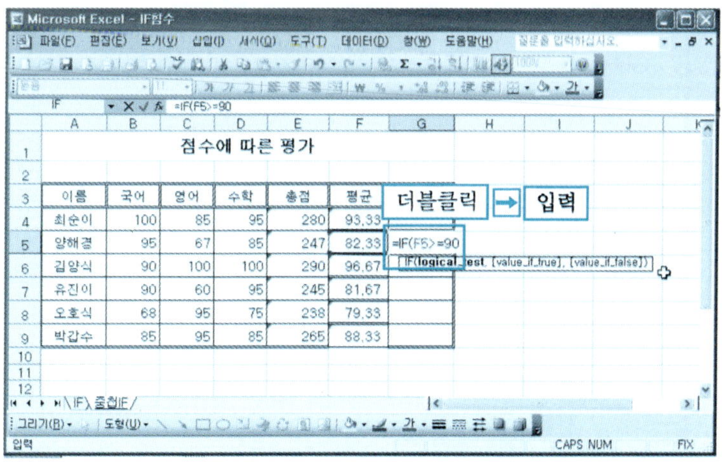

❷ 셀 F5의 값이 90점 이상일 경우에 표시할 [,"우수"]를 입력한다.

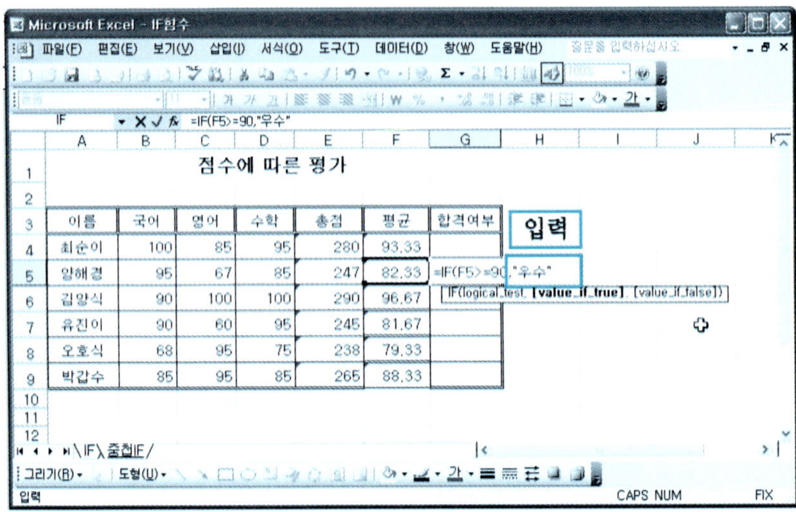

❸ 두 번째 조건을 표시하기 위해서 80점 이상을 나타내는 [IF(F5>=80]을 입력한다.

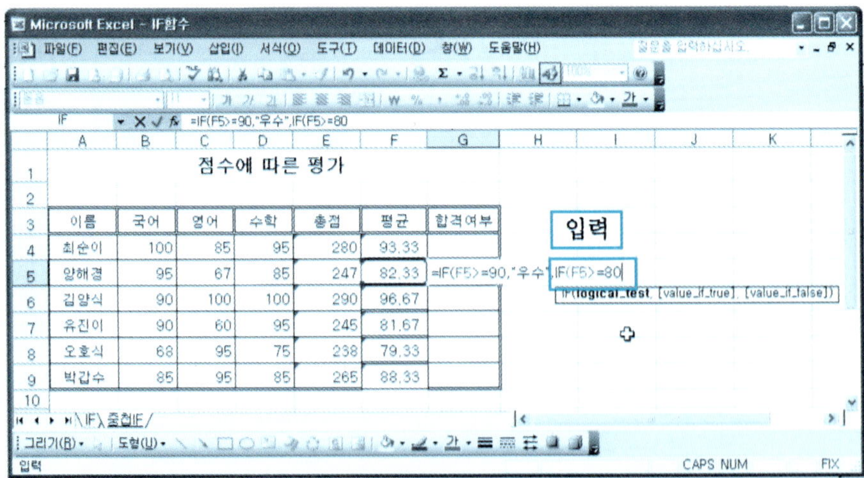

❹ 두 번째 조건을 만족할 경우 [보통] 만족하지 않을 경우 [노력요망]을 나타내는 [,"보통","노력요망"]을 입력한다.

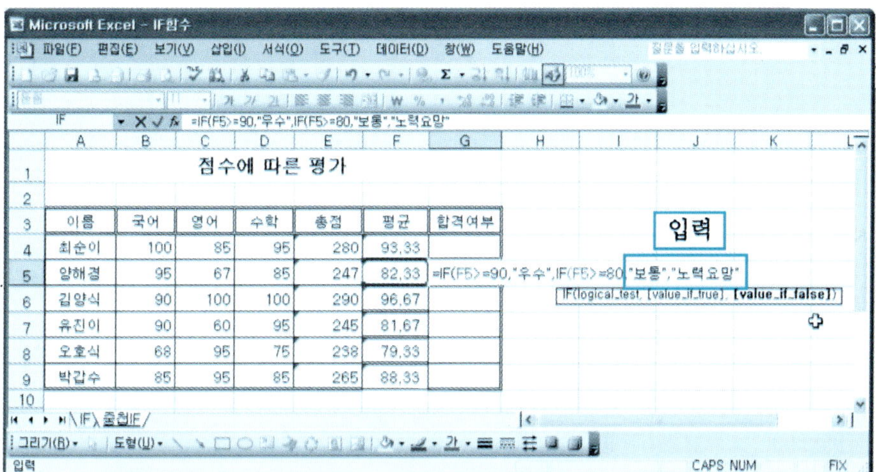

❺ IF 함수를 두 번 사용하였으므로 [)]]를 입력한 다음 EnterJ 를 친다.

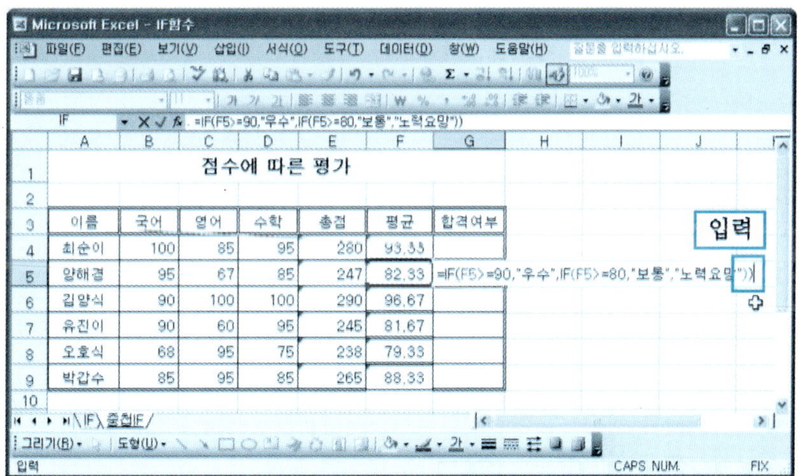

⑥ F5 셀의 점수가 82.33이
므로 [보통]이라고 표시
되었다.

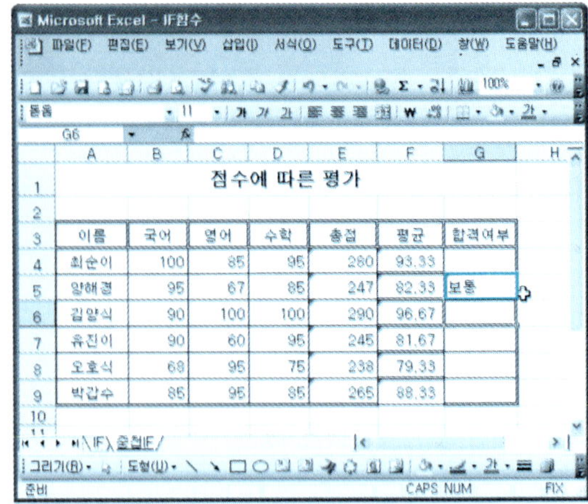

단 원 실 습 문 제

〈**실습1**〉 [예제] 폴더에서 [IF함수.xls]를 불러와 보자.

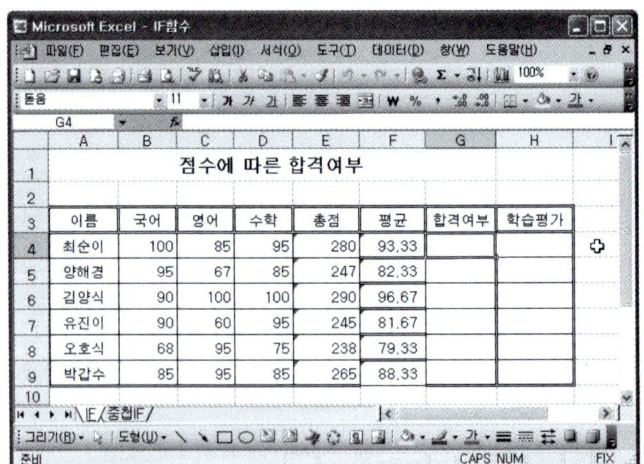

〈**실습2**〉 모든 학생들의 합격여부를 IF 문을 이용하여 평균점수가 90점 이상은 [합격]을,
90점 미만인 경우는 [불합격]을 표시해 보자.

〈**실습3**〉 모든 학생들의 학습평가를 중첩 IF 문을 사용하여 평균이 85점 이상인 경우에
[우수], 85점 미만이고 80점 이상의 경우에는 [보통], 80점 미만인 경우는 [노력
요망]이라는 평가를 하도록 해보자.

4.10 | 수학 함수

1 INT

숫자에서 정수를 구하는 함수이다.

기본형식	=INT(셀 또는 숫자, 이름, 수식)
예　시	=INT(12.34), 결과 = 12

❶ 그림과 같이 입력한다. 결과를 나타낼 [셀 지정] → [함수 마법사 아이콘 f_x] 을 클릭한다.

❷ 범주 선택 [수학/삼각] → [INT] → [확인] 버튼을 클릭한다.

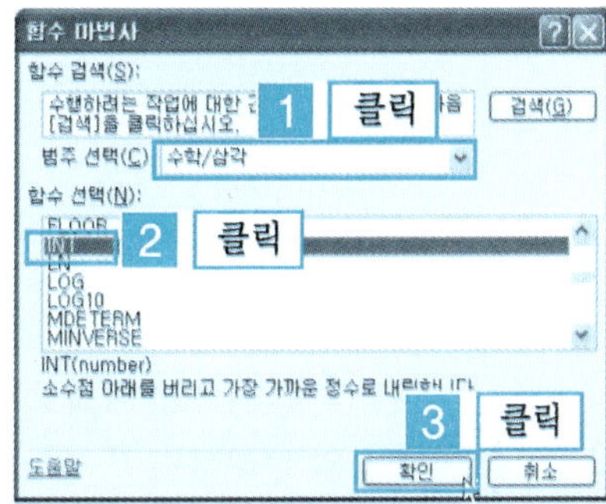

❸ Number 입력[A4] → [확인] 버튼을 클릭한다.

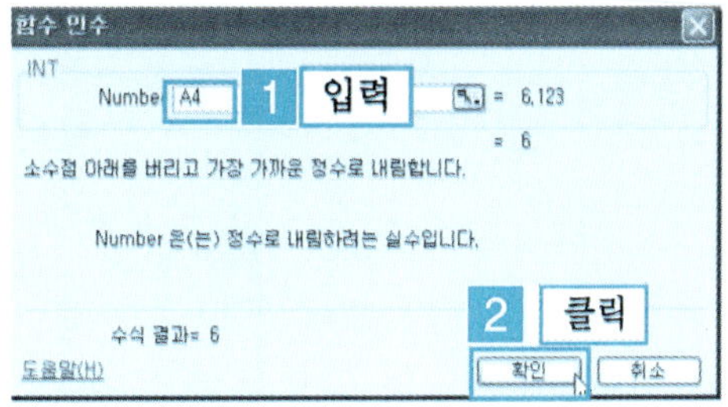

❹ 지정된 셀에 A4 셀의 정수값이 표시된다.

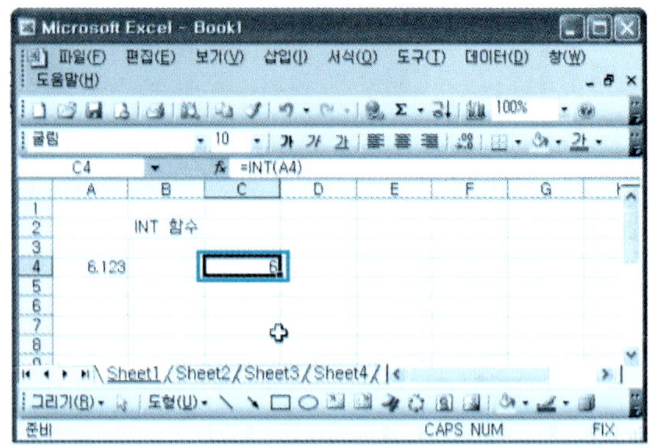

2 ABS

숫자에서 절대값을 구하는 함수이다.

기본형식	=ABS(셀 또는 숫자, 이름, 수식)
예 시	=ABS(12.34), 결과 = 12.34

❶ 그림과 같이 입력한다. 결과를 나타낼 [셀 지정] → [함수 마법사 아이콘 f_x] 을 클릭한다.

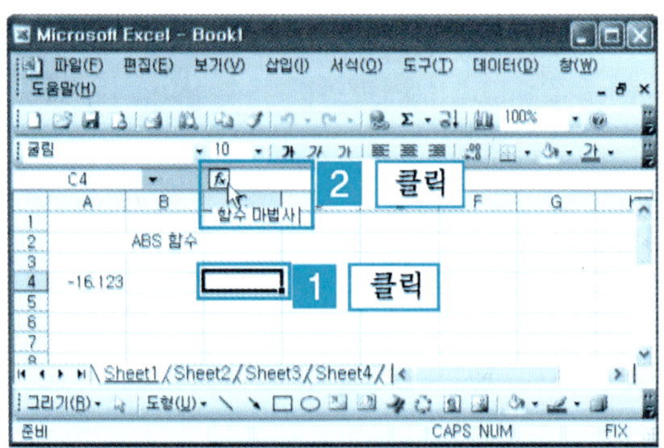

❷ 범주 선택 [수학/삼각] → [ABS] → [확인] 버튼을 클릭한다.

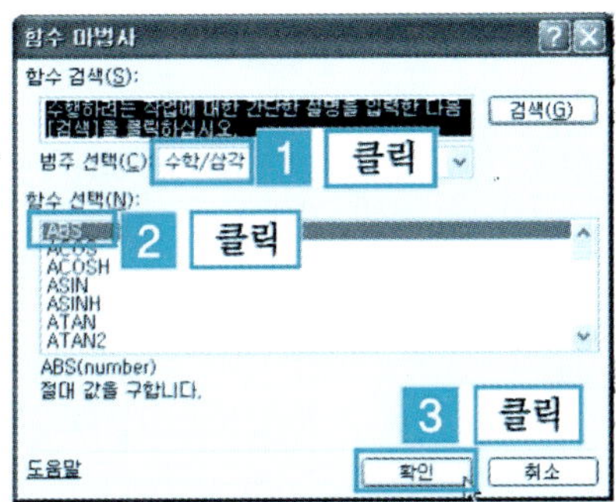

❸ Number 입력[A4] → [확인] 버튼을 클릭한다.

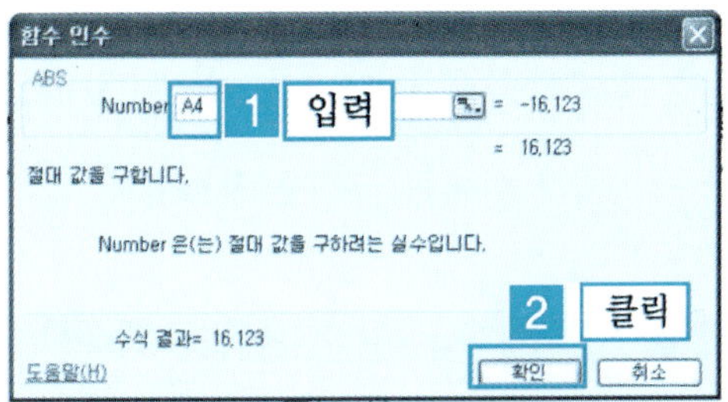

❹ 지정된 셀에 A4 셀의 절대값이 표시된다.

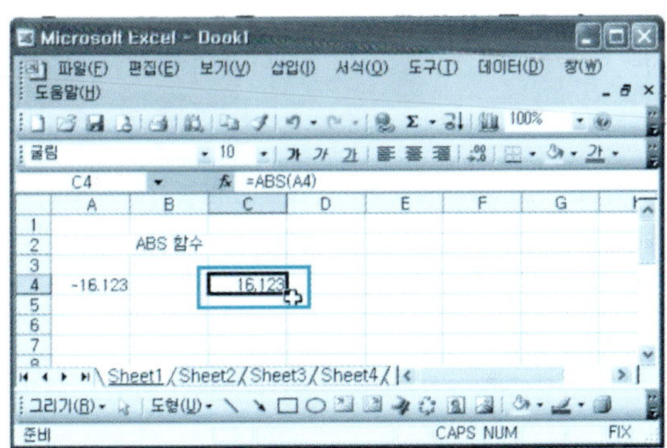

3 ROUND

숫자를 지정한 자릿수로 반올림하는 함수이다.

기본형식	=ROUND(셀 또는 숫자나 이름과 수식, 자릿수)
예 시	=ROUND(12.342,2), 결과 = 12.34 =ROUND(212.342,-1), 결과 = 210 =ROUND(-312.342,-1), 결과 = -310

=ROUND(12.342,2)은 소수점 셋째자리에서 반올림하여 12.34값을 구한다.
=ROUND(212.342,-1)은 정수 첫째자리에서 반올림하여 210값을 구한다.

❶ [예제] 폴더에서 [Round함수.xls] 파일을 불러온다. 결과를 나타낼 [셀 지정]
→ [함수 마법사 아이콘 fx]을 클릭한다.

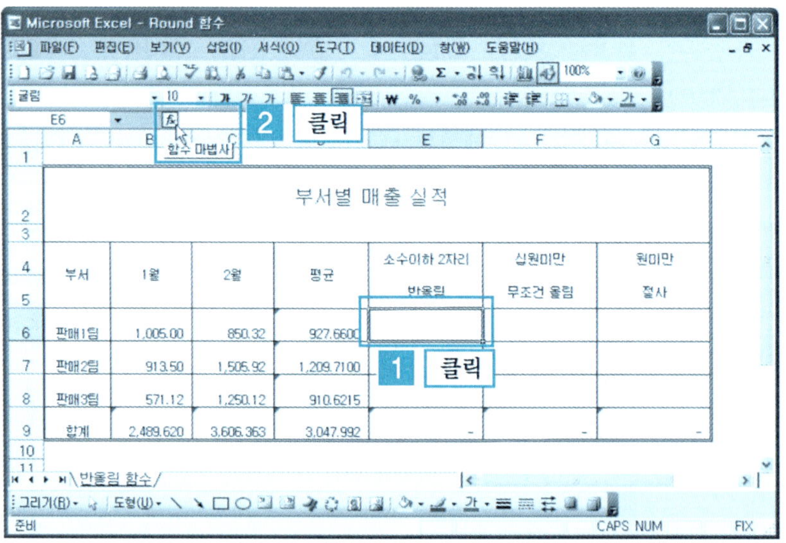

❷ 범주 선택 [수학/삼각] → [ROUND]
   → [확인] 버튼을 클릭한다.

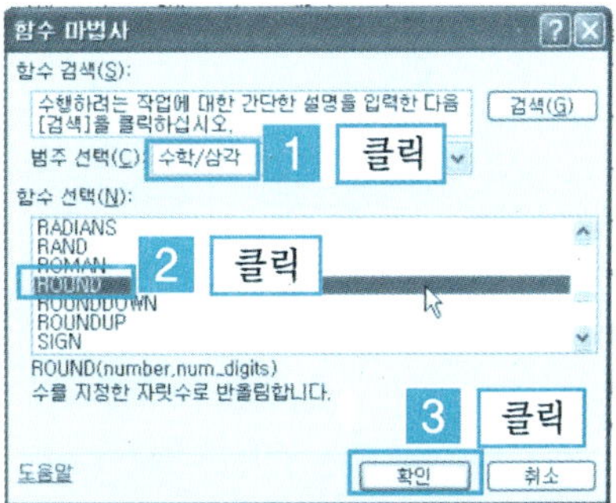

❸ Number 입력[D6] →
   Num_digits 입력[1] → [확인]
   버튼을 클릭한다.

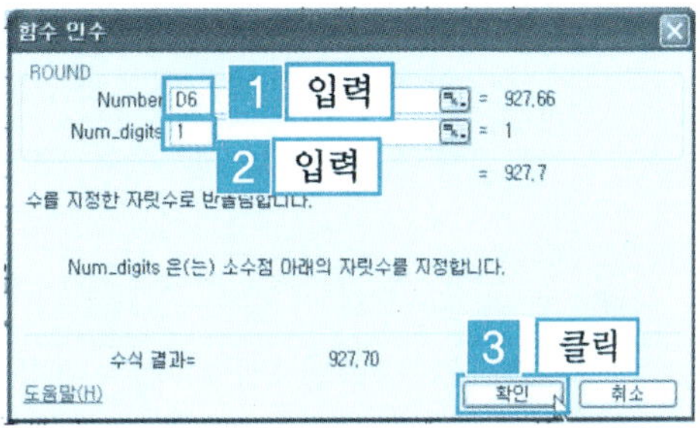

❹ 지정된 셀에 D4 셀의 값이 소수점 둘째자리에서 반올림되어 표시된다.

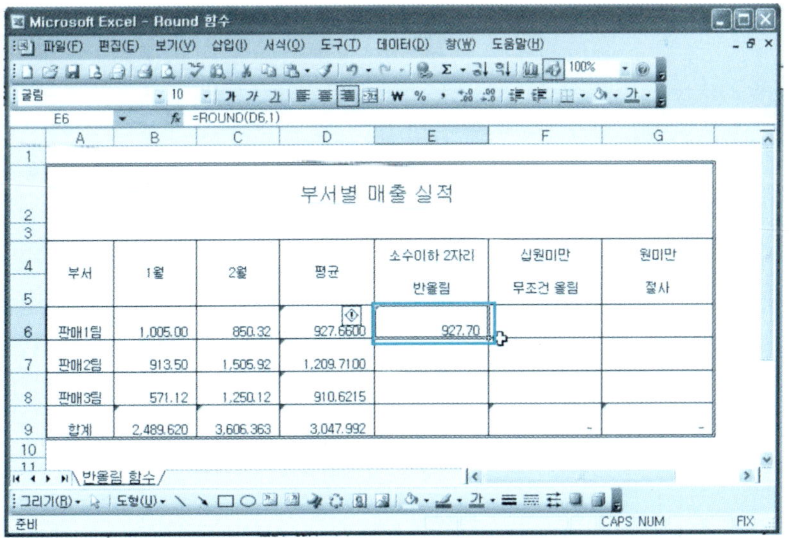

부서	1월	2월	평균	소수이하 2자리 반올림	십원미만 무조건 올림	원미만 절사
판매1팀	1,005.00	850.32	927.6600	927.70		
판매2팀	913.50	1,505.92	1,209.7100			
판매3팀	571.12	1,250.12	910.6215			
합계	2,489.620	3,606.363	3,047.992		–	–

4 ROUNDDOWN

숫자를 지정한 자릿수로 내림(절하)하는 함수이다.

기본형식	=ROUNDDOWN(셀 또는 숫자나 이름과 수식, 자릿수)
예 시	=ROUNDDOWN(12.342,2), 결과 = 12.34 =ROUNDDOWN(-312.342,-1), 결과 = -310

=ROUND(12.342,2)는 소수점 셋째자리에서 내림하여 12.34값을 구한다.
=ROUND(-312.342,-1)은 정수 첫째자리에서 내림하여 -310값을 구한다.

① 그림과 같이 입력한다. 결과를 나타낼 [셀 지정] → [함수 마법사 아이콘 f_x]을 클릭한다.

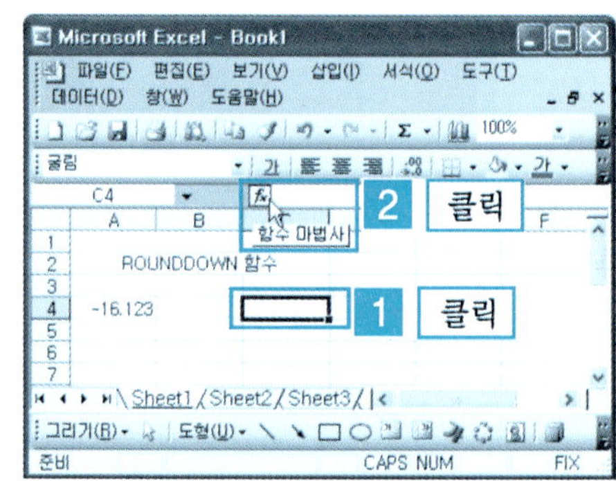

② 범주 선택 [수학/삼각] → [ROUNDDOWN] → [확인] 버튼을 클릭한다.

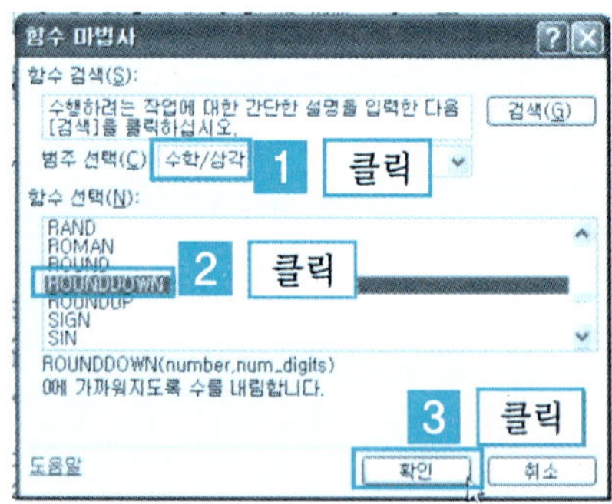

❸ Number 입력[A4] → Num_digits 입력[1] → [확인] 버튼을 클릭한다.

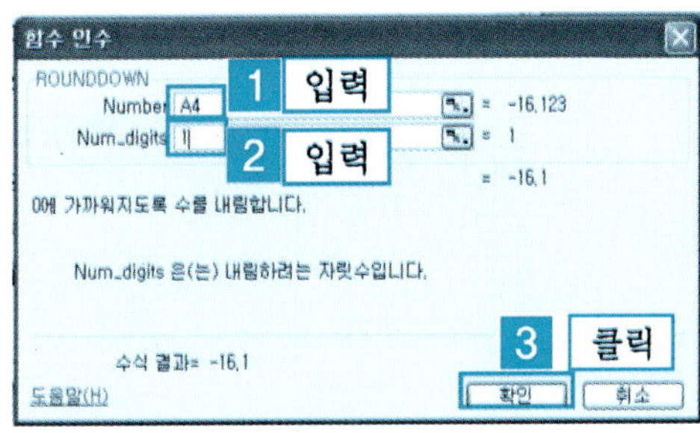

❹ 지정된 셀에 A4 셀의 값이 소수 둘째자리에서 내림되어 표시된다.

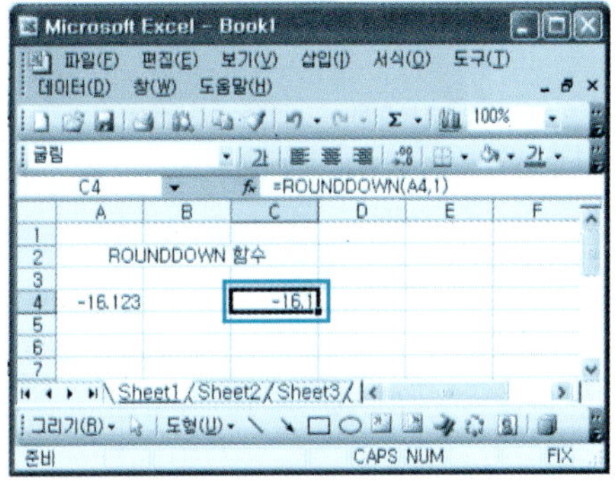

5 ROUNDUP

숫자를 지정한 자릿수로 올림(절상)하는 함수이다.

기본형식	=ROUNDUP(셀 또는 숫자나 이름과 수식, 자릿수)
예 시	=ROUNDUP(12.342,2), 결과 = 12.35 =ROUNDUP(-312.342,-1), 결과 = -320

=ROUND(12.342,2)은 소수점 둘째자리에서 올림하여 12.35값을 구한다.

=ROUND(-312.342,-1)은 정수 첫째자리에서 올림하여 320값을 구한다.

❶ 그림과 같이 입력한다. 결과를 나타낼 [셀 지정] → [함수 마법사 아이콘 f_x] 을 클릭한다.

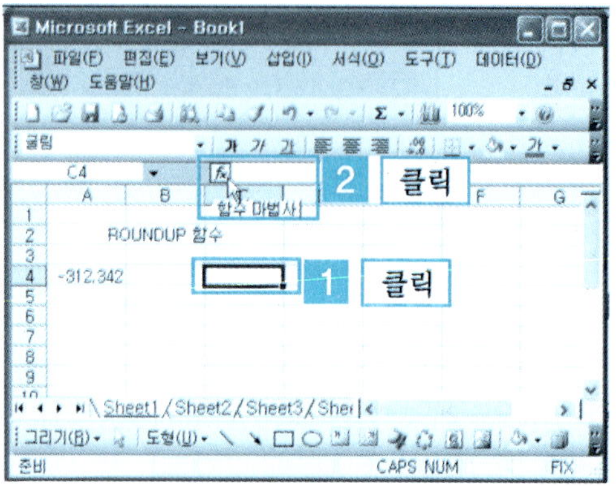

❷ 범주 선택 [수학/삼각] → [ROUNDUP] → [확인] 버튼을 클릭한다.

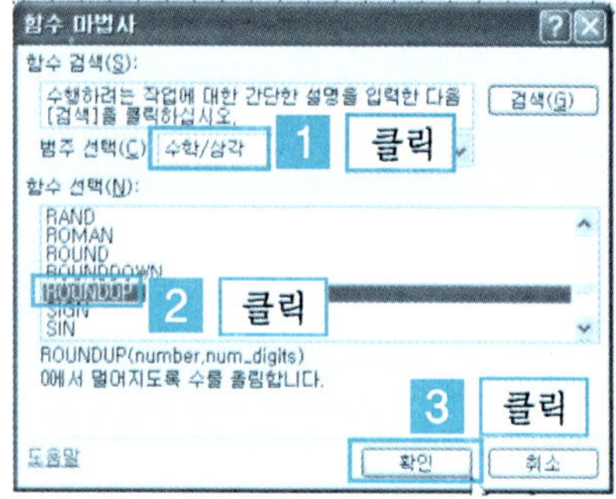

❸ Number 입력[A4] → Num_digits 입력[-1] → [확인] 버튼을 클릭한다.

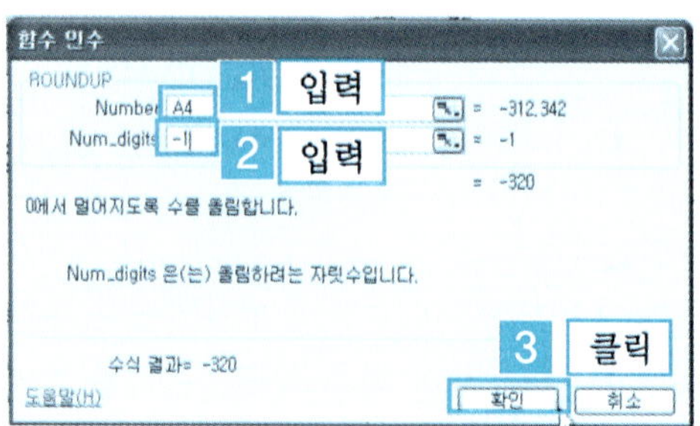

④ 지정된 셀에 셀 A4의 값이 정수 첫째 자리에서 올림되어 표시된다.

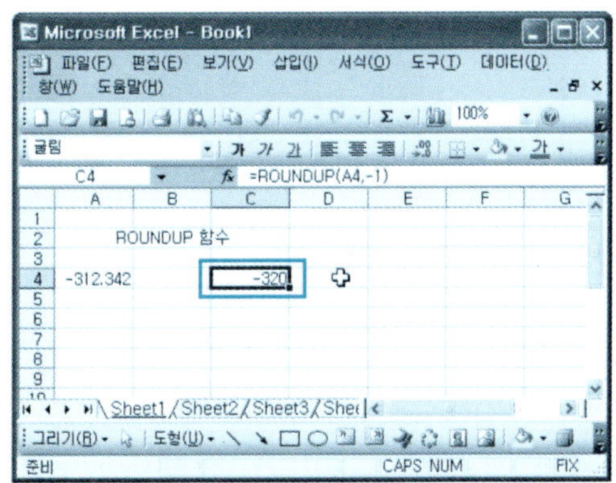

단 원 실 습 문 제

〈**실습1**〉 [예제] 폴더에서 [ROUND함수.xls]를 불러와 보자.

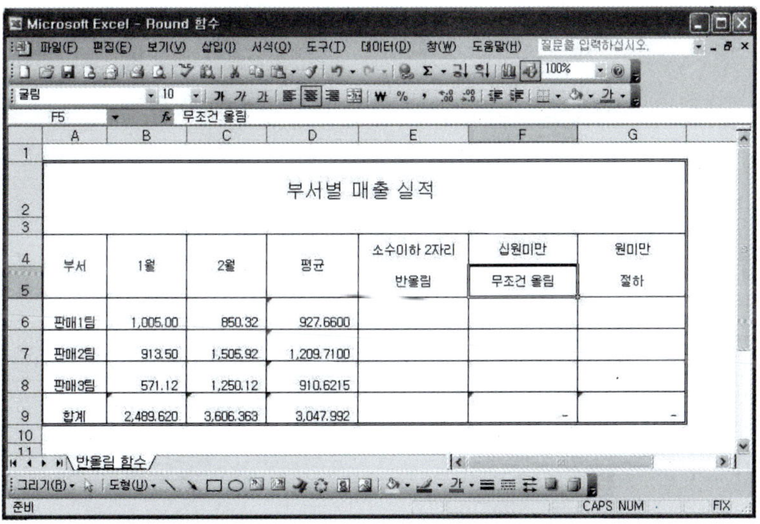

〈**실습2**〉 ROUND 함수를 이용하여 셀 (E6:E8)까지의 값을 구해보자.

〈**실습3**〉 ROUNDDOWN 함수를 이용하여 셀 (G6:G8)까지의 값을 구해보자.

〈**실습4**〉 ROUNDUP 함수를 이용하여 셀 (F6:F8)까지의 값을 구해보자.

6 SUMIF

지정한 범위에서 조건에 맞는 셀의 값만을 더하는 함수이다.

기본형식	=SUMIF(조건 범위, 조건값, 계산 범위)
예 시	=SUMIF(A1:A5, ">=", B1:B5)

SUMIF 함수를 이용하여 수박 판매액만 합계를 구해보자.

❶ [예제] 폴더에서 [SumIF.xls]를 불러온다. 결과를 나타낼 [셀 지정] → [함수
마법사 아이콘 f_x]을 클릭한다.

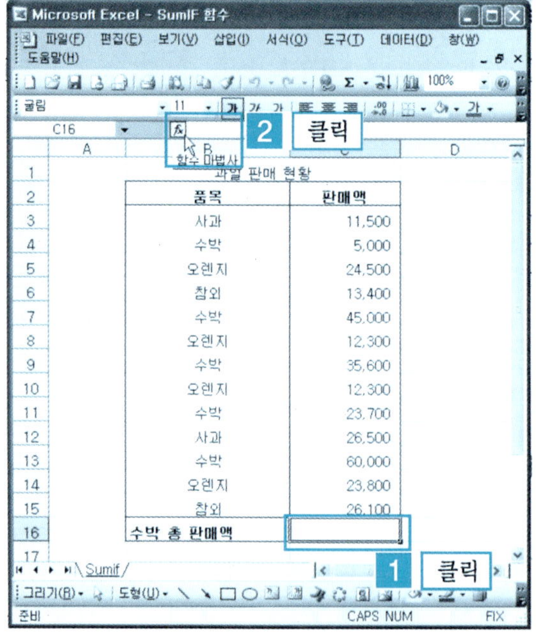

② 범주 선택 [수학/삼각] → [SUMIF] → [확인] 버튼을 클릭한다.

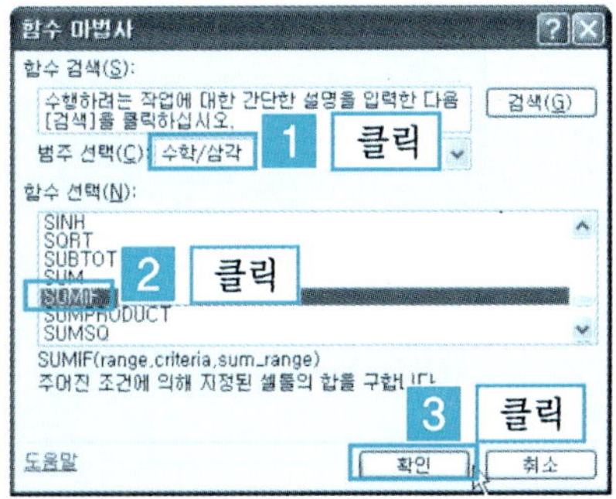

③ Range[B3:B15]를 입력한다.

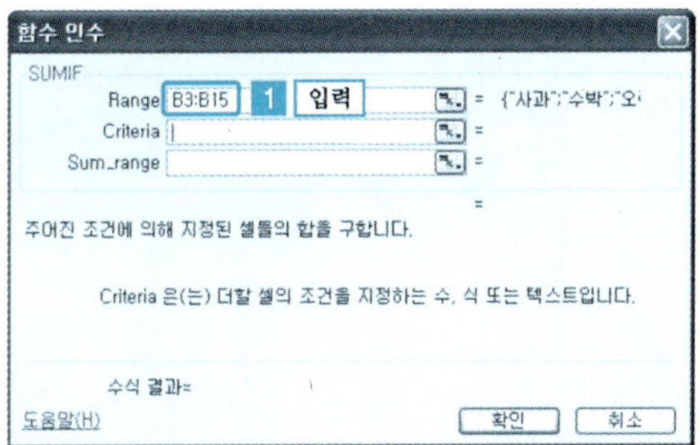

④ Criteria 인수 상자에 ["수박"]을 입력한다.

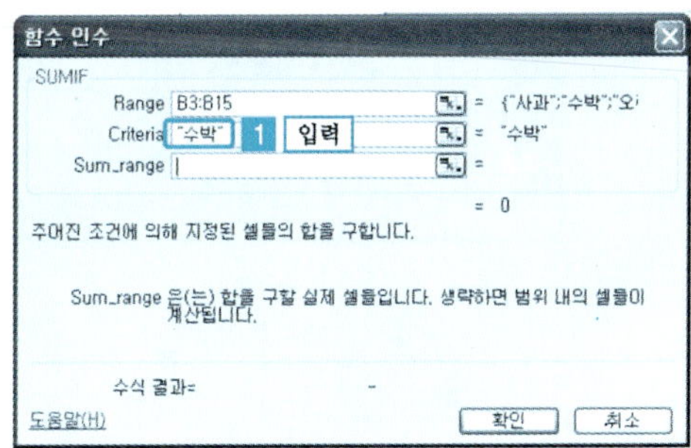

⑤ Sum_range [C3:C15] 입력 → [확인] 버튼을 클릭한다.

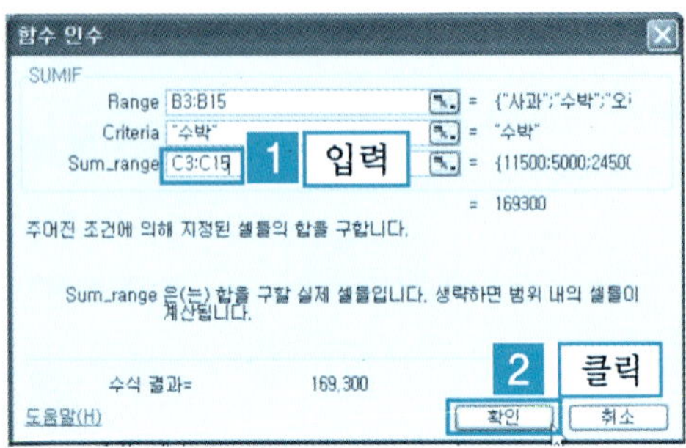

⑥ 지정한 셀에 수박의 총 판매액이 표시된다.

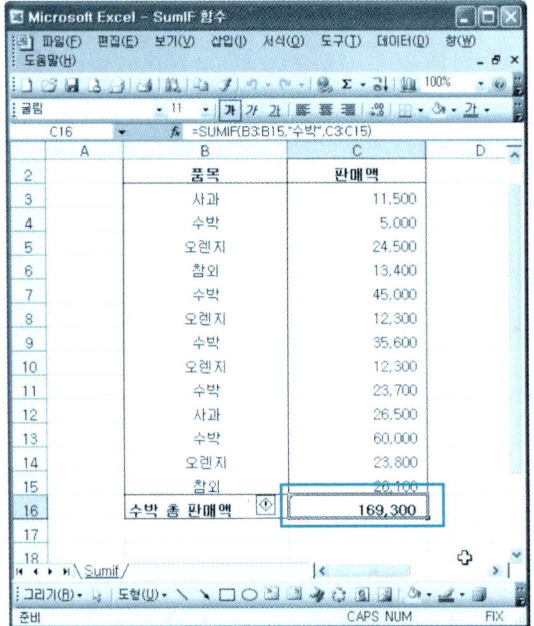

	A	B	C	D
2		품목	판매액	
3		사과	11,500	
4		수박	5,000	
5		오렌지	24,500	
6		참외	13,400	
7		수박	45,000	
8		오렌지	12,300	
9		수박	35,600	
10		오렌지	12,300	
11		수박	23,700	
12		사과	26,500	
13		수박	60,000	
14		오렌지	23,800	
15		참외	20,100	
16		수박 총 판매액	169,300	
17				
18				

단원 실습 문제

〈**실습1**〉 [예제] 폴더에서 [SumIF함수.xls]를 불러와 보자.

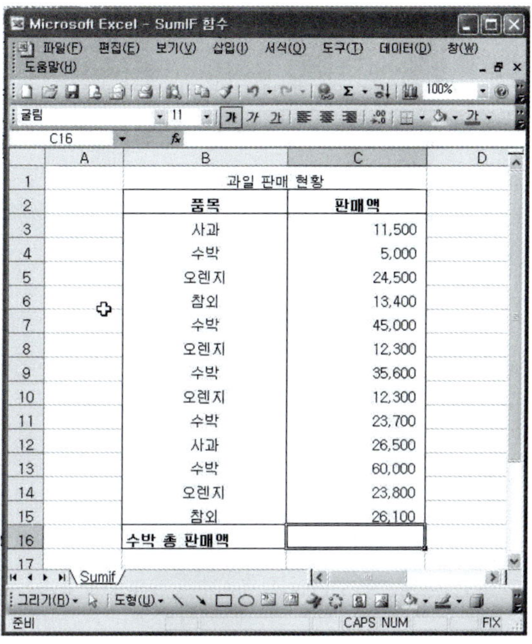

〈**실습2**〉 C17 셀에 사과 총 판매금액을 SUMIF 함수를 이용하여 구하여 나타내 보자.

〈**실습3**〉 C18 셀에 오렌지 총 판매금액을 SUMIF 함수를 이용하여 구하여 나타내 보자.

〈**실습4**〉 C19 셀에 참외 총 판매금액을 SUMIF 함수를 이용하여 구하여 나타내 보자.

4.11 | 통계 함수

1 COUNTIF 함수

조건에 만족하는 항목의 개수만 표시하는 함수이다.
COUNTIF 함수를 이용하여 수박 판매 건수를 구해보자.

● [예제] 폴더에서 [countIF함수.xls]
를 불러온다. 결과를 나타낼 [셀
지정] → [함수 마법사 아이콘
f_x]을 클릭한다.

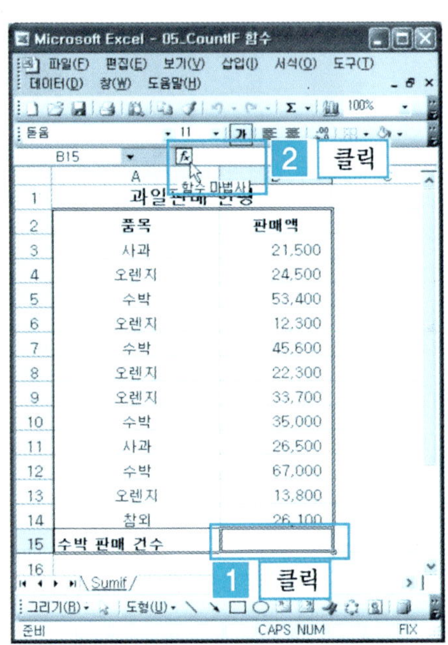

● 범주 선택 [통계] → [COUNTIF]
→ [확인] 버튼을 클릭한다.

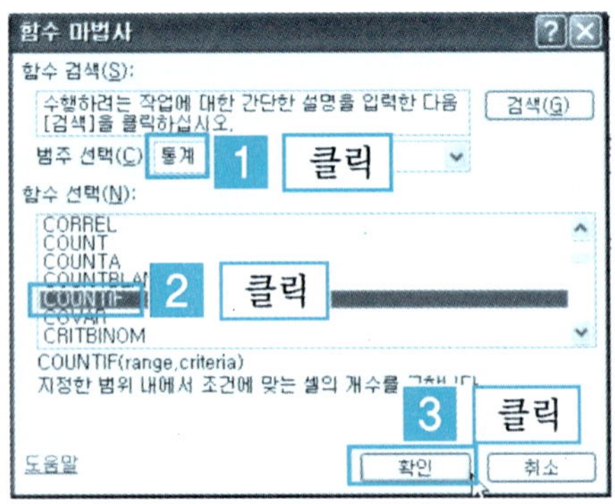

❸ Range[A3:A14]를 입력한다.

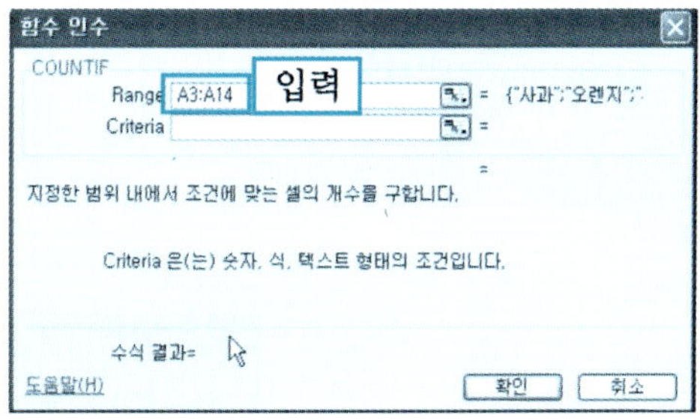

❹ Criteria 인수 상자에서 ["수박"]을 입력한 다음 [확인] 버튼을 클릭한다.

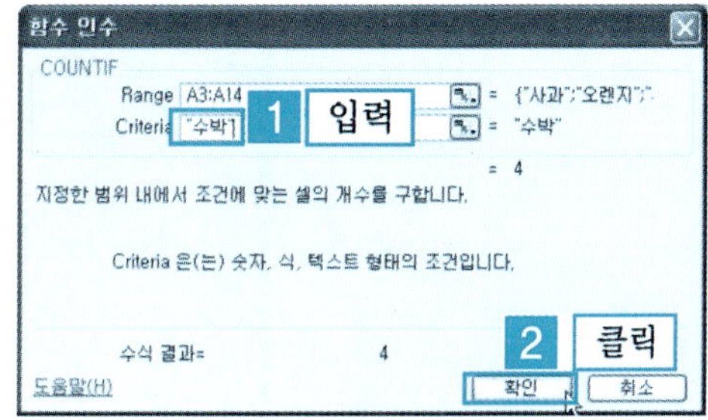

❺ 지정한 셀에 수박의 총 판매 건수가 표시된다.

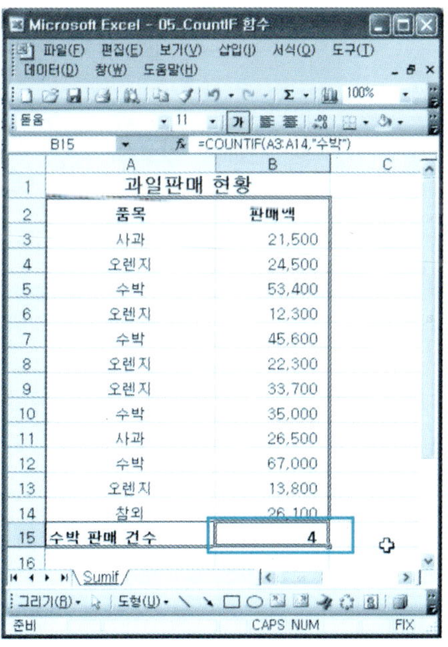

단 원 실 습 문 제

〈실습1〉 다음과 같은 문서를 작성해 보자.

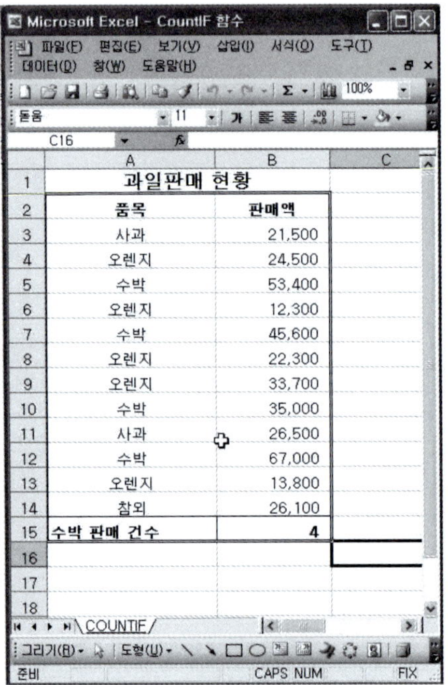

〈실습2〉 B16 셀에 사과 총 판매 건수를 COUNTIF 함수를 이용하여 구하여 나타내 보자.

〈실습3〉 B17 셀에 오렌지 총 판매 건수를 COUNTIF 함수를 이용하여 구하여 나타내 보자.

〈실습4〉 B18 셀에 참외 총 판매 건수를 COUNTIF 함수를 이용하여 구하여 나타내 보자.

2 MEDIAN 함수

지정한 범위에서 중앙값을 계산하는 함수이다.

❶ [예제] 폴더에서 [성적표 -2.xls]를 불러온다. A12 셀에 [MEDIAN 값]을 입력한다. 결과를 나타낼 [셀 지정] → [함수 마법사 아이콘 fx]을 클릭한다.

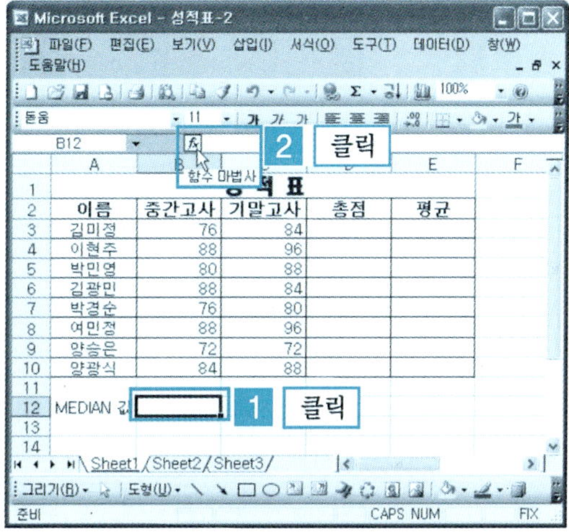

❷ 범주 선택 [통계] → [MEDIAN] → [확인] 버튼을 클릭한다.

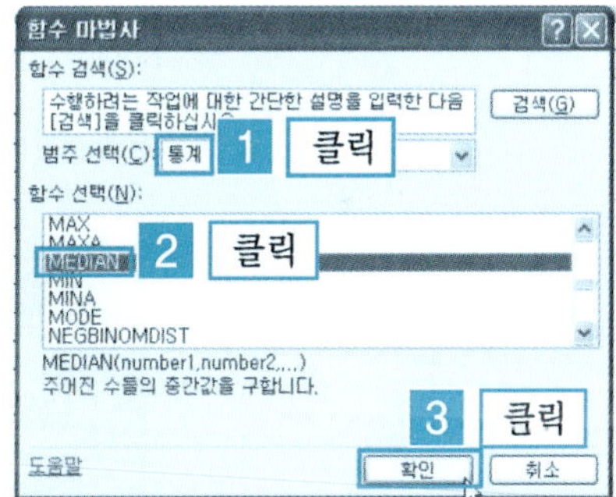

❸ Number1[B3:B10] 입력 → [확인] 버튼을 클릭한다.

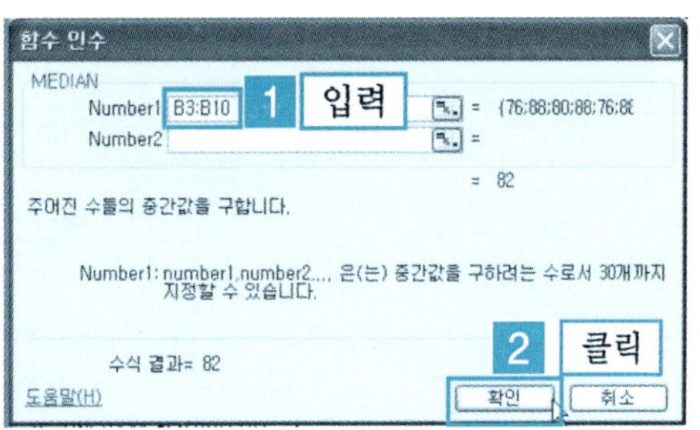

❹ 지정한 셀에 셀 범위의 중앙값이 표시된다.

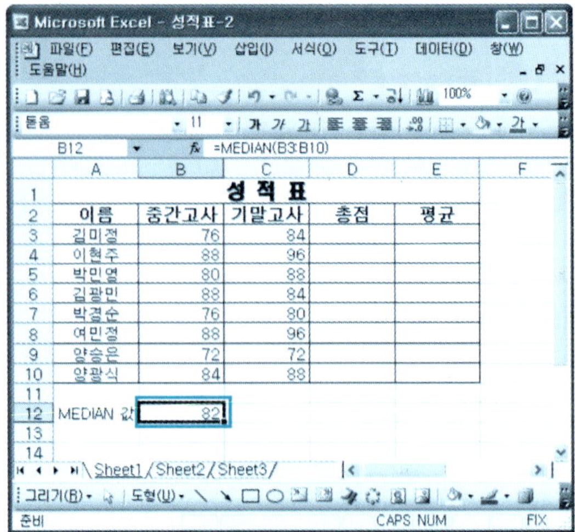

3 LARGE 함수

지정된 범위에서 K번째 큰 값을 구하는 함수이다.
중간고사 성적에서 5번째 큰 값을 구해보자.

❶ [예제] 폴더에서 [성적표-2.xls]를 불러온다. A12 셀에 [LARGE]을 입력한다.
결과를 나타낼 [셀 지정] → [함수 마법사 아이콘 fx]을 클릭한다.

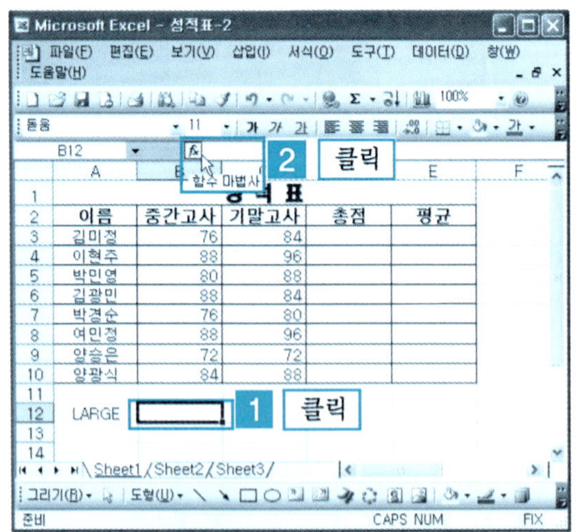

② 범주 선택 [통계] → [LARGE] →
[확인] 버튼을 클릭한다.

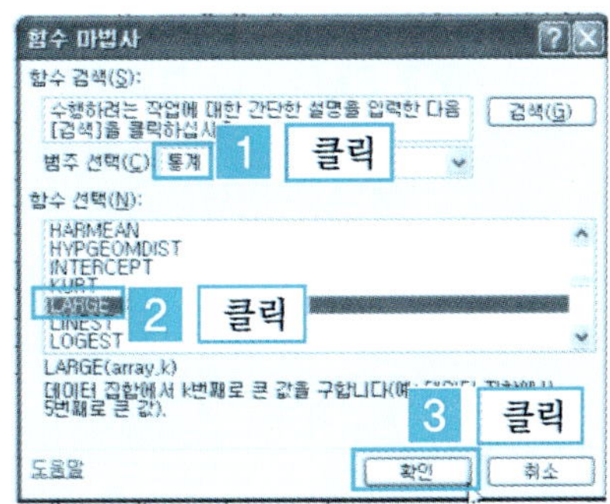

③ Array[B3:B10] 입력 → K[5]
→ [확인] 버튼을 클릭한다.
K값은 5번째 큰 값을 나타
낸다.

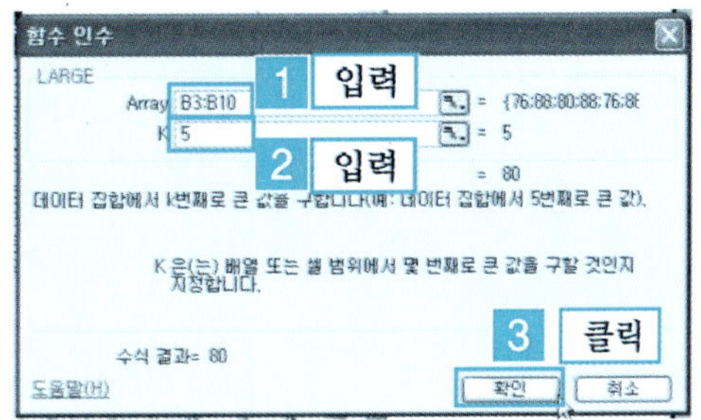

④ 지정한 셀에 셀 범위의 5번째 큰 값이 표시된다.

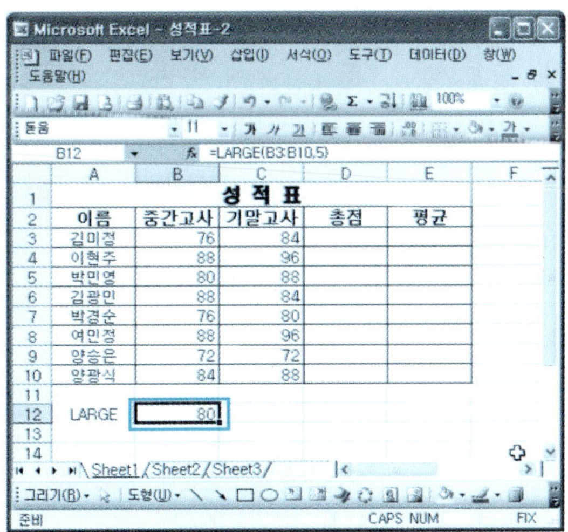

4 SMALL 함수

지정된 범위에서 K번째 작은 값을 구하는 함수이다.
중간고사 성적에서 4번째 작은 값을 구해보자.

❶ [예제] 폴더에서 [성적표-2.xls]를 불러온다. A12 셀에 [SMALL]을 입력한다.
결과를 나타낼 [셀 지정] → [함수 마법사 아이콘 _fx_]을 클릭한다.

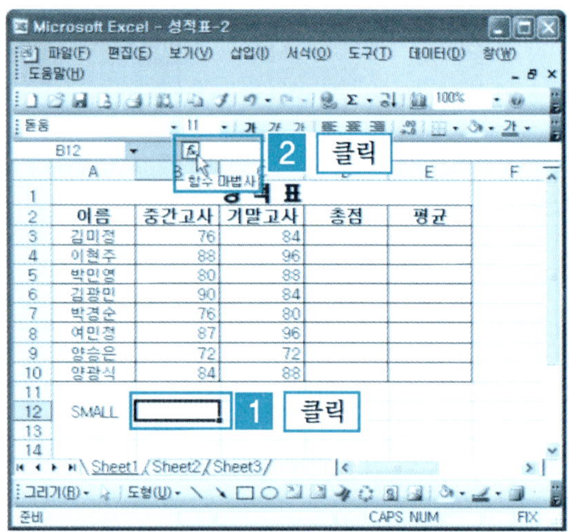

❷ 범주 선택 [통계] → [SMALL] → [확인] 버튼을 클릭한다.

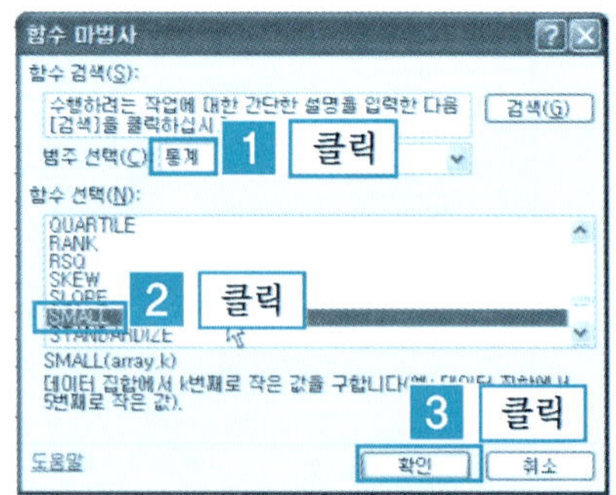

❸ Array[B3:B10] 입력 → K[4] → [확인] 버튼을 클릭한다. K값은 4번째 작은 값
을 나타낸다.

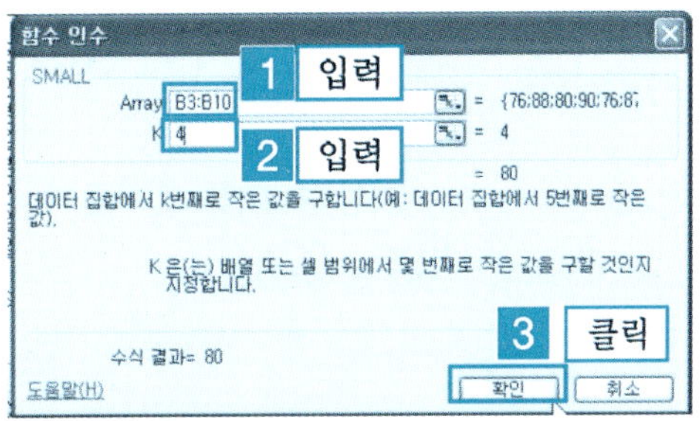

❹ 지정한 셀에 셀 범위의 4번째 작은 값이 표시된다.

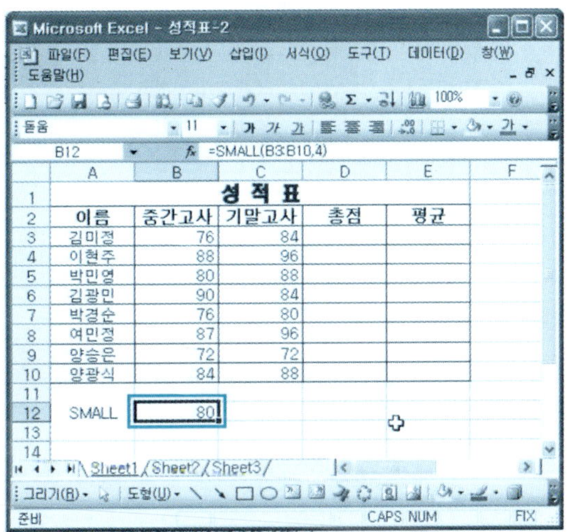

5 RANK 함수

지정된 범위에서 수의 순위를 계산하는 함수이다.
평균점수를 기준으로 특정 셀의 순위를 계산해 보자.

❶ [예제] 폴더에서 [RANK함수.xls]를 불러온다. 순위를 나타낼 [셀 지정] → [함수 마법사 아이콘 *fx*]을 클릭한다.

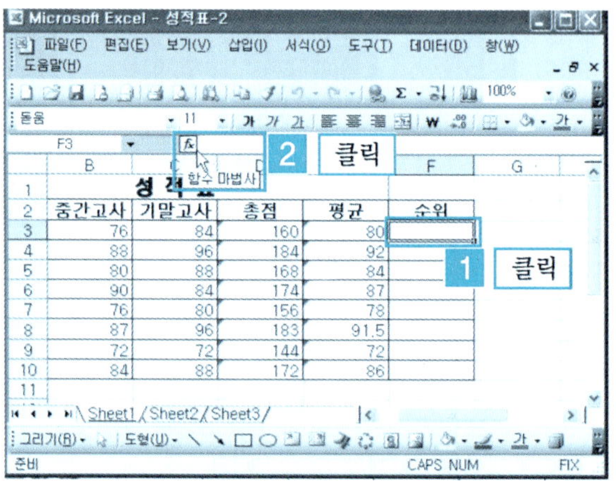

❷ 범주 선택 [통계] → [RANK] → [확인] 버튼을 클릭한다.

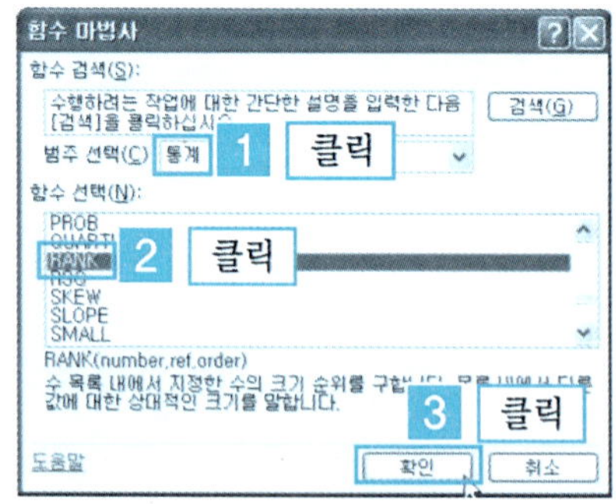

❸ Number에는 평균점수가 입력되어 있는 [E3]를 입력한다.

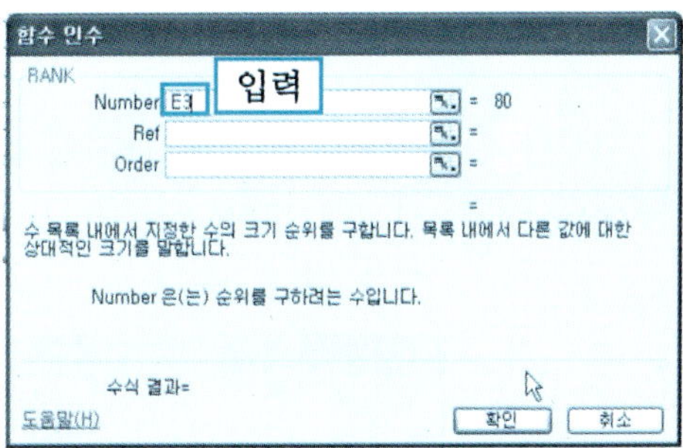

❹ Ref 인수 상자에는 순위를 구할 전체 학생의 평균점수가 입력되어 있는 범위 [E3:E10]를 지정한다. 이때 순위를 구하는 기준이 변하지 않아야 하므로 절대참조[$E$3:$E$10] 표시를 한다. 입력이 끝나면 [확인] 버튼을 클릭한다.

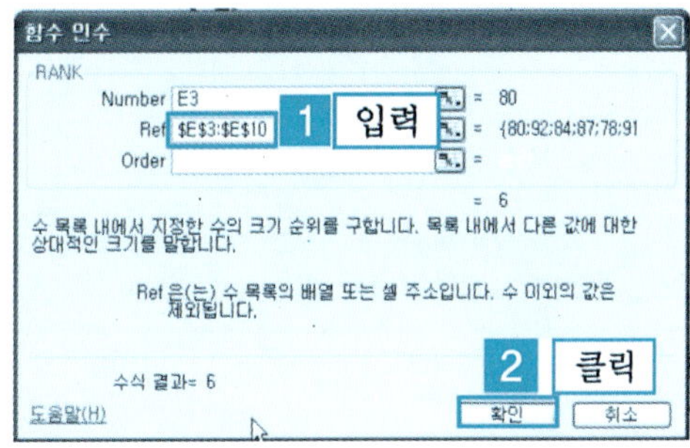

❺ 지정된 셀의 순위가 지정된 셀에 표시된다.

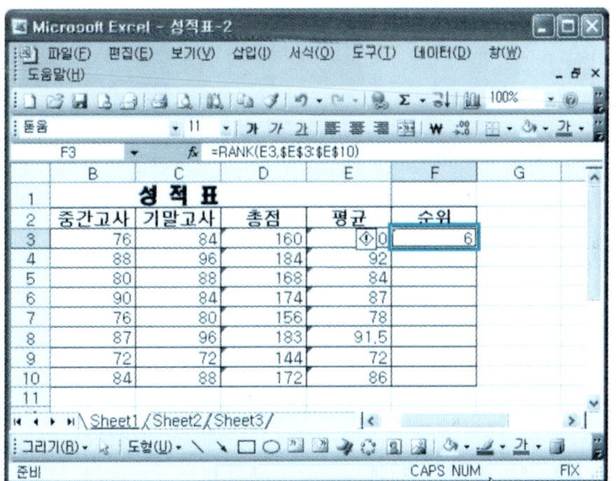

단원 실습 문제

〈**실습1**〉 다음과 같은 문서를 작성해 보자.

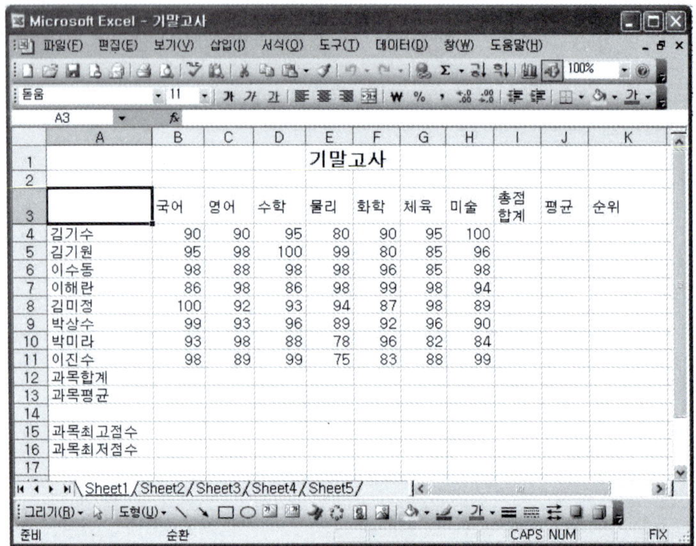

〈**실습2**〉 학생별 총점을 구해보자.

〈**실습3**〉 학생별 평균을 구해보자.

〈**실습4**〉 과목별 총점을 구해보자.

〈**실습5**〉 과목별 평균을 구해보자.

〈**실습6**〉 MEDIAN 함수를 이용하여 과목별 중간점수를 구해보자.

〈**실습7**〉 LARGE 함수를 이용하여 과목별 최고점수를 구해보자.

〈**실습8**〉 SMALL 함수를 이용하여 과목별 최저점수를 구해보자.

〈**실습9**〉 RANK 함수를 이용하여 전체 학생의 순위를 구해보자.

4.12 | 텍스트 함수

1 LEFT 함수

지정된 문자열 중에서 왼쪽부터 지정된 개수만큼 문자를 추출하는 함수이다.
출신도를 두 개의 문자로 추출해 보도록 하자.

❶ [예제] 폴더에서
[LEFT.xls]를
불러온다. 결과를
나타낼 [셀 지정] →
[함수 마법사 아이콘
f_x]을 클릭한다.

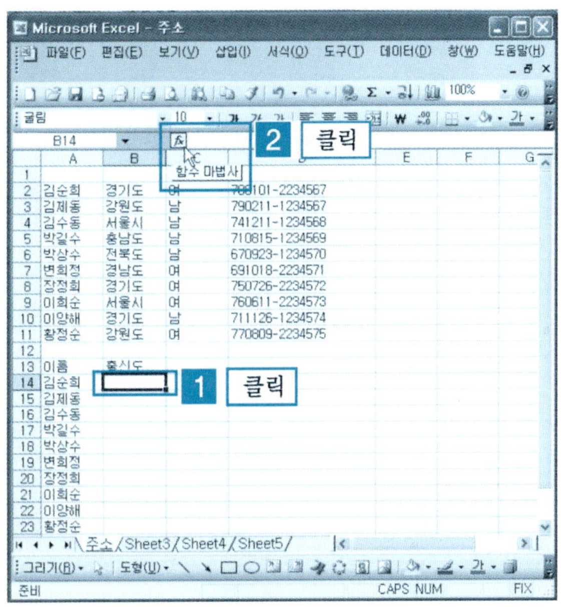

❷ 범주 선택 [텍스트] → [LEFT] →
[확인] 버튼을 클릭한다.

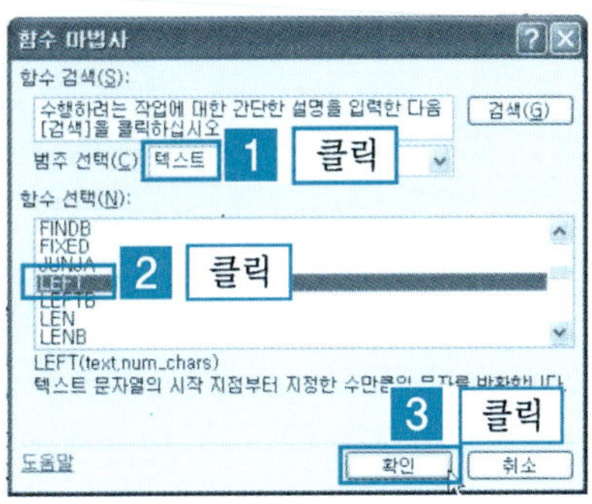

❸ Text 상자에 추출하려는 셀[B2] 입력 → Num_chars 인수 상자에 추출할 문자 개수[2] 입력 → [확인] 버튼을 클릭한다.

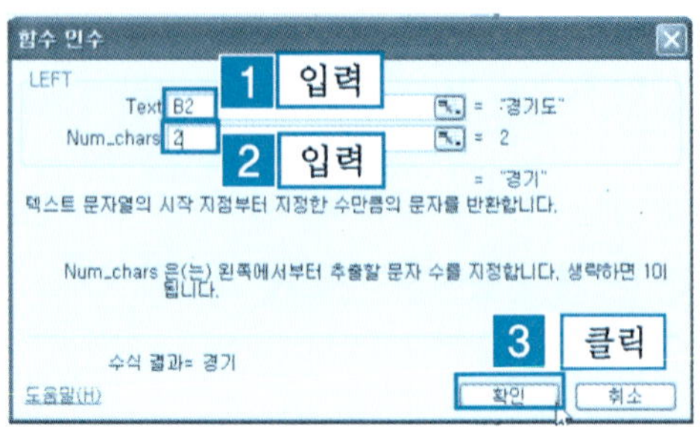

❹ 지정된 셀의 문자열에서 두 개의 문자만 지정된 셀에 표시된다.

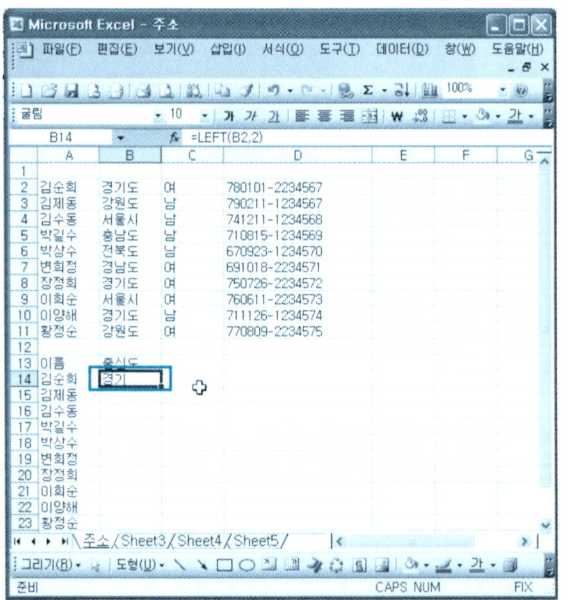

2 RIGHT 함수

지정된 문자열 중에서 오른쪽부터 시작하여 지정한 개수만큼 문자를 추출해 내는 함수이다.

대학 전공을 2개의 문자로 추출해 보도록 하자.

❶ [예제] 폴더에서 [텍스트함수.xls]를 불러온다. 결과를 나타낼 [셀 지정] → [함수 마법사 아이콘 f_x]을 클릭한다.

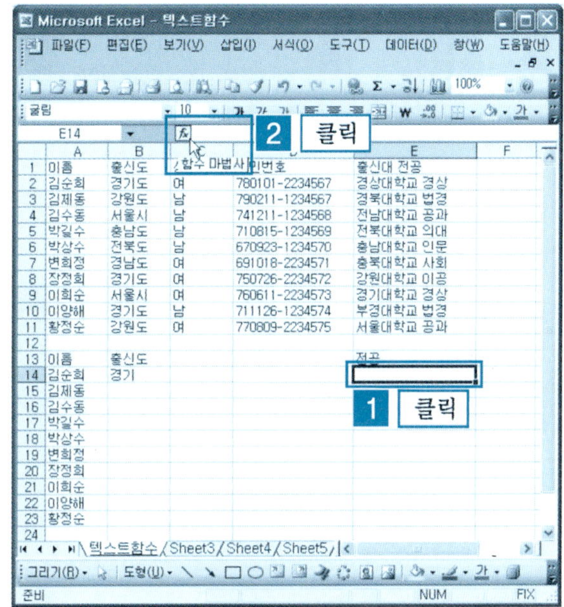

❷ 범주 선택 [텍스트] → [RIGHT] → [확인] 버튼을 클릭한다.

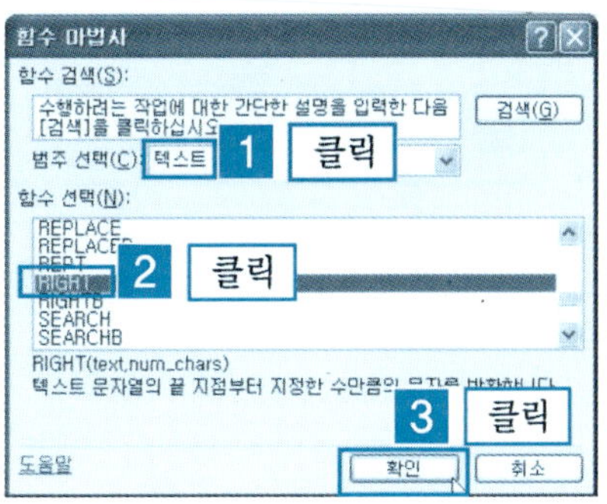

❸ Text 상자에 추출하려는 셀[E2] 입력 → Num_chars 인수 상자에 추출할 문자 개수[2] 입력 → [확인] 버튼을 클릭한다.

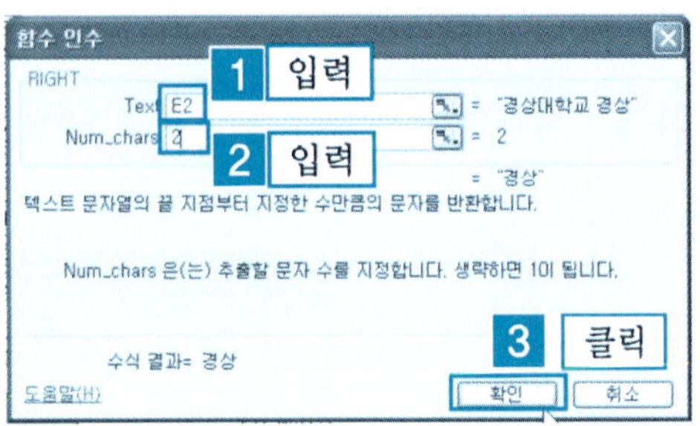

❹ 지정된 셀의 문자열에서 두 개의 문자만 지정된 셀에 표시된다.

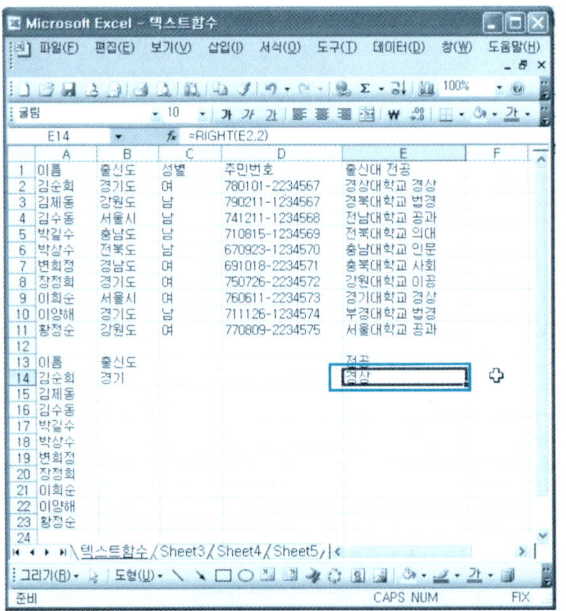

3 MID 함수

지정한 위치에서 시작하여 지정한 수만큼의 문자를 추출하는 함수이다.
생년월일 중에서 월일을 MID 함수를 이용하여 추출해 보자.

❶ [예제] 폴더에서 [MID.xls]를 불러온다. 결과를 나타낼 [셀 지정] → [함수 마법사 아이콘 fx]을 클릭한다.

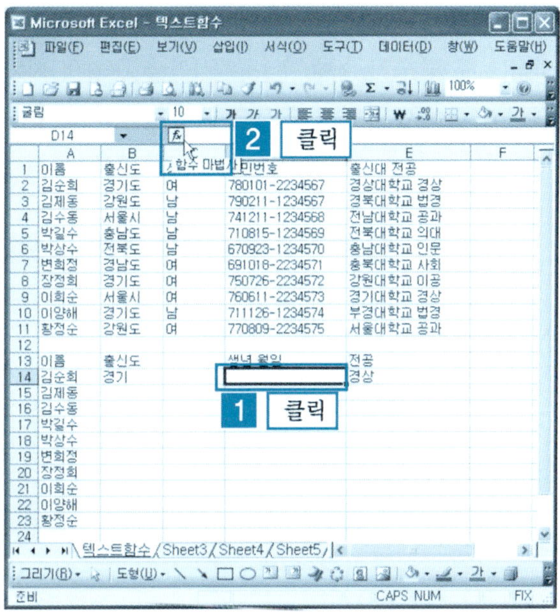

❷ 범주 선택 [텍스트] → [MID] → [확인] 버튼을 클릭한다.

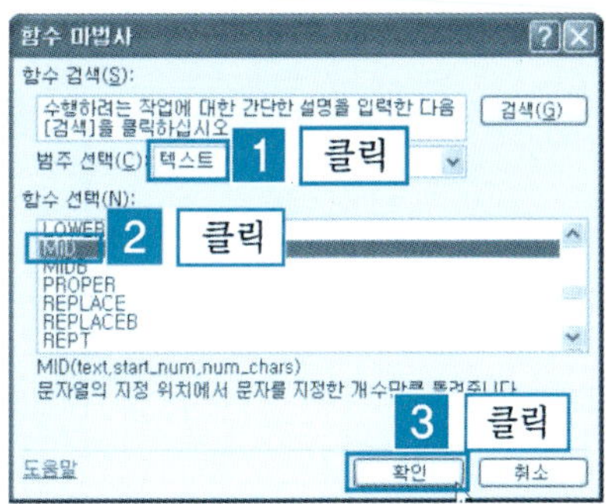

❸ Text 상자에 추출하려는 주민등록번호가 있는 셀 [D2]를 입력한다.

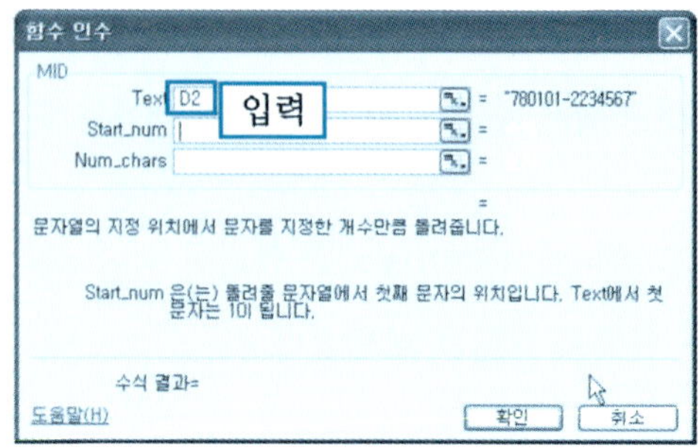

❹ Start_num 인수 상자에 추출을 시작할 문자의 자릿수 [3]을 입력한다. 주민등록번호 중에서 월일이 표시되어 있는 부분이 셋째자리부터이므로 [3]을 입력한다.

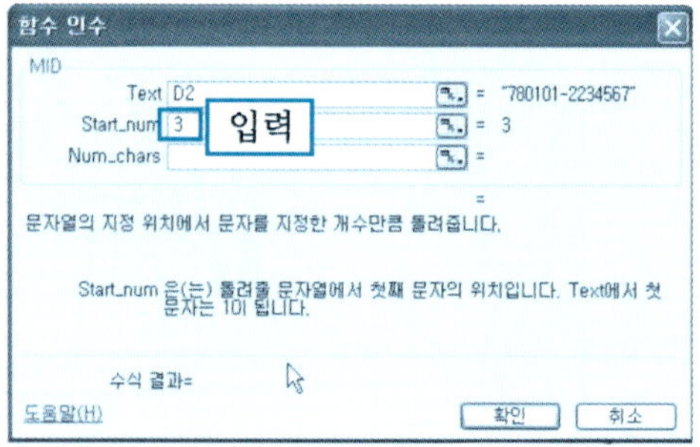

❺ Num_chars 인수 상자에 추출할 문자 개수 [4]를 입력한 다음 [확인] 버튼을 클릭한다.

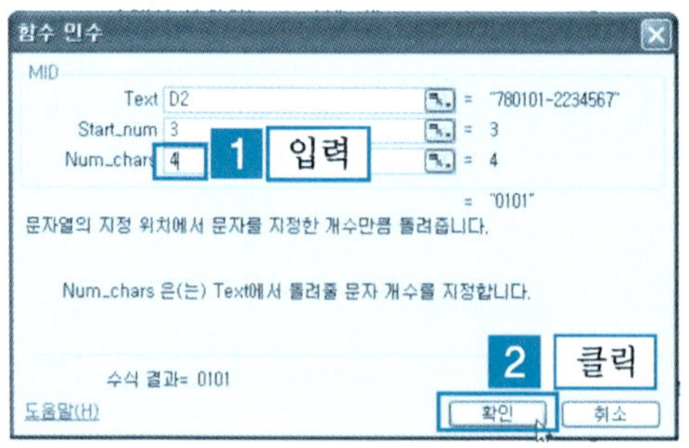

⑥ 지정된 셀의 문자열에서 세 번째부터 4의 문자(월일)를 지정된 셀에 표시된다.

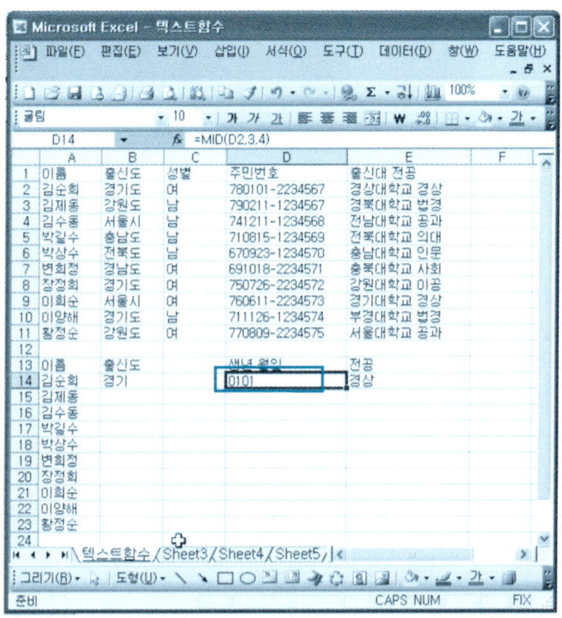

4 LEN 함수

문자열이나 숫자의 길이를 계산하는 함수이다.

❶ 그림과 같이 입력한다.
결과를 나타낼 [셀 지정]
→ [함수 마법사 아이콘
f_x]을 클릭한다.

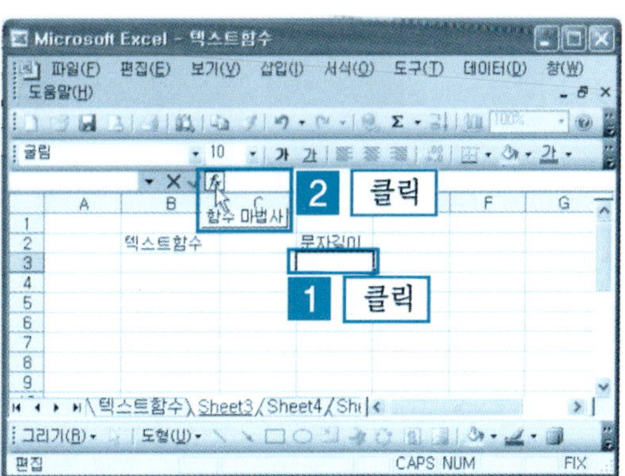

❷ 범주 선택 [텍스트] → [LEN] → [확인] 버튼을 클릭한다.

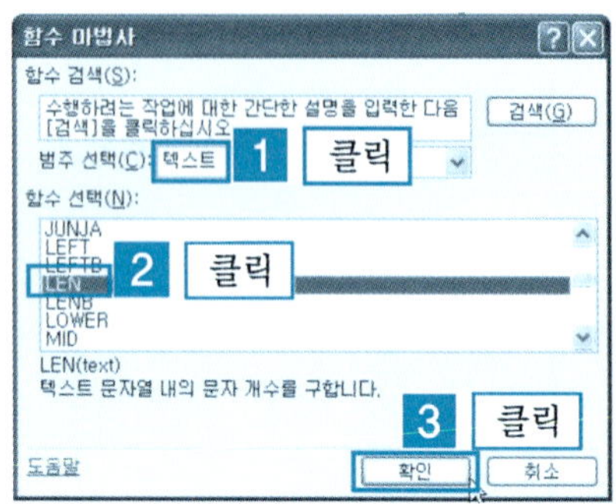

❸ Text 상자에 추출하려는 셀[B2]을 입력한 다음 [확인] 버튼을 클릭한다.

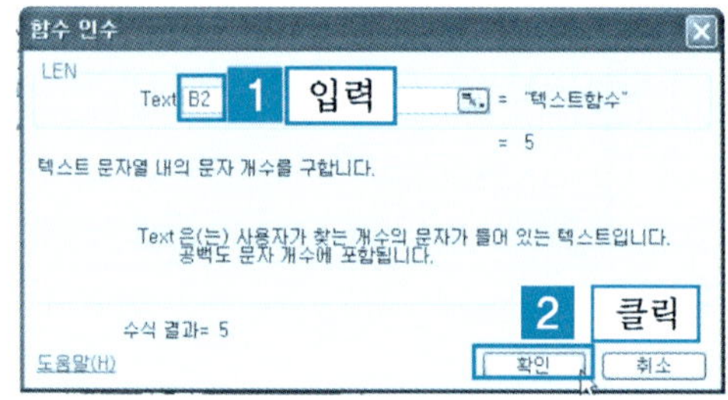

❹ 지정된 셀에 지정한 문자열의 개수가 표시된다.

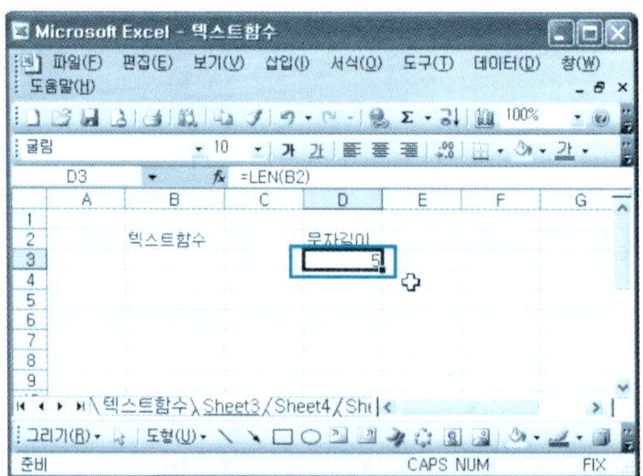

단원 실습 문제

〈**실습1**〉 다음과 같은 문서를 작성해 보자.

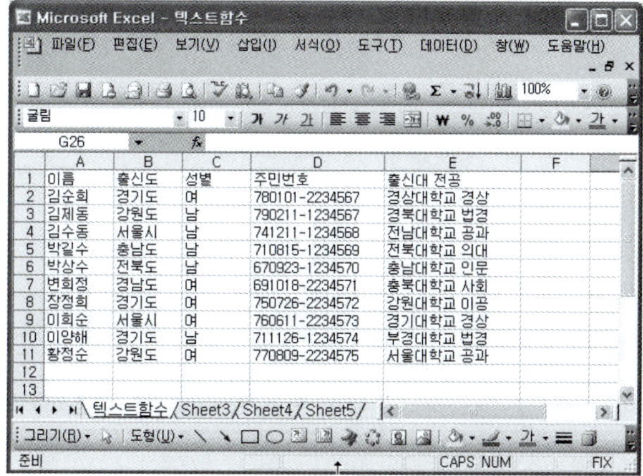

〈**실습2**〉 MID 함수를 이용하여 모든 학생들의 전공을 두 문자[경상]로 나타내 보자.

〈**실습3**〉 LEN 함수를 이용하여 D 셀의 문자열의 길이를 나타내 보자.

5 TRIM

데이터 입력과정에서 불필요한 공백을 제거해 주는 함수이다.
셀 A1:A7에 포함되어 있는 세 개의 공백을 제거해 보자.

❶ [예제] 폴더에서 [문구매출.xls]를 불러온다. [1사분기] 시트를 선택한다. 수정
입력할 셀 위치 A11 셀에 셀 포인터를 위치시키고 [함수 마법사 아이콘 f_x]
을 클릭한다.

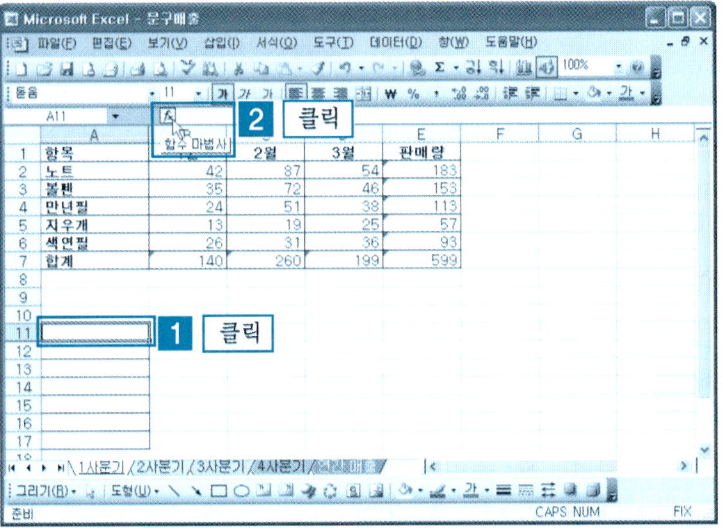

❷ 범주 선택 [텍스트] → [TRIM] → [확인] 버튼을 클릭한다.

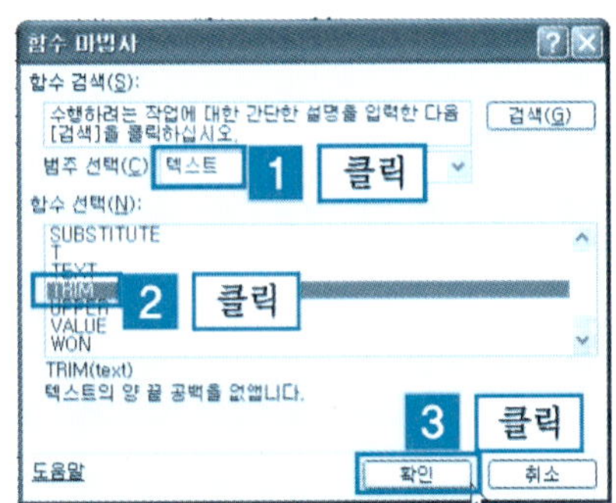

❸ Text 상자에 공백을 제거하려는 셀[A1]을 입력한 다음 [확인] 버튼을 클릭한다.

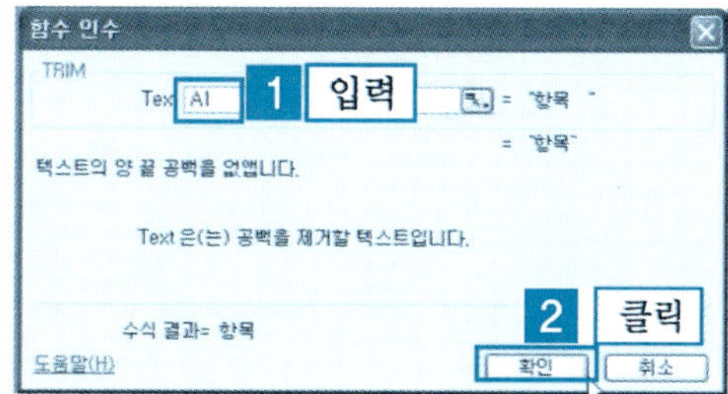

❹ [항목]에 포함되어 있던 불필요한 공백 세 개가 삭제되어 A11 셀에 표시된다.

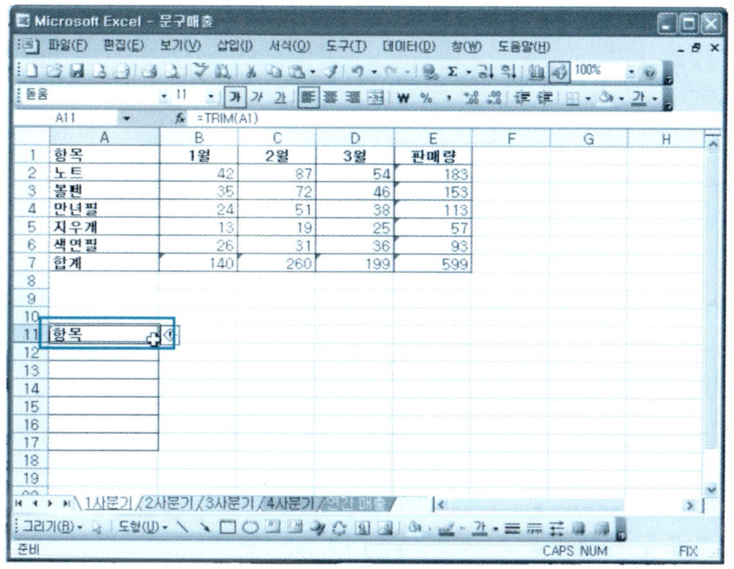

❺ 채우기 핸들을 A17 셀까지 드래그하면 공백을 제거한 데이터가 나타난다.

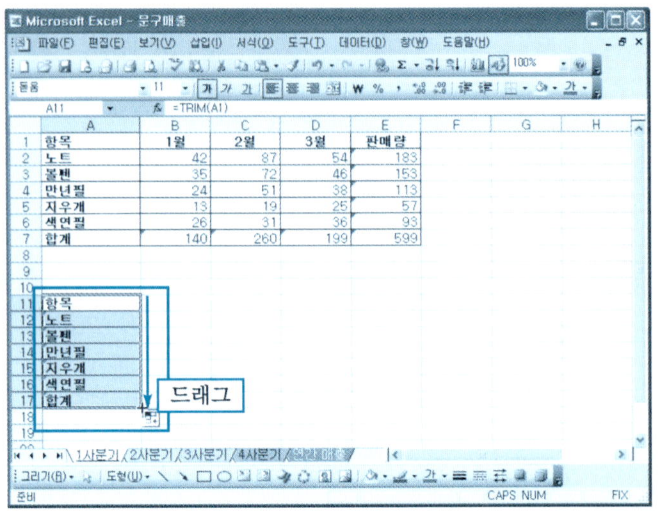

단 원 실 습 문 제

〈**실습1**〉 다음과 같은 문서를 작성해 보자.

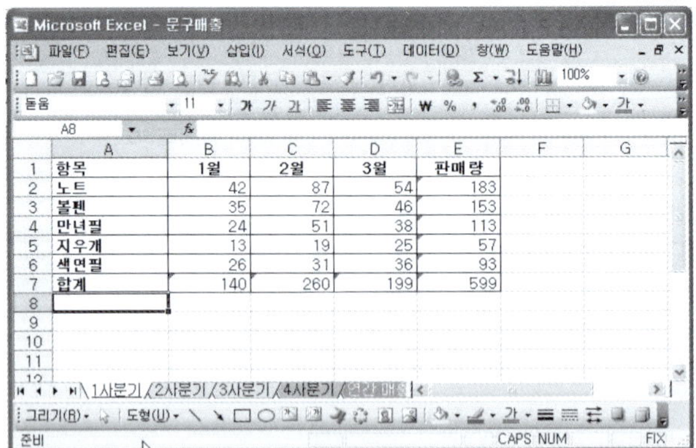

〈**실습2**〉 셀 B1:B7까지에 있는 공백을 제거하여 셀 B11:B17에 나타내 보자.

〈**실습3**〉 셀 C1:C7까지에 있는 공백을 제거하여 셀 C11:C17에 나타내 보자.

〈**실습4**〉 셀 D1:D7까지에 있는 공백을 제거하여 셀 D11:D17에 나타내 보자.

6 PROPER

영문 데이터의 첫 번째 문자는 대문자로, 나머지는 소문자로 변환하는 함수이다.

❶ [예제] 폴더에서 [upper.xls]를 불러온다. 변환 입력할 셀 위치 E10 셀에 셀 포인터를 위치시키고 [함수 마법사 아이콘 f_x]을 클릭한다.

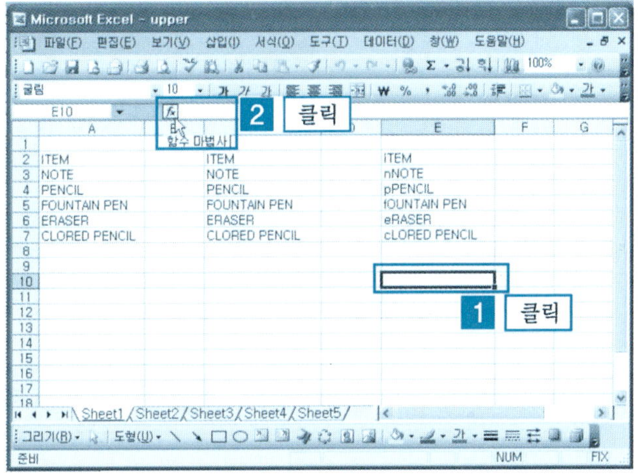

❷ 범주 선택 [텍스트] → [PROPER] → [확인] 버튼을 클릭한다.

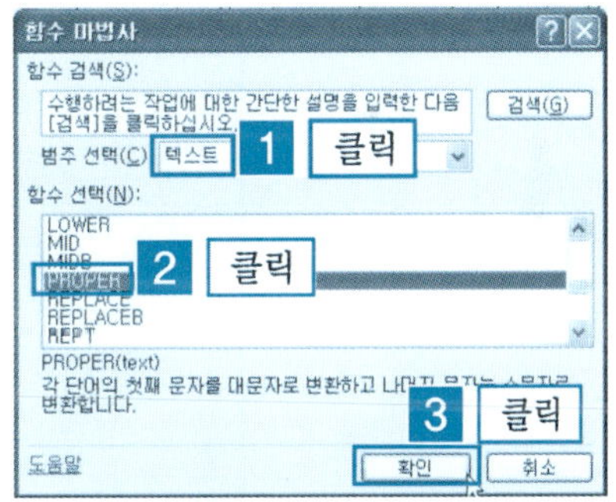

❸ Text 상자에 수정할 셀[E2]을 입력한 다음 [확인] 버튼을 클릭한다.

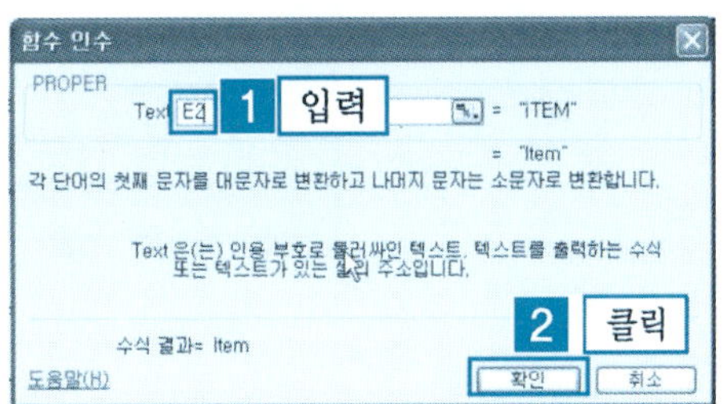

❹ 수정을 지정한 셀의 영문데이터가 첫 번째 문자는 대문자로, 나머지는 소문자로 변환되어 입력되었다.

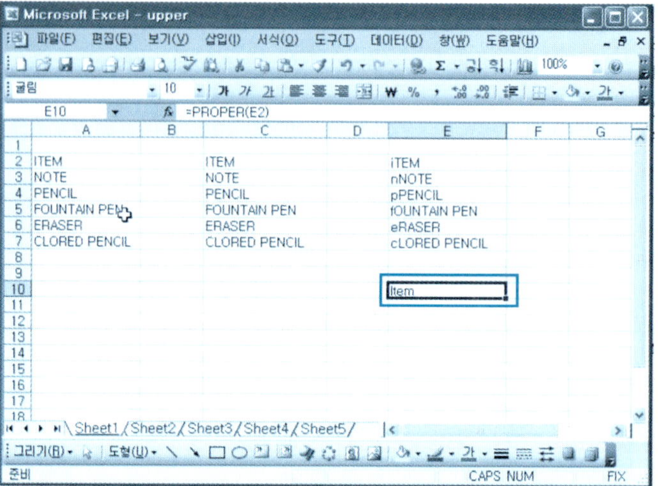

❺ 채우기 핸들을 E15 셀까지 드래그하면 해당 데이터가 모두 변환되어 입력되었다.

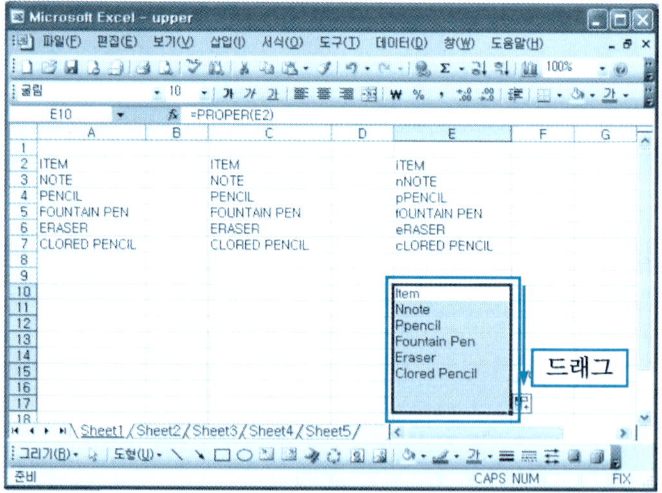

7 LOWER

영문자 대문자를 소문자로 변환하는 함수이다.

❶ 변환 입력할 셀 위치 C10 셀에 셀 포인터를 위치시키고 [함수 마법사 아이콘
 f_x]을 클릭한다.

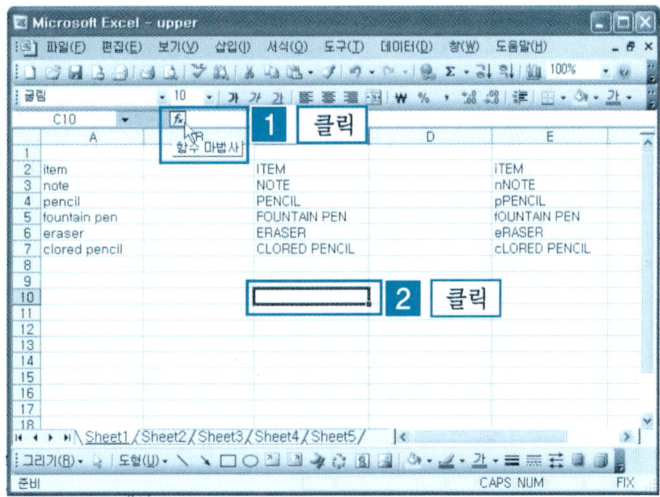

❷ 범주 선택 [텍스트] → [LOWER] → [확인] 버튼을 클릭한다.

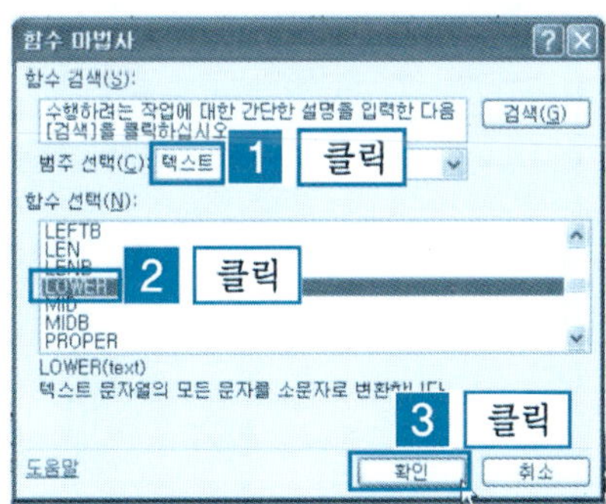

❸ Text 상자에 수정할 셀[C2]을
입력한 다음 [확인] 버튼을
클릭한다.

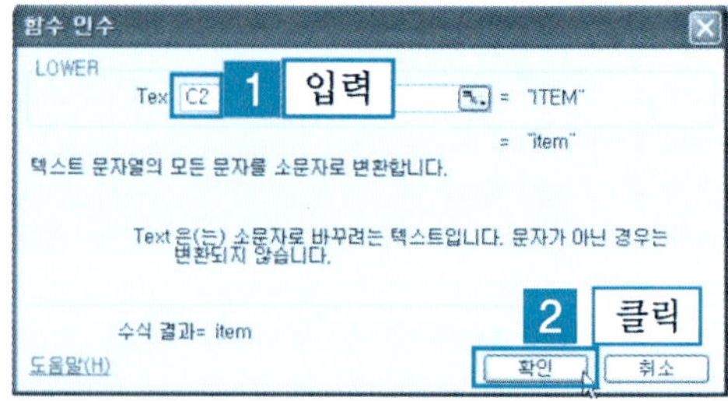

❹ 수정을 지정한 셀의 영문데이터가 대문자가 소문자로 변환되어 입력되었다.

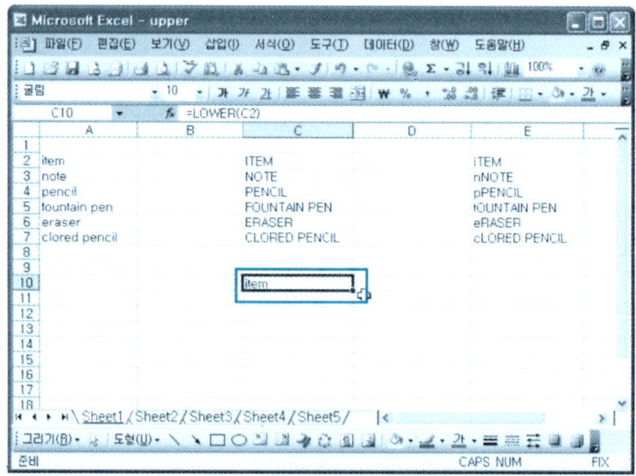

❺ 채우기 핸들을 C15 셀까지 드래그하면 해당 데이터가 모두 소문자로 변환되
어 입력되었다.

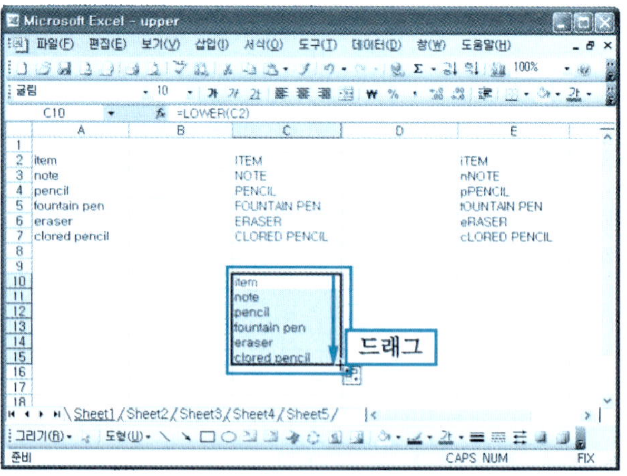

8 UPPER

영문자 소문자를 대문자로 변환하는 함수이다.

① 변환 입력할 셀 위치 A10 셀에 셀 포인터를 위치시키고 [함수 마법사 아이콘 fx]을 클릭한다.

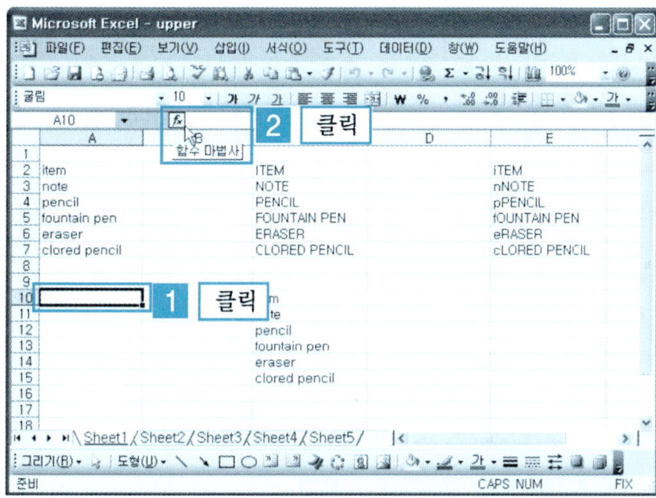

② 범주 선택 [텍스트] → [UPPER] → [확인] 버튼을 클릭한다.

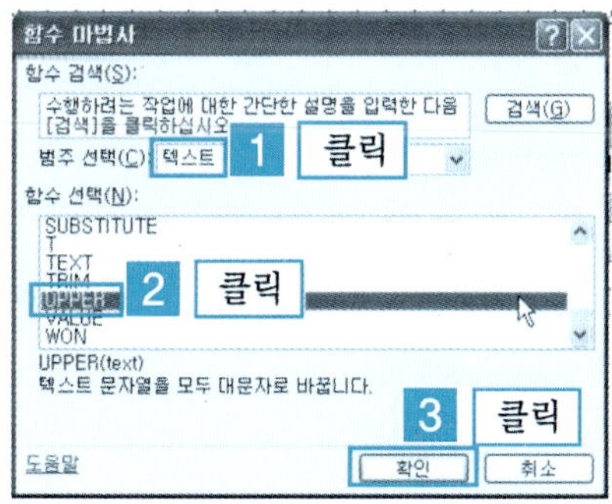

❸ Text 상자에 수정할 셀[A2]을
입력한 다음 [확인] 버튼을
클릭한다.

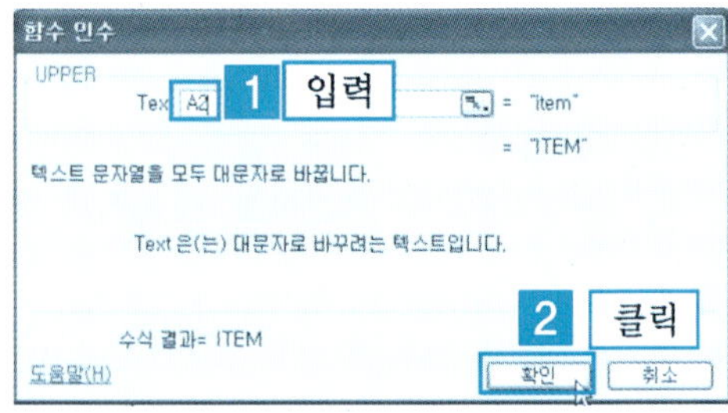

❹ 수정을 지정한 셀의 영문데이터가 소문자가 대문자로 변환되어 입력되었다.

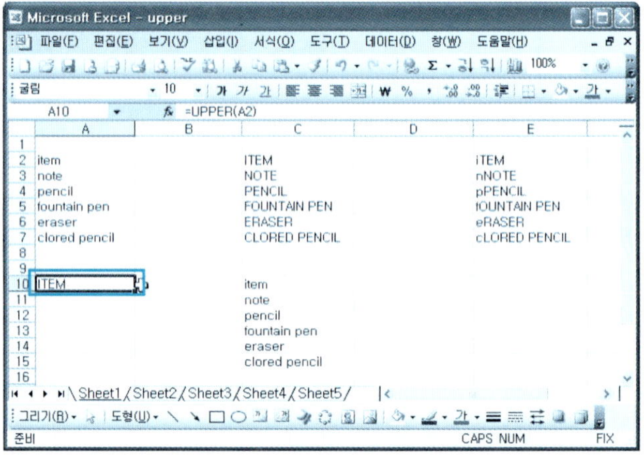

❺ 채우기 핸들을 A15 셀까지 드래그하면 해당 데이터가 모두 대문자로 변환되
어 입력되었다.

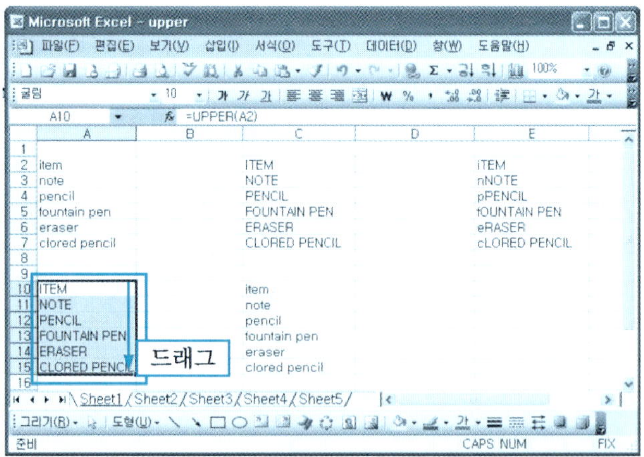

단 원 실 습 문 제

〈실습1〉 [예제] 폴더에서 [upper1.xls]를 불러와 보자.

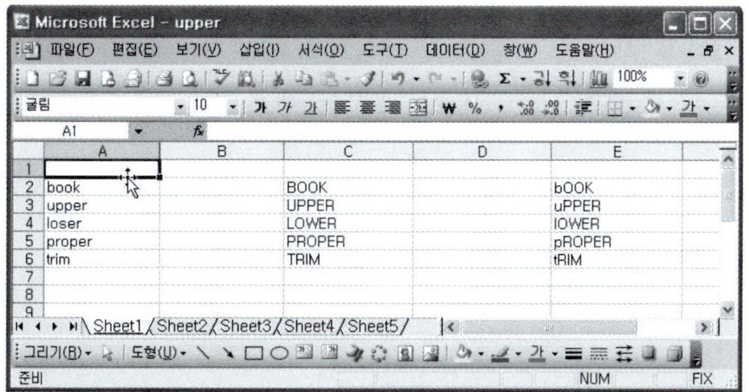

〈실습2〉 셀 A2:A6까지의 영문자를 모두 대문자로 변환하여 셀 A8:A12에 입력해 보자.

〈실습3〉 셀 C2:C6까지의 영문자를 모두 소문자로 변환하여 셀 C8:C12에 입력해 보자.

〈실습4〉 셀 E2:E6까지의 영문자의 첫 번째 소문자를 대문자로 변환하여 셀 E8:E12에 입력해 보자.

4.13 | 검색 및 참조 함수

대표적인 찾기/참조 함수로서 표의 가장 왼쪽 열이나 첫 행에서 기준값을 찾아서 지정한 열이나 행에 같은 위치의 값을 나타내는 기능을 갖는다.

각 학생의 점수에 해당하는 학점을 VLOOKUP 함수를 이용하여 표시해 보자.

1 VLOOKUP

표에서 열에 있는 값을 참조하여 해당되는 값을 찾는 함수이다.

◉ [예제] 폴더에서 [VLOOKUP 함수.xls]를 불러와 보자.

D4 셀에 셀 포인터를 위치시키고 [함수 마법사 아이콘 f_x]을 클릭한다.

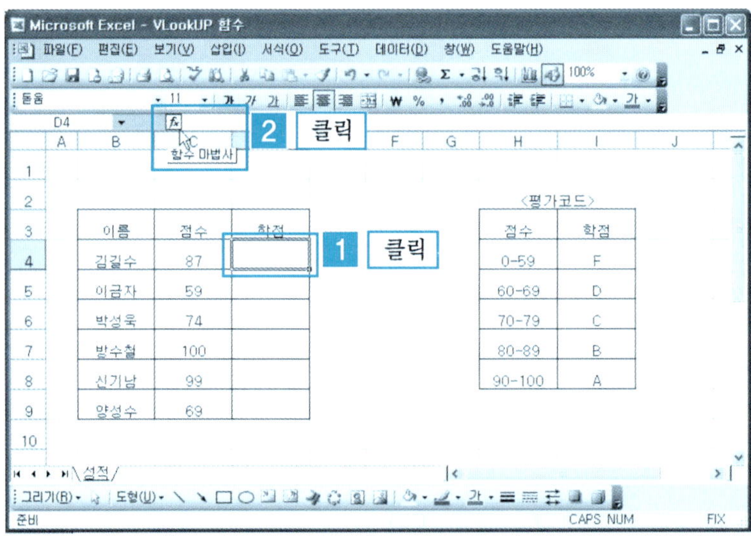

② 범주 선택 [찾기/참조 영역] →
[VLOOKUP] → [확인] 버튼을
클릭한다.

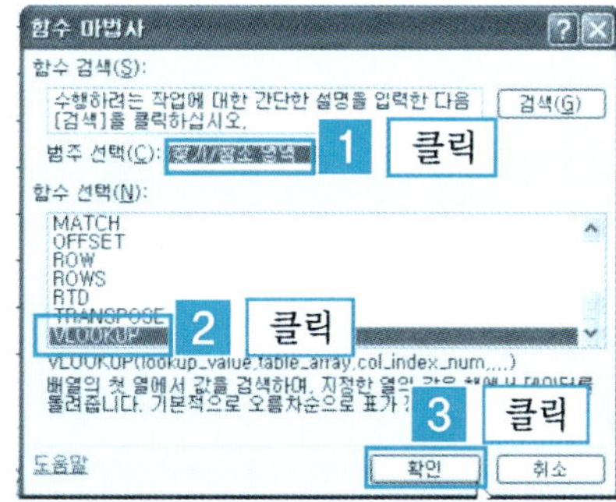

③ [함수 인수 대화상자] →
[Lookup_value 인수 상자] →
[C4]를 입력하거나 클릭하여
참조할 점수가 입력되어
있는 셀의 위치를 지정한다.

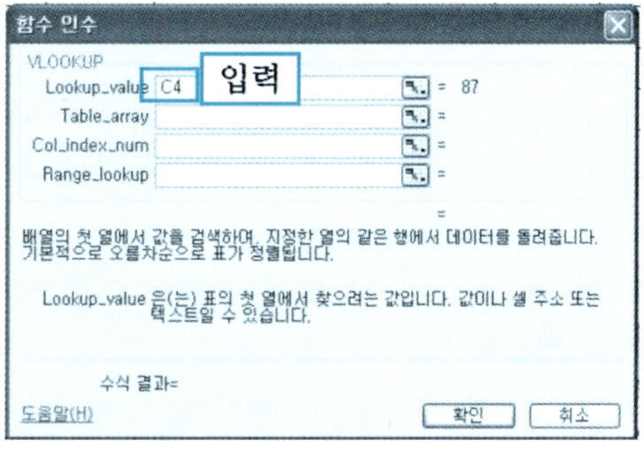

④ [Table_array 인수 상자]에 [클릭]한 다음 기준값인 셀 H3:J8까지 드래그하여
입력한 후 [F4]키를 눌러 절대참조를 적용한다.

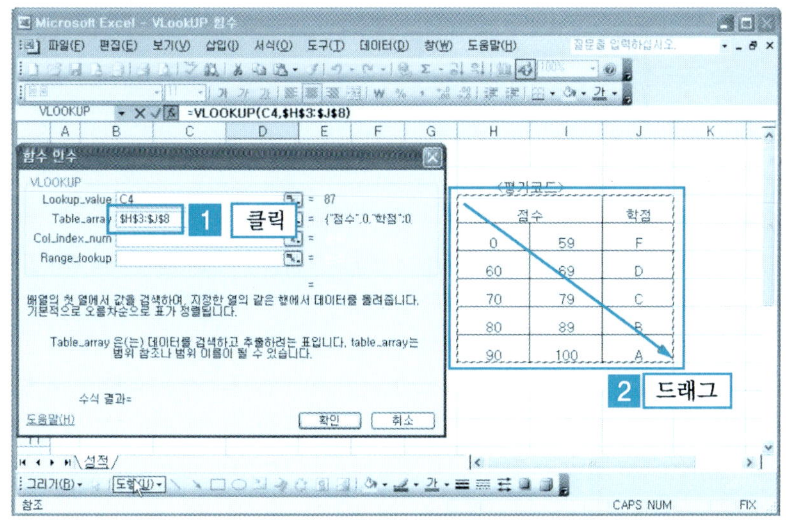

⑤ [Cal_index_num] 인수 상자에 학점을 추출해야 하므로 학점을 나타내는 열 번호[3]를 입력한다. [Range_lookup] 인수 상자에 [TRUE]를 입력한 다음 [확인] 버튼을 클릭한다.

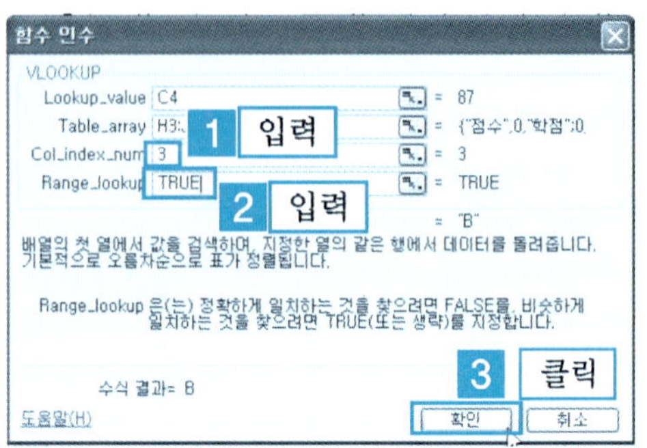

⑥ D4 셀에 87점에 대한 학점 [B]가 표시되었다.

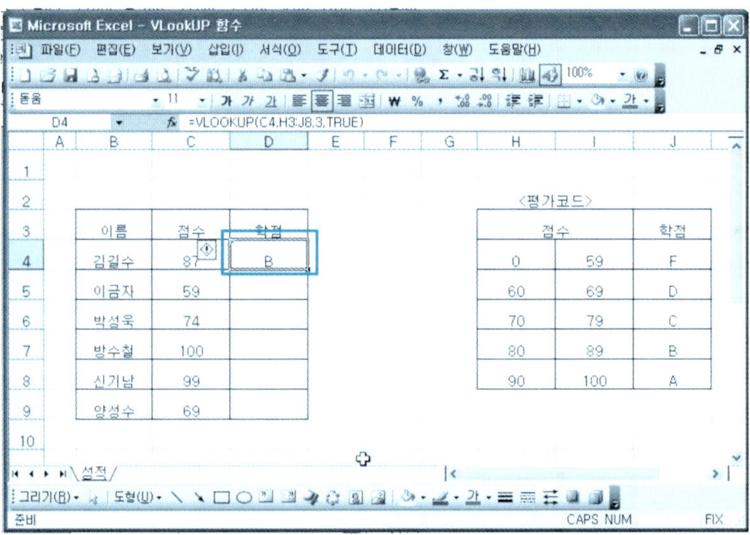

❼ 채우기 핸들을 D9 셀까지 드래그하여 나머지 학생의 학점도 표시한다.

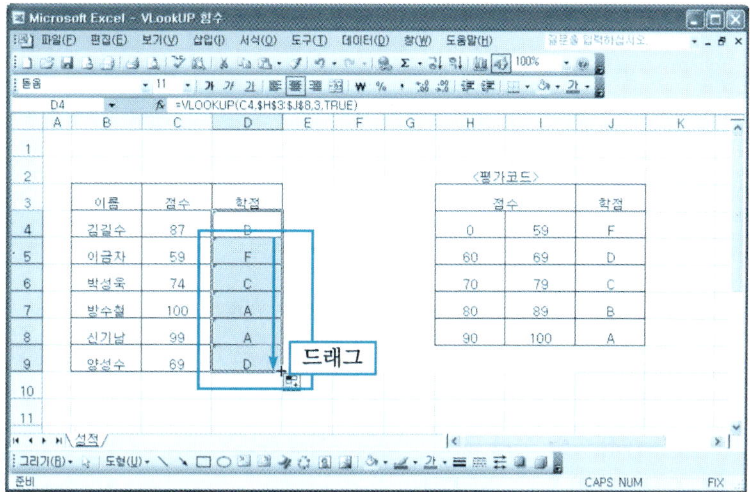

2 HLOOKUP

표에서 행에 있는 값을 참조하여 해당되는 값을 찾는 함수이다.

❶ [예제] 폴더에서 [VLOOKUP 함수.xls]를 불러와 보자. [HLOOKUP] 시트를 선택한다. D4 셀에 셀 포인터를 위치시키고 [함수 마법사 아이콘 f_x]을 클릭한다.

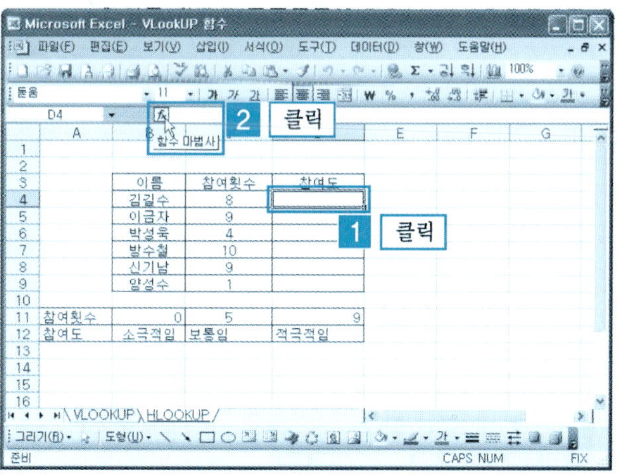

❷ 범주 선택 [찾기/참조 영역] →
[HLOOKUP] → [확인] 버튼을
클릭한다.

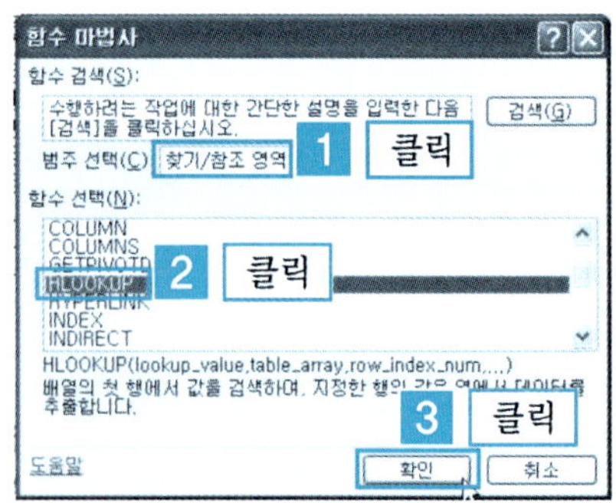

❸ [함수 인수 대화상자] → [Lookup_value 인수 상자] → [C4]를 입력하거나 클릭하여 참조할 점수가 입력되어 있는 셀의 위치를 지정한다. [Table_array 인수 상자]에 [클릭]한 다음 기준값인 셀 A11:D12까지 드래그하여 입력한 다음 [F4]키를 눌러 절대 참조를 적용한다.

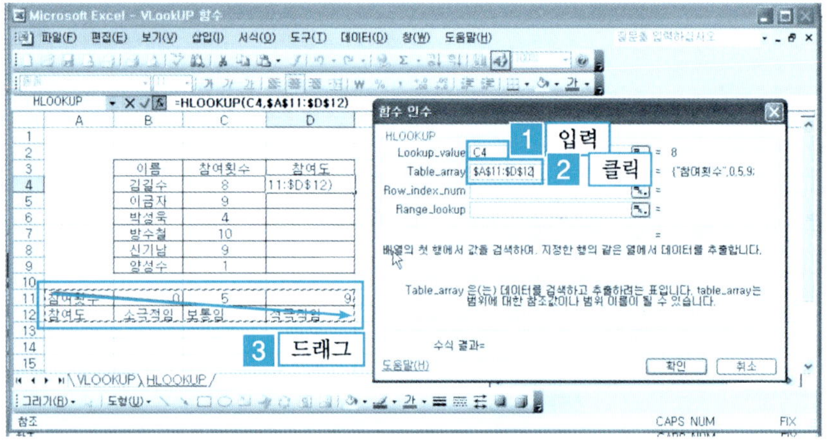

❹ [RowCal_index_num] 인수 상자에 참여도를 추출해야 하므로 참여도를 나타내는 행 번호[2]를 입력한다. [Range_lookup] 인수 상자는 정확하게 일치하는 값이 아닌 근사값을 찾아야 하므로 비워둔다. [확인] 버튼

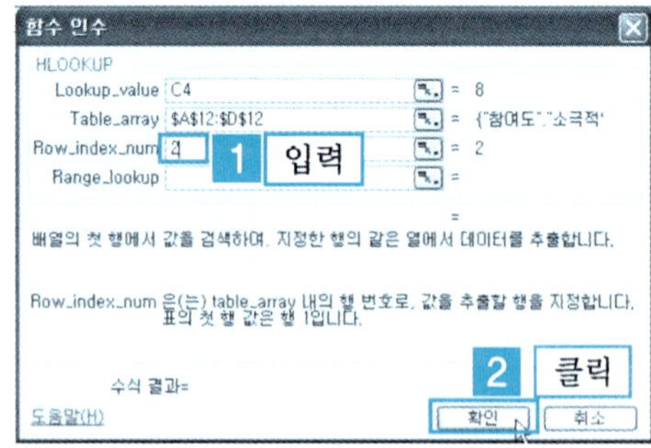

을 클릭한다.

⑤ D4 셀에 참여횟수 8에 대한 참여도[보통임]가 표시되었다.

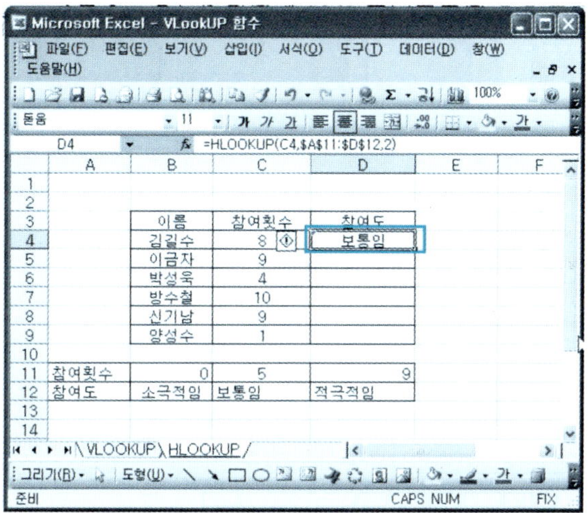

⑥ 채우기 핸들을 D9 셀까지 드래그하여 나머지 학생의 참여도도 표시한다.

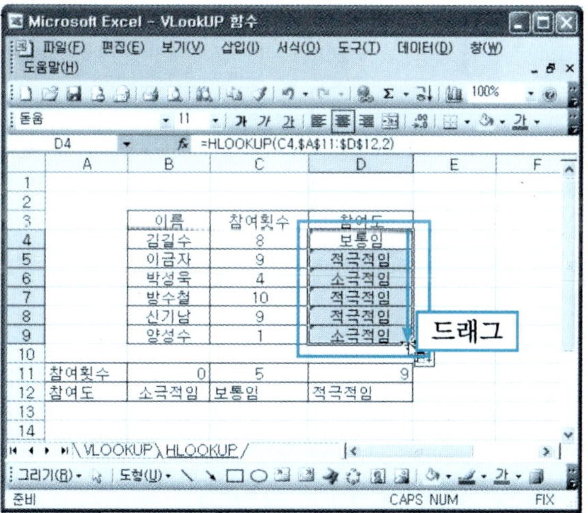

단원 실습 문제

〈**실습1**〉 [예제] 폴더에서 아래와 같은 [VLOOKUP실습.xls]를 불러와 보자.

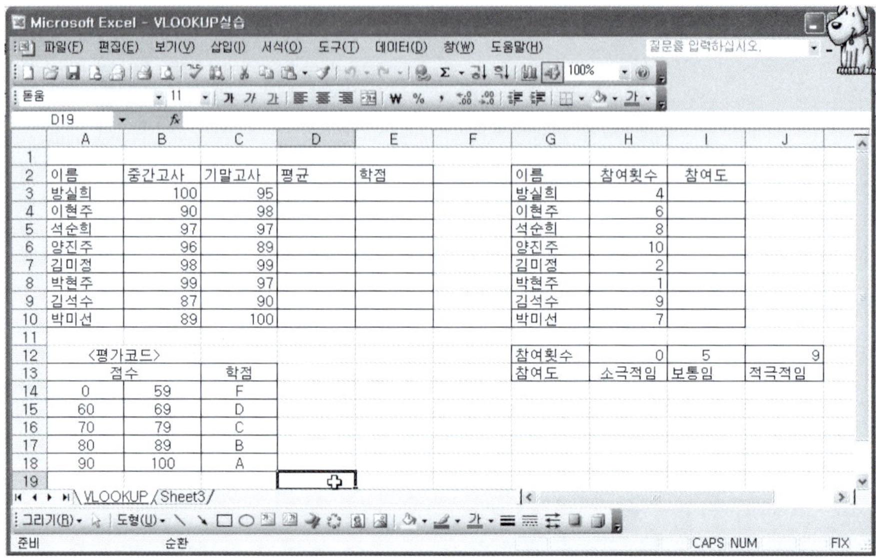

〈**실습2**〉 학생의 평균을 구해 나타내 보자.

〈**실습3**〉 평가코드를 참조하여 VLOOKUP 함수를 이용하여 학생들의 학점을 구해 셀 E3:E10에 나타내 보자.

〈**실습4**〉 참여도 표를 참조하여 HLOOKUP 함수를 이용하여 학생들의 참여도를 구해 셀 I3:I10에 나타내 보자.

3 CHOOSE

여러 개의 인수 중에서 지정한 번호의 인수를 표시하는 함수이다.

다음 표에서 주민등록 뒷자리가 1과 3으로 시작하면 남자를 나타내며, 2와 4로 시작하면 여자를 나타낸다. CHOOSE 함수를 이용하여 그 숫자에 따라서 성별을 [남자]와 [여자]로 나타내 보자.

❶ [예제] 폴더에서 [CHOOSE.xls]를 불러와 보자. 성별을 나타낼 F5 셀에 셀 포인터를 위치시키고 [함수 마법사 아이콘 *fx*]을 클릭한다.

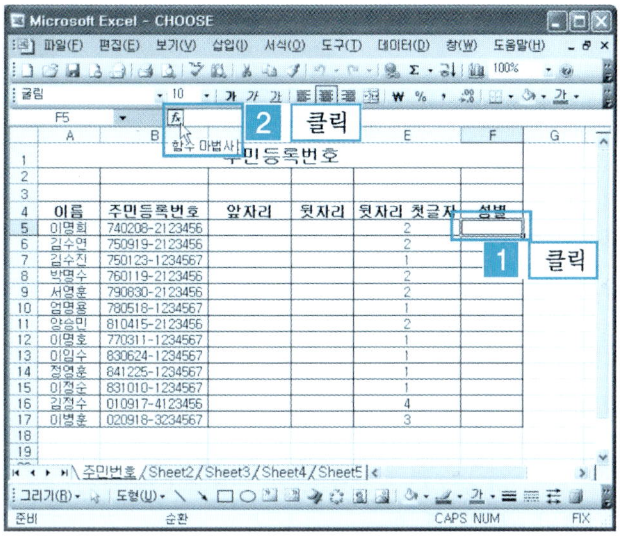

❷ 범주 선택 [찾기/참조 영역] →
[CHOOSE] → [확인] 버튼을
클릭한다.

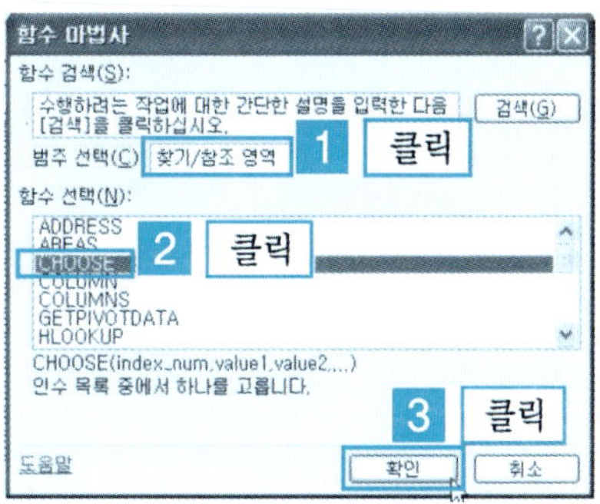

❸ [함수 인수 대화상자] → [index_num 인수]에 참조 인수 [E5]를 입력, [Value1 인수]에 [남자]를 입력, [Value2 인수]에 [여자]를 입력, [Value3 인수]에 [남자]를 입력, [Value4 인수]에 [여자]를 입력한 다음 [확인] 버튼을 클릭한다.

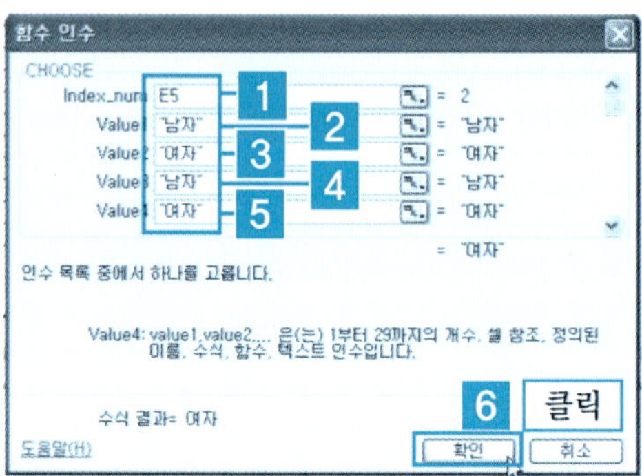

❹ 지정한 F5 셀에 [여자]를 나타내 준다.

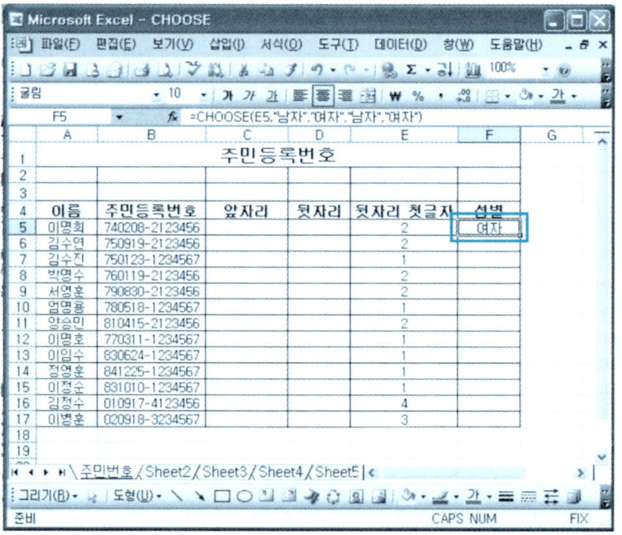

❺ 채우기 핸들을 F17 셀까지 드래그하여 나머지 성별도 표시한다.

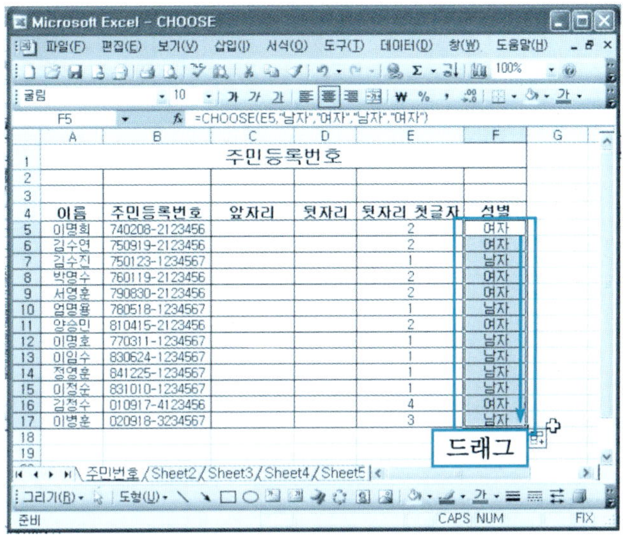

단 원 실 습 문 제

〈실습1〉 [예제] 폴더에서 아래와 같은 [CHOOSE실습.xls]를 불러와 보자.

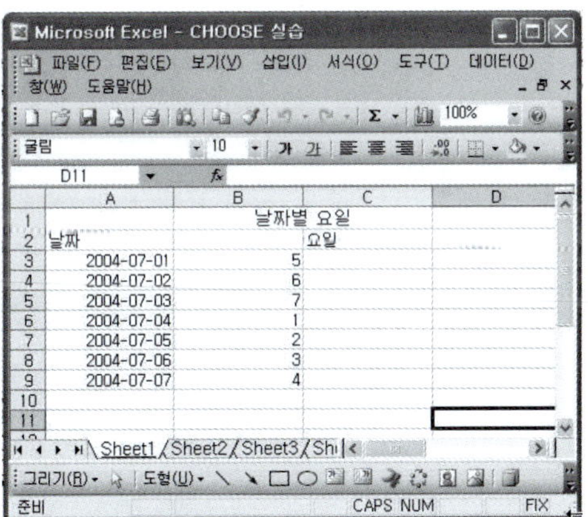

〈실습2〉 B 열의 수가 [1]이면 [일요일], [2]이면 [월요일], [3]이면 [화요일], [4]이면 [수요일], [5]이면 [목요일], [6]이면 [금요일], [7]이면 [토요일]로 C 열에 나타내 보자.

4.14　데이터베이스 함수

1 DSUM 함수

데이터의 범위 내에서 조건에 맞는 데이터들의 합계를 구하는 함수이다. 아래와
같은 문서에서 거래처 A의 거래금액의 합계를 구해보자.

① [예제] 폴더에서 아래와 같은 [데이터베이스.xls]를 불러와 보자. 거래 합계를 입
력할 I4 셀에 셀 포인터를 위치시키고 [함수 마법사 아이콘 fx]을 클릭한다.

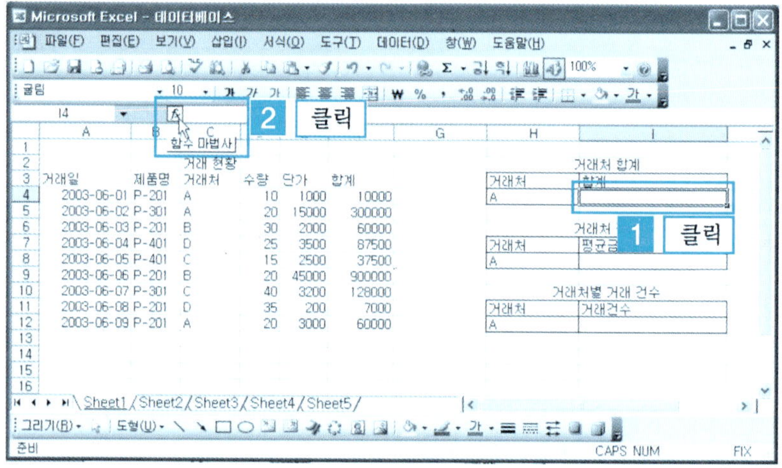

② 범주 선택 [데이터베이스] →
[DSUM] → [확인] 버튼을 클
릭한다.

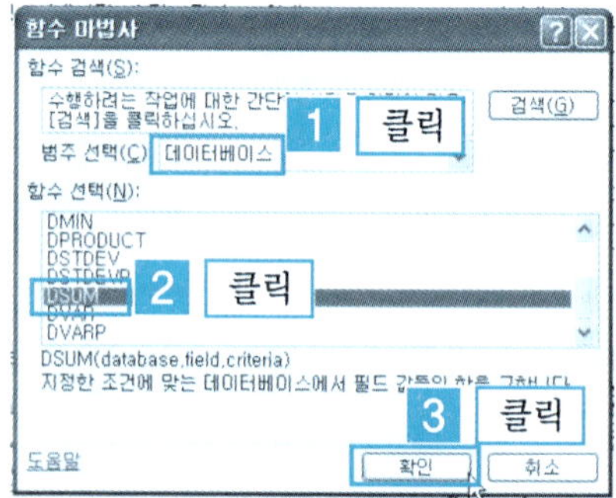

❸ [함수 인수 대화상자]에서 검색 범위로 항목명을 포함하여 데이터베이스 전체 범위인[A3:F12]를 지정한다. [Database 인수]에 입력하기 위해서 셀 범위 [A3:F12]을 마우스로 드래그하면 자동으로 입력된다.

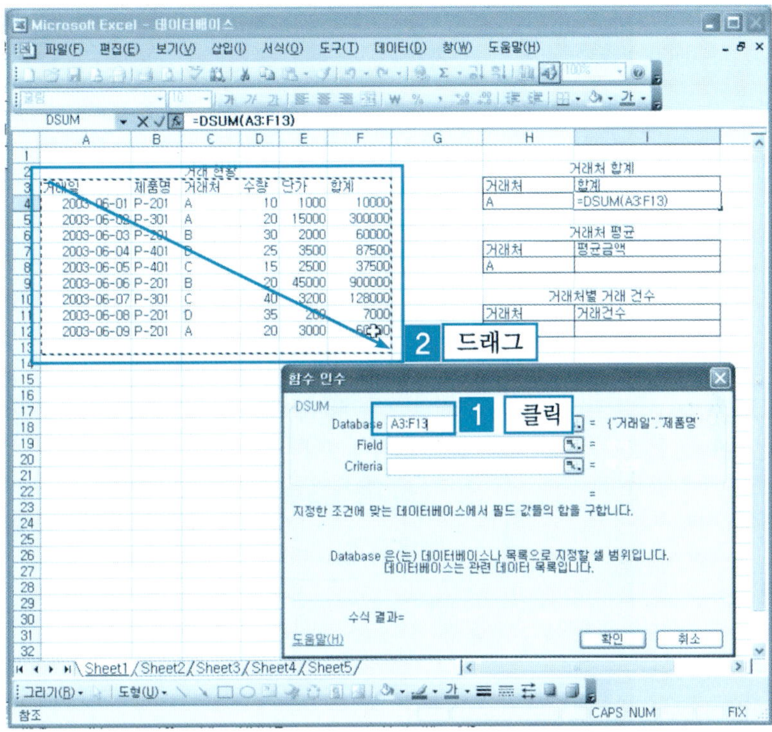

❹ 계산할 항목의 위치는 합계를 계산해야 하므로 합계항목이 6번째 항목이므로 [Field 인수]에 [6]을 입력한다.

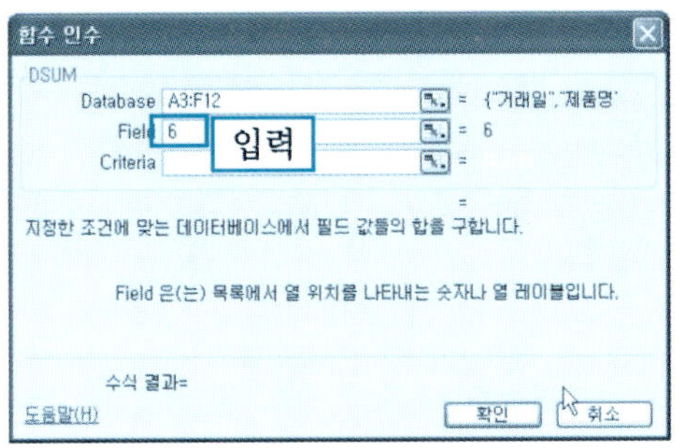

❺ 조건값을 구할 조건으로 셀 H3:H4의 범위를 지정한다. [Criteria 인수]에 입력
하기 위해서 셀 H3:H4 범위를 드래그하면 자동으로 입력된다. [확인] 버튼을
클릭한다.

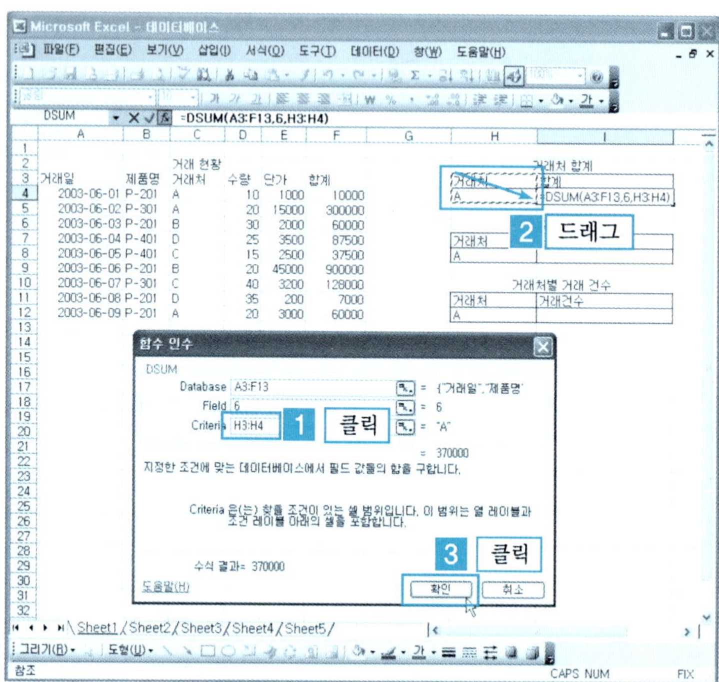

❻ 지정된 I4 셀에 A 거래처의 거래액 합계가 나타난다.

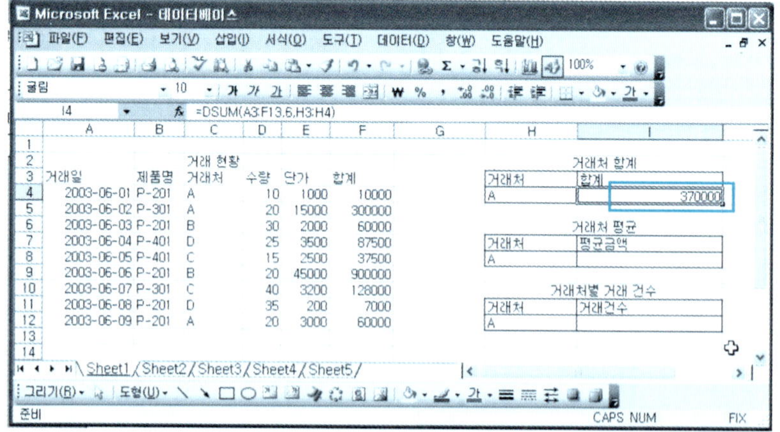

2 DAVERAGE 함수

데이터의 범위 내에서 조건에 맞는 데이터들의 평균을 구하는 함수이다. 아래와 같은 문서에서 거래처 A의 거래금액의 평균을 구해보자.

① [예제] 폴더에서 아래와 같은 [데이터베이스.xls]를 불러와 보자. 거래 평균을 입력할 I8 셀에 셀 포인터를 위치시키고 [함수 마법사 아이콘 f_x]을 클릭한다.

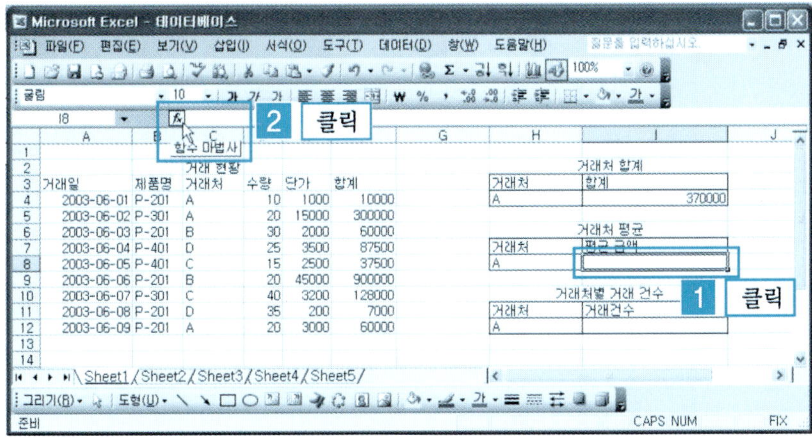

② 범주 선택 [데이터베이스] → [DAVERAGE] → [확인] 버튼을 클릭한다.

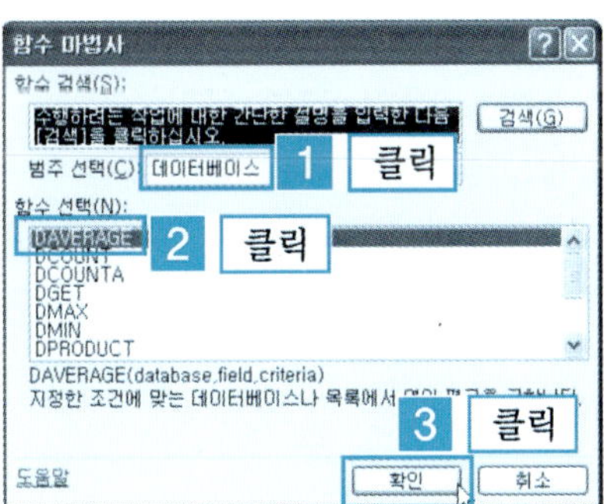

❸ [함수 인수 대화상자]에서 검색 범위로 항목명을 포함하여 데이터베이스 전
체 범위인 [A3:F12]를 지정한다. [Database인수]에 입력하기 위해서 셀 범위
[A3:F12]를 마우스로 드래그하면 자동으로 입력된다.

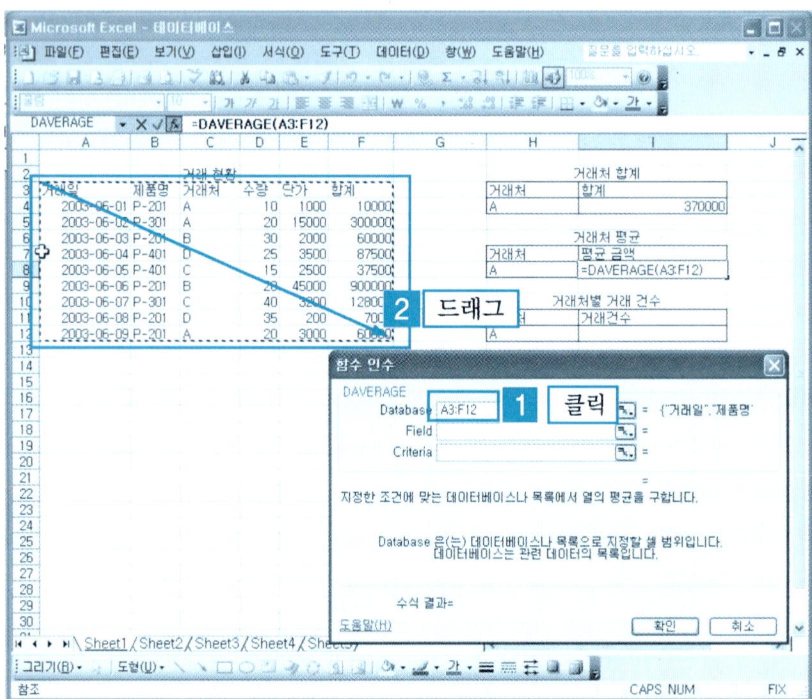

④ [Field 인수]에 [6]을 입력한다. 조건값을 구할 조건으로 셀 H7:H8의 범위를 지정한다. [Criteria 인수]에 입력하기 위해서 셀 H7:H8 범위를 드래그하면 자동으로 입력된다. [확인] 버튼을 클릭한다.

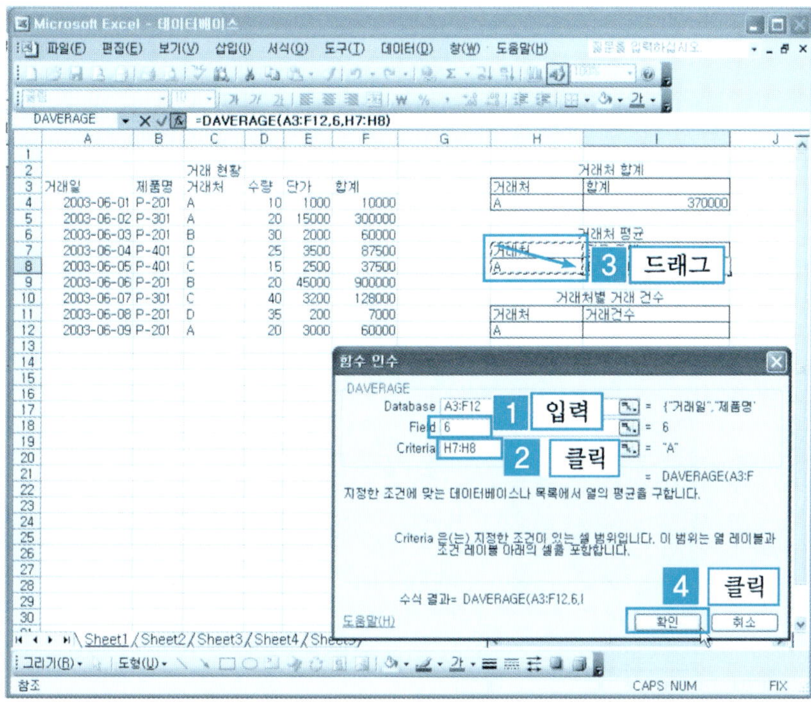

⑤ 지정된 I8 셀에 A 거래처의 거래 평균액이 나타난다.

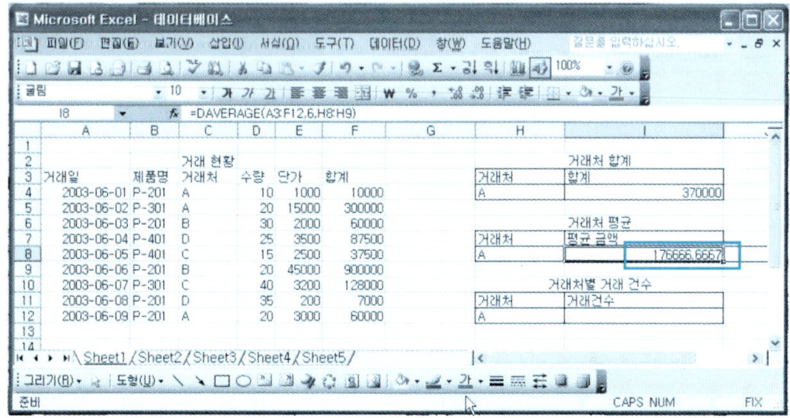

3 DCOUNT 함수

데이터의 범위 내에서 조건에 맞는 데이터들의 개수를 구하는 함수이다. 아래와
같은 문서에서 거래처 A의 거래 개수를 구해보자.

❶ [예제] 폴더에서 [데이터베이스.xls]를 불러와 보자. 거래 개수를 입력할 I12
셀에 셀 포인터를 위치시키고 [함수 마법사 아이콘 f_x]을 클릭한다.

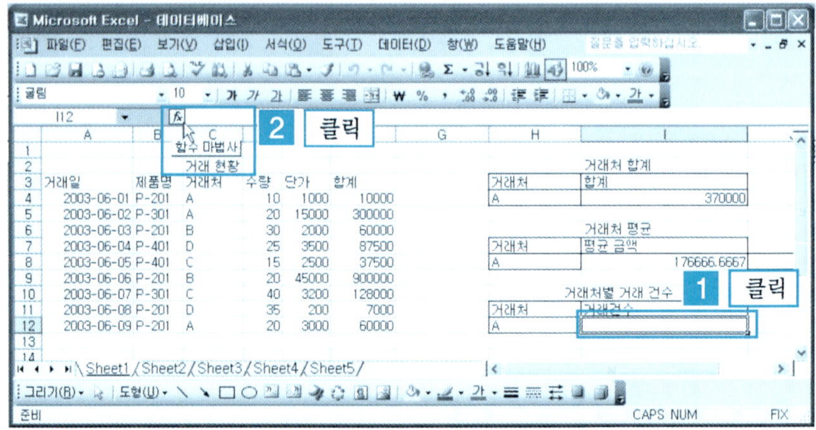

❷ 범주 선택 [데이터베이스] → [DCOUNT] → [확인] 버튼을 클릭한다.

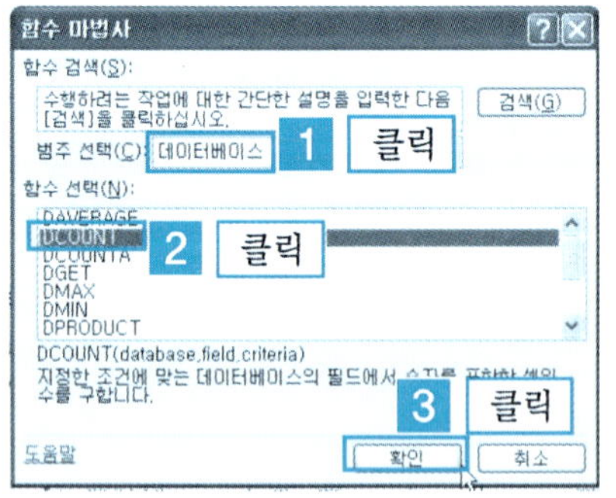

❸ [함수 인수 대화상자]에서 검색 범위로 항목명을 포함하여 데이터베이스 전
　체 범위인 [A3:F13]를 지정한다. [Database인수]에 입력하기 위해서 셀 범위
　[A3:F12]를 마우스로 드래그하면 자동으로 입력된다.

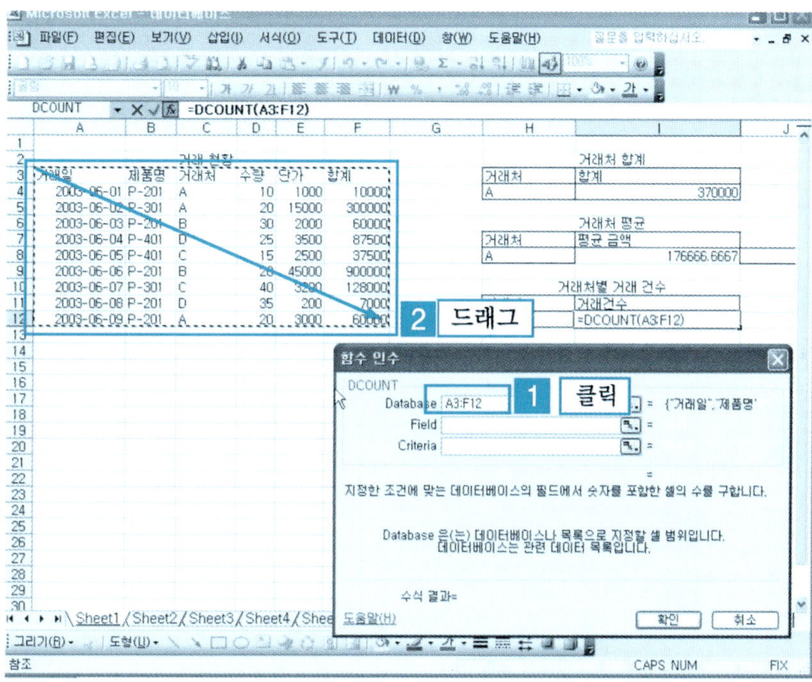

❹ [Field 인수]에 [6]을 입력한다. 조건값을 구할 조건으로 셀 H11:H12의 범위를
지정한다. [Criteria 인수]에 입력하기 위해서 셀 H11:H12 범위를 드래그하면
자동으로 입력된다. [확인] 버튼을 클릭한다.

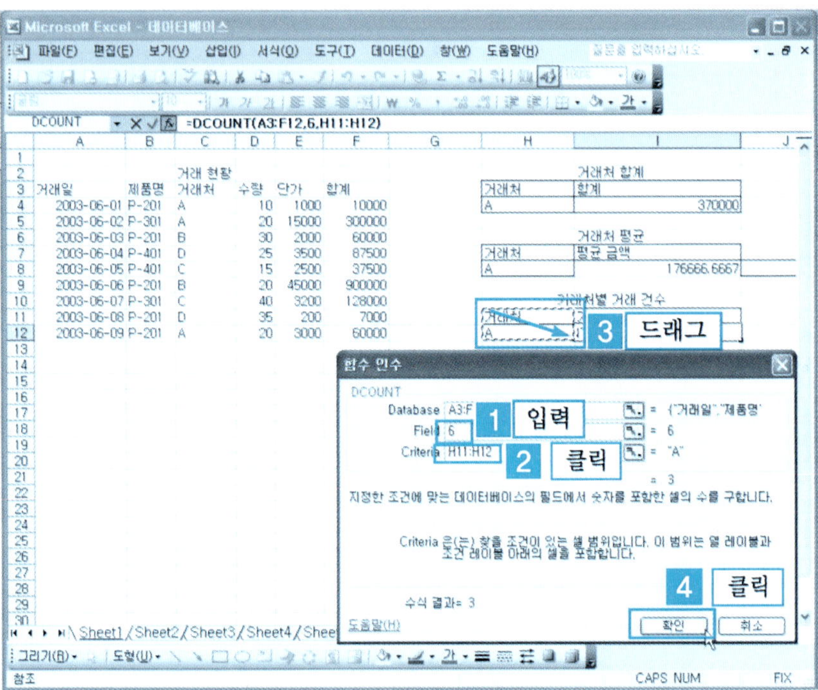

❺ 지정된 I12 셀에 A 거래처의 거래 개수가 나타난다.

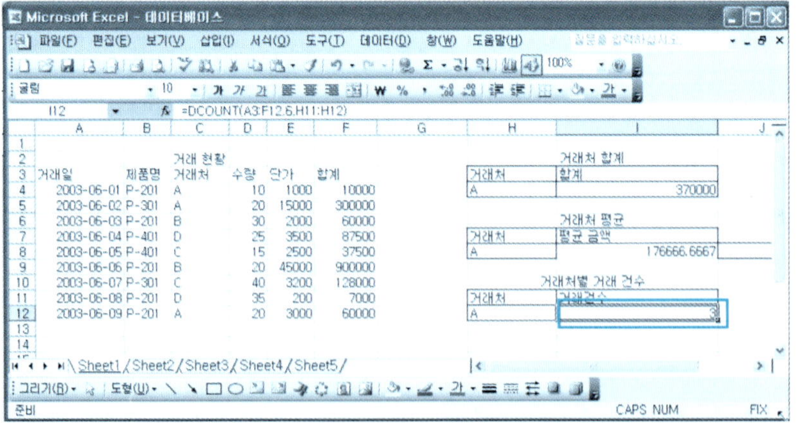

4 DMIN 함수

데이터의 범위 내에서 조건에 맞는 데이터의 최소값을 구하는 함수이다. 아래와
같은 문서에서 1000원 이상인 단가 중에서 최소값을 구해보자.

① [예제] 폴더에서 [데이터베이스.xls]를 불러온다. 최소단가를 입력할 I16 셀에
셀 포인터를 위치시키고 [함수 마법사 아이콘 f_x]을 클릭한다.

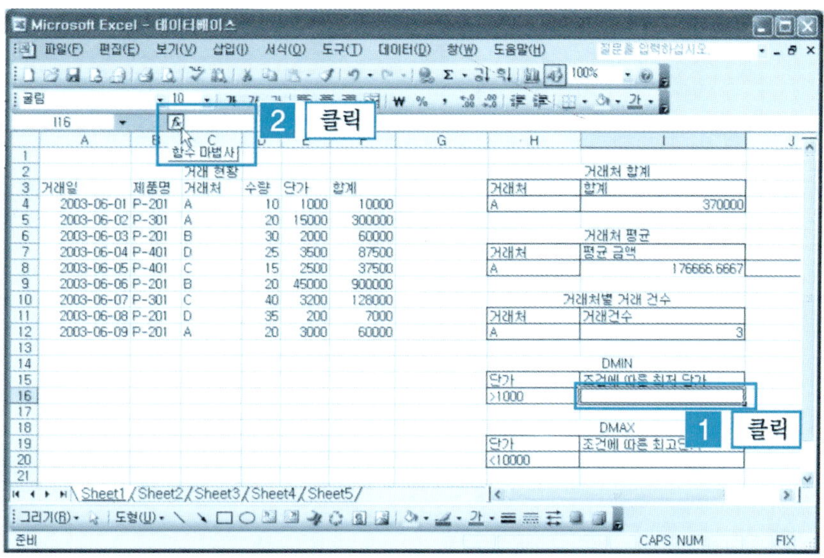

② 범주 선택 [데이터베이스] →
[DMIN] → [확인] 버튼을 클릭한다.

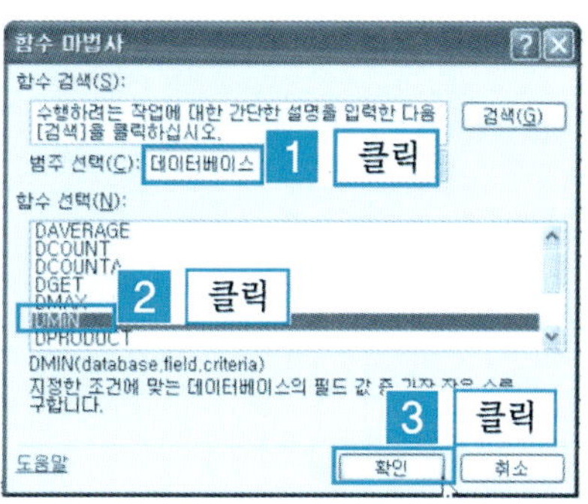

❸ [함수 인수 대화상자]에서 검색 범위로 항목명을 포함하여 데이터베이스 전체 범위인 [A3:F13]을 지정한다. [Database인수]에 입력하기 위해서 셀 범위 [A3:F12]를 마우스로 드래그하면 자동으로 입력된다.

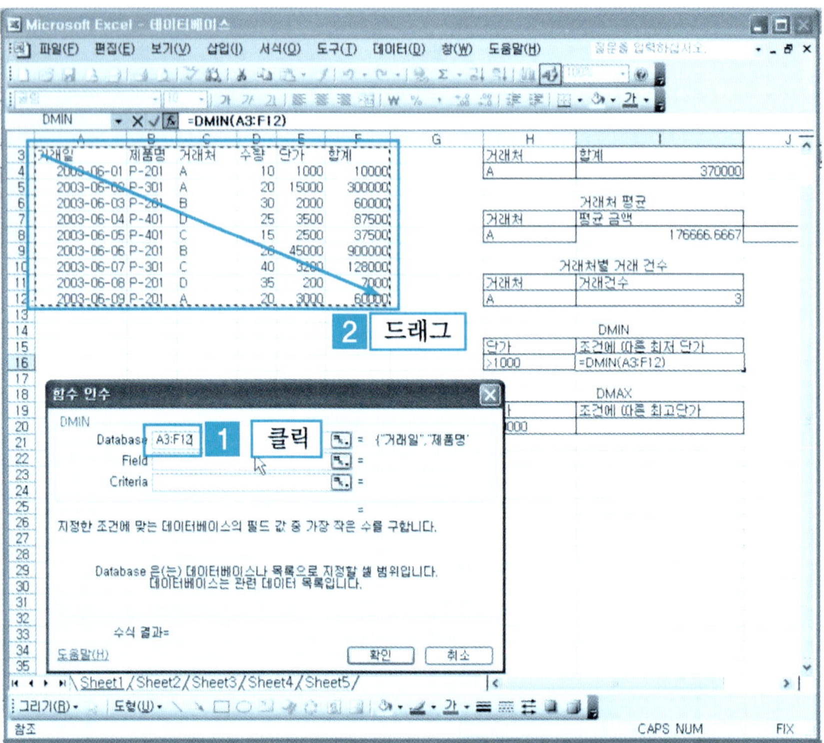

④ 계산할 항목의 위치는 단가를 계산해야 하므로 단가 항목이 5번째 항목이므로 [Field 인수]에 [5]를 입력한다. 조건값을 구할 조건으로 셀 H15:H16의 범위를 지정한다. [Criteria 인수]에 입력하기 위해서 셀 H15:H16 범위를 드래그하면 자동으로 입력된다. [확인] 버튼을 클릭한다.

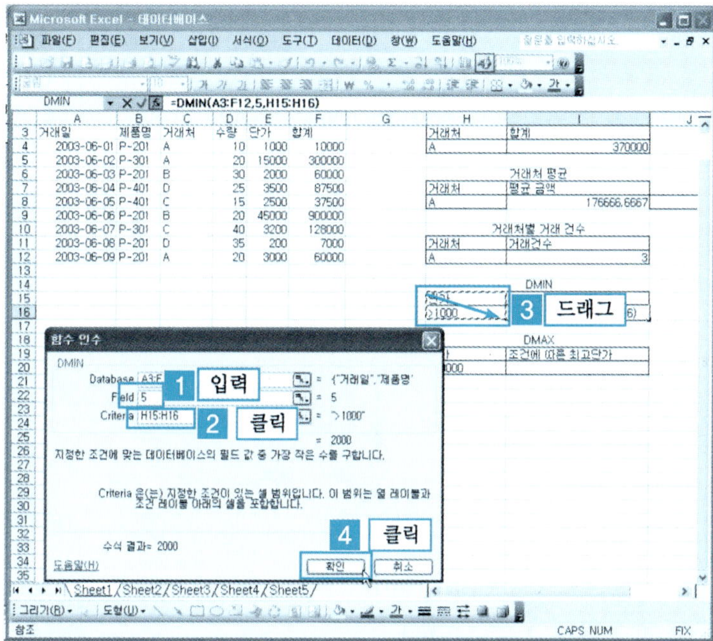

⑤ 지정된 I16 셀에 단가가 1000원 이상인 단가 중에서 최소값이 나타난다.

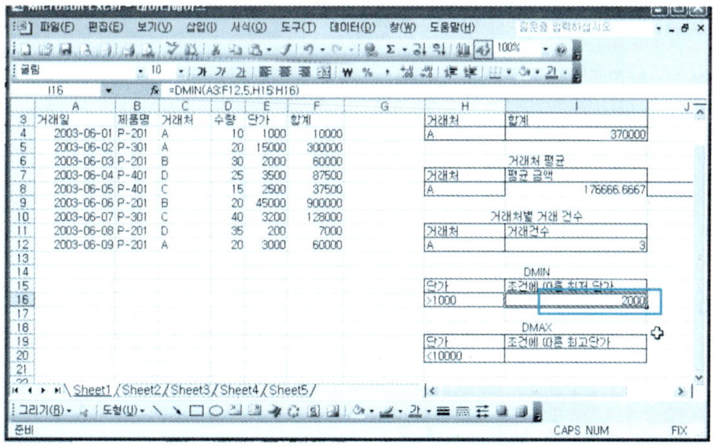

5 DMAX 함수

데이터의 범위 내에서 조건에 맞는 데이터의 최대값을 구하는 함수이다. 아래와 같은 문서에서 10000원 이하인 단가 중에서 최대값을 구해보자.

❶ [예제] 폴더에서 [데이터베이스.xls]를 불러온다. 최소단가를 입력할 I20 셀에 셀 포인터를 위치시키고 [함수 마법사 아이콘 f_x]을 클릭한다.

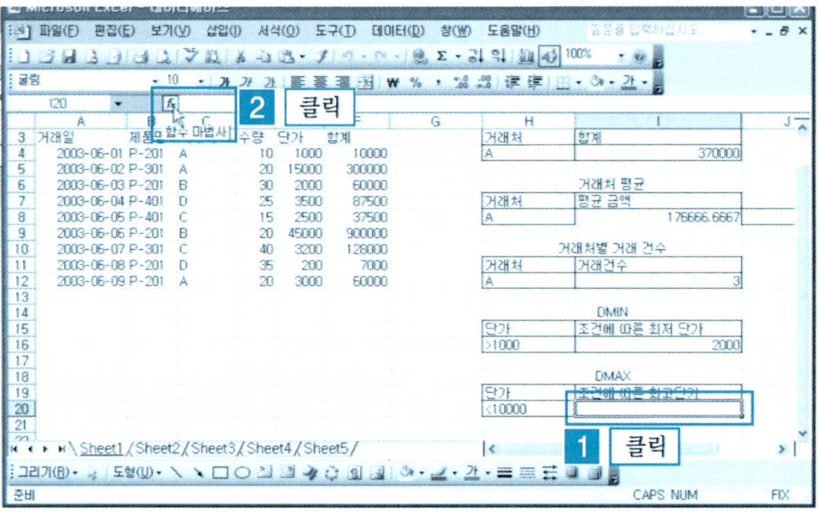

❷ 범주 선택 [데이터베이스] → [DMAX] → [확인] 버튼을 클릭한다.

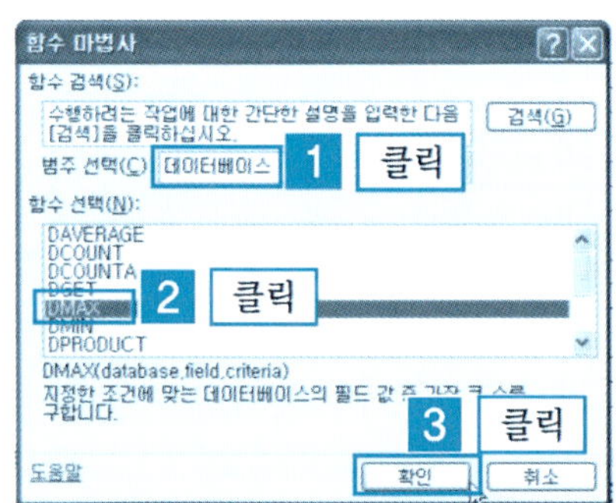

❸ [함수 인수 대화상자]에서 검색 범위로 항목명을 포함하여 데이터베이스 전
체 범위인 [A3:F13]를 지정한다. [Database 인수]에 입력하기 위해서 셀 범위
[A3:F12]를 마우스로 드래그하면 자동으로 입력된다.

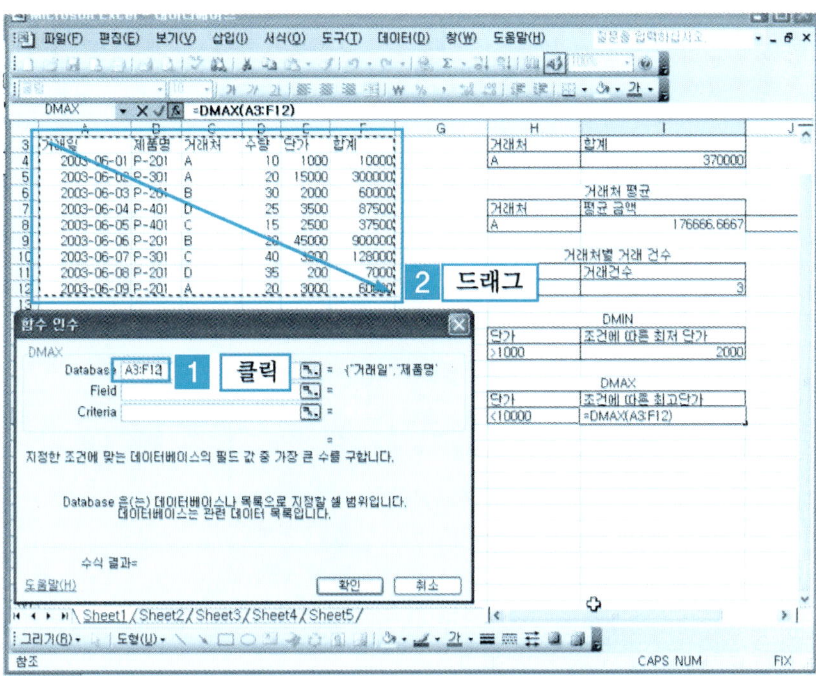

❹ 계산할 항목의 위치는 단가를 계산해야 하므로 단가 항목이 5번째 항목이므로 [Field 인수]에 [5]를 입력한다. 조건값을 구할 조건으로 셀 H19:H20의 범위를 지정한다. [Criteria 인수]에 입력하기 위해서 셀 H19:H20 범위를 드래그하면 자동으로 입력된다. [확인] 버튼을 클릭한다.

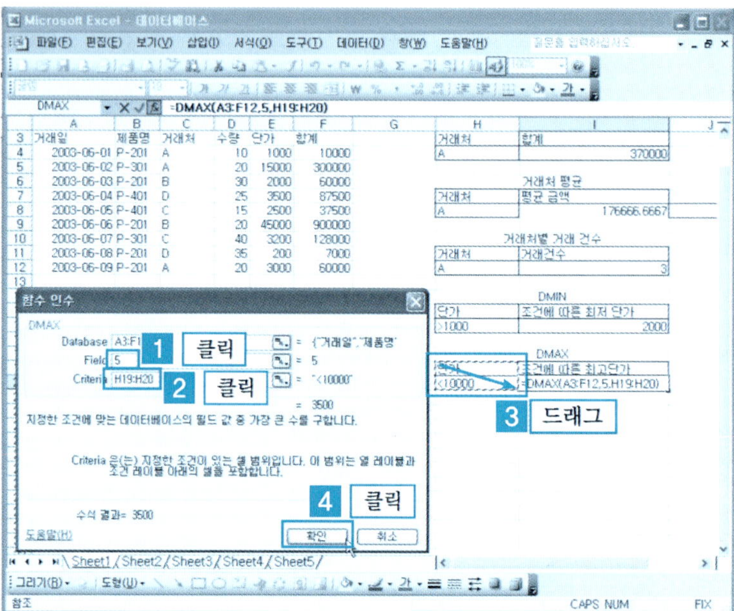

❺ 지정된 I20 셀에 단가가 10000원 이하인 단가 중에서 최대값이 나타난다.

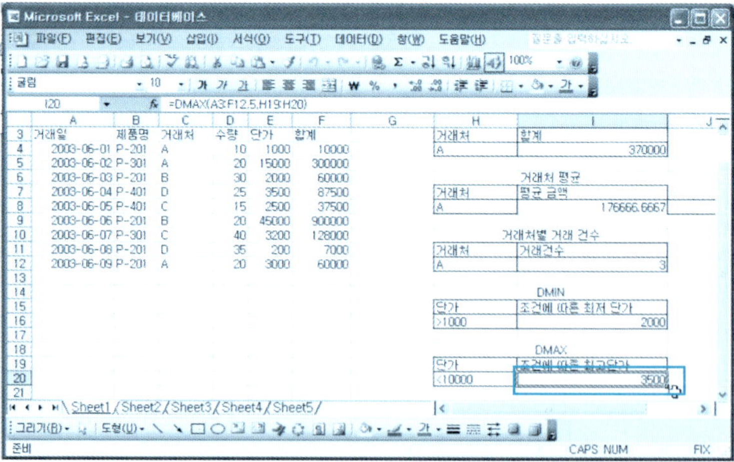

단원 실습 문제

〈**실습1**〉 [예제] 폴더에서 [데이터베이스 실습.xls]를 불러와 보자.

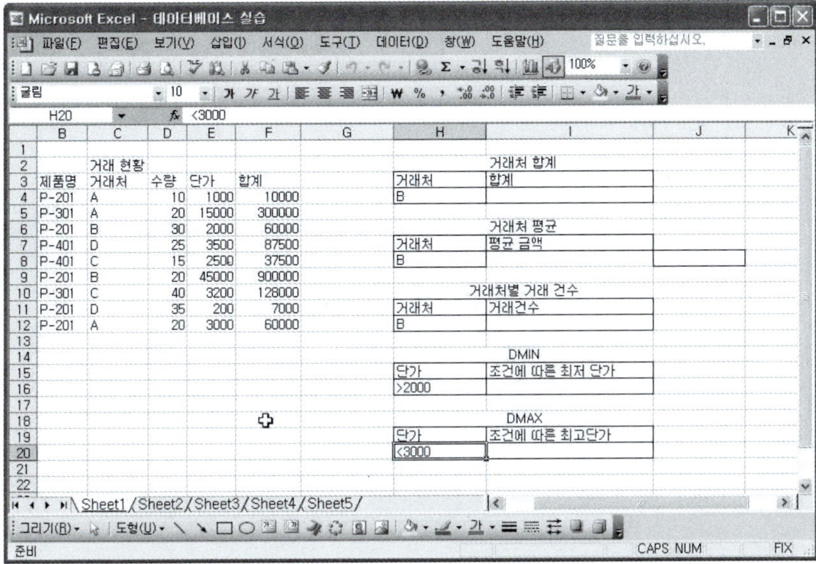

〈**실습2**〉 거래처 B의 합계 금액을 DSUM 함수를 이용하여 구해보자.

〈**실습3**〉 거래처 B의 평균액을 DAVERAGE 함수를 이용하여 구해보자.

〈**실습4**〉 거래처 B의 거래 건수를 DCOUNT 함수를 이용하여 구해보자.

〈**실습5**〉 2000원 이상인 단가 중에서 최저단가를 DMIN 함수를 이용하여 구해보자.

〈**실습6**〉 3000원 이하인 단가 중에서 최대단가를 DMAX 함수를 이용하여 구해보자.

4.15 | 재무 함수

1 FV 함수 : 정기적금의 원리금 합계 구하기

정기적으로 일정 금액을 불입하고 일정한 이율을 적용하는 정기적금에 대한 투자의 미래 금액을 계산하는 함수이다.

FV(rate, nper, pmt, pv, type)

: 일정한 비율로 일정기간 동안 일정 금액을 투자할 경우 미래 금액을 구한다.

- rate : 이자율

- nper : 이자를 받는 횟수

- pmt : 정기 납입금

- pv : 원금

- type : 매월 초 납입하면 [1]을 입력, 매월 말에 납입하면 [0]을 입력한다.

---

❶ [예제] 폴더에서 [재무함수.xls]를 불러온다. [FV] 시트를 선택한다.

매월 초 50만원을 연이율 6%로 5년 동안 정기적금을 들을 경우에 5년 후의 원리금 합계를 구해보자.

원리합계를 나타낼 C9 셀에 셀 포인터를 위치시키고 [함수 마법사 아이콘 f_x]을 클릭한다.

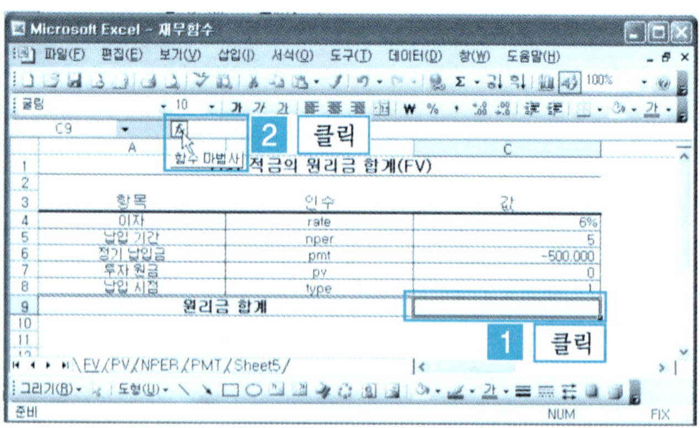

❷ 범주 선택 [재무] → [FV] → [확인] 버튼을 클릭한다.

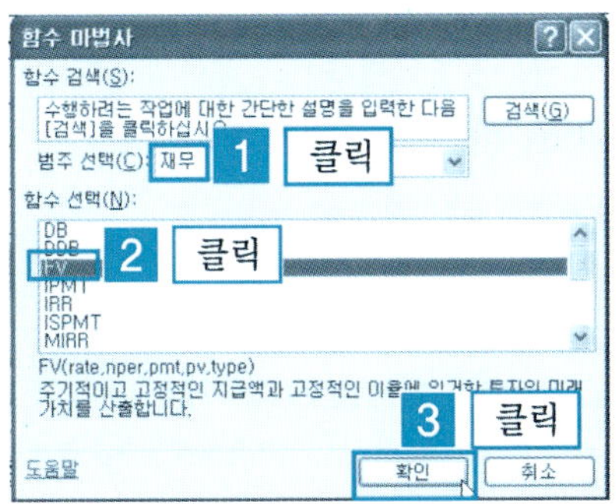

❸ [함수 인수 대화상자]에서 [Rate 항목]에 입력을 위해 rate의 값이 있는 셀 [C4]를 클릭하고 [/12] 입력, [Nper 항목]에 입력을 위해 Nper 값이 있는 셀 [C5]를 클릭하고 [*12] 입력, [Pmt 항목]에 입력을 위해 Pmt 값이 있는 셀 [C6]을 클릭하면 함수 인수 대화상자의 해당 항목에 해당하는 참조 위치 셀 이 자동으로 입력된다.

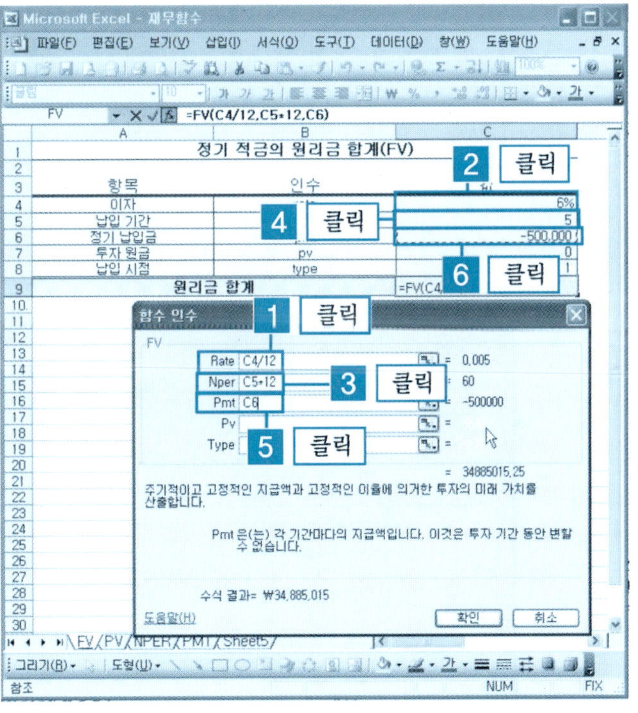

❹ [함수 인수 대화상자]에서 [Pv 항목]에 입력을 위해 Pv의 값이 있는 셀 [C7]을 클릭하고, [Type 항목]에 입력을 위해 Type 값이 있는 셀 [C8]을 클릭하면 함수 인수 대화상자의 해당 항목에 해당하는 참조 위치 셀이 자동으로 입력된다. [확인] 버튼을 클릭한다.

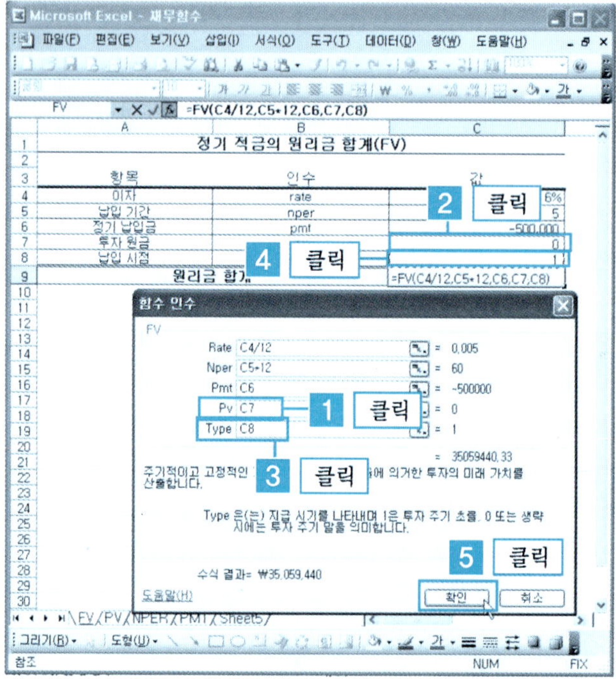

❺ 지정된 셀에 원리합계금이 표시된다.

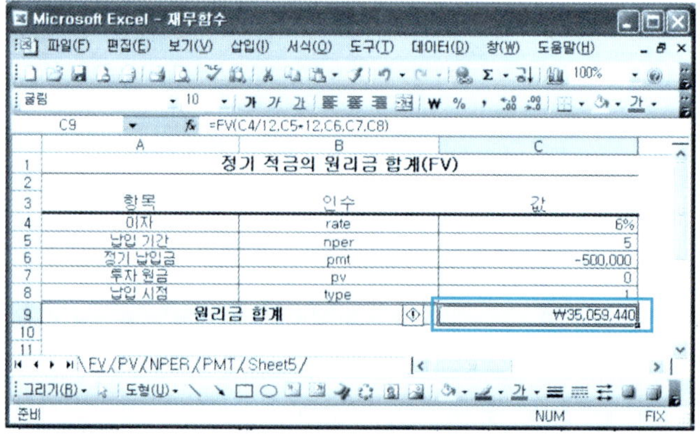

매월말 100만원을 연이율 5%로 3년 동안 정기적금을 들을 경우에 3년 후의 원리금 합계를 구해보자.

2 PV 함수 : 정기납입금에 대한 현재 가치 구하기

일정한 이율과 횟수 동안 정기적인 납입금이 있을 때 현재의 가치를 계산하는 함수이다.

PV(rate, nper, pmt, fv, type)

: 일정한 이율과 횟수 동안 정기납입금이 있을 때 현재의 가치를 구한다.

- rate : 이자율

- nper : 납입횟수

- pmt : 정기납입금

- fv : 납입 완료 후의 미래 가치

- type : 매월 초 납입하면 [1]을 입력, 매월 말에 납입하면 [0]을 입력한다.

---

❶ [예제] 폴더에서 [재무함수.xls]를 불러온다. [PV] 시트를 선택한다.

매월말 10만원씩 5년 동안 납입하고 연이율 7%이면 투자가치는 어떤지 계산해 보자.

지급총액을 나타낼 C9 셀에 셀 포인터를 위치시키고 [함수 마법사 아이콘]을 클릭한다.

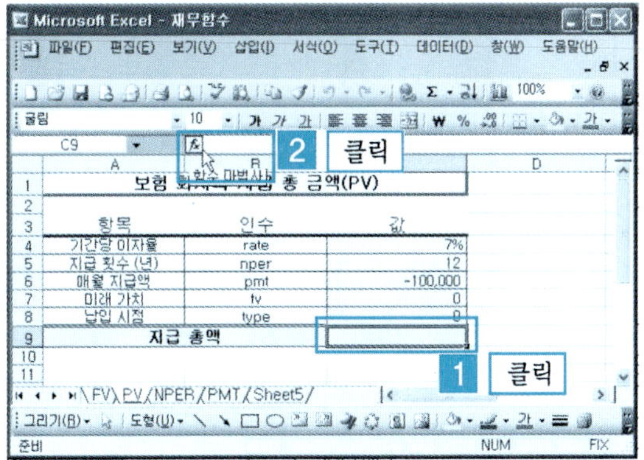

❷ 범주 선택 [재무] → [PV] → [확인] 버튼을 클릭한다.

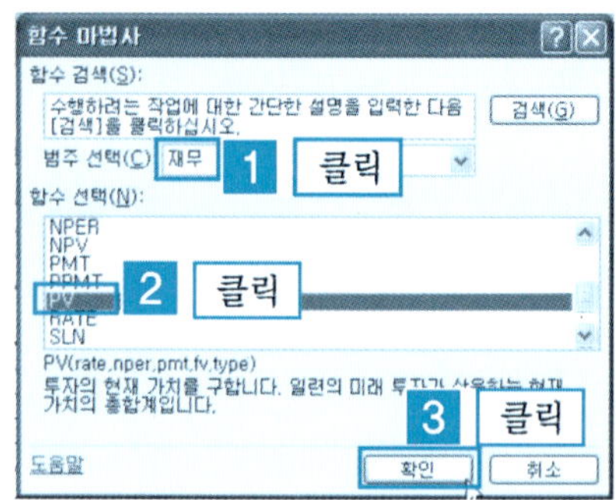

❸ [함수 인수 대화상자]에서 [Rate 항목]에 입력을 위해 rate의 값이 있는 셀 [C4]를 클릭하고 [/12] 입력, [Nper 항목]에 입력을 위해 Nper 값이 있는 셀 [C5]를 클릭하고 [*10] 입력, [Pmt 항목]에 입력을 위해 Pmt 값이 있는 셀 [C6]을 클릭하면 함수 인수 대화상자의 해당 항목에 해당하는 참조 위치 셀 이 자동으로 입력된다.

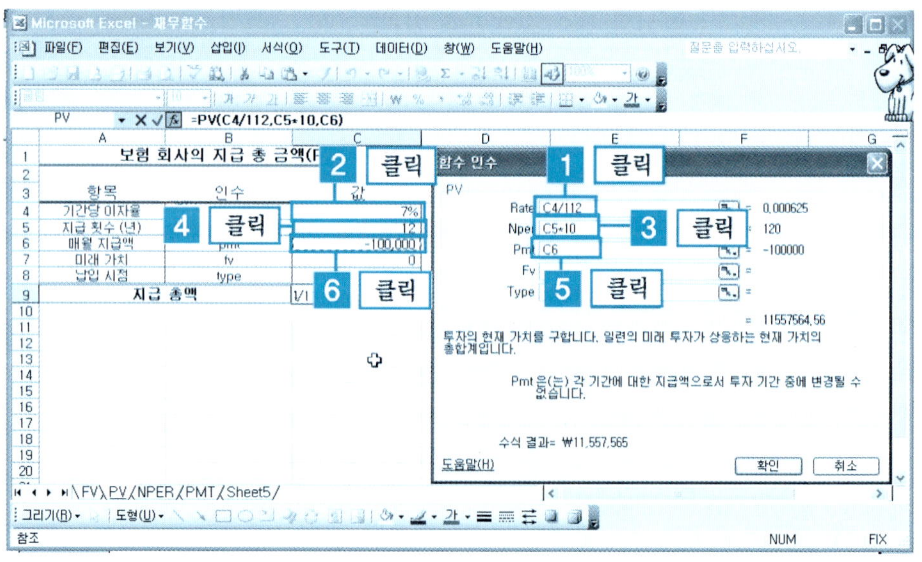

❹ [함수 인수 대화상자]에서 [Fv 항목]에 입력을 위해 Fv의 값이 있는 셀 [C7]
을 클릭하고, [Type 항목]에 입력을 위해 Type 값이 있는 셀 [C8]을 클릭하면
함수 인수 대화상자의 해당 항목에 해당하는 참조 위치 셀이 자동으로 입력
된다. [확인] 버튼을 클릭한다.

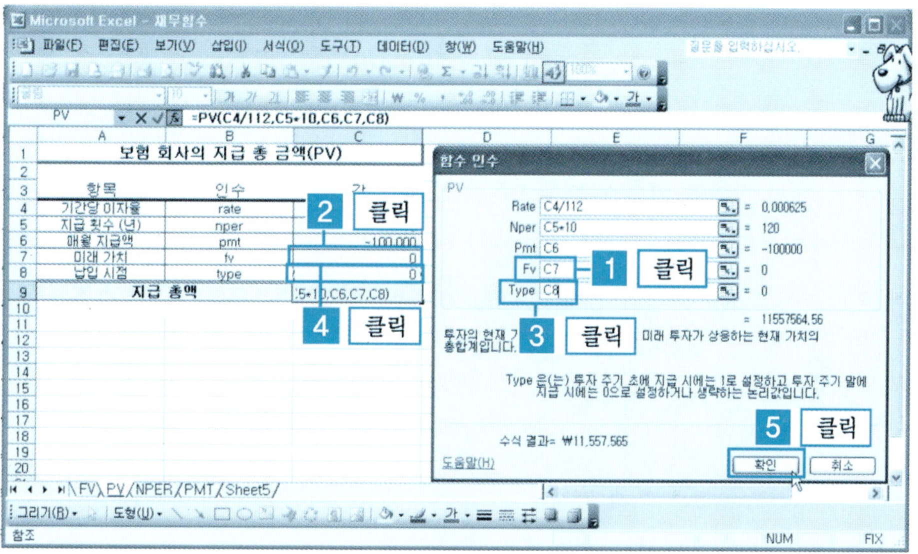

❺ 지정된 셀에 미래의 지급 총액이 현재의 가치로 계산되어 표시된다. 600만원
을 납입하고 8,612,635원을 받게 되므로 유리한 투자 조건이 된다.

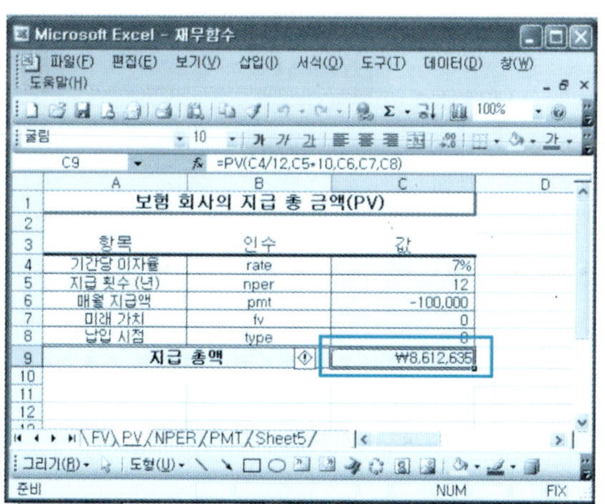

단 원 실 습 문 제

매월초 15만원씩 20년 동안 납입하고 연이율 8.5%이면 지급총액을 구하고, 투자가치는 어떤지 계산해 보자.

3 NPER 함수 : 미래 가치에 도달하는 기간 구하기

지정한 이율과 납입금으로 현재 가치나 미래 가치에 도달하는 기간을 구하는 함수이다.

NPER(rate, pmt, pv, fv, type)

: 일정한 이율과 횟수 동안 정기납입금이 있을 때 현재의 가치를 구한다.

- rate : 이자율
- pmt : 정기납입금
- pv : 현재 가치
- fv : 납입 완료 후의 미래 가치
- type : 매월 초 납입하면 [1]을 입력, 매월 말에 납입하면 [0]을 입력한다.

① [예제] 폴더에서 [재무함수.xls]를 불러와 보자. [NPER] 시트를 선택한다. 연이율 8%로 2000만원을 대출받았을 경우에 매월말 100만원씩 갚는다면 몇 년이나 걸리는지 계산해 보자.

원리금 합계를 나타낼 C9 셀에 셀 포인터를 위치시키고 [함수 마법사 아이콘 *fx*]을 클릭한다.

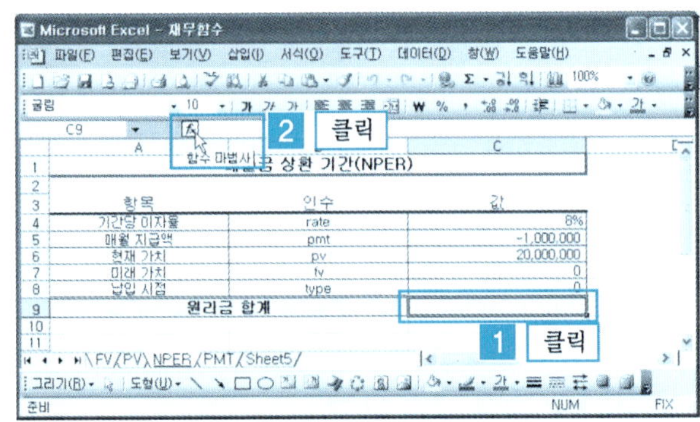

❷ 범주 선택 [재무] → [NPER] → [확인] 버튼을 클릭한다.

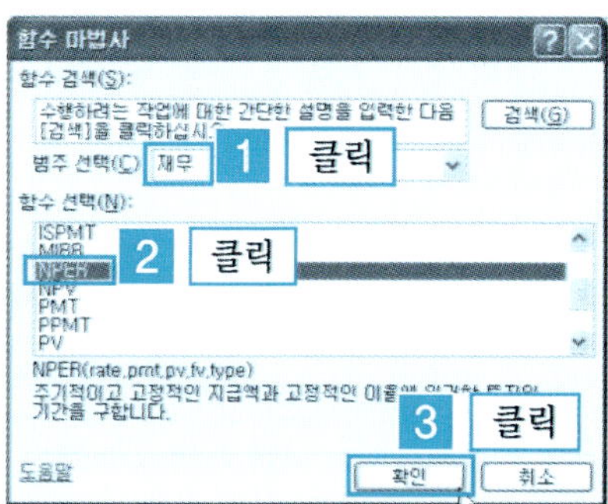

❸ [함수 인수 대화상자]에서 [Rate 항목]에 입력을 위해 rate의 값이 있는 셀 [C4]를 클릭하고 [/12] 입력, [Pmt 항목]에 입력을 위해 Pmt 값이 있는 셀 [C5]를 클릭하고, [Pv 항목]에 입력을 위해 Pv 값이 있는 셀 [C6]을 클릭하면 함수 인수 대화상자의 해당 항목에 해당하는 참조 위치 셀이 자동으로 입력된다.

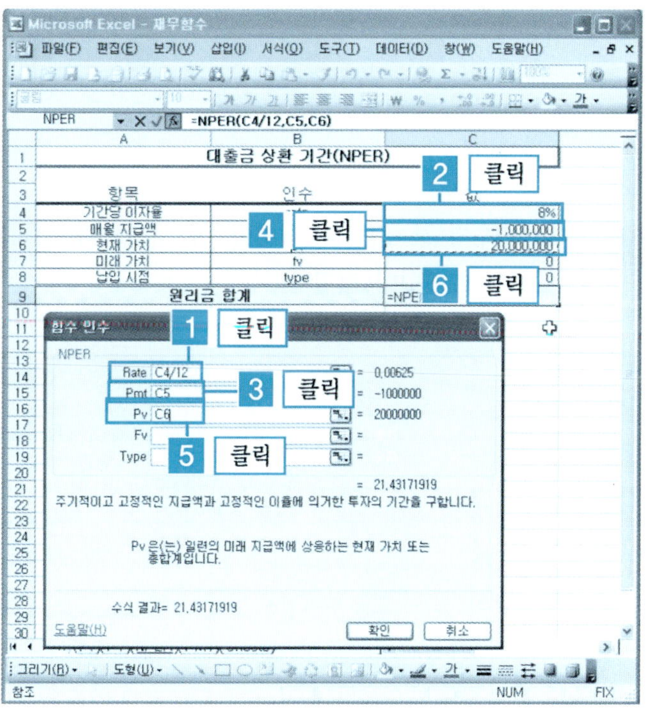

❹ [함수 인수 대화상자]에서 [Fv 항목]에 입력을 위해 Fv의 값이 있는 셀 [C7]을 클릭하고, [Type 항목]에 입력을 위해 Type 값이 있는 셀 [C8]을 클릭하면 함수 인수 대화상자의 해당 항목에 해당하는 참조 위치 셀이 자동으로 입력된다. [확인] 버튼을 클릭한다.

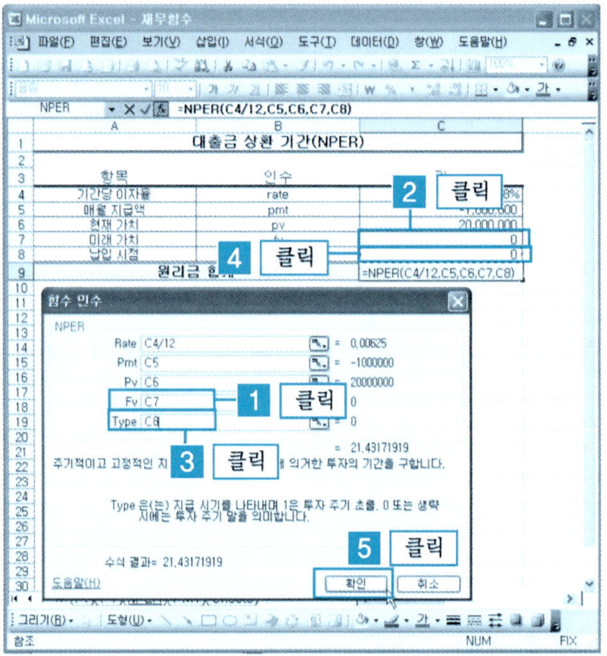

❺ NPER 함수의 값이 [21.43171919]으로 나타난다. 그러므로 대출금을 모두 갚는데는 약 22개월이 걸린다.

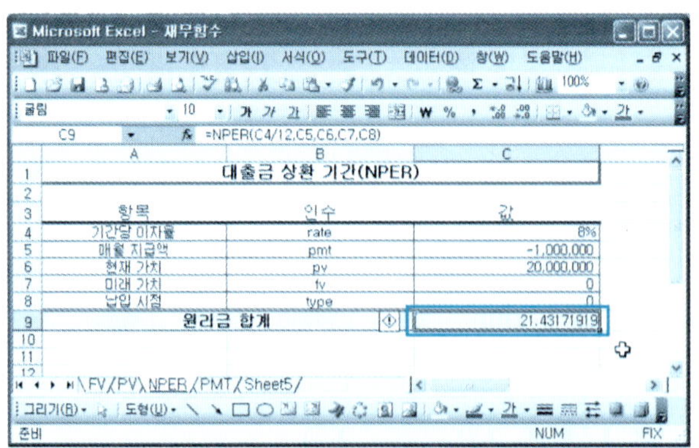

단원 실습 문제

이율 8.5%로 3000만원을 대출받았을 경우에 매월말 100만원씩 갚는다면 몇 년이나 걸리는지 계산해 보자.

4 PMT 함수

지정한 이율과 기간으로 현재 가치나 미래 가치와 같게 하기 위한 지불액을 구하는 함수이다. 지정한 기간 동안 돈을 적립하거나 대출하기 위한 금액을 산출할 때 사용된다.

> **PMT(rate, nper, pv, fv, type)**
>
> : 일정한 이율과 기간으로 현재 가치나 미래 가치와 같게 하기 위한 지불액을 구한다.
>
> - rate : 이자율
>
> - nper : 납입기간 또는 납입횟수
>
> - pv : 현재 가치
>
> - fv : 납입 완료 후의 미래 가치
>
> - type : 매월 초 납입하면 [1]을 입력, 매월 말에 납입하면 [0]을 입력한다.

❶ [예제] 폴더에서 [재무함수.xls]를 불러온다. [PMT] 시트를 선택한다.

3년 후에 100,000,000원을 만들기 위해서는 연 이율 5%로 월 정기적금을 얼마를 들어야 하는지 계산해 보자.

매월 납입 금액을 나타낼 셀 C9에 셀 포인터를 위치시키고 [함수 마법사 아이콘 fx]을 클릭한다.

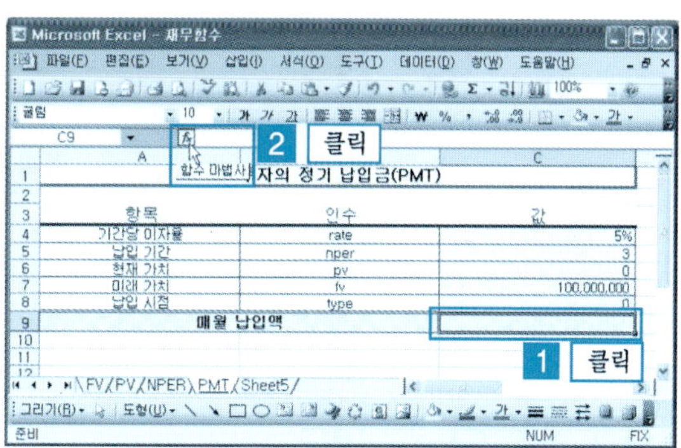

❷ 범주 선택 [재무] → [PMT] → [확인] 버튼을 클릭한다.

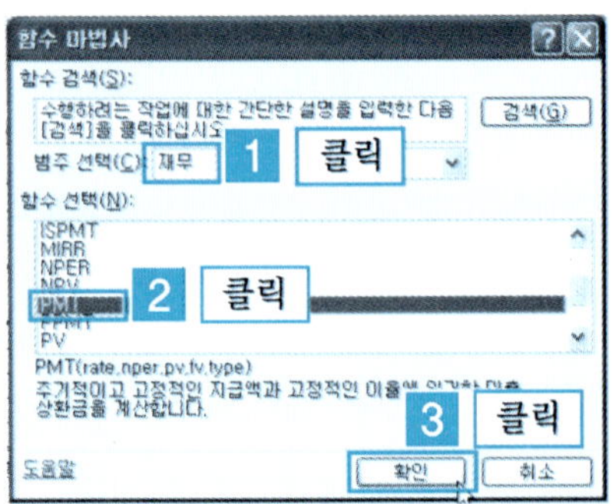

❸ [함수 인수 대화상자]에서 [Rate 항목]에 입력을 위해 rate의 값이 있는 셀 [C4]를 클릭하고 [/12] 입력, [Nper 항목]에 입력을 위해 셀 [C5]를 클릭하고 [*12] 입력, [Pv 항목]에 입력을 위해 Pv 값이 있는 셀 [C6]을 클릭하면 함수 인수 대화상자의 해당 항목에 해당하는 참조 위치 셀이 자동으로 입력된다.

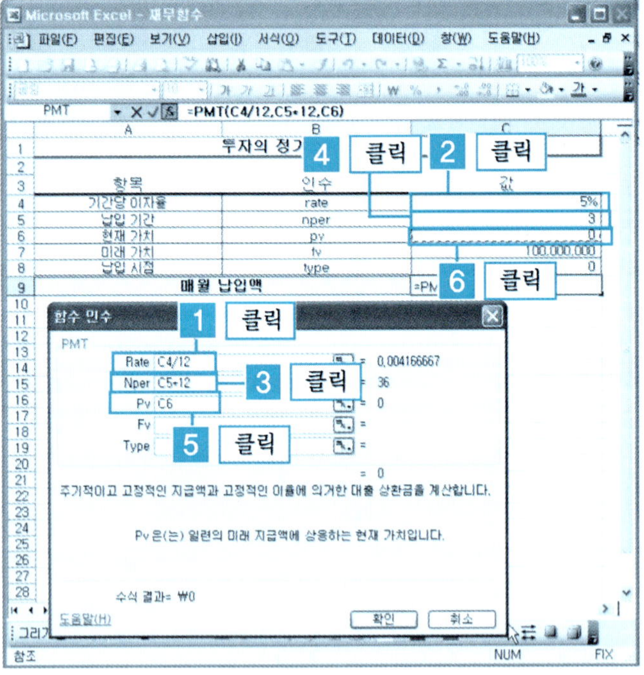

❹ [함수 인수 대화상자]에서 [Fv 항목]에 입력을 위해 Fv의 값이 있는 셀 [C7]을 클릭하고, [Type 항목]에 입력을 위해 Type 값이 있는 셀 [C8]을 클릭하면 함수 인수 대화상자의 해당 항목에 해당하는 참조 위치 셀이 자동으로 입력된다. [확인] 버튼을 클릭한다.

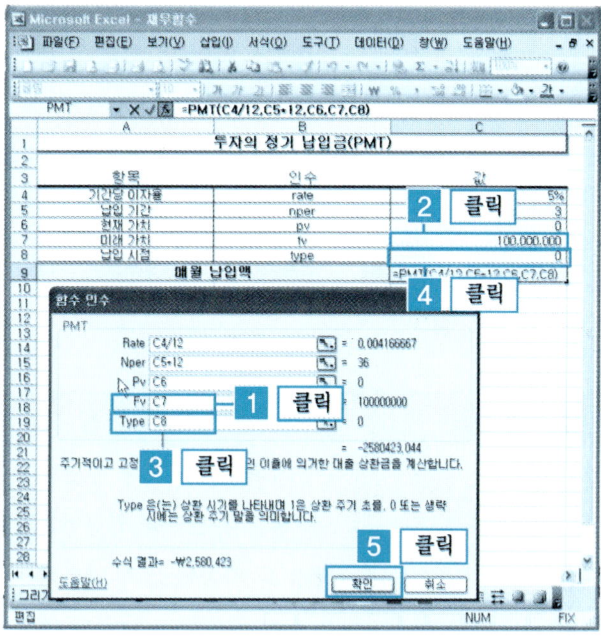

❺ 지정된 셀에 PMT 함수의 값이 [-2,580,423]이 계산되었다. 즉, 3년 후에 1억원을 만들기 위해서는 매월 2,580,423원을 납입해야 한다.

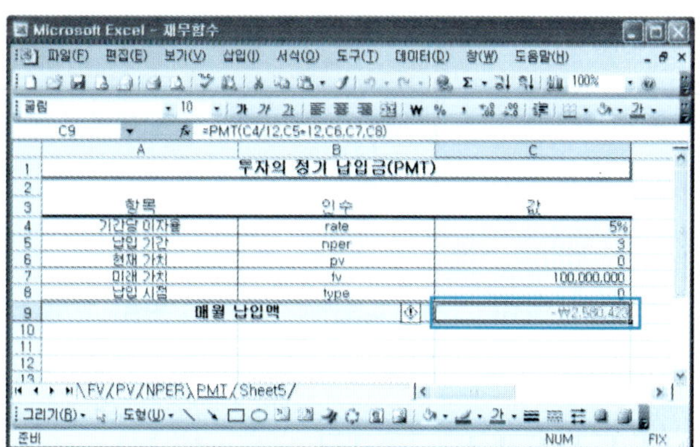

> ### 단원 실습 문제
>
> 5년 후에 100,000,000원을 만들기 위해서는 연이율 6%로 월 정기적금을 얼마를 들어야
> 하는지 계산해 보자.

4.16 | 함수 분류와 용도

1 날짜/시간 함수

함수의 종류	용 도
DATE	특정 날짜의 일련번호를 구한다.
DATEVALUE	텍스트 형태의 날짜를 일련번호로 변환한다.
DAY	일련번호를 지정한 달의 날짜로 변환한다.
DAYS360	1년을 360(30일 기준 12개월)일을 기준으로 두 날짜 사이의 일수를 구한다.
EDATE	지정한 시작 날짜 이전 또는 이후 달의 마지막 날짜의 일련번호를 구한다.
EOMONTH	지정한 개월수 이전 또는 이후 달의 마지막 날짜의 일련번호를 구한다.
HOUR	일련번호를 시간으로 변환한다.
MINUTE	일련번호를 분으로 변환한다.
MONTH	일련번호를 월로 변환한다.
NETWORKDAYS	두 날짜 사이의 전체 업무 일수를 구한다.
NOW	현재 날짜 및 시간의 일련번호를 구한다.
SECOND	일련번호를 초로 변환한다.

함수의 종류	용 도
TIME	특정 시간의 일련번호를 구한다.
TIMEVALUE	텍스트 형태의 시간을 일련번호로 변환한다.
TODAY	오늘 날짜의 일련번호를 구한다.
WEEKDAY	일련번호를 요일로 변환한다.
WEEKNUM	지정한 주가 1년 중 몇 주인지를 나타내는 숫자로 일련번호를 변환한다.
WORKDAY	지정한 업무 일수 이전 또는 이후 날짜의 일련번호를 구한다.
YEAR	일련번호를 연도로 변환한다.
YEARFRAC	1년 중 start_date 사이에 전체 날짜수가 차지하는 비율을 구한다.

2 수학/삼각 함수

함수의 종류	용 도
ABS	절대값을 구한다.
ACOS	아크코사인 값을 구한다.
ACOSH	역 하이퍼볼릭 코사인 값을 구한다.
ASN	아크사인 값을 구한다.
ASNH	역 하이퍼볼릭 사인 값을 구한다.
ATAN	아크탄젠트 값을 구한다.
ATAN2	x,y좌표의 아크탄젠트 값을 구한다.
ATANH	역 하이퍼볼릭 탄젠트 값을 구한다.
CEILING	significance의 가장 가까운 정수 또는 배수가 되도록 수를 내림하거나 올림한다.
COMBIN	주어진 개체수로 만들 수 있는 조합의 수를 구한다.

함수의 종류	용 도
COS	코사인 값을 구한다.
COSH	하이퍼볼릭 코사인 값을 구한다.
DEGREES	라디안을 각도로 변환한다.
EVEN	가장 가까운 짝수로 수를 올림한다.
EXP	수를 지수로 한 e의 누승을 계산한다.
FACT	수의 계승을 구한다.
FACTDOUBLE	수의 이중 계승을 구한다.
FLOOR	0에 가까워지도록 수를 내림한다.
GCD	최대 공약수를 구한다.
INT	가장 가까운 정수로 수를 내림한다.
LCM	최소 공배수를 구한다.
LN	자연 로그 값을 구한다.
LOG	지정한 밑에 대한 로그 값을 구한다.
LOG10	밑이 10인 로그 값을 구한다.
MIDETERM	배열의 행렬식을 구한다.
MINVERSE	배열의 역행렬을 구한다.
MMULT	두 배열의 행렬 곱을 구한다.
MOD	나눗셈의 나머지를 구한다.
MROUND	원하는 배수로 반올림된 수를 구한다.
MULTINOMIAL	수 집합을 다항식으로 반환한다.
ODD	가장 가까운 홀수로 수를 올림한다.
PI	pi 값을 구한다.
POWER	수를 거듭제곱한 결과를 구한다.
PRODUCT	인수들의 곱을 구한다.
QUOTIENT	나눗셈의 몫 정수부를 구한다.
RADIANS	각도를 라디안으로 변환한다.

함수의 종류	용 도
RAND	0과 1 사이의 난수를 구한다.
RANDBETWEEN	지정한 두 수 사이의 난수를 구한다.
ROMAN	아라비아 숫자를 텍스트인 로마 숫자로 변환한다.
ROUND	수를 지정한 자릿수로 반올림한다.
ROUNDDOWN	0에 가까워지도록 수를 내림한다.
ROUNDUP	0에서 멀어지도록 올림한다.
SERIESSUM	수식에 따라 멱급수의 합을 구한다.
SIGN	수의 부호 값을 반환한다.
SIN	지정한 각도의 사인 값을 구한다.
SINH	하이퍼볼릭 사인 값을 구한다.
SQRT	양의 제곱근을 구한다.
SQRTPI	(number*pi)의 제곱근을 구한다.
SUBTOTAL	목록이나 데이터베이스의 부분 합을 구한다.
SUB	인수를 모두 더한다.
SUMIF	주어진 조건으로 지정된 셀을 모두 더한다.
SUMPRODUCT	대응되는 배열 요소를 곱해서 그 합을 구한다.
SUMSQ	인수의 제곱의 합을 구한다.
SUMX2MY2	두 배열에서 해당 값에 대한 제곱의 차의 합을 구한다.
SUMX2PY2	두 배열에서 해당 값에 대한 제곱의 합을 모두 더한 값을 구한다.
SUMX2MY2	두 배열에서 해당 값에 대한 차의 제곱의 합을 구한다.
TAN	탄젠트 값을 구한다.
TANH	하이퍼볼릭 탄젠트 값을 구한다.
TRUNC	지정한 자릿수만을 소수점 아래에 남기고 나머지 자리에 버린다.

3 통계 함수

함수의 종류	용 도
AVEDEV	데이터 요소의 절대 편차 평균을 구한다.
AVERAGE	인수의 평균을 구한다.
AVERAGEA	인수의 평균(숫자, 텍스트 및 논리 값 포함)을 구한다.
BETADIST	베타 누적 분포 함수를 구한다.
BETAINV	지정된 베타 분포에 대한 누적 분포의 역함수를 구한다.
BETADIST	개별항 이항분포의 확률을 구한다.
CHIDIST	카이 제곱 분포의 단측 검정 확률을 구한다.
CHIINV	카이 제곱 분포의 단측 검정 확률의 역함수를 구한다.
CHITEST	독립 검증 결과를 구한다.
CONFIDENCE	모집단 평균의 신뢰 구간을 나타낸다.
CORREL	두 데이터 집합 사이의 상관 계수를 구한다.
COUNT	인수 목록에서 숫자의 개수를 구한다.
COUNTA	인수 목록에서 값의 개수를 구한다.
COUNTBLANK	범위 내에서 비어 있는 셀의 개수를 구한다.
COUNTIF	범위 내에서 비어 있지 않고 주어진 조건에 맞는 셀의 개수를 구한다.
COVAR	두 데이터 집합 사이의 공분산을 구한다.
CRITBINOM	누적 이항 분포가 기준치 이하가 되는 값 중 최소값을 구한다.
DEVSQ	편차 제곱의 합을 구한다.
EXPONDIST	지수 분포를 구한다.
FDIST	F 확률 분포를 구한다.
FINV	F 확률 분포의 역함수 값을 구한다.
FISHER	Fisher 변환 값을 구한다.

함수의 종류	용 도
FISHINV	Fisher 변환의 역변환 값을 구한다.
FORECAST	선형 추세 값을 구한다.
FREQUENCY	빈도 분포를 계산하여 수직 배열로 나타낸다.
FTEST	F-검정의 결과를 구한다.
GAMMADIST	감마 분포를 구한다.
GAMMAINV	감마 누적 분포의 역함수를 구한다.
GAMMALN	감마 함수의 자연 로그 값을 구한다.
GEOMEAN	기하 평균을 구한다.
GROWTH	지수 추세 값을 구한다.
HARMEAN	지수 추세 값을 구한다.
HYGEOMDIST	초기하 분포 값을 구한다.
INTERCEPT	선형 회귀선의 절편을 구한다.
KURT	데이터 집합의 첨도를 구한다.
LARGE	데이터 집합에서 k번째로 큰 값을 구한다.
LINEST	선형 추세의 매개변수를 나타낸다.
LOGEST	지수 추세의 매개변수를 나타낸다.
LOGINV	로그 정규분포의 역함수 값을 구한다.
LOGNORMDIST	로그 정규 누적 분포 값을 구한다.
MAX	인수 목록에서 최대값을 구한다.
MAXA	인수 목록에서 최대값(숫자, 텍스트 및 논리 값 포함)을 구한다.
MEDIAN	주어진 수의 중간값을 구한다
MIN	인수 목록에서 최소값을 구한다.
MINA	인수 목록에서 최소값(숫자, 텍스트 및 논리 값 포함)을 구한다.
MORE	데이터 집합에서 가장 빈도가 높은 값을 구한다.

함수의 종류	용 도
NEGBINOMDIST	음 이항 분포 값을 구한다.
NORMDIST	정규 누적 분포 값을 구한다.
NORMINV	정규 누적 분포의 역함수 값을 구한다.
NORMSDIST	표준 정규 누적 분포 값을 구한다.
NORMSINV	표준 정규 누적 분포의 역함수 값을 구한다.
PEARSON	피어슨 곱 모멘트 상관 계수를 구한다.
PERCENTILE	범위에서 k번째 백분위수를 구한다.
PERCENTRANK	데이터 집합의 백분율 값 순위를 구한다.
PERMUT	주어진 개체수로 만들 수 있는 순열의 수를 구한다.
POISSON	포아송 확률 분포 값을 구한다.
PROB	영역 내의 값이 최소값을 포함한 두 한계값 사이에 있을 확률을 구한다.
QUARTILE	데이터 집합에서 사분위수를 구한다.
RANK	수 목록 내에서 지정한 수의 크기 순위를 구한다.
RSQ	피어슨 곱 모멘트 상관 계수의 제곱을 구한다.
SKEW	분포의 왜곡도를 구한다.
SLOPE	선형 회귀선의 기울기를 구한다.
SMALL	데이터 집합에서 k번째로 작은 값을 구한다.
STANDARDIZE	정규화된 값을 구한다.
STDEV	표본집단의 표준 편차를 구한다.
STDEVA	표본집단의 표준 편차(숫자, 텍스트 및 논리 값 포함)를 구한다.
STDEVP	전체 모집단의 표준 편차를 구한다.
STDEVPA	전체 모집단의 표준 편차(숫자, 텍스트 및 논리 값 포함)를 구한다.
STEYX	회귀 분석에 의해 예측한 y값의 표준 오차를 각 x값에 대하여 구한다.

함수의 종류	용 도
TDIST	스튜던트 t-분포 값을 구한다.
TINV	스튜던트 t-분포의 역함수 값을 구한다.
TREND	선형추세 값을 구한다.
TRIMMEAN	데이터 집합의 내부 평균을 구한다.
TTEST	스튜던트 t-검정에 근거한 확률을 구한다.
VAR	표본 집단의 분산을 구한다.
VARA	표본 집단의 분산(숫자, 텍스트 및 논리 값 포함)을 구한다.
VARP	전체 모집단의 분산을 구한다.
VARPA	전체 모집단의 분산(숫자, 텍스트 및 논리값 포함)을 구한다.
WEIBULL	와이블 분포 값을 구한다.
ZTEST	z-검정의 단측 검정 확률 값을 구한다.

4 재무 함수

함수의 종류	용 도
ACCRINT	정기적으로 이자를 지급하는 유가 증권의 경과 이자를 구한다.
ACCRINTM	만기에 이자를 지급하는 유가 증권의 경과 이자를 구한다.
AMORDEGRC	감가 상각 계수를 사용하여 매 회계기간의 감가 상각액을 구한다.
AMORLINC	매 회계기간의 감가 상각액을 구한다.
COUPDAYBS	이자 지급기간의 시작일부터 결산일까지의 날짜수를 구한다.
COUPDAYS	결산일을 포함하여 이자 지급기간의 날짜수를 구한다.
COUPDAYSNC	결산일부터 다음 이자 지급일까지 날짜수를 구한다.
COUPNCD	결산일 이후 다음 이자 지급일을 구한다.
COUPNUM	결산일과 만기일 사이의 이자 지급횟수를 구한다.
COUPPCD	결산일 바로 전 이자 지급일을 구한다.

함수의 종류	용 도
CUMIPMT	두 기간 사이에 지불된 이자의 누계액을 구한다.
CUMPRINC	두 기간 사이에 납입하는 대출금 원금의 누계액을 구한다.
DB	정률법을 사용하여 특정 기간 동안 자산의 감가 상각액을 구한다.
DDB	이중 체감법이나 사용자가 지정하는 다른 방법을 사용하여 특정 기간 동안 자산의 감가 상각액을 구한다.
DISC	유가 증권의 할인율을 구한다.
DOLLARDE	분수로 표시된 금액을 소수로 표시된 금액으로 변환한다.
DOLLARFR	소수로 표시된 금액을 분수로 표시된 금액으로 변환한다.
DURATION	정기적으로 이자를 지급하는 유가 증권의 기간(연도)을 구한다.
EFFECT	실질적인 연이율을 구한다.
FV	투자액의 미래 가치를 구한다.
FVSCHEDULE	초기 원금에 일련의 복리 이율을 적용했을 때의 미래 가치를 구한다.
INTRATE	완전 투자한 유가 증권의 이자율을 구한다.
IPMT	일정 기간 동안의 투자 금액에 대한 이자 지급액을 구한다.
IRR	일련의 현금 흐름에 대한 내부 수익률을 구한다.
ISPMT	특정 투자기간 동안 지급되는 이자를 구한다.
MDURATION	가정 액면가 $100에 대한 유가 증권의 수정된 Macauley기간을 구한다.
MIRR	다른 이율로 형성되는 양의 현금 흐름과 음의 현금 흐름에 대한 내부 수익률을 구한다.
NOMINAL	명목상의 연이율을 구한다.
NPER	투자에 대한 투자기간수를 구한다.
NPV	일련의 정기적 현금 흐름과 인하율을 기준으로 투자에 대한 순 현재 가치를 구한다.
ODDFPRICE	첫 이수기간이 경상 이수기간과 다른 유가 증권의 액면가 $100당 금액을 구한다.

함수의 종류	용 도
ODDFYIELD	첫 이수기간이 경상 이수기간과 다른 유가 증권의 수익률을 구한다.
ODDLPRICE	마지막 이수기간이 경상 이수기간과 다른 유가 증권의 액면가 $100당 금액을 구한다.
ODDLYIELD	마지막 이수기간이 경상 이수기간과 다른 유가증권의 수익률을 구한다.
PMT	연부금에 대한 정기 불입액을 구한다.
PPMT	일정 기간 동안의 투자에 대한 원금의 지급액을 구한다.
PRICE	정기적으로 이자를 지급하는 유가 증권의 액면가 $100당 가격을 구한다.
PRICEDISC	할인된 유가 증권의 액면가 $100당 가격을 구한다.
PRICEMAT	만기일에 이자를 지급하는 유가 증권의 액면가 $100당 가격을 구한다.
PV	투자액의 현재 가치를 구한다.
RATE	이자 지급기간당 이율을 구한다.
RECEVED	완전 투자 유가 증권에 대해 만기시 수령하는 금액을 구한다.
SLN	한 기간 동안 정액법에 의한 자산의 감가 상각액을 구한다.
SYD	지정한 기간 동안 연수 합계법에 의한 자산의 감가 상각액을 구한다.
TBILLEQ	국채에 대해 채권에 해당하는 수익률을 구한다.
TBILLPRICE	국채에 대해 액면가 $100당 가격을 구한다.
TBILLYIELD	국채의 수익률을 구한다.
VDB	일정 또는 일부 기간 동안 체감법으로 자산의 감가 상각액을 구한다.
XIRR	비정기적일 수도 있는 현금 흐름의 내부 회수율을 구한다.
XNPV	비정기적일 수도 있는 현금 흐름의 순 현재 가치를 구한다.
YIELD	정기적으로 이자를 지급하는 유가 증권의 수익률을 구한다.
YIELDDISC	국채와 같이 할인된 유가 증권의 연 수익률을 구한다.
YIELDMAT	만기시 이자를 지급하는 유가 증권의 연 수익률을 구한다.

5 텍스트 함수

함수의 종류	용 도
ASC	전자 문자(더블 바이트)를 반자 문자(싱글 바이트)로 바꾼다.
BAHTTEXT	숫자를 텍스트(BAHT)로 변환한다.
CHAR	코드 숫자로 지정된 문자를 반환한다.
CLEAN	인쇄할 수 없는 모든 문자들을 텍스트에서 제거한다.
CODE	텍스트의 첫째 문자를 나타내는 코드 값을 구한다.
CONCATENATE	여러 텍스트 항목을 한 텍스트 항목에 결합한다.
DOLLAR	$(달러) 통화 형식을 사용하여 숫자를 텍스트로 변환한다.
EXACT	두 텍스트 값이 동일한지 검사한다.
FIND	다른 텍스트 값에서 한 텍스트 값을 찾는다. (대/소문자 구분)
FIXED	고정 소수점을 사용하여 숫자에 텍스트 서식을 지정한다.
JUNJA	반자 문자(싱글 바이트)를 전자 문자(더블 바이트)로 바꾼다.
LEFT	텍스트 값에서 가장 왼쪽의 문자를 반환한다.
LEN	텍스트 문자열 내의 문자 개수를 구한다.
LOWER	텍스트 소문자로 변환한다.
MID	텍스트 문자열의 지정한 위치로부터 특정 수의 문자를 반환한다.
PHONETIC	텍스트 문자열에서 윗주 문자를 추출한다.
PROPER	텍스트 값의 각 단어의 첫 글자를 대문자로 바꾼다.
REPLACE	텍스트 내의 문자를 바꾼다.
REPT	텍스트 지정한 횟수만큼 반복한다.
RIGHT	텍스트 값에서 가장 오른쪽의 문자를 표시한다.
SEARCH	다른 텍스트 값에서 한 텍스트 값을 찾는다. (대/소문자 구분 안함)
SUBSTITUTE	텍스트 문자열의 기존 텍스트를 새 텍스트로 바꾼다.

함수의 종류	용 도
T	관련 인수를 텍스트로 변환한다.
TEXT	숫자에 서식을 지정하고 텍스트로 변환한다.
TRIM	텍스트에서 공백을 제거한다.
UPPER	텍스트를 대문자로 변환한다.
VALUE	텍스트 인수를 숫자로 변환한다.

6 논리 함수

함수의 종류	용 도
AND	인수가 모두 TRUE이면 TRUE를 돌려준다.
FALSE	논리 값 FALSE를 돌려준다.
IF	논리 검사를 수행하여 TRUE나 FALSE에 해당하는 값을 반환한다.
NOT	TRUE 식에는 FALSE를 FALSE 식에는 TRUE를 돌려준다.
OR	인수 중 어느 하나라도 TRUE이면 TRUE가 반환된다.
TRUE	논리 값 TRUE를 돌려준다.

7 찾기 함수

함수의 종류	용 도
ADDRESS	참조를 워크시트의 한 셀에 대한 텍스트로 구한다.
AREAS	참조의 영역 수를 구한다.
CHOOSE	값 목록에서 값을 선택한다.
COLUMN	참조의 열 번호를 구한다.
COLUMNS	참조의 열 개수를 구한다.

함수의 종류	용 도
HLOOKUP	배열의 첫 행을 찾아 표시된 셀의 값을 구한다.
HYPERLINK	네트워크 서버, 인트라넷, 인터넷에 저장된 문서를 액세스하는 바로가기나 이동 기능을 만든다.
INDEX	인덱스를 사용하여 참조나 배열의 값을 구한다.
INDIRECT	벡터나 배열에서 값을 찾는다.
LOOKUP	참조나 배열에서 값을 찾는다.
MATCH	참조나 배열에서 값을 찾는다.
OFFSET	주어진 참조로부터 떨어진 위치의 참조를 구한다.
ROW	참조의 행 번호를 구한다.
ROWS	참조의 행 개수를 구한다.
RTD	COM 자동화를 지원하는 프로그램에서 실시간 데이터를 가져온다.
TRANSPOSE	배열의 행과 열을 바꾼다.
VLOOKUP	배열의 첫째 열을 찾아 행쪽으로 이동하여 셀 값을 구한다.

엑셀로 작성된 문서에 엑셀에서 제공하는 여러 가지 기능을 활용하면 좀더 보기 좋고 아름다운 문서를 작성할 수 있다. 또한 엑셀 문서에 저장되어 있는 데이터를 분석하고 정리하여 적합한 형태의 차트로 보여줌으로써 사용자들에게 이해하기 쉽도록 제공하는 기능들이 많이 있다. 본 장에서는 이러한 문서 꾸미기와 도형, 그리고 데이터를 분석하고 정렬하는 차트 기능들을 활용하는 방법에 대해서 알아본다.

5.1 | 메모와 윗주 꾸미기

메모와 윗주 꾸미기는 엑셀로 작성한 문서를 이용하는 사람들이 이해하기 쉽도록 특정한 셀에 대해서 보충설명을 해주는 기능이다.

1 메모 삽입

❶ [예제] 폴더에서 [메모-윗주.xls]을 불러온다.

[셀 지정 F4] → [마우스 오른쪽 버튼 클릭] → [메모 삽입] 항목을 클릭한다.

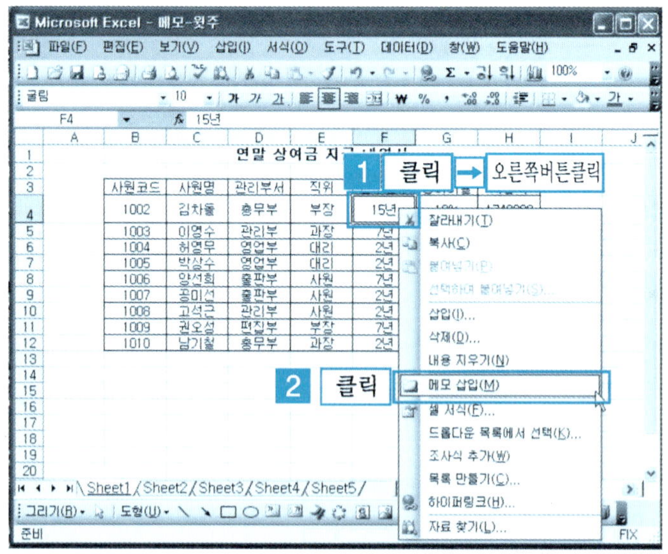

❷ [메모]를 입력한다

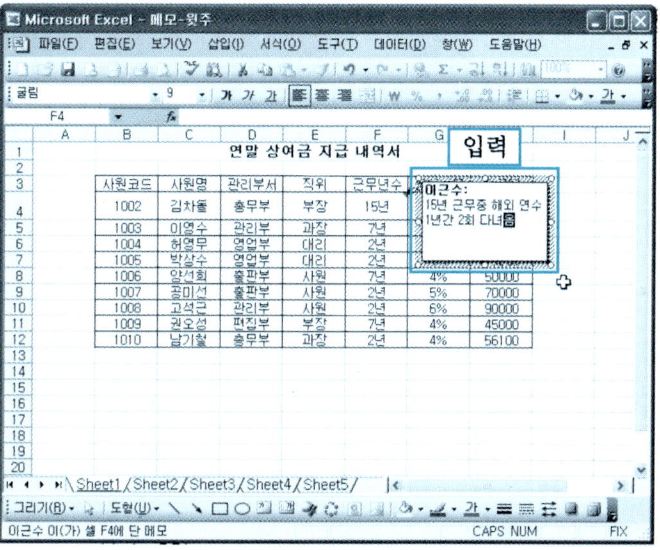

❸ 셀 포인터를 다른 곳으로 이동하여 클릭하면 지정 셀에 빨강색으로 메모 삽입이 표시된다.

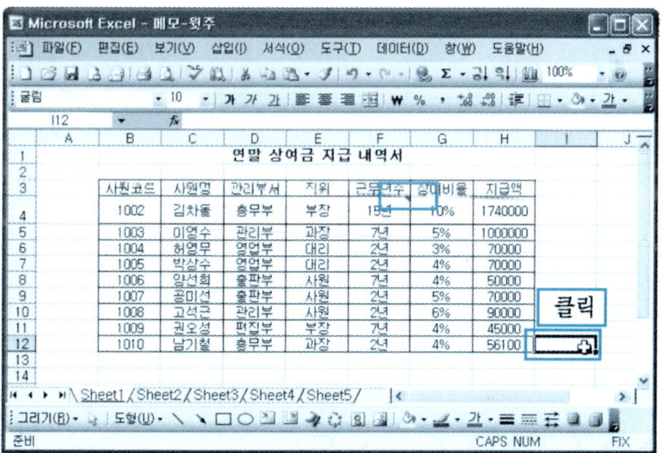

④ 지정된 셀 [F4]에 마우스를 이동하면 메모가 나타난다.

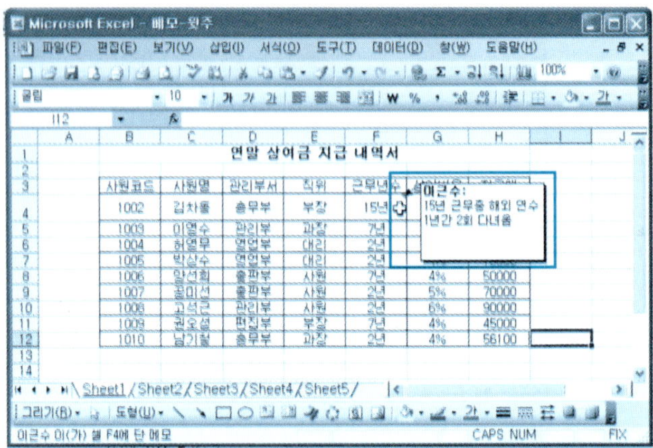

2 메모 편집과 서식 설정

삽입한 메모를 수정하고 서식을 설정하는 방법을 알아보자.

❶ 메모가 삽입된 셀[F4 클릭] → [마우스 오른쪽 버튼 클릭] → [메모 편집] 항목을 클릭한다.

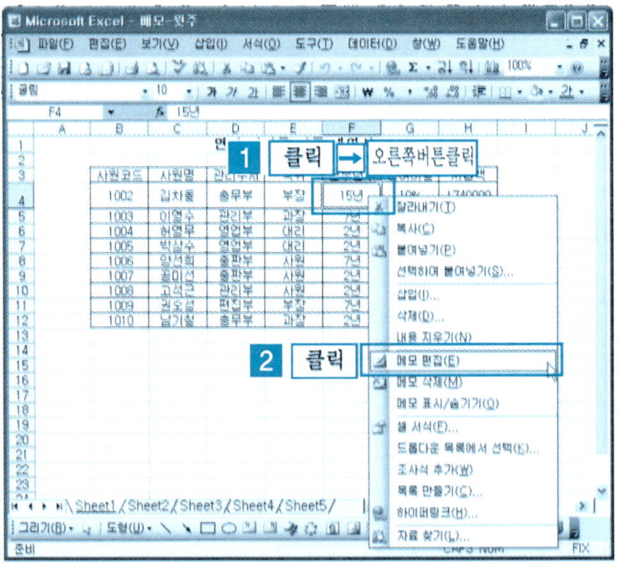

❷ [메모 수정] → [입력상자 테두리] → [마우스 오른쪽 버튼 클릭] → [메모 서식] 항목을 클릭한다.

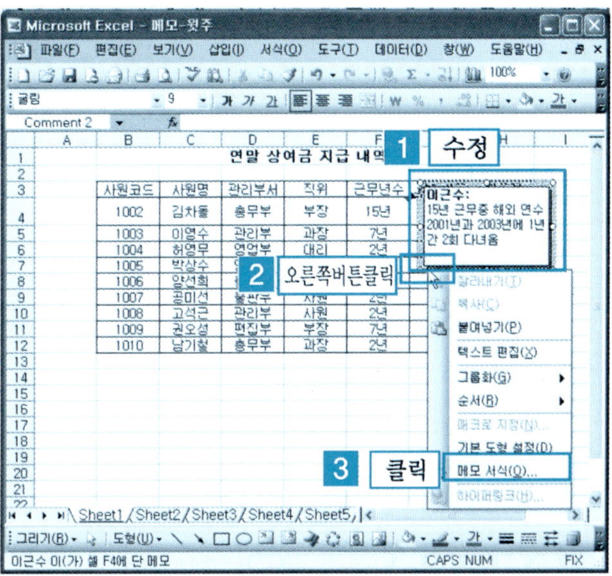

❸ [메모 서식 대화상자] → [글꼴 탭] → [색 지정] → [확인] 버튼을 클릭한다.

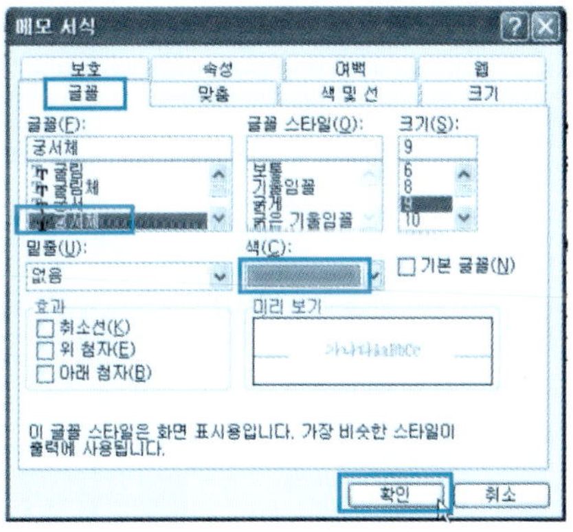

④ 설정한 서식으로
   메모가 표시된다.

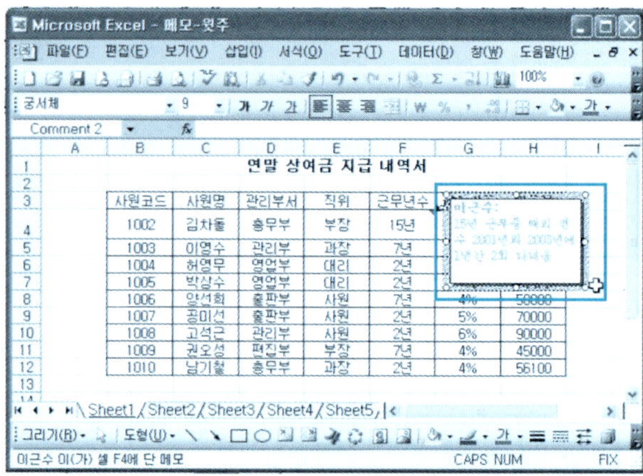

3 메모 표시와 위치 변경

일반적으로 메모는 숨겨져 있다. 필요에 따라서 메모를 표시하고 위치를 변경하는 방법을 알아본다.

① 메모가 삽입된 셀[F4 클릭] → [마우스 오른쪽 버튼 클릭] → [메모 표시/숨기기] 항목을 클릭한다.

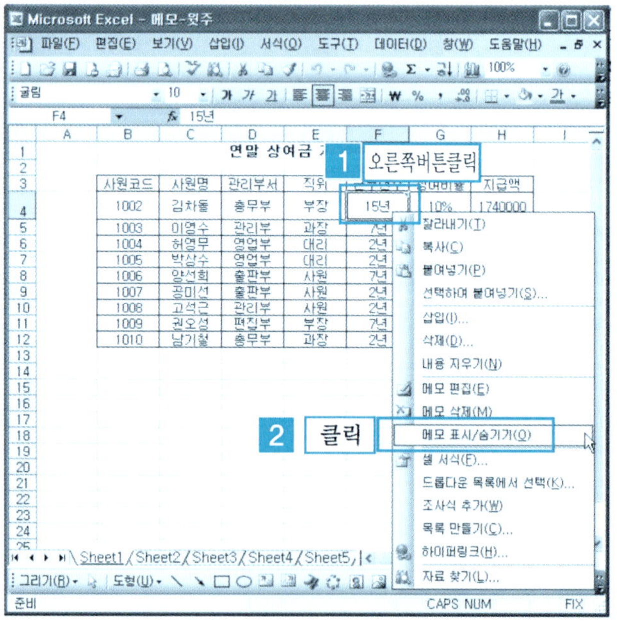

❷ 이제 메모가 항상 나타난다. 따라서 메모 뒤에 있는 데이터는 보이지 않게 된다. 데이터가 잘 보이도록 메모를 빈 공간으로 이동한다. 메모 테두리에 마우스 포인터를 올려 모양으로 바뀌면 셀을 빈 공간으로 드래그하여 이동시킨다.

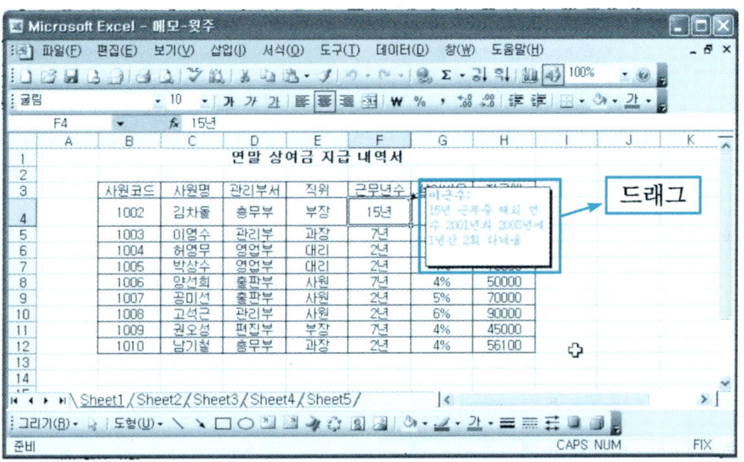

❸ 빈 공간으로 메모가 이동되어 다른 데이터도 잘 보이게 된다.

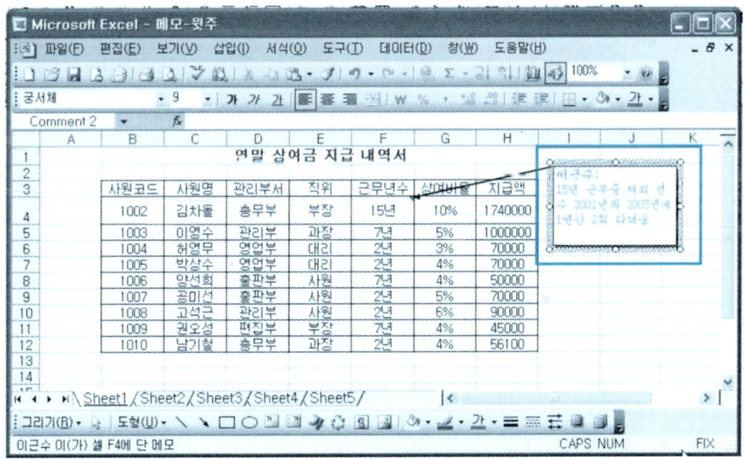

4 윗주 만들기

특정 글자의 위에 설명을 붙이는 기능이다.

❶ 윗주를 달 셀 [C3 클릭] → [서식 메뉴 클릭] → [윗주 달기] → [편집] 항목을
클릭한다.

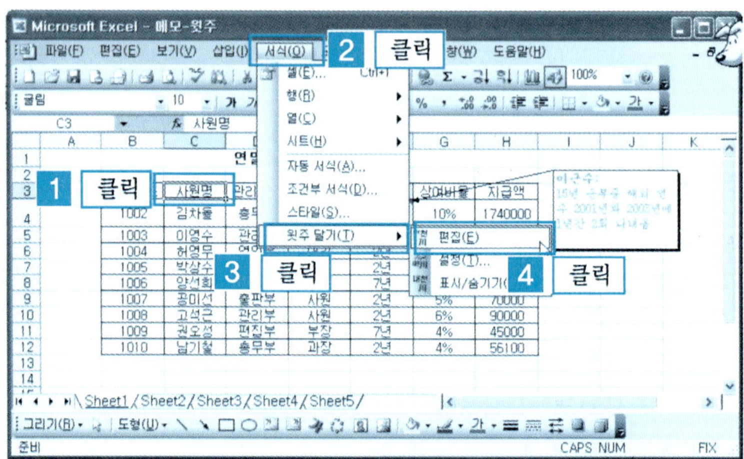

❷ [사원명 한자 입력] → Enter↵ 를 친다.

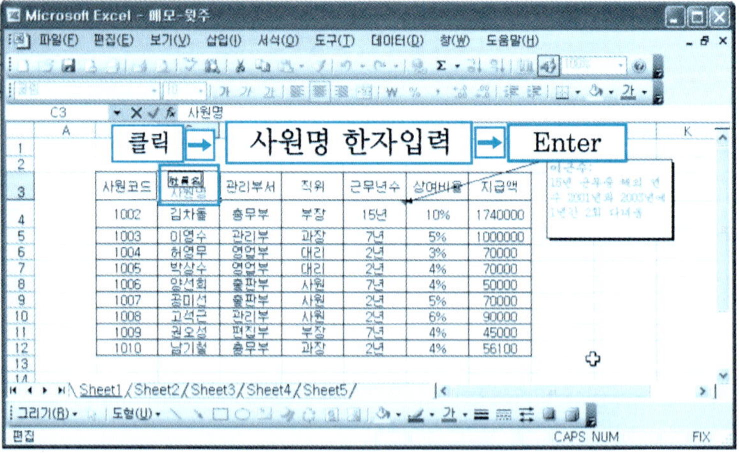

❸ 윗주가 보이게 하기 위해서 [서식 메뉴 클릭] → [윗주 달기] → [표시/숨기기] 항목을 클릭한다.

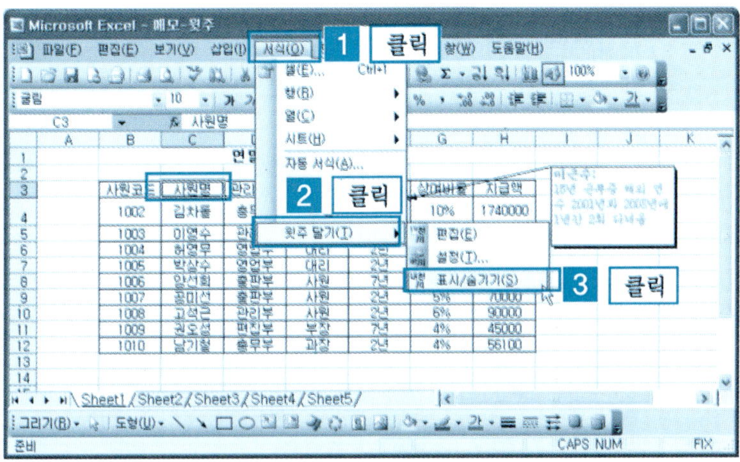

❹ [社員名 한자]가 윗주로 표시된다.

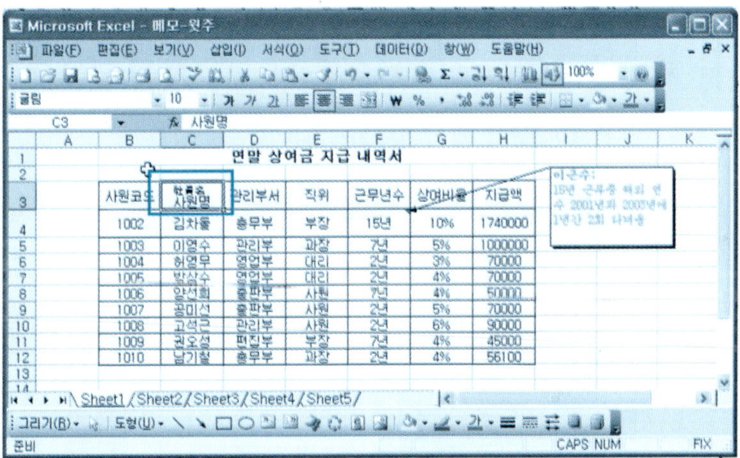

5 메모 인쇄

문서를 인쇄하면 메모는 인쇄되지 않는다. 그러나 필요에 따라서 메모를 문서
내용에 인쇄해야 할 경우가 있다.

❶ [파일 메뉴 클릭] → [인쇄 미리보기]를 클릭한다.

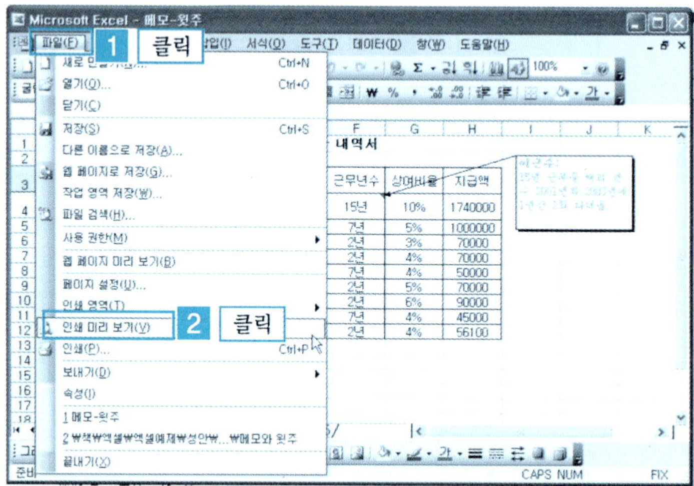

❷ [인쇄 미리보기 창]이 나타난다. 그러나 삽입한 메모가 인쇄 미리보기 창에
포함되어 있지 않다. [닫기] 버튼을 클릭한다.

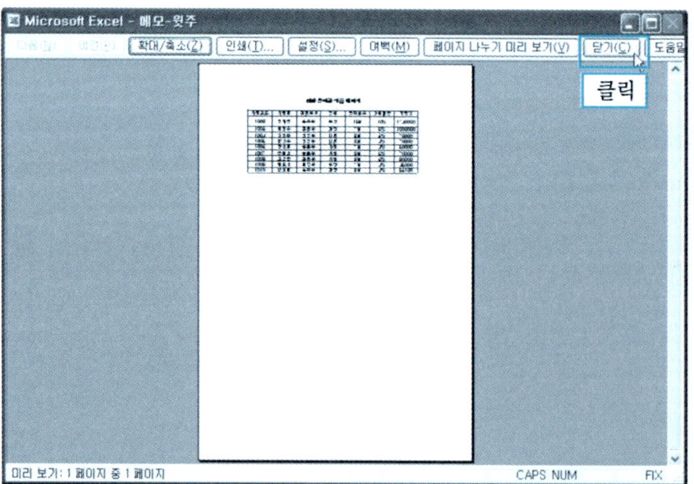

③ [파일 메뉴 클릭] → [페이지 설정 메뉴]를 클릭한다.

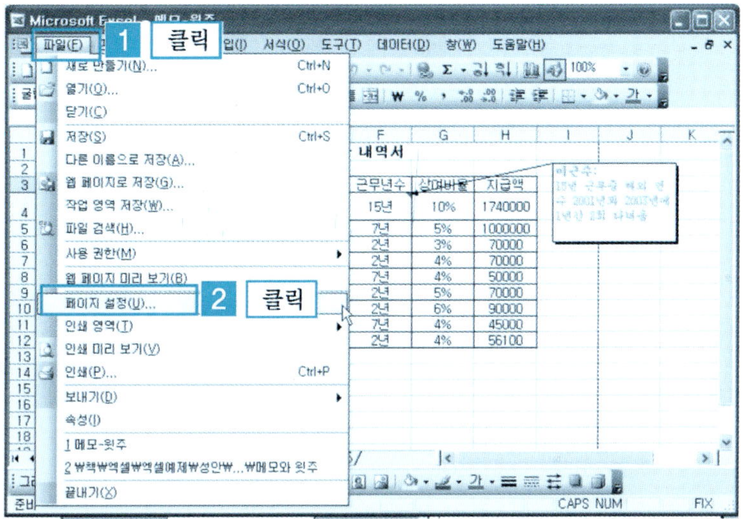

④ [페이지 설정 대화상자] → [시트 탭 클릭] → [인쇄 항목] → [메모 항목] →
[시트에 표시된 대로 지정] → [확인] 버튼을 클릭한다.

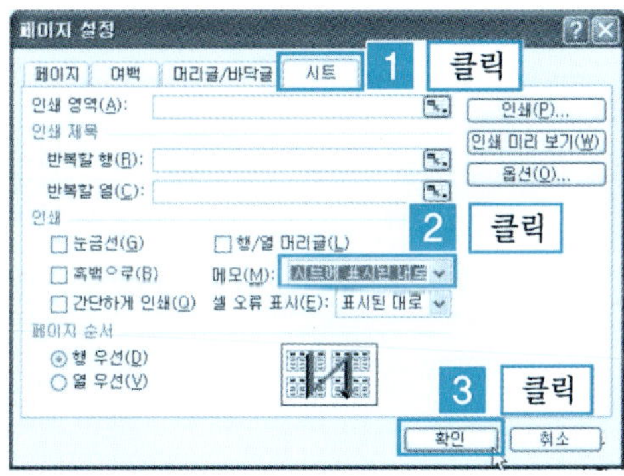

⑤ [파일 메뉴] → [인쇄 미리보기 메뉴]를 클릭하면 인쇄 미리보기 창에 메모가 포함된 것이 확인된다.

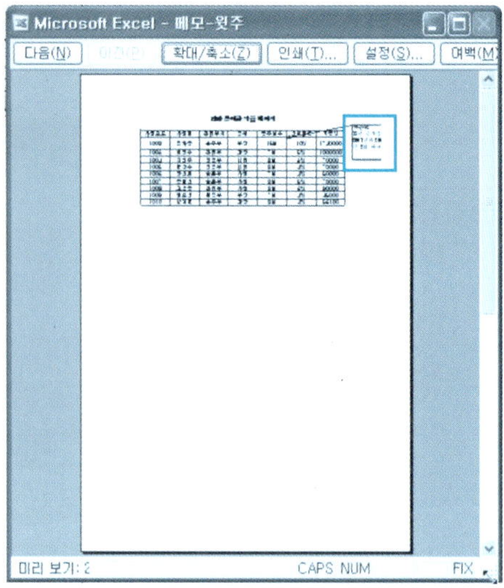

6 메모 삭제

❶ 메모를 삭제할 셀[F4 클릭] → [마우스 오른쪽 버튼 클릭] → [메모 삭제] 항목을 클릭한다.

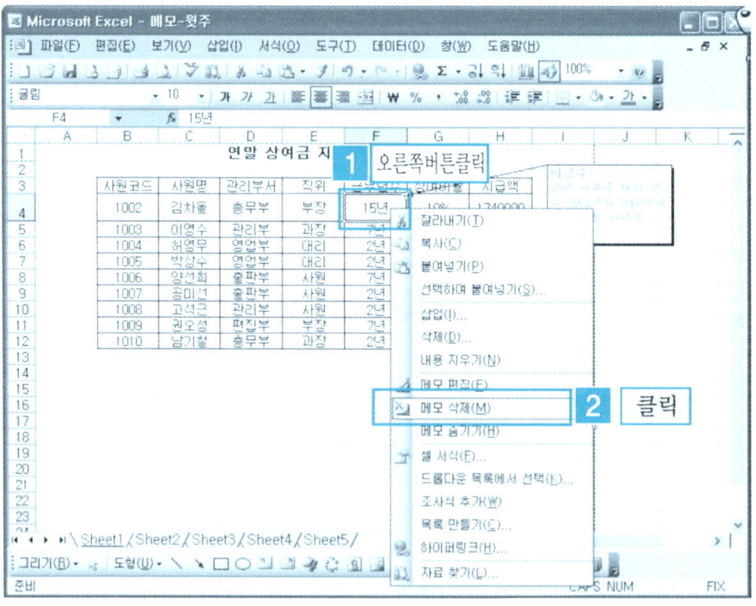

❷ 셀[F4]의 메모가 삭제
되어 보이지 않는다.

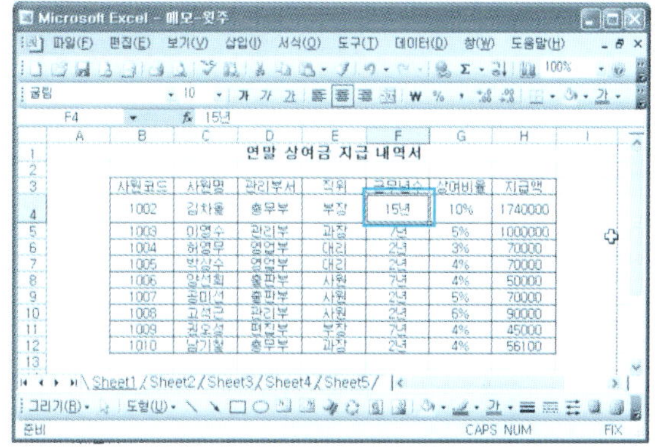

단원 실습 문제

〈**실습1**〉 [예제] 폴더에서 [메모-윗주.xls]를 불러온다.

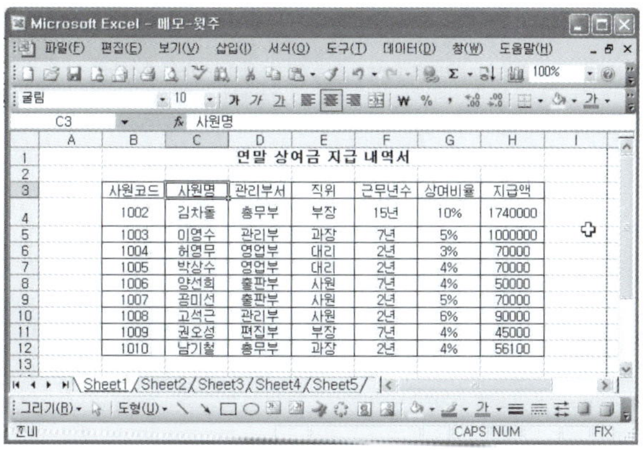

〈**실습2**〉 F5 셀에 메모를 삽입해 보자.

〈**실습3**〉 F5 셀에 삽입한 메모를 나타내 보자.

〈**실습4**〉 F5 셀에 나타난 메모를 오른쪽 공간으로 끌어내 보자.

〈**실습5**〉 E3 셀에 [職位]를 윗주로 만들어 보자.

〈**실습6**〉 E3 셀의 윗주를 화면에 나타내 보자.

〈**실습7**〉 F5 셀에 설정된 메모를 삭제해 보자.

〈**실습8**〉 E3 셀에 만든 윗주를 삭제해 보자.

5.2 | 워크시트 배경 꾸미기

엑셀로 작성된 문서의 시트의 배경에 그림을 삽입하여 문서를 아름답게 꾸밀 수 있다. 문서를 아름답게 꾸미는 방법에 대해서 알아본다.

1 시트 배경 삽입

❶ [예제] 폴더에서 [배경그림.xls]를 불러온다. [서식 메뉴 클릭] → [시트] → [배경 메뉴]를 클릭한다.

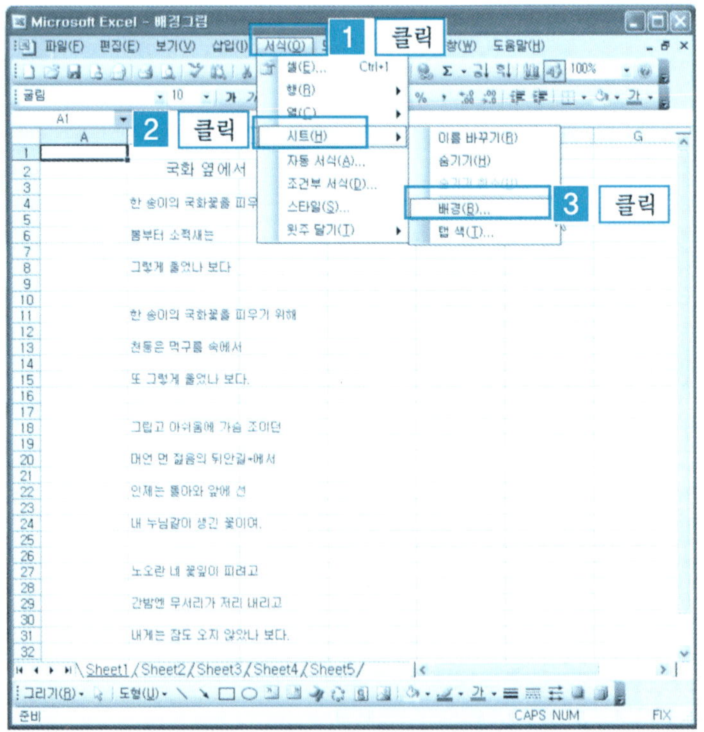

❷ [예제] 폴더에서 [폭포.JPG] 파일 클릭 → [삽입 메뉴] 버튼을 클릭한다.

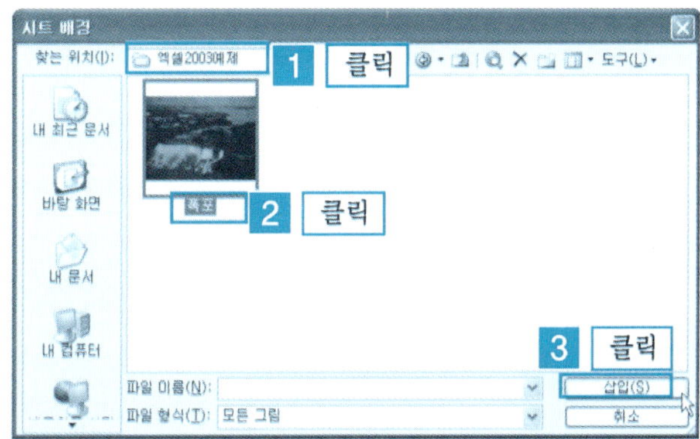

❸ 배경에 [폭포.JPG] 그림이 삽입되어 나타난다. 그림의 색이 너무 짙어 시가 잘 보이지 않는다.

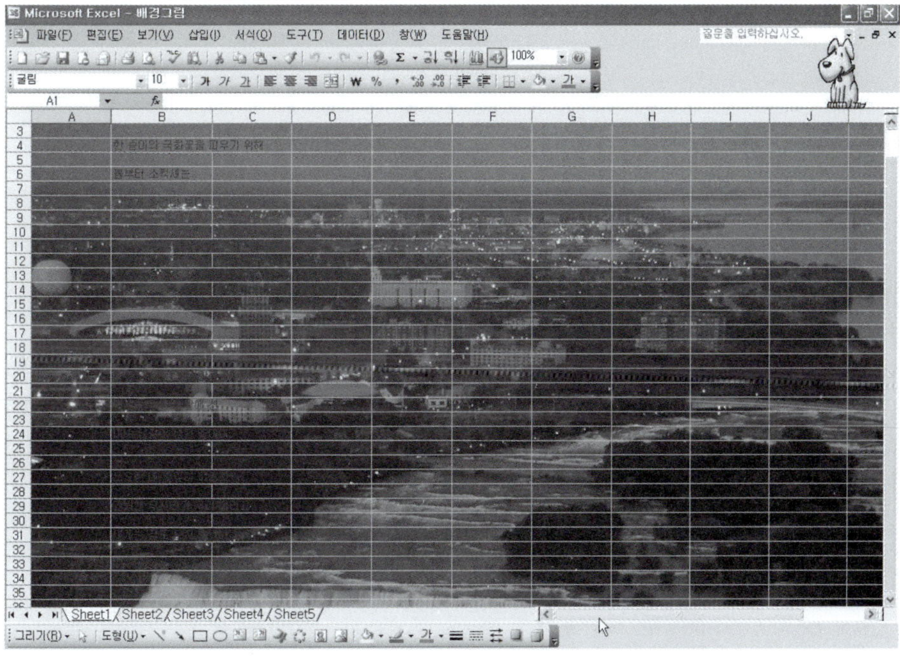

④ 시가 입력되어 있는 [셀B2:D31 지정] → [서식 도구 모음] → [글꼴색 클릭]
→ [흰색]을 클릭한다.

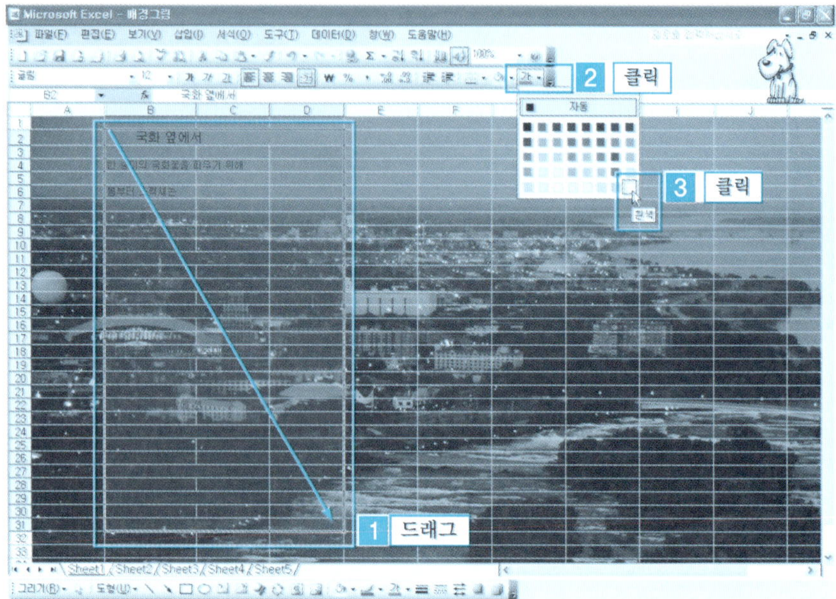

⑤ 시의 글자색이 흰색을 변경되어 시가 잘 보인다.

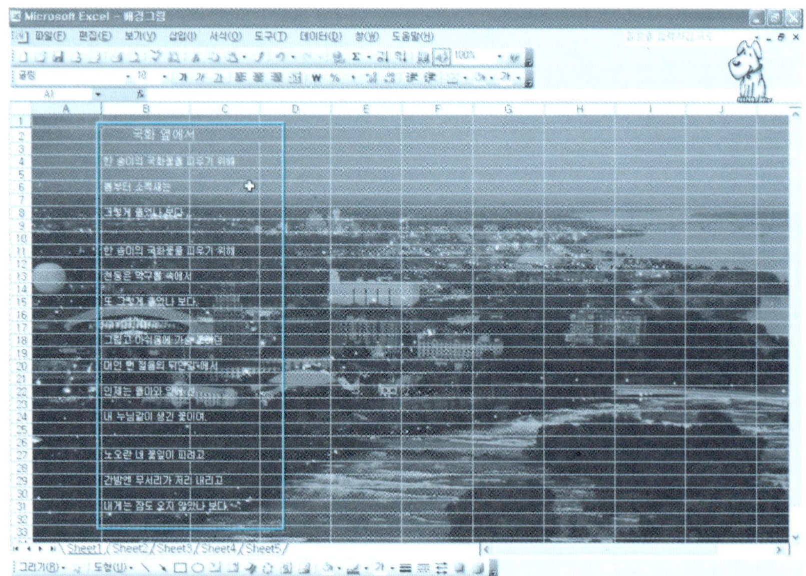

2 시트 배경 삭제

❶ [서식 메뉴 클릭] → [시트] → [배경 삭제]를 클릭한다.

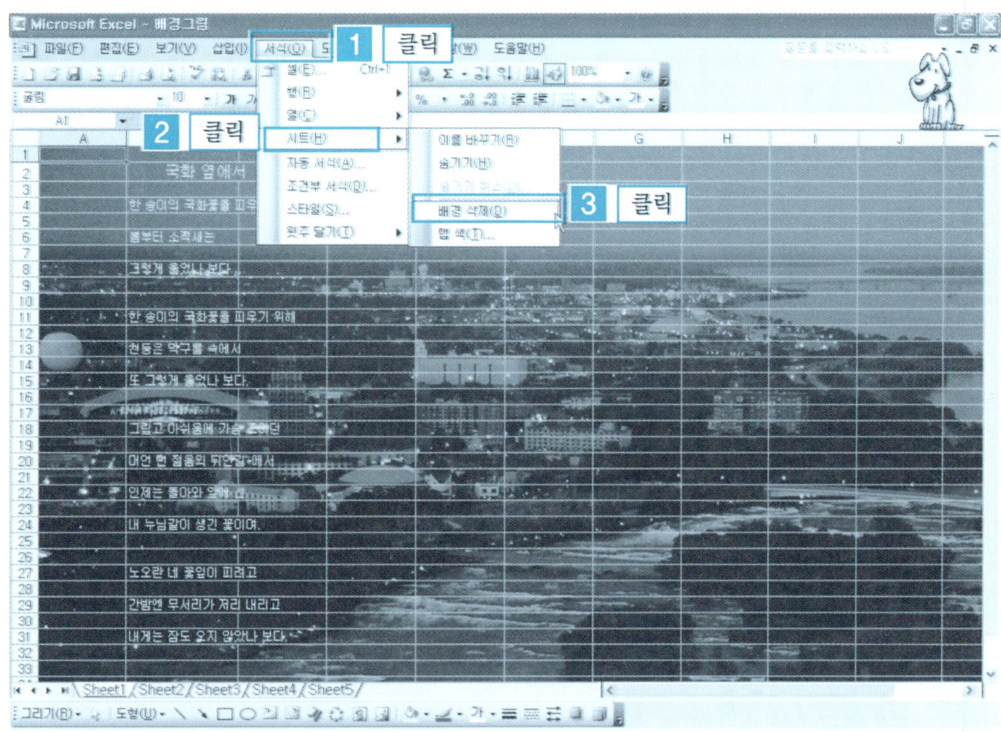

❷ 배경그림이 삭제되었으나 시의 글자
색을 흰색으로 변경하였기 때문에 글
자가 안보인다. 그래서 글자색을 바꾸
기 위해 [셀B2:D31 지정]을 지정한다.

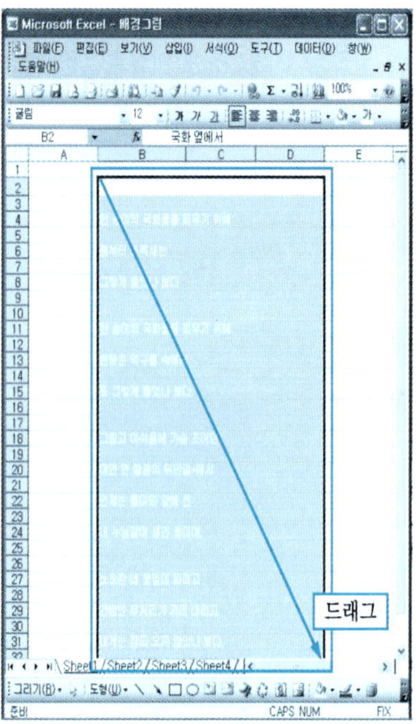

❸ [서식 도구 모음] →
[글꼴색 클릭] → [검
정색]을 클릭한다.

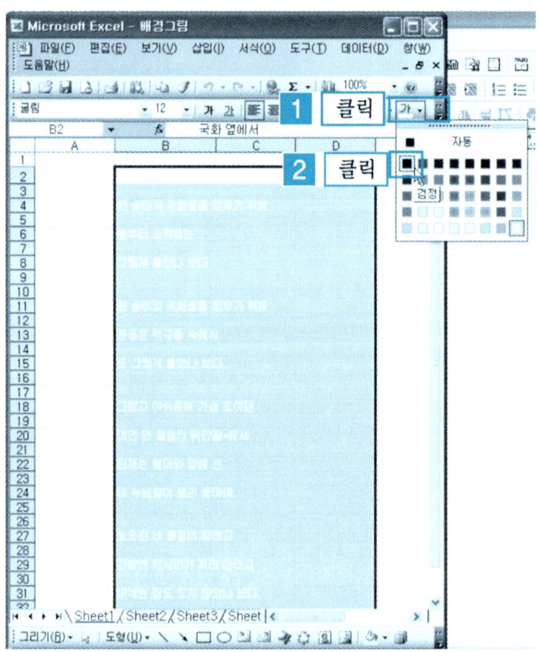

④ 시의 글자색이 검정으로 변경
되어 잘 보인다.

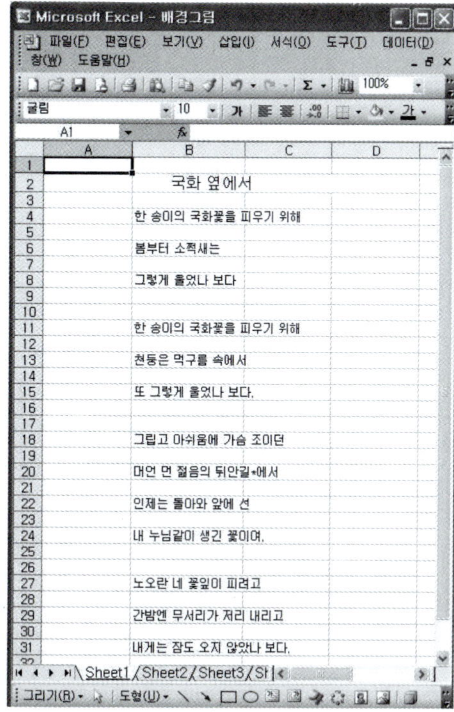

3 그림 삽입

① [예제] 폴더에서 [배경그림.xls]를 불러온다. [삽입 메뉴 클릭] → [그림] →
[그림 파일]을 클릭한다.

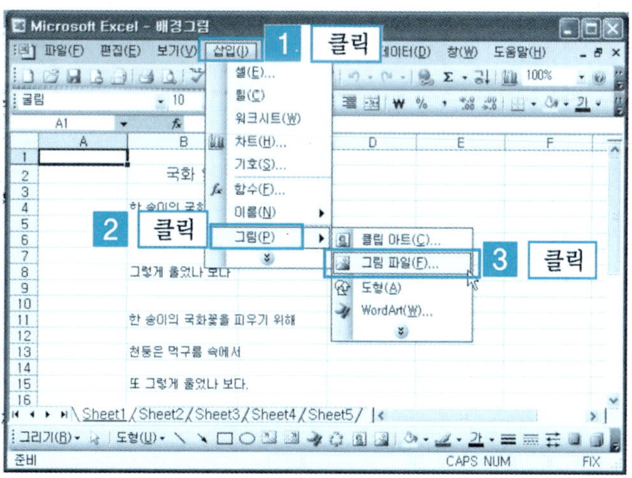

❷ [예제] 폴더에서 [목련.JPG] 파일 클릭 → [삽입 메뉴] 버튼을 클릭한다.

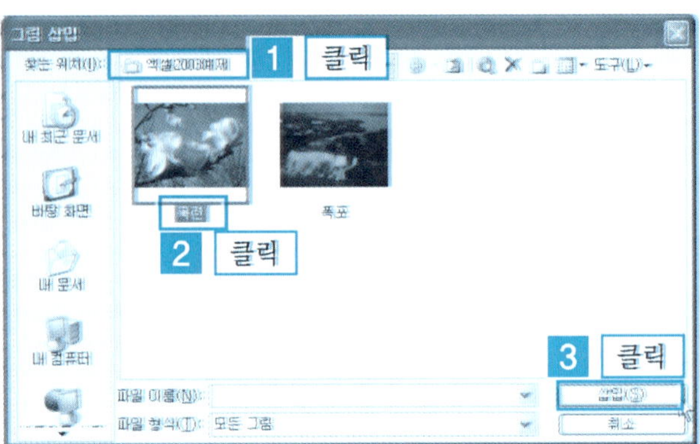

❸ 그림이 삽입되었다. 그림의 크기를 조절한다.

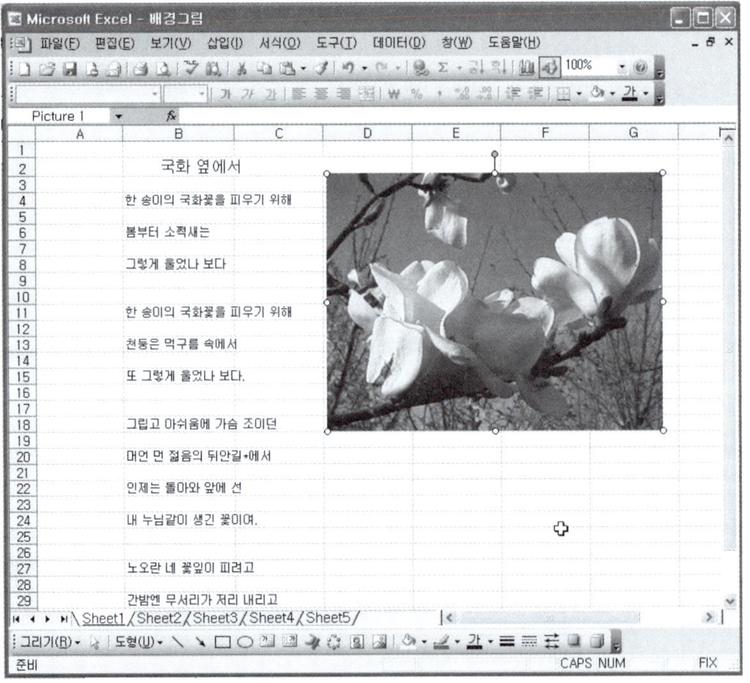

4 그림 도구 모음 설명

엑셀 문서에 삽입된 그림은 [그림 도구 모음]을 이용하여 밝기를 조절하거나 크기조절 등 간단한 그림 편집 작업을 할 수 있다.

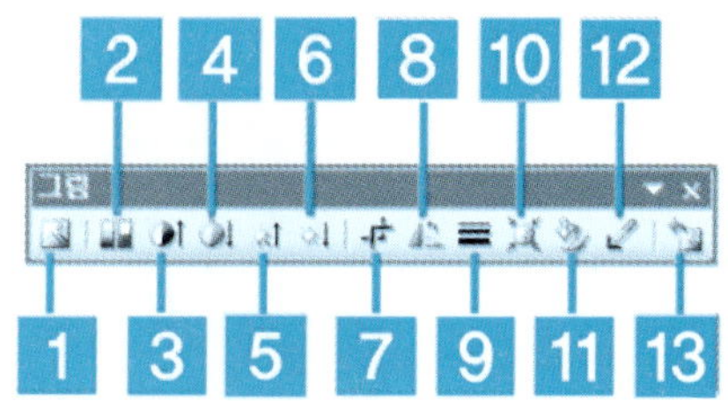

1 파일로부터 그림 삽입 : [삽입 메뉴] → [그림] → [그림 파일] 메뉴와 같이 그림 파일을 불러온다.

2 색 : 그림의 회색조나 흑백으로 변경할 수 있다.

3 선명하게 : 그림을 선명하게 한다.

4 희미하게 : 그림을 희미하게 한다.

5 밝게 : 그림의 밝기를 밝게 조절한다.

6 어둡게 : 그림의 밝기를 어둡게 조절한다.

7 자르기 : 그림을 자른다.

8 왼쪽으로 90도 회전 : 1번 클릭할 때마다 그림이 왼쪽으로 90도 회전한다.

9 선 스타일 : 그림의 테두리를 설정하여 액자와 같은 효과를 나타낸다.

10 그림 압축 : 그림의 해상도를 변경하거나 그림을 잘라내어 용량을 줄인다.

11 그림 서식 : 그림에 대한 서식을 좀더 세부적으로 설정한다.

12 투명한 색 설정 : 그림에서 투명하게 설정할 색을 지정한다.

13 그림 원래대로 : 그림을 처음 삽입할 때의 상태로 복구한다.

5 그림 크기 조절

❶ [예제] 폴더에서 [크기조절.xls]를 불러온다. 그림의 각 모퉁이와 가운데에 원 모양의 [개체조절 포인트]가 나타난다. 그림의 크기를 축소하기 위해서는 가운데 방향으로 드래그한다.

❷ 그림을 확대하기 위해서는 바깥쪽으로 드래그한다.

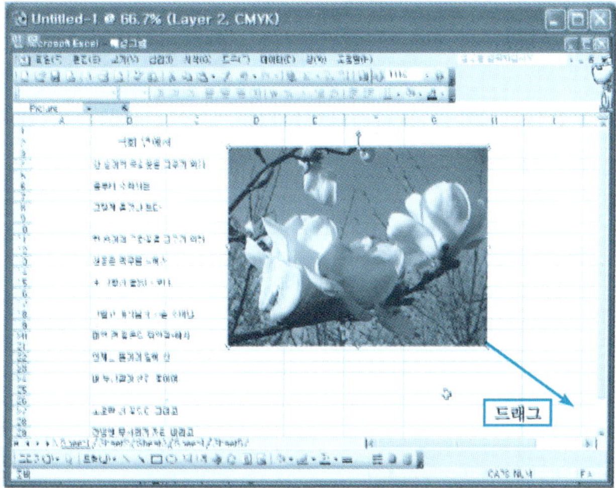

❸ 그림이 확대된 결과 화면이다.

6 그림에 투명한 색 설정

① [예제] 폴더에서 [배경그림.xls]를 불러온다. [예제] 폴더에서 [국회.JPG]를 불러와 그림 삽입을 한다. 그림에 투명한 색 설정을 위해 [그림 도구 모음]에서 [투명한 색 설정 단추]를 클릭한 다음 [국회] 그림에서 투명하게 하고자 하는 바탕화면에 마우스를 클릭한다. (그림 도구 모음이 나타나 있지 않을 경우 [보기] → [도구 모음] → [그림]을 설정한다.)

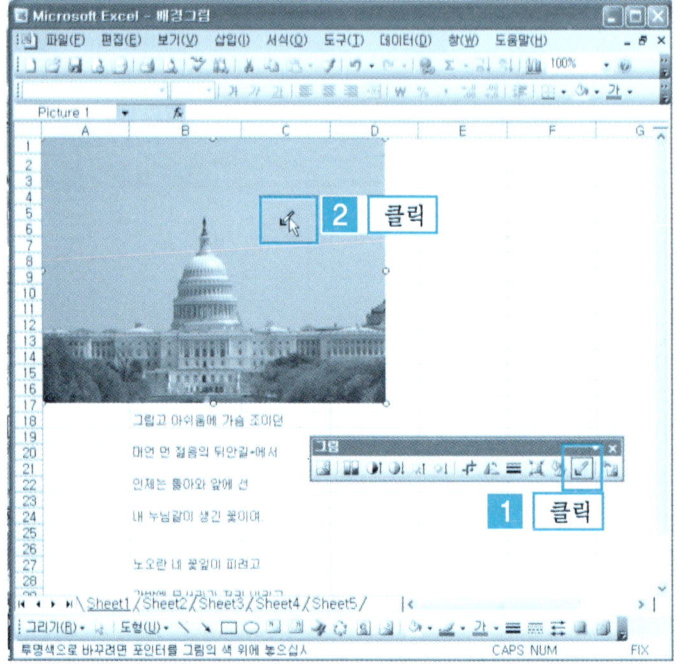

② 그림의 배경이 투명하게 설정된다.

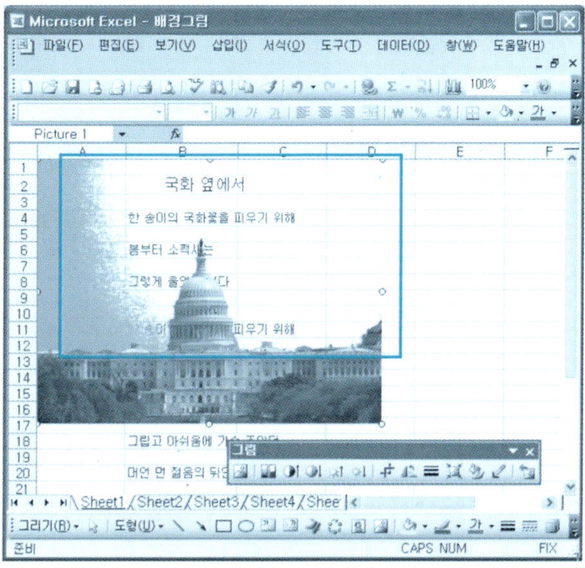

❸ 그림을 적당한 위치로 이동시킨다.

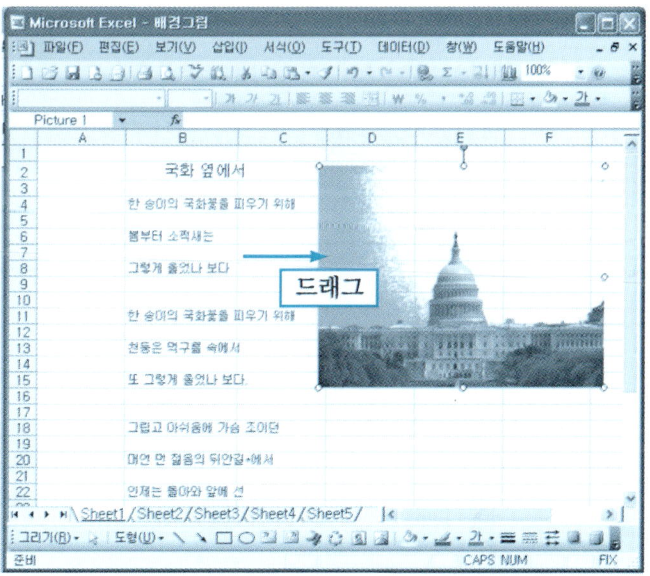

7 그림의 색과 밝기 설정

(1) 색–회색조 설정

❶ 그림을 회색조로 설정하기 위해 [그림 도구 모음] → [색 설정 단추 클릭] → [회색조] 항목을 클릭한다.

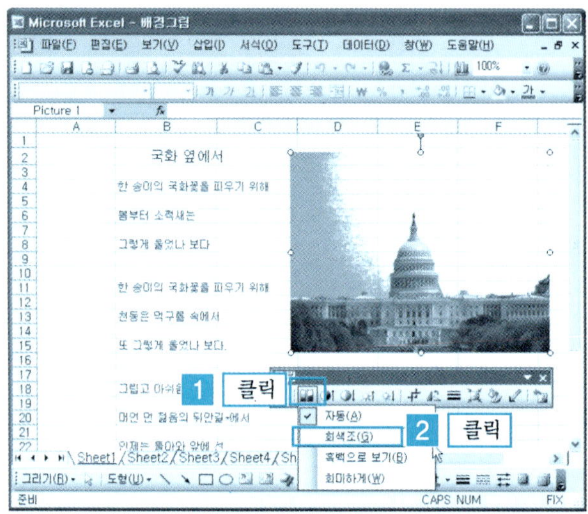

❷ [국회] 그림이 회색조로 변경되었다.

(2) 색-흑백으로 설정

❶ 그림을 흑백으로 설정하기 위해 [그림 도구 모음] → [색 설정 단추 클릭] →
[흑백으로 보기] 항목을 클릭한다.

❷ [국회] 그림이 흑백으로 변경되었다.

(3) 색–희미하게 설정

❶ 그림을 희미하게 설정하기 위해 [그림 도구 모음] → [색 설정 단추 클릭] → [희미하게] 항목을 클릭한다.

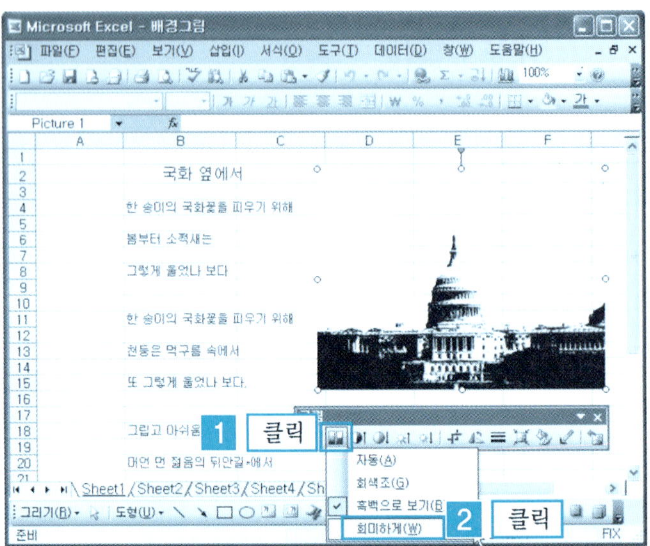

❷ [국회] 그림이 희미하게 변경되었다.

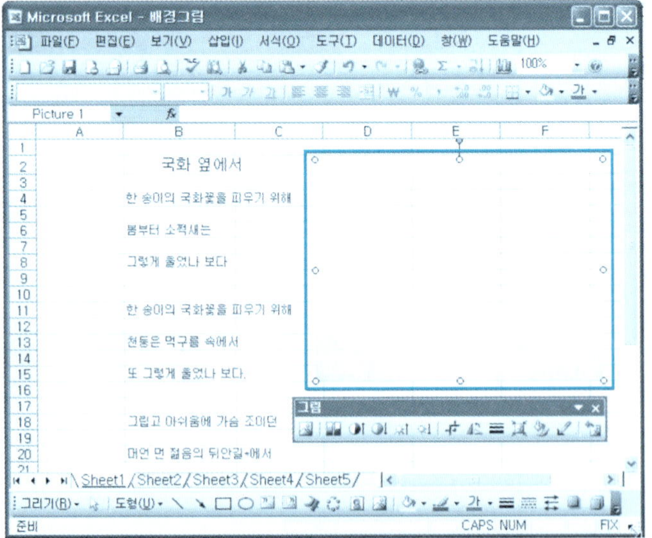

(4) 선명하게 설정

그림을 선명하게 설정하기 위해 [그림 도구 모음] → [선명하게] 아이콘을 클릭한다. 클릭하는 횟수를 증가함에 따라서 차츰 더 선명해진다.

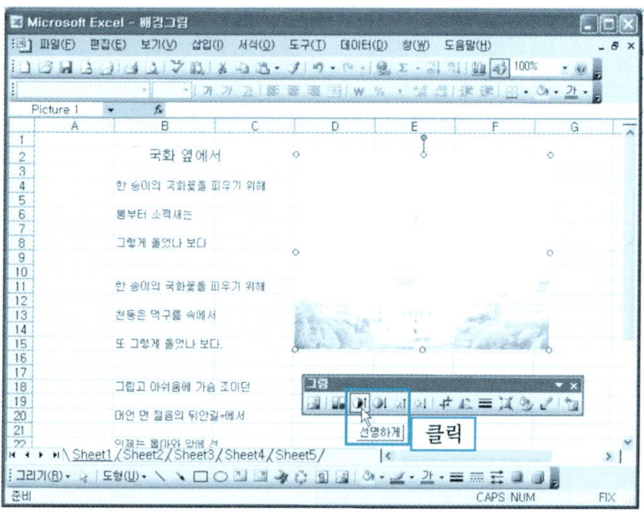

(5) 희미하게 설정

그림을 희미하게 설정하기 위해 [그림 도구 모음] → [희미하게] 아이콘을 클릭한다. 클릭하는 횟수를 증가함에 따라서 차츰 더 희미해진다.

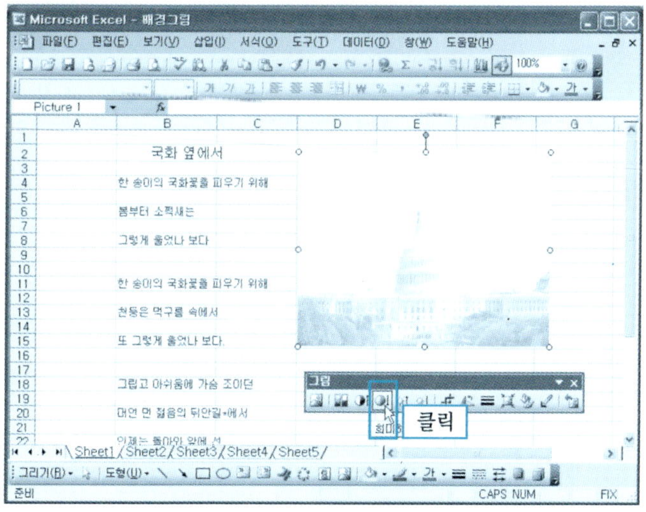

(6) 밝게 설정

그림을 밝게 설정하기 위해 [그림 도구 모음] → [밝게] 아이콘을 클릭한다. 클릭하는 횟수를 증가함에 따라서 차츰 더 밝아진다.

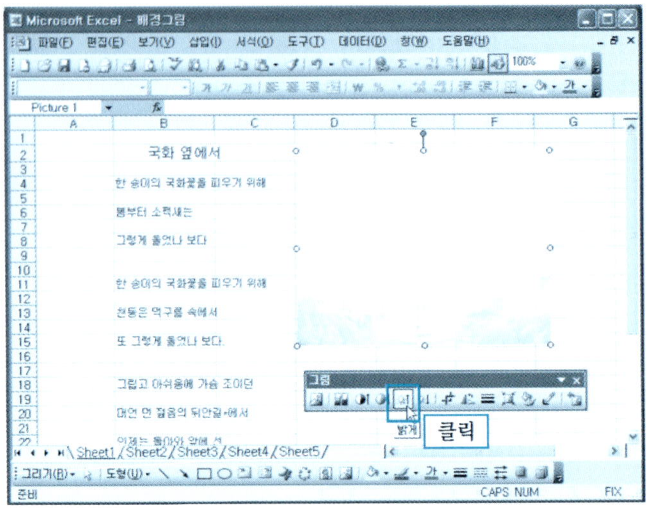

(7) 어둡게 설정

그림을 어둡게 설정하기 위해 [그림 도구 모음] → [어둡게] 아이콘을 클릭한다. 클릭하는 횟수를 증가함에 따라서 차츰 더 어두워진다.

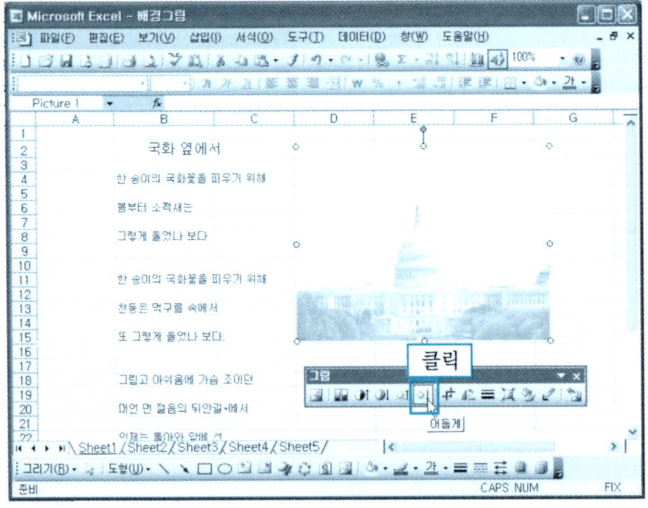

8 그림 자르기 설정

① 그림 자르기를 설정하기 위해 [그림 도구 모음] → [자르기] 아이콘을 클릭한다.

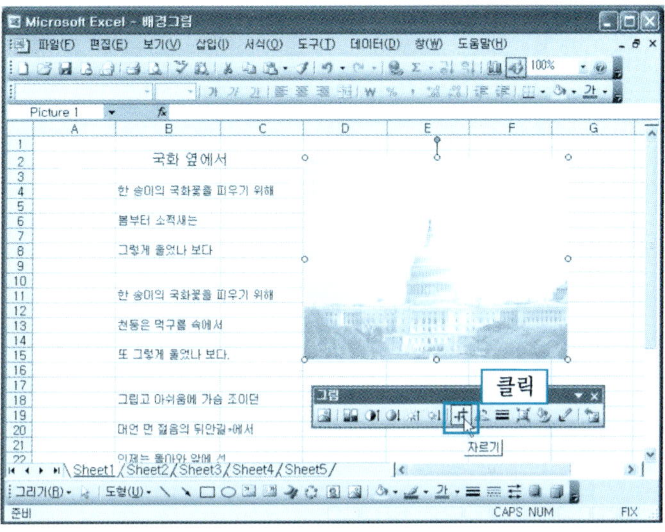

② 그림의 8방향에 있는 자르기 선표시를 필요한 방향으로 드래그하면 드래그한만큼 그림이 잘라져 축소된다.

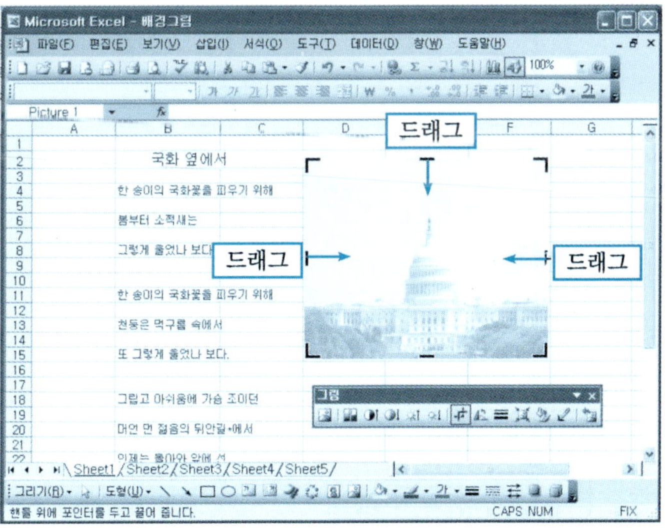

❸ 그림이 줄어든 결과 화면이다. 그림영역이 아닌 다른 곳의 셀에 마우스 포인터를 클릭하면 자르기 표시선이 없어진다.

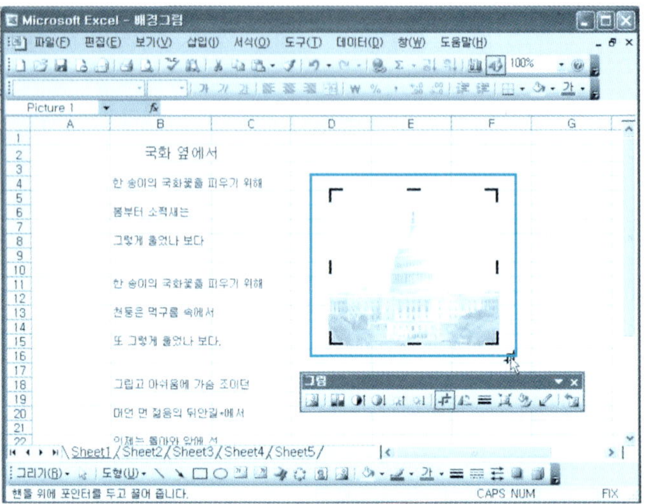

9 테두리 설정

❶ 테두리를 설정하기 위해 [그림 도구 모음] → [선 스타일] 아이콘을 클릭한다. 적절한 선 두께를 클릭한다.

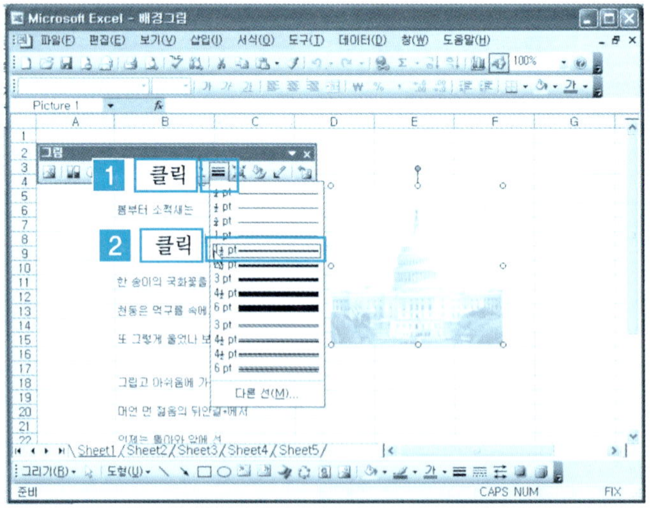

❷ 지정한 선 두께로 사진의 테두리가 설정되었다.

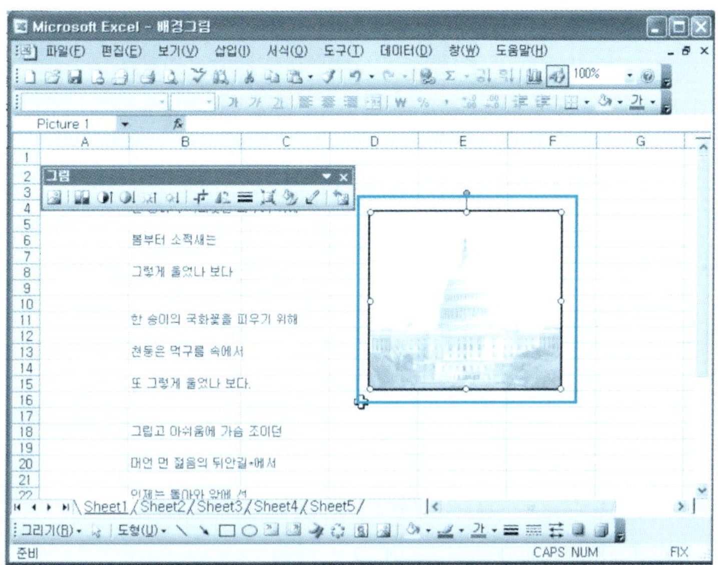

단 원 실 습 문 제

〈실습1〉 [예제] 폴더에서 [배경그림.xls]를 불러온다.

〈실습2〉 자신이 보관하고 있는 그림 파일을 불러와서 삽입해 보자.

〈실습3〉 그림의 크기와 위치를 적절하게 조절해 보자.

〈실습4〉 색–회색조를 실징해 보자.

〈실습5〉 색–흑백으로 보기를 설정해 보자.

〈실습6〉 색–희미하게를 설정해 보자.

〈실습7〉 선명하게를 설정하여 5회 클릭해 보자.

〈실습8〉 희미하게를 설정하여 5회 클릭해 보자.

〈실습9〉 밝게를 설정하여 3회 클릭해 보자.

〈실습10〉 어둡게를 설정하여 3회 클릭해 보자.

〈실습11〉 자르기를 설정하여 사진의 4방향에서 잘라내어 사진의 크기를 줄여보자.

〈실습12〉 사진의 테두리를 3pt로 설정해 보자.

5.3 | 클립아트 활용

오피스 프로그램에 필요한 경우 삽입할 수 있도록 준비된 그림들을 [클립아트]라고 한다. 클립아트는 주로 용량이 작은 여러 종류의 그림들로 구성되어 있어 특성에 맞도록 폴더에 저장되어 있어 문서를 작성하는 데 클립아트가 많이 사용되고 있다.

1 클립아트 삽입

❶ [예제] 폴더에서 [배경그림.xls]를 불러온다. [삽입 메뉴] → [그림] → [클립아트] 항목을 클릭한다.

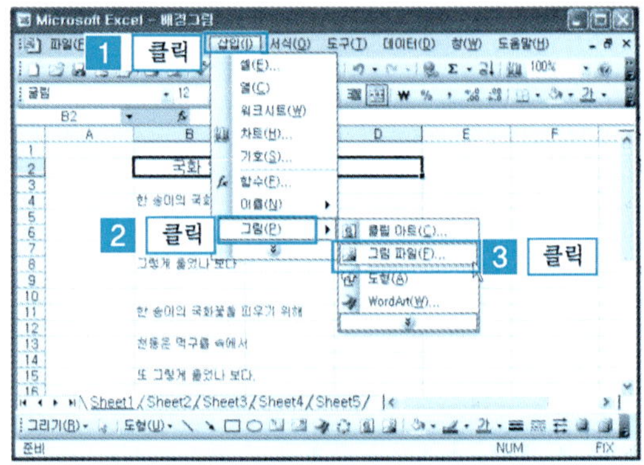

❷ 오른쪽에 [클립아트] 창이 나타난다. [검색 위치 항목] → [드롭다운 버튼 클릭] → [Office 모음]항목을 두 번 클릭하여 체크한다.

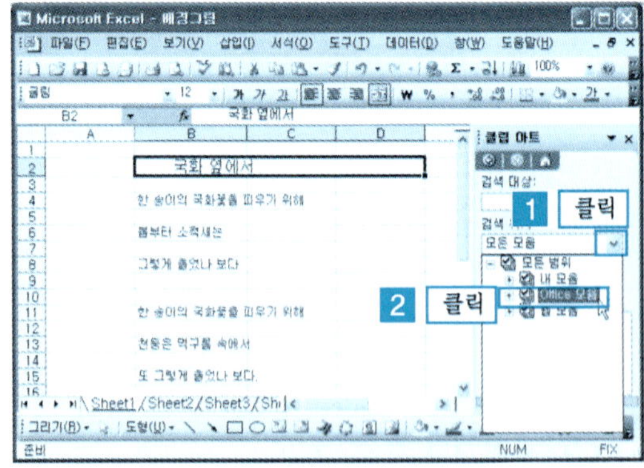

❸ [검색할 형식 항목] → [드롭다운 버튼 클릭] → [클립아트 항목 체크 표시]
→ [이동 버튼]을 클릭한다.

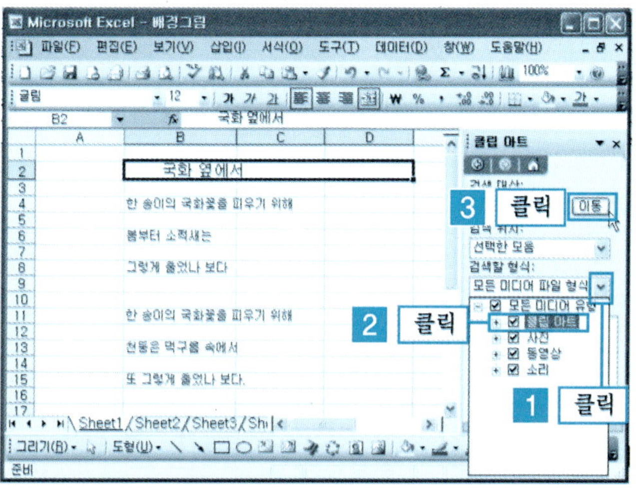

❹ 삽입할 클립아트를 클릭하면 문서에 아트가 삽입된다.

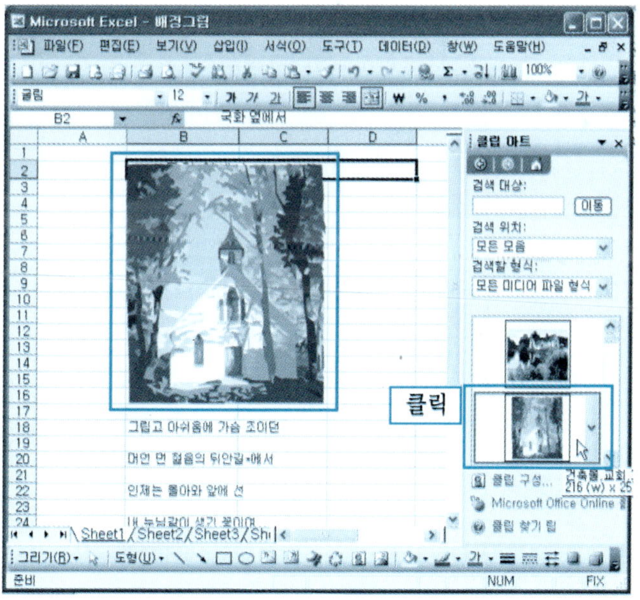

2 빠른 클립아트 삽입 방법

❶ 삽입하고자 하는 [클립아트 위로 마우스 포인터 이동] → [마우스 오른쪽 버튼 클릭] → [삽입 메뉴] 항목을 클릭한다.

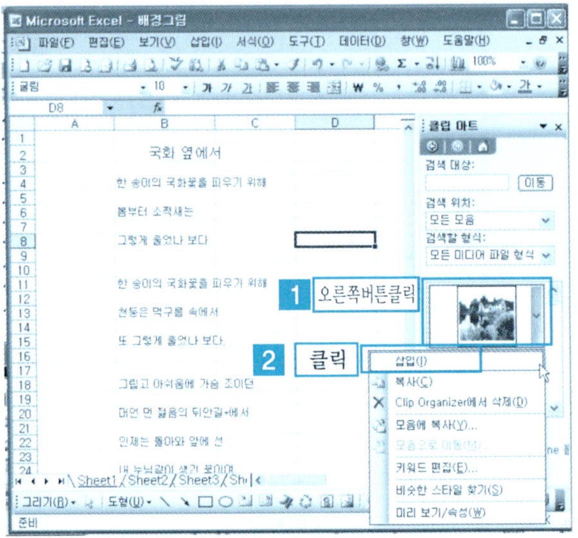

❷ 문서에 지정한 클립아트가 삽입된다.

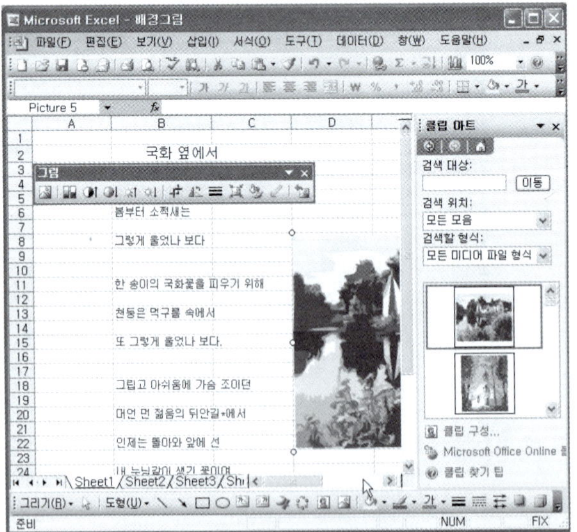

3 클립 구성

자주 사용하는 클립아트를 폴더를 만들어 구성해 보자.

❶ [클립아트 창] → [클립 구성] 항목을 클릭한다.

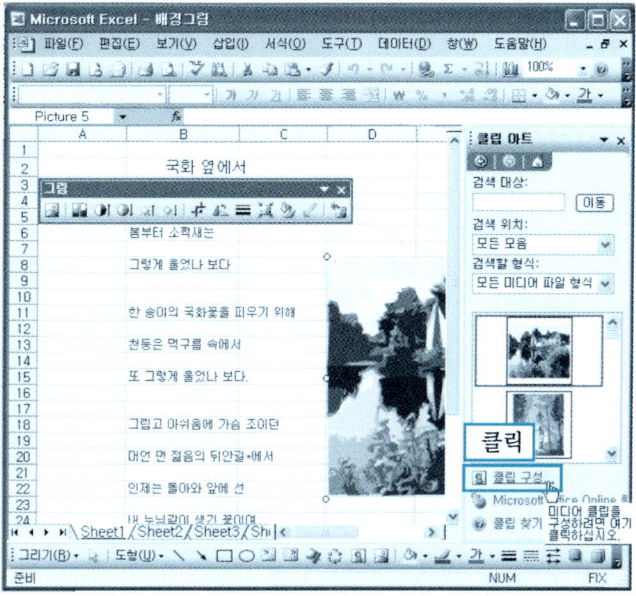

❷ [Clip Organizer 창] → [파일 메뉴] → [새 모음] 메뉴를 클릭한다.

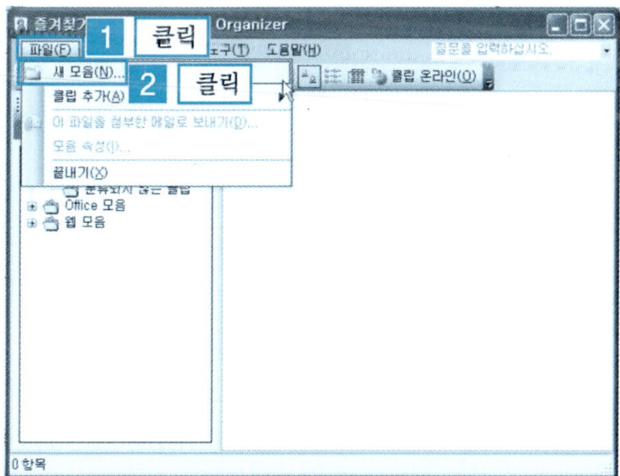

❸ [새 모음 창] → [이름 항목에 새 모음 이름
[kslee 클립아트] 입력] → [새 모음 위치 지정]
→ [확인] 버튼을 클릭한다.

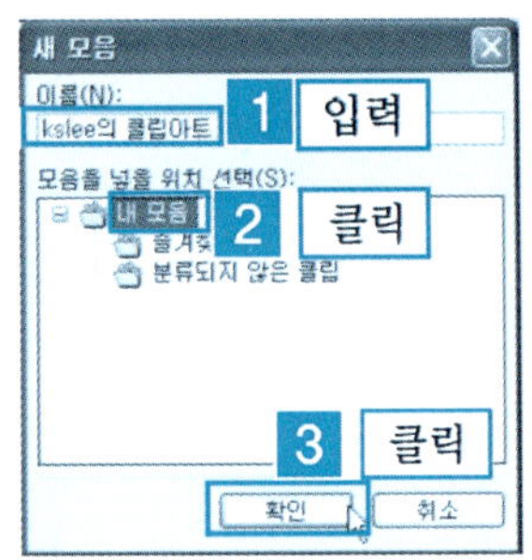

❹ 내 모음에 새로 추가한 모음 이름[kslee 클립아트]이 나타난다. [Office 모음
클릭] → [기호 클릭] → [달러화 기호]를 [kslee 클립아트]로 드래그하여 복사
하여 이동시킨다.

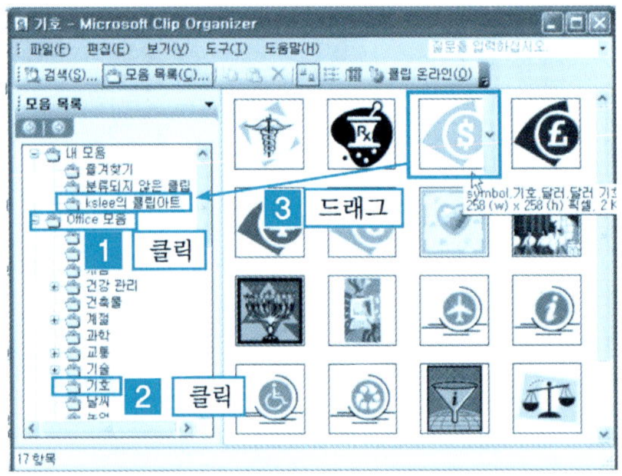

❺ [kslee 클립아트 클릭]하면 달러화 기호가 나타난다.

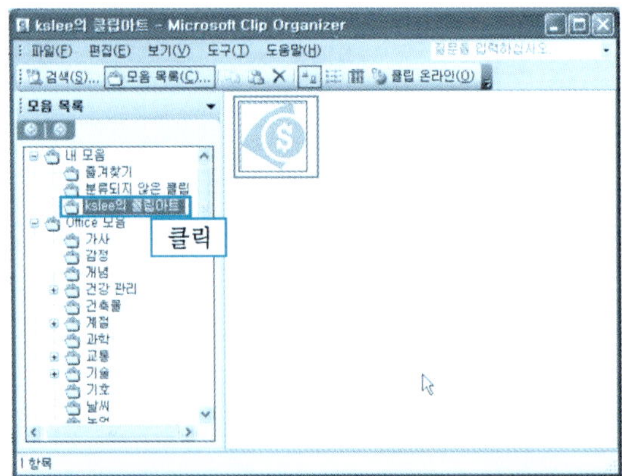

⑥ [kslee 클립아트를 마우스 오른쪽 버튼 클릭]하면 단축 메뉴에서 [이름]을 삭제하거나 바꿀 수 있는 메뉴가 나타난다.

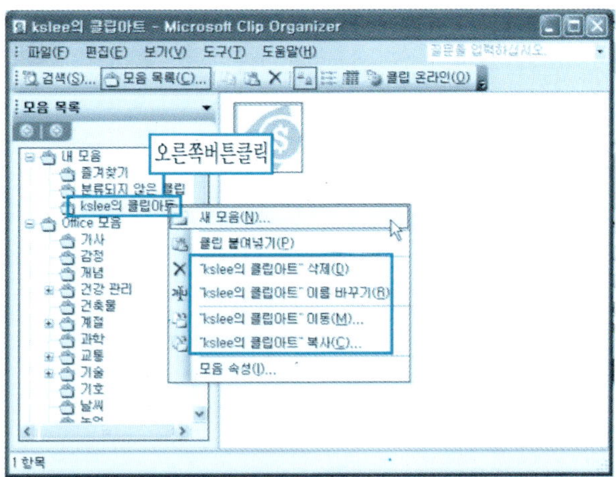

⑦ 복사한 클립아트에서 [마우스 오른쪽 버튼 클릭] → [kslee 클립아트에서 삭제] 항목을 클릭한다.

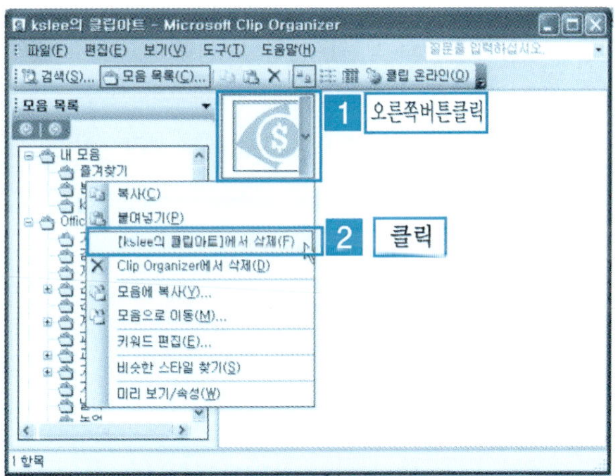

❽ kslee 클립아트에서 달러화 기호가 삭제되었다.

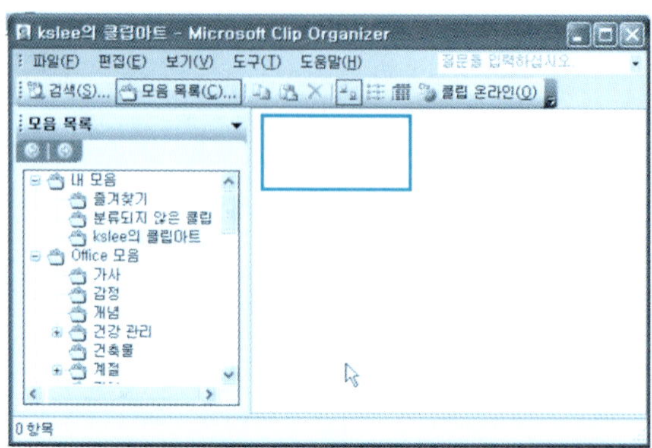

단 원 실 습 문 제

〈실습1〉 [예제] 폴더에서 [배경그림.xls]를 불러온다.

〈실습2〉 문서에 클립아트를 삽입해 보자.

〈실습3〉 모음 목록창에서 내 모음 폴더에 [이쁜 모음]이란 모음 이름을 만들어 보자.

〈실습4〉 [이쁜 모음]에 [Office 모음]과 [웹 모음]에서 10개의 클립아트를 복사해 보자.

〈실습5〉 [이쁜 모음]의 이름을 [예쁜 모음]으로 바꾸어 보자.

〈실습6〉 [예쁜 모음]에서 5개의 클립아트를 삭제해 보자.

5.4 | 워드아트 활용

시각적인 디자인 요소를 활용하여 문자를 그림과 같은 형태로 변형시키는 것을 타이포그래피라고 한다. 문서에서 문자를 그림과 같이 아름답게 변형시키는 것이 [WordArt]이다.

1 워드아트 삽입

❶ [예제] 폴더에서 [워드아트.xls]를 불러온다.

[삽입 메뉴 클릭] → [그림] → [WordArt] 항목을 클릭한다.

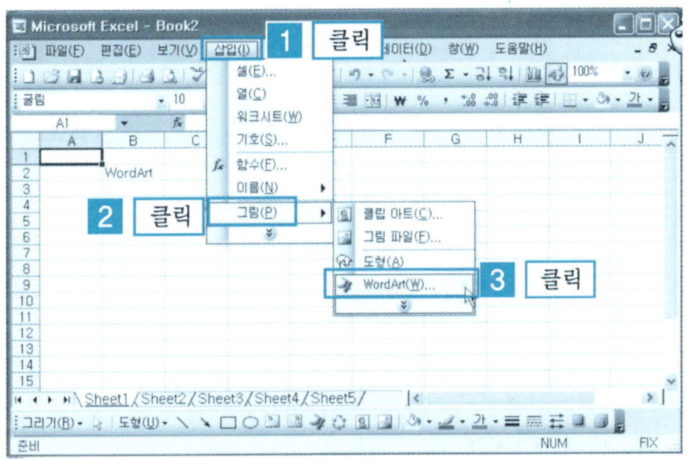

❷ 원하는 [워드아트 지정] → [확인]
버튼을 클릭한다.

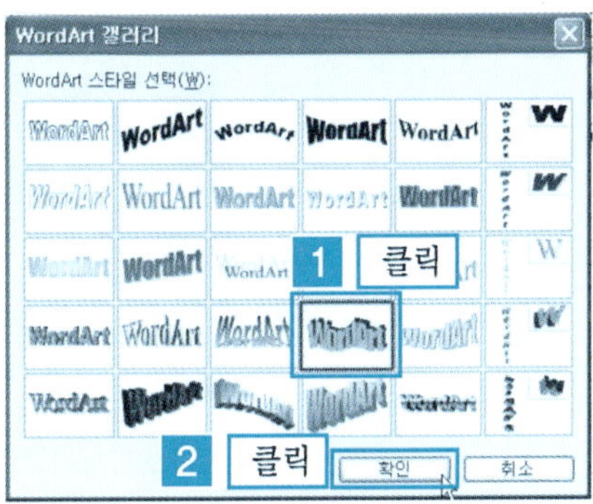

❸ [WordArt 텍스트 편집창]
→ [문서 제목 입력] →
[글꼴, 크기 등 설정] →
[확인] 버튼을 클릭한다.

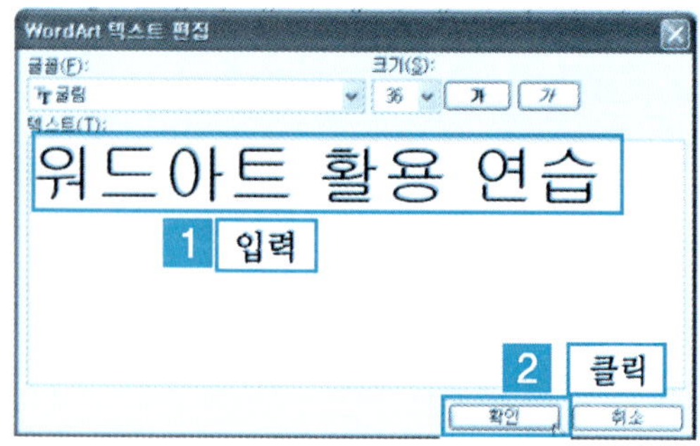

❹ 입력한 제목이 아래와 같이 도구 모음과 함께 나타난다.

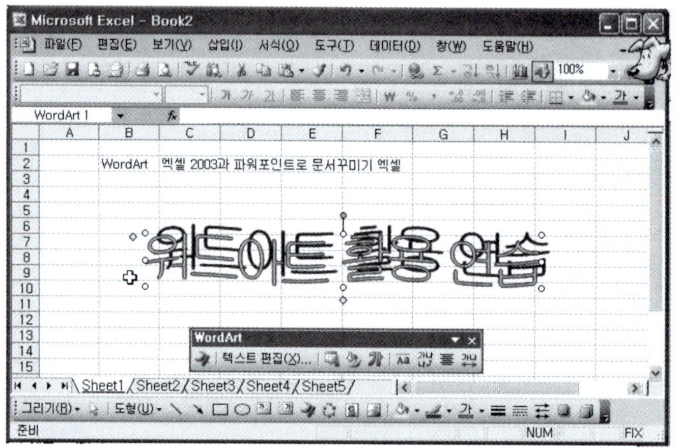

❺ [A1 셀 너비 확장] → [제목을 A1 셀]로 드래그한다.

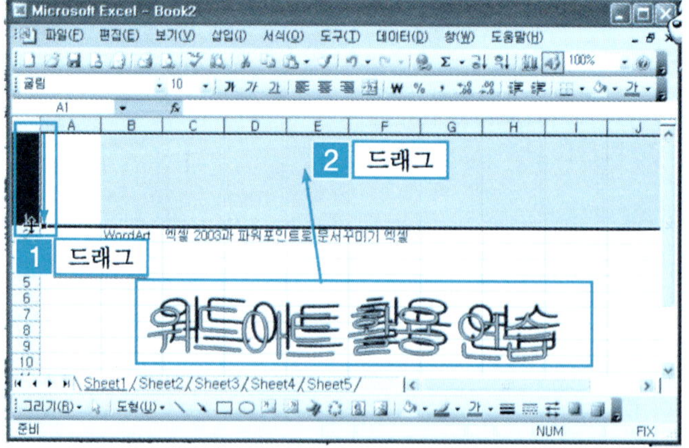

⑥ WordArt 삽입이 완료되었다.

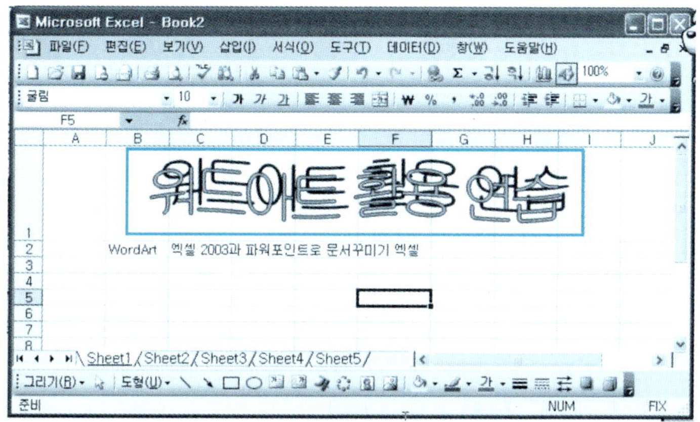

단원 실습 문제

〈**실습1**〉 [예제] 폴더에서 [워드아트.xls]를 불러온다.

〈**실습2**〉 [WordArt 갤러리]를 이용하여 [WordArt]를 삽입해 보자.

2 워드아트 도구 모음 설명

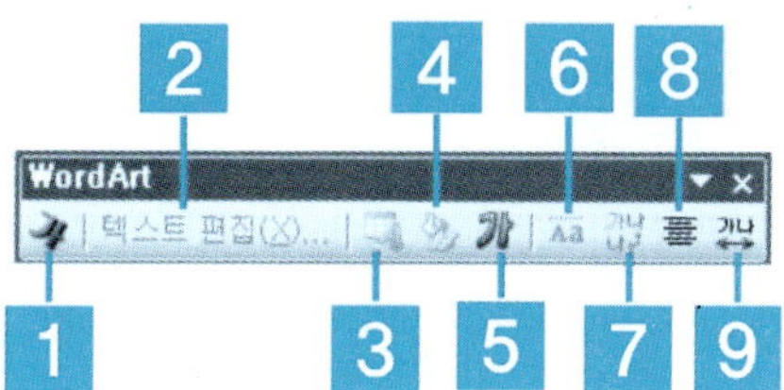

1 WordArt 삽입 : 새 WordArt를 삽입한다.

2 텍스트 편집 : 글꼴, 크기, 텍스트 등을 다시 설정하거나 입력한다.

3 WordArt 갤러리 : [WordArt 갤러리] 창을 불러와 모양을 다시 설정할 수 있다.

4 WordArt 서식 : WordArt를 여러 가지 서식으로 설정한다.

5 WordArt 도형 : WordArt의 모양을 여러 가지 도형으로 설정한다.

6 WordArt와 같은 문자 높이 : WordArt와 같은 문자 높이로 설정한다.

7 WordArt 세로 텍스트 : 삽입한 WordArt를 세로 모양으로 설정한다.

8 WordArt 정렬 : WordArt의 텍스트를 왼쪽, 오른쪽으로 정렬한다.

9 WordArt 문자 간격 : WordArt의 문자 간격을 늘리거나 줄일 수 있다.

3 워드아트 적용하기

❶ 삽입한 [WordArt 클릭] → [WordArt 도구 모음] → [WordArt 도형 아이콘 클릭] → [원통 아래] 모양을 클릭한다.

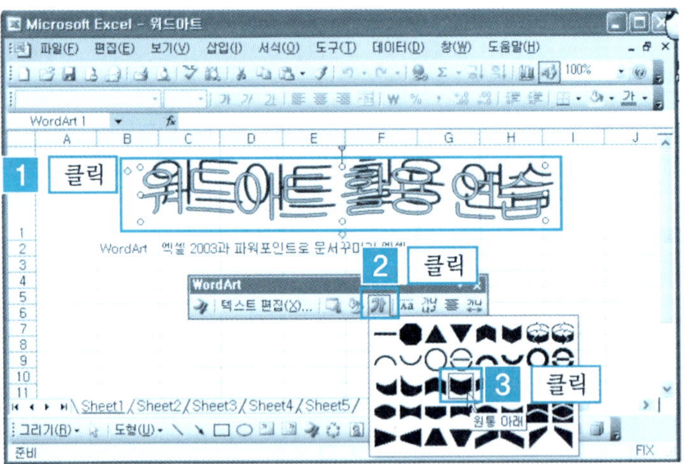

❷ WordArt의 모양이 변형되었다.

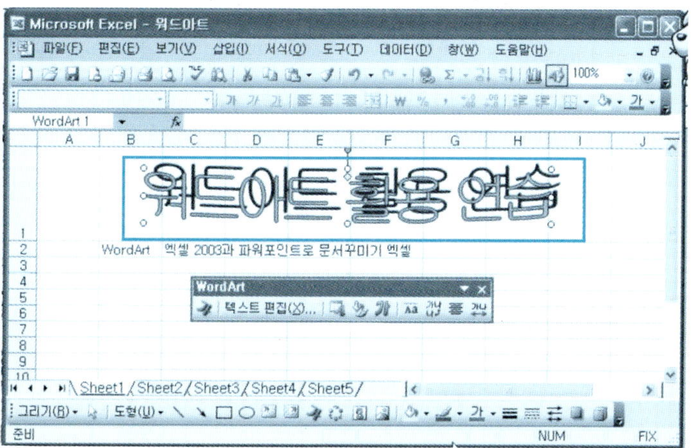

❸ [WordArt 도구 모음] → [WordArt 세로 텍스트 아이콘]을 클릭한다.

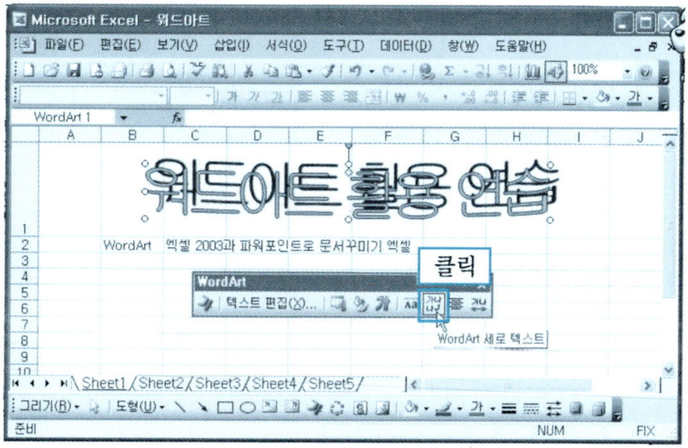

❹ 삽입한 WordArt가 세로
모양으로 변형되었다.

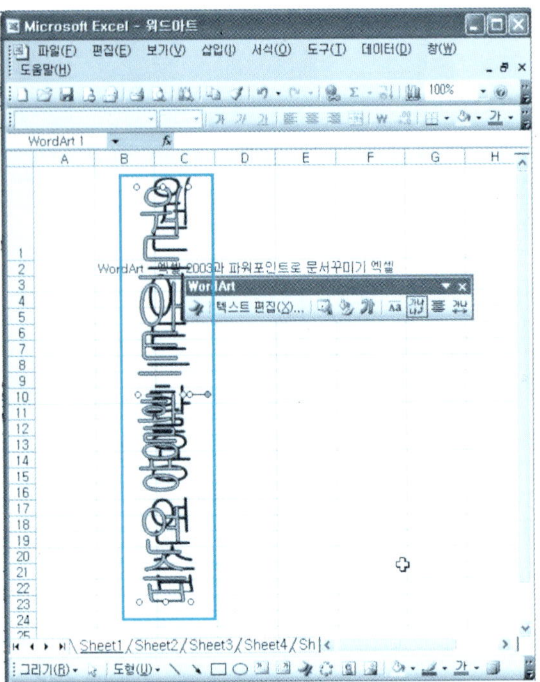

❺ [WordArt 도구 모음] →
[WordArt 문자 간격 아
이콘 클릭] → [매우 넓
게] 항목을 클릭한다.

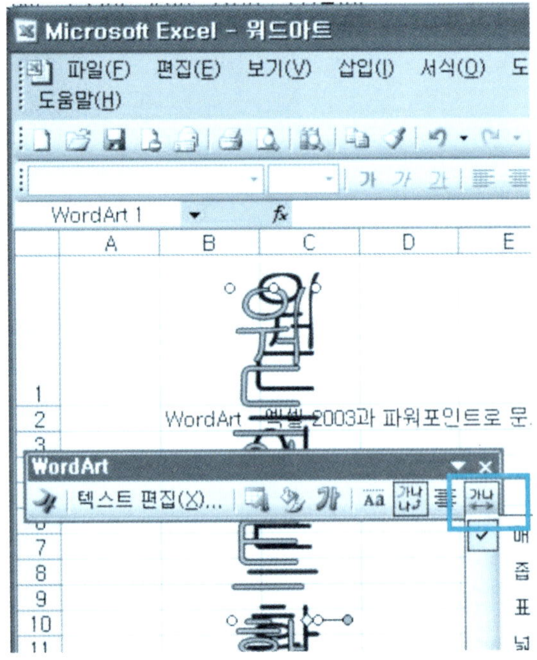

⑥ WordArt의 문자 간격이 넓어졌다.

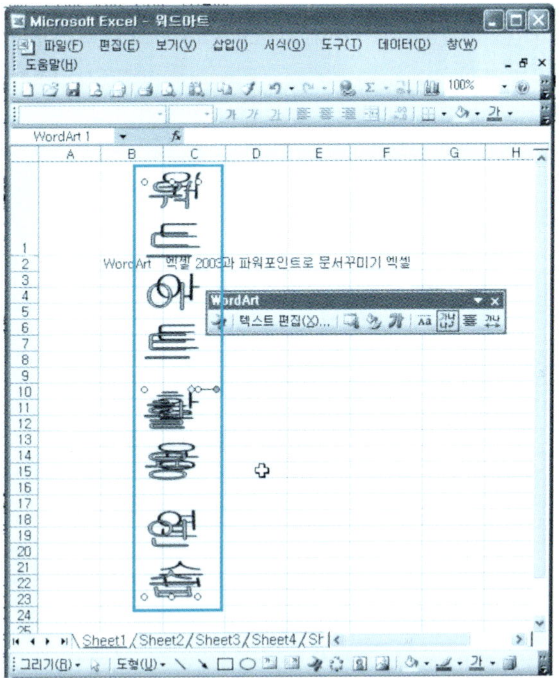

단 원 실 습 문 제

〈**실습1**〉 [예제] 폴더에서 [워드아트.xls]를 불러온다.

〈**실습2**〉 [WordArt 도형 아이콘]을 이용하여 삽입된 [WordArt]의 모양을 여러 가지로 변형시켜 보자.

〈**실습3**〉 삽입된 [WordArt]의 글꼴과 크기를 변형시켜 보자.

4 워드아트 서식 설정

❶ 삽입한 [WordArt 클릭] → [WordArt 도구 모음] → [WordArt 서식 아이콘]을 클릭한다.

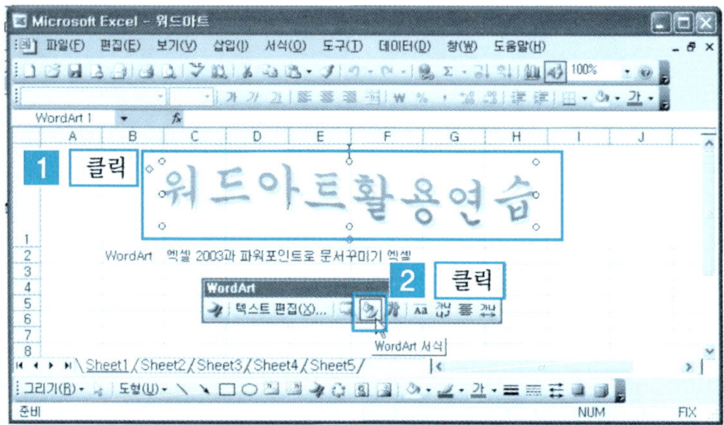

❷ [WordArt 서식 대화상자] → [채우기 항목] → [색 드롭다운 버튼 클릭] → [채우기 효과 항목]을 클릭한다.

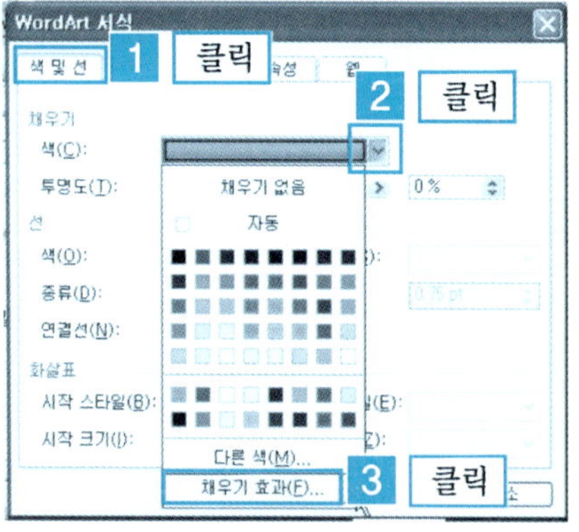

❸ [채우기 효과 대화상자] → [무늬 탭
클릭] → [무늬 지정] → [확인] 버튼
을 클릭한다.

❹ [WordArt 서식 대화상자] → [확
인] 버튼을 클릭한다.

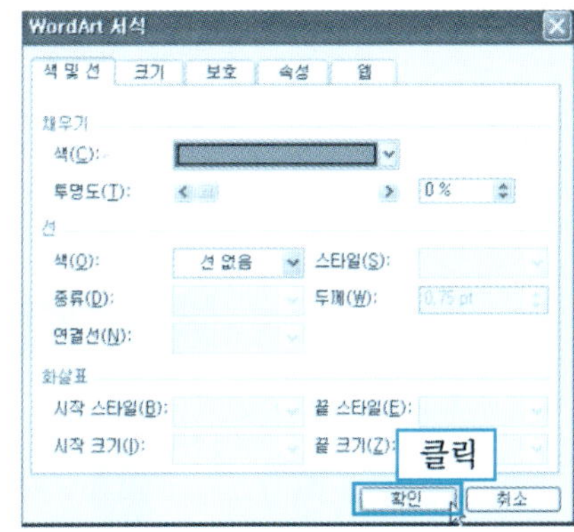

❺ 삽입된 [WordArt]의 무늬가 변형되었다.

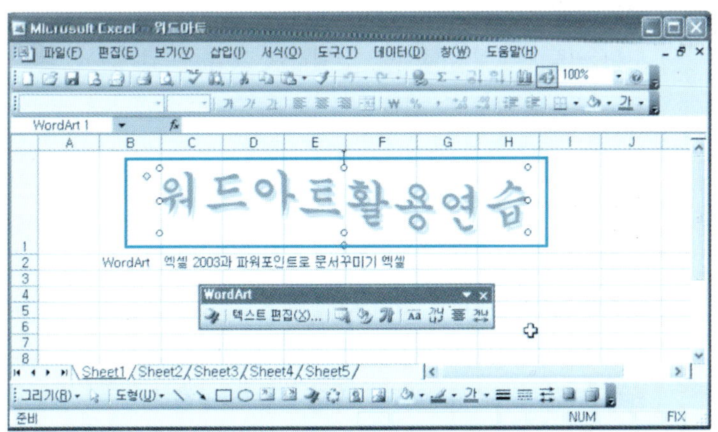

단원 실습 문제

〈**실습1**〉 [워드아트.xls]를 불러온다.

〈**실습2**〉 [WordArt 서식 아이콘]을 이용하여 삽입된 [WordArt]의 질감을 변형해 보자.

〈**실습3**〉 삽입된 [WordArt]의 글꼴과 크기를 변형시켜 보자.

5.5 | 그리기 도구 활용

엑셀에서 도형을 이용하여 간단한 그림을 [그리기 도구]를 이용하여 그릴 수 있다.

1 그리기 도구 모음 설명

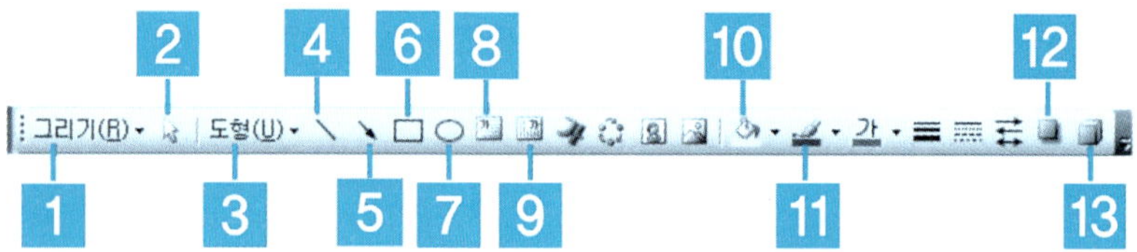

1 그리기 버튼 : 그리기 개체를 편집한다. 방향전환, 도형의 모양을 변형할 수 있다.

2 개체 선택 : 그리기 개체를 선택한다.

3 도형 버튼 : 도형의 종류를 선택하여 그릴 수 있다.

4 선 : 직선을 그릴 수 있다.

5 화살표 : 화살표를 그릴 수 있다.

6 직사각형 : 사각형을 그릴 수 있다.

7 타원 : 타원을 그릴 수 있다.

8 텍스트 상자 : 그리기 개체 안에 문자를 입력한다. 셀과 별개로 문자를 입력한다.

9 세로 텍스트 상자 : 문자를 세로로 입력할 수 있다.

10 채우기 색 : 그리기 개체에 채울 색을 설정한다.

11 선 색 : 그리기 개체의 선 색을 설정한다.

12 그림자 스타일 : 그리기 개체에 그림자 효과를 넣는다.

13 3차원 스타일 : 그리기 개체에 3차원 효과를 적용한다.

2 도형 그리기

(1) 선 그리기

1 [그리기 도구 모음] → [도형 버튼 클릭] → [선] → [\]을 클릭한다.

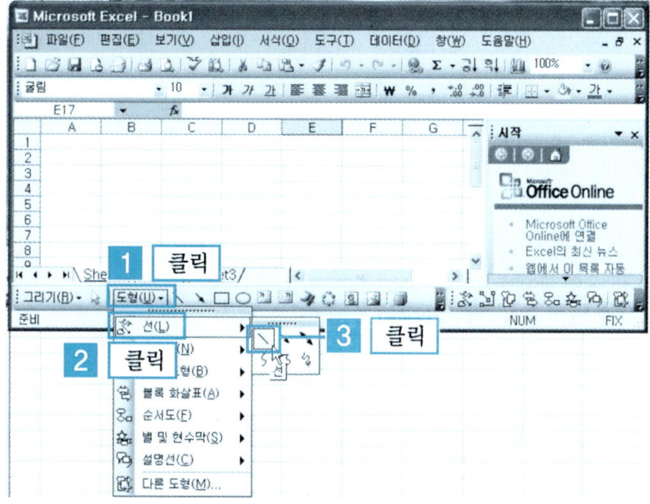

2 [시트 클릭] → [원하는 방향으로 드래그]하면 선 모양이 나타난다.

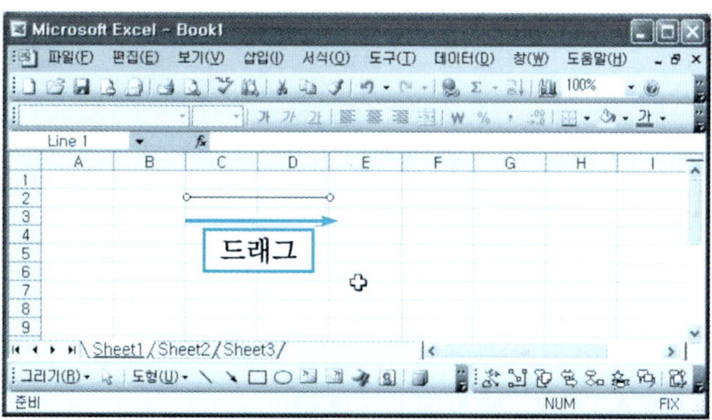

(2) 직사각형 그리기

❶ [그리기 도구 모음] → [도형 버튼 클릭] → [기본 도형] → [직사각형]을 클릭한다.

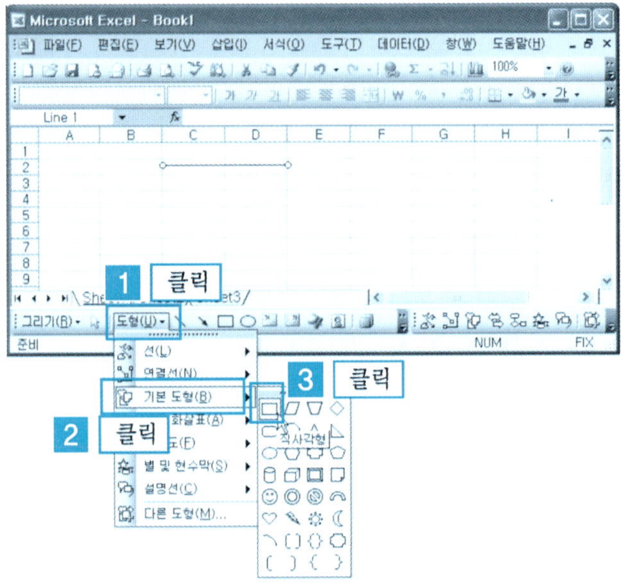

❷ [시트 클릭] → [원하는 방향으로 드래그]하면 직사각형 모양이 나타난다.

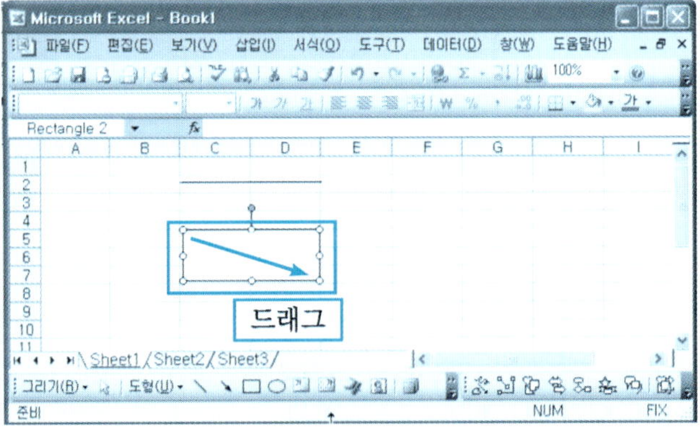

(3) 개체간의 연결선 그리기

❶ [그리기 도구 모음] → [도형 버튼 클릭] → [순서도] → [순서도 다중 문서]를
클릭한다.

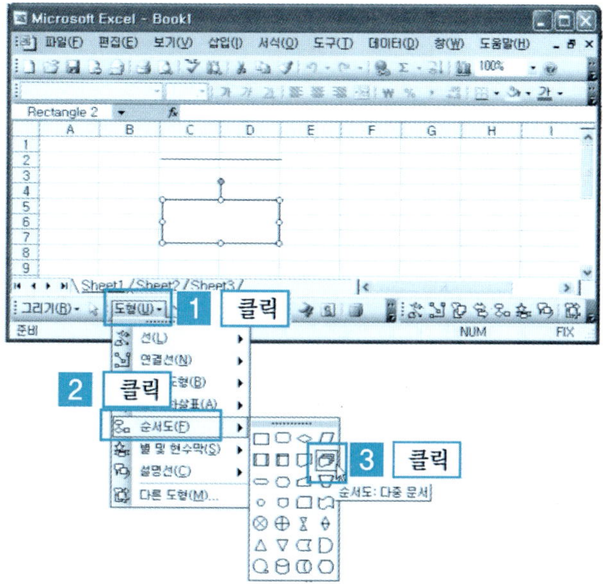

❷ [시트 클릭] → [원하는 방향으로 드래그]하면 순서도 개체 모양이 나타난다.

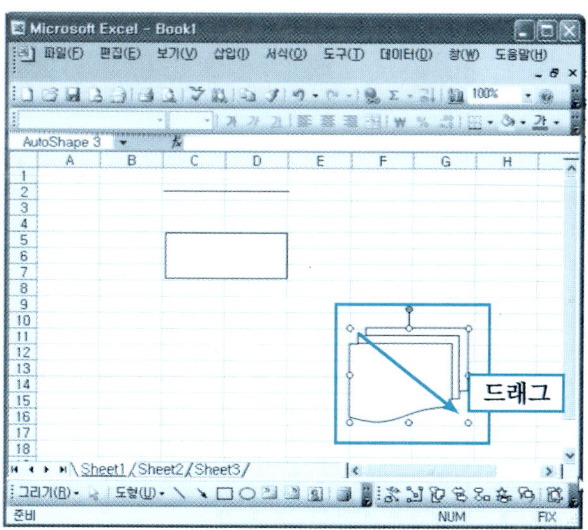

❸ [그리기 도구 모음] → [도형 버튼 클릭] → [연결선] → [꺾인 화살표 연결선]
을 클릭한다.

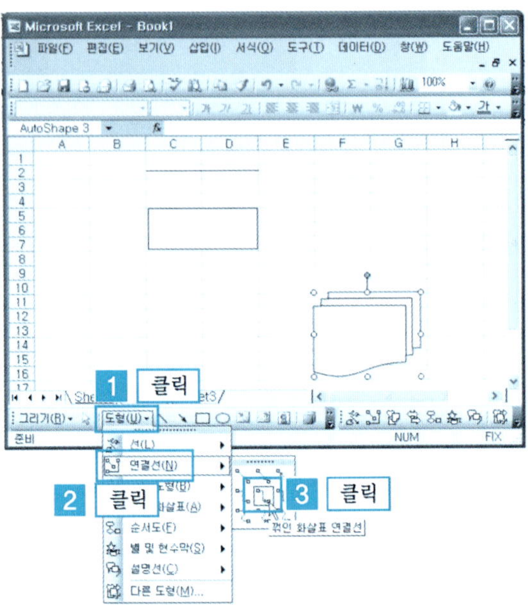

❹ 사각형 개체 위에 마우스 포인터를 올려 놓으면 상, 하, 좌, 우에 개체 조절
포인트가 나타난다. 아래 방향의 개체 조절 포인트에 마우스 포인터를 위치
시킨 다음 순서도 개체쪽으로 드래그한다.

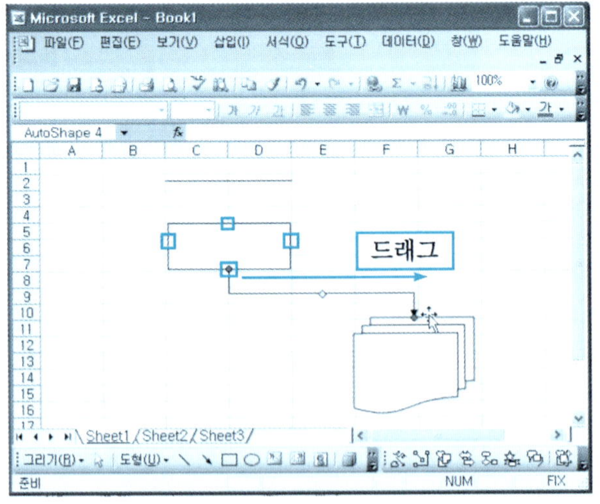

⑤ 마우스 포인터가 순서도 개체쪽으로 접근하면 사각형 개체와 같은 개체 조
절 포인트가 나타난다. 이 상태에서 마우스 포인터를 위쪽으로 이동한 후 마
우스 왼쪽 단추를 놓으면 두 개체간의 연결선이 완성된다.

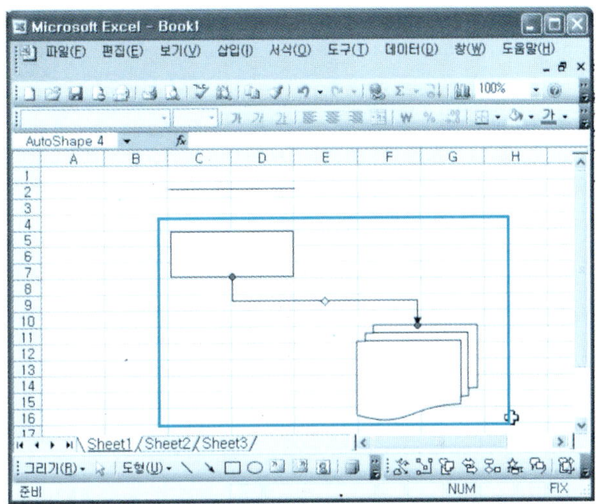

도움말 선이나 도형을 그릴 때 직선이나 정사각형을 그려야 할 경우에는 [Shift]를 누른 상태에
드래그를 하면 직선이나 정사각형을 그릴 수 있다.

단 원 실 습 문 제

〈**실습1**〉 새로운 시트를 만들어 보자.

〈**실습2**〉 직선, 정사각형, 직사각형, 폭발2를 만들어 보자.

3 도형 색칠하기

❶ [그리기 도구 모음] → [도형 메뉴] → [별과 설명선] 항목을 이용하여 개체를 삽입한다. [색칠할 개체 클릭] → [채우기 색 아이콘 클릭] → [원하는 색]을 클릭한다.

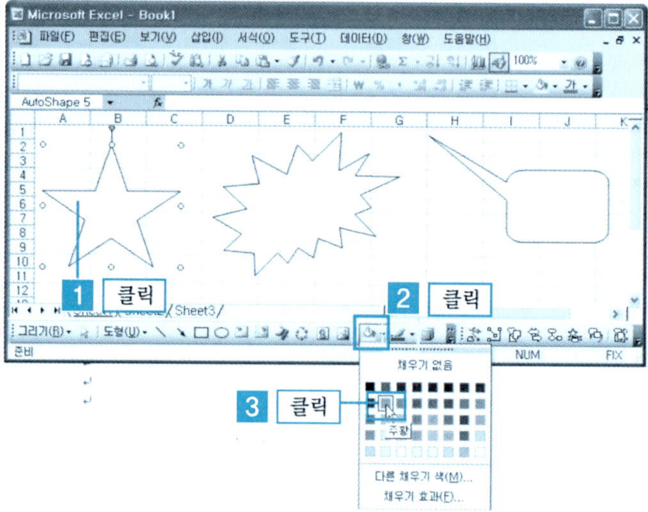

❷ 선택한 개체에 지정된 색이 채워졌다. 같은 방법으로 설명선에도 색 채우기를 한다.

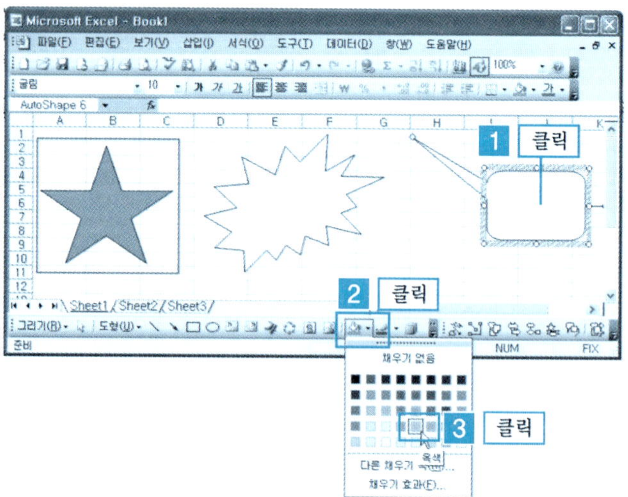

4 개체에 문자 삽입

❶ [문자 삽입할 개체 선택 클릭] → [텍스트 상자]를 클릭한다.

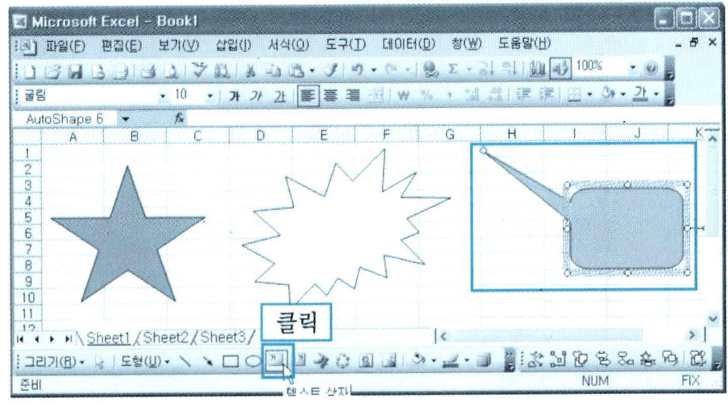

❷ 개체 안에 문자를 입력한다.

5 개체 테두리선 색 설정

❶ 테두리선에 색을 설정할 [개체 선택] → [선색 아이콘 클릭] → [색 지정]을
클릭한다.

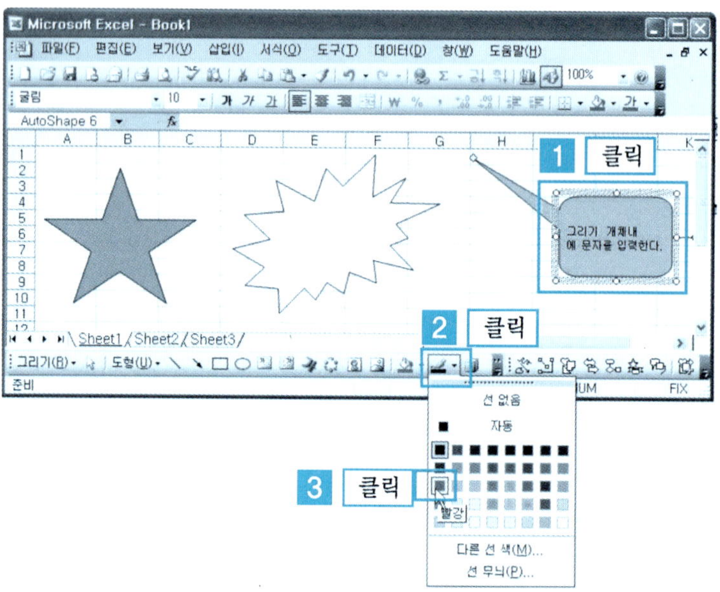

❷ 지정한 개체의 테두리가 지정한 색으로 변형되었다.

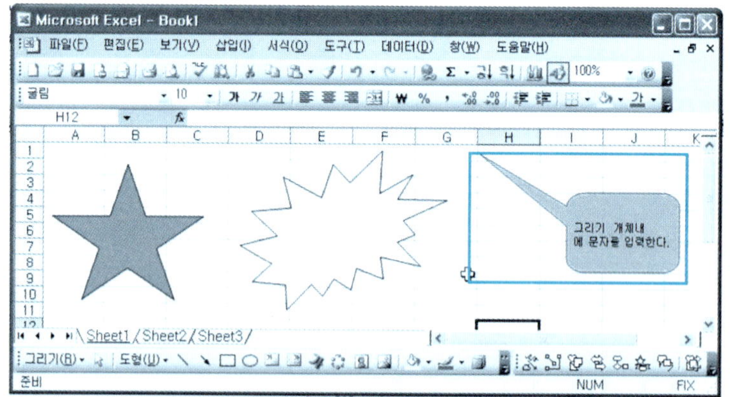

단 원 실 습 문 제

〈실습1〉 새로운 시트를 만들어 보자.

〈실습2〉 천공테이프(순서도), 포인트 16개인 별(별 및 현수막), 구름모양 설명선(설명선)을
시트안에 만들어 보자.

〈실습3〉 천공테이프에 색을 채워보자.

〈실습4〉 포인트 16개인 별의 테두리 색을 설정해 보자.

〈실습5〉 구름모양 설명선에 문자를 입력해 보자.

6 도형에 그림 채우기

❶ [그림을 채울 개체 클릭] → [마우스 오른쪽 버튼 클릭] → [도형 서식] 항목
을 클릭한다.

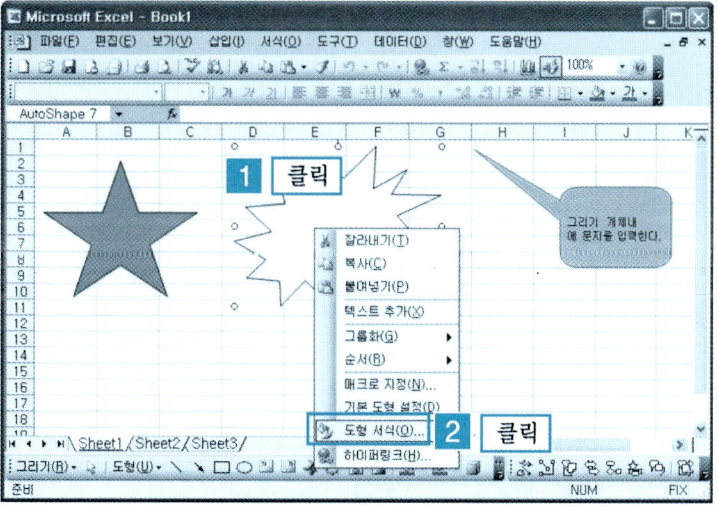

❷ [도형 서식 대화상자] → [색 및 선
탭 클릭] → [채우기 항목] → [드롭
다운 버튼 클릭] → [채우기 효과]
항목을 클릭한다.

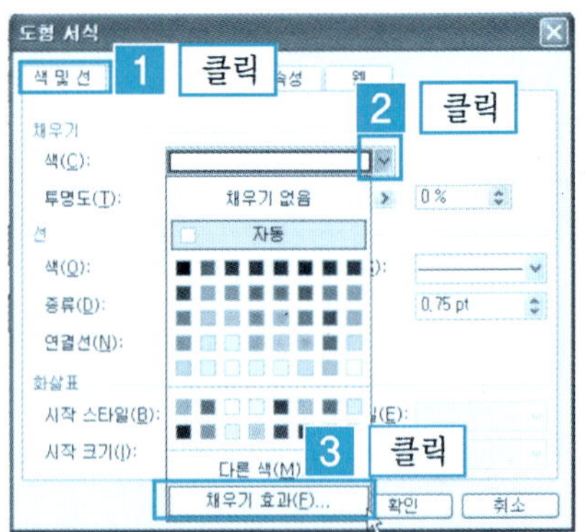

❸ [그림 탭 클릭] → [그림 선택 항목]
을 클릭한다.

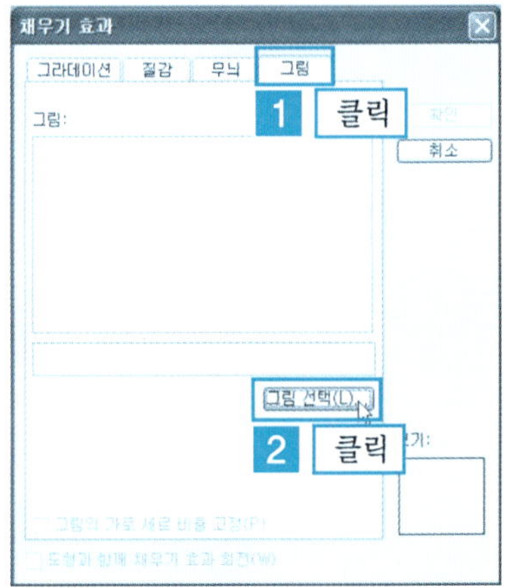

❹ [삽입할 그림이 포함된 폴더 클릭] → [사진 파일 클릭] → [삽입 메뉴] 버튼
을 클릭한다.

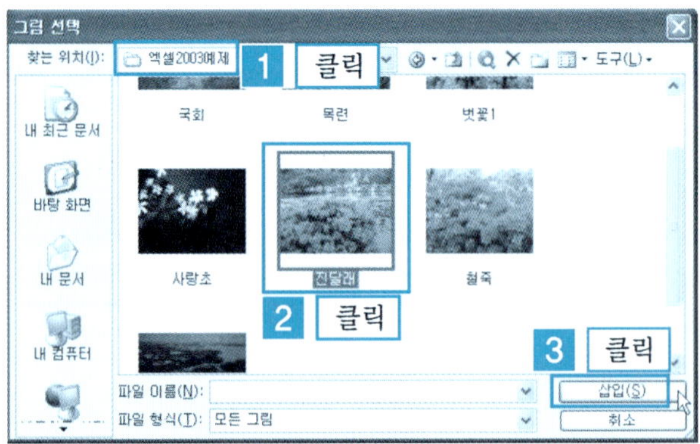

⑤ [채우기 효과 대화상자] → [확인]
   버튼을 클릭한다.

⑥ [도형 서식 대화상자] → [확인] 버
   튼을 클릭한다.

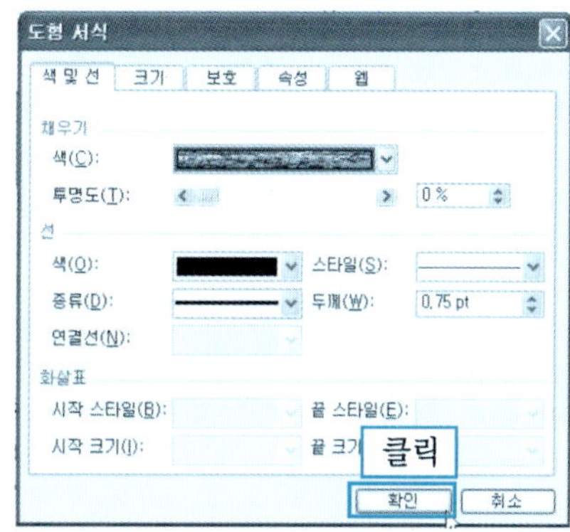

⑦ 도형 개체 안에 그림이 채워진 결과 화면이다.

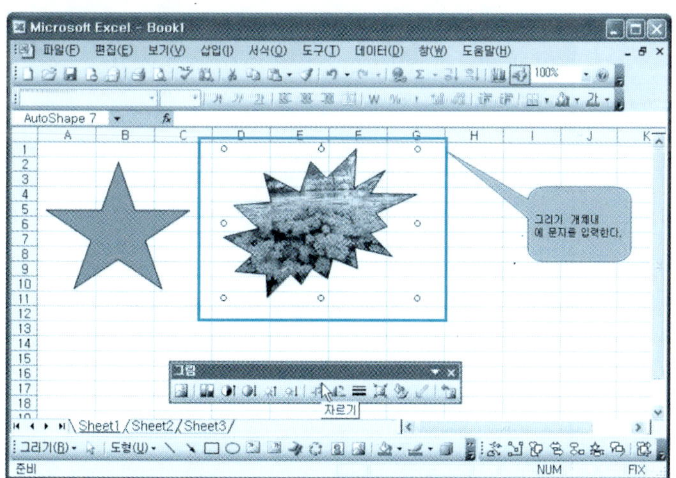

7 그림자 효과

❶ [그림자를 만들 개체 클릭] → [그리기 도구 모음] → [그림자 스타일] 항목을 클릭한다.

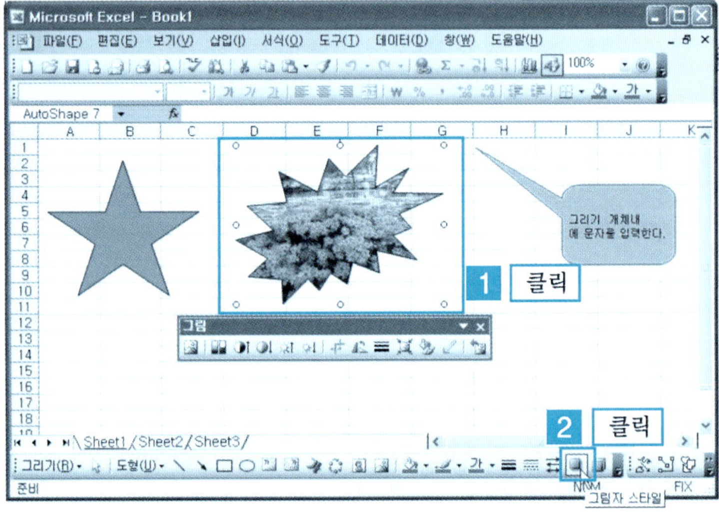

❷ [그림자 스타일 5]를 클릭한다.

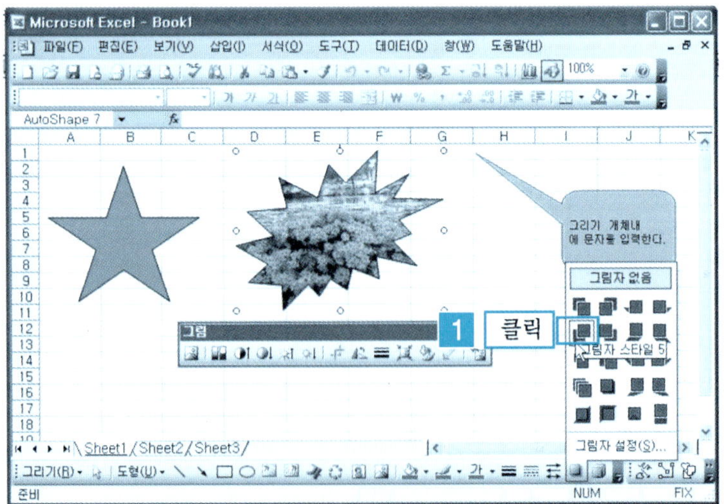

❸ 개체에 그림자 효과가 설정되어 나타난다.

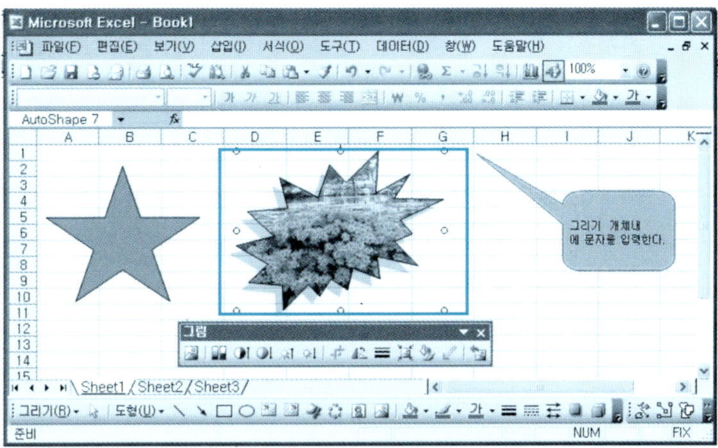

단 원 실 습 문 제

〈**실습1**〉 새로운 시트를 만들어 보자.
〈**실습2**〉 평행사변형(기본 도형), 포인트 24개인 별(별 및 현수막), 설명선3(설명선)을 시트
　　　　안에 만들어 보자.
〈**실습3**〉 포인트 24개인 별의 개체 안에 바탕화면의 [엑셀2003예제] 폴더에서 [철죽.jpg]
　　　　파일을 불러와 채워보자.
〈**실습4**〉 포인트 24개인 별 개체에 철죽 그림이 채워진 개체에서 [그림자 스타일 13]을 적
　　　　용해 보자.

8 그리기와 도형으로 약도 개체 만들기

❶ [그리기 도구] → [도형 아이콘 클릭] → [기본 도형] → [직사각형]을 클릭한다.

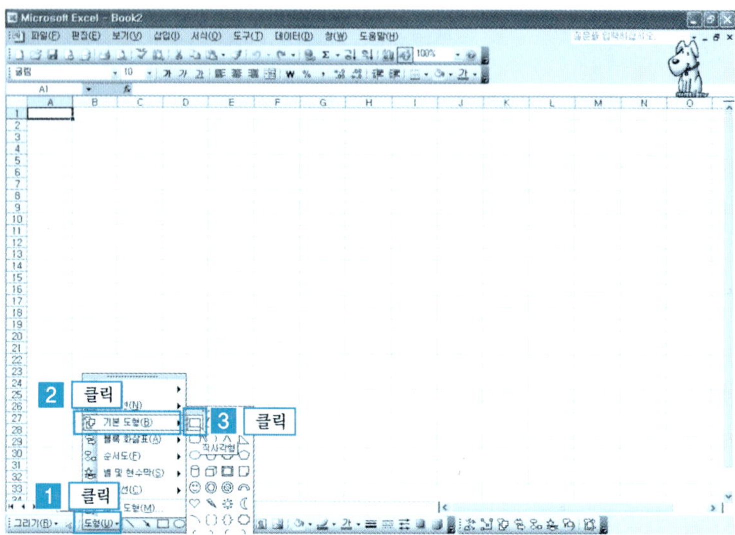

❷ [드래그하여 사각형 그리기] → [3차원 스타일 아이콘 클릭] → [3차원 스타일 10]을 클릭한다.

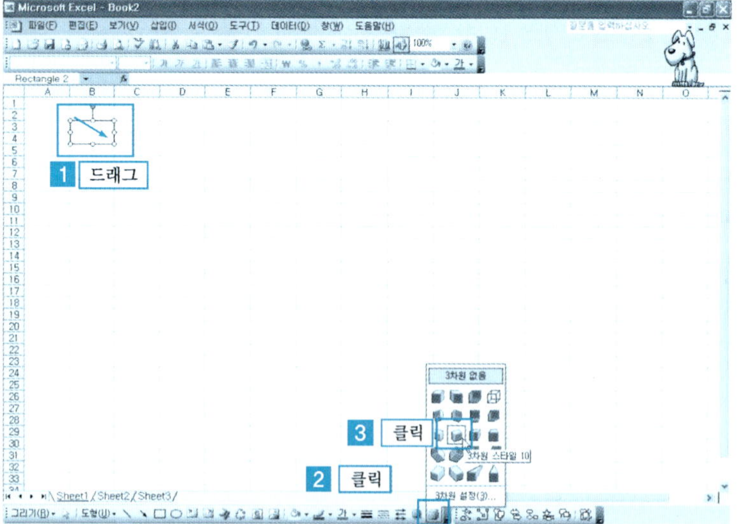

❸ [텍스트 상자 클릭] → [사각형 개체 위에서 드래그] → [신대방역]을 입력한다.

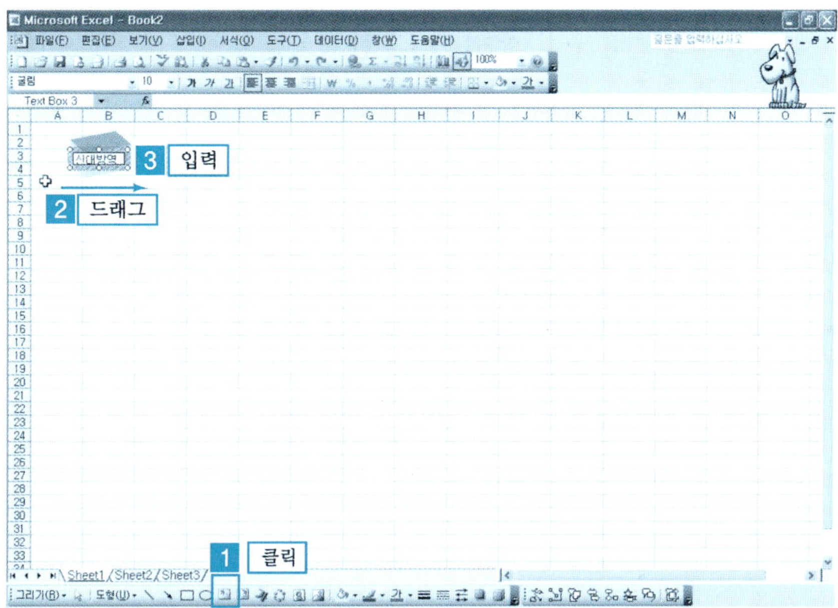

❹ [텍스트 입력상자 클릭] → [글꼴색 아이콘 클릭] → [주황색]을 클릭한다.

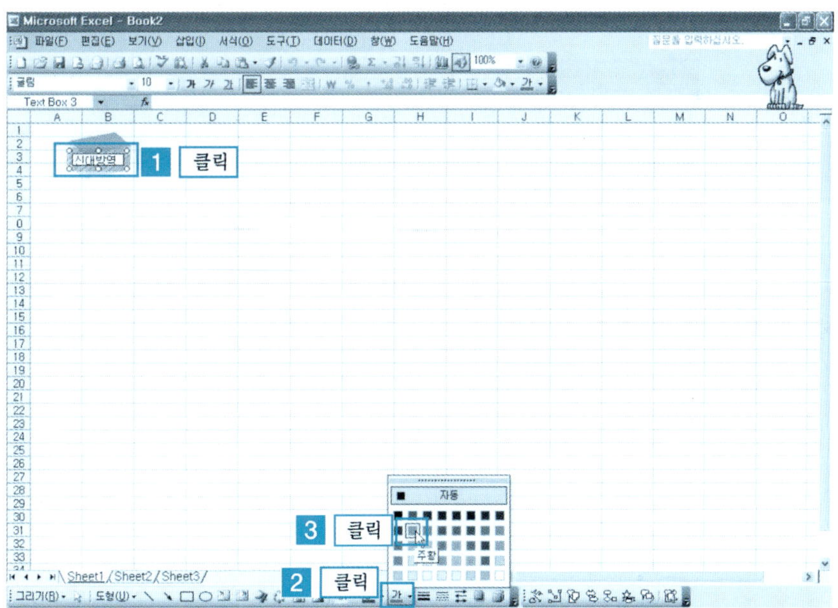

❺ 글꼴색이 주황색으로 변경되었다. 도형 개체와 텍스트 상자를 하나로 묶기 위해 [도형 개체 클릭] → Shift + [텍스트 상자 클릭] → [마우스 오른쪽 버튼 클릭] → [그룹화] → [그룹] 항목을 클릭한다.

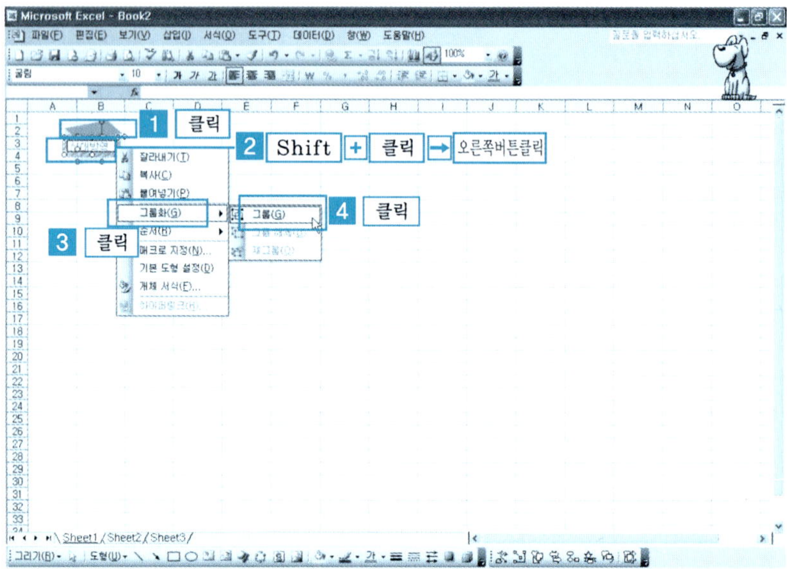

❻ [도형과 텍스트 상자 클릭] → [마우스 오른쪽 버튼 클릭] → [복사]를 클릭한다.

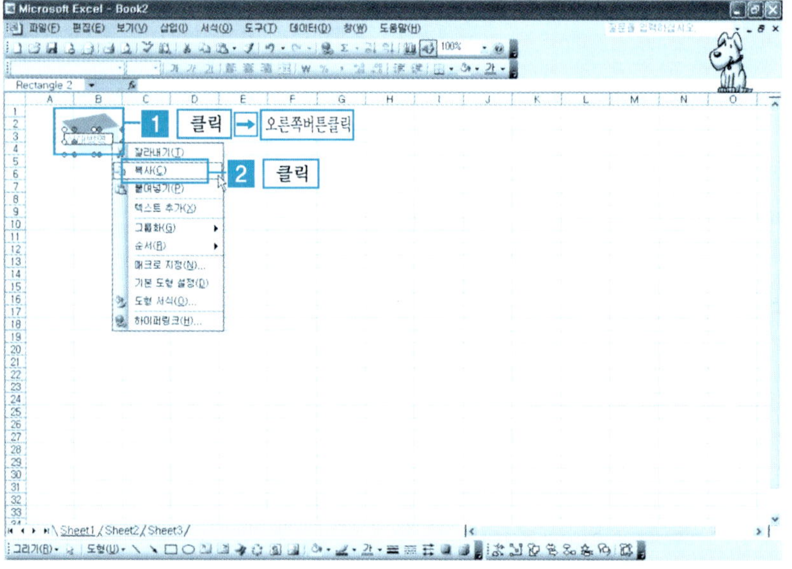

❼ [새로운 개체를 만들 위치의 셀 클릭] → [마우스 오른쪽 버튼 클릭] → [붙여넣기]를 클릭한다.

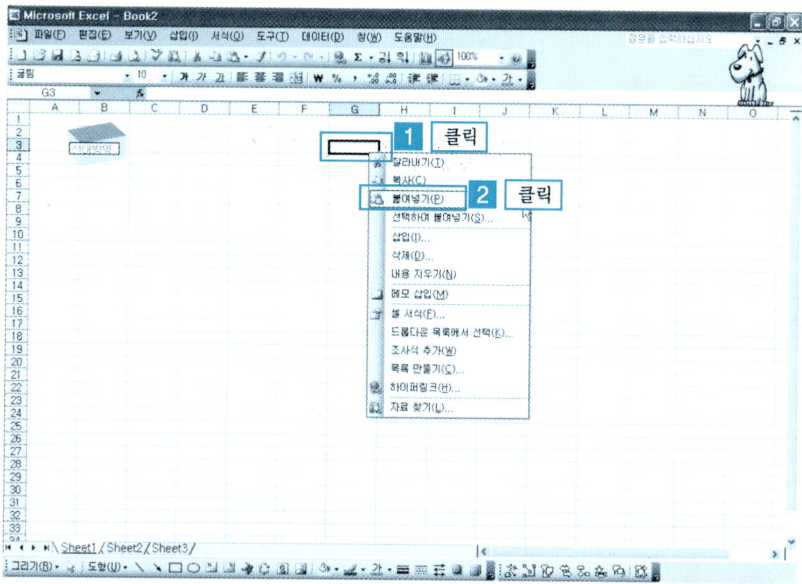

❽ 복사된 텍스트 입력상자를 클릭한다.

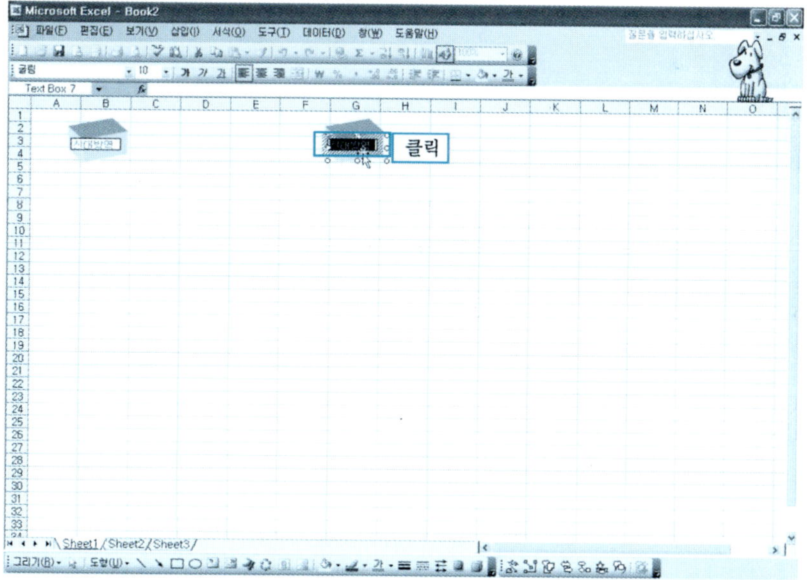

❾ 해당 건물 이름을 입력한다.

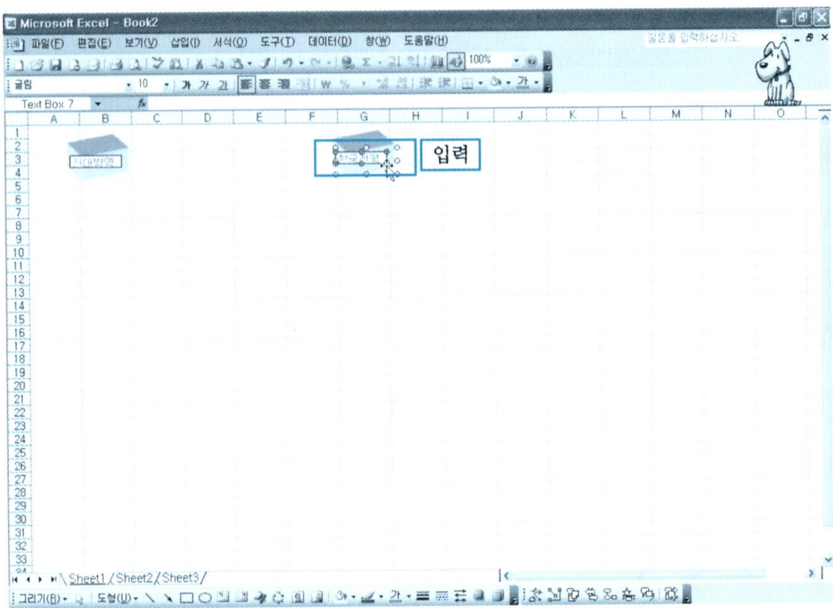

> **도움말** 개체 조절 포인트를 이용하면 건물의 모양을 변경할 수 있다. 그러나 도형 개체와 텍스트 상자가 그룹화했기 때문에 두 상자의 모양과 크기가 함께 변경된다. 두 개체의 모양과 크기를 달리 변경해야 할 경우에는 [그룹 해제] 메뉴를 클릭한다.

⑩ 앞의 단계와 같은 방법으로 해당 건물들을 배치한다. 우리 아파트 건물은 구
별된 모양으로 만든다. 개체 조절 포인트를 이용하여 상하 직사각형의 모양
으로 만든다.

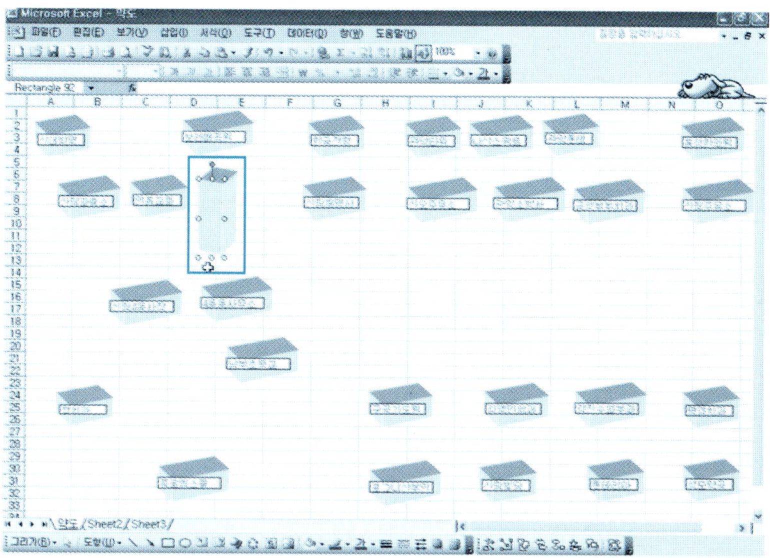

⑪ [아파트로 설정할 개체] → [마우스 오른쪽 버튼 클릭] → [도형 서식]을 클릭
한다.

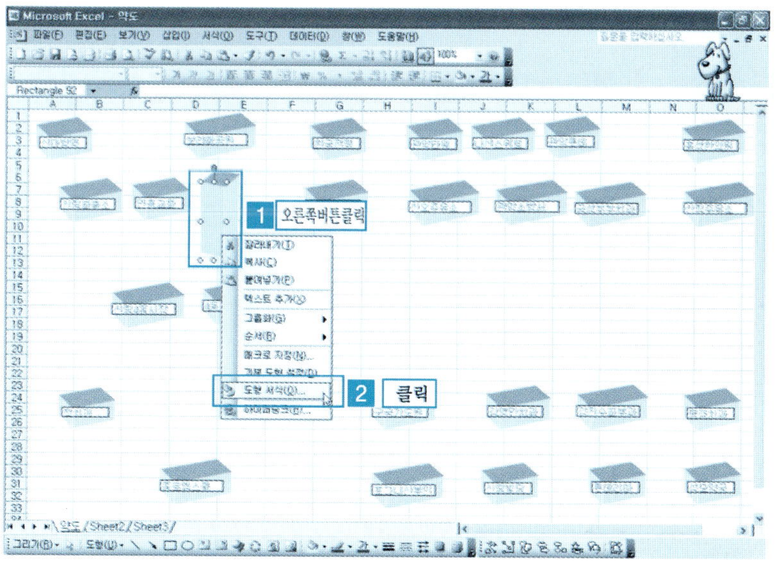

⑭ [도형 서식 대화상자] → [색 및 선 탭 클릭] → [채우기 항목] → [색 선택]
→ [확인] 버튼을 클릭한다.

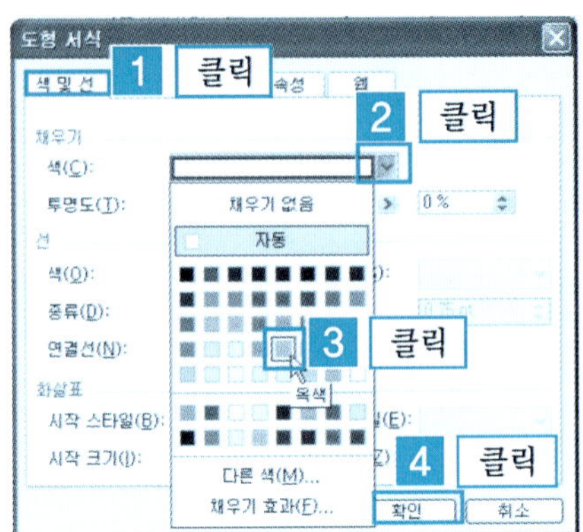

⑮ [세로 텍스트 상자 클릭] → [아파트 설정 개체 클릭] → [아파트 이름]을 입
력한다.

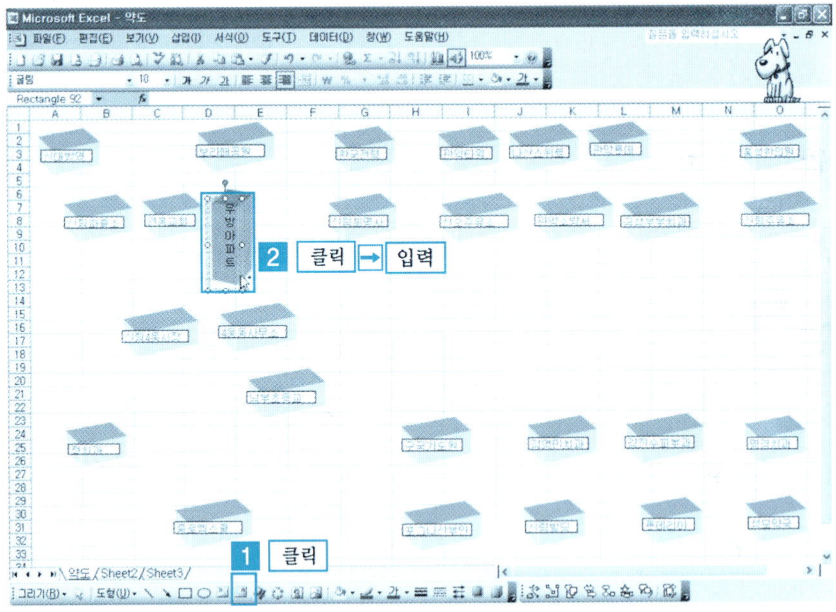

⑭ [텍스트 입력상자 클릭] → [글꼴색 아이콘 클릭] → [색]을 선택하여 클릭한다.

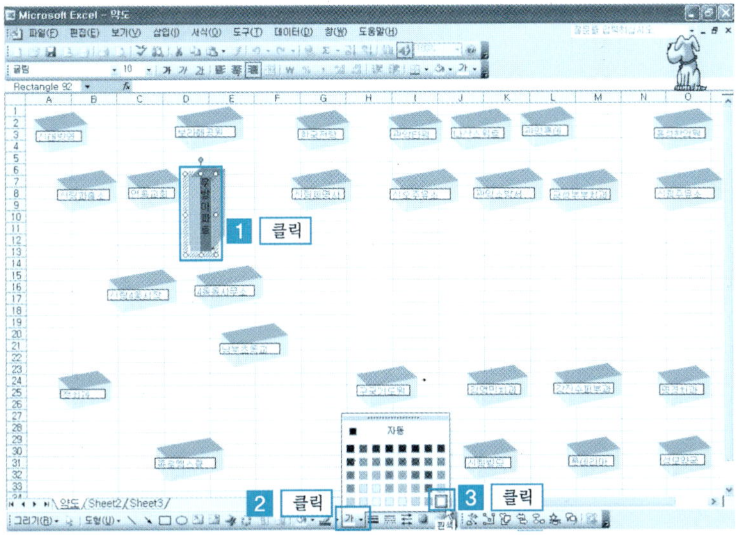

9 약도 도로 표시 만들기

❶ 모든 건물의 배치가 완료되었다. 도로를 표시해 보자.

[그리기 도구 모음] → [선 아이콘 클릭] → [선]을 그린다.

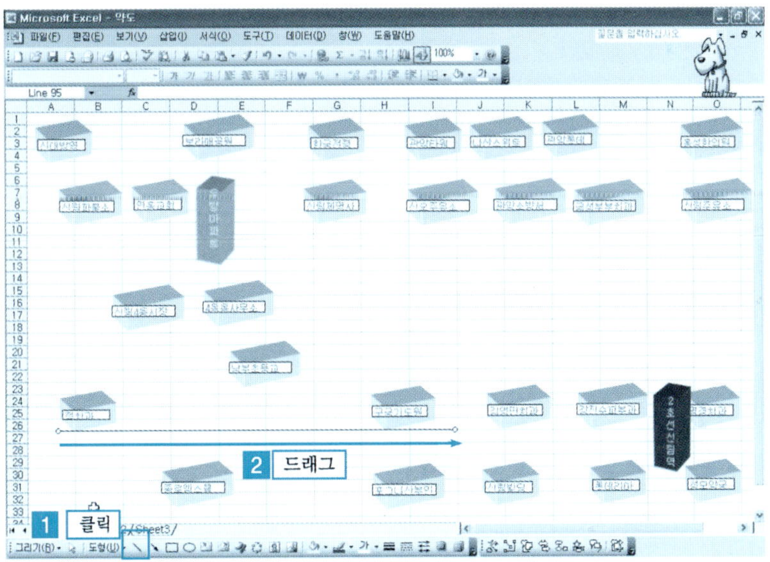

❷ 건물을 그릴 때 설정한 3차원 스타일이 선에도 적용되어 나타난다. [선 선택] → [그리기 도구 모음] → [3차원 스타일 아이콘 클릭] → [3차원 없음]을 클릭한다.

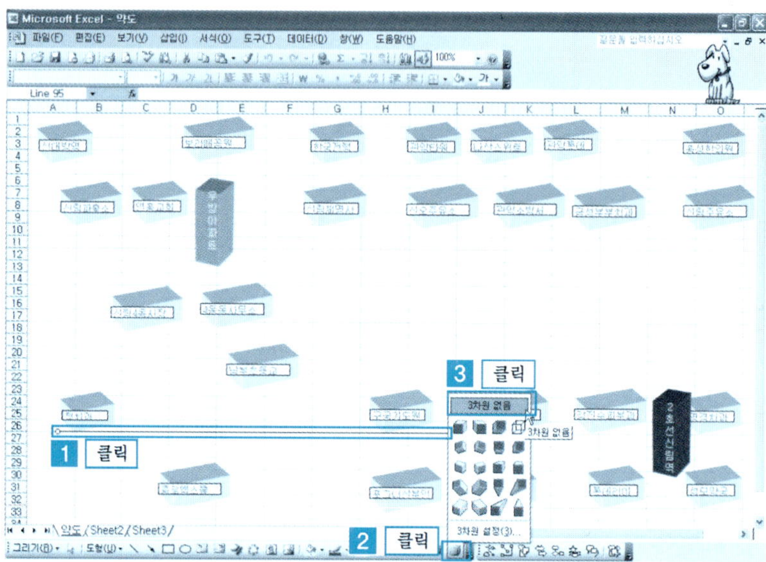

❸ [선 클릭] → [마우스 오른쪽 버튼 클릭] → [기본 도형 설정] 항목을 클릭한다.

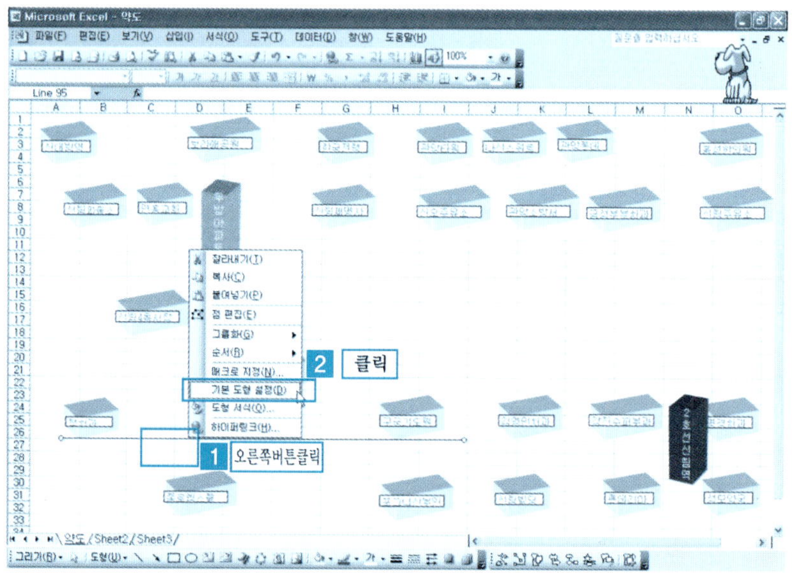

❹ [선 아이콘]을 클릭하고 하나씩 선(도로)을 그린다. 약도에 표시되어야 할 도
로를 모두 그린다.

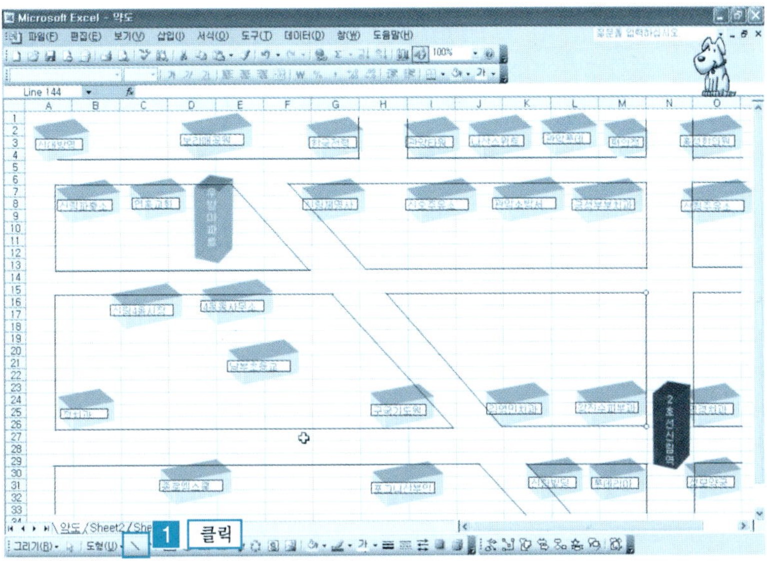

❺ 도형(건물)과 선(도로)이 겹쳐서 도형 위에 선이 보이는 경우가 있다. 선을
보이지 않도록 해보자. [도형 개체] → [마우스 오른쪽 버튼 클릭] → [순서]
→ [맨 앞으로 가져오기] 항목을 클릭한다.

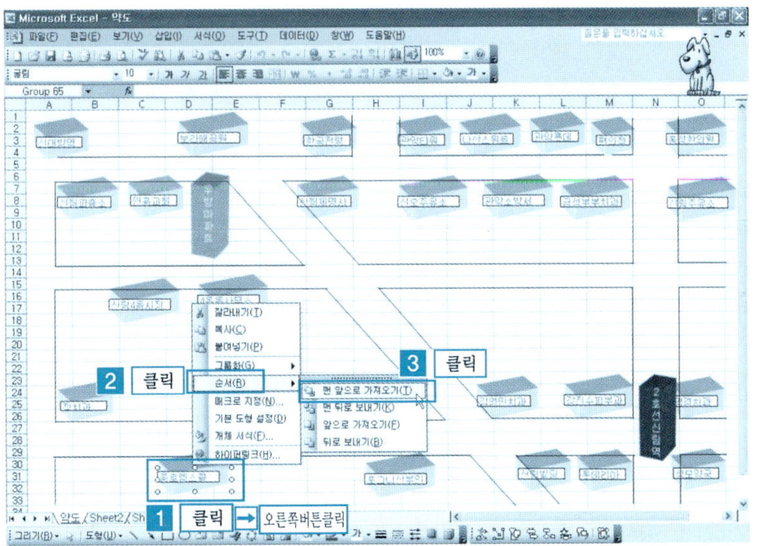

❻ 건물이 도로 앞으로 와서 도로가 보이지 않게 되었다.

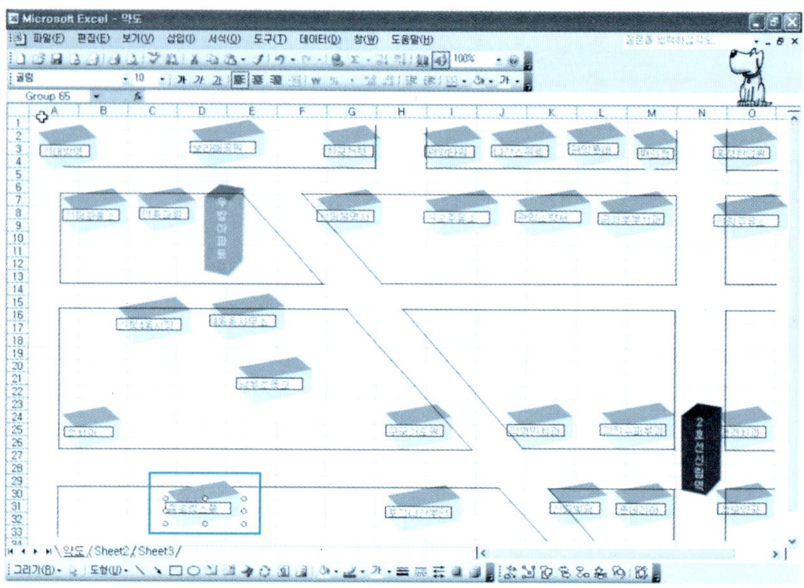

❼ 앞 단계와 같은 과정을 거쳐서 건물 앞으로 나와 있는 모든 도로를 건물 뒤로 이동하도록 한다.

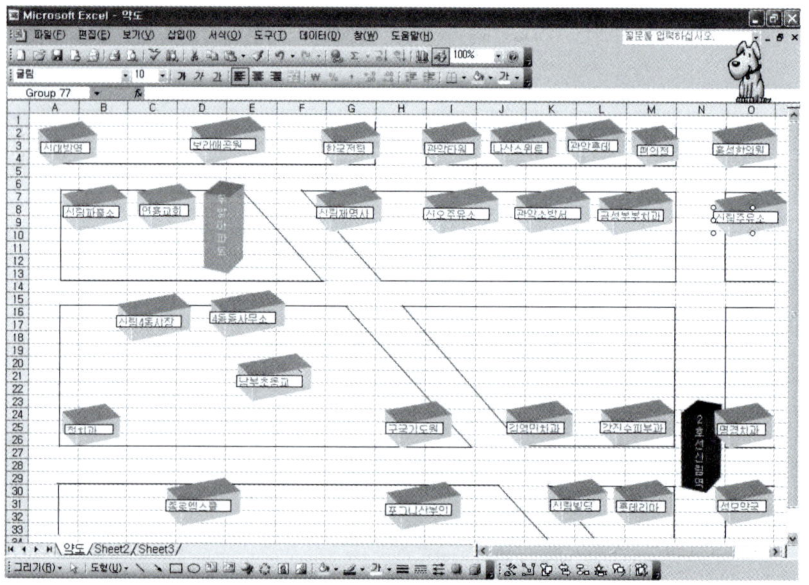

10 그룹 설정하기

여러 개의 개체를 이동해야 할 경우에 하나씩 하나씩 이동하면 많은 시간이 소요되고 힘이 든다. 이런 경우에 연관된 개체들을 모아서 그룹으로 설정하면 한꺼번에 이동할 수 있다.

❶ [개체 클릭] → Ctrl + [다른 개체 클릭] → [마우스 오른쪽 버튼 클릭] → [그룹화] → [그룹] 항목을 클릭한다. 지정한 두 개의 개체가 그룹화되어 이동이나 변경시 함께 이루어진다.

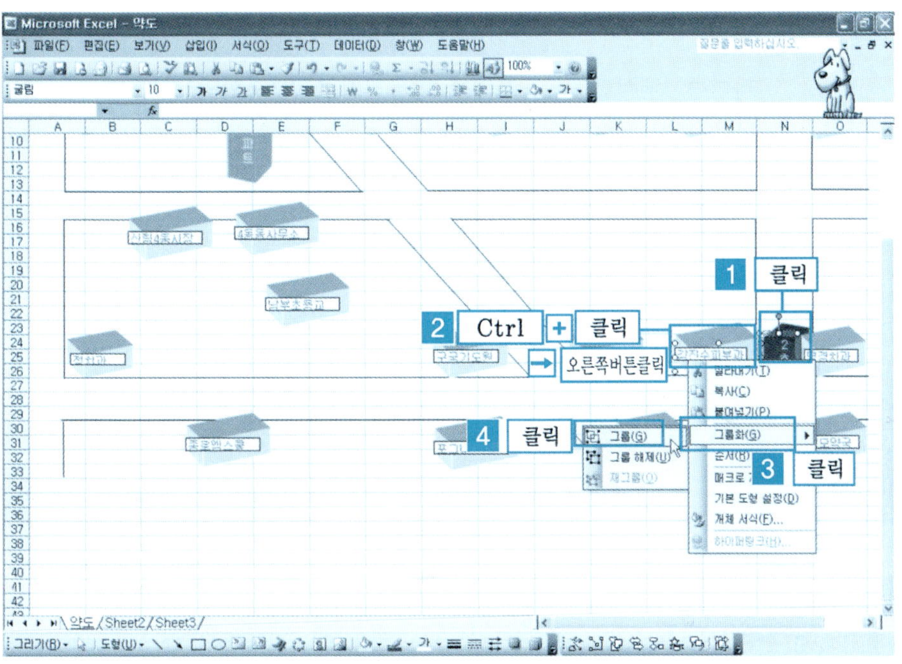

❷ 설정된 그룹을 해제하기 위해서는 [설정된 개체 클릭] → [마우스 오른쪽 버튼 클릭] → [그룹화] → [그룹 해제] 항목을 클릭한다. 그룹으로 설정되었던 개체들이 다시 분리된다.

단원 실습 문제

〈**실습1**〉 그리기와 도형 기능을 이용하여 여러분의 집 약도를 그려보자.

〈**실습2**〉 함께 이동하거나 변경이 가능한 개체들을 그룹화 해보자.

5.6 | 다이어그램과 조직도 활용

다이어그램이란 여러 개체를 이용하여 어떤 상황의 관계 구조를 표현하는 것을 말한다. 관계 구조는 시각적으로 표현되기 때문에 한눈에 파악되어 이해하기가 쉽다.

1 다이어그램 삽입

① [삽입 메뉴 클릭] → [다이어그램] 항목을 클릭한다.

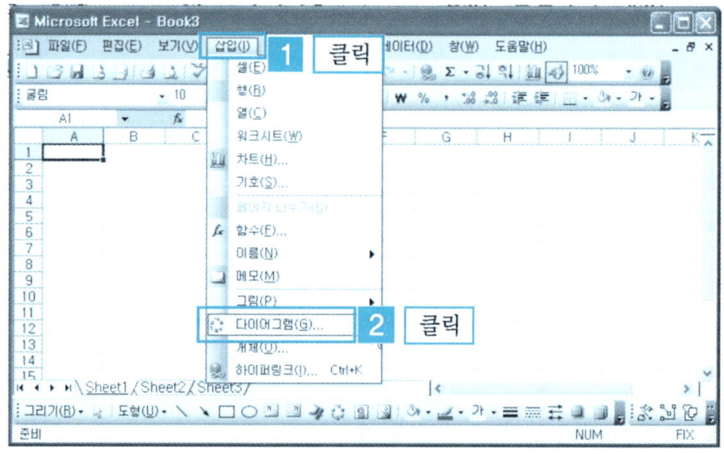

❷ [다이어그램 갤러리 창] → [방사형 다이어그램 선택] → [확인] 버튼을 클릭한다.

❸ 개체가 삽입되고 [다이어그램 도구 모음]이 나타난다. [도형 삽입] 아이콘을 클릭한다. [도형 삽입] 아이콘을 한번 클릭할 때마다 도형이 하나씩 삽입된다.

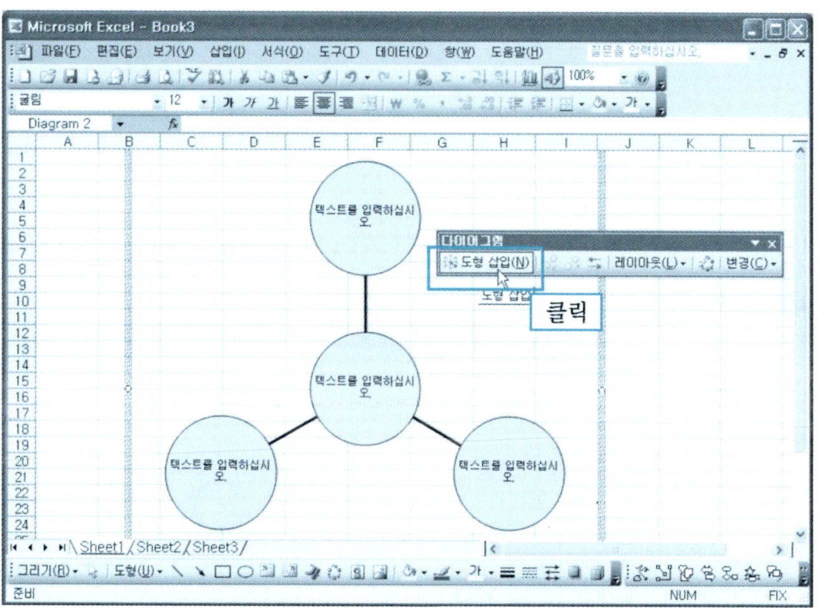

④ 도형이 하나 추가되었다. [다이어그램 도구 모음] → [자동 서식 아이콘]을 클릭한다.

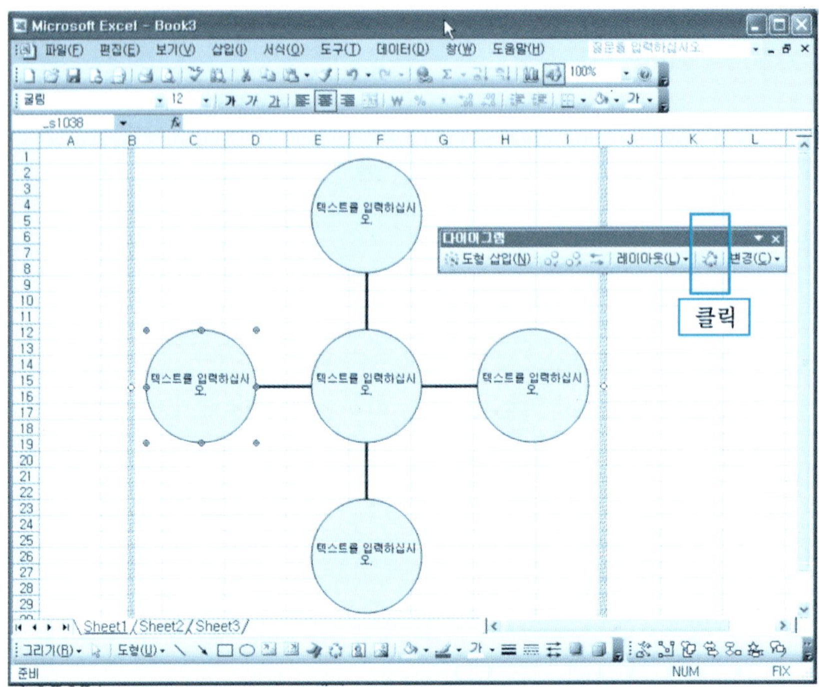

⑤ [다이어그램 스타일 갤러리 창] → [강조] → [확인] 버튼을 클릭한다.

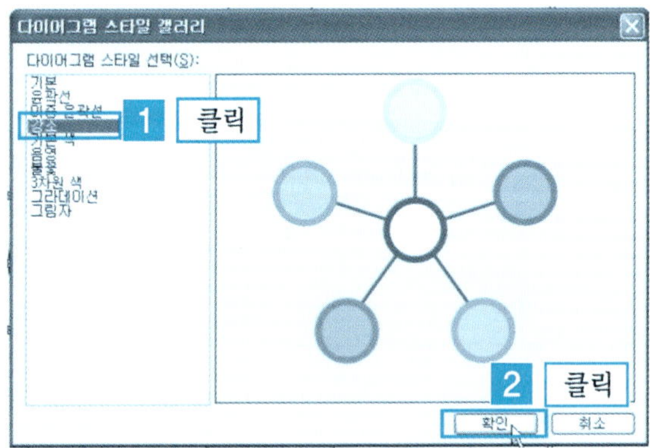

⑥ [입력할 도형 클릭] → [입력]을 한다.

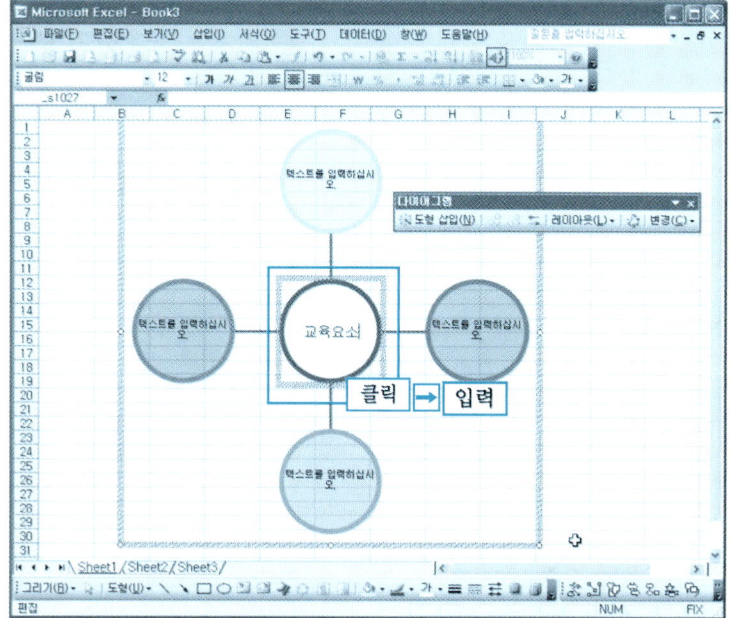

⑦ 각 도형에 내용을 입력하여 다이어그램 작성을 완료한다.

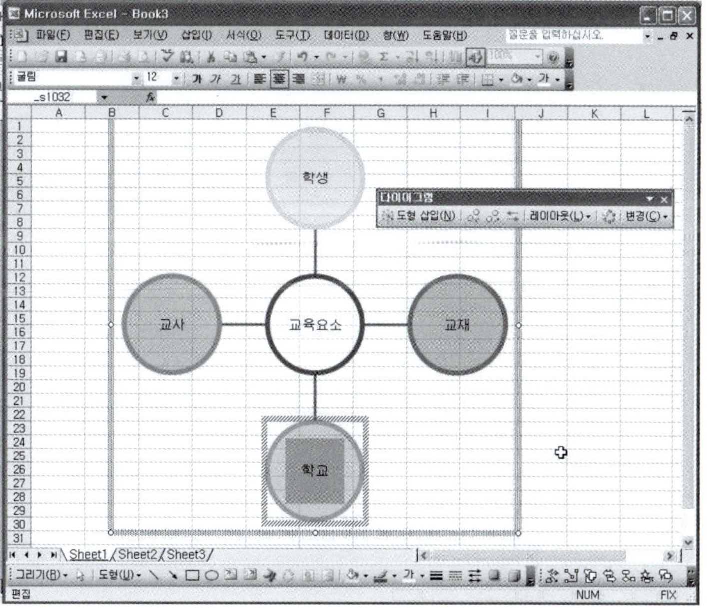

2 다이어그램 종류 변경

❶ [다이어그램 전체 클릭] → [다이어그램 도구 모음] → [변경 버튼 클릭] → [주기형] 항목을 클릭한다.

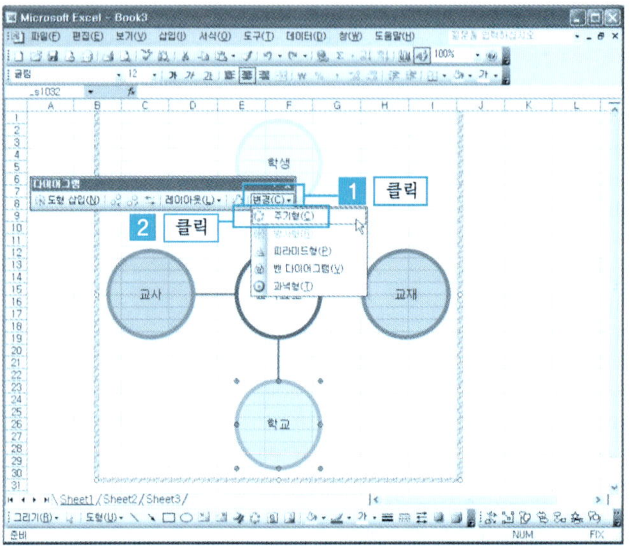

❷ 방사형 다이어그램이 주기형 다이어그램으로 변경되었다.

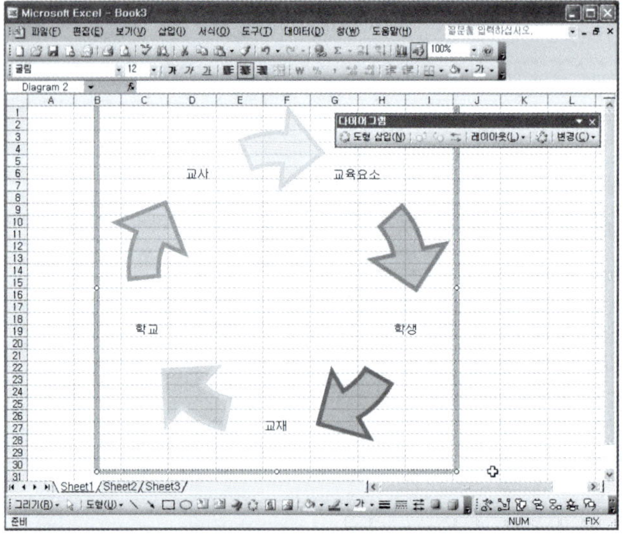

단원 실습 문제

〈**실습1**〉 회사의 조직 구조나 학교 학생회의 구조를 [과녁형 다이어그램]으로 작성해 보자.

〈**실습2**〉 [과녁형 다이어그램]을 [벤 다이어그램]으로 변경해 보자.

〈**실습3**〉 [벤 다이어그램]을 [피라미드 다이어그램]으로 변경해 보자.

5.7 │ 조직도 활용

각종 기관이나 단체에서 효율적인 인적자원관리를 위해서 조직도를 구성하여 활용하게 된다.

1 조직도 삽입

❶ [삽입 메뉴 클릭] → [그림] → [조직도] 항목을 클릭한다.

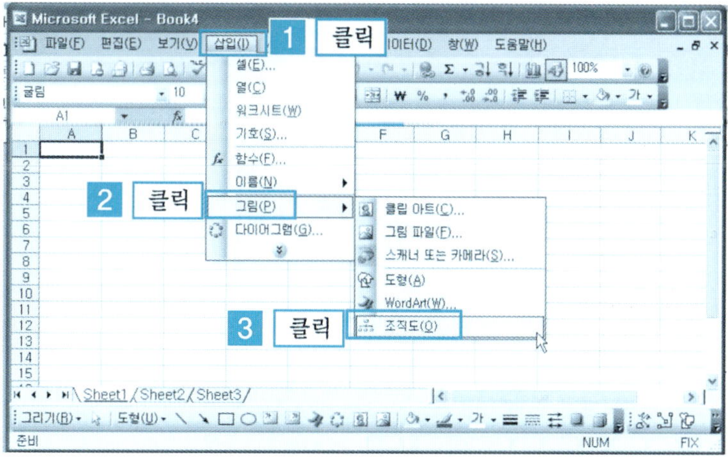

❷ 기본적인 조직도가 나타난다. [조직도 도구 모음] → [도형 삽입 아이콘 클릭]
→ [보조자] 항목을 클릭한다.

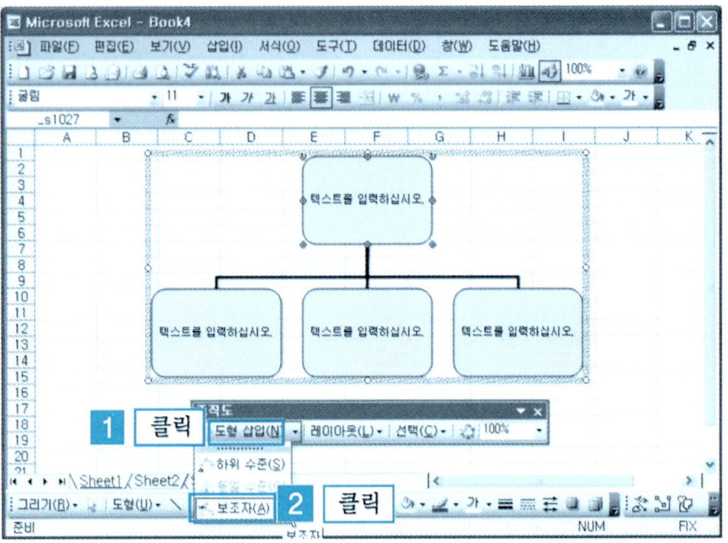

❸ 삽입한 [보조자]가 나타나면 다시 [도형 삽입 아이콘 클릭] → [동일 수준] 항
목을 클릭한다.

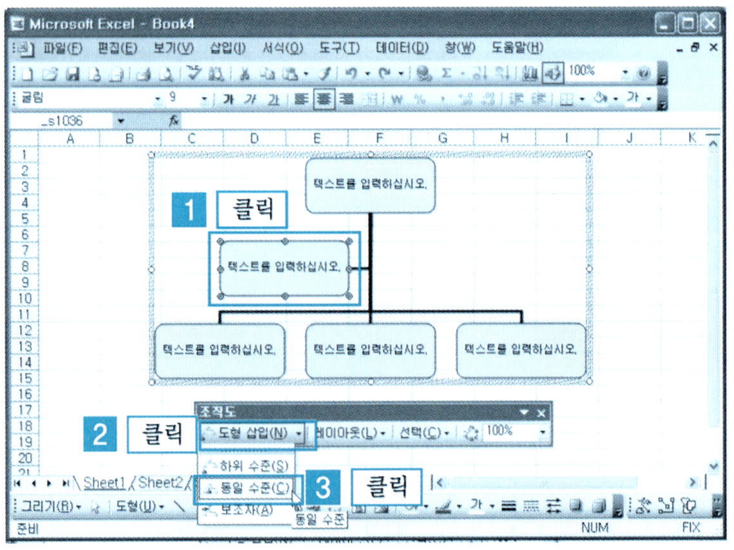

❹ [최고 상위 도형 클릭] → [도형 삽입 아이콘 클릭] → [하위 수준] 항목을 클릭한다.

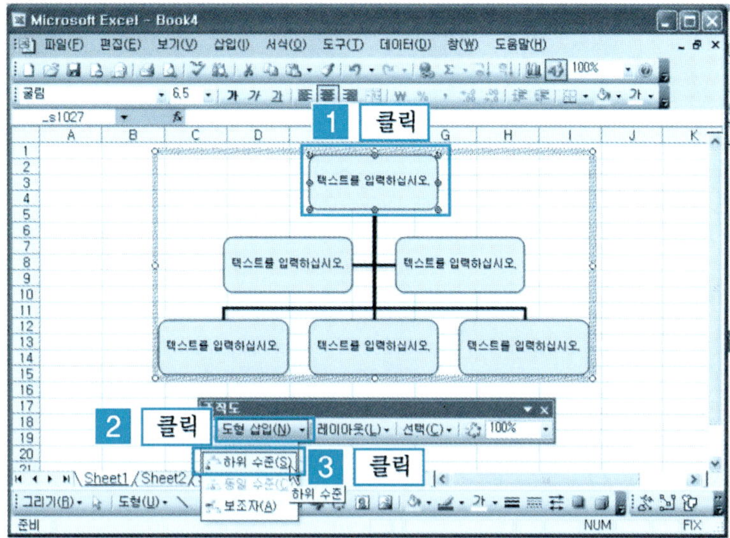

❺ 하위 수준에 도형이 삽입되었다. [하위 수준 도형 클릭] → [도형 삽입 아이콘]을 클릭한다. 다시 한번 도형 삽입 아이콘을 클릭한다. 클릭한 횟수만큼 하위 도형 개수가 늘어난다.

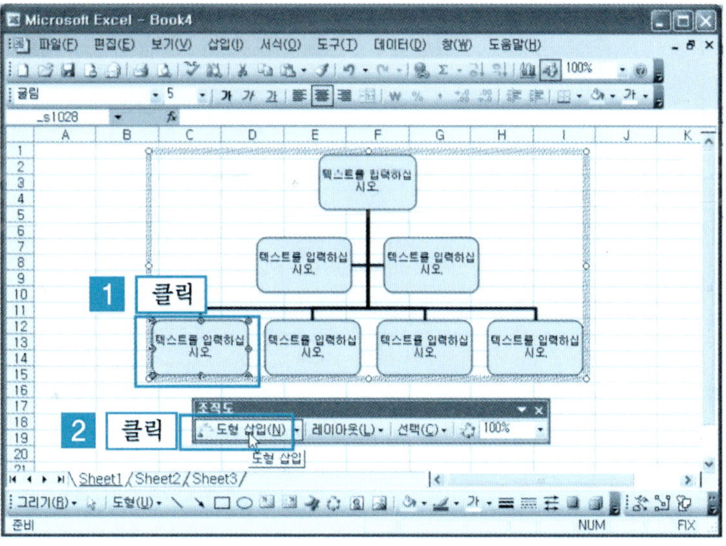

⑥ 가장 하위에 두 개의 도형이 추가되었다.

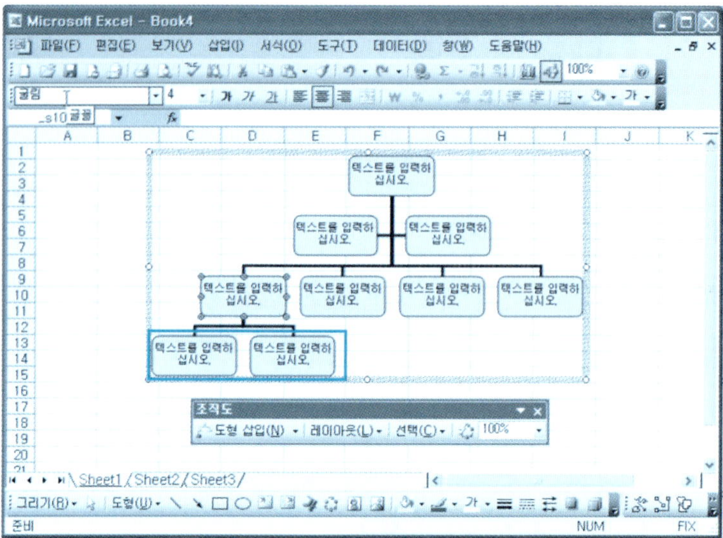

⑦ 도형의 [텍스트를 입력하시오]를 클릭한 다음 [문자]를 입력한다.

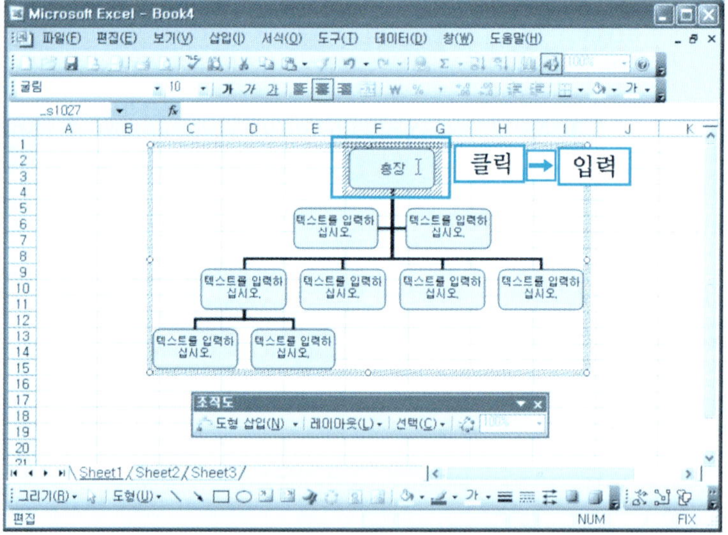

⑧ 각 도형에 조직도에 맞는 부서명의 입력이 완료되었다.

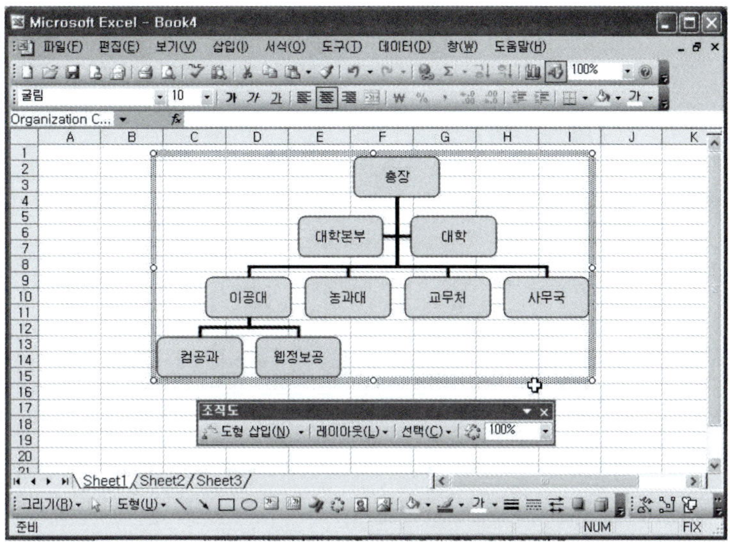

⑨ 도형의 글꼴 크기를 변경할 수 있다. [조직도 전체 클릭] → [서식 도구 모음]
 → [글꼴 크기 아이콘 클릭] → [크기]를 선택한다.

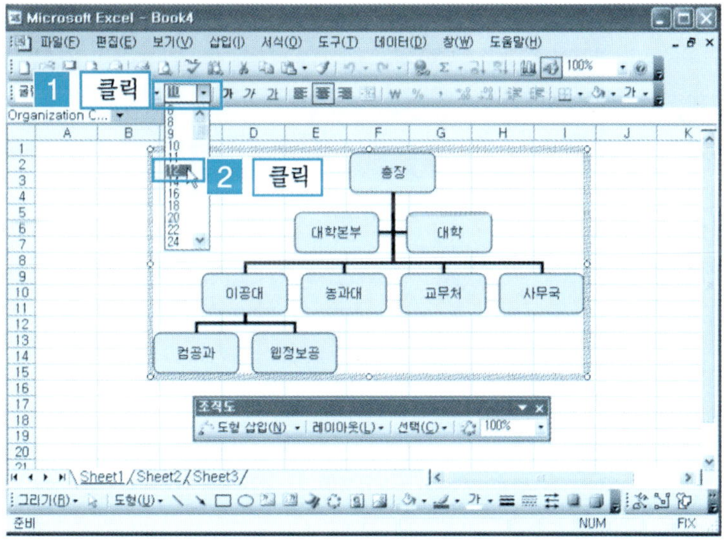

⑩ 글자의 크기가 변경되었다. 글꼴의 색도 변경할 수 있다.

[조직도 전체 클릭] → [서식 도구 모음] → [글꼴색 아이콘 클릭] → [색]을 선택하여 클릭한다.

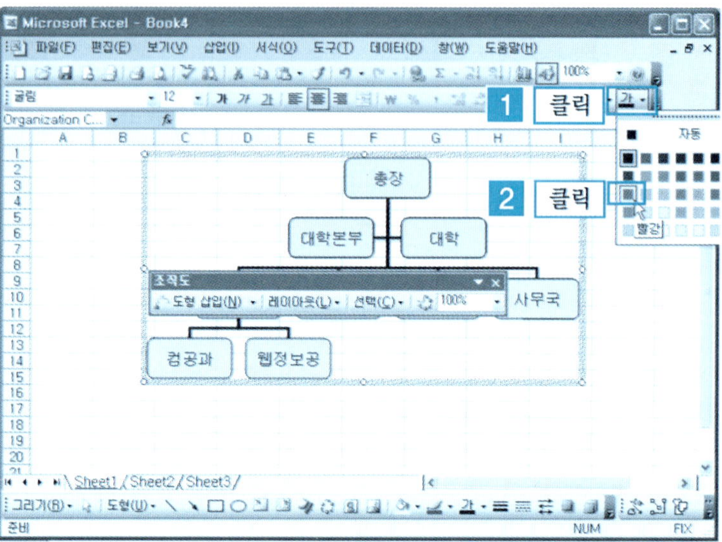

⑪ 글자색이 지정한 빨강색으로 변경되었다.

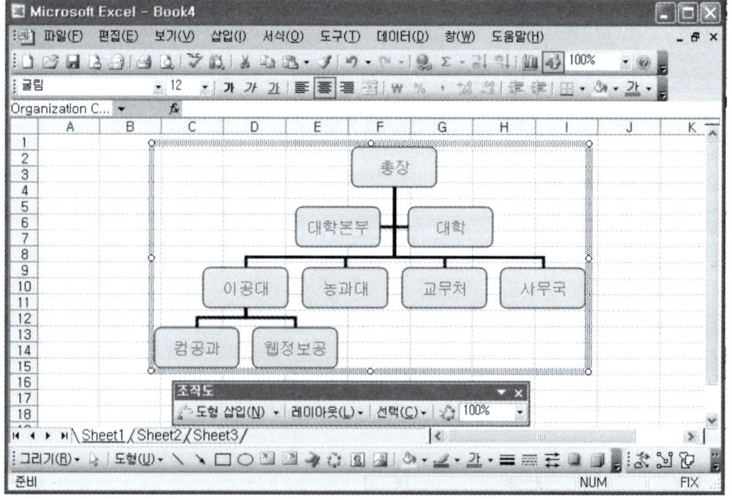

2 조직도 배역과 크기 조절

❶ [이공대 클릭] → [조직도 도구 모음] → [레이아웃 아이콘 클릭] → [양쪽 균
등 배열] 항목을 클릭한다.

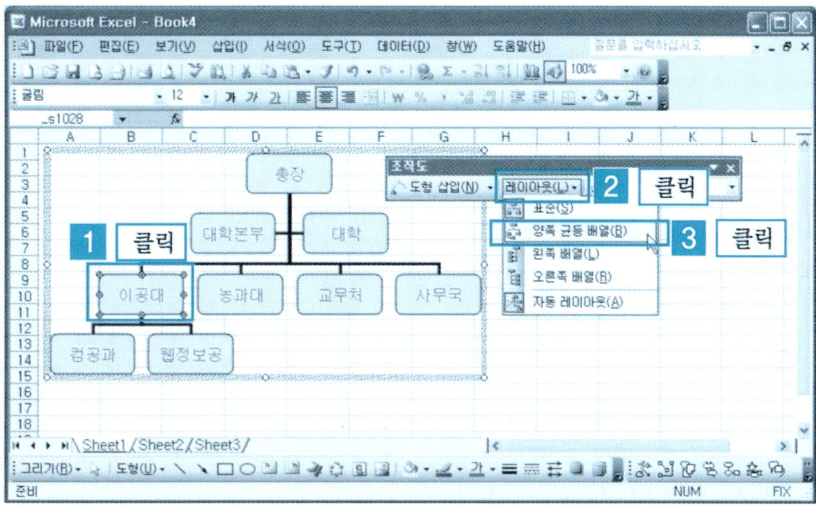

❷ [이공대]의 하위 조직인 [컴공과]와 [웹정보공]이 재배치되었다.

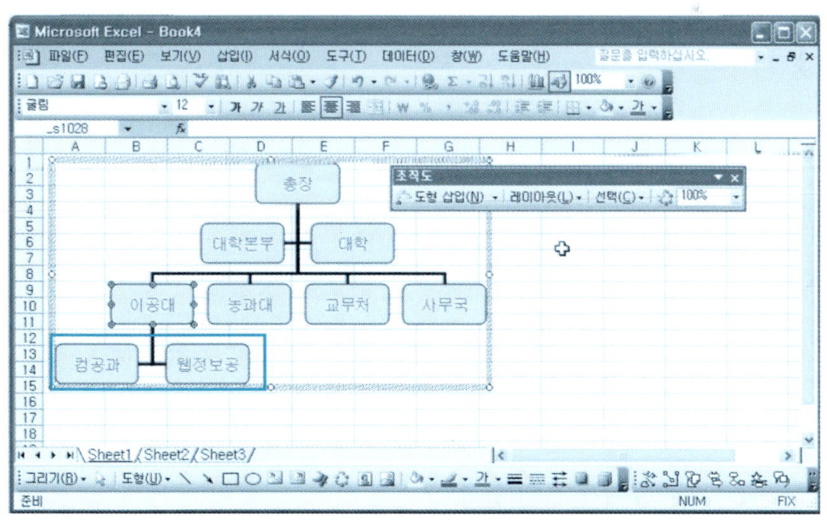

3 자동 서식 적용

❶ [조직도 선택] → [조직도 도구 모음] → [자동 서식 아이콘]을 클릭한다.

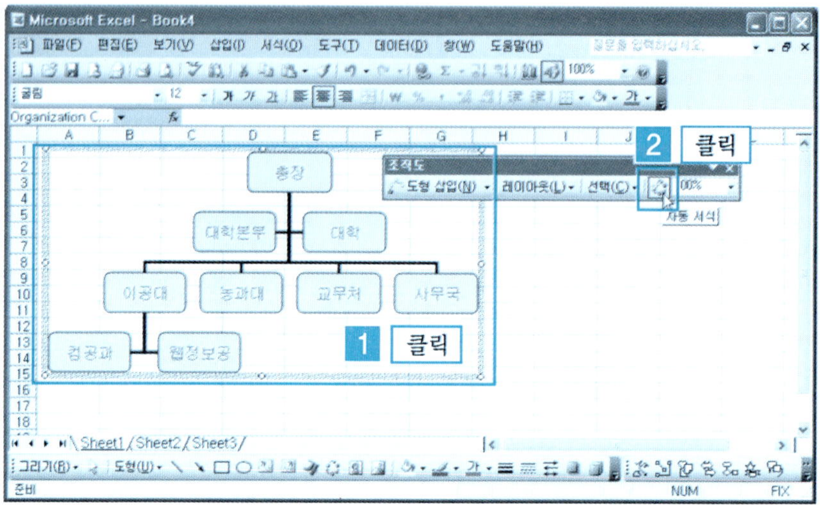

❷ [조직도 스타일 갤러리 대화상자] → [이중 윤곽선] → [확인] 버튼을 클릭한다.

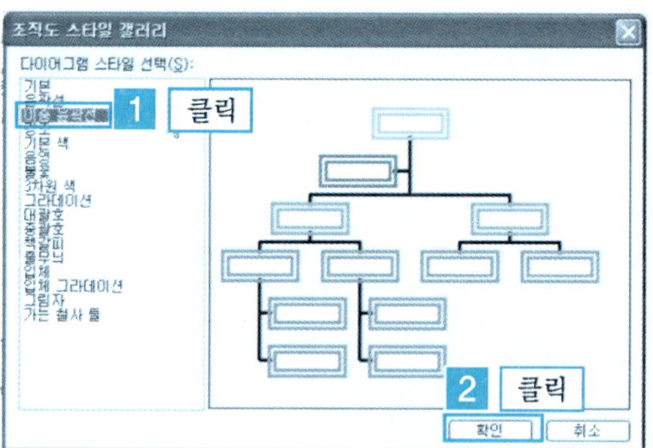

③ 조직도가 지정한 스타일로 변경되었다.

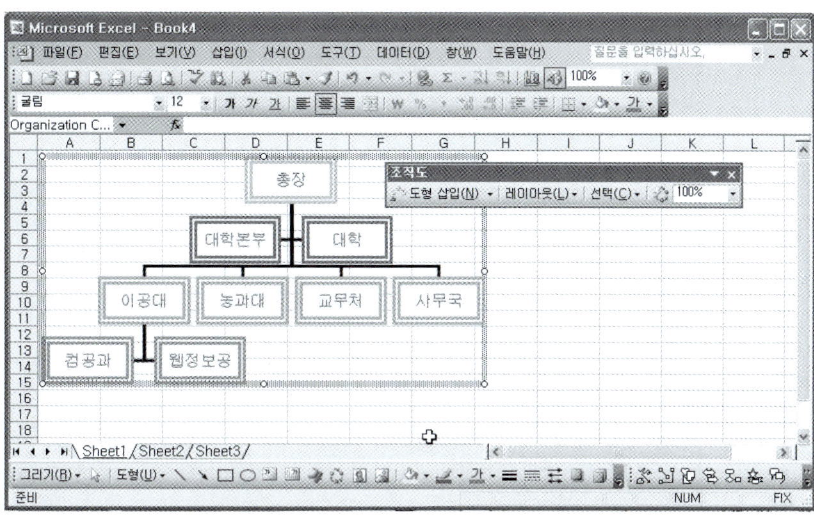

4 조직도의 크기 조절

① 조직도에서 직책 등이 정상적으로 잘 나타나지 않을 때는 개체 조절 포인트를 이용하여 조직도의 크기를 변경할 수 있다. 개체 조절 포인트를 상, 하, 좌, 우로 드래그한다.

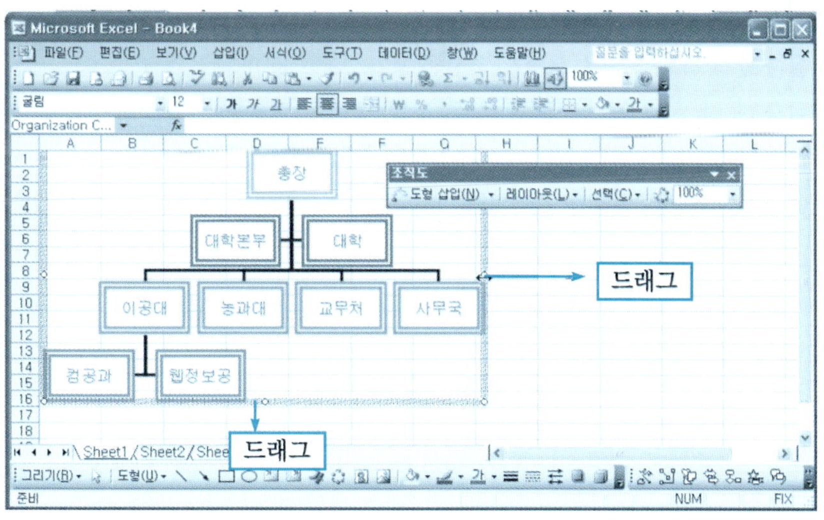

② 조직도의 크기가 변경되었다.

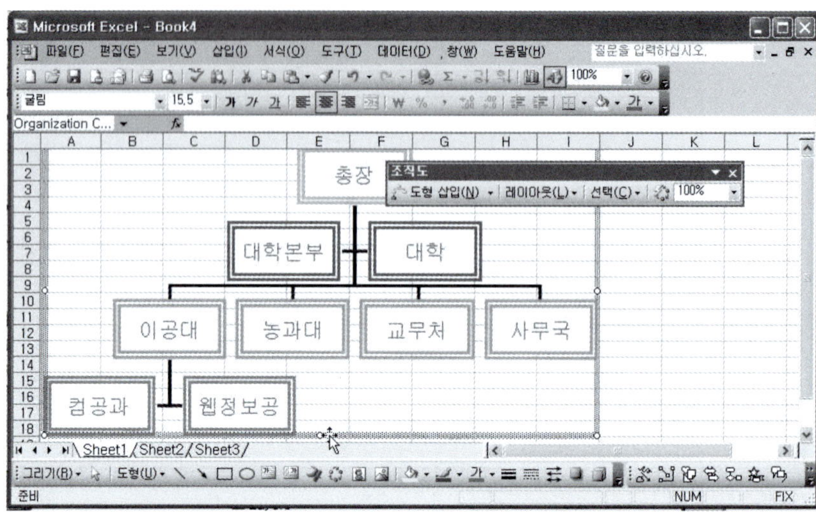

단원 실습 문제

〈**실습1**〉 회사나 학교 학생회의 조직도를 만들어 보자.

〈**실습2**〉 조직도의 글꼴 크기를 조절해 보자.

〈**실습3**〉 [조직도 도구 모음]의 [양쪽 균등 배열]을 이용하여 재배치해 보자.

〈**실습4**〉 [자동 서식]을 이용하여 조직도의 전체 크기를 확대해 보자.

〈**실습5**〉 [조직도 스타일 갤러리]의 다이어그램 스타일을 선택하여 조직도의 모양을 변경
해 보자.

5.8 | 차트 활용

복잡하고 많은 데이터를 텍스트로 분석하기보다는 차트로 표현하면 각각의 숫자 데이터를 한눈에 비교할 수 있게 된다. 차트는 어떻게 만들고 어떠한 종류가 있으며 어떻게 꾸밀 수 있는지 등에 대해 자세히 살펴보자.

1 차트 만들기

❶ 엑셀에서는 차트 마법사 기능이 있어 데이터 범위를 지정하는 작업만으로 차트를 만들 수 있다.

[예제] 폴더에서 [판매현황.xls]를 불러온다.

[데이터 셀 클릭] → [삽입] → [차트]를 클릭한다.

❷ [차트 마법사 1단계 대화상자] → [차트종류:가로막대형] → [차트 하위 종류] → [다음]을 클릭한다.

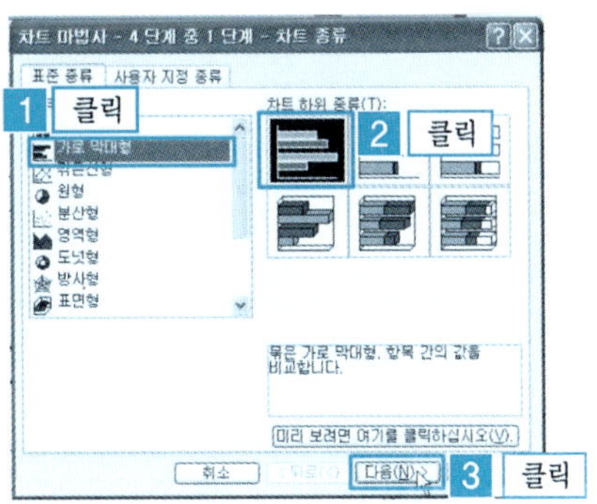

❸ [차트 마법사 2단계 대화상자] →
[열 방향 선택] → [다음]을 클릭
한다.

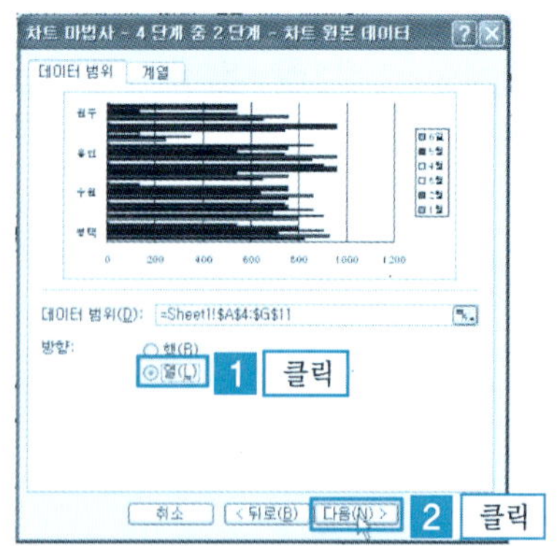

❹ [차트 마법사 3단계 대화상자] →
[제목 내용 입력] → [차트제목 :
상반기 판매실적 현황] → [X항
목:지역별] → [Y(값):판매량] →
[다음]을 클릭한다.

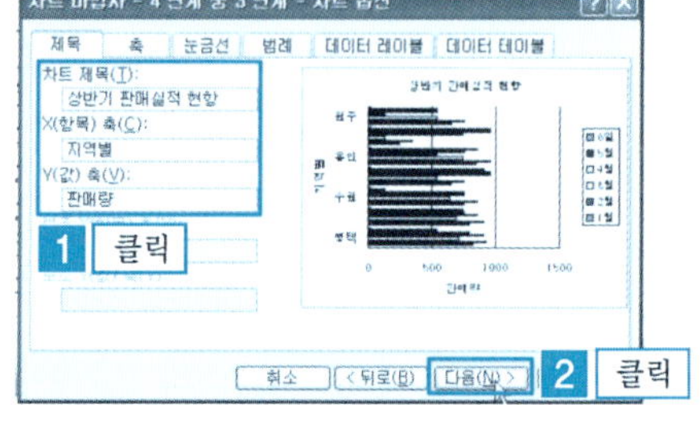

❺ [차트 마법사 3단계 대화상자] →
[차트 위치:워크시트에 삽입 선
택] → [마침]을 클릭한다

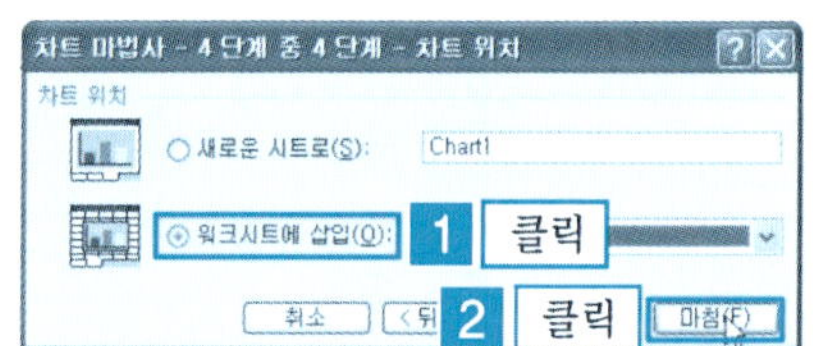

❻ 그림과 같이 [차트] 도구 모음과 함께 차트가 나타난다. 모서리로 마우스를
위치시키면 화살표 모양이 변경된다. 드래그하여 차트의 크기를 조절해 보자.

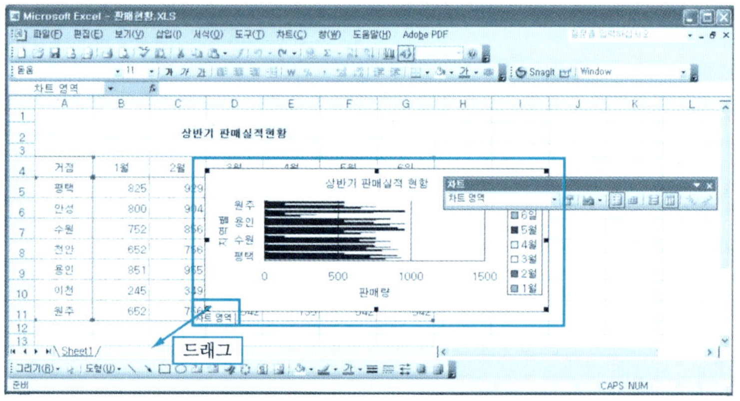

⑦ 그림과 같이 차트를 이동하거나 크기를 조절할 수 있다.

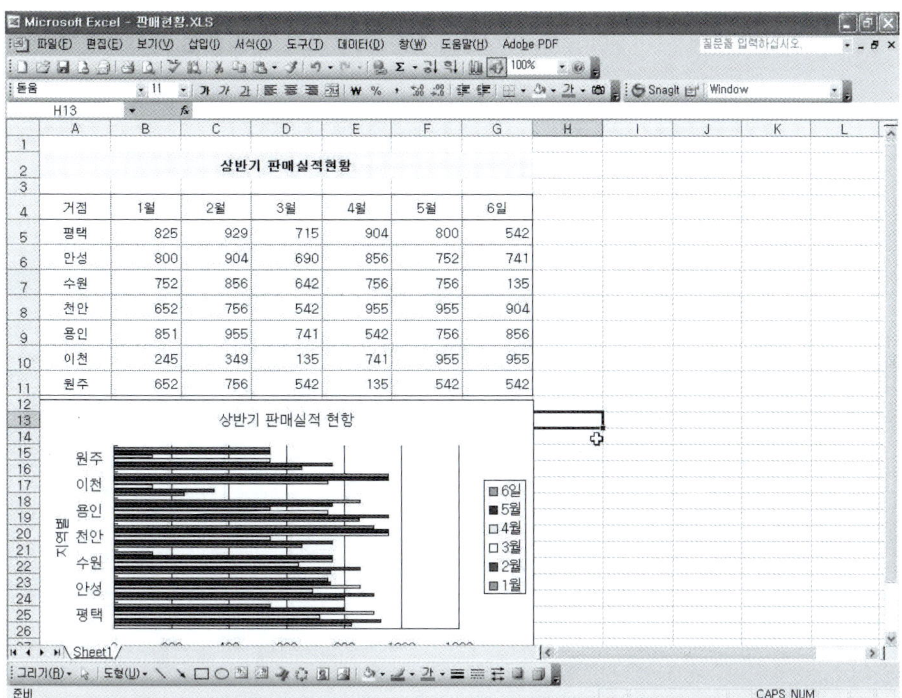

단 원 실 습 문 제

〈실습1〉 [예제] 폴더에서 [판매현황.xls]를 불러온다.

〈실습2〉 원형 차트를 만들어 보자.

2 차트 옵션 활용

이번에는 만든 차트를 차트 옵션을 이용하여 수정하고 편집하는 방법을 알아보자.

❶ [예제] 폴더에서 [차트옵션.xls]를 불러온다.

[삽입한 차트 선택] → [마우스 오른쪽 버튼] → [차트 옵션]을 클릭한다.

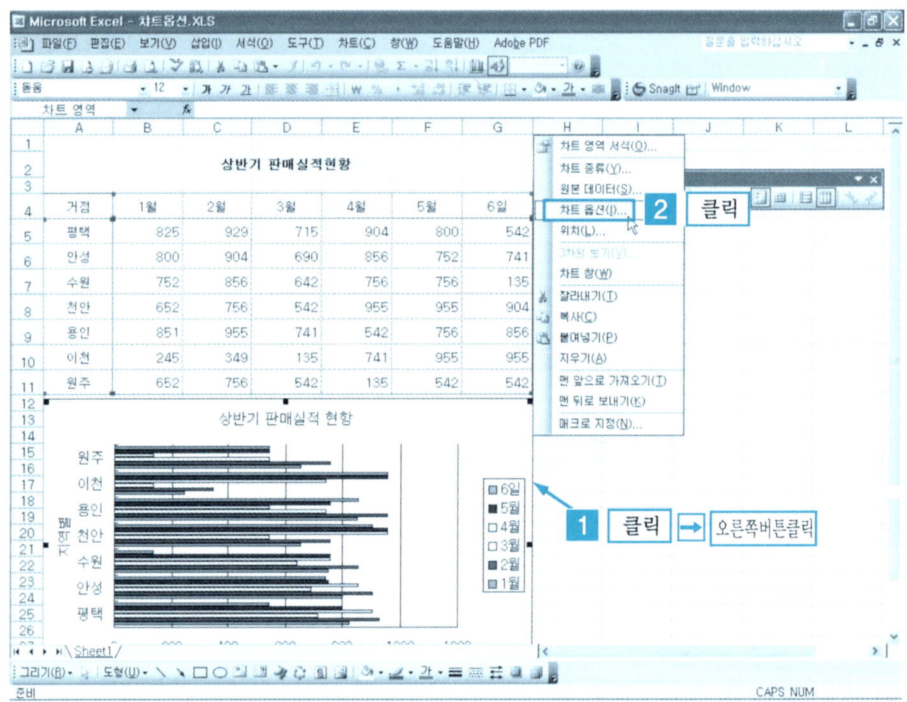

❾ [차트 옵션] 대화상자가 나타난다. 각 항목별로 살펴보자. [제목] 탭에서는 차트의 제목과 X, Y축의 이름을 설정할 수 있다.

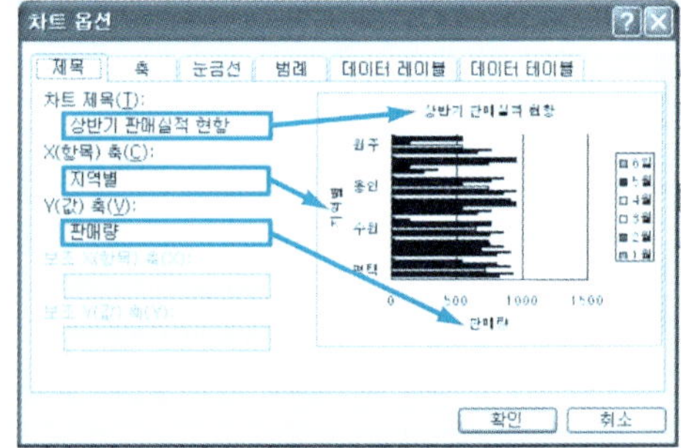

❸ [축] 탭에서는 기본축의 항목을 선택할 수 있다. 항목을 선택하면 축이 차트에 표시된다.

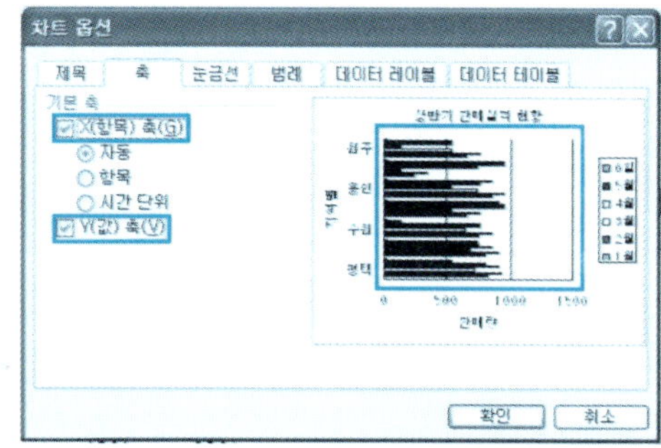

❹ [눈금선] 탭에서는 X축과 Y축의 눈금선을 차트에 표시한다.

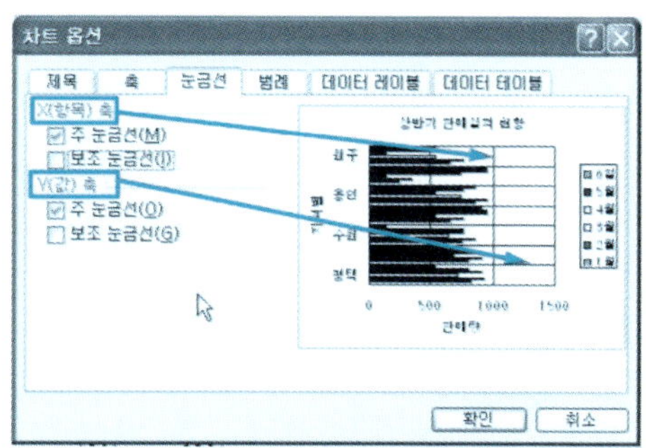

❺ [범례] 탭에서는 범례의 표시 여부와 위치를 설정할 수 있다.

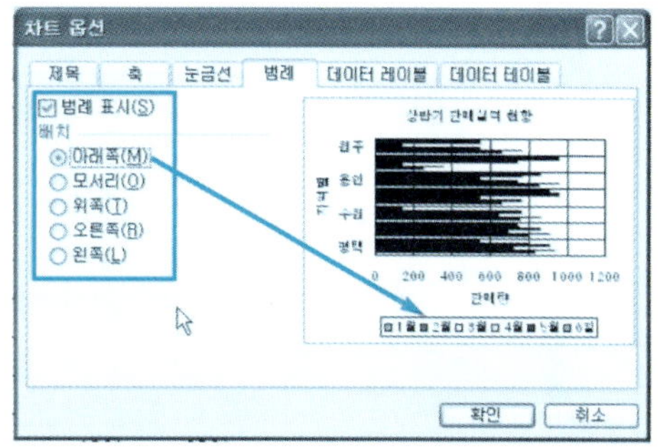

❻ [데이터 레이블] 탭에서는 데이터의 구체적인 내용을 표시할 수 있다. [값]에 체크 표시를 하면 데이터 값이 차트 위에 나타난다. 다른 항목을 클릭하면 차트 위에 클릭한 항목이 나타나고, [범례 표지]를 클릭하면 차트 위에 범례가 나타난다.

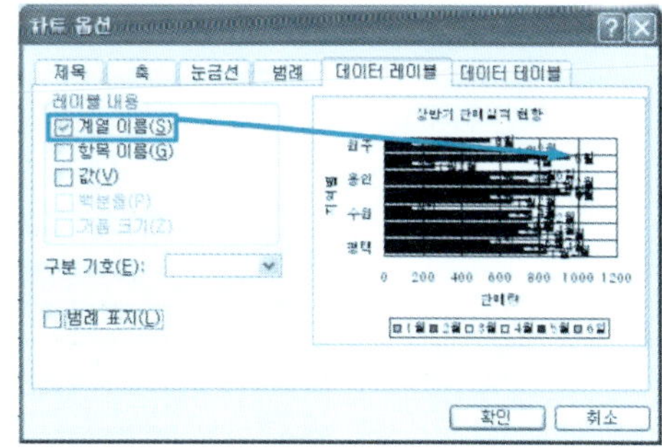

❼ [데이터 테이블] 탭에서는 데
이터 테이블을 그래프와 함께
표시할 수 있게 해준다.

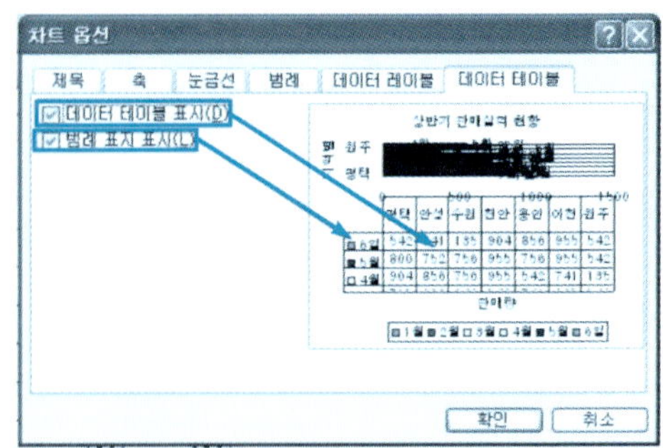

3 차트 영역 서식 설정

차트에도 역시 도형이나 다이어그램처럼 배경에 그림을 삽입하거나 채우기 효
과 등의 서식을 설정할 수 있다. 차트의 서식을 변경해 보자.

❶ [예제] 폴더에서 [차트옵션.xls]를 불러온다.
[삽입한 차트를 선택] → [마우스 오른쪽 버튼 클릭] → [차트 영역 서식]을
클릭한다.

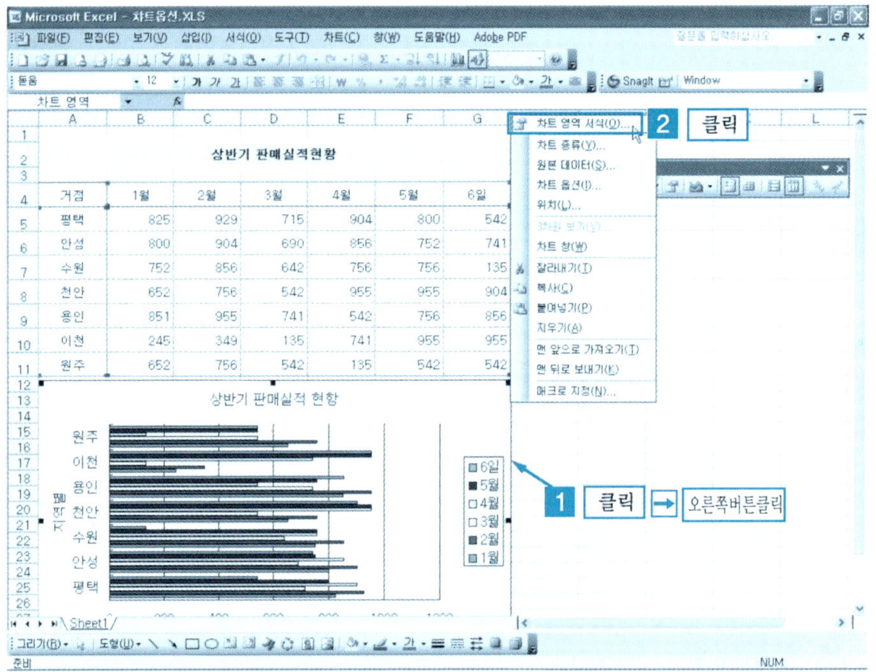

❷ [차트 영역 서식] 대화상자가 나타난다. 각 항목별로 자세히 살펴보자.

■ [무늬 탭] : 차트 영역의 테두리, 영역을 사용자가 지정할 수 있다. 먼저 [채우기 효과]를 클릭해 보자.

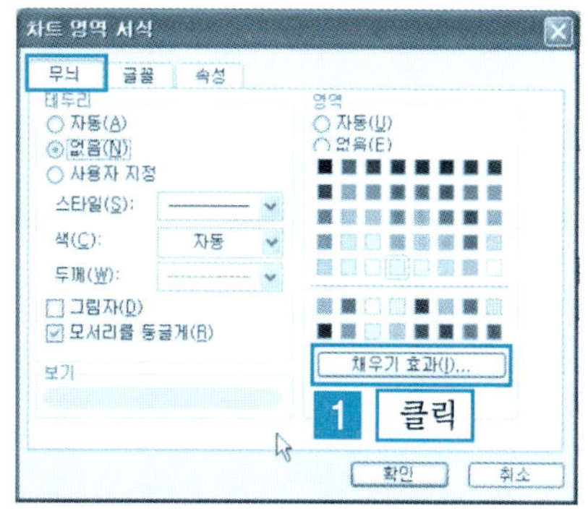

■ [채우기 효과 대화상자] → [기본 설정 색] → [새벽] → [음영 스타일:가로] → [확인]을 클릭한다. 여기에서는 차트영역의 그라데이션, 질감, 무늬 그림의 효과를 줄 수 있다.

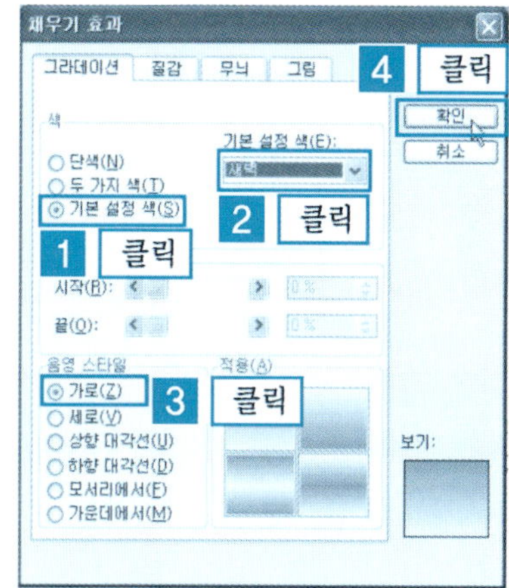

■ 다시 [차트 영역 서식]으로 돌아온다. [글꼴] 탭 → [글꼴: 새굴림] → [글꼴 스타일: 보통] → [크기:10] → [색:녹색] → [확인]을 클릭한다.

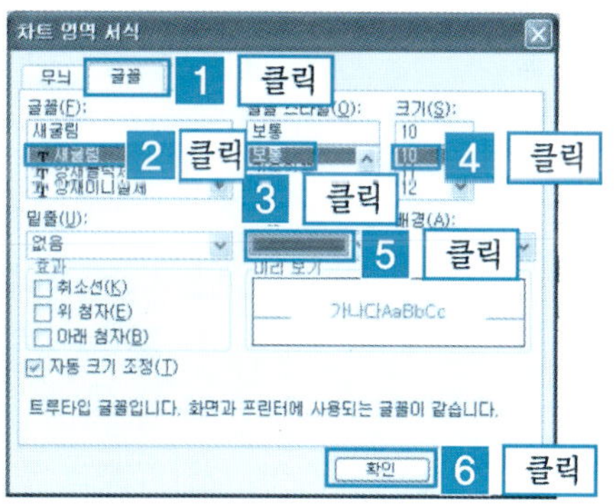

❸ 그림과 같이 [차트 영역 서식]에서 설정한 내용이 적용되어 나타난다.

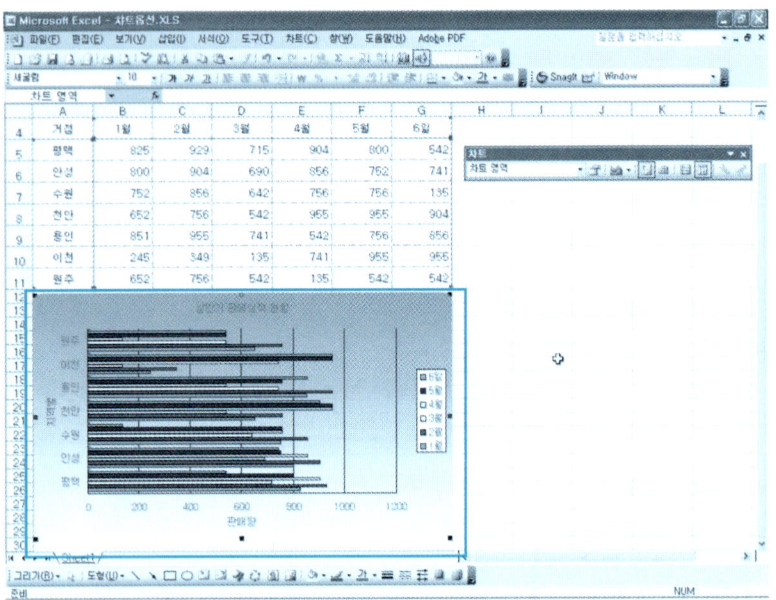

단 원 실 습 문 제

〈실습1〉 [예제] 폴더에서 [차트옵션.xls]를 불러온다.

〈실습2〉 그림과 같이 차트 영역 서식을 변경해 보자 (글꼴: 휴먼매직체/ 무늬: 테두리 없음 / 채우기 효과 :작은 물방울 사용)

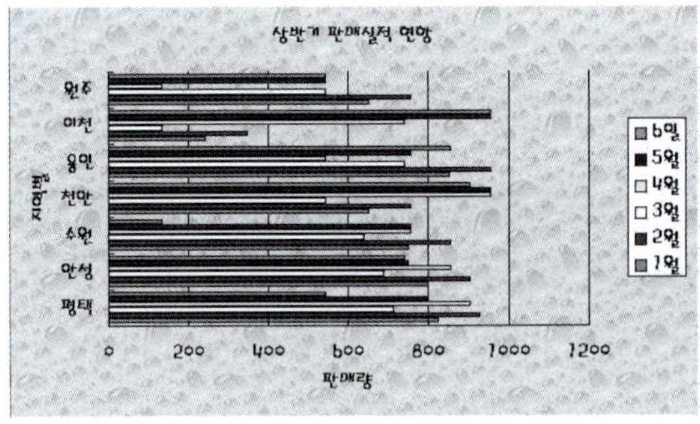

4 그림 영역 서식 설정

① [예제] 폴더에서 [차트옵션.xls]를 불러온다. 차트에서 그래프가 표시되어 있는 그림 영역을 마우스 오른쪽 단추로 클릭한 후 단축 메뉴에서 [그림 영역 서식]을 클릭한다.

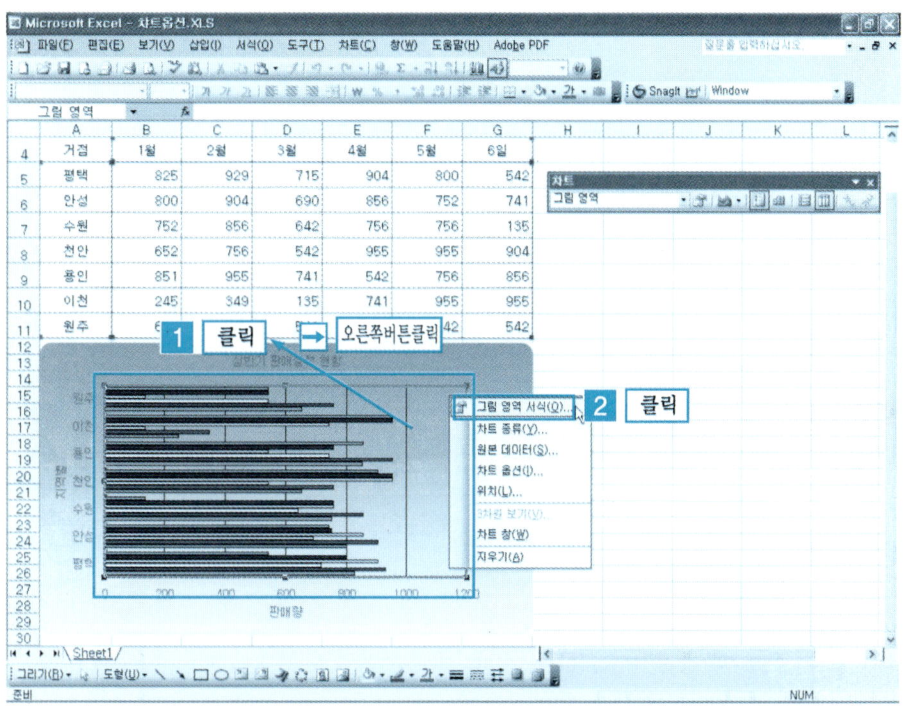

② [그림 영역 서식 대화상자] → [테두리:없음] → [영역:색상 지정] → [확인]을 클릭한다.

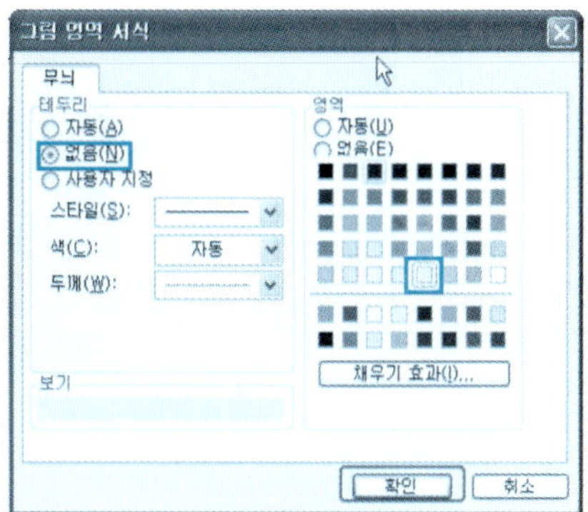

❸ 그림과 같이 변경한 그림 영역 서식이 적용되어 나타난다.

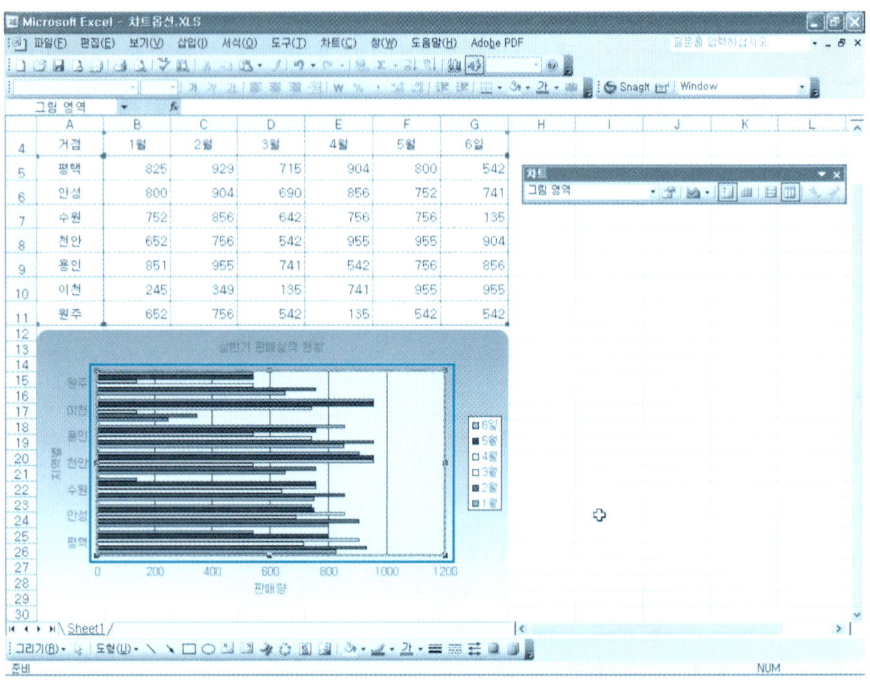

단 원 실 습 문 제

〈**실습1**〉 [예제] 폴더에서 [차트옵션.xls]를 불러온다.

〈**실습2**〉 그림과 같이 그림 영역 서식을 변경해 보자(무늬:테두리 없음/채우기 효과:그라데 이션:기본 설정 색:해양 사용)

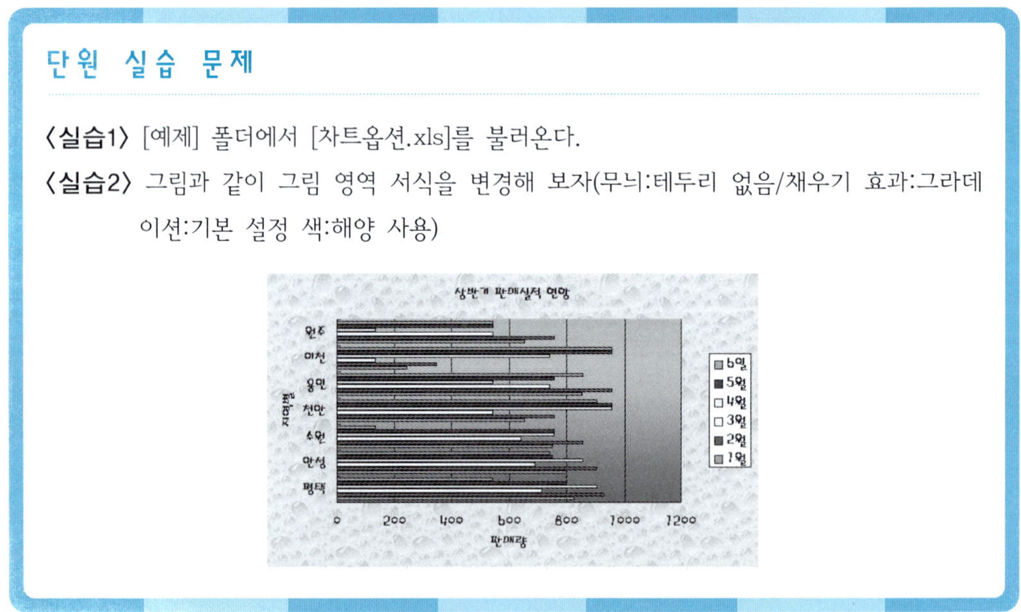

5 범례 서식과 데이터 계열 서식 설정

❶ [예제] 폴더에서 [차트옵션.xls]를 불러온다. 완성한 차트의 범례를 마우스 오른쪽 단추로 클릭한 후 단축 메뉴에서 [범례 서식]을 클릭한다.

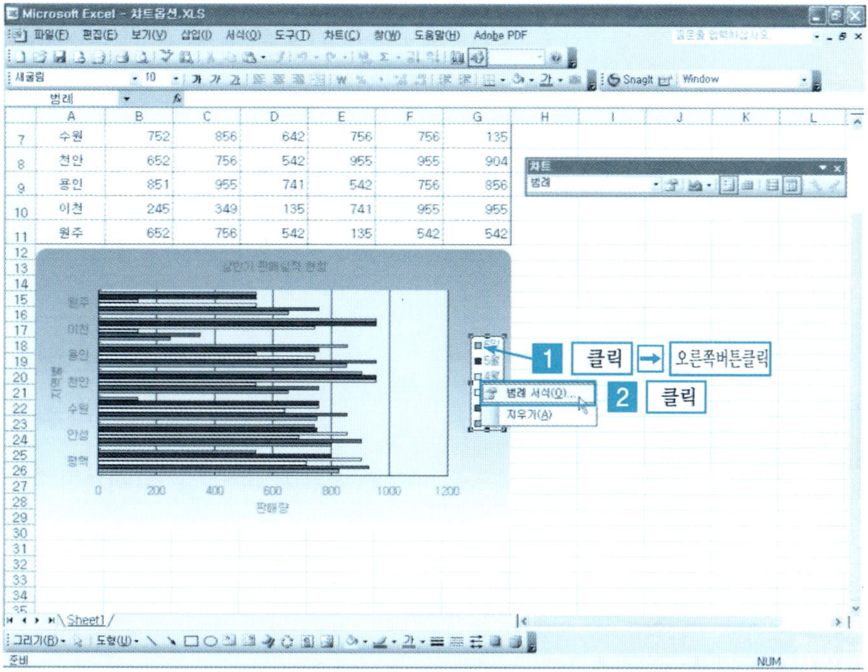

❷ [범례 서식 대화상자] → [테두리: 없음] → [영역:색상 지정] → [확인]을 클릭한다.

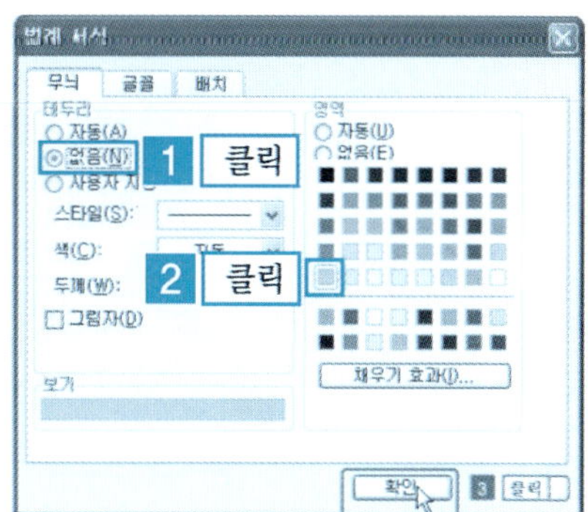

❸ 그림과 같이 범례에 적용한 서식이 나타난다.

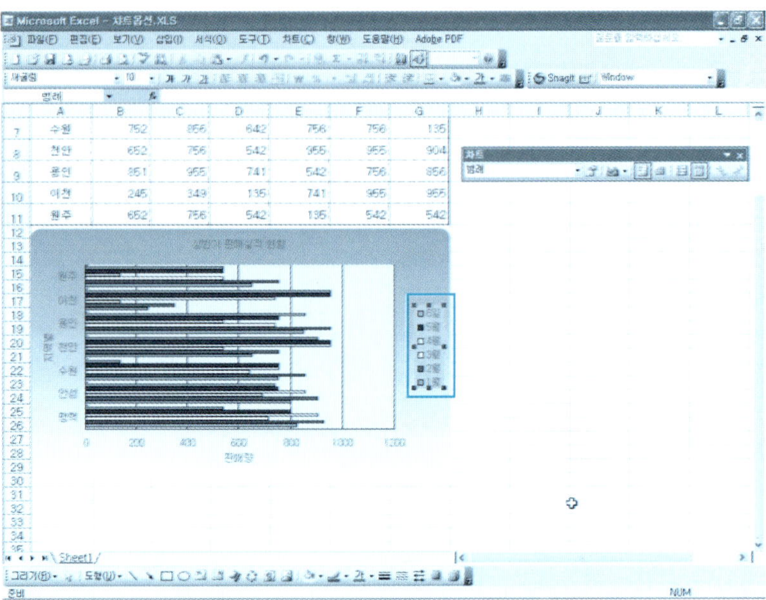

❹ 이번에는 데이터 계열을 마우스 오른쪽 버튼으로 클릭하여 [데이터 계열 서식]을 클릭한다.

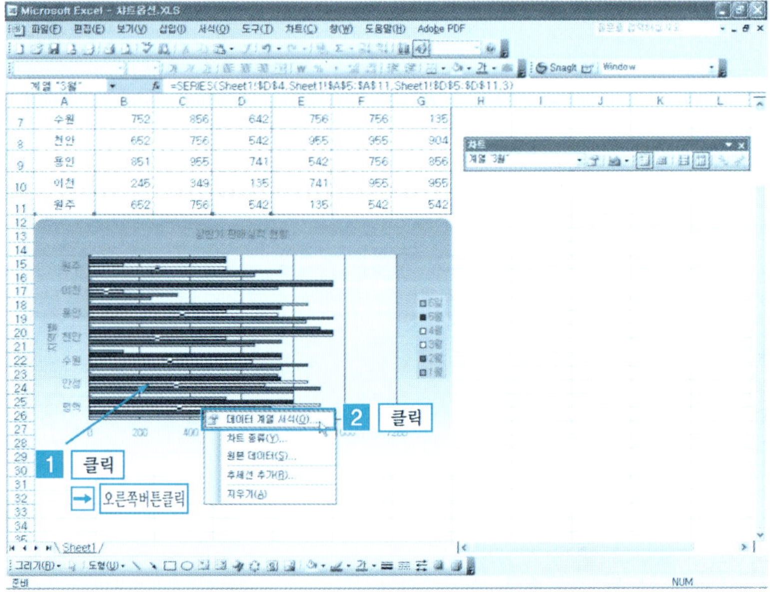

⑤ [데이터 계열 서식 대화상자]
→ [테두리:없음] → [영역:색상
지정] → [확인]을 클릭한다.

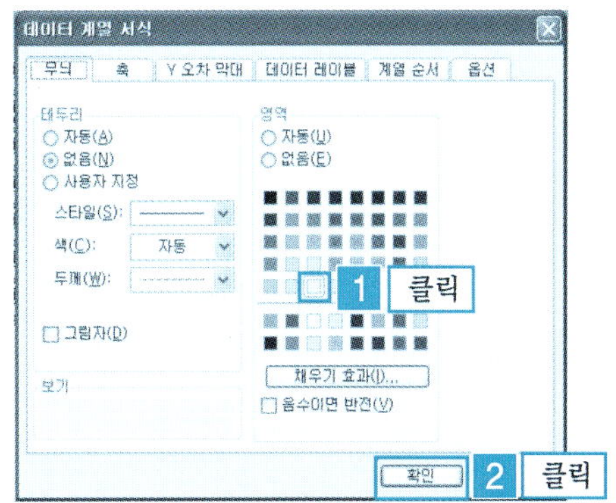

⑥ 그림과 같이 적용색으로 계열의 색이 변경된다.

이번에는 [차트] 도구모음을 이용해서 계열의 서식을 변경해 보자.

데이터 계열 서식을 사용하게 되면 데이터 계열을 다양하게 변경하여 적용
할 수 있다. 먼저 변경할 계열을 선택한다. [계열 1월] 선택 → [데이터 계열
서식] 도구를 클릭하면 [데이터 계열 서식] 대화상자가 나타난다.

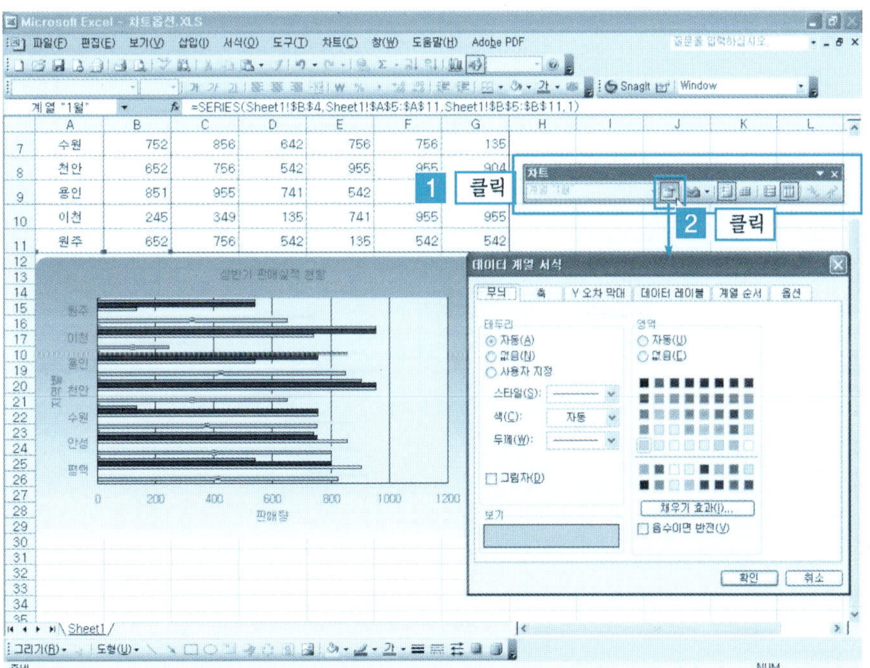

❼ [테두리:없음] → [영역:빨간색]
　 → [확인]을 클릭한다.

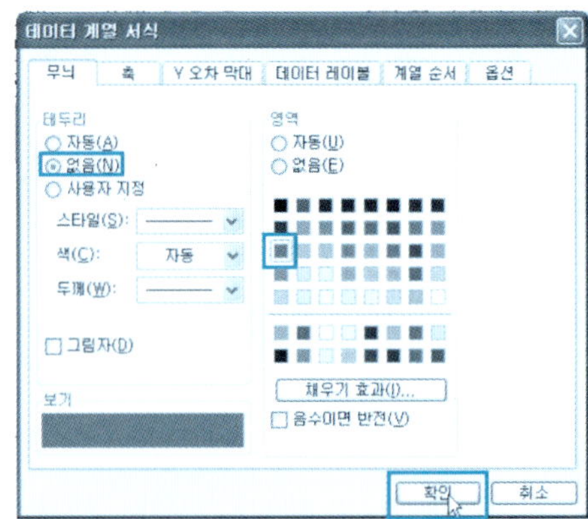

❽ 이런 순서로 계열 2월~6월까지의 색을 무지개색으로 변경해보면 그림과 같
이 변경되어 나타난다.

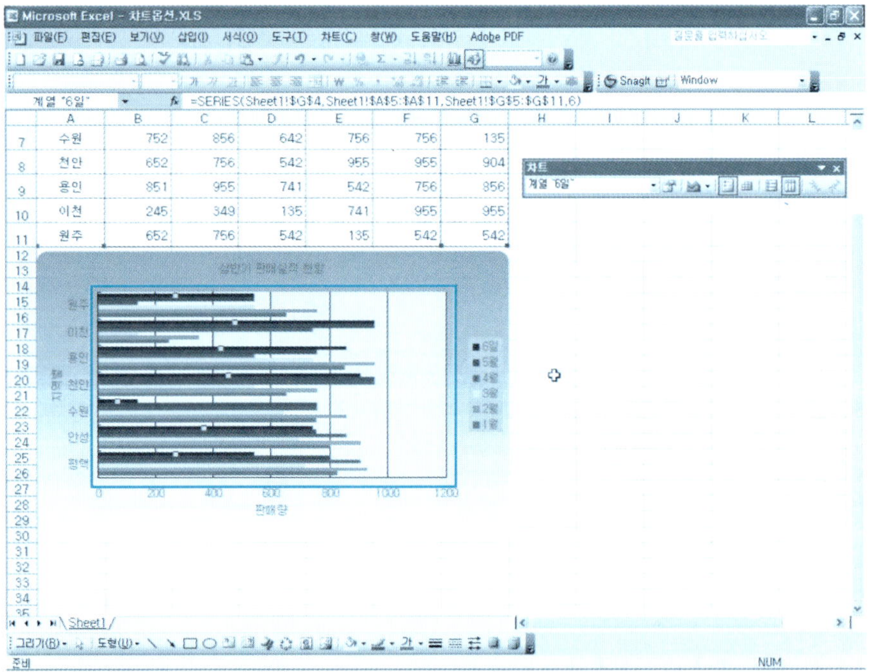

단원 실습 문제

〈실습1〉 [예제] 폴더에서 [차트옵션.xls]를 불러온다.

〈실습2〉 그림과 같이 범례 서식과 데이터 계열 서식을 변경해 보자.

　　　　(범례 서식: 무늬없음, 영역:없음/데이터 계열 서식 : 테두리 없음 색상 선택)

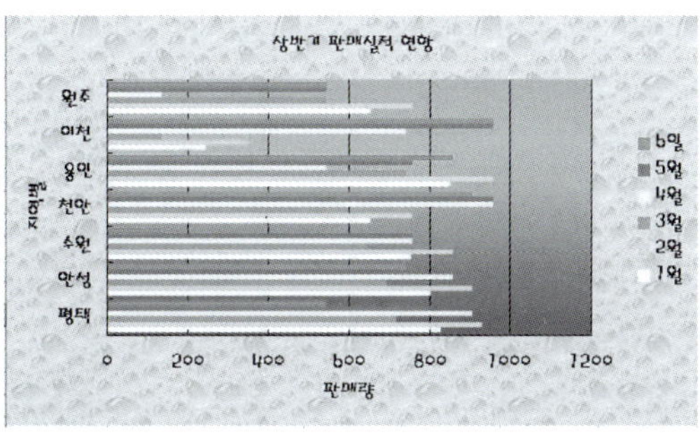

5.9 ｜ 3차원 차트

3차원 차트는 2차원 차트에 비해 만들거나 설정하기가 복잡하지만 입체 효과를 나타낼 수 있다.

1 3차원 차트 만들기

❶ [예제] 폴더에서 [차트옵션.xls]를 불러온다. [삽입] → [차트]를 클릭한다.

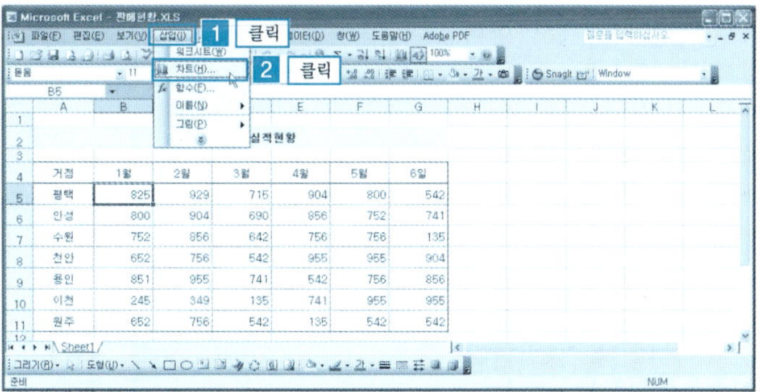

❷ [차트 마법사 1단계 대화상자]
→ [차트 종류: 세로막대형]
→ [차트 하위 종류 : 7번째 선
택] → [다음]을 클릭한다.

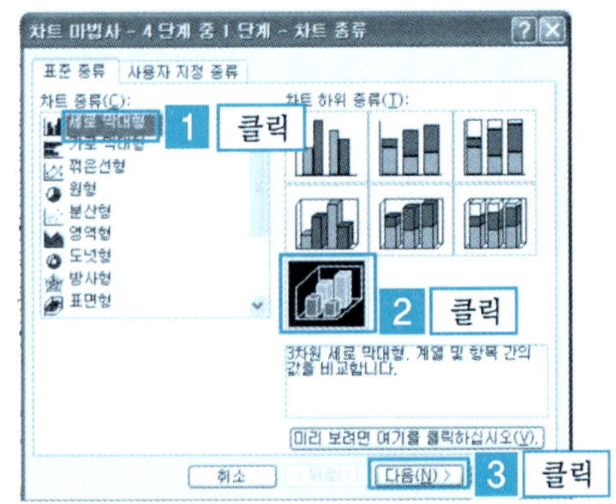

❸ [차트 마법사 2단계 대화상자]
→ [방향: 열 선택] → [다음]
을 클릭한다.

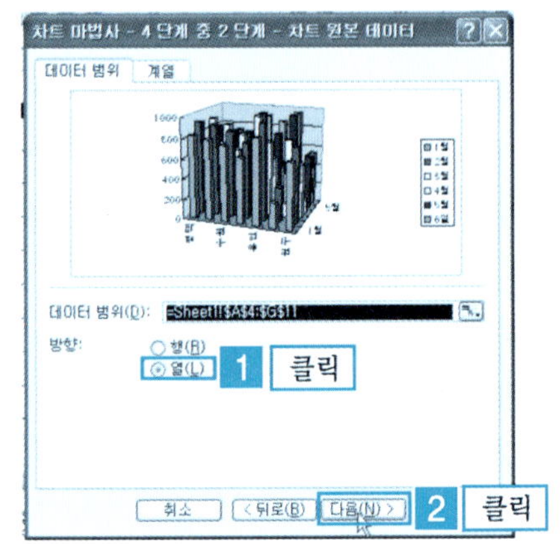

❹ [차트 마법사 3단계 대화상자]
→ [차트 제목:상반기 판매실
적] → [X축 : 거점] → [Y축 :
월] → [Z축 : 판매량 입력] →
[다음]을 클릭한다.

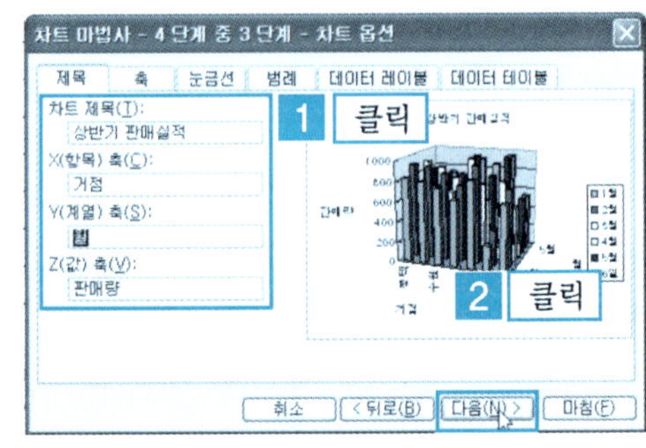

❺ [차트 마법사 4단계 대화상자]
→ [워크시트에 삽입 선택] →
[마침]을 클릭한다.

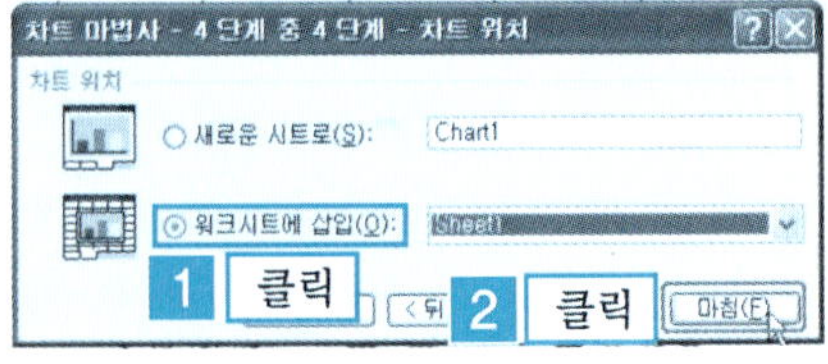

❻ 그림과 같이 3차원 차트가 완성된다. 보기 편하게 차트를 확대하고 이동해
보자.

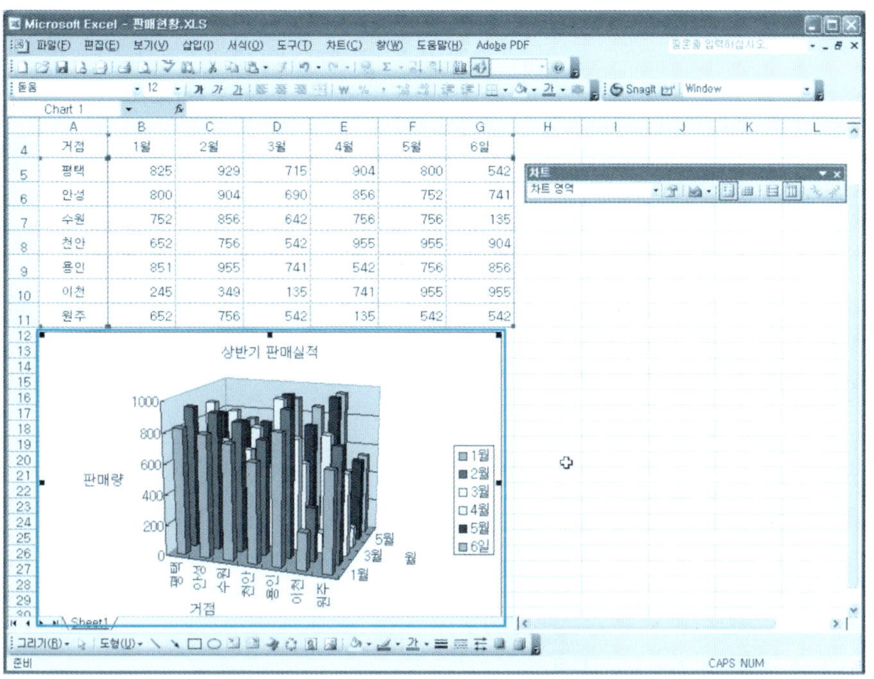

단 원 실 습 문 제

〈실습1〉 [예제] 폴더에서 [판매현황.xls]를 불러온다.

〈실습2〉 그림과 같은 3차원 차트를 만들이보자 (3차원 효과 :쪼개신 원형)

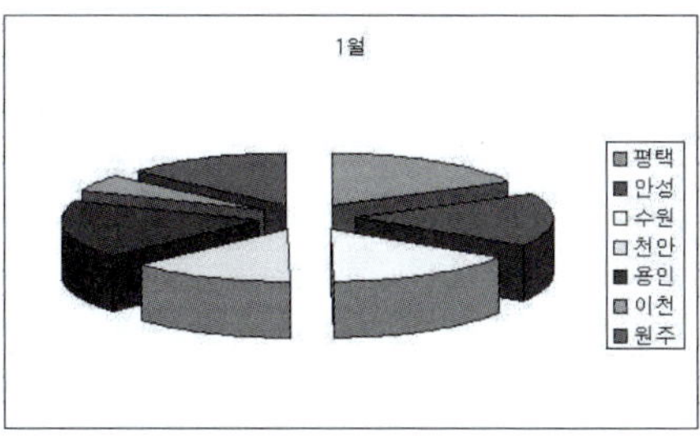

2 3차원 차트 설정

❶ [예제] 폴더에서 [판매현황.xls]를 불러온다. 완성한 3차원 차트의 차트 영역을 마우스로 클릭한 후 단축 메뉴에서 [3차원 보기]를 클릭한다.

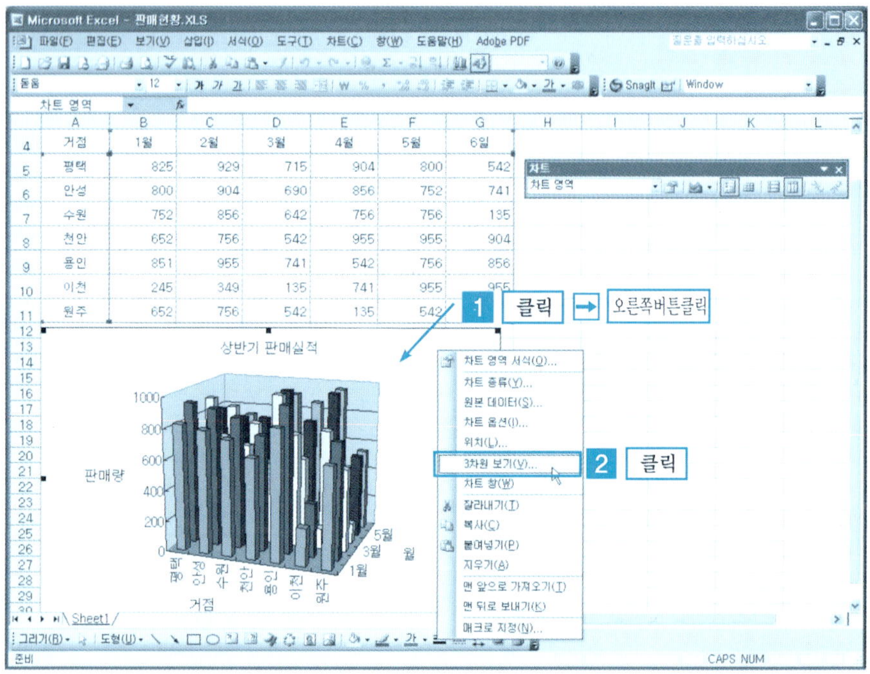

❷ [3차원 보기 대화상자] → [상하회전 : 10] → [좌우회전 : 30] → [원근감 : 35] 입력 후 [확인]을 클릭한다.

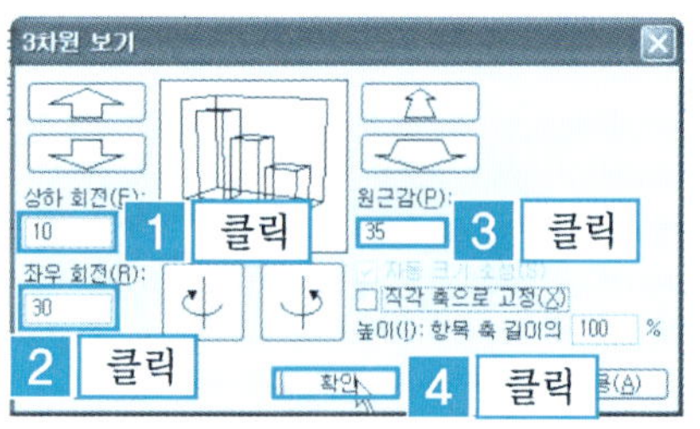

❸ 그림과 같이 3차원 차트가 변경된 것을 확인할 수 있다.

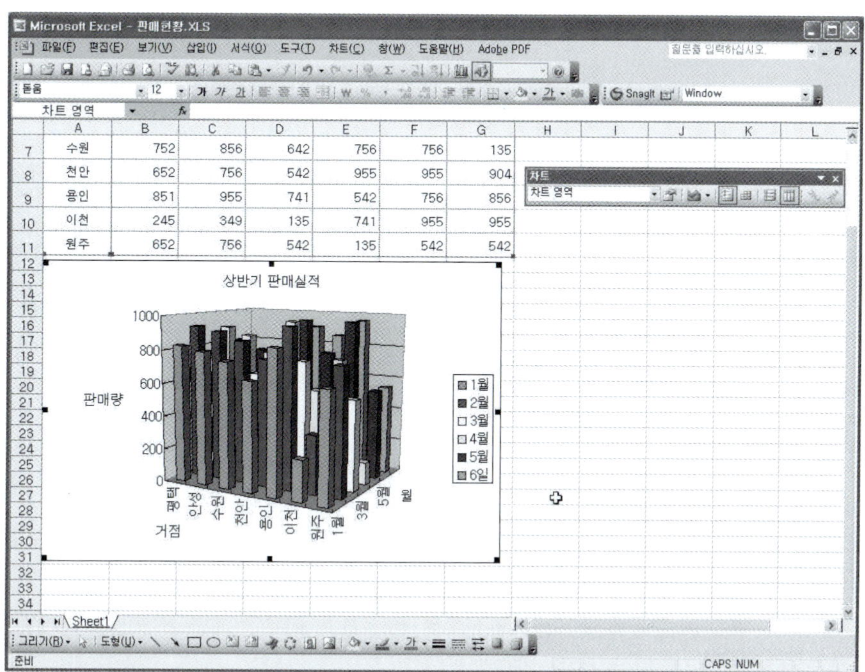

단 원 실 습 문 제

〈**실습1**〉 [예제] 폴더에서 [3차원차트.xls]를 불러온다.

〈**실습2**〉 그림과 같이 [3차원 보기] 메뉴를 이용해 3차원 차트를 변경해 보자(상하회
전:30/좌우회전:20)

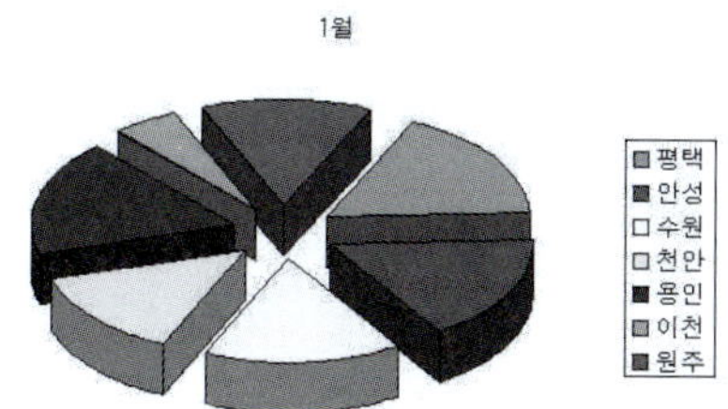

5.10 │ 사용자 지정 차트

[차트 종류]의 사용자 지정 차트는 세로 막대, 가로 막대, 주식형 등의 한 가지 차트와 다른 모양의 차트를 함께 나타낸 혼합형 차트, 축을 이중으로 사용하는 이중 축 차트 등 여러 종류의 차트가 정의 되어 있어 사용자가 원하는 차트를 다양하게 사용할 수 있다.

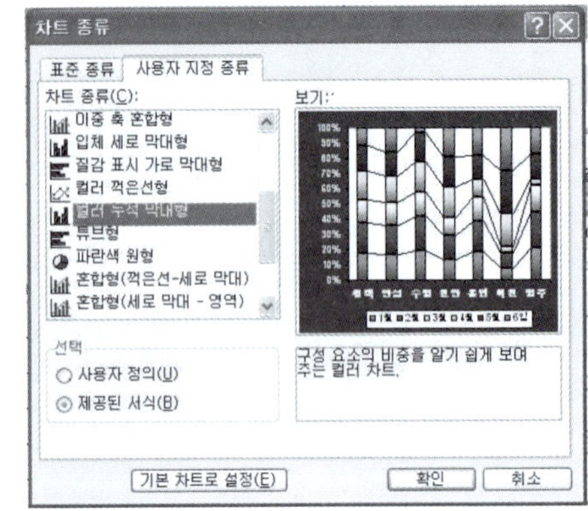

1 사용자 지정 차트 만들기

❶ [예제] 폴더에서 [판매현황.xls]를 불러온다. 완성한 차트 영역에 마우스를 위치하고 마우스 오른쪽 버튼을 클릭한다.

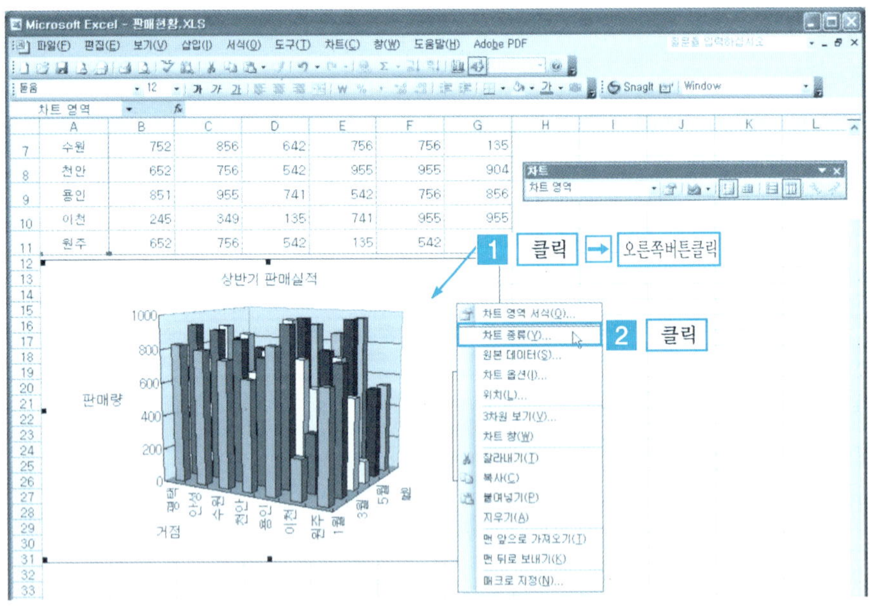

❷ [차트 종류] 대화상자가 나타난다. [차트 종류:파란색 원형] 선택 → [확인] 버튼을 클릭한다.

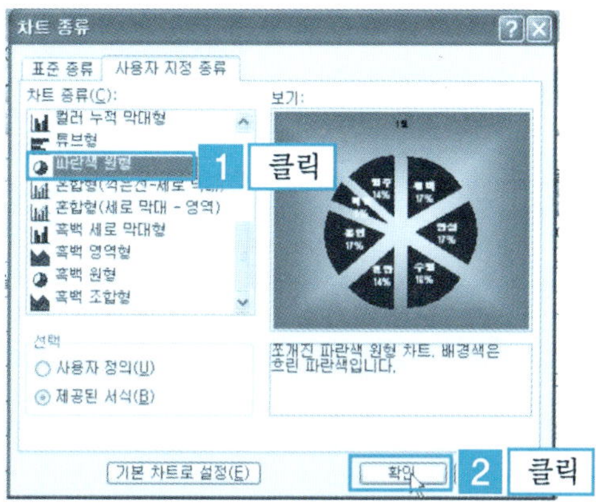

❸ 그림과 같이 [사용자 지정 종류] 차트가 적용되어 나타난다.

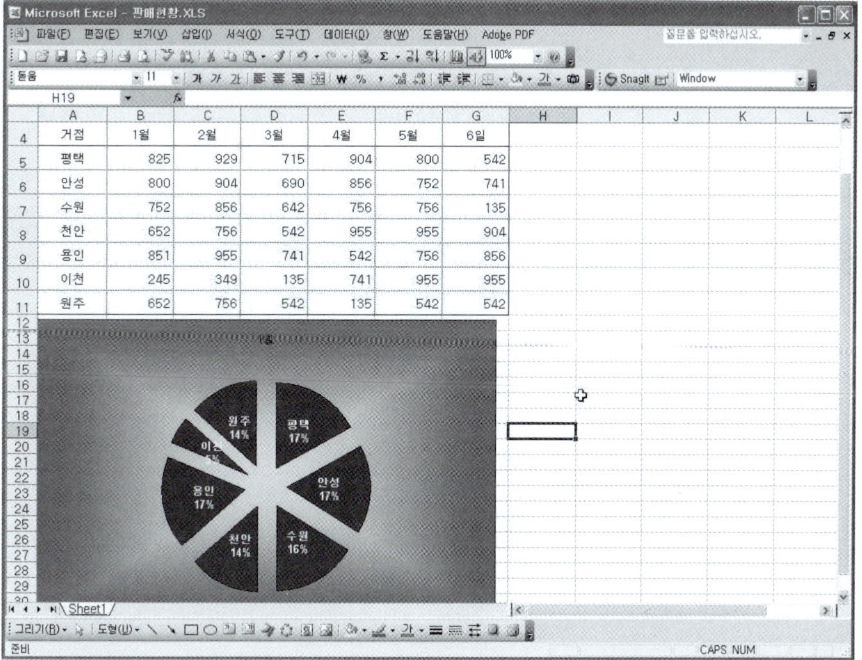

	A	B	C	D	E	F	G
4	거점	1월	2월	3월	4월	5월	6일
5	평택	825	929	715	904	800	542
6	안성	800	904	690	856	752	741
7	수원	752	856	642	756	756	135
8	천안	652	756	542	955	955	904
9	용인	851	955	741	542	756	856
10	이천	245	349	135	741	955	955
11	원주	652	756	542	135	542	542

단 원 실 습 문 제

〈실습1〉 [예제] 폴더에서 [3차원차트.
xls]를 불러온다.
〈실습2〉 그림과 같이 사용자 지정 차
트로 변경해 보자(사용자 지
정 종류:튜브형 사용)

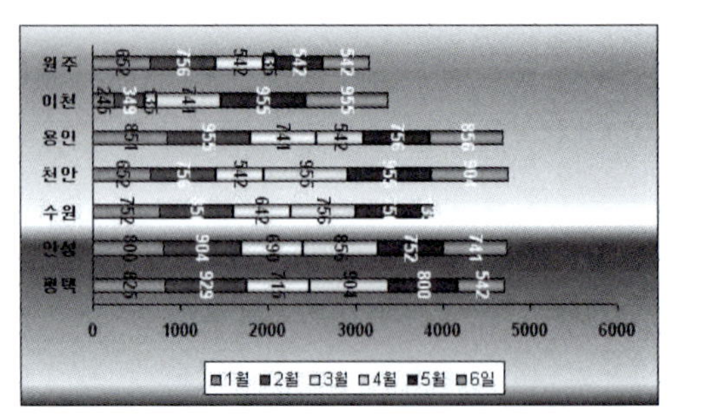

5.11 ｜ 데이터계열 꾸미기

1 그림 막대 꾸미기

❶ 막대의 모양을 그림으로 구며보자.

[예제] 폴더에서 [차트막대.xls]를 불러온다. [데이터 계열 1월 선택] → [마우
스 오른쪽 버튼 클릭] → [데이터 계열 서식]을 클릭한다.

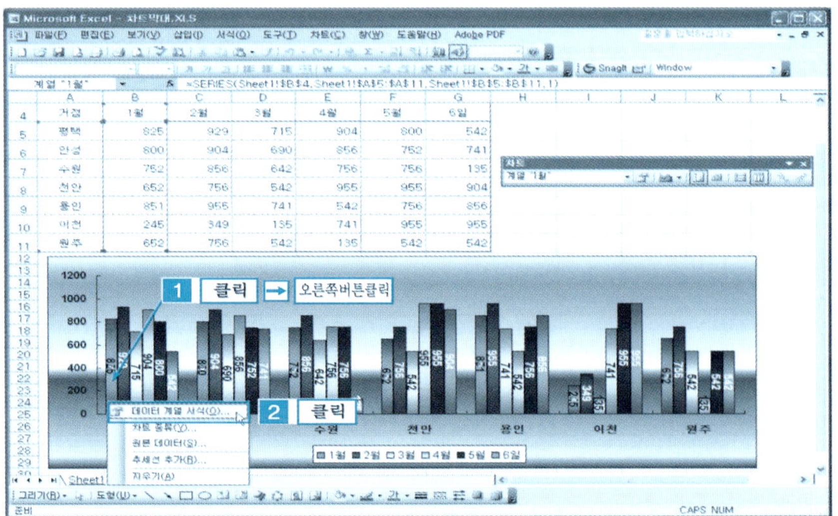

❷ [데이터 계열 서식] → [채우기 효과 클릭] → [채우기 효과 대화상자] → [그림] → [그림 선택] → [다음 배율에 맞게 쌓기]에 100단위 선택 → [확인] 버튼 클릭 → [데이터 계열 서식]의 [확인] 버튼을 클릭한다. (화분 그림은 예제 파일의 화분.gif를 불러온다)

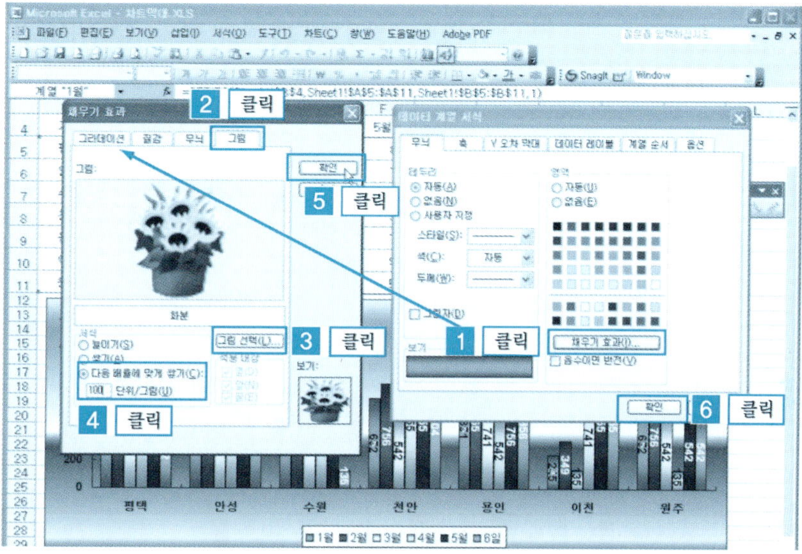

❸ 그림과 같이 1월의 데이터 계열이 변경되어 나타난다.

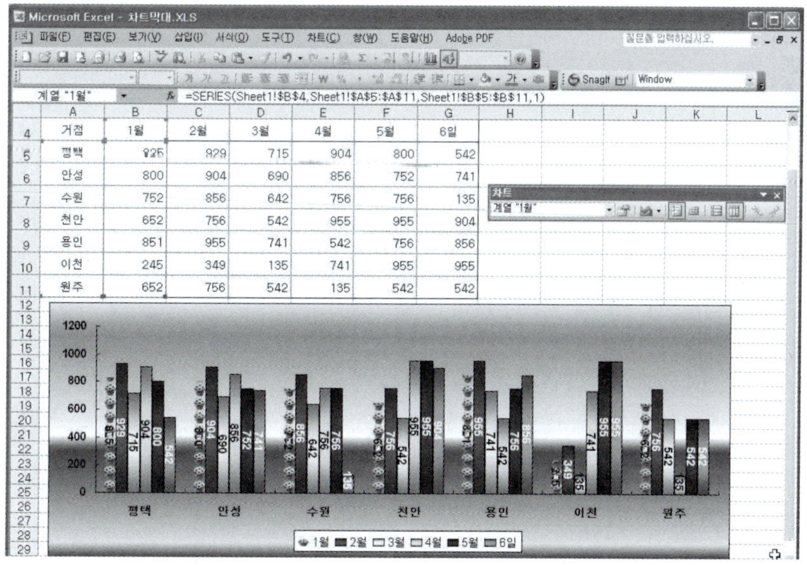

단원 실습 문제

〈실습1〉 [예제] 폴더에서 [3차원차트.xls]를 불러온다.

〈실습2〉 그림과 같이 1월의 데이터 계열에 그림을 삽입하여 50단위로 쌓기를 선택하고, 2월의 데이터 계열에는 그림을 삽입하여 늘이기를 선택하여 차트 막대를 변경해 보자.

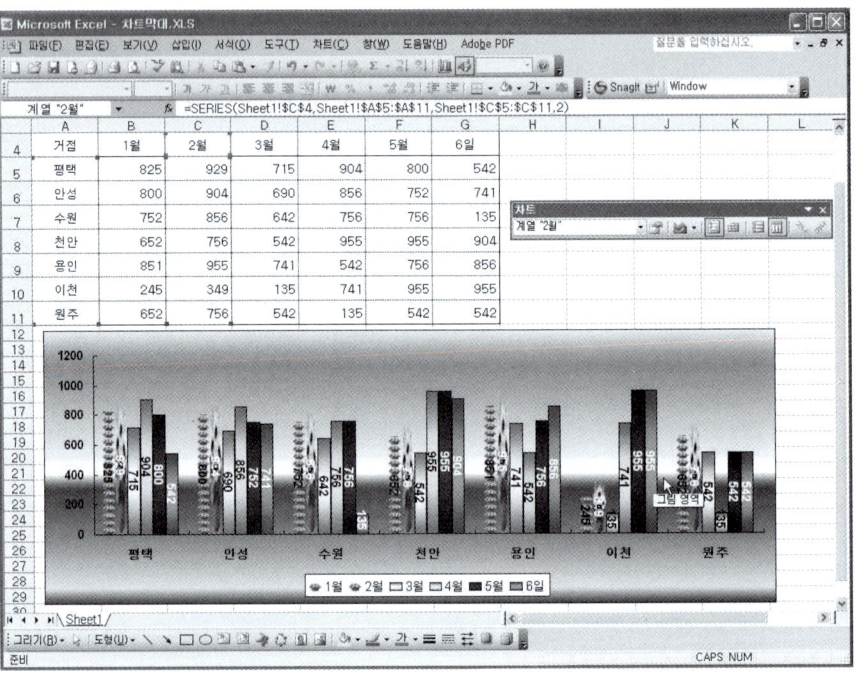

2 원형 차트 꾸미기

① [예제] 폴더에서 [3차원차트 1.xls]를 불러온다. 원형을 한 번 클릭하고 안쪽으로 드래그 한다.

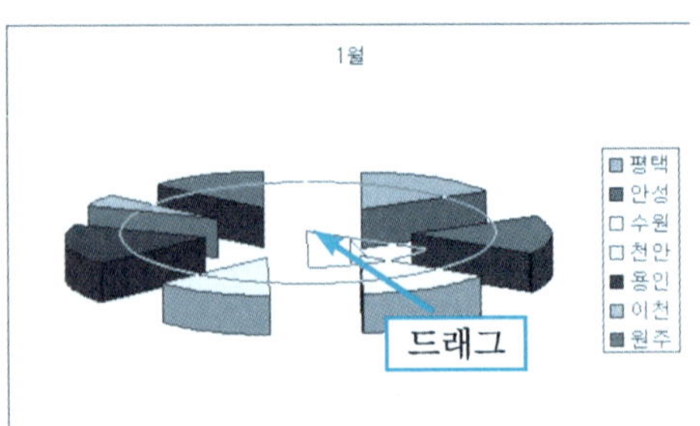

❾ 그림과 같이 원형의 조각이
합쳐진 것을 확인할 수 있다.

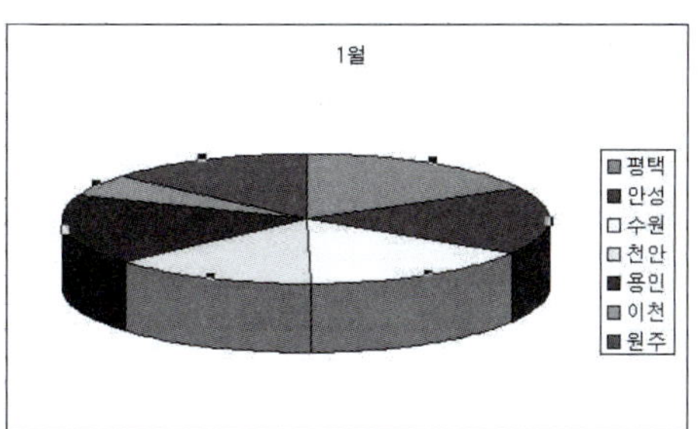

❸ 이번에는 다시 나누고 한 개의 조각만 따로 이동시켜보자. 원형에 마우스를
위치하고 한 번 클릭하면 원형 전체가 선택되고 선택한 원형을 두 번 클릭하
면 선택한 원형 조각만 이동할 수 있다.

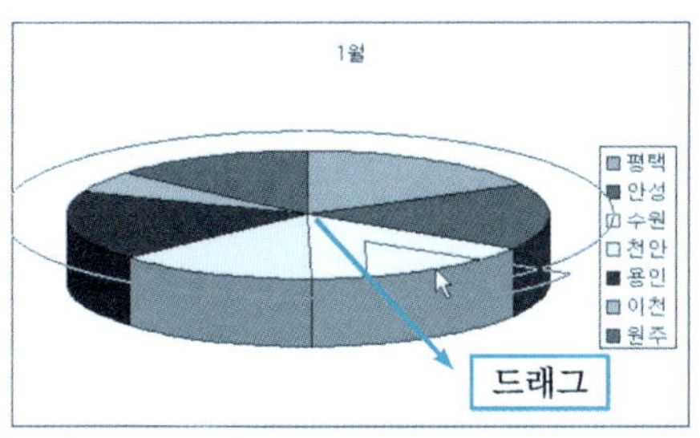

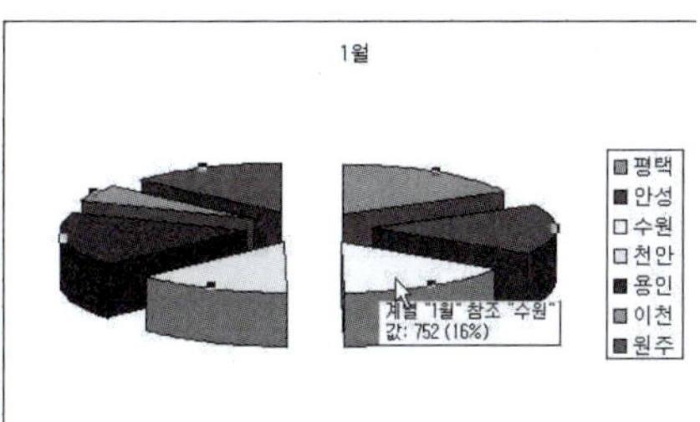

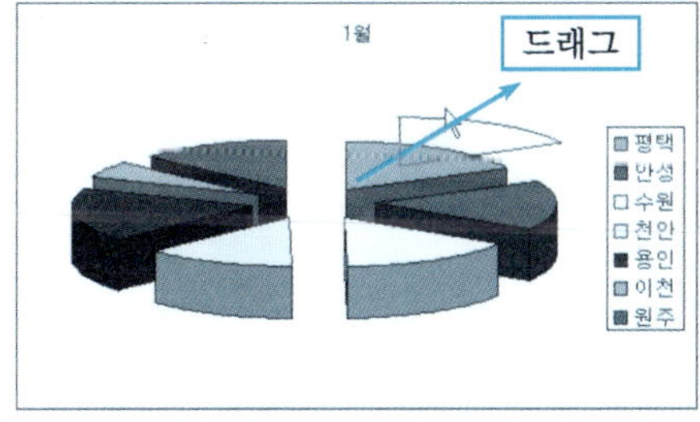

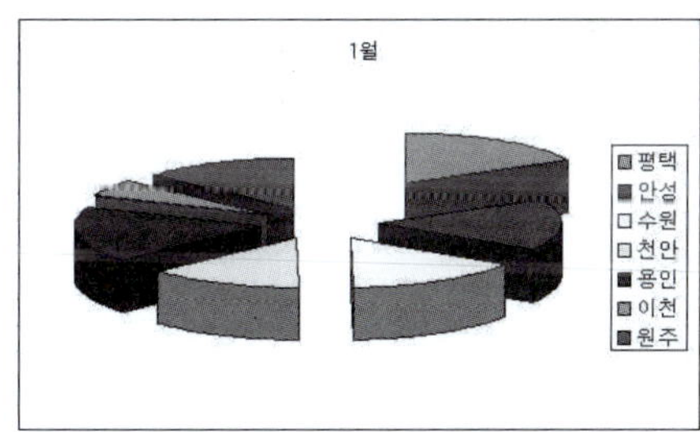

인쇄하기

엑셀로 작성된 문서를 프린터로 출력하게 된다. 본 장에서는 인쇄 옵션 설정, 인쇄 범위 지정, 그리고 미리보기 등 인쇄에 관련된 여러 가지 기능에 대해서 알아본다.

6.1 | 완성된 문서 인쇄

엑셀에서는 인쇄에 대해 다양한 설정을 할 수 있다. 예를 들면 특정 부분만을 인쇄하거나, 인쇄될 때 페이지를 좀더 보기 좋게 꾸밀 수 있다. 그러기 위해서는 인쇄에 관련된 여러 기능을 알아 두어야 한다.

1 미리보기 창

❶ [예제] 폴더에서 [물품구매청구.xls] 파일을 불러온다. 표준 도구 모음에서 [인쇄 미리보기(🔍)] 버튼을 클릭한다.

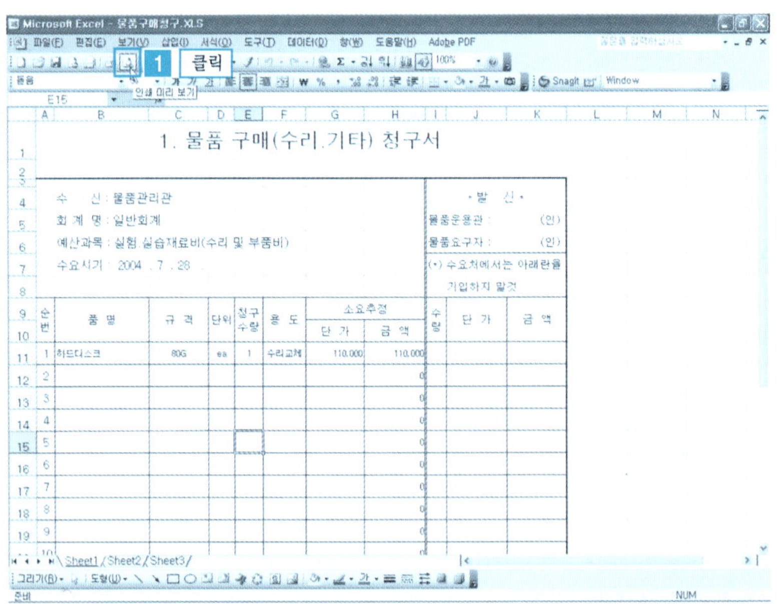

❷ 미리보기 창이 나타난다. [여백]을 클릭하면 상하, 좌우로 여백을 나타내는 눈금선이 나타난다. 우측의 여백으로 마우스를 이동시키면 움직일 수 있는 모양으로 마우스 포인터가 변경된다. 인쇄내용이 여백 설정된 부분을 벗어나 다음페이지로 넘어간다. 오른쪽으로 이동시켜 여백을 조절한다.

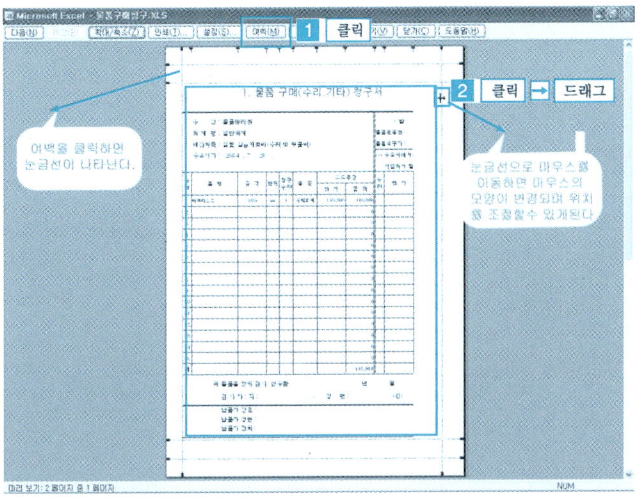

❸ [미리보기:1페이지 중 1페이지]라는 메시지가 왼쪽 하단에 나타나 있고, 메뉴를 보면 [다음], [이전] 버튼이 활성화되지 않는다. 이것은 인쇄할 내용이 1페이지라는 것을 나타낸다. [인쇄]를 클릭한다.

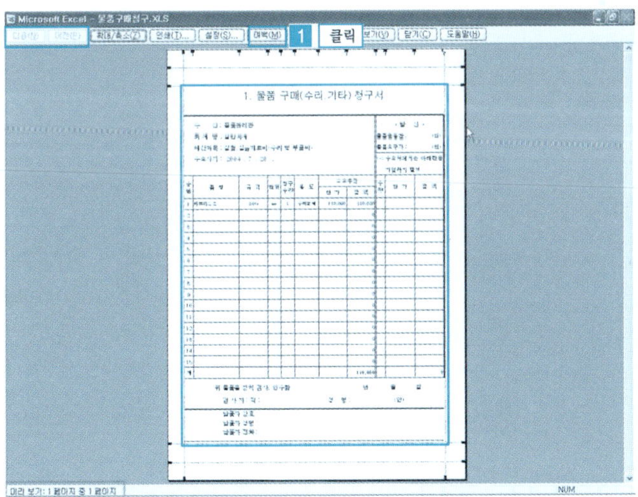

❹ [인쇄] 대화상자가 나타난다. [확인]을 클릭한다.

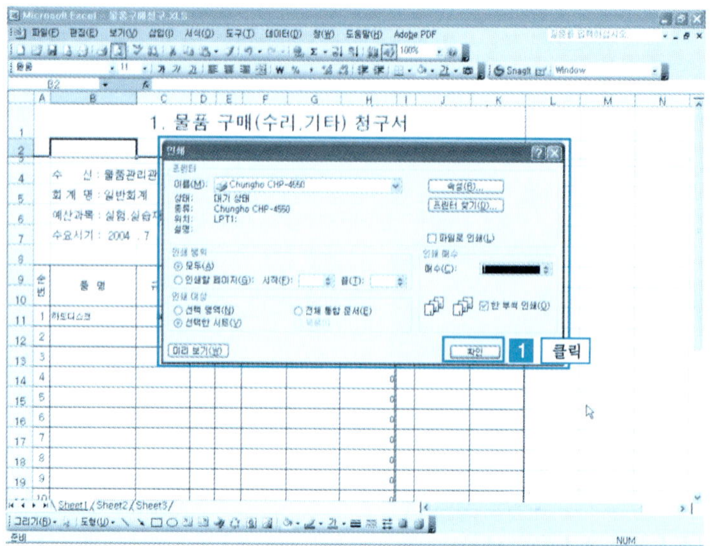

❺ [인쇄 중] 대화상자가 나타난다.
(인쇄를 취소해야할 경우 취소
를 클릭해도 된다.)

2 인쇄 대화상자

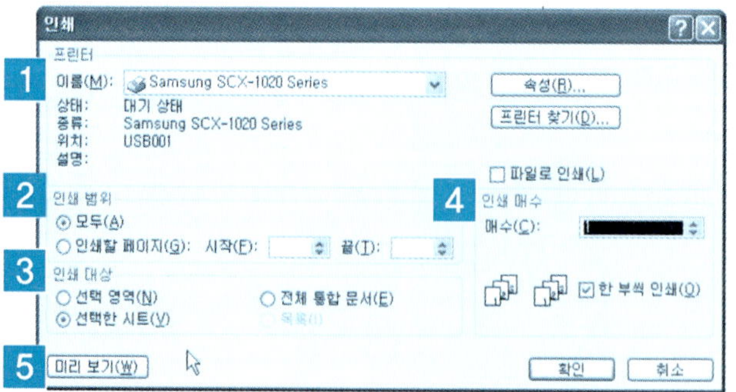

1 **이름** : 컴퓨터에 설치된 프린터의 이름이 표시된다. 프린터가 여러 대 설치된 경우에는 드롭다운 버튼을 클릭하여 인쇄할 프린터를 설정할 수 있다.

2 **인쇄 범위** : 인쇄할 범위를 설정할 수 있다. 문서 전체가 아닌 중간의 몇 페이지만 인쇄할 경우에는 [인쇄 미리보기]에서 해당 페이지를 확인한 후 [인쇄할 페이지] 항목에 범위를 설정하여 인쇄하면 된다.

3 **인쇄 대상** : 현재 선택한 시트나 선택한 영역만 인쇄할 것인지 문서에 포함된 모든 시트를 인쇄할 것인지 선택할 수 있다.

4 **인쇄 매수** : 인쇄할 문서의 매수를 설정한다. ([한부씩 인쇄] 항목을 선택하면 1,2,3 순서로 지정매수가 인쇄된다. 선택하지 않을 경우에는 3쪽을 3매 인쇄할 경우 1,1,1,2,2,2,3,3,3 순서로 인쇄된다.)

5 **미리보기** : 인쇄 미리보기로 전환할 수 있다.

3 인쇄 영역 설정

❶ [예제] 폴더에서 [차트.xls] 파일을 불러온다. 셀 범위 [A1:C8]을 드래그한다.

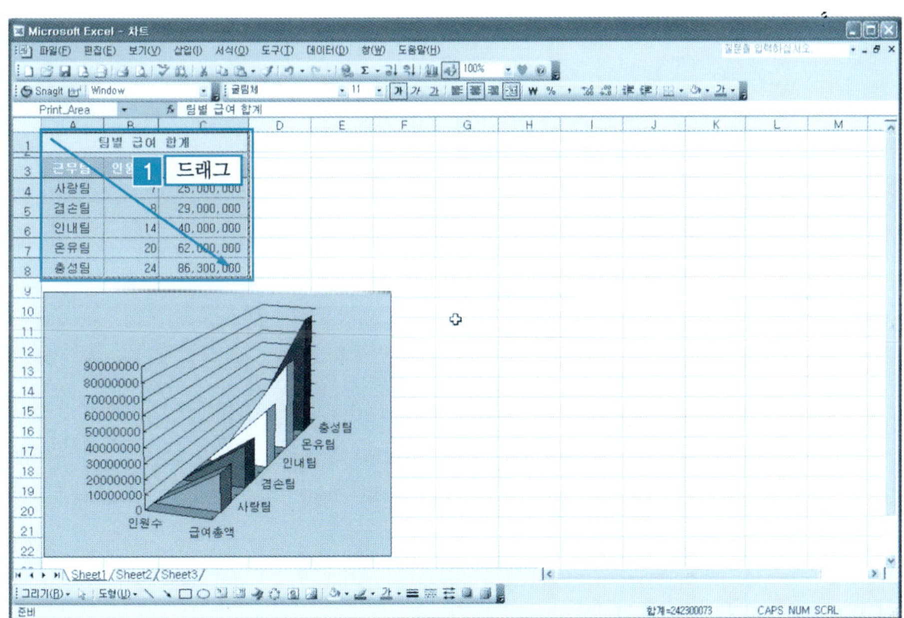

❷ [파일 메뉴] → [인쇄 영역] → [인쇄 영역 설정]을 클릭한다.

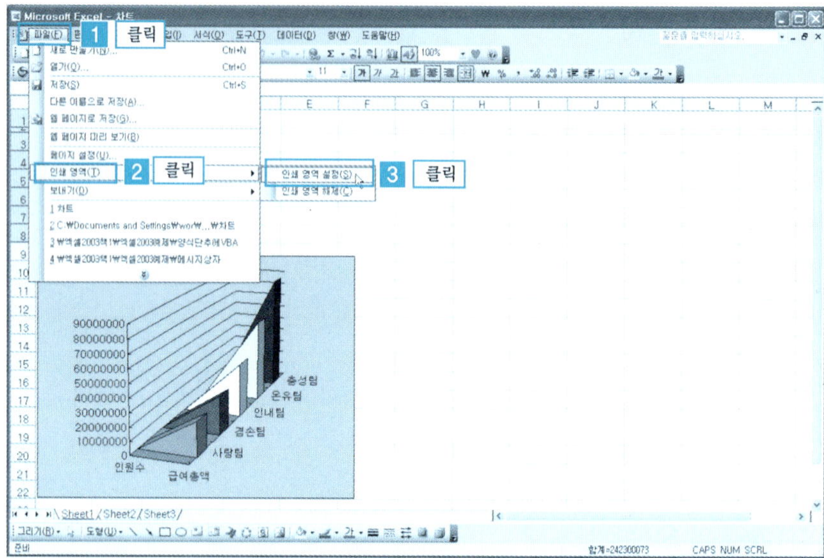

❸ 드래그한 부분의 테두리를 보면 실선이 나타나 있음을 보게 된다. 인쇄 미리
보기[　]를 클릭한다.

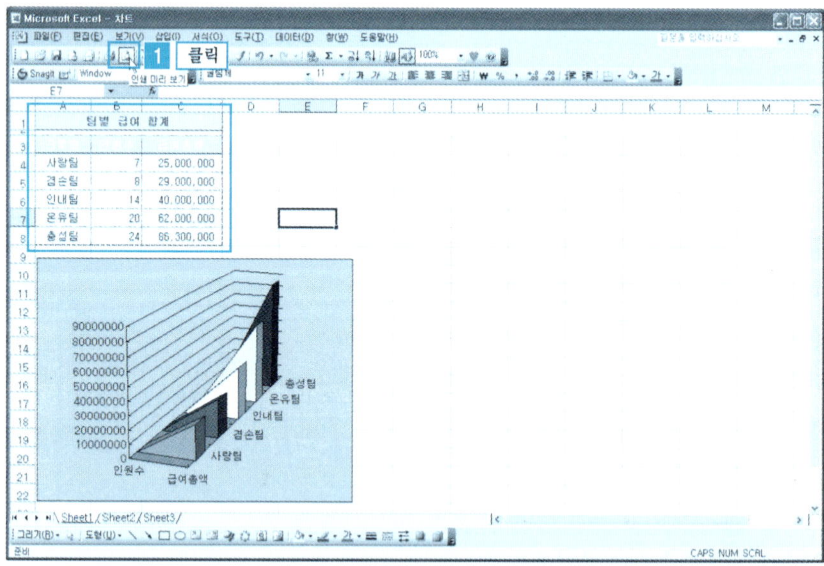

❹ 그림과 같이 지정한 인쇄 영역만 미리보기 화면에 나타나게 된다.

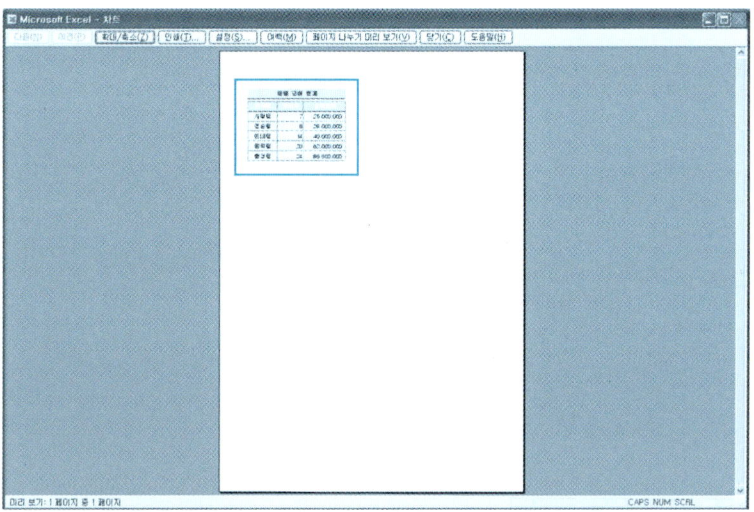

4 페이지 나누기

페이지 나누기를 이용하면 시트를 보면서 한 페이지의 내용을 조절할 수 있게 된다.

❶ [예제] 폴더에서 [차트.xls] 파일을 불러온다. [보기 메뉴] → [페이지 나누기 미리보기]를 클릭한다.

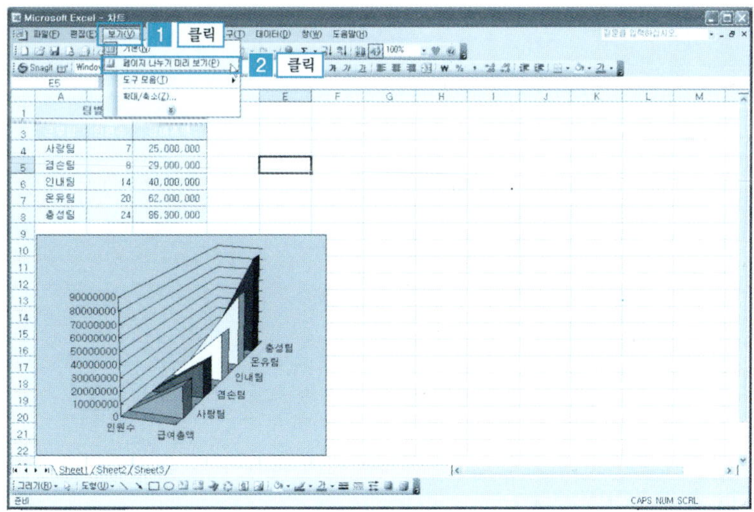

❷ [페이지 나누기 미리보기] 대화상자가 나타난다. [확인] 버튼을 클릭한다.

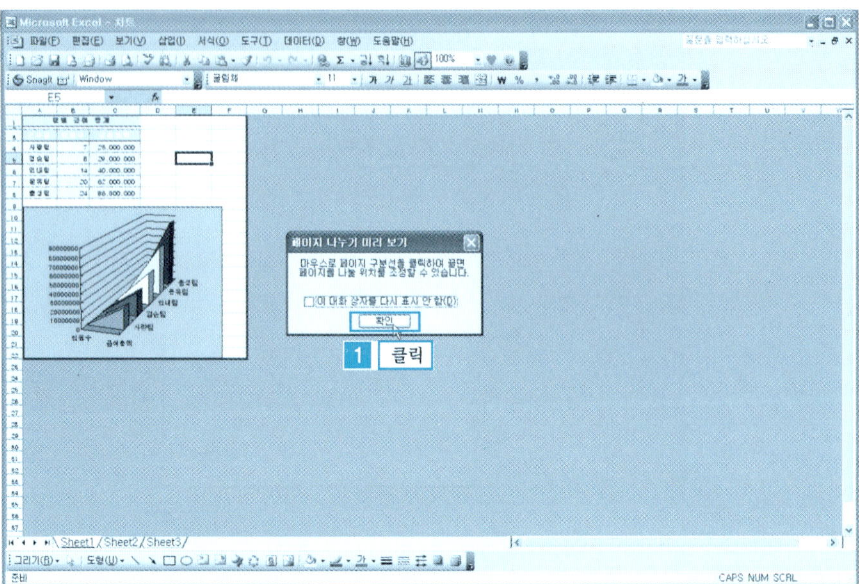

❸ 둘레의 파란색 페이지 나눔선으로 마우스를 이동하면 화살표 방향으로 바뀐
다. 화살표 방향을 조절하여 원하는 부분만을 출력해 보자. (화살표는 한 열
과 한 행씩 조절된다.)

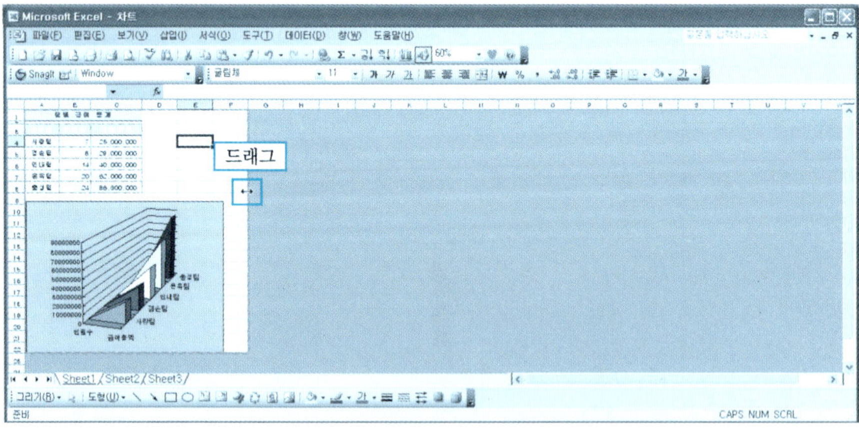

❹ 그래프만을 출력해 보자. 그림과 같이 페이지 나눔선을 드래그하여 조절한다. [미리보기]를 클릭한다.

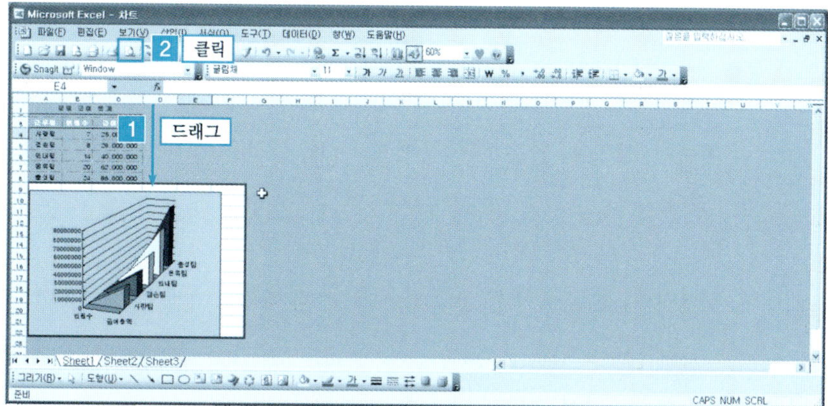

❺ 그림과 같이 선택 영역만 출력된다.

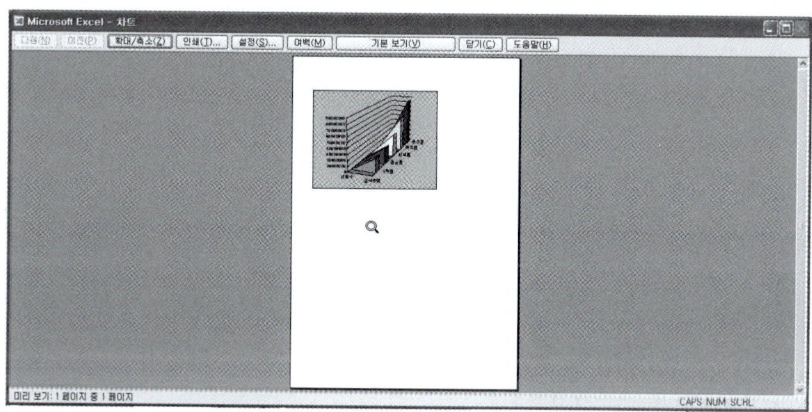

단 원 실 습 문 제

〈**실습1**〉 [예제] 폴더에서 [차트.xls] 파일을 불러온다.

〈**실습2**〉 인쇄 영역을 지정하여 그래프만 출력해 보자.

〈**실습3**〉 페이지 나누기 보기로 표만 출력해 보자.

6.2 | 페이지 설정

1 페이지 설정 메뉴

페이지 설정을 활용하면 문서의 인쇄 설정을 보다 세부적이고 구체적으로 할 수 있다.

❶ [예제] 폴더에서 [차트.xls] 파일을 불러온다. [파일 메뉴] → [페이지 설정]을 클릭한다.

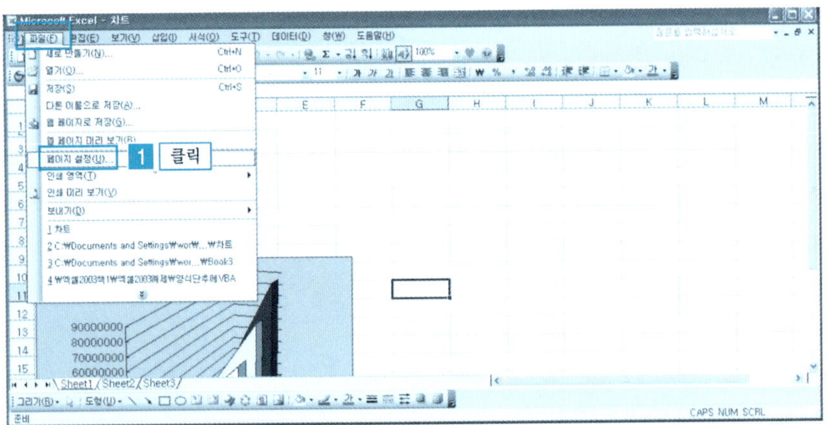

❷ [페이지 설정] 대화상자가 나타난다.

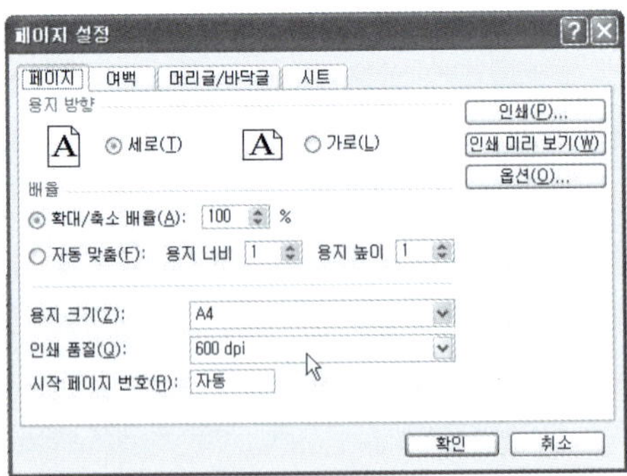

② 페이지 탭

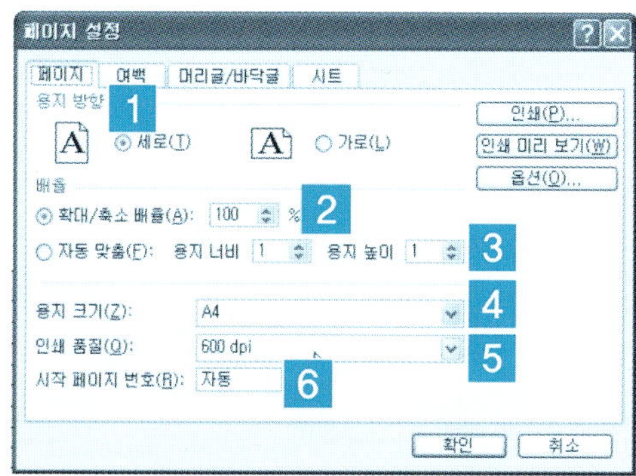

① **용지 방향** : 인쇄를 용지의 세로 방향으로 할 것인지 가로 방향으로 할 것인지 설정한다.

② **확대/축소 배율** : 인쇄할 내용이 용지보다 클 경우 축소할 수 있고, 용지보다 지나치게 작을 경우 확대하여 인쇄할 수 있다.

③ **자동 맞춤** : 지정한 페이지 수에 맞게 인쇄할 수 있도록 워크시트나 선택 영역을 줄일 수 있다.

④ **용지 크기** : 인쇄할 용지의 크기를 설정한다. 드롭다운 버튼을 클릭하면 다양한 크기의 용지를 설정할 수 있다.

⑤ **인쇄 품질** : 프린터의 성능에 따라 해상도를 설정할 수 있다. 해상도가 높을수록 선명하게 인쇄된다.

⑥ **시작 페이지 번호** : 쪽 번호를 몇 번부터 시작할지 설정할 수 있다. 지정하는 시작 번호를 시작으로 페이지 번호가 매겨진다.

3 여백 탭

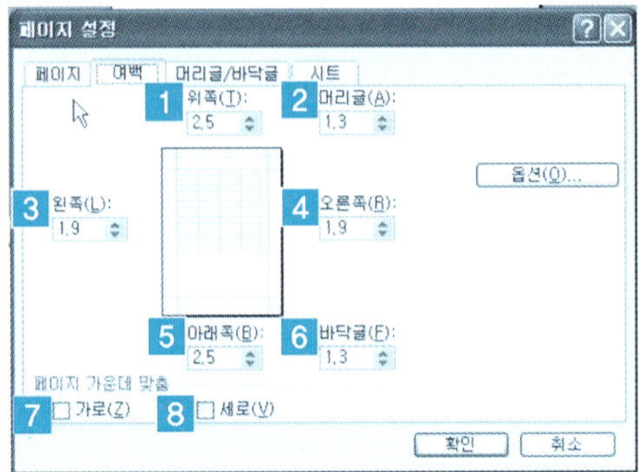

1 위쪽 : 위쪽 여백을 설정할 수 있다.

2 머리글 : 용지에서 머리글이 입력될 부분을 조절한다.

3 왼쪽 : 왼쪽 여백을 설정한다.

4 오른쪽 : 오른쪽 여백을 설정한다.

5 아래쪽 : 아래쪽 여백을 설정한다.

6 바닥글 : 용지에서 바닥글이 입력될 부분을 조절한다.

7 페이지 가운데 맞춤 – 가로 : 용지의 수평 방향의 정 가운데에 내용이 인쇄된다.

8 페이지 가운데 맞춤 – 세로 : 용지의 수직 방향의 정 가운데에 내용이 인쇄된다.

4 머리글/바닥글 탭

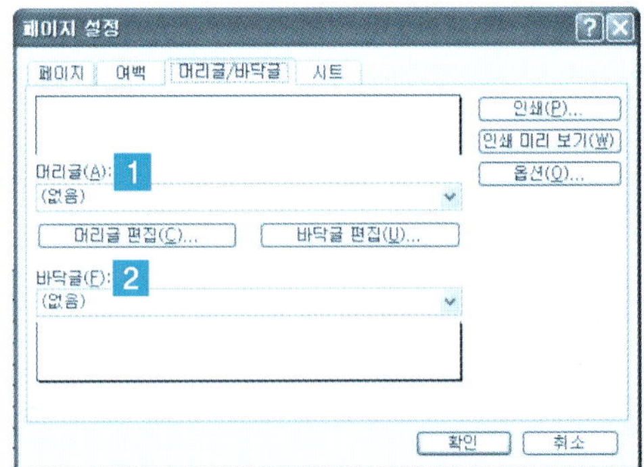

1 머리글 : 드롭다운 버튼을 클릭하면 기본으로 저장되어 있는 머리글을 사용할 수 있다. [머리글 편집] 버튼을 클릭하면 새로 머리글을 추가하거나 기존의 머리글을 수정할 수 있다.

2 바닥글 : 드롭다운 버튼을 클릭하면 기본으로 저장되어 있는 바닥글을 사용할 수 있다. [바닥글 편집] 버튼을 클릭하면 새로 바닥글을 추가하거나 기존의 바닥글을 수정할 수 있다

5 머리글/바닥글 넣기

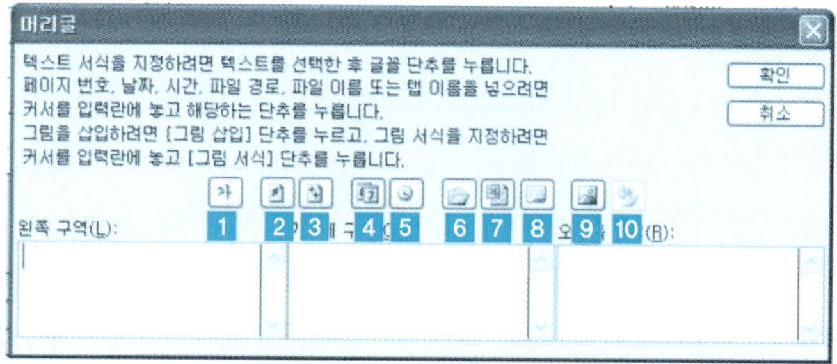

1 글꼴 : 머리글에 사용할 글꼴의 모양이나 크기 등을 설정한다.

2 페이지 번호 : 페이지 번호를 표시한다.

3 전체 페이지 수 : 인쇄할 문서의 전체 페이지 수를 표시한다.

4 날짜 : 문서를 출력하는 날짜를 표시한다.

5 시간 : 문서를 출력하는 시간을 표시한다.

6 경로와 파일 : 컴퓨터나 네트워크상에서 파일이 저장되어 있는 위치와 이름을 표시한다.

7 파일 : 파일 이름만 표시한다.

8 탭 : 워크시트의 이름을 표시한다.

9 그림 삽입 : 그림을 삽입할 수 있다.

10 그림 서식 : 그림을 삽입할 경우 그림의 크기나 밝기 등을 조절할 수 있다. 그림 삽입을 사용할 경우에만 활성화된다.

❶ [예제] 폴더에서 [차트.xls]파일을 불러온다. [파일 메뉴] → [페이지 설정]을 클릭하면 [페이지 설정] 대화상자가 나타난다. [머리글/바닥글] → [머리글 편집]을 클릭한다.

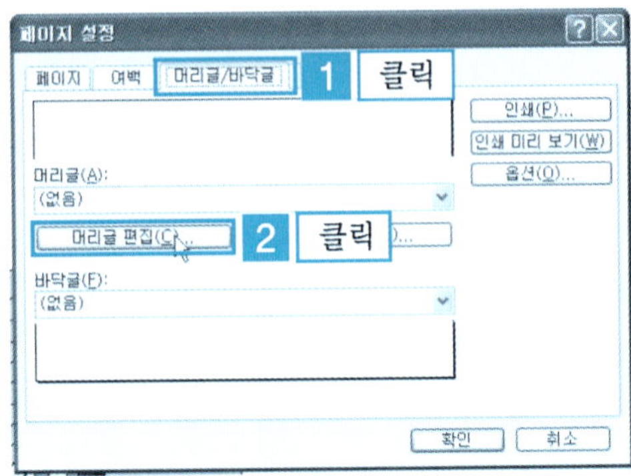

❷ [머리글] 대화상자가 나타난다. [왼쪽 구역 : 날짜] → [가운데 구역 : 페이지 번호/전체 페이지 수] → [오른쪽 구역 : 경로와 파일]을 지정 → [확인] 버튼을 클릭한다.

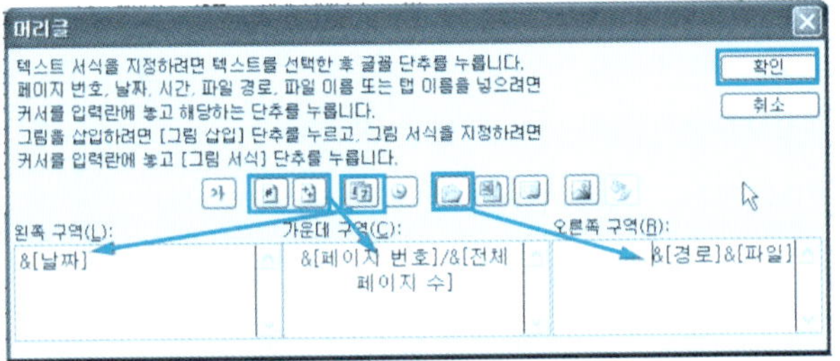

❸ 그림과 같이 머리글이 편집 되었다. 다음은 바닥글을 편 집해보자. [바닥글 편집]을 클릭한다.

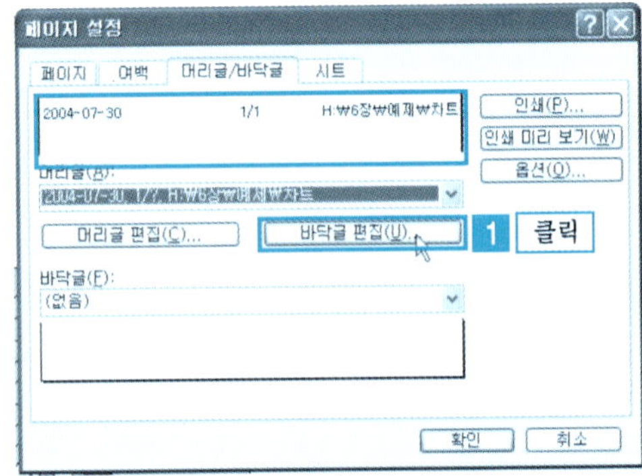

④ [바닥글] 대화상자가 나타난다. [왼쪽 구역:글꼴]을 선택하면 [글꼴] 대화상자가 나타난다. [글꼴:휴먼매직체] → [글꼴 스타일:기울임꼴] → [크기:11]을 선택하고 [확인]을 클릭한다. 다시 [바닥글] 대화상자로 돌아와서 [왼쪽 구역:행복하세요]를 입력한다. [가운데 구역:시간] → [오른쪽 구역:파일명]을 선택하고 [확인]을 클릭한다.

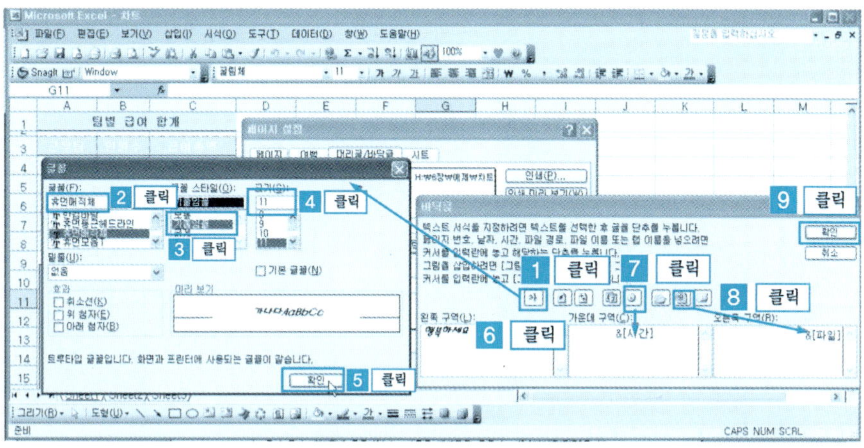

⑤ 그림과 같이 바닥글이 편집된다. 글꼴을 변경하고 입력했던 왼쪽 구역은 글꼴이 다르게 나타난다. 다른 구역도 글꼴을 변경할 수 있다. [확인] 버튼을 클릭한다.

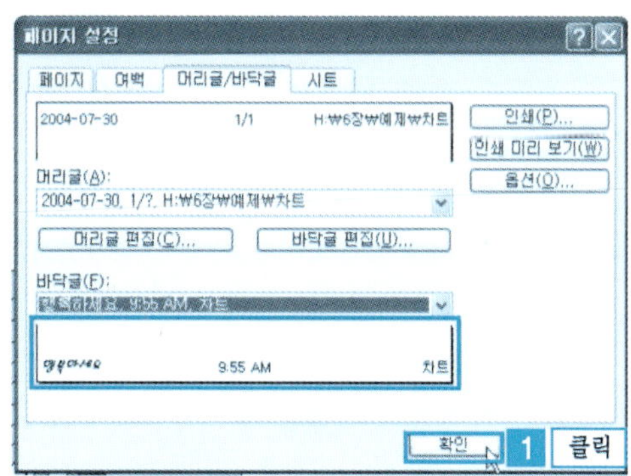

⑥ [인쇄 미리보기] 아이콘을 클릭한다. 그림과 같이 머리글과 바닥글의 설정 부분이 나타난다.

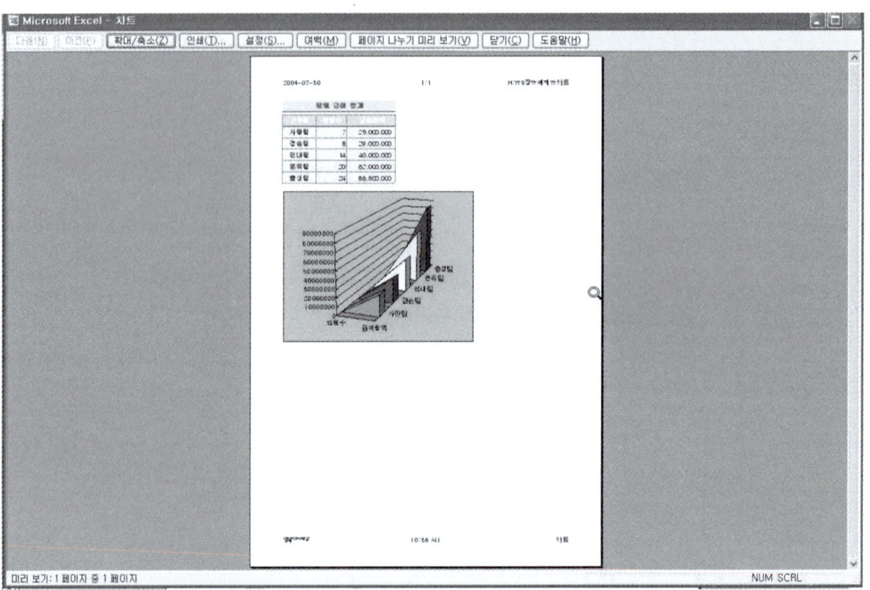

> **도움말** 머리글 부분의 가운데 구역은 페이지/전체 페이지로 표시되는데 두 개의 아이콘을 사용하려면 중간의 분리 기호로 표시한다. 그렇지 않으면 서로 띄어쓰기 없이 나타난다.

단 원 실 습 문 제

〈실습1〉 [예제] 폴더에서 [차트.xls] 파일을 불러온다.

〈실습2〉 바닥글에 [왼쪽 구역:경로와 파일] → [가운데 구역:페이지 번호/전체 페이지] → [오른쪽 구역:시간]을 편집해 보자.

6 시트 탭

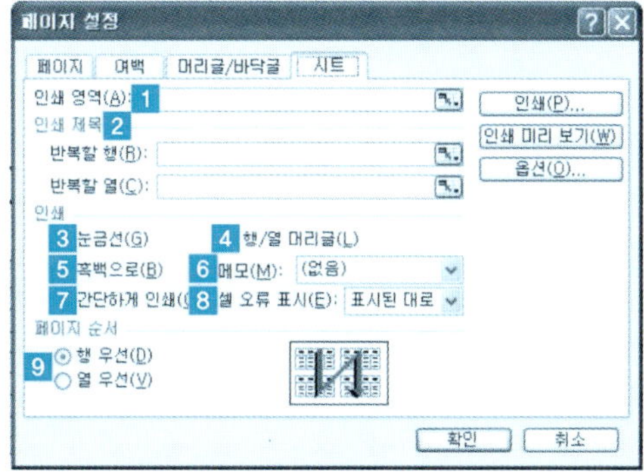

1. **인쇄 영역** : 특정한 범위만 선택하여 인쇄할 경우 사용한다.
2. **인쇄 제목** : 인쇄하는 모든 쪽에 나타나게 할 행과 열을 설정한다.
3. **눈금선** : 워크시트에만 나타나는 눈금선[셀 구분선]이 인쇄시에도 나타나게 설정한다.
4. **행/열 머리글** : 워크시트에만 나타나는 행 머리글과 열 머리글이 인쇄시에도 나타나게 설정한다.
5. **흑백으로** : 셀 서식을 이용하여 적용한 색을 모두 무시하고 흑백으로 인쇄된다.
6. **메모** : 셀에 삽입되어 있는 메모까지 포함하여 인쇄된다.
7. **간단하게 인쇄** : 삽입된 그림 개체나 눈금선, 셀 구분선 등을 제외하고 셀에 입력되어 있는 데이터만 인쇄된다.
8. **셀 오류 표시** : 오류가 생긴 셀을 어떤 모양으로 표시해서 인쇄할지 선택할 수 있다.
9. **페이지 순서** : 워크시트에 작업한 내용을 상하 방향으로 인쇄할 것인지 좌우 방향으로 인쇄할 것인지 설정할 수 있다. 하나의 워크시트에 여러 작업을 같이 한 경우 [행 우선]과 [열 우선]중 한 가지를 선택하여 인쇄하면 된다.

7 필드 이름 반복 인쇄

연결되는 몇 장의 내용을 인쇄할 경우 필드명을 하나하나 입력해야 한다. 하지만 엑셀에서는 반복 인쇄 영역을 지정함으로써 상위 필드명을 가지고 간단히 반복 인쇄할 수 있다.

❶ [예제] 폴더에서 [시험결과.xls] 파일을 불러온다. [인쇄 미리보기] 도구를 클릭하여 인쇄화면을 확인해 보자. [다음]을 클릭하여 2페이지 인쇄화면을 확인해보자.

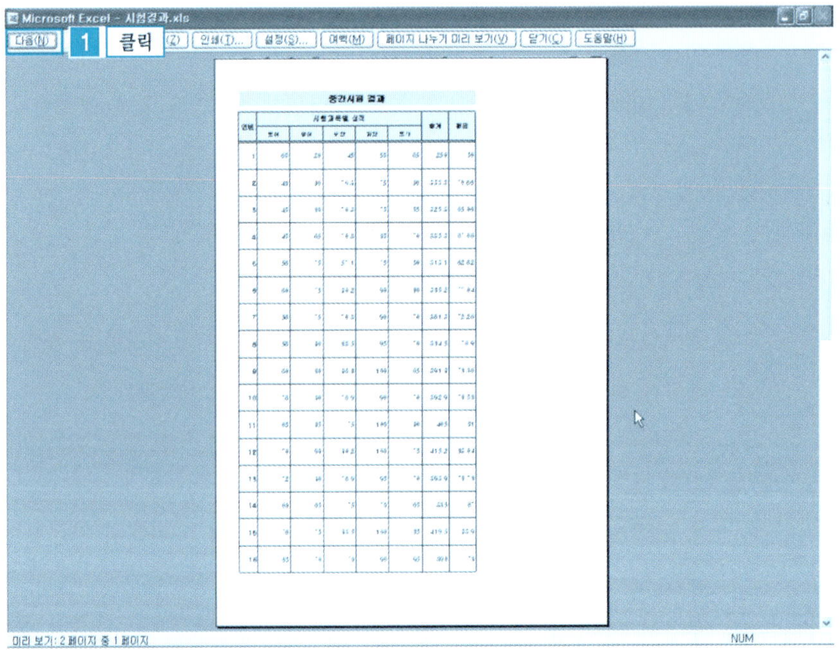

❷ 그림과 같이 2페이지 인쇄화면이 나타난다. [닫기] 버튼을 클릭한다.

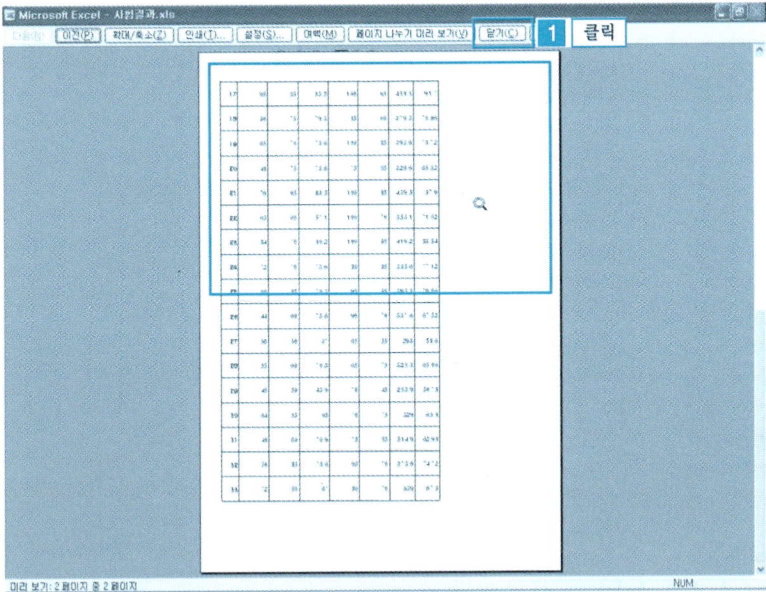

❸ [파일 메뉴] → [페이지 설정]을 클릭한다.

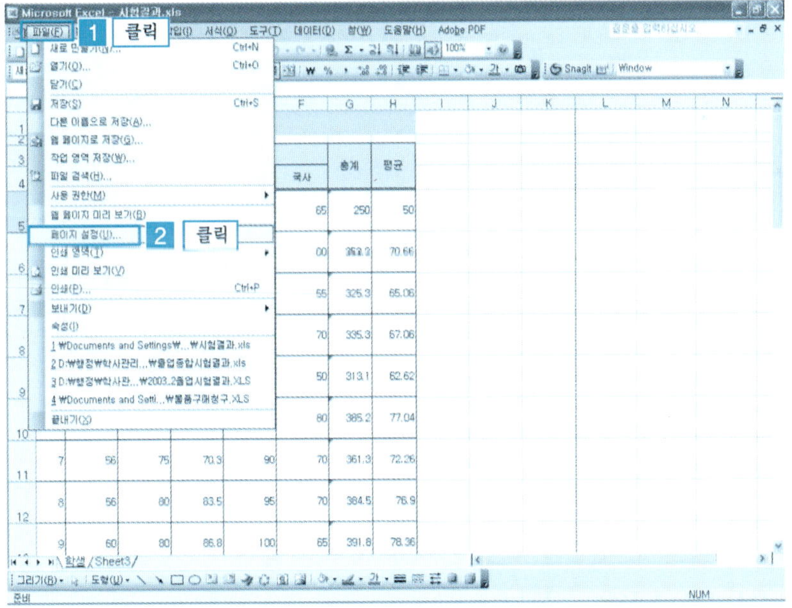

❹ [페이지 설정] 대화상자가 나타난다. [시트] 선택 → [반복할 행]의 목록 버튼을 클릭한다.

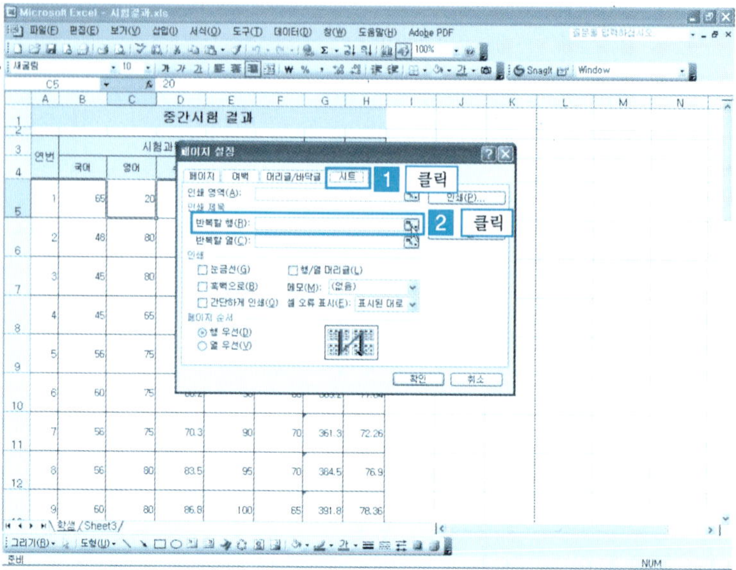

❺ [페이지 설정] → [반복할 행] 대화상자가 나타난다. [A3:A4] 셀을 선택 → [페이지 설정 → 반복할 행]의 [목록 아이콘]을 클릭한다.

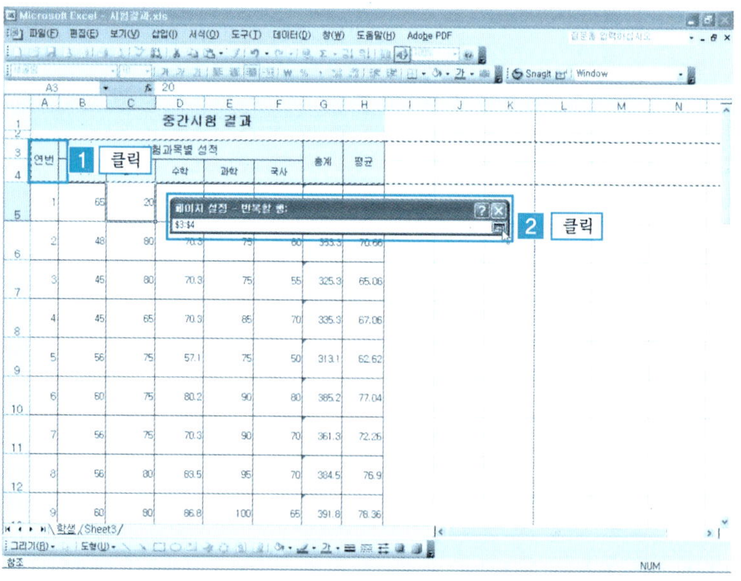

⑥ [페이지 설정] 대화상자로 돌아오고, 반복할 행에 절대주소가 삽입되어 있다. 인쇄화면을 확인해 보자. [인쇄 미리보기]를 클릭한다.

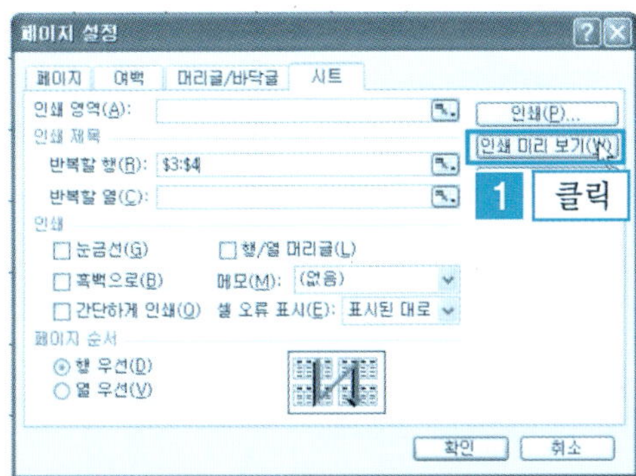

⑦ 미리보기 화면 1페이지가 나타난다. [다음]을 클릭한다.

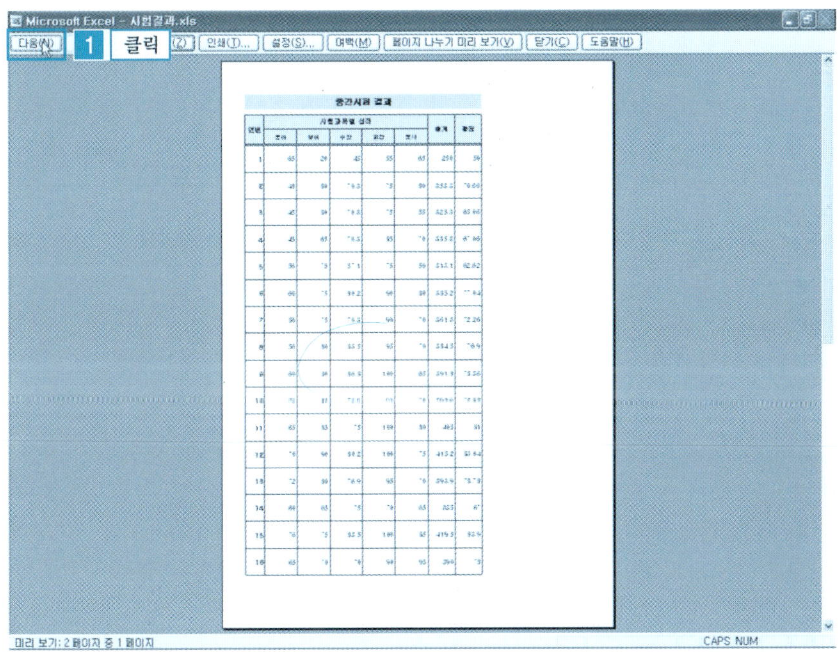

❽ 2페이지가 나타난다. 인쇄 반복 행이 삽입된 것을 확인할 수 있다.

(주의사항 : 인쇄 반복 행이 삽입되면 처음의 내용이 인쇄 반복 행만큼 뒤로 밀리게 되어 처음 페이지의 모양과 달라지게 된다.)

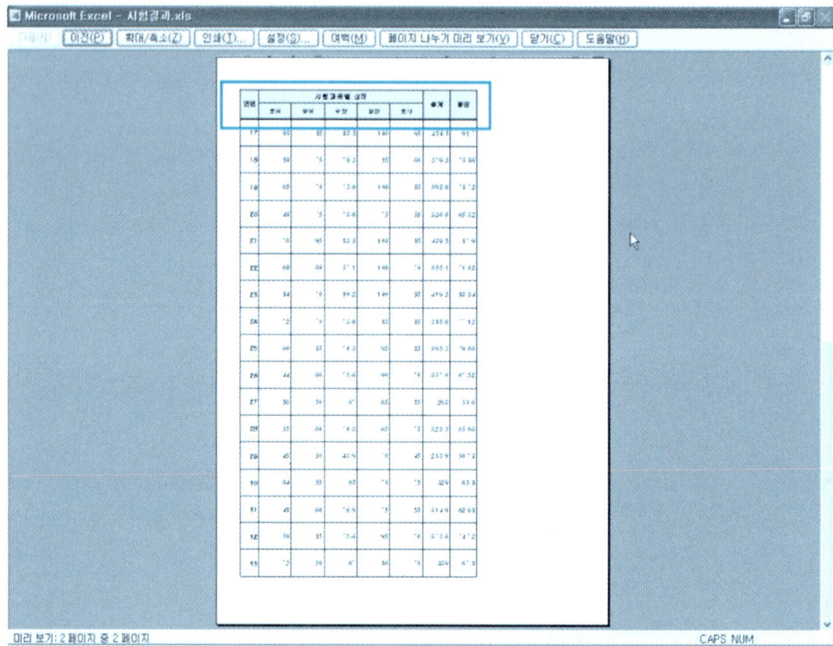

Chapter 7

데이터 관리와 필터링 활용

공부할 내용

데이터베이스는 엑셀에서 중요한 비중을 차지한다. 데이터베이스 기능을 이용하면 방대한 양의 자료에서 편리하게 자신이 원하는 부분의 정보를 조회하거나 편집, 계산할 수 있기 때문에 널리 사용되고 있다. 본 장에서는 저장된 데이터를 원하는 순서대로 정렬하는 기능, 특정 조건에 만족하는 데이터만 추출하는 기능, 항목별로 분류해서 통계 자료를 만드는 기능 등 여러 가지 데이터 활용법을 살펴보겠다.

7.1 | 데이터베이스

데이터베이스란 여러 사람이 공유를 목적으로 통합하고 관리하는 정보들의 집합체라고 할 수 있다. 데이터베이스를 구축하면 중복되는 데이터를 최소화하여 조직에서 공동으로 운영하는 자료를 보다 효율적으로 관리할 수 있다.

1 데이터베이스 구조

데이터베이스는 필드와 레코드 구조를 가지고 있다. 데이터베이스 구조의 내용에 대해서 좀더 자세히 살펴보자.

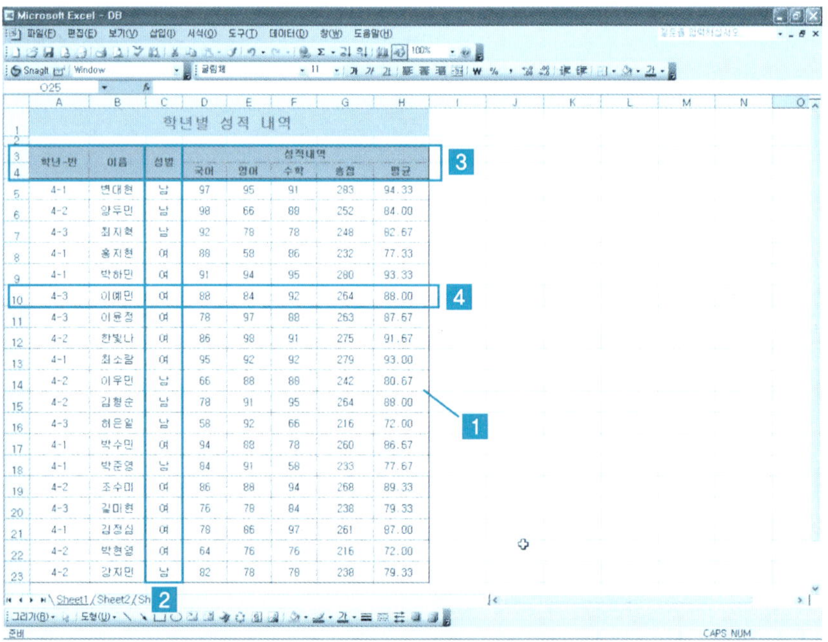

1 데이터베이스 : 필드(열 단위)와 레코드(행 단위)로 이루어져 있다.

2 필드 : 공통된 성질을 가진 데이터들의 묶음이다.

3 필드명 : 저장된 데이터를 쉽게 연상할 수 있는 필드의 이름이다.

4 레코드 : 여러 데이터 중에서 관련된 필드들의 묶음(행 단위 데이터)이다.

〈효율적인 데이터베이스 구성 규칙〉

❶ 필드에는 같은 종류의 데이터가 들어 있어야 한다. 필드에 속성이 다른 여러 데이터가 들어 있는 경우에는 데이터를 체계적으로 분류하기 힘들고, 조건에 맞는 데이터를 찾으려 할 경우 기준이 모호해져 데이터를 찾는 시간이 많이 걸리기 때문이다.

❷ 테이블의 첫 번째 레코드에는 꼭 필드 이름을 입력해야 한다. 데이터를 분류하는 기준이 필드 이름이기 때문에 필드 이름이 없는 데이터는 소속을 잃어버린 것과 같다. 참고로 필드 이름을 두 줄 이상으로 입력할 경우에는 고급 필터나 데이터베이스 함수를 적용할 수 없으므로 주의해야 한다.

❸ 데이터가 비어 있는 필드나 레코드가 있어서는 안 된다. 비어 있는 필드나 레코드가 있는 경우에는 같은 테이블로 인식하지 않고 각각의 테이블로 인식하기 때문에 비어 있는 필드나 레코드가 있어서는 안 된다.

❹ 최대한 세부 항목으로 필드를 구성해야 한다. 항목을 세부적인 필드로 구성하면 세부적인 사항까지 자세히 분석할 수 있다.

2 데이터베이스 기능

엑셀에서 처리할 수 있는 대표적인 데이터베이스 기능으로는 정렬, 레코드 관리, 필터, 부분합, 피벗 테이블 등이 있다. 이들은 모두 (데이터베이스) 메뉴에서 볼 수 있다.

[데이터 메뉴] → [레코드 관리] 메뉴를 사용하면 새 레코드를 쉽게 만들거나 수정, 삭제, 검색할 수 있다.

(1) 새 레코드 만들기

❶ [예제] 폴더에서 [데이터베이스.xls] 파일을 불러온다.

[A5 셀 클릭] → [데이터 메뉴] → [레코드 관리] 버튼을 클릭한다.

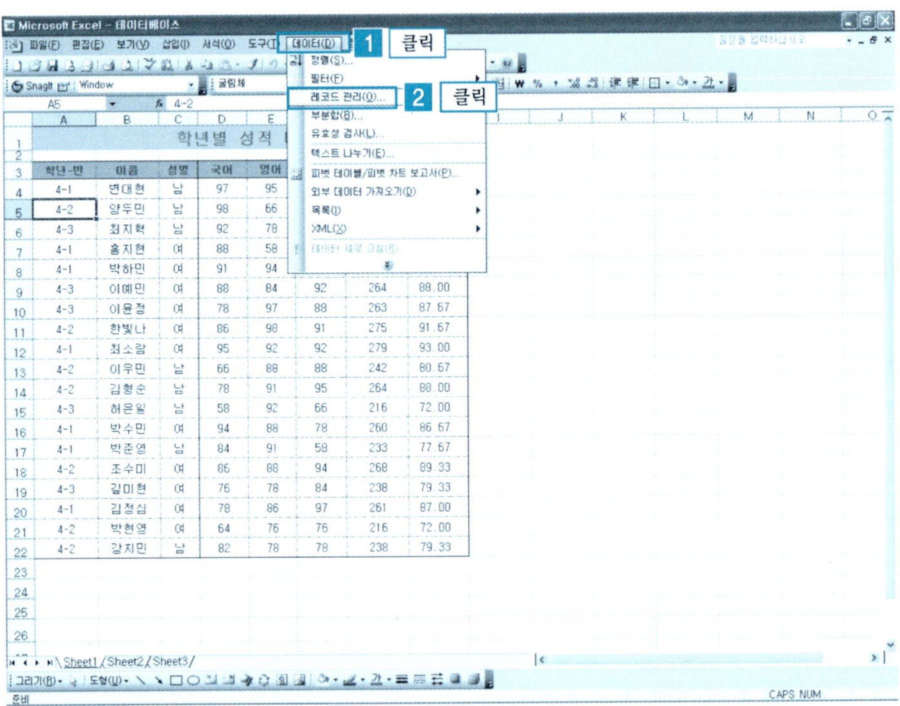

❷ 레코드 대화상자가 열리고 5행에 입력되어 있던 데이터가 표시되어 나타난다.
[새로 만들기] 버튼을 클릭한다.

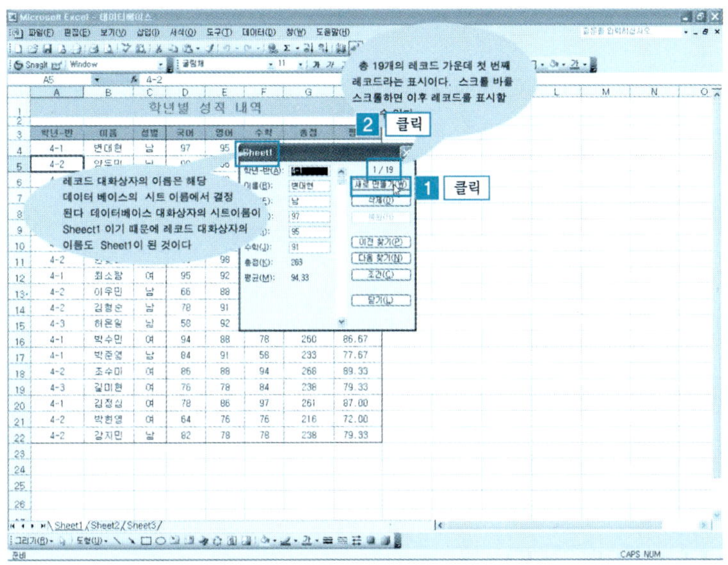

❸ 각 입력상자가 비어 있는 상태로 나타난다. 각 항목에 데이터를 입력한 후
[닫기] 버튼을 클릭한다.

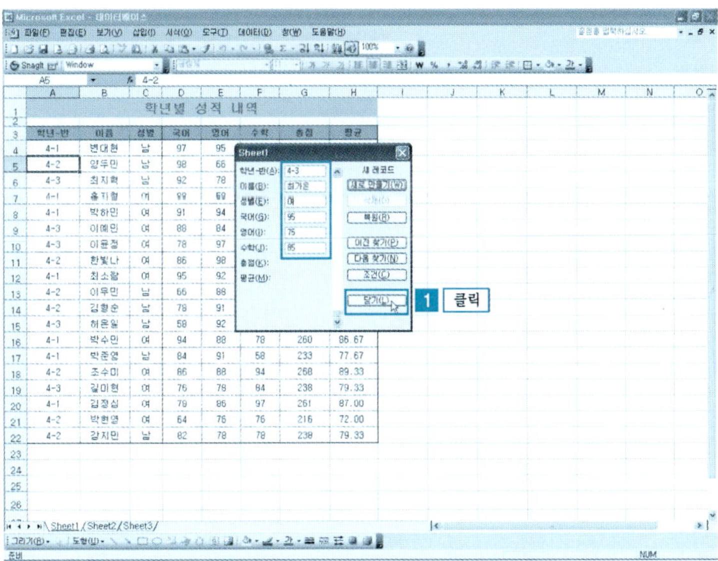

❹ 새로 입력한 학생 정보가 레코드로 추가되어 A23:H23 셀에 나타난다. ([레코드관리] 메뉴를 사용하여 레코드를 새로 만들면 설정되어 있던 서식도 자동으로 복사된다.)

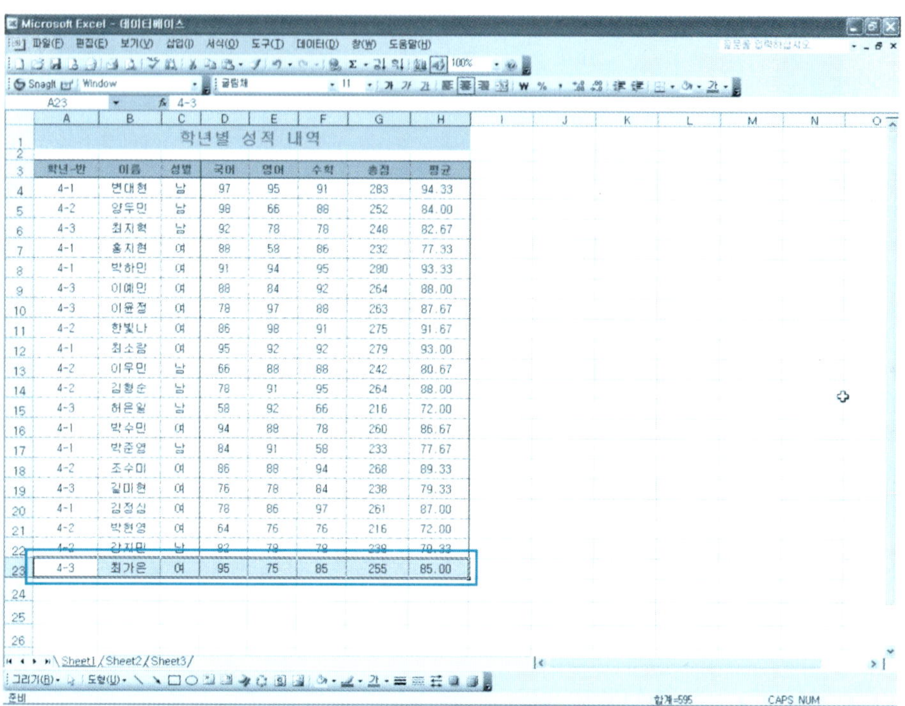

단 원 실 습 문 제

〈실습1〉 [예제] 폴더에서 [데이터베이스.xls] 파일을 불러온다.

〈실습2〉 [레코드 관리] 메뉴를 이용하여 다음의 레코드를 추가해 보자.

학년-반	이름	성별	국어	영어	수학
4-1	이진희	여	92	85	95

(2) 레코드 찾기, 수정, 삭제

[데이터 메뉴] → [레코드 관리] 메뉴를 사용하여 레코드를 쉽게 찾기, 수정, 삭제할 수 있다.

❶ 불러온 예제파일 [데이터베이스.xls]에서 [데이터 메뉴] → [레코드 관리] 버튼을 클릭한다.

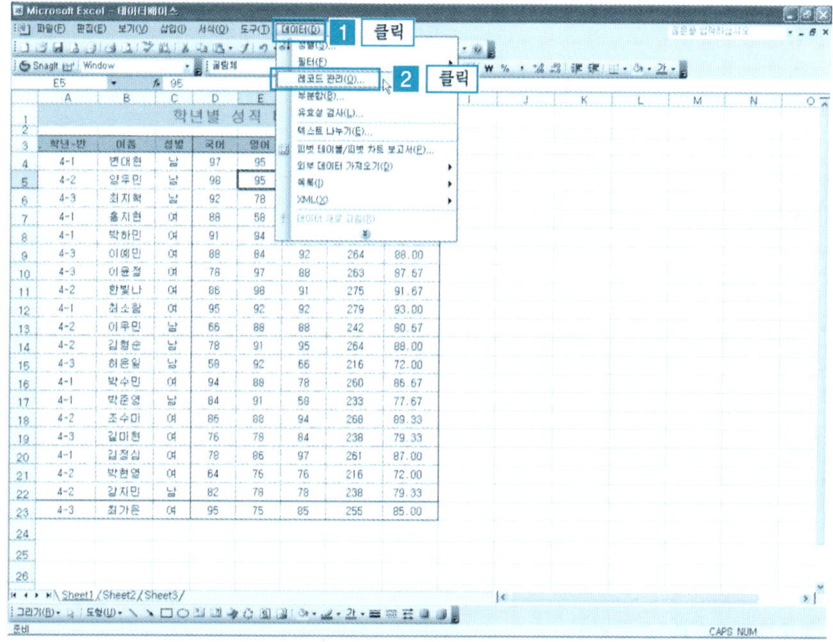

❷ [레코드 대화상자] → [조건] 버튼 클릭 → 학년-반에 [4-1] 입력 → [이전 찾기]를 누르면 현재 선택되어 있는 이전의 데이터가 나타나고 [다음 찾기]를 누르면 현재 선택되어 있는 이후의 데이터가 나타난다.

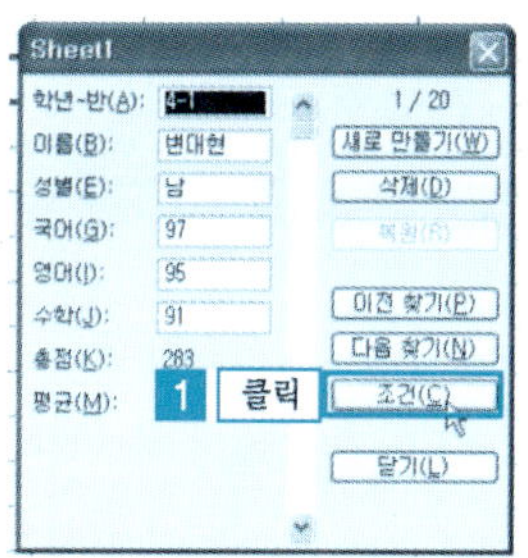

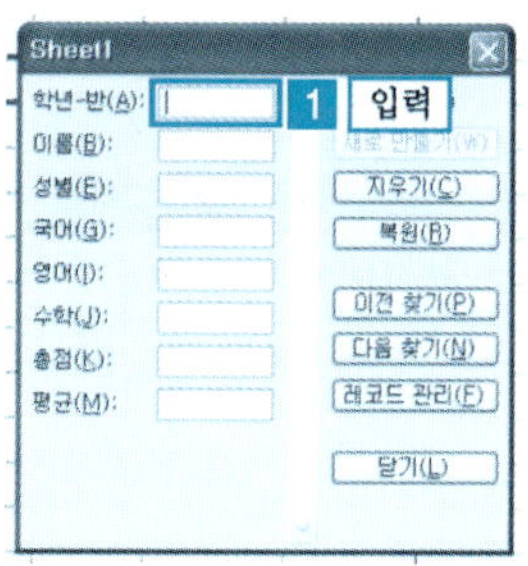

❸ 이번에는 찾은 데이터의 내용을 수정해 보자.

최소람 학생의 수학점수를 [88 수정] → [닫기] 버튼을 클릭한다.

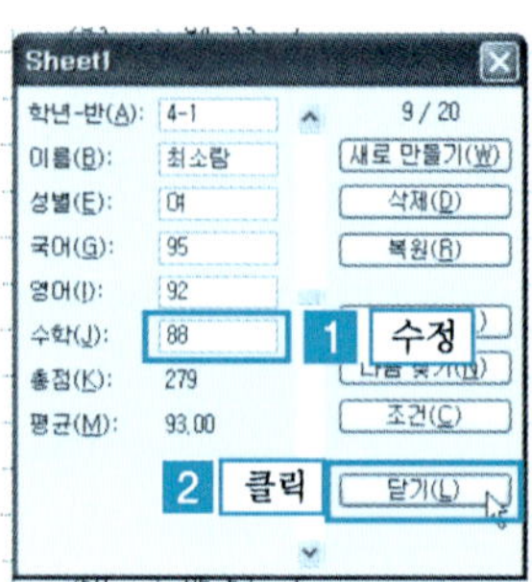

❹ 최소람 학생의 수학점수가 88점으로 수정된 것을 확인할 수 있다.

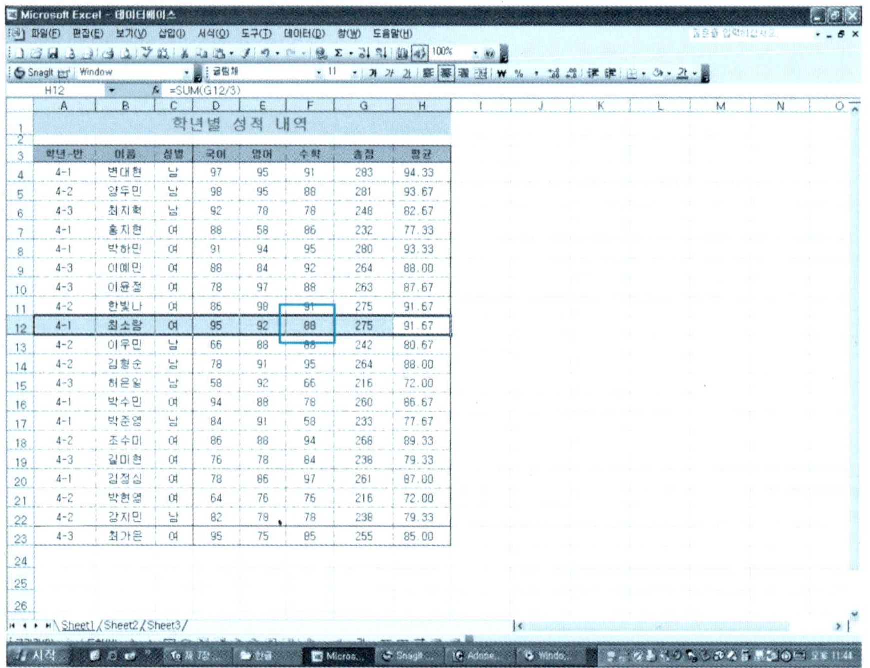

⑤ 이번에는 레코드를 삭제해 보자.

[데이터 메뉴] → [레코드 관리] 클릭 → [레코드 대화상자]의 [조건] 버튼을 클릭한다.

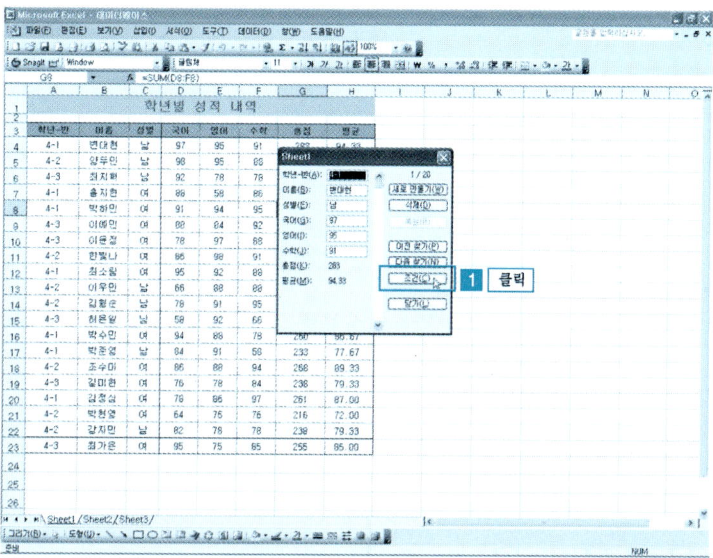

⑥ [레코드 대화상자] → [이름] 항목에 [최가은] 입력 → [다음 찾기] 버튼을 클릭한다.

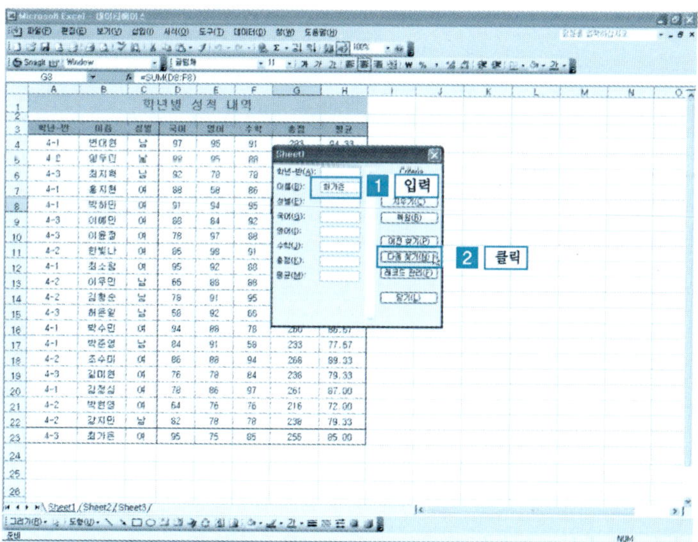

⑦ 최가은에 해당되는 데이터가 나타난다.

([이전 찾기]를 할 경우 최가은이라는 항목이 없으면 처음 레코드의 내용이 표시된다. [다음 찾기]를 누르면 최가은이라는 항목이 있을 경우 최가은의 데이터가 나타난다.) → [삭제] 버튼을 클릭한다.

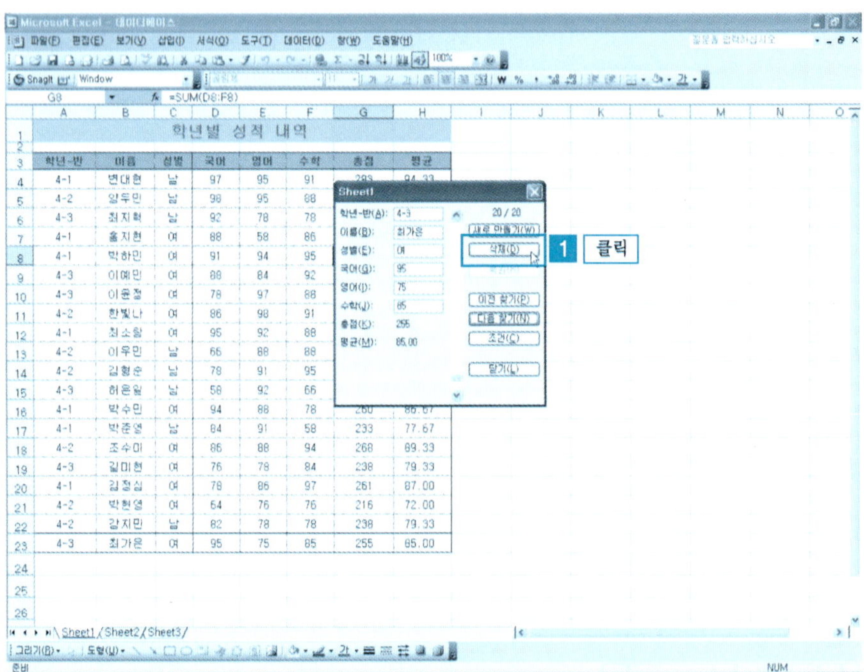

⑧ 해당 레코드가 영구히 삭제된다는 [경고 창] → [확인] 버튼을 클릭한다.

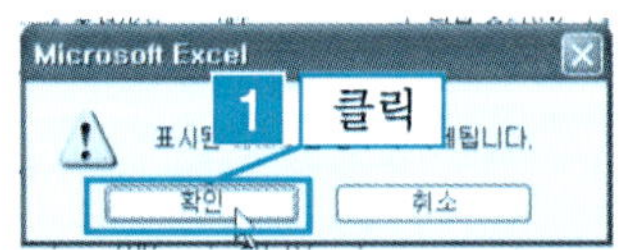

⑨ 해당 레코드가 삭제된 것을 확인할 수 있다.

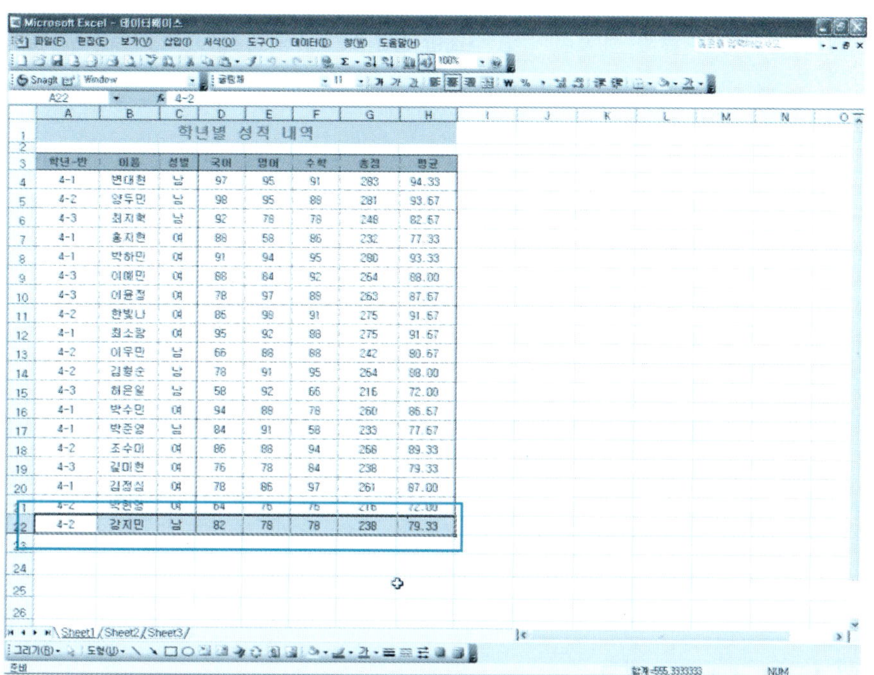

단 원 실 습 문 제

〈**실습1**〉 [예제] 폴더에서 [데이터베이스.xls] 파일을 불러온다

〈**실습2**〉 위의 문서에서 [길미현]의 데이터를 찾아보자.

〈**실습3**〉 〈실습2〉에서 찾은 길미현의 데이터 중 수학점수를 [84]점 → [86]점으로 수정해
보자.

〈**실습4**〉 [박준영]의 데이터를 찾아서 삭제해 보자.

3 데이터 정렬

많은 양의 데이터베이스를 다루기 위한 가장 기본적인 기능이 정렬이다. 데이터를 정렬하는 방법에는 여러 가지가 있다. 그 중 오름차순과 내림차순의 세부 정렬 기준을 설정해서 정렬해 보자.

(1) 데이터 오름차순 정렬

❶ [예제] 폴더에서 [데이터베이스.xls] 파일을 불러온다.

데이터 중에 한 셀(C7)을 선택한 후 [데이터 메뉴] → [정렬] 버튼을 클릭한다.

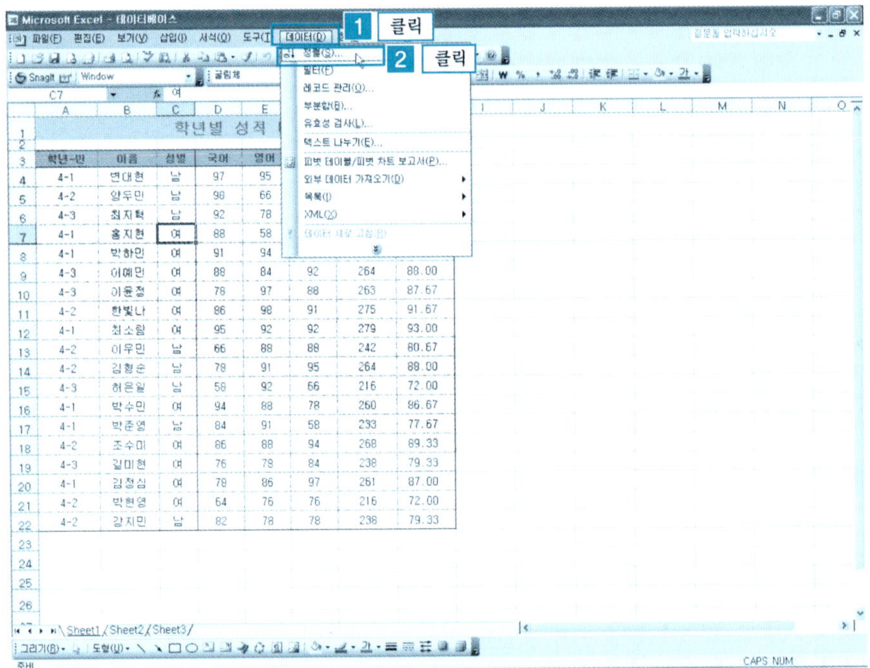

❷ 셀 포인터가 있던 곳부터 확장해서 문서의 범위가 설정되면서 [정렬] 대화상
자가 나타난다.

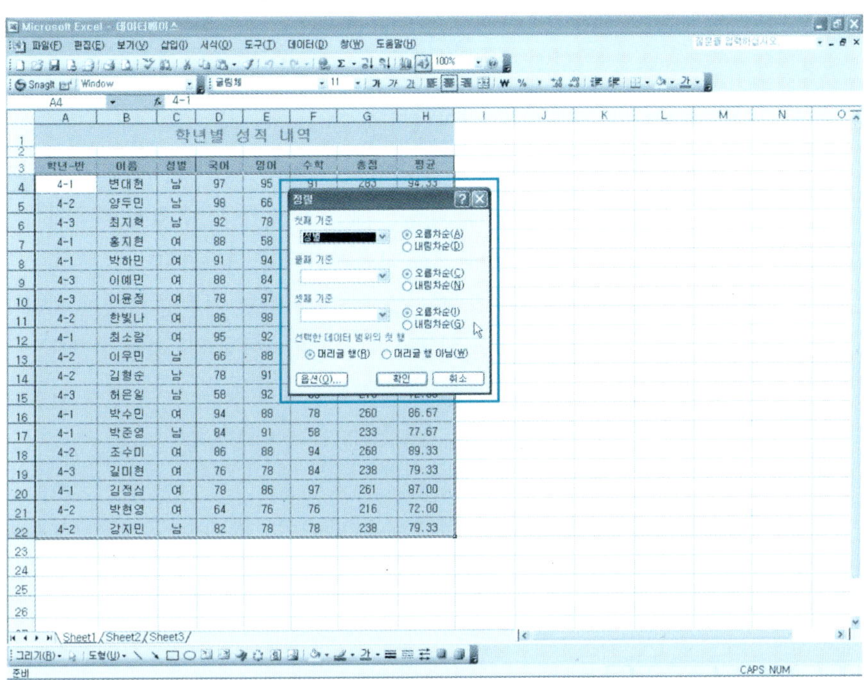

❸ [정렬] 대화상자의 [첫째 기준]의 [학년-반] 선택 → [오름차순] 선택 → [둘째
기준]의 [이름] 선택 → [오름차순] 선택 → [셋째 기준]의 [성별] 선택 → [오
름차순] 선택 → [확인] 버튼을 클릭한다.

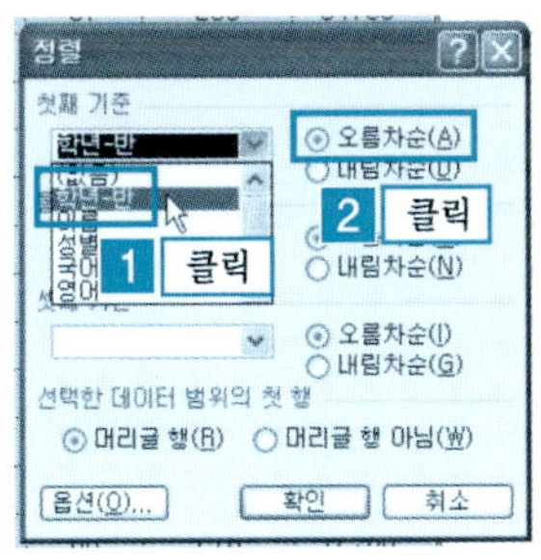
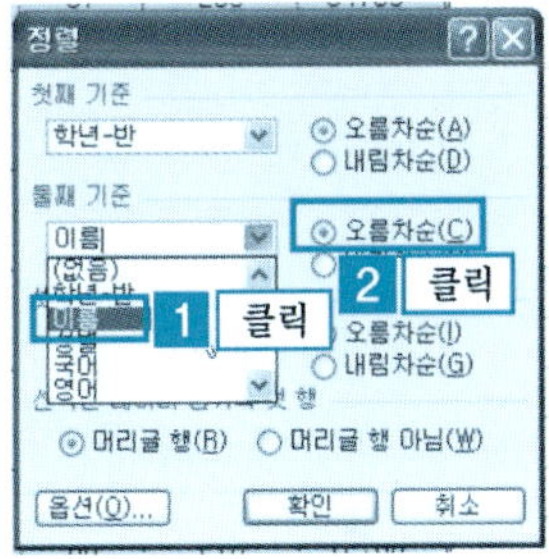
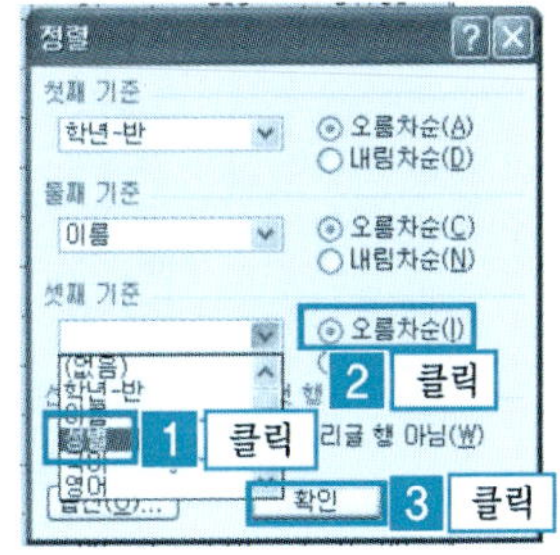

※ 정렬 키에 텍스트로 서식이 지정된 숫
  자가 들어 있어 정렬경고 창이 나온다.
  [확인] 버튼을 클릭한다.

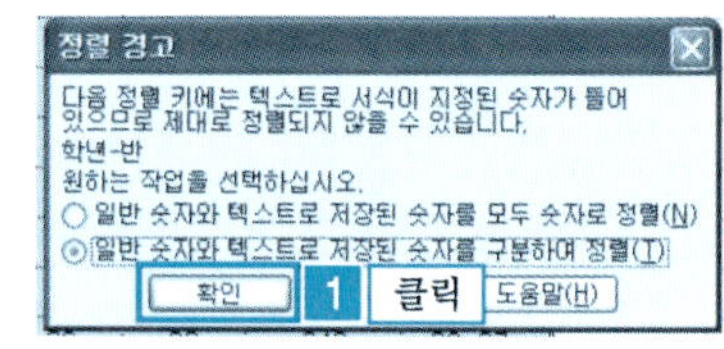

❹ 데이터가 정렬되어 나타난다.

1) 첫 번째 정렬 기준이 학년-반의 순으로 오름차순 정렬되어 나타난다.

2) 첫 번째 정렬 기준이 적용된 데이터 중 첫 번째 정렬 기준이 같을 경우 두 번
   째 정렬 기준인 이름으로 오름차순되어 나타난다.

3) 두 번째 정렬 기준도 같다면 세 번째 정렬 기준인 성별에 따라 오름차순된다.
   두 번째 정렬 기준인 이름이 모두 틀리다면 3번째 정렬 기준은 적용되지 않는다.
   (여기에서 두 번째 정렬 기준인 이름이 모두 달라 두 번째 정렬 기준으로 정렬
   이 완료되므로 3번째 정렬 기준은 적용되지 않는다.)

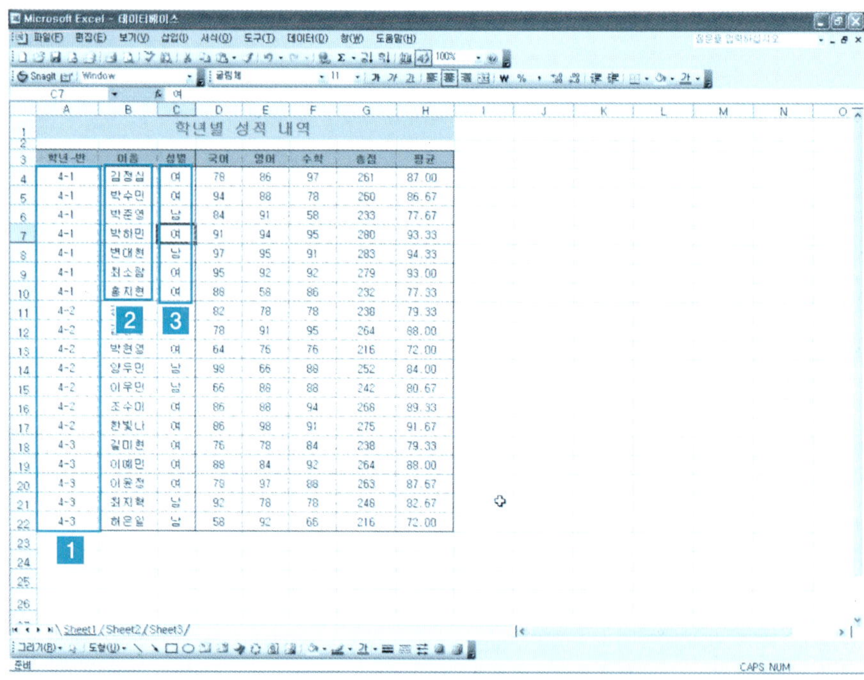

단원 실습 문제

〈**실습1**〉 [예제] 폴더에서 [데이터베이스.xls] 파일을 불러온다.

〈**실습2**〉 정렬 첫 번째 기준을 평균으로, 두 번째 기준을 총점으로, 세 번째 기준을 이름으로하여 데이터를 오름차순으로 정렬해 보자.

(2) 데이터의 내림차순 정렬

❶ [예제] 폴더에서 [데이터베이스.xls] 파일을 불러온다.

데이터 중에 한 셀(C7)을 선택한 후 [데이터 메뉴] → [정렬] 버튼을 클릭한다.

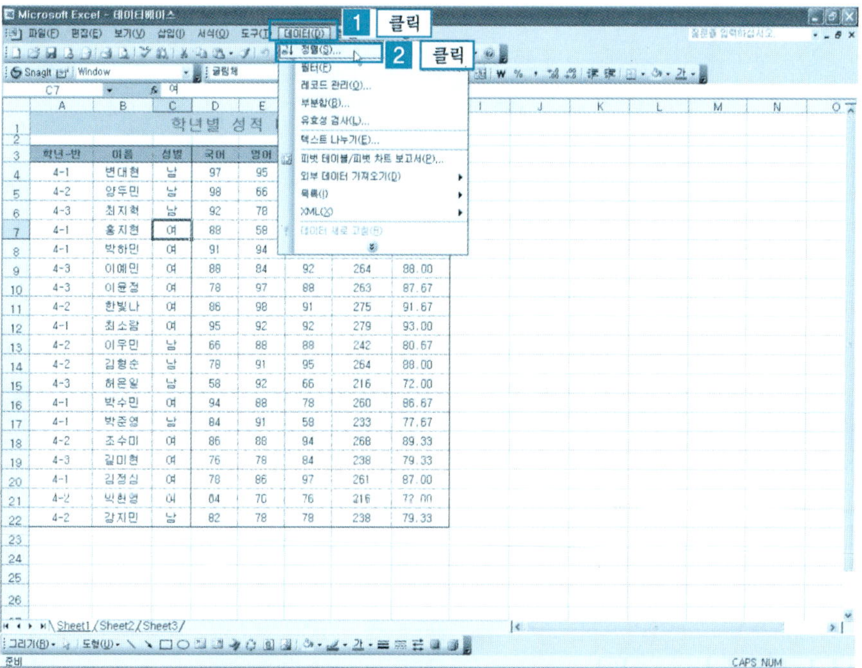

❷ 셀 포인터가 있던 곳부터 확장해서 문서의 범위가 설정되면서 [정렬] 대화상
자가 나타난다.

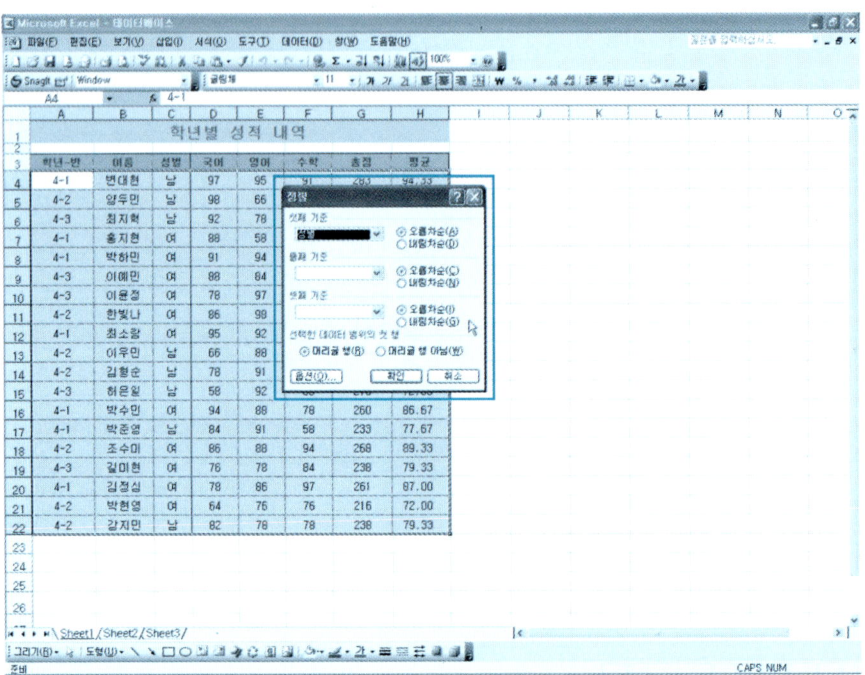

❸ [정렬] 대화상자의 [첫째 기준]의 [학년-반] 선택 → [내림차순] 선택 → [둘째
기준]의 [이름] 선택 → [내림차순] 선택 → [셋째 기준]의 [성별] 선택 → [내
림차순] 선택 → [확인] 버튼을 클릭한다.

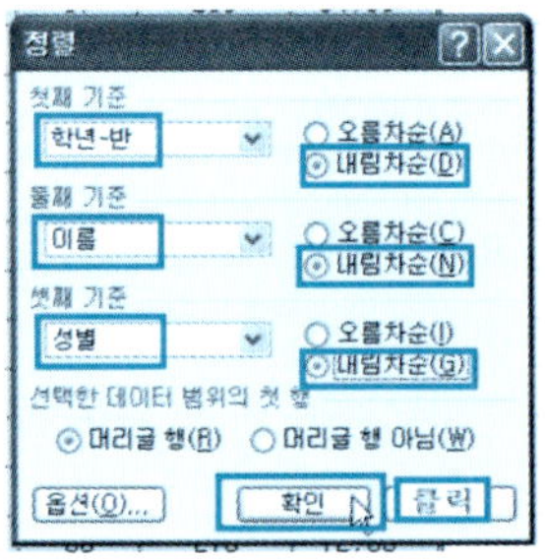

❹ 데이터가 정렬되어 나타난다.

1) 첫 번째 정렬 기준이 학년-반의 순으로 내림차순 정렬되어 나타난다.

2) 첫 번째 정렬 기준이 적용된 데이터 중 첫 번째 정렬 기준이 같을 경우 두 번째 정렬 기준인 이름으로 내림차순되어 나타난다.

3) 두 번째 정렬 기준도 같다면 세 번째 정렬 기준인 성별에 따라 내림차순된다. 두 번째 정렬 기준인 이름이 모두 틀리다면 3번째 정렬 기준은 적용되지 않는다. (여기에서 두 번째 정렬 기준인 이름이 모두 달라 두 번째 정렬 기준으로 정렬이 완료되므로 3번째 정렬 기준은 적용되지 않는다.)

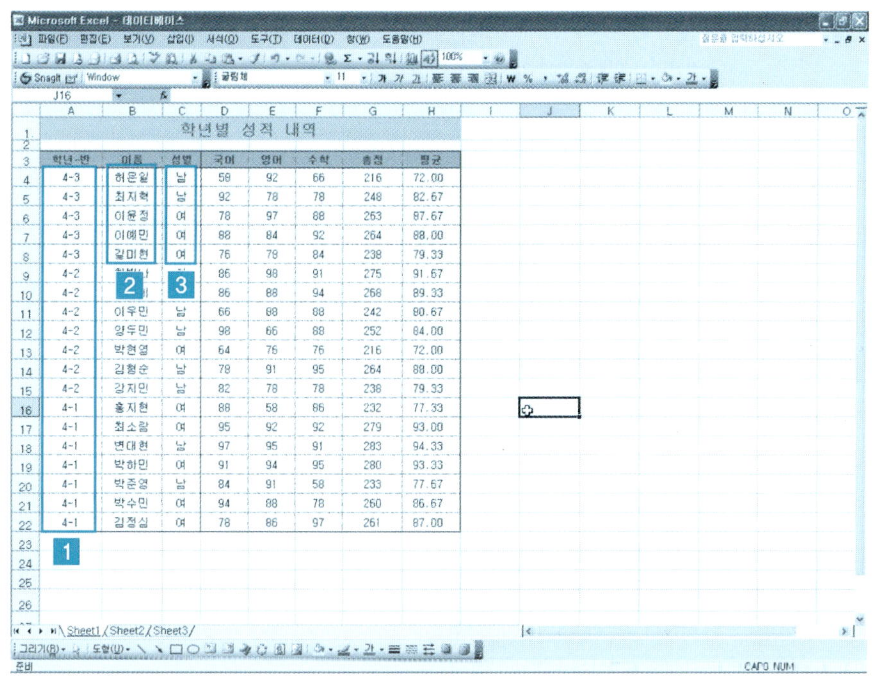

단 원 실 습 문 제

〈**실습1**〉 [예제] 폴더에서 [데이터베이스.xls] 파일을 불러온다.

〈**실습2**〉 정렬 첫 번째 기준을 평균으로, 두 번째 기준을 총점으로, 세 번째 기준을 이름으로하여 데이터를 내림차순으로 정렬해 보자.

(3) 사용자 지정 목록 활용

데이터를 정렬하다보면 오름차순과 내림차순이 아닌 특정 내용에 따라 정렬해야 할 경우가 있다.

예를 들면 각 회사의 직급별 정렬이나 요일별로 정렬할 경우에는 오름차순과 내림차순으로 정렬해서는 원하는 정렬을 할 수가 없다. 이럴 경우 사용자 지정 목록을 사용하여 해결할 수 있다.

❶ [예제] 폴더에서 [정렬옵션.xls] 파일을 불러온다. [도구 메뉴] → [옵션]을 선택하여 [옵션] 대화상자가 나타나면 [사용자 지정 목록] 버튼을 클릭한다.

[사용자 지정 목록]의 [새 목록] → 오른쪽에 있는 [목록 항목]에 [부장,과장,대리,사원]을 입력 후 [추가] 버튼을 클릭한다.

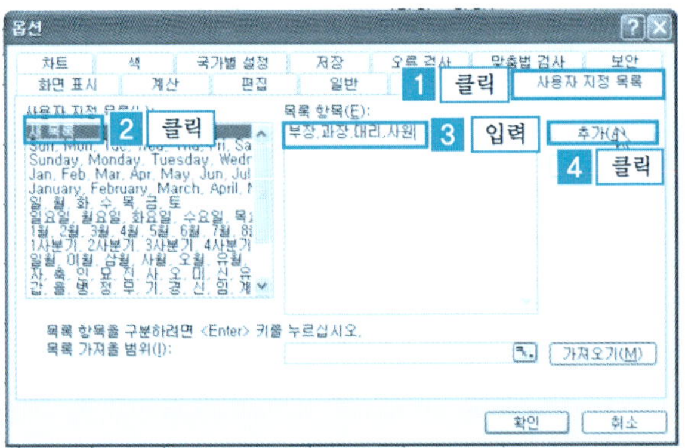

❷ 그림과 같이 [사용자 지정 목록]에 [부장,과장,대리,사원]이 추가되어 있다. [확인] 버튼을 클릭한다.

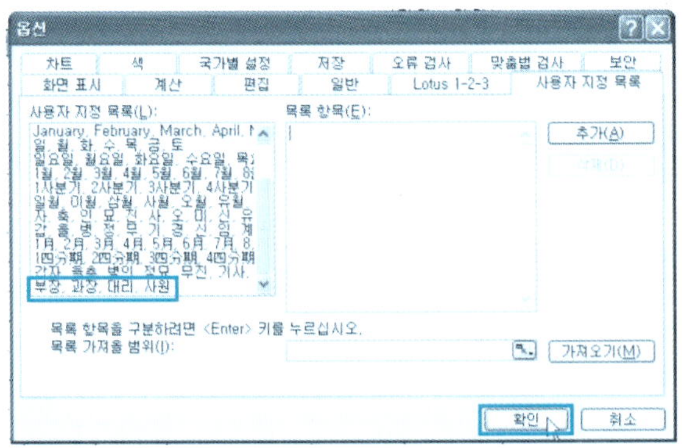

❸ [작성된 데이터 셀(B8) 선택] → [데이터 메뉴] → [정렬] 버튼을 클릭한다.

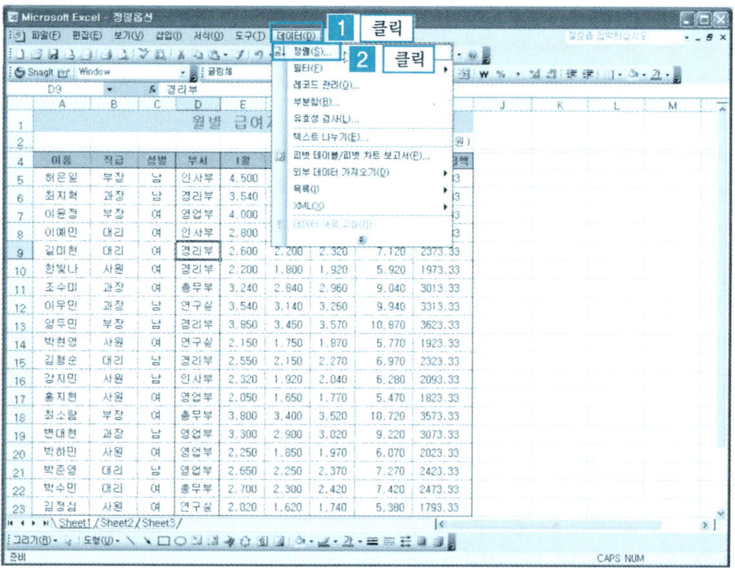

❹ 데이터가 들어 있는 셀이 선택되고 [정렬] 대화상자가 나타난다.

[첫째 기준] → [직급] 선택 → [오름차순] 선택 → 옵션을 클릭하면 정렬 옵션 대화상자가 나타난다. 맨 마지막의 [부장,과장,대리,사원] 선택 → [정렬 옵션] 대화상자의 [확인] 클릭 → [정렬] 대화상자의 [확인] 버튼을 클릭한다.

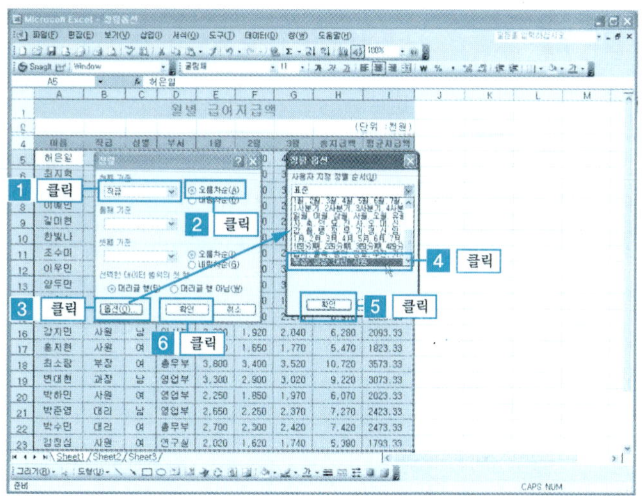

❺ 그림과 같이 사용자가 지정한 직급순으로 정렬된다.

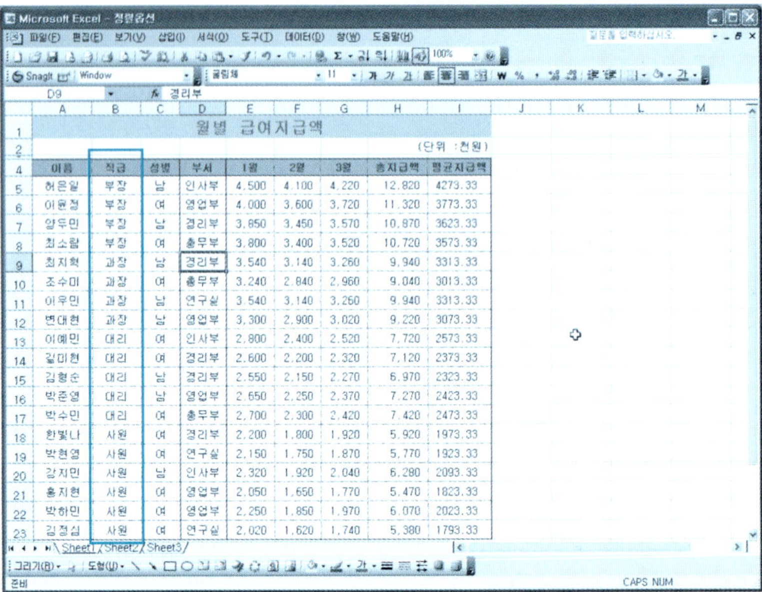

단 원 실 습 문 제

〈**실습1**〉 [예제] 폴더에서 [정렬옵션.xls] 파일을 불러온다.

〈**실습2**〉 사용자 지정 목록을 활용하여 정렬 순서를 [인사부, 연구실, 영업부, 경리부, 총무부] 순서로 정렬해 보자.

(4) 단축 아이콘을 이용한 정렬

오름차순( )과 내림차순( ) 아이콘을 이용해 정렬해 보자.

❶ [예제] 폴더에서 [정렬옵션.xls] 파일을 불러온다. A6 셀에 포인터를 위치시킨
후 오름차순 정렬 아이콘   을 클릭한다.

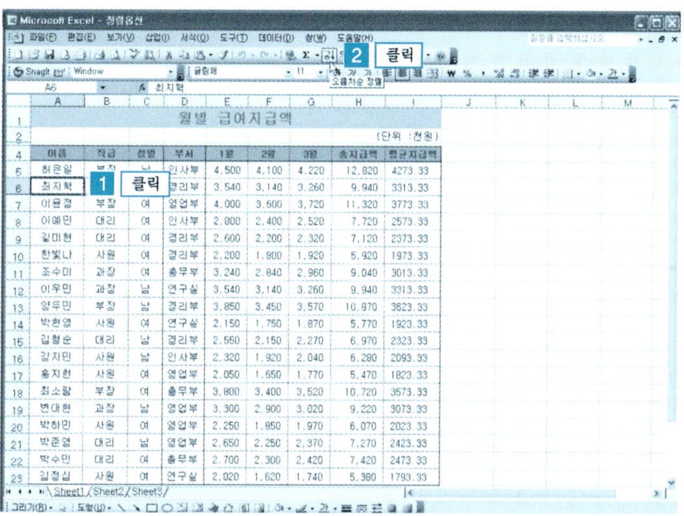

❷ 그림과 같이 이름을 기준으로 정렬된다.

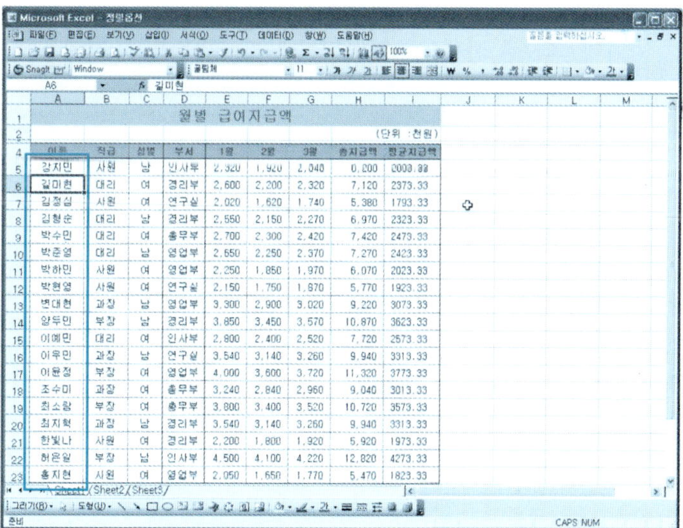

단원 실습 문제

〈**실습1**〉 [예제] 폴더에서 [정렬옵션.xls] 파일을 불러온다.

〈**실습2**〉 내림차순 아이콘을 이용하여 1월 급여를 기준으로 내림차순으로 정렬해 보자.

7.2 | 자동 필터

많은 양의 데이터 중에서 사용자가 원하는 조건에 만족하는 데이터만 화면에 표시하는 기능이 필터이다. 엑셀에서 제공하는 필터 기능을 이용해 각 항목별 조건에 적합한 데이터만 쉽게 뽑을 수 있다.

1 자동 필터에 의한 데이터 추출

자동 필터는 특정 조건에 만족하는 데이터를 가장 간단하고 손쉽게 검색할 수 있는 기능이다. 자동 필터를 이용해서 원하는 데이터만을 추출해 보자.

❶ [예제] 폴더에서 [정렬옵션.xls] 파일을 불러온다.

[데이터 셀 선택] → [데이터 메뉴] → [필터] → [자동 필터] 버튼을 클릭한다.

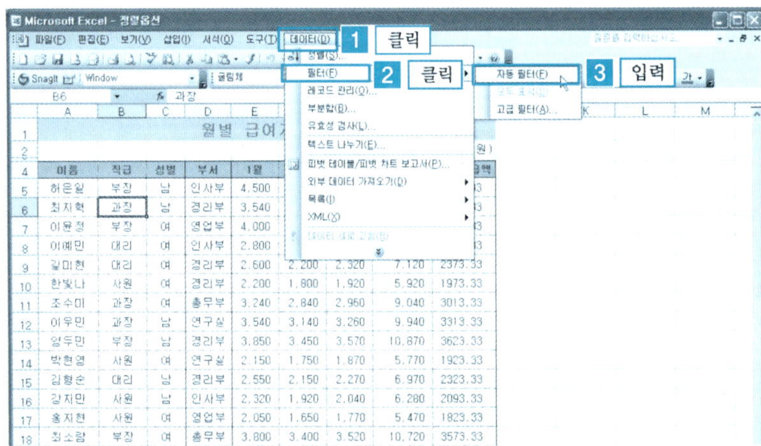

❷ 그림과 같이 각 필드명에 필터 단추들이 표시된다.

[성별의 필터 단추 클릭] → [남]을 클릭한다.

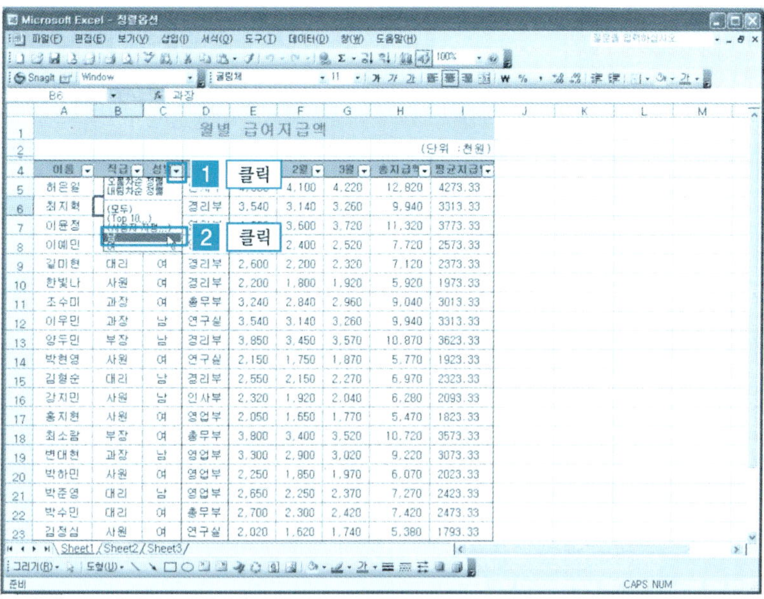

❸ 성별이 [남]인 데이
터만 추출된다.

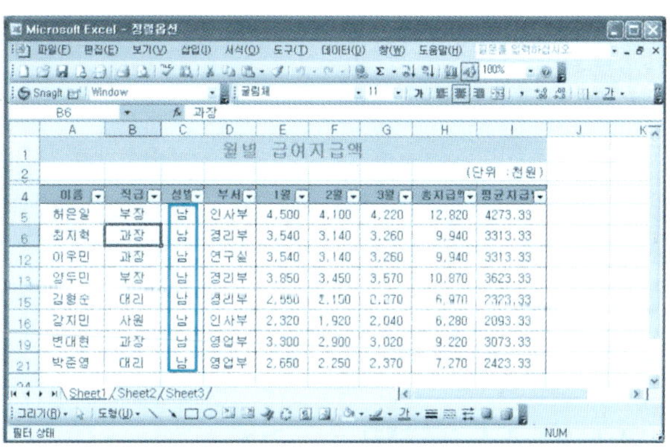

도움말 이상해진 행번호 : 필터 단추로 원하는 데이터를 검색했을 때 조건에 만족하지
않는 데이터는 행 감추기가 설정되어 있어 원하는 데이터의 행번호만 표시된다.

④ 이번에는 성별이 [남]인 데이터 중 직급이 [부장]인 데이터를 추출해 보자.
[직급의 필터 단추 클릭] → [부장]을 클릭한다.

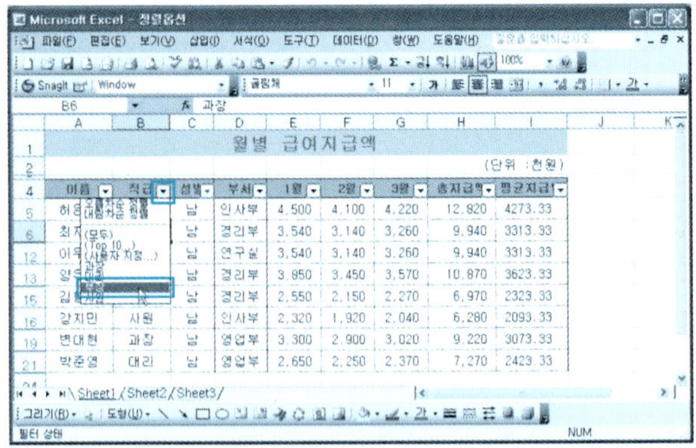

⑤ 그림과 같이 성별이 [남]인 데이터 중 직급이 [부장]인 데이터만 추출된다.

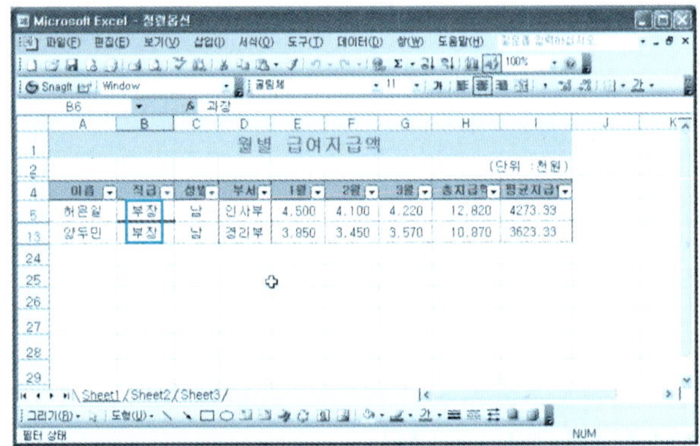

⑥ 다시 전체 데이터를 표시해 보자.
[직급 필드의 필터 단추 클릭] → [모두] 버튼을 클릭한다.

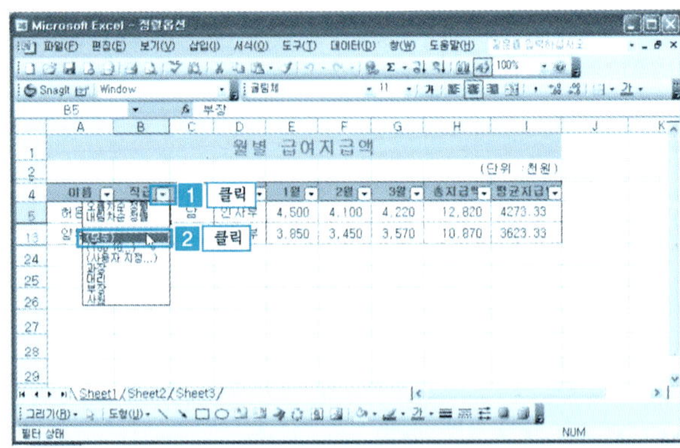

⑦ 성별이 [남]인 데이터가 모두 추출된다.

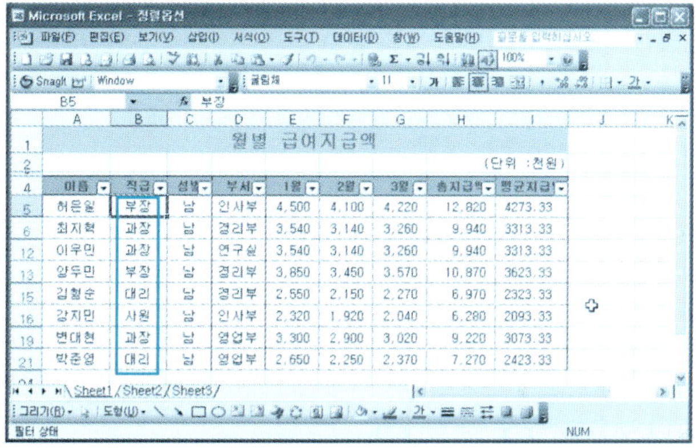

⑧ 다시 [성별의 필터 단추 클릭] → [모두] 버튼을 클릭한다.

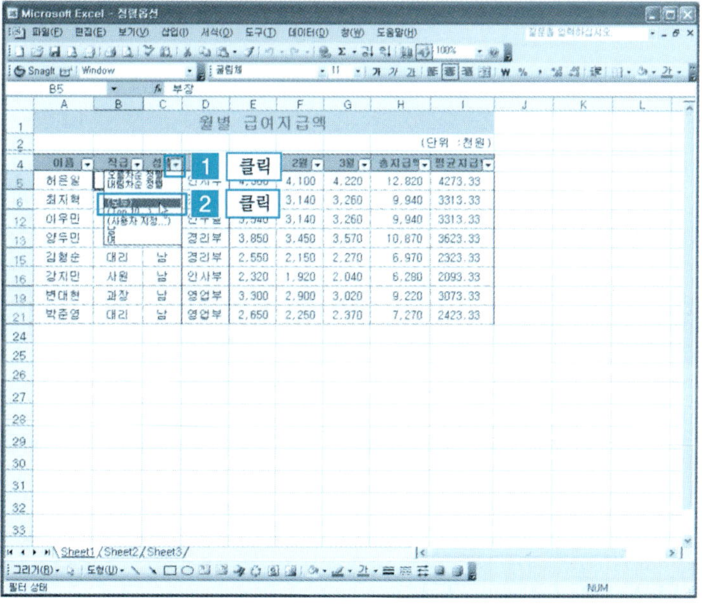

⑨ 그림과 같이 전체 데이터가 표시된다.

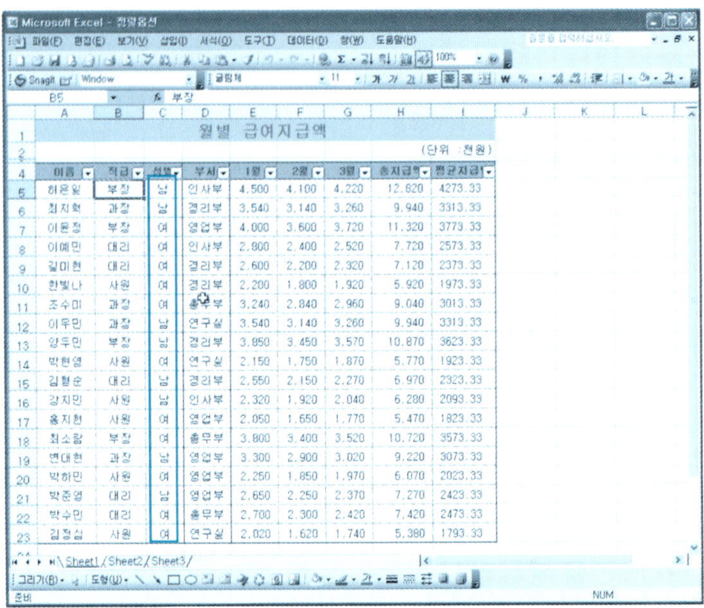

도움말 데이터를 여러 단계별로 필터하여 추출하고 전체의 데이터를 표시해야할 경우에는
마지막 필터한 것부터 데이터를 모두로 표시하여야 전체 데이터를 표시할 수 있다.

단 원 실 습 문 제

〈실습1〉 [예제] 폴더에서 [정렬옵션.xls] 파일을 불러온다.

〈실습2〉 자동 필터를 이용하여 영업부 소속 데이터만을 추출해 보자.

〈실습3〉 영업부 소속 데이터 중 성별이 여자인 데이터만을 추출해 보자.

〈실습4〉 다시 전체 데이터를 표시해 보자.

2 자동 필터 해제

❶ [예제] 폴더에서 [필터 해제] 파일을 불러온다.

자동필터가 설정된 시트에서 [데이터 메뉴] → [필터] → [자동 필터]를 선택한다.

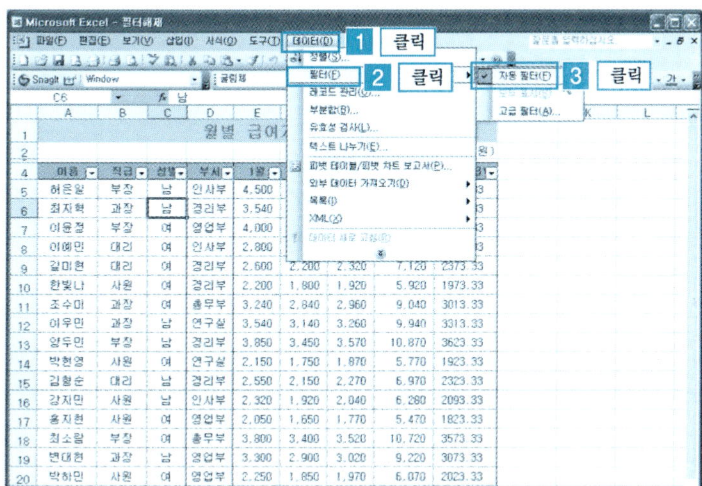

❷ 그림과 같이 필드명 부분에 표시되었던 필터 버튼이 없어지고 초기의 전체 데이터가 나타난다. (필터를 사용해 데이터를 추출했어도 필터 삭제를 하면 추출한 데이터만 표시되는 것이 아닌 전체 데이터가 나타난다.)

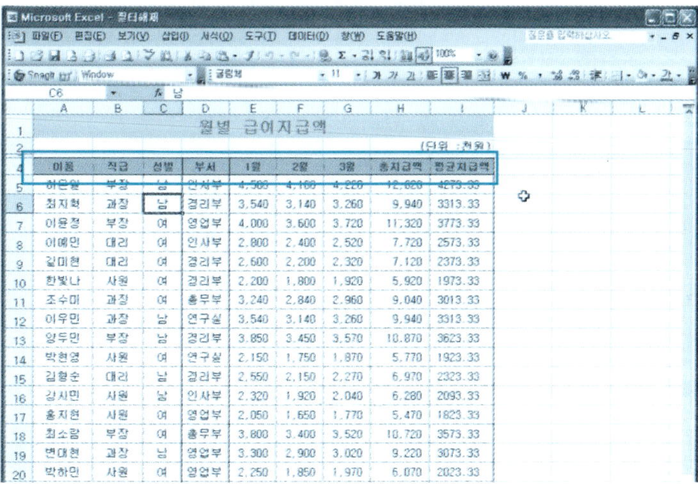

단원 실습 문제

〈**실습1**〉 [예제] 폴더에서 [필드조건.xls] 파일을 불러온다.

〈**실습2**〉 필터를 삭제해 보자.

3 사용자 지정 옵션 사용

[사용자 지정 필터]는 등호나 부등호, 문자, 숫자 등을 이용해서 조건을 제시한 후 그 조건에 해당하는 데이터만 추출하는 것이다.

(1) 한 필드에 두 가지 조건 설정

❶ 부서가 인사부와 총무부인 데이터를 추출해 보자. 먼저 [예제] 폴더에서 [정렬옵션.xls] 파일을 불러온다.

[데이터 메뉴] → [필터] → [자동 필터] 버튼을 클릭한다.

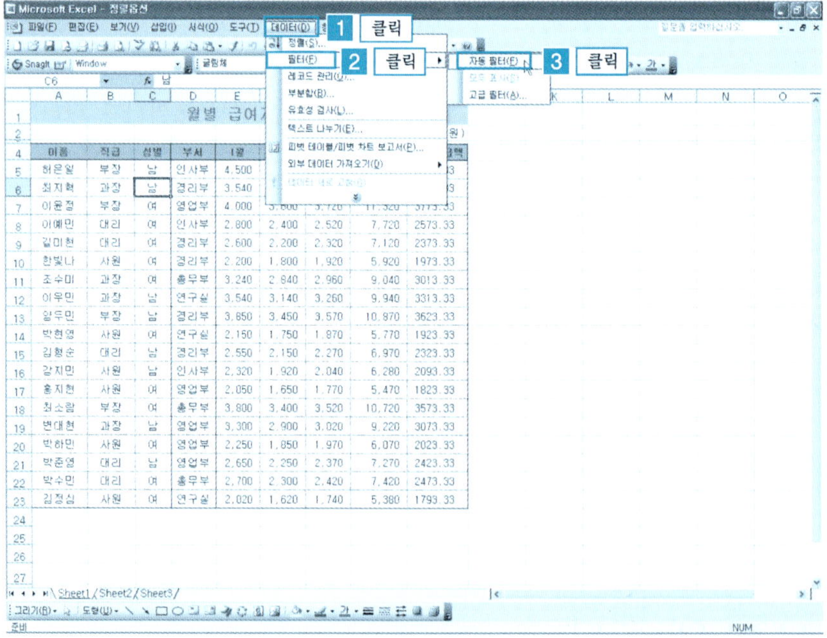

❷ [부서의 필터 아이콘 클릭] → [사용자 지정] 버튼을 클릭한다.

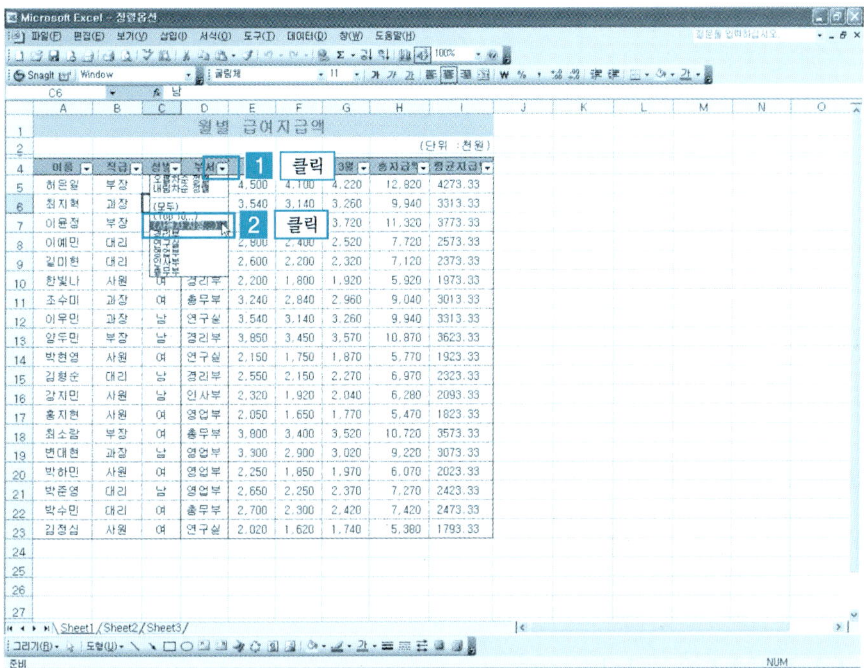

❸ [사용자 지정 자동 필터 대화상자[→ [부서]에 [=] 값으로 [인사부 선택] → [조건에 [또는(O)]을 선택] → [=] 값으로 [총무부] 선택] → [확인] 버튼을 클릭한다.

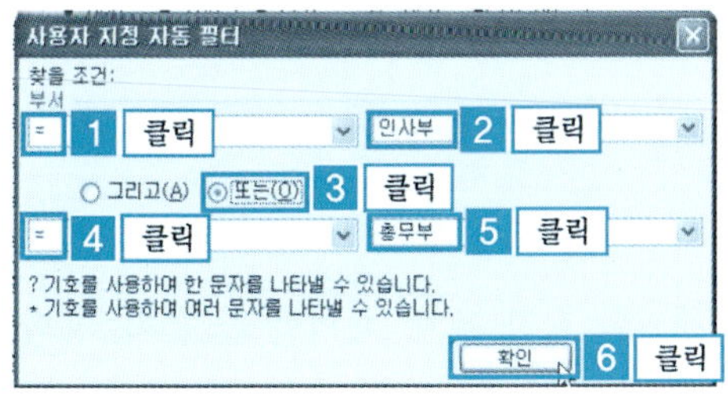

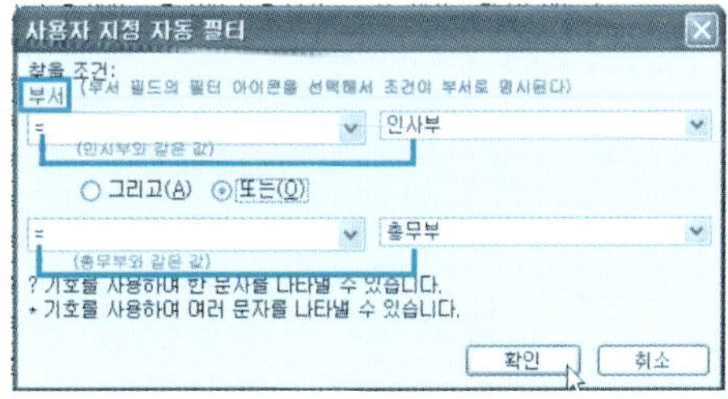

❹ 그림과 같이 인사부와 총무부인 데이터만 추출된다.

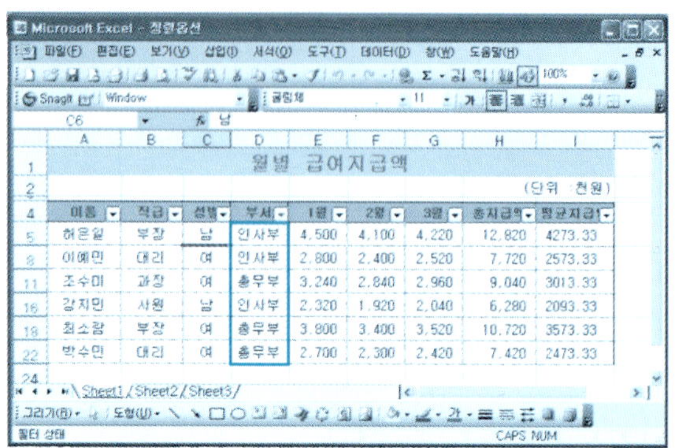

도움말 찾을 조건 범위는 필터 아이콘을 선택한 필드명이 명시된다.

<1> 찾을 조건은

[=] : 같다

[<>] : 같지 않다

[>=] : 크거나 같다

[>] : 크다

[<] : 작다

[<=] : 작거나 같다

이 외에도 시작 문자, 끝 문자, 제외할 시작 문자, 제외할 끝 문자, 포함, 포함하지 않음이 있다. 이 조건을 사용하여 사용자가 원하는 데이터만을 추출할 수 있다. 그리고 중간의 [그리고(A)]는 위의 조건과 아래의 조건 두 개 모두를 만족하는 데이터를 추출할 때 사용하고 [또는(O)]은 위와 아래의 두 조건 중 하나만을 만족해도 될 때 사용한다.

<2> [*] 은 여러 문자를 나타내고 [?]은 한 문자를 나타내는 [와일드 카드 문
자로]의 예를 들면 [총*] 은 총으로 시작하는 모든 문자를 나타내며, [?무?]
은 첫글자와 마지막글자는 어떤 한 문자를 나타내고 가운데가 [무]자인 문
자를 나타낸다.

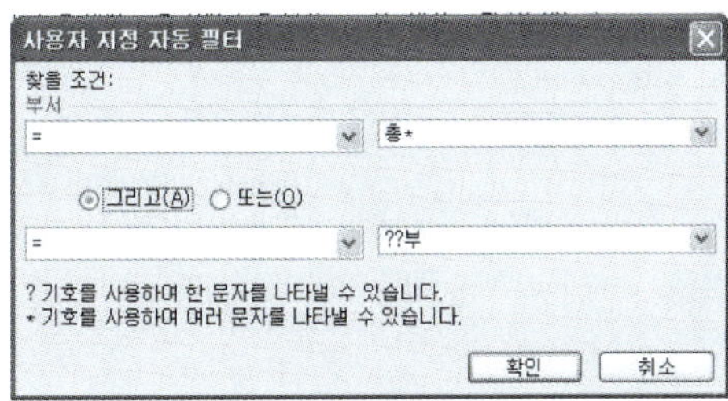

(첫글자가 총으로 시작하고 마지막글자는 부로 시작하는 데이터를 추출한다.)

단 원 실 습 문 제

〈**실습1**〉 [예제] 폴더에서 [정렬옵션.xls] 파일을 불러온다.

〈**실습2**〉 부장과 과장인 데이터만을 추출해 보자.

(2) 문자 데이터 필드 조건 설정

❶ [예제] 폴더에서 [사용자지정필터.xls] 파일을 불러온다.

성이 [박]씨인 사람만을 추출해 보자. [이름] 필터 → [사용자 지정] 버튼을 클릭한다.

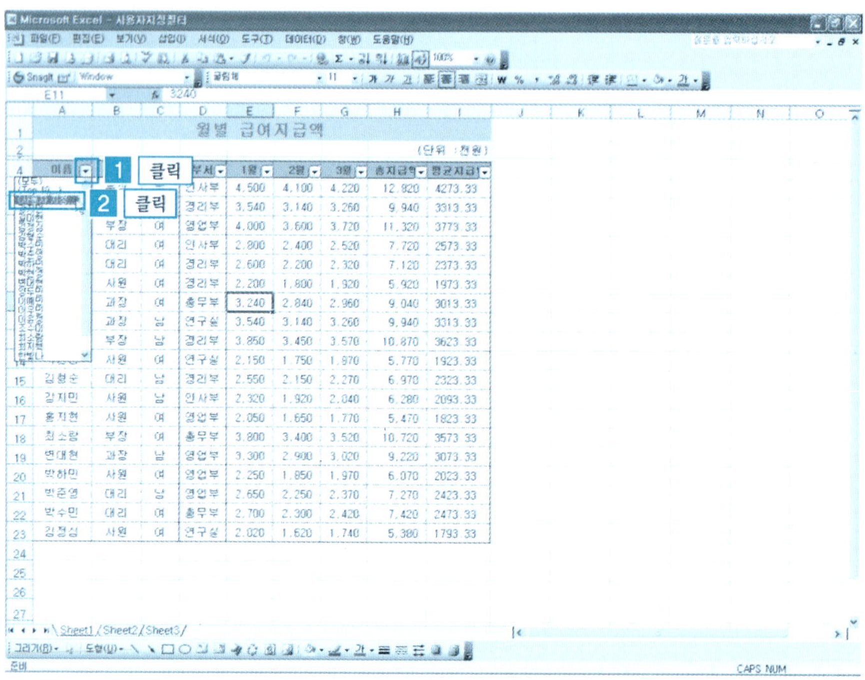

❷ [사용자 지정 대화상자] → [시작 문자] → [박] 입력 → [확인] 버튼을 클릭한다.

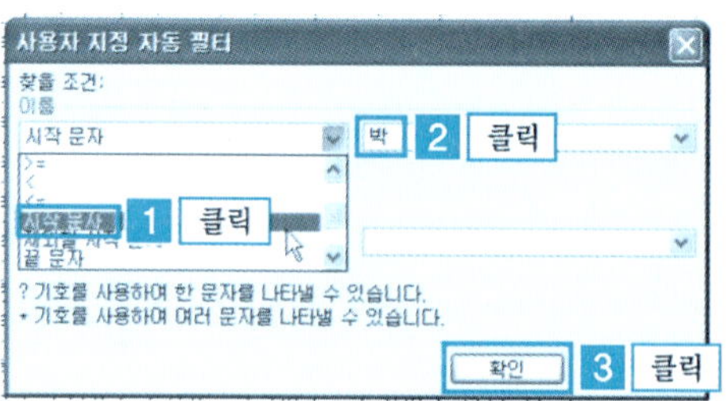

❸ 그림과 같이 이름 필드에 [박]으로 시작하는 데이터만 추출된다.

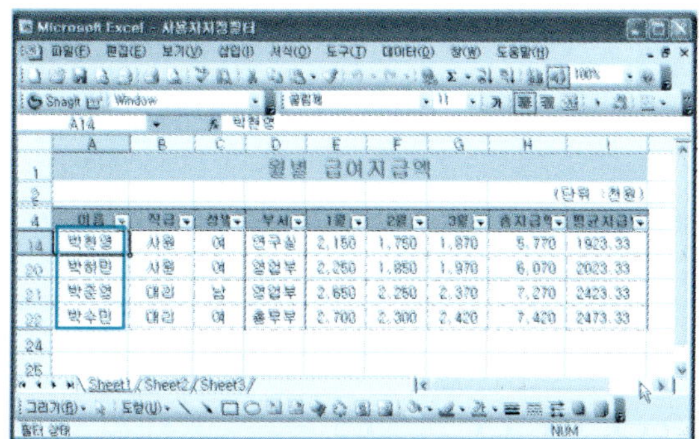

단 원 실 습 문 제

〈**실습1**〉 [예제] 폴더에서 [사용자지정필터.xls] 파일을 불러온다.

〈**실습2**〉 직급 필드에서 [실]자로 끝나는 데이터를 추출해 보자.

(3) 숫자 데이터 필드 조건 설정

❶ [예제] 폴더에서 [사용자지정필터.xls] 파일을 불러온다.

급여 총지급액이 7백만원 이상인 데이터만을 추출해 보자.

[총지급액 필터] → [사용자 지정] 버튼을 클릭한다.

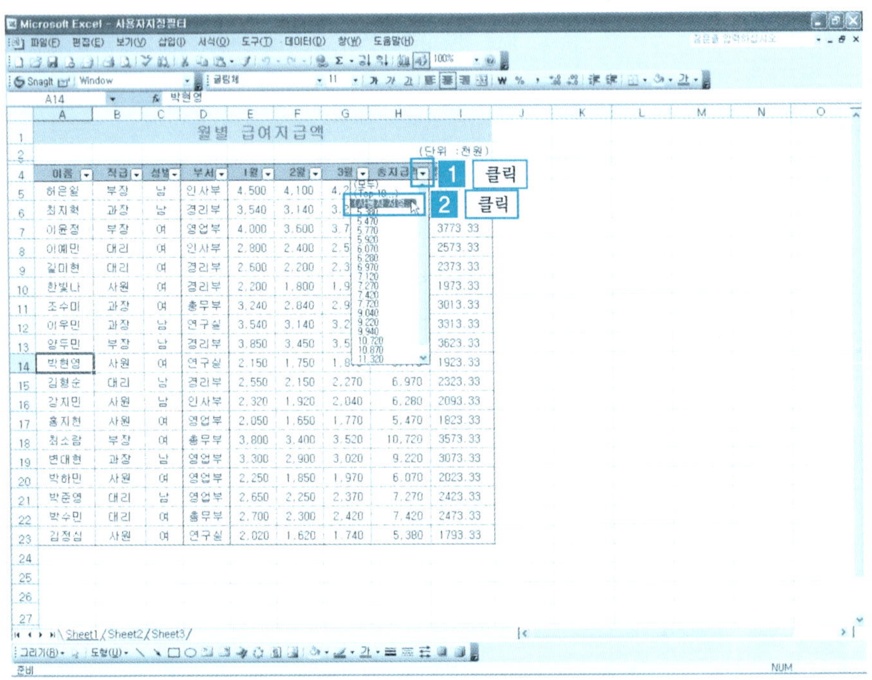

❷ 총지급액의 첫 번째 조건에 [>=] 선택, 두 번째 조건에 7,000 입력 → [확인]
버튼을 클릭한다.

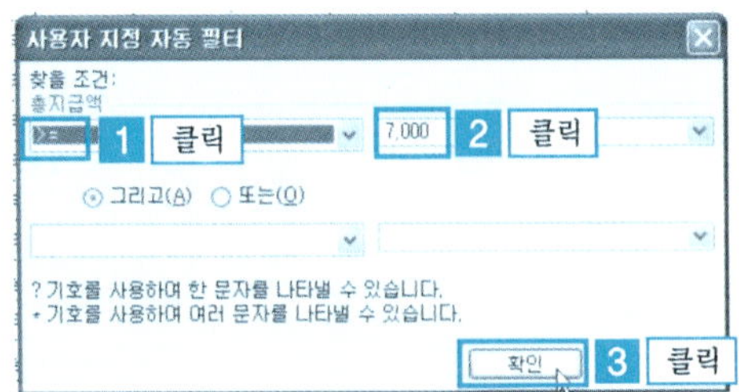

❸ 그림과 같이 총지급액이 7백만원 이상인 데이터만 추출된다.

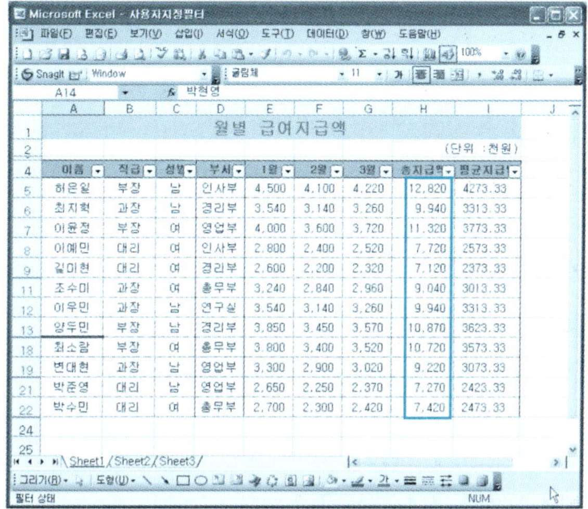

단 원 실 습 문 제

〈**실습1**〉 [예제] 폴더에서 [사용자지정필터.xls] 파일을 불러온다.

〈**실습2**〉 급여 평균지급액이 사천만원 이상인 데이터를 추출해 보자.

(4) (Top10...)을 이용한 조건 설정

자동 필터에서 필터 단추의 (Top10...)을 이용하여 하위 또는 상위의 개수 또는 퍼센트만큼을 표시할 수 있다.

❶ 평균지급액이 상위 10퍼센트인 데이터만을 추출해 보자.

[예제] 폴더에서 [사용자지정필터.xls] 파일을 불러온다.

[평균지급액 필터] → [(Top10...)] 버튼을 클릭한다.

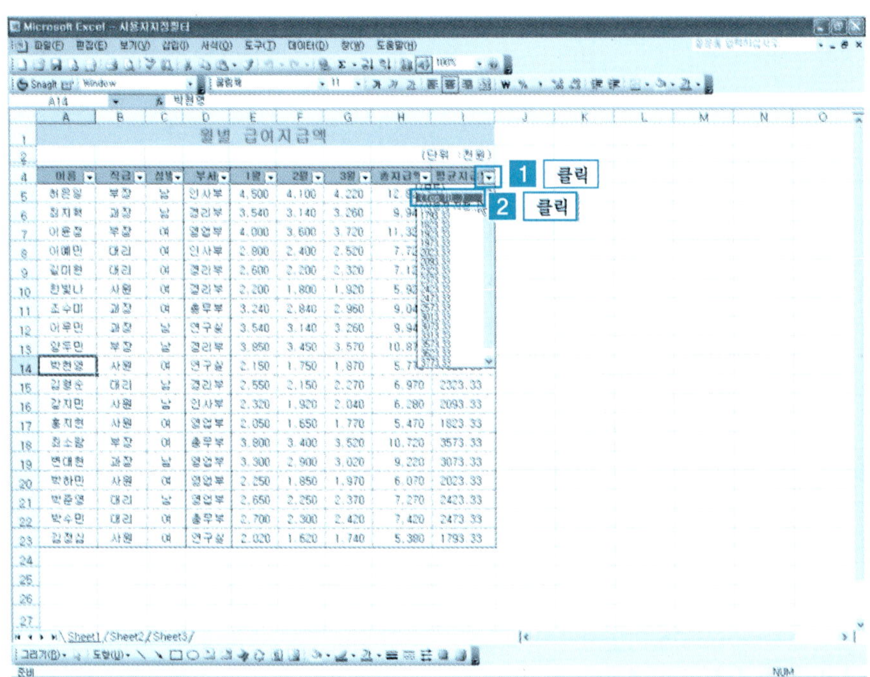

❷ [선택적 자동 필터 대화상자] → [큰 순서] → [10] → [퍼센트] → [확인] 버튼을 클릭한다.

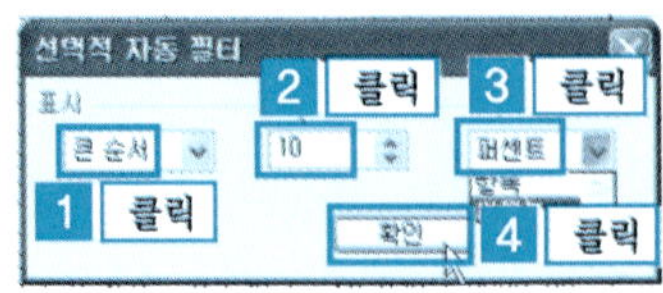

❸ 그림과 같이 19명의 데이터 중 상위 10% 안에 있는 데이터(1.9명 중 상위 1명)의 평균지급액이 표시된다.

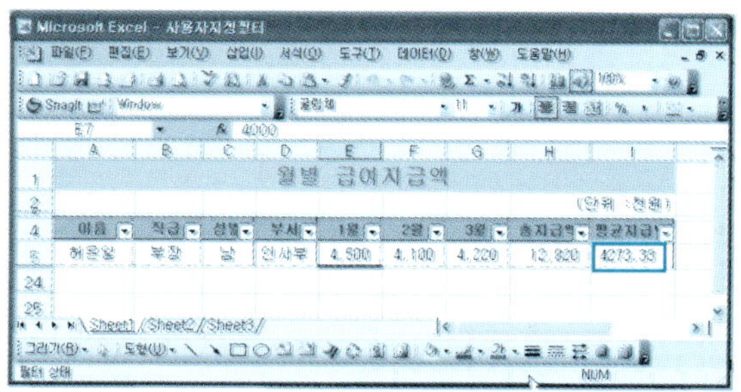

단원 실습 문제

〈**실습1**〉 [예제] 폴더에서 [사용자지정필터.xls] 파일을 불러온다.

〈**실습2**〉 급여 평균지급액이 상위 10명인 데이터를 추출해 보자.

7.3 | 고급 필터

자동 필터는 사용하기가 쉽고 편리한 장점은 있지만 여러 가지 제한 조건이 있다. 특히 각 필드별로 만족하는 데이터를 추출하기 위해서는 어려운 점이 많다. 자동 필터의 문제점을 해결할 수 있는 방법이 바로 고급 필터이다.

1 고급 필터의 구성

고급 필터를 사용하려면 먼저 다음과 같이 세 가
지 구성 요소를 갖춰야 한다.

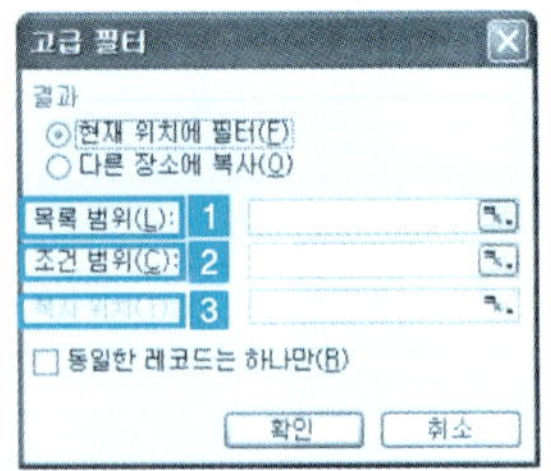

1 **목록 범위(L)** : ① 고급 필터에서 추출하기 위해서 사용할 실제 원본 데이터 영역
표시

2 **조건 범위(C)** : ① 데이터를 추출할 때 사용할 조건이 설정된 영역 표시
② 아래의 그림처럼 표시할 조건 범위는 다양하게 나타낼 수 있다.

3 **복사 위치(T)** : ① 필터한 데이터를 다른 곳에 추출할 경우 데이터가 표시될 영역
② 현재 목록 범위에 추출한 데이터를 표시할 경우 사용하지 않는다.
③ 복사 위치를 지정하면 사용자가 원하는 필드만을 나타낼 수 있다.

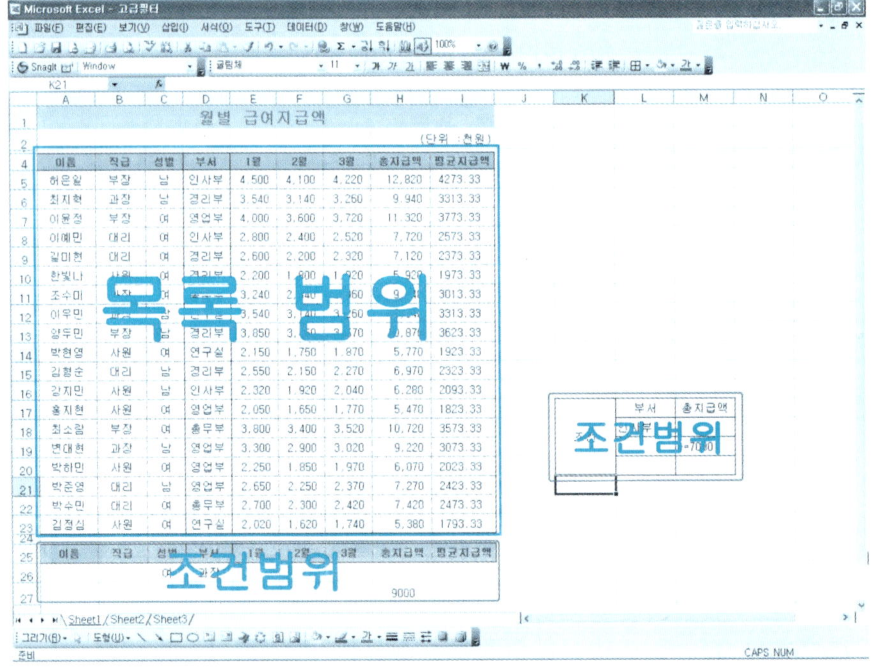

2 고급 필터를 이용한 데이터 추출

(1) 간단한 데이터의 추출

❶ [예제] 폴더에서 [고급필터.xls] 파일을 불러온다.

고급 필터를 사용하기 위해서는 먼저 필드의 이름과 조건이 들어간 표를 만들어야 한다.

[A3:I3 드래그] → [오른쪽 버튼 클릭] → [복사] 버튼을 클릭한다. (또는 드래그한 후 단축키 Ctrl + C를 클릭)

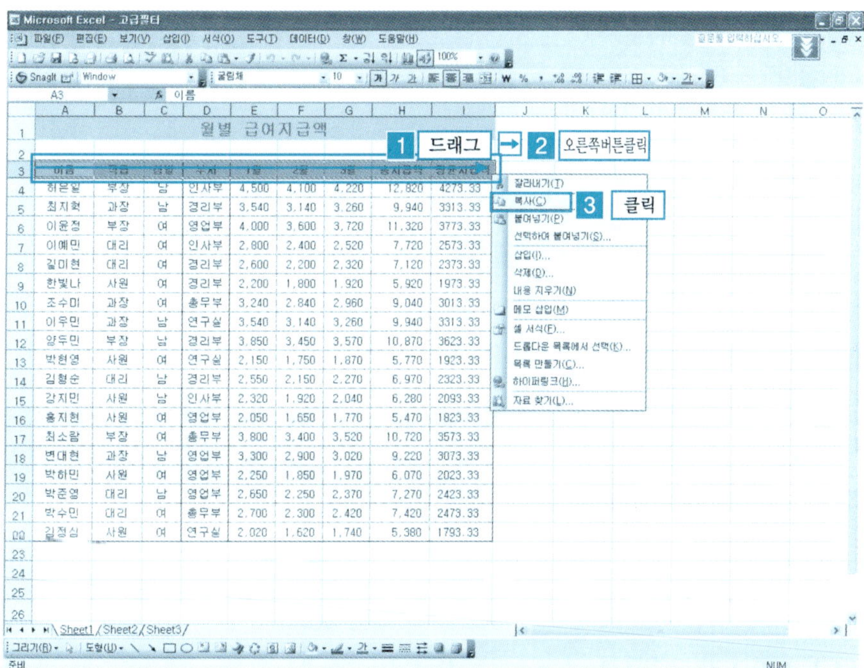

❷ 조건을 입력할 셀에 붙여넣기를 한다. 여기에서는 24열에 조건필드를 입력해 보자. [A24 셀 클릭] → [마우스 오른쪽 버튼 클릭] → [붙여넣기] 버튼을 클릭한다. (또는 단축키 Ctrl + V 클릭)

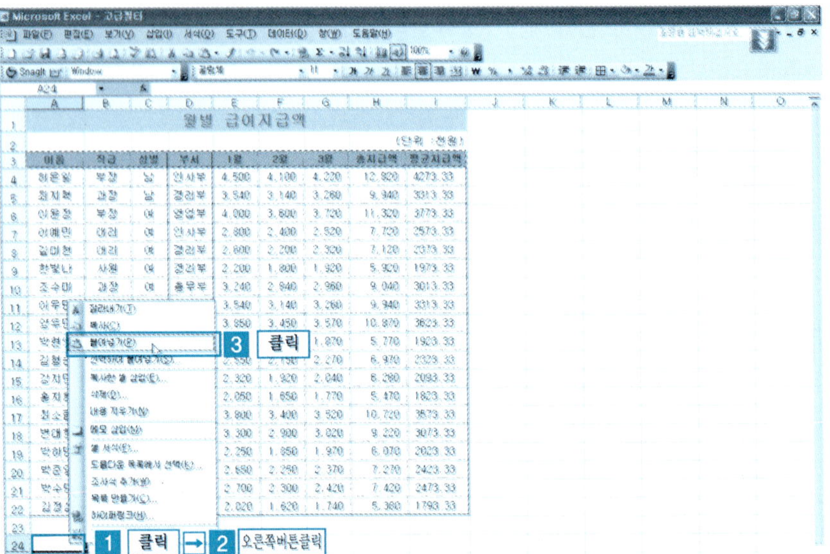

❸ 조건을 입력해 보자. 복사한 조건 필드의 성별 필드에 [여]를 입력한다.

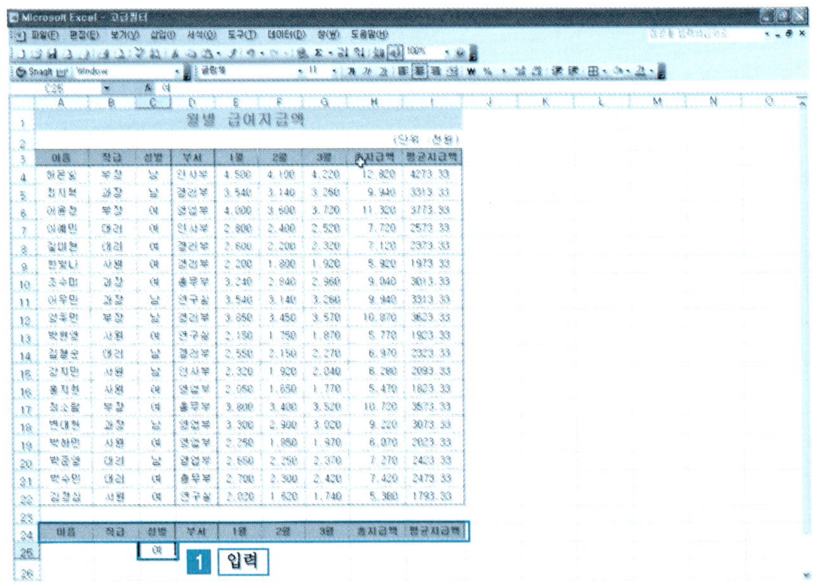

③ [데이터 메뉴] → [필터] → [고급 필터] 버튼을 클릭한다.

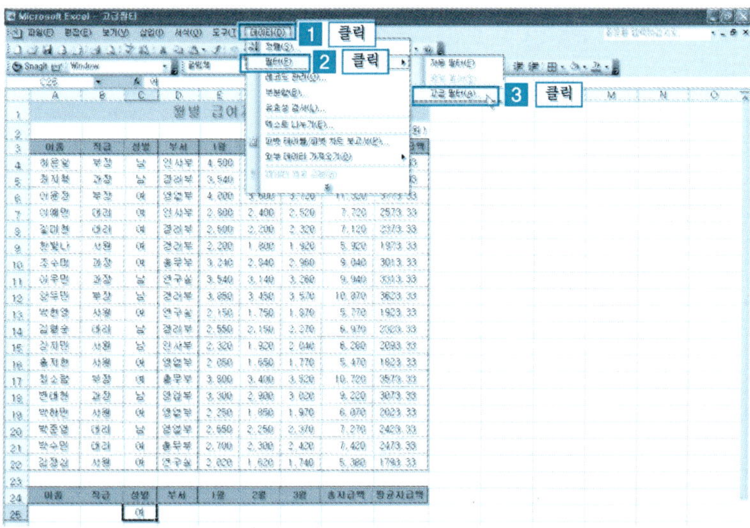

④ [고급 필터] 대화상자가 나타난다. A3:I22까지 목록 범위가 지정되어 있다. 목록 범위를 변경하고 싶으면 1 번을 사용하여 변경을 할 수 있다. 여기에서는 선택되어 있는 전체 목록에서 데이터를 추출해 보자. [조건 범위] 버튼을 클릭한다.

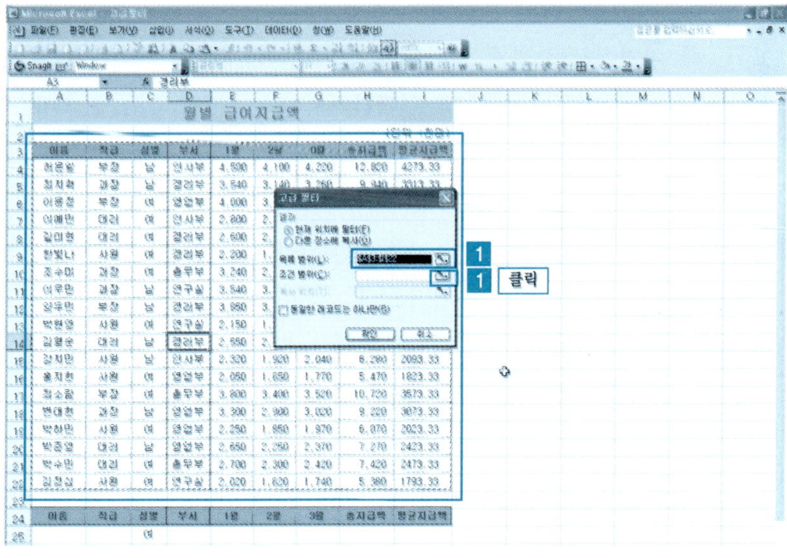

❺ [고급 필터] → [조건 범위 대화상자] → [조건을 입력한 A24:I25까지 드래그]
한다. (고급필터 → 조건 범위 대화상자에 조건 범위가 입력된다.) [고급 필
터 → 조건 범위] 버튼을 클릭한다.

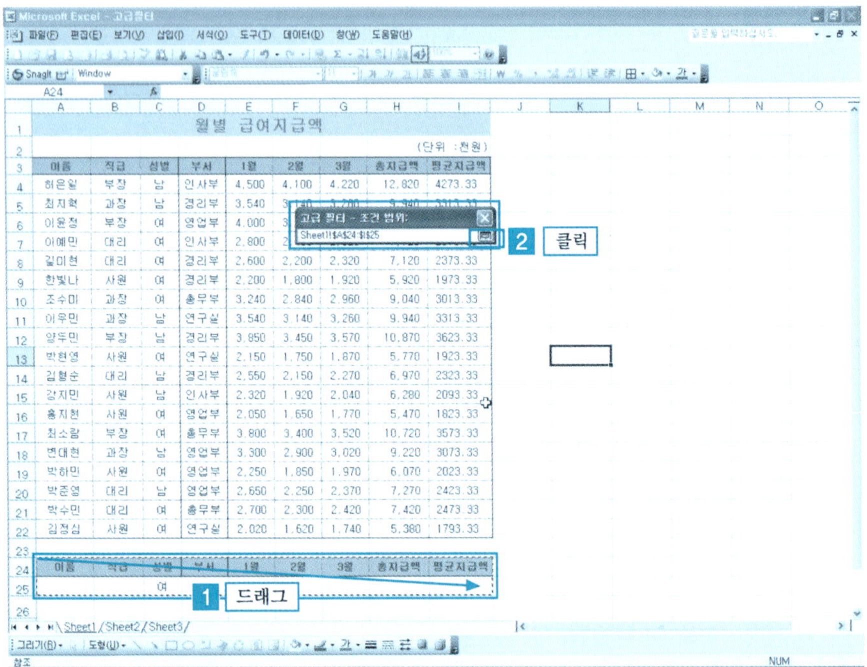

❻ 여기에서는 현재 데이터가 있는 곳에 추출한 데이터를 표시해 보기 위해서
[현재 위치에 필터]를 선택하자. 조건 범위를 보면 위에서 지정한 조건이 들
어가 있는 것을 확인할 수 있다. [확인] 버튼을 클릭한다.

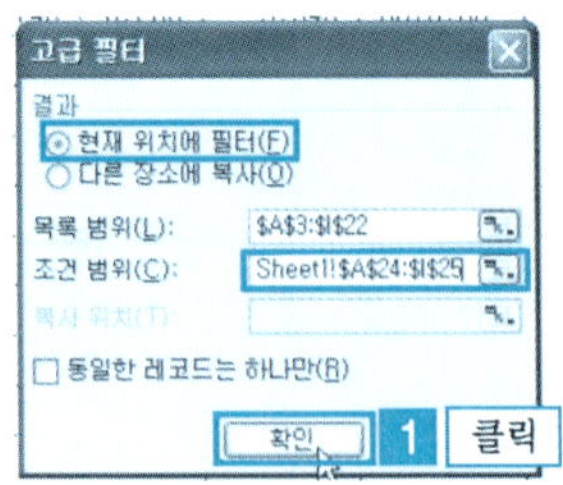

⑦ 그림과 같이 성별이 [여]인 데이터가 현재 데이터가 위치한 곳에 추출된 것
을 확인할 수 있다.

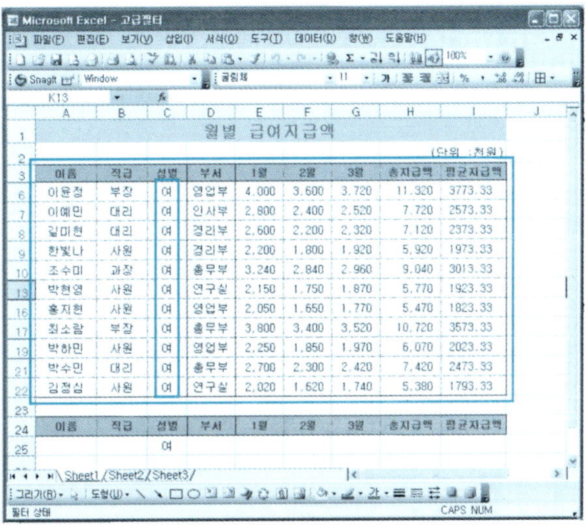

⑧ 이번에는 다른 곳에 데이터를 추출해 보자.

❶ - ❺까지를 반복한다. [고급 필터] 대화상자의 [다른 장소에 복사]를 선택
하면 [복사 위치]가 활성화된다. [복사 위치] 버튼을 클릭한다.

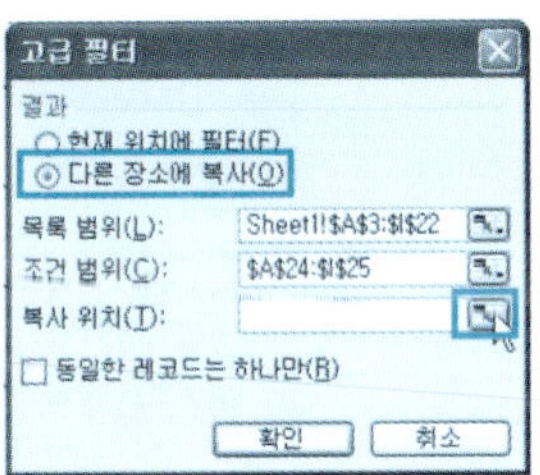

❾ [A26 셀] 클릭 → [고급 필터] → [복사 위치] 버튼을 클릭한다.

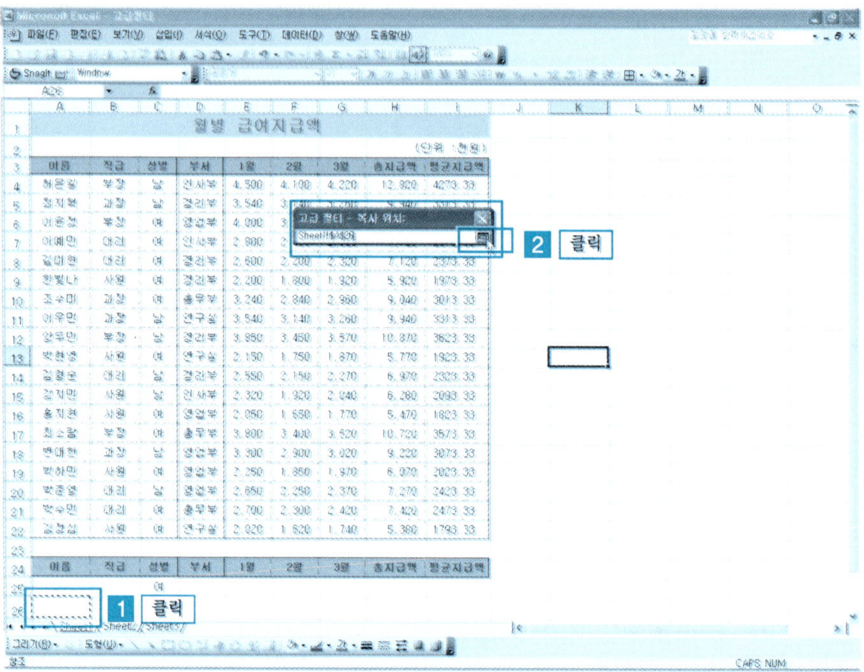

❿ [고급 필터 대화상자] → [확인] 버튼을 클릭한다.

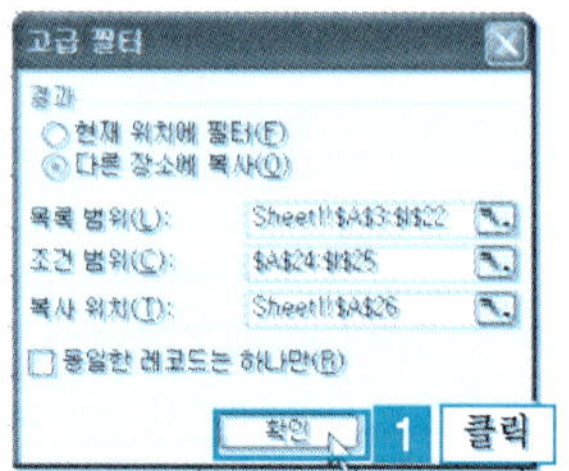

⓫ 그림과 같이 위치를 지정한 곳에 추출한 데이터가 복사된 것을 확인할 수
있다.

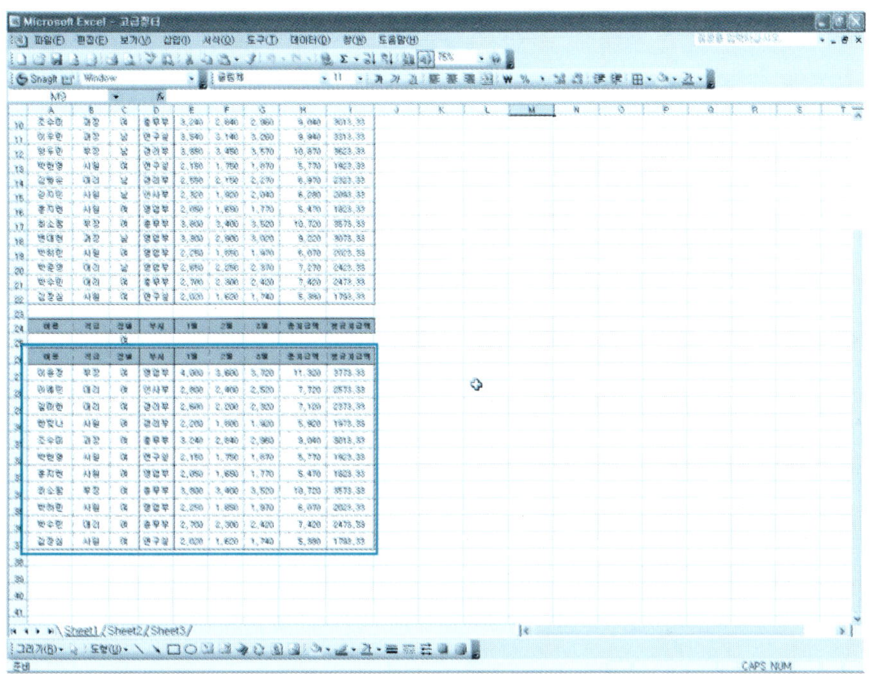

단 원 실 습 문 제

〈실습1〉 [예제] 폴더에서 [고급필터.xls] 파일을 불러온다.

〈실습2〉 부서가 [인사부]인 데이터를 고급 필터하여 현재 위치에 나타내보자.

〈실습3〉 성별이 [남]인 데이터를 고급 필터하여 K3 셀에 복사하여 나타내보자.

(2) AND 연산으로 데이터 추출하기

조건이 같은 열에 입력되면 입력한 데이터를 모두 만족하는 데이터만 추출된다.

❶ [예제] 폴더에서 [고급필터.xls] 파일을 불러온다.

조건 필드를 단축키를 이용하여 복사해 보자.

[A3:I3] 드래그 → [Ctrl] + [C] → [A24] 셀 선택 → [Ctrl] + [V]

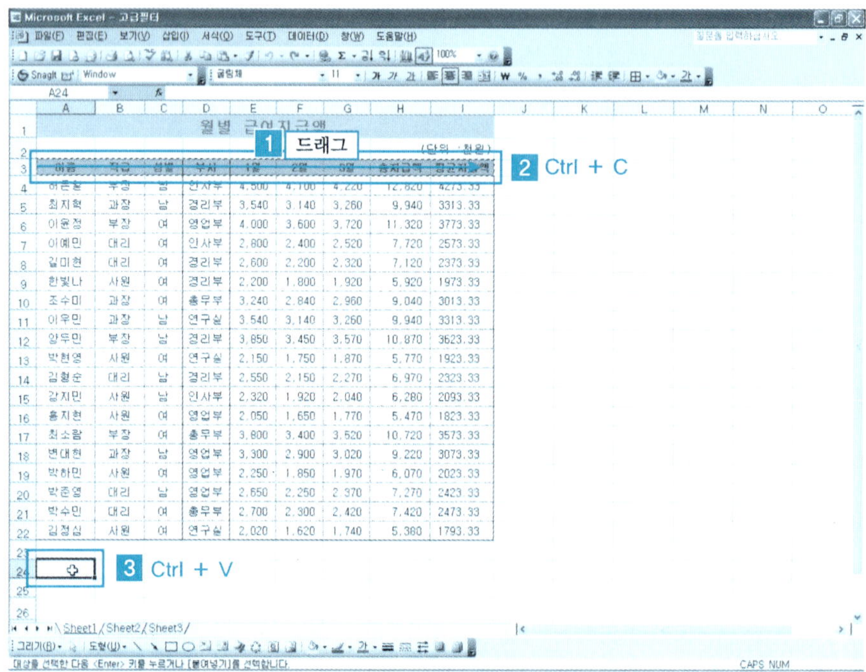

❷ 여성 중 총지급액이 700 이상인 데이터를 추출해 보자.

조건 필드에 [성별을 '여' 입력] → [총지급액을 '>=7000'](단위가 천원이므로 7000 입력)입력 → [데이터 메뉴] → [필터] → [고급 필터] 버튼을 클릭한다.

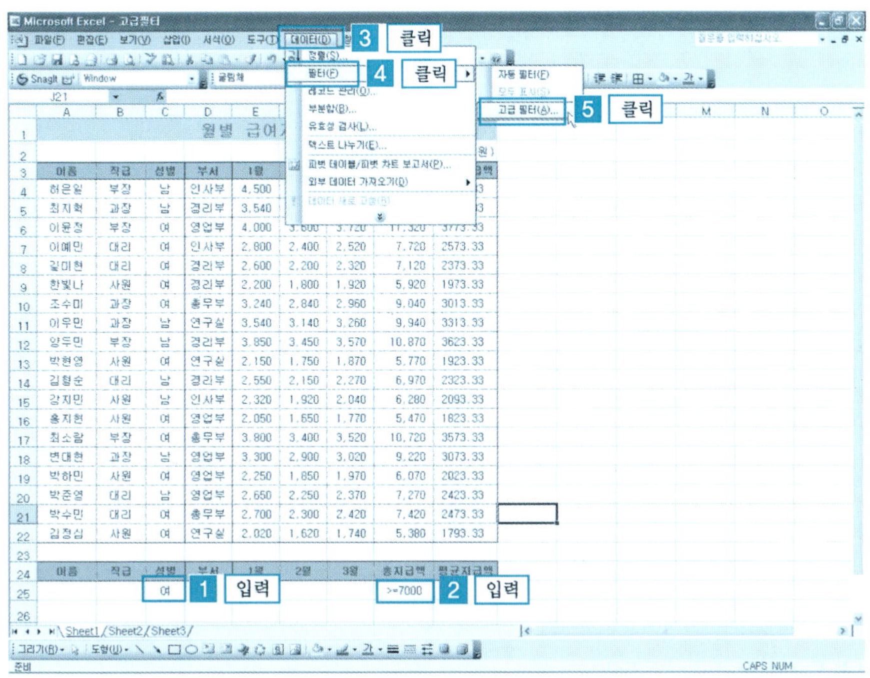

❸ [고급 필터 대화상자] → [조건 범위] 버튼을 클릭한다.

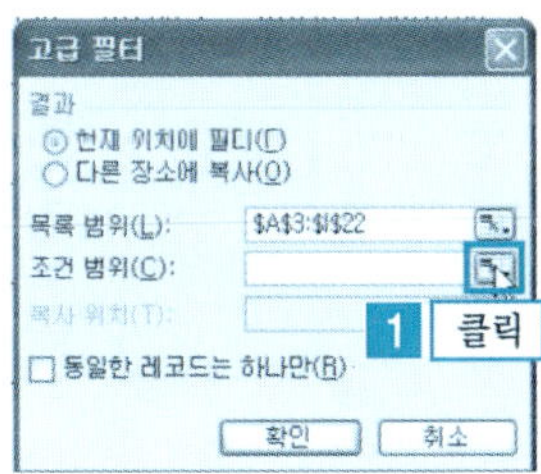

❹ [고급 필터 → [조건 범위 대화상자] → [A24:I25] 드래그 → [고급 필터] →
[조건 범위] 버튼을 클릭한다.

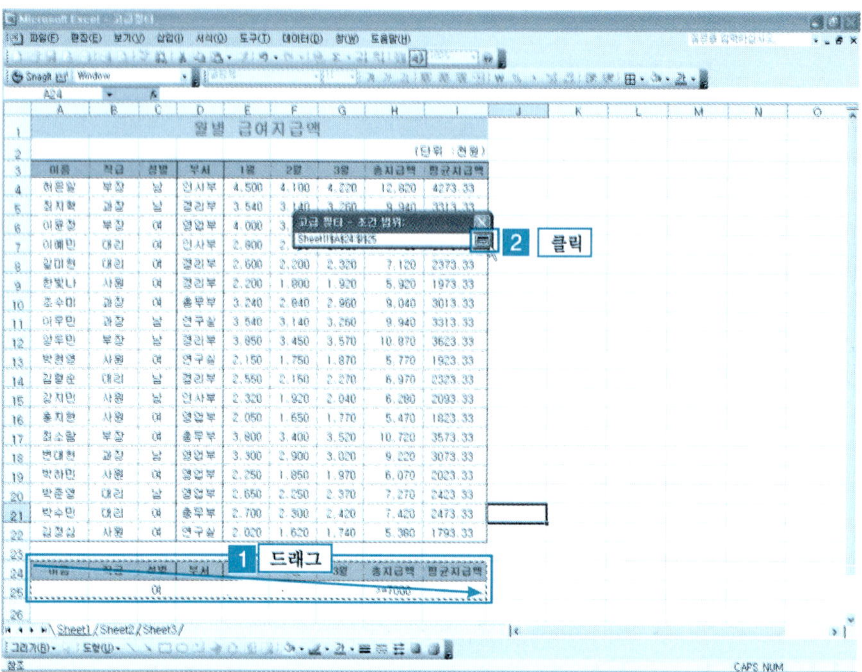

❺ 다시 [고급 필터 대화상자] → [현재 위치에 필터] → [확인] 버튼을 클릭한다.

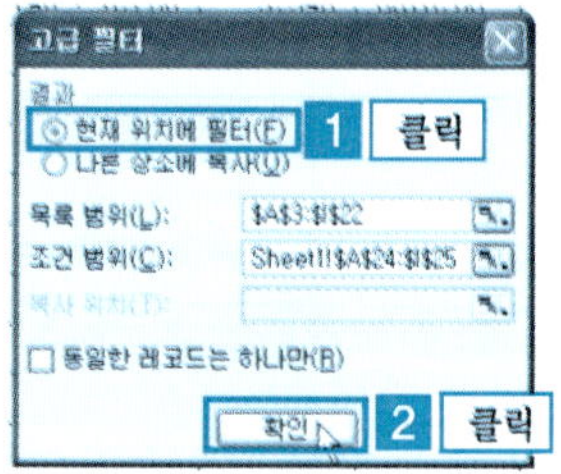

❻ 그림과 같이 총지급액이 700 이상인 데이터만 현재 위치에 필터되어 나타난다.

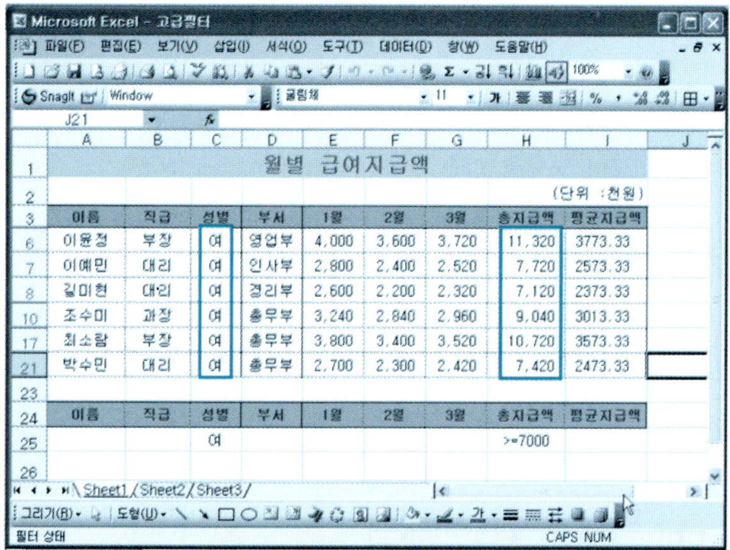

단 원 실 습 문 제

〈**실습1**〉 [예제] 폴더에서 [고급필터.xls] 파일을 불러온다.

〈**실습2**〉 부서가 [인사부]이고 평균지급액이 3백만원 이상인 데이터를 고급 필터하여 현재
위치에 나타내보자.

(3) OR 연산으로 데이터 추출하기

조건 필드에 입력한 조건 중 어느 한 가지라도 만족하는 데이터를 추출하기 위해서는 조건을 입력할 때 각각 다른 열에 입력하면 원하는 데이터를 추출할 수 있다.

❶ [예제] 폴더에서 [고급필터.xls] 파일을 불러온다.

조건 필드를 단축키를 이용하여 복사해 보자.

[A3:I3] 드래그 → [Ctrl] + [C]] → [A24] 셀 선택 → [Ctrl] + [V]]

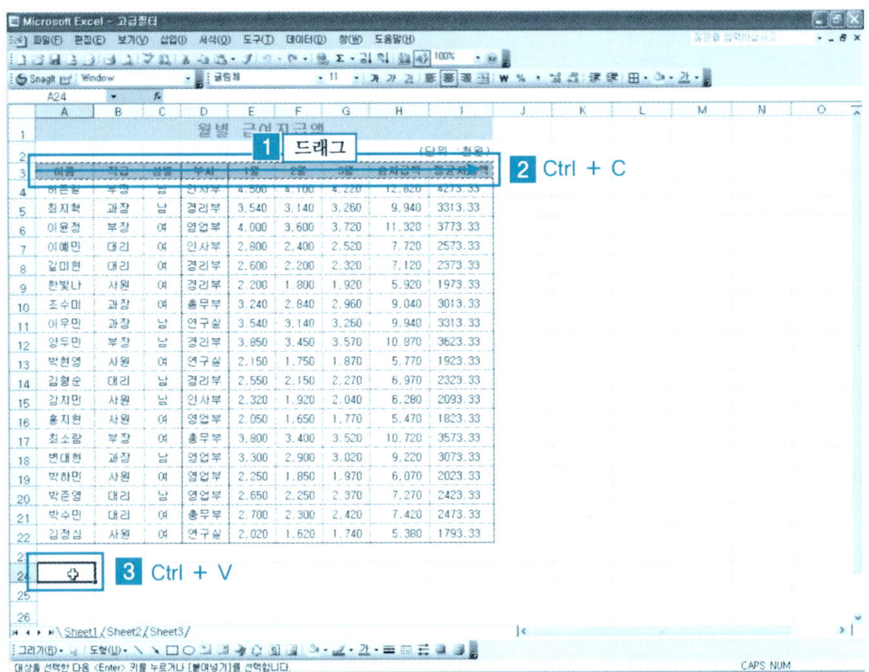

❷ 여성이거나 총지급액이 700 이상인 데이터를 추출해 보자.

조건 필드에 [성별을 '여' 입력] → [H26] 셀에 [총지급액을 '>=7000'](단위가 천원이므로 7000 입력) 입력 → [데이터 메뉴] → [필터] → [고급 필터] 버튼을 클릭한다.

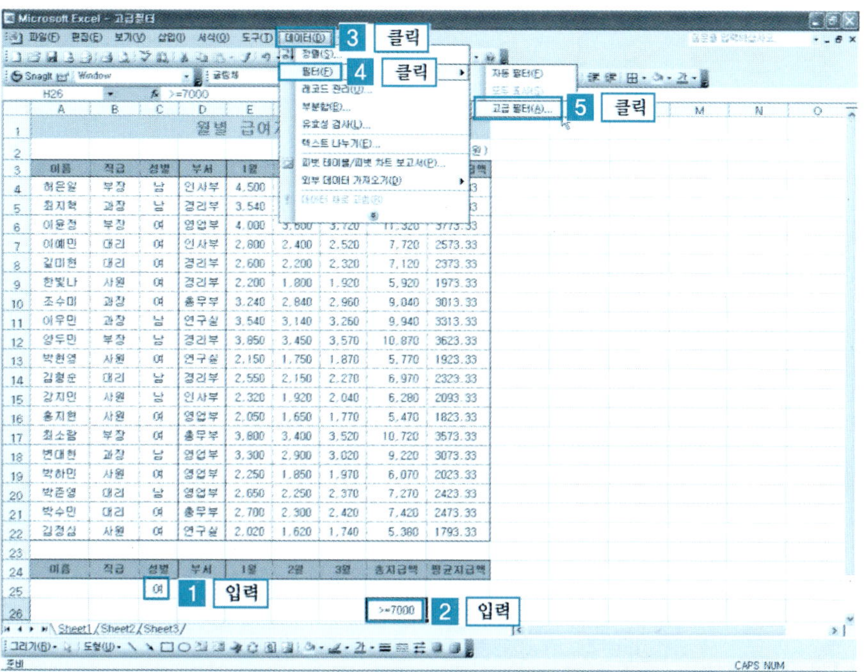

❸ [고급 필터 대화상자] → [조건 범위] 버튼을 클릭한다.

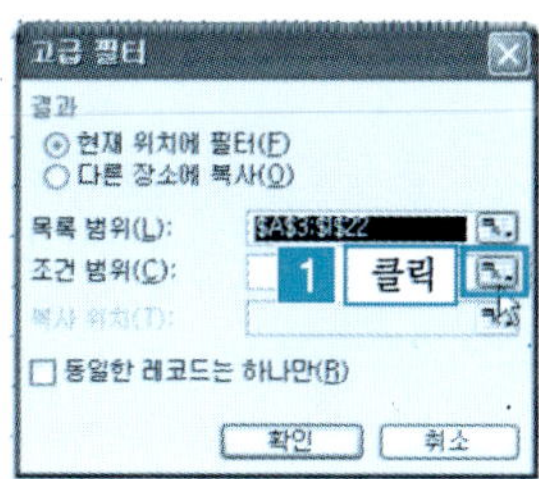

❹ [A24:I26까지 드래그] → [고급 필터] → [조건 범위] 버튼을 클릭한다.

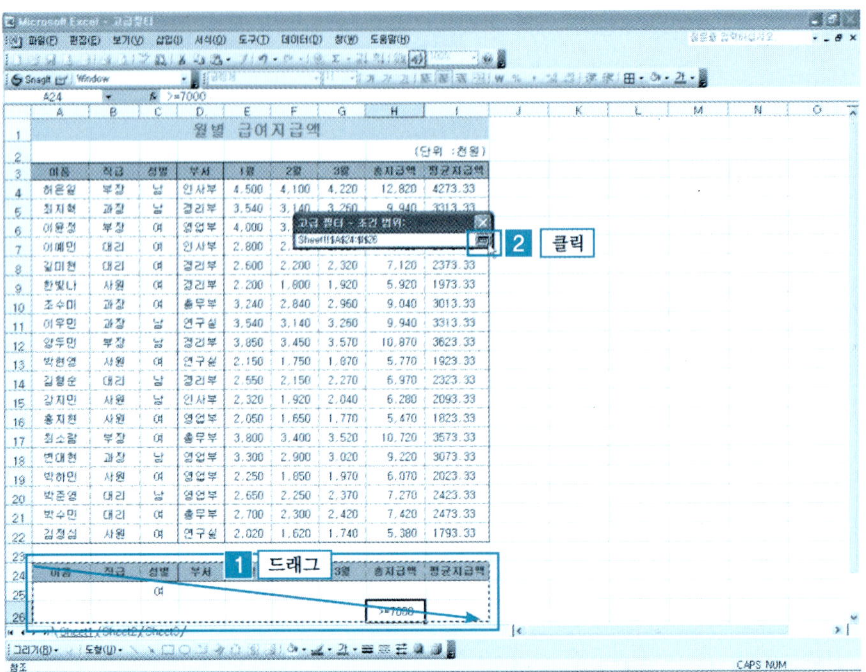

❺ 추출한 데이터를 다른 곳에 위치시켜 보자. [다른 장소에 복사] → [복사 위치] 버튼을 클릭한다.

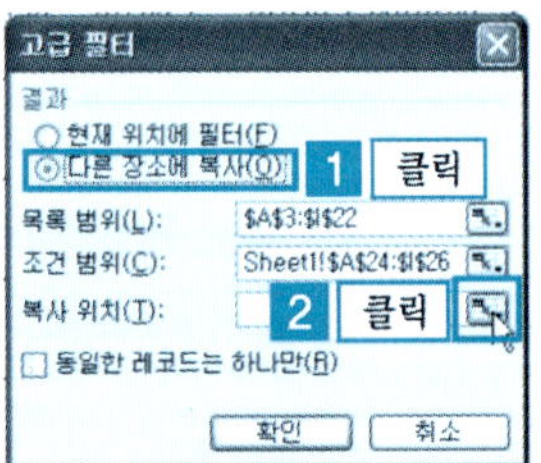

⑥ [K3] 셀을 선택 → [고급 필터] → [복사 위치] 버튼을 클릭한다.

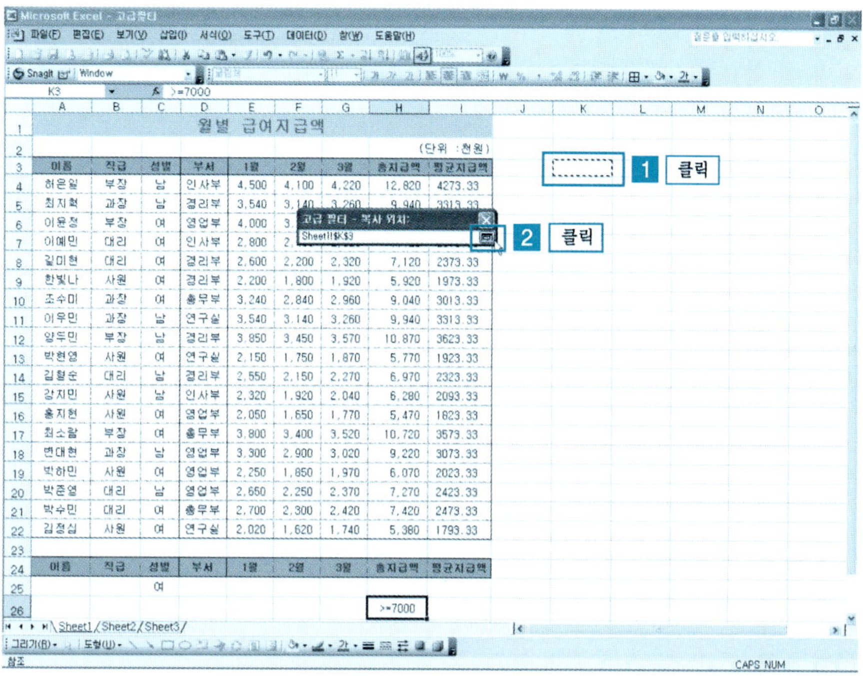

⑦ [고급 필터 대화상자] → [확인] 버튼을 클릭한다.

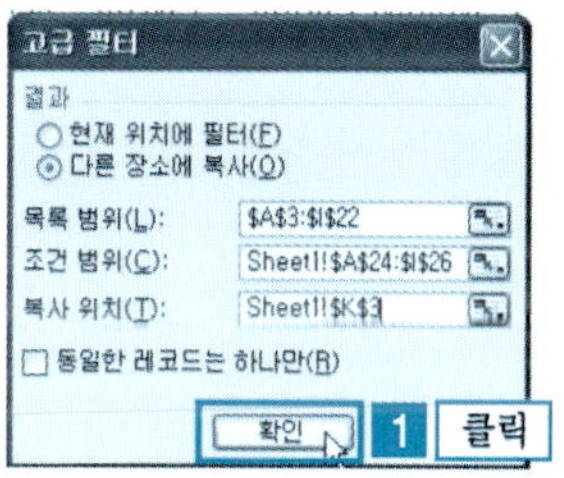

❽ 그림과 같이 지정한 위치에 데이터가 추출되어 복사된다.

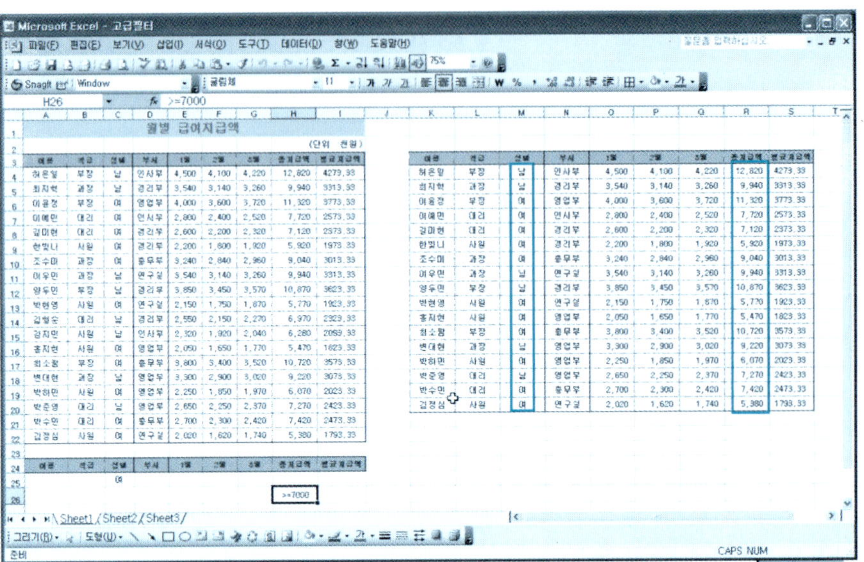

단 원 실 습 문 제

〈실습1〉 [예제] 폴더에서 [고급필터.xls] 파일을 불러온다.

〈실습2〉 부서가 [인사부]이거나 평균지급액이 3백만원 이상인 데이터를 고급 필터하여 K3 셀에 나타내보자.

(4) 다양한 조건 설정과 데이터 표시

조건을 설정할 때는 필요한 부분만을 필드명과 함께 설정할 수 있다.
성별 필드와 평균지급액 필드만을 조건으로 나타내보자.

❶ [예제] 폴더에서 [고급필터.xls] 파일을 불러온다.
   여자 중 평균지급액이 3백만원 이상인 데이터를 추출해 보자.
   1 과 같은 조건표를 작성한다. (필드명만 같게 하여 사용자가 원하는 모양
   으로 작성할 수 있다.)

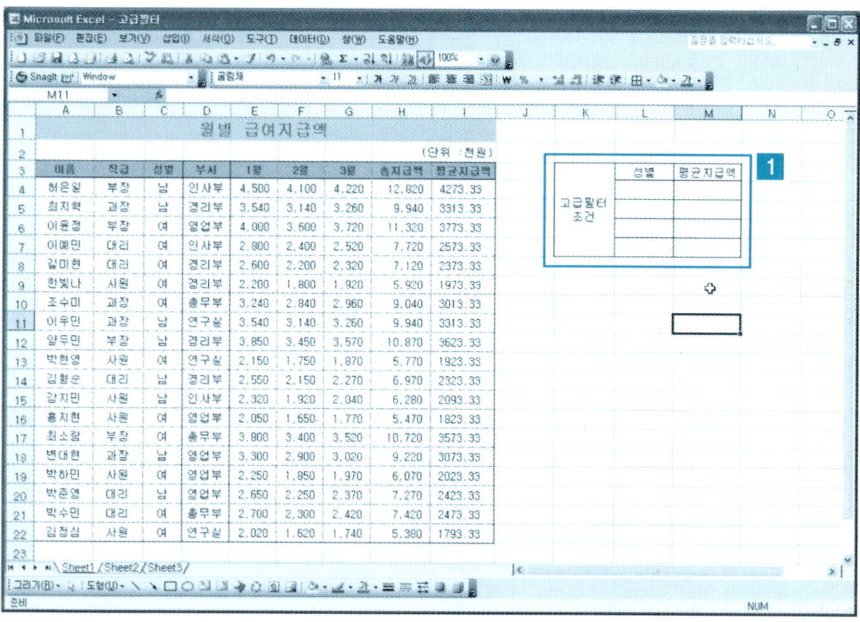

❷ 조건과 추출한 데이터를 사용자가 표시하기 원하는 필드를 작성해 보자.
고급 필터 조건의 성별에 '여' 입력 → 평균지급액에 >=3000을 입력 → 3 의
사용자 지정 필드명을 작성한다.

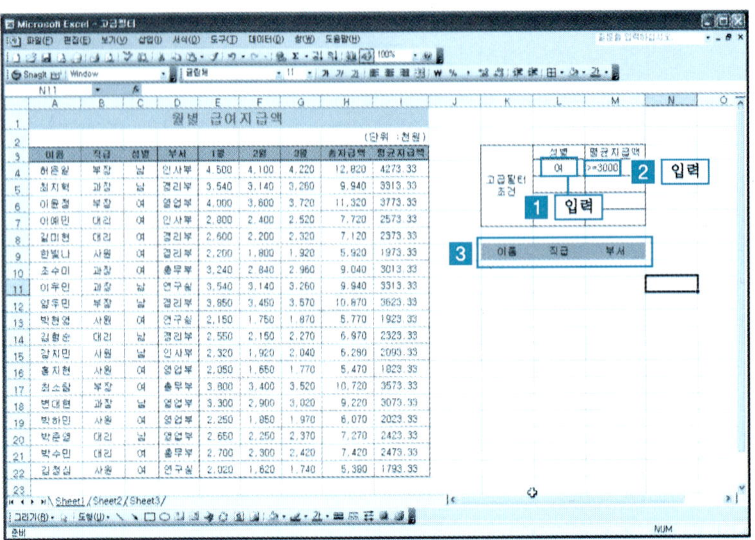

❸ [데이터 메뉴] → [필터] → [고급 필터] 버튼을 클릭한다.

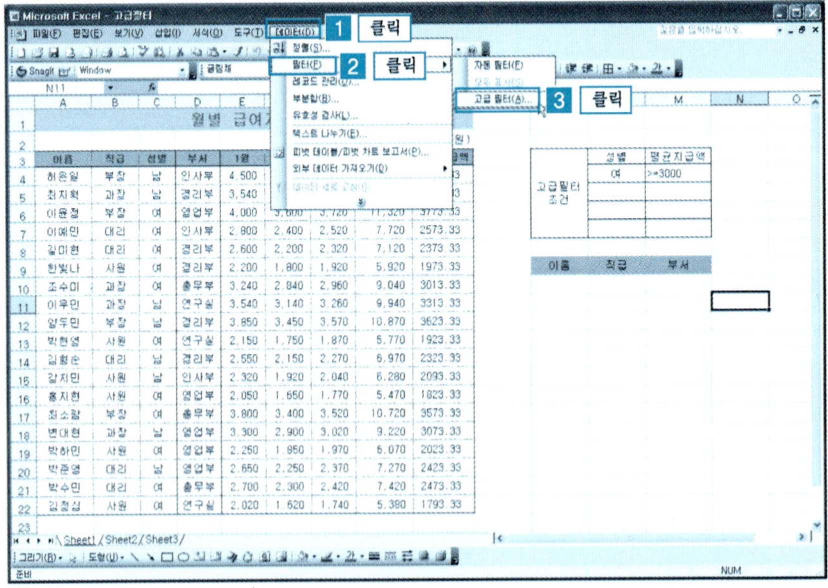

④ [고급 필터 대화상자] → [조건 범위] 버튼을 클릭한다.

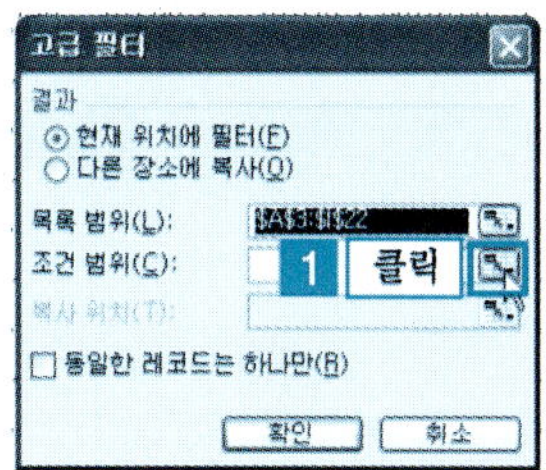

⑤ [조건 항목 드래그] → [고급 필터] → [조건 범위] 버튼을 클릭한다.

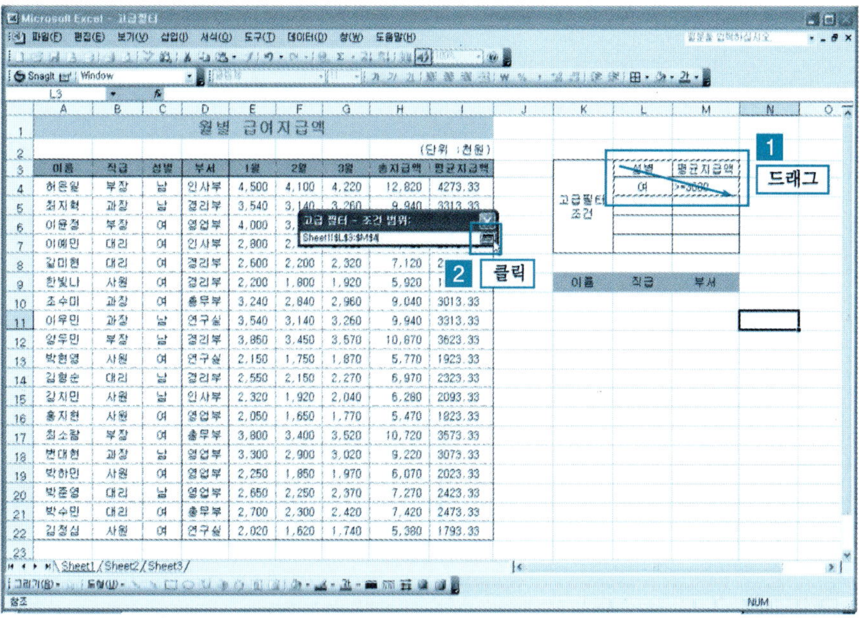

⑥ [다른 장소에 복사]를 선택하면 [복사 위치]가 활성화된다. [복사 위치] 버튼을 클릭한다.

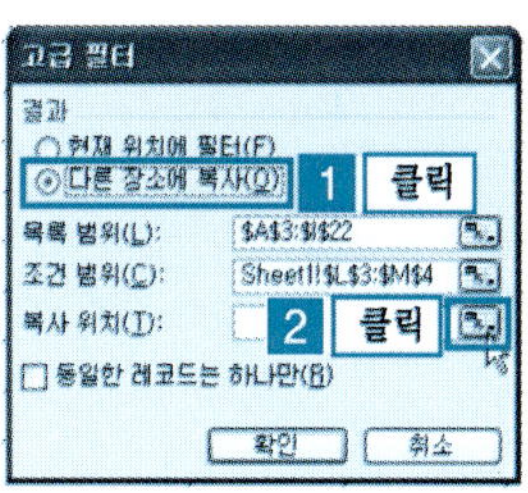

❼ [고급 필터] → [복사 위치 대화상자] → [추출한 데이터를 나타낼 필드 드래
   그] → [고급 필터] → [복사 위치] 버튼을 클릭한다.

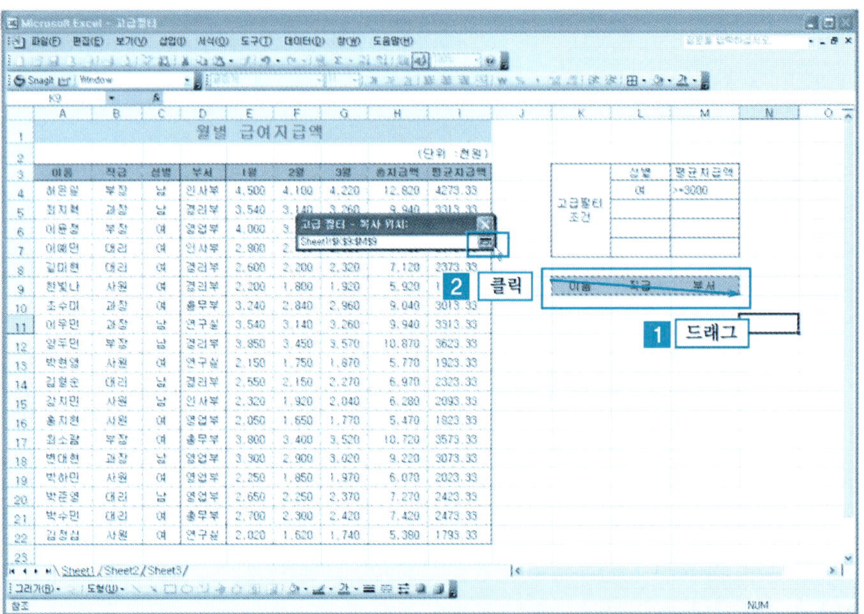

❽ [고급 필터 대화상자] → [확인] 버튼을 클릭한다.

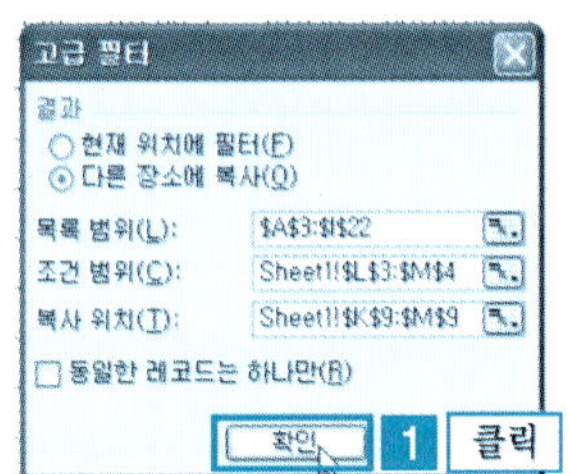

⑨ 그림과 같이 사용자가 원하는 위치에 원하는 필드만이 나타난다.

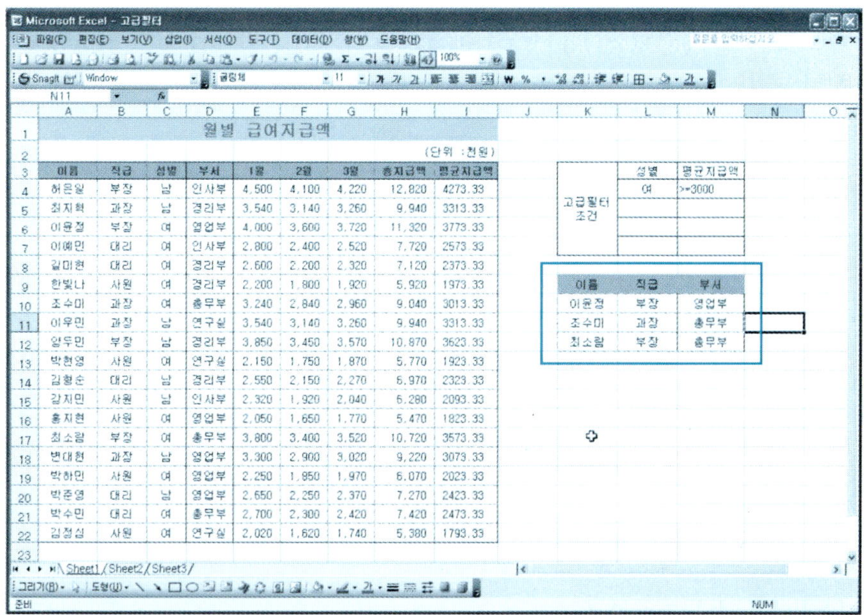

단 원 실 습 문 제

〈**실습1**〉 [예제] 폴더에서 [고급필터.xls] 파일을 불러온다.

〈**실습2**〉 남자 중 총지급액이 8백만원 이상인 데이터를 추출하여 K10:N10에 이름, 직급, 부서, 총지급액만을 나타내보자.

(5) 고급 필터의 해제

❶ [예제] 폴더에서 [고급필터해제.xls] 파일을 불러온다.

[데이터 메뉴] → [필터] → [모두 표시] 버튼을 클릭한다.

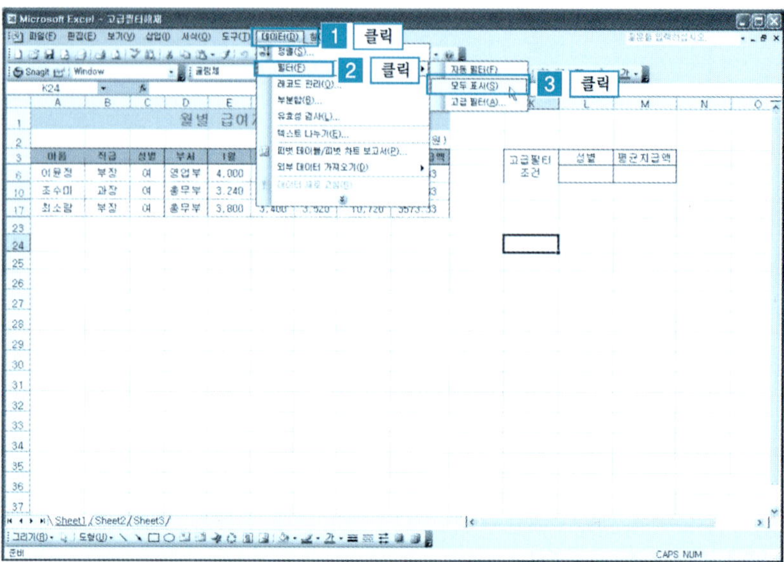

❷ 그림과 같이 데이터가 모두 표시된다.

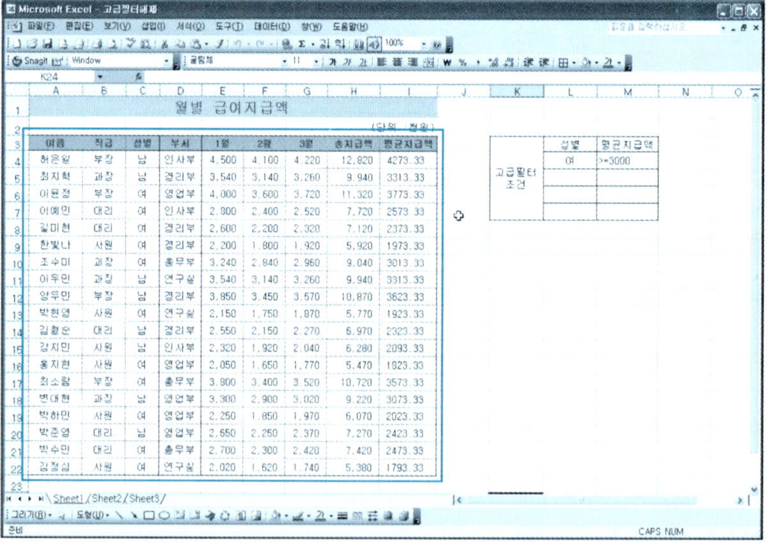

7.4 | 항목별 통계자료 만들기

무작위로 저장된 데이터에서 특정 항목을 기준으로 하여 그룹을 설정한 다음 부분합 기능을 활용하여 그룹별 소계, 총계, 개수 등의 값을 쉽게 얻을 수 있다.

1 그룹별 부분합 만들기

❶ [예제] 폴더에서 [부분합.xls] 파일을 불러온다.

[데이터 메뉴] → [부분합] 버튼을 클릭한다.

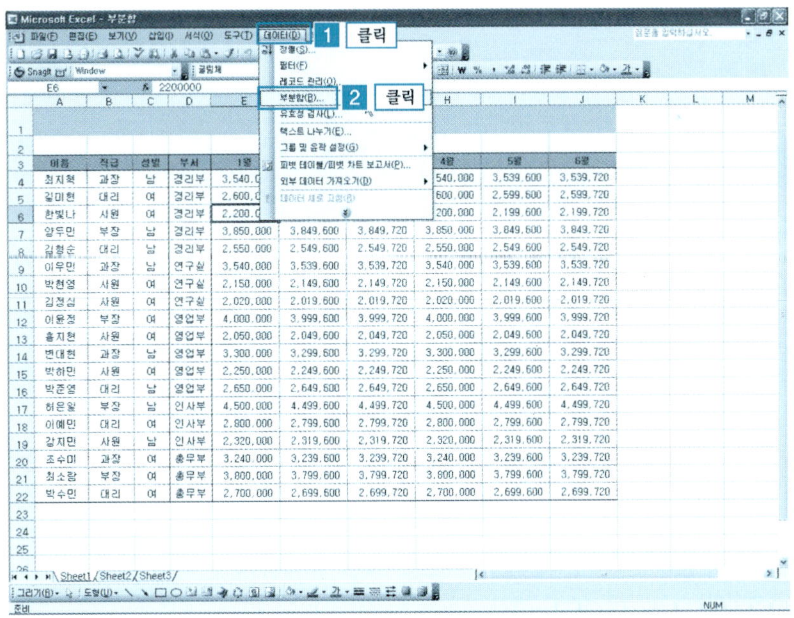

❷ [부분합 대화상자] → [그룹화할 항목]의 [부서] 선택 → [사용할 함수]의 [합계] → [부분합 계산 항목]의 1월, 2월, 3월, 4월, 5월, 6월 모두선택 → [새로운 값으로 대치] 선택 → [데이터 아래에 요약 표시] 선택 → [확인] 버튼을 클릭한다.

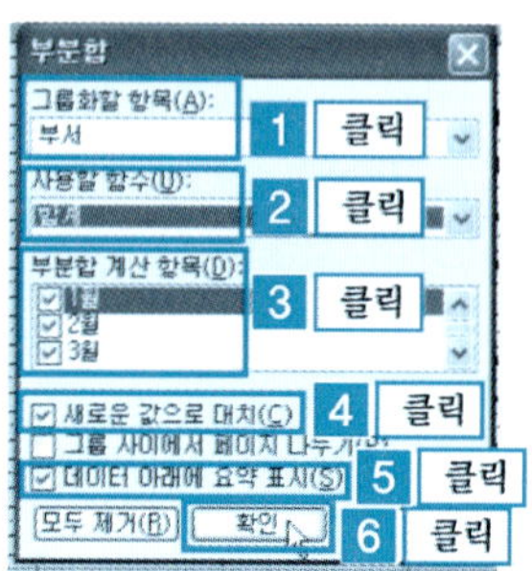

❸ 그룹화한 부서 항목이 합계가 되어 그림과 같이 나타난다.
왼쪽에는 윤곽 기호가 나타난다. 윤곽 기호 중 2번을 클릭해 보자.

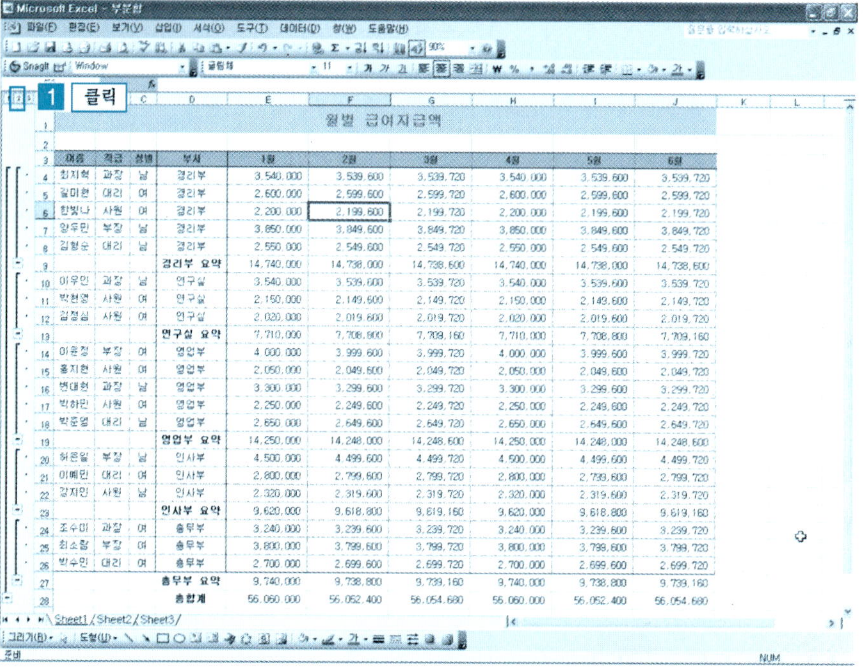

④ 그림과 같이 부서별로 묶여지고 요약된 합계만 나타난다.
다시 윤곽 기호 1번을 클릭해 보자.

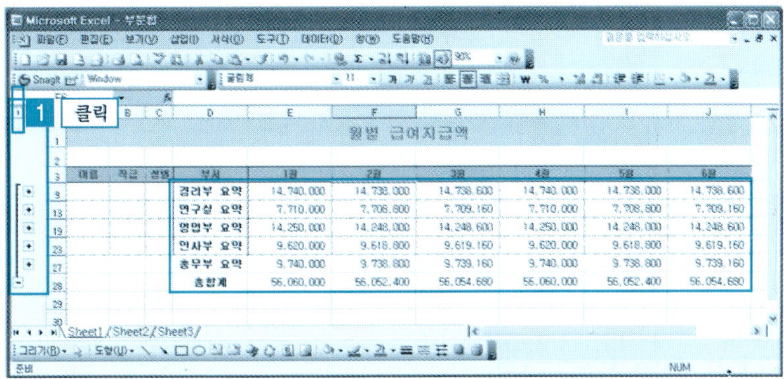

⑤ 전체가 그림과 같이 묶여지고 총합계만 나타난다. 왼쪽에 표시되어 있는 [+]
기호를 클릭한다.

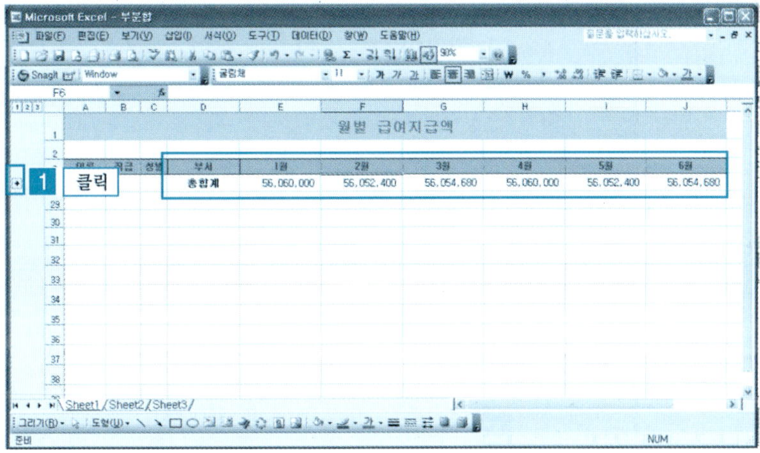

❻ 다시 요약된 내용이 나타난다. 왼쪽에 있는 첫 번째 [+] 기호를 클릭해 보자.

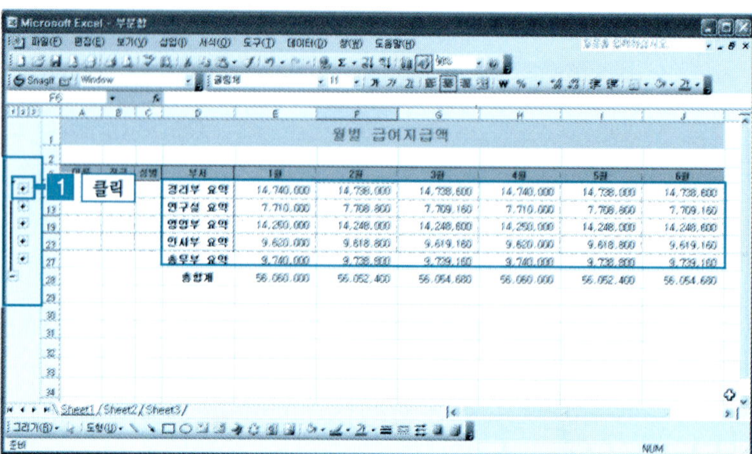

❼ 그림과 같이 첫 번째 묶여져 있던 경리부의 내용이 펼쳐진다.

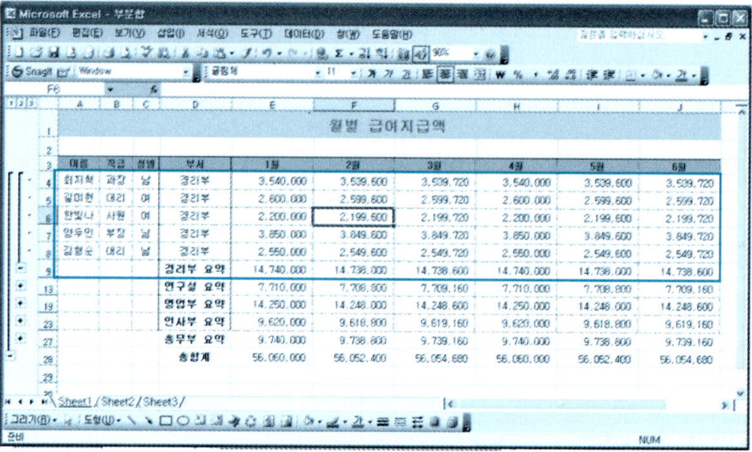

☑ 2 그룹 윤곽 기호 활용

❶ [예제] 폴더에서 [중복부분합.xls] 파일을 불러온다.

[A~C행 드래그] → [데이터 메뉴] → [그룹 및 윤곽 설정] → [그룹] 버튼을
클릭한다.

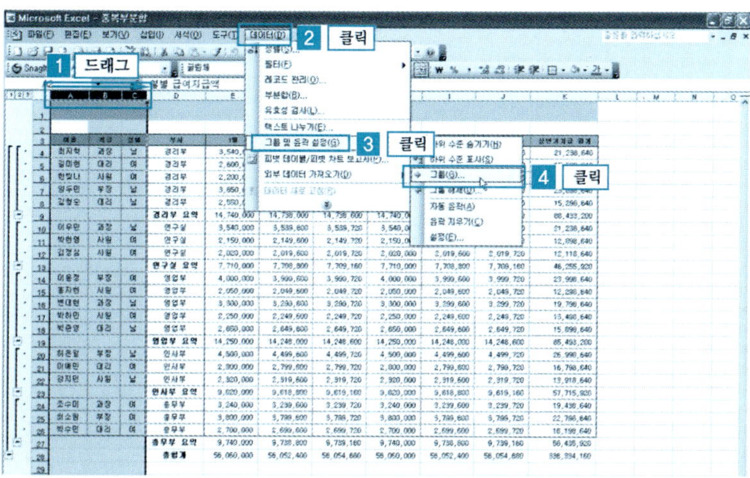

❷ 그림과 같이 A~C까지 윤곽이 설정되고 [-] 기호가 나타난다. [-] 기호를 클릭
한다.

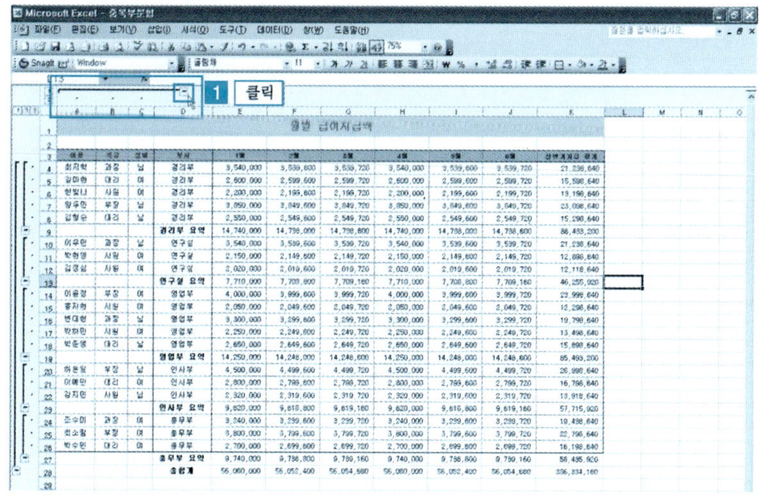

❸ 그림과 같이 A~C까지 숨겨지고 윤곽 기호[+]만 나타난다.

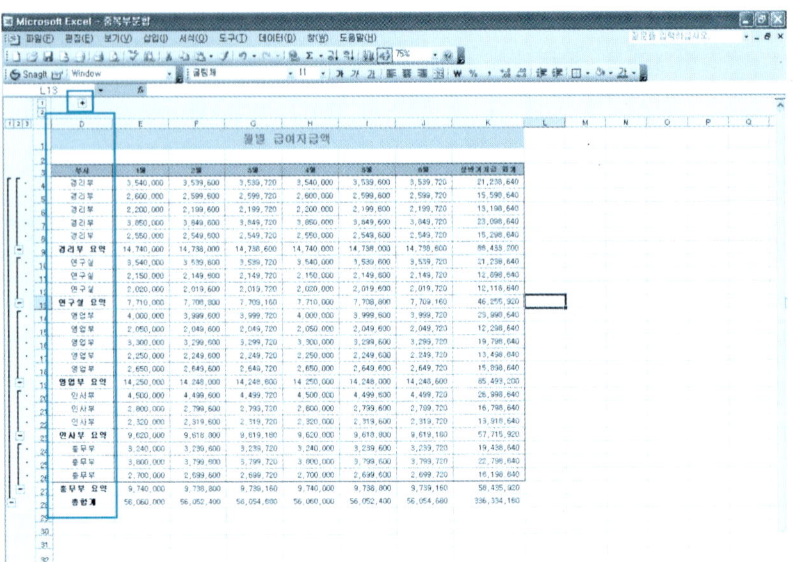

❹ 이번에는 설정된 윤곽을 해제시켜 보자.

A~C까지의 행이 보이지 않으므로 [전체 셀 선택] → [데이터 메뉴] → [그룹 및 윤곽 설정] → [그룹 해제] 버튼을 클릭한다.

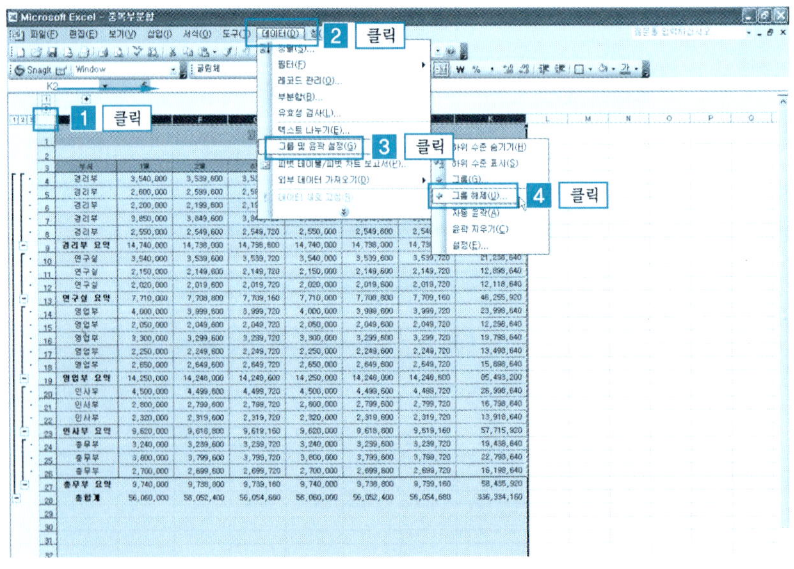

⑤ 그림과 같이 윤곽 기호가 없어지고 A~C 셀이 숨겨진 상태로 있다.
[D행 클릭] → [4C(D~A의 4개의 셀)라는 표시가 나올 때까지 왼쪽으로] 드래
그한다.

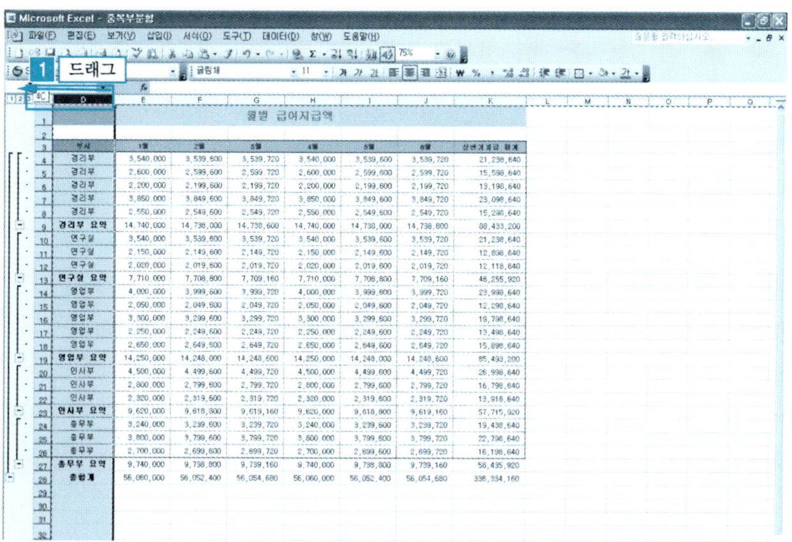

⑥ [D열 마우스 포인터 위치] → [마우스 오른쪽 버튼 클릭] → [숨기기 취소] 버
튼을 클릭한다.

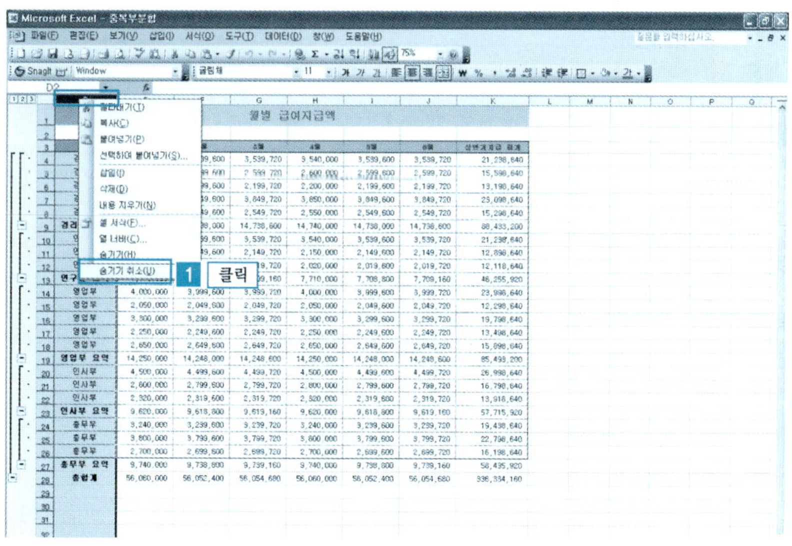

❼ 그림과 같이 A~C 셀이 나타난다.

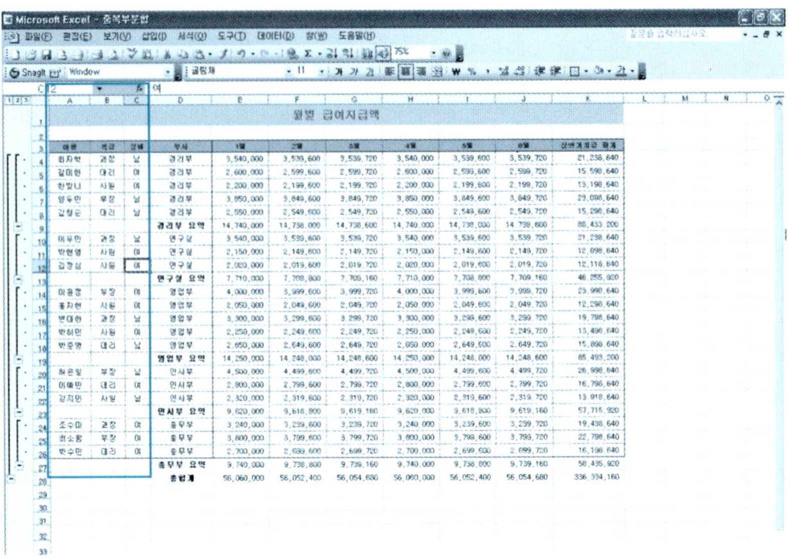

❽ 자동 윤곽 지우기를 사용해 보자.

[예제] 폴더에서 [중복부분합.xls] 파일을 불러온다.

[데이터 메뉴] → [그룹 및 윤곽 설정] → [윤곽 지우기] 버튼을 클릭한다.

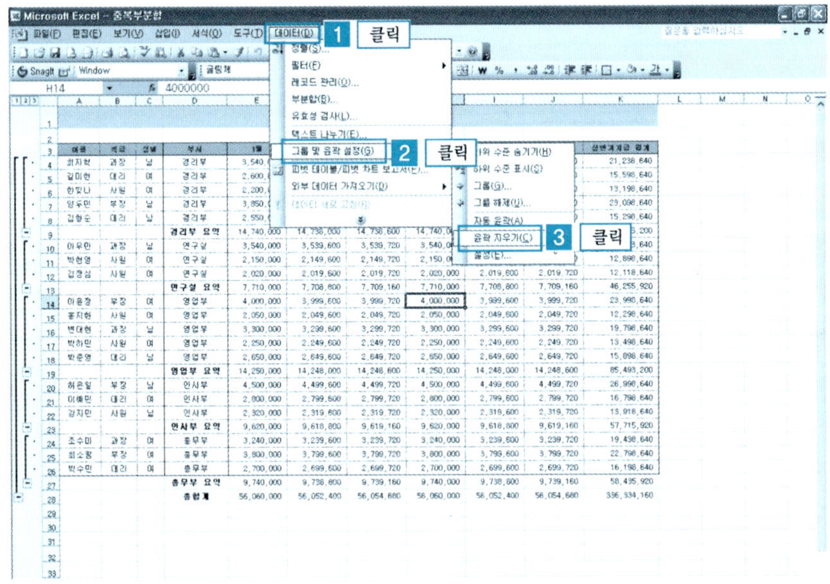

❾ 그림과 같이 윤곽 기호는 없어지고 부분합의 요약은 남아 있게 된다.

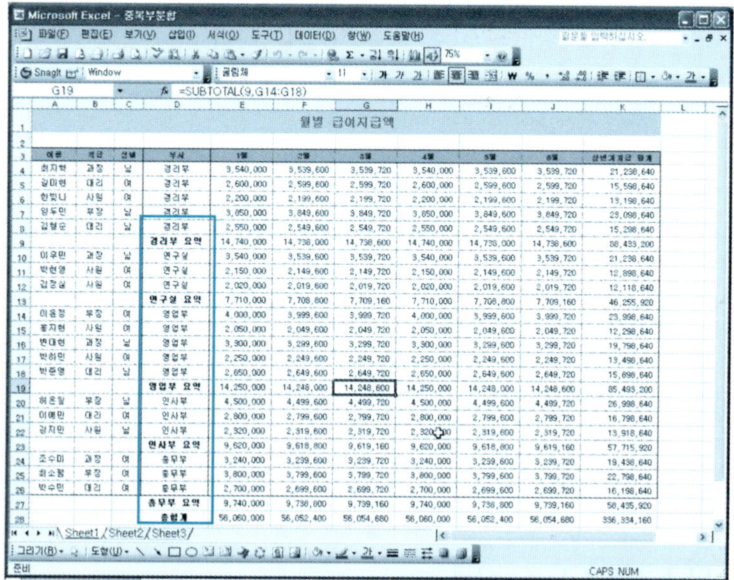

단 원 실 습 문 제

〈**실습1**〉 [예제] 폴더에서 [부분합.xls] 파일을 불러온다.

〈**실습2**〉 파일의 내용을 직급별로 정렬한 후 직급별로 그룹화하고, 1·6월까지의 직급별 평균을 나타내 보자.

〈**실습3**〉 위에서 그룹화한 내용을 가지고 1~6월까지의 내용을 그룹화해 보자.

〈**실습4**〉 그룹화한 내용을 해제해 보자.

3 중복 부분합 구하기

❶ [예제] 폴더에서 [중복부분합.xls] 파일을 불러온다.

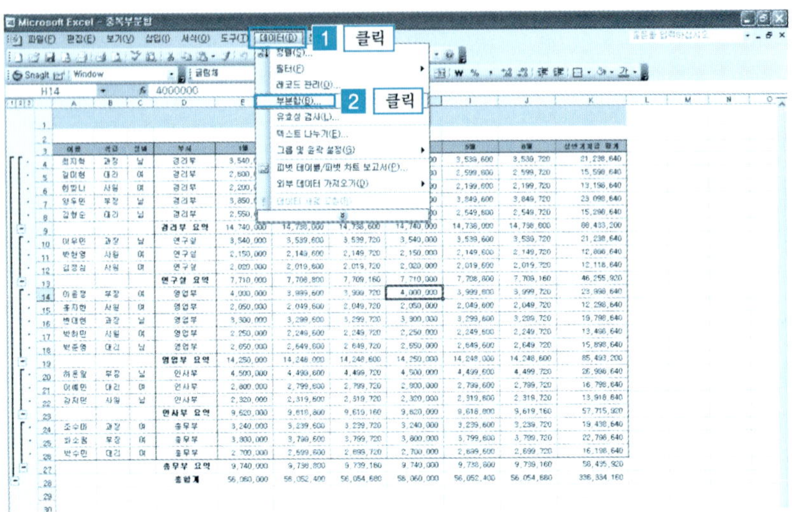

❷ [부분합 대화상자] → [그룹화할 항목]의 [부서] 선택 → [사용할 함수]의 [평균] → [부분합 계산 항목]의 1월, 2월, 3월, 4월, 5월, 6월, 상반기 지급 합계 모두 선택 → [새로운 값으로 대치] 해제 → [확인] 버튼을 클릭한다.

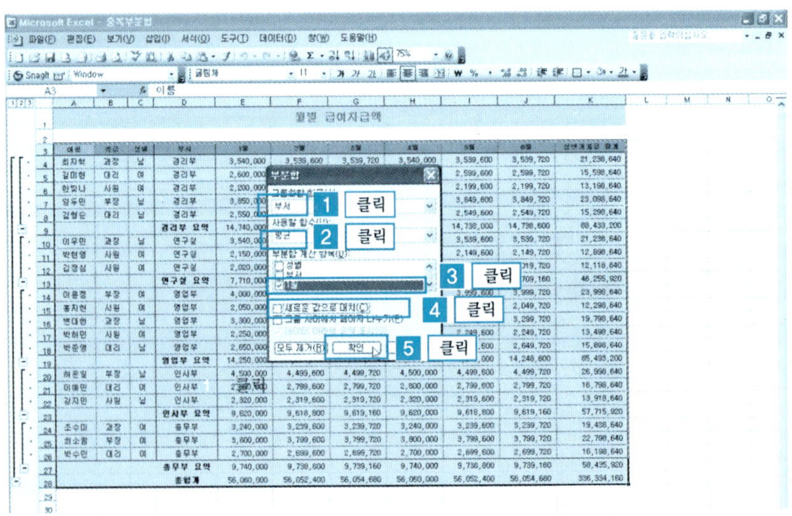

❸ 그림과 같이 부분합이 중복적으로 나타난다.

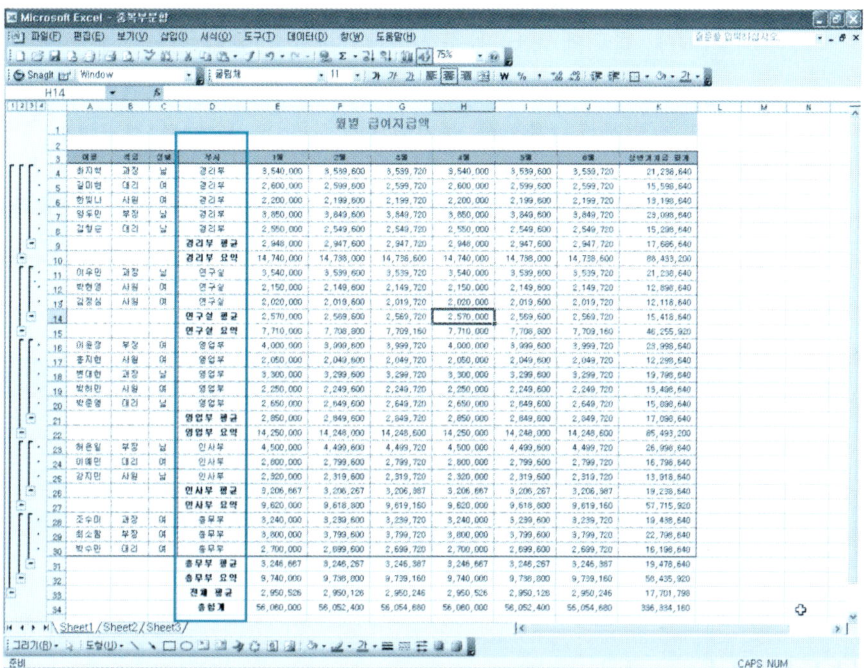

단 원 실 습 문 제

〈**실습1**〉[예제] 폴더에서 [중복부분합.xls] 파일을 불러온다.

〈**실습2**〉각 부서의 최소값을 부분합을 이용해서 중복으로 나타내보자.

〈**실습3**〉각 부서의 최소값과 최대값을 부분합을 이용해서 중복으로 나타내보자.

4 부분합 설정 해제

❶ [예제] 폴더에서 [중복부분합.xls] 파일을 불러온다.
부분합이 설정된 데이터 중에서 [특정 셀 선택] → [데이터 메뉴] → [부분합]
을 클릭한다. [부분합 대화상자] → [모두 제거]를 클릭한다.

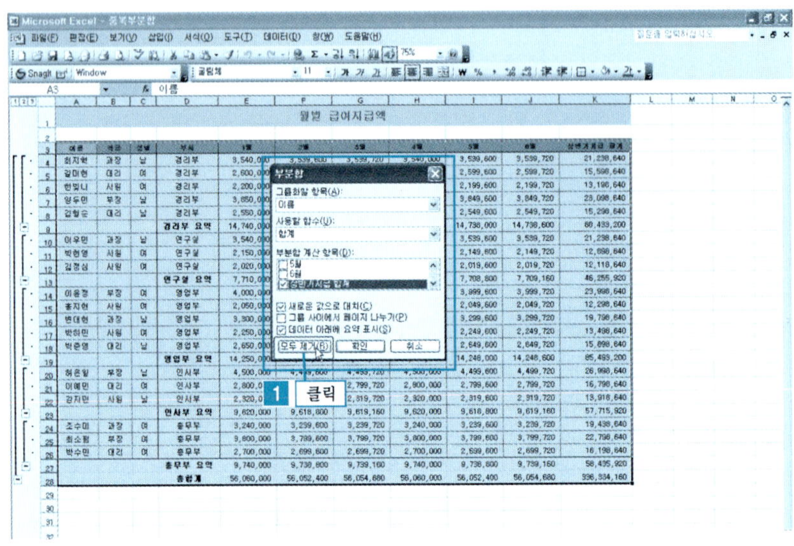

❷ 그림과 같이 부분합이 해제된다.

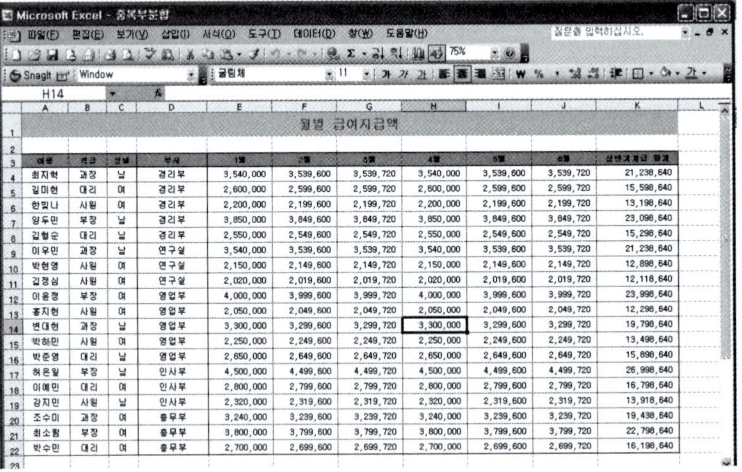

7.5 | 피벗 테이블

　　피벗 테이블은 목록 형태로 작성된 많은 분량의 데이터가 행 영역과 열 영역, 행과 열이 교차되는 데이터 영역 등으로 구성되어 있다. 피벗 테이블을 이용하면 많은 양의 데이터 목록에서 사용자가 필요로 하는 데이터만 한눈에 알아볼 수 있도록 나타낼 수 있다.

1 피벗 테이블 마법사를 이용한 피벗 테이블 만들기

❶ [예제] 폴더에서 [피벗테이블.xls] 파일을 불러온다.

　　[데이터 안의 셀 클릭] → [데이터 메뉴] → [피벗 테이블/피벗 차트 마법사] 버튼을 클릭한다.

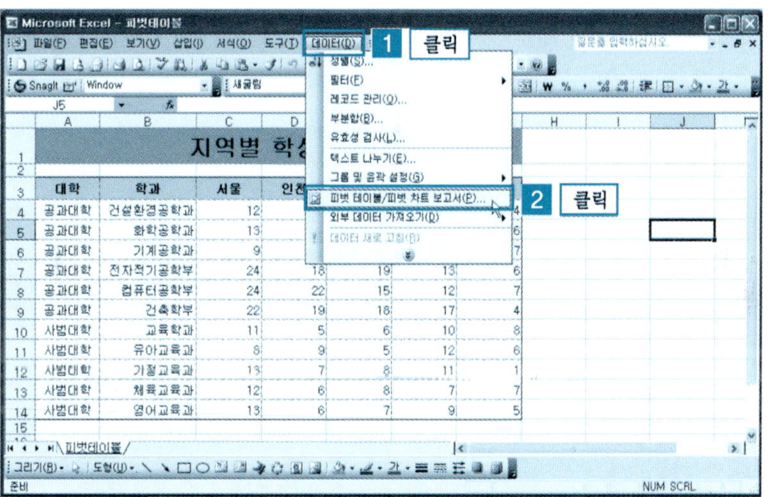

❷ [피벗 테이블/피벗 차트 마법사 대화상자] → [분석할 데이터 위치를 지정하십시오]의 [Microsoft Office Excel 목록이나 데이터베이스]선택 → [원하는 보고서 데이터 종류를 선택하십시오]의 [피벗 테이블] 선택 → [다음] 버튼을 클릭한다.

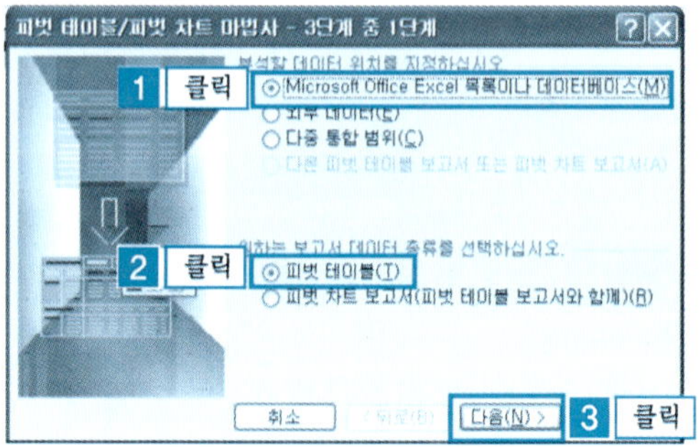

❸ [피벗 테이블/피벗 차트 마법사 2단계] → [사용할 데이터 영역 표시] → [다음] 버튼을 클릭한다. (데이터가 표시되지 않거나, 잘못될 경우는 [범위] 버튼을 눌러 새로 지정해준다.)

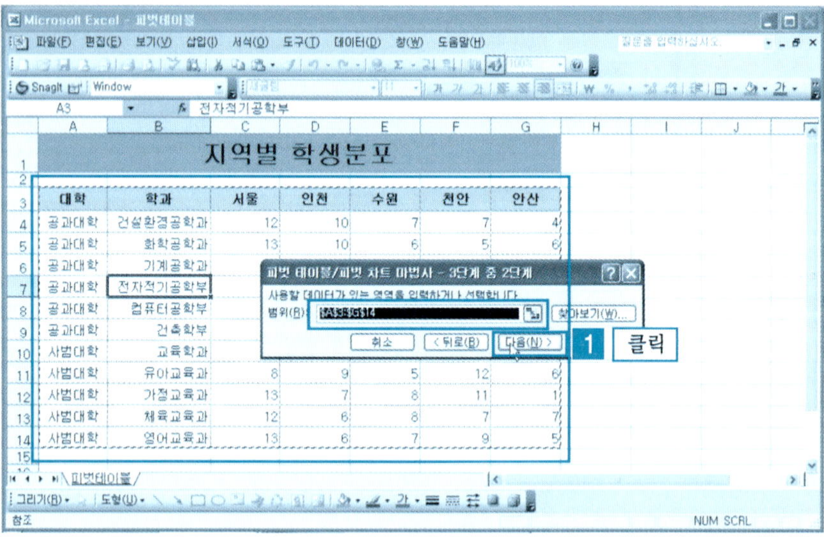

❹ [피벗 테이블/차트 마법사 3단계 대화상자] → [새 워크시트]를 선택 → [레이
아웃] 클릭 → [피벗 테이블/차트 마법사] → [레이아웃 대화상자] → [대학]
을 [열] 영역으로 드래그 → [학과]를 [행] 영역으로 드래그 → [서울,인천,수
원,천안,안산]을 각각 [데이터 메뉴] 영역으로 드래그 → [피벗 테이블/차트
마법사] → [레이아웃]의 [확인] 클릭 → [피벗 테이블/차트 마법사 3단계 대
화상자] → [마침]을 클릭한다.

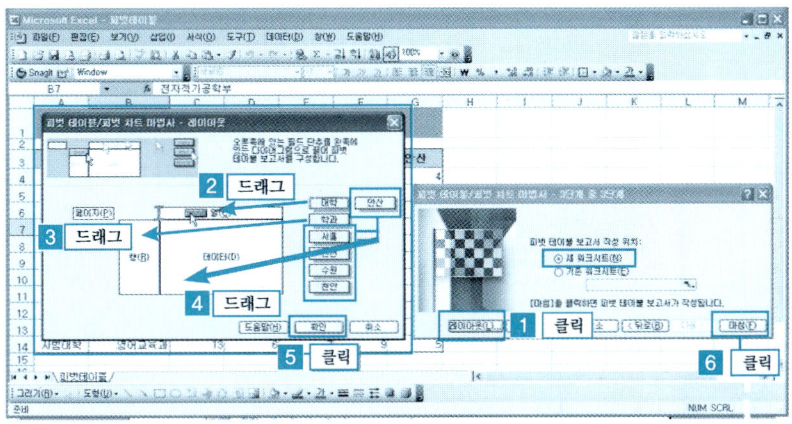

❺ 그림과 같이 새로운 시트에 피벗 테이블이 생성된다.
(중간 부분은 테이블 전체를 그림으로 표시하기 어려워 숨기기 처리를 했다.)

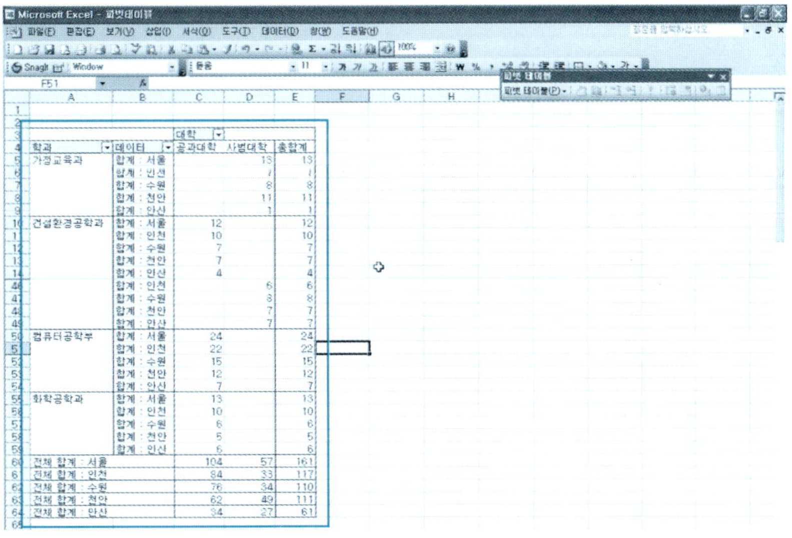

❻ [대학]의 목록 단추 클릭 → [공과대학] 선택 → [확인]을 클릭한다.

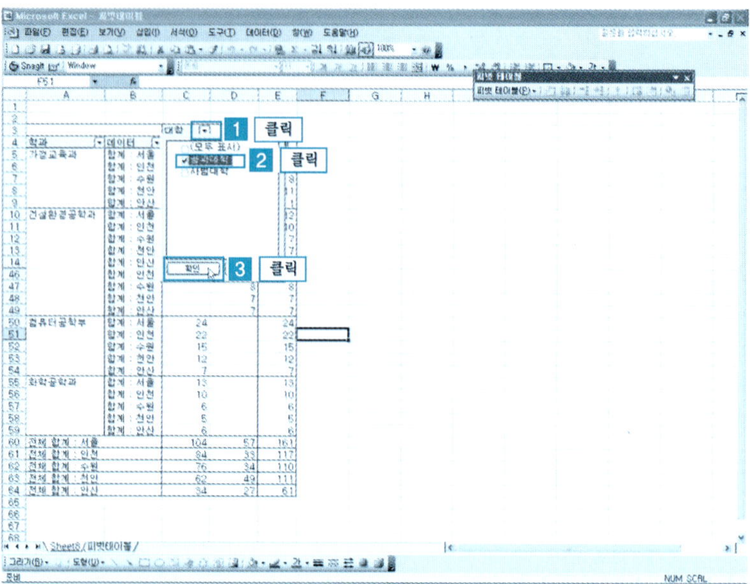

❼ 그림과 같이 공과대학의 학생에 대한 데이터만 나타난다. 각 행과 열의 목록 단추를 이용하여 사용자가 필요로 하는 데이터만을 나타낼 수 있다.

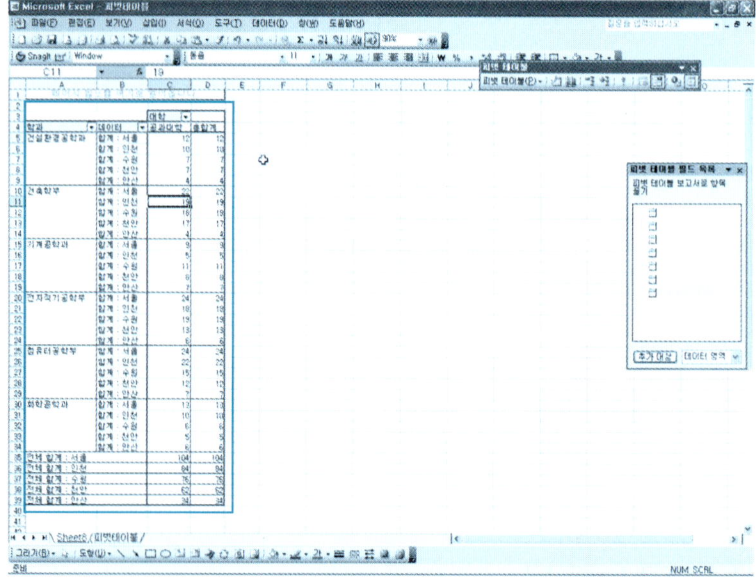

단원 실습 문제

〈실습1〉 [예제] 폴더에서 [피벗테이블.xls] 파일을 불러온다.

〈실습2〉 대학을 [행] 영역으로, 학과를 [열] 영역으로 위치시키고 각 학생수를 데이터 영역으로 피벗 테이블을 만들어보자.

2 피벗 테이블 구성

❶ [피벗 테이블/차트 마법사 3단계 대화상자] → [레이아웃]을 클릭하지 말고 [마침]을 클릭하면 직접 필드 목록을 피벗 테이블에 배치할 수 있는 화면이 나타난다. [예제] 폴더에서 [피벗테이블구성.xls] 파일을 불러온다.

피벗 테이블 구성은 1번의 페이지 필드, 2번의 열 필드, 3번의 행 필드, 4번의 데이터 필드, 5번의 [피벗 테이블] 도구 모음, 6번의 피벗 테이블 필드 목록으로 구성된다.

(주의 : 4번의 데이터 영역에서는 계산이 이루어지기 때문에 반드시 숫자가 입력되어 있는 필드를 위치시켜야 한다.)

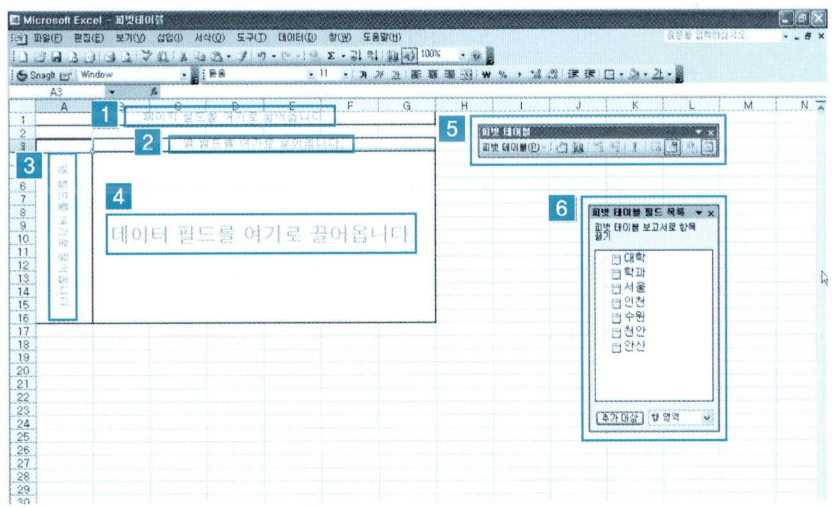

3 피벗 테이블 배치

❶ [예제] 폴더에서 [피벗테이블구성.xls] 파일을 불러온다.

필드 목록을 피벗 테이블의 각 필드로 이동해 보자.

[피벗 테이블 필드 목록]의 [대학]을 [행] 필드로 드래그한다.

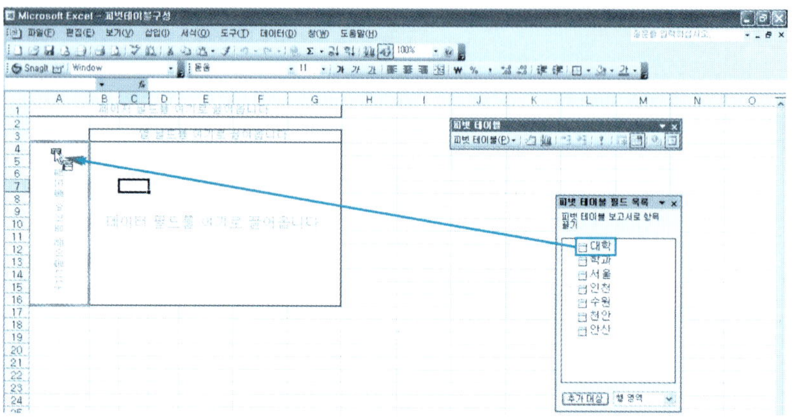

❷ 그림과 같이 드래그한 필드가 [행] 필드에 나타난다.

[학과]를 드래그하여 [행] 필드로 가져가면 2와 같이 들어갈 영역이 표시된다. 나머지 서울~안산 필드를 데이터 필드로 드래그해 보자.

(주의: 데이터 필드를 드래그할 경우 두 번째 데이터 필드(인천 해당)를 요약 부분에 드래그해야 한다.)

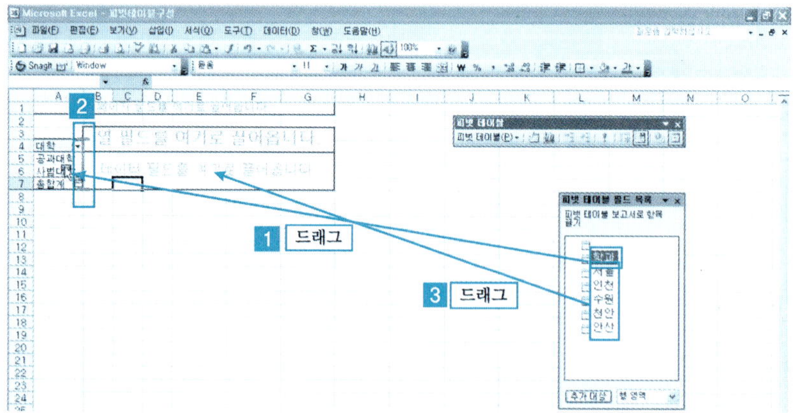

❸ 그림과 같이 피벗 테이블이 생성되었다. (중간 부분은 숨기기 표시)

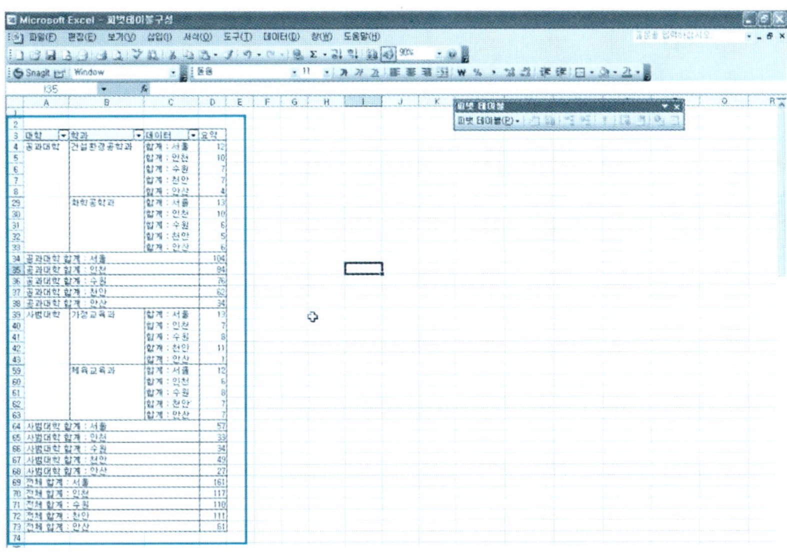

3 필드의 배치 수정과 제거

[예제] 폴더에서 [필드제거.xls] 파일을 불러온다.

❶ 잘못 이동한 필드의 위치를 수정하여 배치해 보자. [대학]을 클릭하여 [페이지필드]로 드래그한다.

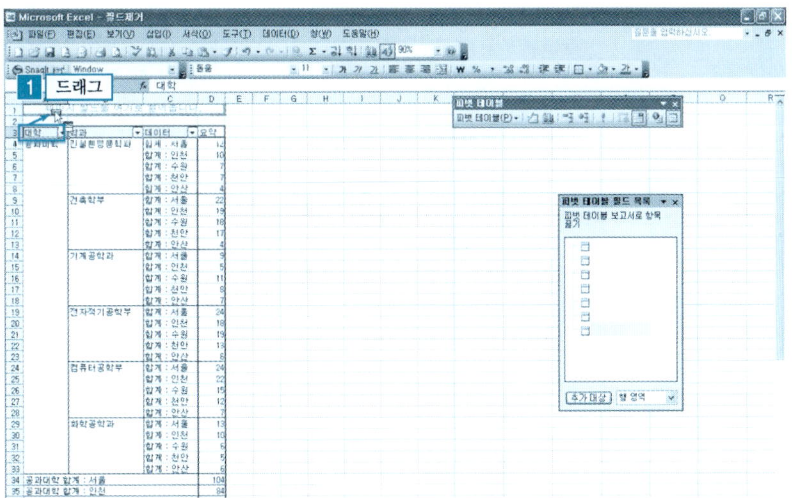

❷ 그림과 같이 피벗 테이블이 변경된다. [대학]의 목록 단추를 클릭하여 원하는
필드를 선택하면 원하는 필드의 데이터만 배치된다.

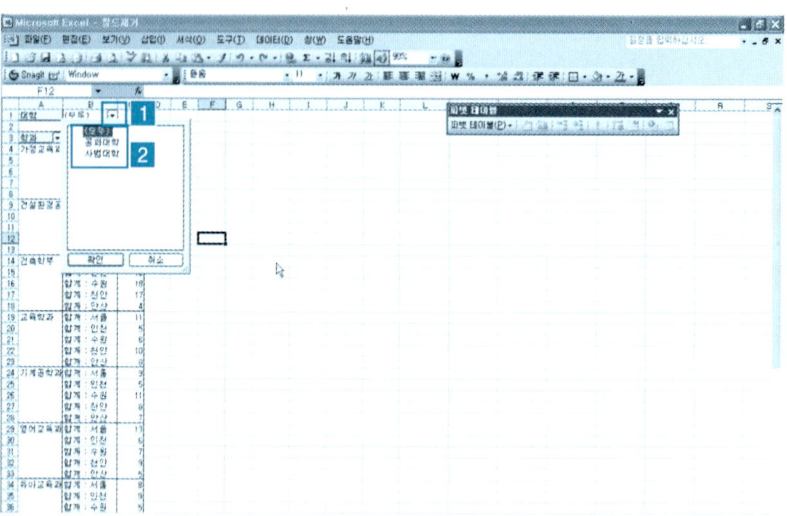

❸ 이번에는 잘못 배치된 필드를 제거해 보자.

[예제] 폴더에서 [필드제거.xls] 파일을 불러온다.

[학과] 필드를 피벗 테이블 바깥쪽으로 드래그 → 마우스 모양이 X 표시가
붙은 모양으로 바뀌면 마우스 단추를 놓는다.

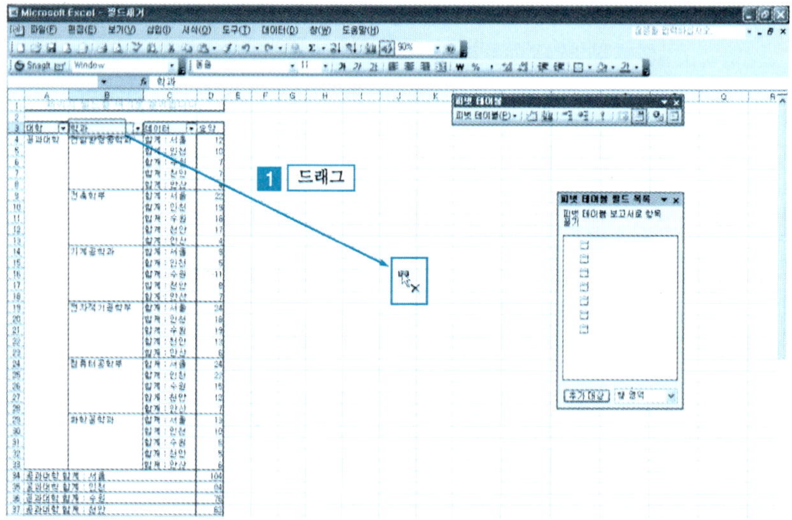

❹ 그림과 같이 [학과] 필드가 피벗 테이블에서 삭제되고 [피벗 테이블 필드 목록]에 포함되어 있는 것을 확인할 수 있다.

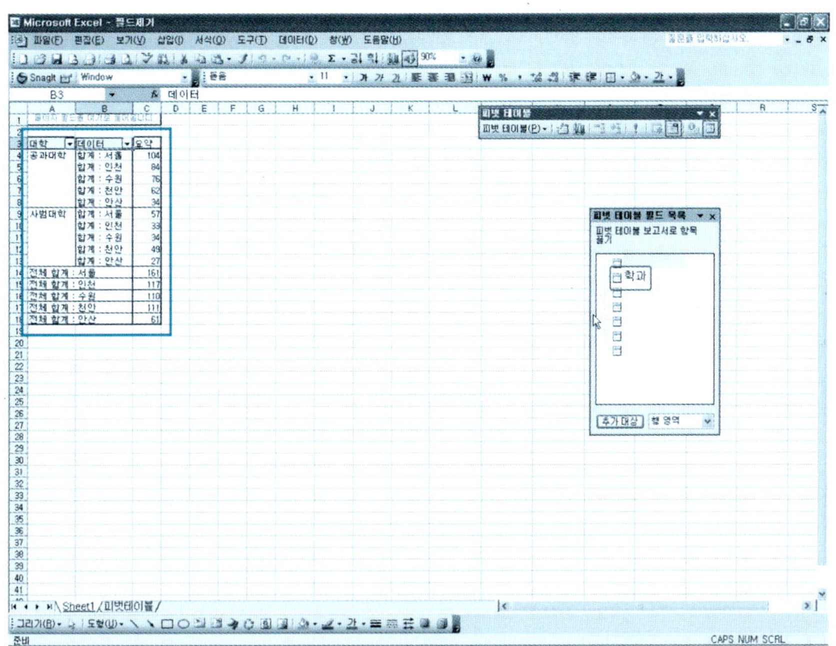

단 원 실 습 문 제

⟨**실습1**⟩ [예제] 폴더에서 [필드제거.xls] 파일을 불러온다.

⟨**실습2**⟩ 피벗 테이블의 [학과] 필드를 [대학] 필드 앞으로 옮겨보자.

⟨**실습3**⟩ 피벗 테이블의 [대학] 필드를 삭제해보자.

4 피벗 테이블의 데이터 검색

❶ [예제] 폴더에서 [데이터검색.xls] 파일을 불러온다.

　 피벗 테이블이 만들어져 있다. 남자사원의 각 필드별 급여지급내역을 살펴보자.

　 [성별]필드 목록 단추 클릭 → [남] 선택 → [확인] 버튼을 클릭한다.

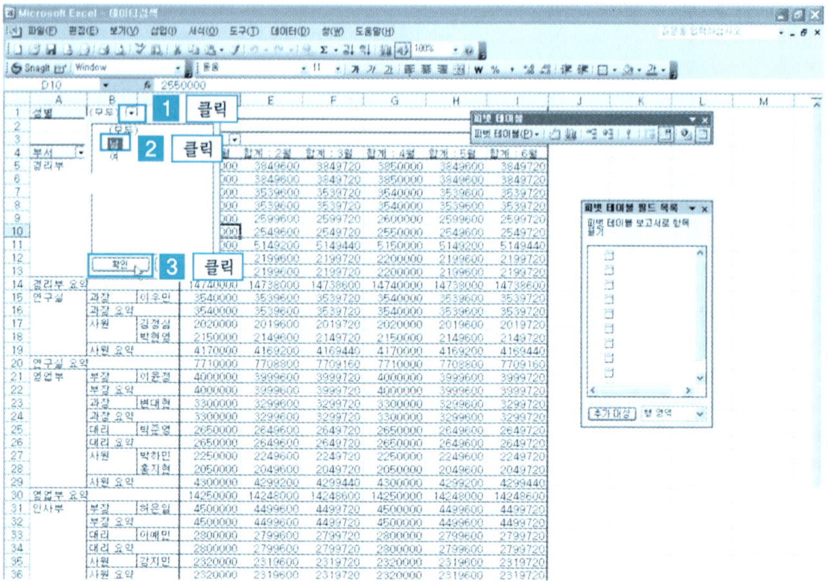

❷ 그림과 같이 남자사원의 데이터가 각 필드별로 배치되어 나타난다.

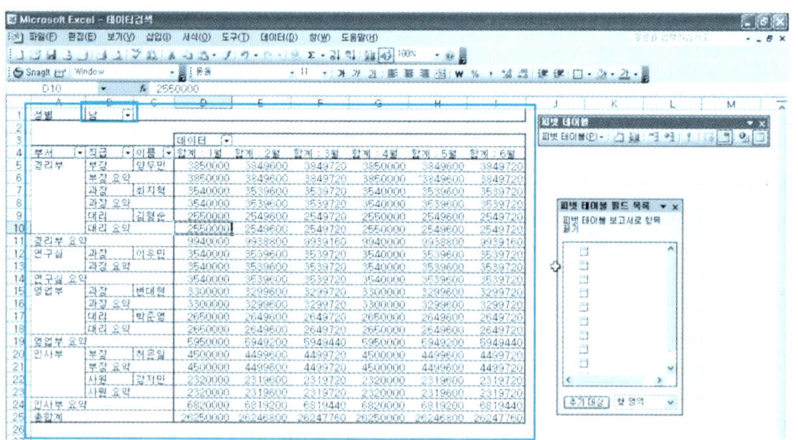

❸ 이번에는 남자사원 중 직급이 부장인 사람의 데이터를 재배치시켜 보자.
[직급] 필드의 목록 단추 클릭 → [부장] 선택 → [확인] 버튼을 클릭한다.

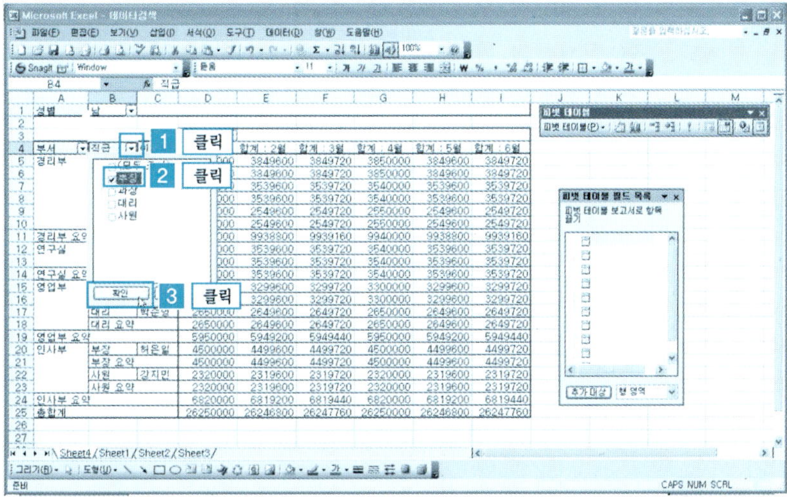

❹ 그림과 같이 남자이면서 부장인 데이터가 피벗 테이블에 재배치되어 나타난다.

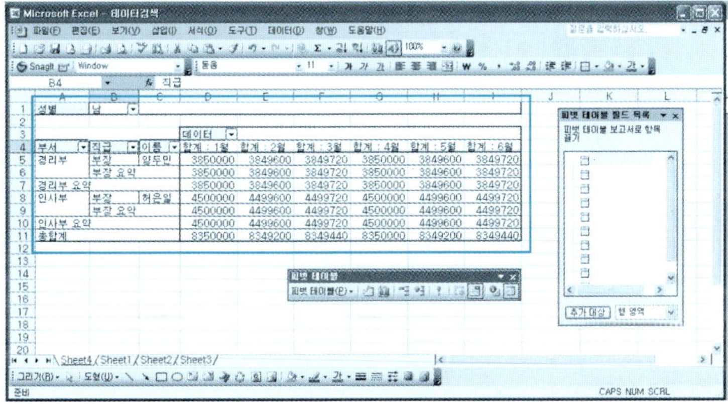

단원 실습 문제

〈실습1〉 [예제] 폴더에서 [데이터검색.xls] 파일을 불러온다.

〈실습2〉 여자이면서 과장인 데이터를 피벗 테이블에 재배치시켜 보자.

5 데이터 필드에 다른 함수 사용

피벗 테이블의 각 구성 요소에 적당한 필드를 배치하면 그에 맞게 자동으로 데이터 영역에 계산된 통계 결과를 볼 수 있다. 이때 배치된 필드가 숫자 필드라면 합계 함수가 적용된다.

이 합계 함수를 사용자가 필요시 다른 함수로 변경 사용하는 방법을 살펴보자.

❶ 직급별 월평균 지급액을 알아보자.

[예제] 폴더에서 [피벗테이블함수설정.xls] 파일을 불러온다. [경리부 요약] 클릭 → [마우스 오른쪽 버튼 클릭] → [필드 설정] 버튼을 클릭한다.

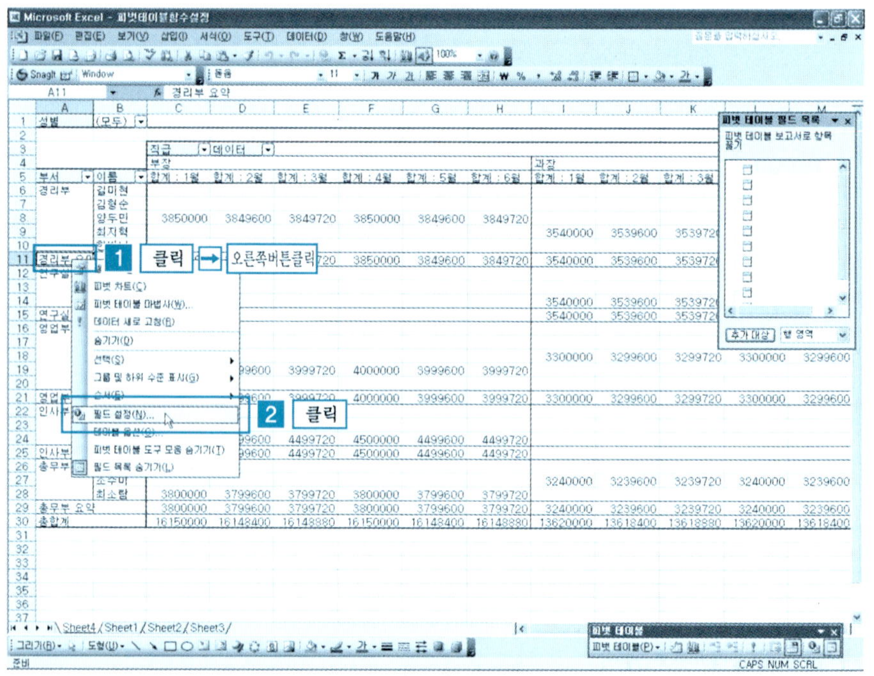

❷ [피벗 테이블 필드 대화상자] → [부분합]의 [평균] 선택 → [확인] 버튼을 클릭한다.

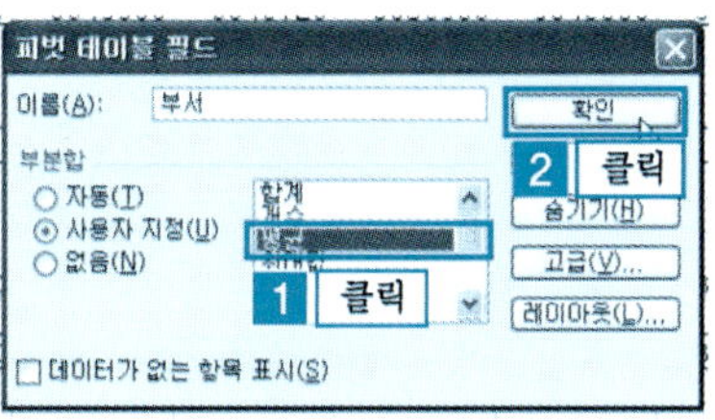

❸ 각 부서별 합계가 평균으로 변경된다.

[직급] 필드의 목록 단추를 클릭 → [대리] 선택 → [확인]을 클릭해 보자.

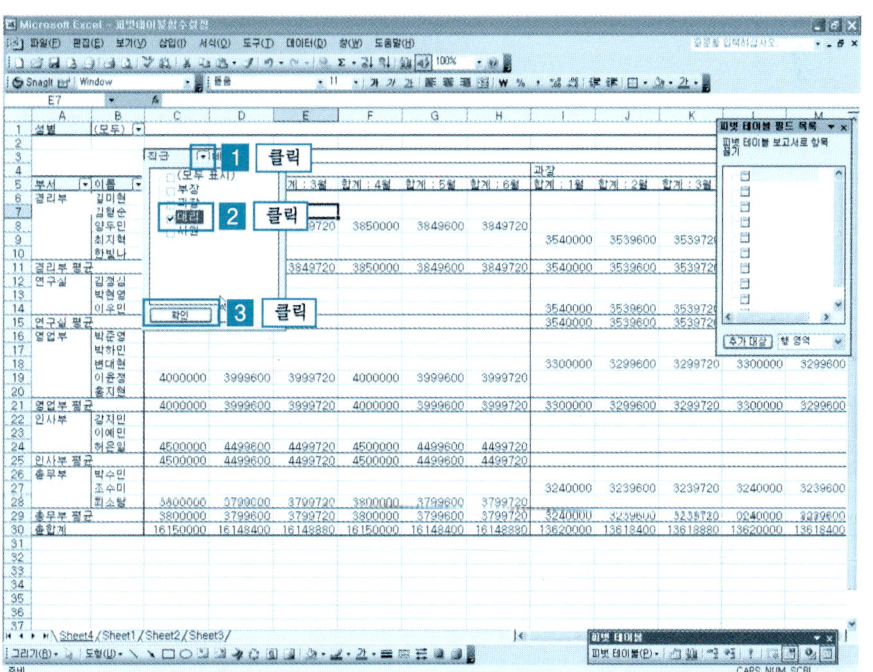

❹ 그림과 같이 직급이 대리인 사람의 각 부서별 합계가 평균으로 변경되어 있다.

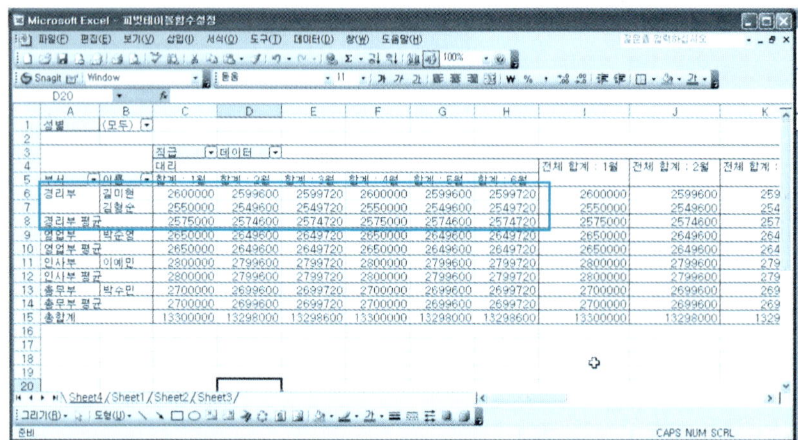

단 원 실 습 문 제

〈**실습1**〉 [예제] 폴더에서 [피벗함수설정예제.xls] 파일을 불러온다.

〈**실습2**〉 직급별 합계를 직급별 평균으로 변경해 보자.

6 피벗 테이블에 서식 설정

① [예제] 폴더에서 [피벗테이블서식설정.xls] 파일을 불러온다.

[데이터 셀 선택] → [피벗 테이블] 도구 모음의 [보고서 서식] 아이콘을 클릭한다.

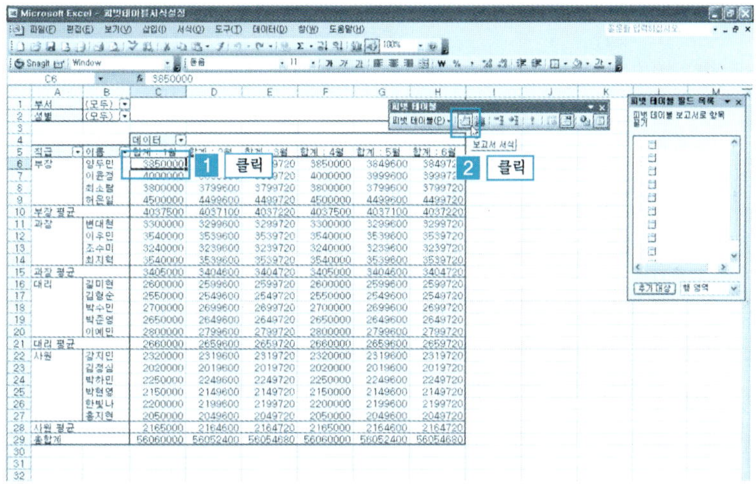

② [피벗 데이블 전체 선택] → [자동 서식 대화상자] → [보고서 4] → [확인] 버튼을 클릭한다. (자동 서식은 사용자가 원하는 서식을 설정하면 된다.)

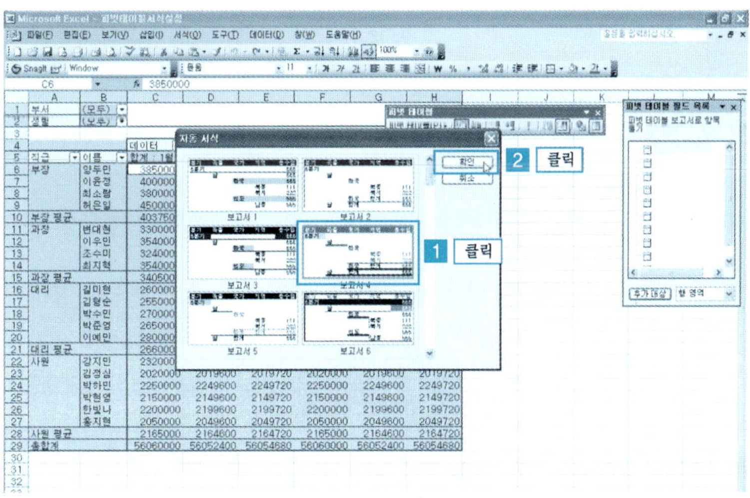

❸ 그림과 같이 피벗 테이블이 한눈에 들어오게 서식이 설정된다.

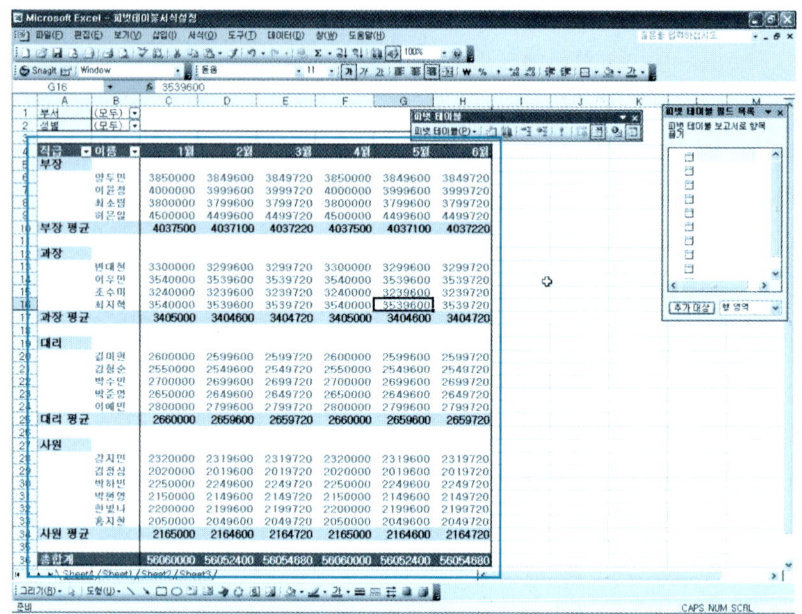

단 원 실 습 문 제

〈**실습1**〉 [예제] 폴더에서 [피벗테이블서식설정.xls] 파일을 불러온다.

〈**실습2**〉 피벗 테이블 서식 설정의 피벗 테이블을 [보고서 8]번과 [표 4번]으로 서식
설정을 해보자.

7 사용한 원본 데이터 추출

❶ 작성된 피벗 테이블에서 [데이터 메뉴] 영역에 표시된 데이터 값을 얻기 위해서 어떤 원본 데이터가 사용되었는지 확인해 보자.
[예제] 폴더에서 [원본데이터.xls] 파일을 불러온다. 1월의 부장 평균 데이터의 원본 데이터를 알아보기 위해 1월의 [부장 평균]을 더블클릭한다.

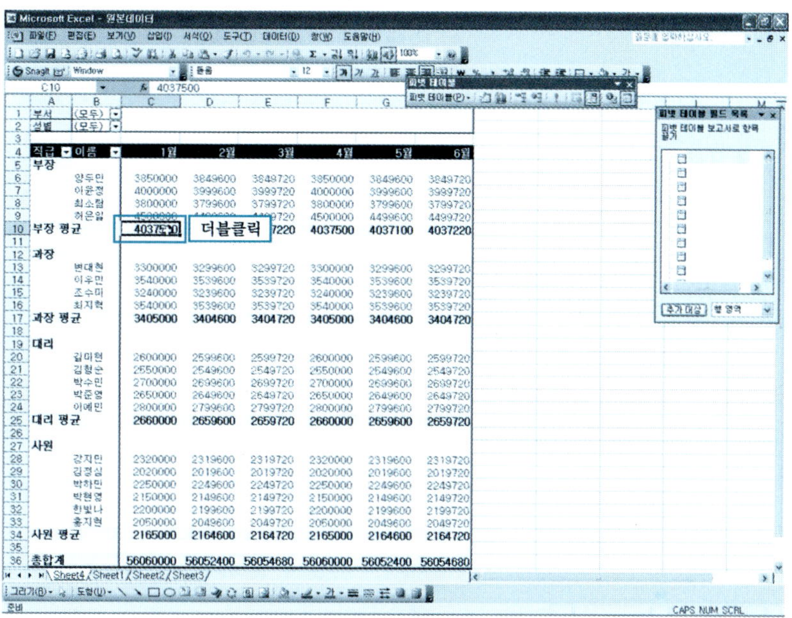

❷ 그림과 같이 피벗 테이블이 있던 시트의 왼쪽에 새로운 시트가 추가되면서 해딩 셀의 원본 데이터만 별도로 추출되어 나타난다.

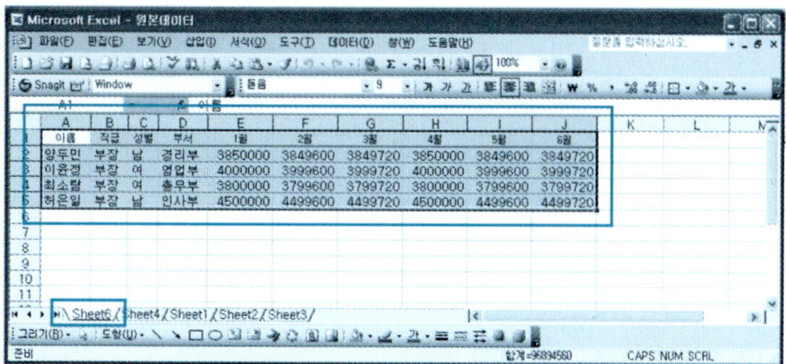

단원 실습 문제

〈실습1〉 [예제] 폴더에서 [원본데이터.xls] 파일을 불러온다.

〈실습2〉 D17 셀의 원본 데이터를 나타내보자.

---

8 원본 데이터의 적용

피벗 테이블을 사용하다가 원본 데이터를 수정하게 되면 자동으로 피벗 테이블이 수정되지 않는다. 이럴 경우 사용자가 피벗 테이블에 다시 반영하는 작업을 해야 한다.

(1) 원본 데이터 수정

❶ [예제] 폴더에서 [원본데이터.xls] 파일을 불러온다. 원본 데이터가 있는 [Sheet1]을 클릭한다.

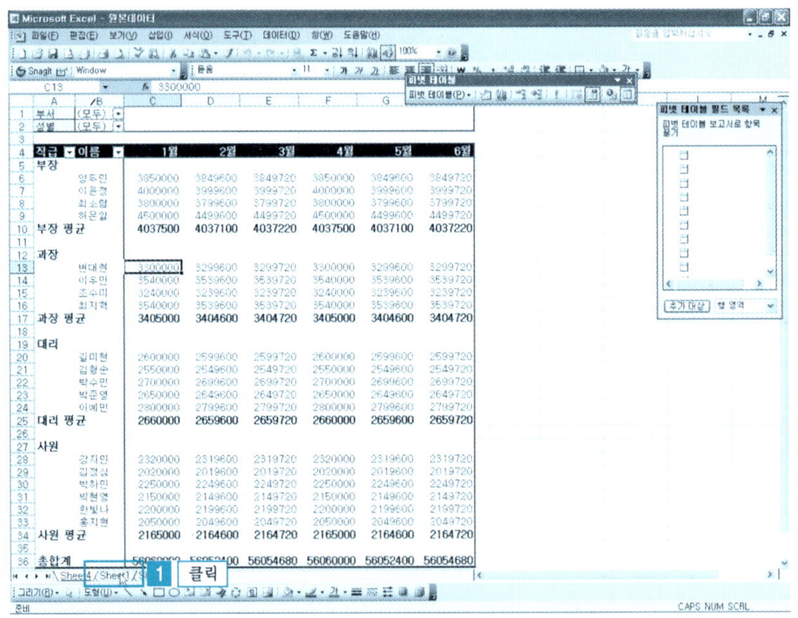

❷ 박하민 데이터의 직급과 성별을 [대리]와 [남]으로 수정해 보자.

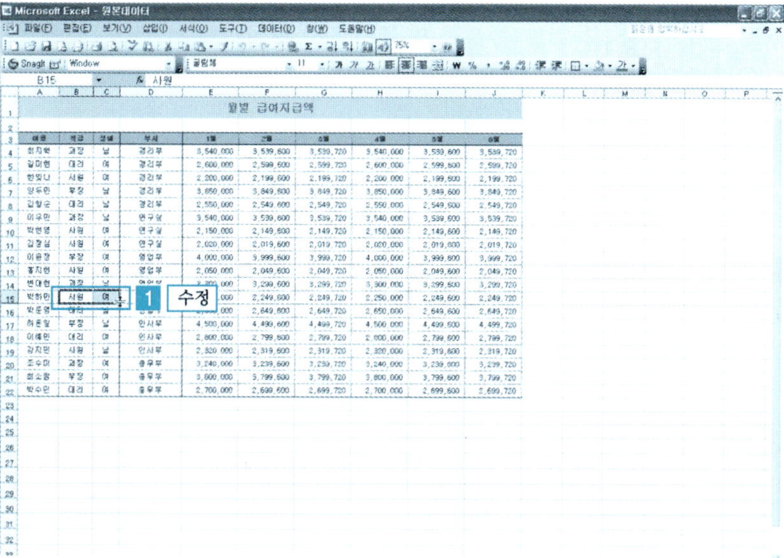

❸ 다시 피벗 테이블로 돌아오면, 아직 변경된 파일이 적용되지 않은 것을 확인할
수 있다. [피벗 테이블] 도구 모음의 [데이터 새로 고침] 아이콘을 클릭한다.

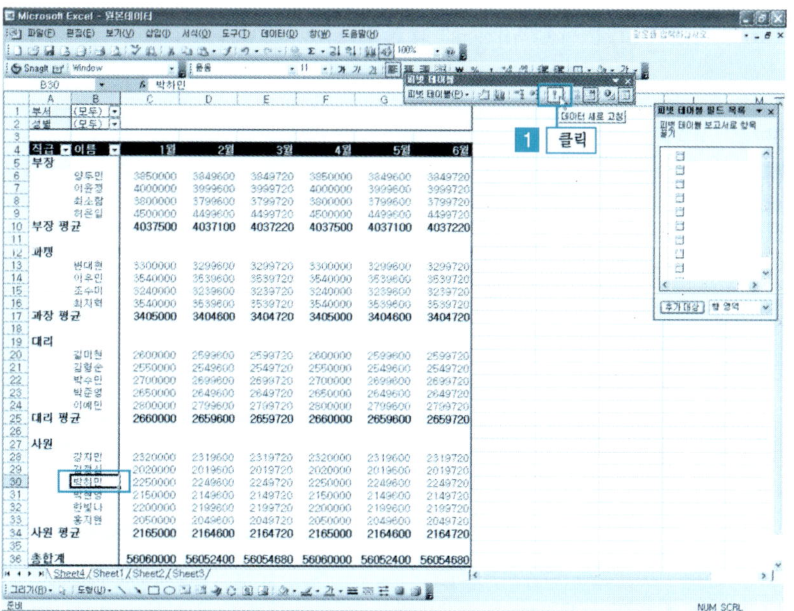

❹ 그림과 같이 사원에 있던 박하민의 데이터가 대리로 옮겨진 것을 확인할 수
  있다. 성별의 변경을 확인해 보자. [성별]의 목록 버튼을 클릭하여 [남]을 선
  택해 보자.

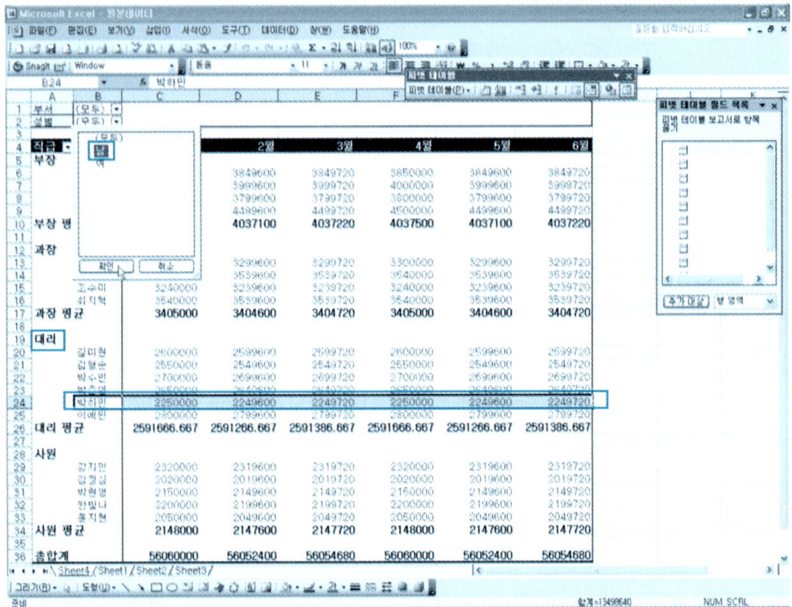

❺ 그림과 같이 변경된 것을 확인할 수 있다.

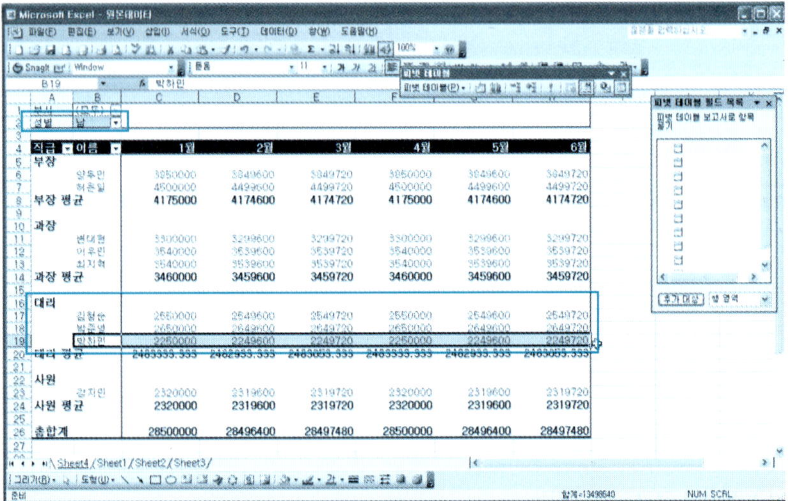

(2) 새로운 레코드 추가

❶ [예제] 폴더에서 [원본데이터.xls] 파일을 불러온다.

이번에는 새로운 레코드를 추가해 보자.

원본 데이터가 있는 Sheet1을 선택하자. 그림과 같이 데이터 마지막 셀에 [이지은]의 새로운 레코드를 추가해 보자.

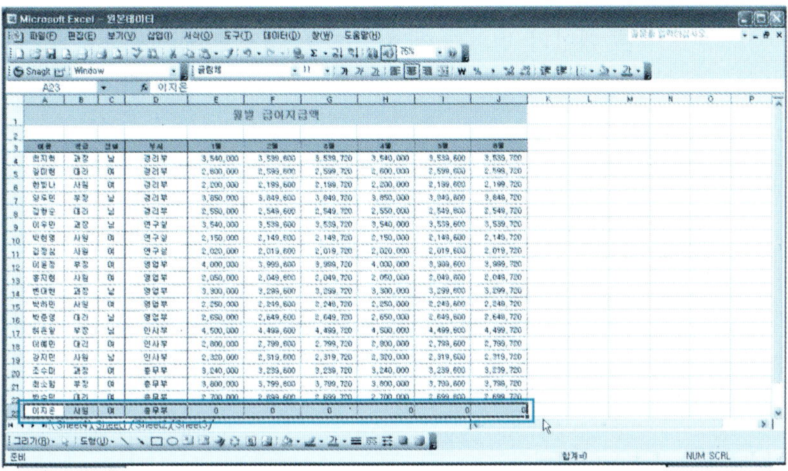

❷ 다시 피벗 테이블 시트인 Sheet4로 돌아오자.

[피벗 테이블 도구상자] → [피벗 테이블] 목록 클릭 → [피벗 테이블 마법사]를 선택한다.

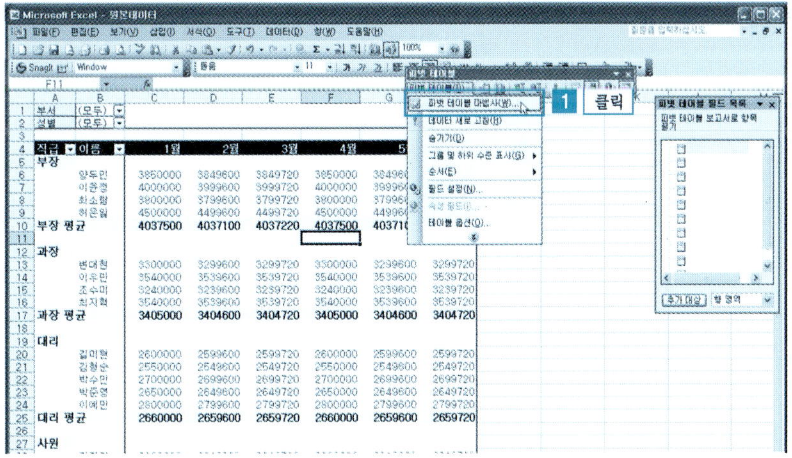

❸ [피벗 테이블/피벗 차트 마법사 3단계 대화상자] → 데이터 범위를 재설정하기 위해서 [뒤로]를 선택한다.

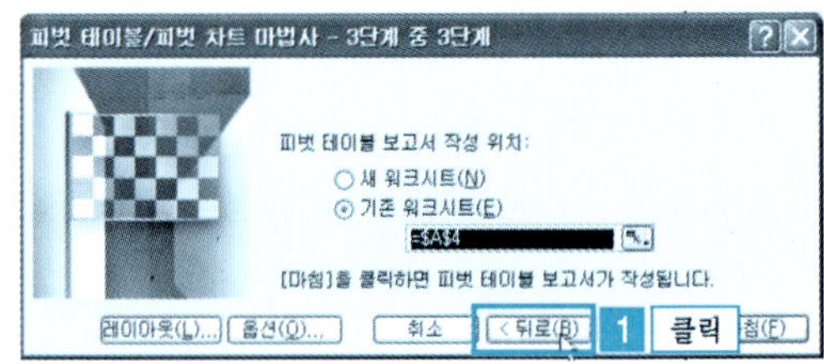

❹ [피벗 테이블/피벗 차트 마법사 2단계 대화상자]가 나타난다. 원본 데이터 범위가 새로 추가된 레코드를 제외하고 설정되어 있다.

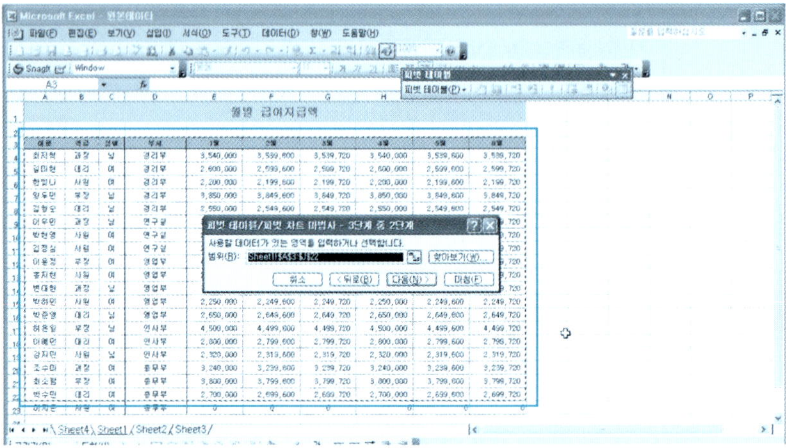

❺ [범위 지정 A3:J23 드래그] → [마침] 버튼을 클릭한다.

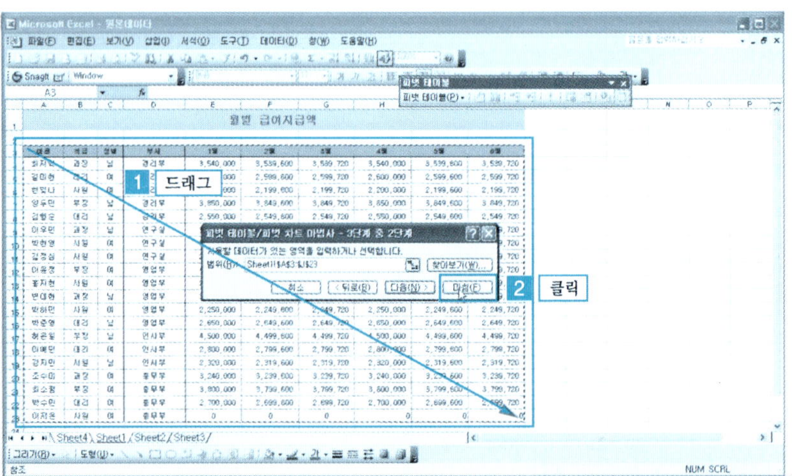

❻ 그림과 같이 새로운 레코드가 피벗 테이블에 반영된 것을 확인할 수 있다.

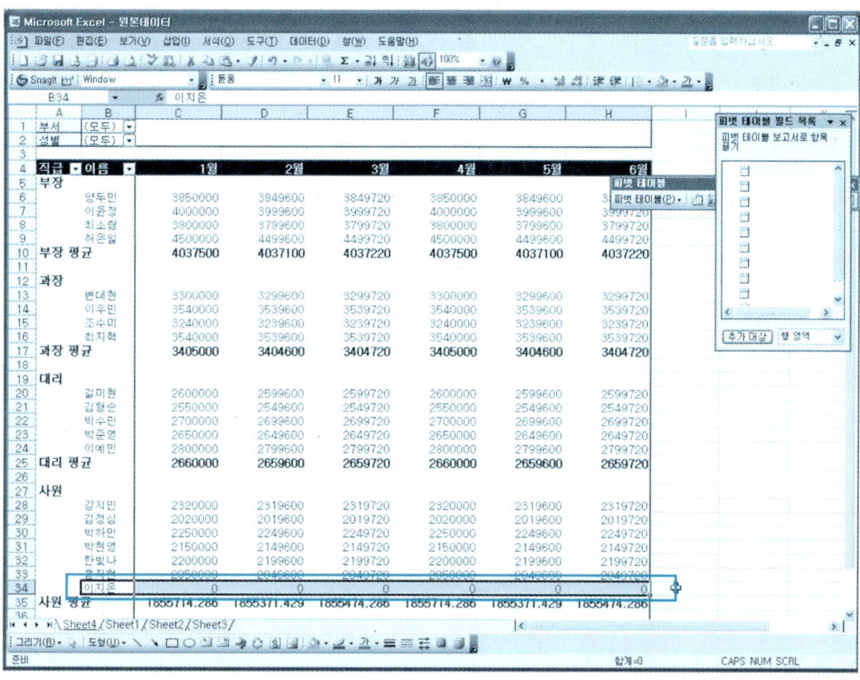

도움말   새로운 레코드를 원본 범위 중간에 삽입한 경우 : 피벗 테이블에 설정된 원본 데이터 범위 중간에 새로운 레코드를 삽입할 경우, 원본 범위를 재설정하지 않고 [피벗 테이블] 도구 모음의 [데이터 새로 고침] 아이콘을 누르면 바로 새로운 데이터가 반영되어 나타난다.

단 원 실 습 문 제

〈실습1〉 [예제] 폴더에서 [원본데이터.xls] 파일을 불러온다.

〈실습2〉 11 셀 데이터 '김정심'의 부서를 영업부로 수정하고 피벗 테이블에 추가시켜 보자.

〈실습3〉 데이터의 17 셀에 아래의 데이터를 삽입하고 피벗 테이블에 추가시켜 보자.

이름	직급	성별	부서	1월	2월	3월	4월	5월	6월
이미현	사원	여	인사부	0	0	0	0	0	2,050,000

9 피벗 차트 마법사에 의한 피벗 차트 만들기

❶ 피벗 차트 마법사를 이용하면 간단하게 피벗 차트를 만들 수 있다.

[예제] 폴더에서 [피벗차트.xls] 파일을 불러온다.

[데이터 메뉴] → [피벗 테이블/피벗 차트 보고서] 버튼을 클릭한다.

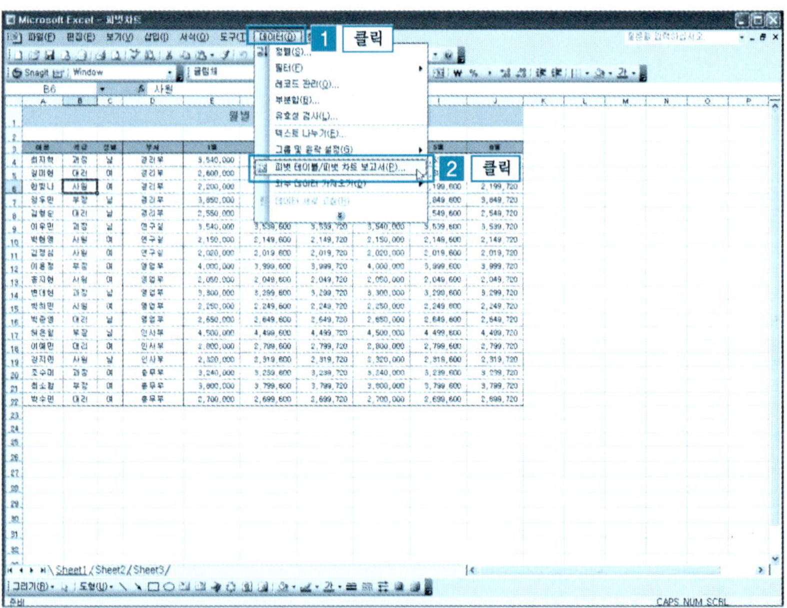

❷ [피벗 테이블/피벗 차트 마법사 1단계] → [원하는 보고서 데이터 종류를 선택하십시오]의 [피벗 차트 보고서]를 선택 → [다음] 버튼을 클릭한다.

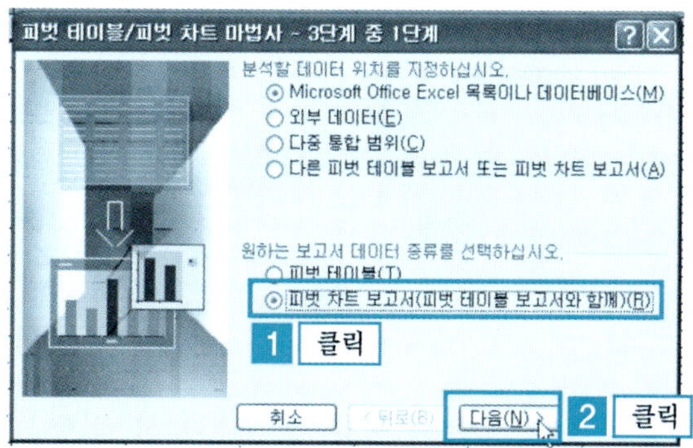

❸ [피벗 테이블/피벗 차트 마법사 2단계] → 데이터 영역이 설정되어 있다. [다음] 버튼을 클릭한다.

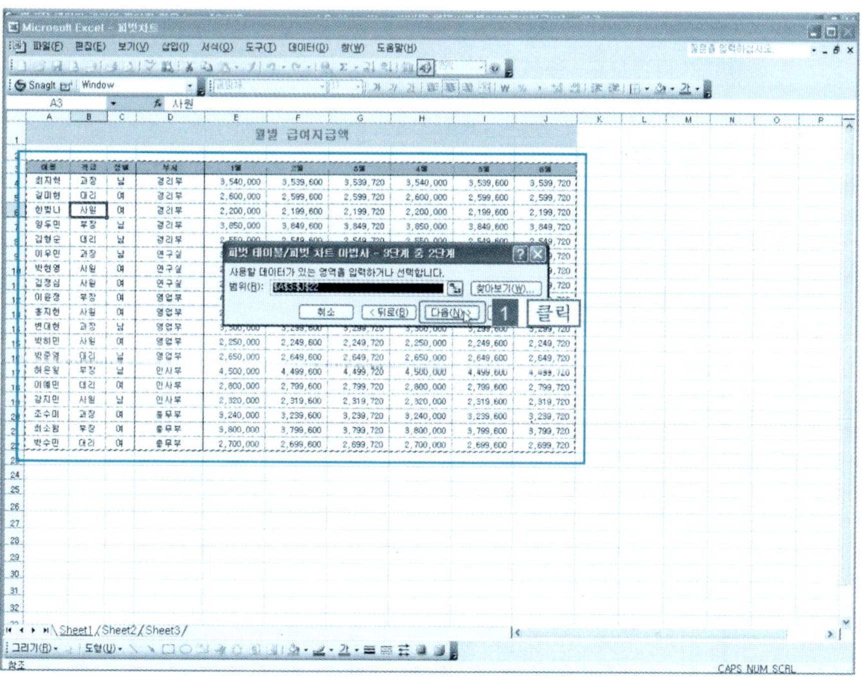

❹ [피벗 테이블/피벗 차트 마법사 3단계] → [새 워크시트] → [마침] 버튼을 클릭한다.

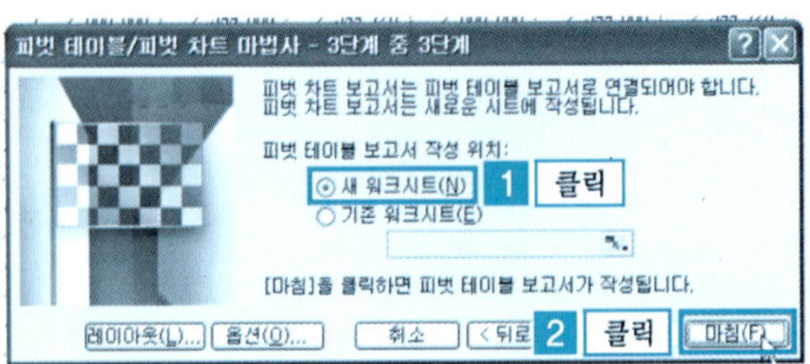

❺ 그림과 같이 피벗 차트 시트가 추가되어 나타난다. 피벗 테이블의 필드를 각 영역별로 드래그한 것처럼 사용자가 원하는 위치로 드래그하면 차트가 완성된다.

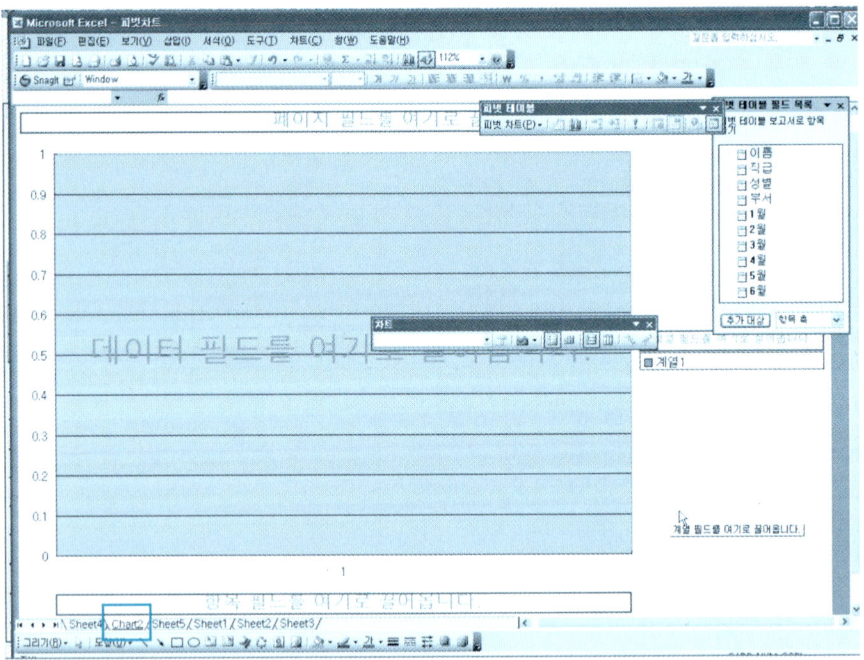

단원 실습 문제

〈실습1〉 [예제] 폴더에서 [피벗차트.xls] 파일을 불러온다.

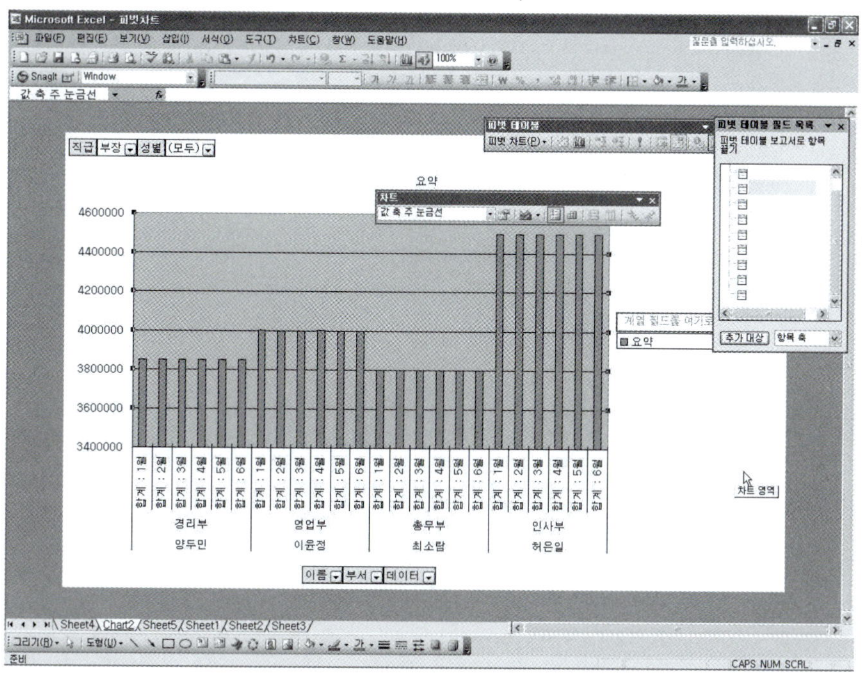

〈실습2〉 그림과 같은 피벗 차트를 만들어 보자.

10 도구 모음을 이용한 피벗 차트 만들기

❶ [예제] 폴더에서 [원본데이터.xls] 파일을 불러온다.

[피벗 테이블] 도구 모음의 차트 마법사 아이콘을 클릭한다.

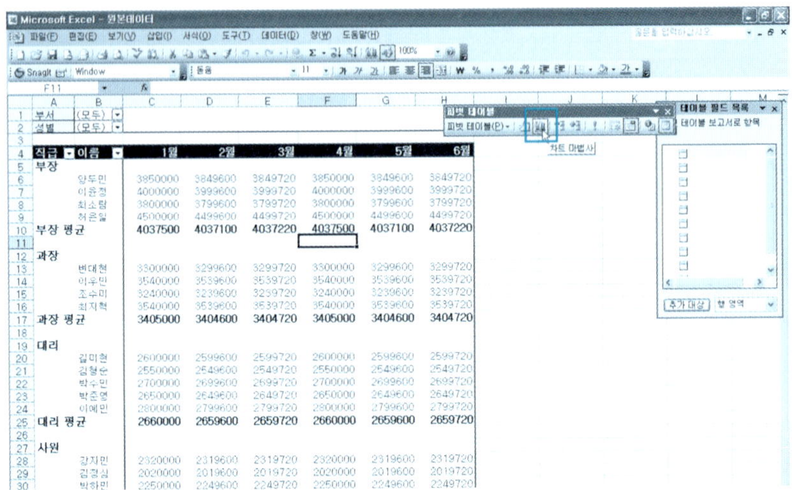

❷ 그림과 같이 Chart1시트가 추가되며 피벗 차트가 나타난다.

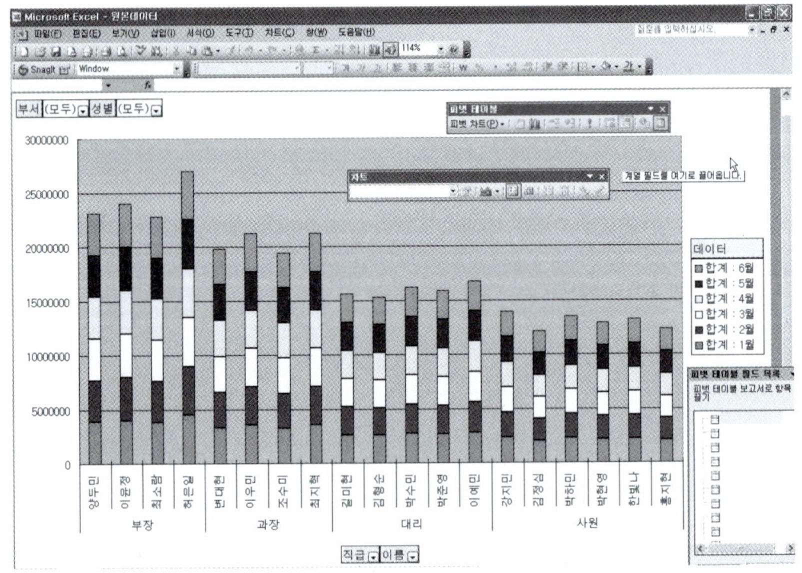

단원 실습 문제

〈실습1〉 [예제] 폴더 → [피벗테이블함수설정.xls] 파일을 불러온다

〈실습2〉 피벗 테이블 도구 모음 아이콘을 이용해 피벗 차트를 만들어 보자.

11 피벗 차트 편집

❶ [예제] 폴더 → [차트편집.xls] 파일을 불러온다.

[부서 필드]를 클릭하고 드래그하여 항목 필드로 옮겨보자.

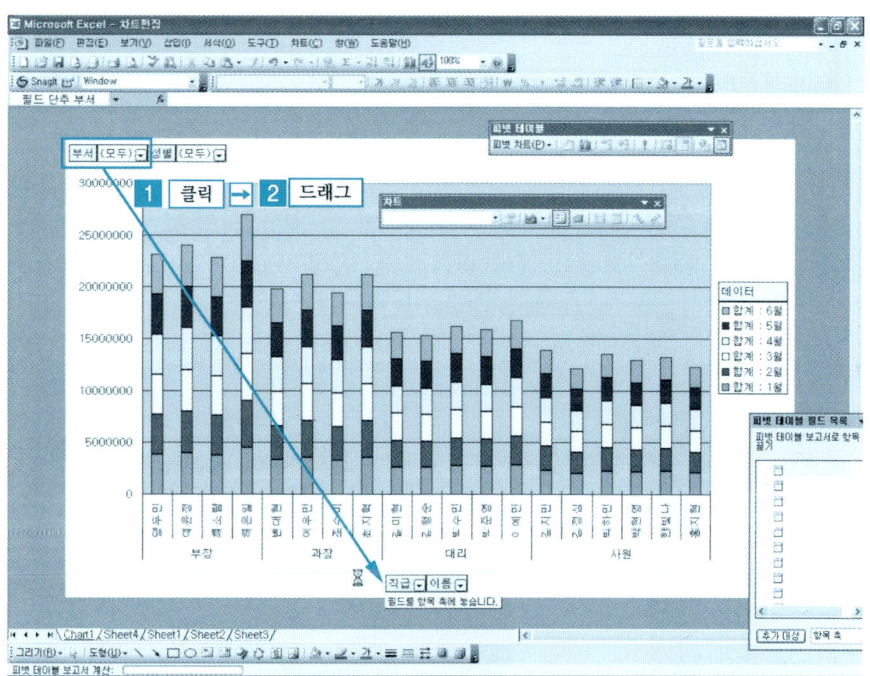

❷ 페이지 필드의 [성별 필드]를 [여]만 선택하고 차트를 원형 차트로 변경해 보자.

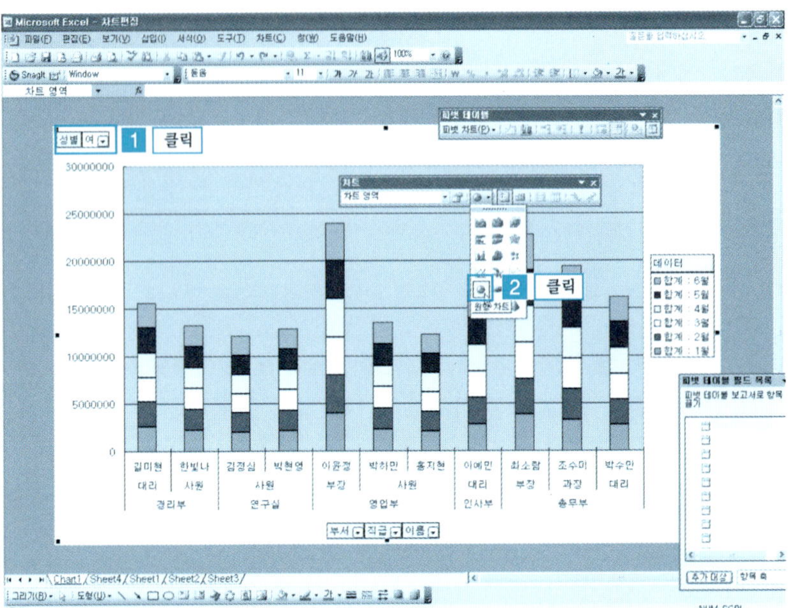

❸ 그림과 같이 변경된 것을 확인할 수 있다. 이처럼 사용자가 원한 데이터만을 원하는 차트로 쉽게 변경할 수 있다.

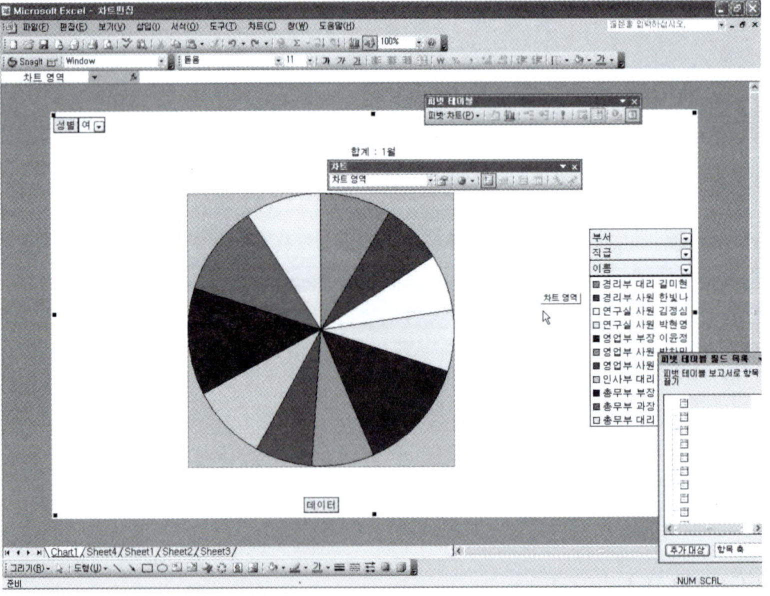

④ 피벗 테이블을 살펴보자.

[Sheet4]를 클릭한다. 그림을 보면 피벗 차트와 같이 피벗 테이블이 변경된 것을 확인할 수 있다. 피벗 차트는 피벗 테이블의 내용을 가지고 차트를 만들기 때문에 어느 한쪽의 데이터 영역이 이동 및 편집되면 다른 한쪽도 데이터 영역이 이동 및 편집된다.

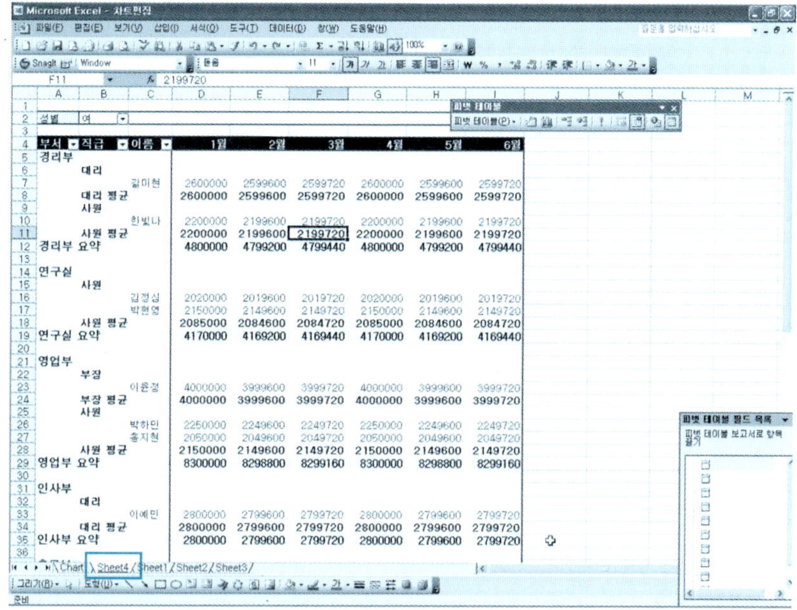

단원 실습 문제

〈**실습1**〉 [예제] 폴더 → [차트편집.xls] 파일을 불러온다.

　　　　그림과 같이 차트를 편집해 보자.

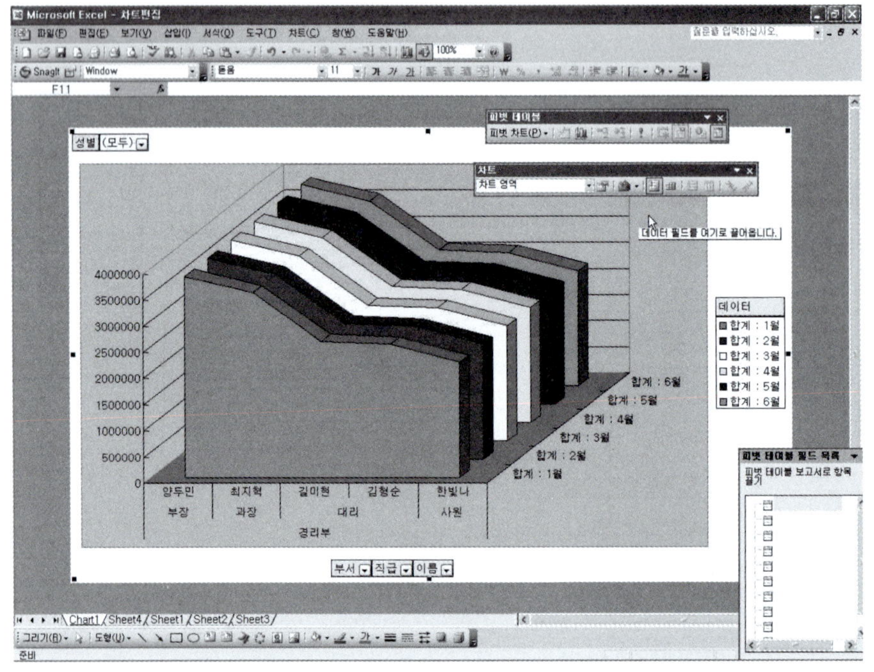

12 피벗 차트에서 필드 삭제

1 필요없는 필드를 삭제해 보자.

해당 필드에서 마우스 오른쪽 버튼을 눌러 [필드 제거]를 선택하는 방법과
해당 필드를 차트 영역 밖으로 드래그하여 삭제하는 방법이 있다.

[예제] 폴더 → [차트편집.xls] 파일을 불러온다.

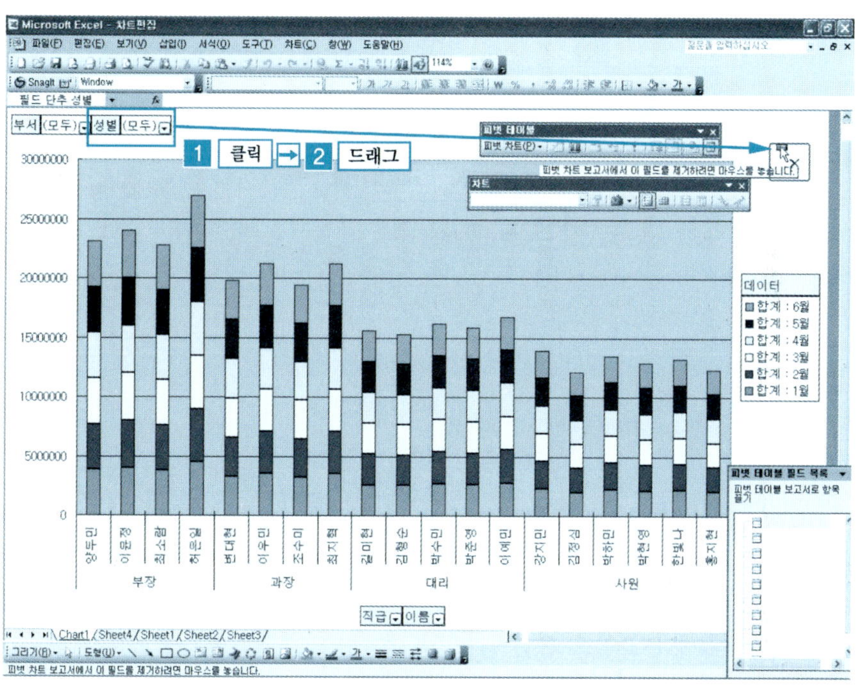

❷ 그림과 같이 성별 필드가 차트 영역에서 삭제되고 [피벗 테이블 필드 목록]
으로 옮겨진 것을 확인할 수 있다.

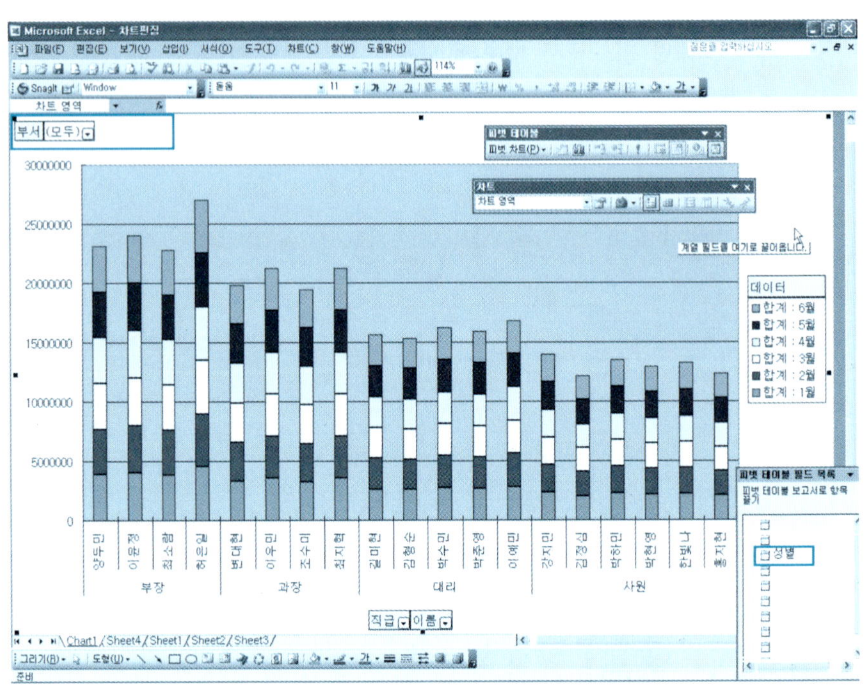

단 원 실 습 문 제

〈실습1〉 [예제] 폴더 → [차트편집.xls] 파일을 불러온다.
〈실습2〉 마우스 오른쪽 버튼을 눌러 [성별] 필드를 삭제해 보자.

13 다중 시트를 통합한 피벗 테이블 만들기

① [예제] 폴더에서 [통합피벗테이블.xls] 파일을 불러온다.
[데이터 메뉴] → [피벗 테이블/피벗 차트 보고서] 버튼을 클릭한다.

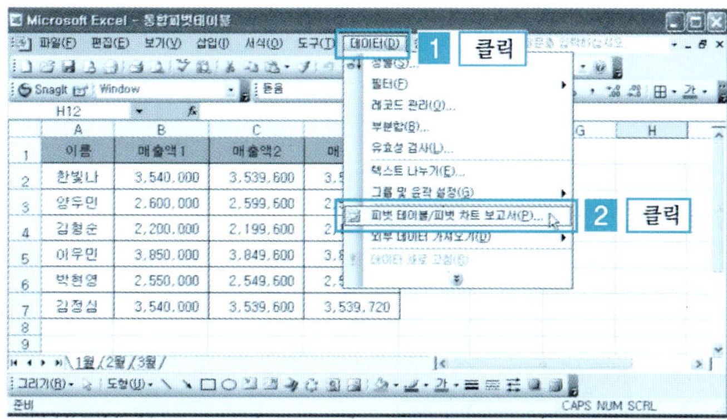

② [피벗 테이블/피벗 차트 마법사 1단계 대화상자] → [다중 통합 범위] → [피벗 차트 보고서] → [다음] 버튼을 클릭한다.

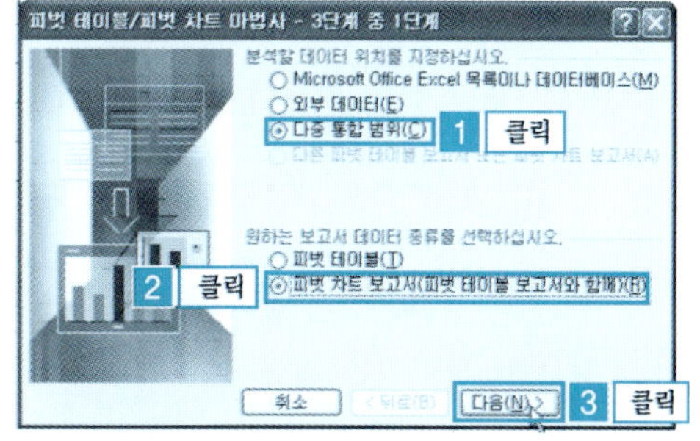

③ [피벗 테이블/피벗 차트 마법사 2단계 대화상자] → [하나의 페이지 필드 만들기] → [다음] 버튼을 클릭한다.

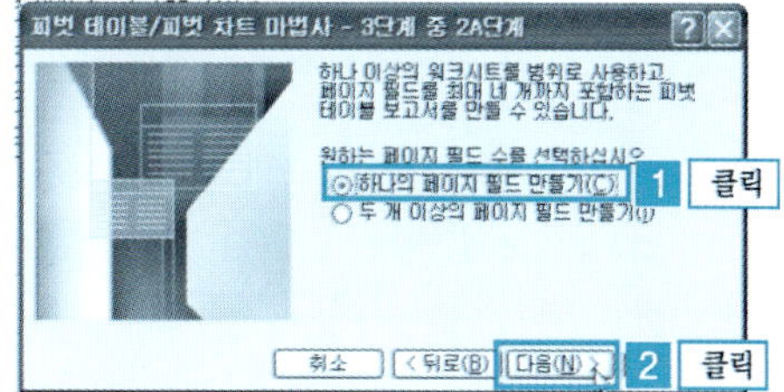

❹ 통합할 워크시트 범위를 지정하는 대화상
자가 나타난다. [범위] 항목을 선택한다.

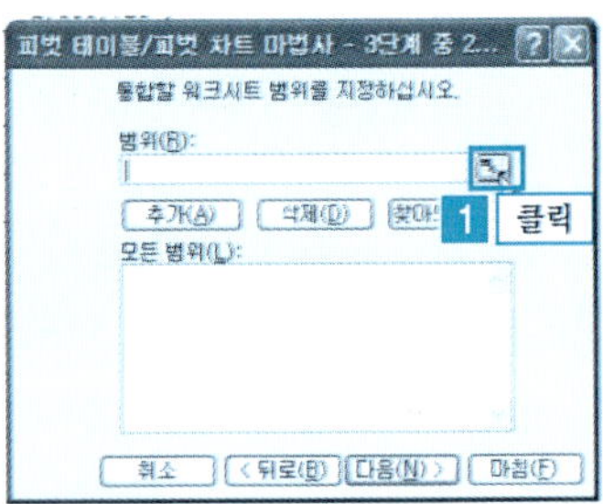

❺ [통합 문서] → [사용할 데이터 영역(A1:D7) 드래그] → [범위] 항목을 클릭
한다.

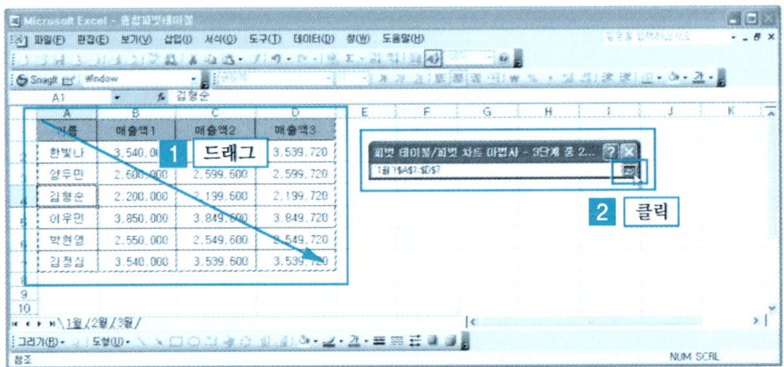

❻ [데이터 영역 선택] → [추가] 버튼 클릭 → [모든 범위]로 추가된다.

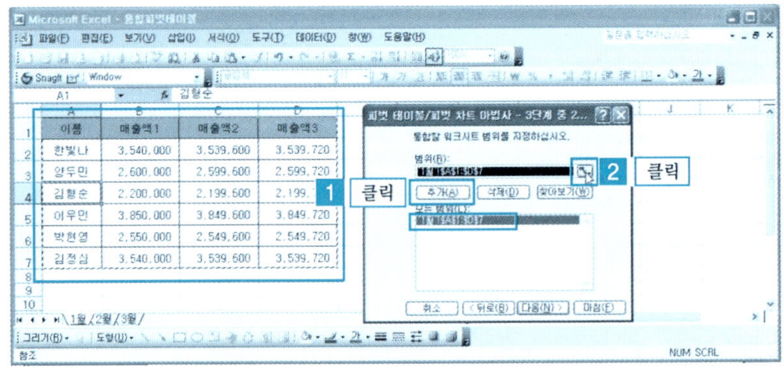

⑦ [2월] 시트 선택 → [사용할 데이터 영역(A1:D7) 드래그] → [추가] 버튼을 클릭한다.

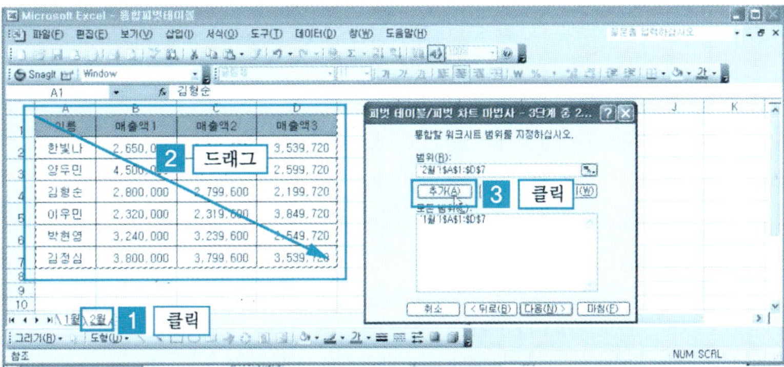

⑧ [3월] 시트를 선택 → [사용할 데이터 영역(A1:D7) 드래그] → [추가] → [다음] 버튼을 클릭한다.

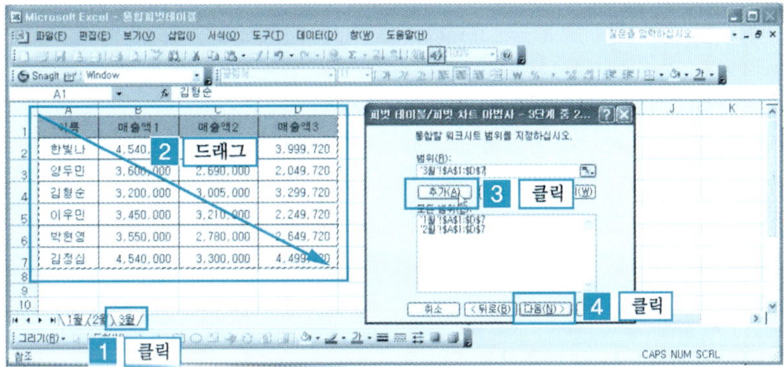

⑨ [피벗 테이블/피벗 차트 마법사 3단계 대화상자] → [새 워크시트] → [마침] 버튼을 클릭한다.

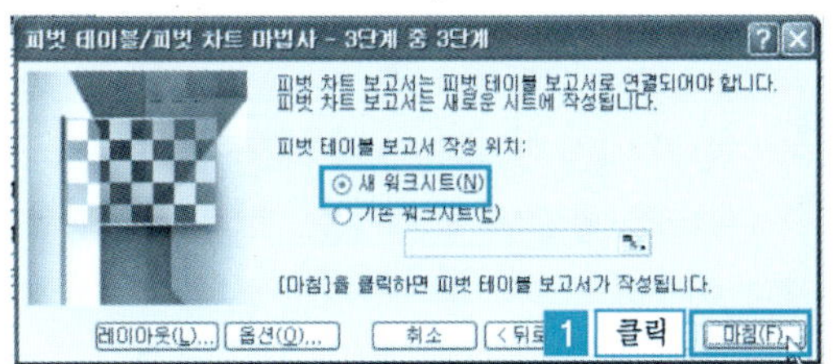

⑩ 새로 추가된 시트에서 완성된 피벗 테이블과 피벗 차트를 볼 수 있다.

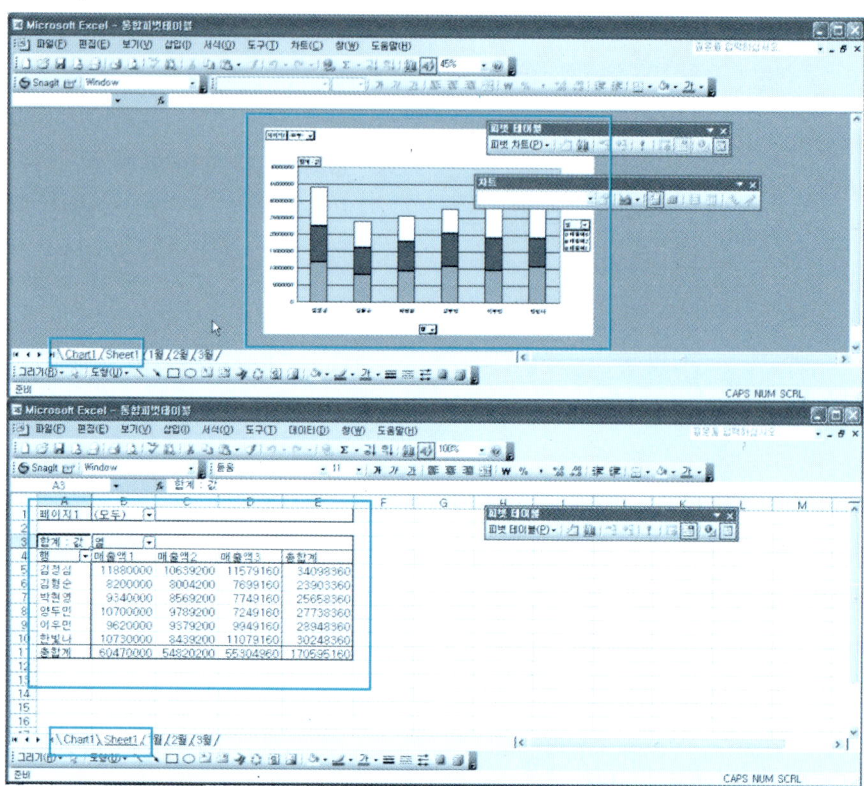

단 원 실 습 문 제

〈**실습1**〉 [예제] 폴더 → [통합피벗테이블실습.xls] 파일을 불러온다.

〈**실습2**〉 통합 피벗 테이블, 피벗 차트를 만들어 보자.

Chapter 8

다양한 엑셀 기능 활용

공부할 내용

엑셀에서 작업한 문서를 인터넷 기능(HTML, E-MAIL)이나 다른 워드프로세서 프로그램과 호환하여 보다 유용하게 활용하는 방법에 대해서 알아본다.

8.1 │ 너비가 다른 결재란 만들기

1 그림 복사로 결재란 만들기

❶ A4 셀에서 시작되는 결재란을 만들어 보자. [예제] 폴더에서 [결재란.xls] 파일을 불러온다. [결재란복사sheet]를 클릭한다.

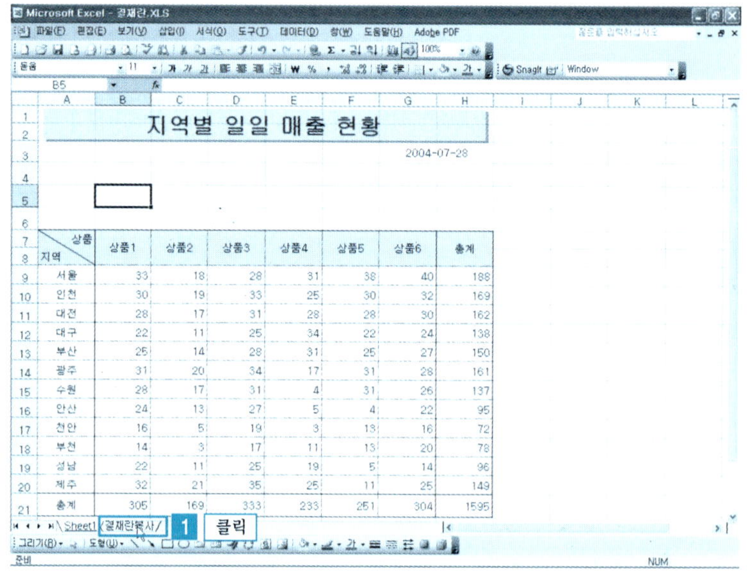

❷ 다음과 같은 결재란을 만든다.

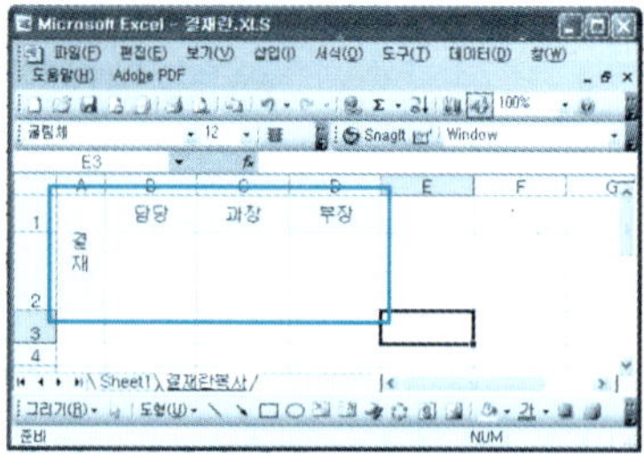

❸ [A1:D2 선택] → (Shift) + [편집 메뉴] → [그림 복사] 버튼을 클릭한다.
((Shift)키를 클릭하지 않으면 그림 복사 메뉴가 나타나지 않는다.)

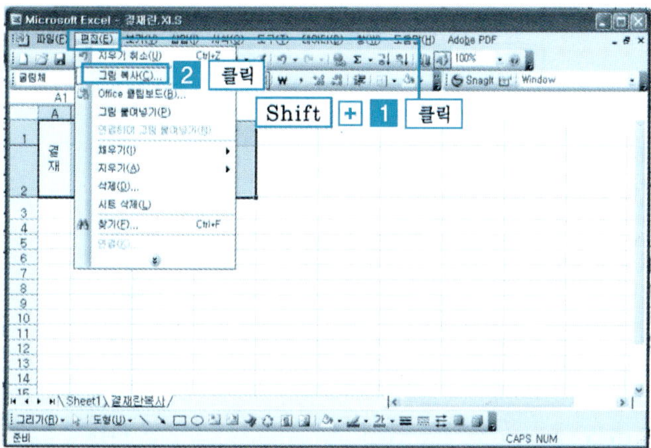

❹ [그림 복사 대화상자] → [화면에 표시된 대로] → [그림] → [확인] 버튼을 클릭한다.

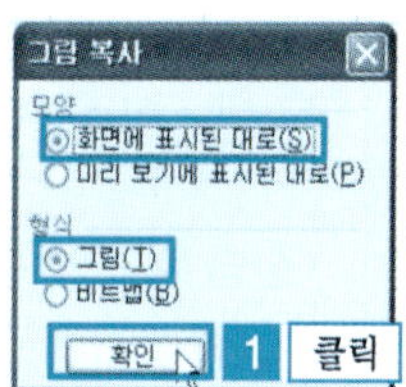

❺ 다시 [sheet 클릭] → [A4] → [마우스 오른쪽 버튼 클릭] → [붙여넣기] 버튼을 클릭한다.

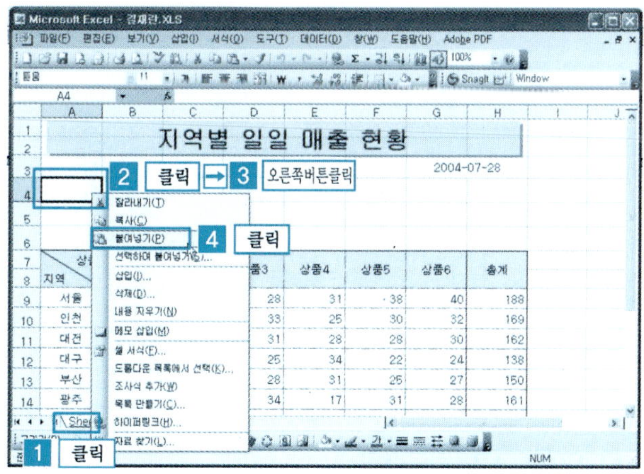

❻ 그림과 같이 결재란이 복사된다. 드래그 또는 개체 조절 포인트를 사용하여 위치에 맞게 조절하면 된다.

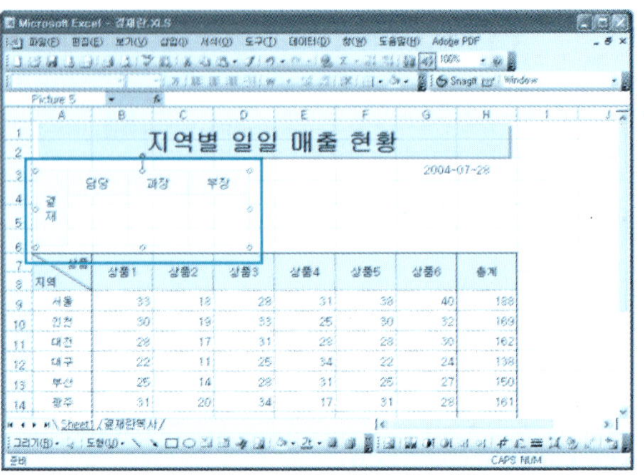

단 원 실 습 문 제

〈**실습1**〉 [예제] 폴더에서 [결재란.xls] 파일을 불러온다.

〈**실습2**〉 그림과 같이 담당, 대리, 팀장이 들어가는 결재란을 그림 복사를 이용해 만들어 보자.

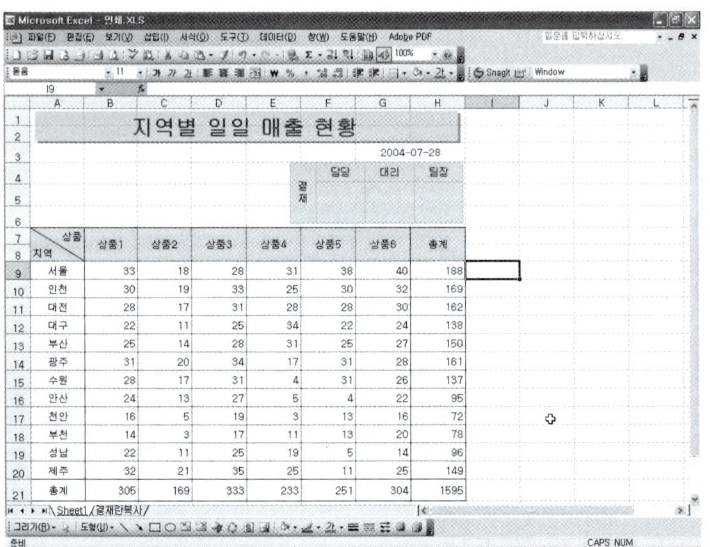

2 카메라로 결재란 만들기

❶ [예제] 폴더에서 [결재란.xls]를 불러온다. 먼저 카메라 아이콘을 도구 모음으로 위치시켜 보자. [보기 메뉴] → [도구 모음] → [사용자 지정] 버튼을 클릭한다.

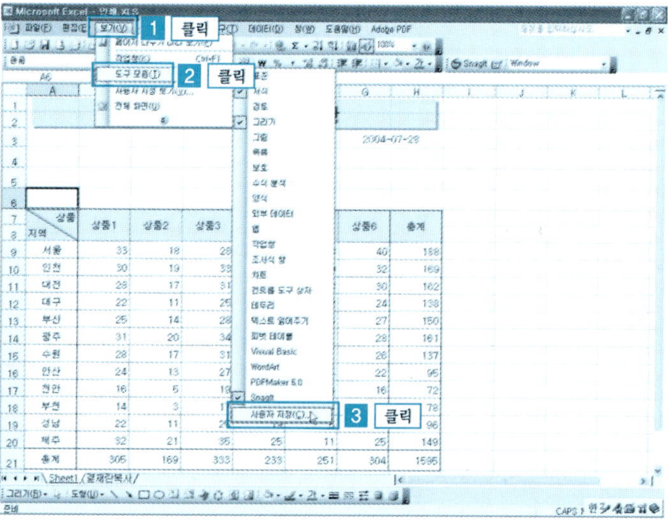

❷ [사용자 지정 대화상자] → [명령] → [도구] → [카메라]를 클릭하여 도구 모음으로 드래그하여 추가한다. [닫기] 버튼을 클릭한다.

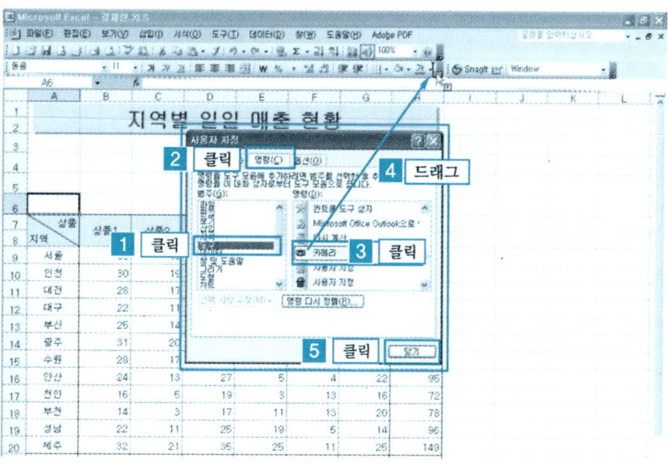

❸ 그림과 같이 도구 모음에 카메라 아이콘이 추가된 것을 확인할 수 있다.
[결재란복사] 시트 선택 → [❷번의 결재란 만들기] → [A1:D2 드래그] →
[카메라 아이콘] 버튼을 클릭한다.

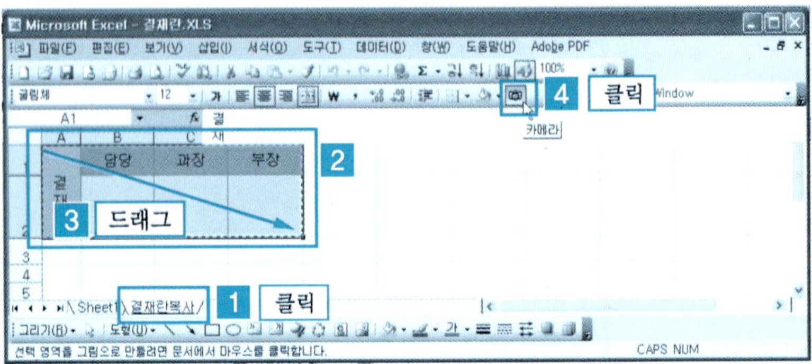

❹ 다시 [Sheet 1 선택] → 결재란을 위치시킬 곳에 마우스를 가져가면 '+' 모양
이 생긴다. 적당한 위치를 지정해서 마우스를 클릭한다.

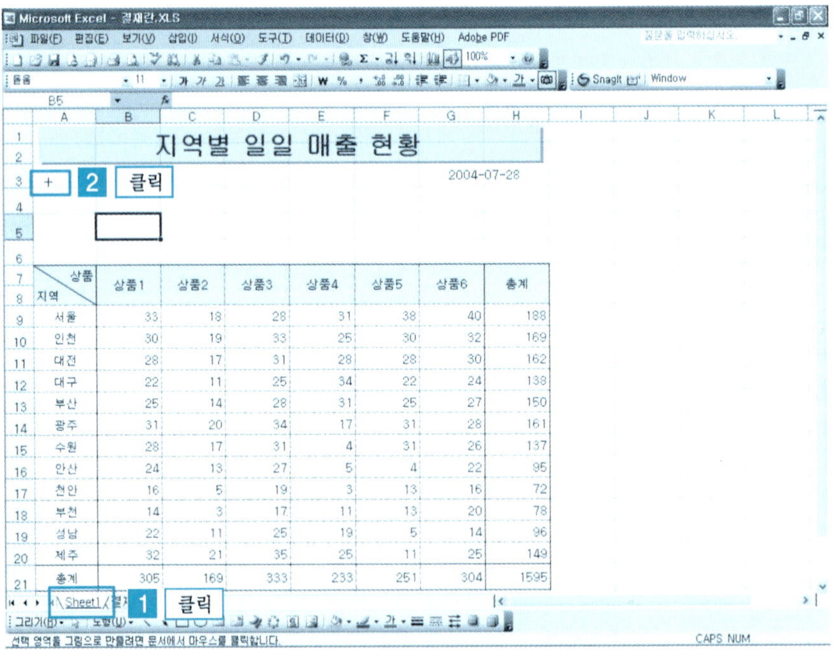

⑤ 그림과 같이 결재란이 나타난다. 개체 포인터를 이용하여 위치와 크기를 조절한다. 결재란을 마우스로 클릭하면 카메라로 선택한 영역이 절대 참조의 형태로 표시된다.

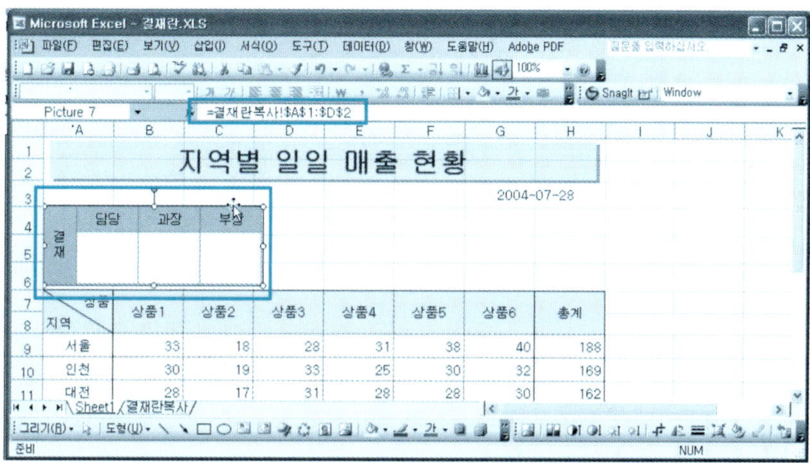

⑥ 결재란의 내용을 수정해 보자.

[결재란복사 시트 클릭] → [그림과 같이 과장] → [대리, 부장] → [팀장]으로 수정한다. 다시 Sheet 1로 가보자.

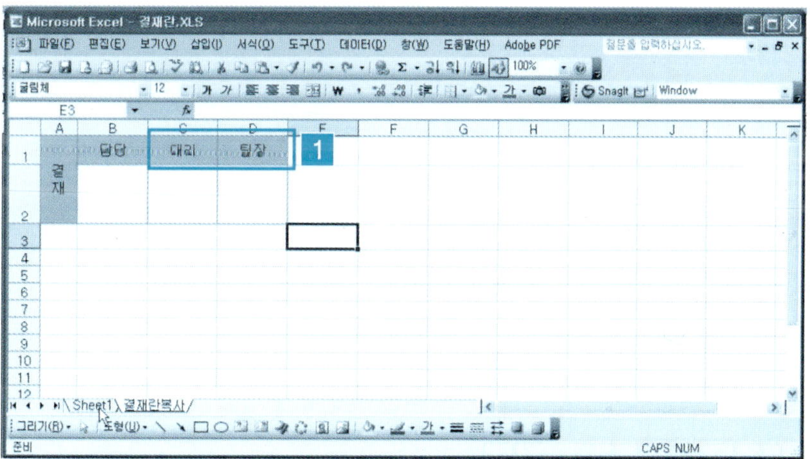

❼ 그림과 같이 결재란의 내용이 원본과 같이 수정되는 것을 확인할 수 있다.

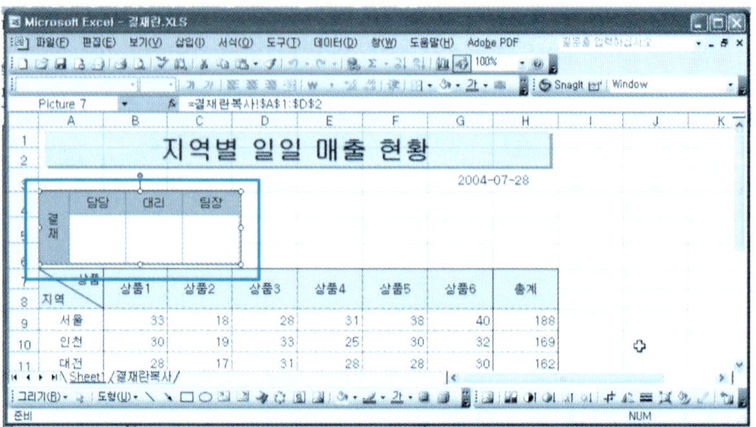

❽ 카메라로 복사한 결재란의 테두리를 보면 검은색 테두리가 생긴 것이 확인된다.
[개체 포인터 클릭] → [마우스 오른쪽 버튼 클릭] → [그림 서식] 버튼을 클
릭한다.

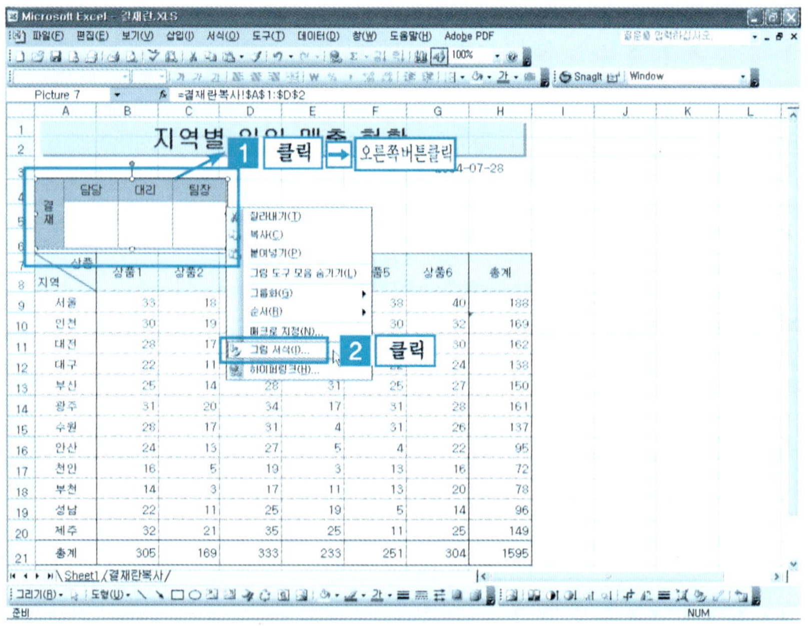

⑨ [그림 서식 대화상자] → [채우기] → [채우기 없음] → [선] → [선 없음] →
[확인] 버튼을 클릭한다.

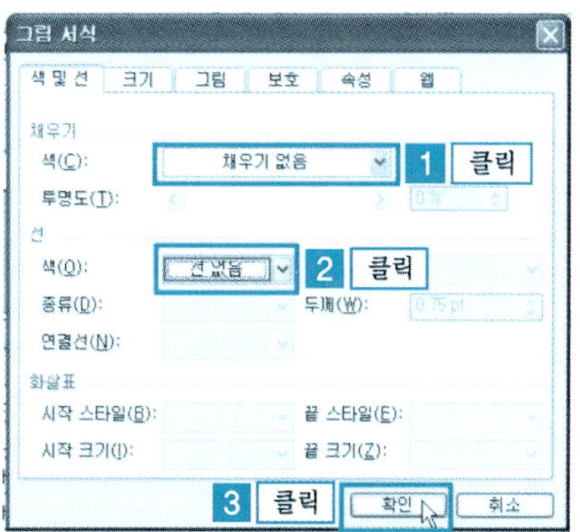

⑩ 그림과 같이 결재란의 칸 안이 투명해지고 외부의 검은색 테두리가 없어졌다.
(채우기색, 테두리색을 사용자가 지정하여 사용할 수 있다.)

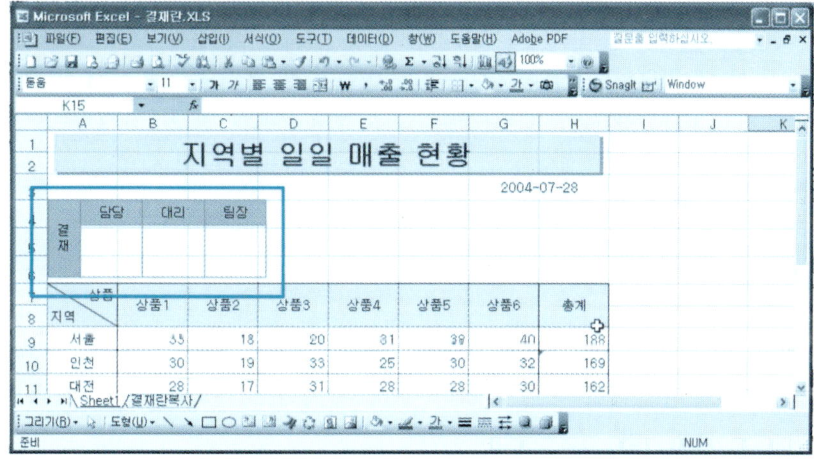

단 원 실 습 문 제

〈**실습1**〉 [예제] 폴더에서 [결재란.xls] 파일을 불러온다.

〈**실습2**〉 그림과 같이 담당, 대리, 팀장이 들어가는 결재란을 카메라를 이용해 만들어 보자.

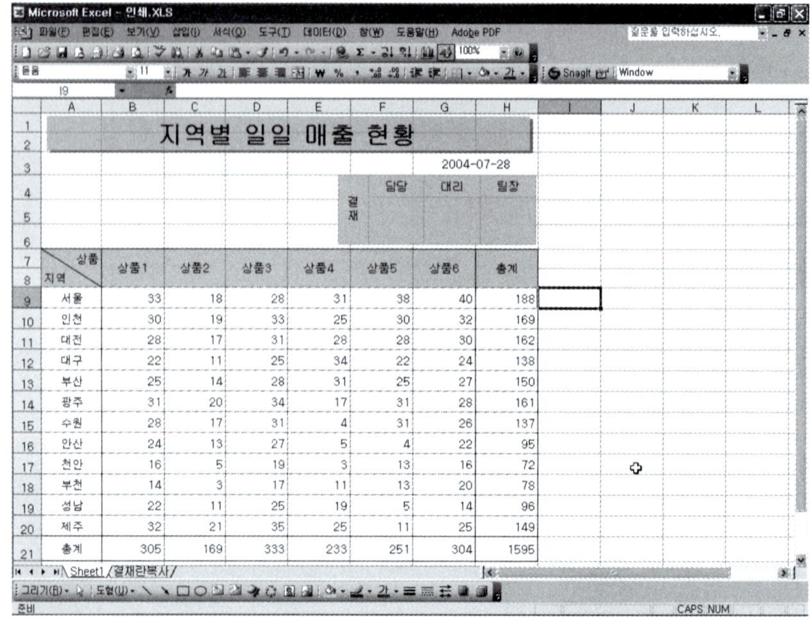

8.2 | 오류검사와 유효성 검사

1 오류검사와 오류 추적

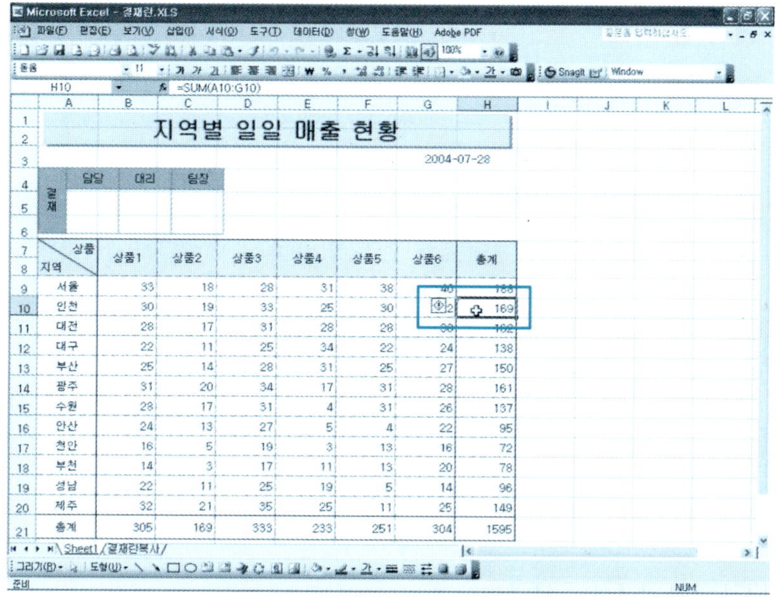

① 그림처럼 엑셀을 사용하다보면 셀의 왼쪽 윗부분에 초록색 모양이 작은 단
추처럼 나타난다. 그 셀을 클릭하면 과 같은 오류표시가 나타난다. 이 오
류의 좀 더 자세한 방법을 찾으려면 [오류검사]를 사용한다. [오류검사]는 오
류가 발생한 셀을 검색하고, 잘못된 수식이나 값 등을 알려준다. 또한 [오류
추적]이나 [수식분석]을 이용하면 어떤 셀을 참조하고 있는지 한눈에 파악할
수 있다.

② [예제] 폴더에서 [결재란.xls] 파일을 불러온다.
시트 전체에 어떤 오류가 있는지 검사해 보자. [도구] → [오류검사] 버튼을
클릭한다.

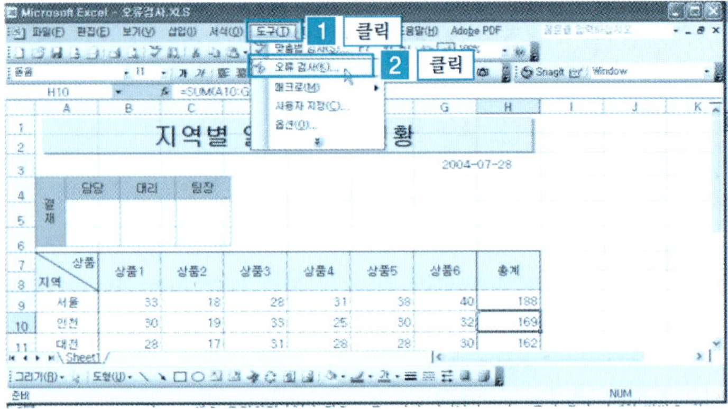

❸ 커서가 오류가 있는 셀로 옮겨지고 [오류검사] 대화상자가 나타난다. 오류가
발생한 셀이 표시되고, 오류의 내용이 나타난다. [다음] 버튼을 클릭한다.

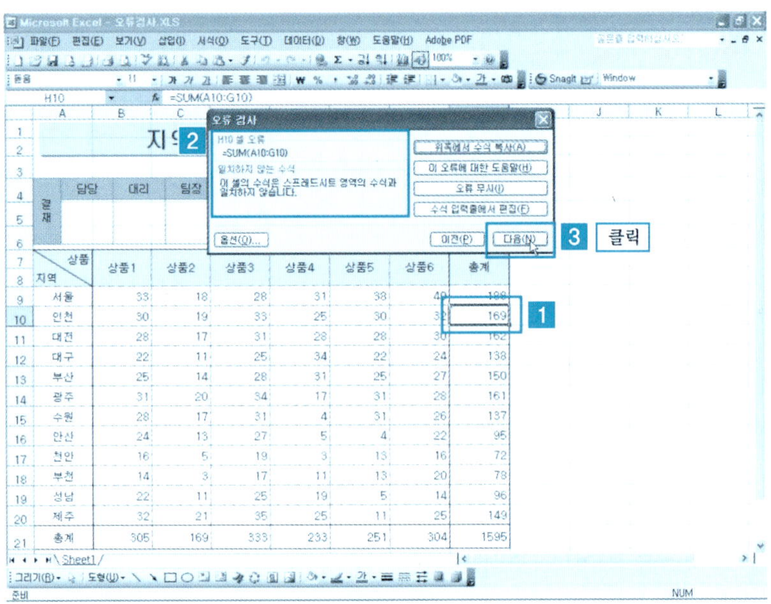

❹ 오류검사가 모두 끝나면 [오류 검사완료 메시지 창]이 나타난다. [확인] 버튼
을 클릭한다.

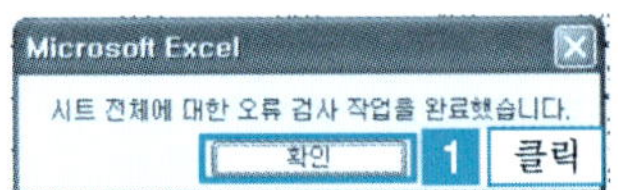

❺ [예제] 폴더에서 [결재란.xls] 파일을 불러온다.

발생한 오류를 추적해 보자. [C22 셀 선택] → [도구] → [수식분석] → [오류 추적] 버튼을 클릭한다.

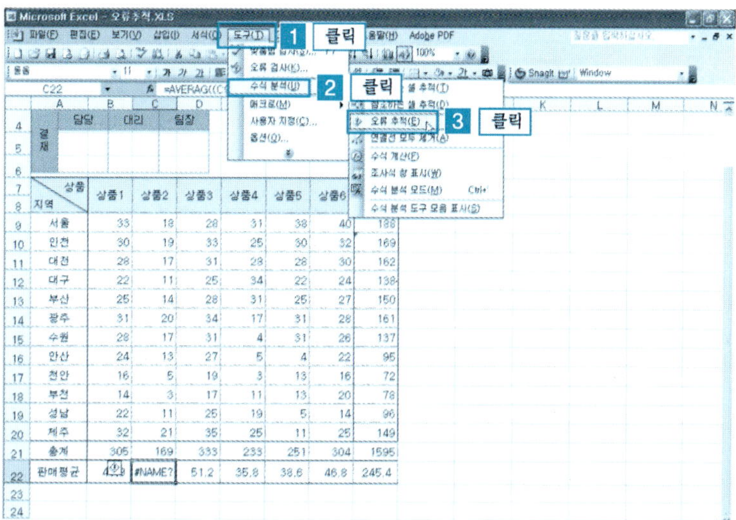

❻ 그림과 같이 오류난 셀의 수식에 참조된 셀이 선으로 연결된다.

(오류참조시 나타난 연결선 삭제 : [도구] → [수식분석] → [연결선 모두 제 거] 버튼을 클릭한다.)

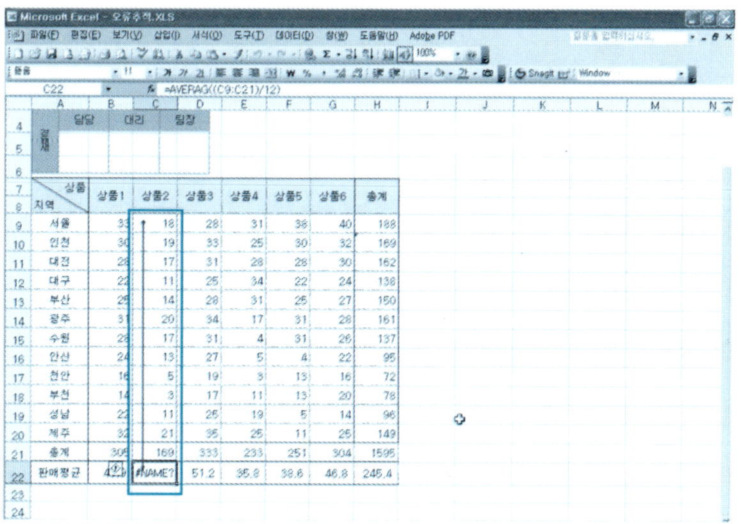

⑦ C22 셀을 클릭하고 오류표시 에 마우스를 놓으면 그림과 같이 오류에 대한 설명이 나타난다.

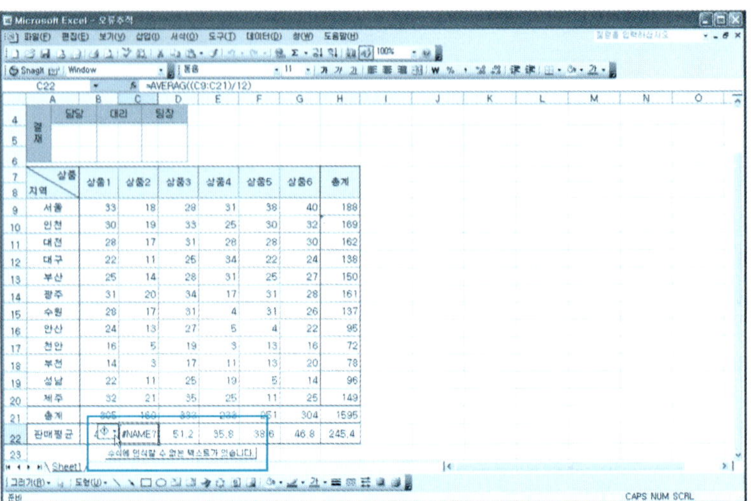

⑧ 오류표시 를 클릭해 보자. 그림과 같이 오류로 인해 사용할 수 있는 메뉴가 나타난다. 이 메뉴를 이용해 오류를 분석하고 수정할 수 있다.

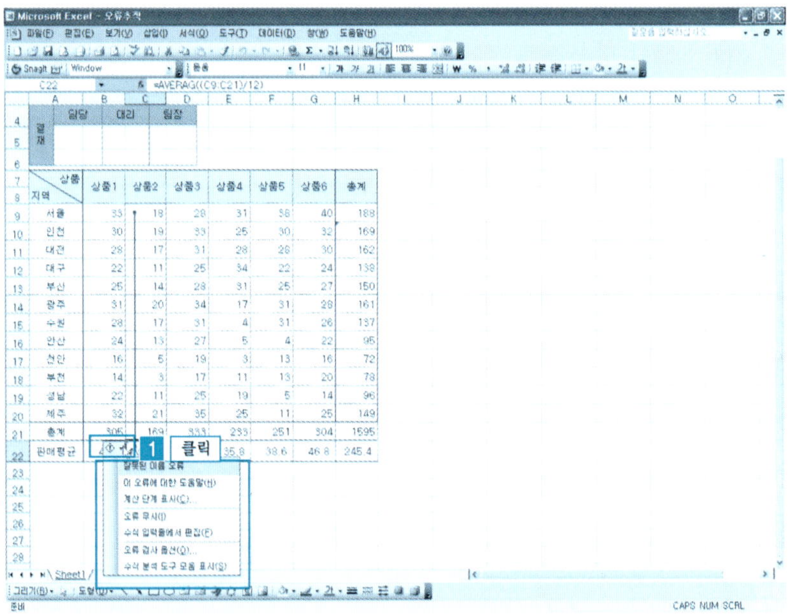

2 지정 범위의 숫자만 입력

입력할 범위의 일정한 값을 설정하여 그 값을 벗어날 경우 입력할 수 없게 하는 기능을 엑셀에서는 제공을 해준다. 또한 메시지를 표시하여 다른 사용자에게 데이터 입력에 대한 안내를 할 수 있기 때문에 여러 사람이 공유하여 사용하는 문서에 설정할 경우 편리하다.

❶ [예제] 폴더에서 [입력제한.xls]를 불러온다.

　[B열] 클릭 → [데이터 메뉴] → [유효성 검사] 버튼을 클릭한다.

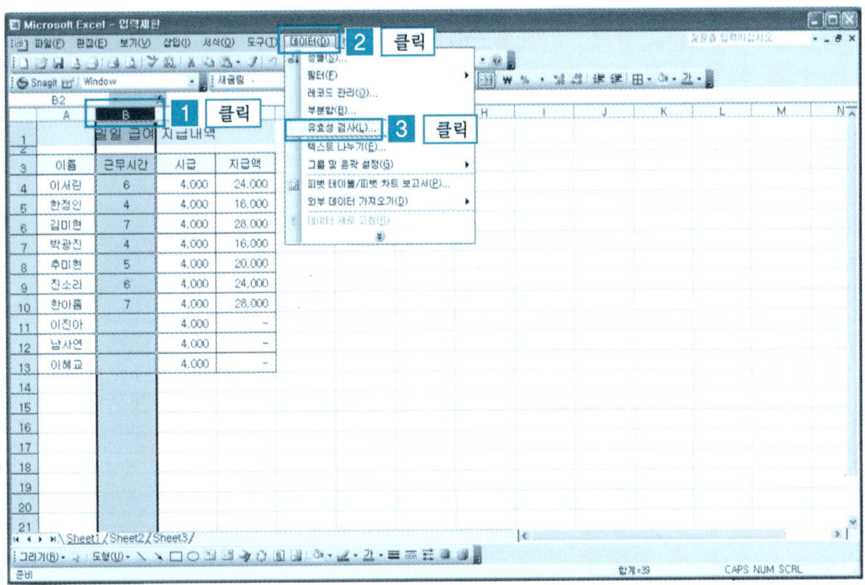

❷ [데이터 유효성 대화상자] → [설정] → [제한 대상]의 정수 선택 → [제한범위]의 다음 값의 사이 적용 선택 → [최소값]에 3 입력 → [최대값]에 7 입력 → [설명 메시지] 버튼을 클릭한다.

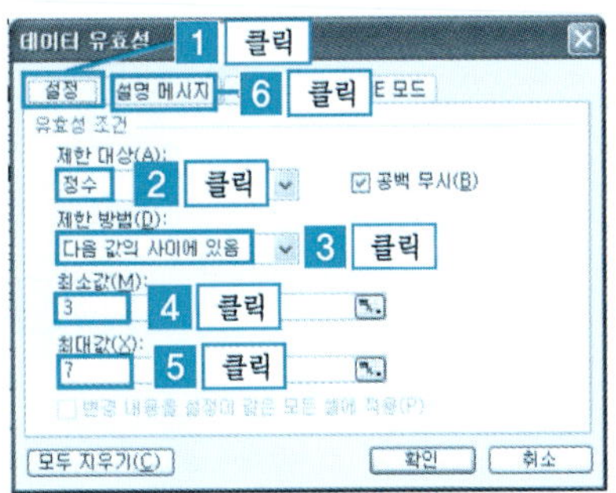

❸ [셀을 선택하면 설명 메시지 표시] 선택 → [제목]에 [근무시간을 제안합니다]입력 → [설명 메시지]에 [일일 근무시간은 최소 3시간이고 최대 7시간입니다]입력 → [확인] 버튼을 클릭한다.

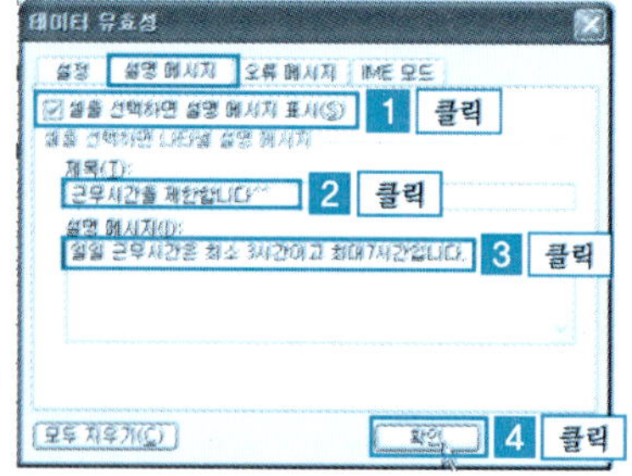

❹ [B11] 셀을 클릭해 보자. 그림과 같이 입력한 설명이 나타난다.

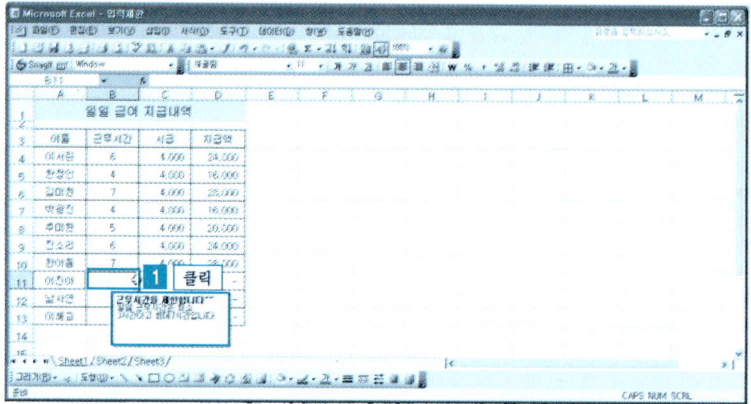

❺ 데이터를 입력해 보자. [B11] 셀에 [8]을 입력하면 잘못된 값이 입력되었다는 경고창이 나타난다. 다시 입력하려면 [다시 시도]를, 입력을 취소하려면 [취소] 버튼을 클릭한다.

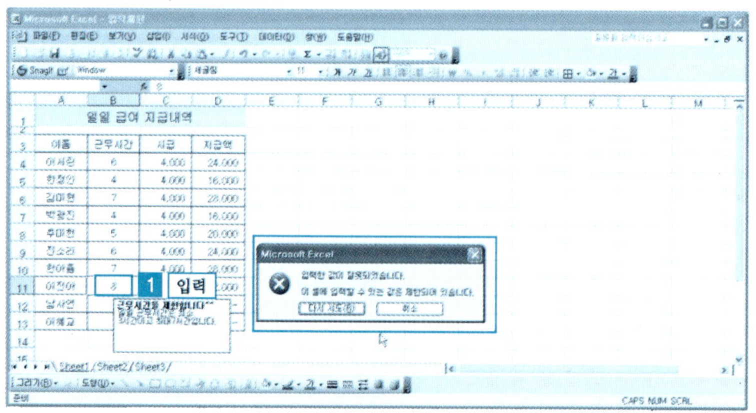

단원 실습 문제

〈**실습1**〉 [예제] 폴더에서 [입력제한.xls] 파일을 불러온다.

〈**실습2**〉 근무시간을 최소 4시간, 최대 8시간으로 제한해 보자.

3 유효성 검사로 자릿수 제한

❶ [예제] 폴더에서 [자릿수제한.xls] 파일을 불러온다.

[B열] 선택 → [데이터 메뉴] → [유효성 검사] 버튼을 클릭한다.

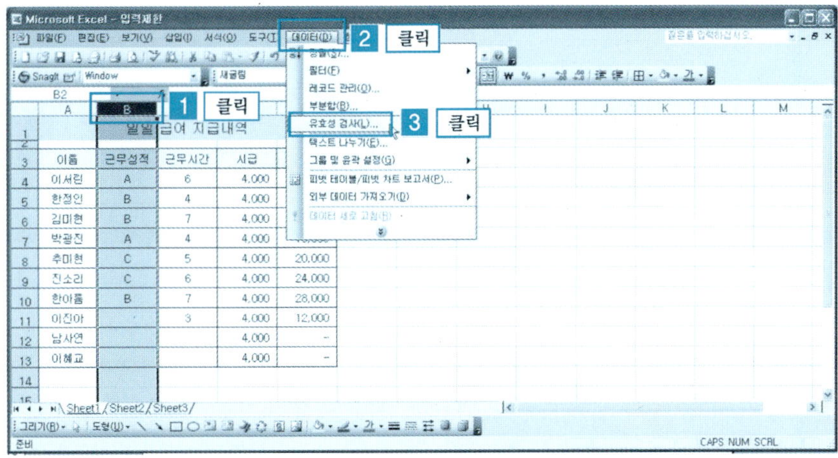

❷ [데이터 유효성 대화상자] → [텍스트길이] → [다음과 같음] → [1] 입력 → [확인] 버튼을 클릭한다.

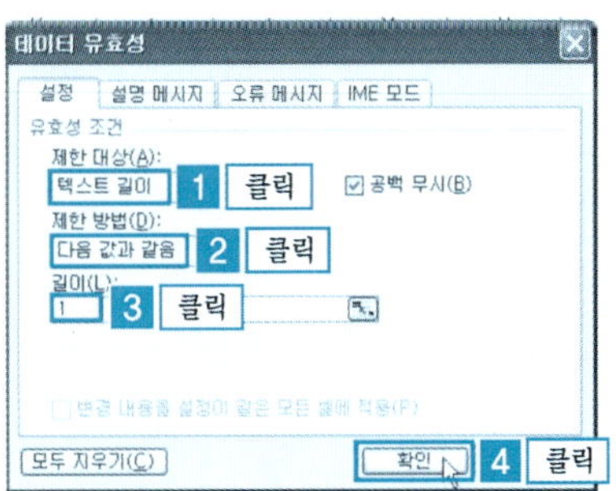

❸ [B11] 셀에 [A+]를 입력해 보자. 그림과 같이 오류 경고창이 나타난다.

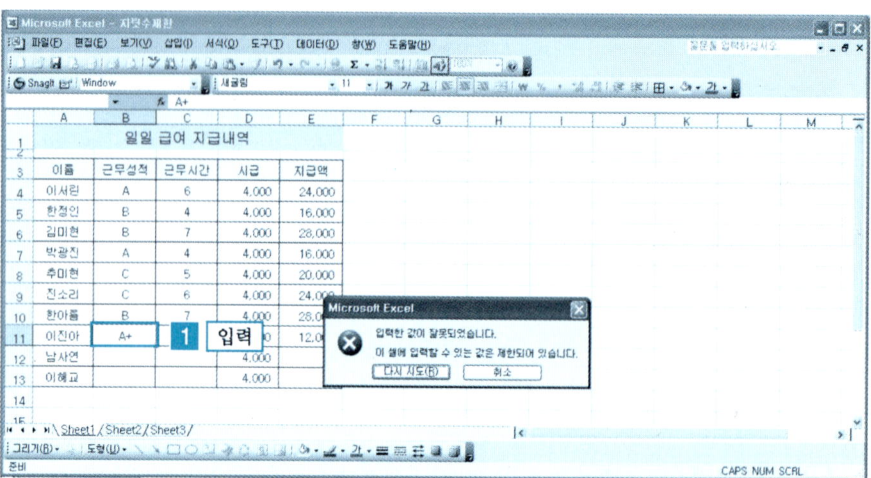

단 원 실 습 문 제

〈**실습1**〉 [예제] 폴더에서 [자릿수제한실습.xls] 파일을 불러온다.

〈**실습2**〉 근무부서의 자릿수를 세 자리로 제한해 보자.

4 유효성 검사 삭제

❶ [예제] 폴더에서 [유효성검사삭제.xls] 파일을 불러온다.

[B 열]을 선택 → [데이터 메뉴] → [유효성 검사] 버튼을 클릭한다.

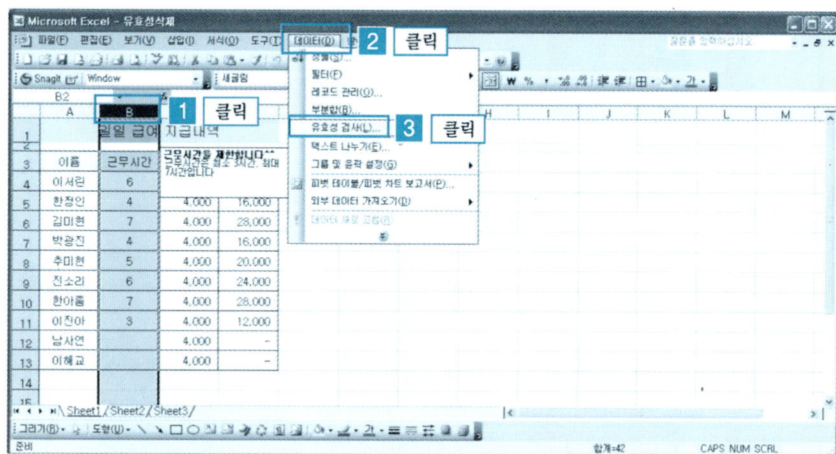

❷ [데이터 유효성 대화상자] → [모두 지우기] 버튼을 클릭한다.

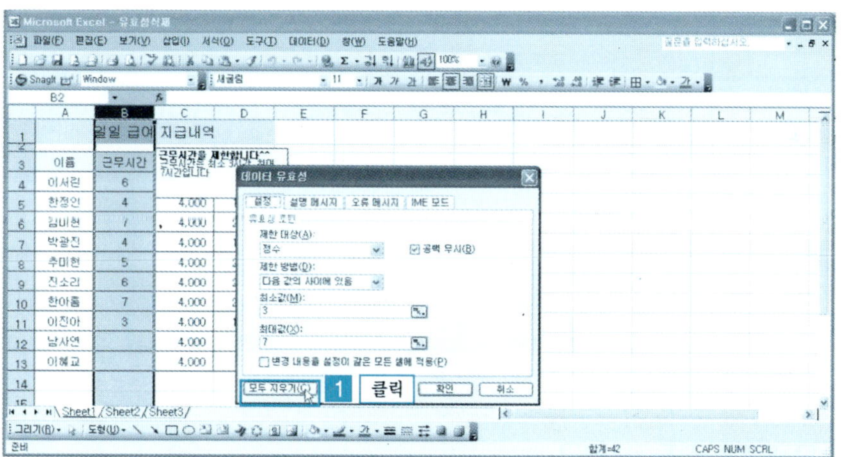

❸ 유효성 조건이 모두 지워지고, 처음 유효성 조건을 입력하는 상태가 된다.
[확인] 버튼을 클릭한다.

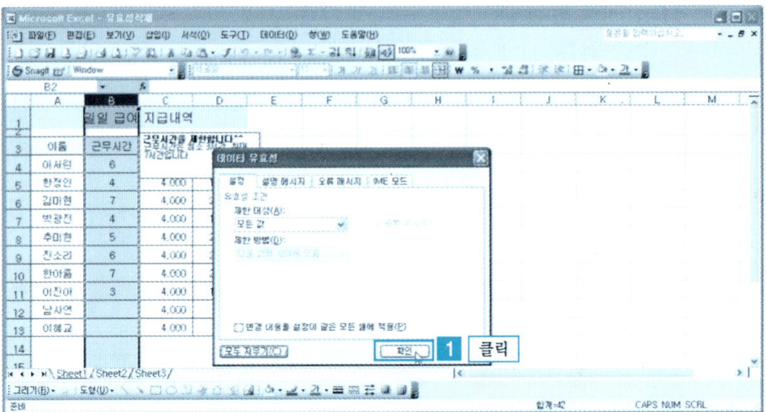

❹ [B12] 셀에 8을 입력해 보자. 유효성 조건이 삭제되어 입력된다.

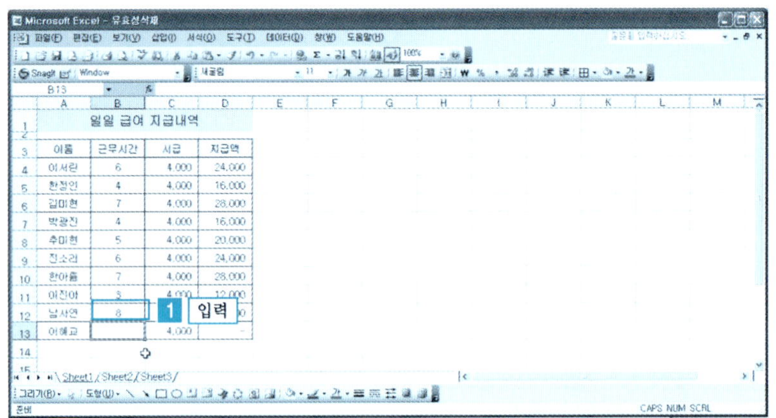

단 원 실 습 문 제

〈실습1〉 [예제] 폴더에서 [유효성삭제실습.xls] 파일을 불러온다.

〈실습2〉 C 열에 입력되어 있는 유효성 조건을 삭제해 보자.

8.3 | 한글과 데이터 교환

1 한글 표를 엑셀로 불러오기

한글에서 작성한 표는 텍스트로 변환 후 엑셀에서 붙여넣기를 하여 사용할 수 있다.

❶ 한글을 실행시키고 [예제] 폴더에서 [시간표.HWP] 파일을 불러온다. 한글에서 표를 선택한 후 [표] → [표를 문자열로] 버튼을 클릭한다.

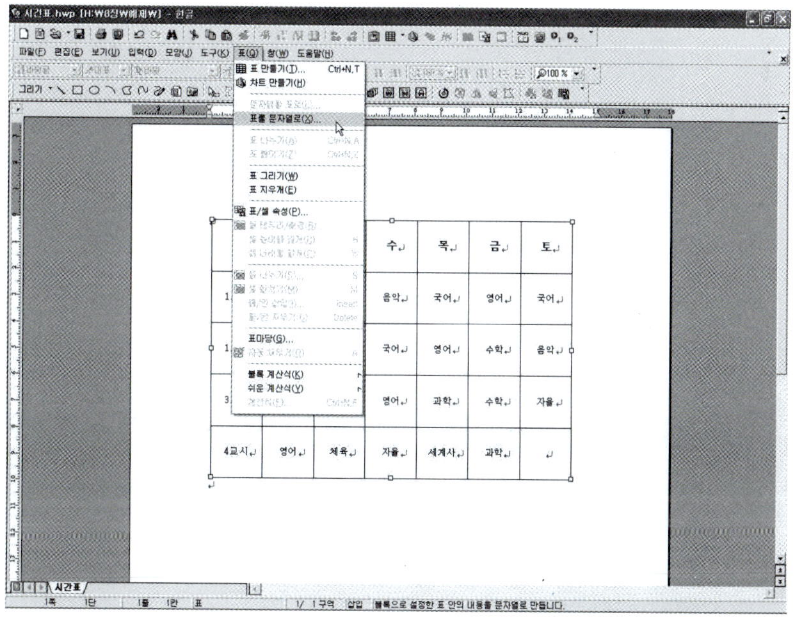

❷ [표준 문자열로 만들기 대화상자] → [빈칸] 선택 → [설정] 버튼을 클릭한다.

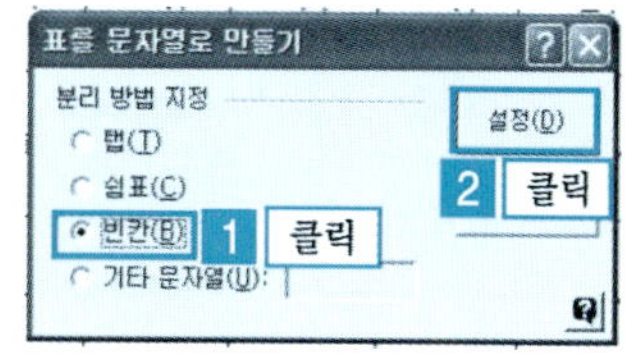

❸ 표의 선이 없어지고, 문자열이 탭으로 분리되어 나타난다. [내용 전체 드래그] → [블록 설정] → [편집 메뉴] → [복사하기] 버튼을 클릭한다.

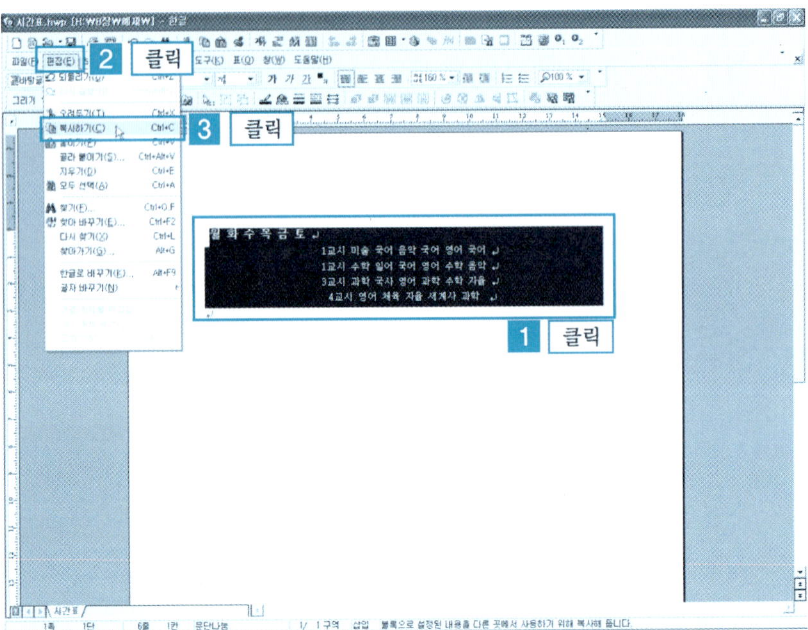

❹ 엑셀의 새로 만들기를 클릭하고 A1 셀에 단축키를 사용하여 붙여 넣는다. 스마트태그를 클릭하여 [주변 서식에 맞추기] 버튼을 클릭한다.

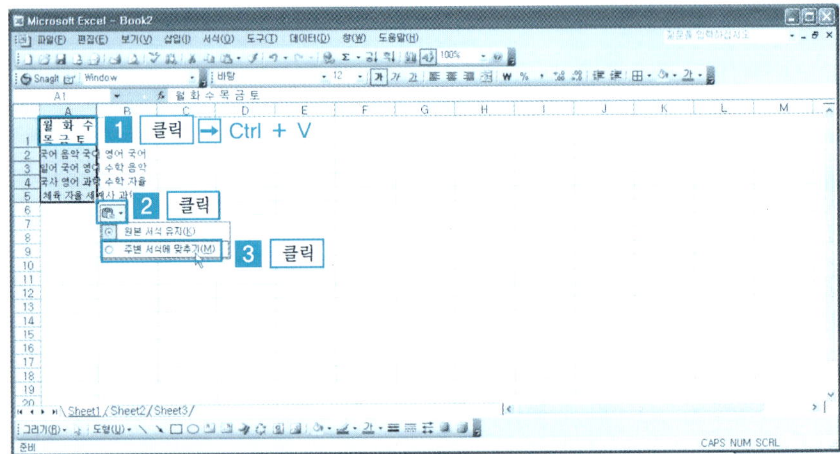

2 셀의 텍스트 나누기

워드프로세서나 인터넷 등에서 데이터를 붙여넣기 하면 텍스트가 한 셀에 모두 입력되어 있다. 이 텍스트를 셀마다 나누려면, [텍스트 나누기]를 이용하면 된다. 입력된 텍스트를 띄어쓰기 기준으로 나누는 방법을 알아보자.

❶ [예제] 폴더에서 [텍스트나누기.xls] 파일을 불러온다.
[A1:A5] 드래그 → [데이터 메뉴] → [텍스트 나누기] 버튼을 클릭한다.

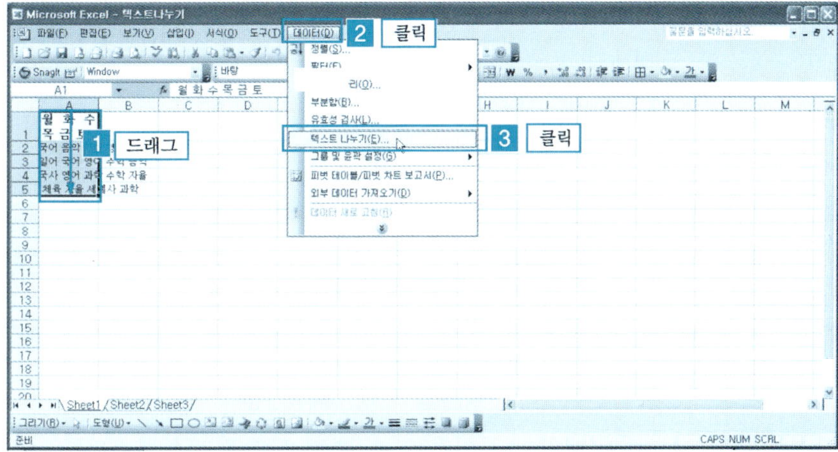

❷ [텍스트 마법사 1단계 대화상자] → [구분 기호로 분리됨] 선택 → [다음] 버튼을 클릭한다.

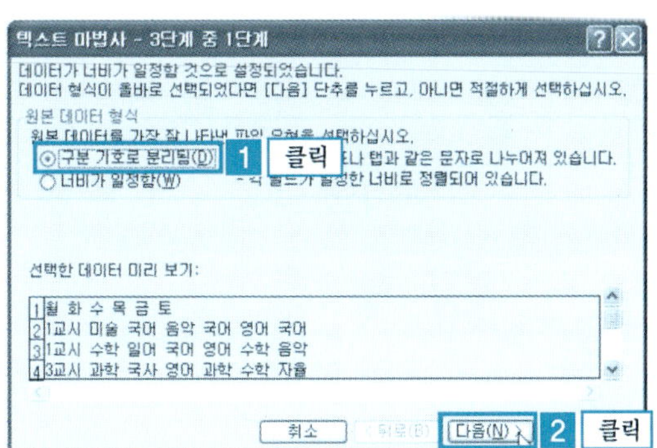

❸ [텍스트 마법사 2단계 대화상
자] → [구분 기호] → [공백]
을 선택 → [다음] 버튼을 클
릭한다.

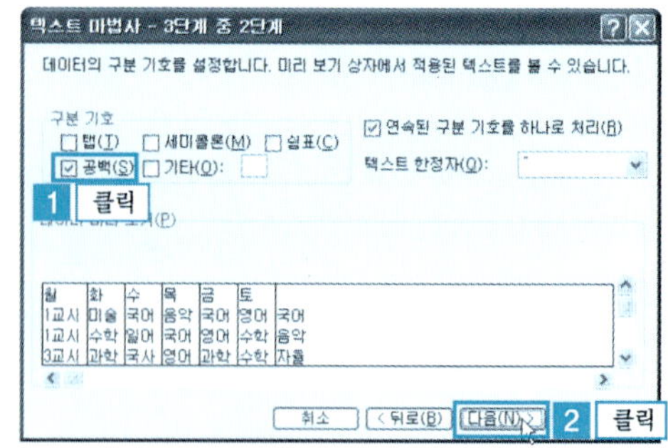

❹ [텍스트 마법사 3단계 대화상
자]가 나타난다. 구분된 열마
다 데이터 서식을 지정할 수
있다. [마침] 버튼을 클릭한
다.

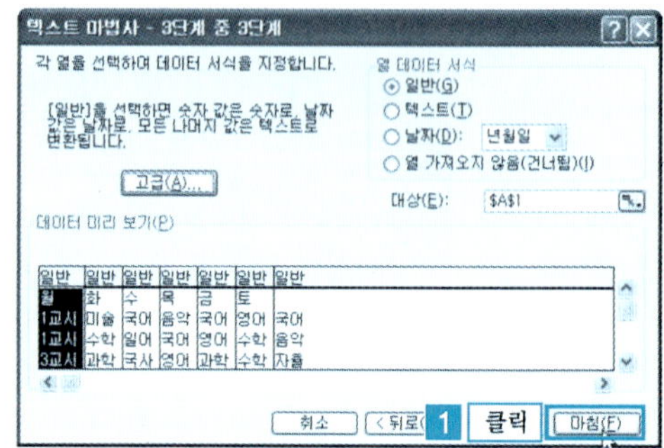

❺ 그림과 같이 셀에 텍스트가 나누어져 있다.
(A1 셀에 요일이 들어가 있다. 공백을 기준으로 텍스트를 나누어서 첫 번째
셀에 '월'이 나누어져 있다.)

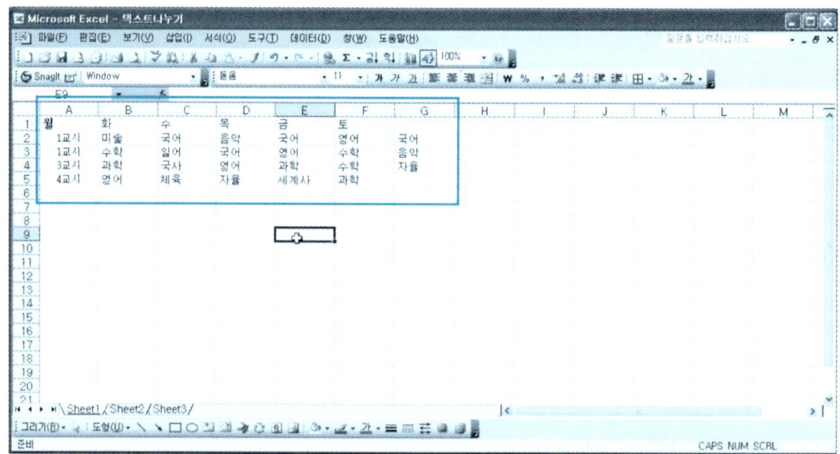

단 원 실 습 문 제

〈**실습1**〉 텍스트의 구분 기호 중 공백으로 텍스트를 아래의 형식으로 나눠보자.

〈**실습2**〉 [예제] 폴더에서 [텍스트나누기실습.xls] 파일을 불러온다.

이름	도	시	동	번지

3 열의 텍스트 나누기

❶ [예제] 폴더에서 [열기준나누기.xls] 파일을 불러온다.

[A1:A5] 드래그 → [데이터 메뉴] → [텍스트 나누기] 버튼을 클릭한다.

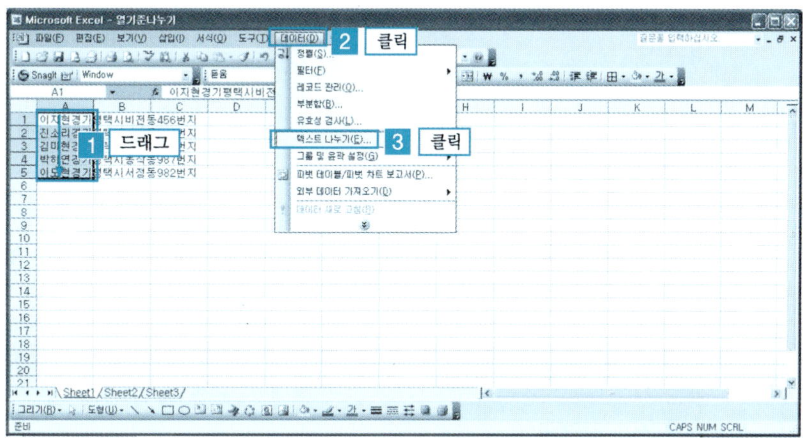

❷ [텍스트 마법사 1단계 대화상
자] → [너비가 일정함] 선택
→ [다음] 버튼을 클릭한다.

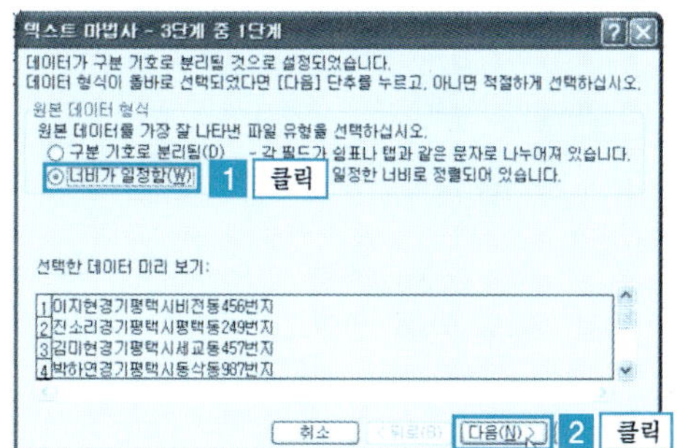

❸ [텍스트 마법사 2단계 대화
상자] → [열 너비 구분한 곳
클릭]하면 화살표가 생기며
열이 나눠진다. 텍스트의 열
너비에 맞게 조정한다. [다
음] 버튼을 클릭한다.

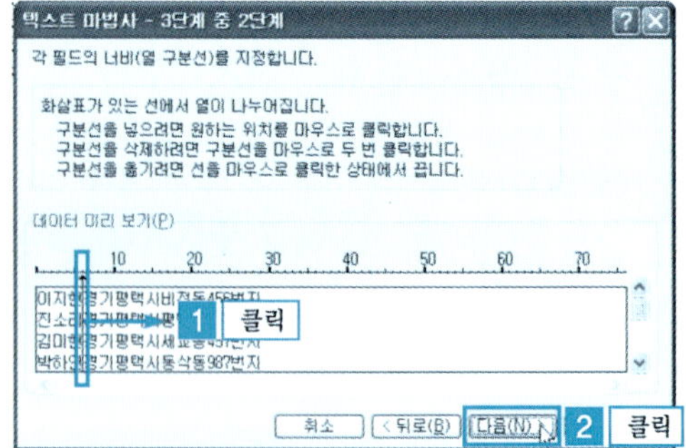

❹ [텍스트 마법사 3단계 대화
상자] → [열 데이터 서식]의
[텍스트 선택] → [마침] 버
튼을 클릭한다.

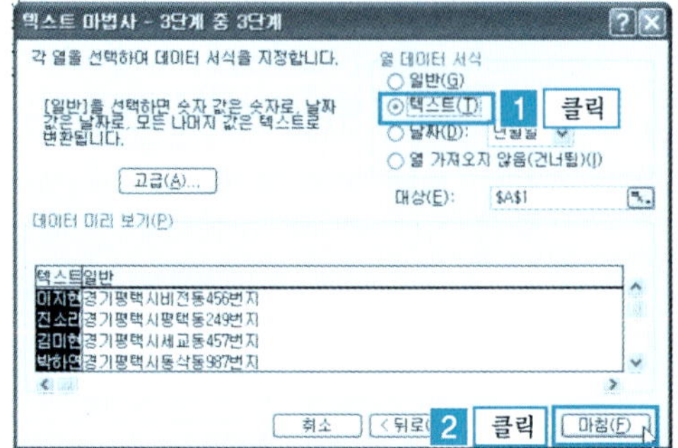

❺ 그림과 같이 열 너비 기준으로 나눠진 것을 확인할 수 있다.

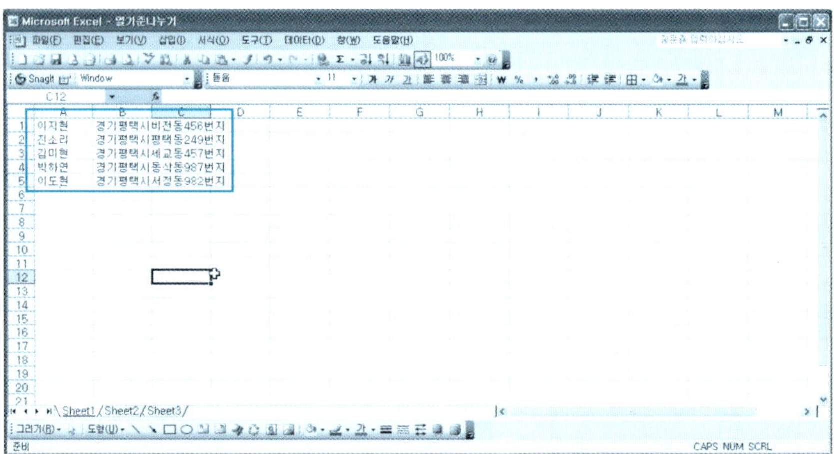

단 원 실 습 문 제

〈**실습1**〉 열 너비를 기준으로 텍스트를 아래의 형식으로 나눠보자.
〈**실습2**〉 [예제] 폴더에서 [열기준나누기.xls] 파일을 불러온다.

이름	도	시	동	번지

4 엑셀의 표를 한글로 불러오기

❶ [예제] 폴더에서 [표를한글로.xls] 파일을 불러온다.

[A1:G5] 드래그 → [마우스 오른쪽 버튼 클릭] → [복사] 버튼을 클릭한다.

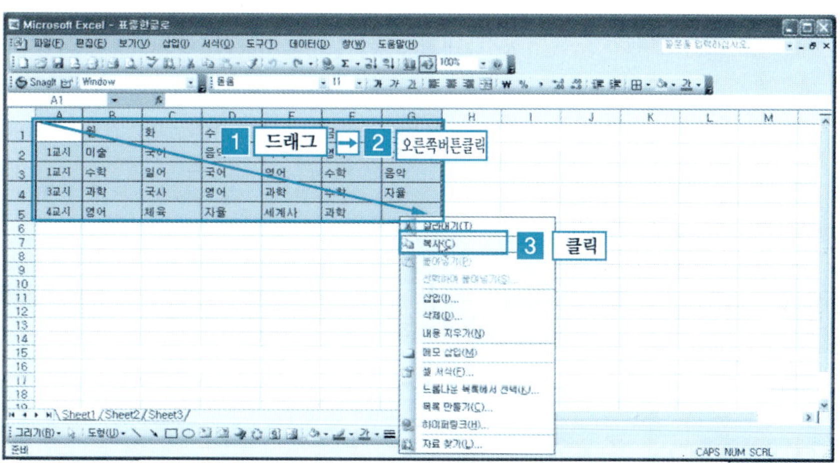

❷ 한글을 실행한 후 [편집 메뉴] → [골라 붙이기] 버튼을 클릭한다.

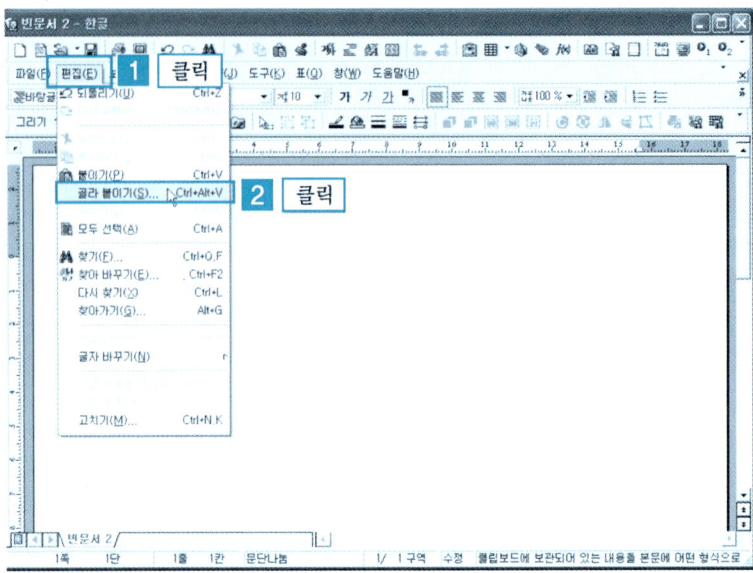

❸ [선택하여 붙여넣기 대화상자] → [Microsoft Office Excel 워크시트] 선택 →
[확인] 버튼을 클릭한다.

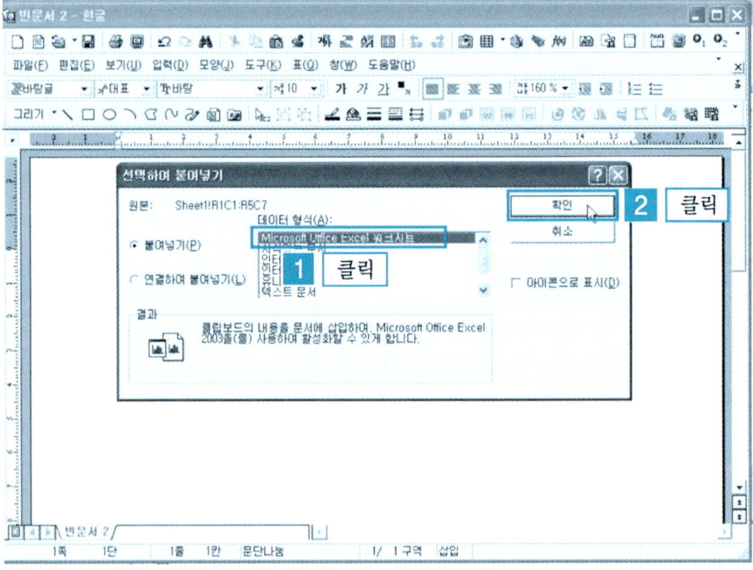

④ 그림과 같이 엑셀의 표가 한글에 복사된다. (복사된 내용이 그림처럼 나타난다. 칸의 내용을 수정하려면 마우스로 두 번 클릭하여 수정한다.)

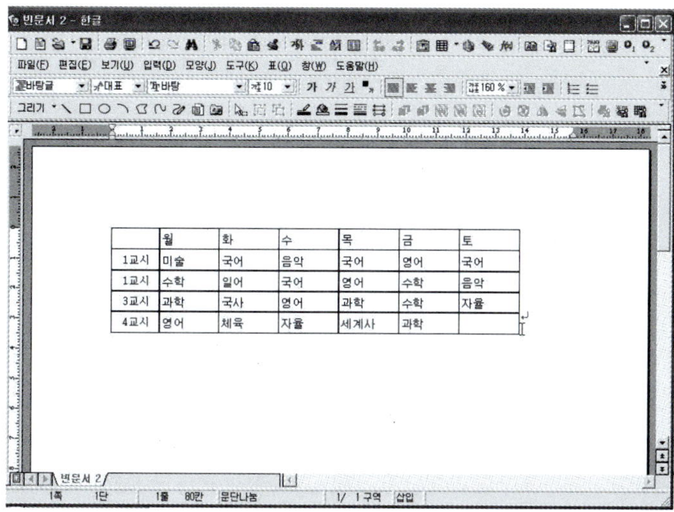

단 원 실 습 문 제

〈**실습1**〉 [예제] 폴더에서 [입력제한.xls] 파일을 불러온다.
〈**실습2**〉 불러온 엑셀 파일의 서식을 한글로 옮겨보자.

8.4 | 하이퍼링크 활용

하이퍼링크란 인터넷에서 그림이나 텍스트를 클릭할 경우 다른 주소의 문서로 이동하는 것을 말한다. 엑셀에서 하이퍼링크 기능을 사용하면 데이터와 관련된 내용이 포함되어 있는 웹사이트로 이동하거나, 데이터의 내용을 보충 설명하는 다른 문서를 연결하여 불러올 수 있다.

1 인터넷 주소 입력

❶ [예제] 폴더에서 [하이퍼링크.xls] 파일을 불러온다.

[B2] 셀에 [www.hankyong.ac.kr]을 입력해 보자. 입력 후 커서를 [B2] 셀로 가져가면 그림과 같이 설명이 나타난다.

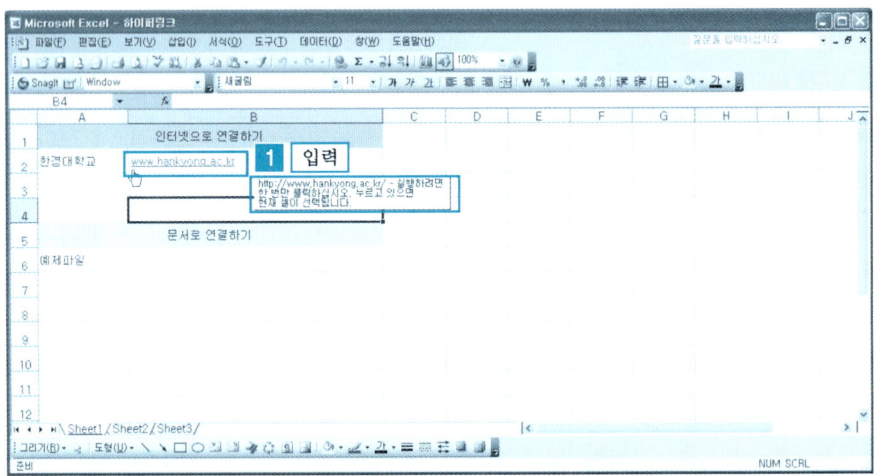

❷ B2 셀을 클릭한다.

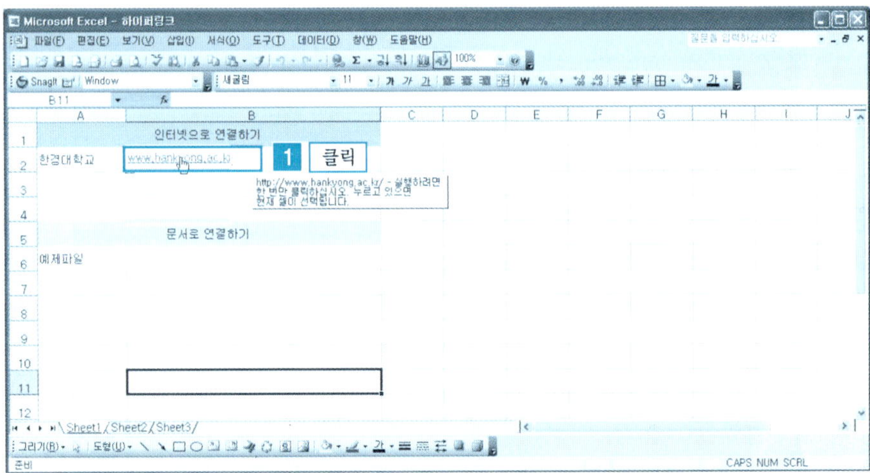

❸ 인터넷 익스플로러가 실행되고 입력한 주소의 웹사이트가 나타난다.

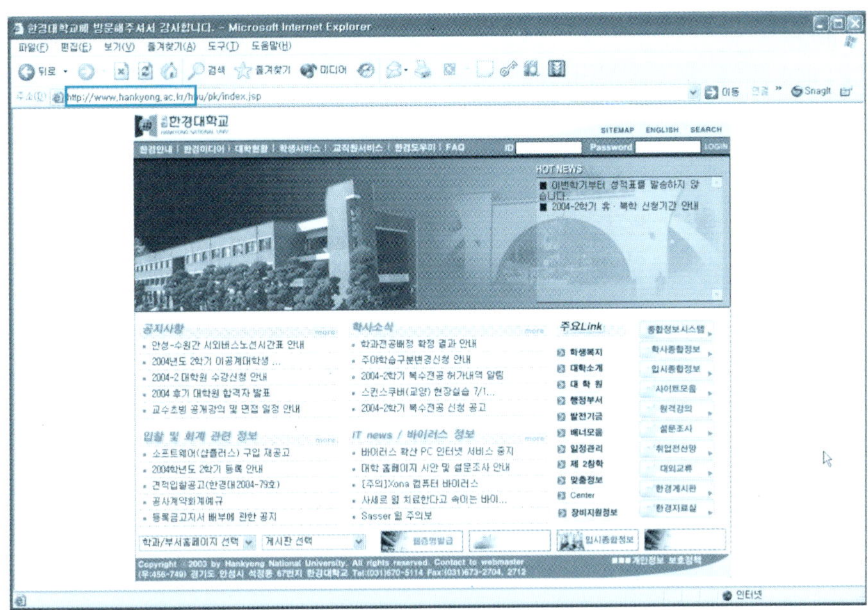

❹ 이번에는 입력한 텍스트에 하이퍼링크를 설정해 보자.

[A3]과 [B3] 셀에 [한경대학교 입력] → [B3 셀 선택] → [마우스 오른쪽 버튼 클릭] → [하이퍼링크] 버튼을 클릭한다.

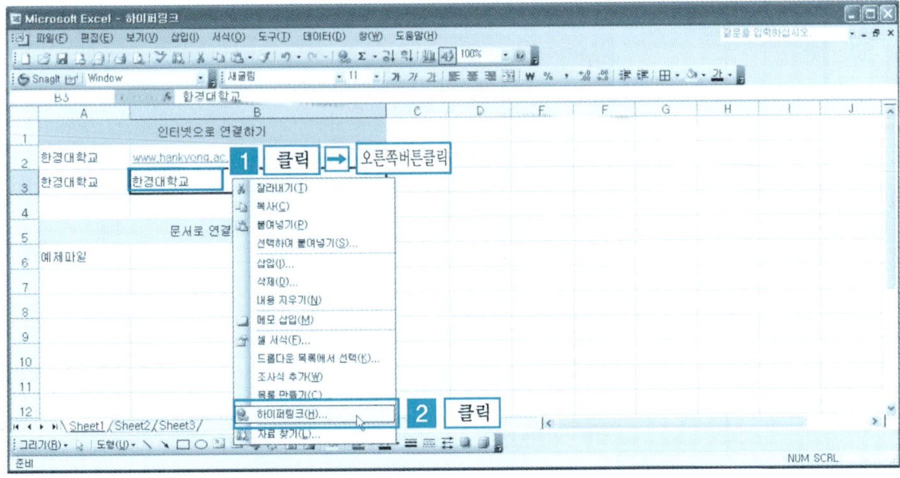

❺ [하이퍼링크 삽입 대화상자]
→ [주소에 연결할 인터넷
주소 입력] → [확인] 버튼
을 클릭한다.

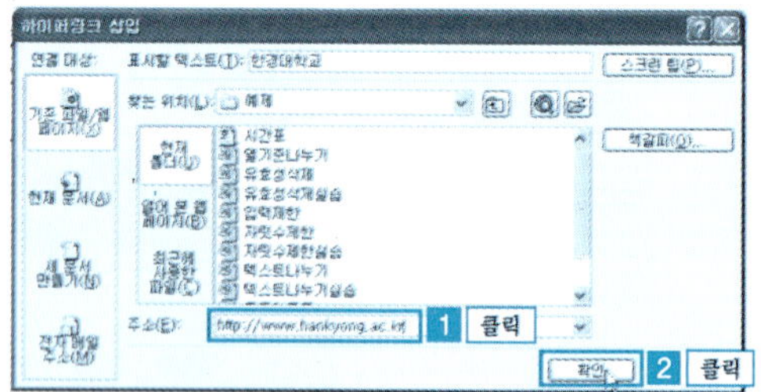

❻ [B3] 셀이 내용에 밑줄이 생기고 파란색으로 변한 것을 확인할 수 있다. [B3]
셀을 클릭한다.

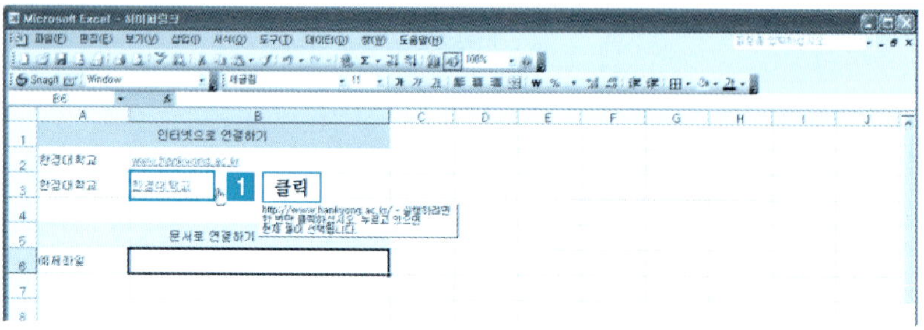

❼ 인터넷 주소를 입력했을 때와 마찬가지로 인터넷 익스플로러가 실행되면서
입력한 주소의 웹사이트가 나타난다.

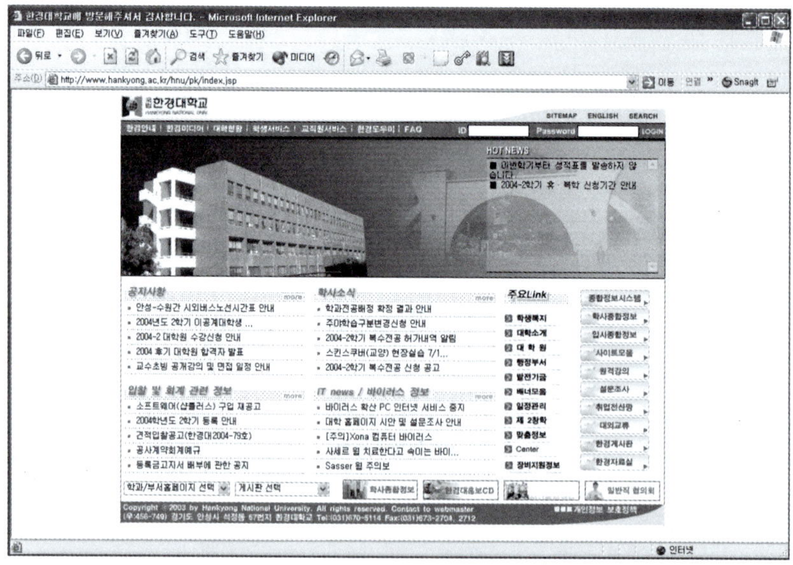

단원 실습 문제

〈**실습1**〉 [예제] 폴더에서 [하이퍼링크.xls] 파일을 불러온다.

〈**실습2**〉 자주 가는 사이트의 주소를 B2 셀에 입력해 보자.

〈**실습3**〉 자주 가는 사이트의 이름을 B3 셀에 입력하고 하이퍼링크로 주소를 연결해 보자.

2 하이퍼링크 편집

하이퍼링크를 삽입한 후 수정, 삭제에 대해서 알아보자.

❶ [B3 셀 선택] → [마우스 오른쪽 버튼 클릭] → [하이퍼링크 편집] 버튼을 클릭한다.

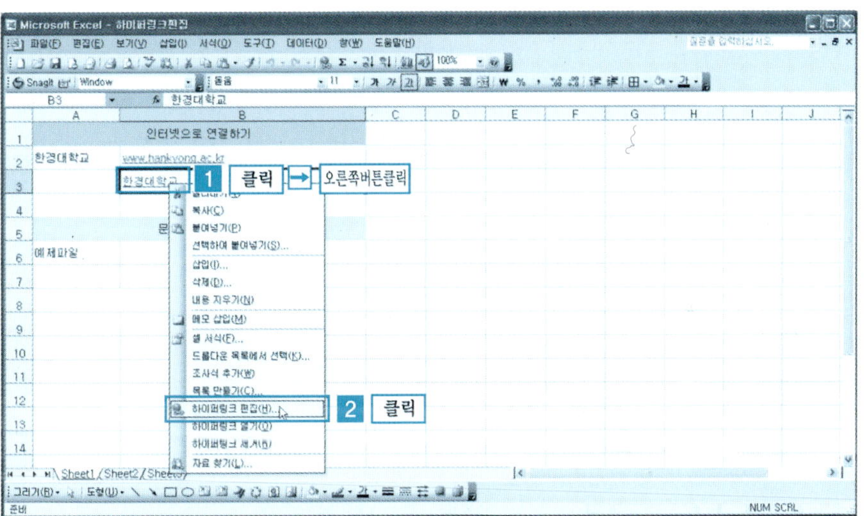

❷ [하이퍼링크 편집 대화상자] → [표시할 텍스트와 주소 수정] → [확인]을 클릭하면 하이퍼링크가 수정된다.

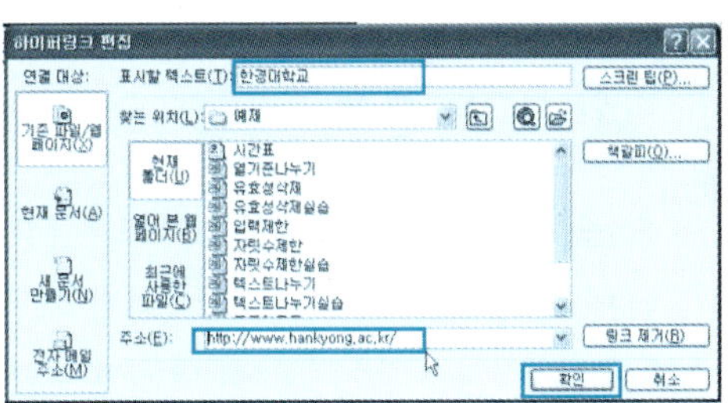

❸ 하이퍼링크를 제거해 보자.

[B3셀 클릭] → [마우스 오른쪽 버튼 클릭] → [하이퍼링크제거] 버튼을 클릭
한다.

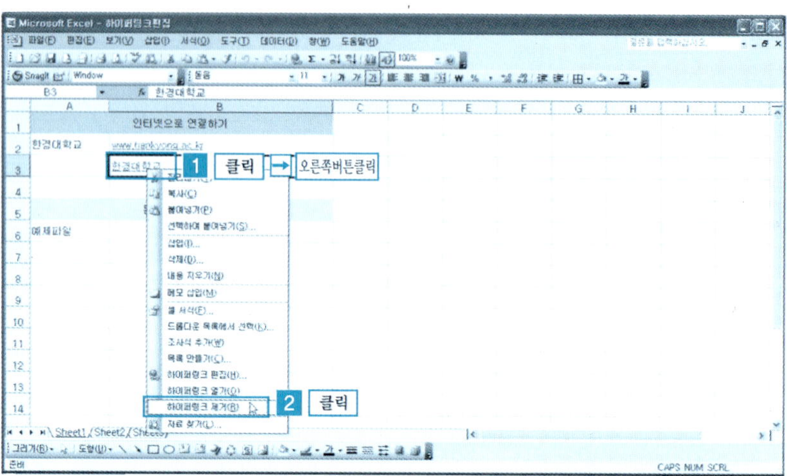

❹ 그림과 같이 하이퍼링크가 삭제되고, 글자의 색도 원래의 색으로 변경된다.

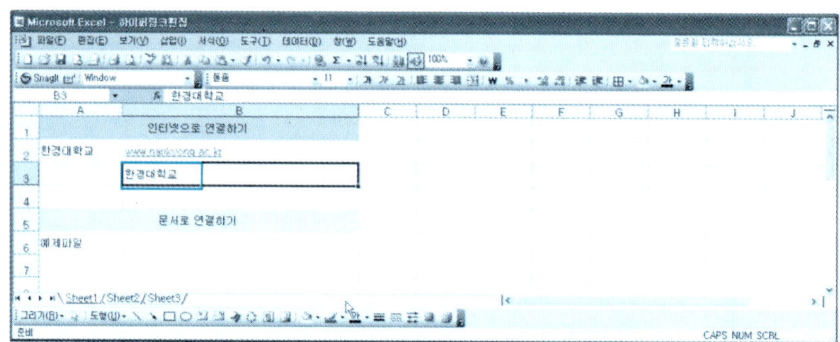

단 원 실 습 문 제

〈실습1〉 [B2] 셀의 표시할 텍스트를 [한경대학교]로 변경해 보자.

〈실습2〉 [예제] 폴더에서 [하이퍼링크편집.xls] 파일을 불러온다.

3 하이퍼링크로 다른 문서 연결

❶ 하이퍼링크를 삽입할 텍스트가 있는 [B6 셀] → [마우스 오른쪽 버튼] → [하이퍼링크] 버튼을 클릭한다.

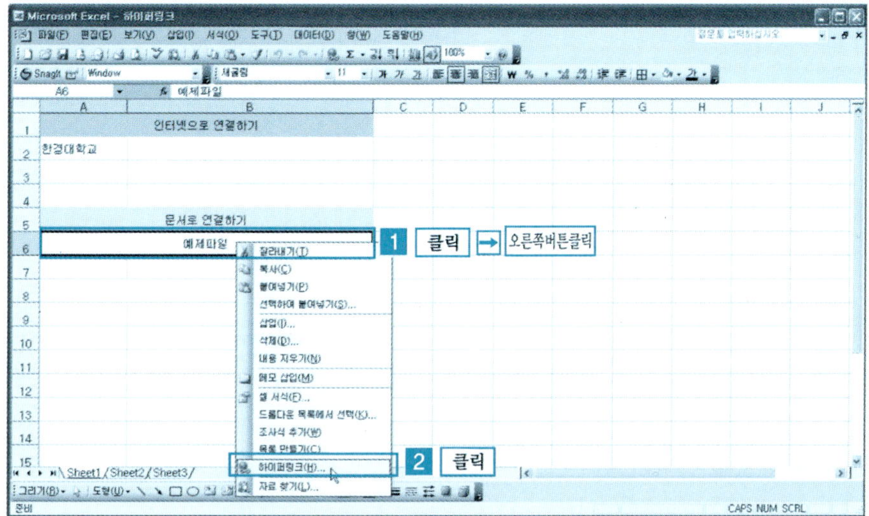

❷ 찾는 위치를 선택하여 [예제] 폴더를 선택하고 [확인] 버튼을 클릭한다.

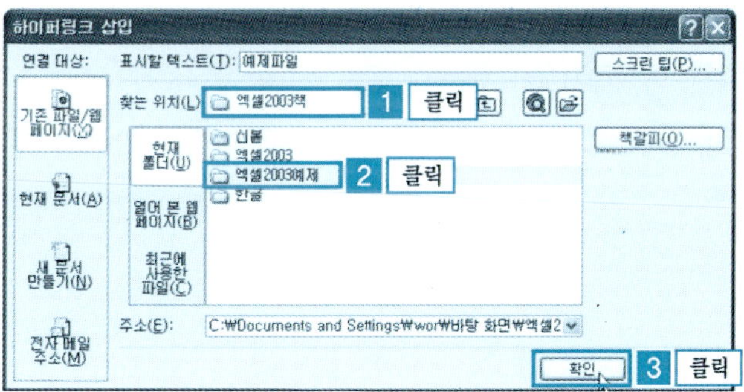

❸ [B6] 셀의 예제 파일을 클릭해 보면 하이퍼링크로 지정한 [예제] 폴더의 파일들이 나타난다. (파일 하나만을 하이퍼링크로 연결할 수 있다.)

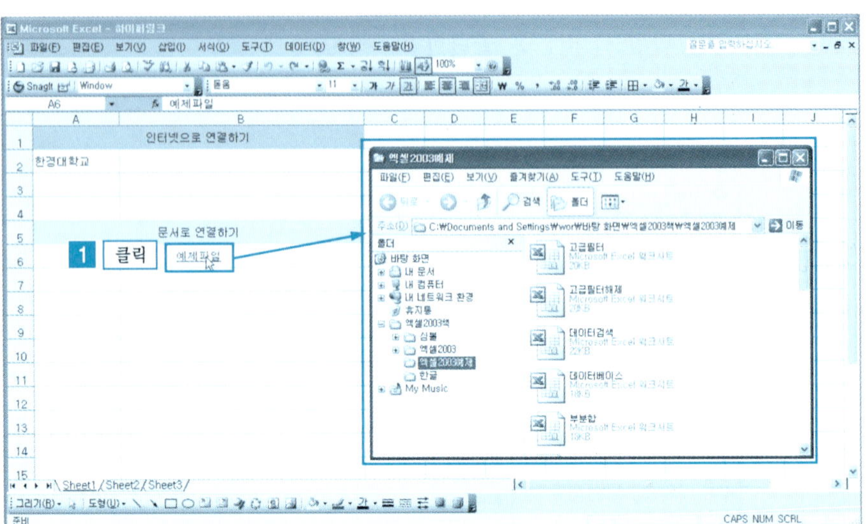

단 원 실 습 문 제

〈실습1〉 [예제] 폴더에서 [하이퍼링크.xls] 파일을 불러온다.

〈실습2〉 [B6] 셀에 자주 찾는 문서를 하이퍼링크로 연결해 보자.

8.5 | 웹페이지 만들기

엑셀 파일을 웹페이지로 저장하는 방법을 알아보자.

1 고정된 웹 문서 저장

❶ [예제] 폴더에서 [웹페이지.xls] 파일을 불러온다.

[파일 메뉴] → [웹페이지로 저장] 버튼을 클릭한다.

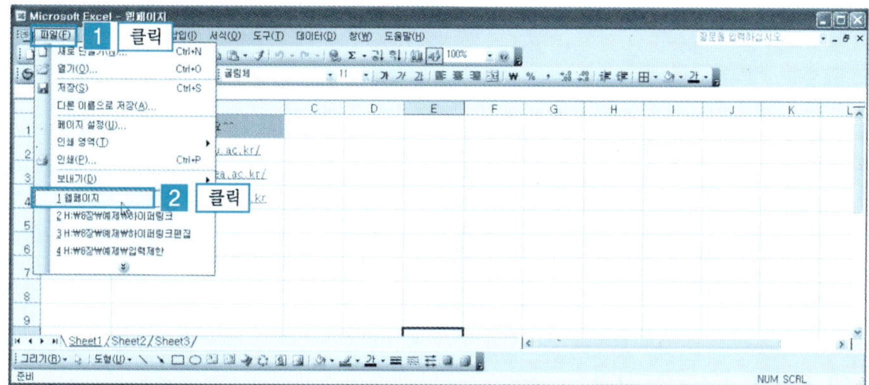

❷ [다른 이름으로 저장 대화상자] → [저장 위치] → [파일 이름 설정] → [저장]
버튼을 클릭한다.

(저장 위치는 그림에 나타난 위치가 아닌 사용자의 폴더에 한다.)

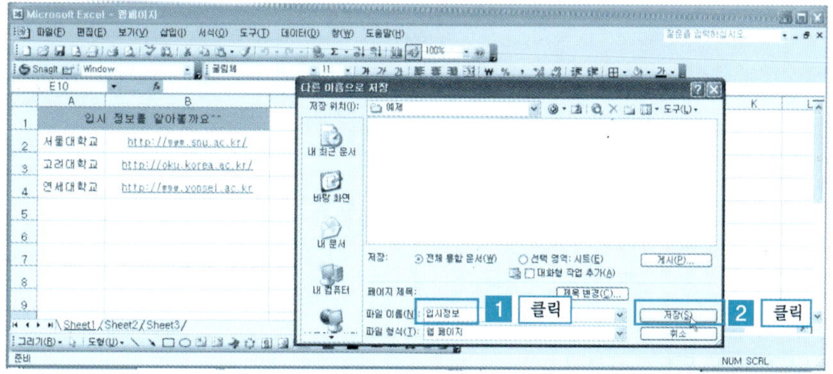

❸ 저장한 html 파일을 더블클릭하면 인터넷 익스플로러가 실행되면서 저장된 문서가 그림과 같이 나타난다.

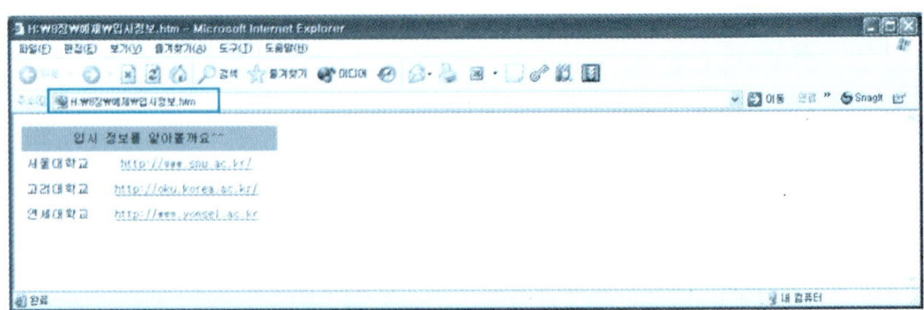

단원 실습 문제

〈**실습1**〉 [예제] 폴더에서 [웹페이지실습.xls] 파일을 불러온다.

〈**실습2**〉 웹페이지 실습을 웹페이지로 나타내보자.

---

2 대화형 워크시트로 저장

❶ [예제] 폴더에서 [대화형.xls] 파일을 불러온다.

[파일 메뉴] → [웹페이지로 저장]을 클릭하면 아래의 [다른 이름으로 저장] 대화상자가 나타난다. [선택 영역:시트]와[대화형 작업 추가]를 선택하고 [파일 이름]을 [대화형_웹페이지.htm]으로 입력 → [저장] 버튼을 클릭한다.

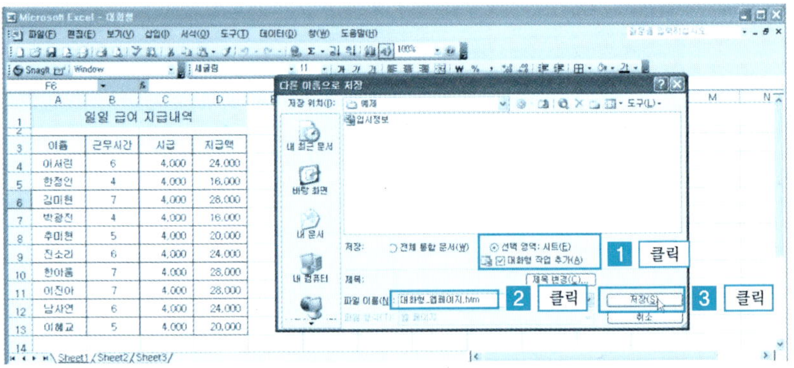

❷ [대화형_웹페이지.htm]을 저장한 폴더에서 [대화형_웹페이지.htm]을 더블클릭하면, 다음과 같은 그림이 나타난다. 저장된 웹 문서에는 엑셀의 도구 모임이 추가되어 있다. [A4:D13]까지를 드래그한 후 [오름차순 정렬] 아이콘을 클릭한다.

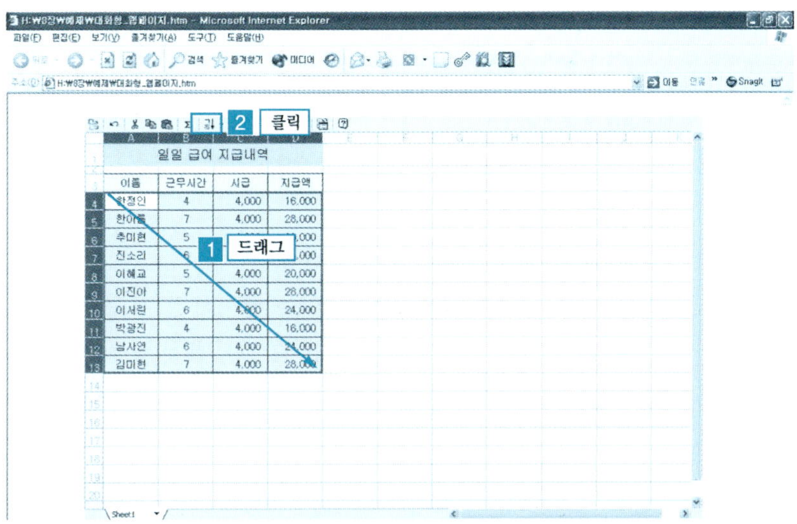

❸ 그림과 같이 오름차순 정렬된 것을 확인할 수 있다.

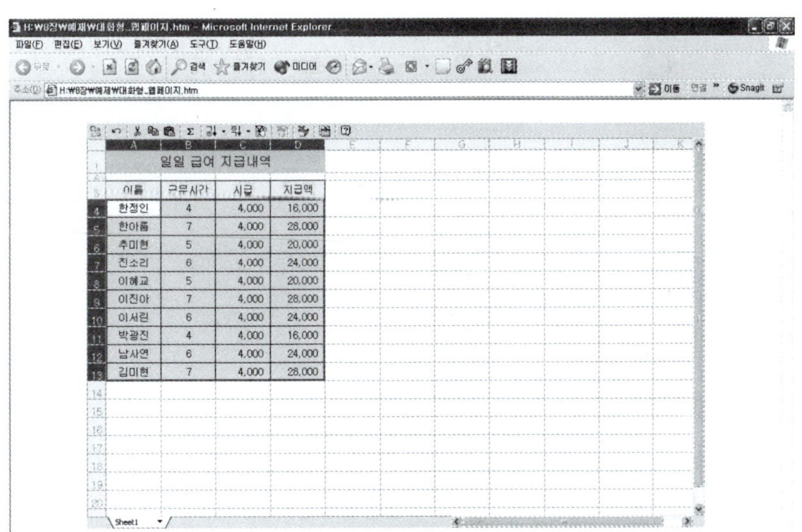

단 원 실 습 문 제

〈실습1〉 [예제] 폴더에서 [대화형.xls] 파일을 불러온다.

〈실습2〉 대화형.xls 파일을 대화형 웹 문서로 작성하고 지급액을 기준으로 오름차순 정렬을 해보자.

③ 대화형 차트 작성

❶ [예제] 폴더에서 [대화형.xls] 파일을 불러온다.

[파일 메뉴] → [웹페이지로 저장]을 클릭하면 아래의 [다른 이름으로 저장] 대화상자가 나타난다. [선택 영역:시트]와 [대화형 작업 추가]를 선택하고 [파일 이름]을 [대화형_웹페이지.htm]으로 입력 → [게시] 버튼을 클릭한다.

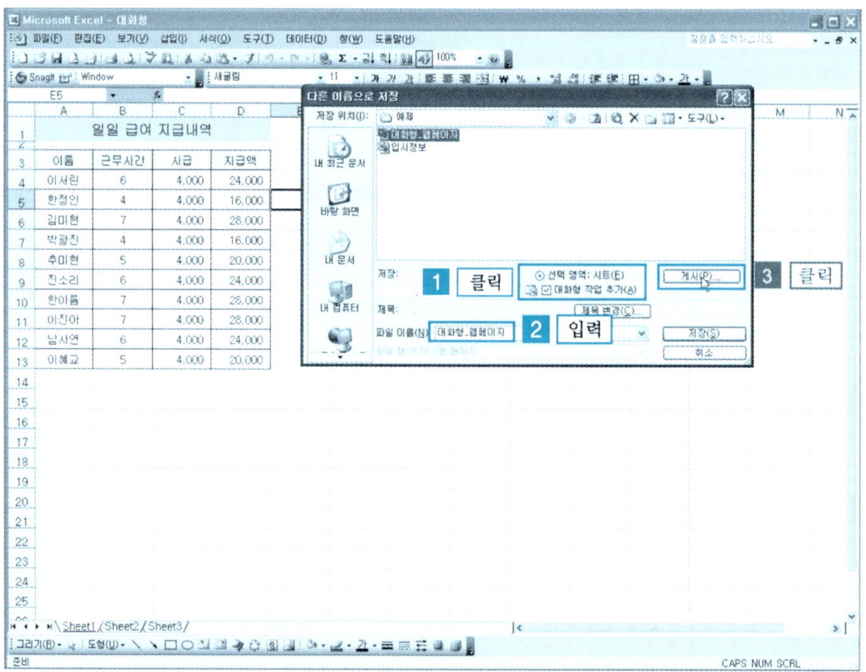

❷ [웹페이지로 게시 대화상자] → [시트] → [피벗 테이블 기능] → [게시] 버튼
을 클릭한다.

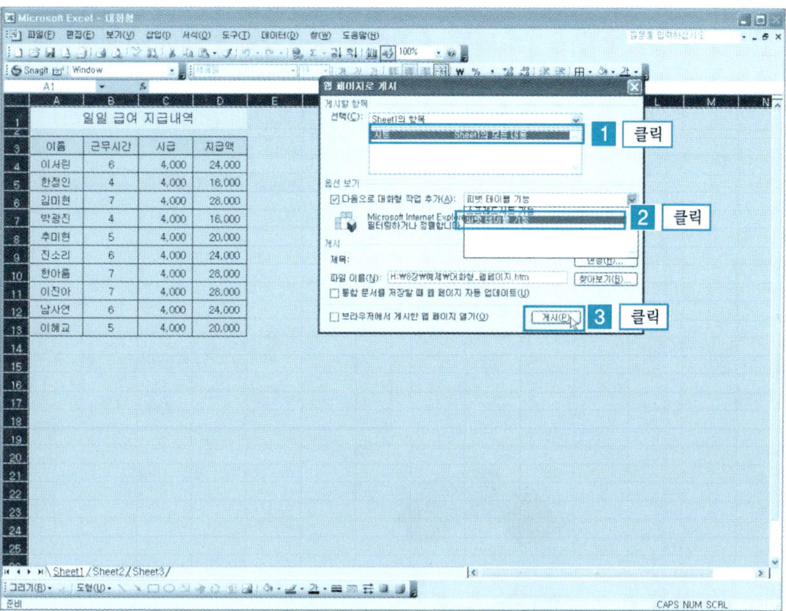

❸ [대화형_웹페이지.htm]을 저장한 폴더에서 [대화형_웹페이지.htm]을 더블클
릭하면, 피벗 테이블과 함께 웹페이지로 나타난다. (시트에서 사용한 엑셀의
기능은 대화형 작업추가의 목록단추를 이용하여 함께 게시할 수 있게 된다.)

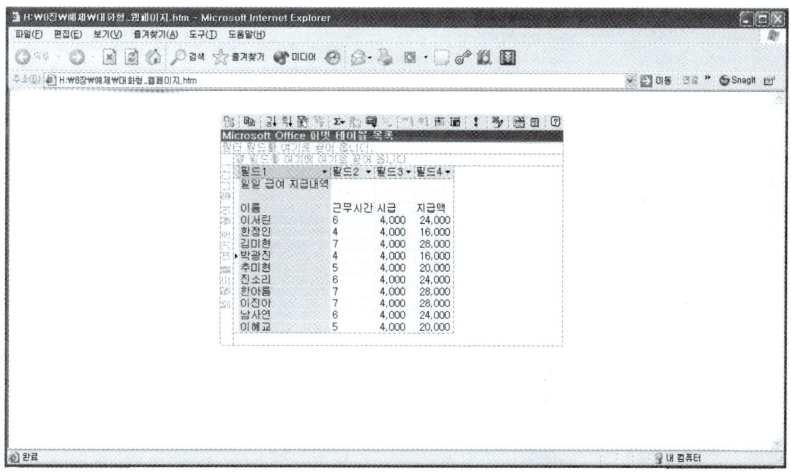

❹ [예제] 폴더에서 [대화형추가.xls] 파일을 불러온다.

[파일 메뉴] → [웹페이지로 저장]을 클릭하면 아래의 [다른 이름으로 저장] 대화상자가 나타난다. [선택 영역:시트]와 [대화형 작업 추가]를 선택하고 [파일 이름]을 [대화형_웹페이지.htm]으로 입력 → [게시] 버튼을 클릭한다.

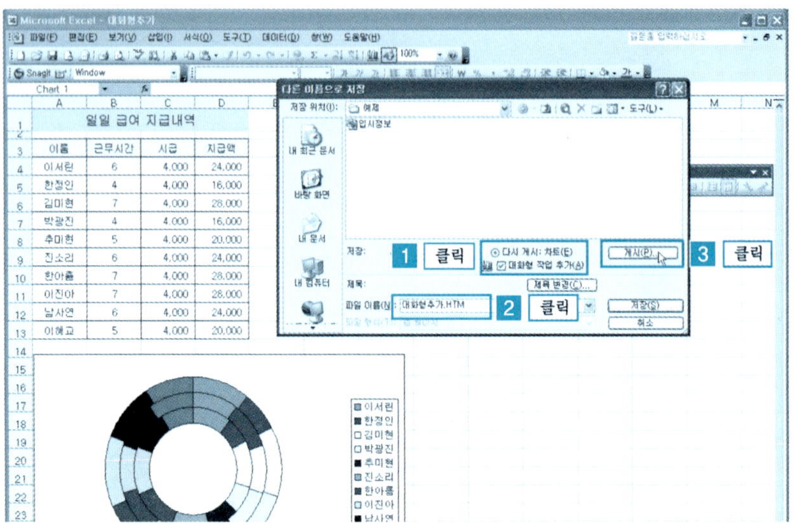

❺ [웹페이지로 게시 대화상자] → [Chart1] 선택 → [다음으로 대화형 작업추가]의 [차트 기능] 선택 → [파일 이름] 입력 → [게시] 버튼을 클릭한다.

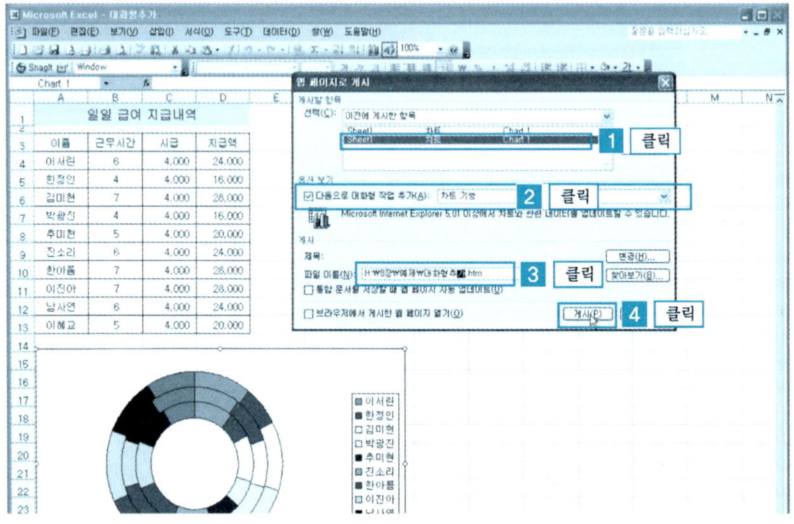

ⓖ [대화형추가.htm]을 저장한 폴더에서 [대화형추가.htm]을 더블클릭하면 추가 기능(차트)과 함께 웹페이지로 나타난다.

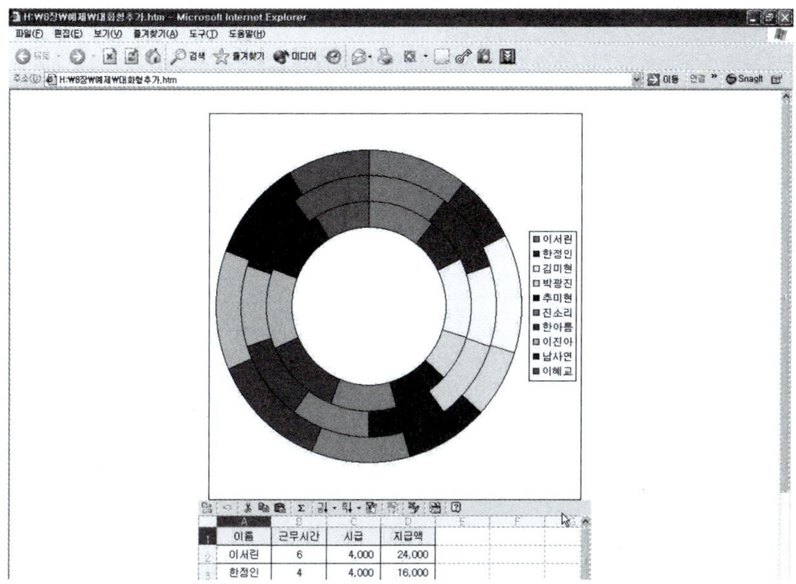

ⓗ 데이터의 내용을 변경해 보자. 이서린의 [근무시간]을 1로 변경하면 차트도 함께 변경된다.

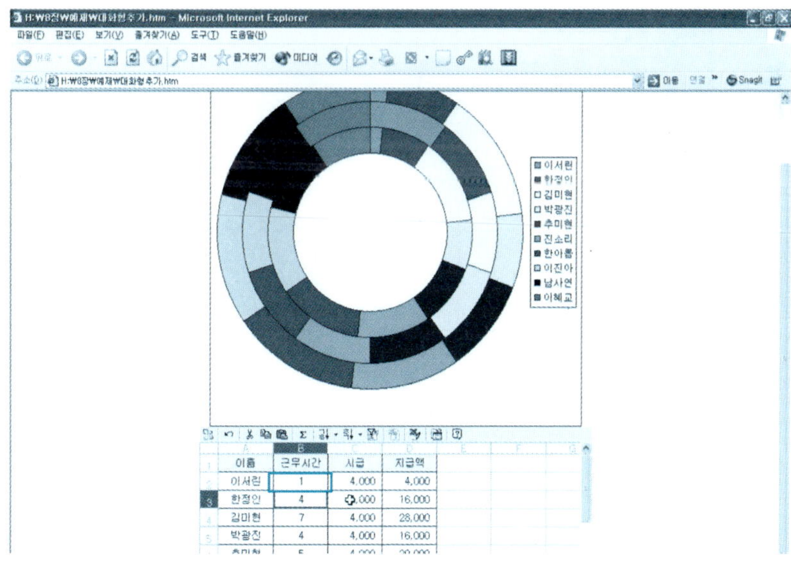

단원 실습 문제

〈**실습1**〉 [예제] 폴더에서 [대화형추가.xls] 파일을 불러온다.

〈**실습2**〉 대화형 추가 파일의 차트를 원형차트로 변경하고 웹페이지에 차트 기능을 추가하여 게시해 보자.

4 엑셀로 e-mail 보내기

엑셀에서는 현재 작업한 시트를 e-mail로 보낼 수 있다.

❶ [예제] 폴더에서 [입시정보.xls] 파일을 불러온다.

[파일 메뉴] → [보내기] → [전자메일로] 버튼을 클릭한다.

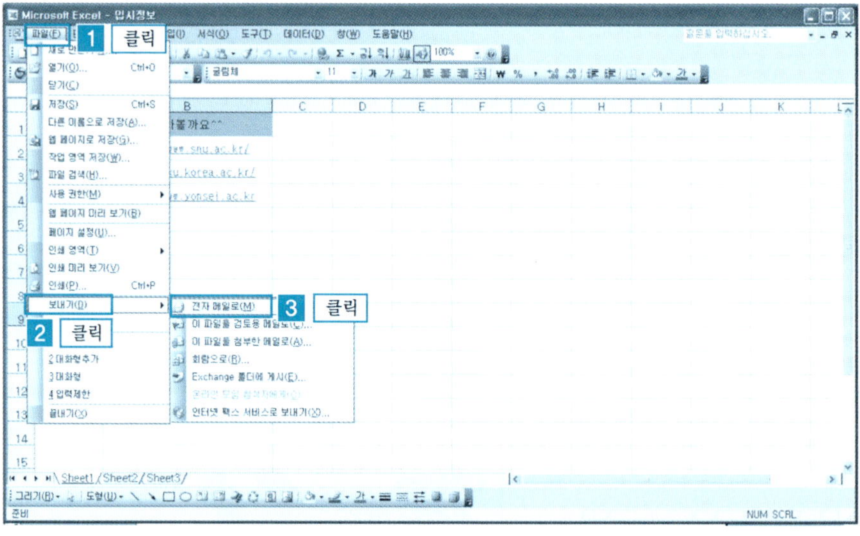

❷ [받는 사람]의 주소를 입력하고 [현재 시트 보내기] 버튼을 클릭한다.
(메일을 보낸 후에는 전자메일 도구 모임이 사라진다.)

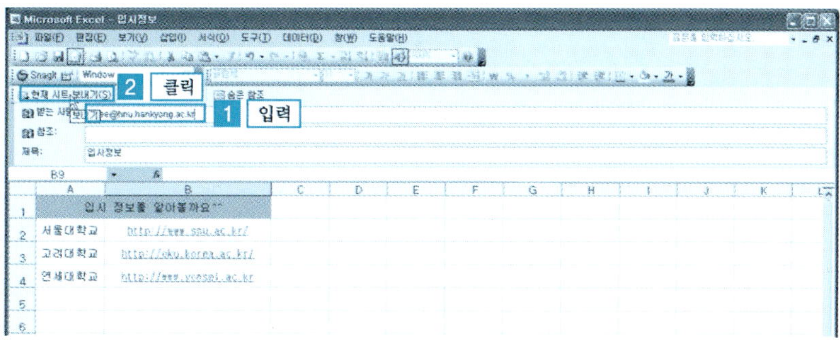

5 입력된 e-mail 주소로 메일 보내기

하이퍼링크를 사용하여 인터넷 주소를 연결하는 것과 마찬가지로 e-mail 주소 역시 클릭하면 아웃룩 익스프레스와 같은 전자메일 프로그램을 실행하여 메일을 보낼 수 있다.

❶ [예제] 폴더에서 [입력된주소.xls] 파일을 불러온다.
[B7 셀 선택] → [마우스 오른쪽 버튼] → [하이퍼링크]를 클릭하면 [하이퍼링크삽입] 대화상자가 나타난다. [주소]를 입력하고 [확인] 버튼을 클릭한다.

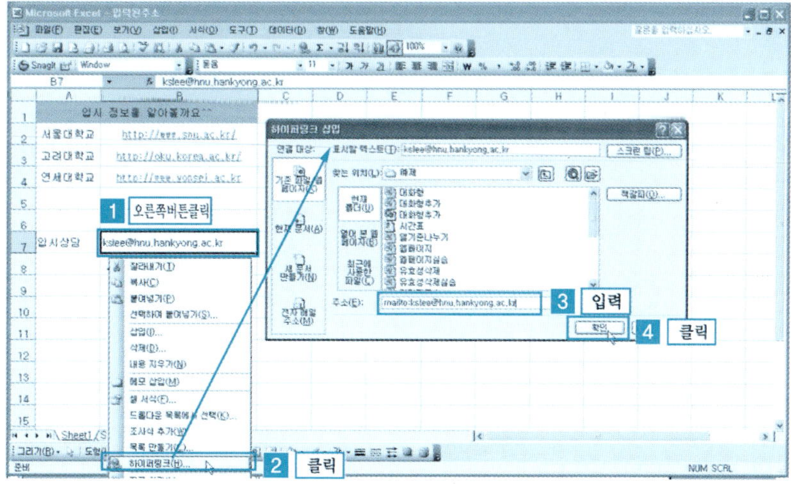

❷ 입력된 메일 주소의 색이 바뀌고 밑줄이 생긴다. 메일 주소를 클릭한다. 기본 전자메일 프로그램인 아웃룩 익스프레스의 새 메시지 창에 받는 사람이 입력되어 나타난다.

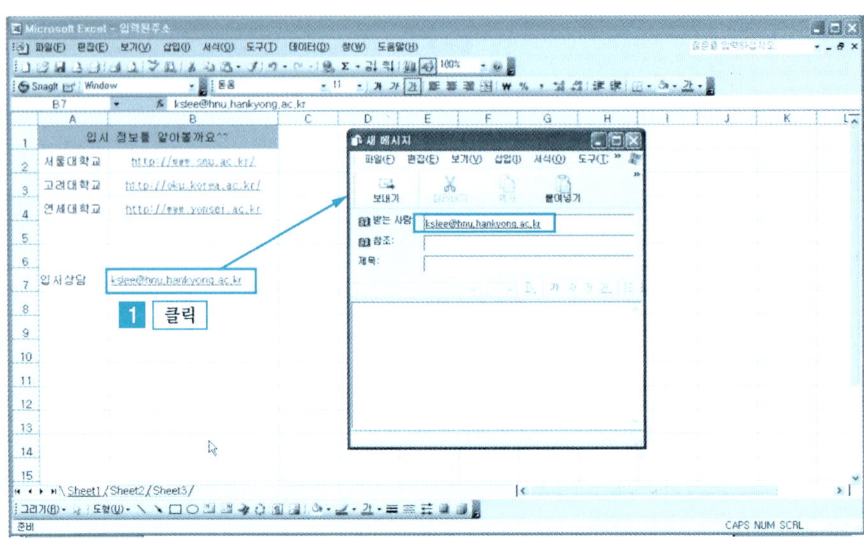

Chapter *9*

매크로와 VBA 활용

공부할 내용

매크로란 자주 사용하는 여러 단계의 작업 과정을 모아 단축키로 저장하여 같은 작업을 필요로 할 경우에 단축키를 사용하여 한번에 처리하는 기능이다. VBA와 함께 사용하면 더욱 작업의 효율성을 높일 수 있다. VBA는 쉽고 편리한 프로그래밍 언어로서 사용자가 엑셀에 새로운 메뉴를 추가할 수 있어 엑셀의 활용도를 한층 높일 수 있다.

9.1 | 매크로 만들기

매크로를 사용하면 Microsoft Excel에서 자주 수행하는 작업을 자동화할 수 있다. 매크로의 가장 기본적인 기능은 주기적으로 자주 반복되는 작업을 매크로로 기록해 놓고, 기록된 매크로만을 실행해서 간단하고 빠르게 작업할 수 있도록 자동화하는 것이다.

1 셀 서식 설정

❶ [예제] 폴더에서 [서식매크로.xls] 파일을 불러온다.

[A 셀 선택] → [도구 메뉴] → [매크로] → [새 매크로 기록 메뉴] 버튼을 클릭한다.

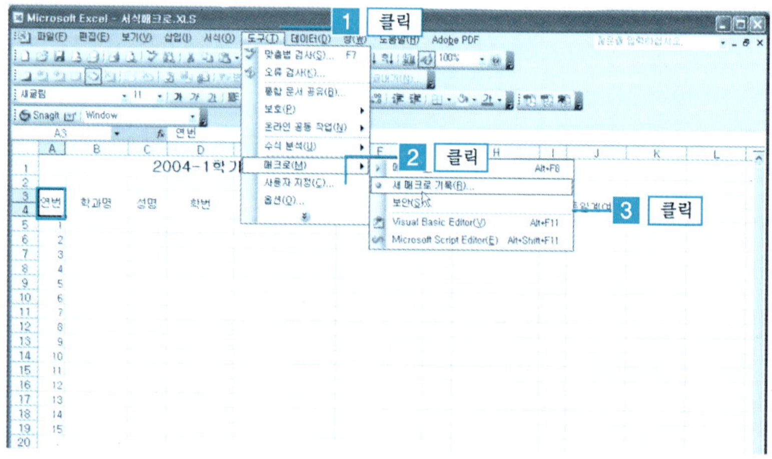

❷ [매크로 기록 대화상자] → [매크로 이름에 제목 서식 입력] → [바로가기 키]
→ [Shift + M 입력] → [확인] 버튼을 클릭한다.

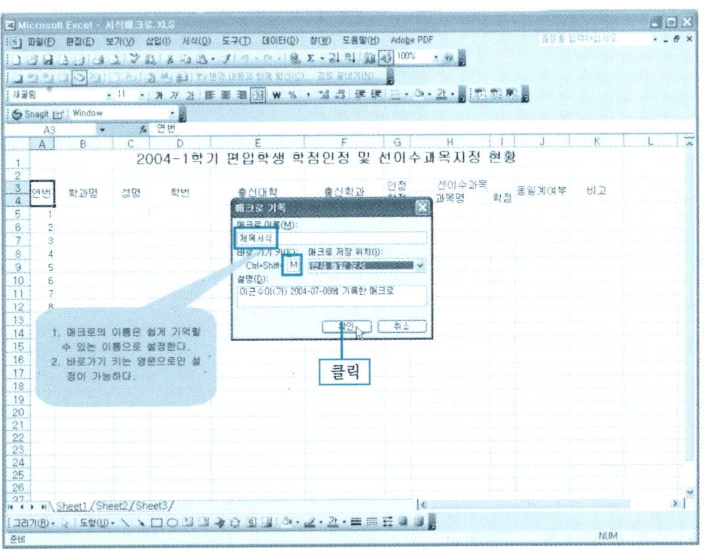

❸ 매크로를 기록하기 시작하면서 상태표시줄에 기록중이라는 메시지가 표시되
고, 기록중지 도구 모음이 나타난다. [서식 도구 모음] → [굵게 선택] → [채
우기색(라임)]을 선택한다.

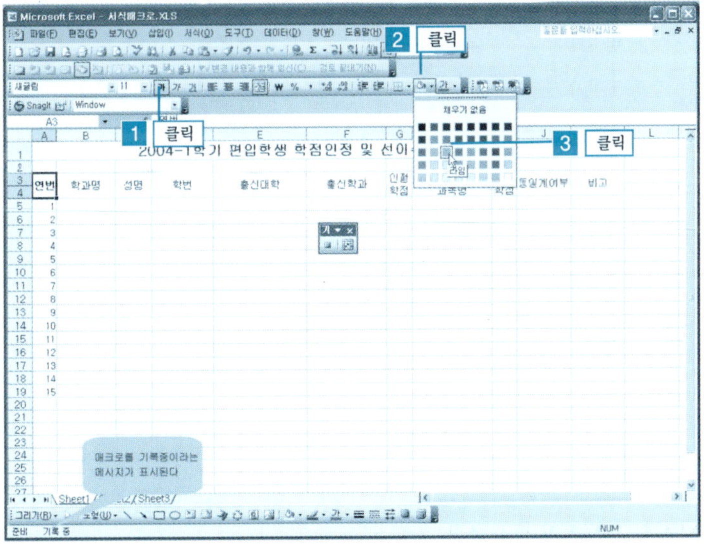

❹ [기록중지] 도구 모음의 [기록중지] 아이콘을 클릭한다.

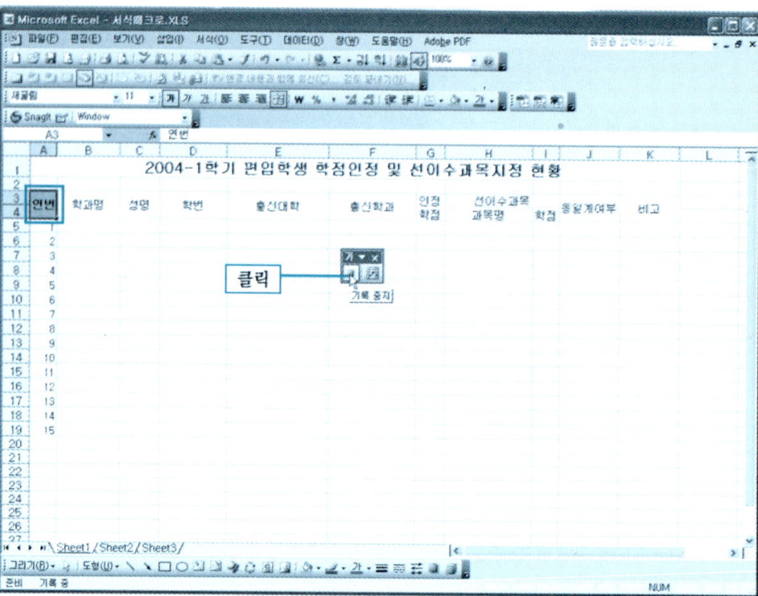

❺ [B3 셀 클릭] → [도구 메뉴] → [매크로] → [매크로 메뉴]를 클릭한다.

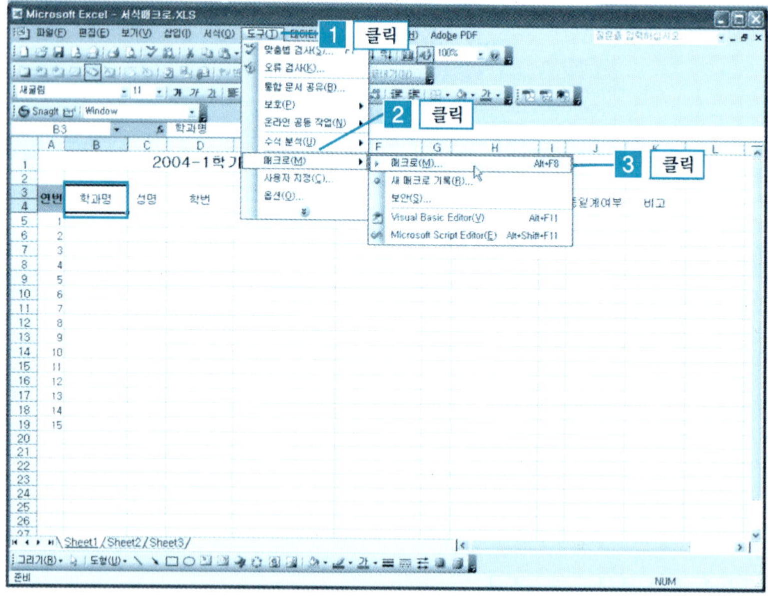

⑥ 새로 기록한 매크로가 포함되어 매크로 대화상자가 나타난다. 제목 서식 매크로를 선택한 상태에서 실행버튼을 클릭한다.

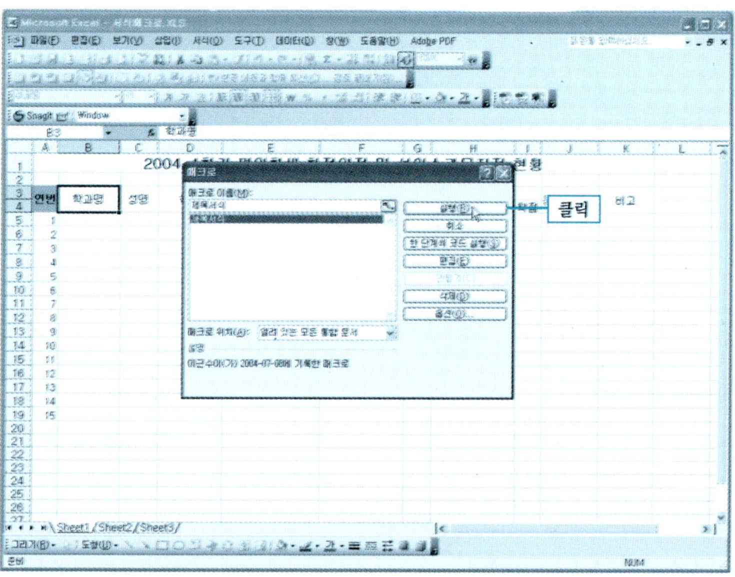

⑦ 그림과 같이 B3 셀에 기록한 매크로 제목 서식이 적용된다. [C3:K3 셀 선택] → [단축키 Ctrl + Shift + M]을 누른다.

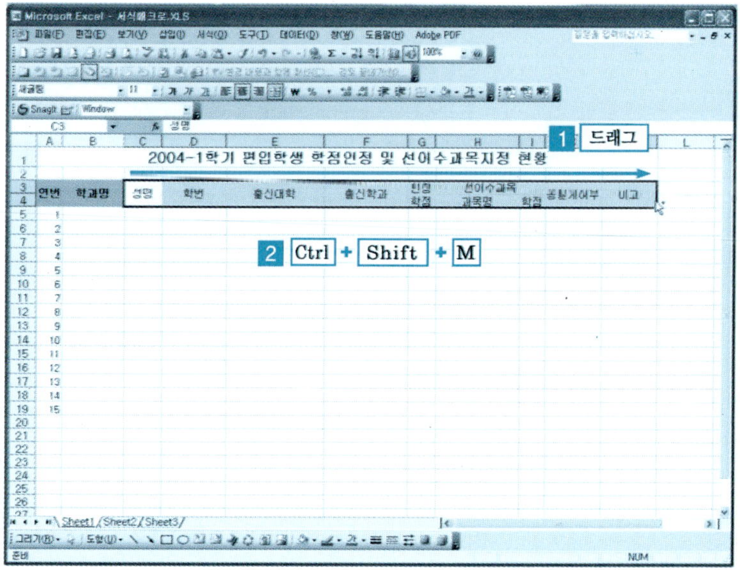

❽ 선택한 모든 셀에 글꼴 서식 매크로가 적용된다.

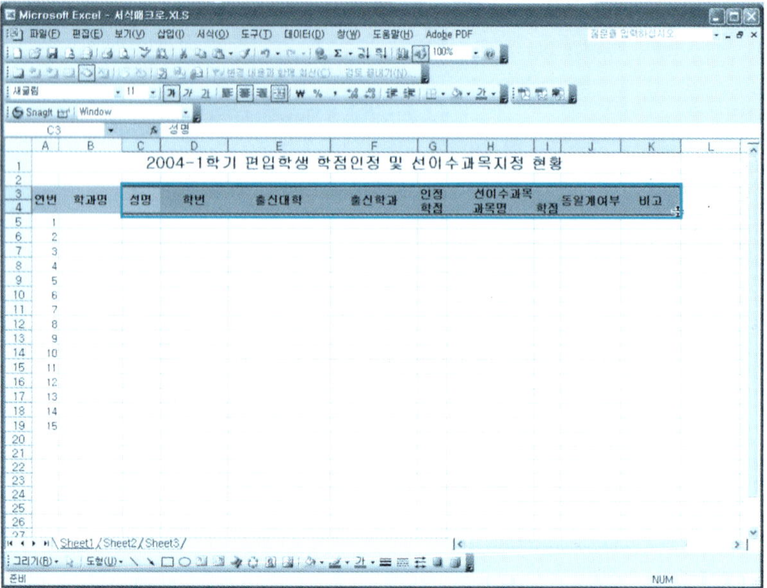

> **도움말**
>
> 기록한 매크로를 다른 문서에서도 적용하려면 매크로가 기록된 문서를 먼저 열어 놓은 다음 해당 문서에서 매크로를 실행해야 합니다. 반면 "개인용 매크로 통합 문서"를 선택할 경우에는 [C:₩Documents and Settings₩사용자계정 이름₩Application data₩Microsoft₩Excel₩xlsTART] 폴더에 매크로가 저장되어 엑셀 시작과 동시에 모든 문서에 적용할 수 있지만 속도가 조금 느려질 수 있습니다.

2 테두리 서식 설정

❶ [예제] 폴더에서 [테두리.xls]를 불러온다. [A3:B6 셀 선택] → [도구 메뉴] → [매크로] → [새 매크로 기록 메뉴]를 클릭한다.

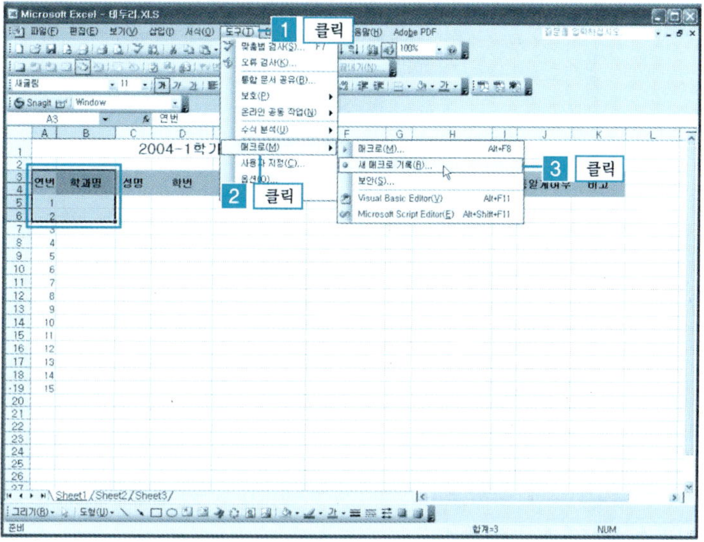

❷ [매크로 기록 대화상자] → [매크로 이름 [테두리]] → [바로가기 키] → [Ctrl] + [Shift] + [L] 로 설정] → [확인 버튼]을 클릭한다.

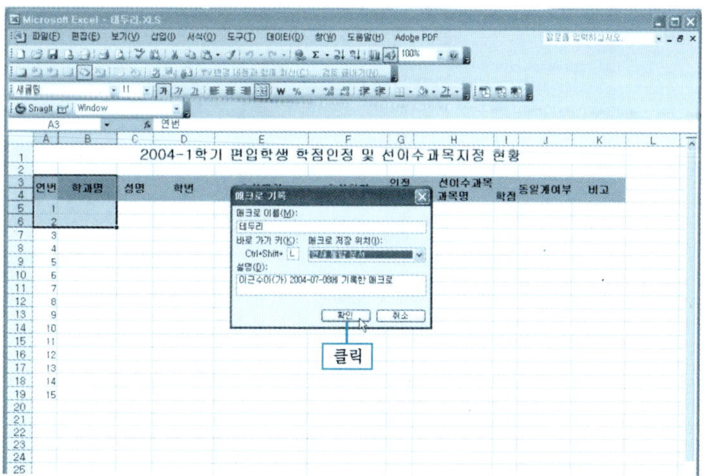

❸ [기록중지 도구 모음] → [서식 메뉴] → [셀 메뉴]를 클릭한다.

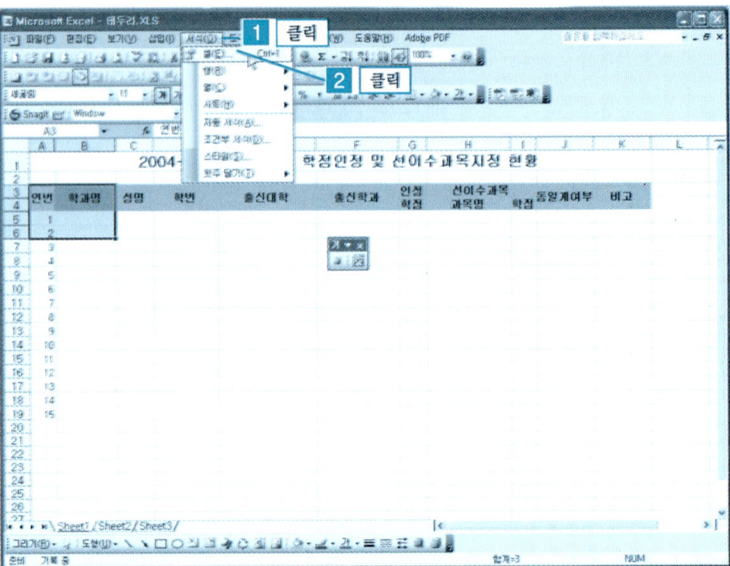

❹ [셀 서식 대화상자] → [테두리 탭 클릭] → [테두리 모양 설정] → [확인] 버튼을 클릭한다.

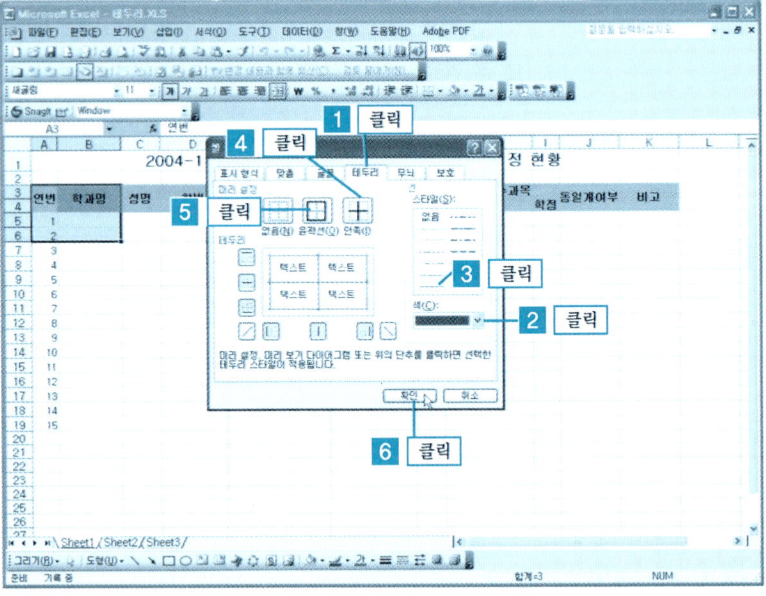

⑤ [A3:B6 셀] → [테두리 설정] → [기록중지 도구 모음] → [기록중지 아이콘]
을 클릭한다.

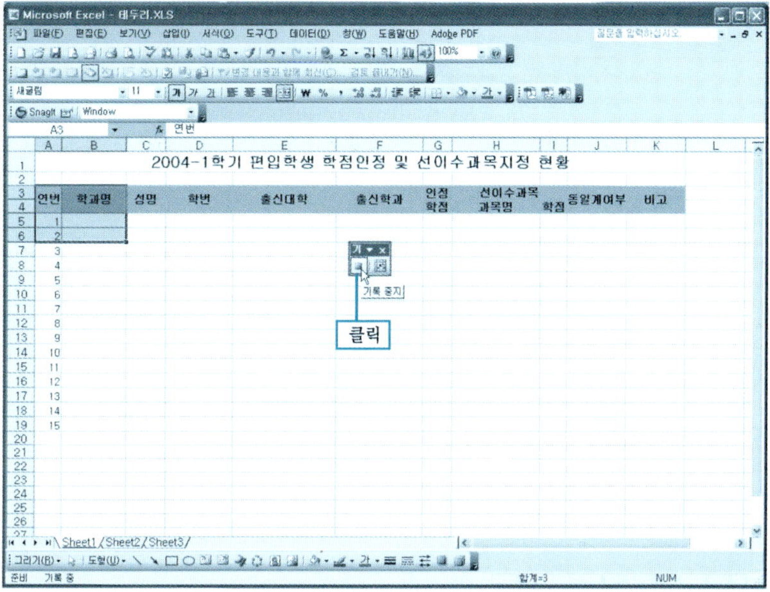

⑥ [A3:K19 셀 선택] → [단축키 Ctrl + Shift + L]을 누른다.

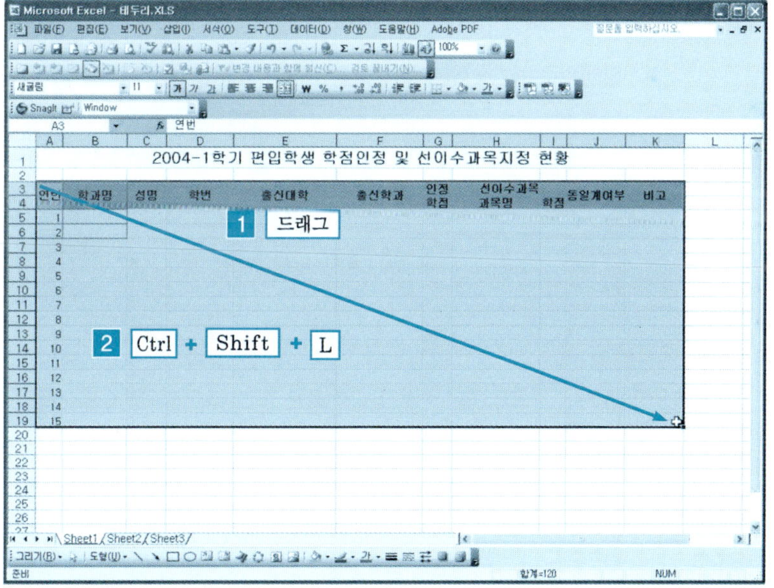

⑦ [A3:K19 셀]에 테두리가 설정되는 것을 확인할 수 있다.

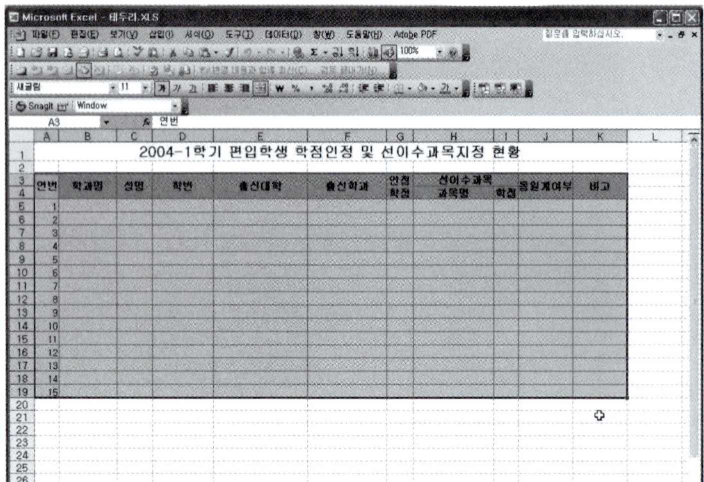

3 매크로 삭제

❶ [예제] 폴더에서 [테두리삭제.xls] 파일을 불러온다. [도구 메뉴] → [매크로] → [매크로 메뉴]를 클릭한다. (단축키 Alt + F8을 눌러 매크로 대화상자를 불러올 수 있다.)

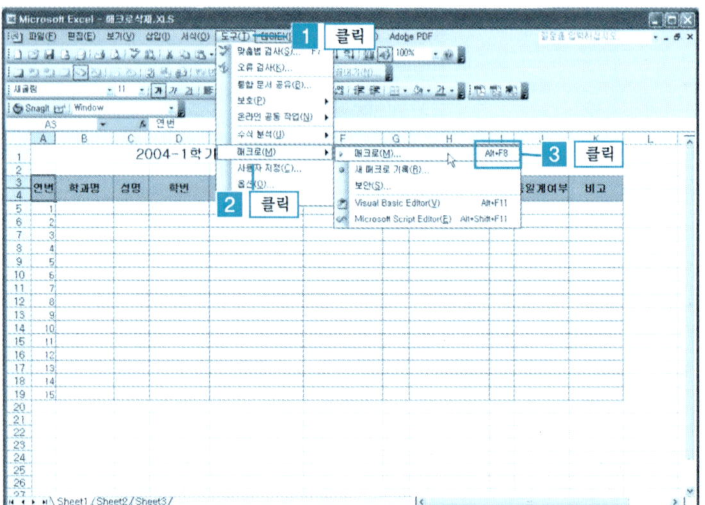

❷ [매크로 대화상자] → [테두리 매크로 선택] → [삭제] 버튼을 클릭한다.

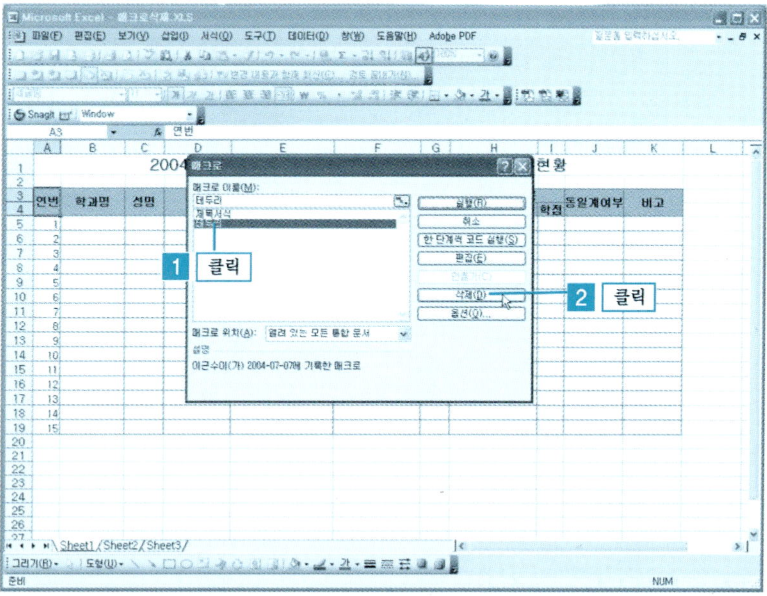

❸ [매크로 삭제 확인 창] → [예] 버튼을 클릭한다.

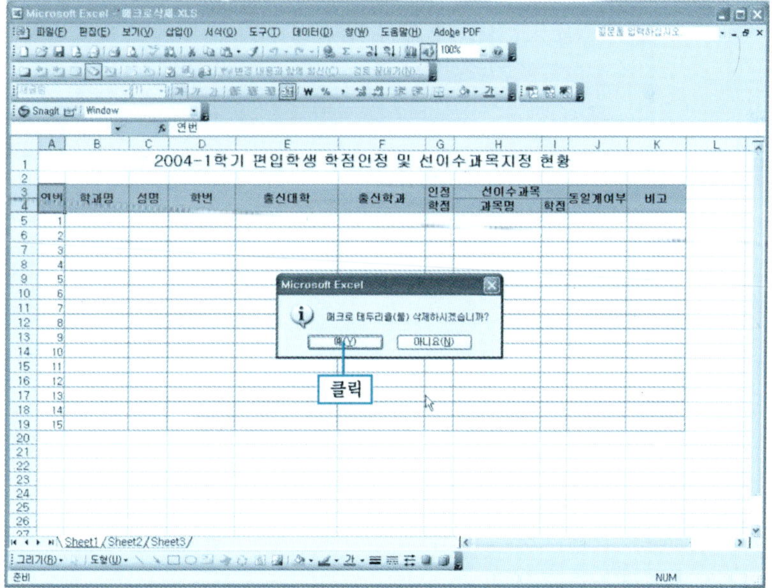

④ [도구 메뉴] → [매크로] → [매크로 메뉴]를 클릭한다.
(또는 단축키 [Alt] + [F8]을 클릭한다.)

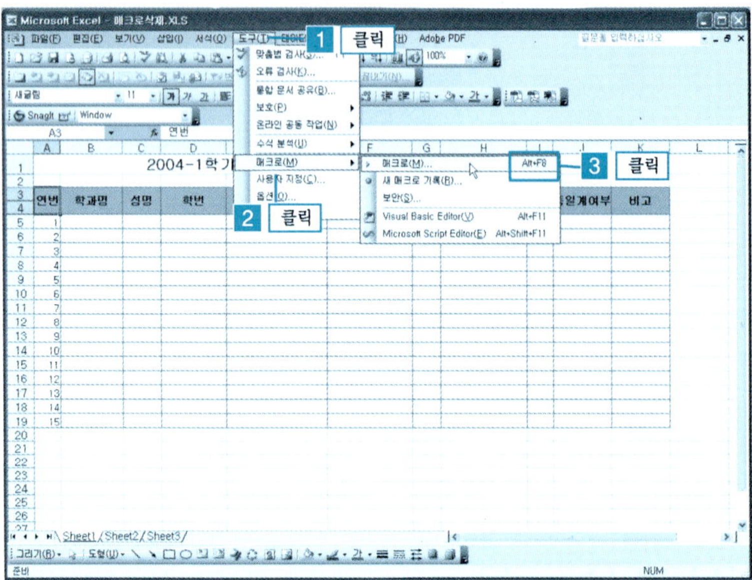

⑤ 삭제한 매크로가 사라진 것을 확인할 수 있다.

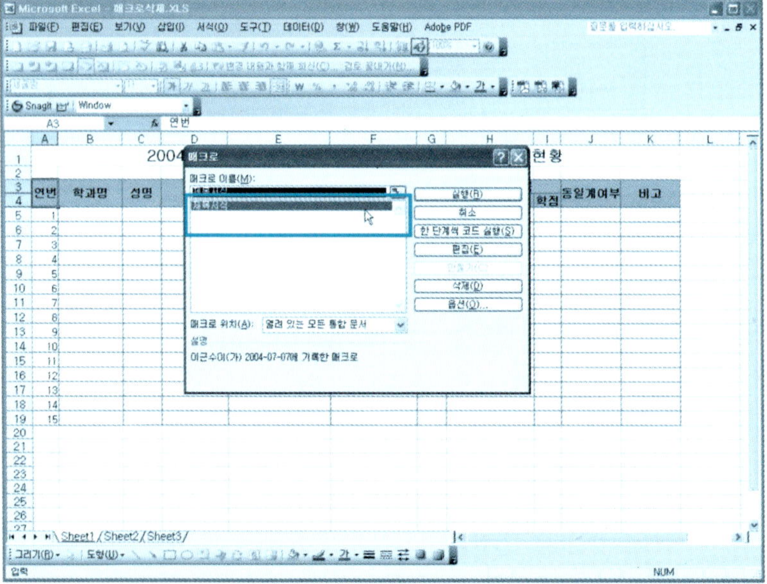

⑥ 매크로 기록창은 다음과 같다.

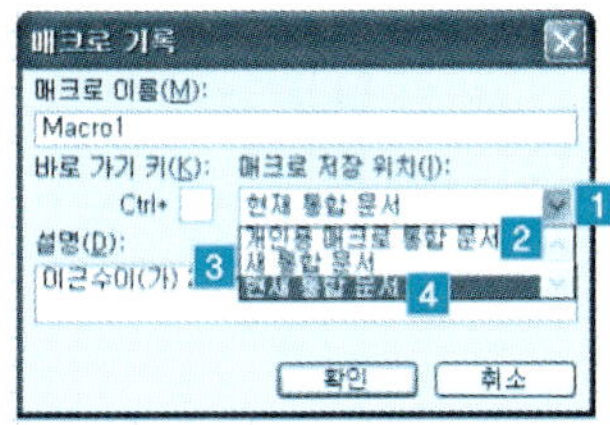

① [매크로 저장 위치]의 목록 버튼을 누르면 매크로 저장 위치가 나온다.

② **개인용 매크로 통합 문서** : 엑셀 파일에서는 모두 사용할 수 있는 용도로 사용한다.

③ **새 통합 문서** : 작성한 매크로를 새로운 통합 문서에 저장할 때 사용한다.

④ **현재 통합 문서** : 현재 사용 중인 문서에서만 사용할 수 있는 매크로를 만든다.

4 제목 출력 및 서식 설정 매크로 만들기

❶ [예제] 폴더에서 [자동서식.xls] 파일을 불러온다.

❷ [A2 셀 선택] → [도구 메뉴] → [매크로] → [새 매크로 기록] 버튼을 클릭한다.

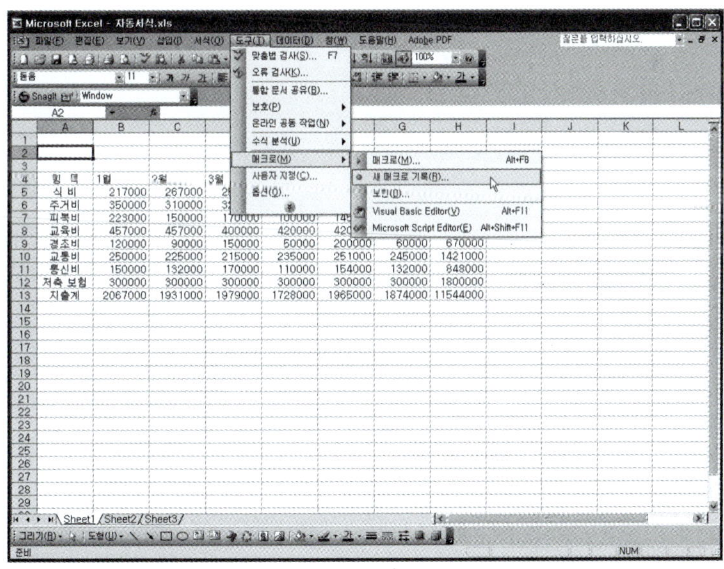

❸ [매크로 이름] → [자동서식 입력] → 바로가기 키에 [T]를 입력한다.

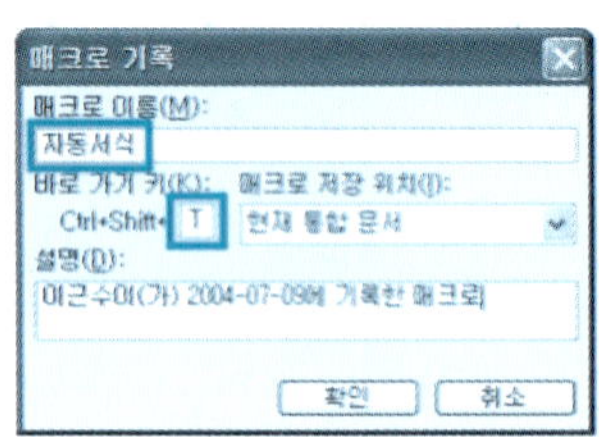

❹ 매크로가 기록 중이라는 메시지가 나타난다.

[A2 셀 월별지출내역작성 Enter↵] → [A2 셀 선택] → [글꼴 26포인트] → 굵게

→ [A2:H2 범위 설정] → [도구 모음의 병합하고 가운데 맞춤 아이콘 클

릭] → [배경색 다홍 설정] → [기록중지 아이콘]을 클릭한다.

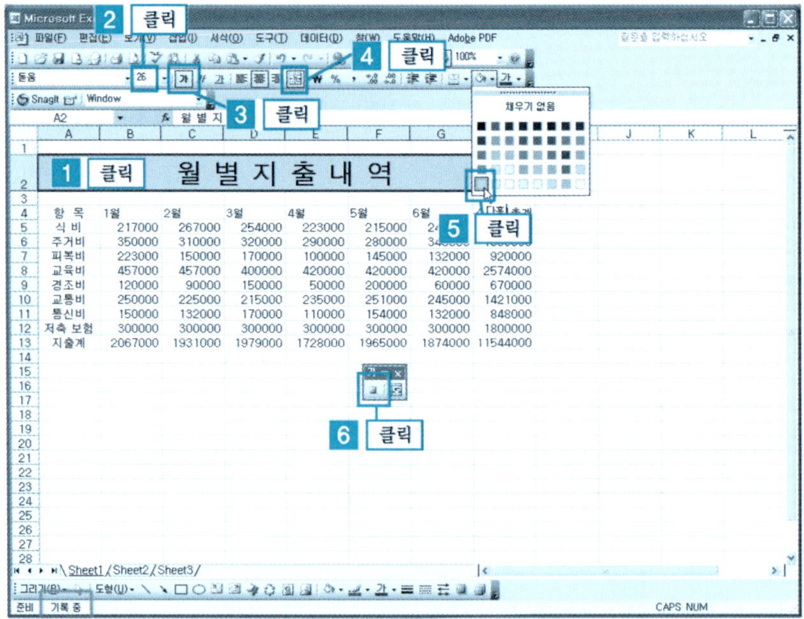

⑤ 이번에는 자동서식을 설정하는 매크로를 만들어 보자.

미리 입력된 데이터 영역에서 [셀 선택] → [도구 메뉴] → [매크로] → [새 매크로 기록] 버튼을 클릭한다.

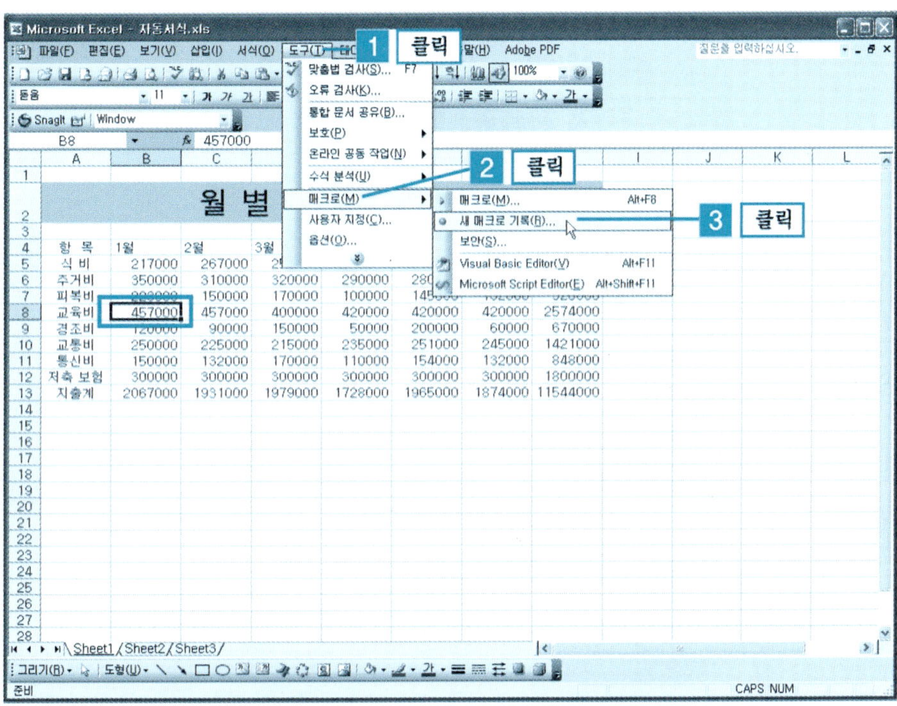

⑥ [매크로 이름] → [자동서식1] 입력 → [바로가기 키] → [S]를 입력한다.

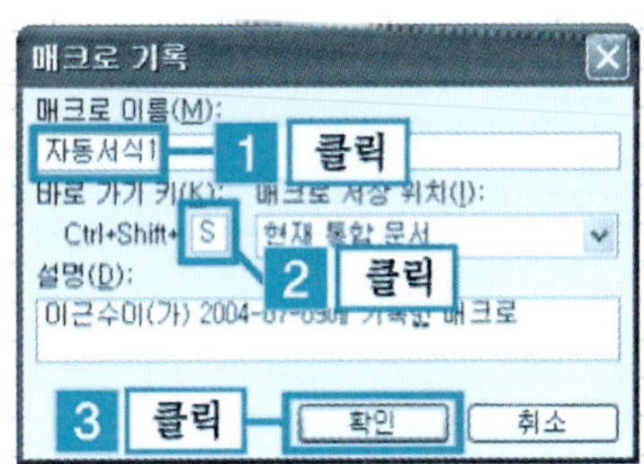

❼ [서식 메뉴] → [자동서식] 버튼을 클릭한다.

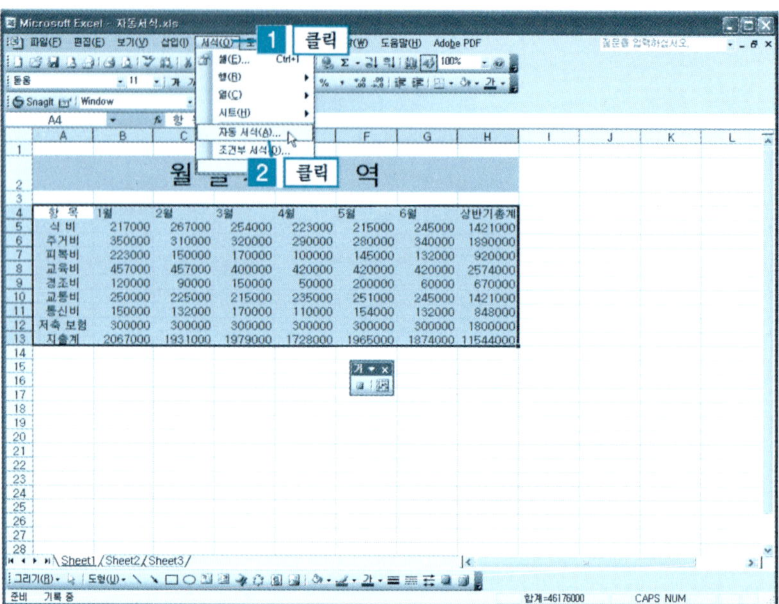

❽ [회계형2] → [확인] → [기록중지 아이콘]을 클릭한다.

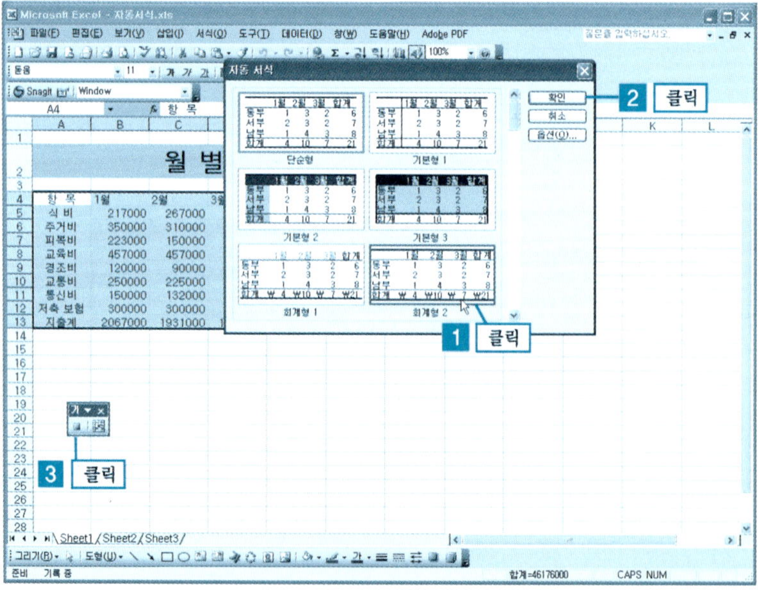

❾ 아래와 같이 서식이 설정된다.

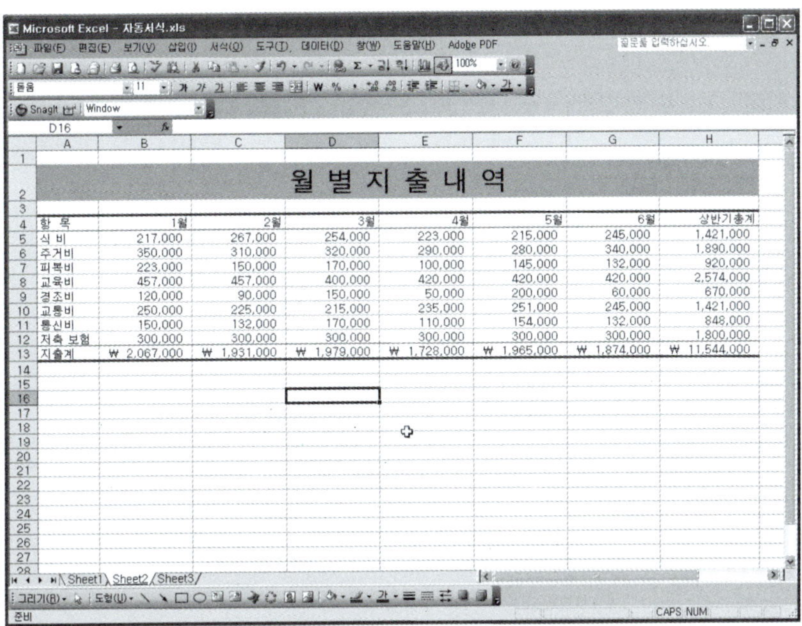

단원 실습 문제

[예제] 폴더에서 [매크로실습1.xls] 파일을 불러온다.

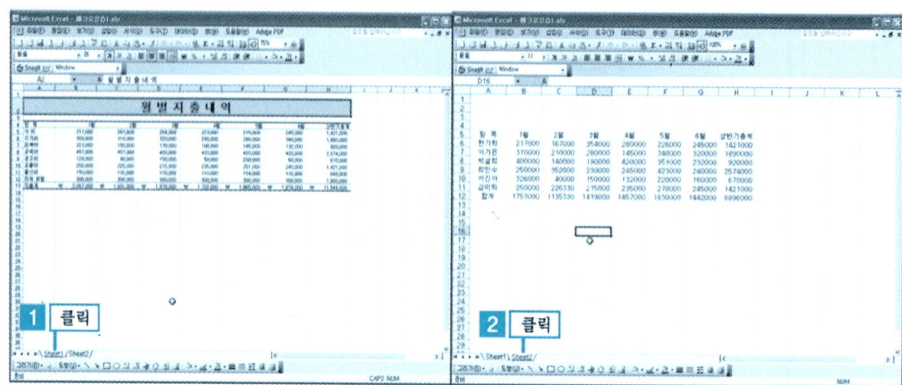

〈실습1〉 Sheet1에는 위에서 실습한 결과가 저장되어 있다.

〈실습2〉 Sheet2의 내용을 가지고 '자동서식(Ctrl + Shift + T)'과 '자동서식1(Ctrl + Shift + S)'을 이용하여 다음과 같이 만들어보자.

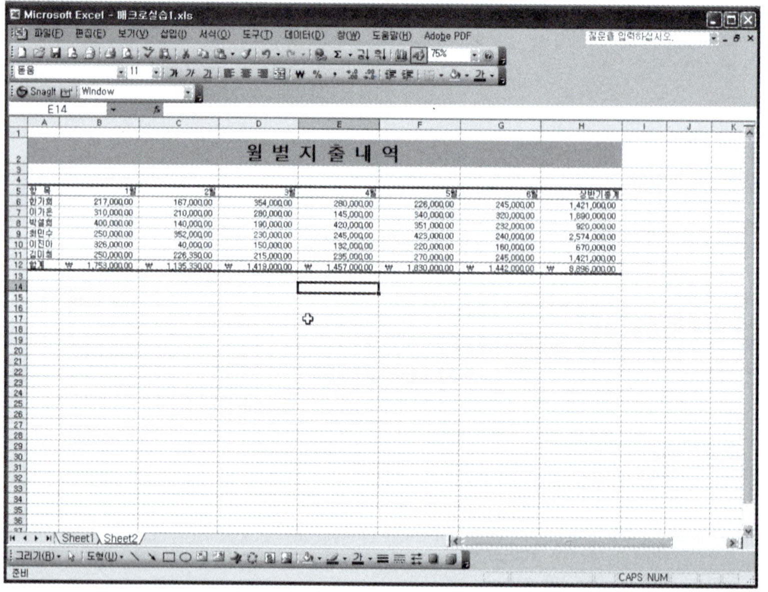

9.2 | 메뉴와 도구 모음 만들기

매크로를 실행하기 위해서는 매크로 메뉴를 클릭하거나 설정한 바로가기 키를 눌러야 한다. 하지만, 설정한 매크로가 메뉴나 도구 모음에 포함되어 있으면 편리하게 사용할 수 있다. 엑셀에는 이러한 기능이 포함되어 있다. 자주 사용하는 매크로를 메뉴와 도구 모음에 추가해 보자.

1 매크로로 메뉴 표시줄에 메뉴 추가하기

저장한 매크로를 사용하기 편하도록 메뉴로 추가해 보자.

❶ [예제] 폴더에서 [매크로실습1.xls]를 불러온다.

　[도구 메뉴] → [사용자 지정] 버튼을 클릭한다.

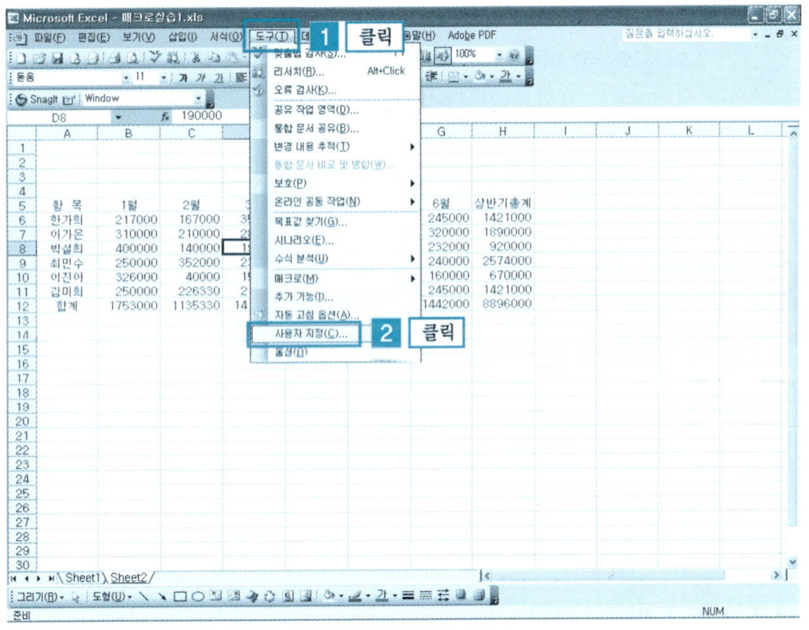

❷ [사용자 지정 대화상자] → [명령] → [범주] → [새 메뉴 클릭] → [명령 항목]
 → [새 메뉴]를 메뉴 표시줄로 드래그한다.

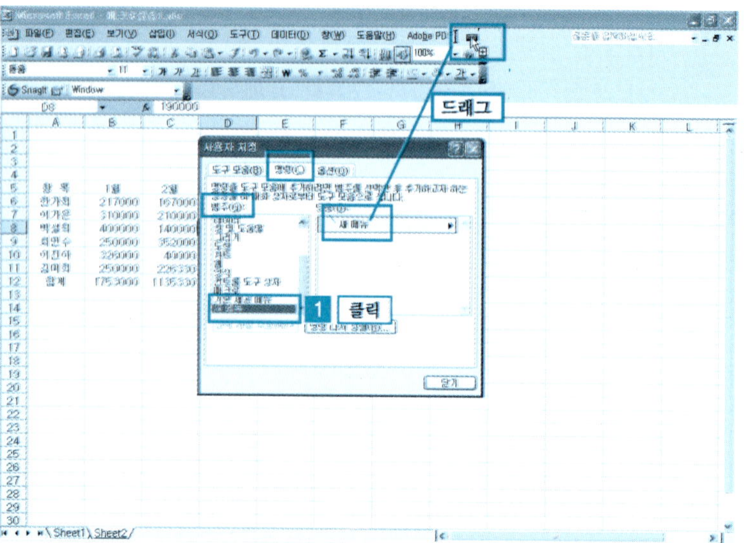

❸ [새 메뉴] 메뉴가 메뉴 표시줄에 나타난다. [새 메뉴] → [마우스 오른쪽 버튼
 클릭] → [이름에 '나의 매크로' 입력] → [범주 항목의 매크로]를 클릭한다.

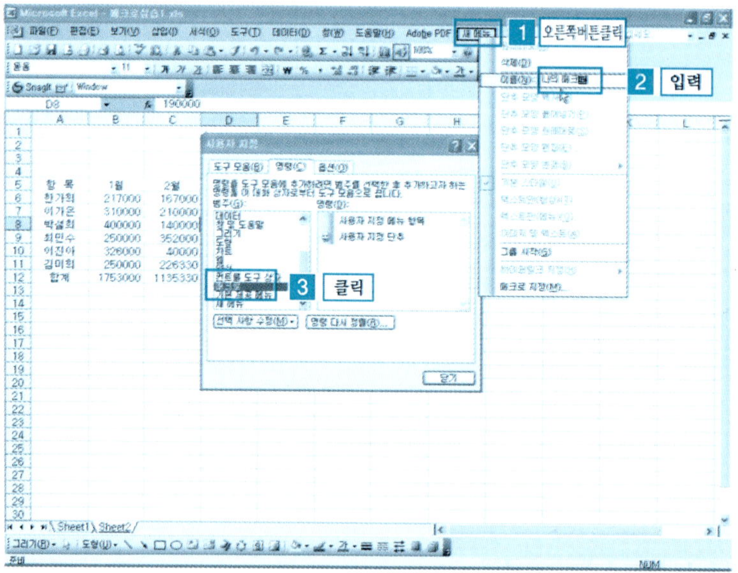

❹ [명령] 항목의 [사용자 지정 메뉴 항목]을 새로 추가한 [나의 매크로] 메뉴 아래로 드래그한다.

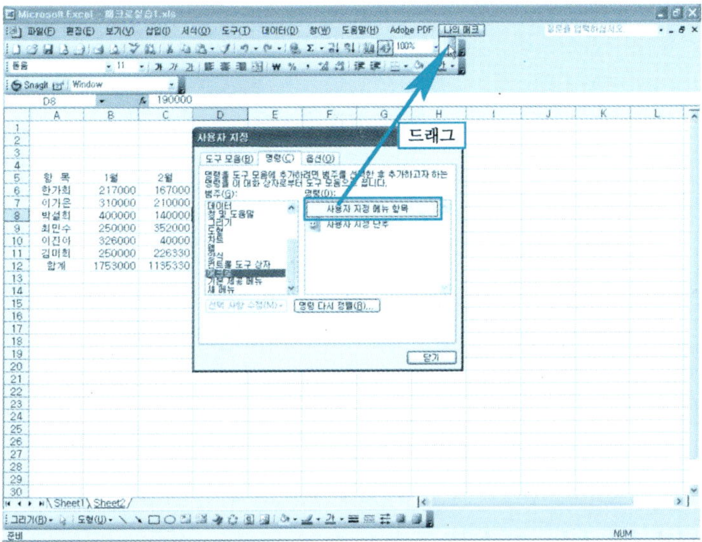

❺ [나의 메뉴] → [사용자 지정 메뉴 항목] → [마우스 오른쪽 버튼 클릭] → [이름]에 '자동서식' 입력 → [매크로 지정] 버튼을 클릭한다.

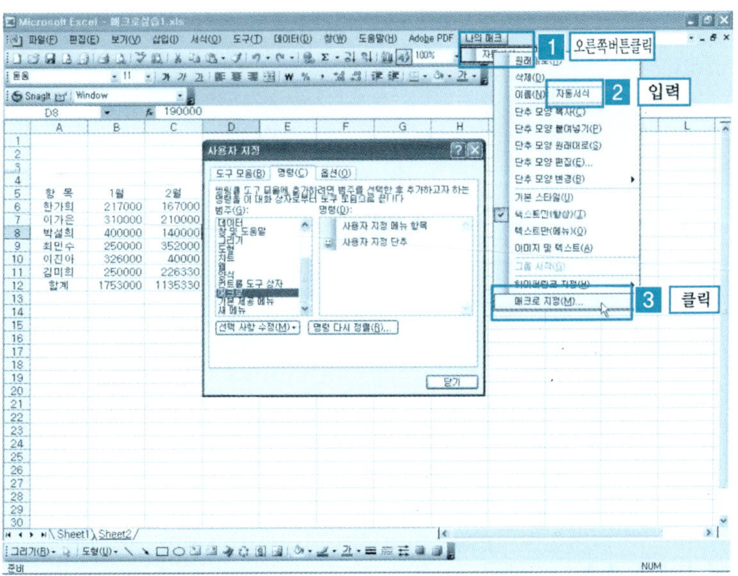

❻ [매크로 지정 대화상자] → [자동서식 매크로] → [확인] 버튼을 클릭한다.

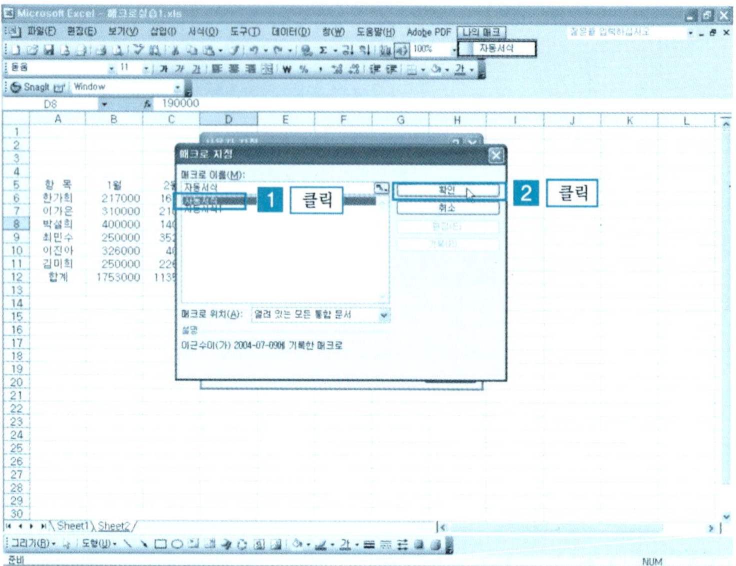

❼ [사용자 지정 메뉴] → [닫기 버튼 클릭] → [나의 매크로] → [자동서식 버튼]
을 클릭한다.

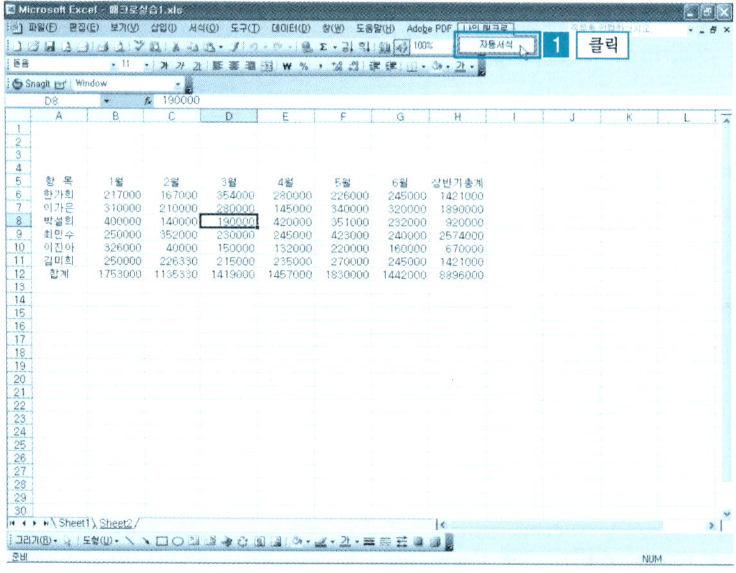

❽ 자동서식으로 설정한 매크로가 실행된다.

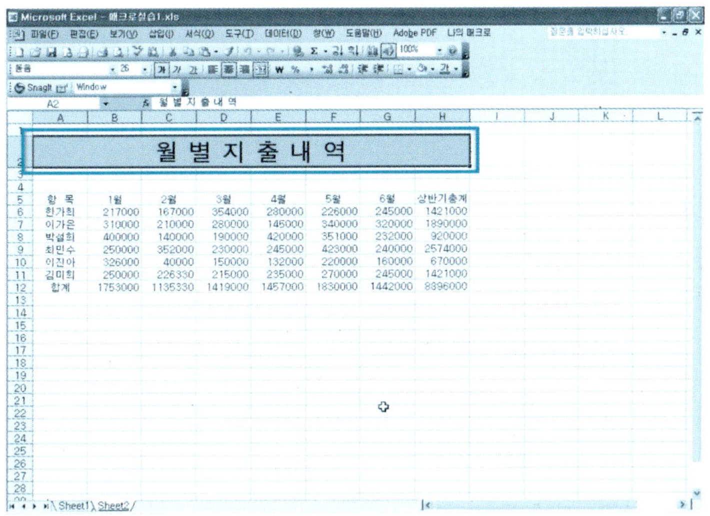

2 **매크로를 도구 모음 버튼에 추가**

작성한 매크로를 좀더 쉽게 사용하기 위해서 엑셀 작업화면의 상단에 있는 도구 모음에 매크로를 아이콘으로 만들어 보자.

❶ [예제] 폴더에서 [매크로단추.xls] → [도구 메뉴] → [사용자 지정 버튼]을 클릭한다.

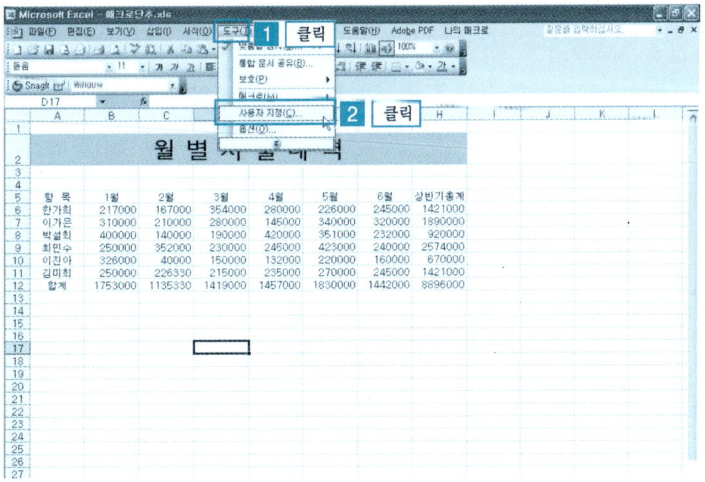

❷ [사용자 지정 대화상자] → [명령] → [범주 항목의 매크로 버튼]을 클릭한다.

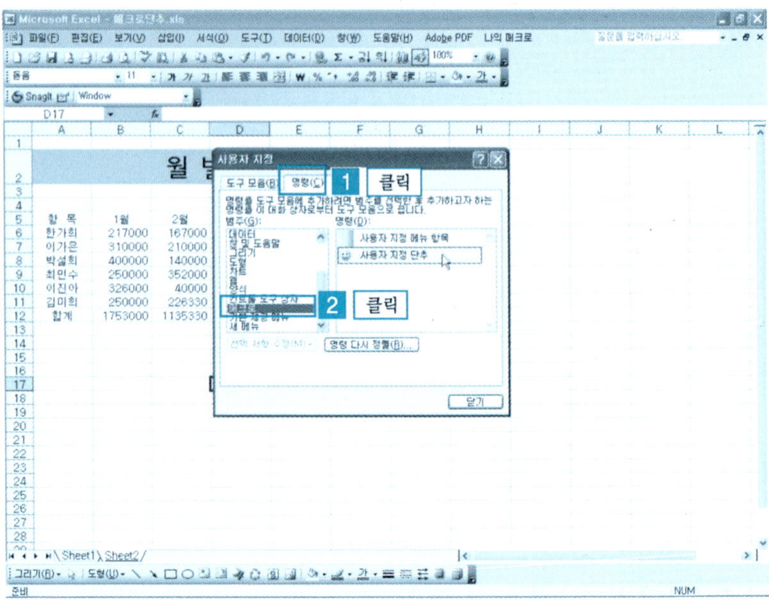

❸ [명령 목록의 사용자 지정 단추] → [도구 모음의 원하는 위치]로 드래그한다.

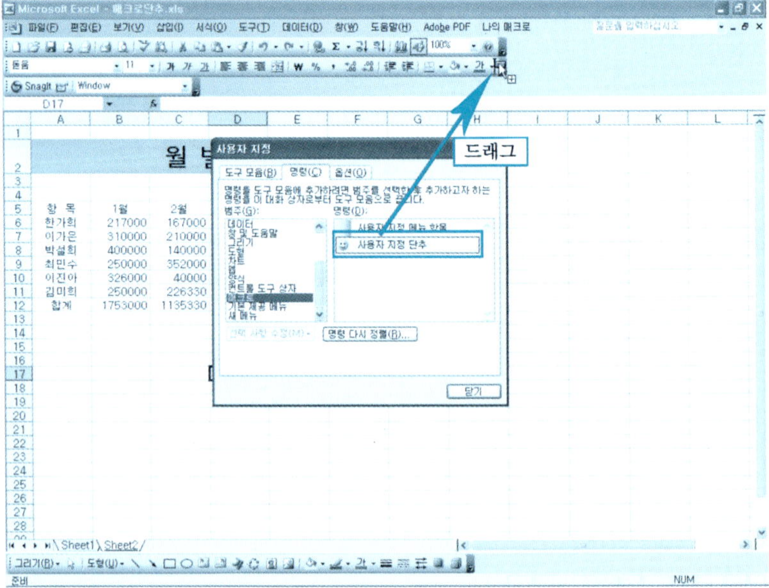

❹ [사용자 지정 버튼] → [마우스 오른쪽 버튼 클릭] → [단추모양 변경 클릭]
→ [🔵]을 클릭한다.

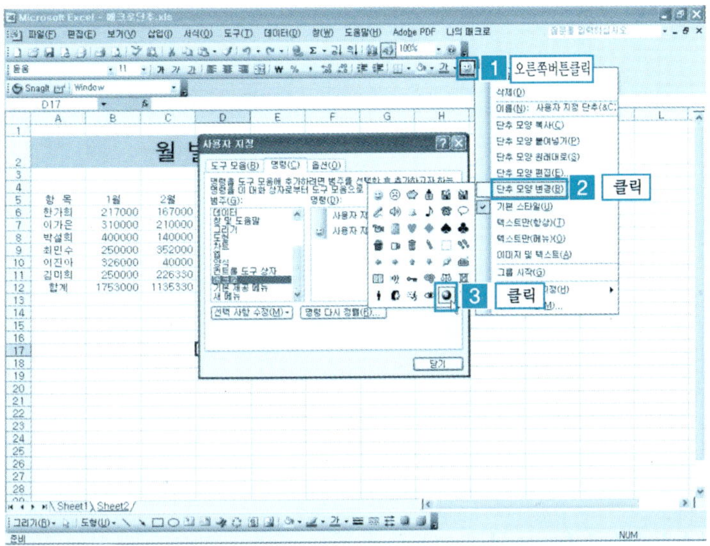

❺ [사용자 지정 버튼] → [🔵] → [마우스 오른쪽 버튼 클릭] → [매크로지정]
버튼을 클릭한다.

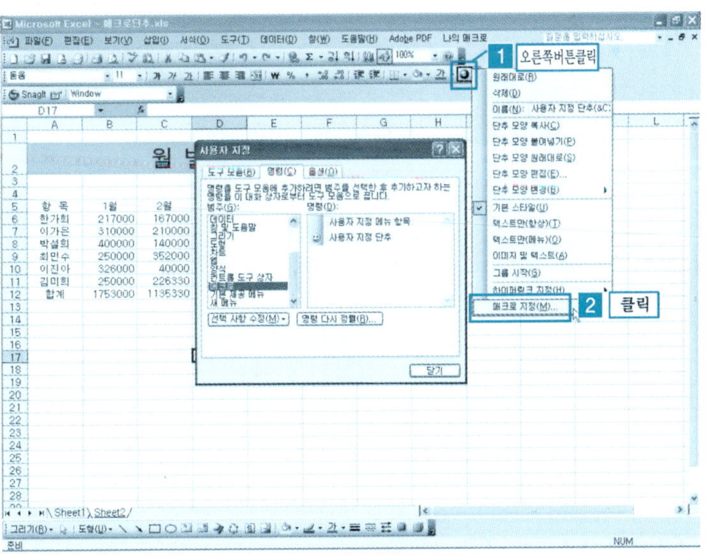

❻ [매크로 지정 대화상자] → [자동서식1] → [확인] 버튼을 클릭한다.

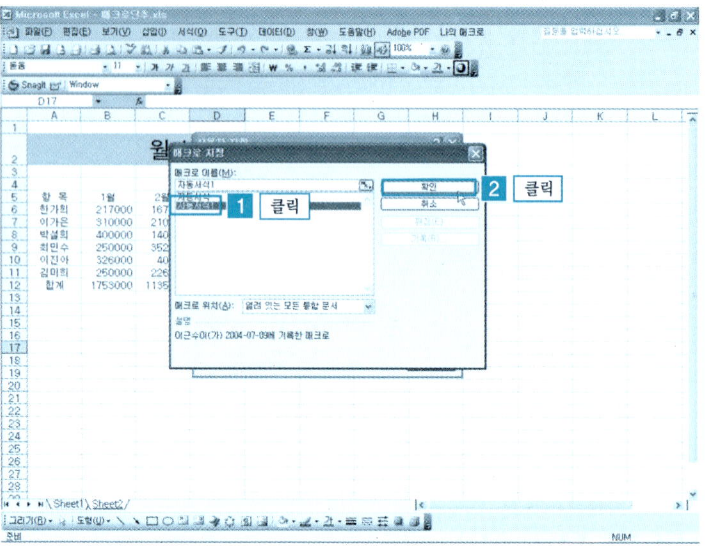

❼ [사용자 지정 대화상자] → [닫기 버튼 클릭] → [A5:H12까지 드래그] → [사용자 지정 버튼인 ●]를 클릭한다.

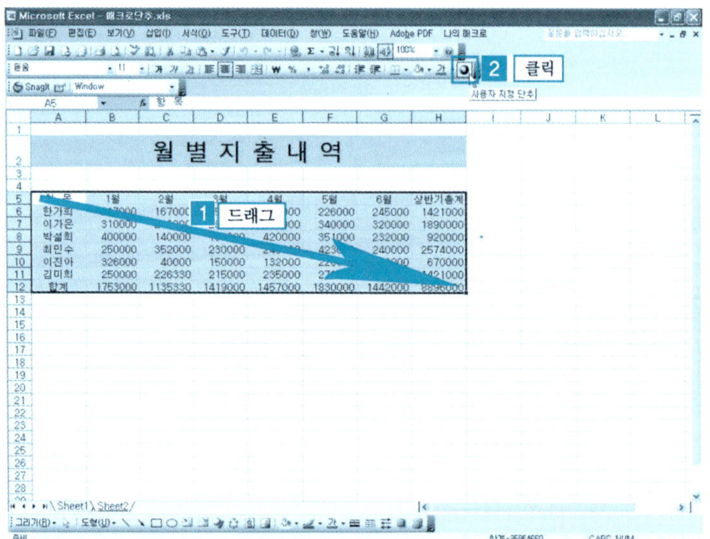

⑧ 자동서식1로 지정된 매크로가 실행된다.

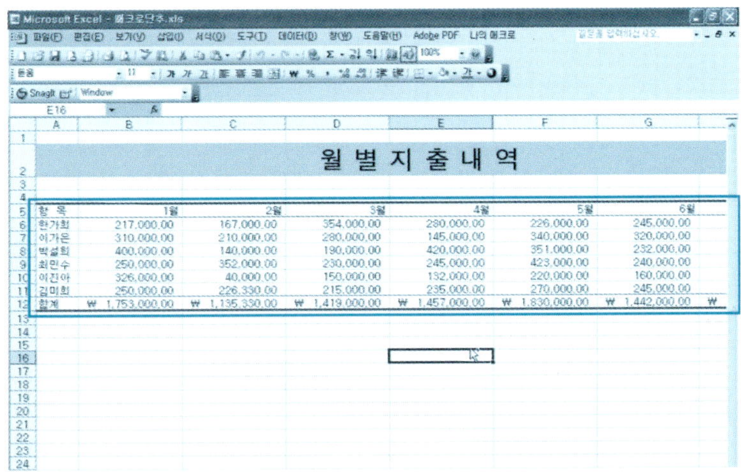

③ 버튼모양 편집

도구 모음에 추가한 매크로의 버튼 모양을 사용자가 편집할 수 있다. 추가한 버튼 그림의 모양을 편집해 보자.

❶ [도구 메뉴] → [사용자 지정 메뉴]를 클릭한다.

(추가한 ⓑ 버튼에 커서를 위치하고 마우스 오른쪽 버튼을 클릭하여 사용자 지정 대화상자를 불러올 수 있다.)

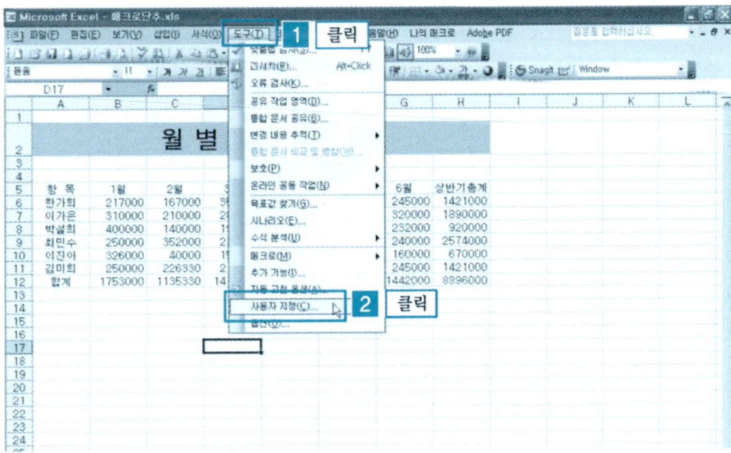

❷ [사용자 지정 대화상자] → [단축아이콘] → [마우스 오른쪽 버튼 클릭]
→ [버튼모양 편집 버튼]을 클릭한다.

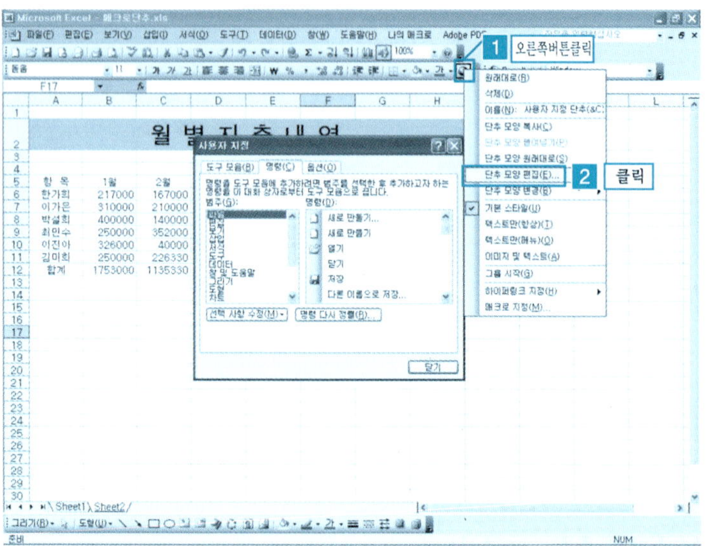

❸ [버튼 편집기 대화상자] → [지우기 클릭]하면 버튼 그림 전체가 지워지고,
화살표키를 클릭해보면 그림 전체가 화살표방향으로 이동된다.

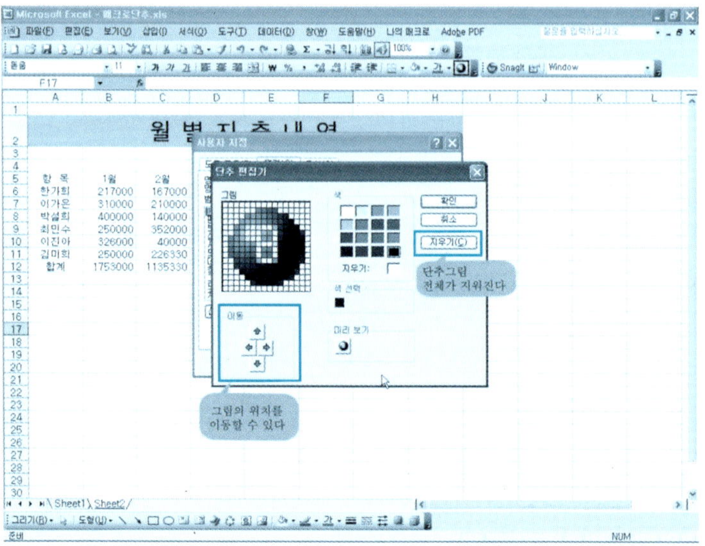

❹ [색 선택] 버튼모양을 그림과 같이 변경한다. [색 선택] → [그림 변경 위치 클릭] → [확인 버튼]을 클릭한다.

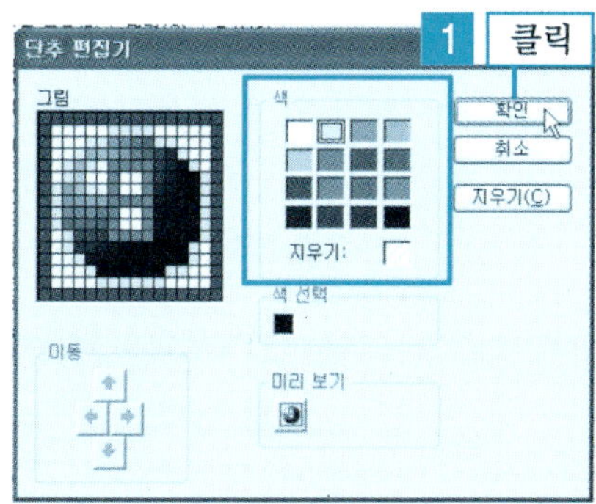

❺ [사용자 지정 대화상자] → [닫기 버튼]을 클릭한다. 그림과 같이 단축아이콘 이 변경된 것을 확인할 수 있다.

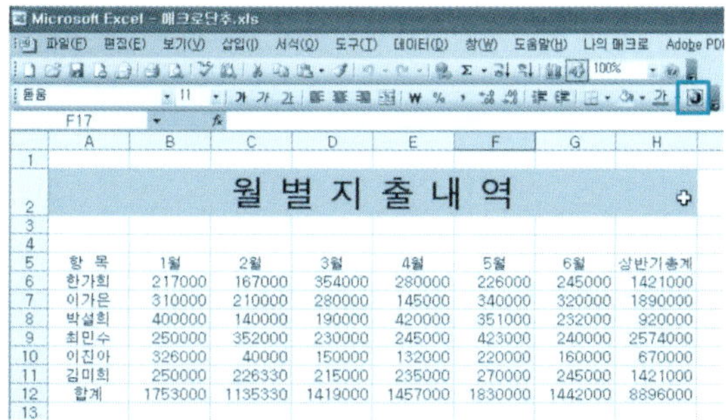

단 원 실 습 문 제

사용자 지정 단축아이콘의 모양을 아래와 같이 변경해 보자.

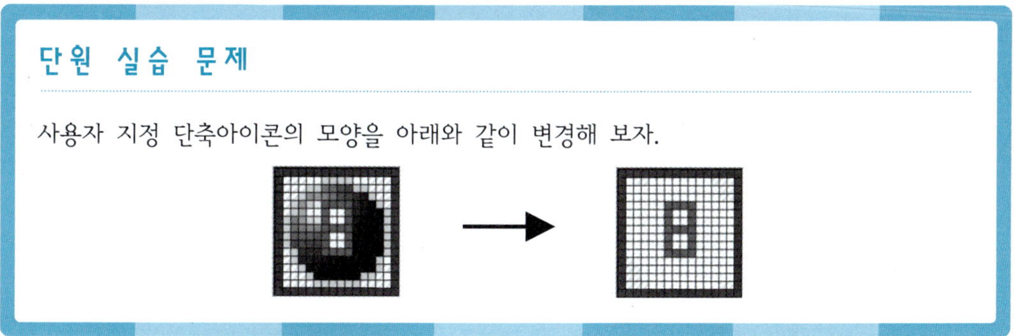

4 사용자 지정 메뉴, 단축아이콘 삭제 및 정의된 매크로 수정

(1) 사용자 지정 메뉴의 삭제

❶ 사용자 지정 메뉴가 더 이상 필요없을 때에는 쉽게 삭제할 수 있다.
[예제] 폴더에서 [매크로단추.xls] 파일을 불러온다. [나의 매크로] → [마우스 오른쪽 버튼 클릭] → [사용자 지정] 버튼을 클릭한다.

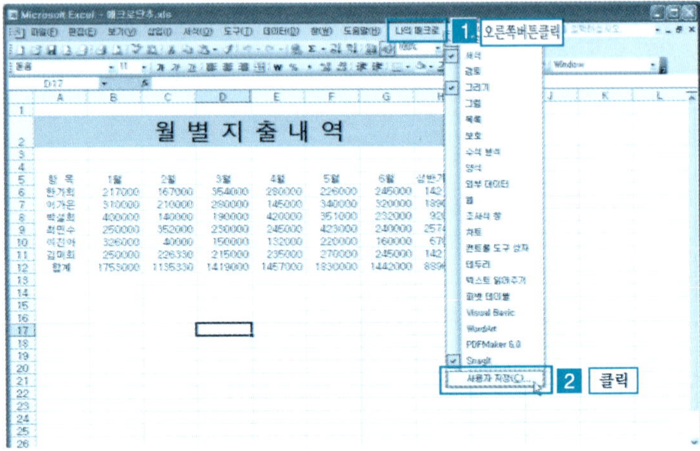

❷ [사용자 지정 대화상자] → [나의 매크로 클릭] → [메뉴표시줄 밖으로 드래그]한다.

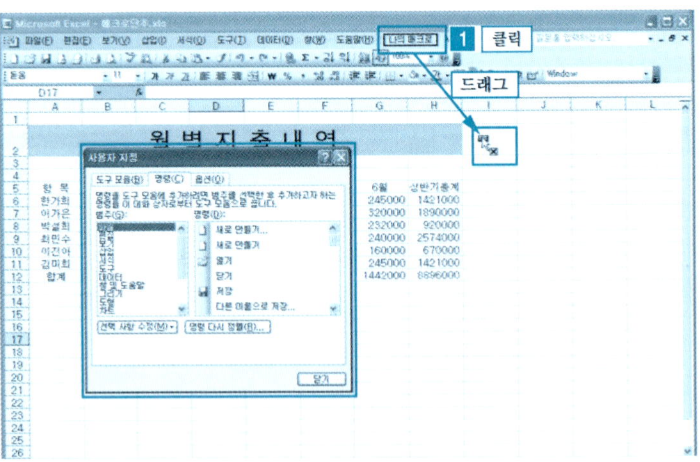

❸ [사용자 지정] 대화상자의 [닫기] 버튼 클릭. 메뉴표시줄에 [나의 매크로]가
그림과 같이 삭제되었다.

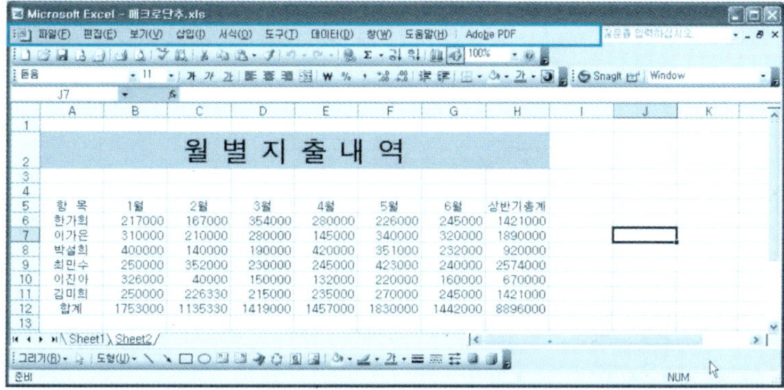

(2) 정의된 매크로 수정

❶ [예제] 폴더에서 [매크로변경.xls] 파일을 불러온다.

[사용자 지정 단축아이콘] → [마우스 오른쪽 버튼 클릭] → [사용자 지정] 버
튼을 클릭한다.

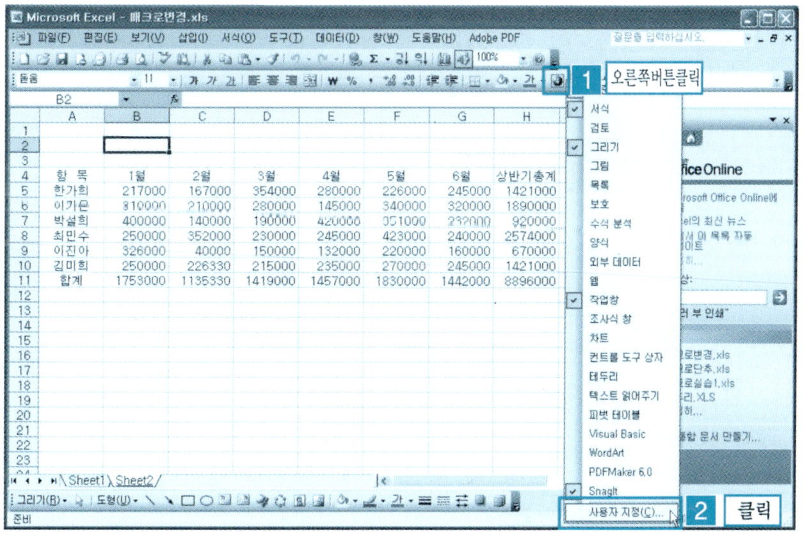

❷ [사용자 지정 대화상자] → [사용자 지정 단축아이콘] → [마우스 오른쪽 버튼 클릭] → [매크로 지정] 버튼을 클릭한다.

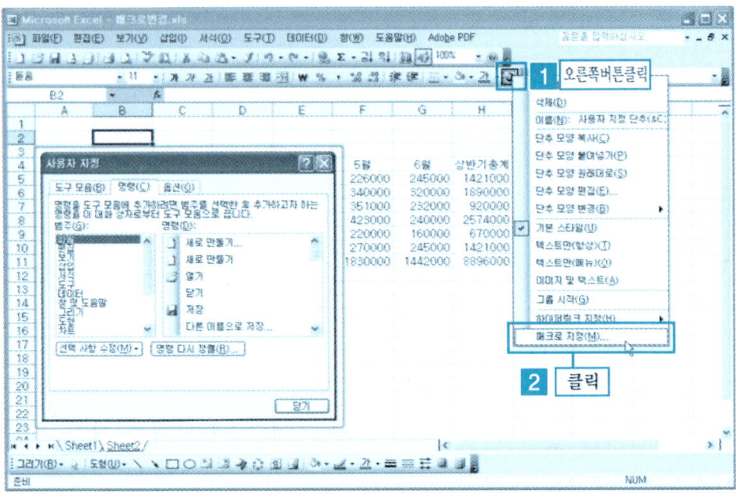

❸ [매크로 지정 대화상자] → [현재 자동서식1] → [사용자 지정 단축아이콘]에 지정되어 있다.

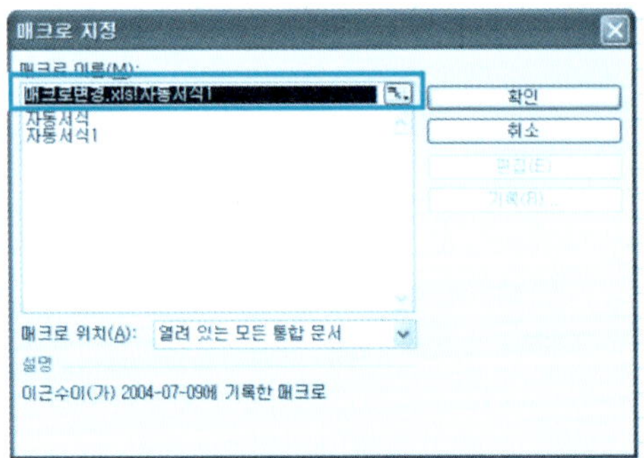

❹ [자동서식] → [확인] → [사용자 지정 대화상자의 닫기]를 클릭한다.

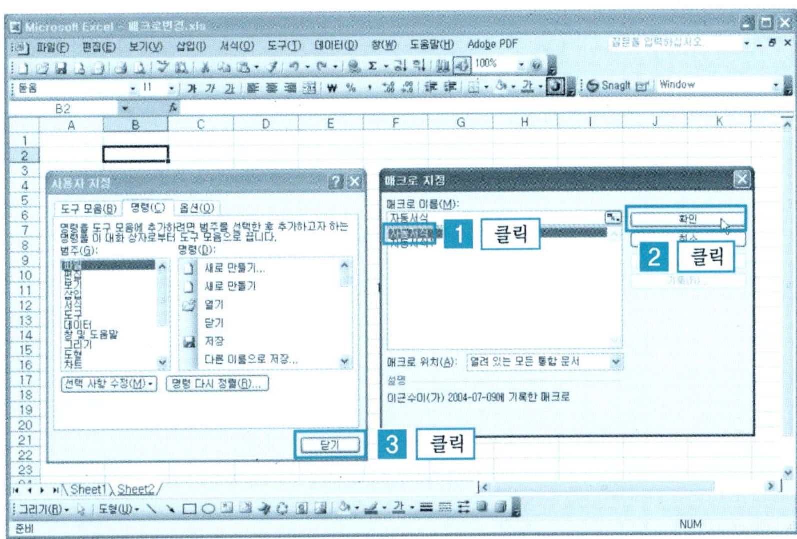

❺ 사용자 지정 단축아이콘의 매크로가 [자동서식] 매크로로 변경되었다. 사용자 지정 단축아이콘 ▦ 을 클릭한다. [자동서식] 매크로가 지정된 것을 확인할 수 있다.

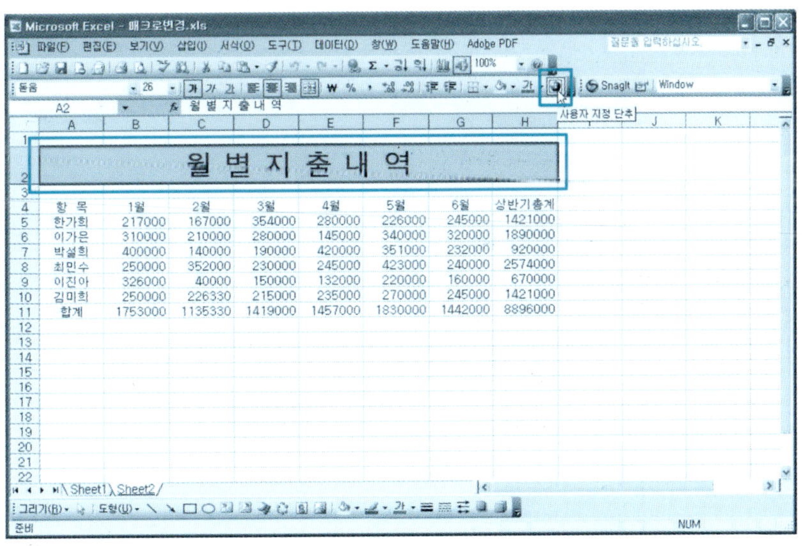

(3) 사용자 지정 단축아이콘 삭제

❶ [사용자 지정 단축아이콘] → [마우스 오른쪽 버튼 클릭] → [사용자 지정] 버튼을 클릭한다.

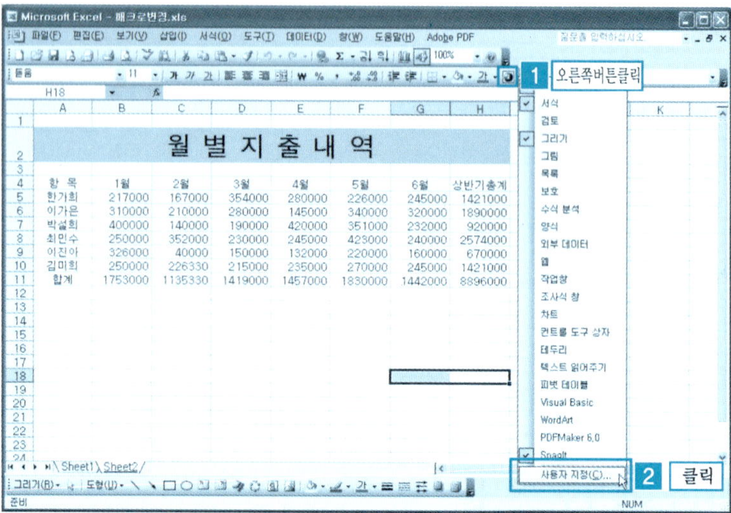

❷ [사용자 지정 대화상자] → [사용자 지정 아이콘( )] → [도구 모음 밖으로 드래그] → [사용자 지정 대화상자의 닫기] 버튼을 클릭한다.

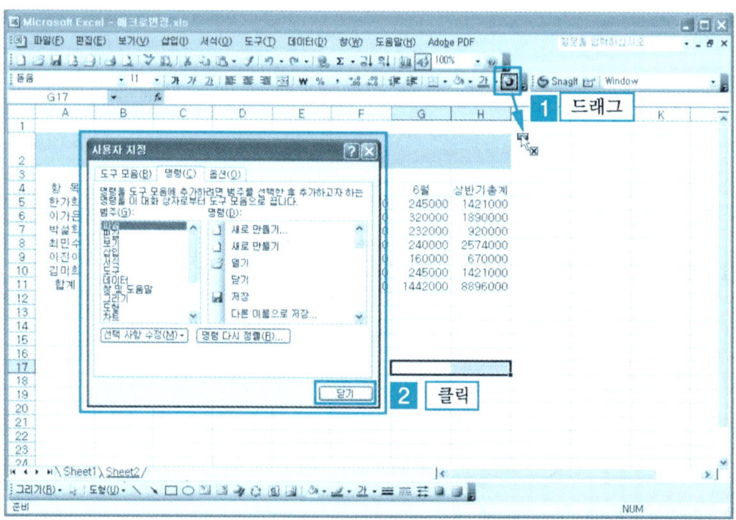

❸ 사용자 지정 아이콘이 그림과 같이 삭제된 것을 확인할 수 있다.

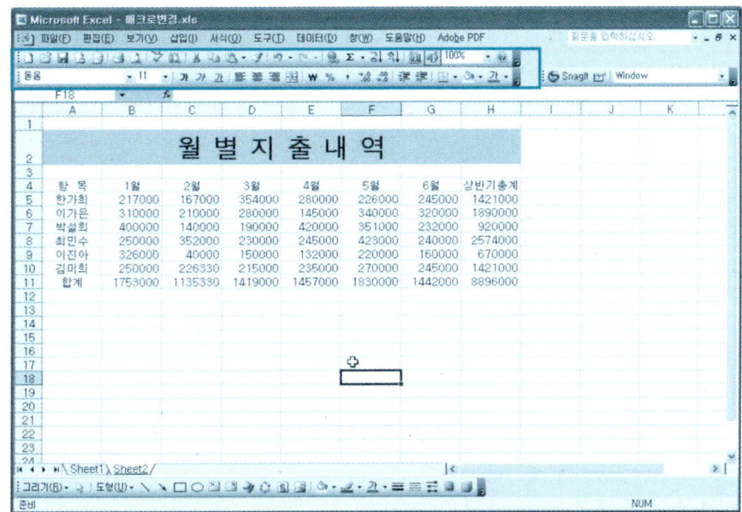

단 원 실 습 문 제

〈**실습1**〉 [예제] 폴더에서 [제목서식.xls] 파일을 불러온다.

〈**실습2**〉 [ctrl + shift + T]로 제목서식 매크로가 저장되어 있다. 사용자 지정 단축아이
콘을 만들어보고 삭제해 보자.

5 매크로와 양식 버튼 연결

워크시트 안에 양식 버튼을 삽입하여 매크로와 연결해 보자.

❶ [예제] 폴더에서 [일정관리.xls] 파일을 불러온다.

[A2 셀 클릭] → [도구 메뉴] → [매크로] → [새 매크로 기록] 버튼을 클릭한다.

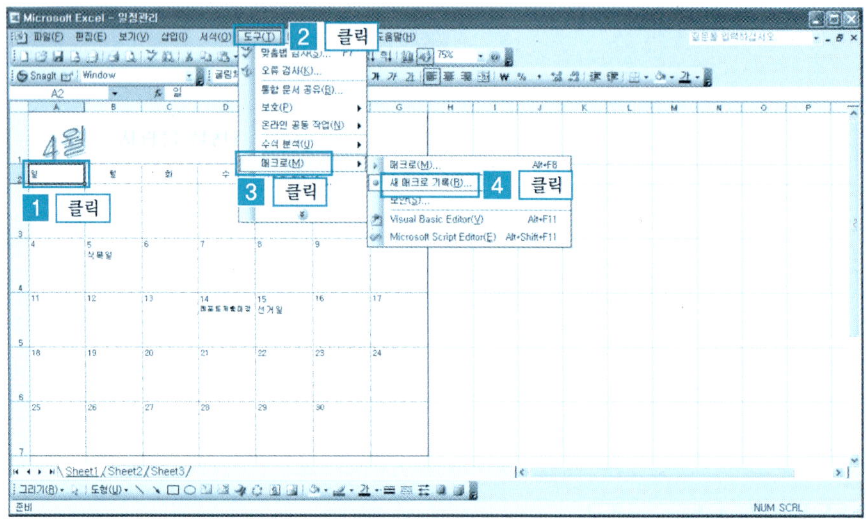

❷ [매크로 기록 대화상자] → [매크로 이름] → [셀 서식 입력] → [바로가기 키]
→ [C 입력] → [확인] 버튼을 클릭한다.

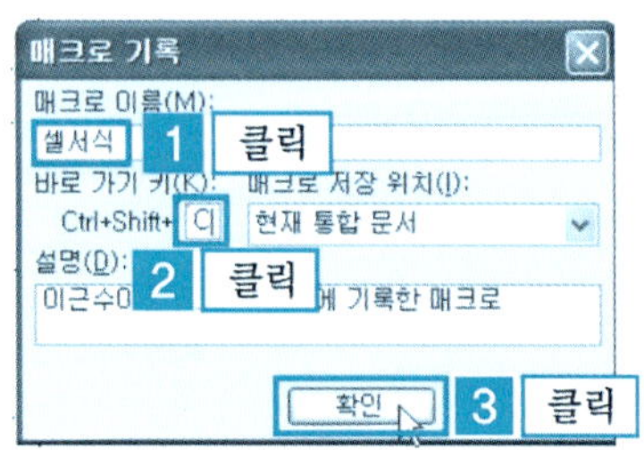

❸ [글꼴 : 휴먼매직체] → [크기:14] → [진하게] → [가운데정렬] → [글자색:빨강] → [기록중지] 버튼을 클릭한다.

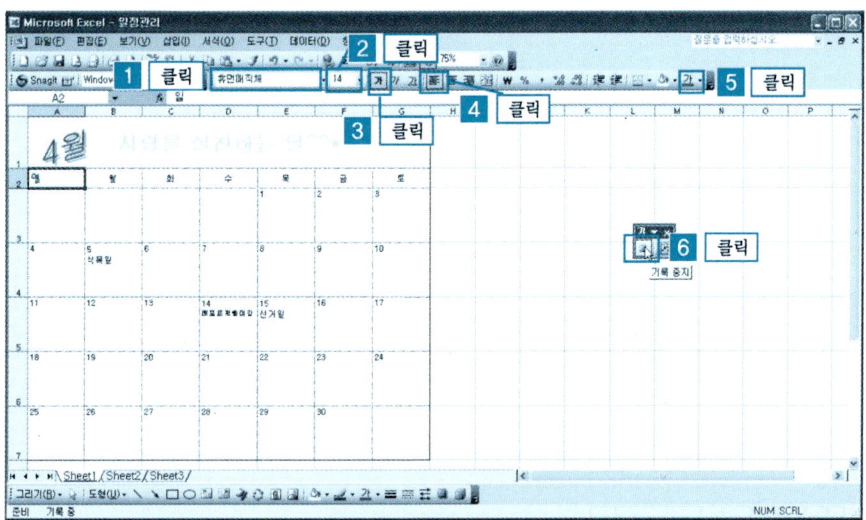

❹ [도구 모음으로 이동] → [마우스 오른쪽 버튼 클릭] → [양식] 버튼을 클릭한다.

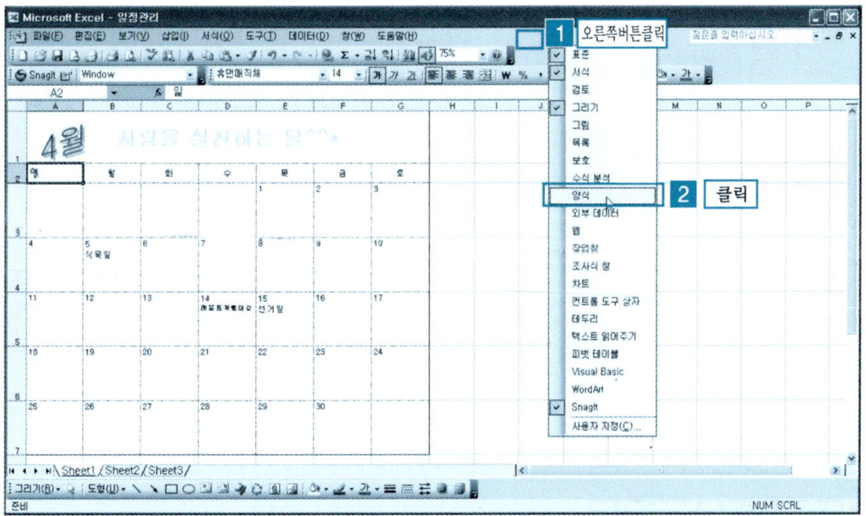

⑤ [양식 도구 모음] → [단추]를 클릭한다.

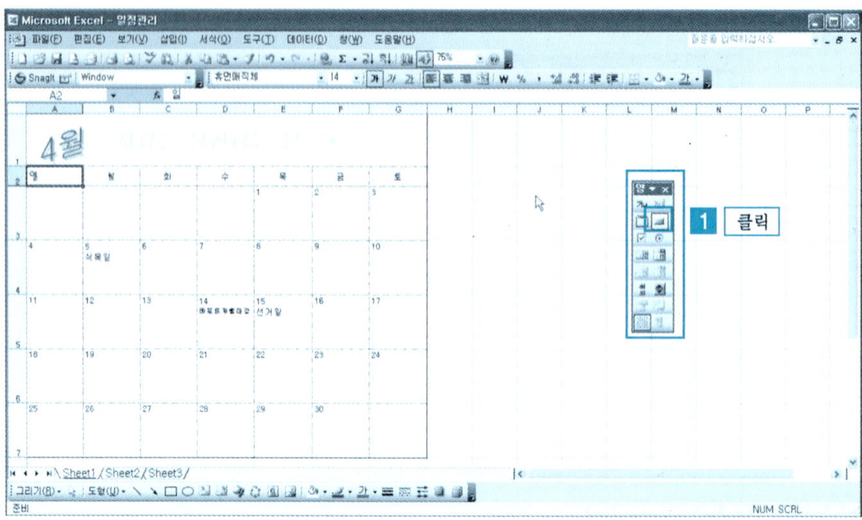

⑥ 사용자가 원하는 위치를 선택하여 마우스를 드래그하면 버튼이 나타나고 [매크로 지정] 대화상자가 나타난다. [셀 서식 지정] → [확인] 버튼을 클릭한다.

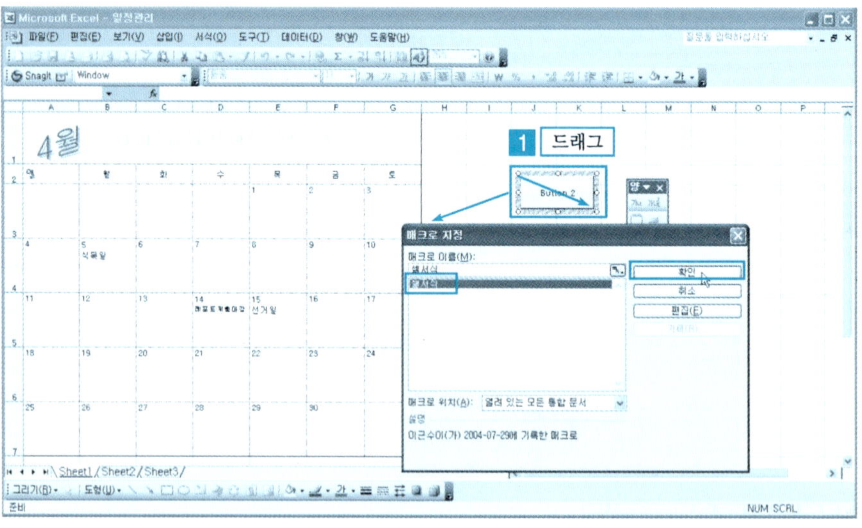

❼ [양식 버튼 클릭] → [셀 서식] 입력 → [A3:A7 드래그] → [셀 서식 버튼]을
클릭한다.

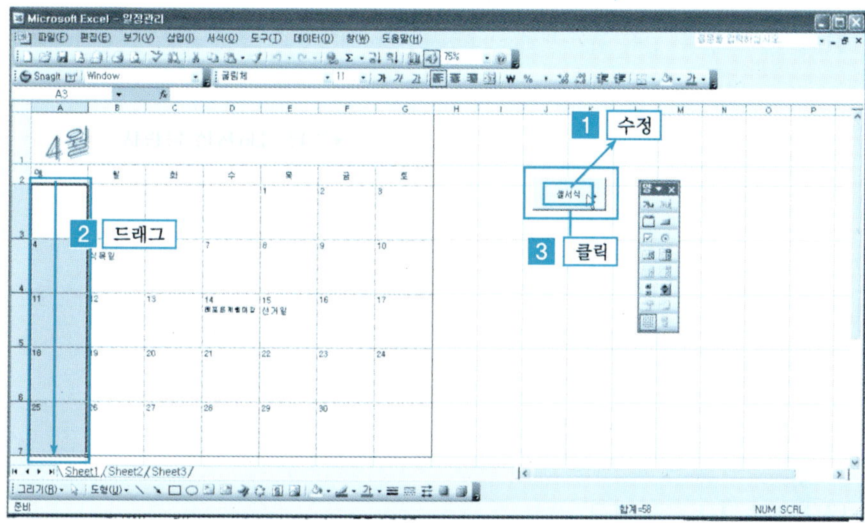

❽ 그림과 같이 매크로가 적용된 것을 확인할 수 있다.

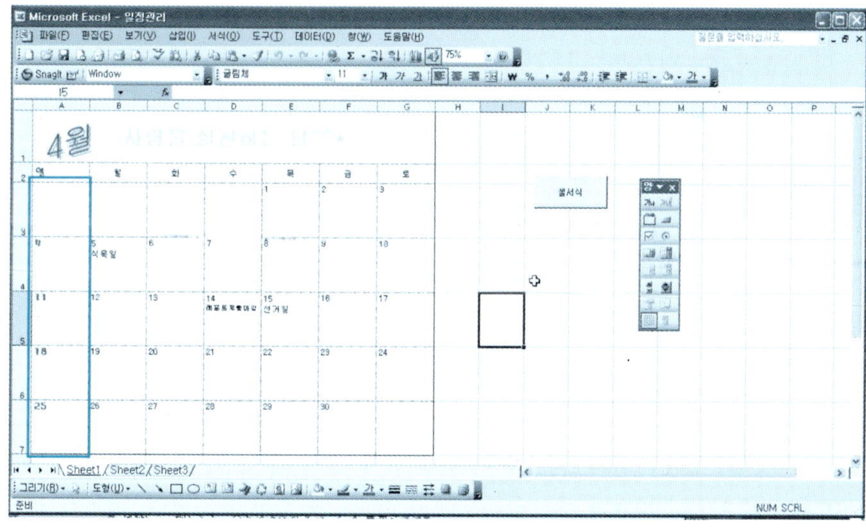

단원 실습 문제

〈**실습1**〉 [예제] 폴더에서 [일정관리.xls] 파일을 불러온다

〈**실습2**〉 그림과 같이 B2 셀과 같은 서식의 매크로를 양식 버튼에 연결하고 B3:B7까지
양식 버튼을 이용해서 B2와 같은 서식을 나타내보자.

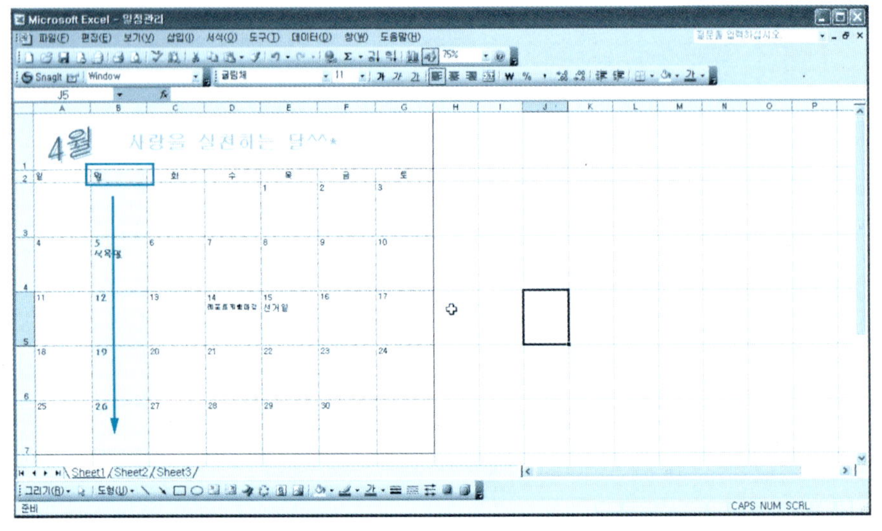

9.3 │ 매크로 바이러스

1 매크로 바이러스의 특징

매크로 바이러스는 파일, 서식 파일 또는 추가 기능 내의 매크로에 저장된 컴퓨
터 바이러스의 일종이다. 이 바이러스는 자신의 복사본을 컴퓨터 파일에 삽입하여
해당 파일을 감염시키는 컴퓨터 프로그램 또는 매크로이다.

감염된 파일이 메모리에 로드되면 다른 파일도 바이러스에 감염될 수 있다. 일반적으로 바이러스는 해로운 부작용을 유발한다. 특히 매크로 바이러스로부터 컴퓨터를 보호하려면 전문 바이러스 백신 프로그램을 구입하여 설치해야 한다.

매크로 기능은 오피스 프로그램에만 포함되어 있는 것이 아니다. 거의 대부분의 프로그램에 포함되어 있다. 많이 알려진 프로그램 중에서 한글, 포토샵, 일러스트레이터 등이 있다.

2 매크로 바이러스 치료

매크로 바이러스를 포함한 컴퓨터 바이러스를 치료하는 대표적인 백신 프로그램으로는 하우리의 [바이로봇]과 안철수 연구소의 [V3]가 있다.

Microsoft Office 2003에서 작동하는 바이러스 백신 소프트웨어가 설치되어 있는 경우, 파일에 매크로가 포함되어 있으면 모든 보안 수준에서 알려진 바이러스가 있는지 검사한 후 파일이 열린다.

3 다음과 같은 방법을 통해 컴퓨터의 바이러스 감염 위험을 줄일 수 있다.

❶ Office의 기본 보안 설정 사용 : Office 2003은 이제까지 출시된 버전 중 가장 안전한 버전의 Office로서 프로그램과 데이터를 바이러스로부터 보호할 수 있는 안전 조치를 포함하고 있으므로 Office의 기본 보안 설정을 낮추지 않는 것이 좋다.

❷ 중요한 최신 업데이트와 보안 패치로 PC를 안전하게 보호 : Windows Update 사이트를 사용하여 운영체제를 업데이트하며, 중요한 최신 패치와 향상된 기능을 무료로 다운로드하려면 Office Update 사이트를 방문한다.

❸ 바이러스 백신 소프트웨어 설치 및 실행 : 잘 알려진 회사에서 만든 바이러스 백신 소프트웨어 프로그램을 설치하고 해당 공급업체의 권장사항에 따라 실행한다. 프로그램에 자동 바이러스 검사 기능이 있으면 이 기능을 항상 켜두고, 업데이트해준다.

④ 신뢰할 수 있는 사이트의 파일만 다운로드 : 웹사이트에서 파일을 다운로드할 때는 파일의 출처를 알아야 한다. 잘 알려진 회사의 파일만 다운로드하는 것이 좋다. 출처가 의심스러운 파일은 다운로드하지 말고 플로피 디스크, zip 디스크 등 하드 디스크 이외의 디스크에 파일을 다운로드한 다음 바이러스 검색 프로그램을 사용하여 파일을 검사할 수도 있다.

⑤ 정기적으로 데이터 백업 : 정기적으로 백업 파일을 만든다. 바이러스에 감염되어 하드 디스크의 파일이 지워지거나 손상된 경우에는 최신 백업 파일을 사용하여 데이터를 복구하는 것이 유일한 방법이다. Microsoft Windows XP의 백업 마법사나 복원 마법사를 사용하여 데이터를 백업할 수도 있다. Windows XP의 시작 메뉴에서 [보조프로그램] → [시스템 도구] → [백업]을 클릭한다. 백업 또는 복원 마법사의 설명을 따른다.

⑥ 의심스러운 전자 메일 메시지나 파일 열지 않기 : 의심스럽거나 원하지 않는 전자 메일 메시지 또는 파일은 절대 열지 말라.

4 매크로 바이러스 보안 설정

엑셀의 매크로 바이러스에 대비하여 보안 기능을 설정하는 방법을 알아보자.
❶ [도구 메뉴] → [매크로] → [보안]을 클릭한다.

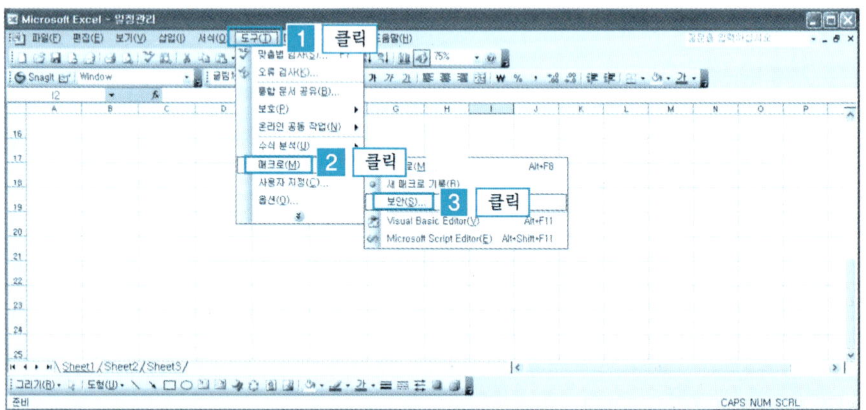

② [보안 대화상자] → [보통] → [확인]
버튼을 클릭한다.

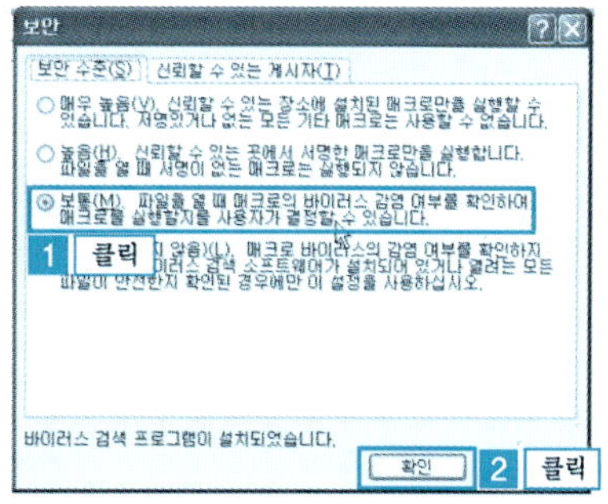

③ [보안 보통으로 설정] → [매크로가 포
함된 파일 열기] → [매크로 바이러스
가 포함되어 있을 수 있다는 보안경
고] 창이 나타난다. 바이러스가 의심
될 경우에는 [매크로 제외] 버튼을 클
리하여 매크로를 제외한 후 해당 파일을 불러온다.

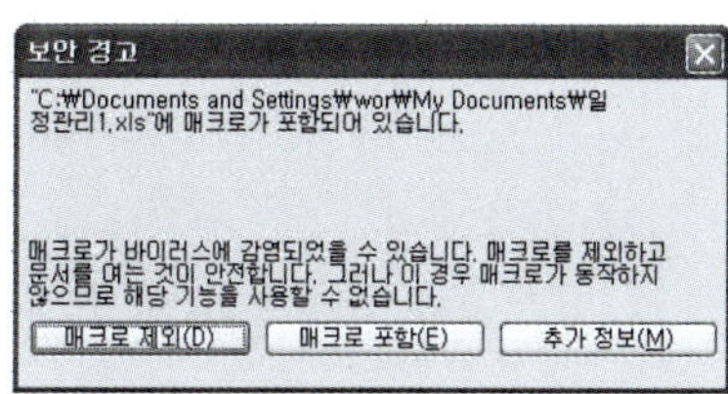

9.4 | VBA 활용

1 Microsoft Visual Basic 실행하기

① [예제] 폴더에서 [제목출력.xls] 파일을 불러온다.
[도구 메뉴] → [매크로] → [매크로] 버튼을 클릭한다.

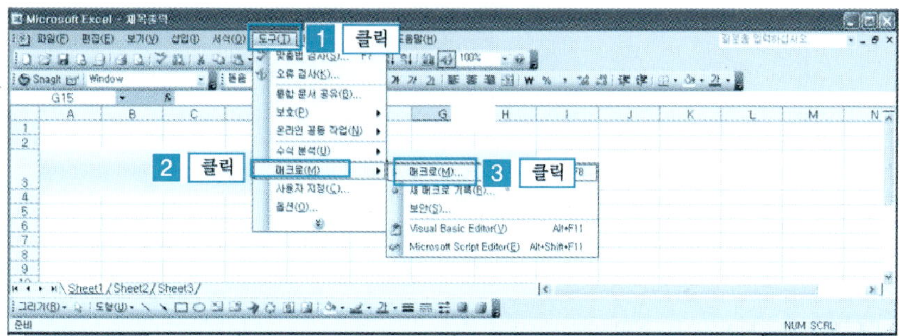

❷ [매크로 대화상자] → [제목출력 선택] → [편집]을 클릭한다.

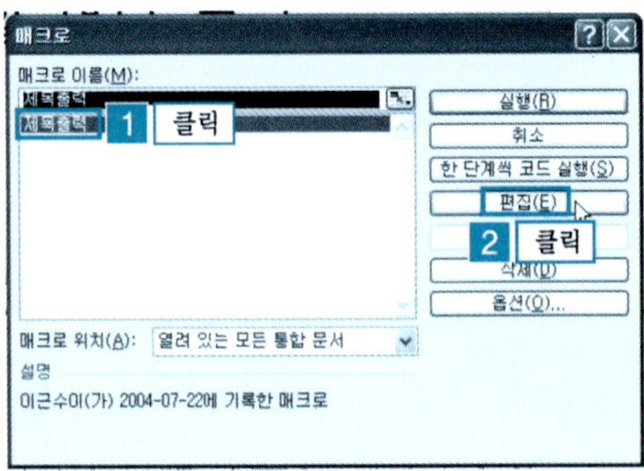

❸ 다음과 같이 비주얼 베이직 편집창이 나타난다.

④ [모듈] 창을 보면 현재 선택된 [Module1]에는 기록한 매크로의 내용이 프로그램 언어로 변환되어 저장되어 있다. 이 프로그램 코드 내용에 서식을 설정하기 위해 [도구 메뉴] → [옵션] 버튼을 클릭한다.

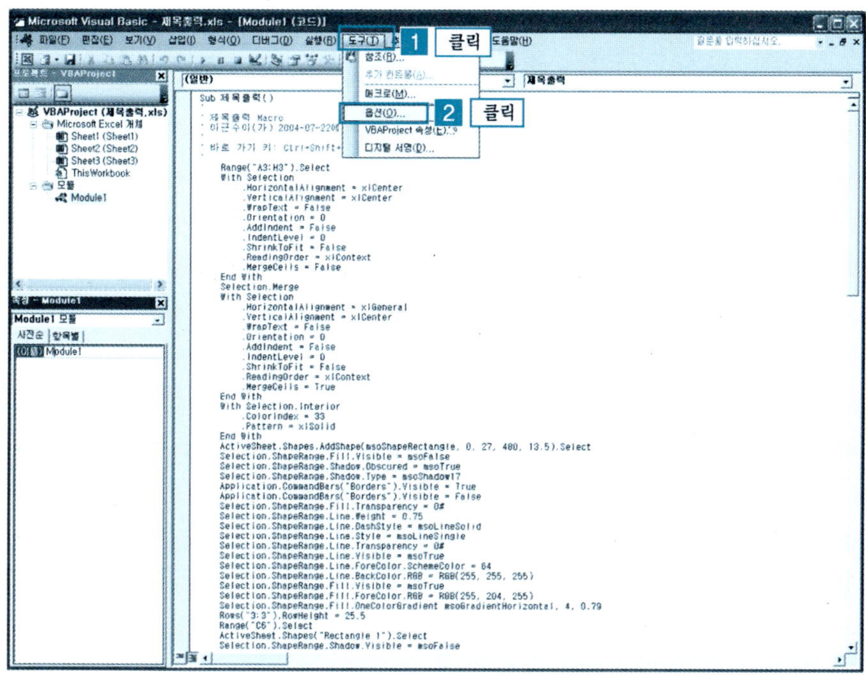

⑤ [옵션 대화상자] → [편집기 형식] → [글꼴:돋움체] → [크기:14] → [확인] 버튼을 클릭한다.

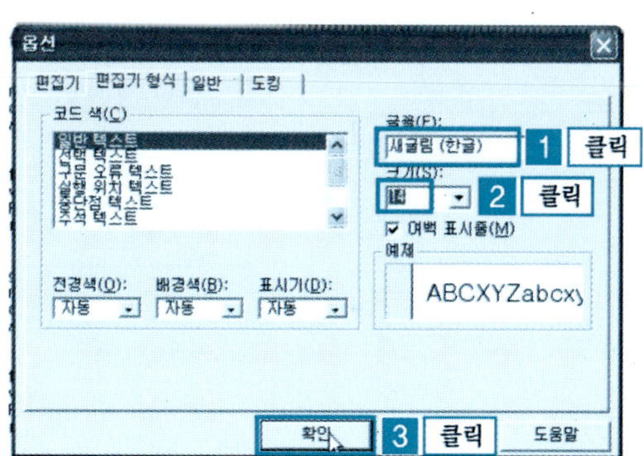

❻ 그림과 같이 글꼴이 변경된 것을 확인할 수 있다. 다시 엑셀화면으로 가려면
[이미지] 아이콘을 클릭한다.

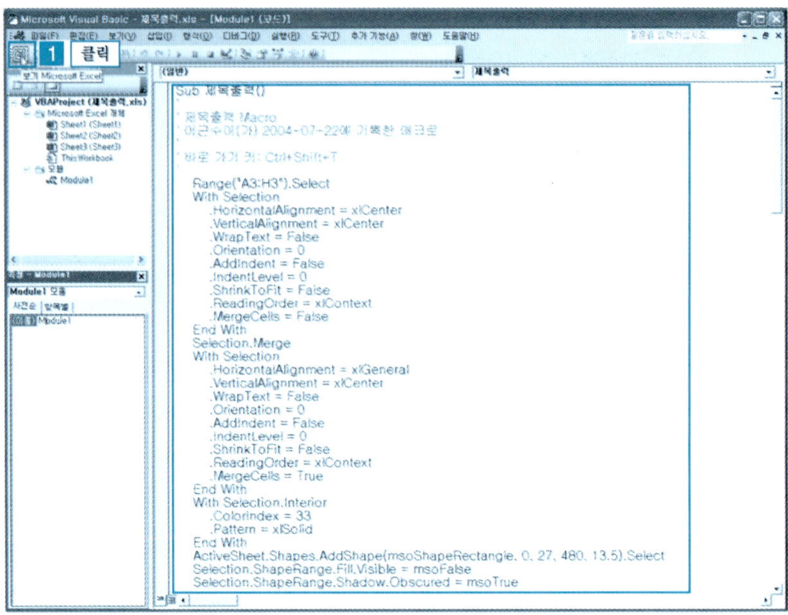

② VBA 메시지 창 만들기

❶ [예제] 폴더에서 [메시지상자.xls] 파일을 불러온다. [도구 메뉴] → [매크로]
→ [Visual Basic Editor] 버튼을 클릭한다.

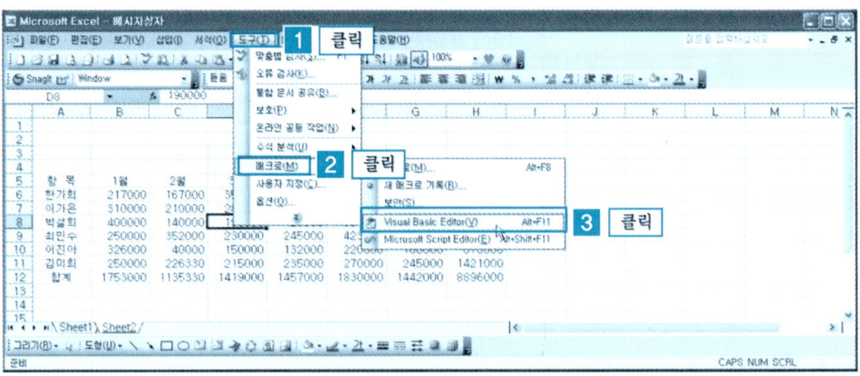

❷ 비주얼 베이직 편집기가 실행된다. 왼쪽의 [프로젝트 탐색기]에서 [모듈]의 [Module1]을 더블클릭하면 코드 입력 창이 나타나면서 매크로의 기록이 나타난다.

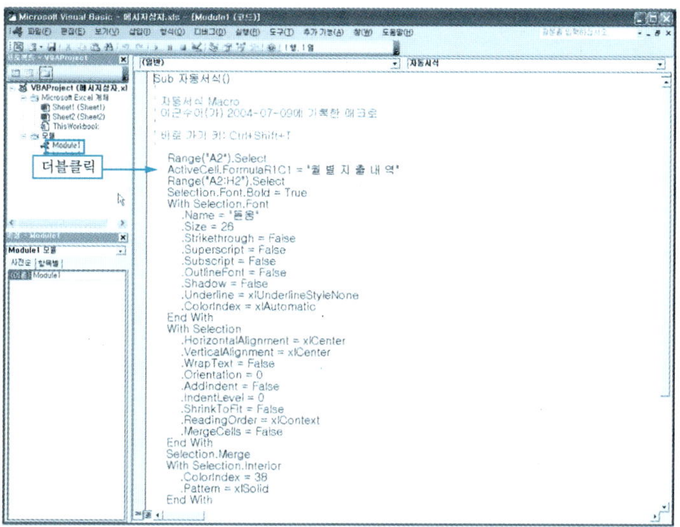

❸ 코드 입력 창에서 기존에 입력되어 있는 코드 아래에 다음과 같이 입력한 후 엔터를 누른다. (입력된 내용 아래의 노란 박스는 메시지 박스의 사용 형식이 나타난다.)

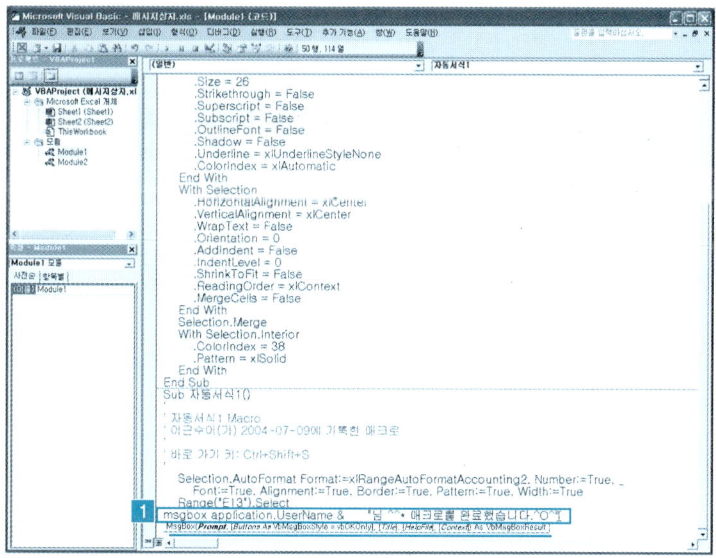

❹ [MsgBox] 코드가 오류없이 입력되면, 소문자가 대문자로 바뀐다. 🔲 아이콘 을 클릭하여 엑셀로 돌아가자.

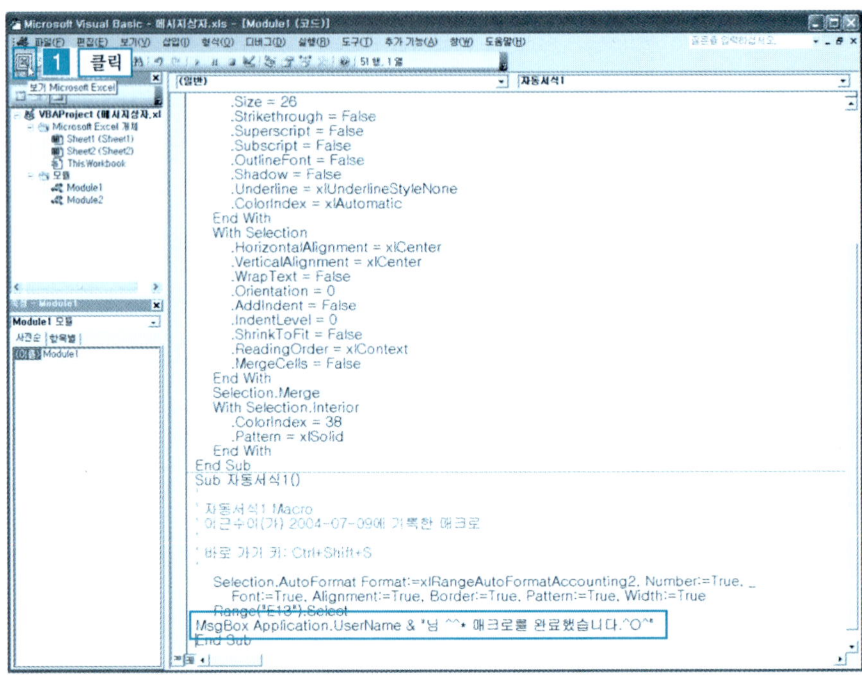

❺ [엑셀 창] → [A5:H12 드래그] → [사용자 지정 자동서식 도구]를 클릭한다.

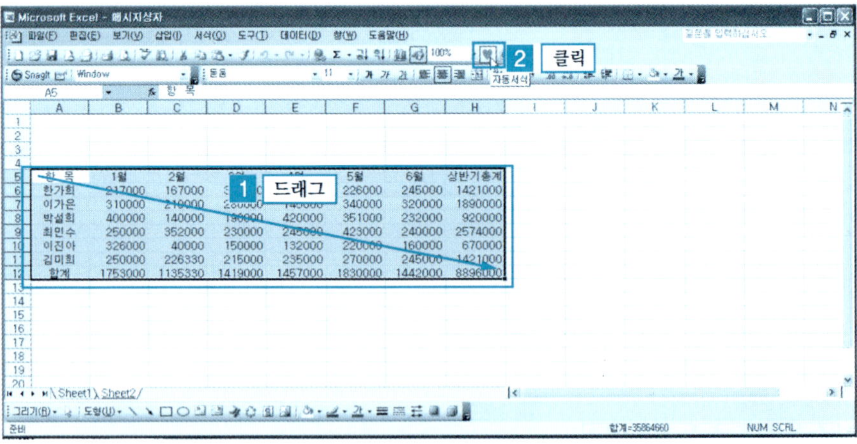

⑥ 그림과 같이 메시지 상자가 나타난다.

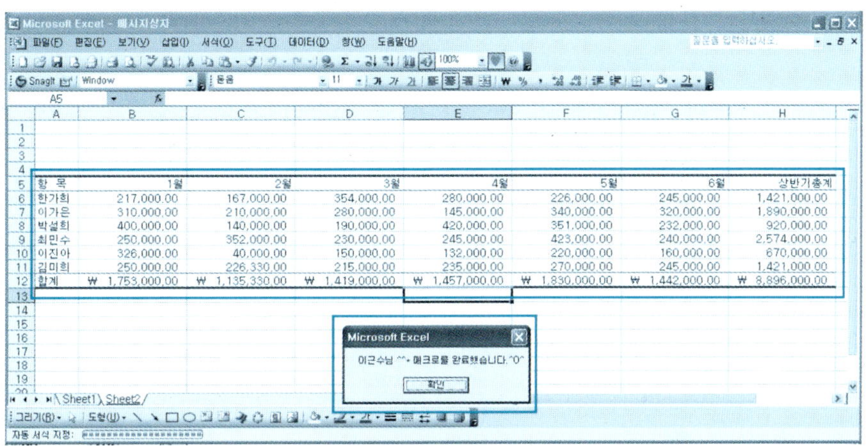

3 양식 버튼으로 VBA에서 만든 매크로 실행

❶ [예제] 폴더에서 [메시지상자.xls] 파일을 불러온다.

[도구 모음으로 이동] → [마우스 오른쪽 버튼 클릭] → [양식] → 양식 대화
상자가 나타난다. [단추] 클릭 → [A1 셀에 드래그] → [매크로 지정 대화상
자] → [관리자 지시] 선택 → [확인] 버튼을 클릭한다.

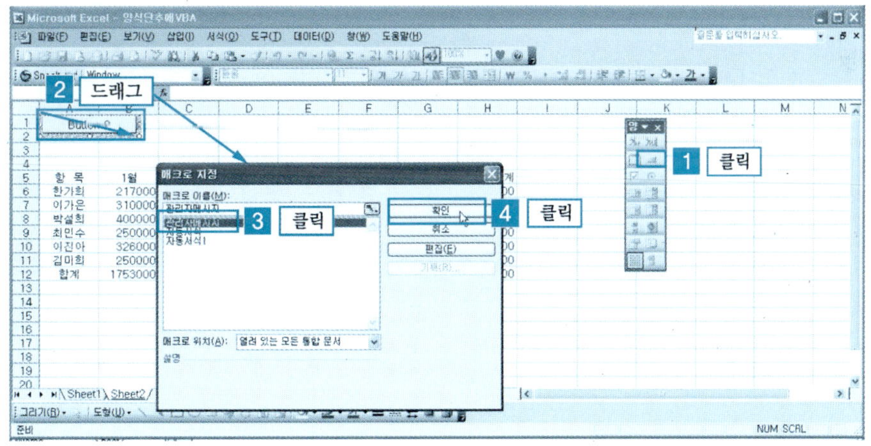

❷ [Alt] + [F8] 클릭] → [자동서식 매크로 실행] → [사용자 지정 아이콘] 클릭 → [양식 버튼 클릭] → [완료 후 클릭^^] 입력 → [완료 후 클릭^^] 버튼을 클릭한다.

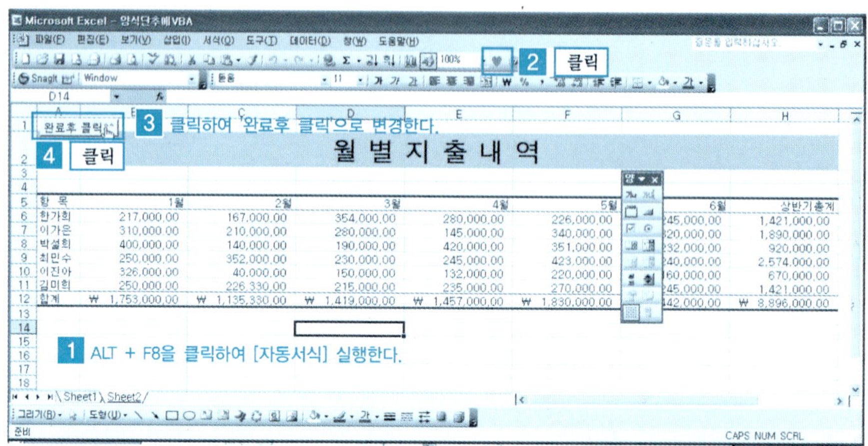

❸ 양식 버튼에 연결한 관리자 메시지가 나타난다.

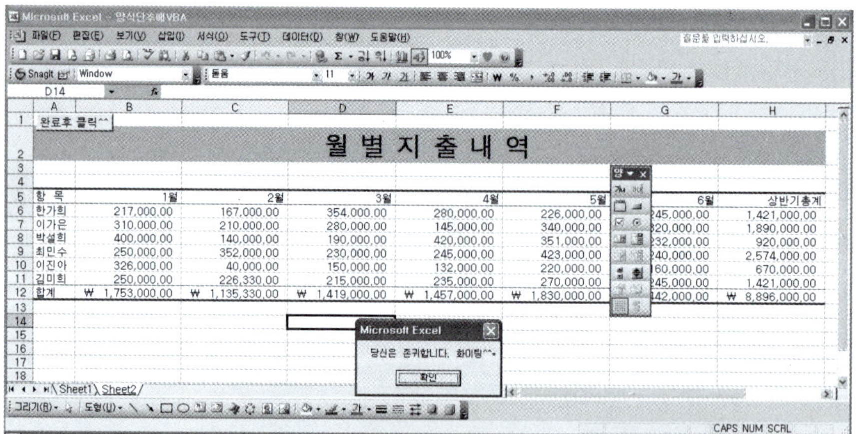

Chapter *10*

실전문제

실전문제 1   셀삽입

셀 A2에서 B2까지 삽입하고, 현재 데이터가 들어 있는 A2에서 B10까지의 셀을
아래로 이동하시오. ([예제] 폴더에서 [1삽입.xls] 파일을 불러온다.)

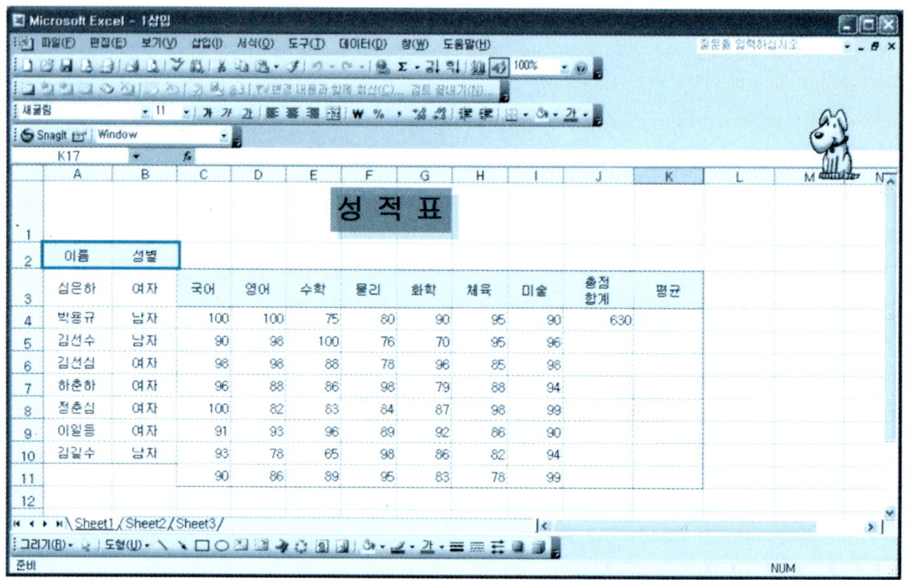

[실전문제 1] 해답

① 셀 A2에서 B2까지 드래그하여 범위를 선택한다.
② 마우스 오른쪽 버튼을 클릭한다.
③ [삽입]을 클릭한다.
④ [셀을 아래로 밀기]를 선택한다.
⑤ [확인]을 클릭한다.

실전문제 2   잘라낸 셀 삽입

C3에서 C13까지의 셀을 잘라내어 B3에서 B13까지의 셀에 삽입하시오. ([예제]
폴더에서 [2잘라낸셀삽입.xls] 파일을 불러온다.)

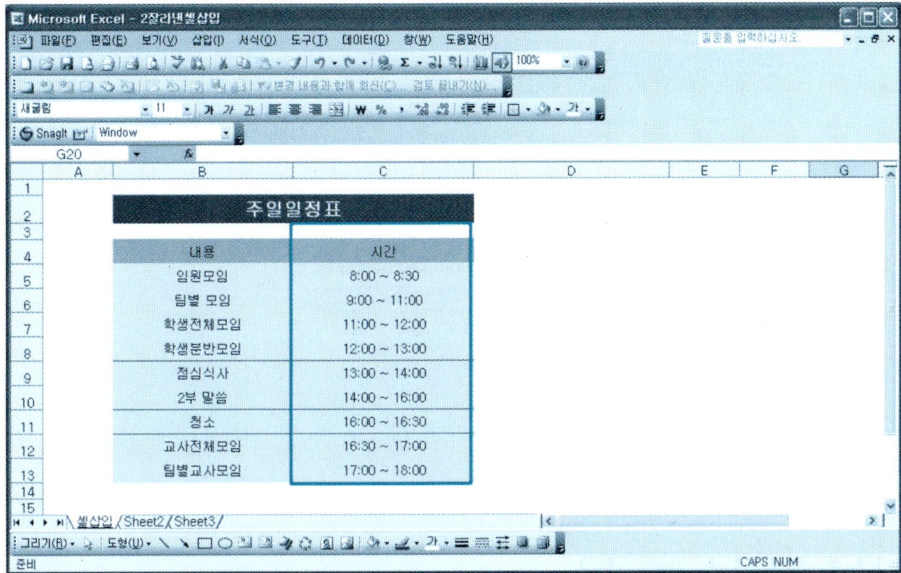

[실전문제 2] 해답

① 셀 C3에서 C13까지 드래그하여 범위를 선택한다.

② 마우스 오른쪽 버튼을 클릭한다.

③ [잘라내기]를 클릭한다.

④ 셀 B3을 선택한다.

⑤ 마우스 오른쪽 버튼을 클릭한다.

⑥ [잘라낸 셀 삽입]을 클릭한다.

실전문제 3   복사한 셀 삽입

B4에서 C4까지의 셀을 복사하여 B10에서 C10까지의 셀에 삽입하고 B10에서 C13 셀은 아래로 이동하시오. ([예제] 폴더에서 [3복사한셀삽입.xls] 파일을 불러온다.)

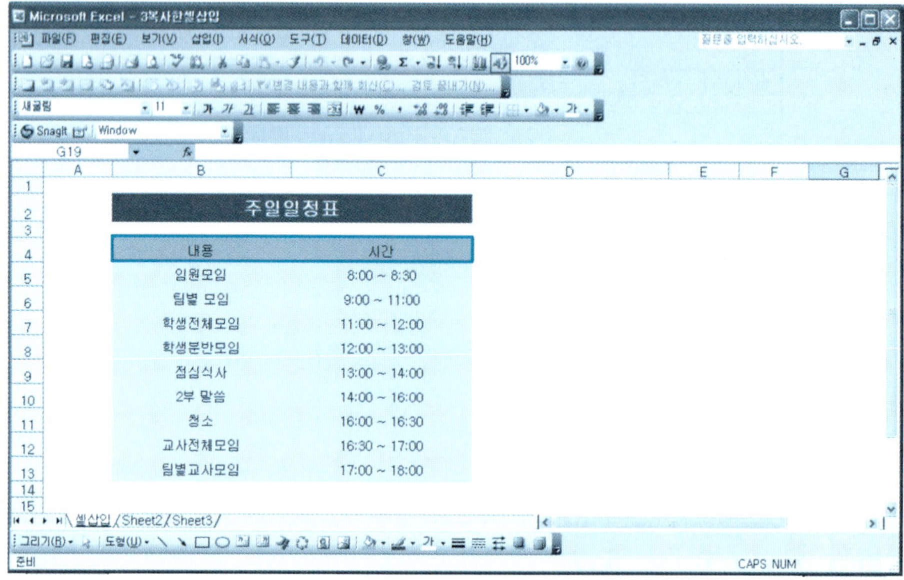

[실전문제 3] 해답

① 셀 B4에서 C4까지 드래그하여 범위를 선택한다.

② 마우스 오른쪽 버튼을 클릭한다.

③ [복사]를 클릭한다.

④ B10 셀을 선택한다.

⑤ 마우스 오른쪽 버튼을 클릭한다.

⑥ [복사한 셀 삽입]을 클릭한다.

⑦ [셀을 아래로 밀기]를 선택한다.

⑧ [확인]을 클릭한다.

실전문제 4　　셀 삭제

셀 B10에서 C10까지 삭제하고, B11에서 C14까지의 셀을 위로 이동하시오.
([예제] 폴더에서 [4삭제.xls] 파일을 불러온다.)

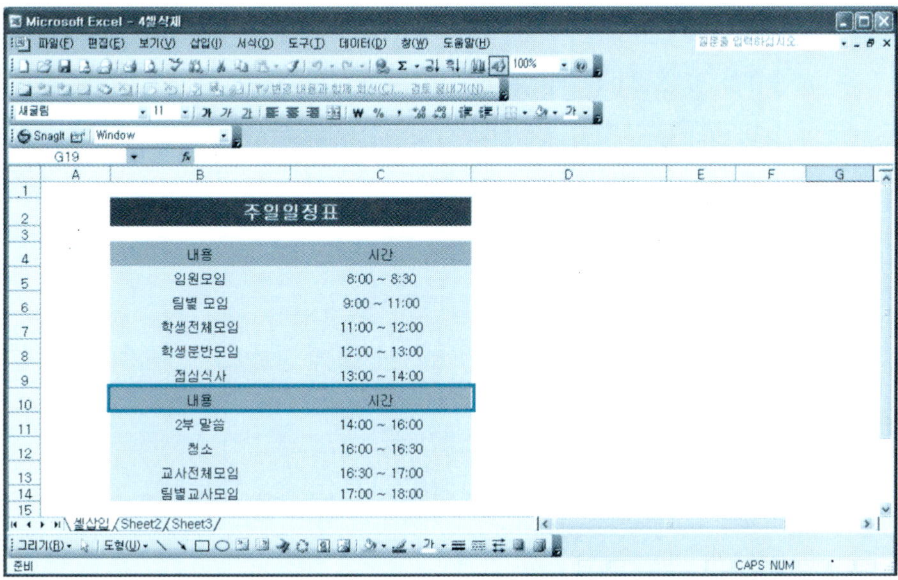

[실전문제 4] 해답

　① 셀 B10에서 C10까지 드래그하여 범위를 선택한다.
　② 마우스 오른쪽 버튼을 클릭한다.
　③ [삭제]를 클릭한다.
　④ [셀을 위로 밀기]를 선택한다.
　⑤ [확인]을 클릭한다.

실전문제 5 맞춤법검사

셀 B2에서 B6까지 맞춤법검사를 하시오. ([예제] 폴더에서 [5맞춤법.xls] 파일을 불러온다.)

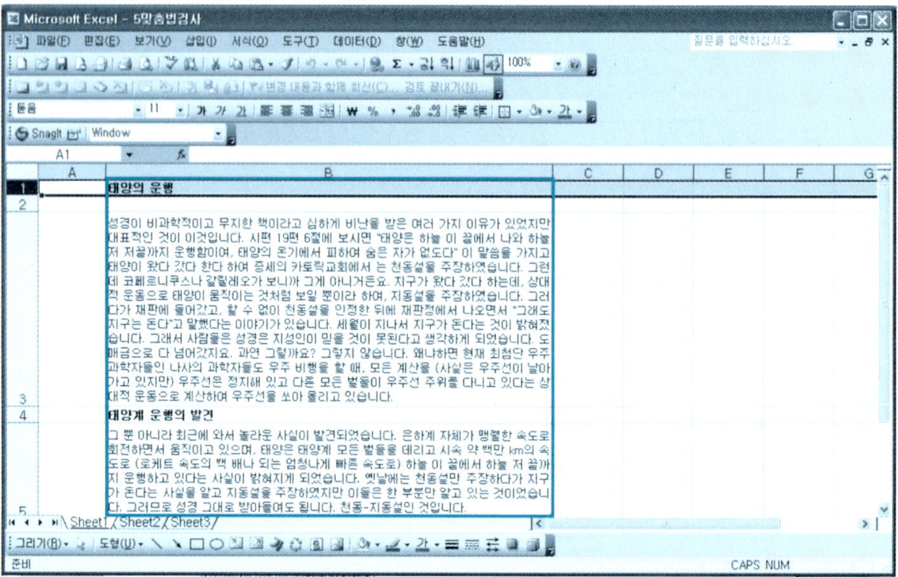

[실전문제 5] 해답

① 셀 B2를 선택한다.

② [도구]를 클릭한다(또는 F7).

③ [맞춤법검사]를 클릭한다.

④ [맞춤법검사 대화상자의 변경]을 선택하여 변경 또는 한번 건너뛰기를 선택하여 완료한다.

실전문제 6-7 채우기 기능 (실전문제 6-7번에서 사용한다.)

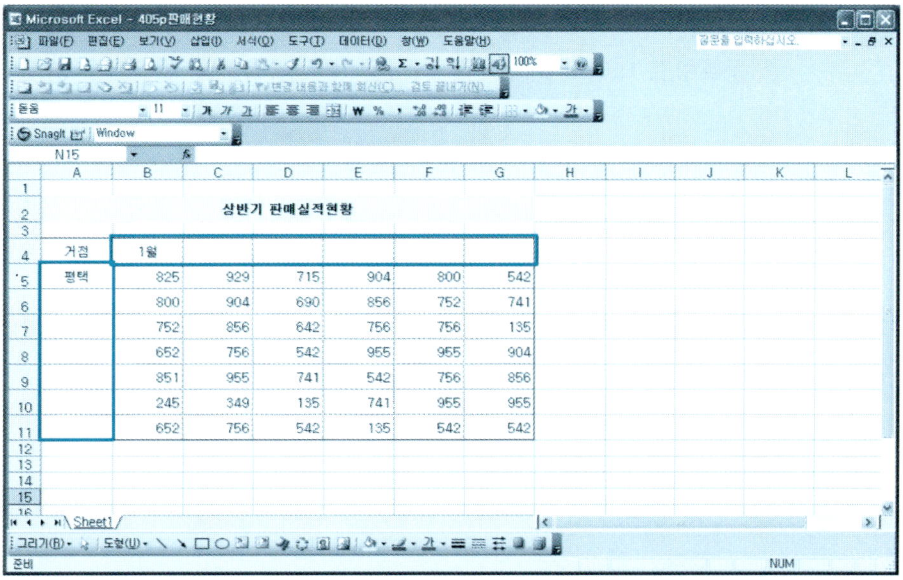
Microsoft Excel - 405p판매현황
상반기 판매실적현황
거점
1월
평택
825 929 715 904 800 542
800 904 690 856 752 741
752 856 642 756 756 135
652 756 542 955 955 904
851 955 741 542 756 856
245 349 135 741 955 955
652 756 542 135 542 542
Sheet1

실전문제 6 연속 데이터 채우기

셀 B4에서 G4까지 연속 데이터 채우기를 하시오. 단, 서식없이 채우기를 하시오.

[실전문제 6] 해답

① B4 셀을 클릭한다.

② 선택한 B4 셀의 오른쪽 아래쪽으로 가면 마우스가 십자모양으로 변경된다. 클릭한다.

③ 클릭한 상태에서 G4까지 드래그한다.

④ 자동채우기 옵션이 나타난다. 자동채우기 옵션목록을 선택한다.

⑤ [서식없이 채우기]를 선택한다.

실전문제 7　사용자 지정 목록 데이터 채우기

셀 A5에서 A11까지 사용자 지정 목록에 [평택,안성,수원,천안,용인,이천,원주]를 등록하고 데이터 채우기를 하시오. 단, 서식없이 채우기를 하시오.

[실전문제 7] 해답

① [도구] 메뉴의 [옵션]을 선택한다.

② [사용자 지정 목록]을 선택한다

③ [목록 항목]에 "평택,안성,수원,천안,용인,이천,원주"를 입력한다.

④ [추가]를 클릭한다.

⑤ [확인]을 클릭한다.

⑥ A5 셀을 클릭한다.

⑦ A5 셀의 오른쪽 아래로 마우스를 가져가면 십자모양으로 변경된다. 클릭한다.

⑧ 클릭한 상태에서 A11 셀까지 드래그한다.

⑨ 자동채우기 옵션이 나타난다. 자동채우기 옵션 목록을 선택한다.

⑩ [서식없이 채우기]를 선택한다.

실전문제 8   틀고정

그림과 같이 붉은색 선을 기준으로 틀고정하시오.
([예제] 폴더에서 [7틀고정.xls] 파일을 불러온다.)

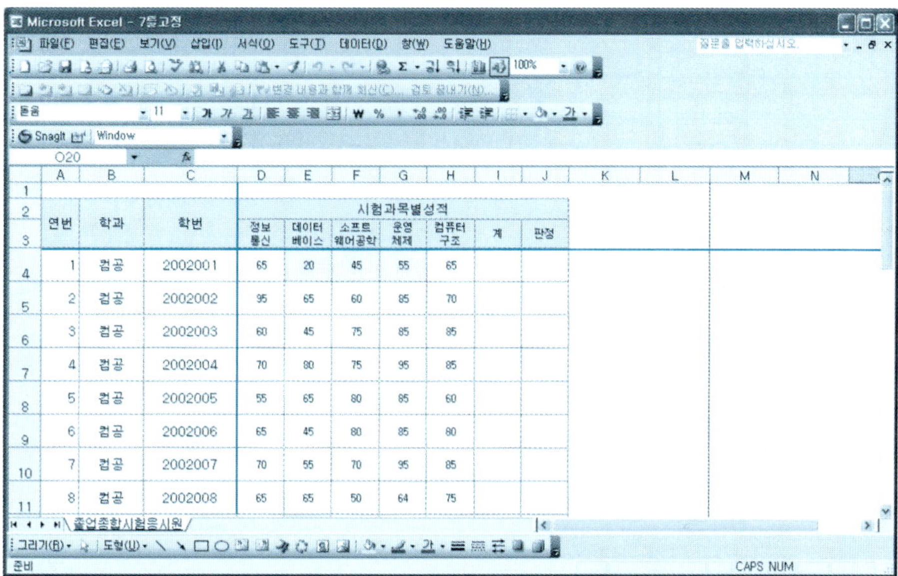

[실전문제 8] 해답

① D4 셀을 선택한다.

②[창] → [틀고정]을 선택한다.

실전문제 9 행열바꾸기

A4에서 G11까지의 셀을 복사하여 A13 셀에 행열을 바꾸어 붙여 넣으시오.
([예제] 폴더에서 [8행열바꾸기.xls] 파일을 불러온다.)

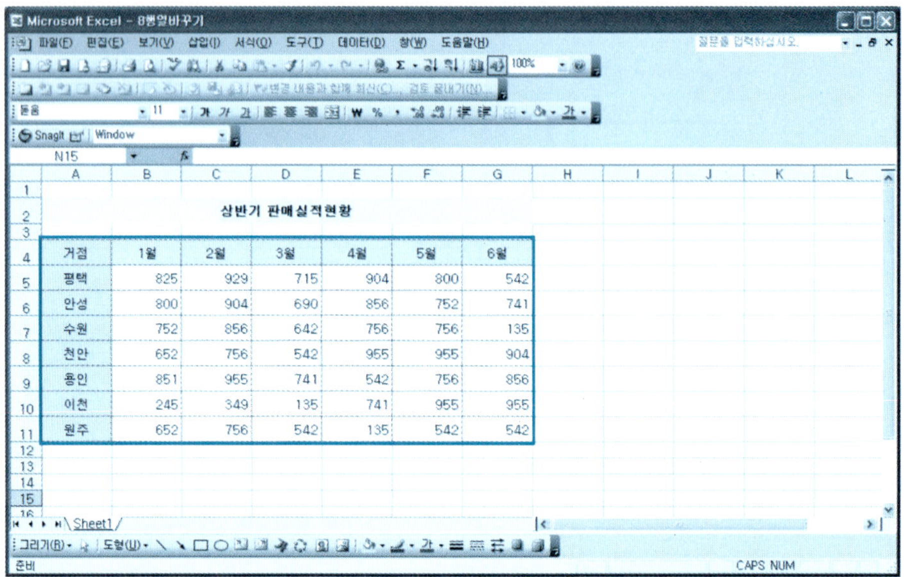

[실전문제 9] 해답

① A4에서 G11까지 드래그한다.

② 마우스 오른쪽 버튼을 클릭한다.

③ [복사]를 클릭한다.

④ A13 셀을 클릭한다.

⑤ 마우스 오른쪽 버튼을 클릭한다.

⑥ [선택하여 붙여넣기]를 클릭한다.

⑦ [행/열바꿈]을 선택한다.

⑧ [확인]을 클릭한다.

실전문제 10-12 워크시트편집

[Sheet1]을 [Sheet1]뒤로 복사하고, 이름을 [판매실적]으로 변경하시오.
([예제] 폴더에서 [9워크시트편집.xls] 파일을 불러와 [실전문제 10-12번]에서
사용한다.)

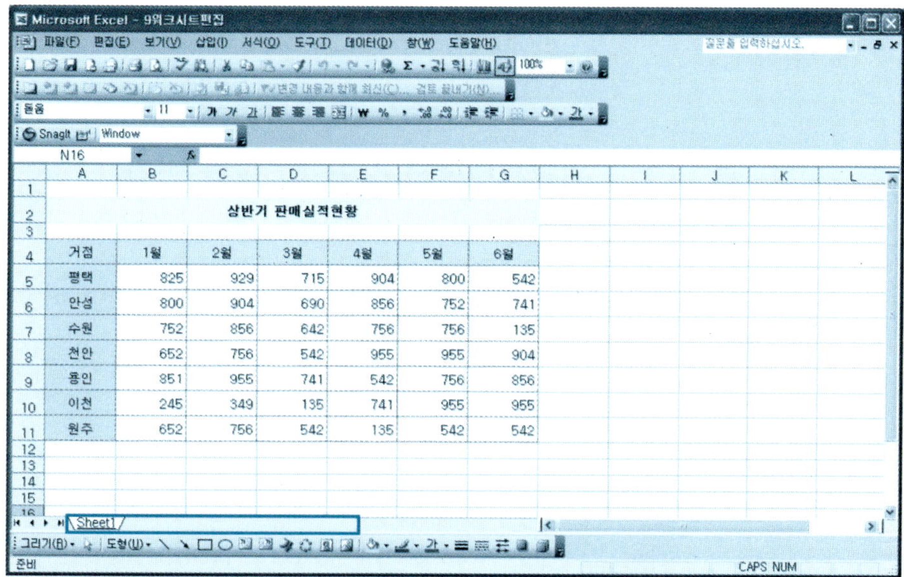

실전문제 10   워크시트 복사 후 이름 변경

[Sheet1]을 [Sheet1] 뒤로 복사하고, 이름을 [판매실적]으로 변경하시오.

[실전문제 10] 해답

① [Sheet1]을 클릭한다.
② 마우스 오른쪽 버튼을 클릭한다.

③ [이동/복사]를 클릭한다.

④ [다음 시트의 앞에 : 끝으로 이동]을 선택한다.

⑤ [복사본 만들기]를 선택한다

⑥ [확인]을 클릭한다.

⑦ 복사본 시트인 [Sheet1 (2)]를 선택한다.

⑧ 마우스 오른쪽 버튼을 클릭한다.

⑨ [이름바꾸기]를 클릭한다.

⑩ "판매실적"을 입력하고 엔터를 친다.

실 전 문 제 11   워크시트편집 삽입 후 이름 변경

새로운 워크시트를 두 개 삽입하고, 삽입한 시트를 복사하여 이름을 "삽입1",
"삽입2"로 변경하시오.

[실전문제 11] 해답

① [판매실적] 시트를 클릭하고 마우스 오른쪽 버튼을 클릭한다.

② [삽입]을 클릭한다. [Worksheet]를 클릭하고 [확인]을 클릭한다.

③ ②를 반복한다.

④ Ctrl키를 누르고 삽입한 [Sheet2]를 클릭하여 [Sheet2] 다음에 드래그하여 놓
는다.

⑤ 다시 Ctrl키를 누르고 삽입한 [Sheet3]을 클릭하여 [Sheet3] 다음에 드래그하
여 놓는다.

⑥ 복사한 시트 [Sheet2 (2)]를 클릭하고 마우스 오른쪽 버튼을 클릭한다.

⑦ [이름바꾸기]를 클릭한다. "삽입1"을 입력하고 엔터를 친다.

⑧ 복사한 시트 [Sheet3 (3)]을 클릭하고 마우스 오른쪽 버튼을 클릭한다.

⑨ [이름바꾸기]를 클릭한다. "삽입2"를 입력하고 엔터를 친다.

실전문제 12　워크시트 삭제

[실전문제 11]에서 삽입한 새로운 워크시트 두 개를 삭제하시오.

[실전문제 12] 해답

① Ctrl키를 누르고 [Sheet1], [Sheet2]를 클릭한다
② 마우스 오른쪽 버튼을 클릭한다.
③ [삭제]를 클릭한다.
④ [삭제]를 클릭한다.

실전문제 13-17　데이터맞춤

([예제] 폴더에서 [10데이터맞춤.xls] 파일을 불러와 [실전문제 13-17번]에서
사용한다.)

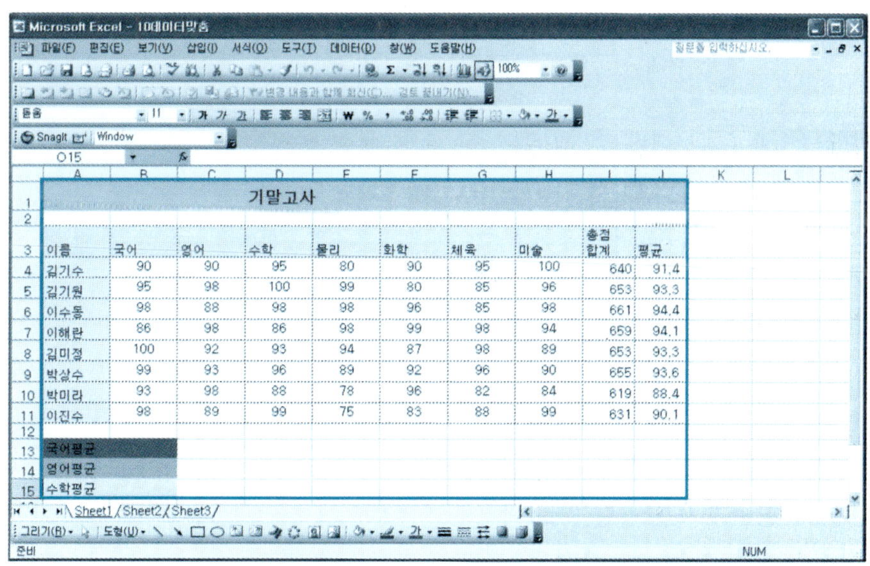

실전문제 13   셀병합

A1에서 J1 셀까지 셀병합하시오.

[실전문제 13] 해답

① A1에서 J1까지 드래그한다.
② 도구 모음의 [병합하고 가운데 맞춤]을 클릭한다.

실전문제 14   가로 가운데 맞춤

A3에서 J3까지, A4에서 A11까지 가로 가운데 맞춤 하시오.

[실전문제 14] 해답

① A3에서 J3까지드래그 한다. Ctrl키를 누르고 A4에서 A11까지드래그 한다.
② 도구 모음의 [가운데 맞춤]을 클릭한다.

실전문제 15   맞춤

B4에서 J11까지 오른쪽 맞춤 하시오.

[실전문제 15] 해답

① B4에서 J11까지 드래그한다.
② 도구 모음의 오른쪽 맞춤을 클릭한다.

실전문제 16   들여쓰기

A13에서 A15까지 [들여쓰기 : 2]를 하시오.

[실전문제 16] 해답

① A13에서 A15까지 드래그한다.
② 마우스 오른쪽 버튼을 클릭한다. [셀 서식]을 클릭한다.
③ 셀 서식 대화상자의 [맞춤]을 클릭한다.
④ 들여쓰기 목록아이콘을 눌러 [2]를 선택한다.
⑤ [확인]을 클릭한다.

실전문제 17   가운데 맞춤

전체 셀을 세로 가운데 맞춤 하시오.

[실전문제 17] 해답

① 전체 셀을 선택한다.
② 마우스 오른쪽 버튼을 클릭한다. [셀 서식]을 클릭한다.
③ 셀 서식 대화상자의 [맞춤]을 클릭한다.
④ 세로의 목록아이콘을 눌러 가운데 맞춤을 선택한다.
⑤ [확인]을 클릭한다.

실전문제 18-22   데이터 맞춤

([예제] 폴더에서 [11.텍스트방향지정.xls] 파일을 불러와 [실전문제 18-22]에
서 사용한다.)

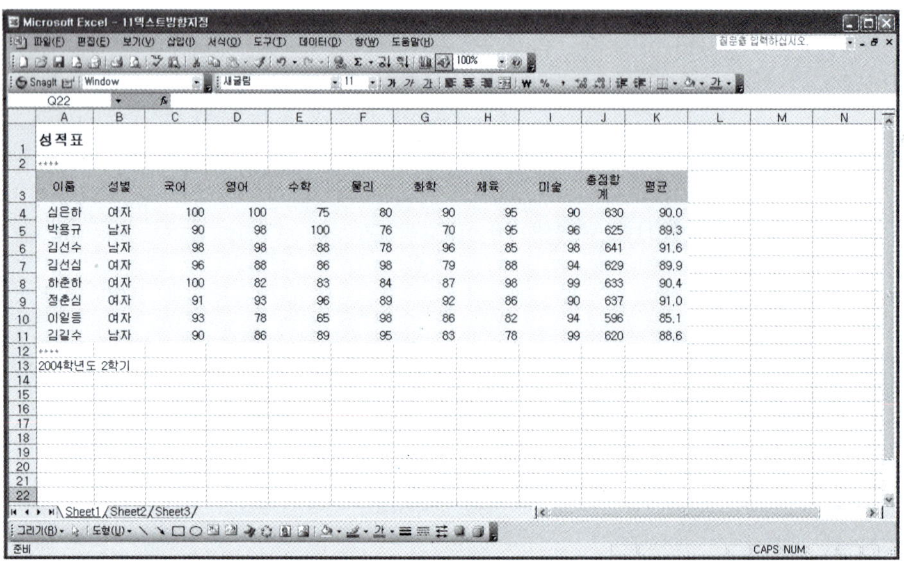

실전문제 18   선택 영역의 가운데로

셀 A1의 내용을 A1에서 K1까지 선택하여 선택 영역의 가운데로 위치시키시오.

[실전문제 18] 해답

① A1에서 K1까지 드래그한다.
② 마우스 오른쪽 버튼을 클릭한다.
③ [셀 서식]을 클릭한다.
④ [맞춤] 탭의 [텍스트 맞춤] 가로의 목록아이콘을 눌러 [선택 영역의 가운데

로]를 선택한다.

⑤ [확인]을 클릭한다.

실전문제 19 셀 맞추기

J3의 내용을 셀에 맞추시오.

[실전문제 19] 해답

① J3 셀을 선택한다.

② 마우스 오른쪽 버튼을 클릭한다.

③ [셀 서식]을 클릭한다.

④ [맞춤] 탭의 [텍스트 조정]의 [셀에 맞춤]을 선택한다.

⑤ [확인]을 클릭한다.

실전문제 20 방향회전

A3에서 K3까지의 내용을 [20도] 방향으로 회전시키시오.

[실전문제 20] 해답

① A3에서 K3까지 드래그한다.

② 마우스 오른쪽 버튼을 클릭한다.

③ [셀 서식]을 클릭한다.

④ [맞춤] 탭의 [방향]의 각도를 목록아이콘을 눌러 20도로 선택한다.

⑤ [확인]을 클릭한다.

실 전 문 제 21   셀 채우기

A2의 내용을 A2에서 K2까지 셀 채우기 하시오.

[실전문제 21] 해답

① A2에서 K2까지 드래그하여 선택한다.
② 마우스 오른쪽 버튼을 클릭한다.
③ [셀 서식]을 클릭한다.
④ [맞춤] 탭의 [텍스트 맞춤] 가로의 목록아이콘을 눌러 [채우기]를 선택한다.
⑤ [확인]을 클릭한다.

실 전 문 제 22   텍스트 줄바꿈

A13의 내용을 텍스트 줄바꿈 하시오.

[실전문제 22] 해답

① A13 셀을 선택한다.
② 마우스 오른쪽 버튼을 클릭한다.
③ [셀 서식]을 클릭한다.
④ [맞춤] 탭의 [텍스트 조정]의 [텍스트 줄바꿈]을 선택한다.
⑤ [확인]을 클릭한다.

실전문제 23-28   글자모양 편집

([예제] 폴더에서 [12글자모양편집.xls] 파일을 불러와 [실전문제 23-28]에서
사용한다.)

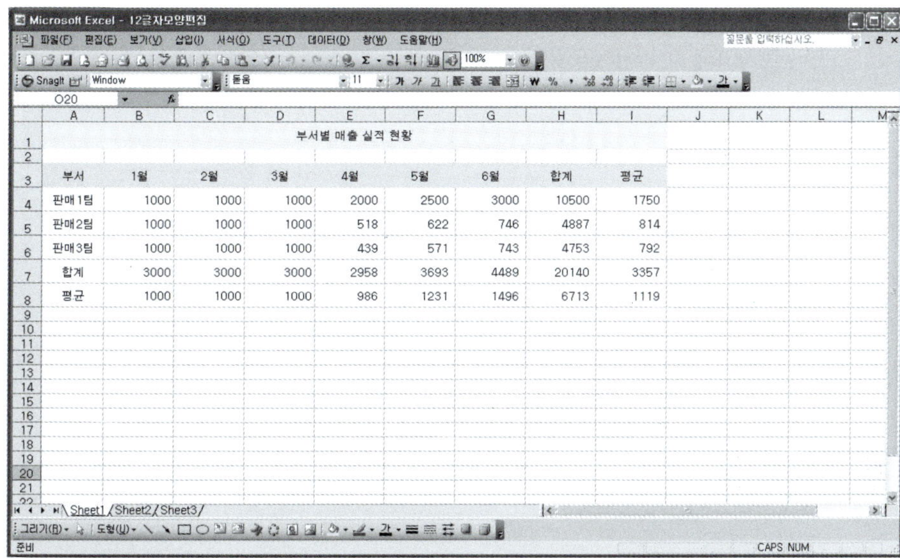

실전문제 23   글꼴 변경

셀 A1의 글꼴을 [HY견고딕] 변경하시오.

[실전문제 23] 해답

① 셀 A1을 선택한다.
② 마우스 오른쪽 버튼을 클릭한다. (또는 도구 모음의 글꼴 목록을 클릭하여
   [HY견고딕]을 선택한다.)
③ 셀 서식을 클릭한다.

④ [글꼴] 탭의 [글꼴] 목록을 클릭하여 [HY견고딕]을 선택한다.
⑤ [확인]을 클릭한다.

실전문제 24 글자 크기 변경

셀 A3에서 I3까지의 글자 크기를 [13]으로 변경하시오.

[실전문제 24] 해답

① 셀 A3에서 I3까지를 드래그하여 선택한다.
② 도구 모음의 [글꼴 크기]에 "13"을 입력하고 엔터를 친다.

실전문제 25 글자모양 굵게, 기울임, 밑줄 지정

A4에서 A8까지의 내용을 [굵게], [기울임글꼴], [밑줄]을 지정하시오.

[실전문제 25] 해답

① A4에서 A8까지 드래그하여 선택한다.
② 도구 모음의 [굵게], [기울임꼴], [밑줄]을 선택한다.

실전문제 26   글자색 변경

셀 A3에서 I3까지의 글자색을 [분홍]으로 변경하시오.

[실전문제 26] 해답

① A3에서 I3까지 드래그하여 선택한다.
② 도구 모음의 [글꼴색]의 목록아이콘을 클릭하여 [분홍]을 선택한다.

실전문제 27   취소선 지정

G7 셀의 내용에 취소선을 지정하시오.

[실전문제 27] 해답

① G7 셀을 선택한다.
② 마우스 오른쪽 버튼을 클릭하여 [셀 서식]을 선택한다.
③ [글꼴] 탭의 [효과]의 [취소선]을 선택한다.
④ [확인]을 클릭한다.

실전문제 28   위첨자

A4의 "판매1팀" [1팀]을 위첨자로 나타내시오.

[실전문제 28] 해답

① A4 셀을 두 번 클릭하고 "1팀"을 선택한다. 마우스 오른쪽 버튼을 클릭하여

[셀 서식]을 선택한다.

② [글꼴] 탭의 [효과]의 위첨자를 선택한다.

③ [확인]을 클릭한다.

실전문제 29-31   표 만들기

([예제] 폴더에서 [13표만들기.xls] 파일을 불러와 [실전문제 29-31번]에서 사용한다.)

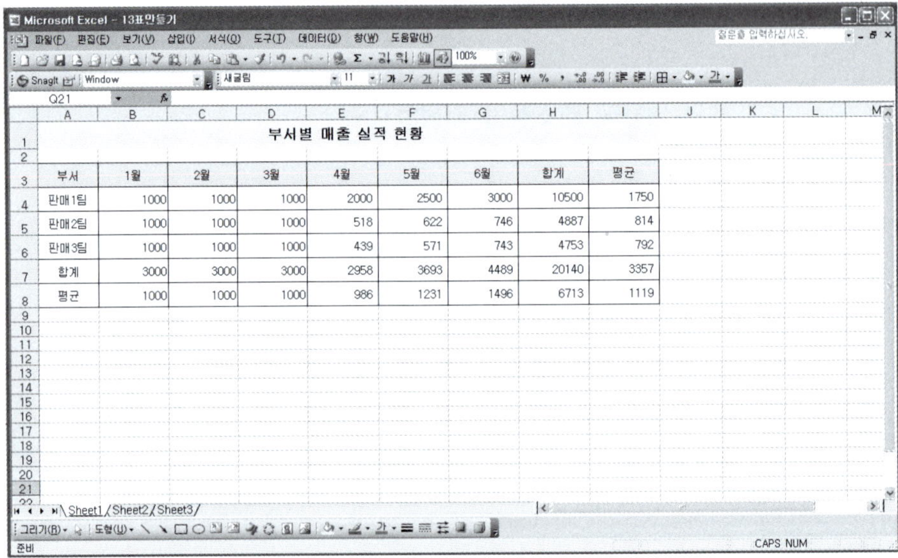

부서	1월	2월	3월	4월	5월	6월	합계	평균
판매1팀	1000	1000	1000	2000	2500	3000	10500	1750
판매2팀	1000	1000	1000	518	622	746	4887	814
판매3팀	1000	1000	1000	439	571	743	4753	792
합계	3000	3000	3000	2958	3693	4489	20140	3357
평균	1000	1000	1000	986	1231	1496	6713	1119

실전문제 29   테두리 해제

A3에서 I8까지 지정된 테두리를 해제하시오.

[실전문제 29] 해답

① A3에서 I8까지 드래그한다.
② 도구 모음의 [테두리] 목록을 클릭하여 [테두리 없음]을 선택한다. (또는 셀 서식의 테두리를 선택하여 테두리 없음을 지정한다.)

실전문제 30   테두리 색, 선 지정

셀 A3에서 I8까지의 테두리를 [색:녹색], [안쪽선 : 가는점선], [외곽은 2중실선]으로 지정하시오.

[실전문제 30] 해답

① A3에서 I8까지 드래그하여 선택한다. 마우스 오른쪽 버튼을 클릭하여 셀 서식을 선택한다.
② [테두리] 탭의 [색]을 [녹색]으로 지정한다.
③ [선] 스타일의 가는점선을 선택한다. [미리설정]의 [안쪽]을 클릭한다.
④ [선] 스타일의 이중실선을 선택한다. [미리설성]의 [윤곽선]을 클릭한다.
⑤ [확인]을 클릭한다.

실전문제 31   아래쪽 선 지정

A3에서 I3까지의 아래쪽 선을 [가는 실선]으로 지정하시오.

[실전문제 31] 해답

① A3에서 I3까지 드래그한다.
② 도구 모음의 [테두리]목록을 클릭하여 [아래쪽 테두리]를 선택한다. (또는 셀서식의 테두리를 선택하여 지정한다)

실전문제 32   셀 무늬 지정

A1에서 I1까지의 셀을 셀음영역의 [색 : 다홍], [무늬색 : 분홍], [음영무늬 6.25% 회색]을 지정하고 셀 구분선을 숨기시오.
([예제] 폴더에서 [14셀무늬지정.xls] 파일을 불러온다.)

부서	1월	2월	3월	4월	5월	6월	합계	평균
판매1팀	1000	1000	1000	2000	2500	3000	10500	1750
판매2팀	1000	1000	1000	518	622	746	4887	814
판매3팀	1000	1000	1000	439	571	743	4753	792
합계	3000	3000	3000	2958	3693	4489	20140	3357
평균	1000	1000	1000	986	1231	1496	6713	1119

부서별 매출 실적 현황

① A1에서 I1까지 드래그한다. 마우스 오른쪽 버튼을 눌러 [셀 서식]을 선택한다.

② [무늬] 탭 셀 음영의 [색 : 다홍]으로 지정한다.

③ [확인]을 클릭한다.

④ [도구 메뉴]의 [옵션]을 클릭한다.

⑤ 옵션 대화상자에서 [화면표시 탭]의 [눈금선]을 선택을 해제하고 [확인]을 클릭한다.

실전문제 33-34　　스타일 설정

([예제] 폴더에서 [15스타일설정.xls] 파일을 불러온다.)

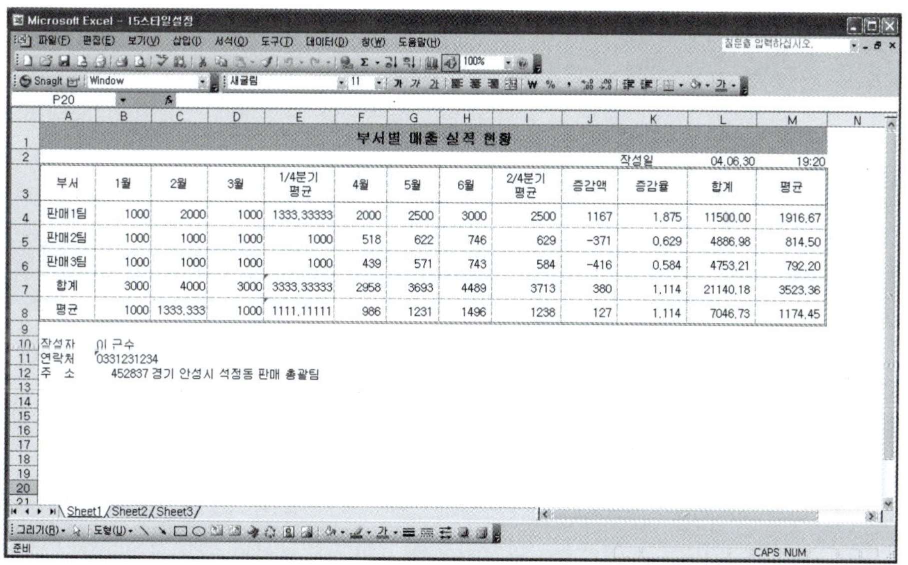

실전문제 33   숫자, 통화 스타일

B4에서 M8까지 셀에 [소수점 자릿수 : 소수2째자리], [천단위 구분기호], [음수 스타일 : −1234], [화폐스타일 : ₩]을 지정하고, K4에서 K8까지의 셀에 백분율 스타일을 지정하시오.

[실전문제 33] 해답

① B4에서 M8까지 드래그하여 선택한다.
② 마우스 오른쪽 버튼을 클릭한다.
③ [셀 서식]을 클릭한다.
④ [표시 형식] 탭의 [범주 : 숫자]를 선택한다. [소수자릿수 : 2], [천단위 구분 기호 사용 선택], [음수 스타일 : -123410 선택]하여 지정한다.
⑤ [표시 형식] 탭의 [범주 : 통화]를 선택한다. 기호 목록을 클릭하여 [\]을 선택한다.
⑥ [확인]을 클릭한다.

실전문제 34   날짜표시 스타일

L2셀 [날짜표시 스타일 : 04年6月30日], M2셀 [시간 스타일 : 오후 1:30], B11셀 [전화번호 (국번 3자리)], B12셀[우편번호]스타일로 지정하시오.

[실전문제 34] 해답

① L2 셀을 선택한다. 마우스 오른쪽 버튼을 클릭하여 [셀 서식]을 클릭한다.
② [범주 : 날짜]를 선택, [형식 : 01年3月14日] 선택하고 [확인]을 클릭한다.
③ M2 셀을 선택한다. 마우스 오른쪽 버튼을 클릭하여 [셀 서식]을 클릭한다.
④ [범주 : 날짜]를 선택, [형식 : 오후 1:30]을 선택하고 [확인]을 클릭한다.
⑤ B11 셀을 선택한다. 마우스 오른쪽 버튼을 클릭하여 [셀 서식]을 클릭한다.

⑥ [범주 : 기타]를 선택, [형식 :전화번호 (국번 3자리)]를 선택하고 [확인]을 클릭한다.

⑦ B12 셀을 선택한다. 마우스 오른쪽 버튼을 클릭하여 [셀 서식]을 클릭한다.

⑧ [범주 : 기타]를 선택, [형식 :우편번호]를 선택하고 [확인]을 클릭한다.

실전문제 35   문서보호

A3에서 K11셀까지 잠금기능을 설정하고, 시트보호 설정, 통합 문서 구조 보호 설정, 문서암호를 설정하여 문서보호1로 저장하시오. 모든 암호는 "1234"로 지정한다. ([예제] 폴더에서 [16문서보호.xls] 파일을 불러온다.)

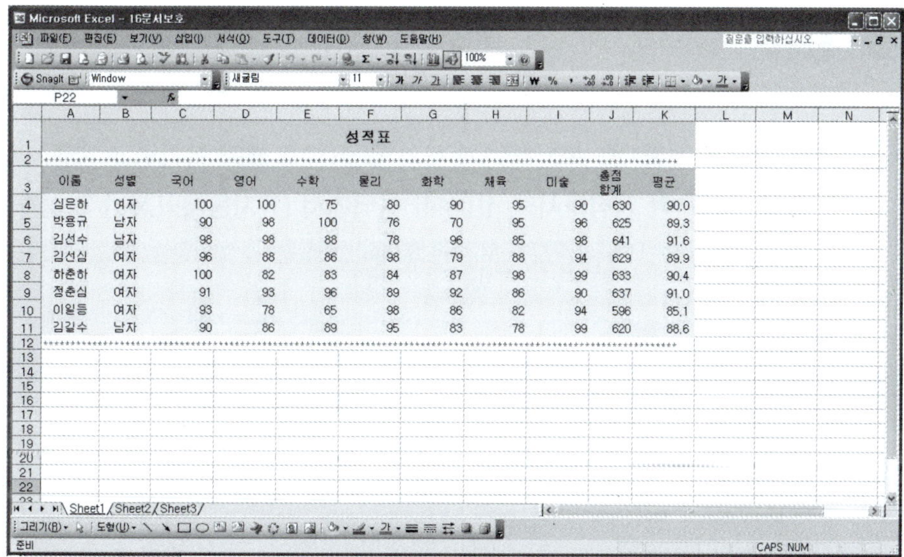

[실전문제 35] 해답

① A3에서 K11 셀까지 드래그하여 마우스 오른쪽 버튼을 클릭하고 [셀 서식]을 클릭한다.

② [보호] 탭의 잠금을 선택한다. [확인]을 클릭한다.

③ [도구] 메뉴의 [보호]를 선택하고 [시트보호]를 클릭한다.

④ [시트보호해제암호 : "1234"]를 입력하고 [확인]을 클릭한다. 암호확인이 나오면 "1234"를 다시 입력한다.

⑤ [도구] 메뉴의 [보호]를 선택하고 [통합문서보호]를 클릭한다.

⑥ [통합문서보호] 대화상자의 [구조]를 선택하고 암호를 "1234"로 입력하고 확인 버튼을 클릭한다. 암호확인이 나오면 "1234"를 다시 입력한다.

⑦ [파일 메뉴]의 [다른 이름으로 저장]을 클릭한다. [파일 이름 : 문서보호1] 입력, 도구 목록을 클릭하여 [저장옵션]을 선택한다. 열기암호, 쓰기암호를 "1234"로 지정한다. 암호확인이 나오면 "1234"를 다시 입력한다. [확인]을 클릭한다.

⑧ [저장]을 클릭한다.

실전문제 36 서식 설정

A3에서 I8까지를 복사하여 수식과 값을 A10 셀에 복사하고 자동서식 목록형 2를 선택하여 지정하시오. ([예제] 폴더에서 [17자동서식.xls] 파일을 불러온다.)

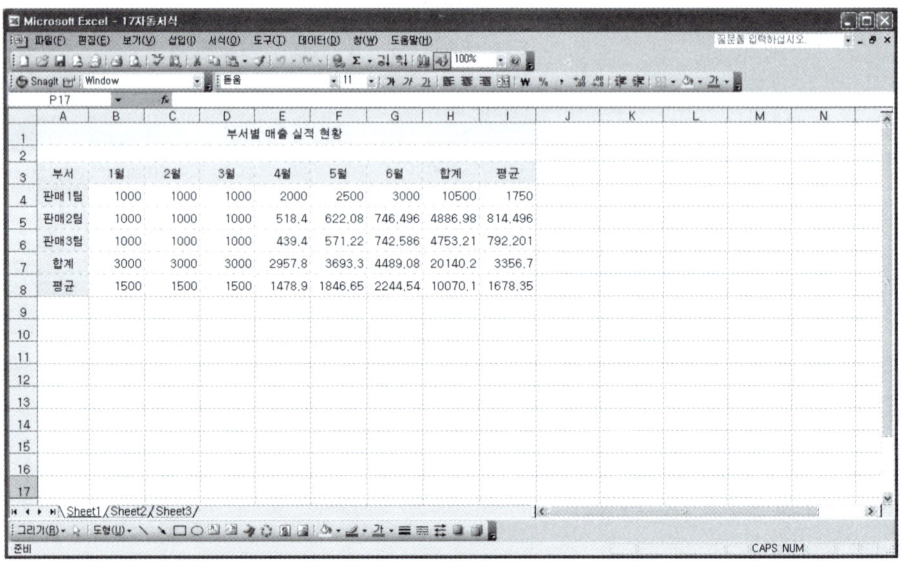

① A3에서 I8까지 드래그한다. 마우스 오른쪽 버튼을 눌러 [복사]를 선택한다.

② A10 셀을 선택하고, 마우스 오른쪽 버튼을 눌러 [선택하여 붙여넣기]를 클릭한다.

③ [선택하여 붙여넣기] 대화상자의 [값 및 숫자 서식]을 선택하고 [확인]을 클릭한다.

④ [서식] 메뉴의 [자동서식]을 클릭한다.

⑤ 목록 버튼을 내려 [목록형 2]를 선택하고, [확인]을 클릭한다.

실전문제 37-42   수식 만들기

([예제] 폴더에서 [18함수.xls] 파일을 불러와 [실전문제 37-42번]에서 사용한다.)

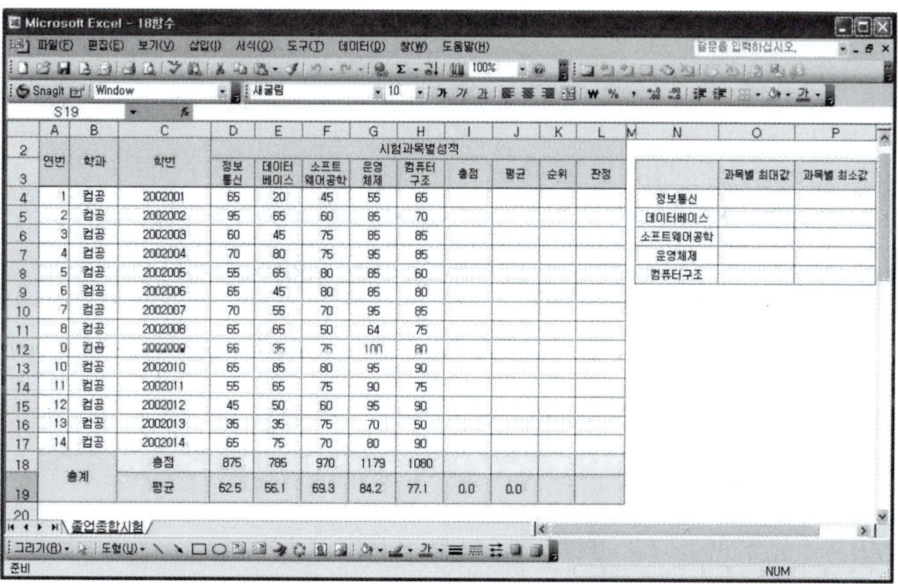

연번	학과	학번	정보통신	데이터베이스	소프트웨어공학	운영체제	컴퓨터구조	총점	평균	순위	판정
1	컴공	2002001	65	20	45	55	65				
2	컴공	2002002	95	65	60	85	70				
3	컴공	2002003	60	45	75	85	85				
4	컴공	2002004	70	80	75	95	85				
5	컴공	2002005	55	65	80	85	60				
6	컴공	2002006	65	45	80	85	80				
7	컴공	2002007	70	55	70	95	85				
8	컴공	2002008	65	65	50	64	75				
9	컴공	2002009	66	35	75	100	80				
10	컴공	2002010	65	85	80	95	90				
11	컴공	2002011	55	65	75	90	75				
12	컴공	2002012	45	50	60	95	90				
13	컴공	2002013	35	35	75	70	50				
14	컴공	2002014	65	75	70	80	90				
총계		총점	875	785	970	1179	1080				
		평균	62.5	56.1	69.3	84.2	77.1	0.0	0.0		

	과목별 최대값	과목별 최소값
정보통신		
데이터베이스		
소프트웨어공학		
운영체제		
컴퓨터구조		

실전문제 37   총점

I4 셀에 총점을 구하는 수식을 작성하고, 작성한 수식을 I5에서 I18까지 수식만 복사하시오.

[실전문제 37] 해답

① I4 셀을 선택한다.
② 도구모음의 [자동합계]를 클릭한다.
③ 범위를 D4에서 H4까지를 드래그하여 지정한다.
④ 엔터를 친다.
⑤ I4 셀을 선택한다. 마우스 오른쪽 버튼을 클릭하여, [복사]를 선택한다.
⑥ I5에서 I18까지 드래그하여 범위를 지정하고, 마우스 오른쪽 버튼을 클릭한다.
⑦ [선택하여 붙여넣기]를 클릭한다.
⑧ [수식]을 클릭한다.
⑨ [확인]을 클릭한다.

실전문제 38   평균

J4 셀에 평균을 구하는 수식을 작성하고, 작성한 수식을 J5에서 J18까지 수식만 복사하시오. 또, J18의 전체 평균을 구하시오. (단, 평균은 소수 둘째 자리까지 나타내시오.)

[실전문제 38] 해답

① J4 셀을 선택한다.
② 도구 모음의 자동합계 목록을 클릭하여 [평균]을 선택한다.
③ 범위를 D4에서 H4까지를 드래그하여 지정한다.

④ 엔터를 친다.

⑤ J4 셀을 선택한다. 마우스 오른쪽 버튼을 클릭하여, [복사]를 선택한다.

⑥ J5에서 J17까지 드래그하여 범위를 지정하고, 마우스 오른쪽 버튼을 클릭한다.

⑦ [선택하여 붙여넣기]를 클릭한다.

⑧ [수식]을 클릭한다.

⑨ [확인]을 클릭한다.

⑩ J18 셀을 클릭한다. 도구 모음의 자동합계 목록을 클릭하여 [평균]을 선택한다.

⑪ 지정범위를 J4에서 J17까지 선택하고 엔터를 친다.

⑫ J4에서 J18까지 드래그하여 선택한다.

⑬ 도구 모음의 자릿수 늘림을 선택하여 소수 둘째 자리까지 나타낸다.

실전문제 39 순위

총점을 기준으로 K4 셀에 순위를 구하는 수식을 작성하고, 작성한 수식을 K5에서 K17까지 수식만 복사하시오.

[실전문제 39] 해답

① K4 셀을 선택한다. [삽입] 메뉴의 [함수]를 선택한다.

② [범주 선택]의 통계를 선택하고, [함수 선택]의 목록아이콘을 내려 [RANK]를 선택한다.

③ [Number]에 [I4]를 선택한다.

④ ref에 I4에서 I17까지 선택하고 절대참조를 표시한다. [$I$4:$I$17]

⑤ [확인]을 클릭한다.

⑥ K4를 선택한다. 마우스 오른쪽 버튼을 클릭하여, [복사]를 선택한다. (또는 Ctrl +c)

⑦ K5에서 K17까지 드래그한다. 마우스 오른쪽 버튼을 클릭한다.

⑧ [선택하여 붙여넣기]를 클릭한다.

⑨ [수식]을 선택하고, [확인]을 클릭한다.

실전문제 40 판정

L4 셀에 "합격"또는 "불합격"을 나타내는 수식을 작성하고, 작성한 수식을
L5에서 L18까지 수식만 복사하시오. (합격조건 : 총점이 300점 이상이고 각 과
목별 40점 미만이 없으면 합격, 두 조건을 만족하지 못하면 재시험)

[실전문제 40] 해답

① L4 셀을 클릭한다.
② 수식을 [=IF(AND(D4>=40,E4>=40,F4>=40,G4>=40,H4>=40,I4>=60),"합격","불
합격")]을 입력하고 엔터를 친다.
③ L4 셀을 선택하여 마우스 오른쪽 버튼을 클릭한다.
④ 복사를 선택한다.
⑤ L4에서 L17까지 드래그하고, 마우스 오른쪽 버튼을 클릭한다.
⑥ [선택하여 붙여넣기]를 클릭한다.
⑦ [수식]을 선택하고, [확인]을 클릭한다.

실전문제 41 최대값

O4에서 O8까지 과목별 최대값을 구하는 수식을 작성하시오.

[실전문제 41] 해답

① O4 셀을 선택한다. 도구 모음의 [자동합계] 목록을 클릭하여 [최대]를 선택
한다.
② 범위를 D4에서 D17까지 선택하고 엔터를 친다.
③ O5 셀을 선택한다. 도구 모음의 [자동합계] 목록을 클릭하여 [최대]를 선택
한다.
④ 범위를 E4에서 E17까지 선택하고 엔터를 친다.
⑤ O6 셀을 선택한다. 도구 모음의 [자동합계] 목록을 클릭하여 [최대]를 선택

한다.

⑥ 범위를 F4에서 F17까지 선택하고 엔터를 친다.

⑦ O7 셀을 선택한다. 도구 모음의 [자동합계] 목록을 클릭하여 [최대]를 선택
한다.

⑧ 범위를 G4에서 G17까지 선택하고 엔터를 친다.

⑨ O8 셀을 선택한다. 도구 모음의 [자동합계] 목록을 클릭하여 [최대]를 선택
한다.

⑩ 범위를 H4에서 H17까지 선택하고 엔터를 친다.

실전문제 42 최소값

P4에서 P8까지 과목별 최소값을 구하는 수식을 작성하시오.

[실전문제 42] 해답

① P4 셀을 선택한다. 도구 모음의 [자동합계] 목록을 클릭하여 [최소]를 선택
한다.

② 범위를 D4에서 D17까지 선택하고 엔터를 친다.

③ P5 셀을 선택한다. 도구 모음의 [자동합계] 목록을 클릭하여 [최소]를 선택
한다.

④ 범위를 E4에서 E17까지 선택하고 엔터를 친다. .

⑤ P6 셀을 선택한다. 도구 모음의 [자동합계] 목록을 클릭하여 [최소]를 선택
한다.

⑥ 범위를 F4에서 F17까지 선택하고 엔터를 친다.

⑦ P7 셀을 선택한다. 도구 모음의 [자동합계] 목록을 클릭하여 [최소]를 선택
한다.

⑧ 범위를 G4에서 G17까지 선택하고 엔터를 친다.

⑨ P8 셀을 선택한다. 도구 모음의 [자동합계] 목록을 클릭하여 [최소]를 선택
한다.

⑩ 범위를 H4에서 H17까지 선택하고 엔터를 친다.

([예제] 폴더에서 [19함수1.xls] 파일을 불러온다.)

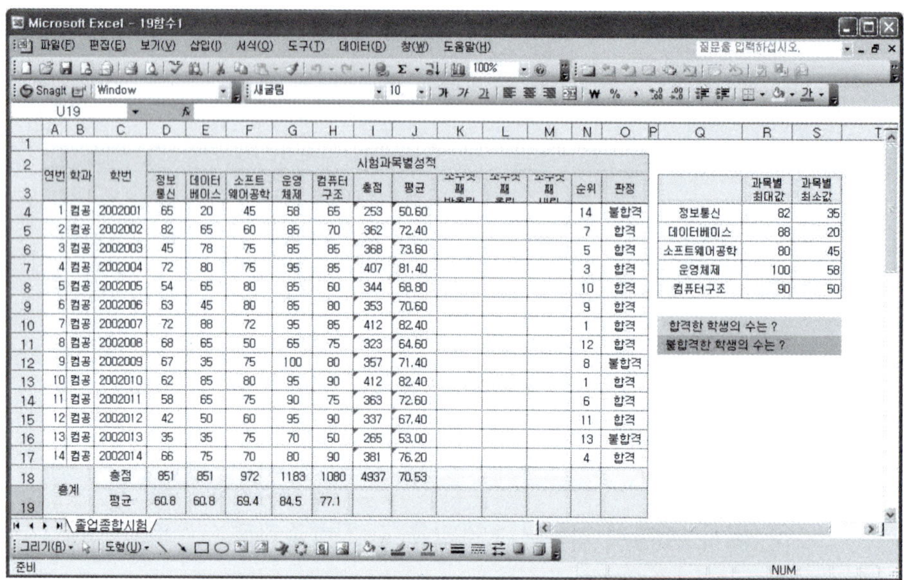

연번	학과	학번	정보통신	데이터베이스	소프트웨어공학	운영체제	컴퓨터구조	총점	평균	순위	판정		과목별 최대값	과목별 최소값
1	컴공	2002001	65	20	45	58	65	253	50.60	14	불합격	정보통신	82	35
2	컴공	2002002	82	65	60	85	70	362	72.40	7	합격	데이터베이스	88	20
3	컴공	2002003	45	78	75	85	85	368	73.60	5	합격	소프트웨어공학	80	45
4	컴공	2002004	72	80	75	95	85	407	81.40	3	합격	운영체제	100	58
5	컴공	2002005	54	65	80	85	60	344	68.80	10	합격	컴퓨터구조	90	50
6	컴공	2002006	63	45	80	85	80	353	70.60	9	합격			
7	컴공	2002007	72	88	72	95	85	412	82.40	1	합격	합격한 학생의 수는 ?		
8	컴공	2002008	68	65	50	65	75	323	64.60	12	합격	불합격한 학생의 수는 ?		
9	컴공	2002009	67	35	75	100	80	357	71.40	8	불합격			
10	컴공	2002010	62	85	80	95	90	412	82.40	1	합격			
11	컴공	2002011	58	65	75	90	75	363	72.60	6	합격			
12	컴공	2002012	42	50	60	95	90	337	67.40	11	합격			
13	컴공	2002013	35	35	75	70	50	265	53.00	13	불합격			
14	컴공	2002014	66	75	70	80	90	381	76.20	4	합격			
총계	총점		851	851	972	1183	1080	4937	70.53					
	평균		60.8	60.8	69.4	84.5	77.1							

실전문제 43   셀맞춤

K3에서 M3까지 데이터 셀맞춤을 실행하시오.

[실전문제 43] 해답

① K3에서 M3까지 드래그하여 선택한다.

② 마우스 오른쪽 버튼을 클릭한다.

③ [셀 서식]을 선택한다.

④ [맞춤] 탭의 셀 서식을 클릭한다. (클릭 할 수 없는 상태이면 텍스트 조정에 선택된 것을 해제한 후 선택한다.)

⑤ [확인]을 클릭한다.

실전문제 44 반올림

K4에서 K17까지 평균값을 가지고 소수 첫째 자리까지 반올림하시오.

[실전문제 44] 해답

① K4 셀을 선택한다.
② 자동합계 도구의 목록을 클릭하여 [함수추가]를 선택한다.
③ 범주 선택에서 [수학/삼각]을 선택한다.
④ 함수 선택의 [ROUND]를 선택한다.
⑤ 함수 인수 대화상자가 나타나면, [Number에 "J4"], [Num_digits에 "0"]을 입력한다.
⑥ [확인]을 클릭한다. K4를 클릭하고 CTRL + C(복사 단축키)키를 친다.
⑦ K4에서 K17까지 드래그한다. 마우스 오른쪽 버튼을 클릭한다.
⑧ [선택하여 붙여넣기]를 클릭한다. [수식]을 선택한다.
⑨ [확인]을 클릭한다.

실전문제 45 올림

L4에서 L17까지 평균값을 가지고 소수 첫째 자리까지 올림하시오.

[실전문제 45] 해답

① L4 셀을 선택한다.
② 자동합계 도구의 목록을 클릭하여 [함수추가]를 선택한다.
③ 범주 선택에서 [수학/삼각]을 선택한다.
④ 함수 선택의 [ROUNDUP]를 선택한다.
⑤ 함수 인수 대화상자가 나타나면, [Number에 "J4"], [Num_digits에 "0"]을 입력한다.

⑥ [확인]을 클릭한다. L4를 클릭하고 CTRL + C(복사 단축키)키를 친다.

⑦ L4에서 L17까지 드래그한다. 마우스 오른쪽 버튼을 클릭한다.

⑧ [선택하여 붙여넣기]를 클릭한다. [수식]을 선택한다.

⑨ [확인]을 클릭한다.

실 전 문 제 46 내림

M4에서 M17까지 평균값을 가지고 소수 첫째 자리까지 내림하시오.

[실전문제 46] 해답

① M4 셀을 선택한다.

② 자동합계 도구의 목록을 클릭하여 [함수추가]를 선택한다.

③ 범주 선택에서 [수학/삼각]을 선택한다.

④ 함수 선택의 [ROUNDDOWN]를 선택한다.

⑤ 함수 인수 대화상자가 나타나면, [Number에 "J4"], [Num_digits에 "0"]을 입력한다.

⑥ [확인]을 클릭한다. M4를 클릭하고 CTRL + C(복사 단축키)키를 친다.

⑦ M4에서 M17까지 드래그한다. 마우스 오른쪽 버튼을 클릭한다.

⑧ [선택하여 붙여넣기]를 클릭한다. [수식]을 선택한다.

⑨ [확인]을 클릭한다.

실전문제 47   합격 학생수

함수를 사용하여 S10 셀에 합격한 학생의 수를 나타내시오.

[실전문제 47] 해답

① S10 셀을 선택한다.

② 자동합계 도구의 목록을 클릭하여 [함수추가]를 선택한다.

③ 범주 선택에서 [통계]를 선택한다.

④ 함수 인수 대화상자가 나타나면, [Range에 "O4:O17"], [Criteria에 ["합격"]]을 입력한다.

⑤ [확인]을 클릭한다.

실전문제 48   불합격 학생수

함수를 사용하여 S11 셀에 불합격한 학생의 수를 나타내시오.

[실전문제 48] 해답

① S11 셀을 선택한다.

② 자동합계 도구의 목록을 클릭하여 [함수추가]를 선택한다.

③ 범주 선택에서 [통계]를 선택힌다.

④ 함수 인수 대화상자가 나타나면, [Range에 "O4:O17"], [Criteria에 ["불합격"]]을 입력한다.

⑤ [확인]을 클릭한다.

실전문제 49-51 텍스트 함수

([예제] 폴더에서 [20텍스트함수.xls] 파일을 불러와 [실전문제 49-51번]에서
사용한다.)

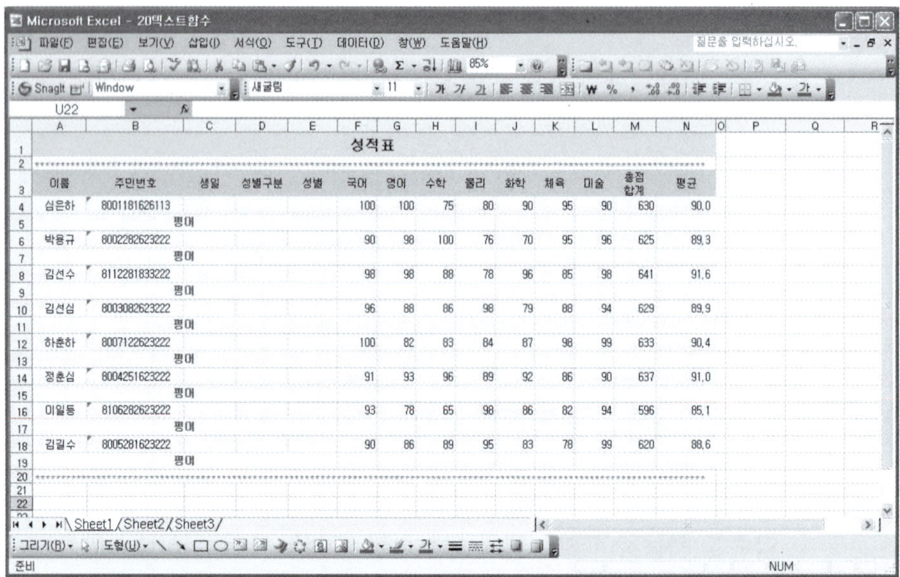

실전문제 49 생년월일

C4, C6, C8, C10, C12, C14, C16, C18 셀에 B4 셀값으로, 함수를 이용하여
생년월일만을 나타내시오.

[실전문제 49] 해답

　　① C4 셀을 선택한다.
　　② 자동합계 도구의 목록을 클릭하여 [함수추가]를 선택한다.

③ [범주 선택]에 [텍스트]를 선택한다. [함수 선택]에 [LEFT]를 선택한다. [확인]을 클릭한다.

④ [Text]에 [B4]를 입력한다. [Num_chars]에 [6]을 입력한다.

⑤ [확인]을 클릭한다.

⑥ C4 셀을 클릭한다. 마우스 오른쪽 버튼을 클릭하여 [복사]를 선택한다.

⑦ C6 셀을 클릭하고 CTRL키를 누른 상태에서 C8, C10, C12, C14, C16, C18을 선택하고 마우스 오른쪽 버튼을 클릭하여 [선택하여 붙여넣기]를 클릭한다. [수식]을 클릭한다.

⑧ [확인]을 클릭한다.

실전문제 50   성별 구분

D4, D6, D8, D10, D12, D14, D16, D18에서 D17 셀에 B4 셀값으로, 함수를 이용하여 성별을 구분하는 "1" 또는 "2"로 나타내시오.

[실전문제 50] 해답

① D4 셀을 선택한다.

② 자동합계 도구의 목록을 클릭하여 [함수추가]를 선택한다.

③ [범주 선택]에 [텍스트]를 선택한다. [함수 선택]에 [MID]를 선택한다. [확인]을 클릭한다.

④ [Text]에 [B4]를 입력한다. [start_Num]에 [7]을 입력한다. [Num_chars]에 [1]을 입력한다.

⑤ [확인]을 클릭한다.

⑥ D4 셀을 클릭한다. 마우스 오른쪽 버튼을 클릭하여 [복사]를 선택한다.

⑦ D6 셀을 클릭하고 CTRL키를 누른 상태에서 D8, D10, D12, D14, D16, D18을 선택하고 마우스 오른쪽 버튼을 클릭하여 [선택하여 붙여넣기]를 클릭한다. [수식]을 클릭한다.

⑧ [확인]을 클릭한다.

실전문제 51 성별(여,남)

E4, E6, E8, E10, E12, E14, E16, E18 셀에서 E17 셀에 B4 셀값으로, 함수를 이용하여 성별을 "여" 또는 "남"으로 나타내시오.

[실전문제 51] 해답

① E4 셀을 선택한다.

② [=IF((MID(B4,7,1))="1", "남", "여")]을 입력하고 엔터를 친다.

③ E4 셀을 클릭한다. 마우스 오른쪽 버튼을 클릭하여 [복사]를 선택한다.

④ E6 셀을 클릭하고 CTRL키를 누른 상태에서 E8, E10, E12, E14, E16, E18을 선택하고 마우스 오른쪽 버튼을 클릭하여 [선택하여 붙여넣기]를 클릭한다. [수식]을 클릭한다.

⑤ [확인]을 클릭한다.

실전문제 52-53 검색 및 참조 함수

([예제] 폴더에서 [21검색및참조.xls] 파일을 불러와 [실전문제 52-53]에서 사용한다.)

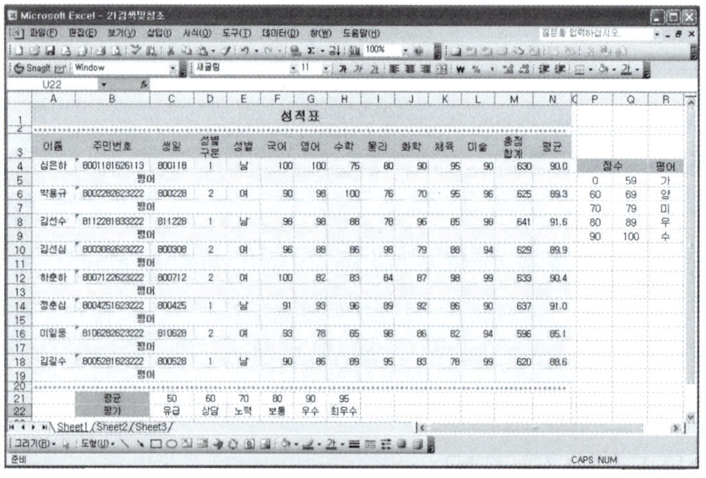

성적표

이름	주민번호	생일	성별구분	성별	국어	영어	수학	물리	화학	체육	미술	총점합계	평균		점수		평어
심은하	8001181626113	800118	1	남	100	100	75	80	90	95	90	630	90.0				
평어															0	59	가
박용규	8002282623222	800228	2	여	90	98	100	76	70	95	96	625	89.3		60	69	양
평어															70	79	미
김선수	8112281833222	811228	1	남	98	98	88	78	96	85	98	641	91.6		80	89	우
평어															90	100	수
김선심	8003082623222	800308	2	여	96	88	86	98	79	88	94	629	89.9				
평어																	
하춘하	8007122623222	800712	2	여	100	82	83	84	87	98	99	633	90.4				
평어																	
정춘심	8004251623222	800425	1	남	91	93	96	89	92	86	90	637	91.0				
평어																	
이일동	8106282623222	810628	2	여	93	78	65	98	86	82	94	596	85.1				
평어																	
김길수	8005281623222	800528	1	남	90	86	89	95	83	78	99	620	88.6				
평어																	
평균		50	60	70	80	90	95										
평가		유급	상담	노력	보통	우수	최우수										

실전문제 52   과목별 평어

P4에서 R9까지의 셀을 이용하여 전체 학생의 과목별 평어를 나타내는 함수를
작성하시오.

[실전문제 52] 해답

① 셀 F5를 선택한다.

② [=VLOOKUP(F4,$P$4:$R$9,3)]를 입력한다. (수식을 셀에 직접 입력할 수도
  있고, 함수를 찾아서 입력할 수 있다. 또한 수식을 복사하기 위해서 참조 영
  역을 절대값으로 나타낸다.)

③ 셀 F5를 클릭한다. 마우스 오른쪽 버튼을 클릭하여 [복사]를 선택한다.

④ CTRL키를 누르고 [G5:L5], [F7:L7], [F9:L9], [F11:L11], [F13:L13], [F15:L15],
  [F17:L17], [F19:L19]를 클릭하고 마우스 오른쪽 버튼을 클릭한다.

⑤ [선택하여 붙여넣기]를 클릭한다.

⑥ [수식]을 클릭한다.

⑦ [확인]을 클릭한다.

실전문제 53   평가항목

B21에서 H22까지의 셀을 이용하여 N5, N7, N9, N11, N13, N15, N17,N19 셀에
평가 항목을 나타내시오.

[실전문제 53] 해답

① 셀 N5를 선택한다.

② [=HLOOKUP(N4,$B$21:$H$22,2)]를 입력한다. (수식을 셀에 직접 입력할 수
  도 있고, 함수를 찾아서 입력할 수 있다. 또한 수식을 복사하기 위해서 참조
  영역을 절대값으로 나타낸다.)

③ 셀 N5를 클릭한다. 마우스 오른쪽 버튼을 클릭하여 [복사]를 선택한다.

④ CTRL키를 누르고 N7, N9, N11, N13, N15, N17, N19를 클릭하고 마우스 오른쪽 버튼을 클릭한다.

⑤ [선택하여 붙여넣기]를 클릭한다.

⑥ [수식]을 클릭한다.

⑦ [확인]을 클릭한다.

실전문제 54 CHOOSE 함수

각 점수항목에 정답이 [1]이면 첫 번째 인수에 10점, [2]이면 두 번째 인수에 10점, [3]이면 세 번째 인수에 10점, [4]이면 네 번째 인수에 10점을 주는 함수를 작성하여 점수를 나타내시오. ([예제] 폴더에서 [22CHOOSE.xls] 파일을 불러온다.)

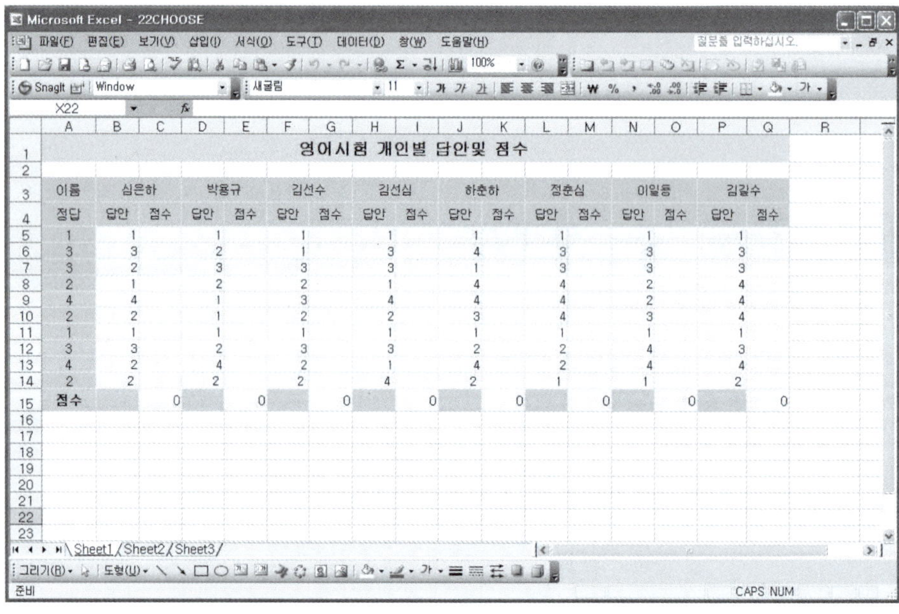

이름	심은하		박용규		김선수		김선심		하춘하		정춘심		이일웅		김길수	
정답	답안	점수	답안	점수	답안	점수	답안	점수	답안	점수	답안	점수	답안	점수	답안	점수
1	1		1		1		1		1		1		1		1	
3	3		2		1		3		4		3		3		3	
3	2		3		3		3		1		3		3		3	
2	1		2		2		1		4		4		2		4	
4	4		1		3		4		4		4		2		4	
2	2		1		2		2		3		4		3		4	
1	1		1		1		1		1		1		1		1	
3	3		2		3		3		2		2		4		3	
4	2		4		2		1		4		2		4		4	
2	2		2		2		4		2		1		1		2	
점수		0		0		0		0		0		0		0		0

① [1]번이 정답인 셀 C5를 선택한다. [=CHOOSE(B5,10,0,0,0)]를 입력한다.

② [2]번이 정답인 셀 C8를 선택한다. [=CHOOSE(B8,0,10,0,0)]를 입력한다.

③ [3]번이 정답인 셀 C6을 선택한다. [=CHOOSE(B6,0,0,10,0)]를 입력한다.

④ [4]번이 정답인 셀 C9를 선택한다. [=CHOOSE(B9,0,0,0,10)]를 입력한다.

⑤ 셀 C5를 클릭하고 마우스 오른쪽 버튼을 클릭한다. 복사를 클릭한다. CTRL 키를 누르고 [C11]을 클릭하고 CTRL+V키를 친다. (정답이 1번인 곳에 수식 복사)

⑥ 셀 C8을 클릭하고 마우스 오른쪽 버튼을 클릭한다. 복사를 클릭한다. CTRL 키를 누르고 [C10], [C14]를 클릭하고 CTRL+V키를 친다. (정답이 2번인 곳에 수식 복사)

⑦ 셀 C6을 클릭하고 마우스 오른쪽 버튼을 클릭한다. 복사를 클릭한다. CTRL 키를 누르고 [C7], [C12]를 클릭하고 CTRL+V키를 친다. (정답이 3번인 곳에 수식 복사)

⑧ 셀 C9를 클릭하고 마우스 오른쪽 버튼을 클릭한다. 복사를 클릭한다. CTRL 키를 누르고 [C13]을 클릭하고 CTRL+V키를 친다. (정답이 4번인 곳에 수식 복사)

⑨ C5에서 C14까지 드래그하고, CTRL+C키를 친다. CTRL키를 누르고 [E5], [G5], [I5], [K5], [M5], [O5], [Q5]를 선택하고 CTRL+V키를 누른다.

실전문제 55-59   데이터베이스 함수

([예제] 폴더에서 [23데이터베이스.xls] 파일을 불러와 [실전문제 55-59번]에서 사용한다.)

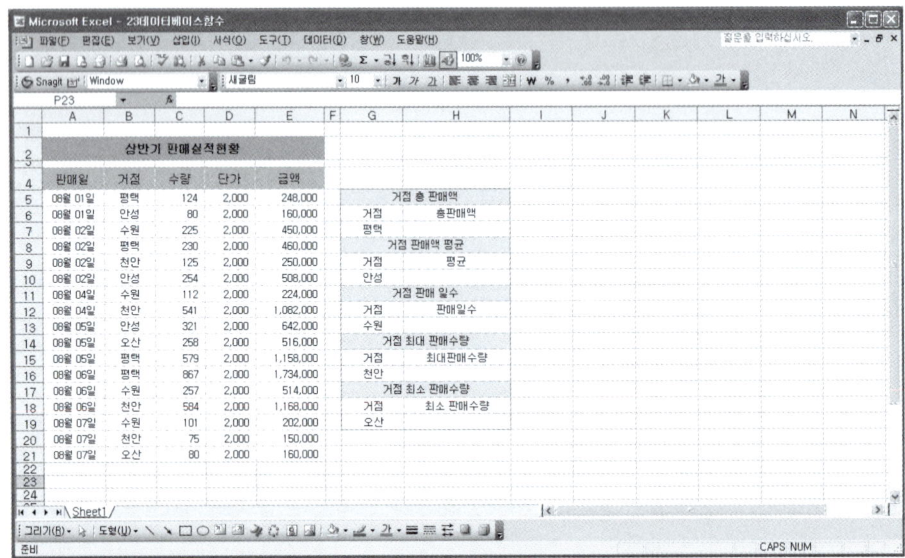

실전문제 55   총판매액

평택거점의 총판매액을 데이터베이스 함수를 사용하여 나타내시오.

[실전문제 55] 해답

① H7 셀을 선택한다.

② 자동합계 도구의 목록을 클릭하여 [함수추가]를 선택한다.

③ [범주 선택]에 [데이터베이스]를 선택한다. [함수 선택]에 [DSUM]을 선택한다. [확인]을 클릭한다.

④ [Database]에 [A4:E21]까지 드래그 또는 입력한다. [Field]에 다섯 번째 필드
인 금액을 나타내는 [5] 또는 ["금액"]을 입력한다. [Criteria]에 [G6:G7]를 드
래그 또는 입력한다.
⑤ [확인]을 클릭한다.

실전문제 56 평균액

안성거점의 판매액 평균을 데이터베이스 함수를 사용하여 나타내시오.

[실전문제 56] 해답

① H10 셀을 선택한다.
② 자동합계 도구의 목록을 클릭하여 [함수추가]를 선택한다.
③ [범주 선택]에 [데이터베이스]를 선택한다. [함수 선택]에 [DAVERAGE]를
선택한다. [확인]을 클릭한다.
④ [Database]에 [A4:E21]까지 드래그 또는 입력한다. [Field]에 다섯 번째 필드
인 금액을 나타내는 [5] 또는 ["금액"]을 입력한다. [Criteria]에 [G9:G10]을
드래그 또는 입력한다.
⑤ [확인]을 클릭한다.

실전문제 57 판매일수

수원거점의 판매일수를 데이터베이스 함수를 사용하여 나타내시오.

[실전문제 57] 해답

① H13 셀을 선택한다.
② 자동합계 도구의 목록을 클릭하여 [함수추가]를 선택한다.

③ [범주 선택]에 [데이터베이스]를 선택한다. [함수선택]에 [DCOUNT]를 선택한다. [확인]을 클릭한다.

④ [Database]에 [A4:E21]까지 드래그 또는 입력한다. [Field]에 세 번째 필드인 금액을 나타내는 [3] 또는 ["수량"]을 입력한다. [Criteria]에 [G12:G13]을 드래그 또는 입력한다.

⑤ [확인]을 클릭한다.

실 전 문 제 58 최대판매수량

천안거점의 최대판매수량을 구하시오.

[실전문제 58] 해답

① H16 셀을 선택한다.

② 자동합계 도구의 목록을 클릭하여 [함수추가]를 선택한다.

③ [범주 선택]에 [데이터베이스]를 선택한다. [함수 선택]에 [DMAX]를 선택한다. [확인]을 클릭한다.

④ [Database]에 [A4:E21]까지 드래그 또는 입력한다. [Field]에 세 번째 필드인 금액을 나타내는 [3] 또는 ["수량"]을 입력한다. [Criteria]에 [G15:G16]을 드래그 또는 입력한다.

⑤ [확인]을 클릭한다.

실 전 문 제 59 최소판매수량

오산거점의 최소판매수량을 구하시오.

① H19 셀을 선택한다.

② 자동합계 도구의 목록을 클릭하여 [함수추가]를 선택한다.

③ [범주 선택]에 [데이터베이스]를 선택한다. [함수 선택]에 [DMIN]을 선택한다. [확인]을 클릭한다.

④ [Database]에 [A4:E21]까지 드래그 또는 입력한다. [Field]에 세 번째 필드인 금액을 나타내는 [3] 또는 ["수량"]을 입력한다. [Criteria]에 [G18:G19]를 드래그 또는 입력한다.

⑤ [확인]을 클릭한다.

실전문제 60 FV함수(원리금 합계)

매월초 45만원, 연이율 4.5%로 분기지급식이고 3년 동안 정기적금을 납입할 경우 5년 후의 원리금 합계를 구하시오. ([예제] 폴더에서 [24원리금합계.xls] 파일을 불러온다.)

[실전문제 60] 해답

① [C5 : 4.5%], [C6 : 3], [C7 : -450000], [C8 : 0], [C9 : 1]을 입력한다. C10 셀을 선택한다.

② 자동합계 도구의 목록을 클릭하여 [함수추가]를 선택한다.

③ 수식입력줄의 [함수마법사 아이콘]을 클릭한다. [재무]를 선택한다. [함수 선택]에 [FV]를 선택한다. [확인]을 클릭한다.

④ [Rate]에 [C5/4, [Nper]에 [C6*12], [Pmt]에 [C7], [Pv]에 [C8], [Type]에 [C9]를 입력한다.

⑤ [확인]을 클릭한다.

실전문제 61 PV 함수(투자가치)

매월말 5만원씩, 연이율 7%로 10년 동안 연금보험을 납입할 경우 5년 후에 10만원씩 지급을 받게 될 때의 현재 가치를 구하고, 잘된 투자인지 확인하시오. ([예제] 폴더에서 [25현재가치.xls] 파일을 불러온다.)

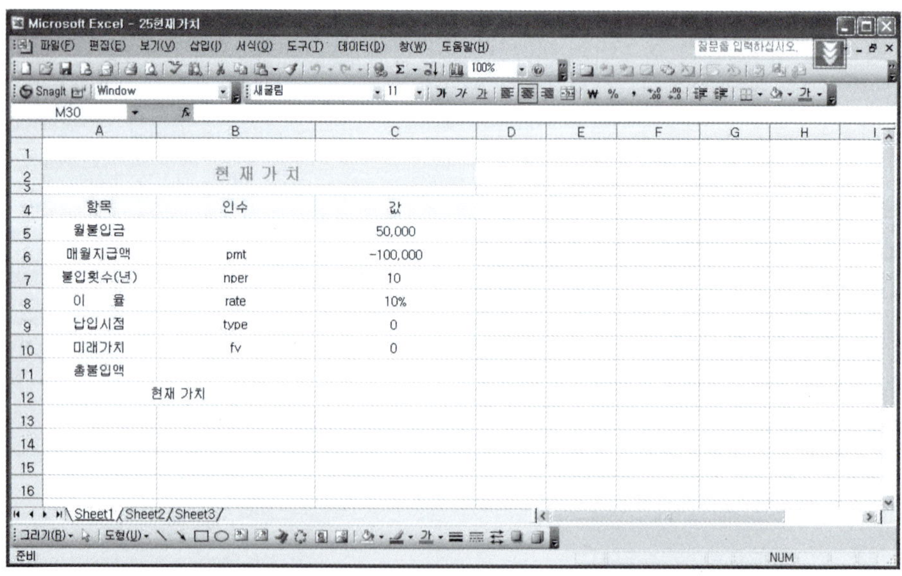

① C10 셀에 [=SUM(C5*10*12)]를 입력한다.

② C12 셀을 클릭하고, 수식입력줄의 [함수마법사 아이콘]을 클릭한다.

③ [재무]를 선택한다. [함수 선택]에 [PV]를 선택한다. [확인]을 클릭한다.

④ [Rate]에 [C8/12], [Nper]에 [C7*12], [Pmt]에 [C6], [Pv]에 [0], [Type]에 [0]을 입력한다.

⑤ [확인]을 클릭한다. 총불입액은 ₩6,000,000이고, 현재가치는 ₩7,567,116이 므로 잘된 투자이다.

실전문제 62 PMT 함수(매월 납입액)

10년 후 1억을 만들기 위해서 연이율 %로 일 때 매월말 납입시 납입할 금액을 구하시오.

([예제] 폴더에서 [26매월납입액.xls] 파일을 불러온다.)

	A	B	C
1			
2		매월 납입액	
3			
4	항목	인수	값
5	목표액		100,000,000
6	매월지급액	pmt	-100,000
7	불입횟수(년)	npor	10
8	이 율	rate	8%
9	납입시점	type	0
10	미래가치	fv	0
11	현재가치	pv	0
12	매월 납입액		
13			
14			
15			

[실전문제 62] 해답

① C12 셀을 클릭한다. 수식입력줄의 [함수마법사 아이콘]을 클릭한다. [재무]를 선택한다. [함수 선택]에 [PMT]를 선택한다. [확인]을 클릭한다

② [Rate]에 [C7/12], [Nper]에 [C6*12], [Pv]에 [0], [Fv]에 [C5], [Type]에 [0]을 입력한다. [확인]을 클릭한다.

실전문제 63 NPER 함수(상환기간)

연이율 11%로 천만원을 대출받았다. 매월 이십오만원씩 상환한다면 몇 개월이 걸리는지 구하시오. ([예제] 폴더에서 [27상환기간.xls] 파일을 불러온다.)

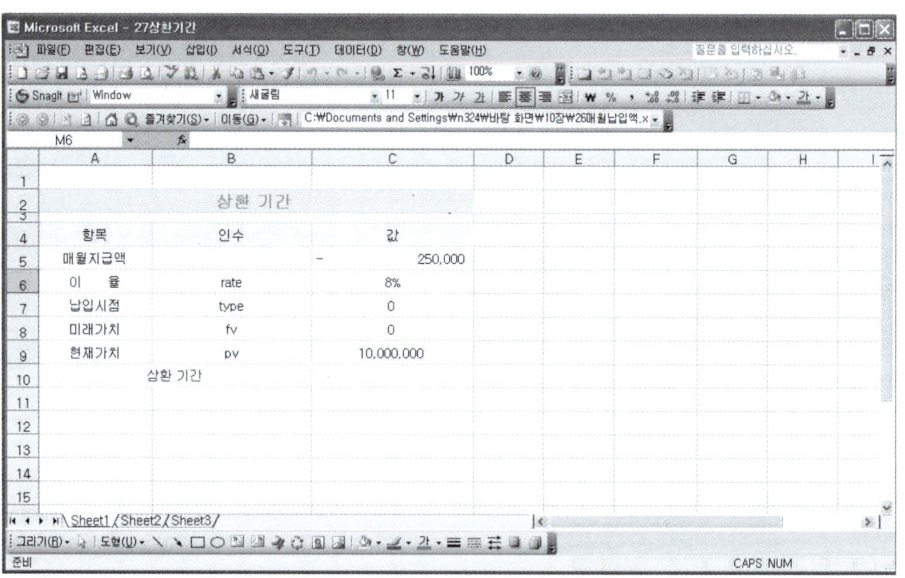

[실전문제 63] 해답

① C10 셀을 클릭한다. 수식입력줄의 [함수마법사 아이콘]을 클릭한다. [재무]를 선택한다. [함수 선택]에 [NPER]를 선택한다. [확인]을 클릭한다

② [Rate]에 [C6/12], [Pmt]에 [C5], [Pv]에 [C9], [Fv]에 [0], [Type]에 [0]을 입력한다. [확인]을 클릭한다.

실전문제 64 메모

셀 C9에 다음의 내용을 메모로 삽입하시오. [납입시점이 매월초이면 "1"을, 매월 말이면 "0"을 입력한다.] ([예제] 폴더에서 [28메모.xls] 파일을 불러온다.)

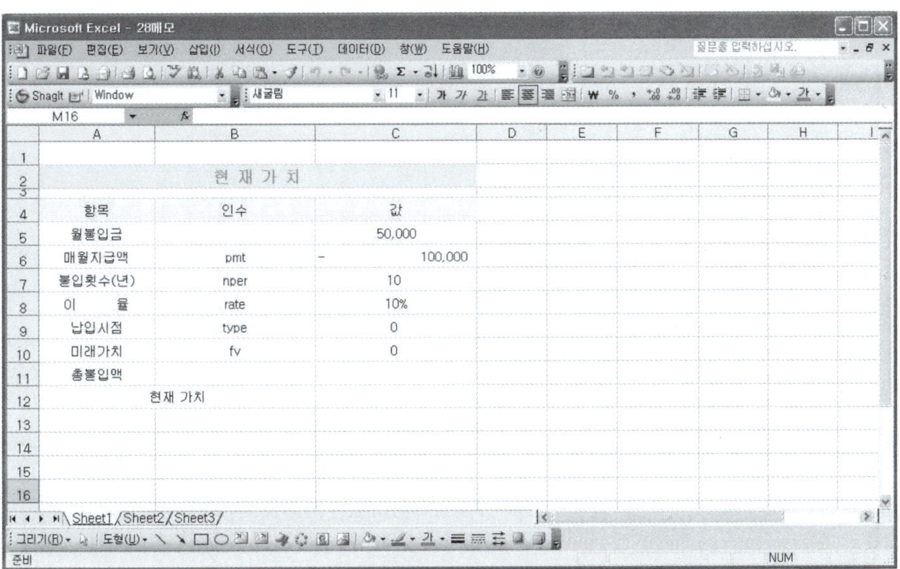

[실전문제 64] 해답

① C9 셀을 선택한다.

② 마우스 오른쪽 버튼을 클릭한다.

③ [메모 삽입]을 클릭한다.

④ [납입시점이 매월초이면 "1"을, 매월말이면 "0"을 입력한다.]를 입력한다.

실전문제 65 메모편집

그림과 같이 삽입한 메모를 편집하시오. [글꼴:휴먼모음T], [글꼴크기 : 10], [글자색 :주황], [선색 : 해록], [채우기 색 : 라임, 투명도 70%], [그림자색 : 해록] ([예제] 폴더에서 [29메모편집.xls] 파일을 불러온다.)

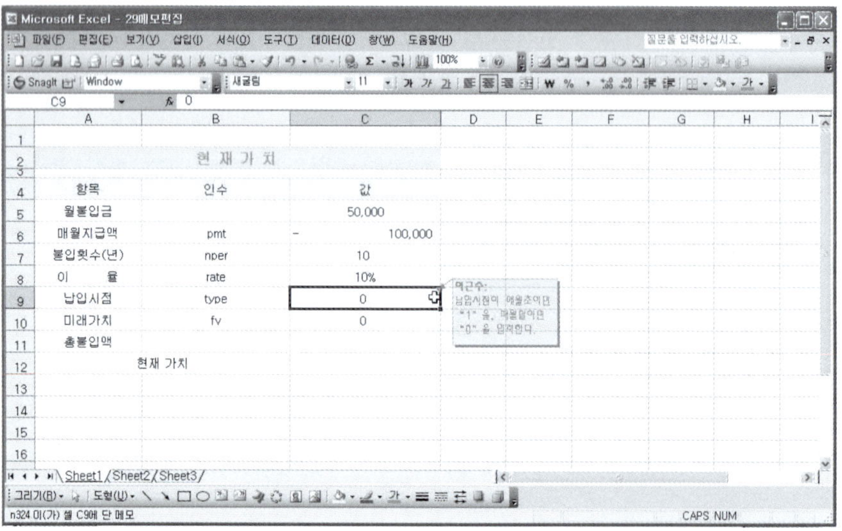

[실전문제 65] 해답

① C9 셀을 선택한다. 마우스 오른쪽 버튼을 클릭하여 [메모 편집]을 클릭한다.

② 메모 입력상자 테두리를 클릭한다. 마우스 오른쪽 버튼을 클릭한다. [메모 서식]을 클릭한다.

③ [글꼴 탭]을 클릭한다. 글꼴 목록 중 [휴먼모음T]를 선택한다. [크기 : 10]을 선택한다. [색] 목록을 클릭하여 [주황]을 선택한다.

④ [색 및 선] 탭을 선택한다. 채우기의 색 목록을 클릭하여 [라임]을 선택한다. 투명도 목록을 클릭하여 [70%]를 선택한다. 선의 선색 목록을 클릭하여 [해록]을 선택한다. [확인]을 클릭한다.

⑤ 도구 모음의 [그림자 스타일]을 클릭한다. [그림자 설정]을 클릭한다.

⑥ [그림자 설정] 대화상자의 그림자색 목록을 클릭하여 [해록]을 선택한다.

실전문제 66   메모 표시

그림과 같이 C9 셀의 메모가 항상 나타나도록 하고, 메모를 E2 셀에 나타나도록 위치를 변경하시오. ([예제] 폴더에서 [30메모표시.xls] 파일을 불러온다.)

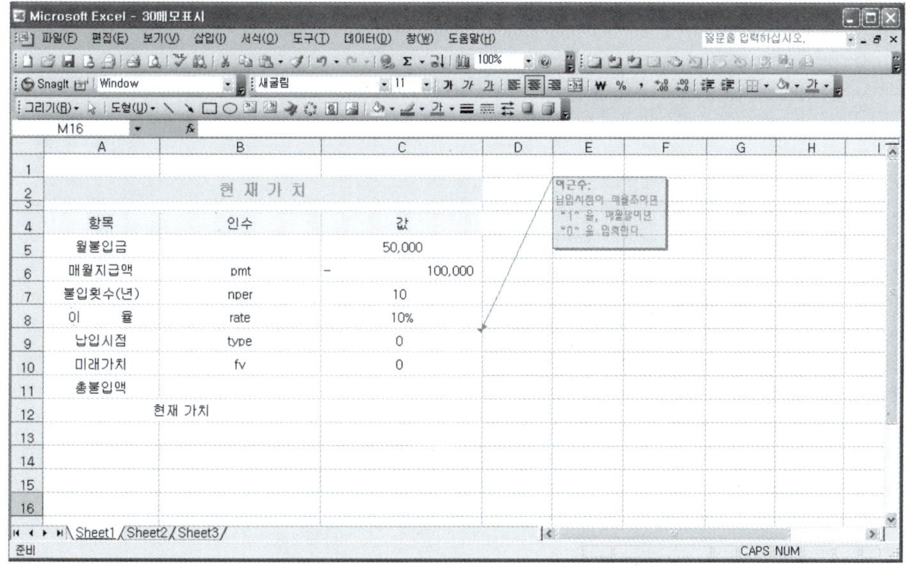

[실전문제 66] 해답

   ① C9 셀을 클릭한다. 마우스 오른쪽 버튼을 클릭하여, [메모표시/숨기기]를 클릭한다.

   ② 메모의 테두리를 마우스로 클릭한다.

   ③ 드래그하여 E2 셀에 위치시킨다.

실전문제 67 윗주와 메모 출력

B8 셀에 윗주를 [기간별 이율]이라고 입력하여 나타나게 하고, C6 셀에 있는
메모를 삭제하시오. 또 메모의 내용이 출력될 수 있도록 설정하시오.
([예제] 폴더에서 [31윗주와메모출력.xls] 파일을 불러온다.)

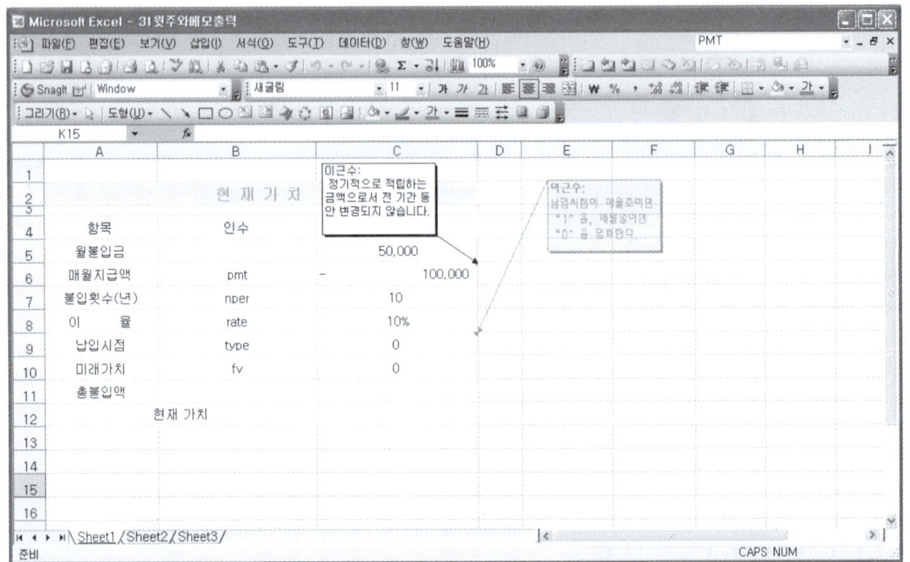

[실전문제 67] 해답

① B8 셀을 클릭한다. 메뉴의 [서식]을 클릭한다. [윗주달기]의 [편집] 항목을
  클릭한다.

② [기간별 이율]을 입력하고 아무곳이나 클릭한다. 메뉴의 [서식]을 클릭한다.
  [윗주달기]의 [표시/숨기기] 항목을 클릭한다.

③ C6 셀을 클릭한다. 마우스 오른쪽 버튼을 클릭하여 [메모 삭제]를 클릭한다.

④ 메뉴의 [파일]을 클릭한다. [페이지 설정]을 클릭한다.

⑤ [시트] 탭을 클릭한다. 인쇄의 메모 목록을 클릭하여 [시트에 표시된 대로
  지정]을 클릭한다.

⑥ 도구 모음의 [인쇄 미리보기]를 클릭하여 메모가 나타나는지 확인한다.

실전문제 68   시트배경 삽입

그림과 같이 시트에 배경.jpg를 배경으로 나타내시오.
([예제] 폴더에서 [32시트배경.xls] 파일을 불러온다.)

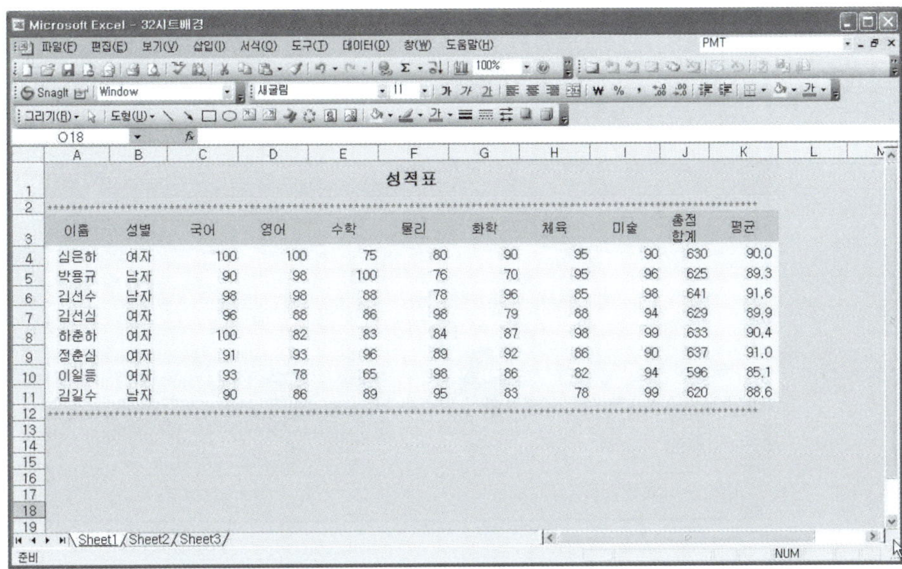

[실전문제 68] 해답

① 메뉴의 [서식]을 클릭한다. [시트]의 [배경]을 클릭한다.
② 찾는 위치를 예제 폴더의 [배경.jpg]를 선택하고 삽입을 클릭한다.

실 전 문 제 69-70 그림 삽입

([예제] 폴더에서 [33그림삽입.xls] 파일을 불러와 [실전문제 69–70번]에서 사용한다.)

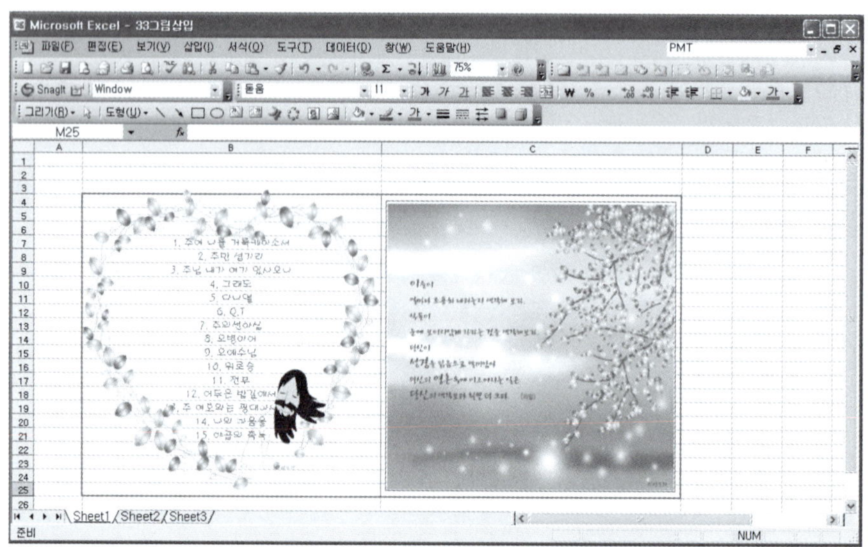

실 전 문 제 69 그림파일 삽입과 색상 설정

그림과 같이 B4에서 B25까지의 셀에 [하트.xls] 파일을 삽입하여 그림의 배율을 [높이 69%, 너비 61%]로 설정하고, [하트.jpg]에 [투명한색]을 설정하여 그림과 같이 위치시키시오.

[실전문제 69] 해답

① 메뉴의 [삽입]을 클릭하고, [그림]을 클릭하여 [그림파일]을 클릭한다.
② [예제] 폴더의 [하트.xls] 파일을 불러온다.
③ 삽입한 그림을 두 번 클릭하면 [그림 서식] 대화상자가 나타난다.

④ [크기] 탭의 [가로세로 비율고정] 선택을 해제하고, [높이 69%, 너비 61%]로 설정한다.

⑤ 삽입한 그림을 클릭하고 마우스 오른쪽 버튼을 클릭하여 [그림도구 모음 표시]를 클릭한다. (그림도구 모음이 표시되어 있으면 생략한다.)

⑥ [그림] 대화상자의 [투명한 색 설정]을 클릭한다.

⑦ 삽입한 그림의 흰색부분에 클릭한다.

⑧ 삽입한 그림 선택하고 위치에 맞게 조절한다.

실전문제 70 그림파일 삽입과 배율과 테두리선 설정

그림과 같이 C4에서 C25까지의 셀에 [1.xls] 파일을 삽입하여 그림의 배율을 [높이 105%, 너비 94%]로 설정하고 그림의 하얀색 부분을 잘라내고 그림의 테두리색을 [녹색]으로 설정하고 그림과 같이 위치시키시오.

[실전문제 70] 해답

① 메뉴의 [삽입]을 클릭하고, [그림]을 클릭하여 [그림파일]을 클릭한다.

② [예제] 폴더의 [1.xls] 파일을 불러온다.

③ 삽입한 그림을 두 번 클릭하면 [그림서식] 대화상자가 나타난다.

④ [크기] 탭의 [가로세로 비율고정] 선택을 해제하고, 배율을 [높이 105%, 너비 94%]로 설정한다.

⑤ 삽입한 그림을 클릭하고 마우스 오른쪽 버튼을 클릭히여 [그림도구 모음 표시]를 클릭한다. (그림도구 모음이 표시되어 있으면 생략한다.)

⑥ [그림] 대화상자의 [자르기]를 클릭한다.

⑦ 삽입한 그림의 테두리에 검은색의 선이 표시되어 나타난다. 나타난 검은색으로 마우스를 이동하면 검은색선의 모양으로 마우스커서의 모양이 변경된다. 왼쪽 또는 오른쪽 모서리를 선택하여 안쪽으로 드래그하여 흰색부분을 자른다. 반대쪽 모서리도 같은 방법으로 드래그하여 흰색부분을 자른다.

⑧ 삽입한 그림 선택하고 위치에 맞게 조절한다.

실전문제 71 클립아트활용

그림과 같이 [토끼]모양의 클립을 삽입하시오.
([예제] 폴더에서 [34클립아트활용.xls] 파일을 불러온다.)

[실전문제 71] 해답

① 메뉴의 [삽입]을 클릭하고, [그림]을 클릭하여 [클립아트]를 클릭한다.

② 클립아트 작업창의 검색대상에 [토끼]를 입력하고 엔터를 친다.

③ 검색된 [토끼] 클립아트를 클릭하고 편집 영역으로 드래그한다.

④ 삽입된 [토끼] 클립아트를 클릭하면 개체 조절 포인트가 나타난다. 마우스
　를 개체 조절 포인트로 가져가면 크기를 조절하도록 모양이 변한다. 크기를
　조절한다. [토끼] 클립아트를 클릭하여 그림과 같이 드래그하여 이동한다.

실전문제 72-73   워드아트활용

([예제] 폴더에서 [35워드아트의활용.xls] 파일을 불러와 [실전문제 72-73번]에서 사용한다.)

실전문제 72   워드아트 삽입

그림과 같이 [워드아트 : **WordArt**]를 삽입하시오.

([글꼴 : MD아롱체 / 크기 36 진하게], [워드아트 채우기색 : 연보라, 선색 : 진한보라], [워드아트 그림자색 : 다홍], [워드아트 도형 : (굵은)위쪽원호])

[실전문제 72] 해답

① 도구 모음의 [WordArt 삽입]을 클릭한다. WordArt 갤러리 대화상자가 나타난다. 워드아트 [**WordArt**]를 선택하고, [확인]을 클릭한다.

② [WordArt 텍스트 편집 대화상자]가 나타난다. [글꼴 : MD아롱체 / 크기 36 진하게]를 선택하고 텍스트 [궁금증을 풀어요!!]를 입력하고, [확인]을 클릭한다.

③ 삽입한 WordArt가 나타나고, WordArt 도구 모음이 나타난다. WordArt 도구 모음의 WordArt 서식을 선택한다. [WordArt 서식 대화상자]가 나타난다. [채우기 : 연보라, 선 : 진한보라]를 선택하고 [확인]을 클릭한다.

④ WordArt를 클릭하고 드래그하면 위치가 이동된다. 그림과 같이 위치를 조정해보자.

⑤ WordArt 도구 모음의 WordArt 도형 클릭, [(굵은)위쪽원호]를 클릭한다. 삽입된 WordArt를 클릭하면 크기를 조절할 수 있는 개체 조절 포인트가 나타난다. 마우스를 가져가 화살표 모양으로 변경될 때 드래그하여 좌우 상하로 그림과 같이 크기를 조절한다.

⑥ 도구 모음의 그림자 스타일을 클릭하고, 그림자 설정을 클릭한다. [그림자 설정] 대화상자가 나타난다. 그림자색 목록을 클릭하여 [다홍]을 선택한다.

실전문제 73   그룹묶기

작성된 텍스트상자와, 클립아트(TV)와, 클립아트(토끼)를 그룹으로 묶으시오.

[실전문제 73] 해답

① 작성된 텍스트상자를 클릭하면 외부 테두리가 나타난다. 외부 테두리를 클릭한다. Ctrl키를 누르고 클립아트(TV)를 클릭한다. 클립아트(토끼)를 클릭한다.

② 마우스 오른쪽 버튼을 클릭한다. [그룹화] 클릭, [그룹]을 클릭한다.

③ 그룹화한 클립아트를 클릭하고 이동하면 그룹화한 전체가 같이 이동되는 것을 확인할 수 있다.

실전문제 74 그리기도구 활용

그림과 같이 도형을 이용하여 명찰을 만드시오.

([외부도형 : 모서리가 둥근직사각형, 채우기색 : 다홍(투명도 40%), 선색 : 분홍], [내부도형 : 모서리가 둥근직사각형, 채우기색 : 다홍(투명도 20%), 채우기효과 : 무늬의 색종이 조각, 선색 : 선없음], [명찰 구멍 : 타원, 채우기색 : 다홍(투명도 20%), 선색: 분홍], [글꼴 : HY엽서M, 크기:25, 굵게, 밑줄, 가운데로 정렬], [그림 : 클립아트 토끼(예제 파일에 들어 있음] ([예제] 폴더에서 [36그리기.xls] 파일을 불러온다.)

[실전문제 74] 해답

① 도구 모음의 [도형] → [기본도형] → [모서리가 둥근 직사각형]을 클릭한다.

② 편집 영역에 그림과 같은 크기로(셀B에서 시작하여 셀 D18부분) 드래그하여 도형을 그린다.

③ 도형을 선택한 상태에서 [Ctrl+C]를 누르고, 다시 [Ctrl+V]를 눌러 안에 들어

갈 도형을 복사해 놓는다.

④ 안쪽에 들어갈 도형을 클릭하여 개체 조절 포인트로 크기를 그림과 같이 조절한다.

⑤ 외부도형을 클릭한다. 마우스 오른쪽 버튼을 클릭하여 [도형 서식]을 클릭한다. [색 및 선] 탭의 [채우기색 : 다홍(투명도 40%), 채우기 선색 : 분홍]을 선택하고 [확인]을 클릭한다.

⑥ 외부도형을 선택하고 마우스 오른쪽을 클릭한다. [순서]를 클릭하고 [맨 뒤로 보내기]를 클릭한다.

⑦ 안쪽도형을 클릭하고 마우스 오른쪽 버튼을 클릭하여 [도형 서식]을 클릭한다. [색 및 선] 탭의 [채우기색 : 다홍(투명도 20%)], [채우기 색 목록을 클릭하여 채우기 효과의 [무늬]탭의 색종이 조각무늬를 선택하고 [확인]을 클릭], [선색 : 선없음]을 선택하고 [확인]을 클릭한다.

⑧ 안쪽도형을 클릭하고 마우스 오른쪽 버튼을 클릭하여 텍스트 추가를 클릭한다. [글꼴 : HY엽서M, 크기:25, 굵게, 밑줄, 가운데로 정렬, 글자색 : 파랑]을 선택하고 엔터를 쳐서 줄을 바꿔서 텍스트[토끼반 이빛나]를 입력한다.

⑨ 삽입되어 있는 클립아트를 클릭하고 그림과 같은 위치로 드래그하여 이동시킨다.

⑩ 안쪽도형을 클릭하고 마우스 오른쪽 버튼을 클릭한다. [순서]를 클릭하고 [뒤로 보내기]를 클릭한다.

⑪ 도구 모음의 [도형] → [기본도형] → [타원]을 클릭한다. 그림의 위치에 드래그하여 그림의 모양과 같이 그린다.

⑫ 그린 도형을 클릭하고 마우스 오른쪽 버튼을 클릭하여 [도형 서식]을 클릭한다. [채우기색 : 다홍(투명도 40%), 채우기 선색 : 분홍]을 선택하고 [확인]을 클릭한다. 다시 도형을 클릭하여 [Ctrl+C]를 누르고, 다시 [Ctrl+V]를 눌러 복사한 후 그림과 같은 위치로 이동시킨다.

실전문제 75 다이어그램 활용

([예제] 폴더에서 [37다이어그램 삽입.xls] 파일을 불러와 사용한다.)

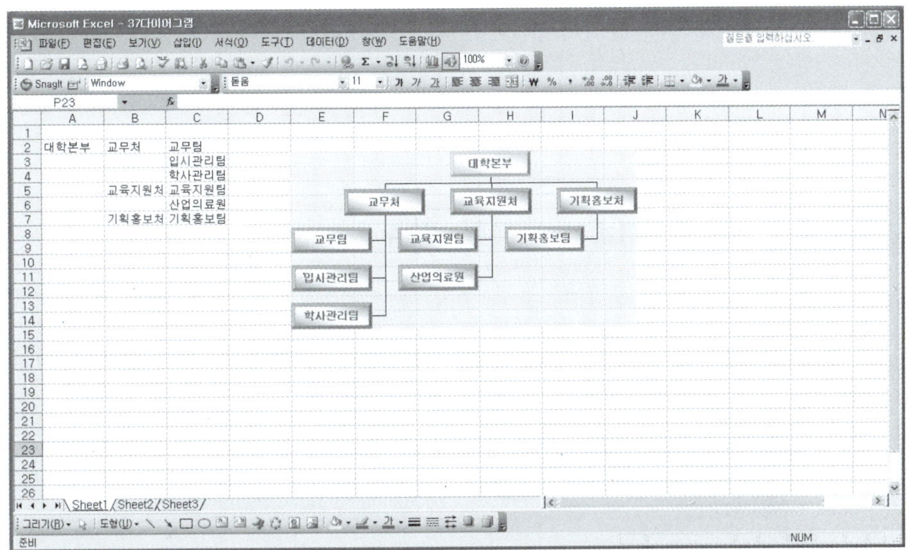

조직도를 그림과 같은 다이어그램을 작성하시오. (조직도 스타일 : 3차원색, 조직도 채우기 : 노랑(투명도 50%), 글꼴 : 새굴림, 굵게, 가운데, 파랑색, 크기: 10)

[실전문제 75] 해답

① 메뉴의 [삽입]을 클릭하고 [다이어그램]을 클릭하여 [다이어그램 갤러리의 조직도]를 클릭한다.

② 조직도의 첫 번째 하위수준을 선택하고, [조직도] 대화상자의 [도형삽입목록]을 클릭하여 하위수준을 클릭한다. 같은 방법으로 두 개의 하위수준을 만들고, [조직도] 대화상자의 [레이아웃목록]을 선택하여 [왼쪽 배열]을 선택한다. 같은 방법으로 두 번째, 세 번째 하위수준에도 각각 2개, 1개의 하위수준을 만들고, 레이아웃을 [왼쪽배열]로 선택한다.

③ 다이어그램의 외부 개체포인트를 클릭하고 마우스 오른쪽 버튼을 클릭하여

[조직도 서식]을 클릭한다. [색 및 선] 탭을 클릭하여 [채우기색 : 노랑(투명도 50%)]를 설정하고 [확인]을 클릭한다. 클릭하고, 조직도 스타일 갤러리의 [3차원색]을 클릭한다.

⑤ 다이어그램을 클릭하고 도구 모음의 [글꼴 : 새굴림, 굵게, 가운데, 파랑색, 크기: 10]을 선택한다.

⑥ 구성된 다이어그램에 조직도의 내용을 처음부터 입력한다. (키보드의 ⭾을 눌러 입력하면 쉽게 입력할 수 있다.)

실전문제 76-84　　차트 활용

([예제] 폴더에서 [38차트.xls] 파일을 불러와 [76-83번]에서 사용한다.)

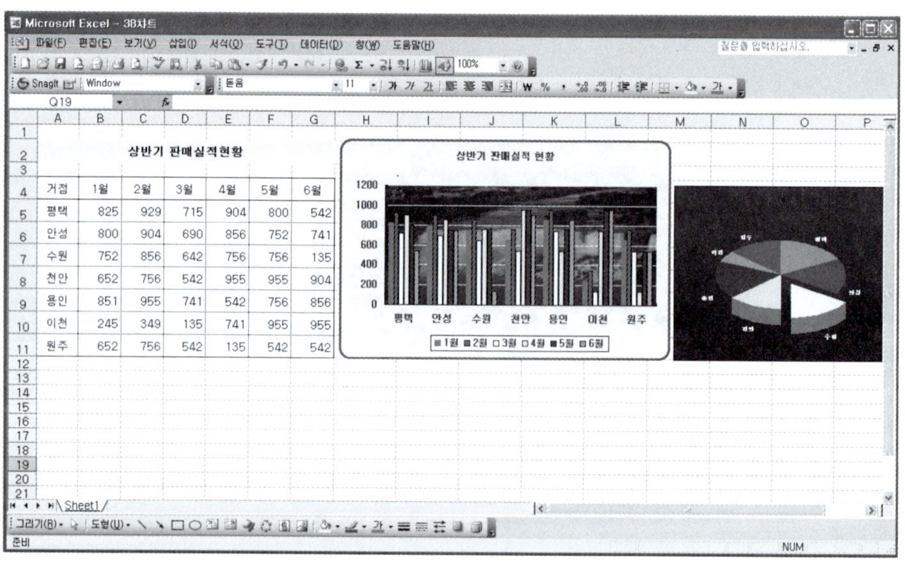

실 전 문 제 76　　차트삽입

상반기 판매실적현황을 차트로 작성하시오.
[표준종류: 차트막대형/　차트하위종류 : 묶은 세로 막대형 / 데이터 범위 : A4:G11]

[실전문제 76] 해답

① 메뉴의 [삽입]을 클릭하고 [차트]를 클릭한다.
② [차트마법사 4단계 중 1단계] 대화상자가 나타난다. [표준종류: 차트막대형/ 차트하위종류 : 묶은 세로 막대형]을 선택하고 다음을 클릭한다.
③ [차트마법사 4단계 중 2단계] 대화상자가 나타난다. [데이터 범위 : A4:G11]을 선택하고 다음을 클릭한다.
④ [차트마법사 4단계 중 3단계] 대화상자가 나타난다. 마침을 클릭한다.

실 전 문 제 77　　그림영역 서식

실전문제 76에서 작성한 차트의 그림영역서식에 예제 파일의 [A.jpg]를 채우기 효과로 사용하여 나타내시오.

[실전문제 77] 해답

① 차트의 그림 영역을 클릭하고 마우스 오른쪽 버튼을 클릭하여 [그림 영역 서식]을 클릭한다.
② [영역]의 [채우기효과]를 클릭한다. [그림] 탭의 [그림 선택]을 클릭한다. 예제파일에서 [A.jpg]를 삽입한다. [확인]을 클릭한다.
③ [테두리]는 없음으로 선택하고 [확인]을 클릭한다.

실전문제 78   차트영역 서식

실전문제 77에서 작성한 차트의 차트영역 서식을 다음과 같이 나타내시오. [테두리의 스타일 : 8번째/ 선색 :파랑/ 두께 : 4번째 / 모서리 둥글게], [영역의 채우기효과 :질감의 양피지], [글꼴 : 새굴림/ 색 : 진한파랑/ 글꼴스타일 : 굵게/ 크기 : 12]

[실전문제 78] 해답

① 차트의 차트영역을 클릭하고 마우스 오른쪽 버튼을 클릭하여 [차트영역 서식]을 선택한다.

② [차트영역 서식] 대화상자가 나타난다. [무늬] 탭의 테두리[스타일 : 8번째/ 선색 :파랑/ 두께 : 4번째 / 모서리 둥글게]를 선택한다.

③ 영역의 [채우기효과] 클릭, [채우기효과] 대화상자가 나타난다. [질감] 탭의 [양피지]를 선택하고 [확인]을 클릭한다.

④ [글꼴] 탭을 선택한다. [새굴림/ 색 : 진한파랑/ 글꼴스타일 : 굵게/ 크기 : 12]를 선택하고 [확인]을 클릭한다.

실전문제 79   데이터 계열서식

문제 78에서 작성한 차트의 데이터계열 서식을 다음과 같이 나타내시오. [계열 1월 : 테두리없음, 영역 : 빨강]

[실전문제 79] 해답

① [데이터계열] [1월]을 클릭하고 마우스 오른쪽 버튼을 클릭한다. [데이터계열 서식]을 클릭한다.

② [테두리없음, 영역 : 빨강]을 선택하고 [확인]을 클릭한다.

실전문제 80   눈금선 서식

문제79에서 작성한 차트의 눈금선 색을 연한 노랑으로 변경하시오.

[실전문제 80] 해답

① 그림영역 서식 안의 눈금선을 클릭하고 마우스 오른쪽 버튼을 클릭하여 [눈금선 서식]을 선택한다.
② [무늬] 탭의 선색을 [연한노랑]으로 선택하고 [확인]을 클릭한다.

실전문제 81   범례 서식

문제80에서 작성한 차트의 범례를 아래쪽으로 배치시키시오.

[실전문제 81] 해답

① [범례]를 클릭하고 마우스 오른쪽 버튼을 클릭하여 [범례 서식]을 선택한다.
② [배치] 탭의 [배치 : 아래쪽]을 클릭하고 [확인]을 클릭한다. (배치가 아래쪽으로 변경되면서 그림영역이 작아지면 차트의 개체 조절 포인트를 클릭하여 크기를 조절한다.)

실전문제 82 차트종류

문제 80에서 작성한 차트의 차트종류를 [3차원 쪼개진 원형]으로 변경하고 원형을 하나로 붙이고 [수원]의 데이터계열만을 따로 분리하고, 3차원 보기의 [상하회전 : 30 / 높이 100%]로 변경해 보자.

[실전문제 82] 해답

① 차트를 클릭하고 마우스 오른쪽 버튼을 클릭하여 [차트종류]를 선택한다. [사용자 지정 종류]탭의 [3차원 쪼개진 원형]을 선택하고 [확인]을 클릭한다.

② 원형 차트를 클릭하고, 원형 안쪽으로 드래그하면 원형아 하나로 합쳐진다. 다시 수원의 데이터계열만을 클릭하고 밖으로 드래그한다.

③ 차트를 클릭하고 마우스오른쪽 버튼을 클릭하여 [3차원 보기]를 선택한다. [상하회전 : 30 / 높이 100%]를 선택하고 [확인]을 클릭한다.

실전문제 83-86   완성된 문서 인쇄

([예제] 폴더에서 [39인쇄.xls] 파일을 불러와 [83-86번]에서 사용한다.)

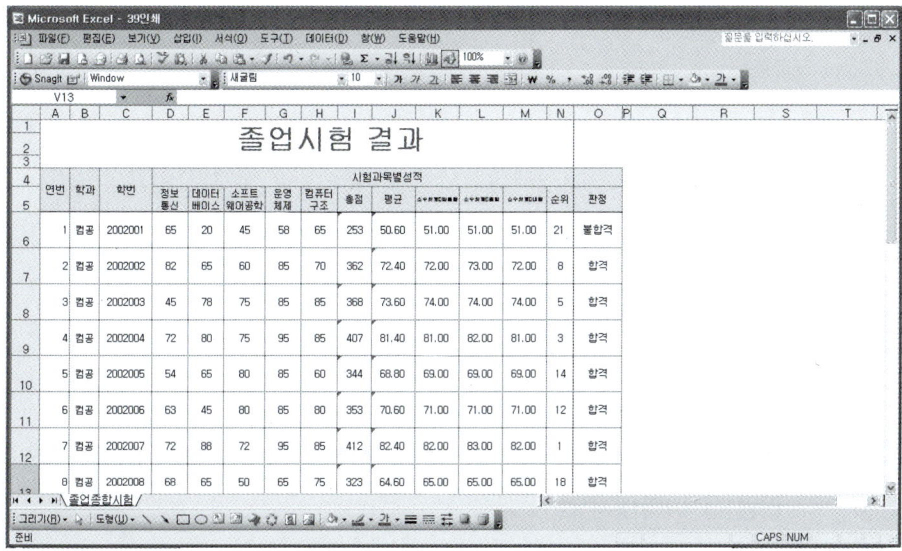

실전문제 83   자동맞춤

자동맞춤을 이용하여 1면에 모두 인쇄되도록 설정하시오.

[실전문제 83] 해답

① 도구 모음의 [인쇄미리보기]를 클릭한다.
② 인쇄미리보기 화면의 [설정] 메뉴를 클릭한다.
③ [배율]의 자동맞춤을 선택하고 [확인]을 클릭한다.

실전문제 84   인쇄영역 설정

A4에서 A26까지만을 인쇄되도록 설정하시오.

[실전문제 84] 해답

① A4에서 A26까지 드래그한다.
② 메뉴 [파일]을 클릭하고 [인쇄영역]을 클릭하여 [인쇄영역 설정]을 클릭한다.
③ 도구 모음의 [인쇄미리보기]를 클릭하여 설정된 인쇄영역을 확인해본다.

실전문제 85   머리글/바닥글

바닥글의 왼쪽구역에 [페이지 번호/ 전체 페이지 수]를, 오른쪽 구역에 [경로,파일명]을 나타내시오.

[실전문제 85] 해답

① 도구 모음의 [인쇄미리보기]를 클릭하고, [설정] 메뉴를 클릭한다.
② [페이지설정] 대화상자가 나타난다. [머리글/바닥글] 탭을 선택한다. [바닥글 편집]을 클릭한다. [왼쪽 구역]을 클릭하고 그림서식단추 [페이지번호( )] 를 클릭하고 [확인]을 클릭한다.

실 전 문 제 86 설정영역 반복인쇄

A4에서 O5까지 영역을 페이지마다 인쇄되도록 설정하시오.

[실전문제 86] 해답

① 메뉴의 [파일]을 클릭하고 [페이지 설정]을 클릭한다.
② [페이지 설정] 대화상자가 나타난다. [시트] 탭을 선택한다.
③ [인쇄 제목]의 [반복할 행]에 [A4에서 O5]를 선택한다. (설정한 전체 행이 반복인쇄된다.)
④ 도구의 [인쇄미리보기]아이콘을 클릭하여 확인해본다.

실 전 문 제 87-94 데이터관리

([예제] 폴더에서 [40데이터관리.xls] 파일을 불러와 [87-94번]에서 사용한다.)

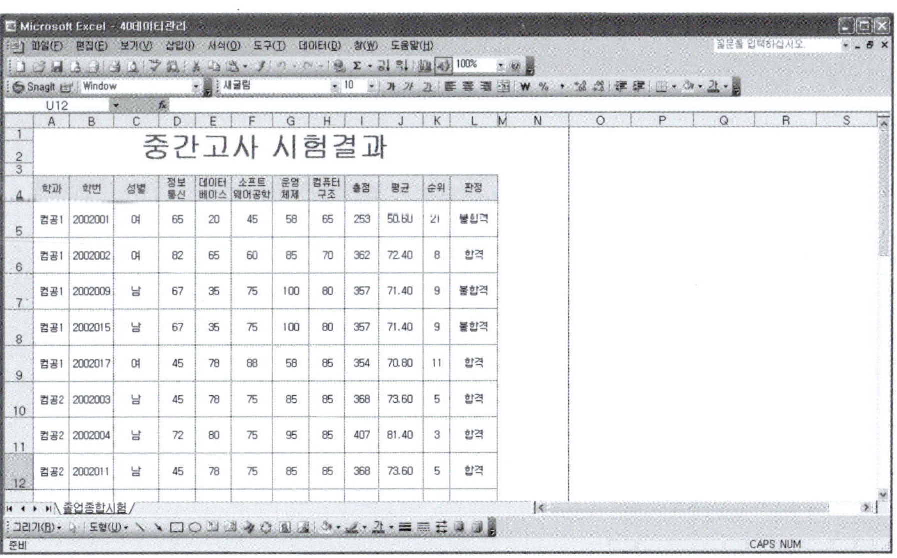

실전문제 87   데이터 정렬

데이터를 오름차순 정렬하시오. [첫째기준 : 순위, 둘째기준 : 학과, 셋째기준 : 성별]

[실전문제 87] 해답

① 데이터가 있는 셀을 클릭하고, 메뉴의 [데이터]를 클릭하여 [정렬]을 클릭한다.
② [정렬] 대화상자가 나타난다. [첫째기준 : 순위, 둘째기준 : 학과, 셋째기준 : 성별], [선택한 데이터 범위의 첫 행]의 [머릿글 행]을 선택하고 [확인]을 클릭한다.

실전문제 88   사용자 지정 목록 활용

데이터를 [합격,불합격]으로 정렬하시오.

[실전문제 88] 해답

① 메뉴 [도구]의 [옵션]을 선택하면 [옵션] 대화상자가 나타난다. [사용자 지정 목록] 버튼을 클릭한다.
② [사용자 지정 목록]의 [새 목록]을 클릭, [목록 항목]에 [합격,불합격]을 입력 후 [추가] 버튼을 클릭한다. [확인]을 클릭한다.
③ 데이터가 있는 셀을 클릭하고, 메뉴의 [데이터]를 클릭하여 [정렬]을 클릭한다.
④ [정렬] 대화상자가 나타난다. [첫째기준 : 판정]을 선택하고 [옵션]을 클릭한다.
⑤ [정렬옵션] 대화상자가 나타난다. [사용자 지정 정렬 순서]의 목록을 클릭하여 [합격,불합격]을 선택하고 [확인]을 클릭한다.
⑥ [확인]을 클릭한다.

실전문제 89   자동필터

자동필터를 이용하여 [학과]의 [컴공3]의 데이터만을 추출하시오.

[실전문제 89] 해답

① 데이터가 있는 셀을 선택하고 메뉴의 [데이터]를 클릭한다. [필터]의 [자동필터]를 클릭한다.

② 각 필드명에 필터 단추들이 표시된다. [학과]의 필터단추를 클릭하여 [컴공3]을 클릭한다.

실전문제 90   사용자 지정 필터

[학과]가 [컴공1, 컴공2]인 학생의 데이터만을 추출하시오.

[실전문제 90] 해답

① 데이터가 있는 셀을 클릭하고 메뉴의 [데이터]를 클릭하여 [필터]를 클릭하고, [자동필터]를 클릭한다.

② [학과]의 필터 아이콘을 클릭하여 [사용자 지정]을 클릭한다. [사용자 지정 자동필터 대화상자]가 나타난다.

③ [찾을 조건]의 [[=], [컴공1], [또는] 선택, [=], [컴공2]]를 클릭하고 [확인]을 클릭한다.

실전문제 91 　숫자 데이터 필드 조건

[평균]점수가 [80]점 이상인 데이터만을 추출해 보자.

[실전문제 91] 해답

① 데이터가 있는 셀을 클릭하고 메뉴의 [데이터]를 클릭하여 [필터]를 클릭하고, [자동 필터]를 클릭한다.

② [평균] 필터를 클릭하여 [사용자 지정]을 클릭한다.

③ [찾을 조건]의 [[>=], [80]을 입력하고 [확인]을 클릭한다.

실전문제 92 　고급필터를 이용한 데이터 추출 AND

고급필터를 이용하여 합격자 중에 여자인 데이터만을 추출해 보자.

[실전문제 92] 해답

① 먼저 조건범위를 만든다. A4에서 L4까지 드래그하고, 마우스 오른쪽 버튼을 클릭하여 [복사]를 선택한다.

② 조건범위를 입력할 곳을 선택하고, 마우스 오른쪽 버튼을 클릭하여 붙여넣기를 실행한다. 여기서는 N4 열에 붙여넣기를 실행해 보자.

③ 복사한 조건필드의 [성별]에 [여]를 입력한다. [판정]에 [합격]을 입력한다.

④ 조건목록에 커서를 위치시키고 메뉴의 [데이터]를 클릭하여 [필터]의 [고급필터]를 클릭한다. [고급필터] 대화상자가 나타난다.

⑤ 목록범위 [A4에서 L25]를 선택하고, 조건범위인 [N4에서 Y5]를 선택하고, [확인]을 클릭한다.

실전문제 93   고급필터를 이용한 데이터 추출 OR

남자이거나 평균이 60 이상인 데이터만을 추출해 보자.

[실전문제 93] 해답

① 먼저 조건범위를 만든다. A4에서 L4까지 드래그하고, 마우스 오른쪽 버튼을 클릭하여 [복사]를 선택한다.

② 조건범위를 입력할 곳을 선택하고, 마우스 오른쪽 버튼을 클릭하여 붙여넣기를 실행한다. 여기서는 N4 열에 붙여넣기를 실행해 보자.

③ 복사한 조건필드의 [성별]에 [남]을 입력한다. 다음 행에 [평균]에 [>=60]을 입력한다.

④ 조건목록에 커서를 위치시키고 메뉴의 [데이터]를 클릭하여 [필터]의 [고급필터]를 클릭한다. [고급필터] 대화상자가 나타난다.

⑤ 목록범위 [A4에서 L25]를 선택하고, 조건범위인 [N4에서 Y5]를 선택하고, [확인]을 클릭한다.

실전문제 94   다양한 조건설정과 데이터 표시

그림과 같이 [고급필터조건 목록과 추출한 데이터를 표시할 필드]를 작성하고, 여자이고 평균이 60 이상인 학생의 데이터민을 그림의 추출한 데이터를 표시할 필드에 나타내 보자.

[실전문제 94] 해답

① 그림과 같은 서식을 [N4에서 S10 셀에] 작성한다.

② 조건필드의 [성별]에 [여]를 입력한다. 같은 행에 [평균]에 [>=60]을 입력한다.

③ 메뉴의 [데이터]를 클릭하여 [필터]의 [고급필터]를 클릭한다. [고급필터] 대화상자가 나타난다.

④ [결과]의 [다른 장소에 복사]를 선택하고, 목록범위 [A4에서 L25]를 선택하고, 조건범위인 [O4에서 S5]를 선택하고, 복사할 위치에 [O9에서 S9]를 선택하고 [확인]을 클릭한다.

실 전 문 제 95-102   부분합과 피벗테이블

([예제] 폴더에서 [41부분합.xls] 파일을 불러와 [95-102번]에서 사용한다.)

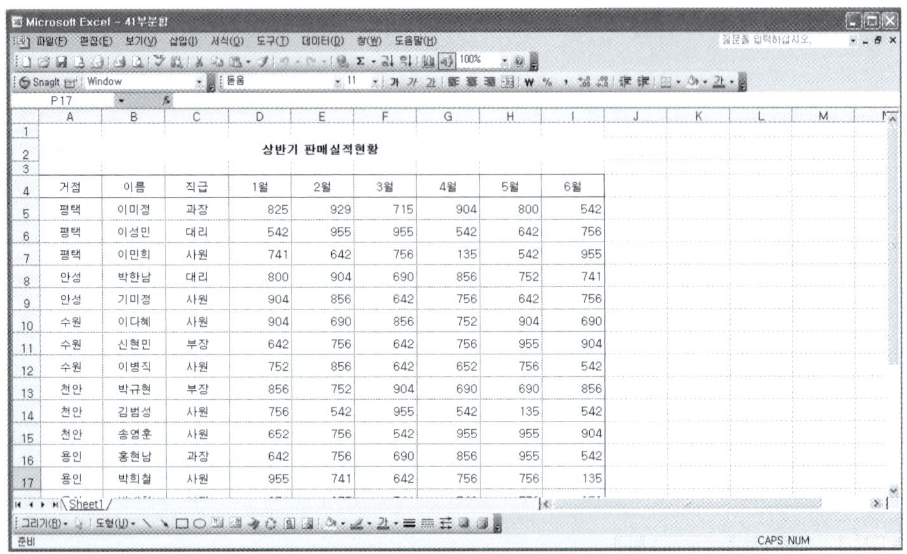

실전문제 95   부분합

거점별로 그룹화하여 부분합을 만들고, 윤곽기호를 지우시오.

[실전문제 95] 해답

① 데이터가 있는 셀을 선택하고, 메뉴의 [데이터]를 클릭하고 [부분합]을 클릭한다.

② [부분합 대화상자]가 나타난다. [그룹화할 항목 : 거점], [사용할 함수 : 합계], [부분합 계산 항목 : 1,2,3,4,5,6월] 선택, [새로운 값으로 대치] 선택, [데이터 아래에 요약표시]를 선택하고 [확인]을 클릭한다.

③ [데이터] 메뉴의 [그룹 및 윤곽 설정]을 클릭하고 [윤곽 지우기]를 클릭한다.

실전문제 96   중복부분합

각 거점별 합계와 평균을 중복부분합으로 나타내시오.

[실전문제 96] 해답

① 데이터가 있는 셀을 선택하고, 메뉴의 [데이터]를 클릭하고 [부분합]을 클릭한다.

② [부분합 대화상자]가 나타난다. [그룹화할 항목 : 거점], [사용할 함수 : 합계], [부분합 계산 항목 : 1,2,3,4,5,6월] 선택, [새로운 값으로 대치] 선택, [데이터 아래에 요약표시]를 선택하고 [확인]을 클릭한다.

③ 데이터가 있는 셀을 선택하고, 메뉴의 [데이터]를 클릭하고 [부분합]을 클릭한다.

④ [부분합 대화상자]가 나타난다. [그룹화할 항목 : 거점], [사용할 함수 : 평균], [부분합 계산 항목 : 1,2,3,4,5,6월] 선택, [새로운 값으로 대치] 해제, [데이터 아래에 요약표시]를 선택하고 [확인]을 클릭한다.

실전문제 97   피벗테이블

새로운 시트에 피벗테이블을 작성하시오. [직급,이름 : 행영역, 거점 : 열영역, 1,2,3,4,5,6월 : 데이터영역]

[실전문제 97] 해답

① 데이터가 있는 셀을 클릭하고 메뉴의 [데이터]를 클릭 [피벗테이블/피벗 차트 마법사]를 클릭한다.

② [피벗테이블/피벗 차트 마법사 대화상자]가 나타난다. [분석할 데이터 위치를 지정하십시오 : Microsoft Office Excel 목록이나 데이터베이스 선택], [원하는 보고서 데이터 종류를 선택하십시오 : 피벗테이블 선택]을 하고 [다음]을 클릭한다.

③ [피벗테이블/피벗 차트 마법사 2단계]의 [사용할 데이터 영역 표시 : 데이터 범위를 지정한다] [다음]을 클릭한다.

④ [피벗테이블/차트 마법사 3단계 대화상자]가 나타난다. [새 워크시트]를 선택한다. [레이아웃]을 클릭한다. [피벗테이블/차트 마법사-레이아웃] 대화상자가 나타난다.

⑤ [직급,이름 : 행영역, 거점 : 열영역, 1,2,3,4,5,6월 : 데이터영역]으로 드래그하여 이동하고, [확인]을 클릭한다.

⑥ [마침]을 클릭한다.

실전문제 98   데이터 필드에 다른 함수 사용

96번에서 작성한 피벗테이블에 직급별 월평균 판매량을 작성하시오. [직급,이름 : 행영역, 거점 : 열영역, 1,2,3,4,5,6월 : 데이터영역]

[실전문제 98] 해답

① 96번에서 작성한 피벗테이블의 [부장합계]를 클릭하고 마우스 오른쪽 버튼을 클릭한다 [필드설정]을 클릭한다.

② [피벗테이블 필드 대화상자]가 나타난다. [부분합]의 [평균]을 선택하고 [확인]을 클릭한다.

실전문제 99   피벗테이블에 서식 설정

97번에서 작성한 피벗테이블에 [보고서4]의 서식을 설정하시오.

[실전문제 99] 해답

① 97번에서 작성한 피벗테이블의 한 셀을 선택한다. [피벗테이블] 도구모음의 [보고서 서식] 아이콘을 클릭한다.

② [자동서식] 대화상자가 나타난다. [보고서4]를 선택하고 [확인] 버튼을 클릭한다.

<u>실전문제</u> 100   피벗차트

98에서 작성한 피벗테이블의 차트를 작성하시오.

[실전문제 100] 해답

① 98번에서 작성한 피벗테이블의 한 셀을 선택한다. [피벗테이블] 도구모음의 [피벗차트] 아이콘을 클릭한다.

② [Chart1]의 새로운 시트가 생기고 [피벗차트]가 생성된다. [피벗차트] 도구모음을 이용하여 차트의 설정을 변경할 수 있다.

<u>실전문제</u> 101   사용한 원본 데이터 수정과 적용

99에서 작성한 피벗테이블의 [Sheet1]에 원본 데이터가 들어 있다. [D5] 셀의 [이미정] 1월 판매량을 1000으로 수정하여 피벗테이블에 반영하시오.

[실전문제 101] 해답

① [Sheet1]을 선택하고 [D5] 셀을 클릭한다. [1000]으로 수정한다.

② 피벗테이블이 작성되어 있는 [Sheet2]를 클릭한다. [피벗테이블] 도구모음의 [데이터 새로 고침] 아이콘을 클릭한다.

실전문제 102   다중시트를 통합한 피벗테이블 만들기

시트[A지역, B지역, C지역]를 다중 통합 범위로 하여 [피벗차트 보고서]를 작성하시오.([예제] 폴더에서 [41중복피벗테이블.xls] 파일을 불러와 사용한다.)

[실전문제 102] 해답

① 메뉴의 [데이터]를 선택하여 [피벗테이블/피벗 차트 보고서]를 클릭한다. [피벗테이블/피벗 차트 마법사 1단계] 대화상자가 나타난다. [다중통합범위]를 선택하고 [피벗 차트 보고서]를 선택하고 [다음]을 클릭한다.

② [피벗테이블/피벗 차트 마법사 3단계 중 2단계] 대화상자가 나타난다. [A지역]의 데이터 범위[A3:G6]를 드래그하여 선택하고 추가버튼을 클릭하여 추가시킨다. [B지역], [C지역]도 같은 방법으로 데이터범위를 선택하여 추가시키고 [다음]을 클릭한다.

③ [피벗테이블/피벗 차트 마법사 3단계 중 3단계] 대화상자가 나타난다. [새 워크시트]를 선택하고 [마침]을 클릭한다.

④ 피벗 차트와[Chart1], 피벗테이블이[sheet1] 새로운 시트에 생성되어 나타난다.

실전문제 103 그림복사

([예제] 폴더에서 [42그림복사.xls] 파일을 불러와 [103~104번]에서 사용한다.)

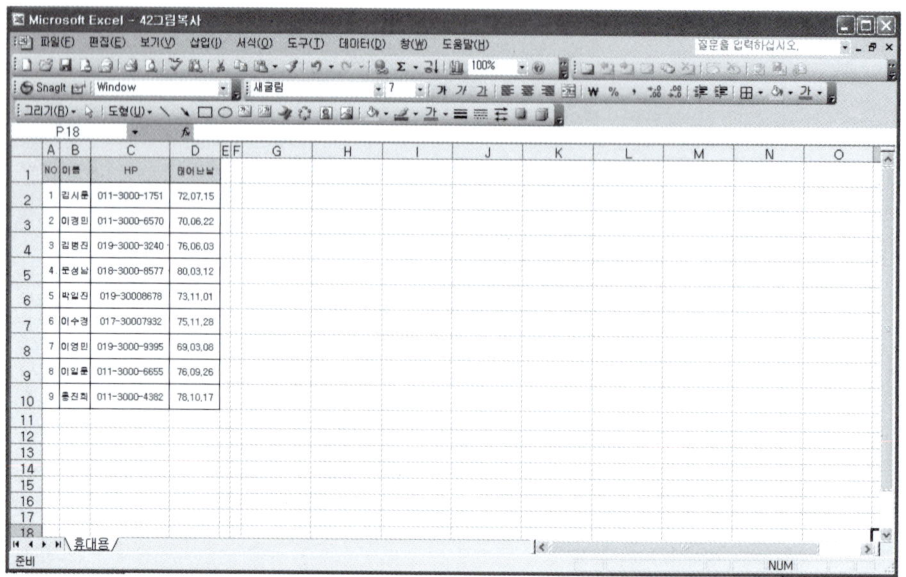

주소록을 그림으로 복사하여 G1 셀에 위치시키고, 채우기색[연한노랑]을 설정 하시오.

[실전문제 103] 해답

① [A1에서 D10까지] 드래그한다. [Shift]키를 누르고 메뉴의 [편집]을 클릭하고 [그림복사]를 클릭한다.

② [그림복사] 대화상자가 나타난다. [화면에 표시된 대로], [그림]을 선택하고 [확인]을 클릭한다.

③ [G1]셀을 클릭하고 마우스 오른쪽 버튼을 클릭하여 [붙여넣기]를 클릭한다.

④ 복사한 주소록을 클릭하고 마우스 오른쪽 버튼을 클릭하여 [그림 서식]을 선택한다.

⑤ [그림 서식] 대화상자가 나타난다. [색 및 선] 탭을 선택하여 [채우기 : 연한 노랑]을 선택하고 [확인]을 클릭한다.

실전문제 104 카메라로 복사

주소록을 카메라로 복사하여 G1 셀에 위치시키고, [테두리] 없음을 설정하고, [이경민]을 [이경진]으로 수정하시오.

[실전문제 104] 해답

① 먼저 카메라 아이콘을 도구 모음으로 위치시킨다. 메뉴의 [보기]를 클릭하고 [도구 모음]을 클릭하여 [사용자 지정]을 클릭한다.

② [사용자 지정] 대화상자가 나타난다. [명령] 탭을 클릭하고, [범주 : 도구]를 선택하여 [명령]의 [카메라]를 클릭하고 도구 모음으로 드래그하여 추가한다. [닫기] 버튼을 클릭한다.

③ [A1에서 D10까지] 드래그한다. 도구 모음의 추가한 [카메라]를 클릭하고, G1 셀을 클릭한다.

④ 복사한 주소록을 클릭하고 마우스 오른쪽 버튼을 클릭하여 [그림 서식]을 선택한다.

⑤ [그림 서식] 대화상자가 나타난다. [색 및 선] 탭을 선택하여 [선 : 선없음]을 선택하고 [확인]을 클릭한다.

⑥ [B3] 셀을 선택하여 [이경진]으로 수정하고 엔터를 친다. (카메라로 복사한 내용이 수정됨을 확인할 수 있다.)

실전문제 105   입력제한

가족수필드의 가족수입력시 2인 이상은 입력하지 못하게 제한하시오. ([예제] 폴더에서 [43급여지급명세서조건입력.xls] 파일을 불러와 사용한다.)

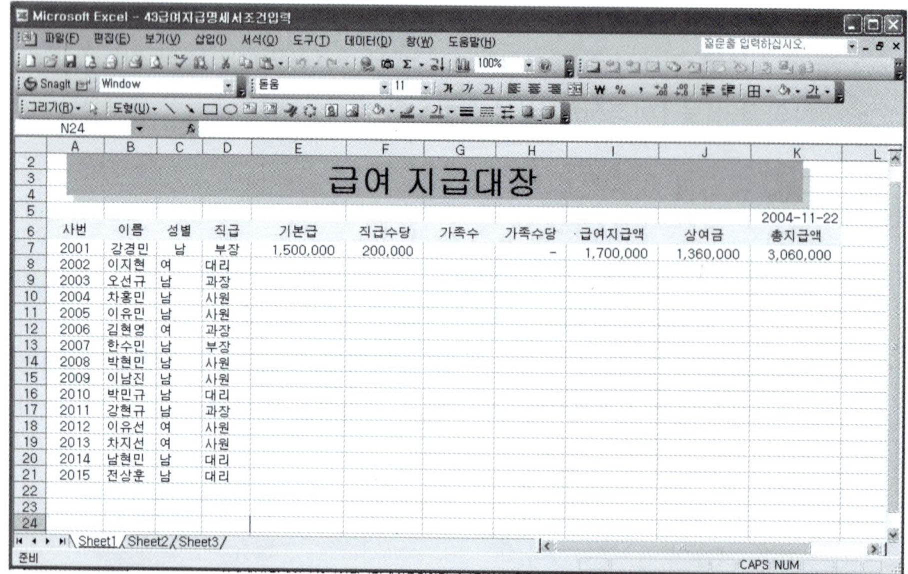

[실전문제 105] 해답

① [G7:G21드래그]하고 메뉴의[데이터]를 클릭하여 [유효성검사]를 클릭한다.

② [데이터 유효성 대화상자]가 나타난다. [설명] 탭의 [제한대상:정수], [제한방법: 다음 값의 사이에 있음 선택], [최소값 : 0 입력], [최대값 : 2 입력]한다. [오류메시지] 탭을 클릭한다.

③ [제목: "가족수 제한합니다."입력], ["오류메시지:가족수당은 2인까지만 지급됩니다^^"입력]하고 [확인]을 클릭한다.

실전문제 106   매크로

A3셀을 선택하여 [글꼴 : 휴먼엑스포, 진하게, 가운데, 파랑색], [채우기색 : 연한녹색]으로 매크로를 기록하고 B3에서 I3까지 기록한 매크로를 실행하시오. ([예제] 폴더에서 [44매크로.xls] 파일을 불러와 사용한다.)

부서별 매출 실적 현황

부서	1월	2월	3월	4월	5월	6월	합계	평균
판매1팀	1000	1000	1000	2000	2500	3000	10500	1750
판매2팀	1000	1000	1000	518	622	746	4887	814
판매3팀	1000	1000	1000	439	571	743	4753	792
합계	3000	3000	3000	2958	3693	4489	20140	3357
평균	1000	1000	1000	986	1231	1496	6713	1119

[실전문제 106] 해답

① [A3] 셀을 선택하고 메뉴의 [도구]를 클릭하고 [매크로]를 선택하여 [새 매크로 기록]을 클릭한다.

② [매크로 기록 대화상자]가 나타난다. [매크로 이름 : 서식 지정], [바로가기 키 : T] 입력하고 [확인]을 클릭한다.

③ 도구 모음에서 [글꼴 : 휴먼엑스포, 진하게, 가운데, 파랑색], [채우기색 : 연한녹색]을 선택하고 [기록중지 도구]의 [기록중지 아이콘]을 클릭한다.

④ [B4에서 I4]까지 드래그하고 [Ctrl + Shift + T]를 눌러 매크로를 실행한다.

찾아보기

■ 저자소개 ■

이근수 kslee@hknu.ac.kr
• 한경대학교 컴퓨터공학과 교수

홍마리아 famal@korea.com
• 안양대학교 디지털미디어공학과 교수

엑셀 2003

2005년 2월 1일 초판 인쇄
2005년 2월 5일 초판 발행

저자 / 이근수 · 홍마리아
발행자 / 최규학

발행처 / 아이티씨

주소 / 서울시 은평구 신사1동 2-25
전화 / (02)352-9511~2   팩스 / (02)352-9520

등록일 / 2003. 4. 15
등록번호 / 제8-399호
ISBN 89-90758-28-9   값 27,000원